安徽特产果树

（上册）

徐义流　主编

中国农业出版社
北　京

图书在版编目（CIP）数据

安徽特产果树：全3册 / 徐义流主编. —北京：
中国农业出版社，2018.12
ISBN 978-7-109-21923-6

Ⅰ.①安… Ⅱ.①徐… Ⅲ.①果树园艺－安徽省
Ⅳ.①S66

中国版本图书馆 CIP 数据核字（2016）第 168949 号

中国农业出版社出版
（北京市朝阳区麦子店街 18 号楼）
（邮政编码 100125）
责任编辑　汪子涵　贾　彬　徐　晖

北京通州皇家印刷厂印刷　新华书店北京发行所发行
2018 年 12 月第 1 版　2018 年 12 月北京第 1 次印刷

开本：880mm×1230mm　1/16　印张：54.5
总字数：1 700 千字
总定价：800.00 元
（凡本版图书出现印刷、装订错误，请向出版社发行部调换）

《安徽特产果树》（上册）
编 写 人 员

主 编：徐义流

主要编写人员：高正辉　吴惠青　伊兴凯　潘海发　秦改花　张金云

　　　　　　　齐永杰　张晓玲

参加编写人员：胡曙光　高　霞

《砀山酥梨》原著编写人员

主编：徐义流

主要编写人员（以姓名笔画为序）：

　　　　　　　马述松　王永光　朱立武　伊兴凯　杨汉明　张大海

　　　　　　　张廷玉　张金云　张学堂　徐凌飞　高正辉　黄永丰

　　　　　　　蒋书良　阚　知

参加编写人员：杨鹏程　董　明　吴小林　潘海发　俞飞飞　孙其宝

　　　　　　　陆丽娟　束　冰

审　稿：张绍铃　王钦孔

《安徽特产果树》（中册）
编 写 人 员

主　编：徐义流

主要编写人员：陆卫明　俞飞飞　凌经球　潘海发　张金云　伊兴凯

　　　　　　　高正辉　张晓玲　齐永杰　秦改花　管良明

参加编写人员：陈大会　江长汝　章庆华　王春风　戴　超　王文龙

《安徽特产果树》（下册）
编 写 人 员

主编：徐义流

主要编写人员：孙其宝　李昌春　刘长华　朱效庆　范西然　邵　飞

　　　　　　　张金云　伊兴凯　高正辉　潘海发　秦改花　齐永杰

　　　　　　　张晓玲

参加编写人员：陶小海　翟田俊　陈文廷　胡　飞　周子燕　娄　志

　　　　　　　李占社　张长俭　王锁廷　刘兴林　杨　军　刘春燕

前　言

安徽省地处南暖温带与北亚热带过渡地区，气候温和湿润，光、热、水等自然资源丰富，山地、丘陵、平原地貌兼备。全省自北向南分为淮北平原、江淮丘陵、皖西和皖南山区等区域，黄河故道从砀山县经过，淮河和长江从安徽腹地穿过。多样的地貌、水系、土壤类型和丰富的森林资源，形成了不同的小气候条件，既适宜梨、葡萄、桃、石榴、山核桃等落叶果树生长，又可以进行枇杷、杨梅等常绿果树栽培。

安徽省生物资源丰富，地方特产果树就是其中杰出代表，如砀山酥梨、怀远石榴、三潭枇杷等。这些特产果树栽培历史悠久，为地方农业发展、农民致富、环境保护发挥了重要作用。为系统搜集、整理、保护和利用这些特产果树资源，自 2009 年起，安徽省农业科学院组织全省长期从事果树研究和生产的专业技术人员，共同编著《安徽特产果树》。本书分上、中、下 3 册共 12 篇，记载了 12 种安徽特产果树。上册包括砀山酥梨、徽州雪梨，中册包括三潭枇杷、富岱杨梅、宁国山核桃、黟县香榧，下册包括水东蜜枣、舒城板栗、怀远石榴、太和樱桃、萧县巴斗杏和萧县葡萄。其中，砀山酥梨的内容已经于 2009 年由中国农业出版社出版《砀山酥梨》，考虑到砀山酥梨在安徽特产果树中的重要地位，本次将砀山酥梨的内容再次列入《安徽特产果树》。为使《安徽特产果树》各篇内容布局相对一致，对《砀山酥梨》内容进行了修订，删去了《砀山酥梨》中第十二章研究进展的全部内容，并对其他内容进行了完善。

本书凝聚了编者多年的经验积累和对安徽特产果树的真切情感，倾注了编者大量的心血。在长达 10 年的编纂过程中，走访专家、实地调查、记录性状、拍摄照片，搜集、查阅了大量历史文献和参考资料，首次系统地阐述了这些特产果树的发展历程、生产现状和栽培技术。本书理论与实践结合，重点突出，语言简练，图文并茂，可为从事果树科研、教学和生产者参考使用。

本书由安徽省农业科学院徐义流研究员主编，伊兴凯博士统稿，陈胜富拍摄部分照片，全书所述特产果树所在的市、县（区）农业部门及有关领导对本书的编写给予了大力支持和帮助。在本书即将出版之际，谨致衷心谢意！

由于我们的水平有限，本书一定存在诸多不妥之处，敬请读者不吝指正。

《安徽特产果树》编者

2018 年 12 月

目　　录

前言

第1篇　砀山酥梨 1

1　概要 3
　1.1　砀山酥梨栽培历史 3
　1.2　历史变革对砀山梨生产的影响 4
　1.3　砀山县自然环境条件 6
　1.4　砀山酥梨生产发展历程 7
　1.5　砀山酥梨的经济价值与生态效益 12
2　砀山梨品种资源及其应用 13
　2.1　砀山梨品种资源 13
　2.2　新品种选育 15
　2.3　芽变品种 17
3　生物学特性 20
　3.1　生长习性 20
　3.2　结果习性 27
　3.3　果实发育 28
　3.4　主要物候期 31
　3.5　对环境条件的要求 32
4　育苗和建园 35
　4.1　育苗 35
　4.2　建园 40
　4.3　高接换种 42
5　土、肥、水管理 45
　5.1　土壤管理 45
　5.2　梨园施肥 51
　5.3　水分调控技术 59
6　花果管理 62
　6.1　花的管理 62
　6.2　人工授粉 63
　6.3　果实的管理 65
7　整形修剪 73
　7.1　优质丰产树形态指标 73
　7.2　不同时期采用的树形 74
　7.3　整形修剪技术 76
　7.4　树形改造 80
8　病虫害安全防治 82
　8.1　防治方法 82
　8.2　田间病害防治 85

8.3 梨贮藏期病害 ……………………………………………………………………………… 97
8.4 田间虫害防治 ……………………………………………………………………………… 99
9 采收、分级、包装、贮藏和运输 ……………………………………………………………… 115
9.1 采收 ………………………………………………………………………………………… 115
9.2 分级 ………………………………………………………………………………………… 117
9.3 包装 ………………………………………………………………………………………… 120
9.4 贮藏 ………………………………………………………………………………………… 121
9.5 运输 ………………………………………………………………………………………… 126
10 加工 …………………………………………………………………………………………… 127
10.1 浓缩梨清汁加工 ………………………………………………………………………… 127
10.2 其他产品加工 …………………………………………………………………………… 134
11 出口 …………………………………………………………………………………………… 136
11.1 出口历程 ………………………………………………………………………………… 136
11.2 出口基地的建立 ………………………………………………………………………… 137
11.3 管理体系 ………………………………………………………………………………… 137
11.4 出口检验与检疫 ………………………………………………………………………… 139
11.5 出口报关 ………………………………………………………………………………… 140
12 陕西省砀山酥梨生产情况 …………………………………………………………………… 141
12.1 产区环境条件 …………………………………………………………………………… 141
12.2 砀山酥梨的栽培历史及现状 …………………………………………………………… 141
12.3 果实品质特征 …………………………………………………………………………… 141
12.4 部分栽培技术 …………………………………………………………………………… 142
12.5 栽培的经济效益 ………………………………………………………………………… 150
13 山西省砀山酥梨生产情况 …………………………………………………………………… 151
13.1 产区的环境条件 ………………………………………………………………………… 151
13.2 栽培历史及现状 ………………………………………………………………………… 151
13.3 果实性状 ………………………………………………………………………………… 152
13.4 生长结果特性 …………………………………………………………………………… 153
13.5 主要栽培技术 …………………………………………………………………………… 153
13.6 梨树病虫害综合防治 …………………………………………………………………… 154
13.7 栽培的经济效益 ………………………………………………………………………… 155
13.8 科研成果 ………………………………………………………………………………… 155

第2篇 徽州雪梨 ………………………………………………………………………………… 161
1 概况 …………………………………………………………………………………………… 163
1.1 行政区划 ………………………………………………………………………………… 163
1.2 栽培历史 ………………………………………………………………………………… 163
1.3 徽州雪梨资源及分布 …………………………………………………………………… 164
1.4 徽州雪梨生产发展历程 ………………………………………………………………… 164
1.5 徽州雪梨的经济价值与生态效益 ……………………………………………………… 165
2 徽州雪梨品种资源 …………………………………………………………………………… 166
2.1 金花早 …………………………………………………………………………………… 166
2.2 细皮 ……………………………………………………………………………………… 167
2.3 廻溪梨 …………………………………………………………………………………… 167
2.4 木瓜梨 …………………………………………………………………………………… 168

2.5　白酥 ·· 168

2.6　白皮早 ··· 168

2.7　麻红 ·· 169

2.8　酥梨 ·· 169

2.9　一点红 ··· 169

2.10　春安种 ··· 169

2.11　大叶酥 ··· 169

2.12　盒盆 ·· 170

2.13　棉花梨 ··· 170

2.14　青柄酥 ··· 170

2.15　六月早 ··· 170

2.16　金皮梨 ··· 170

2.17　药梨（又称涩梨） ·· 170

3　生物学特性 ·· 172

3.1　生长习性 ··· 172

3.2　结果习性 ··· 177

3.3　果实发育 ··· 177

3.4　主要物候期 ·· 180

3.5　对环境条件的要求 ··· 180

4　育苗和建园 ·· 182

4.1　育苗 ·· 182

4.2　建园 ·· 183

4.3　高接换种 ··· 184

5　土、肥、水管理 ·· 186

5.1　土壤管理 ··· 186

5.2　梨园施肥 ··· 187

5.3　水分调控技术 ··· 190

6　花果管理 ··· 193

6.1　花的管理 ··· 193

6.2　果实的管理 ·· 194

7　整形修剪 ··· 197

7.1　常用树形 ··· 197

7.2　整形修剪技术 ··· 198

8　病虫害防治 ·· 201

8.1　防治方法 ··· 201

8.2　田间病害防治 ··· 203

8.3　梨贮藏期病害的防治 ·· 208

8.4　田间虫害防治 ··· 210

9　采收、分级、包装、贮藏和运输 ·· 215

9.1　采收 ·· 215

9.2　分级 ·· 216

9.3　包装 ·· 217

9.4　贮藏 ·· 219

9.5　运输 ·· 220

10　加工 ·· 221

10.1 梨膏糖加工制作技术 ⋯⋯⋯⋯⋯⋯⋯⋯⋯⋯⋯⋯⋯⋯⋯⋯⋯⋯⋯⋯ 221
10.2 梨罐头加工制作技术 ⋯⋯⋯⋯⋯⋯⋯⋯⋯⋯⋯⋯⋯⋯⋯⋯⋯⋯⋯⋯ 221
10.3 梨脯加工制作技术 ⋯⋯⋯⋯⋯⋯⋯⋯⋯⋯⋯⋯⋯⋯⋯⋯⋯⋯⋯⋯⋯ 222
10.4 梨汁加工制作技术 ⋯⋯⋯⋯⋯⋯⋯⋯⋯⋯⋯⋯⋯⋯⋯⋯⋯⋯⋯⋯⋯ 222
10.5 梨醋加工制作技术 ⋯⋯⋯⋯⋯⋯⋯⋯⋯⋯⋯⋯⋯⋯⋯⋯⋯⋯⋯⋯⋯ 223
10.6 梨干 ⋯⋯⋯⋯⋯⋯⋯⋯⋯⋯⋯⋯⋯⋯⋯⋯⋯⋯⋯⋯⋯⋯⋯⋯⋯⋯⋯⋯ 224

第3篇 三潭枇杷 ⋯⋯⋯⋯⋯⋯⋯⋯⋯⋯⋯⋯⋯⋯⋯⋯⋯⋯⋯⋯⋯⋯⋯⋯ 229

1 概要 ⋯⋯⋯⋯⋯⋯⋯⋯⋯⋯⋯⋯⋯⋯⋯⋯⋯⋯⋯⋯⋯⋯⋯⋯⋯⋯⋯⋯⋯ 231
  1.1 栽培历史 ⋯⋯⋯⋯⋯⋯⋯⋯⋯⋯⋯⋯⋯⋯⋯⋯⋯⋯⋯⋯⋯⋯⋯⋯⋯ 231
  1.2 自然环境条件 ⋯⋯⋯⋯⋯⋯⋯⋯⋯⋯⋯⋯⋯⋯⋯⋯⋯⋯⋯⋯⋯⋯⋯ 232
  1.3 经济价值和生态效益 ⋯⋯⋯⋯⋯⋯⋯⋯⋯⋯⋯⋯⋯⋯⋯⋯⋯⋯⋯⋯ 235
2 品种资源及应用 ⋯⋯⋯⋯⋯⋯⋯⋯⋯⋯⋯⋯⋯⋯⋯⋯⋯⋯⋯⋯⋯⋯⋯ 236
  2.1 品种资源 ⋯⋯⋯⋯⋯⋯⋯⋯⋯⋯⋯⋯⋯⋯⋯⋯⋯⋯⋯⋯⋯⋯⋯⋯⋯ 236
  2.2 新品种选育 ⋯⋯⋯⋯⋯⋯⋯⋯⋯⋯⋯⋯⋯⋯⋯⋯⋯⋯⋯⋯⋯⋯⋯⋯ 241
3 生物学特性 ⋯⋯⋯⋯⋯⋯⋯⋯⋯⋯⋯⋯⋯⋯⋯⋯⋯⋯⋯⋯⋯⋯⋯⋯⋯ 242
  3.1 根 ⋯⋯⋯⋯⋯⋯⋯⋯⋯⋯⋯⋯⋯⋯⋯⋯⋯⋯⋯⋯⋯⋯⋯⋯⋯⋯⋯⋯ 242
  3.2 枝梢 ⋯⋯⋯⋯⋯⋯⋯⋯⋯⋯⋯⋯⋯⋯⋯⋯⋯⋯⋯⋯⋯⋯⋯⋯⋯⋯⋯ 242
  3.3 叶片 ⋯⋯⋯⋯⋯⋯⋯⋯⋯⋯⋯⋯⋯⋯⋯⋯⋯⋯⋯⋯⋯⋯⋯⋯⋯⋯⋯ 244
  3.4 芽 ⋯⋯⋯⋯⋯⋯⋯⋯⋯⋯⋯⋯⋯⋯⋯⋯⋯⋯⋯⋯⋯⋯⋯⋯⋯⋯⋯⋯ 245
  3.5 花芽分化 ⋯⋯⋯⋯⋯⋯⋯⋯⋯⋯⋯⋯⋯⋯⋯⋯⋯⋯⋯⋯⋯⋯⋯⋯⋯ 246
  3.6 花 ⋯⋯⋯⋯⋯⋯⋯⋯⋯⋯⋯⋯⋯⋯⋯⋯⋯⋯⋯⋯⋯⋯⋯⋯⋯⋯⋯⋯ 247
  3.7 果实 ⋯⋯⋯⋯⋯⋯⋯⋯⋯⋯⋯⋯⋯⋯⋯⋯⋯⋯⋯⋯⋯⋯⋯⋯⋯⋯⋯ 249
  3.8 枇杷生长环境条件要求 ⋯⋯⋯⋯⋯⋯⋯⋯⋯⋯⋯⋯⋯⋯⋯⋯⋯⋯⋯ 252
4 枇杷育苗 ⋯⋯⋯⋯⋯⋯⋯⋯⋯⋯⋯⋯⋯⋯⋯⋯⋯⋯⋯⋯⋯⋯⋯⋯⋯⋯ 258
  4.1 实生繁殖 ⋯⋯⋯⋯⋯⋯⋯⋯⋯⋯⋯⋯⋯⋯⋯⋯⋯⋯⋯⋯⋯⋯⋯⋯⋯ 258
  4.2 嫁接苗繁殖 ⋯⋯⋯⋯⋯⋯⋯⋯⋯⋯⋯⋯⋯⋯⋯⋯⋯⋯⋯⋯⋯⋯⋯⋯ 259
  4.3 苗木出圃 ⋯⋯⋯⋯⋯⋯⋯⋯⋯⋯⋯⋯⋯⋯⋯⋯⋯⋯⋯⋯⋯⋯⋯⋯⋯ 262
  4.4 枇杷容器苗培育 ⋯⋯⋯⋯⋯⋯⋯⋯⋯⋯⋯⋯⋯⋯⋯⋯⋯⋯⋯⋯⋯⋯ 263
5 建园 ⋯⋯⋯⋯⋯⋯⋯⋯⋯⋯⋯⋯⋯⋯⋯⋯⋯⋯⋯⋯⋯⋯⋯⋯⋯⋯⋯⋯⋯ 264
  5.1 园地选择 ⋯⋯⋯⋯⋯⋯⋯⋯⋯⋯⋯⋯⋯⋯⋯⋯⋯⋯⋯⋯⋯⋯⋯⋯⋯ 264
  5.2 建园规划 ⋯⋯⋯⋯⋯⋯⋯⋯⋯⋯⋯⋯⋯⋯⋯⋯⋯⋯⋯⋯⋯⋯⋯⋯⋯ 265
  5.3 果园开垦与水土保持 ⋯⋯⋯⋯⋯⋯⋯⋯⋯⋯⋯⋯⋯⋯⋯⋯⋯⋯⋯⋯ 266
  5.4 定植 ⋯⋯⋯⋯⋯⋯⋯⋯⋯⋯⋯⋯⋯⋯⋯⋯⋯⋯⋯⋯⋯⋯⋯⋯⋯⋯⋯ 268
6 土肥水管理 ⋯⋯⋯⋯⋯⋯⋯⋯⋯⋯⋯⋯⋯⋯⋯⋯⋯⋯⋯⋯⋯⋯⋯⋯⋯ 270
  6.1 土壤管理 ⋯⋯⋯⋯⋯⋯⋯⋯⋯⋯⋯⋯⋯⋯⋯⋯⋯⋯⋯⋯⋯⋯⋯⋯⋯ 270
  6.2 施肥管理 ⋯⋯⋯⋯⋯⋯⋯⋯⋯⋯⋯⋯⋯⋯⋯⋯⋯⋯⋯⋯⋯⋯⋯⋯⋯ 272
  6.3 水的管理 ⋯⋯⋯⋯⋯⋯⋯⋯⋯⋯⋯⋯⋯⋯⋯⋯⋯⋯⋯⋯⋯⋯⋯⋯⋯ 275
7 枇杷整形与修剪 ⋯⋯⋯⋯⋯⋯⋯⋯⋯⋯⋯⋯⋯⋯⋯⋯⋯⋯⋯⋯⋯⋯⋯ 277
  7.1 树形与整形 ⋯⋯⋯⋯⋯⋯⋯⋯⋯⋯⋯⋯⋯⋯⋯⋯⋯⋯⋯⋯⋯⋯⋯⋯ 277
  7.2 修剪 ⋯⋯⋯⋯⋯⋯⋯⋯⋯⋯⋯⋯⋯⋯⋯⋯⋯⋯⋯⋯⋯⋯⋯⋯⋯⋯⋯ 278
  7.3 老园改造 ⋯⋯⋯⋯⋯⋯⋯⋯⋯⋯⋯⋯⋯⋯⋯⋯⋯⋯⋯⋯⋯⋯⋯⋯⋯ 280
8 枇杷主要病虫害防治 ⋯⋯⋯⋯⋯⋯⋯⋯⋯⋯⋯⋯⋯⋯⋯⋯⋯⋯⋯⋯⋯ 285
  8.1 枇杷病虫综合防治 ⋯⋯⋯⋯⋯⋯⋯⋯⋯⋯⋯⋯⋯⋯⋯⋯⋯⋯⋯⋯⋯ 285
  8.2 枇杷病害 ⋯⋯⋯⋯⋯⋯⋯⋯⋯⋯⋯⋯⋯⋯⋯⋯⋯⋯⋯⋯⋯⋯⋯⋯⋯ 285

8.3　枇杷检疫性病害 ··· 291

8.4　枇杷虫害 ··· 292

9　枇杷自然灾害预防 ·· 298

8.1　冻害 ··· 298

9.2　热害 ··· 300

10　枇杷采收、贮运、加工 ··· 302

10.1　采收 ·· 302

10.2　贮藏 ·· 304

10.3　加工 ·· 304

第4篇　富岱杨梅 ··· 309

1　概要 ··· 311

1.1　杨梅的栽培历史 ··· 311

1.2　富岱杨梅栽培历史及现状 ··· 312

1.3　黄山市自然环境条件 ··· 313

1.4　杨梅的经济价值和生态效益 ······································· 315

2　品种资源 ··· 317

2.1　杨梅种类 ··· 317

2.2　品种资源 ··· 317

3　生物学特性 ··· 322

3.1　生长习性 ··· 322

3.2　结果习性 ··· 325

3.3　果实发育 ··· 326

3.4　主要物候期 ··· 328

3.5　对环境条件的要求 ··· 329

4　育苗和建园 ··· 331

4.1　育苗 ··· 331

4.2　建园 ··· 334

5　土肥水管理 ··· 336

5.1　土壤管理 ··· 336

5.2　施肥 ··· 337

6　花果管理 ··· 341

6.1　花的管理 ··· 341

6.2　果实的管理 ··· 342

7　整形修剪 ··· 344

7.1　优质丰产树形态指标 ··· 344

7.2　常用树形 ··· 344

7.3　整形修剪技术 ··· 345

7.4　树形改造 ··· 349

8　病虫害防治 ··· 350

8.1　防治方法 ··· 350

8.2　田间病害防治 ··· 351

8.3　虫害防治 ··· 354

9　采收、分级、包装、贮藏和运输 ····································· 360

9.1　采收 ··· 360

9.2　分拣、分级 ……………………………………………………………………………… 361

9.3　包装 …………………………………………………………………………………… 361

9.4　贮藏 …………………………………………………………………………………… 362

9.5　运输 …………………………………………………………………………………… 362

10　加工 ……………………………………………………………………………………… 363

10.1　糖水杨梅罐头 ………………………………………………………………………… 363

10.2　杨梅干 ………………………………………………………………………………… 363

10.3　杨梅脯 ………………………………………………………………………………… 364

10.4　杨梅坯 ………………………………………………………………………………… 364

10.5　烧酒杨梅 ……………………………………………………………………………… 364

10.6　杨梅汁 ………………………………………………………………………………… 364

10.7　杨梅酱 ………………………………………………………………………………… 365

10.8　杨梅蜜饯（七珍梅） ………………………………………………………………… 365

第5篇　宁国山核桃 …………………………………………………………………………… 371

1　概要 ……………………………………………………………………………………… 373

1.1　宁国山核桃栽培历史 ………………………………………………………………… 373

1.2　宁国市自然环境条件 ………………………………………………………………… 374

1.3　经济价值和生态效益 ………………………………………………………………… 376

2　品种资源及利用 ………………………………………………………………………… 377

3　生物学特性 ……………………………………………………………………………… 378

3.1　生长习性 ……………………………………………………………………………… 378

3.2　结果习性 ……………………………………………………………………………… 384

3.3　主要物候期 …………………………………………………………………………… 385

3.4　对环境条件的要求 …………………………………………………………………… 386

4　育苗和建园 ……………………………………………………………………………… 387

4.1　育苗 …………………………………………………………………………………… 387

4.2　建园 …………………………………………………………………………………… 391

5　土肥水管理 ……………………………………………………………………………… 393

5.1　土壤管理 ……………………………………………………………………………… 393

5.2　施肥 …………………………………………………………………………………… 395

5.3　水分管理 ……………………………………………………………………………… 397

6　花果管理 ………………………………………………………………………………… 398

6.1　人工辅助授粉 ………………………………………………………………………… 398

6.2　疏雄 …………………………………………………………………………………… 398

6.3　保花保果 ……………………………………………………………………………… 398

7　整形修剪 ………………………………………………………………………………… 400

7.1　整形修剪方法 ………………………………………………………………………… 400

7.2　山核桃树不同树龄时期的整形修剪 ………………………………………………… 400

7.3　自然生长山核桃树体改造 …………………………………………………………… 402

8　病虫害安全防治 ………………………………………………………………………… 403

8.1　防治方法 ……………………………………………………………………………… 403

8.2　田间病害防治 ………………………………………………………………………… 405

8.3　虫害防治 ……………………………………………………………………………… 407

9　果实采收及采后处理 …………………………………………………………………… 415

9.1　采收 ……………………………………………………………………………………… 415

9.2　脱苞和水洗 ………………………………………………………………………………… 415

9.3　果实分级与脱涩 …………………………………………………………………………… 416

9.4　山核桃贮藏 ………………………………………………………………………………… 417

9.5　包装 ………………………………………………………………………………………… 417

9.6　运输 ………………………………………………………………………………………… 417

9.7　贮存 ………………………………………………………………………………………… 417

10　加工 ……………………………………………………………………………………………… 418

10.1　多味山核桃加工 ………………………………………………………………………… 418

10.2　椒盐山核桃加工 ………………………………………………………………………… 418

10.3　手剥山核桃加工 ………………………………………………………………………… 419

10.4　山核桃仁加工工艺 ……………………………………………………………………… 419

第6篇　黟县香榧 ………………………………………………………………………………… 423

1　概述 ……………………………………………………………………………………………… 425

1.1　栽培历史 …………………………………………………………………………………… 425

1.2　自然环境条件 ……………………………………………………………………………… 428

1.3　经济价值和生态价值 ……………………………………………………………………… 430

2　品种资源及利用 ………………………………………………………………………………… 432

2.1　种类 ………………………………………………………………………………………… 432

2.2　品种资源 …………………………………………………………………………………… 432

3　生物学特性 ……………………………………………………………………………………… 436

3.1　生长特性 …………………………………………………………………………………… 436

3.2　开花结果习性 ……………………………………………………………………………… 442

3.3　环境条件 …………………………………………………………………………………… 445

4　育苗 ……………………………………………………………………………………………… 447

4.1　砧木苗的培育 ……………………………………………………………………………… 447

4.2　容器育苗 …………………………………………………………………………………… 449

4.3　苗木嫁接 …………………………………………………………………………………… 450

4.4　扦插育苗 …………………………………………………………………………………… 452

4.5　胚芽砧插接法 ……………………………………………………………………………… 452

4.6　高接换种 …………………………………………………………………………………… 452

5　建园 ……………………………………………………………………………………………… 454

5.1　园地选择 …………………………………………………………………………………… 454

5.2　建园方法 …………………………………………………………………………………… 454

5.3　定植 ………………………………………………………………………………………… 454

6　果园管理 ………………………………………………………………………………………… 457

6.1　幼龄园管理 ………………………………………………………………………………… 457

6.2　成龄园管理 ………………………………………………………………………………… 458

6.3　老树复壮 …………………………………………………………………………………… 459

7　花果管理 ………………………………………………………………………………………… 460

7.1　花的管理 …………………………………………………………………………………… 460

7.2　果实管理 …………………………………………………………………………………… 461

8　整形修剪 ………………………………………………………………………………………… 462

8.1　生长与结果习性 …………………………………………………………………………… 462

　　8.2　整形 ………………………………………………………………… 463

　　8.3　修剪 ………………………………………………………………… 464

9　病虫害防治 ……………………………………………………………… 465

　　9.1　主要病害与防治 ……………………………………………………… 465

　　9.2　主要虫害与防治 ……………………………………………………… 467

　　9.3　病虫害综合防治 ……………………………………………………… 470

10　采收、采后处理与加工 ………………………………………………… 472

　　10.1　采收 ………………………………………………………………… 472

　　10.2　采后处理 …………………………………………………………… 472

　　10.3　加工 ………………………………………………………………… 473

第7篇　水东蜜枣 …………………………………………………………… 477

1　概要 ……………………………………………………………………… 479

　　1.1　栽培历史 …………………………………………………………… 479

　　1.2　产地自然环境条件 ………………………………………………… 479

　　1.3　经济价值和生态效益 ……………………………………………… 481

2　安徽地方品种资源 ……………………………………………………… 482

　　2.1　地方品种 …………………………………………………………… 482

　　2.2　栽培品种 …………………………………………………………… 484

3　生物学特性 ……………………………………………………………… 487

　　3.1　生长特性 …………………………………………………………… 487

　　3.2　生长习性 …………………………………………………………… 492

　　3.3　果实发育和落花落果 ……………………………………………… 492

　　3.4　主要物候期 ………………………………………………………… 493

　　3.5　对环境条件的要求 ………………………………………………… 494

4　育苗和建园 ……………………………………………………………… 495

　　4.1　育苗 ………………………………………………………………… 495

　　4.2　建园 ………………………………………………………………… 496

5　土肥水管理 ……………………………………………………………… 499

　　5.1　土壤管理 …………………………………………………………… 499

　　5.2　施肥 ………………………………………………………………… 500

　　5.3　水分调控技术 ……………………………………………………… 500

6　花果管理 ………………………………………………………………… 502

　　6.1　枣树的落花落果 …………………………………………………… 502

　　6.2　保花保果技术措施 ………………………………………………… 502

7　整形修剪 ………………………………………………………………… 504

　　7.1　整形修剪的依据 …………………………………………………… 504

　　7.2　整形修剪时期及方法 ……………………………………………… 504

　　7.3　丰产树形和树体结构 ……………………………………………… 505

　　7.4　不同树龄的整形修剪 ……………………………………………… 506

8　病虫害防治 ……………………………………………………………… 507

　　8.1　防治方法 …………………………………………………………… 507

　　8.2　主要病害防治 ……………………………………………………… 507

　　8.3　主要虫害防治 ……………………………………………………… 510

9　枣果采收、分级、包装、贮藏和运输 ………………………………… 516

9.1　枣果采收 …………………………………………………………………… 516
9.2　分级 …………………………………………………………………………… 516
9.3　包装 …………………………………………………………………………… 517
9.4　贮藏 …………………………………………………………………………… 517
9.5　运输 …………………………………………………………………………… 518
10　加工 …………………………………………………………………………… 519
　　10.1　水东蜜枣加工 …………………………………………………………… 519
　　10.2　其他产品加工 …………………………………………………………… 523

第8篇　舒城板栗 …………………………………………………………………… 529

1　概要 …………………………………………………………………………… 531
　　1.1　舒城板栗栽培历史 ……………………………………………………… 531
　　1.2　舒城板栗的自然环境条件 ……………………………………………… 531
　　1.3　新中国成立后舒城板栗的发展 ………………………………………… 532
　　1.4　舒城板栗生产现状 ……………………………………………………… 532
　　1.5　舒城板栗的经济价值与生态效益 ……………………………………… 533
2　舒城板栗品种及其应用 ……………………………………………………… 535
　　2.1　舒城板栗品种 …………………………………………………………… 535
　　2.2　新品种引进 ……………………………………………………………… 538
3　生物学特性 …………………………………………………………………… 539
　　3.1　生长习性 ………………………………………………………………… 539
　　3.2　结果习性 ………………………………………………………………… 545
　　3.3　果实发育 ………………………………………………………………… 546
　　3.4　主要物候期 ……………………………………………………………… 546
　　3.5　对环境条件的要求 ……………………………………………………… 547
4　育苗和建园 …………………………………………………………………… 549
　　4.1　育苗 ……………………………………………………………………… 549
　　4.2　建园 ……………………………………………………………………… 551
　　4.3　高接换种 ………………………………………………………………… 553
5　土、肥、水管理 ……………………………………………………………… 555
　　5.1　土壤管理 ………………………………………………………………… 555
　　5.2　栗园施肥 ………………………………………………………………… 558
　　5.3　水分调控 ………………………………………………………………… 561
6　花果管理 ……………………………………………………………………… 563
　　6.1　花的管理 ………………………………………………………………… 563
　　6.2　果实管理 ………………………………………………………………… 563
7　整形修剪 ……………………………………………………………………… 566
　　7.1　优质丰产树形态指标 …………………………………………………… 566
　　7.2　整形修剪的依据 ………………………………………………………… 566
　　7.3　整形修剪时间及作用 …………………………………………………… 567
　　7.4　整形修剪方法 …………………………………………………………… 567
8　板栗病虫害防治 ……………………………………………………………… 571
　　8.1　病虫害防治方法 ………………………………………………………… 571
　　8.2　田间主要病害 …………………………………………………………… 572
　　8.3　田间主要虫害 …………………………………………………………… 577

9 采收、分级、包装、贮藏和运输 ··· 590
   9.1 采收 ·· 590
   9.2 分级 ·· 591
   9.3 包装 ·· 592
   9.4 贮藏 ·· 593
   9.5 运输 ·· 594
10 加工 ·· 595
   10.1 罐头食品 ·· 595
   10.2 炒食 ·· 595
   10.3 栗子酱 ··· 595
   10.4 糕点 ·· 596

第 9 篇　怀远石榴 ·· 599

1 概要 ·· 601
   1.1 栽培历史 ·· 601
   1.2 产地自然环境条件 ·· 601
   1.3 经济价值和生态效益 ·· 603
2 品种资源及其应用 ··· 605
   2.1 植物学分类 ··· 605
   2.2 栽培学分类 ··· 605
   2.3 主要品种特征 ·· 605
   2.4 新品种选育 ··· 607
3 生物学特性 ·· 609
   3.1 生长习性 ·· 609
   3.2 结果习性 ·· 613
   3.3 果实发育 ·· 615
   3.4 主要物候期 ··· 616
   3.5 对环境条件的要求 ·· 617
4 育苗和建园 ·· 618
   4.1 育苗 ·· 618
   4.2 建园 ·· 619
   4.3 高接换种 ·· 620
5 土肥水管理 ·· 622
   5.1 土壤管理 ·· 622
   5.2 施肥 ·· 624
   5.3 水分调控技术 ·· 626
6 花果管理 ··· 628
   6.1 花的管理 ·· 628
   6.2 人工授粉 ·· 628
   6.3 果实的管理 ··· 629
7 整形修剪 ··· 630
   7.1 常用树形 ·· 630
   7.2 不同树龄石榴树的整形修剪 ·· 631
8 病虫害防治 ·· 633
   8.1 防治方法 ·· 633

8.2　病害防治 ……………………………………………………………………… 634
8.3　虫害防治 ……………………………………………………………………… 636
9　采收、分级、包装、贮藏和运输 …………………………………………………… 641
9.1　采收 …………………………………………………………………………… 641
9.2　分级 …………………………………………………………………………… 641
9.3　包装 …………………………………………………………………………… 642
9.4　贮藏 …………………………………………………………………………… 642
9.5　运输 …………………………………………………………………………… 643
9.6　加工 …………………………………………………………………………… 643
10　市场营销 …………………………………………………………………………… 645
10.1　营销现状 ……………………………………………………………………… 645
10.2　销售时间 ……………………………………………………………………… 645
10.3　销售方式 ……………………………………………………………………… 645
10.4　市场体系 ……………………………………………………………………… 646
10.5　市场 …………………………………………………………………………… 646

第 10 篇　太和樱桃 ……………………………………………………………………… 649

1　概要 ………………………………………………………………………………… 651
1.1　栽培历史 ……………………………………………………………………… 651
1.2　栽培现状 ……………………………………………………………………… 651
1.3　太和县自然环境条件 …………………………………………………………… 651
1.4　生物物种 ……………………………………………………………………… 652
1.5　太和樱桃的食用价值 …………………………………………………………… 653
2　品种资源 …………………………………………………………………………… 654
2.1　大樱紫甘桃（又名大鹰嘴） …………………………………………………… 654
2.2　二樱红仙桃（又名二鹰嘴） …………………………………………………… 654
2.3　金红桃 ………………………………………………………………………… 655
3　生物学特性 ………………………………………………………………………… 656
3.1　生长特性 ……………………………………………………………………… 656
3.2　结果习性 ……………………………………………………………………… 658
3.3　果实生长发育 …………………………………………………………………… 659
3.4　主要物候期 ……………………………………………………………………… 660
3.5　对环境条件的要求 ……………………………………………………………… 661
4　育苗和建园 ………………………………………………………………………… 662
4.1　育苗 …………………………………………………………………………… 662
4.2　苗木出圃 ……………………………………………………………………… 663
4.3　建园 …………………………………………………………………………… 664
5　土肥水管理 ………………………………………………………………………… 667
5.1　土壤管理 ……………………………………………………………………… 667
5.2　施肥 …………………………………………………………………………… 667
5.3　水分调控技术 …………………………………………………………………… 668
6　花果管理 …………………………………………………………………………… 670
6.1　花的管理 ……………………………………………………………………… 670
6.2　果实管理技术 …………………………………………………………………… 671
7　整形修剪 …………………………………………………………………………… 673

7.1　优质丰产树形态指标 ··· 673
7.2　整形修剪技术 ··· 673

8　病虫害防治 ··· 677
8.1　防治方法 ··· 677
8.2　田间病害防治 ··· 679
8.3　虫害防治 ··· 681
8.4　鸟害 ··· 684

9　采收、分级、包装、贮藏和运输 ·· 685
9.1　采收 ··· 685
9.2　分级包装、运输 ··· 686
9.3　贮藏保鲜 ··· 686

10　加工利用技术 ·· 688
10.1　樱桃脯 ··· 688
10.2　樱桃罐头 ··· 688
10.3　樱桃酱 ··· 688

第 11 篇　萧县巴斗杏 ··· 693

1　概要 ·· 695
1.1　萧县果树的栽培历史 ··· 695
1.2　萧县自然环境条件 ··· 695
1.3　杏的价值 ··· 697
1.4　萧县杏树的栽培现状 ··· 697

2　巴斗杏树的生物学特性 ··· 699
2.1　生长特性 ··· 699
2.2　结果习性 ··· 702
2.3　果实发育 ··· 703
2.4　主要物候期 ··· 704
2.5　对环境条件的要求 ··· 704

3　育苗和建园 ··· 705
3.1　育苗 ··· 705
3.2　建园 ··· 709
3.3　高接换种 ··· 711

4　土、肥、水管理 ··· 713
4.1　土壤管理 ··· 713
4.2　杏树施肥 ··· 714
4.3　水分管理 ··· 717

5　整形修剪 ·· 718
5.1　整形修剪的作用 ··· 718
5.2　整形修剪的原则 ··· 718
5.3　整形修剪的依据 ··· 719
5.4　巴斗杏树的丰产树体结构 ··· 719
5.5　巴斗杏常用树形 ··· 720
5.6　不同树龄期杏树的修剪 ··· 720

6　花果管理 ·· 723
6.1　巴斗杏花的管理 ··· 723

  6.2 促进花芽分化 ··· 724

  6.3 提高果品质量 ··· 725

7 巴斗杏病虫害防治 ·· 726

  7.1 病虫害防治的原则 ··· 726

  7.2 病虫害防治的基本方法 ··· 726

  7.3 田间病害防治 ··· 726

  7.4 巴斗杏虫害的田间防治 ··· 729

8 巴斗杏的采收、包装和运输 ··· 732

  8.1 采收 ··· 732

  8.2 包装 ··· 733

  8.3 运输 ··· 734

第 12 篇　萧县葡萄 ··· 737

1 概要 ·· 739

  1.1 萧县葡萄栽培历史 ··· 739

  1.2 萧县葡萄的营养功能、经济价值以及生态效益 ···························· 739

2 主要品种资源 ··· 741

  2.1 主要传统品种 ··· 741

  2.2 现代加工品种 ··· 743

  2.3 现代鲜食品种 ··· 746

3 生物学特性 ··· 749

  3.1 生长特性 ·· 749

  3.2 结果习性 ·· 752

  3.3 果实发育 ·· 753

  3.4 主要物候期 ·· 753

  3.5 对环境条件的要求 ··· 754

4 育苗和建园 ··· 756

  4.1 育苗 ··· 756

  4.2 建园 ··· 757

5 土肥水管理 ··· 759

  5.1 土壤管理 ·· 759

  5.2 施肥 ··· 761

  5.3 水分管理 ·· 765

6 花果管理 ··· 767

  6.1 花的管理 ·· 767

  6.2 果实管理 ·· 768

7 整形修剪 ··· 771

  7.1 葡萄的架式 ·· 771

  7.2 优质丰产树形 ··· 771

  7.3 整形修剪技术 ··· 772

8 病虫害防治 ··· 775

  8.1 病虫害的综合防治 ··· 775

  8.2 主要病害 ·· 777

  8.3 主要虫害 ·· 782

9 采收、分级、包装、贮藏和运输 ··· 786

9.1　采收 ··· 786

9.2　分级 ··· 787

9.3　包装 ··· 789

9.4　贮藏 ··· 789

9.5　运输 ··· 790

10　葡萄酒加工 ··· 792

10.1　工艺流程 ·· 792

10.2　酿酒设备的选择 ··· 793

10.3　葡萄酒产品 ··· 795

10.4　葡萄酒质量标准 ··· 795

第 1 篇

砀 山 酥 梨

1　概　　要

1.1　砀山酥梨栽培历史

1.1.1　古老的砀山

"砀"为古汉字，现仅用于地名。唐颜师古注释："砀，文石也，其山出焉，故以县名"。砀山县城东南方向有一座山，名叫芒砀山。唐大诗人李白曾作《丁都护歌》，其中"万人凿磐石，无由达江浒。君为石芒砀，掩泪悲千古"，是当时人工开采芒砀山中文石的写照。《山海经》也载："芒砀有文石焉，质胜玉，可以为砚"。至今，其山中仍留有古时采石塘一座。"砀"的另外含意，可解释为：溢出、振荡、冲撞、广大等含义。在浩瀚的历史文献中，"砀"字或为名词，或为动词，精灵古怪，大气荡然，折射出砀山的古老。秦始皇二十六年（公元前 221 年），将天下划为 36 郡，砀为其一。汉高祖刘邦芒砀山斩蛇起义，抗击暴秦，率领砀山士兵，打下一片汉朝江山。后来又有人把砀山称为千古龙兴之地，砀山这一称谓一直延续至今。

1.1.2　砀山的河流

古代流经砀山的一条大河名"获"，史称"获水"。《水经注》记载："获水出汳水于梁郡蒙县北（今商丘市北），折向东南进入蒙泽，经虞城，至夏邑，向东流经砀山县故城北（当时砀城在芒砀山），东至香城。城在四水之中，承诸波之流，汇而成潭，谓之砀水。其南有山，山有陈胜庙（芒砀保安山），东流萧县，至彭城，注入泗水。"春秋战国时期，魏惠王九年（公元前 391 年）迁都大梁，以大梁为中心修建了鸿沟水系，西接黄河之水入中牟县西的圃田泽，开大沟东至大梁，绕城折向东南，接通颍水，史称"鸿沟"。"鸿沟"在俊仪县北，与汳水接通。经睢阳故城北向东至蒙县，接通获水，至彭城，接通泗水，下至江淮，遂形成沟通江南与中原的交通，当时这是一条黄金水道。这一水系是隋唐以前京杭大运河的原形，而砀山正是这一汉魏古运河上的一个重要城镇。至隋炀帝大业元年（605 年）重修大运河，放弃原河道，利用汴水，沟通东西南北交通，史称通济渠。改道后的大运河从芒砀山北转至山南 20km 处，没有改变砀山的重要地位。古人评砀山："平原四达膏腴之地，物产丰饶甲于寰宇。"这一人工运河，直至北宋，才因兵火及黄河淤积停止使用。

对砀山影响更大的河流是黄河，自南宋建炎二年（1128 年）东京（今开封市）留守杜充为阻金兵扒开黄河，至清咸丰五年（1855 年）黄河改道北移，黄河流经砀山共 727 年，在砀山决口共 50 余次，频繁的洪涝灾害，严重削弱了砀山经济发展基础，恶化了当地生态环境，洪水、内涝、干旱、盐碱、风沙、虫灾时时肆虐砀山大地，给当地百姓的生命财产造成严重损失。但严酷的环境条件，却给后人留下了一份宝贵的自然遗产——砀山酥梨，它抗盐碱，耐瘠薄，抗寒、耐旱、耐涝，生命力极强，果实品质上等。至今砀山县境内仍保留有 6 万余株树龄在 100 年甚至 200 年以上的砀山酥梨树，不能不说是自然界的一个奇迹。

1.1.3　砀山梨的栽培历史

梨是人类栽培最早的果树树种之一，古人称梨为果宗、玉乳、蜜父和快果等。砀山梨的早期发展，与地处黄河中下游广大区域的文明息息相关。

《诗经》记载："山有苞棣，隰有树檖"。陈启云注释说："召之甘棠，秦之树檖，皆野梨也"。在记载有梨内容的文献中，《诗经》是最早的。《史记》记载："淮北、常山之南，河济之间千树梨，此其人皆与千户侯…"。表明了当时梨的栽培已具规模，而且带来了可观的经济效益。

《史记》记载："梁王筑东苑，方三百余里，广睢阳城七里，大治宫室为复道，自宫连属于平台三十余里。"在庞大的皇家梁苑中建有吹台、钓台、文雅台、忘忧馆、燕池、竹园、金梨园等。至今砀山尚留有梁苑遗迹"宴嬉台"，传说是当时燕池遗迹。至唐天宝三年（744 年），李白游砀山，砀山县令刘某在宴嬉台设宴，并泛舟华池，李白写下："明宰试舟楫，张灯宴华池，文招梁苑客，歌动郢中儿，月色望不尽，空天交相宜，令人欲泛海，只待长风吹"的不朽诗篇。梁苑历经时间风雨，到唐朝已是墙颓宫倾，但却出现了梨花飞舞的景象。唐诗人岑参诗作《梁国歌送河南王说判官》中有"……梁园二月梨花飞，却似梁王雪下时。当是置酒延枚叟，岂料平台狐兔走"的描述。今梁王宫已成灰土，但却留下大片硕果累累的梨园。

《广志》记载："山阳巨野，梁国睢阳，齐国临淄，并出梨。"这里说的是西汉几个盛产梨的区域。《史记》记载："夫自鸿沟以东，芒砀以北，属巨野，梁宋也。"

无论是睢阳、巨野、梁苑等产梨区，指的都是砀山一带。

砀山历史典籍，一毁于战火，二沉于水底，留传极少，现存最早的是明崇祯年间版县志，此前的皆荡然无存。明万历五年（1577 年）徐州府志有"砀山产梨。"的记载。清雍正十一年（1733 年），《铜山县志》有"黄里的石榴，砀山的梨，义安柿子居满集"的描述。清同治年间《徐州府志》记载："梨，兔头燕顶者尤甘脆，今出砀山者佳。"清乾隆三十二年《砀山县志》也有砀山大面积栽培梨的明确记载。从现存各种史志资料分析，砀山人工栽培梨树最早起源于公元前 100 年的西汉时期，唐宋期间得以发展，明清时期大面积栽培，成为当地的特产。砀山梨品种形成并得以传播的时间应不晚于明隆庆年间，即公元 1570 年前后，而砀山酥梨这一称谓是从 20 世纪 50 年代中期开始使用的。

1.1.4　近代的砀山梨

清咸丰五年（1855 年），自黄河在河南铜瓦厢决口改道北移、由山东利津入海以来，砀山才逐渐免于黄河水灾，砀山梨的种植才渐渐多起来。1905 年陇海铁路通车以后，为砀山梨外销提供了交通便利，梨园面积日益扩大。至 1937 年，全县梨树栽培面积已扩大到 2 000hm²，约有 27 万余株，但产量很低，最高年总产量不足 5 000t。大量梨树毁于战火，至 1949 年砀山县解放时，全县仅剩梨树 8 万余株，年总产量不足 500t。

1.2　历史变革对砀山梨生产的影响

1.2.1　战争的影响

砀山县地处黄河中下游，自西周建立宋国以来，迄今约 3 000 年历史。因地理位置特殊，自古以来就是战争多发区域，对砀山梨生产的影响巨大。

西周初年至战国末期，齐、魏、楚灭宋，经历战争 80 余次。其中较为有名的是周襄王十四年（公元前 638 年）夏，宋襄公率兵伐郑，郑求救于楚。同年 11 月宋兵与楚军在泓水相遇，宋兵占先到优势，楚军远来渡河处于劣势。但宋襄公坚持"不鼓不成列""君子不重伤""不擒二毛""不以阻隘"古制，反被楚军打垮，数万将士喋血沙场，战争十分惨烈。此外，宋国最后一个君主偃肆虐无道，对内残酷镇压，对外扩大战争，人称桀宋，成为战国七雄之间的一块毒瘤，招致与宋接壤的魏、齐、楚三国共同出兵灭宋，战后砀山属楚。

唐朝末年，藩镇之祸，宦官之乱，黄巢起义，朋党之争令一度灿烂辉煌的唐王朝终告崩溃，取而代之的是中国又一次大分裂时期，史称"五代十国"。梁太祖朱温，砀山午沟里人，建国称帝，改国号为梁。唐朝灭亡，军阀混战，砀山是"五代十国"混战的中心地带，饱受战争之苦。

金元时期，黄河以南、淮河以北曾是南宋王朝与金元的主战场，军队所到之处十室九空，人口下降，田园荒芜。为此，明初，朱元璋下令从全国各地移民充实这一带来恢复生产，现今砀山人的先祖大多数是明洪武年间从山西、山东迁徙而来。

砀山也曾是清朝末年捻军的铁骑驰骋之地，僧格林沁就死在山东曹县高楼村。当时砀山唐寨寨主曾受过僧格林沁恩惠，为感其恩为之建立享庙，建庙时间为同治五年（1866 年），现仍残存当时庙宇。

抗战时期，梨树更是大量毁于战火。据新修《砀山县志》载："民国二十七年（1938 年），砀山梨树栽培面积约 2 000hm²，27 万余株"。新中国成立后调查，全县梨树尚存不足 8 万株，损失 60％以上。现今砀山官庄镇仍存有一棵倾斜的百年老梨树，据说是当年被日军坦克所撞。

战争给百姓生命财产和地方自然资源造成了极大的损失。

1.2.2　洪水的影响

自 1128 年黄河改道南徙始流砀山，至 1855 年黄河改道北流，是砀山有史以来最苦难的时间。清乾隆年间《砀山县志》记载："自黄河异决，一时城郭荡为黍离，而图书患漫，尽饱龙蛇。"水势所至，庐舍荡然，平地城湖，一望弥漫，千村万落没于一空，财物生命尽付流水；洪水过后，万民饥寒，原来如诗如画的田园一片狼藉。据统计，在流经砀山的 727 年时间内，黄河在砀山大小决口共计50 余次。一望无际的平原也因黄河洪水冲击而形成"如墙的陡崖，宽广的河身，漫漫的盐碱滩，四季积水的浅湖洼地，一字长蛇的堤坝，零乱纵横的决口河道，肥沃的良田变成风沙肆虐的荒滩"。农作物产量及土壤肥力低下，百姓难以温饱。明崇祯十九年砀山人口 23 930 人，此后，死于饥、役、寇和水灾 17 603 人，仅余 6 327 人。其实造成大量人亡的主要原因是洪水，饥、役和寇均因水患而起。曾有人作歌："砀山庸垣光昭照，历数磨难却昏昏。君不见，昔日中州梁楚地，黄河漫溢巨侵成。山陵河川皆淤平，盐碱沙渍枯草荣，民鲜粒食御寒衣，房屋尽摧树顶栖。汉武哀唱瓠子歌，晋唐束手待河决，朱武眼看黄龙吼，乾隆南巡无奈何。"这是当时黄河之水祸害砀山的真实写照。至今砀山百姓打井挖河，从地表 6m 以下时常可以挖出当时的砖瓦树木，砀山县城因河决口 3 次没于水下。百姓流离失所，背井离乡，肚腹尚且不饱，何谈植梨种树。

砀山现存 6 万余株百年树龄的老梨树，大多生长在高岗地，黄河决口的扇形地带及低洼之处绝无梨树生长。此外，清嘉庆元年及清咸丰元年在黄河北岸发生 3 次大的决口，凶猛的洪水将北岸种植的梨树一荡而空，因此，砀山现有的百年以上树龄老梨树均在黄河以南，北岸没有 1 株。

1.2.3　虫灾的影响

砀山自金元以来就是蝗灾重发之地，砀山历史上有案可查的蝗灾就达数十次。飞蝗一起遮天蔽日，顷刻之间，庄稼树木被啃食一空。《砀山县志》记载："流氛既逼于南，狻房复震于北，旱馑未已，蝗浸相继，飞蝗蔽日。"形象的记载了明嘉靖年间寇、旱、蝗三灾齐发的历史。

砀山经常发生水灾、旱灾、蝗灾，是有其原因的。黄河决口之后，形成大面积扇形冲击地和河泛积水浅洼地。据统计，砀山黄河冲击扇形地带，浅平洼地、背河洼地、缓平坡地占砀山总面积的 73%。大旱之年，河水退位，留下大量的河滩地和抛荒地，荒草顿生，为蝗虫生存提供了地理条件。

蝗灾给农作物生产造成了巨大损失，也对砀山梨栽培产生了严重影响。失去叶片的梨树，轻则衰弱，重则死亡，如果连年遭遇蝗灾，成片的梨园将不复存在。

1.2.4　农耕政策的影响

从古至今，砀山一直是一个农业生产县，重农轻商思想有着极深的历史渊源。砀山梨由远古的野生渐为人工栽培，从皇家园林的深宅大院走入寻常百姓人家，与数千年一以贯之的重农思想是分不开的。《砀山县志　名宦篇》记载元朝县令杨泰"振兴学校，劝课农桑，政教并举，民怀其德"。部分县令下车伊始，也是"先问稼穑之艰难"。汉唐时期，砀山也曾是一派"菽粟丰盛，麦秀千里，桃梨飘香，鸡犬争鸣"之祥和景象。

砀山自古以来就有"斤果斤粮"的果粮换算习惯。限于古时的农业生产技术，粮食产量只有750kg/hm² 左右，而梨的产量却在 75t/hm² 以上，种梨的效益非常明显。而砀山酥梨又表现出比一般农作物更强的抗逆性，如抗盐碱、抗风沙、抗干旱、耐瘠薄、耐水涝等，都为梨的大面积推广创造了条件。

砀山有 1 个流传甚久的传说：乾隆十三年，皇帝南巡途经砀山，周边地方官员争相将本县的名产呈贡皇上，丰县的烟，沛县的酒，砀山酥梨谢花藕，乾隆一一品尝以后，感觉砀山酥梨风味异常，便下了一道圣谕，"全国进贡果梨不少，此梨甲天下矣，再选精品返京呈贡皇考祭品"，从此砀山酥梨名扬天下。

新中国成立以后，砀山县历届政府都将栽培梨树当作防风治沙、农民致富的一条捷径。20 世纪50 年代就在黄河故道建起了 3 000hm² 的国有果园；截至 20 世纪 60 年代末，砀山酥梨面积就超过了7 000hm²；80 年代改革开放以后，砀山酥梨生产得到进一步发展，最盛期达 33 000hm²。

1.3 砀山县自然环境条件

大面积连片栽培砀山酥梨，使砀山地区的自然环境发生了巨大变化，生物种类繁多，人们的生存环境条件得到极大改善。

1.3.1 行政区划

砀山夏时地属豫州，西周之初属宋国，自秦置郡，迄今已有2 000多年的历史。春秋属宋，战国后期属楚，秦置砀郡及砀县，汉属梁国，隋属梁郡，唐属宋州，宋属单州，元属济州，后又归济宁路，明清属徐州府。

1948年11月，砀山县解放以后，曾隶属河南商丘、江苏徐州，1952年划归河南永城。1955年划归安徽宿县专署（现为宿州市）至今。现下辖13个乡镇，人口98万人。

1.3.2 地理位置

砀山县位于安徽省最北部，皖、苏、鲁、豫4省7县交界处。介于东经116°09′～116°38′，北纬34°16′～34°39′。地处黄淮海平原南部，全县面积1 193km²，南北长约44km，东西宽约42.8km。境内主要为黄河冲积平原，中部略高，南北稍低。最高海拔54.8m，最低海拔为40.4m。东距江苏徐州市80km，西距河南省商丘市75km。陇海铁路、310国道横贯东西，比邻江苏连云港至新疆霍尔果斯高速公路，陆路交通四通八达。

黄河自1855年改道北移以来，已断流150余年，形成的黄河故道横贯砀山全境，从西北部东西穿过，长43km，宽10～20km。故黄河现已成为地上悬河，河滩地高于两侧平原6～8m（图1-1）。

1.3.3 自然条件

（1）地形、地质、地貌。由于历史上黄河屡次泛滥及改道，使砀山县地形呈现"大平小不平"，岗、洼、坡相间特点。这种地形的变化，使水、盐重新分配，形成许多以水、盐洼地为中心的汇聚区，加剧了旱、涝、碱情灾害。砀山主要地貌类型有河滩高地（占总面积的27.76%）和缓平坡地（占总面积的50.4%）。此外，还有堤口扇形地、浅平洼地、背河洼地等。除背河洼地土壤质地为黏土或黏重土壤外，其余区域土壤质地均为沙土、泡沙土或沙壤土。土壤碱性，pH 7.5左右，土壤较贫瘠，有机质含量为0.3%～0.9%（图1-2）。

图1-1 已断流的故黄河

图1-2 河流冲积形成的砂土层

（2）气候特征。砀山县属于暖温带半湿润季风气候，农业气候特点是气候温和，四季分明，雨量适中，光照充足，无霜期较长，适宜落叶果树生长。但因春旱多风，夏热多雨，冷、暖和旱、涝转变突然，致使大风、冰雹等灾害性天气较多，据统计，砀山酥梨受晚霜冻害平均4年1次，这些灾害常给水果生产造成严重损失。

全年太阳总辐射量为5.422×10⁵J/cm²，年平均日照时数为2 480.6h。太阳辐射量和光照时间在安徽省属于最丰富区域之一。年平均气温为14.1℃，历年极端最低温度为−19.9℃，历年极端最高温度为41.6℃，无霜期200d，有效积温4 597.2℃，夏、秋两季昼夜温差较大。年平均降水量

761mm，年际变化较大，最高 2003 年降水量超过 1 200mm，最少 1966 年降水量仅为 415mm，80％的年份平均降水量为 673mm。因受季风影响，全年各季降水量分布不均，6～8 月是全年降水最集中的季节，其他月份降水偏少，容易发生春、秋旱灾。

（3）河流水系。砀山地处新汴河、南四湖两大流域，以黄河故道北滩地为分水岭，其以北为南四湖流域，面积 440.3km²，其以南为新汴河流域，面积为 752.7km²。全县有河流 9 条，多为季节河流，所有水源均来自降水，无外来客水过境。浅层地下水埋藏在地表下 5～35m 之间，属弱富水区，水质较好，pH 7～8。

（4）环境质量现状。据安徽省农业环境保护监测总站 2002 年测定结果，砀山县大气综合污染指数为 0.60～0.69，土壤综合污染指数为 0.20～0.32，水综合污染指数为 0.36～0.54，符合 GB 5084—1992 农业灌溉水质标准、GB 15618—1995 土壤环境质量标准和 GB 3095—1996 空气环境质量标准。

1.3.4　生物物种

砀山县生物种类丰富。除梨之外，还盛产苹果、葡萄、桃、杏、李、枣、樱桃等 20 余种水果。林木植物种类共 198 种，分属 47 个科。草本植物 273 种，分属 46 个科；水生植物 48 种；鸟类 96种，分属 36 个科，夏候鸟、秋候鸟、留鸟多达近 100 种，其中省二级以上保护鸟类 20 余种，国家二级以上保护鸟类近 10 种；两栖和爬行动物 6 种；水生动物 13 种。境内工业污染较轻，各种生物组成了一个较为和谐的生态系统。

1.3.5　旅游资源

砀山县虽无山少水，但却有着其他地方所不具备的旅游资源。一是砀山酥梨知名度高、面积大、地方特色明显。大面积连片果园为砀山四季增添了缤纷的色彩，目前，已开发"乌龙披雪""故黄映雪""武陵胜景""瑶池烟霞""盘龙卧波"等以砀山酥梨为主要内容的自然景点，春季梨花如瑞雪，夏季叶茂如绿海，秋季果香四溢，冬季清枝傲雪。同时还发展了以自摘果园为主体的观光农业。二是历史悠久，人文旅游资源较为丰富。悠久的历史赋予砀山较多的历史文化遗存，如定国寺、温庄寺、龙泉寺、薛显墓、天主堂、清真寺等。三是民俗文化异彩纷呈。悠久的历史孕育了丰富多彩的民俗文化，如民间绘画、剪纸，热闹非凡的斗鸡、斗狗、斗羊、斗鹌鹑，曲调悠扬的地方戏曲四平调、琴书、民歌、唢呐，精美绝伦的蓝印花布、泥塑、糖人等民间工艺品。四是黄河故道蜿蜒百里，水面宽阔、水质清澈，多种野生动植物随处可见。

2006 年，中国科学院地理科学与资源研究所旅游研究与规划设计中心和安徽省旅游管理部门均将砀山列为 AAAA 级生态旅游开发区（图 1 - 3）。

图 1 - 3　砀山梨花节一瞥

1.4　砀山酥梨生产发展历程

砀山酥梨在砀山的发展主要是在新中国成立以后，发展历程受到我国农业、农村和产业政策的巨大影响。

1.4.1　砀山酥梨在改沙治碱中发展

自 1128 年黄河南泛流经砀山至 1855 年改道北移，最终留下的是一片干涸的河床和尘沙飞扬的盐碱地。在砀山流传着"面缸一层沙，庄稼被打瞎，走路难睁眼，张嘴沙打牙，风沙不治理，早晚得搬家"的民谚。明崇祯年间《砀山县志》记载："黑风起自西北，黑气凝云，有声渐近，日色全晦，白昼如黑夜。北风息，黄沙满地，厚寸许。"真实地记述了当时风沙危害的情景。砀山人民与风沙的斗争由来已久，砀山酥梨是人与风沙、盐碱和洪水斗争的结晶。它抗风沙，耐盐碱，耐瘠薄，耐涝渍，长命数百岁。砀山酥梨的栽培史就是一部砀山人与风沙、盐碱斗争的历史。随着砀山酥梨栽培面积的扩大，以砀山酥梨为主的绿色植被有效地锁住了黄沙，防止了水土流失，净化了空气。昔日大片不毛之地的荒沙滩，如今春天是花的世界，秋天是果的海洋。曾经肆虐砀山几百年的风沙、盐碱得到有效治理。

1.4.2　新中国成立后砀山酥梨的发展

（1）新中国成立初期。砀山酥梨虽有悠久的栽培历史，但栽培面积一直很小，有限的产品也多为达官贵人所享用，根本谈不上规模栽植和经济效益。据史志记载，截至 1938 年，砀山酥梨的栽培面积仅有 2 000hm²，年产量 3 000t 左右。连年的战争及灾荒，使砀山酥梨的生产遭到严重影响。至新中国成立初期，全县梨树面积不足 700hm²，多为零星或在地主庄园种植，且长势衰弱，病虫害严重，产量低下。

（2）20 世纪 50 年代中期至 70 年代末。进入 20 世纪 50 年代中期，砀山拉开了广植果树、向沙荒开战的序幕。1955 年组建的砀山果园场和砀山县园艺场两个大型国有果园场，砀山酥梨栽培面积都超过 700hm²，在此基础上又创建了 10 多个国有小型果园和 100 多个乡村集体果园，至 70 年代末，全县果园面积达到 8 700hm²，其中梨的面积约 3 800hm²，砀山酥梨的面积约 3 000hm²。

（3）20 世纪 80 年代初至 1998 年。进入 20 世纪 80 年代，砀山农村实行家庭联产承包责任制。在此期间，砀山水果栽培发生了两次大的飞跃。第一次是在 80 年代初至 1987 年，砀山县委、县政府大力调整农业产业结构，实施了"430 计划"，即"全县定植水果 30 万亩①，农桐间作 30 万亩，棉花 30 万亩，夏玉米 30 万亩"，首次将水果生产与粮棉种植放在同等重要的位置。截至 1987 年全县水果面积达到了 3 万 hm²。第二次飞跃是在 1993 年，砀山县委、县政府实施了"113 工程"，即"人均 1 亩果园、1 分②菜地、3 分棉田"，首次将水果生产放在优先于粮棉产业的位置发展。截至 1996 年，全县水果面积达到 4.3 万 hm²，其中，砀山酥梨的栽培面积达到 3 万 hm²，总产量达到 80 万 t，销售平均价格为 2 元/kg，栽培面积、总产量和销售平均价格都达到了有史以来的最高点，仅种植砀山酥梨一项，产区人均年收入就接近 2 000 元。

（4）1998—2004 年。1998 年以后，水果市场竞争日趋激烈，砀山酥梨销售价格大幅度下滑，果品大量积压，个别果园甚至出现撂荒、弃采和砍树现象。针对这一情况，2000 年砀山县委、县政府实施了"3211 工程"，即"保留砀山酥梨优质栽培基地 30 万亩，引种新品种梨 20 万亩，发展以黄桃为主的杂果 10 万亩，保留优质苹果栽培基地 10 万亩"。截至 2004 年年底，砀山县砀山酥梨面积已调减到 2 万余 hm²，发展其他品种梨 1 万 hm²、苹果 0.6 万 hm²、黄桃及其他杂果面积 0.8 万 hm²。针对全县水果以鲜果销售为主，加工和贮藏比例过小的实际，又提出了水果田间直销、贮藏和加工各占 1/3 的奋斗目标。

1998 年 3 月 28 日，中华人民共和国国家工商行政管理总局发布公告，批准安徽省砀山县酥梨协

---

① 亩为非法定计量单位，1 亩＝1/15 公顷。——编者注
② 分为非法定计量单位，1 分＝1/10 亩＝1/150 公顷。——编者注

会使用砀山酥梨证明商标，商标图案寓意芒砀山下，黄河故道两岸，千年的黄河冲积土壤孕育着特有的砀山酥梨。注册商标为砀山牌砀山酥梨。

2000年12月，经安徽省人民政府批准，建立砀山酥梨种质资源省级自然保护区，保护面积38 800hm²，保护区内砀山酥梨年总产量约60万t。保护区的主要工作，一是保护砀山酥梨种质资源，使砀山酥梨优良特性在现有基础上得以稳定、复壮和提高。二是保护砀山县原产的砀山酥梨以外的梨品种资源。三是筛选砀山酥梨优良变异，为改良砀山酥梨种性提供更多的育种材料。四是保护砀山以梨树为主的生态系统。五是保护砀山县以梨为主的地方特色文化（图1-4）。

2002年6月17日，中华人民共和国国家质量监督检验检疫总局发布第54号公告，砀山酥梨原产地域保护申请审查合格，并于2004年5月通过（图1-5）。

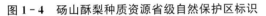

图1-4 砀山酥梨种质资源省级自然保护区标识　　　　图1-5 砀山酥梨地理标志保护产品标识

（5）2004年以后。在砀山县委、县政府采取一系列促进砀山酥梨产业发展措施的同时，2004年，安徽省政府制定、实施了包括水果产业在内的农业十大主导产业发展规划，为加强对水果产业的扶持力度，安徽省政府决定由安徽省财政厅作为水果产业规划制定与实施的牵头单位。省财政厅及时组织专家制定了安徽省水果产业发展规划，并把促进砀山酥梨产业健康发展作为重点，设立了安全标准化生产技术规程制定与示范推广、清沟沥水、果实贮藏与加工和发展农民专业合作组织等多个财政专项，投入了大量资金，有力地推进了砀山酥梨产业化进程。与此同时，安徽省科技厅等项目主管部门也及时设立了砀山酥梨科研项目，砀山酥梨产业技术研究与开发进入了新的发展阶段。

1.4.3 砀山地区砀山酥梨生产现状

（1）分布。砀山县内分布情况。砀山酥梨在砀山全县均有分布，大致的分布趋势是"东重西轻，北重南轻"。大部分集中栽植在黄河故道及其他河流两侧高滩地。但不同树龄的砀山酥梨的分布有其鲜明的特点：逾百年以上的老龄梨树几乎全部集中在县城以东几个乡镇，如良梨镇、唐寨镇、程庄镇、李庄镇等，约有6万株、700hm²。50年左右树龄的砀山酥梨大多数分布在砀山果园场、砀山县园艺场、砀山果树科学研究所及部分乡镇果园，面积约2 667hm²。20年左右树龄的砀山酥梨主要分布在乡镇果园，多是实行家庭承包经营以后定植的，面积约8 000hm²。主要分布在良梨、葛集、李庄、唐寨、玄庙、关帝庙等几个乡镇。10年左右树龄的砀山酥梨大部分分布于城西、城南几个乡镇，面积约10 000hm²。栽培水平较高的仍是几个大型国有果园场及城东老梨园区。

砀山周边地区分布情况。安徽省除砀山县外，萧县、固镇、灵璧县和寿县均有砀山酥梨栽培。其中，萧县约6 700hm²，固镇县约330hm²，灵璧县约110hm²，寿县约100hm²。

在砀山周边的江苏省约有17 000hm²，河南省约有14 000hm²，山东省约有3 300hm²。

（2）果园基础条件。果园路网基本形成。随着国家对农业投入政策的倾斜，果区的主要村庄都修建了柏油路或水泥路，果园生产道路基本为石子路（图1-6）。

果园排灌体系逐步完善。历史上砀山属干旱和年降水分布不均地区，因此，早期果园水利主要建设了"小管出流""微喷"和"滴灌"等节水灌溉设施。2003年以后，砀山地区连续几年发生涝灾，果园排水引起了当地政府和广大果农的充分重视。经过几年的努力，现在大部分果园都形成了"河、渠、沟"3级排水体系。

　　果园机械化程度。为方便果园管理，机动喷药车、旋耕机、微型犁等园艺机械被逐步采用，特别是砀山人自己发明的微型耕作机、授粉器等，更是倍受果农欢迎。各类果园机械的使用，大大降低了果农的劳动强度。

　　（3）栽培管理技术得到更新。制定了砀山酥梨安全、标准化生产技术规程，并通过示范、培训等渠道，更新了以下栽培技术。

　　科学施肥。增施、早施有机肥，同时，在测定土壤、植株叶片的营养含量等基础上，实施平衡施肥。

　　花果管理。认真开展疏花疏果工作，合理负载，提高品质。

　　病虫害安全防治。采取农业措施、物理手段、生物方法与化学防治结合的综合防治措施，按照国家安全生产有关要求与标准选择和使用农药，提高了果实食用安全性，减少了果树生产对环境的污染。

　　土壤管理。根据不同树龄、栽植密度等条件，实行生草、覆盖和清耕结合的多种土壤管理模式，改善土壤理化性质，保护果园生态环境。

　　改造树体结构。采取回缩或疏除上层大枝、逐步疏除层间骨干枝等方法，改造疏散分层形的树体结构，改善内膛光照，延缓结果部位外移进程。

图 1-6　果区道路

图 1-7　成熟的砀山酥梨果实

　　（4）产量与品质。低产梨园产量约 30t/hm²，丰产梨园平均产量在 45～52.5t/hm²，高产梨园可达 75t/hm² 以上。全县砀山酥梨年总产量 100 万 t 左右。其中 1、2 级商品果比例在 60% 左右。平均单果重为 250～400g，可溶性固形物含量 9.5%～12.5%，有机酸含量在 0.06%～0.08%，果实去皮硬度在 4.5kg/cm² 左右，果汁含量大于 93%，100g 果肉中直径 0.25～0.75mm 的石细胞干重为 0.35～0.50g。果肉酥脆，风味甘甜，果面黄亮美观（图 1-7）。

　　（5）采后处理。

　　①包装。砀山酥梨包装有以下几个发展阶段：一是 1984 年以前，砀山酥梨的果实包装较为落后，90% 以上的梨果采用条篓和蒲包包装，每篓 30kg 左右，运输销售中梨果损失一般在 30% 以上，大部分是通果销售，很少分级。二是 1985—1993 年，大部分梨果采用纸箱包装，但除出口的以外，用于国内销售的包装纸箱较为简单，果实分级已较为普遍。三是 1994—2002 年，用纸箱包装的果实比例已占到总数的 90% 以上。大部分果实还用白纸和网套包装后再入箱。2004 年以后除普通纸箱包装外，还逐渐增加了礼品包装。

　　目前，水果分级、清洗、精选、包装生产线开始被引进试用。砀山县建立了水果包装网套厂 50余家、各类纸箱生产厂 40 余家、果袋生产厂 20 多家，生产的产品不仅满足了砀山水果生产的需要，还远销全国各水果产区。

②贮藏。目前，砀山酥梨年贮藏量约为 30 万 t，半地下式自然通风窖是主要贮藏场所，贮藏量约占总贮藏量的 90% 左右。9 月上旬采果入窖，一般可贮藏至次年清明节。砀山县采用机械冷库贮藏砀山酥梨的时间较晚，直到 2003 年才开始在农户中应用。主要为中、小型机械冷库和气调冷藏库。

（6）加工。随着消费者对梨果实品质的要求不断提高，除果形、果皮有缺陷的果实外，占总产量约 10%、单果重小于 165g 以及有机械伤的砀山酥梨果实已难以销售，而加工使这部分果实有了出路。2004 年以来，砀山的水果加工业得到了突飞猛进的发展，国内许多知名果品加工企业纷纷落户砀山，如安徽丰原砀山梨业有限公司、宿州科技食品有限公司、欣诚食品有限公司、兴达罐业食品有限公司、倍佳福食品有限公司、展望食品有限公司、海升集团、熙可（安徽）食品有限公司、隆华食品有限公司等，砀山县现有大、中、小型水果加工企业和个体作坊 570 多家，到 2007 年底，年加工消化水果能力可达到 30 万 t，约占年总产量的 30% 左右，加工产品主要为浓缩果汁、梨汁饮料、梨罐头、果丁、梨膏糖等，深受国内外消费者欢迎。砀山酥梨的加工，还带动了纸箱厂、空罐厂、印刷厂等企业的发展，拉长了砀山酥梨的产业链条，促进了砀山酥梨等水果产业的健康发展。

（7）市场体系培育。

①市场体系培育。砀山的水果销售市场主要由产地批发市场、外地城市批发市场及出口销售等组成。产地市场：一是小型市场。目前分散于主要果区的村头、路旁，几乎每村都有，虽然条件简陋，但靠近果园，装运方便，目前仍是当地水果集中外销的主要场所。二是大、中型批发市场。全县共有大型产地批发市场 19 处，较大的有李庄镇水果批发市场和砀城惠丰农产品批发市场，市场设施齐全，管理规范；中型批发市场一般位于乡镇所在地或较大产区的村镇，一般只具备场地、果棚、磅秤等条件，管理人员为村民自己。外地市场：县外城市水果批发市场是目前砀山酥梨销售的主要渠道，全国大部分城市的水果批发市场都有砀山人设立的销售窗口，这些窗口的组织形式是由果农自愿入股组成的水果长途运销合作社，社内采购、运输、销售分工明确。出口销售：销售的水果质量好、效益高。目前主要由砀山果园场等国有农场及专业水果公司进行，产品已进入东南亚、中东、欧盟及俄罗斯等国。

②品牌建设。全县已注册的砀山酥梨品牌有 40 余个，主要有砀山果园场的"翡翠"、砀山县园艺场的"砀园"、砀山县水果协会的"天久"、砀山良梨果树协会的"梨王"、砀山市力集园艺场的"仙园"、砀山果树科学研究所的"三源"等品牌，这些品牌的共同特点是进入市场的时间长，信誉度高，产品质量可靠（图 1-8）。

图 1-8　注册商标

（8）生产中存在的主要问题。

①品质下降。1998 年以前，砀山酥梨果实在市场上销售情况良好，一度出现供不应求现象，果农对田间管理较认真。1998 年以后，砀山酥梨果实销售价格大幅度下跌，果农的生产投入变少，田间管理水平逐渐下降。管理水平下降主要表现在以下几个方面：一是片面追求产量。一般成年树产量 60t/hm^2 左右，以多取胜，忽视疏花疏果工作。二是树体结构不合理。园内及树体内部郁闭，通风透光不良，果实石细胞含量增多、含糖量降低。三是肥料施用不科学。为降低成本，施用化肥偏多，有机肥施用量较少，而且，大部分是在春节后施入。四是不能适期采收。部分果农为争夺市场，提前或推迟果实采收时间。提前采收的果实果皮厚、果汁少、风味淡、皮色差、果核大，采收过晚的果实果肉失水、发糠、果汁少。五是套袋技术不成熟。近年来，砀山地区 6~8 月雨水多而集中，果园湿度大，果实套袋风险大，常形成"花脸"果实，影响了果实外观品质。

②结构性过剩。砀山酥梨以其果实硕大，酥脆多汁，耐贮藏，栽培综合性状好等优点，多年来一直是砀山及其周边地区梨的主栽品种，原有的一些良好的地方品种都被淘汰，形成了不合理的品种结构。以 2000 年为例，砀山县梨树面积约 3.3 万 hm^2，而砀山酥梨就有 3 万 hm^2。另外，砀山酥梨不仅是砀山地区的主栽品种，也是我国梨经济栽培面积最大的品种，约占全国梨栽培总面积的 1/3。同

一个品种如此大的栽培面积，不可避免地造成了采收期集中、销售压力大、市场竞争激烈、销售价格下滑的后果。

③采后处理环节薄弱。在砀山及周边地区，砀山酥梨的采后处理能力薄弱，大部分果实是经过分散的人工分级、包装等处理后进入市场的，执行标准不严、以次充好等现象较为普遍。大部分砀山酥梨的贮藏依靠分布在农村的半地下式自然通风窖，这些贮藏窖遇大雨易倒塌，贮藏损耗大，果实内外品质下降明显。近年来，砀山县陆续建立了一些冷藏库和气调冷藏库，但贮藏能力还不大。

1.5　砀山酥梨的经济价值与生态效益

1.5.1　经济价值

（1）果实的营养价值。砀山酥梨果实除含糖和有机酸外，还含有果胶、蛋白质、脂肪、钙、铁、磷及多种维生素。梨味甘性寒，有止咳化痰、清热降火、养血生肌、润肺去燥、降低血压和镇静神经等药用功效，对治疗高血压、心脏病、口渴便秘、头昏目眩、失眠多梦等病症有良好的辅助作用。梨果除生食外，还可加工制作梨汁、梨干、梨脯、罐头等。

（2）梨树木材的利用。梨树木质坚硬，纹理细密，可供雕刻、制作面板等；修剪下来的枝条，粉碎后可作为食用菌栽培的配料。

1.5.2　生态效益

为改善生存环境，砀山人民充分利用砀山酥梨这一难得的自然资源，努力创造条件种植砀山酥梨等果树、林木，使全县以砀山酥梨为主的绿色覆盖率由 20 世纪 60 年代末的 9.1% 上升到目前的 71%，有效地防止了水土流失和风沙，净化了空气，改善了生态环境，使沙尘暴发生的频率由 50 年代初每年的 23 次减少到 80 年代每年的 2 次。进入 21 世纪，不仅沙尘暴罕有，年均降水量还得到明显增加，温、湿度更加适宜人类生活和多种动物栖息（图 1-9）。

图 1-9　连片 2 万 hm² 砀山酥梨园

几十年来，砀山县先后成为安徽省生态省建设综合示范基地及全国平原绿化先进县，后又成为全国经济林先进县、全国水果百强县、全国绿色食品生产基地县和全国首批国家级生态示范区，2013 年 3 月，砀山被上海大世界吉尼斯总部授予"种植梨树面积最大的县"。

2 砀山梨品种资源及其应用

2.1 砀山梨品种资源

在砀山县境内，除砀山酥梨外，还有其他一些原产的梨品种。这些品种有的曾作为当地的主栽品种，有的作为砀山酥梨的授粉品种。

2.1.1 马蹄黄

果实马蹄形，平均单果重 200g 左右。萼片脱落，少量残存，萼洼深广；果肉白色致密，果心小，汁多，酸甜可口，品质中上等。黄河故道地区 9 月上、中旬成熟，不耐贮藏（图 1-10）。

幼树生长较旺，枝条抽生角度小，皮孔密而大，先端有白色茸毛，萌芽率高，成枝力低，修剪反应不敏感，短果枝结果，容易形成短果枝群，果台不易抽生果台副梢。叶片中大、圆形急尖，叶缘刺芒状，锯齿整齐顺生，叶色浓绿。

该品种适应性较强，抗梨小食心虫、梨黑星病，不抗轮纹病、梨木虱。丰产性能好。属白梨系统品种，曾为当地主栽品种之一，也是砀山酥梨的优良授粉品种之一。

图 1-10 马蹄黄果实

图 1-11 紫酥果实

2.1.2 紫酥

果实近圆柱形，平均单果重 200g 左右。果实上半部至果柄处紫褐色，中部以下果面黄绿色与褐色斑块相间，果面光滑，果点小而密。萼片脱落或宿存。

果肉白色，肉质细脆，味甜多汁，余味醇香，果心小，品质上等。黄河故道地区果实 9 月中旬成熟，有采前落果现象，果实不耐贮藏。

幼树生长势中等，成龄树姿较开张。枝条细长，皮红褐色，皮孔小而稀。以短果枝和腋花芽结果为主，萌芽率较高，成枝力较低。叶片较小，叶色较淡，高温（超过 33℃）、干旱时易产生生理落叶现象。

该品种抗黑星病、轮纹病。喜土层深厚、肥沃的沙质土壤，不耐瘠薄、干旱，耐涝。本地优良品种之一，也是砀山酥梨的主要授粉品种之一（图 1-11）。

2.1.3 鹅黄

果形似鹅蛋，故得名，平均单果重 280g。果实肩部有鹅突，萼片脱落。成熟时果皮黄绿色，果肉白色，质地较细，味酸甜、多汁，果心小，果实品质中上，丰产。黄河故道地区 9 月中旬果实成熟，耐贮性较差。

花期比砀山酥梨的早 5d 左右，有砀山"梨树第一花"的美称。

幼树树势强旺，树冠开张，枝条粗壮，皮紫红色，皮孔大而多；发育枝先端有少量灰白色茸毛。叶片长卵圆形，较大，叶缘刺芒整齐、较长。以短果枝组结果为主，果台不抽生果台副梢，只形成芽。适于土层深厚而较肥沃的土壤中栽培。

该品种适应性强，耐旱、耐涝、耐盐碱、耐瘠薄；较抗黑星病，不抗轮纹病和梨木虱（图1-12）。

2.1.4　鸡爪黄

果实葫芦形，肩部一边有凸起，平均单果重150g。果柄中长，近梗洼处膨大。成熟时果皮黄绿色，短期贮存后转呈黄色，果点小而密，萼片脱落。果肉白色，致密多汁，味酸甜，品质中等。9月上中旬成熟，果实较耐贮藏（图1-13）。

图1-12　鹅黄果实

图1-13　鸡爪黄果实

幼树强健，较丰产、稳产。以短果枝结果为主，果台不抽生副梢，只有果台芽和叶丛枝。有较强的抗旱、抗涝能力。抗黑星病，不抗轮纹病和梨木虱。栽培适应性广，是砀山酥梨的授粉品种之一。

2.1.5　面梨

又名面香梨。果实近圆柱形，不规则，平均单果重300g。果实萼片宿存或脱落，大部分果实脐部呈猪嘴状。果柄基部明显增粗，果皮粗糙，果点大而密。成熟时果皮绿色；果肉白色略黄、较硬，汁少味甜。黄河故道地区9月下旬成熟，不耐贮藏。

面梨有2个品系，采摘时外观区别不大，经7~10d后熟，1个品系果肉软面，香味浓郁，品质上等；1个品系果肉软而不面，略有香味，品质中上。

幼树生长健旺，枝条直立粗壮，棕灰色，皮孔较大。叶片大，叶齿细长顺生。萌芽率高，成枝力低，枝条短截后可发出2~3个中短枝。以短果枝结果为主。

该品种适应性强，耐旱、耐涝、耐瘠薄；抗黑星病，不抗轮纹病（图1-14）。

图1-14　面梨果实

图1-15　歪尾巴糙子果实

2.1.6 歪尾巴糙子

果实近纺锤形，不规则，萼洼侧偏，因此得名，平均单果重280g。果柄在梗洼处有肉质突起，果点较大，果皮粗糙，萼片多宿存。果肉白色较细，脆嫩多汁，石细胞少，味甜、微酸、余味清香，品质上等。黄河故道地区果实9月下旬成熟，但可食期早；成熟时果实青绿色，不美观（图1-15）。

树势健壮，分枝较少，树姿较开张。以短果枝和腋花芽结果为主，中长果枝也有较强的结实能力。无果台副梢，结果外移现象严重。抗旱、抗涝、抗盐碱、耐瘠薄，抗黑星病，不抗轮纹病。曾是砀山酥梨授粉品种之一。

2.1.7 青皮糙子

果实纺锤形，平均单果重300g左右。果实梗洼平浅，脐部突出，无明显果肩，多宿萼。果点略大，果皮粗糙。果肉白色，肉质致密、艮硬、味淡，品质中下。黄河故道地区果实9月下旬成熟，成熟时果皮青绿色，果实不耐贮藏。河故道地区果实9月下旬成熟，成熟时果皮青绿色，果实不耐贮藏。

树势强健，枝条青灰色，分枝角度小，树冠不开张；叶片大而厚、急尖，刺芒状锯齿；以短果枝和腋花芽结果为主，产量稳定。

该品种栽培适应性强，对环境条件要求不严。抗黑星病，不抗轮纹病。曾是砀山酥梨授粉品种之一。

2.1.8 紫皮糙子

果实近圆柱形，果点大，果皮粗糙、紫褐色，单果重300g以上。果实梗洼广，萼洼略浅，萼片多宿存，脐部呈猪嘴状。果肉黄白色，肉质艮硬、味酸甜，品质下。黄河故道地区果实9月下旬成熟，不耐贮藏。

树势较强，树冠不开张，发枝较少。以短果枝结果为主，中、长果枝也能结果，果台副梢抽生能力弱，结果有大小年现象。

该品种适应性强，抗旱、抗病、耐盐碱、耐瘠薄。曾是砀山酥梨授粉品种之一。

2.1.9 水葫芦

果实近圆柱形，果肉味淡多汁，故称水葫芦，平均单果重250g。成熟时果皮黄绿色，果点分布均匀，略大。果肩较窄，梗洼略深，萼洼深广，萼片多脱落。果肉白色，完全成熟时略带黄色，品质中等。黄河故道地区9月初果实成熟，不耐贮藏（图1-16）。

树势强健，树冠易郁闭，萌芽率高，枝条先端抽枝能力较强，枝条棕褐色，强旺枝棕灰色。叶片大、长椭圆形、刺芒状锯齿。每果台能抽生1～2个副梢，以短果枝和腋花芽结果为主，丰产、稳产。

该品种抗梨黑星病，易感轮纹病。耐旱、耐涝、耐瘠薄，在壤土和泡沙土地上均能良好生长。

图1-16 水葫芦果实

2.2 新品种选育

杂交育种

至目前，以砀山酥梨为亲本杂交培育的梨新品种（系）共有4个。

（1）早伏酥。1981年砀山县果树研究所以砀山酥梨为母本，伏茄梨为父本进行杂交，代号81-8-13，1987年实生苗开始结果，经过多年观察、鉴定，综合性状稳定、优良，主要在黄河故道地区栽培；2009年经安徽省科技厅鉴定，2012年通过安徽省园艺作物品种委员会认定。

果实近圆形，平均单果重150g，最大单果重350g。果实平均纵径5.9cm、横径5.9cm。果皮黄绿色，果面光滑，果点小而稀。果梗长4.0cm，粗0.3cm，果柄基部有一瘤状突起。萼片宿存。果心中等大小，果肉乳白色，肉质细，石细胞极少，汁液多，味甜。可溶性固形物含量11.1%，可溶性糖含量8.0%，总酸含量0.147%，每100g果实中维生素C含量为2.5mg。品质上等。果实成熟时，果肉去皮硬度为4.0kg/cm²。在常温条件下，果实一般可贮藏7d（图1-17）。

图1-17　早伏酥果实

树形为圆锥形，极性强。幼树生长势强，较直立。萌芽力极强，成枝力中等。果台一般可抽生2根副梢，但当年不宜形成花芽。一般定植后4～5年开始结果。自花不育。

在砀山县，3月中旬萌芽，盛花期在4月上旬，花期持续7d左右，7月上中旬果实成熟，果实发育天数110d。11月中旬落叶，营养生长天数220d。

该品种抗梨黑星病、黑斑病，耐盐碱，以土层深厚的沙壤土栽植最好。适宜的授粉树品种有鸭梨、紫酥和马蹄黄等。

（2）秦酥梨。1957年西北农业科学院园艺研究所（陕西省果树研究所前身）以砀山酥梨为母本，黄县长把梨为父本杂交育成，原代号57-25-6，1963年实生苗开始结果，1978年正式命名。

果实近圆柱形，平均单果重280g，最大果重达743g。果实纵径7.6～8.2cm，横径7.4～8.6cm。果皮绿黄色，果面光滑，具有蜡质光泽，部分果实肩部有小锈斑，果点中等大、较多。果梗长5.7cm，粗2.9cm，梗洼浅或中深，有沟并具锈斑。萼片脱落，萼洼深广。果心小，果肉白色，肉质细、松脆，石细胞含量少，汁液多，味甜。可溶性固形物含量10%～14.5%，可溶性糖含量7.6%，可滴定酸0.08%，每100g果实中维生素C含量为3.0mg。品质上等。初采收时，果实去皮硬度为12.1kg/cm²。在辽宁兴城，果实9月下旬成熟。在普通条件下，果实一般可贮至翌年5月，部分果实贮藏到翌年7月，风味仍正常，耐贮性极强。除鲜食外，可以加工制罐。

树形为狭圆锥形，树姿半开张。幼树生长势强，较直立，结果后枝条稍开张，大量结果后树势很快减弱。萌芽力极强，为71%，成枝力中等。一般剪口下可发2～3根长枝。短枝率为31.5%。

一般定植后5年开始结果。初结果树，长果枝占19.2%，中果枝占27.2%，短果枝占53.5%。15年生树株产75～100kg，丰产、稳产。自花不育。

在辽宁兴城，4月上旬花芽萌动，5月上旬开花，5月中旬为末花期，9月下旬果实成熟，果实发育天数138d。11月上旬落叶，营养生长天数210d。

该品种适应性较强。较抗轮纹病和黑星病，抗旱能力强，抗寒力中等。栽植时应注意配置授粉树，授粉品种以雪花梨、砀山酥梨、锦丰梨等为好。

（3）晋蜜梨。山西省农业科学院果树研究所育成。亲本为砀山酥梨×猪嘴梨，1972年杂交，1979年实生苗开始结果。原代号为72-9-33，1985年定名。

果实卵形或椭圆形，平均单果重206g，最大480g。纵径7cm，横径7cm。果皮绿黄色，贮藏后变黄色，果点小而多，肩部果点大而稀，果梗长4cm，粗2.5mm，梗洼中等深广，部分果实肩部一侧有突起。萼片脱落或宿存，脱萼者萼洼较深广，宿萼者萼洼中广、较浅。果心小。果肉白色，肉质细脆，汁多，石细胞含量少，味甜，品质上等。可溶性固形物含量11%～14%，可溶性糖含量9.25%，可滴定酸0.05%，每100g果实中维生素C含量4.1mg。初采收时，果肉去皮硬度为12.5kg/cm²。在辽宁兴城，果实9月下旬采收。果皮厚，耐运输，果实耐贮性极强，窖藏可贮至翌年4～5月。果实主要用于鲜食（图1-18）。

幼树生长势强,较直立,成年树生长势中庸,较开张。萌芽力强,成枝力弱,剪口下多抽生 1～2 根长枝。一般定植后 4～5 年开始结果,结果初期,中、长果枝比例较大,盛果期以短果枝结果为主,大小年结果现象不明显,丰产。

在辽宁兴城,3 月下旬至 4 月上旬花芽萌动,4 月下旬至 5 月上旬初花,5 月中旬末花,果实 9 月下旬采收,果实生育期 135d。10 月下旬至 11 月中旬落叶,营养生长天数 224d。

幼树生长势强,整形时应开张主、侧枝角度;自花结实率低,授粉品种主要有酥梨、鸭梨、雪花梨等。

(4)硕丰梨。由山西省农业科学院果树研究所育成。

图 1-18 晋蜜梨果实

亲本为苹果梨×砀山酥梨,1972 年杂交,1978 年杂交实生苗开始结果,1995 年 2 月通过内蒙古农作物品种审定委员会认定,1995 年 12 月通过由农业部及山西省科学技术委员会组织的鉴定并定名。

果实近圆形。平均单果重 250g,最大果重 950g。果实纵径 7.8cm,横径 8.5cm;果面光洁,具蜡质,果皮绿黄,具红晕或近于满面红色,果点细密,淡褐色;果梗中粗,长 3～4cm,褐色或红褐色,梗洼窄浅或中深;萼片宿存或脱落,萼洼中深或较浅。果心小,果肉白色,质细松脆,石细胞含量少,汁液丰富,味甜或酸甜,具香气,品质上等。可溶性固形物含量 11.2%～14.0%,可溶性糖含量 8.36%～10.56%,可滴定酸 0.102%～0.173%,每 100g 果实中维生素 C 含量 8.4mg。果实耐贮藏,在地窖中可贮至翌年 4～5 月。

幼树生长势较强,结果后树势中庸,树姿较开张。萌芽率 77%,成枝力中等,剪口下一般可抽生 2～3 个长枝。

定植后 3～4 年结果,结果初期以中、长果枝结果为主,8 年生树短果枝结果占 33.9%,中果枝占 17.9%,长果枝占 33.9%,腋花芽占 14.3%。大量结果后短果枝占 74%,腋花芽结果能力较强。果台抽生副梢能力强,健壮果台可抽生 1～3 个中、长枝,其上又可形成顶花芽及腋花芽,果台副梢可连续结果,丰产、稳产。

晋中地区,4 月上旬花芽萌动,4 月中下旬初花,4 月底末花,果实 9 月初成熟,8 月下旬即可食用,较砀山酥梨成熟期早 15～20d。11 月上、中旬落叶,果实生育期 145d,营养生长天数 220d 左右(图 1-19)。

该品种果实易受梨小食心虫危害。高寒地区以山梨、杜梨为砧育苗,以增强其抗寒性。自花结实率不高,授粉品种有苹果梨、锦丰、早酥、鸭梨等。

图 1-19 硕丰梨果实

2.3 芽变品种

2.3.1 伏酥

砀山酥梨芽变品系,原产安徽省砀山,本地主要品种之一。

果实近似圆柱形,不规则,有纵向棱沟,平均单果重 250～300g。果柄较粗,梗洼平浅,萼洼浅，萼片少量脱落，大部分宿存呈脐状；成熟时果皮黄绿色，果点小而密；果肉白色，酥脆多汁，味甜，果心中大，品质中上；黄河故道地区 7 月下旬果实成熟，不耐贮藏。

幼树生长势较强，成年树枝条较开张，干性弱，枝条粗壮、稀疏，萌芽率高，成枝力低；叶片卵形，叶缘刺芒状锯齿。以短果枝和腋花芽结果为主，果台副梢抽生能力较弱，近半数果台光台结果。该品种适宜北方冷凉果区栽培，喜肥沃沙质土壤，耐旱、耐涝。抗叶部病害，干旱年份萼洼有小裂口。

2.3.2　良梨早酥

1969 年在砀山良梨乡代庄村百年老梨树上发现的芽变，原代号 6901，1985 年经安徽省科技厅审定、定名（图 1-20）。

果实近圆形，少数有纵向浅平棱沟，平均单果重 262.6g。果皮黄绿色，果心较小，果肉石细胞含量较少，汁多、味甜，有微酸，可溶性固形物含量 10.5%，果肉带皮硬度 11kg/cm²。枝条粗，皮孔大而密，树干光滑，灰褐色，2～3 年生枝赤褐色，叶片大而厚，主脉粗。在砀山地区 3 月中旬萌芽，4 月上旬开花，花期持续 7d 左右，4 月中旬展叶，7 月底至 8 月初果实成熟，果实生育期 120d，11 中旬落叶，营养生长天数 220d 左右。

树势强健，半开张，萌芽率强，成枝力中等，以短果枝结果为主，兼有中长果枝和腋花芽结果，果台副梢抽生能力弱，丰产、稳产。

图 1-20　良梨早酥果实　　　　　　　　　　　图 1-21　砀山新酥

2.3.3　砀山新酥

砀山新酥是 1997 年从砀山酥梨优良芽变中选育出的梨新品种，经过 15 年系统观察和对比鉴定，性状表现稳定。2010 年通过省级认定、定名。

果实近圆形，果形指数 0.95。果柄黄绿色，长 2.65cm。萼片脱落。果皮黄绿色，较薄，具蜡质，果点小，果锈少；平均单果质量 370g，果肉白色，质地细腻，酸甜，具微香，总酸 0.079%，可溶性固形物含量 12.6%，去皮硬度 6.4kg/cm²，石细胞团（直径＞0.25mm）含量 1 778mg/kg（图 1-21）。1 年生枝黄褐色，前端有 1 层茸毛，枝条弯曲度比砀山酥梨大，新梢生长量可达到 70.0cm。皮孔稀大，呈椭圆形。芽褐色，短三角形，芽内勾，贴伏于枝条，无茸毛。花序 5～7 朵花，花瓣白色，5 枚；雄蕊 20～23 枚，花囊暗红色，雌蕊 4 枚，花序坐果率高，具花柄。

树冠开张，枝条成枝力较强，萌芽力较好。在砀山地区，3 月 5 日萌芽，3 月 25 日花序分离，4 月 1 日初花，花期 7d 左右，4 月上中旬展叶，4 月 9 日新梢开始生长，6 月上中旬停止生长，8 月底果实成熟，果实生育期 140d 左右，10 月上旬落叶。枝条易成花，幼果自然落果现象比较明显（4 月底），抗冻性一般，较抗黑星病，中抗炭疽病。授粉适宜品种有鹅黄、鸭梨、黄金等。

2.3.4　大果白酥

1993 年，在江苏省高邮市果树试验场梨园中发现的大果形芽变，经过 6 年高接鉴定、植物学观察和区域试验，性状稳定。2002 年通过江苏省农作物品种审定委员会审定、定名。

果实长圆形或近圆形，平均单果重 378g，最大单果重 1 280g。果面有不明显棱沟，果柄较粗、梗洼浅狭，萼洼深广，萼片多脱落。果皮黄白色、光滑、果点小而密。果肉乳白色，果心中大，口感酥脆，汁液多，味甜，石细胞含量少，可溶性固形物含量 14.2%。

树冠自然半圆形，树势强，树姿直立。1 年生枝黄褐色，新梢黄绿色，密布茸毛，皮孔大、圆形、分布密。叶卵圆形、较大、较厚，深绿色、蜡质多、有光泽，叶面平展，叶尖渐尖、扭曲，叶缘锐锯齿。每花序 8～11 朵花，花冠及花瓣中大。以短果枝结果为主，幼树及成年大树的长果枝易形成腋花芽，丰产性好，幼树定植后 3～4 年开始结果，7～8 年开始丰产，一般产量在 25t/hm²。较抗梨黑星病。

在高邮市 2 月中下旬萌芽，3 月下旬花序伸出，4 月上旬初花，8 月下旬果实成熟，果实发育期约为 145d。11 月上旬落叶，营养生长期约 260d。

3 生物学特性

3.1 生长习性

砀山酥梨生长势较强，枝条抽生角度较小，萌芽率高，成枝力低，剪口下一般抽生 1～2 个长枝。栽培适应性较强，抗旱、抗涝、耐瘠薄、耐盐碱能力强，抗寒力中等。在自然生长情况下，树形呈自然圆头状，经济栽培寿命长。

3.1.1 叶芽

砀山酥梨的生长发育和树体更新复壮都是从叶芽开始的，通过叶芽的发育实现营养生长向生殖生长的转变。

（1）叶芽结构。叶芽由鳞片、雏梢和叶原始体组成，萌发后形成新梢。

（2）叶芽种类和特性。依着生的部位可将叶芽分为顶芽与腋芽。顶芽着生于枝条顶端，较大、较圆，短枝上的顶芽一般较饱满，随着枝条长度的增加，顶芽的饱满程度渐减，与腋芽相比，顶芽萌发力和成枝力较强。腋芽着生在叶腋内，同一枝条上不同部位的腋芽的饱满度、萌芽率、生长势都有明显的差异，枝条中部的腋芽质量最好，最饱满。腋芽扁圆、多呈三角形离生，内侧较平，外侧圆鼓，芽宽度小于 5mm，芽长小于 6mm（图 1-22）。砀山酥梨叶芽的早熟性差，芽形成后当年一般不能萌发，翌年才能萌发，萌发率与成枝率均为中等。腋芽萌发后，常

图 1-22 叶 芽

在枝条基部形成很小的芽或芽痕，这些芽一般不会萌发，形成寿命很长的隐芽，隐芽在受到刺激后才能萌发，成为枝条和树冠更新的基础。

（3）叶芽的分化。

芽原基出现期。自芽原基出现至芽开始分化出鳞片的时间为芽原基出现期。叶芽是枝的雏形，春季芽萌发前，雏形枝已经形成。芽萌发后，雏形枝开始伸长，随着芽的萌发，在雏形枝的叶腋由下而上发生新的一代芽原基。砀山酥梨枝条的芽原基从 4 月中旬开始分化，新梢停止生长时结束。短枝常无腋芽，中、长枝基部 1～3 节叶腋间一般也不发生腋芽，成为盲节。

鳞片分化期。雏形枝芽原基形成后，生长点就由内向外分化鳞片原基，并逐步发育成固定形态的鳞片。鳞片分化期一直延续到该芽所属叶片停止增大为止。鳞片分化期间由于鳞片的增多、增大，芽的体积明显增大，鳞片的数量因芽的发育状况而有差异，砀山酥梨枝条顶芽的鳞片一般有 14～19 片，腋芽的鳞片一般少于 14 片。

叶原基分化期。鳞片分化结束的芽原基经过炎热的夏季后开始分化叶原基，并逐渐生长成幼叶。此期一般分化叶原基 3～7 片，直到冬季休眠时才暂停分化。翌年春萌芽前，营养条件较好的芽，在芽内继续分化叶原基。在这一时期中，短梢可增加 1～3 片叶，中、长梢可增加 3～10 片叶。砀山酥梨芽内分化叶片数，一般不超过 14 片。

营养充足及生长势较强的芽，春季萌发后，先端生长点仍能继续分化新的叶原基，继续增加节数，一直到 6～7 月新梢停止生长以后，再开始下一轮叶芽分化。

3.1.2 花芽

砀山酥梨的花芽为混合芽，内含雏梢、叶原始体和花的雏形，萌芽后既能开花结果，又能抽生

枝叶。

（1）花芽的种类与构造。砀山酥梨花芽依着生部位可以分为顶花芽和腋花芽。在枝条顶端形成的花芽称为顶花芽，在枝条叶腋间形成的花芽称为腋花芽。顶花芽是砀山酥梨结果的主要部位，而腋花芽结果所占比例较小（图1-23）。分化完全的花芽外部覆盖鳞片，内部有雏形梢，雏形梢顶部着生数朵至10余朵花，并形成果台及果台副梢。

（2）花芽分化。砀山酥梨花芽分化一般经过3个时期：即生理分化、形态分化和性器官发育期（图1-24）。

图1-23　顶花芽

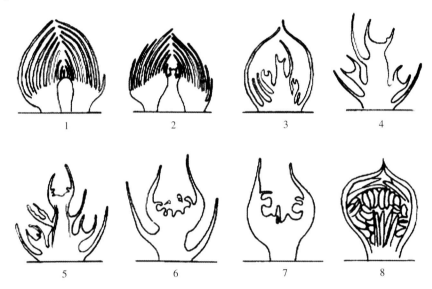

图1-24　花芽分化过程

1. 6月24日，鳞片8对，生长点尚未出现花原始体（未分化期）。

2. 7月17日，鳞片9对，生长点突起，形成花朵原始体，芽轴伸长（花蕾分化期）。

3. 7月27日，鳞片9对，芽轴继续伸长，出现花萼原始体（花萼分化期）。

4. 8月17日，出现花瓣原始体（花瓣分化期）。

5. 9月9日，花瓣原始体增大，出现雄蕊原始体（雄蕊分化期）。

6. 9月29日，心皮开始突起，进入雌蕊分化期（雌蕊分化期）。

7. 10月28日，心皮的一侧大而高，形成子房室（心室分化期）。

8. 翌年1月18日，花药增大、增多，现红色、透明发亮，花柱5根、绿色，花蕾内毛状物减少（分化完成期）。

生理分化期。生理分化是指芽生长点细胞内进行着由营养生长状态向生殖生长状态转变的一系列生理变化，细胞内营养物质和激素平衡状态已经达到向花芽分化的物质水平，一旦遇到适宜的外因条件即可进行形态分化。生理分化一般在形态分化前1个月左右即开始，此时正值5月，长梢仍在生长，停止生长较早的短梢顶芽和发育较好的腋芽营养物质积累多，有较多的成花机会。

形态分化期。形态分化是指已经具备生理分化物质基础的芽，在外因作用下，进行各种花器官原基的分化过程。砀山酥梨花芽形态分化从7月上中旬开始，一般情况下，此时鳞片数在9对以内，新梢已停止生长，果实尚未迅速膨大，至11月基本结束。砀山酥梨花芽形态分化期大致可分为：①分化始期。芽的生长点肥大隆起，变成扁平的半球形，继而在生长点下出现突起，此突起就是花原基的总苞原基。从6月下旬开始，持续约20d。②萼片形成期。总苞原基分化完成后，顶部生长点转化为花原基，在花原基顶端的周围产生突起，为萼片原基。此期从7月中旬开始，持续约40d。③花瓣形成期。萼片原基形成后，开始伸长，并在内侧基部发生新的突起，即花瓣原基。从8月中旬开始，持续约40d。④雄蕊形成期。花瓣原基进一步发育后，在花瓣原基下部出现新突起，即为雄蕊原基。从9月上旬开始，持续约30d。⑤雌蕊形成期。在花原基中心底部产生的突起，为雌蕊的心皮原基，心皮伸长，先端逐渐合拢形成心室、出现胚珠。从9月下旬开始，持续约20d。⑥性器官发育期。花芽解除休眠后至开花前，在雄蕊的花药中发育出花粉粒，雌蕊的子房中发育出胚珠，最后完成花芽分化的全过程。花器官发育完全，开花后才能进行正常的授粉、受精过程。

（3）影响花芽分化因素。物质基础和适宜的外部环境，是花芽正常分化的前提。

物质基础。包括结构物质（光合产物、矿质盐等）、能量物质（淀粉、糖、三磷酸腺苷等）、遗传物质（DNA、RNA等）和调节物质（各种激素）。

营养物质水平。花芽的分化是叶芽向花芽转化的质变过程，需要一定的营养物质水平，特别是适宜的碳氮比。能否形成花芽不仅决定于碳水化合物（淀粉、糖等）和含氮物质（蛋白质等）数量的多少，还取决于两者的比例，比值越高则成花的可能性越大。营养水平对花芽分化的影响一般会出现4种情况：一是肥料供应和碳水化合物积累适量，树体长势中庸，容易形成花芽且结果良好。二是氮肥不足，生长不良，但碳水化合物积累较多，能够成花但结果不良。三是氮肥施用过多或修剪过重，树体营养生长旺盛，碳水化合物消耗多、积累少，难以成花。四是光照不足或叶片早期脱落，碳水化合物积累少，难以成花。

激素水平。激素对花芽的形成有重要影响。赤霉素主要产生于迅速生长的枝条顶端、幼叶和幼胚，对花芽分化起抑制作用；生长素产生于枝条顶端分生组织中，对花芽分化也起抑制作用。细胞分裂素多产于老熟的叶片，促进花芽分化；脱落酸与赤霉素有拮抗作用，可以促进花芽分化；乙烯对花芽分化有促进作用。激素对花芽分化的影响，不是通过其在植株体内的绝对含量实现的，而是取决于各种内源激素的平衡状态，只有各种激素达到适宜的平衡比例时才有助于花芽分化。

外界条件。光照充足、温度适中、适度干旱对花芽分化有利。①光照。光既影响营养物质的合成，也影响内源激素的产生与平衡。充足的光照有利于叶片光合作用、积累养分；在强光下，激素合成慢，特别在强紫外线照射下，生长素和赤霉素分解或活化受阻，从而抑制新梢生长，促进花芽分化。因此，果树在光照充足条件下易形成花芽。树冠内自然光透光率在20%以下时花芽分化受到严重影响，达到30%以上时有利于花芽分化，高于50%时花芽分化旺盛。②温度。砀山酥梨在高温下进行花芽分化，平均气温在20～30℃时最适宜，低于20℃时分化缓慢，低于10℃时花芽分化停止。伊兴凯等认为，冬季有效低温的积累状况也直接影响砀山酥梨树体的生理代谢和生物学特性，经试验测定，砀山酥梨花芽需冷量约为1 126h。③水分。适当干旱，土壤含水量为10%左右时最利于砀山酥梨花芽分化。土壤含水量过高，新梢生长旺，细胞液浓度和激素含量降低，不利于花芽分化。如果土壤含水量过低，则芽休眠早，会失去分化成花芽的机会。

3.1.3　叶

（1）叶的功能。叶片是制造有机养分的主要器官，叶片利用空气中的二氧化碳（CO_2）和根部吸收的水分，在阳光下进行光合作用，形成碳水化合物，再与根部吸收的矿物营养合成蛋白质等有机养分，用于树体营养生长和开花结果。叶片除进行光合作用外，还进行呼吸作用和蒸腾作用。通过气孔还可以吸收水分和养分，生产上常利用叶片的这种功能进行叶面追肥。

（2）叶的发育过程。叶片的生长发育过程是从叶原基出现开始的，经过叶片、叶柄和叶托的分化，直到叶展开、停止增大为止。叶片随着新梢伸长而逐渐增多，叶面积也相应增大，到5月下旬，全树的叶面积大小基本稳定。

（3）叶的形状和叶面积大小。砀山酥梨的叶片为阔卵圆形，螺旋顺向着生在枝条上，幼叶叶柄和主脉为红色（图1-25）。叶尖长突，叶基圆形，叶缘顺生，刺芒状，叶面平滑、有光泽，两侧向内微曲，叶梗细、平均长5.89cm。叶平均长为9.76cm，平均宽为7.18cm，每片叶面积平均为49.90cm²（图1-26）。

同一枝条上着生部位不同，叶面积大小差异较大，新梢中部叶片面积最大，先端和后部叶片面积较小。同一树冠，内膛叶片面积较外围叶片面积小。同类枝条同一着生部位的叶片，因肥水条件和光照条件不同，叶面积大小也不同，肥水条件好的叶片大而厚，光照条件差的叶片小而薄。叶面积形成

图 1-25 幼 叶

图 1-26 成熟叶片

的早晚和大小不仅影响当年的产量和新梢的生长，而且还影响当年的花芽分化和营养物质的积累。砀山酥梨以短果枝结果为主，短果枝上的叶片能否迅速形成较大的叶面积，产生、积累足够的光合产物，供应果实生长和花芽分化，是栽培管理的关键。

3.1.4 枝

（1）枝的功能。枝起支撑作用，是结果的重要部位，并承担营养的运输。根部吸收的水分和无机养分，通过枝的木质部导管运送到叶片，叶片制造的有机养分，通过枝的韧皮部筛管运输到全树的各个部位，以满足植株生长结果的需要。

（2）枝的类型。按生长结果的性质，枝条分为营养枝和结果枝。砀山酥梨中庸树的枝条青褐色，树势愈强枝条颜色越深（图 1-27）。

营养枝。不结果的发育枝为营养枝。营养枝依枝龄可分为新梢、1 年生枝和多年生枝。春季叶芽萌发的新枝在落叶前称为新梢，新梢自落叶后至第 2 年萌发前称为 1 年生枝；1 年生枝自萌芽至下年萌发前称为 2 年生枝；2 年生以上的枝条称为多年生枝。1 年生枝按枝条长度划分为短枝（5cm 以内）、中枝（5~30cm）和长枝（30cm 以上）。

结果枝。枝上着生花芽，能开花结果的枝称为结果枝。结果枝按长度分为短果枝（5cm 以内）、中果枝（5~15cm）和长果枝（15cm 以上）（图 1-28）。结果枝结果后留下的膨大部分称为果台，果台上抽生的枝称为果台副梢，果台副梢也可以结果。

图 1-27 生长期枝条

图 1-28 左：短果枝；右：中果枝

（3）枝的生长。伸长生长。枝伸长生长是由顶端细胞分裂和细胞纵向延伸实现的。芽萌发后顶端细胞加速分裂，一些细胞进一步分化成表皮、皮层、初生木质部和髓部组织。由于此时叶片也在生长，枝的生长主要靠树体内贮藏的营养，因此伸长缓慢。随着叶片的形成，叶片制造的养分提给新梢生长，顶端细胞继续分裂分化，伸长生长明显加快，新梢进入旺盛生长阶段，以后逐渐变慢，直至停止生长。砀山酥梨新梢旺盛生长期一般在4月上旬至5月上旬，到6月中旬基本停止生长。新梢长度决定于生长时间的长短，短枝通常生长7～10d即开始形成顶芽（图1-29），而长枝一般生长70d左右才会停止生长（图1-30）。营养状况好、水分充足、温度适宜则有利于枝条的伸长生长。砀山酥梨枝条很少有自然二次伸长生长现象。

图1-29　中、短枝生长情况　　　　　　图1-30　长枝生长情况

加粗生长。枝条加粗生长是由形成层细胞分裂分化实现的。新梢加粗生长与伸长生长同时进行，但加粗生长较伸长生长停止晚。加粗生长受树体营养状况影响很大，营养状况不良，直接影响加粗生长，形成的新梢细弱。因此，枝条的粗壮程度，反映了植株生长期田间管理的好坏和营养水平的高低。

3.1.5　花

（1）花的结构。砀山酥梨花瓣不整齐，轮生在花托上，正常单花多为5个花瓣，但也有6～24个花瓣的重瓣花。花瓣白色离生，单瓣复瓦状排列，花冠轮状辐射对称。雄蕊20个分离轮生，枣红色或红色，显著高于雌蕊。雌蕊柱头3～5个离生。花冠直径4～6.5cm，差异较大。伞房花序，每花序一般为5～7朵花。花托杯状，子房下位。萼片5片，呈三角形，基部合生筒状（图1-31）。

（2）开花。3月下旬花芽绽开露出花蕾，其后花序分离，3月底至4月初进入开花期。先开花后展叶，展叶比开花迟2～3d。同一花序下部花先开，顶花后开；同一枝条顶花芽的花先开，腋花芽的后开，壮树、壮枝壮花芽先开，弱的后开。砀山酥梨开花对温度的反应敏感，温度达不到要求时不能开花。开花后连续3～5d气温在15℃以上，开花旺盛，盛花期可持续5～7d。全树花期约7～12d。单朵花期7～9d。干旱高温天气花期缩短，湿润凉爽天气花期延长。同一株树上因花芽质量不同，花期早晚可相差20多d（图1-32）。

图1-31　花的结构　　　　　　　　　图1-32　盛开的花

3.1.6 果实

（1）果实结构。砀山酥梨的果实由果肉、果心和种子3部分组成。花托形成果肉部分，花的子房形成果心，胚珠发育成种子。果实有5个心室，一般每个心室含2粒种子。在同一果实内有种子的一侧果肉发育良好，没有种子的一侧发育较差，从而形成畸形果。

（2）果实性状。果实酥脆是砀山酥梨的品质特点，其酥脆程度与立地条件关系密切。在黄河故道地区沙质土壤中栽培的砀山酥梨，品质优良，果肉酥脆爽口；而在同一地区的黏土中栽培的砀山酥梨，果皮增厚，果色发青，果核变大，石细胞含量增多，果肉发艮。果点大小和密度与果实着生部位、光照条件和药物影响等有较大关系。果实生长期150d，黄河故道区域成熟期9月中旬（图1-33、图1-34）。果实各项性状指标如下。

果实形状：近圆形。

果实大小：大果型。

单果重：商品要求250～400g，平均单果重314g。

果形指数：0.94～0.99。

果实整齐度：较整齐。

果实颜色：采收时黄绿色，贮藏后黄白色。

图1-33 果实剖面图

图1-34 贮藏后的砀山酥梨果实

果面：蜡质有光泽，较光滑，果肩和萼洼易产生果锈，果锈面积较小。

果点：中等大小、较密。

果梗平均长度：4.86cm，上下粗细均匀。

梗洼：浅、窄。

萼洼：深、广。

萼片：脱落或宿存。

果肉颜色：白色。

果肉质地：中粗。

果肉类型：酥脆。

果实硬度：成熟期果实去皮硬度 $4.0～5.5kg/cm^2$，带皮硬度 $6～9kg/cm^2$。

石细胞：中多，果实横剖面，石细胞呈条状放射状分布；果实纵剖面，石细胞呈扇状分布。

汁液：多。果实含水量为90%左右。

风味：甜。

香气：清香。

品质：上。

果心位置：中位。

果心大小：中等。

萼筒：圆锥形，与心室连通。

心室：中圆、上下锥形。

种子数量：10 粒。

可溶性固形物：10％～13％。

总酸：0.06％～0.08％。

贮藏性：室内常温贮藏期为 120d，半地下通风窖贮藏期 210d。砀山酥梨果实在贮藏过程中易失水，造成果皮皱缩、果肉发糠现象（图 1-35）。

砀山酥梨果实的外观受环境和管理条件等综合因素的影响，其果肩处易产生放射状或不规则块状锈斑，根据果皮色泽不同，当地有将砀山酥梨分为"金盖酥""青皮酥"和"白皮酥"之说。

3.1.7　根

（1）根的功能。根能把梨树固定在土壤里，并从土壤中吸收水分和矿质营养及少量的有机物质，能贮藏水分和养分，根系还能合成细胞分裂素、生长素等。根系生长状况直接影响到地上部分的生长和发育。

（2）根的种类。以杜梨为砧木的砀山酥梨的根系有主根，主根上分生侧根，侧根上着生许多须根，须根上又分生出更多的吸收根，吸收根的先端着生根毛。根毛是根系直接从土壤中吸收水分和养分的器官。侧根依其在土壤中的分布状况，可分为水平根和垂直根。沙壤土质梨园，土质较均匀的地方，根系呈上多下少的状态，

图 1-35　果实失水症状

80％的根系分布在 60cm 深以内土层中，土质不均匀的地方根系呈不规则分布，土质好的区域，根系明显较多，反之较少。砀山酥梨垂直根的深度与干高基本相同，水平根伸展范围常为树冠的 1.5～2 倍，吸收根则集中分布在相当于树冠大小、20～60cm 深的土层中。

（3）根的生长。砀山酥梨根系 1 年中有 2 个生长高峰，新梢停止生长时根系生长最快，是根系生长的第 1 个高峰，此后根系生长逐渐缓慢；果实采收后是根系生长的第 2 个高峰，落叶后根系逐渐进入冬季休眠状态。新根 1 年可生长 80～100cm。不同层次的根系停止生长的时间不一致，上层根系停止生长的时间比深层根系的早。如果温度适宜，根可全年活动而不休眠。

砀山酥梨根系生长活动对温度反应较为敏感。在较高温度下，根的膜透性和物质运输加强，水黏滞性减少，土壤元素的移动增强；低温条件下，则相反。早春深层的土温较高，根系活动较早；在温度较高的 7～8 月，各土层的根系均进入缓慢生长，生长衰弱的树几乎停止生长；晚秋深层的土温下降慢，其深层根系停长较晚。据观测，当 50cm 深的土壤温度达到 0.5℃ 时根系开始活动，达到 7～8℃ 时根系开始加快生长，根系生长的适宜温度为 13～27℃。随着土壤温度的升高，根系生长逐渐减弱，达到 30℃ 时根系生长不良。到 35℃ 时根系生长停止，超过 35℃ 时，根系就会死亡。

土壤含水量对砀山酥梨根系生长也有较大的影响。在根系分布层，土壤含水量达到田间最大持水量的 60％～80％时，土壤通气性最好，如果温度也适宜，则最有利于根系的生长。土壤含水量低于田间最大持水量的 40％时，直接影响树体原生质膜透性和代谢，首先使根细胞伸长减弱，新根木栓化加快，生长减慢，低到一定程度，则停止生长。缺水严重时，根体积收缩，不能直接与土粒接触，根生长点死亡。砀山酥梨虽较耐涝、耐旱，但土壤水分过多，持续时间过长，会使土壤氧含量降低，细胞膜选择透性降低，根系生理代谢活动受阻，常伴随叶片发黄等症状的出现，会引起根系窒息而死，最终导致全树死亡；黄河故道地区往往春旱严重，这时沙土地含水量较低，根系生长不良，同时也影响地上部生长。因此，早春开花前后灌水对提高树体营养水平，促进地上部生长有良好的效果。

3.2　结果习性

3.2.1　结果年限

在一般栽培条件下,砀山酥梨定植后第3年开始结果,3~6年为初果期,7~10年的树进入盛果初期,11年以上的树进入盛果期。

砀山酥梨是较易成花、结果的品种,1年生枝条在轻剪或缓放的条件下,容易抽生短枝形成花芽。因此,采取拉枝、促进抽生枝条等措施,可使各结果期提前2~3年。

砀山酥梨经济结果年限长,100年以上树龄的树,仍能正常结果,且果实品质良好。

3.2.2　结果部位

砀山酥梨以短果枝和腋花芽结果为主,果台副梢抽生能力较强,正常年份平均每个果台抽梢1~2枝(图1-36),生长势强的果台可抽生3个副梢,果台副梢连续结实能力较强,容易形成良好的结果枝组(图1-37)。但空台现象也较常见,多发生在果枝的基部。

图1-36　果台抽生2根副梢

图1-37　果台连续结果

(左:果台;右:果台连续结果状)

3.2.3　授粉与结实

砀山酥梨自花花粉在柱头萌发、进入花柱生长过程中,花粉RNA被花柱的一种蛋白(S-RNase)特异性地降解,花粉管因蛋白质合成受阻而停止生长,不能完成受精过程,使砀山酥梨自花授粉不能结实,生产上需要配置授粉树或人工辅助授粉才能进行经济栽培,优良授粉品种有马蹄黄、圆黄、紫酥、鸭梨等。授粉最佳时间是始花后的第2~4d,进入第5d授粉就会影响坐果率。授粉品种的花粉落到柱头上,在15~17℃下,经过2~3h,萌发的花粉管经花柱伸入子房,沿子房内壁和胚珠之间弯曲延伸,经过约48h的生长,在珠孔处受精,完成授粉、受精过程。授粉期间遇有温度过高、过低或雨水、沙尘暴等恶劣气候,均会严重影响授粉与受精。授粉不良易造成果实变小、落果严重等现象。花粉在相对湿度50%、0~5℃条件下,其生活力可保持1年以上。在室温下保存,相对湿度以50%~70%为宜。

只有完成受精过程的花才有可能坐果,砀山酥梨花序坐果率一般在70%~80%,花朵坐果率20%~30%。砀山酥梨有1次落花和2次生理落果过程,落花在花后10d左右,子房未见膨大即凋落;第1次落果发生花后20d左右,第2次落果发生在5月上中旬。造成落花落果的原因是多方面的,主要是授粉受精不充分或营养不良造成的。

3.2.4　丰产性能

砀山酥梨发达的根系,决定了砀山酥梨具有良好的适应性。较高的萌芽率和较低的成枝力,较高的果台副梢抽生能力和较好的连续结实特点,使砀山酥梨具有良好的丰产性和稳产性(图1-38)。

图1-38　丰产性能

3.3　果实发育

3.3.1　果实生长动态

（1）果实大小。果实大小由细胞的多少和大小决定。细胞数目越多、体积越大，果实也越大。砀山酥梨果实大小依不同年份而不同，有的主要由细胞数多少决定，有的因细胞大小引起。细胞数的多少决定于上年贮藏的养分和春季至5月末的营养状况。而细胞大小，主要受生长季营养的支配，树体营养状况好，分裂的细胞数目就多，细胞体积也大。

砀山酥梨果实生长发育呈现类"S"曲线型，从组织和形态上有2个关键时期：一是果实细胞分裂期。从完成受精到6月中旬以前，是果肉细胞和胚乳细胞迅速分裂期，约在5月20日前后达到高峰，细胞整个分裂期约50~60d，以后不再分裂。二是果实细胞膨大期。6月中旬至7月中旬，纵径增速相对较快；7月下旬至8月中旬，纵横径增速相近，直至盛花期后130d左右增长速度降低趋缓。果形指数的变化是砀山酥梨进入膨大期的标志，开始膨大前的果实，果形指数都大于1，8月中旬果实近似圆形，进入9月以后果实纵、横径生长缓慢，果形指数小于1（表1-1）。

表1-1　果实生长速度

时间	纵横径（cm）		果形指数	增长幅度（cm）		备　注
	纵径	横径		纵径	横径	
7月24日	6.721	6.603	1.018			
7月31日	7.071	6.971	1.014	0.350	0.368	纵横径增速相近
8月7日	7.600	7.573	1.003	0.529	0.602	纵横径增速相近
8月14日	7.763	7.723	1.005	0.163	0.150	纵横径增速相近
8月21日	8.042	8.104	0.990	0.279	0.381	横径增长快
8月28日	8.253	8.432	0.978	0.211	0.328	横径增长快
9月5日	8.421	8.521	0.988	0.168	0.089	纵径增长快
9月12日	8.623	8.672	0.990	0.202	0.106	纵径增长快

也有一些果实成熟后果形指数较大，主要是树势较旺、氮肥施用量较大和黏性土壤等因素造成的。

（2）种子发育。种子发育与果实发育同步进行。种子的发育可分为3个时期，即胚乳发育期、胚发育期和种子成熟期。

胚乳发育期。受精后，胚珠内的胚乳最先开始发育，胚乳细胞大量增殖，使正在发育的种子增大，此时，花托和果心部分细胞迅速分裂，果梗增粗变色，幼果体积迅速增大。

胚发育期。发育的种子在接近成熟种子大小时，胚乳细胞增殖逐渐停止，此时胚开始发育，胚吸收胚乳营养逐渐成长，占据种皮内胚乳的空间，在胚迅速增大期，幼果的体积增大速度变慢。

种子成熟期。胚占据种皮的全部空间后，幼果开始迅速膨大，此时果肉细胞数目不再增加，但体积膨大，这一时期是果实体积、重量增长最快的时期。此时种子一般不再增长，只是种皮颜色由白变褐。种子达到完全成熟时，果实也发育成熟（图1-39）。

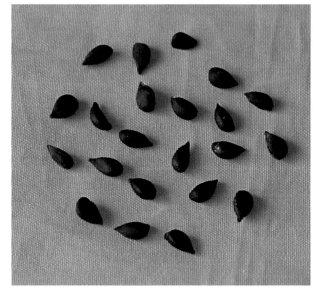

图1-39　成熟的种子

3.3.2 果实外观品质发育

（1）果形变化。

幼果阶段。幼果发育过程中果实形状也随着发生变化，正常发育的砀山酥梨幼果果形指数大于1。同一花序中，不同序位的果实果形存在明显区别，3～5序位的果实果柄中长略粗，具有形成标准砀山酥梨果形和大果的条件。1～2序位的果实果柄短粗，果实近圆形，形成大果的几率较低。这些外观特征，在谢花后15d即可表现出来，随着果实发育愈加明显（图1-40）。

图1-40 幼 果

图1-41 果面有纵沟的幼果

果实膨大阶段。7月中旬果实进入膨大初期，生长速度持续加快，果形变化较大，部分果实梗洼处出现鹅突和纵沟（图1-41）、偏果现象。这些现象单一出现较多，有鹅突的一侧种子饱满，另一侧种子较小；有纵沟或偏果的一侧空室现象较多。果形端正的幼果，种子在5个心室均匀分布、大小一致。

立秋以后，果实进入快速膨大期，在连续晴好天气条件下，单果周径增加最快速度可达1cm/d左右。快速膨大生长的时间约40～45d。正常的果实果形端正，充分体现砀山酥梨外观品质；少数有鹅突和纵沟的果实，性状表现也更加明显。

果实近成熟阶段。进入9月以后，果实纵、横向生长缓慢，逐渐停止，果形指数略小于1。此时变化最大的是果实脐部，果实成熟时变得宽平。

砀山酥梨从谢花至果实成熟的发育时间约为150d。果实成熟后若不能在适采期内及时采收，果实顶部会出现凹陷，果肉出现发糠、失水现象。

（2）果皮变化。

果实色泽。色泽是指果实表皮的颜色和光泽。果皮在幼果期呈绿色，含有叶绿素，有一定的光合作用能力。果实快速膨大时，表皮细胞分裂速度加快，颜色呈淡绿色。随着梨果的发育成熟，叶绿素逐渐降解、转化，类胡萝卜素含量增加，果皮变成黄绿色（图1-42），贮藏一段时间后果实变成黄白色。

受环境和栽培措施的影响，采收时果实色泽差距较大。采收过早、氮肥使用量大、光照条件差、果园湿度大、受药物影响和在黏性土壤中生长的果实，果皮多为绿色或青绿色，光泽度较差，贮藏后果皮颜色略有改善，但光泽度不变。

果点。果点是一团凸出果面的木栓化细胞，

图1-42 成熟的砀山酥梨果皮色泽

是在气孔保卫细胞破裂后形成的空洞内产生的次生保护组织。砀山酥梨谢花后 20d 左右，从果柄着生处向外出现果点，30d 左右果面中部出现果点，果点全部出现约需 40d。

果点分布一般是肩部多，向下渐少；阳面的大，阴面的小。从同一个果实皮孔分布的差异看，果点的多少和大小与光照关系密切，光照好、不良的土壤条件、部分化学农药和高温多湿的果园环境对果点的形成有促进作用（图 1-43）。

图 1-43　砀山酥梨的果点

图 1-44　果肩处果锈

果锈形成。果锈是由表皮细胞层及其覆盖物破裂，木栓化细胞露出而形成的。而果皮木栓化是从果皮气孔破裂形成果点开始的。形成果锈的主要环境因素有以下 4 个方面：一是空气湿度大。高湿度条件影响了果皮表面角质层的形成，诱发木栓形成层的发生，最终形成果锈，进入 8 月以后，果园湿度大，锈果率会明显增加。二是农药。在果实生长的前期和后期，使用波尔多液、有机磷农药和高渗制剂等，易产生果锈。三是肥水管理不当。过量施用氮肥，造成新梢旺长，果实发育营养失衡引起生理性病害，从而使果面粗糙、无光泽并加重果锈的发生。四是风害、霜冻、病虫害及人为损伤也均会引起果锈（图 1-44）。

3.3.3　果实内在品质发育

（1）干物质含量。随着果实的发育，其内部的组成成分会发生一系列的变化。果实内部的含水量随着果实的生长而增加，幼果期果实水分含量最低，7、8 月迅速增加，到 9 月采收前，水分含量较幼果增加 150 倍。除水分外，果实还含有重量的 10% 左右的干物质，在干物质中 90% 是碳水化合物，主要是淀粉和糖。6 月以前果实淀粉含量很低，7 月急剧增加，7 月下旬达到最高，8 月逐渐减少，9 月上旬几乎全部消失，转化为糖。糖分为还原糖和非还原糖，还原糖 7 月上旬开始增加，8 月下旬后逐渐减少；非还原糖 7 月下旬开始增长，8 月上旬迅速增加，直到采收为止。

果实含糖量与果实近成熟期的天气状况有直接的关系，天气晴好，雨水少，含糖量增加较快，成熟前的 10d 内可溶性固形物含量可增加 2%；若遇连续阴雨天气，含糖量增加缓慢，成熟前 10d 内可溶性固形物含量只能增加 0.5% 左右。除天气外，施肥、负载量、整形修剪等田间管理也都直接影响果实含糖量。

（2）石细胞含量。石细胞是影响砀山酥梨果实内在品质的重要因素之一，它是木质素在细胞壁沉积、进而形成的厚壁细胞，厚壁细胞聚集形成了石细胞团，分布于果肉中。

在良好的栽培管理条件下，砀山酥梨 100g 果肉中，直径在 0.25～0.5mm、0.50～0.75mm 的石细胞团干重含量分别为 0.19～0.30g、0.11～0.25g。石细胞团以果实萼筒处分布最多，肩部最少，中部处于二者之间；心室外壁石细胞团密度最大，从心室外壁向外渐次减少。

石细胞的形成和生长发育主要受品种的遗传特性决定，但良好的田间管理，特别是改善树体的通风透光条件、增施有机肥等措施对减少果肉的石细胞团含量具有显著作用。

（3）酥脆特点。口感酥脆是砀山酥梨内在品质的突出表现，但在黏土地中栽植的砀山酥梨，果皮增厚、颜色变青，果心和果肉硬度增大，酥脆程度明显降低。砀山酥梨从原产地砀山黄河故道区域推广到我国西北地区后，因降水量较少，日照时间较长，果实含糖量有所提高，果肉的酥脆程度受到一些影响。

除上述因素外，农药也影响果肉酥脆程度，如近成熟期使用波尔多液，会使果皮增厚、果肉硬度增加，影响果肉酥脆程度。

3.4　主要物候期

果树 1 年中营养生理和生殖生理的演变过程即为果树的物候过程，每一生长阶段即是物候期，影响物候期的外部因素主要是温度。

3.4.1　萌芽期

芽体从膨大开始到初现花蕾或嫩叶分离为止的过程为萌芽期。花芽和叶芽的萌发过程不同，立春前后，气温回升较快，花芽达到生理分化温度下限时，即进行性细胞分化，完成花芽分化的第 3 个阶段；低于下限温度时即滞育。由于气候的影响，花芽现蕾的时间常有较大的差异，如 2002 年砀山县砀山酥梨的现蕾时间为 3 月 10 日，而 1991 年为 3 月 31 日。花芽从开始膨大到现蕾需要 45～55d 时间。从外观上看，叶芽的生长要比花芽的晚，花芽露白时叶芽才开始膨大，始花时叶芽开始分离，一般年份要晚 12d 左右。花芽量相对较大的单株比叶芽量相对较大的单株新梢抽生时间晚 3～5d。

3.4.2　开花

一个完全的花芽，当性细胞发育到一定程度时开始现蕾，鳞片分离脱落，花蕾生长速度加快，从现蕾到初花正常年份大约需要 11～13d，初花一般在 3 月 31 日至 4 月 5 日。始花后第 2d 进入盛花期，此时，外围雄蕊直立，花粉囊干裂露出黄色的花粉，柱头分泌黏液。砀山酥梨的花期一般是 7～9d，落花期 3～5d。影响花期的主要因素是温度（积温），温度制约着花期的早晚和花期时间的长短。

3.4.3　坐果与生理落果

授粉后，花粉在柱头上萌发，异花花粉管穿过花柱进入子房受精后，果实开始发育，果梗增粗，胚珠增大，果实皮色光亮，局部产生红晕。授粉时期遇有雨水、风沙等恶劣气象条件时，常对坐果产生不良影响。砀山果区民谚"沙打梨花不见面，雨打梨花收一半"，形象地说明了这一点。

谢花后 20d 左右，出现第 1 次生理落果，这次落果多因受精不良造成的。5 月上中旬出现第 2 次生理落果，落果原因主要是营养不良所至。春季干旱会增加这次落果程度，采取果台副梢摘心和疏果等措施，可以有效地减轻落果程度。

3.4.4　果实膨大及成熟

果实进入膨大期的时间决定于种胚发育的程度，种子达到正常大小时，果实即进入膨大期。因此，光照条件和营养条件良好的果实先进入膨大期，反之则滞后进入。砀山地区 7 月上旬开始果实陆续进入膨大期，果实之间这一时间可相差 20d 左右。

果实进入膨大期以后，果实表面色泽变化最大，初期是绿色，皮孔黑色粗糙，有死组织贴附。进入可采成熟期时，果面淡绿色，皮孔死组织脱落，颜色变褐。9 月中旬进入完全成熟期，果面黄绿色有光泽，皮孔铜褐色。果实膨大期除外观变化外，果实内含物也发生了很大变化。水分增加，可溶性固形物含量增高，原果胶变为可溶性果胶，硬度降低，果肉酥脆。随着成熟度的提高，砀山酥梨果实优良的品质逐步体现出来。

3.4.5　落叶

进入 10 月以后，黄河故道地区月平均温度 14℃左右，叶片进入衰老阶段，叶绿素降解，逐渐失去光泽和功能，叶片营养物质向枝干转移、积累，叶柄形成离层而脱落。

砀山酥梨落叶对温度的敏感程度为中等，降霜可以加速落叶的速度，昼夜温差大、干旱或积水对落叶都有促进作用。受到意外伤害，非正常死亡的叶片，不形成离层，干枯后挂在树上，很难脱落。

3.5 对环境条件的要求

环境条件对植株的生长发育起到极其重要的作用，因此，在栽培过程中，应尽可能提供适宜植株生长发育的环境条件。

3.5.1 温度

温度是梨树生存的重要条件之一，它直接影响梨树的生长和分布，制约着梨树生长发育的过程和进程。梨树的一切生理、生化活动都必须在一定的温度条件下进行。

（1）基点温度。基点温度包括满足正常生长的最低温度、最适温度和最高温度。

最低温度又称临界温度，是梨树1年中从休眠期转向生长期的起点温度，砀山酥梨生长的临界温度为8℃。砀山酥梨在黄河故道地区生长最旺盛的时间是4～6月，4月平均温度15.3℃，6月平均温度25.0℃，这也就是砀山酥梨的最适生长和发育温度。砀山酥梨能忍受的最高温度可达50℃。

（2）受害温度。在黄河故道地区，极端高温和低温均会造成砀山酥梨植株部分器官的死亡，但造成整株死亡的现象较少。

花期是梨树最易受到低温伤害的时期。花期遇到0℃低温时，花蕾结冰，花梗弯曲，若低温持续时间较短，大部分可以恢复生长；若遇−2℃低温，花梗下垂，解冻后子房体外出现滤泡，温度回升时，部分花可恢复坐果能力；低于−2℃时，大部分柱头死亡，随着温度的降低，死亡率增加。同样的低温，花期比蕾期更易受到伤害。

干旱年份，夏季温度达到50℃时，砀山酥梨枝干会出现日灼现象，叶片受到伤害。受害叶片逐渐变黄，1周后开始脱落。

20世纪50年代，砀山县曾出现过−24℃的极端低温，梨树枝干受到冻害，引发腐烂病流行。

（3）有效积温。砀山酥梨每个物候阶段都受到有效积温的影响，尤其在春季，这种影响更大。据调查，砀山地区砀山酥梨花蕾期的有效积温为52.7℃，完成这一积温的时间约需12d。花蕾期出现高温天气，蕾期缩短，花性细胞发育受到影响。如1969年花蕾期9d，2005年花蕾期8d，这两年的花序坐果率都不高。

2000年黄河故道地区出现连续干旱，完成有效积温时间缩短，与正常年份相比，砀山酥梨的采收期提前了10d；2003年秋季连续阴雨81d，完成有效积温时间延长，采收期延迟了15d。

3.5.2 光照

光照是光合作用的能量来源，是形成叶绿素的必要条件。此外，光照还调节着碳同化过程中一些酶的活性和气孔开度，是影响光合作用的重要因素。

（1）光照对树体营养的影响。光是叶片进行光合作用的主要能源，光照过强或不足都会影响植株正常生长。叶片通过叶绿素吸收光能产生碳水化合物，供应其他器官生长发育。若光照不足，叶小而薄，产生的营养物质少，严重影响树体生长和开花结果。

（2）光照对花芽分化的影响。光照对花芽分化起到重要作用。在一定范围内，花芽形成的数量随着光照强度的降低而减少，花芽质量也随着光照强度的减弱而降低。一根串花枝上下的花芽质量常因光照条件不同而有较大差异，上部的花芽饱满充实，结果后果台副梢抽生率较高；下部的花芽接受光照渐次减少，花芽饱满程度降低，结果后果台副梢抽生能力弱，果台常出现光台现象。

（3）光照对果实的影响。光照对果实内外品质都有很大的影响。光照促进了果皮固有颜色和光泽的形成，促进果实近成熟期内含物质的转化，因此，光照条件好的部位的果实，果个较大，色泽鲜亮，果锈少，果皮光滑，果实风味浓郁，含糖量高。反之，光照条件差的部位的果实，果皮发青，果锈、煤污均较重，含糖量低，风味淡。良好的光照还可以降低果肉石细胞团的含量。

3.5.3 水分

（1）需求量。水是梨树生命物质的重要组成部分，树体内的营养物质的输送等生命活动都是以水为载体完成的。水分供应不足或过多，都会给营养生长和生殖生长带来严重影响。

砀山酥梨的叶片含水量约占叶片鲜重的65%～75%，枝条含水量约占枝条鲜重的50%～70%，果实含水量约占果实鲜重的 90%。梨树每产出 1kg 干物质（枝、叶、根所含干物质比率约为果实的 3 倍），需要 300～500kg 的水分，如按每公顷产出果实 45t、梨果实含水量 90% 计算，生产干物质 18t，全年共需水 5 400～9 000t，相当于年 540～900mm 降水量。

梨不同生长发育阶段对水的需求量不同。花芽分化期水分过多则影响花芽分化，果实采收前如遇降水或灌水，果实增大增重明显，但可溶性固形物含量降低，风味变淡，耐贮性也降低。

（2）需水时期。砀山酥梨需水有 3 个较明显的时期。一是春季萌芽开花，坐果和新梢迅速生长期。在这一时期，生殖生长和营养生长同时进行，需水量较大。二是果实迅速膨大期及花芽分化期。此时各组织细胞分裂迅速，同化作用强，蒸腾作用大，对水的需求量也大。三是秋季落叶后，树体贮存养分、休眠需要一定的水分。

（3）耐涝性和抗旱性。水涝会导致土壤通气障碍，正常的有氧过程受到抑制。随着水涝时间的延长，对梨树吸收养分、光合作用、蒸腾及生理代谢过程，能使根系产生乙醇、乙醛、乙烯等物质，加重树体的危害。砀山酥梨是较耐涝的品种，短期的果园积水，对其生长影响不大。2003 年砀山地区年降水 1 200mm 以上，果园涝灾严重，但在水中浸泡 100d 以上的砀山酥梨树大部分仍能恢复生长（图 1 - 45）。

图 1 - 45　浸泡在水中的砀山酥梨植株

生长季节干旱时，叶片夺取根部水分，根系生长和呼吸减慢，树体内水势下降，导致膨压降低，直接影响气孔的开闭和叶呼吸。土壤干旱还能使果树地上部与地下部的生长同时减弱，随着干旱胁迫程度的增加，植物体做出保护性反应，部分叶片脱落，致使叶面积指数变小。砀山酥梨根系分布深、广，可以从深层土壤中吸取水分，短期内在土壤水分少或大气湿度低的环境中，仍能正常生长发育，表现出较强的抗旱性能。

3.5.4　土壤

（1）土壤质地。不同质地土壤对砀山酥梨果实品质有着显著影响，沙质土壤栽植的果实品质最好，壤土地的次之，黏土地的最差。

砀山酥梨原产地的土壤以泡沙、沙壤土、壤土和黏壤土为主。在泡沙土中栽植的砀山酥梨，果实色泽好，含糖量高，但树势多中庸或偏弱；在沙壤土中栽植的砀山酥梨，果实质量较好，树势较泡沙土的强。在壤土中栽植的砀山酥梨，树势较强，但果实发青，质量下降；在黏土中栽植的砀山酥梨，树势强，营养生长良好，但果皮发青、增厚，果肉发艮，核大。

（2）土壤肥力。土壤肥力是砀山酥梨根系生长不可缺少的重要物质。土层肥力应营养全面而且均衡，富含氮、磷、钾、钙、镁、铁、锌等元素，有利于根系吸收以及产量和果实品质的提高。砀山酥梨根系在不同肥力的土层中，常常进行比较明显的选择性分布，在施肥层或保肥保水较好的土层中，根系分布密集且分支多，树体抗性增强；在贫瘠的沙土层中，根系分支少且部分死亡；板结的硬生层阻碍其根系向下生长，影响根的活动和生理代谢。

（3）土壤酸碱度。砀山酥梨最适宜在中性土壤中栽植。在砀山地区，砀山酥梨园内土壤得到不断改良，土壤理化形状逐渐改善，土壤的 pH 有逐渐降低趋势，目前为 pH 7.5 左右。但在陕西一些砀山酥梨产区的土壤 pH 超过 8.0，而在云贵高原的一些产区，砀山酥梨在 pH 5.0 的土壤中也能良好生长和开花结果。

（4）土壤盐渍化。土壤盐渍化是限制砀山酥梨生产的一个重要环境因素，影响砀山酥梨生长的有害盐类主要是碳酸钠、碳酸氢钠、氯化钠和硫酸钠等，富集过多会毒害树体的组织和细胞结构。但一般沙质土壤，因其颗粒粗，粒间孔隙大，渗透性强，排水良好，故脱盐快，盐渍化程度轻；黏质土颗粒细，孔径小，透水性差，不易脱盐。

4　育苗和建园

4.1　育　　苗

苗木质量对梨树的生长发育和早期产量都有直接影响，优质壮苗是实现梨园早产、丰产的先决条件，对安全、优质果品生产具有重要意义。

4.1.1　砧木苗繁殖

（1）砧木种类。

杜梨。以杜梨为砧木嫁接的砀山酥梨植株抗寒、抗旱、耐涝、耐盐碱，生长健壮、结果早、丰产、寿命长，适宜在沙性土壤中栽培。杜梨与砀山酥梨嫁接亲和力强，嫁接成活率达 90％以上，是黄河故道地区培育砀山酥梨优质苗木的主要砧木。

豆梨。以豆梨为砧木嫁接的砀山酥梨植株抗腐烂病、抗旱力强，耐盐碱、耐涝，适宜在黏土及酸性土壤中栽培，与砀山酥梨嫁接亲和力强。

（2）砧木种子收集。从品种纯正、生长健壮、遗传性状稳定和无病虫害的植株上采集充分成熟的果实。采收后将果实堆积在阴凉处，堆积的厚度最高不超过 35cm，上盖湿麻袋等透气覆盖物。堆放处的温度应控制在 30℃以下，温度过高，种子容易腐烂。为防止因果实发酵而降低种子发芽率，堆放过程中要翻动果实几次。经过 6～8d，当果皮变黑，果肉腐烂时，搅碎果肉滤出种子，并在清水中淘洗干净，去除杂质和不饱满的种子，然后把洗净的种子放在通风阴凉处晾干，切忌在阳光下曝晒。晾干后，种子含水量应在 15％以下，种子含水量过高，贮藏期间易霉烂。将晾干的种子装在透气的种子袋或布袋中，放于阴凉干燥处保存。

（3）砧木种子沙藏。杜梨种子采收后，必须经过一定时间的低温后熟过程才能萌发。在后熟过程中，若环境条件不适宜，则后熟作用进行缓慢或停止。秋播的种子可以在田间自然条件下通过后熟过程，春播的种子则必须经过低温沙藏过程完成后熟。沙藏的地点应选地势较高、排水良好的背阴处，挖深 60cm 左右的沟，长、宽视种子的多少而定，也可在果窖内堆积沙藏。沙藏的前 1d 将种子用 0.3％的高锰酸钾溶液浸泡 12～24h，以起到杀菌灭虫的作用。沙藏时沟底先铺厚 3cm 的湿沙，湿沙上放 1 层种子，沙和种子层层相间，到离地面约 30cm 时，覆盖湿沙到达地面，然后盖 15～20cm 厚的土层，并培成脊形。沙藏一般用洁净的河沙，沙粒不可过细，否则会影响透气性。沙子含水量以手攥成团且不滴水、轻掷于地面即散开为宜。沙藏时沟内预先竖插几个秫秸把，以利于透气。沙藏后期要注意检查，防止干燥和鼠害。若在果窖内沙藏，前期每周翻动 2～3 次，后期每 1～2d 翻动 1 次，并注意加水保湿。种子量少时，也可把种子与河沙混合后装在木箱或者麻袋中，埋在地势高、排水好的阴凉处，距地面 25cm 左右时用沙土将坑填满，稍高于地面，待春季气温转暖，地下 60cm 处土温高于 5℃时，将木箱或麻袋挖出，放在地面阴凉处。挖出后要注意保持湿度，经常上下翻动，沙干时注意加水。当沙藏的种子有 80％以上萌动、先端露白时，即可播种。杜梨种子在 2～5℃温度下沙藏的时间为 60～80d，豆梨的为 35～45d。

（4）种子活力鉴定。为保证种子发芽整齐，幼苗生长健壮，播种前需对种子活力进行鉴定。种子活力鉴定常用方法有以下 2 种：

发芽试验。取经过沙藏的种子 100～200 粒，放在清水中浸泡 48h 后，单粒排放在培养皿中，不宜堆积，上敷湿纱布，置于 25℃的恒温箱内，使其发芽，然后计算种子发芽百分率；也可将沙藏后种子置于有湿沙子的木箱或花盆等透气的容器中，在 25℃左右的环境中，观察其萌发情况，统计发芽百分率。种子发芽情况是确定购种量和播种量的依据之一。

染色法。取沙藏后的种子 100～200 粒，用清水浸泡 24h，让其充分吸水膨胀，取出种仁，用 5％红墨水染色 20min，或用靛蓝胭脂红 0.1％～0.2％水溶液染色 3h，然后用水冲去染色剂，直到种子不褪色为止，观察染色情况。凡是种子的胚乳和子叶未被染色的，表示种子有生命力；被染色的，表示种子已丧失生命力。

（5）砧木苗培育。砧木苗培育方式有直播育苗法和移栽育苗法两种。直播法是指在大田播种后直接生产苗木的方法，育出的苗木主根发达，但侧根较少；移栽法是指先在苗圃中繁育砧木小苗，然后再移栽到大田培育苗木的方法，育出的苗木侧根发达。播种时期一般分秋播和春播。秋播在 11～12 月进行，常用直播育苗法，秋播种子能在土壤中通过后熟，翌春出苗早，苗木生长快而健壮，当年可达到优质砧木苗标准，同时可省去沙藏等工序，但需要防止鼠害等。春播一般采用移栽育苗法或直播育苗法。

①直播育苗法。圃地准备。选择排灌条件好的沙壤地作苗圃。播种前施土杂肥 45～60t/hm² ，将圃地适当深翻、耙平后起垄。为节约用地，可采用宽、窄行带状条播方法播种，窄行 20～24cm，宽行 40～45cm。由于杜梨为深根性乔木，主根生长旺盛，若翻耕过深，主根更加发达，影响侧根生长，因此播种杜梨种子时，圃地翻耕深度不要超过 30cm。播种。春季播种前，要将圃地灌足底水，待水渗下后，整平、耙细畦面，然后开沟条播。开沟时，用粗木棒将沟底扒平，并把沟内扒出来的土打碎，沟深 2cm。种子刚发芽露白时即可播种，播种后用平耙边平整边封沟，使种子上覆土 1～1.5cm 厚，多余的土和杂物等搂出畦外。然后，在畦面上覆盖地膜，以增加土温，保持湿度，芽出土后再逐步将地膜去掉。若不盖地膜，在播种覆土后于播种沟上撒 1 层麦秸或干草等作标志物，用畦内松散土在标志物上堆成高 10cm 左右的土埂，春季播种后 6～8d 发现个别种子发芽，即可扒开土埂至标志物处，以防深扒将种子扒出。一般扒去土埂后 2～3d 即可出苗。为防止地下害虫的危害，播种后在畦面上均匀撒播掺入麦麸等饵料的毒土，诱杀地下害虫。砧木苗的管理。为使苗木良好生长，当年达到嫁接要求，应加强苗圃管理。砧木苗出土后，要及时进行中耕除草，灌水或雨后及时松土保墒。如出苗很多，在幼苗长出 1～2 片真叶、主根木质化以前，进行第 1 次间苗，间去双棵、过密、瘦弱苗等，间出的健壮幼苗可移栽到缺苗处或其他地块定植，定植苗株距一般为 10～15cm。当幼苗长到 6～8 片真叶时追施速效肥 2～3 次，以尿素和氮、磷、钾复合肥为主，每次用量为 150kg/hm² 左右，追肥后浇水，中耕保墒，并加强病虫害防治。苗高达到 30cm 时，留大叶片 7～8 片，进行摘心，使苗木增粗。为促进侧根生长，对直播的苗可用铁锹从幼苗侧面，距苗木基部 20cm 左右处，与地面成 45°倾斜面向下铲断主根，以增发侧根。到 7 月中下旬，砧木苗即可达到芽接粗度。芽接前 3～4d，再浇水 1 次，并进行中耕，以利于砧木皮层剥离，提高嫁接成活率。

②移栽育苗法。播种建棚。砀山地区于 2 月下旬，选向阳、土壤肥沃、排水良好的地块作育苗床。先将育苗床内 1cm 的表土取出，放在一边，然后深翻土壤，再将地块整成宽度为 100～120cm、深 10cm、长约 10m 低于地面的育苗畦，耙平后浇 1 遍透水，2～3d 后，待水完全渗入土壤时刮平畦面，将种子均匀播在畦内，再将放在一边的表层土破碎，均匀覆盖于畦上。用长 2m 的竹片在畦面上架设小拱棚，覆盖 0.1mm 厚的塑料薄膜，薄膜两边用土压紧压严，密闭保温。育苗早期若遇到寒流，拱棚上可覆盖草苫，增强拱棚保温性能。苗期管理。播种后经常检查畦内土壤湿度，幼苗出土前如果缺水，可将薄膜一侧揭开，用喷雾器向畦面喷水，使土壤充分湿润。播种后约 20d 左右种子开始发芽，苗出齐后应浇 1 次薄水，并选阴雨天、无风时，将薄膜一侧揭开小缝，进行放风；若畦内有草，可结合放风用手拔除。当幼苗长到 2 片真叶时，揭开拱棚两端的薄膜通风，通风时间选在晴朗的白天上午，到下午气温下降时关闭。当幼苗长到 3 片真叶时打开拱棚两端，昼夜通风。为预防立枯病和茎腐病，此期可喷 1 次 50%多菌灵 800 倍液或 70%甲基硫菌灵 1 200 倍液。当幼苗长到 4～5 片真叶时，将塑料拱棚薄膜全部揭开，若遇低温寒流天气须重新盖棚。当幼苗长到 6～7 片真叶时开始移栽。移栽前 1 周左右，在幼苗叶片表面无水情况下，每畦撒施尿素 150～250g，撒后及时振落附在叶片上的尿素颗粒，然后浇水。起苗移栽。起苗前 2～3d，将畦内灌足水，待水完全渗下后，用平板锹从育苗畦的一端开始平铲起苗，带土厚 10cm 左右，铲出的苗放在平底筐内。栽时将带土苗一棵一棵地掰开栽植。

4.1.2　嫁接

（1）接穗采集与贮藏。

接穗采集。从树体健壮、性状稳定的成年砀山酥梨植株上，采集生长充实、芽体饱满、无病虫害的1年生发育枝或新梢作接穗。

接穗贮藏。春季嫁接用的接穗，可于冬季修剪时进行采集，每50支1捆，然后贮藏备用。贮藏方法有沟藏和窖藏2种方法。沟藏。在土壤冻结之前，选地势平坦的背阴处挖沟，沟深1m，宽1～1.2m，长度依接穗的数量而定。将接穗理顺后，整捆排于沟内，1层接穗1层疏松湿润的土或河沙，直到封冻层。在沟中每隔1m竖放1小捆高粱秆或玉米秆，其下端接到底层接穗，以利于通气。窖藏。将接穗存放在1.8～2.0m深的地窖中，接穗与地面成30°角，用湿沙把接穗埋起来。如果地窖内湿度过大，则只埋接穗一部分，使其上部露出。地窖的温度最好在0℃左右。夏秋芽接和嫩枝嫁接用的接穗，采后应立即剪去叶片，保留0.5～1cm长的叶柄，以减少水分蒸发，同时，剪去枝条两端生长不充实部分，每10～30根1捆，用湿麻袋或湿纱布包好备用。对当日用不完的接穗，将下端插入水中3～4cm，放在低温阴凉处，每天早晚各换1次水，不要将接穗全部浸入水中，否则，时间稍长则不易剥皮。

接穗封蜡。春季枝接接穗一般在嫁接前封蜡。封蜡前先将接穗放在清水中浸泡一夜，然后洗净泥沙，晾干后根据嫁接要求截成小段。选熔点在60～70℃之间的工业用石蜡，准备大小两个容器，大容器盛水加热，小容器装石蜡置于大容器中，使石蜡熔化。不宜用火对石蜡容器直接加热，以免引起燃烧，且蜡液温度难以控制。封蜡时，将接穗一端快速浸入石蜡中并快速取出，然后再转过来蘸另一端，使整个接穗表面蒙上一层薄薄的石蜡。

（2）嫁接方法。

芽接法。分T形芽接法和带木质部芽接法。

T形芽接法。一般用于1年生砧木苗的嫁接，通常在7月中旬到8月中旬、砧木和接穗形成层都处于易剥离期进行。嫁接后若不剪砧，当年接芽不萌发；翌年春季剪砧后接芽萌发，生长旺盛。嫁接前将接穗放入盛有3cm左右水深的桶内，接穗条下部浸入水中，上盖湿毛巾，放在阴凉处，或用麻袋片包严，在水中浸透后取出放在阴凉处，注意经常喷水以免接穗失水皱缩，影响成活。削接芽时，先在接芽的上方0.5cm处横切1刀，要求环切枝条3/4周，深达木质部，再在芽下方1.5cm处向上斜削1刀，削时用右手拇指压住刀背，由浅而深向上推，到横切口时，用手捏叶柄和芽，横向用力取下盾形芽片，芽片长度2cm左右。芽片削好后，在砧木上距地面6～10cm的光滑部位横、竖各切1刀，切1个T形切口，深达木质部，横切口略长于芽片上边，竖切口与芽片长度相当，然后用嫁接刀的尾端塑料片剥开T形切口，将接芽插入切口皮内，使接芽的横切口与砧木横切口相接，上端留1mm以内的空隙，其他部分与砧木贴紧，然后用塑料薄膜包扎。包扎时先在芽下部绑两道，再转向芽上部绑两道，叶柄基部要绑紧，叶柄、接芽露在外边，然后系上活结。芽接过程中勿用力捏芽或将芽体全部绑在薄膜里，以免使芽体受伤。砀山酥梨芽体较大，损伤后虽芽片成活但芽不萌发。嫁接后不宜立即浇水，否则会影响接口愈合，降低成活率（图1-46）。T形芽接法优点是嫁接成活率高，缺点一是嫁接速度慢，一般1个人每天只能嫁接700～800株；二是可以嫁接的时期短，只能在木质部与韧皮部容易剥离时嫁接，其他时间难以进行；三是接穗利用率低，一般情况下接穗利用率只有75%～85%。

带木质部芽接法。一般春季到秋季，只要有芽体饱满的接穗、砧木能够产生愈伤组织的时间内都可进行。尤其当砧木和接穗不易剥皮时，或早春利用贮藏的1年生枝条做接穗时，多采用带木质部芽接法。削接芽时，从芽上方1～1.5cm处向下斜削1刀，长约2.5～3cm，芽体厚约2～3mm；在芽下1～1.2cm处沿45°角斜向下切入木质部至第一切口底部，取下带木质部的盾形芽片。再用同样的方法在砧木距地面5～10cm处，削成与接穗芽片形状基本相同、略长的切口，并切除砧舌，将带木质部的接芽嵌入砧木的切口中，对齐形成层。最后用塑料薄膜扎紧扎严，使之不露气、不透水。春季嫁接时仅露叶柄和芽，萌芽生长半个月再解绑，否则易被风折断；秋季嫁接时不露芽，不解绑，次年立春萌芽时再解绑。这种芽接方法的优点是可以进行嫁接的时期长，不受木质部和韧皮部是否可以剥离条件的限制。嫁接后接芽生长速度较快，嫁接速度较T形芽接快，一般每人每天可嫁接1000～1500株，接穗利用率可达85%左右。

图 1-46　T字形芽接法

枝接。枝接一般在砧木树液开始流动、芽尚未萌动时进行最好。枝接的时期较芽接的短，但接后生长速度快，当年可形成优质苗。目前，砀山地区砀山酥梨春季枝接的主要方法是单芽切腹接。具体方法如下：生产上从萌芽前1个月到开花都可采用这种方法进行嫁接，嫁接时在砧木距地面6～8cm处平茬，然后在接穗（单芽或双芽）芽下3～5mm处正、背面各向下削1个斜面，长约2～3cm，枝粗的斜面长一些，枝细的斜面短一些，斜面要平滑，下端成楔形。削好接穗后，在砧木剪口下约3～4mm处，用果枝剪在砧木一侧向内斜剪1个长2.5～3cm的切口，角度约为20°～30°，将削好的接穗插入切口，使砧木形成层与接穗的对齐，严密包扎，并把接穗上剪口裹严（若枝条封蜡，上剪口可以不裹），接芽露在外面。该方法的优点是嫁接速度快，一般每人每天可嫁接1 000～1 500株（图1-47）。

图 1-47　切腹接

4.1.3 嫁接苗管理

(1) 检查嫁接成活率。夏秋芽接 10～15d 后，若芽片新鲜、叶柄一触即落，表示接芽已经成活。否则，就没有成活，应及时补接。枝接 3～4 周后，若接穗切皮部保持青绿色，接芽已经开始萌动，表明已经成活，未成活的接穗则皱缩干枯，需补接。

(2) 解除绑缚和剪砧。根据嫁接时间、方法、接穗愈合及生长情况来确定解除绑缚时间。春季芽接可在嫁接的同时剪砧或在嫁接前后剪砧均可。嫁接后若接口已完全愈合应及时解绑，以免薄膜勒进皮层，影响新梢生长。绑缚物勒进皮层时，可用利器将薄膜划断。6 月中旬前芽接，可在嫁接 10d 后剪砧，待接芽萌发，绑缚物影响接芽生长时解绑。8～9 月嫁接的苗木，一般当年不让接芽萌发，秋季落叶后或翌春萌芽前解绑，翌春萌芽前剪砧。剪砧一般在嫁接口上 0.5～1cm 处进行，剪口要平滑，呈马蹄形，近芽侧面略高。春季枝接一般在剪砧后进行，5 月底接口完全愈合时，及时解除包扎物。解绑时间不宜过早或过晚，过早解绑影响接芽生长，过晚解绑易引起断枝，因此应经常检查接穗生长情况。

(3) 除萌。剪砧后要及时抹除砧木上的萌芽，以集中养分促进接芽（枝）生长，除萌要反复进行，直到砧木无萌蘖为止。

(4) 其他管理。幼苗生长过程中，及时追肥浇水，中耕除草。当苗高 30cm 左右时，每公顷苗圃施氮、磷、钾三元复合肥 375kg，尿素 112.5kg，7 月中旬以后叶面喷施 0.3% 磷酸二氢钾溶液，保证苗木健壮生长。砀山酥梨幼苗期常见的病害有黑星病、黑斑病、灰斑病等，可选用波尔多液与 70% 甲基硫菌灵 1 200 倍液或 50% 多菌灵 800 倍液等药剂交替使用进行防治；虫害主要有螨类、梨木虱、蚜虫、梨茎蜂及卷叶蛾等，可选用黄板及 1.8% 阿维菌素 3 000 倍液、10% 吡虫啉 2 500 倍液或 48% 毒死蜱 1 500 倍液等药剂防治。

4.1.4 苗木出圃

(1) 出圃方法。苗木在秋季落叶后至翌年 3 月下旬期间均可以出圃。苗木出圃前若土壤干燥，要浇 1 次透水，以免起苗时损伤过多须根，浇水后 2～3d，待土壤疏松即可起苗，起苗时尽量保持根系完整。起苗时随即挑出病株，并进行分级。苗木起出后不立即定植的，应在田头用湿土将根系埋住，以防风干，待整块地的苗木起完后集中假植。

(2) 苗木规格。苗木要达到一定的标准才能出圃，否则应继续培育。合格的砀山酥梨实生砧嫁接苗应具备以下标准：苗木高度在 0.8m 以上，嫁接口以上 10cm 处的粗度不小于 0.8cm；苗茎无病虫害、无干缩皱皮。根系新鲜，无病害；主根和侧根完整，侧根应在 3 条以上，并且分布均匀、舒展，长度 15cm 以上；须根多。嫁接口以上 45～90cm 的枝干，即整形带内有邻接而饱满的芽 6～8 个；如整形带内发生副梢，副梢上要有健壮的芽。嫁接口愈合完全，接口光滑。根据砀山酥梨实生砧嫁接苗质量标准，优质苗木一般分 3 个等级（表 1 - 2）。

表 1 - 2 砀山酥梨实生砧嫁接苗质量标准

项　　目	规　　格		
	一级	二级	三级
品种与砧木	纯度≥95%		
根　　主根长度（cm）	≥25.0		
主根粗度（cm）	≥1.2	≥1.0	≥0.8
侧根长度（cm）	≥15.0		
侧根粗度（cm）	≥0.4	≥0.3	≥0.2
侧根数量（条）	≥5	≥4	≥3
侧根分布	均匀、舒展		
基砧长度（cm）	≤8		

（续）

项　目	规　格		
	一级	二级	三级
苗木高度（cm）	≥120	≥100	≥80
苗木粗度（cm）	≥1.2	≥1.0	≥0.8
倾斜度	≤15°		
根皮与茎皮	无干缩皱皮，无新损伤；旧损伤面积≤1.0cm²		
饱满芽数（个）	≥8	≥6	≥6
接口愈合情况	良好		
砧桩处理与愈合程度	砧桩已剪除，剪口环状愈合或完全愈合		

（3）苗木假植。出圃的苗木若不立即定植就需要假植。在背风向阳、地势干燥、排水良好的地块，挖深 50～70cm、宽 100～150cm、东西走向的沟，沟长依苗木数量而定。先把沟底 10cm 的土层刨松，并使土壤湿润，然后从沟一头开始，将苗捆松开，依次斜靠在沟内，排完 1 层后埋 1 层湿润的细土（河沙更好），并摇动苗木，使土壤与根部密切接触，然后排第 2 层，直到排完。要使根系和根颈以上 30cm 完全埋入土中，不能留有空隙。埋好后浇水，待水渗下后，在表面用湿土埋封，防止表土干裂失水。假植期间土壤湿度应保持在 60%～80%，春季气温回升后适当降低土壤湿度。

4.2　建　园

建园时要因地制宜，对小区划分、林带设置、道路规划、排灌系统配置和品种组合、栽植密度及栽植方式等进行科学设计，合理安排。

4.2.1　园地选择

选择交通便利，地面平整，土层深厚、肥沃，土质为沙土、沙壤土，排灌条件良好，年平均温度在 7～14℃，最冷月平均温度不低于 −10℃，极端最低温度不低于 −20℃，大气、土壤及水质量符合国家有关标准，连片成方的地块建园。

4.2.2　园地规划

（1）小区。根据地块形状、现有道路和水利设施等条件，划分若干小区，小区面积以 7～10hm²、形状以长方形为宜，长宽比为 2∶1 至 3∶1。

（2）道路。道路分为主干道、次干道和区内作业道。主干道路宽 15m 左右，要求位置适中，贯穿全园，连接外部交通线；次干道路宽 8～10m，为小区分界线，与主干道和小区作业道相连；小区作业道与次干道相连，路宽 6～7m。

（3）防护林。

防护林设计。防护林既可以防止风灾，又可以减少土壤水分蒸发和植株蒸腾，减少冻害。黄河故道地区风沙等自然灾害发生频繁，防护林可有效地起到防风固沙的作用，因此在果树定植前要先营造防护林。防护林一般包括主林带和副林带，主林带与当地主风向垂直，偏角不超过 30°，否则会下降防风效果；主林带间距以防护林树高的 15～20 倍为好。副林带与主林带垂直，辅助主林带抵御其他方向的风害，副林带间距一般 800～1 000m。主、副林带的位置应与小区的形状、大小、道路及排灌系统等综合考虑决定，林带通常位于道路和沟渠两旁，南面林带距果树应不少于 30m，北面林带的不少于 10～15m；乔、灌木结合。主林带一般 4～6 行，宽度 10～12m；副林带 2～3 行，宽度 5～6m；林带内树木栽植的行株距，乔木的为（2～2.5）m×（1～1.5）m、灌木的为（1～1.5）m×（0.5～0.7）m（图 1 - 48）。

图 1 - 48 梨园防护林

防护林树种选择。防护林树种应符合以下条件：适应当地的气候、土壤等环境条件（尽可能利用当地品种）。乔木要求生长迅速，树体高大，枝繁叶茂，树冠紧密，寿命长；灌木要求枝繁叶茂，抗逆性强，根系发达，根蘖少，不影响梨树生长；自身具有较高的经济价值等。乔木树种可选用杨树、柳树等高大、速生树；灌木可选用紫穗槐、荆条、月季、花椒等枝叶较多的品种。但柏树、榆树、泡桐、洋槐和核桃不宜做梨树防护林。

排灌系统。渠灌系统。渠灌系统是黄河故道地区目前采用的主要灌溉方式，主要包括水源、水渠、灌水沟等设施。水源主要是利用井水或河水；水渠由干渠和支渠组成，水渠的干渠走向与小区长边一致，而支渠则与小区的短边一致。通过这个系统可以实现漫灌、沟灌和畦灌目的。管灌系统。管灌系统由控制设备（水泵、水表、压力表、过滤器、混肥罐等）、干管、支管、毛管等组成，是节水灌溉形式。通过这个系统可以进行滴灌、喷灌。排水系统。在地下水位高的低洼地、沙滩地及坡度较大、集水面广的果园进行排水系统的规划，防止地面径流和涝害。排水有明沟排水、暗沟排水和抽水排水 3 种。明沟排水是在地面上挖排水沟，排除地表径流；重盐碱地区，即要洗碱又要排地下水，因此，要深挖明沟；平地果园的明沟排水系统由果园小区的水沟和小区边缘的支沟与干沟 3 个部份组成。暗沟排水是在地下埋置暗管或其他填充材料而成的地下排水系统；它不占土地，不影响机械操作，但工程投资较大。抽水排水是在果园内设置存水井，用机械抽水方式进行排水，这种方式用于盐碱较重或低洼地排水。

4.2.3 定植技术

（1）定植。

定植密度。因砀山酥梨多以杜梨为砧木，根系发达，树冠大，树势强健，所以丰产期大树以稀植为宜。为兼顾早期经济效益，生产上常采取早期密植、后期间伐的方法。定植时株行距一般为（3～4）m×（6～7）m，间伐后株行距为（6～7）m×（6～8）m；密植园株行距一般为（3～4）m×（4～6）m。

授粉树配置。砀山酥梨是自花不育品种，栽植时要重视授粉树配置。优良的授粉品种应与砀山酥梨有良好的亲和力，能相互授粉，花期一致，花粉量大，无不良花粉直感现象，自身果实品质优良。砀山酥梨优良的授粉品种有马蹄黄、鸭梨、紫酥梨、黄冠、圆黄、爱甘水等，授粉树与砀山酥梨树的比例一般是 1∶8 至 1∶10。

定植。定植时期：秋季果树停止生长后到翌年春季果树开始生长前均可定植。秋季定植以秋末冬初土壤未上冻前为宜，春季定植应在土壤解冻后，芽体萌动前进行。秋季定植时地温较高，定植后根系伤口可以愈合，并继续生长，成活率高，缓苗期短，有利于促进翌年春天植株健壮生长；春季定植，由于地温低，根系伤口愈合慢，缓苗期较长。定植方法：按照定植计划，提前 2 周以上，统一定点挖穴，定植穴的长、宽和深均为 100cm。定植时按每株 30～50kg 土杂肥或等量经过堆制的作物秸秆或 0.15～1kg 全价有机复合肥或 2～3kg 腐熟饼肥、0.5～1kg 过磷酸钙的施肥量，将土壤与肥料混合均匀后填入定植穴，边填边踏实，填至距地面 20cm 处时，将优质苗放入穴内，理顺根系，同时使植株纵横成行，然后填土至地面，边填边摇动并轻轻上提苗木，用脚踏实，最后以苗为中心，做成直径 1m 的树盘并立即浇透水。水下渗后，以苗木根颈和地面相平为宜，不可将根颈埋在土内，以免影响正常的生长发育。为防止水分蒸发和树干摆动，定植水完全渗下后，在树干周围培成土堆，春季幼苗萌芽时及时扒开。秋季栽植的梨苗，若冬季雨雪少，春天发芽前灌水并松土保墒，提高成活率。

（2）定植后管理。

追肥、灌水。定植第 1 年 5 月上旬，在树盘内每公顷面积追施尿素 150～225kg，追肥后立即浇水，并覆盖地膜。7 月底至 8 月上旬用带尖的木棍在距树干 30～40cm 处，打 3～4 个深达 10cm 的洞，每个洞内施氮、磷、钾三元复合肥 0.2kg，施肥后用土把洞口封住，并灌水。6～10 月配合病虫害防治，叶面喷施 0.3％尿素（前期）和 1.0％磷酸二氢钾（后期）或含氮、磷、钾、铁、锌、铜等元素的高效复合液肥 800～1 000 倍液，全年 4～5 次，促进枝叶生长和芽体充实。为确保苗木成活，定植后当天、栽后 1 周和栽后半个月需浇透水。

间作物管理。梨幼苗期，为充分利用行间空地，常采取套种措施增加收入。间作物一般为豆类、花生、矮秆药材等。间作物要轮作，并留出至少 2m² 的树盘空地。密植梨园，不宜间作套种。

病虫害防治。梨苗萌芽后，常受蚜虫和金龟子等危害，严重影响幼苗展叶、抽枝，应及时进行防治，防治药剂可选用 10％吡虫啉 2 500～3 000 倍液、2.5％氯氟氰菊酯 3 000 倍液、敌百虫 800～1 000 倍液等。同时，喷施 50％多菌灵 800 倍液、70％甲基硫菌灵 1 200 倍液等防治生长期病害。

其他。春季发芽展叶后，检查成活情况，对未成活的及时补栽、补接。保留距地面 20cm 以上萌发的所有芽，以增加枝叶量，促使幼树健壮旺盛生长，迅速扩大树冠。冬季要进行涂白和防寒工作。

（3）砀山酥梨大树移栽。

移栽技术。一般 30 年生以下、生长健壮的砀山酥梨树均可移栽，但以 20 年生以下的树为宜。移栽前，锯掉病虫枝、基部过密的大枝以及层间过渡枝，适当保留下部骨干枝和 1、2 年生小枝。9 月对拟移栽的大树进行断根处理，使其形成愈伤组织。梨树落叶后至翌年芽体萌动前均可移栽，但以落叶后至土壤封冻前为好。移栽时，首先在定植地挖大坑，按每株施有机肥 20～30kg、过磷酸钙 2～3kg 的施肥量，将土壤与肥料混匀备用。用草绳捆绑好梨树根部土球，运至定植地点，放入定植穴，填土灌水后，用力摇摆树干，使整个根系立足浇透水的稀泥中，然后封土固定，铺地膜或覆草保湿。

移栽后管理。伤口保护。削平伤口，涂抹 500 倍多菌灵溶液保护，防止感染病害；较大的伤口要用胶泥封口，再用塑料薄膜包严，或用石蜡封口。当年冬季，彻底刮除主干及主枝上的老翘皮和病斑等，并集中烧掉；对刮后枝涂白或喷 5 波美度的石硫合剂。在生长期加强虫害防治，保叶保枝。同时，要保持土壤湿润，加强肥水管理，中耕除草保墒，尽量促其多发枝，以利于树体恢复正常生长。成活后按要求进行整形修剪。

4.3　高接换种

高接是品种更换、提高杂交育种工作效率的有效方法之一。采用一次性高接换种方法，可以在高接后第 3～4 年恢复树冠幅度和产量。

4.3.1　高接前准备

（1）高接前管理。

加强肥水管理。对要改接的树，需在改接前1年秋季或当年春季发芽前施足基肥并灌水。

整形修剪。砀山酥梨高接时一般选用基部多主枝两层树体结构，即基部均匀分布3～4个主枝，上层2～3个小型骨干枝，层间距1.5cm左右。每个主枝上留2～3个侧枝，注意主、侧枝的从属关系；骨干枝截口直径在6cm以下为好，最大不超过8cm。

（2）接穗。冬剪时采集生长健壮，枝芽充实的1年生枝条做接穗，每50～100根捆成1捆，放在果窖或地沟中贮存。第2年春天嫁接前将接穗下端在清水中浸泡一昼夜，使其吸足水分并促进形成层活动，以提高嫁接成活率。夏、秋季嫁接所需接穗随采随接，采后立即去掉叶片，保留2cm长叶柄。

（3）工具、材料。高接前要准备好嫁接刀、剪枝剪、手锯等嫁接工具，并用酒精擦洗工具或将工具在3～5倍的浓碱水中浸泡6～12h进行消毒处理。同时准备好包扎用的塑料条。

4.3.2 高接时期与方法

（1）高接时期。砀山酥梨高接换头，春、夏、秋三季都可进行。春季嫁接一般从3月上旬到花后20d，以萌芽前后嫁接最好。夏季嫁接从新梢停止生长到果实成熟前，即6月到9月初都可进行。带花芽高接宜在9～10月进行。

（2）高接方法。春季高接主要采取切腹接方法，也可采用切接和劈接。春季高接操作方便，高接、剪砧1次完成，成活率高，是高接换种的最佳时期（图1-49）。

图1-49 切接法高接

夏季高接一般采用带木质部芽接法，皮层容易分离时，也可采用T形芽接法。夏季嫁接成活率高，可嫁接时间长，在内腔缺枝部位还可采用皮下腹接法补空。但夏季树上有果实，操作不方便。

带花芽高接常采用单芽切腹接方法。嫁接宜选择在比接穗略粗的1～3年生外围枝上进行，初果树每株可接20～30个花芽，成年树每株可接50～80花芽。

（3）包扎方法。

全包扎法。该包扎方法适于以叶芽枝为接穗时采用。包扎时，用宽1.5～2cm，长约40～60cm的地膜条把接穗、接口及砧桩的断面一起包住，扎紧扎严，并注意使覆盖在接芽外的地膜绷紧并贴在接芽上，这样接芽萌发时可以突破地膜，自行发出。包扎后3～4h，膜内有露珠出现表明包扎严密。

露芽包扎法。砀山酥梨花芽芽体较大，采用全包扎法容易勒伤花芽并使花芽腐烂，因此带花芽高接时宜采用此法。包扎时，先用薄膜绕接口3周，固定接穗，防止接芽松动，然后将薄膜顺接穗上绕，把接穗上剪口裹严，接芽露在薄膜外。

4.3.3 高接后的管理

（1）破膜。采用全包扎法嫁接的接芽萌发后，若不能自行突破薄膜，可用牙签或其他利器在接芽处将薄膜挑破，使芽长出，挑口不宜过大，否则会影响成活率。

（2）除萌。高接树在接芽萌发的同时，砧树上的隐芽也大量萌发，如果放松管理，易导致枝条紊乱、营养损失严重、降低接穗成活率等不良后果。若嫁接的接头较多，除保留未成活部位的1个萌芽用于补接外，其他萌芽全部除去；若接头少，要在适当的部位保留少量萌芽，以调节地上部与地下部的生长平衡和防止树干日灼，特别是要保留缺枝部位和未成活枝上的萌芽，以备补接。除萌应从4月开始直到砧树萌芽不再发生时为止。

（3）摘心。接芽新梢生长到30cm左右时，摘去顶芽，控制顶端生长，使各接芽新梢平衡生长。带花芽嫁接时，保留1根果台副梢，并在副梢长到30cm时摘心。

（4）解绑。5月底以后，及时解除已完全成活、愈合良好的枝条的薄膜，以免薄膜勒进皮层，影响枝条正常生长。但解绑不宜过早，以免枝条被风折断。带花芽嫁接的枝，开花结果后解膜。

（5）补接。高接后20～30d检查成活率，对未成活的枝及时补接。春季抹芽时，在缺枝部位留下补接的枝条，6月可在新梢基部用带木质部芽接法或单芽切腹接法进行补接，补接成活后10d左右，在接芽口上部 1cm 处剪砧，当年还能抽生新梢。

（6）其他管理。

肥水管理。改接后应立即灌水，以利成活抽枝。高接当年一般不需土壤施肥，生长期可结合病虫害防治喷 5～6 次叶面肥，促进花芽形成。

当年冬季修剪要点。嫁接当年的冬季，遵循"轻剪、长放、快成形、早结果"的原则进行修剪。枝条形成较多花芽，可在枝条的 2/3 到 3/4 处轻短截；若只在枝条上部有少量花芽，就实行长放。

5　土、肥、水管理

5.1　土壤管理

土壤管理就是根据土壤特点、地形、地势和梨树生长状况，采取科学合理的管理方法，达到增加土层厚度、提高土壤肥力、改善土壤理化性状的目标，实现树壮、果优、安全、高效的栽培目的。

5.1.1　土壤改良

黄河故道地区的砀山酥梨大部分是在 20 世纪 50～60 年代期间定植的，依据当时果树要"上山下滩"的土地管理政策，主要在黄河冲积区的沙荒盐碱地上建园。砀山酥梨在不同质地的土壤上均能生长结果，但产量、质量相差很大，最适宜的土壤是沙壤土。

（1）黏土地改良。黏土地矿质营养丰富，有机质分解缓慢，利于腐殖质积累；保肥能力强，供肥平稳持久。但由于黏粒含量大，孔隙度小，透水、通气性差，不耐旱、不耐涝，素有"三天晴张开嘴，三天雨泥沾腿"的说法。同时因其热容量大，土温变幅小，不利于糖分积累，所产砀山酥梨果实皮厚色青、肉质硬、果心大，完全失去了砀山酥梨果肉酥脆的优良特性。

改良黏重土壤的主要方法是掺沙压淤。每年冬季在土壤表层铺 5～10cm 厚的沙土，也可掺入炉渣，结合施肥或翻耕与黏土掺和。在掺沙的同时，增施有机肥和杂草、树叶、作物秸秆等，改善土壤通气、透水性能，直到改良的土壤厚度达到 40～60cm，机械组成接近沙壤土的指标时为止。

（2）沙土地改良。沙质土壤成分主要是沙粒，矿质养分少，有机质贫乏，土粒松散，透水、通气性强，保水保肥性能差。沙土热容量小，夏季高温易灼伤表层根系，冬季低温易冻伤根系。由于昼夜温差大，树体生长量小，光照好，所产砀山酥梨果实皮薄色艳，果心小，肉细、酥脆、汁多，含糖量较高。但由于土壤养分贫乏，有机质含量低，一般树势较弱，产量较低。

沙土地改良主要是以淤压沙，可与黏土地改造结合进行。将沙土运往黏土地，同时将黏土运往沙土地，一举两得，减少费用。同时，结合种植绿肥、果园生草和增施有机肥等措施，逐步提高沙土地梨园的土壤肥力。

（3）盐碱地改良。盐碱地含盐量大，pH 较高，矿质元素含量虽然丰富，但有些元素如磷、铁、硼、锰、锌等易被固定，常呈缺乏状态，造成生理病害。盐碱还会直接给根系和枝干造成伤害。改良措施主要有：一是设置排水系统。建园时每隔 30～40m，顺地势纵横开挖深 1m、宽 0.5～0.7m 的排水沟，使之与排水支渠和排水干渠相连，盐碱随雨水淋洗和灌溉水排出园外，达到改良目的。二是增施有机肥。有机肥不仅含有果树所需的营养物质，还富含有机酸，可中和土壤碱性。有机质可促进土壤团粒结构形成、减少水分蒸发，有效控制返碱。砀山县梨园 95% 的盐碱地均是通过增施有机物、种植绿肥得到改良的。这种改良方法，既降低了土壤碱性，又增加了土壤肥力。

（4）其他类型土壤改良。山坡地土层浅薄，下部常含砾石，肥力低，水土保持性差，影响梨树根系生长。可沿等高线建造梯田，不断深翻土壤，捡出砾石，加厚土层。

江河冲击土常有胶泥或粉沙板结层，透水、通气性差，阻碍根系伸展，易旱易涝。可深挖逐步打破板结层，扩展根系生长空间。

低洼梨园地下水位高，土壤通气条件差，常引起烂根，造成树势衰弱，甚至死亡。降低梨园地下水位，除建好排水系统外，可开沟筑垅，沟可降低水位，使地下水位保持在地表 0.7m 以下；垅可抬高地面，梨树栽在垅上。使梨园沟与排水系统相连，以便及时排除积水。

5.1.2　土壤耕翻

土壤翻耕有利于改善黏性土壤的结构和理化性状。但若翻耕方法不当，常造成树势衰弱，特别是对成年大树和在沙性土壤中栽植的树，这种现象十分明显。

（1）土壤深翻。

深翻作用。砀山酥梨是深根性果树，在土层深厚、地下水位低的土壤中，根系深度可达 2.5m 以上。深翻能增加活土层厚度，改善土壤结构和理化性状，加速土壤熟化，增加土壤孔隙度和保水能力，促进土壤微生物活动和矿质元素的释放；改善深层根系生长环境，增加深层吸收根数量，提高根系吸收养分和水分能力，增强、稳定树势。在砀山地区调查结果表明，适时深翻可使土壤孔隙度增加 10%～12%，含水量增加 5%～7%，微生物数量增长 1 倍以上，产量提高 15%。

深翻时期。定植前是全园深翻的最佳时期，定植前没有全园深翻的，应在定植后第 2 年进行；一年中四季均可进行深翻。成年梨园根系已布满全园，无论何时用何种方法深翻，都难免伤及根系，影响养分水分的吸收，没有特殊需要，一般不进行大规模深翻，只在秋施基肥时适当挖深施肥穴，达到深翻目的。若需要打破地下板结层或改良深层土壤，应在 9 月底、10 月初进行，这时果实已经采收，养分开始回流根系，正值根系第 2 次生长高峰期，断根愈合快，当年还能促发部分新根，对次年生长影响小。冬季深翻，根系伤口愈合慢，当年不能长出新根，有时还会导致根系受冻。春季深翻效果最差，深翻截断部分根系，影响开花坐果及新梢生长，还会引起树势衰弱。

深翻方法。挖沟定植的梨园，定植第 2 年顺沟外沿挖条状沟，深度 60～80cm，并逐年外扩，3～4 年完成；挖定植穴栽植的梨园，采用扩穴法，每年在穴四周挖沟深翻 60～80cm，直至株间行间接通为止。盛果期梨园深翻，一般隔行进行，挖沟应距树干 2m 以外，沟深、宽各 60～80cm，第 2 年再深翻另一行，以免伤根太多，削弱树势。结合深翻，沟底部可填入秸秆、杂草、树枝等，并拌入少量氮肥，以增强土壤微生物活力，提高土壤肥力，改善土壤保水性和透气性。深翻应随时填土，表土放下层，底土放上层。填土后及时灌水，使根系与土壤充分接触，防止根系悬空，无法吸收水分和养分。沙土地如下层无黏土或砾石层，一般不深翻，以免增加沙蚀程度，不利水土保持。

（2）土壤浅翻。砀山酥梨吸收根主要分布在 20～60cm 土层中，因此，结合秋季撒施基肥，全园翻耕 20～40cm 深，创造 1 个土质松软、有机质含量高、保水通气良好的耕作层，对植株良好生长具有明显作用。行间距大的梨园可用机械操作，行间距小的适宜人工浅翻，翻后立即耙平保墒。浅翻可熟化耕作层土壤，增加耕作层中根的数量，减少地面杂草，消灭在土壤中越冬的病虫。浅翻应在晚秋进行，每隔 2～3 年 1 次。浅翻起始位置应距树干 1.5m 以外（图 1 - 50）。

图 1 - 50　土壤浅翻　　　　　　　　　　　　　图 1 - 51　梨园中耕

（3）梨园中耕。中耕是调节土壤湿度和温度、消灭恶性杂草的有效措施。春季 3 月底至 4 月初，杂草萌生，土壤水分不足，地温低，中耕对促进开花结果、新梢生长有利。夏季阴雨连绵，杂草生长茂盛，中耕对减少土壤水分、抑制杂草生长和节约养分有利。中耕时间及次数根据土壤湿度、温度、杂草生长情况而定（图 1 - 51）。

5.1.3　土壤覆盖

土壤覆盖是近年兴起的梨园土壤管理措施。主要覆盖材料有作物秸秆，杂草、枯枝落叶，绿肥、植物鲜体等有机物，以及无色透明或黑色薄膜、银色反光膜等。砀山酥梨园地表覆盖方式以人工生草和覆盖稻草为佳。

（1）有机物覆盖。全园覆盖 10～15cm 厚度的作物秸秆等，能起到如下作用。

调节土壤温度。保护根系冬季免受冻害，促进早春根系活动，降低夏季表层地温，防止沙地梨园根系灼伤；延长秋季根系生长时间，提高根系吸收能力（图 1-52）。

改良土壤。覆盖物腐烂或翻入土壤后，增加了土壤有机质含量，促进团粒结构形成，增强土壤保水性和通气性。促进微生物生长和活动，有利于有机养分的分解和利用。抑制杂草，防止水土流失，减少土壤水分蒸发。

有机物覆盖的缺点是易引起根系上行生长。

为防止风吹掀动覆盖物或不慎着火，可在覆盖物上撒一层薄土。

图 1-52　覆盖作物秸秆

图 1-53　地面铺膜

（2）地膜覆盖。幼树定植用薄膜覆盖定植穴，一是可保持根际周围水分，减少蒸发。二是提高地温，促使新根萌发。三是提高定植成活率，覆膜可使成活率提高 15％～20％。

在结果大树树冠下铺设地膜，可改善树体内膛、特别是树冠下部的光照条件，提高果实含糖量和外观品质，缩小树冠内外、上下果实品质差异；还能抑制杂草滋生和盐分上升。据试验，铺地膜梨园的果实与不铺地膜的相比，树冠下层果实可溶性固形物含量可提高 1％以上，煤污病及锈果率大大降低（图 1-53）。

（3）其他覆盖物。沙性土地覆盖黏土可防止风沙侵蚀、水土流失，也可缩小地温变幅，改善土壤理化特性。黏土地覆盖沙粒、碳渣，有利于增加土壤昼夜温差，提高果实含糖量，还能改善黏重土壤的通透性，有利于梨树根系生长。

5.1.4　生草与化学除草

（1）果园生草。果园生草包括自然生草和人为培养草坪两种措施。自然生草方法简单易行，一般梨园都会自然长出许多杂草，任其生长，定期刈割（图 1-54）。以下主要介绍梨园人工生草技术。

果园生草的作用。一是改良土壤。生草提高了土壤的有机质含量，减少施肥成本的投入。二是改善土壤结构，尤其对质地黏重的土壤，作用明显。调节土壤温度。果园生草后增加了地面覆盖层，减小土壤表层温度变幅，有利于果树根系的生长发育。夏季中午，沙地清耕果园裸露地表的温度可达 65～70℃，而生草园仅有 25～40℃。北方寒冷的冬季，清耕果园冻土层可厚达 25～40cm，而生草果园冻土层厚仅为 15～30cm。三

图 1-54　梨园自然生草

是有利于果园的生态平衡,改善了果园生态条件。研究表明,与梨园土壤清耕相比,果园生草有利于保护果园生物多样性,对保护害虫天敌作用明显。据统计,人工种植苕子的梨园,春季每平方米草地上肉眼可见的生物可达 200 头以上,其中,有近一半为害虫天敌。四是保肥保水。山坡地果园生草可起到保水、保土和保肥的作用。果园生草可固沙固土,减少地表径流对山地和坡地土壤的侵蚀。同时,生草可将无机肥转变为有机肥,并固定在土壤中,增加了土壤的蓄水能力,减少肥、水的流失。

生草条件要求。果园生草可采用全园生草和行间生草等模式,具体模式应根据果园立地条件、种植管理水平等因素而定。土层深厚、肥沃,根系分布深,株行距较大、光照条件好的果园,可全园生草,反之,土层浅而瘠薄、光照条件较差的果园,可采用行间生草方式。在年降水量少于 500mm、无灌溉条件和高度密植的果园不宜生草。在砀山县,一般在行间生草,株间和树盘实行清耕或覆盖管理;也有全园种草情况,如砀山果园场部分砀山酥梨园片(株行距为 6m×8m 以上)就全园种植苕子、三叶草等(图 1-55)。

图 1-55　梨园人工生草

生草种类。选择草种类的标准是株形矮小或匍匐生,适应性强,耐阴耐践踏,耗水量较少,与果树无共同的病虫害,能引诱天敌。砀山地区目前使用的品种主要有白三叶、红三叶,紫花苜蓿和苕子等(图 1-56、图 1-57)。

图 1-56　紫花苕子

图 1-57　白三叶草

种草时间。自春季至秋季均可播种,一般春季 3～4 月(地温 15℃以上)和秋季 9 月最为适宜。3～4 月播种,草坪可在 6～7 月果园草荒发生前形成,9 月播种,可避开果园草荒的影响,减少剔除杂草用工。

种植方法。可直播和移栽,一般以划沟条播为主。为减少杂草的干扰,若有条件,最好在播种前半个月对梨园灌 1 次水,诱使杂草种子萌发出土,人工清除杂草后播种草籽。白三叶、紫花苜蓿等品种的播种量约为 15～22.5kg/hm²。

生草果园的管理。为控制草的长势,一般在草高 30～40cm 时,进行刈割。割草可用割草机,也可人工刈割。一般 1 年刈割 2～4 次,灌溉条件好的可多割 1 次。刈割要掌握留茬高度,一般豆科草要留 1～2 个分枝(15cm 以上,无分枝的除外),禾本科草要留有心叶(10cm 左右),割得太重,会降低草的再生能力。割下的草可覆盖于树盘,也可用于饲养家禽、家畜。生草果园应适量增施氮肥,早春施肥应比清耕园增施 50% 的氮肥,生长期果树根外追肥 3～4 次。生草 4～5 年后,草逐渐老化,应及时翻压，休闲 1～2 年后，重新播种。翻压以春季翻压为宜，翻耕后有机物迅速分解，土壤中速效氮激增，因此，当年应适当减少或停施氮肥。

梨园生草的弊端。梨园生草为害虫天敌提供了生长环境，也为有些病虫害提供了越冬场所。全园生草影响了树冠下部的光照条件，严重的还会影响砀山酥梨果实的外观品质，如果皮颜色不鲜亮等。因此，在生产实践中，应因地制宜，灵活运用这一技术（图 1-58）。

（2）化学除草。对于清耕梨园，夏季若遇连日阴雨，无法中耕除草，果园会发生草荒，影响果实膨大和花芽形成；还因通风透光条件恶化，加重果实轮纹病、煤污病的发生，降低果实品质。为避免草荒，可采取化学方法进行除草。使用除草剂时应注意人、畜、树安全，选择无风天气喷药，以免药液触及人体和果树。为提高除草效率，可将内吸与触杀、长效与短效型

图 1-58　冠下铺膜，行间种草

除草剂混合使用。目前，砀山地区梨园选用的除草剂主要有 10％草甘膦水剂和 80％茅草枯粉剂等。但大面积、长时间使用化学除草剂，会严重污染地下水和周围的生态环境，因此，应尽量实行人工除草。

5.1.5　绿肥种植与梨园间作

（1）绿肥种植。

种植绿肥的优点。改良土壤。增加土壤有机质含量，促进土壤团粒结构的形成，降低了土壤容重，增强了土壤通气性能，使水、肥、气、热更加协调。同时，种植绿肥还促进了土壤微生物的活动，有利于有机质的分解和无机养分的释放，显著提高土壤有效养分含量（图 1-59）。改善梨园生态环境。绿肥刈割后覆盖地面，可调节地表温度，有利于根系的生长发育。1993 年砀山酥梨花期出现冻害，凡间作油菜的梨园，树冠下部坐果率比清耕梨园的提高 5％～8％。有些绿肥作物可增加梨树害虫天敌种类和数量，如苜蓿，会大量增加草蛉、瓢虫、食蚜螨等天敌数量，为安全、有效地防治病虫害提供了条件。节约施肥成本。利用梨园内外空闲地种植绿肥，只需投入少量无机肥和绿肥植物种子，便可获得大量有机肥，节约了施肥成本。提高品质。由于种植绿肥增加了果园土壤有机质，明显提高了果实含糖量和维生素含量，改善了果实风味和外观品质。

绿肥植物品种选择。根据土壤类型、气候条件、树龄大小及栽培密度，选用适宜的绿肥植物品种。砀山地区梨园秋、冬季种植的绿肥植物品种有毛叶苕子、油菜、蚕豆、豌豆等，春季种植的品种有乌豇豆、绿豆、黑豆、草木樨等。

图 1-59　梨园种植苕子

绿肥种植技术。播种。播种以条播为主，便于刈割、翻压。与树干保持一定距离，防止与梨树争肥争水、影响通风、透光。适量施肥。播种时施 750kg/hm² 过磷酸钙，可起到以磷促氮作用。固氮作物苗期固氮根瘤未形成时，追施少量氮肥助苗生长，增加鲜草量。每次刈割后，少量追施肥水，可使绿肥生长茂盛。适时刈割。当绿肥长到一定高度，影响梨园通风透光时要及时刈割，割下的鲜草覆盖于树盘或行间，也可开沟埋压。豆科绿肥花荚期养分含量最高，应在此时刈割。多年生绿肥连续生长 3～4 年后翻耕 1 次，间隔 1 年后再种。

（2）梨园间作。幼龄梨园行间空地较大，为有效利用土地和光能，增加前期收益，梨园可间作一些粮食和经济作物，间作物收获后，秸秆等回归梨园做肥料。

间作物种类。豆科作物。豆科作物有固氮能力，可提高土壤肥力，是梨园理想的间种作物。如花生、大豆、蚕豆、绿豆、豌豆、豇豆和红豆等（图1-60）。蔬菜。经济价值高，植株矮小，对梨树生长影响不大。可供选择的有蒜苗、洋葱、胡萝卜、甘蓝和花椰菜等。瓜类。秧蔓匍匐于地，对土壤起到覆盖作用，可调节土壤水分和温度，也是梨农常选择的间种作物，如甜瓜和西瓜等。中药材。投入少、收益高，如沙参、党参、板蓝根、黄芪、元胡和甘草等。蜜源植物。油菜与砀山酥梨花期一致，可招引昆虫和蜜蜂，有利于砀山酥梨虫媒传粉。同时，油菜成熟收割早，不与梨树争水争肥，在黄河故道地区广泛种植。

图1-60　梨园套种花生

间作原则。给梨树生长留足空间。梨园间作不能只重视眼前利益而忽视梨树生长，幼树园中间作物离树干1～1.5m，成龄园在树体垂直投影以外种植。不可种植高秆作物如：高粱、玉米、棉花等。这些作物影响通风透光、耗肥、耗水量大，影响梨树正常生长。避免病虫共生。棉花易滋生红蜘蛛、棉铃虫，白菜易生大绿浮尘子，玉米易招致桃蛀螟，甘薯易感紫纹羽病，这些作物均不宜在梨园间作。

5.1.6　梨园综合利用

（1）果、草、牧生产模式。利用梨园行间空闲土地种植牧草，用牧草饲养家畜家禽，畜禽粪便经处理后回归梨园作肥料，达到果业、牧业双丰收目的。

牧草种植。选择适应性强、产草量高、畜禽适口性好的饲草种植。以下介绍几种适宜梨园间作的牧草。

多年生黑麦草：禾本科多年生草本植物，产量高，品质好，营养丰富，牲畜喜食。在良好栽培条件下，一次种植可连续利用4～5年，每年可收割多次，每公顷年产鲜草60～75t。

紫花苜蓿：豆科多年生草本植物，营养价值高，蛋白质、维生素和矿物质含量丰富。各种家畜喜食，适口性好。一次种植可收获4～5年，喜温暖半干旱环境条件，每公顷年产鲜草75～90t。

苏丹草：禾本科一年生草本植物。质地细软，营养丰富，牛羊十分喜食，放牧收割皆宜。除作青饲料外，还能青贮和晒成干草。生长适应性强，在沙土地、黏土地、酸性土壤和盐碱土壤中皆可种植。年收割3～4次，每公顷年产鲜草45～60t。

菊苣：菊科多年生草本饲料作物，耐寒、耐热、耐旱，对土壤条件要求不严。抽薹前是猪、兔、鹅的良好青饲料，抽薹后是牛、羊的好饲料。另外，还是一种新兴蔬菜，叶、根都具有良好保健作用，每公顷年产鲜草75～90t。

鲁梅克斯：又称高秆菠菜，藜科多年生草本植物，可人畜共用。抗严寒、耐盐碱、耐旱、耐涝，易栽培。两年后每株分蘖10～20个，每公顷年产鲜草120～180t。

梨园养殖。可供梨园养殖的畜禽有鸡、鸭、鹅、牛、羊、猪、兔等（图1-61）。每公顷饲草能养上述禽类1 500只、羊150只或猪200头。养殖禽类动物，饲草地周围应用塑料网围护，白天将家禽放入草地内散养；养殖牛、羊、猪、兔等，应另建畜圈，割草饲养。

（2）建沼气池。利用畜禽粪便，建立沼气池生产沼气，不但能清洁环境，还能为家庭提供新型能源，为梨园提供安全的有机肥。

（3）食用菌生产。梨树修剪下的枝条粉碎

图1-61　梨园养鹅

后，可用作香菇培养基。春季栽培每年可采菇 4～5 茬，每 100kg 木屑年可产香菇 80～100kg。

5.2 梨园施肥

5.2.1 需肥特点及施肥原则

（1）需肥特点。

需要的营养元素。梨在其生命活动周期中，需要吸收多种营养元素才能正常地生长发育、开花结果。最主要的有碳、氢、氧、氮、磷、钾、钙、镁、硫、铁、锌、硼、锰等，稀土元素对提高产量和品质有良好的促进作用。必需元素中的碳、氢、氧可从水和光合作用产生的碳水化合物中获得，一般无需补充，其他营养元素则全部来自土壤和依靠人为供给。

不同树龄树的需肥特点。幼龄期树以长树为主，需要大量氮肥和适量磷、钾肥，以迅速增加枝叶量、形成牢固骨架，为结果打好基础。初果期树担负长树和结果双重任务，与幼龄树相比，须适当减少氮肥比例，增施磷、钾肥，以缓和树势，促进花芽形成。盛果期树以结果为主，此期树体结构、产量基本稳定，应保证相对稳定的氮、磷、钾三要素供给量。对进入衰老期的梨树，应适当增施氮肥，促进隐芽萌发、枝条营养生长和根系更新。不论树龄大小，在重视氮、磷、钾肥料施用的同时，都不能忽视其他营养元素的补给。

不同物候期的需肥特点。砀山酥梨在年生长周期中，不同时期需肥种类和数量各不相同。4 月下旬至整个 5 月，这时因枝叶迅速生长，幼果膨大，对氮肥的需求最大，其次是钾肥，为全年第 1 个需肥高峰期。6 月枝叶停止生长，需肥平稳且相对较少，但花芽开始分化，对磷肥的需求量增加。7 月中旬至 8 月中旬，果实迅速膨大，每日单果增重 10g 以上，是决定产量和品质的关键时期，也是梨树一年中第 2 个需肥高峰期，为提高品质，应适当增施钾肥。

（2）施肥原则。

以有机肥为主。土壤有机质含量是土壤肥力的重要指标之一。安全的有机肥是优化土壤结构、培肥地力的物质基础，其主要优点如下：一是肥力平稳。有机质施入土壤后，在微生物作用下逐步分解，平稳供应植株生长。二是肥效全面。有机质含有多种营养成分，不仅能供应大量元素氮、磷、钾，还能供给一些微量元素，可满足梨树生命活动对养分的综合需求。三是活化土壤养分。有机质在分解过程中可产生大量有机酸，活化土壤中某些微量元素如铁、锌、硼、锰等，使其成为梨树可利用的养分。四是增加微生物数量。有机肥是土壤微生物获得能量和养分的主要物质，有机物可增加微生物的数量，促进微生物活动，有利于土壤养分的分解和释放。微生物还可分泌一些生物活性物质，促进树体生长发育。五是改善土壤理化性状。有机质可促进土壤团粒结构形成，从而增加土壤的通气、保水、蓄水性能。有机质在分解过程中产生的有机酸还可降低土壤 pH，改良碱性土壤。六是提高果实品质。适当增施有机肥，可明显提高果实可溶性固形物含量，使果实表面光洁、果点缩小、口感变好。

目前，黄河故道地区大部分梨园土壤有机质含量在 1% 以下，因而影响了果品质量。

安全原则。梨园施肥是为了培肥地力，壮实树体，稳定生产高质量果品。如果肥料种类选择或施肥方法不当，不仅达不到上述目的，还会给植株生长带来负面影响，甚至死树毁园。偏施氮、磷、钾三要素化肥，长期施用单一肥料（含有机肥），施用未经处理的动物粪肥、生活垃圾等都会给梨树栽培带来危害。此外，施肥还要根据不同土壤类型、肥力状况和砀山酥梨需肥特点，适时、适量、适法进行，才能充分发挥施肥的作用。

5.2.2 梨园常用肥料种类

（1）允许使用的肥料。

有机肥。包括各种饼肥、腐熟粪肥、植物体，经腐熟或加工合格的有机肥等。

化肥。主要是氮、磷、钾三要素肥料，钙、镁及微量元素肥料，复合肥及稀土肥料等。

生物菌肥。包括根瘤菌、磷细菌、钾细菌肥料等。

其他肥料。经过处理的各种动植物加工的下脚料，如皮渣、骨粉、鱼渣、糖渣等；腐殖酸类肥料，以及其他经农业部门登记、允许使用的肥料。

各种主要肥料有效成分见表1-3、表1-4、表1-5。

表1-3   梨园常用有机肥料养分含量

肥料名称	有机质含量（%）	N含量（%）	P₂O₅含量（%）	K₂O含量（%）
土杂肥	—	0.2	0.18～0.25	0.7～2.0
猪粪	15.0	0.56	0.4	0.44
牛粪	14.5	0.32	0.25	0.15
羊粪	28.0	0.65	0.50	0.25
人粪	20.0	1.00	0.50	0.31
大豆饼	—	7.00	1.32	2.13
花生饼	—	6.32	1.17	1.34
棉籽饼	—	4.85	2.02	1.90
菜籽饼	—	4.60	2.48	1.40
芝麻饼	—	6.20	2.95	1.40

表1-4   梨园常用无机肥料养分含量

肥料名称	分子式	N含量（%）	P₂O₅含量（%）	K₂O含量（%）
尿素	$CO(NO_2)_2$	46	—	—
硫酸铵	$(NH_4)_2SO_4$	20～21	—	—
碳酸氢铵	NH_4HCO_3	17	—	—
磷矿粉	$Ca_3(PO_4)_2$	—	30～36	—
过磷酸钙	$Ca(H_2PO_4)_2 \cdot 2CaSO_4$	—	14～19	—
硫酸钾	K_2SO_4	—	—	50
氯化钾	KCl	—	—	60
草木灰	—	—	3.1～3.4	11～12

表1-5   常用微量元素肥料有效成分含量

肥料名称	分子式	有效成分含量（%）
硫酸亚铁	$FeSO_4$	20
硫酸锌	$ZnSO_4 \cdot H_2O$	35
硼砂	$Na_2B_4O_7 \cdot 10H_2O$	11
硫酸镁	$MgSO_4$	20
硫酸锰	$MnSO_4$	26
硫酸铜	$CuSO_4$	24

（2）禁止施用的肥料。禁止施用的肥料包括未经无害化处理的城市垃圾，含有重金属、橡胶和有害物质的垃圾，未经腐熟的粪肥，未获准有关部门登记的肥料等。

5.2.3   施肥量的确定

要确定一个科学合理、在任何园区都适用的施肥量是难以实现的，因为影响施肥量的因素较多，且这些因素常常变化，如园区土壤肥力、理化性质，肥料种类和性质，树龄、树势和负载量，田间管理水平，施肥方法，天气状况等因素都影响施肥量。因此，生产上只能先根据一般情况进行理论推算，在此基础上，再根据各因子的变化调整施肥量。

（1）施肥量的确定方法。确定施肥量的较好方法是平衡施肥法。用公式表示为：

$$梨树施肥量 = \frac{梨树吸收量 - 土壤自然供给量}{肥料利用率}$$

　　为确定较为合理的施肥量，在施肥前必须了解目标产量、植株生长量、肥料利用率和肥料有效养分含量等参数。

　　植株的养分吸收量。指植株在年生长周期中，各器官所吸收消耗的各种营养成分的总和，但要准确计算出这一数据十分困难。在砀山酥梨生产实际中，亩产 3 000kg 的梨园，氮、磷、钾三要素肥料的施用量为每生产 100kg 砀山酥梨果实，需氮 0.3～0.4kg，磷 0.15～0.2kg，钾 0.3～0.4kg。

　　土壤自然供给量。各类土壤都含有一定数量的潜在养分，经微生物分解和自然风化而释放，被植株吸收。在不施肥的情况下，土壤供给梨树的氮、磷、钾及其他营养元素的量即土壤的自然供给量。中国农业科学院土壤肥料研究所研究的结果表明，在一般情况下，土壤三要素肥料的自然供给量，占果树吸收量的比例约为氮 1/3，磷、钾各 1/2。

　　肥料利用率。任何肥料施入土壤后，都不可能全部被梨树吸收利用，吸收部分占施入部分的百分比即为肥料的利用率。已有的研究表明，氮肥实际利用率为 35%～40%，磷肥约为 30%，钾肥为 40%。肥料的利用率受气候、土壤条件、施肥时期、施肥方法、肥料形态等多种因素影响。部分肥料在一般情况下的利用率见表 1-6。

表 1-6　果园常用有机肥、无机肥当年利用率

肥料名称	当年利用率（%）	肥料名称	当年利用率（%）
一般土杂肥	15	尿素	35～40
粪干	25	硫酸铵	35
猪粪	30	硝酸铵	35～40
草木灰	40	过磷酸钙	20～25
菜籽饼	25	硫酸钾	40～50
棉籽饼	25	氯化钾	40～50
花生饼	25	复合肥	40
大豆饼	25	钙镁磷肥	35～40

　　（2）施肥实例。计算每公顷年产 45t 砀山酥梨果实的氮肥施用量。

　　树体吸收量。按每产出 100kg 果实需氮 0.35kg，则每公顷梨树需吸收氮素为 45 000×0.35/100＝157.5（kg）。

　　土壤天然供给量。氮的天然供给量为梨树吸收量的 1/3，土壤天然供氮量为 157.5×1/3＝52.5（kg）。

　　每公顷理论施肥量。氮素肥料当年利用率按 40% 计算，施氮素量为（157.5－52.5）/40%＝262.5（kg）。

　　以上求得的是纯氮量，而不是商品肥料数量，要求得某种肥料的用量，还应将此数值除以某肥料的氮素含量。假设施尿素（含氮 46%），则实际用尿素量为 262.5/46%＝570.65（kg）。

　　磷、钾等肥料用量均可按上述方法求得。

　　理论施肥量只是根据相应参数，从理论上推算得出的，应用时应根据当地的实际情况和历史经验，对理论施肥量加以适当调整，以获得最佳施肥量。

5.2.4　营养诊断

　　营养诊断主要是以矿质营养元素为对象，以农化分析为手段，通过对叶、土壤营养成分分析及外部症状鉴定，对梨树体的营养状况进行正确评价，判断某种矿质元素盈亏，从而科学合理地指导梨园施肥。

　　（1）叶分析。

　　叶分析依据。叶片对营养元素盈亏的反应最敏感，某一元素的缺乏或过剩，都会首先从叶片上表现出来，因此叶分析对评价树体营养最具代表性。

　　诊断指标。进行叶片营养分析，需要一个判断某种营养元素是否盈亏的标准值。标准值可通过肥

料试验获得，在其他营养元素不变的情况下，将要测定的营养元素分为若干不同量处理，找出树体生长健壮、果实品质好、产量适中而稳定的几个处理，对这些处理的树体叶片营养进行分析，找出某营养元素的标准值范围（表1-7）。

表1-7　梨叶内营养元素参考标准值

元素	N（%）	P（%）	K（%）	Ca（%）	Mg（%）	Fe（mg/kg）	B（mg/kg）	Mn（mg/kg）	Zn（mg/kg）
含量	2.3～2.5	0.14～0.20	1.2～2.0	1.5～2.2	0.3～0.5	60～200	20～40	60～120	20～50

分析方法。首先进行叶片采集，时间以叶内营养元素稳定期为宜，砀山酥梨的叶片采集一般在7月中旬。每3～4hm²为1个采样单位，沿对角线选20～25棵树，每棵树在东西南北4个方向，取当年新梢中部4～6个叶片，要求叶片完好无损，无病虫害，每个取样点的混合叶片总数不少于100片。叶片采集后带回实验室，将洗净的叶片放入105～110℃的烘箱中杀青20min，取出叶片，温度降至70℃时，将叶片放入研钵中研细，测定各种矿质元素含量。将测定结果与标准值比较，判定某种营养元素的适量、不足或盈余。

砀山县砀山酥梨叶片营养分析。2006年，对砀山县主产区的砀山酥梨叶片营养进行分析（表1-8），结果表明，几个产区砀山酥梨叶片的K、Mg和B的含量较少。

表1-8　砀山酥梨主产区酥梨叶片养分含量

地点	全N（%）	全P（%）	全K（%）	Ca（%）	Mg（%）	B（mg/kg）	Fe（mg/kg）	Mn（mg/kg）	Cu（mg/kg）	Zn（mg/kg）
园艺场	2.20	0.31	0.82	1.83	0.09	13.9	55.1	34.4	14.8	13.2
魏寨	2.39	0.32	0.92	1.70	0.10	10.7	59.8	79.5	14.3	8.6
果园场	2.02	0.27	0.78	1.68	0.09	7.5	54.0	45.3	14.7	21.4
官庄	2.58	0.28	1.24	1.55	0.10	12.2	54.5	94.3	20.6	20.3

（2）土壤分析。

土壤分析依据。土壤有机质和各种营养元素的含量及所占比例直接关系到砀山酥梨植株的生长发育状况，应用科学的方法全面分析土壤养分，并将其与参考标准值进行比较；结合叶分析结果，制定合理的施肥方案。

土壤分析方法。土样采集：集土样可用对角线法或棋盘式采集法，每个土壤样品应由15～20个采集点的土样组成。如面积较大，每3～4hm²取1个土壤样品。采集地点在树冠外围垂直投影处，从0～50cm土层中由上而下均匀刮取一层土壤，重1～2kg，混合均匀后取其1/4，作为一个采集点土样。将15～20个点的土样集中起来，用四分法反复混合和取样，直至每个土壤样品剩下500g左右为止。土样分析：获土样在室内晾干，去除树根和其他杂质，用硬木棒碾碎，过1mm尼龙网筛。根据测定所需，将过筛后的土样分成若干份，放到研钵中研磨，使其全部通过0.25mm筛孔。研好的土样分别装入干净的广口瓶中，用于养分分析。将分析结果与标准值比较，以了解土壤营养状况。

有机质和氮素。土壤有机质含量大于1.5%为高肥地，1.0%～1.5%为中肥地，0.6%～1.0%为低肥地，小于0.6%为肥力极低。土壤全氮含量大于0.10%的为高，在0.06%～0.10%的为中等，在0.04%～0.06%的为低，小于0.04%的为极低。砀山县砀山酥梨主产区土壤有机质含量为0.3%～0.9%，全氮含量为0.02%～0.06%。

磷。土壤供肥能力并不取决于全磷含量的高低，而取决于土壤中速效磷的含量，因此常把速效磷作为磷养分含量指标。速效磷含量大于15mg/kg为高，在6～15mg/kg之间的为中等，在3～6mg/kg之间的为低，小于3mg/kg的为极低。砀山地区土壤中速效磷含量一般在7～20mg/kg，但少数产区只有1.5mg/kg。

钾。梨树所能吸收的钾为速效性钾，包括交换态钾和水溶性钾。土壤速效钾含量大于150mg/kg的为高，在50～150mg/kg的为中等，在30～50mg/kg的为低，小于30mg/kg的为极低。砀山土壤

速效钾含量在 $60\sim250mg/kg$。

微量元素。土壤中铁、锌、硼、锰等微量元素的利用情况，取决于其有效态含量。微量元素有效性受土壤理化性状等因素的影响。一般情况下，pH 较低、土壤有机质含量高，其有效态含量随之增大。2006 年，对砀山县境内砀山酥梨主要产区土壤的营养状况进行测定，结果见表 1-9、表 1-10。

表 1-9　砀山酥梨产区土壤养分含量

地点	土层	pH	有机质（%）	全 N（%）	全 P（%）	碱解 N（mg/kg）	速效 P（mg/kg）	缓效 K（mg/kg）	速效 K（mg/kg）
园艺场	0~25cm	7.47	0.78	0.04	0.04	28.7	19.8	464.1	85
	25~50cm	7.51	0.39	0.02	0.03	8.1	14.2	388.6	57.5
魏寨	0~25cm	7.39	0.94	0.06	0.08	52.4	47.6	671.6	255
	25~50cm	7.50	0.63	0.04	0.03	34.5	13.6	664.3	125
果园场	0~25cm	7.45	0.51	0.03	0.02	15.5	5.9	403.3	60
	25~50cm	7.47	0.26	0.02	0.02	8.1	1.3	376.5	52.5
官庄	0~25cm	7.40	0.91	0.07	0.03	45.6	6.5	818.8	125
	25~50cm	7.44	0.61	0.06	0.03	24.3	4.5	765.5	92.5

表 1-10　砀山酥梨产区土壤部分微量元素含量

地点	土层	交换 Ca（g/kg）	交换 Mg（mg/kg）	有效 B（mg/kg）	有效 Fe（mg/kg）	有效 Mn（mg/kg）	有效 Cu（mg/kg）	有效 Zn（mg/kg）
园艺场	0~25cm	11.4	221.6	0.33	11.7	2.9	9.1	0.92
	25~50cm	12.7	240.0	0.19	6.12	1.94	2.9	0.2
魏寨	0~25cm	17.1	354.6	0.40	9.04	3.98	6.98	1.4
	25~50cm	20.6	481.3	0.52	6.46	3.9	3.02	0.38
果园场	0~25cm	12.4	189.6	0.25	5.58	1.9	3.22	1.48
	25~50cm	13.2	221.0	0.11	3.32	1.72	1.72	0
官庄	0~25cm	21.9	513.2	0.60	8.64	6.52	1.86	0.34
	25~50cm	22.2	542.4	0.46	6.84	4.48	1.18	0

（3）树势诊断。施肥是否合理，可从植株生长发育状况中得到检验。尽管观察树势只能得出定性的判断，但在无法进行叶片和土壤营养实验室分析情况下，依据树势诊断营养盈亏，从而决定施肥方案，是一种简单易行的决定施肥量的方法。

花芽。芽体较大、充实饱满、中间圆鼓、芽鳞紧抱、红褐发亮、适期开花、花期整齐，说明营养充足、树体健壮；花芽小而狭长、色暗无光，开花晚、不整齐，花期长，是树势衰弱、缺肥的症状，应加大施肥量。

叶片。亮叶期转色快，成熟叶片大而厚，油绿色，适期脱落，是肥料充足的表现。叶片小而薄、色泽发黄，说明肥料不足。

新梢。粗壮挺直，节间较短，皮色鲜亮；顶芽大而圆钝，腋芽较大，5 月中旬中短枝停长，6 月中旬长枝封顶；中、长枝占总枝数量 $10\%\sim20\%$，短枝 80%，是树壮、肥足的表现。长枝过强、短枝弱而少，新梢徒长，花芽少，腋芽瘦，对这类树除应采取相应修剪措施外还要适当减少氮肥用量。当年生长枝少、短枝弱而多，外围新梢长多在 30cm 以下，是树势衰弱的表现，应加大施肥量。

果实。一般情况下，幼果期果形狭长、生长速度快、皮色绿而发亮，果实膨大期膨大速度快，成熟期转色较慢，是肥料适当的象征。幼果小而圆、皮色黄，膨大期转色快、停长早、果个小，可溶性固形物含量低，说明肥料不足或不平衡。

（4）缺素症诊断与矫治。梨树所需的所有矿质元素，都对其生命活动起着不可替代的作用。当某种元素缺乏时，便会引起植株生理机能的紊乱，影响正常发育。缺素症状目前在砀山梨区部分果园发生严重。常见的有缺铁引起的黄化病，缺锌引起的小叶病，缺硼引起的缩果病等。这些生理病害不仅影响到树体生长，还直接影响到果实品质，甚至使果实完全失去商品价值，从而造成巨大的经济损失。

缺氮症状及矫治方法。症状：氮是梨树体内蛋白质的主要组成部分，也是叶绿素、酶、维生素等的主要组成元素。当树体缺氮时叶片变小、呈黄绿色，退色时先从老叶开始，出现橙红色或紫色，易早落。花芽及果实都小，果实发黄早，停止膨大早。当年生枝条细而短，树势衰弱。叶片中含氮量低于 1.8% 时，即可能表现缺氮症状。矫治方法：只要采取适宜的方法施用氮肥则可见成效。施肥方法可采用土壤施肥或根外追肥，尿素作为氮素的补给源普遍应用于叶面喷施，但应当注意选用缩二脲含量低的尿素，以免产生药害。具体方法：一是按每株每年 50～60g 纯氮，或按每生产 100kg 果补充 0.7～1.0kg 纯氮的指标，于早春至花芽分化前，将尿素或碳铵等氮肥开沟施入地下 30～60cm 处。二是在梨树生长季的 5～10 月间结合喷药根外追施 0.3%～0.5% 的尿素溶液，一般 3～5 次即可。

缺磷症状及矫治方法。症状：磷是树体内磷脂、核蛋白、核酸等多种生命物质的组分元素。在能量转换、光合作用及营养物质运输中起着关键作用。树体缺磷时，幼叶呈暗绿色，成熟叶为青铜色。茎和叶柄带紫色，这种症状在夏季相对低温天气表现更明显，严重时新梢细短、叶片小。叶片中含磷量低于 0.1% 时，即可能表现缺磷症状。矫治方法：有土施和叶面喷施磷肥两种。土施磷肥一般与基肥同时进行，以提高磷的利用率。在中性和碱性土壤中施用，常选用水溶性成分高的磷肥；在酸性土壤中适用的磷肥类型较广泛；厩肥中含有肥效持久的有效磷，可在各种季节施用。叶面喷施在展叶后进行，一般进行 2～3 次，每次间隔 10d 左右。叶面喷施常用的磷肥有 0.1%～0.3% 的磷酸二氢钾或过磷酸钙浸出液。

缺钾症状及矫治方法。症状：钾与梨树的代谢过程密切相关，为多种酶的活化剂，参与碳水化合物的合成、运输和转化。钾还能提高枝干和果皮纤维含量，促进枝条加粗生长、组织成熟，提高果实品质和耐贮性。梨树缺钾时，老叶中的钾转移到新叶被重复利用，使新梢的老叶首先呈深棕色或黑色，逐渐焦枯；枝条通常变细而对其长度影响较少。叶片中含钾量低于 0.7% 时，即可能表现缺钾症状。矫治方法：通常可采用土壤施用钾肥的方法，氯化钾、硫酸钾是最为普遍应用的钾肥，有机厩肥也是钾素很好的来源。在黏重的土壤中钾易被固定，在沙质土壤中易被淋失，因此，土壤施用钾肥时，应尽可能使肥料靠近植株根系，以利吸收利用。在果实膨大及花芽分化期，沟施硫酸钾、草木灰等钾肥；在果实膨大期（6～8 月），结合喷药叶面喷施 2～3 次 0.4% KCl。

缺钙症状及矫治方法。症状：钙是细胞壁和胞间层的组成成分，在老组织中含量较多，它不易转移，难以被再次利用。树体缺钙时，首先是枝条顶端嫩叶的叶尖、叶缘和中央主脉失绿，进而枯死。幼根在地上部表现症状之前即开始停长并逐渐死亡。叶片中含钙量低于 0.8% 时，即可能表现缺钙症状。矫治方法：矫治酸性土壤缺钙，通常可施用石灰（氢氧化钙）。施用石灰不仅能矫治酸性土壤缺钙，而且可增加磷、钼的有效性，提高硝化作用效率，改良土壤结构。若仅为了补钙，则施用石膏、硝酸钙、氯化钙等，均可获得良好的效果。落花后 4～6 周至采果前 3 周，于树冠喷施 0.3%～0.5% 的硝酸钙溶液，15d 左右 1 次，连喷 3～4 次；果实采收后用 2%～4% 的硝酸钙浸果，可预防贮藏期果肉变褐等生理性病害，增强耐贮性。

缺镁症状及矫治方法。症状：镁是叶绿素的重要组成部分，故易引起叶片失绿症。镁还是多种酶的活化剂，对呼吸作用和糖的转化都有一定影响。缺镁时首先是新梢基部叶片上出现黄褐色斑点，叶中间区域发生坏死，叶缘仍保持绿色，受害症状逐渐向新梢顶部叶片蔓延，最后出现暗绿色叶片在新梢顶端丛生现象。叶片中含镁量低于 0.13% 时，即可能表现缺镁症状。矫治方法：缺镁现象的矫治，通常采用土壤施用或叶面喷施氯化镁、硫酸镁、硝酸镁的方法。每株土施 0.5～1.0kg，叶面喷施 0.3% 的氯化镁、硫酸镁或硝酸镁，每年 3～5 次。

缺硼症状及矫治方法。症状：在梨园中一般是零星发生。果实近成熟期缺硼，果实小、畸形，有裂果现象。轻者果心维管束变褐，木栓化；重者果肉变褐，呈海绵状。秋季未经霜冻，新梢末端叶片即呈红色。叶片中含硼量低于 10mg/kg 时，即可能表现缺硼症状。矫治方法：适量增施有机肥，干旱年份注意灌水，雨水过多注意排涝，维持适量的土壤水分，以利梨树对硼的吸收。对缺硼单株和园片，采用土施硼砂、叶面喷硼酸的方法进行矫正。可结合春季施肥，每株成年梨树施 100～150g 硼砂。也可于砀山酥梨树体缺硼时，在新梢生长期的 4～7 月，叶面喷施 2～3 次 0.3％ 的硼砂。

缺铁症状及矫治方法。症状：多从新梢顶部嫩叶开始发病，初期先是叶肉失绿变黄，叶脉两侧仍保持绿色，叶片呈绿网状，较正常叶片小。随着病情加重，叶片黄化程度加深，叶片呈黄白色，边缘开始产生褐色焦枯斑，严重者叶焦枯脱落，顶芽枯死。缺铁病从幼苗到成龄梨树均可发生。叶片中含铁量低于 30mg/kg 时，即可能表现缺铁症状。矫治方法：休眠期树干注射是防治缺铁症的有效方法。先用电钻在梨树主干上钻 1～3 个小孔，用强力树干注射器按发病程度注入 0.05％～0.1％硫酸亚铁溶液（pH 5.0～6.0）。注射完后把树干表面的残液擦拭干净，再用塑料条包裹住钻孔。一般 6～7 年生树每株注入 0.1％硫酸亚铁溶液 0.5～1kg，树龄 30 年以上的大树注入 2～3kg。由于梨树只能利用 Fe^{2+}，而 Fe^{2+} 极易被氧化成 Fe^{3+}，因此，在树干注射技术问世之前，矫治砀山酥梨树缺铁症曾是生产上一个难以解决的问题。应用树干注射铁肥技术，防治有效率 100％，可以实现 1 年复绿，2 年恢复产量的目标。为避免药害，防治前最好作剂量试验。

缺锌症状及矫治方法。症状：梨树缺锌可导致小叶病，表现为春季发芽晚，叶片狭小，呈淡绿色，病枝节间短，其上着生许多细小簇生叶片。由于病枝生长停滞，其下部往往又长出新枝，但仍表现节间短，叶片淡绿、细小症状；病树花芽减少、花小、坐果率低，产量低、果实品质变差。叶片中含锌量低于 10mg/kg 时，即可能表现缺锌症状。矫治方法：根外喷施硫酸锌是矫治梨树缺锌最常用且行之有效的方法。生长季节叶面喷施 0.5％的硫酸锌；休眠季节，土壤施用锌螯合物，用量为成年梨树每株 0.5kg。

5.2.5　施肥时期与方法

（1）基肥。基肥对梨树生长发育、产量和果实品质起重要作用。基肥以有机肥为主，对于保肥保水能力较好的土壤，基肥施用量应占全年需肥量的 70％～80％；对于沙土地，应占 60％。

施肥时期。果实采收后（10 月至 11 月初）立即进行，此时施基肥具有以下优点，一是增加光合产物。果实采收后及时补充养分，有利于增强叶片的光合能力，延长叶片生长期，增加光合产物，提高花芽质量和枝条充实度，增强树体抗寒能力。二是利于伤根愈合。此时正值根系第 2 次生长高峰，虽然施肥损伤了部分根系，但由于土温较高，伤根愈合容易，而且还会刺激产生大量吸收根，这些新根翌年春季活动早，对梨树开花、坐果、展叶、枝梢生长具有重要的促进作用。三是提高肥料利用率。有机基肥需要充分腐熟分解后才能被梨树根系吸收，采果后地温较高，有利于有机物的分解矿化，以便翌年春季能及时供应梨树开花、坐果、展叶等生长发育之需。

施肥方法。施肥方法多种多样，应根据根系分布范围及土壤性质合理选择。土施肥料时，一般是将肥料和挖出的土混合后再填入沟内，以提高肥料利用率。环状沟施肥法：幼树根系分布范围小而浅，常采用这种方法。在根系外沿开挖宽 40～50cm、深 50～70cm 的沟，将肥土施入。条状沟施肥法：成年树梨园，在行间挖沟，将树叶、杂草、树枝、秸秆等填入沟底，然后填入肥土。放射沟施肥法：距树干 1～1.5m 处，以树干为中心向四周辐射状开沟 4～6 条，沟由浅到深，由窄到宽，外至树冠投影以外，然后将肥土施入沟内。每年轮换挖沟位置。

全园撒施。盛果期或密植园梨树根系已布满全园，为提高肥料利用率可进行全园撒施，然后浅耕。为防止根系上行，应间隔 2～4 年实行 1 次。

注意事项。一是土壤 pH 高的梨园，应将全年所需磷肥及锌、硼、锰等元素肥料和有机肥拌匀施入土壤，因这些肥料在碱性条件下易被固定；掺入有机肥中，有利于梨树对这些元素的吸收。二是施肥方法每年轮换，使各方向根系都能接触肥料，促进树体及根系均衡生长、全园土壤肥力得到均衡改善。三是给成年树施肥，施肥穴宜多不宜深，一般 40cm 左右即可，以少伤大根，否则会造成树体明显衰弱。四是肥料应与回填土拌匀，特别是养分含量高的无机肥及部分粪肥等，若掺拌不均匀，易发生烧根现象，严重时会造成根系死亡、削弱树势后果。五是施肥后结合灌水，有利于提高根系吸收能力和肥料利用效率。

（2）根际追肥。追肥是基肥的补充，追肥的时期、数量和次数，应根据树体生长状况、土壤质地和肥力而定。追肥应以速效无机肥为主，果实膨大期也可施入腐熟后的有机肥或饼肥，黄河故道砀山酥梨栽培区，在果实迅速膨大前施入饼肥、黄豆面、腐熟的人畜粪，不但产量高而且品质好。

花前肥。春季3月底至4月初，砀山酥梨萌芽、开花、坐果几乎同时进行，随之枝叶大量生长，各器官细胞迅速分裂，需大量氮素营养。追肥以氮肥为主，时间在花前10～15d。施入量占全年追肥量的40％。

花芽分化肥。5月下旬至6月下旬，新梢生长逐渐减缓并停长，花芽开始生理分化。追肥能有效提高叶片的光合效能，促进养分积累，有利于果实生长和花芽形成，为当年产量的提高及翌年丰产打下基础。此次追肥以磷肥为主，少施氮肥和钾肥。施入量占全年追肥量的20％。

果实膨大肥。7月中下旬果实开始迅速膨大，花芽进一步分化，是决定全年产量和果实质量的关键时期。此时枝叶繁茂，气温高，雨水充足，日照时间长，叶片光合能力强。适量追肥能促进果实膨大，提高产量；增加可溶性固形物含量。此期追肥以钾肥为主，适当配施氮、磷肥。施入量占全年追肥量的30％。

采后肥。从果实迅速膨大到采收结束，消耗了树体大量营养。采后及时追肥，对恢复树力，促进根系生长，增强叶片光合作用具有显著作用。此期追肥以氮肥为主，施入量占全年追肥量的10％。

砀山果农在肥力好的壤土和黏土梨园，将前两次追肥与基肥一并施入，只在果实膨大期追肥1次，采后结合喷药进行1次叶面喷肥，取得了良好效果。追肥应在根系集中分布区采取点施、穴施、放射状沟施等方法进行，多点分布，减少每点施肥量，尽量扩大肥料与根系接触面。追肥后要及时灌水，以利树体吸收。

（3）根外追肥。根外追肥方法适用于用量小或易被土壤固定的无机肥料的施用，虽能应急补缺，但不能代替土壤施肥，两者应相辅相成，互为补充。

优点。一是肥效快。肥料直接喷到树体各器官上，直接被吸收利用，省去了土壤施肥中根系吸收再往上运输分配的过程。喷后几十分钟内即可被吸收，是治疗缺素症的有效措施。二是肥料利用率高。叶面喷肥可有效防止肥料在土壤中的固定和流失，从而提高了肥料的利用率。三是吸收均匀。长枝在中、短枝停长后继续生长，占有营养竞争优势，叶面喷肥可使中短枝得到较多养分，有利于花芽的形成。叶面喷肥还可以有效防止移动性差的元素的缺素症，如钙等。

肥料种类。只要树体需要，在一定技术条件下对果树生长没有负面影响的肥料都可用作根外追肥，常用的有大量元素肥料、微量元素肥料、多元复合肥（包括三要素复合肥等。目前市面销售的种类较多，元素配比也各有不同，应根据树体需要慎重选择、施用）、稀土肥料（主要有硝酸稀土和氯化稀土两大类，成分以硒、钪、钇、镧、铈、镨、钕等17种元素为主）等。稀土微肥能调节树体细胞膜透性，延缓细胞衰老；提高叶片质量，增强光合作用。花期喷施能提高坐果率，果实发育期喷施能改善果实品质。喷施浓度一般为300～500mg/kg。

常用肥料种类、时间和浓度如表1-11所示。

表1-11 根外追肥常用肥料种类和浓度

肥料种类	浓度（%）	喷药时间
尿素	0.3～0.5	花后至采收前
尿素	1～2	采后立即喷
磷酸二铵	0.2～0.4	花后至采收前
过磷酸钙浸出液	2～3	花后至采收前
氯化钾、硫酸钾	0.3～0.5	花后至采收前
磷酸二氢钾	0.3～0.5	花后至采收前
草木灰浸出液	10～15	花后至采收前
硫酸亚铁	0.3～0.5	花后至采收前
硫酸亚铁	3～5	休眠期
硫酸锌	0.2～0.4	花后至采前，加同浓度熟石灰
硫酸锌	3～5	休眠期
硼酸、硼砂	0.2～0.3	花前花后
硫酸锰	0.2～0.4	花后至采前
氯化钙、硝酸钙	0.4～0.6	花后至果实迅速膨大期
硫酸镁、硝酸镁	0.3～0.5	花后至采收

根外追肥方法。为增强叶片光合作用，应以氮为主，配合磷、钾肥或多元素复合肥。亮叶期喷氮，叶片转绿快，效果显著。生长季节，喷施黄腐酸盐、氨基酸微肥等，可使叶片肥厚、颜色深绿、光合效率高；花期喷硼，可提高坐果率；喷钾肥、稀土微肥可增加果实含糖量，提高果实品质；喷铁、锌微肥可防止和治疗叶片黄化病、小叶病；喷钙肥，对防止砀山酥梨果实采后失水具有一定作用。

生长季节喷施中性肥料，浓度一般为 $0.3\%\sim0.5\%$；强酸强碱性肥料浓度应适当降低；果实采收后可提高肥料喷施浓度，如喷施尿素浓度可为 $1\%\sim2\%$。对没有施用过的肥料，应先小面积试验，获得安全的喷施浓度和方法后再大面积应用于生产。为预防肥害，叶面喷肥应在晴天无风的早晚喷施，避免中午高温时喷肥。叶背面气孔多，表皮下有较疏松的海绵组织，细胞间隙大，有利于肥料的渗透和吸收。喷肥时应均匀、周到，重点喷施在叶背面。

5.3　水分调控技术

5.3.1　水分调节的重要性

（1）对生命活动的影响。

器官的建造。水是根、茎、叶、花、果实的主要组成部分。砀山酥梨根、枝梢的含水量为 $50\%\sim70\%$，叶片的含水量为 70% 以上，嫩芽、鲜花的含水量为 80%，果实的含水量高达 90%。水分供应不足，一切器官建造便失去了基础；但土壤的含水量过大，会因土壤缺氧影响根系吸收作用而阻碍地上部分正常生长发育。

养分的吸收、制造与运输。无机养分只有溶于水，才能被根系吸收运输到各个器官；叶片的光合作用及树体内的同化作用，只有在水的参与下才能进行；树体制造的有机养分，也只有以水溶态才能输送到树体各个部位。没有水，一切代谢过程和生命活动都无法进行。

呼吸、蒸腾作用。在缺水的情况下，气孔关闭，呼吸受阻，CO_2 不能进入，光合作用难以正常进行。树体依靠水的蒸腾作用维持树体温度，砀山酥梨每平方米叶面积每小时蒸腾 40g 水，严重缺水时叶片萎蔫，树体温度升高，常造成焦叶、枯梢乃至植株死亡的后果。

（2）对产量和品质的影响。花期灌水可预防花期冻害，延长花期，提高坐果率。水分供应正常，能减少生理落果，促进果实细胞分裂和细胞膨大，增加产量。果实近成熟期适度控水，对提高果实品质极为重要。水分严重不足，会引起果实糠化。干旱情况下供水过急常造成裂果。因此，只有在合理供水的情况下，梨栽培才能实现优质、高产的目的。

（3）改善梨园环境条件。干旱时灌水能调节土壤温度、湿度，促进微生物活动，加快有机质分解，提高土壤肥力。冬季灌水能提高果园温度和湿度，防止根系、树体受冻。高温季节喷水能降低果园温度，减少蒸腾，防止日灼等灾害发生。

5.3.2　灌水时期与方法

（1）灌水时期。灌水时期主要取决于树体生长需求和土壤含水量，在保证梨树正常生长的情况下，应尽量减少灌水次数，以免造成水资源浪费。

不同物候期对水分的要求。萌芽、开花期：此期根系生长、开花、展叶、抽枝需水较多。适时适量灌水对肥料利用、新根生长、整齐开花都有促进作用。花期功能叶的建造，坐果率的提高，幼果细胞分裂等，也需要合理的水分供给。新梢旺长期：此期为砀山酥梨的需水临界期。新梢迅速生长，叶面积不断扩大，充足的水分供应，能增强光合作用，使树体从利用贮藏养分状态向利用当年制造养分状态顺利过渡。水分不足不但引起生理落果，还影响幼果、枝叶的生长，最终引起减产。花芽分化期：此时枝叶基本停止生长，只有果实缓慢生长和花芽分化，需水不多，应适当控水。树体含水量适当减少，细胞液浓度大，有利于花芽形成。果实膨大期：7~8 月，果肉细胞膨大、花芽形态分化都需要一定的水分。此期供水应适当、平稳，过多会引起品质下降，过少会造成果实水分向叶片倒流，果个变小。干旱时应缓慢供水，防止裂果。9 月上中旬开始采收，为提高果实可溶性固形物含量，增进品质，一般不再灌水。采后和土壤封冻前：采后结合施基肥灌水，有助于有机质分解，促进根系生长，增强叶片的光合作用。封冻前灌水有利于树体安全越冬。

土壤含水量。树体水分盈亏主要是由土壤含水量决定，土壤水分是否适宜，可根据田间持水量确定。土壤含水量达到持水量的60%～80%时，土壤中的水分和通气状况最适宜砀山酥梨生长。当含水量降到持水量的60%以下时，应根据果树生育时期和树体生长状况适时、适量灌水。

树相。各种缺水现象都会在树体上表现出来，特别是叶片，它是水分是否适宜的指示器。缺水时叶片会出现不同程度的萎蔫症状。

（2）灌水方法。灌水方法多种多样，应根据地形、地貌、经济条件，选择方便实用、节约用水、效果良好的灌溉方法。灌水要灌透，水泼地皮湿，只会给杂草提供生长条件，并导致盐碱地返碱。

渗灌。由供水站、干管、支管、毛管组成。毛管壁每隔10～15cm四周均匀分布直径为2mm的小孔，将毛管顺行埋入根系集中分布区，深度约为20cm，灌溉水经过滤，在压力下缓慢渗入土壤。渗灌比漫灌节水70%，比喷灌节水50%。渗灌供水平稳，不破坏土壤结构，并可防止土壤水、气、热状况大起大落，是一种科学先进的灌水方式，在水源缺乏、经济条件允许的情况下应积极采用。

滴灌。设备组成与渗灌相似，只是三级毛管壁上不设渗水孔，而是接上露于地表的滴头，灌溉水以水滴形式滴入根系分布区。在砀山县良梨镇的调查结果表明，滴灌的砀山酥梨园，根系分支多，须根长，吸收根发达，滴灌促进了枝条生长，提高了叶片质量和果实品质；节水效果明显，对土壤结构无不良影响。

盘灌。地势平坦、水源充足，又无滴灌、渗灌条件的地方，常采用树盘灌水法。在根系集中分布区外围、梨树四周筑埂，用塑料管将水直接注入树盘内。与滴灌、渗灌比，用水量大，土壤易板结，土温降幅大。高温季节用井水盘灌，3～5d内会对植株生长产生不良影响。清耕梨园灌后应及时中耕，提高地温，减少水分蒸发。

沟灌。在树冠四周或顺行间开浅沟，使水顺沟流淌，向四周浸润，灌后封土保墒。与盘灌相比，土温降幅小，基本不破坏土壤结构，水分的蒸发量少，适宜在灌溉条件差的梨园中应用。

5.3.3　水源种类与灌水量

（1）水源。自然江河水、地表径流蓄积水，含有多种有机质和矿质养分；雨雪水含有较多的二氧化碳和氮类化合物。这些水不但有营养作用，水温还与地温基本相同，只要无污染，是最合适的灌溉水源。井水虽含有一定矿质元素，但在生长季节水温低，会影响梨树生长，在无适宜水源的情况下可以使用。城市生活废水、工厂废水只有净化处理达标后，才可使用。

（2）灌水量。

浸润深度。砀山酥梨根系主要分布在60cm深以上土层中，因此，灌溉水浸湿到地下60～70cm深即可。

树龄。一般情况下，幼树根系分布范围小，枝叶量小，在同等气候条件下，生长发育的需水量比成龄树的少。

物候期。生长前期需水量大，灌水量应达到土壤持水量的80%～90%；果实成熟期，保持土壤持水量的70%即可。

灌水量推算。灌水量可以根据以下公式进行理论推算：

灌水量＝灌水面积×灌水深度×土壤容重×（灌后田间持水量－灌溉前土壤持水量）。不同土壤类型，其容重和含水量不同（表1-12）。

表1-12　不同土壤的容重和含水量

土壤类型	容重（t/m³）	含水量（%）
黏土	1.3	25～30
黏壤土	1.3	23～27
壤土	1.4	23～25
沙壤土	1.4	20～22
沙土	1.5	7～14

例：假定 1hm² 沙壤土梨园，灌前土壤含水量为 10%，灌水深度为 60cm，要求灌后土壤含水量为 20%，那么每公顷灌水量应为：10 000m²×0.6m×1.4t/m³×（0.20−0.10）=840t。

5.3.4　节约用水

黄河故道地区水资源严重不足，梨园灌溉主要依赖地下水，节约水资源已成为当务之急。

（1）节水栽培。

枝叶量。定植密度越大，枝叶量越大，耗水越多。从稳产、优质、便于管理和节约用水等角度考虑，乔砧砀山酥梨园枝叶覆盖率以 70%～75%、叶面积系数 3.5～4 较为适宜。

整形修剪。冬剪锯除多余大枝，疏除纤细枝、密生枝、徒长枝；春季早疏蕾、早疏花、早定果、早除萌。

梨园保墒。通过中耕除草、松土、覆盖等措施，减少地面水分蒸发。

雨雪蓄积。只要不发生涝灾，最大限度地将雨雪拦贮在梨园内，防止地面径流。

（2）采用节水灌溉方法。推广应用滴灌、渗灌等节水灌溉方法，减少水资源浪费。

5.3.5　梨园排水

砀山酥梨虽属耐涝品种，但排水不良，积水时间过长，对树体仍会造成一定伤害。土壤中水分过多，使根系呼吸和吸收作用受到抑制，会导致春季生理落果；夏季枝梢徒长，影响花芽分化；秋季产生裂果、采前落果、果实含糖量降低、叶片发黄早落，甚至烂根死树；土壤通气不良，影响土壤中微生物特别是好气性微生物活动，降低肥料利用率等不良后果。因此，建园时应充分考虑排水系统的建设。

6　花果管理

6.1　花的管理

6.1.1　促进花芽形成的措施

（1）平衡肥水，调控树势。根据管理目标，每年生长前期要供给果树充足的肥水，促使新梢健壮生长，创造花芽分化的先决条件。6月以后，减少氮素施用量，适度补充磷、钾肥，使新梢及时停止生长，减少养分消耗，增加营养积累。果实采收后，梨树有一次需氮的高峰期，少量施速效氮肥，有利于采果后树体营养的恢复，有利于碳水化合物的产生、积累和贮藏，促进花芽形态分化。

（2）合理负载，适时采收。果实生长需要消耗大量的养分，常对花芽分化造成不良影响。在一定范围内，结果越多，形成的花芽越少，因此，合理负载对促进花芽的形成有着十分重要的意义，也是避免梨树大小年结果的有效措施。适时采收，树体可得到30～40d的营养积累时间，为花芽形态分化创造良好的营养条件。

（3）保护叶片，增加营养积累。非正常落叶会影响树体的正常生长，进而影响花芽分化。严重的非正常落叶现象，会造成初步进入形态分化的芽抽生二次梢，完成形态分化过程的芽秋季开花，影响次年产量。因此，生长季节要控制病虫危害，防止干旱，确保叶片发挥正常功能，促进花芽形成，提高花芽质量。

（4）冬剪控势，夏剪促花。休眠期采用小年留花、适当疏枝，大年疏花、适当留枝的修剪方法，可以有效地促使花芽的形成，减小大小年产量差异。夏季修剪采取弯枝和环剥等措施，可缓解营养生长与生殖生长的矛盾，促进花芽形成。

（5）开扩内膛，打开光路。通过整形修剪途径，控制树冠上部枝叶量，疏除树体内膛过密枝，改善树冠内膛通风和光照条件。

6.1.2　花蕾期的管理

花蕾期是指花芽从现蕾至始花的时间。砀山酥梨在黄河故道地区，于立春后开始萌动，春分时进入现蕾阶段，花芽膨大期约45～50d。砀山酥梨的花蕾期较短，正常年份为12d左右。有些年份因气候异常，花蕾期会缩短，如1969年因高温天气，花蕾期仅为9d；2005年的花蕾期仅为8d。花蕾期的缩短常使子房发育不完全，从而影响坐果。由于花蕾期管理对之后的开花坐果具有重要影响，因此在生产中应重视花蕾期的管理。

（1）花期预测。花期预测可为授粉做好准备。花蕾期有效积温与花期存在一定的相关性，通常花蕾期大于8℃的有效积温达到52.7℃时，即遇花期。花蕾期气温的高低在一定程度上决定了始花期的时间。据记载，砀山地区砀山酥梨始花期最早的年份是2002年，始花期为3月20日；最晚的年份是1988年和1991年，始花期均为4月12日，可见不同年份同一地区的始花期相差达23d之久。因此，准确的花期预测可为之后的授粉做好准备。

（2）疏蕾。开花前疏蕾可减少养分和水分的消耗，提高坐果率。试验结果表明，在成年砀山酥梨上，疏50%花蕾的树，花序坐果率可达94.3%，而不疏花蕾的砀山酥梨花序坐果率仅为46.5%。砀山酥梨是伞状花序，多数花序有5～7朵花，多的可达10朵，5朵以下的花序多为发育不良的花序。花序中花朵的生长势为下强上弱，下部花的花梗粗壮、略短，顶花花梗细长，第3～5序位的花结果质量好。疏花时，疏除花序中顶蕾和下部花蕾，以及中、长枝先端的全部花蕾。疏蕾时应使用剪刀，避免手指疏除时损伤果台。

（3）花期霜冻及其防御。

霜冻类型。在黄河故道地区，砀山酥梨花期常受霜冻的危害，霜冻的类型主要有以下3种：一是平流霜冻，由于冷空气的入侵而引起的霜冻，经常出现在深秋或早春。由于冷空气影响的范围大，因此平流霜冻的区域也比较广。二是辐射霜冻，夜间果树因辐射冷却而降温所形成的霜冻，称为辐射霜冻。这种霜冻最易给低洼、干燥和沙质土壤的梨树造成伤害。降水或灌水可以有效地制约辐射霜冻的发生。三是混合霜冻，由于冷空气的入侵，引起急剧降温，入夜后，地面和树体表面又因辐射而降温，在两种作用下形成的霜冻，称为混合霜冻。混合霜冻多出现在干旱的年份。

霜冻症状。立春以后，随气温和地温的回升，花芽开始萌动，花芽萌动后的短期低温常引起花的冻害。梨花各部位的耐低温能力差异较大，花萼耐低温的能力较强，其次是雄蕊和花瓣，雌蕊最易受冻。花蕾或花朵受霜冻后，花梗弯曲下垂，表皮下呈冰状，内部组织保持原有颜色（图1-62、图1-63）。中午温度回升时，冰冻溶化，花梗恢复直立，受冻较轻的花萼处出现滤泡，随着果实的发育，萼洼处产生果锈或霜环（图1-64）。受冻较重的花萼处出现水渍状斑点，花柱变黑萎缩死亡，失去结果能力。

图 1 - 62　花期霜冻害花梗弯曲下垂

图 1 - 63　花柱头受冻害后变褐色

霜冻防御。根据天气预报，在气温降到0℃或0℃以下时，开始防御，具体方法有：一是有喷灌条件的梨园全园喷水（地面上80cm左右）；二是在园中装专用风机（5kW 1台可防1hm² 面积）；三是准备足量的柴草点火熏烟，温度回升到0℃以上后结束，熏烟的面积越大，防御效果越好。在春季花芽萌动期灌水，有预防作用。此外，种植绿肥也可在一定程度上预防霜冻的发生。霜冻后，要及时做好晚花授粉工作，提高晚花坐果率。

图 1 - 64　花期霜冻引起的霜环

6.2　人工授粉

砀山酥梨自花不实，为保证坐果率、提高果实品质，人工辅助授粉是砀山酥梨优质高效栽培的一项重要措施。

6.2.1　花粉的采集

（1）花粉房的建立。在规模化砀山酥梨生产中，为配合人工授粉需建一定面积的花粉房。花粉房的大小应根据梨树面积确定，10hm² 的果园需建8m² 的花粉房，每10m² 花粉房需有带烟囱的蜂窝煤炉1个或其他增温设备。建立的花粉房要干燥通风。每间花粉房内配置温度计、湿度计各3～4个。花粉房中需配置花粉架，花粉架层间距不小于20cm，间距过小，空间湿度大，不利于花粉的干燥。

（2）花的采集。砀山酥梨的授粉品种有鸭梨、马蹄黄、紫酥等。大蕾期采花朵，用剥花机（图1-65）剥取花药，随采随剥。10kg鸭梨鲜花可剥取1kg花药，烘出0.3kg花粉；10kg马蹄黄鲜花

能烘出 0.27kg 花粉。每公顷砀山酥梨授粉需要
37.5kg 鸭梨鲜花的花粉，授粉品种花粉不足时，
可与 5 倍量的砀山酥梨花粉混合使用。

（3）花粉的烘干。去除杂质后，将花药均匀
地撒在花粉盘上，编号上架，定时翻动花药，使
其均匀干燥。花粉房的温度控制在 20～25℃，不
可超过 25℃。相对湿度控制在 60%～70% 之间，
低于 60% 时，敞开在煤炉上烧水锅的锅盖，或
地面洒水；高于 70% 时，打开通风设备或用生石
灰降低湿度。若时间允许，烘干花粉的温度可保
持在 16～20℃，以保证花粉的活力。

图 1-65　剥花机

花药干燥出花粉后及时下盘，将花粉装入棕
色广口瓶中，放在温度 2～8℃、相对湿度为 50% 的环境下贮藏备用。

没有花粉房的果园，也可以采用简易方法获取花粉。通常在室内桌子上铺电热毯，在电热毯上再
铺 1 层白纸，将电热毯加热级别调至"中"或"低"后通电，用温度计测量电热毯表面温度，若温度
在 25℃ 以下便可以使用。将花药摊平在白纸上，加热 24h，花粉就会散出。需注意的是电热毯烘干过
程中要注意随时检查温度。

6.2.2　授粉

（1）授粉时间。砀山酥梨花的开放顺序是先边花后顶花，从始花至谢花一般需要 7～9d，开花后
第 2～4d 授粉的坐果率最高，第 5d 后授粉的坐果率不足 50%。1 天中，8:00～14:00 为最佳授粉时
间。特殊天气、阴天可推迟授粉时间，利用中午时间授粉；雨天抓紧无雨空隙，柱头一干就抢授；受
霜冻危害的花要反复授粉以提高坐果率；高温暴开的花要突击抢授。

（2）授粉方法。

授粉器的选择。用橡皮或泡沫塑料制成的授粉器，节约花粉，但因质地较硬，容易擦伤柱头；用
鸡、鸭绒毛制成的授粉器，每蘸 1 次花粉，可点授 50 个花序，授粉坐果率较高，但使用花粉量较大
（图 1-66）。

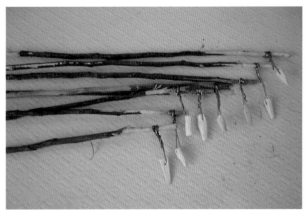

图 1-66　授粉器（左：橡皮；右：绒毛）

授粉方法。为了提高果实外观质量，在每个花序中，只授从下往上第 3～5 序位的花朵。授粉顺
序应以骨干枝为基准，先里后外、先下后上进行，花量过多时可间隔点授，花量较少时，逐个花序点
授。此外，要注意授粉质量，保证树冠内外坐果均匀。授粉期间，若遇风雨、沙尘暴等恶劣气候，应
重复授粉，并充分利用晚花授粉，以增加坐果数量（图 1-67）。

图 1 - 67　人工授粉

6.3　果实的管理

在果实品质与产量并重的果树优质高效栽培中，提高果实品质和安全性已成为果树栽培的中心内容。

6.3.1　产量管理与调控

（1）果个大小。果个大小不仅是构成果实产量的重要因素，也是果实品质的重要指标之一。目前，市场上对砀山酥梨果个的需求并非越大越好，过大的果实不仅不符合消费习惯，且容易失水变糠。以单果重为 250～350g 的果实较为适宜。

（2）产量目标。砀山酥梨很容易获得高产，在其优质高效栽培中，为了达到优质、高产、稳产的目的，需确定合理的产量目标。1996 年，砀山果园场对砀山酥梨丰产园进行调查中发现，每公顷产量为 75t 的梨园，单果重 200g 以下的果实比率超过 85%；每公顷产量为 30t 的梨园，单果重 300g 以上的果实比率超过 60%。根据砀山地区的栽培条件，盛果期梨园砀山酥梨产量宜控制在 45～52.5t/hm^2 的范围内。近年来，在市场对优质果的需求背景下，砀山酥梨的产量得到了合理的控制。

（3）种植密度。砀山酥梨几乎都是用乔化砧，为了充分利用了土地和光能，获得前期产量，砀山酥梨园常进行密植。密植园随着树冠的增大，要及时进行调控或间伐，以获得理想的产量和果实品质。通常叶面积系数应维持在 3～4、树冠投影面积占果园面积 70%～80%，方可获得理想的产量。

（4）科学调控。

合理负载。按 1：1 的比例保留发育枝与花枝，避免大小年的出现。以 45t/hm^2 的产量、单果重量 300g、实际需要花芽数的 1.5 倍留花为标准，每公顷宜保留 22.5 万个左右的花芽。花芽的保留宜遵循强枝多留、中庸枝少留、弱枝不留、均匀分布的原则。修剪时选留芽体饱满的花芽，去除长枝顶花，内膛瘦弱花，下垂枝、纤细枝和外围枝前端的花芽。

防止大小年结果。改善光照条件。砀山酥梨是喜光品种，对光照条件要求较高。光照不足，枝条组织不充实，果台抽生的副梢少而弱；花芽分化不良，坐果率低，果个小，产量低，品质差。因此，要合理密植，科学整形修剪，打开树冠内膛光路，改善果园通风光照条件。肥水管理。根据土壤和植株叶片营养水平，平衡施用肥料。适量增加有机肥用量，减少化学肥料施用比例。关键生长发育阶段和发生干旱时，及时适量灌水；发生涝灾时，及时排除梨园积水。稳定产量。采取充分授粉、疏花、疏果，合理修剪等措施，维持相对稳定的产量，防止产量过高或过低。

6.3.2　果实品质管理

（1）选择授粉品种。花粉直感现象。砀山酥梨是花粉直感现象较为明显的品种，不同品种的梨花粉给砀山酥梨授粉后对砀山酥梨果实的内外品质都有明显影响（表1-13）。

表1-13　不同授粉品种对砀山酥梨果实品质的影响

适宜授粉品种	平均单果重 (g)	可溶性固形物含量 (%)	果实硬度 (kg/cm²)	果形指数	果心/横径	可滴定酸含量 (%)	100g 果肉中石细胞的含量（干重 g）		
							0.25～0.50mm	0.50～0.75mm	≥0.75mm
华山	229.9	9.5	3.6	0.99	0.36	0.1999	0.1327	0.0414	0.0002
绿宝石	209.5	9.0	3.9	0.99	0.38	0.1731	0.1798	0.0906	0.0062
珍珠酥	213.7	8.6	3.3	0.98	0.38	0.1541	0.1659	0.0758	0.0049
七月酥	219.1	9.6	4.0	0.99	0.36	0.1921	0.1139	0.0849	0.0116
满天红	252.3	9.0	3.9	0.94	0.33	0.1463	0.1278	0.0491	0.0052
翠冠	198.1	9.1	3.7	0.99	0.35	0.1642	0.1284	0.0216	0.0002
运达一号	229.6	9.5	3.6	1.01	0.33	0.1563	0.1177	0.0872	0.0163
长寿	299.3	9.1	3.4	1.01	0.31	0.1697	0.1274	0.0664	0.0070
杭青	234.4	9.1	4.0	0.98	0.35	0.2021	0.0438	0.0875	0.0062
新世纪	269.4	8.9	3.5	0.99	0.31	0.1854	0.1765	0.0802	0.0007

砀山酥梨理想的授粉品种应具备以下条件：一是与砀山酥梨有较强的授粉亲和性；二是花粉量大，出粉率高；三是花期略早于砀山酥梨；四是果实内外品质优良，本身具有较好的栽培价值。在砀山地区砀山酥梨常用的授粉品种有马蹄黄梨、鸭梨、紫酥、圆黄等，较合适的是马蹄黄梨和鸭梨。

授粉品种与果实品质的关系。在江苏睢宁砀山酥梨产区的授粉试验表明，混合花粉授粉的砀山酥梨花序脱萼率最高，且连年表现稳定，各项品质指标均优于单一花粉授粉；而单一花粉授粉的砀山酥梨脱萼率受环境影响较大，脱萼率较高且品质较好的授粉品种是喜水、丰水和早黄金。在云南滇中人工授粉实验表明，13个梨品种中，富源黄梨、金水1号、金水3号、鸭梨授粉后的坐果率较高，金花、苍溪雪梨授粉后的坐果率则较低。富源黄梨作为授粉树时，果实的平均单果重、去皮硬度、可溶性固形物含量、维生素C含量较高，风味最甜。金水3号作为授粉树时，平均单果重最大，去皮硬度、可溶性固形物和维生素C含量居中，石细胞较少，风味偏甜。鸭梨作为授粉树时，平均单果重、去皮硬度、可溶性固形物和石细胞含量较高，维生素C含量最低，风味稍偏甜。而秦酥作为授粉树时，平均单果重、可溶性固形物含量均偏低，去皮硬度和维生素C含量较高，石细胞最少，风味偏甜。贵妃梨作为授粉树时，平均单果重、去皮硬度、可溶性固形物含量偏高，石细胞较少，维生素C含量最高，风味稍偏酸。因此，给滇中砀山梨配置授粉树时，应从实际出发，综合权衡品质的各项指标。可选择富源黄梨、金水1号、金水3号、鸭梨、秦酥、贵妃梨中的2～3个品种作为授粉品种。

授粉花序和授粉量与果实品质的关系。在砀山地区的人工授粉试验中，有73.0%砀山酥梨的第3序位果实的脱萼率显著高于4、5序位的脱萼率或没有显著差异。其中，授粉品种早美酥的全部处理和其他试验品种的1：2和1：4混合花粉授粉后的第3序位果实脱萼率都显著高于4、5序的脱萼率。以黄宝石或早美酥的1：4混合花粉点授3、4、5序位花朵，可以分别获得73.2%、65.8%的果实脱萼率。早美酥1：6混合花粉点授花序中3、4、5序位花朵，均可获得80.1%的果实脱萼率。

（2）适量负载。

留果标准。一般情况下，砀山酥梨的坐果率较高。确定合理的留果量，须根据市场要求和树体生长情况，具体有以下几种方法：一是投影面积法。以目标产量、果个大小为依据，获得树冠垂直投影单位面积内的留果量。如目标产量为45t/hm²，单果重300g。株行距8m×8m，每公顷栽156棵。单株产量288kg，测得单株平均投影面积为50m²，则树冠投影面积留果量为19个/m²。二是叶果比法。以生产250g砀山酥梨为例，正常年份需健全叶片15～20片；生产300g的酥梨，需健全叶片20～30

片，生产 350g 梨需要健全叶片 40 片。三是果台副梢留果。此法为常用的疏果方法，按照目标产量，根据果台副梢生长势留果，单梢强枝留单果，双梢强枝留双果，中庸单枝留单果或不留果，弱枝和无副梢的不留果。背上多留，背下少留，串花枝隔台留。四是小型结果枝组留果。小型结果枝组是砀山酥梨结果的主要部位，生长势较强的小型结果枝组可以留 2～3 个果，中庸的可留 1 个，弱的不留果。

疏果时间。砀山酥梨从萌芽、开花、坐果到新梢生长初期，主要依靠贮藏营养，从这个意义上讲，疏蕾比疏花好，疏花要比疏果好，实际生产中要视当年的花量、花期天气、树力、坐果力等情况，再决定是疏蕾、疏花还是疏果；或是三者相配合。花量大（大年）、天气好、工作量大的梨园，可提早动手疏蕾、疏花，最后定果。反之，只作一次性定果即可。要求在落花后 4 周内完成疏果工作。黄河故道地区砀山酥梨疏果一般从 4 月中旬开始，5 月底以前完成。

疏果方法。砀山酥梨是伞状花序，顶花的幼果圆形，果柄粗短；3～5 序位的幼果椭圆形，果柄中长，果实纵径大于横径，具有形成大果的基础，所以疏果时多留 3～5 序位的果实。疏果工作应分步进行，不要求一步到位，落花后幼果开始膨大时进行初次疏果，每花序保留 1～2 个果；盛花后 20d 左右，第 1 次生理落果结束后选优疏果，疏除残次果和过密果；5 月中下旬，第 2 次生理落果结束后疏除宿萼果和锈果。疏果时用枝剪或疏果剪，剪断果柄，不要损伤果台，以免影响幼果生长（图 1 - 68）。

图 1 - 68　疏　果

（3）加强土肥水管理。

土壤管理。对黏性土壤实施深翻，填埋作物秸秆等，加厚土壤耕作层，改善土壤通气透水性能。对含沙量过大的土壤，实施客土改良，在树下铺黏性淤土，改变原土壤特性；若沙土层以下有黏土层，将黏土翻上来，也能起到改良沙土的目的。果园覆草或种草，可使土壤温度日变幅减小，对梨树根系的生长和防止吸收根的衰老有很大作用；覆草也能提高土壤有机质含量，改善土壤团粒结构，防止水土流失。树冠下铺设地膜，能够起到改善树冠下层光照，保肥保水和防除杂草的作用。

平衡施肥。根据土壤和叶片中营养的含量，计算树体的营养需求量，再参考各种肥料的吸收效率，制定科学的施肥方案。适量增施有机肥，严格控制化肥用量，特别是化学氮肥的使用量。此外，还需注意适时补给微量元素。

水分管理。在年平均降水量接近 1 000mm 的地区，砀山酥梨园一般不用灌溉，但在降水十分集中情况下，要注意梨树需水敏感期水分的供给。果园空气湿度过大，常诱发果实产生果锈，影响果实品质，且容易造成病害的蔓延。因此，在雨水集中季节，应及时排除果园积水，保持适宜的土壤含水量和果园空气湿度。

（4）安全防治病虫害。

提高病虫害防治安全性。改变传统的以化学手段为主的病虫害防治方法，加强果园田间管理，阻断病虫害越冬等发育过程，减少病虫害发生基数；均衡树势，提高树体抗性。利用灯光、性引诱剂等诱杀害虫。充分利用害虫天敌抑制虫害，利用现有安全可靠的生物制剂防治病虫害。在病虫害大量发生，采用上述方法难以控制时，才采用安全的化学方法进行防治。

提高病虫害防治效率。一是预测预报。充分了解防治对象的发生规律，通过细致的调查、计算、分析，预测病虫害的发生时期、发生数量以及危害程度，制定防治方案。二是综合防治。防治果树病虫害的方法较多，在生产实践中，常常是几种方法同时使用，才会获得事半功倍的效果。统筹考虑病虫害的发生规律、发育薄弱环节、天敌、果园环境、现有条件等，综合运用农业措施、物理手段、生物方法和化学农药防治病虫害，降低化学农药的使用量，减少农药对果实和环境的污染。三是科学用药。选择适宜时间（未造成经济损失、病虫发育薄弱环节）和高效、低毒、低残留的农药种类，力求周到细致的喷施效果；严格遵守农药安全间隔期制度。此外，选择农药还要注意农药成分对果实的直接刺激作用。如 5 月底以前使用铜制剂和部分有机磷制剂，7～8 月使用、二甲苯制剂等农药，都会诱发果锈产生。果实近成熟期，使用波尔多液会增厚果皮，减慢果皮转色进程，影响外观色泽等。

（5）科学整形修剪。

均衡树势。采取促、控结合的方法，均衡树冠上下、内外的生长势，减小树冠内不同部位的果实品质差异，提高优质果率。

改善光照。对采用分层形和纺锤形整形的树，冬季修剪时要逐步回缩或疏除影响光照的骨干枝，控制内膛的大型枝组，疏除影响内膛光照的小型枝组和营养枝等。在冬季修剪的基础上进行夏季修剪，疏除影响光照的发育枝。良好的光照可使果实色泽光亮，改善果实风味和耐贮性。

选择壮枝结果。适量疏除弱枝和下垂枝，减少分枝级次；缓放强壮发育枝，形成花芽后适度回缩或短截，并以此作为主要结果部位，以提高果实品质。

（6）果实套袋。

砀山地区砀山酥梨的果实套袋实践。20 世纪 80 年代末，砀山和萧县等地的农技人员就开始了砀山酥梨果实的套袋试验，获得了许多经验和较好的结果。后因砀山酥梨果实行情好、售价高，套袋技术没有在生产上得到普遍应用。90 年代后期，随着梨果市场竞争日趋激烈，其他梨品种和其他地区（如陕西省）的砀山酥梨栽培大多数都采用果实套袋技术，使果实外观品质得到了显著改善，相比之下，砀山地区没有套袋的砀山酥梨果实，市场竞争力明显减弱。从 2000 年开始，砀山酥梨果实套袋技术在一些试验场（站）应用，套袋的砀山酥梨果实或者外表不规则分布着大块锈斑，形成"花脸"果，完全失去了商品价值，或者果实表面失去蜡质光泽；内部品质也受到了一定影响（图 1 - 69），总体效果不太理想。出现这些套袋不良反应大多数是在生长季雨水较多的年份。但因无法预测当年雨水的多少，到目前为止，套袋技术在砀山地区还没有得到广泛推广。

影响砀山酥梨套袋效果的因素。一是降雨。砀山地区 20 世纪 90 年代的年降水量 700～800mm，2000 年以来，年降水量常超过 1 000mm，而且主要集中在 6～8 月，此期正是砀山酥梨果实膨大和近成熟期，大量的降水增加了果园湿度，并使果袋经常处于潮湿状态，影响了果实正常发育，果实表面常出现大块锈斑。二是果袋种类。试验表明，果袋的种类对砀山酥梨果实品质有着直接的影响。果袋的选择至少需要满足两个条件：对果面没有刺激作用；防水性、透气性好。在江苏徐州睢宁县对 50 年生砀山酥梨的套袋结果表明，套袋对果实光洁度和果点等外观品质明显改善，3 层果袋和双层果袋效果显著优于单层果袋，但套 3 层果袋的果实内在品质比套双层果袋和单层果袋果实的内在品质降低更显著。在山东滕州的砀山酥梨套袋结果表明，黄白袋（外黄内白双层袋）可以最大程度保持绿色果皮，但果面微微泛白，糖酸比下降最大；双黄袋（外黄内黄双层袋）对果实单果重影响最小，对外观品质有明显改善，果皮颜色稍微变浅，对内在品质的影响较小，糖酸比在 3 种果袋中最高，是生产绿色梨果的首选优质果袋；灰黑袋（外灰内黑双层袋）对果实外观品质有很好的改善，果实呈黄白色，是生产黄色果实的优质果袋。在砀山地区的试验结果表明，第 1 次套透气膜或小蜡袋，第 2 次套防水性能好的双面油光纸袋，效果较好（图 1 - 70）。三是套袋时间。套袋时间对果点、果锈、石细胞以

图 1 - 69 "花脸"果

图 1 - 70 套袋成功果实

及糖酸含量等有较大影响。有研究表明，砀山地区不同袋型在以下时间套袋和摘袋，对果实内在品质和外观品质的效果最佳：4 月 30 日套小蜡袋后，5 月 20 日套双光油纸袋的处理；5 月 25 日套单层塑料膜袋后，6 月 15 日套双光油纸袋的处理；5 月 5 日套单层木浆纸袋处理；9 月 1 日或 9 月 10 日摘除 4 月 30 日套小蜡袋后，5 月 20 日套双油光纸袋组合的果袋处理；9 月 10 日摘除 4 月 30 日套小蜡袋后，5 月 20 日套木浆纸袋。四是其他因素。果园地势、光照条件和肥水管理水平也都直接影响砀山酥梨果实套袋的成败。地势低洼、光照条件差、化学氮肥用量大的梨园果实，套袋后容易形成"花脸"果。

套袋方法。套袋前处理：为了防止果实受到病虫的侵害，谢花后至套袋前按照常规病虫害防治方法进行防治，套袋前 1～2d 喷 1 次杀菌杀虫剂。若喷药后没能及时套袋，套袋时需补喷药剂。方法：套袋时将袋口撑开，托起袋底，使底角的通气、放水口张开。手执袋口下 2～3cm 处将果实装入袋内，使梨果悬空在袋内，防止果袋擦伤幼果出现锈斑。然后从中间向两侧依次按"折扇"的方式折叠袋口，将捆扎丝撕开并反转，在袋口下 2.5cm 处旋转 1 周，袋口绑扎不能太紧，也不能太松，太紧会绞伤果柄，造成幼果枯死，过松纸袋下滑，幼果易被风吹落。有些果袋涂有农药，套袋操作时防止中毒（图 1-71）。套

图 1-71　套袋方法

袋后管理：定期检查袋内果实，一般每周检查 1 次，如发现 1% 袋果实有病虫危害时，应全树喷有内吸和熏蒸作用的农药。危害严重时解袋喷药，然后再将原袋套上。

果袋类型与果实外观品质的关系。不同套袋方法对砀山地区砀山酥梨果实外观品质有重要的影响。研究结果表明，4 月 30 日（小蜡袋）＋5 月 20 日（双油光纸）、5 月 25 日（透气膜）＋6 月 15 日（双油光纸）和 4 月 30 日（单层木浆）处理果实的外观最好，表现为果锈少、果点小，果面鲜亮、光泽度好，果面平整，与对照相比果面明显洁净。4 月 30 日（透气膜）＋5 月 20 日（双油光纸）、5 月 15 日（透气膜）＋6 月 5 日（双油光纸）、5 月 15 日（透气膜）＋6 月 5 日（单层木浆）、5 月 15 日（单层木浆）、5 月 15 日（单层透气膜）、5 月 25 日（单层双油光纸）和 5 月 25 日（单层木浆）处理的果实的果锈明显多于对照，商品价值降低。其他处理的果实，大多数出现果面失去光泽或凹凸不平等现象，总体表现差于对照。对果形指数来说，所有处理果实与对照间没有显著差异（表 1-14）。

表 1-14　不同套袋方法对砀山酥梨果实外观品质的影响

处理	果锈（%）	果实光泽度	果面平整度	果形指数	外观评价
T_1L_1	1	2	2	0.99a	锈少、点小、光洁、平整
T_1L_2	7	1	1	0.95a	点大、萼锈明显
T_1L_3	30	0	1	0.95a	锈多、色暗
T_1L_4	6	2	2	0.99a	光亮、平整、萼锈
T_2L_1	5	2	0	0.96a	点小、光亮、萼锈、不平
T_2L_2	4	1	0	0.98a	点小、不平
T_2L_3	12	0	1	0.95a	锈多、色暗
T_2L_4	10	2	2	0.93a	平整、光亮、锈多
T_3L_1	9	1	1	0.97a	萼锈
T_3L_2	6	2	0	1.00a	光亮、萼锈
T_3L_3	3	2	2	0.96a	点小、光亮、平整

（续）

处理	果锈（%）	果实光泽度	果面平整度	果形指数	外观评价
T_3L_4	7	2	1	0.96a	光亮、萼锈
T_4L_5	4	2	2	0.95a	平整、光亮、裂纹
T_4L_6	2	2	2	0.97a	锈少、点小、光洁、平整
T_4L_7	8	0	0	0.96a	萼锈、色暗、不平
T_5L_5	5	0	2	0.96a	萼锈、色暗
T_5L_6	19	1	0	0.98a	锈多、不平
T_5L_7	13	0	0	0.94a	锈多、色暗、不平
T_6L_5	15	1	2	0.97a	光亮、点中、锈多
T_6L_6	11	0	1	1.00a	点中、锈多、色暗
T_6L_7	7	1	1	0.94a	点大、萼锈
CK	6	2	2	0.99a	黄亮、平整、点大、萼锈

注：T_1：4月30日（内袋）＋5月20日（外袋），T_2：5月15日（内袋）＋6月5日（外袋）和T_3：5月25日（内袋）＋6月15日（外袋）3个时间段。L1：小蜡袋（内袋）＋双油光纸（外袋），L2：小蜡袋（内袋）＋单层木浆（外袋），L_3：透气膜（内袋）＋双油光纸（外袋），L_4：透气膜（内袋）＋单层木浆（外袋），L_5：单层双油光纸，L_6：单层木浆，L_7：单层透气膜。

分别套4种组合袋L1、L2、L3、L4，形成T_1L_1、T_1L_2、T_1L_3、T_1L_4、T_2L_1、T_2L_2、T_2L_3、T_2L_4、T_3L_1、T_3L_2、T_3L_3、T_3L_4共12个处理组合。在T_4：4月30日、T_5：5月15日和T_6：5月25日3个时间段，分别套3种单层L5、L6、L7，形成T_4L_5、T_4L_6、T_4L_7、T_5L_5、T_5L_6、T_5L_7、T_6L_5、T_6L_6、T_6L_7共9个处理组合。不套袋处理作为对照，设对照处理1个。

表中不同字母表示5%水平下差异显著，下同。

　　套袋时间与果实外观品质的关系。在陕西渭南地区砀山酥梨栽培的套袋试验发现，不同时期套袋对砀山酥梨果实外观质量也有重要影响。套袋越早，果皮颜色越白，梨果表面越光洁细腻，亮度越好。5月1日、5月10日套袋的梨果无晕斑；5月20日至6月30日套袋的梨果，随着套袋时间的推迟，晕斑的大小和色度呈上升趋势。果点的大小和大果点的分布范围随套袋时间的推迟而变大。5月1日和5月10日套袋的梨果有"小僵果"发生，出现了幼果连同纸袋一同脱落的现象。砀山酥梨在渭南地区适宜的套袋时间为5月20日至6月10日，套袋后的梨果果面光洁细腻，外观质量高。

　　套袋方法与果实内在品质的关系。在不同果袋对果实品质的研究中发现，除5月15日（透气膜）＋6月5日（双油光纸）处理外，所有处理果实的可溶性固形物含量与对照的没有显著差异。各处理间含酸量差异较大，其中5月25日（单层木浆）处理果实的含酸量最高，为0.1598%，其次为4月30日（单层木浆）、5月15日（小蜡袋）＋6月5日（单层木浆）、5月25日（单层双油光纸）、5月15日（单层双油光纸），这些处理的果实含酸量均显著高于对照。不同时期套袋后多数果实的石细胞含量显著下降，也有少量与对照间差异不显著，还有少量表现为石细胞含量显著增加（表1-15）。

表1-15　不同套袋方法对砀山酥梨果实内在品质的影响

处理	可溶性固形物（%）	含酸量（%）	硬度（kg/cm²）	石细胞干重（mg/kg）			
				0.25~0.5mm	0.5~0.75mm	＞0.75mm	总重
T_1L_1	9.96cde	0.0934f	5.62ab	2 793	2 421	132	5 192g
T_1L_2	9.46de	0.0631n	6.36ab	3 542	2 396	245	6 212cd
T_1L_3	9.56cde	0.0706m	5.54ab	4 075	1 809	35	5 790f
T_1L_4	9.86cde	0.0743klm	5.88ab	3 031	1 919	55	5 073g
T_2L_1	10.26abcde	0.0833gh	5.76ab	2 672	1 746	33	4 541hi
T_2L_2	9.88cde	0.1228c	5.94ab	2 752	1 701	186	4 631hi
T_2L_3	9.06e	0.0752klm	5.92ab	2 403	2 155	195	4 698h
T_2L_4	10.06cde	0.0971ef	5.50ab	3 877	2 109	95	6 137d
T_3L_1	9.6cde	0.0778ijk	5.76ab	3 430	3 433	117	7 035a
T_3L_2	9.64cde	0.0826ghi	6.20ab	2 764	3 466	434	6 734b
T_3L_3	9.42de	0.0762jkl	6.04ab	1 780	1 883	60	3 720k

（续）

处理	可溶性固形物（%）	含酸量（%）	硬度（kg/cm²）	石细胞干重（mg/kg）			
				0.25~0.5mm	0.5~0.75mm	>0.75mm	总重
T_3L_4	9.94cde	0.0814hi	6.02ab	3 310	1 597	52	4 695h
T_4L_5	10.14bcde	0.0746klm	6.12ab	3 013	2 076	92	5 094g
T_4L_6	10.2bcde	0.1380b	5.74ab	3 890	2 233	79	6 106de
T_4L_7	9.84cde	0.0738klm	5.62ab	3 070	3 178	500	6 715b
T_5L_5	9.78cde	0.1005e	6.32ab	4 299	1 983	60	6 238cd
T_5L_6	9.84cde	0.0872g	6.36ab	3 154	2 989	168	6 412c
T_5L_7	9.58cde	0.0734klm	5.50ab	2 755	3 514	415	6 841ab
T_6L_5	11.26ab	0.1066d	5.72ab	1 594	1 712	125	3 442l
T_6L_6	11.4a	0.1598a	6.44a	2 103	2 080	161	4 407i
T_6L_7	10.76abc	0.0806hij	6.14ab	2 215	1 584	72	3 947j
CK	10.5abcd	0.0718lm	5.34b	4 320	1 243	530	6 153d

注：同表1-14。

用内袋黑、外袋里黑外黄双层袋于盛花后14、21、28、35、42d给砀山酥梨套袋后，发现不同套袋时期的果实中可滴定酸含量均高于对照，而可溶性固形物、可溶性总糖含量、单果质量及果实内石细胞含量等均低于对照；果实内石细胞团的分布密度在幼果期较高，随着果实发育膨大密度渐低，接近成熟前2个月左右趋于稳定，石细胞团的纵径、横径是随着果实发育先增大后减小，而后又稍有增大，果实石细胞含量也是先增加后减少，在盛花后49d达到最大值。

（7）适时采摘。

适宜采收期的确定。生产中根据果实生育期、果色、含糖量、种子颜色和淀粉含量以及内源激素含量结合销售方式来确定砀山酥梨果实的适宜采收期。通常认为果皮黄亮，光泽度好，口感酥脆、含糖量高，绝大部分种子皮色已呈深褐色时说明果实已进入了适采期。正常年份，砀山酥梨在9月中旬即进入适采期，非正常年份的情况差异较大，如2002年夏秋季高温干旱，果实9月初即已进入适采期。2003年夏秋季节连续阴雨81d，期间光照不足150h，10月初果实才进入适采期。

适时采收。正常年份，在砀山地区砀山酥梨果实8月底就可采收，此时果实还没有完全成熟，果皮颜色呈浅黄或浅绿色，果形指数较大，这时采摘的果子以加工为主，不宜贮藏，否则，果实容易失水、皱缩。9月以后，果实进入可食成熟期，果皮黄绿色或浅黄绿色，色泽光亮，萼洼平宽（图1-72）。进入适采期以后的果实要及时采收，如不及时采收，果实萼洼处会出现凹陷，果肉出现糠点，品质降低，而且影响下一年梨树的生长。砀山酥梨的采收期一旦确定，正常年份应在15~20d内完成。干旱、日照时间较长的年份，应在15d内结束。阴雨天较多、气温低的年份，可在20~25d内完成。

图1-72 适时采收的果实

（8）灾害防御。

旱灾。当土壤中水分含量低于植株正常生长需要，或空气极度干燥，果树生长和蒸腾耗水大于根系吸收的水分时，树体内水分代谢失去平衡时就对树体造成危害，轻者叶片萎蔫，重者整株死亡。四季的干旱都会对砀山酥梨造成危害。

春旱：春天气温不高，但空气的相对湿度低，降水量少，土壤容易失水干燥。而此时的树体正处于旺盛的生长期，对肥水的需求量大。春旱发生时对开花、坐果和新梢生长有较大的影响，常引起花期提前、严重落花落果等不良后果。

夏旱：夏旱也称伏旱，发生在炎热的夏季，太阳光辐射强烈，气温高，土壤水分蒸发量大，树体蒸腾作用强。此时果实发育、花芽分化、枝梢生长都需要大量水分。如遇夏旱，树体大量失水，会导致叶片枯黄、脱落，尤其是果实膨大期若遇干旱，则严重影响果实发育，并容易造成日灼。

秋旱：秋旱的特点与夏旱类似，在黄河故道地区经常发生。秋旱首先影响果实生长，使果实提前成熟，且容易出现果肉失水，造成糠果现象。其次是秋季干旱易使叶片早衰，影响根系正常生长，甚至出现"二次开花"现象，极大地影响树体营养积累，降低树体越冬抗寒能力。

冬旱：冬旱的特点主要是雨雪稀少，多西北风，低温低湿，气温日较差大。冬天梨树需水很少，但冬旱加上低温，会冻伤枝干，发生抽条现象。同时引起梨树腐烂病的发生，特别是高产年份遇到冬旱，腐烂病的发病株率可达90％以上。

防止干旱的方法。一是果园灌溉。及时灌水是解决旱灾最有效的方法，灌水时间和多少，应根据土壤含水量确定。在实际生产中，一般叶片萎蔫时间在中午12时以前出现时，表明已经发生旱情，应立即灌水。二是营造果园防风林。抑制空气对流，降低风速。三是土壤覆盖。地面覆草、覆膜，降低土壤温度，减少土壤水分蒸发。四是果园生草或间作。稳定土壤温度，增加园中空气湿度。

涝灾。涝灾的危害，一是影响根、叶、芽生长发育。梨园中土壤含水分过多，降低了土壤空气含量，严重影响根系生长和功能的发挥，进而影响地上部分的生长发育，叶功能降低，花芽分化不良。越冬营养积累不足，造成第2年落花、落果和新梢生长不良。二是影响果实生长发育。涝灾常伴有阴雨天气，根系生长不良、光照不足，使果实发育受阻，小果比率上升，果实质量下降，成熟期延迟。如2003年，由于生长期连续阴雨，使果实采收期推迟20d左右。此外，光照不足，梨园湿度大，容易爆发梨黑星病和轮纹病，降低商品果比率。

防御涝灾的有效措施是建园时修建良好的排灌沟渠，并经常进行疏浚，做到沟、渠相通，排灌自如，雨停园干，沟无积水。

风灾。在干旱年份的花期，若土壤缺水，即使是2～3级的风，也会因为增强了空气的流动，使雌蕊分泌物减少而影响坐果率；4级以上的风可以扬起沙尘，打伤雌蕊柱头；6级以上的风可以将花吹落，但这样的风灾在黄河故道地区的春季较少发生。幼果期如遇大风，由于叶片的摇动、摩擦会使果面受伤，形成锈斑而影响果实外观。果实迅速膨大期遇有6级以上的大风，可造成大量落果，未落的果机械伤果率有时高达50％以上，风力越强伤果率越高。2010年7月17日，砀山地区发生龙卷风，使百年树龄砀山酥梨连根拔起。为有效防止风害，建园时需考虑营建防风林，风灾发生后要及时喷杀虫、杀菌剂，以防止伤口腐烂。

雹灾。春末夏初，随着对流天气的增多，冰雹灾害风险也将加大。虽然冰雹出现的范围小、时间短促，但来势猛、强度大，并常伴有狂风、骤雨，对梨树生产带来很大的影响。冰雹常造成梨树枝叶、花、果实机械损伤，从而引起各种生理障碍、诱发病虫害等，使果实商品率下降甚至绝收。在砀山地区，6月底以前被冰雹砸伤的果实可以恢复生长，但果面会形成凹陷的疤痕。进入7月以后，果实处于迅速膨大期，被冰雹砸伤后的果实腐烂率可达80％以上。与此同时，冰雹对叶片和枝条也常造成不同程度的损伤。

据资料记载，1964年和2004年是砀山地区50年来受雹灾危害最为严重的年份。2004年7月6日夜降冰雹12min，形成长达20km的雹粒线，雹粒直径2～2.5cm，冰雹落地厚度3～4cm，并伴有8级以上大风，受灾区域砀山酥梨果实受伤率达98％以上，果实的烂损率达80％以上。

雹灾发生后要及时调查评估，采取以卜补救措施，增强树体的抗逆性，恢复树势。一是及时清理果园。对枝破皮裂、无全叶、无好果的重灾绝收果园，先摘除树上破伤果及伤残叶，剪除破伤枝条，全面清除落叶、落果，挖坑深埋；对枝、皮有破损，果、叶伤损过半的果园，摘除无商品价值果实和破损较大的叶片，尽力保护其他叶片，对果面有小雹坑的果实，不必摘除，可喷药加以保护。二是果园中耕。果园遭受冰雹袭击后，往往土壤板结严重，地温降低，给果树生长造成不良影响，应及时对全园进行中耕松土，破除土壤板结，提高土壤透气性，恢复和增强果树根系的呼吸和吸收能力。三是喷药施肥。抓好病虫害防治，保证果树正常生长。同时增施肥料，促进果树伤口愈合，迅速恢复树势。

7　整形修剪

7.1　优质丰产树形态指标

砀山酥梨优质丰产树形态指标随土壤、气候、栽植株行距、整形方法等不同而有所差异。本节介绍的是砀山县砀山酥梨适宜栽培区乔化稀植的自然圆头形和基部多主枝两层形优质丰产树形指标。

7.1.1　树高

砀山酥梨树冠形成后，自然圆头形和基部多主枝两层形的树高应控制在 4.5m 以下。

7.1.2　骨干枝分布

自然圆头形树的 9～15 个骨干枝自然分布在整形带内，使树冠形成自然圆头状，各骨干枝的长短以尽可能不影响光照为前提。基部多主枝两层形树的上层留 2～3 个骨干枝，下层均匀分布 3～5 个骨干枝；上层冠幅控制在下层冠幅的 1/3 以内。

7.1.3　枝量

（1）枝组类型。

小型枝组。有 2～4 个分枝，主轴长 15cm 左右，占树冠空间直径 30cm 左右。

中型枝组。有 5～15 个分枝，主轴长 30cm 左右，占树冠空间直径约 60cm。

大型枝组。有 16 个以上分枝，主轴长大于 30cm，占树冠空间直径大于 60cm。

（2）结果枝组的比例。小型枝组占全树枝量的 60％左右，中型枝组占 30％左右，大型枝组占 10％左右。各骨干枝的中部以培养大中型枝组为主，基部和外围分布中小型枝组。同侧大中型枝组之间的距离应在 50cm 左右，同方位小型枝组之间的距离应在 30cm 左右。大中型枝组间可间插小型枝组，骨干枝背上不培养大中型枝组（图 1 - 73）。

图 1 - 73　丰产树结果状

（3）枝量。盛果期砀山酥梨树每公顷留枝 60 万～75 万个；叶面积系数以 3～4 为宜；全园覆盖率在 80％左右。

7.1.4　花量

每公顷花留芽量 18 万～22.5 万个。

7.2　不同时期采用的树形

在砀山地区，20世纪50年代以前定植的砀山酥梨主要采用多主枝自然圆头形；50～80年代定植的树多采用基部三主枝疏散分层树形；80年代以后定植的树多采用基部多主枝两层形树形；进入90年代，随栽植密度的增加，多数采用圆柱形和纺锤形。

7.2.1　自然圆头形

砀山酥梨自然圆头形有多主枝自然圆头形（图1-74）和多主干自然圆头形两种（图1-75）。多主枝自然圆头形树的干高在120cm左右，在主干中部着生9～15个骨干枝，没有明显的层性。骨干枝上着生侧枝，整个树冠呈圆头形（图1-76）。

图1-74　多主枝自然圆头形

图1-75　多主干自然圆头形（砀山目前最古老的砀山酥梨树）

多主干自然圆头形是在主干基部多头枝接或一穴多株定植形成的。一般有2～3个主干，最多的达5个。依生长空间情况，主干上着生骨干枝，骨干枝上着生大中型枝组，树冠呈半球状。

7.2.2　基部三主枝疏散分层形

砀山酥梨基部三主枝疏散分层形的株高为4～4.5m，干高60～80cm，主枝5～7个，分2～3层排列，主枝角度大于60°。第1层主枝3个，层内距在40cm以内。第2层主枝2～3个，层内距30cm左右。第3层主枝1～2个，层内距20cm左右。第1、2层层间距大于100cm，第2、3层主枝间的层间距40～60cm。主枝上着生侧枝（图1-77）。

图1-76　自然圆头形树冠

基部三主枝疏散分层的树体结构较为合理，曾是砀山地区砀山酥梨主要的整形方式。但该树形随树冠的扩大，树冠内膛光照不良，结果部位容易外移。

7.2.3　基部多主枝两层形

基部多主枝两层形的干高60～80cm，主枝6～7个，第1层主枝3～5个，第2层主枝2～3个，第1、2层冠幅比约为3：1。层间距1.5～2m。稀植园株高不超过4.2m，密植园株高不超过3.5m。第1层主枝角度保持在70°左右，第2层主枝角度为60°左右。

基部多主枝两层形的树体结构较好地解决了基部三主枝疏散分层形树冠的内膛光照问题，采用该树形的砀山酥梨优质果率高，产量稳定，是目前砀山地区应用的主要树形（图1-78）。

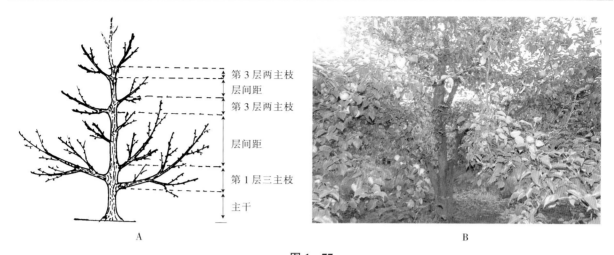

图 1 - 77

A. 基部三主枝疏散分层形结构示意图　B. 基部三主枝疏散分层形树形

图 1 - 78

A. 基部多主枝两层形结构示意图　B. 基部多主枝两层形树形

7.2.4　纺锤形

纺锤形砀山酥梨的株高 3～3.5m，干高 50～60cm，主干上错落着生 12～15 个骨干枝，枝长 1～2m，不分层次。骨干枝角度为 60°～80°，单轴延伸不留侧枝，直接着生中小型结果枝组。

目前，在密植园中主要采用纺锤形树体结构，其优点是结构简单，树冠紧凑，管理方便，结果早，丰产性能好。特别适于幼树的整形，进入盛果期后应及时回缩大枝（图 1 - 79）。

图 1 - 79

A. 纺锤形结构示意图　B. 纺锤形树形

7.2.5　棚架栽培

为了调整品种种植结构，近年来砀山地区也在用高接换种技术，对砀山酥梨园进行棚架栽培。高接换种时通常在中央领导干和主枝上的枝条截留尽量保留上部的枝条以靠近架面的，在主枝和侧枝上每隔30cm左右选留1个嫁接部位，一般栽植密度6m×6m的成年大树，在骨干枝、辅养枝、结果枝上选留50～60个高接部位；在老树内膛光秃部位同侧每隔30cm采取凿孔高接的方法嫁接。棚架以1hm²为一基本单位，长、宽分别为100m左右，为便于农艺操作，棚架的高度以超过人头顶10～20cm为宜，一般高为1.8m（图1-80）。

图1-80　棚架栽培

7.3　整形修剪技术

7.3.1　整形修剪的依据

（1）品种特性。砀山酥梨萌芽力强，成枝力较弱，在轻修剪时这种特性表现得尤为明显。对中庸枝短截，剪口下能抽生1～2个新梢，对强枝短截，剪口下能抽生1～3个新梢，其余芽均萌发为短枝（图1-81），短枝当年形成花芽的几率也较高。短果枝结果后大部分能抽生1～2个果台副梢（图1-82）。一般情况下，砀山酥梨的新梢1年只有1次生长，但9月底以前短截发育枝，也可发生二次生长；果台副梢4月下旬摘心后不会进行二次生长。

图1-81　剪口枝条萌发情况

图1-82　果台抽生一根副梢

砀山酥梨枝条硬度中等，结果后容易下垂（图1-83），这一特性给侧枝培养带来一定困难，成年树上常形成主枝"一条龙"外延的现象（主枝上难以培养侧枝和大型枝组）（图1-84），多主枝的树体结构是解决这个问题的有效措施。砀山酥梨以短果枝结果为主，中长果枝和腋花芽也可结果。

（2）树龄和树势。树龄和树势是决定修剪强度的主要依据之一。幼树生长势强，常采用轻剪、长放来缓和长势，以达到早果丰产的目的。盛果期树以回缩更新为主，以稳定树势，延长优质丰产栽培年限。老龄树以更新、复壮为主，充分利用砀山酥梨隐芽寿命长的特点，促使隐芽发枝，重新培养树冠和结果枝组。

通常树势的强弱以发育枝的生长量为衡量标准。新梢年平均生长量在50cm以上的为强旺树，30～50cm的为中庸树，30cm以下的为弱树。对生长势较强的树以疏枝为主，少短截或轻短截；对树势较弱的树，应减少结果量，多短截、少缓放，多回缩、少疏除。

（3）修剪反应。观察修剪反应是采取正确修剪方法的前提。一是看局部反应，即1根枝条短截或

图 1-83　结果后枝条下垂

图 1-84　骨干枝"一条龙"现象

缓放后，萌芽、抽枝、结果、花芽形成的表现。二是看单株的反应，修剪后全树生长量，新梢长度、密度，花芽量，果实产量和质量等。三是看整体反应，单株的树高、冠幅等是否影响到邻株。依据修剪反应来调整修剪方法。

（4）栽植密度。栽植密度直接影响整形的方法。一般来说，栽植密度大的果园不适合采取树体分层和培育大型骨干枝的整形措施。否则叶面积系数过大，新梢多，枝与枝之间遮光严重，内膛枝条枯死，结果部位外移，造成果实品质下降，产量不稳。

7.3.2　整形修剪时期及作用

（1）休眠期修剪。休眠期修剪是在自然落叶后至翌年萌芽前进行。黄河故道地区一般在 11 月下旬至翌年 2 月底。推迟生长旺盛的幼树休眠期修剪时间，对树势有一定的削弱作用，修剪越晚则削弱作用越明显。休眠期修剪主要是维持、调整和完善树体结构；平衡树势，调节营养生长和结果的关系；改善通风光照条件等。

（2）生长期修剪。生长期修剪是在萌芽后至落叶前整个生长季节进行的修剪。生长季节修剪要依据树势、树龄和管理水平进行，避免对梨树生长势造成负面影响。生长期修剪有利于树体贮藏养分的合理利用，抑制新梢过旺生长，促进花芽形成，合理调整负载量，改善树冠内膛光照条件，提高果实品质。生长期修剪量过大，往往会造成树势削弱。

7.3.3　整形修剪方法

下面以基部多主枝两层形树形为例，介绍整形修剪过程。

（1）幼龄树。幼树期整形修剪的主要任务是选留和培养骨干枝，初步建立树形，形成预期的树体结构；充分利用发育枝，扩大树冠、增加枝量，为获得早期产量奠定基础。

栽植后第 1 年的整形修剪。幼树定植后的第 1 年，留 80～100cm 定干，并在剪口处涂蜡或黄油防止水分流失。定干时，剪口下第 1 个芽贴芽剪，控制其生长势，抹除第 2 个和第 3 个芽，达到抑上促下的目的。当年即可抽生 4～5 根枝条，生长季对长势较强的新梢摘心以平衡各枝间的长势。冬季修剪时，对中心干延长枝缓放，用绳拉弯，缓和长势。对被选作主枝，且长度超过 30cm 的枝轻短截，不足 30cm 的枝缓放。

栽植后第 2 年的整形修剪。定植后的第 2 年夏季，新梢停止生长后，对开张角度小生长势旺的骨干枝进行拉枝。冬季在已拉弯的骨干枝上选直立强旺枝作中心干延长枝，并向上一年拉枝方向相反的方向再进行拉枝。适当回缩已成花的枝，以保证来年结果，缓放没有成花的枝，疏除过密枝和背上枝，对骨干枝的延长枝轻短截，继续向外扩大树冠。

栽植后第 3～4 年的整形修剪。定植 3～4 年后，少数植株已开始结果，但因生长势强，坐果率低且落果严重。定植后的第 3～4 年，在生长季对果台副梢适时进行摘心、对长势旺盛的发育枝进行拉枝。冬季对基部骨干枝继续轻短截，以扩大树冠；控制骨干枝延长枝的角度，并注意配备侧枝。对其余发育枝，有空间的缓放保留，无空间的疏除。对采用分层树形的树，开始培养第2层主枝，对选择纺锤形或圆柱形树形的树侧重培养永久结果枝组。

（2）初果期树。初果期树的整形修剪任务是继续培养骨干枝和侧枝（或永久性结果枝组），完成整形任务；调整树体各部分之间的生长关系，保持树冠内各骨干枝之间生长势的平衡；继续增加枝量，同时防止树冠内膛郁闭；加强枝组培养，控制树冠高度。

培养骨干枝。此期骨干枝的数量基本确定。对开张角度、着生位置和长势适当的骨干枝，若已达到树冠要求，则缓放延长枝，并适当疏除延长枝上的强旺枝，以缓和长势、促进骨干枝基部枝组的形成；若没有达到冠幅要求，则轻短截以继续扩大树冠。对开张角度过小的骨干枝，采取拉枝、换骨干枝的背下枝做延长枝等措施，增大开张角度。对分生角度过大的骨干枝，改用骨干枝的侧上位枝做延长枝。

调节树体各部分生长势。结果初期经常会出现树势上强下弱或各骨干枝间长势不均衡现象，对上强下弱树采取拉枝、以弱枝换中心头、适当疏除中心干上部的强枝以及增加树体上部结果量等方法，控制中心干长势，使上下层冠幅比维持在1∶3。同时，对下部骨干枝采取适当抬高分生角度、减少结果和适量增加1年生枝量等措施，增强长势。基部各骨干枝长势不均衡时，对长势较强的骨干枝，采取缓放延长枝、适量疏除强旺1年生枝等方法缓和长势；对长势较弱的骨干枝，采取适当短截延长枝、抬高分生角度、多留1年生枝、适当少结果等方法促进长势增强。初果期的植株处于旺盛生长期，因此，不论是对上强的树冠、还是强旺的骨干枝生长势的控制，都必须建立在不影响整个树体健壮生长的基础上，避免因为均衡树势，而影响树体正常的生长发育过程。

枝组培养。为增加枝量，培养结果枝组，对幼树和初果期树的修剪多采用轻剪、缓放。砀山酥梨缓放的枝条易成花，但由于加上枝条的硬度一般，结果后枝条容易下垂，给侧枝和枝组的培养带来困难，特别是在开张角度较大的骨干枝上，若修剪方法不当，很难形成结构合理的大、中型枝组，这就是砀山酥梨树主枝出现"一条龙"现象的原因。

大型枝组一般着生在骨干枝的中后部，中型枝组着生在骨干枝中部，小型枝组着生在骨干枝前部或大中型枝组之间。各类枝组的培养方法如下：大型枝组。在骨干枝上选择合适位置的强旺枝，先缓放，冬季修剪时不论是否有花芽，留5～6个芽短截。剪口下会萌发2～3个较旺的枝条，经过几年缓放、短截结合修剪培养，就可形成大型枝组。在培养大型枝组时要适当减少负载量，防止枝组中骨架枝条结果下垂。同时，还要避免短截过重，造成剪口下产生的枝条直立强旺。中型枝组。中型枝组的培养方法与大型枝组相似，只是培养时间比大型枝组短。此外，中型枝组也可由大型枝组回缩变小而来。小型枝组。缓放中庸枝、形成短果枝后适当回缩，结合利用果台副梢，缓放轻剪等形成小型枝组。此外，短截中庸枝然后缓放萌发的枝条，也可以培育出小型枝组。

结果8～10年后，树冠内枝组和枝量较多时，为防止树体内膛郁闭，影响光照，应尽量保留有伸展空间的辅养枝，无空间的予以疏除。应该注意的是，为打开树冠内膛光路，不能只疏除小型辅养枝，还要适当去除一些大的枝组或临时性枝组，以免造成"满树棒子、有骨无肉"的现象（图1-85）。

对下层主枝基部的背下枝、裙枝和拖地枝，在初果前期对提高产量起到了一定作用，但随着树冠的扩大和内膛枝的不断增加，这些枝的光照条件越来越差，结果部位迅速外移，果实品质明显下降，因此应及时疏除。

图1-85　满树"棒子"现象

控制树冠高度。砀山酥梨树干极性较强，虽然在整形过程中采取拉枝、变换中心干延长枝和增加树冠上部负载量等措施，能够缓和中心干生长势，但难以完全控制其高度。因此，树体结构基本形成后进入盛果期前，为防止树冠过高过大，影响果园群体光照环境，同时便于田间管理，必须控制树高。控制树高的办法就是在中心干上合适的位置落头（截去中心干）。落头的位置根据栽植密度和树形等决定，一般在3～4.5m处进行。落头时还要观察中心干落头高度枝的生长情况。如果中心干截口下第1个枝的粗度与中心干粗度相差太大，中心干被截除后，截口下可能会萌发直立的强旺枝，难以实现控制树高的目的。此时落头可分步进行，先在中心干上要求的树高以上、有合适枝的地方落头，并增加预定树高以上部分枝的结果量，适当减少最终截口下的第1个枝的结果量，等到这一枝条足够粗时再在目标截口处落头。

（3）盛果期树。进入盛果期的砀山酥梨树，树体结构已成形，枝量进一步增加，花芽大量形成，结果枝所占比例增大，树体生长势缓和。盛果期树的树冠内膛光照条件容易变差，枝组生长势渐缓，结果部位外移。此时的修剪任务是维持良好的树体结构，改善树冠内膛光照；调节营养生长与生殖生长的关系，维护树势的平衡；稳定枝组结果能力，控制结果部位外移。为维持良好的树体结构，常采取的措施有：

拉开层间距。逐步回缩或疏除中心干上着生的临时性大、中型枝组，适当回缩上层骨干枝，减小上层冠幅。回缩枝组或骨干枝时，选择合适的延长枝领头，防止剪口下萌发强旺枝条。通过这些修剪措施逐渐拉开层间距，打开树冠层间光路（图1-86）。

理顺骨干枝。根据树冠内的空间和骨干枝的生长势情况，疏除或回缩骨干枝的背上枝和枝组；回缩控制骨干枝上过密的枝组以及中前部过大的枝组；疏除骨干枝上交叉枝、重叠枝，以及过密、衰弱的小型枝组。采用拉枝、变换延长枝等措施，调整骨干枝分生角度。对骨干枝上其他发育枝，本着有空就留、无空则疏的原则进行处理，改善层内光照条件。

回缩、疏除骨干枝。当骨干枝长势出现前强后弱甚至后部光秃或相邻树骨干枝之间发生交叉时，须及时回缩骨干枝，以防结果部位严重外移或树冠内通风透光不良。骨干枝的回缩需要根据骨干枝上枝组和侧枝生长情况及树与树之间的空间逐年进行。此外，对盛果期树还需适当减少骨干枝先端枝量，尽量多留后部发育枝，并对这些枝采取缓放与短截结合的修剪方法，及时疏除下垂、后部严重光秃、无保留价值的骨干枝，以改善树冠下部通风条件。

平衡营养生长与生殖生长的关系，维持健壮树势。虽然影响盛果期树势的因素很多，但最重要是果实的负载量。结果过多，势必影响树体营养生长，削弱树势；结果太少，营养生长旺盛，难以获得目标产量。砀山酥梨容易形成花芽，可采取短截中长果枝和枝组中的结果枝，回缩串花枝（带有成串短果枝的单轴枝，图1-87），疏除没有发展空间的小型枝组等方法适当控制生殖生长。若树体营养生长过旺，花芽量少，则可采取长枝缓放的方法，尽可能地保留花芽和生长季适当疏除发育枝等方法加以解决。

稳定枝组结果能力。盛果期，枝组是砀山酥梨主要的结果单位，应采取有效措施，保持其健壮和

图1-86 拉开层间距

图1-87 串花枝结果状

稳定的生长势。对于大型枝组，若延长枝过长，可逐步回缩。对健壮的中小型结果枝组，生长势和结实能力都较强，且果大质优的，修剪时，若枝条生长健壮、又有空间，只需调整结果量便可，稳定长势即可；若生长势渐弱且有发展空间，可加强发育枝培养，以增强树势。对于小型结果枝组，每年更新的数量比例可掌握在20%左右，更新后的空间，用长势较强的串花枝和果台副梢弥补，形成新的小型结果枝组。

（4）老龄树。砀山酥梨树的经济寿命较长，目前在砀山地区部分100年以上的树仍有相对较强的结果能力，而且果实品质优良。但老龄树的最大缺点是树冠内膛枝组的生长势逐渐衰弱，内膛枝量减少，结果部位外移，特别是在骨干枝已封行的梨园，这种现象更加明显。此期修剪的主要任务是更新骨干枝，培养结果枝组。

更新骨干枝。更新骨干枝的方法，一是选骨干枝中部生长健壮的大型枝组、侧枝或旺枝做骨干枝延长头，适当疏除其上的结果枝，培养出一个强壮的发育枝带头。二是疏除拥挤、后部枝梢严重光秃的骨干枝，以改善树冠内膛光照促进新梢萌发（图1-88）。

图1-88　更新骨干枝

培养结果枝组。老龄树树冠内膛枝组结果能力的稳定性逐渐下降，需要重新培养。培养的方法，一是利用树体本身萌发的强旺发育枝，通过先长放后短截的方法改造成结果枝组。二是通过高接，促发强壮发育枝，再通过先长放后短截的方法培养结果枝组。此外，对尚有结果能力的结果枝组进行更新，对其上部分较旺的发育枝进行重短截，同时减少大型枝组的结果量，以改善其光照条件，促进新梢萌发，再逐步培养成新的结果枝组（图1-89）。

图1-89　老枝上萌发的新梢

7.4　树形改造

砀山酥梨果实的石细胞含量、果皮颜色和含糖量等与光照条件有着密切的关系，为了改善树体光照条件，近十几年来，在砀山地区对老龄砀山酥梨传统的基部三主枝或多主枝疏散分层形树形进行了改造，改造后的树形为基部多主枝两层形，将树冠上层的骨干枝减少到2～3个，上下层冠幅比约为

1：3。

　　改造的具体方法，首先是缩小上层树冠。缩小上层树冠首先是疏去对下层树冠光照影响大、拥挤的骨干枝，采取回缩方法缩小冠幅；疏除或回缩层间枝组。将其控制在上层树冠的冠幅范围内。其次是增加下层骨干枝数量。根据树冠内空间，将下层骨干枝基部的侧枝或大型枝组培养成骨干枝，增加下层骨干枝数量，稳定产量（图1-90）。

图1-90　疏除骨干枝（左：疏除前；右：疏除后）

8 病虫害安全防治

8.1 防治方法

已知的砀山酥梨病虫害种类约 150 种左右,对经济栽培发生危害的约有 30 种,如梨黑星病、轮纹病、梨木虱、梨小食心虫等。在过去很长时间内,砀山酥梨的病虫害防治主要依赖化学方法,防治成本高,对环境和果实的污染严重。随着消费者对果品食用安全性要求不断提高,生产者保护环境意识不断加强,砀山酥梨病虫害的防治方法正在不断改进。

8.1.1 农业措施

加强梨园田间管理,诱导梨树对病虫害的抵抗能力,可有效降低病虫害危害程度。

(1)增强树势。采取平衡施肥尤其是适当增施有机基肥,适时、适量灌水,合理负载等措施,能促进梨树健壮生长,提高梨树对病虫害的抵抗能力。如梨树腐烂病等一些由弱寄生菌引起的病害,在树势衰弱时易于发病。梨树上许多重要的枝干病害的发生和流行也都与树势有关,如干腐病、轮纹病等,树势越弱,发生的危害越重。

(2)科学修剪。科学修剪能改善梨园和树冠内膛的光照和通风条件,减轻病害的发生。在冬剪时,剪除病菌虫卵寄生的枝条和病僵果等;生长期及时剪除梨黑星病的病叶、病果,梨小食心虫的虫果,梨茎蜂的虫梢等。这些修剪措施都能不同程度地减轻病虫危害。

(3)越冬管理。保持梨园内良好的卫生条件,能够减少梨病虫害寄生或越冬场所,达到降低病虫基数的作用。如梨黑星病、轮纹病、梨黑斑病、梨木虱、梨花网蝽等,都可以在树下的枯枝落叶或杂草中越冬。因此,在梨树落叶后,清扫落叶、刨翻树盘等是防治梨病虫害经济有效的措施。

刮树皮可减少梨小食心虫、梨黄粉蚜、山楂叶螨等害虫的越冬虫卵,也可清除在树体上越冬的梨轮纹病、梨腐烂病、梨炭疽病、干枯病等病菌,还可促进梨树生长,在高龄和衰弱梨树上效果尤其明显(图 1-91)。

(4)其他。使用脱毒苗木,防止检疫对象入侵,栽植与砀山酥梨有同源病虫的作物时保持安全距离等。

图 1-91 刮除树干老翘皮

8.1.2 物理手段

根据害虫的生活习性，运用物理手段防治病虫害，是一种安全、可靠的病虫害防治方法。

（1）灯光诱杀。根据害虫的趋光性，用频振式太阳能灭虫灯等诱杀害虫（图1-92）。

（2）胶带阻隔。一般在主干离地面30cm处缠绕一宽15～20cm的不干胶带，将蚱蝉等从土壤或根部向树上转移的害虫阻隔于树下（图1-93）。

图1-92 梨园设置太阳能灭虫灯

图1-93 梨园树干缠绕胶带

（3）性诱剂诱杀。根据有些害虫趋化性，用性诱剂、糖醋液等诱引害虫。这种方法对梨小食心虫、多种卷叶蛾、桃蛀螟等有较好的杀灭效果（图1-94）。

（4）挂设黄板。梨树开花前，在树冠的外围树枝上悬挂黏虫黄板，诱杀具有强烈的趋黄光习性的害虫，如：梨茎蜂、白粉虱、蚜虫等多种成虫对黄色敏感的害虫，每亩挂设20～25片20cm×40cm黄板，到6月底麦收后需及时收集黄板（图1-95）。

图1-94 挂设性诱剂

图1-95 挂设黄板

（5）果实套袋。果实套袋不仅可以改善果实外观品质，还可以防止多种食心虫、卷叶虫、椿象、梨黑星病、轮纹病等的危害。

（6）人工捕虫。有些害虫有群集性、假死性等特殊的生活习性，如金龟子、梨茎蜂有假死性；梨木虱春季多集中在未展开的幼叶中；茶翅蝽、梨实蜂等成虫早晚不善活动，振枝即落地等。可根据害虫的这些活动规律，适时进行人工捕杀。

8.1.3　生物方法

生物防治是利用生物或生物的代谢产物来控制病虫害的措施。

(1) 保护和利用天敌。常见的梨害虫天敌昆虫有寄生性和捕食性两大类。寄生性天敌昆虫有寄生蜂和寄生蝇，如赤眼蜂、壁蜂等。捕食性天敌昆虫有花蝽、瓢虫（图1-96）、草蛉（图1-97）、食蚜蝇和捕食螨等，对这些害虫天敌昆虫应采取保护措施。一是要创造一个有利于天敌昆虫生长、繁殖的生态环境，迅速扩大其种群数量。二是科学利用农药，在天敌昆虫大量迁飞和发生时，避免使用广谱性杀虫剂，确需使用农药，也要避开天敌昆虫的集中发生期和发生地点。三是引进和人工繁殖天敌昆虫，在需要大量防治时，释放天敌昆虫。

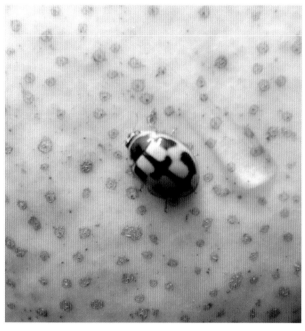

图1-96　瓢　虫　　　　　　　　　　　　　图1-97　草　蛉

(2) 应用昆虫性外激素。昆虫性外激素是指雌成虫分泌的用来引诱雄性昆虫前来交配的化学物质，这种物质现已能够人工合成。在果树应用较多的有梨小食心虫性外激素。每公顷挂45～75只性外激素诱芯，可有效降低梨园内梨小食心虫的蛀果率。

(3) 生物农药。主要有昆虫病原真菌、昆虫病原细菌、昆虫病毒和昆虫病原线虫、杀虫抗生素等，其中，以杀虫抗生素应用最为广泛。杀虫抗生素多数为链霉素的代谢产物，对昆虫和螨类有很强的致病和毒杀作用。具有安全、高效、快捷、方便等特点，如阿维菌素等。

8.1.4　化学防治

化学农药防治梨病虫害常用的办法有喷雾、喷粉、涂干和地面施药。

(1) 预测预报。预测预报是病虫害防治的基础，对化学防治病虫害尤为重要。通常是根据历年病虫的发展规律、当年的气候条件以及田间调查的结果，预测当年病虫害的发生情况，并通过有效途径，及时、准确地将预测信息传递给果农。

(2) 科学防治。化学防治应在安全、有效的基础上进行。

选择合适的施药部位。根据害虫的发生和危害习性，选择合适的施药部位，可以有效地防治害虫、保护天敌和减少农药的使用量。如金龟子生活习性是白天钻入地下，晚上出来危害果树，可以选择地面施药进行防治；梨木虱春季主要危害未展开的叶片，可以选择叶片喷药进行防治等。

选择适宜的喷药时间。选择病虫生命活动的薄弱环节或对药剂敏感期，充分利用害虫天敌大量出现期一般都较害虫的发生盛期晚的特性，选择适宜的喷药时间。如梨二叉蚜的药物防治主要在5月中旬以前进行，5月下旬以后的防治可以依靠天敌，无须喷药防治。

化学农药的交替使用。多种农药的交替使用，不仅可以延缓病虫抗性的产生，而且在一定程度上可以提高农药的防治效果。如采用1%甲氨基阿维菌素苯甲酸盐和48%毒死蜱溶液交替喷施防治梨小食心虫，可使虫果率降低至1%以下。

农药的混配使用。农药混配主要是为了节省劳动力成本，常采用的有杀虫剂与杀菌剂混用、杀虫剂与杀螨剂混用以及杀螨剂与杀菌剂混用等方法。并非所有农药都能混合使用，因此，在农药混合使用前一定要进行试验。

农药和肥料混合使用。在喷洒化学农药时加入适量的速效性化肥，达到既能防治病虫害，又能起到根外追肥的目的，节省劳动力成本。常与农药混合施用的肥料种类有硼肥、锌肥、钙肥、铁肥、尿素、磷酸二氢钾等。

8.2 田间病害防治

8.2.1 梨黑星病

梨黑星病又名疮痂病、黑霉病，是砀山酥梨的主要病害。多雨潮湿年份流行，常造成巨大经济损失。

（1）症状。梨黑星病能够侵染砀山酥梨树地上部分的所有绿色幼嫩组织，包括花序、叶片、叶柄、新梢及果实，从3月中下旬开花前直到9月中旬果实成熟均可被害。梨树受侵后，病原菌的分生孢子梗和分生孢子在病部形成黑色霉斑，这是该病最主要的特征。

芽。梨芽被害，表面产生霉层，严重时芽鳞开裂，甚至造成芽枯死。

春季病芽因生满黑色的霉层，砀山地区果农称之为"乌码子"。

枝梢。多发生在徒长枝幼嫩组织上。初期病斑椭圆或圆形，淡黄色，微隆起，表面有黑色霉层，后期病斑凹陷、龟裂呈疮痂状。

叶片。叶柄染病，出现黑色椭圆形凹陷，上长黑霉。叶片发病初期，在叶背主脉两侧和支脉之间形成圆形、椭圆形或不规则淡黄色小斑点，界限不明显，不久长出黑色霉状物，叶脉最易着生霉层。初发病点在叶脉之间，后黑色霉状物沿叶脉向外扩展，形成"星"芒状病斑。发病严重时常造成早期落叶（图1-98）。

果实。果柄受害，出现黑色椭圆形凹陷，上长黑霉。果实前期受害，果面产生淡褐色圆形小斑块，斑块直径逐渐扩大至5～10mm，表面长出黑色霉污。随着果实增大，病部渐凹陷、木栓化、龟裂，严重时，果实呈现畸形，果面凸凹不平。果实近成熟期发病，先是在果面上出现淡黄色小病斑，边缘不整齐，后又变为黑褐色，但无霉层（图1-99）。

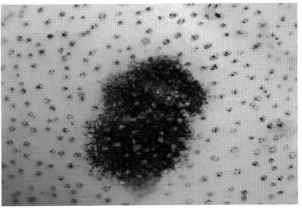

图1-98 梨黑星病危害叶柄　　　　　　图1-99 梨黑星病危害果实

（2）病原。1964年日本植病学者田中彰一，对侵染日本梨的黑星病菌与侵染西洋梨的黑星病菌，在形态特征，致病性和危害症状等方面进行比较研究，结果表明，两者有明显区别，其差异程度远远超过 *Venturia pirina* Aderh. 种内的变异范围。因此他将危害日本梨的黑星病菌定名为 *Venturia nashicola*。1988年，我国学者罗文华对中国梨黑星病病原菌及生物学特性进行研究，结果表明，我国的梨黑星病菌应归属*Venturia nashicola* Tanaka，为座囊菌目黑星菌属。

（3）发病规律。病原菌越冬方式及初侵染源。在不同气候条件的年份，越冬的主要形式不同。一般年份，砀山酥梨上的黑星病以分生孢子和菌丝在芽鳞、病叶、病果和病枝上越冬，翌年春天温、湿度适宜时，残存的越冬分生孢子和病部形成的分生孢子，借风雨传播危害。在秋季多雨，冬季温暖、潮湿的年份，也可以子囊壳越冬，被沙壤土掩埋1～2cm深或寄生在水渠两旁的病残物，最容易形成子囊壳。子囊孢子于第2年梨花盛开前后释放，降水可促进子囊孢子的大量释放，侵染叶片。枝条上的黑星病斑越冬后不再产生孢子，不能成为梨黑星病的初侵染源。

梨黑星病菌的分生孢子在落叶上越冬，在低温条件下可以长时间存活，在−8.3～14.2℃的情况下，经过3个月仍有一半具有生命力。高温、高湿的冬季不利于孢子越冬。

抗性与发病条件。砀山酥梨对梨黑星病的抗性弱，低于马蹄黄、鸡爪黄、鹅黄、香面梨等砀山其他乡土品种，也低于雪花梨、茌梨以及一些新引进的日本、韩国梨和西洋梨品种。栽植密度大，树体郁闭，园内通风、透光条件差，树势较弱，地势低洼梨园的砀山酥梨发病严重。

除上述因素外，影响梨黑星病发生与流行的主导因素是气象条件，尤其是湿度。早春雨水频繁，最利于梨黑星病的发生、发展。据多年观察，病菌孢子侵染要求1次有5mm以上的降水量，并连续有48h以上的阴雨天。分生孢子萌发所需的相对湿度为70%以上，低于50%则不萌发。菌丝在5～28℃间均可生长，但以22～23℃最为适宜。分生孢子形成的最适温度为22℃。最适宜流行温度为11～20℃。梨黑星病的潜育期为12～29d，温度越高，潜育期越短。近10年以来，砀山地区每年在7月下旬（最高温度38℃）出现1～2次梨黑星病发病高峰，大部分出现在连续高温继而降水之后。

春季最先发病的部位是花序或新梢的基部，然后逐步向周围的叶片、新梢以及果实传播蔓延。梨黑星病具有多次侵染的特性，侵染时间长达150d左右，1年中可侵染4～5次。在砀山地区，砀山酥梨上一般有3次侵染高峰，第1次是在4月下旬至5月底，时间约40d，主要危害幼叶、幼果及新梢。由于砀山春雨较少，所以很少出现危害花与芽的现象。第2次是在7月中旬至8月初，时间约25d左右，主要危害果实与少量的顶梢叶片，这一次发病高峰，并非每年出现。第3次是8月上旬至9月中旬，时间长约40d，主要危害果实，造成损失往往最为严重。

（4）预测预报。

巡查。每年的花后，在上一年发生较重的梨园内进行巡查，特别是雨后要加大巡查力度。主要调查当年最先出现梨黑星病的叶、果、新梢，以便确定第1次喷药防治时间。

定点调查。确定调查植株，每隔3～5d调查1次，根据当年降水量、阴雨时日数、气温、湿度，以及田间病果、叶、梢及病斑数量的多少，预测当年梨黑星病的发病高峰时间及危害程度。

此外，还可以借助梨黑星病防治专家系统、病原菌检测等方法进行预测预报。

（5）防治方法。

冬、春管理。冬季清扫梨园落叶，清除病枝病果，减少越冬病源。春季发病初期，及时摘除并烧毁病叶、病果及染病枝梢，防止病害的再次侵染。这一措施在连年发病较重的梨园内尤为重要。

增强树势。适当增施有机肥，控制负载量，科学肥水管理和修剪，改善园内和树膛内部通风、透光条件，保持健壮树势。

药剂防治。砀山地区防治砀山酥梨黑星病的策略是"控前、压后"。"控前"是指降低越冬病菌基数和减少初侵染病源，"压后"是指在8月初以后至梨果采收前，控制梨黑星病的发病程度。一般情况下，每年喷药5次左右，第1次是在芽即将萌发时，全园喷铲除剂。第2、3次是在巡查发现病叶、果以后，连续喷2次。第4、5次在8月上旬和8月中旬，连续喷2次。每年的喷药次数应根据当年气候条件和实际发病情况确定。使用的药剂有12.5%晞唑醇2 500倍液，40%氟硅唑乳油8 000倍液，12%腈菌唑乳油2 000倍液，40%腈菌唑可湿性粉剂8 000倍液，10%苯醚甲环唑水分散粒剂5 000倍液。以上药剂都是防治梨黑星病的有效药剂，可与80%代森锰锌可湿性粉剂、50%多菌灵可湿性粉剂、1∶3∶260波尔多液等药剂交替使用。

8.2.2 梨炭疽病

梨炭疽病又称苦腐病、晚腐病。近年来，安徽砀山地区砀山酥梨生长季节雨水增多，在一些光照和通风条件差的梨园发生程度明显加重，部分重发生园区病果率在50％以上，造成严重的经济损失。

（1）症状。梨炭疽病不仅危害果实，也可侵害叶片、枝干、果台等。

果实。初发病时果面上出现黑点，边缘清晰，10倍放大镜下观察，斑点稍凹陷。以后斑点逐渐扩大且软腐下陷，病斑表面颜色深浅交错，具明显的同心轮纹，病斑中心生出许多略隆起的小粒点，初褐色，后变黑色，此即病菌的分生孢子盘，有时排成同心轮状。在温暖潮湿情况下，分生孢子盘生出一层粉红色的黏质物，此为分生孢子团块。随着病斑的逐渐扩大，果面部分病斑呈圆形或不规则状，病部果肉腐烂直到果心，腐烂部分呈圆锥体状，有苦味，严重时果实整个腐烂（图1-100、图1-101）。

图1-100　梨炭疽病危害果实（田间）

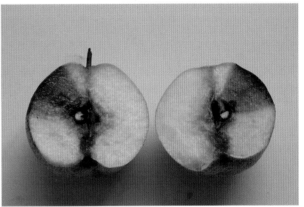

图1-101　梨炭疽病危害果实（剖面）

叶片。最初在叶片正面产生褐色近圆形病斑，后逐渐变成灰白色，常有同心轮纹，且多数病斑相互连成不规则形的褐色斑块，病叶易脱落（图1-102）。天气潮湿时，在病斑上形成许多黑色小点（病菌的分生孢子盘）。

枝条。梨炭疽病病菌多生于枯枝或病虫危害生长衰弱的枝条上，起初形成褐色小斑，以后发展成椭圆形或长条形斑块，病斑中部干缩凹陷，病部皮层与木质部逐渐枯死。

果台。发病多自顶端开始，病部呈深褐色，从顶端向下蔓延，危害重时果台抽不出副梢，以致干枯死亡。

图1-102　梨炭疽病危害叶片易脱落

（2）病原。炭疽病菌有性世代［*Glomerella cingulata*（Stonem）Schr. et Spauld］属子囊菌亚门，小丛壳属。在自然条件下，很少发生。在田间见到的多为该病菌的无性世代［*Colletotrichum gloeosporioides* Penz］，属半知菌亚门，炭疽菌属。

（3）发病规律。病菌主要以菌丝体在病僵果或枯枝上越冬。翌年的温度、湿度适宜时产生大量的分生孢子，借风雨或昆虫传播，成为初侵染源，分生孢子经皮孔、伤口或直接侵入果实。高温适于病菌的繁殖和孢子的萌发侵入，最适宜温度为28℃。在适宜的条件下危害不断传染，一直到晚秋为止。病菌在果实采收前侵入，在贮藏运销期陆续发病。

梨炭疽病最初病菌的病果多集中在干枯枝、干枯果台、病僵果以及病虫危害的破伤枝附近。植株上部枝条上的果实先发病，病果在树上分布有分片集中的现象，凡有病菌潜伏越冬的部位，即是1个病源中心，病源中心越多，感染的果实也越多。果实发病后又成为新的病源中心，再向四周扩展蔓延。该病在1年中具有反复多次再侵染的特点。因此，炭疽病的发生和发展十分迅猛。

病害的发生和流行与雨水有密切关系，4～5月多阴雨的年份，侵染早；6～7月阴雨连绵，发病重。地势低洼、土壤黏重、排水不良的果园发病重；树势弱、日灼严重、病虫害防治不及时和通风透光不良的梨树发病重。

（4）防治方法。

清除越冬菌源。病僵果和病果脱落后残留下的果台是主要病源，采收后及时清除树上、树下的烂僵果，并集中深埋；冬季结合修剪把病菌的越冬场所，如落叶、老翘树皮、干枯枝和病虫危害的破伤枝等剪除并清理深埋或烧毁。春季芽萌动前喷5°波美度石硫合剂，病重树在落叶后、芽萌动前各喷1次80%炭疽福美可湿性粉剂500倍液。

加强栽培管理。多施有机肥，改良土壤，增强树势，雨季及时排水，合理修剪，改善树体结构，增强梨园通风透光；及时摘除已发病的梨果、叶、枝，深埋或烧毁。

果实套袋。套袋能有效地减少病害，套袋之前，最好喷1次80%代森锰锌可湿性粉剂600～800倍液。

药剂防治。4月下旬开始采用保护性杀菌剂与治疗性杀菌剂交替使用或加混使用的办法，雨前喷保护剂，雨后喷治疗剂。主要采用的保护性杀菌剂有65%代森锌可湿性粉剂500～700倍液、80%炭疽福美可湿性粉剂600倍液、80%代森锰锌可湿性粉剂800倍液等；治疗性杀菌剂主要有内吸性的50%多菌灵可湿性粉剂1 000倍液、70%甲基硫菌灵可湿性粉剂1 000倍液、25%丙环唑乳油2 000倍液等。8月中旬至采收前用治疗剂加混保护剂喷药，保护性杀菌剂有1：3：260倍波尔多液、70%丙森锌可湿性粉剂800倍液和80%代森锰锌可湿性粉剂800倍液等；治疗性杀菌剂有70%甲基硫菌灵可湿性粉剂1 200倍液、25%咪鲜胺乳油800倍液、95%三乙膦酸铝可湿性粉剂800倍液和10%苯醚甲环唑水分散颗粒2 500倍液等。采果后喷1遍1：2：240波尔多液。

喷药间隔期可视天气情况、病害发生情况和用药种类而定，晴天可10～15d喷1次，阴雨天7～10d喷1次。

低温贮藏。采收后0～2℃低温下贮藏可抑制该病害发生。

8.2.3 梨轮纹病

梨轮纹病又称粗皮病、烂果病。近年来，砀山地区由于冬季气温升高，夏季雨水增多，梨轮纹病的发生有明显加重趋势。砀山酥梨在无套袋栽培情况下，经过贮藏，梨轮纹病引起的烂果率一般在5%～10%，多雨年份或防治不当情况下，贮藏后烂果率常达30%以上，成为砀山梨区造成经济损失最大的常发病害之一。在全年病虫害化学防治中，梨轮纹病的防治成本占全年病虫害防治成本的30%左右。

（1）症状。梨轮纹病主要危害梨树的枝干及果实，偶有危害叶片。

枝干。春季，病斑以受到侵染的枝干皮孔为中心开始扩大，树皮上产生近圆形或不规则暗褐色、水渍状小病斑，直径约3～20mm，中心突出如一瘤状物，边缘龟裂，形成一道环缝与健康树皮分离。第2年病斑上即可长出黑色点状分生孢子器，病组织逐渐翘起并脱落。在长势强的树体枝干上，病死树皮脱落后，下面常可长出健康树皮。而在负载过重、施肥不足、生长势弱的树体枝干上，病斑密集，成片的病死组织深达木质部，阻断枝干养分的输送，造成枝条枯死，严重削弱树势（图1-103）。

图1-103 枝干轮纹病症状

果实。果实多在近成熟期或贮运期间发病。一般在雨水正常的年份，成熟前的砀山酥梨果发病率多在1%以下，多雨年份也不会超过5%。而在自然常温下贮藏的果实的烂果率可达20%以上。

果实受到病菌侵染后，病菌经过一定时间的潜伏，以皮孔为中心形成水渍状的褐色小斑点，并很快向四周呈同心轮纹状扩大，颜色淡褐色或红褐色（图1-104）。病斑在常温下扩展迅速，几天内即可使全果腐烂，并发出酸臭味，外表渗出黄褐色黏液。后期病斑中部散生黑色小点状的分生孢子器，病果失水干燥成为黑色的僵果。这一现象常出现在接近成熟或在自然温度下贮藏的后期（一般在塑年4月)。由于贮藏期长，梨果本身的抗病力下降，1个梨果上常有几个或十几个发病中心连成一片，果面病斑形状不规则，呈浅褐色。果肉往往从里向外腐烂，腐烂时果形不变但腐烂速度快。严重发病时，窖藏的果实损失率可达80%以上。

（2）病原。梨轮纹病菌（*Macrophoma kuwatsukai* Hara）的有性世代，在田间极少见到。在田间见到的多为该病菌的无性世代，属半知菌类，球壳孢目大茎点属。

（3）发病规律。病菌以菌丝体、分生孢子器及子囊壳在病枝干、病果及病叶上越冬。菌丝体在枝干病组织中可存活4～5年。每年的4～6月形成分生孢子，是当年最主要的初侵染源。7～8

图1-104 果实轮纹病症状

月，在果园散发的分生孢子最多。病菌分生孢子在清水中可良好发芽，30℃条件下经14～22h，发芽率可达60%～95%，菌丝生育温度为15～32℃，以27℃左右生长最好，分生孢子发芽适温为27～28℃。

在梨树生长期，当降水或雾露将树皮淋湿，并保持2～3h以上时，树皮病斑的分生孢子器陆续张开顶部的孔口，渗入的水分逐渐溶化孢子器内的胶质类物质，使孢子器体积增大、压力增加，进而将腔内的分生孢子连同溶化的胶类物质从孔口挤出，随着风雨传播，24h即可完成侵染。一般传播方向向下居多，向上较少，横向传播一般不超过10m。当雨露停止，树皮干燥后，分生孢子器的孔口逐渐收缩、关闭，停止向外产生孢子。

病菌孢子着落在树皮上萌发，由皮孔侵入树体，侵入的病菌具有潜伏性侵染的特点，待条件适宜时才扩展发病。当年基本上不产生分生孢子器。不同枝上的病斑，以3～6年生枝的产孢量最多；8年生枝上的病斑，仍具有一定的产孢能力。

病菌从果实的皮孔与气孔侵入，当皮孔与气孔被木栓组织封严后病菌便不能侵入。因此，从落花后10d左右，幼果表面上出现气孔起，到果面皮孔基本木栓化（约采收前1个月）的120多d，是果实可以被梨轮纹病侵染的时期。

幼果被侵染后不立即发病，菌丝处于潜伏状态，当果实接近成熟时，果实内含物发生转化后，潜伏的菌丝迅速蔓延扩展，果实开始发病，采收期为田间发病的高峰期。果实贮藏的后期也是该病的主要发病期。早期侵染的病菌潜育期长达80～150d，后期侵染病菌的潜育期约20d左右。

病菌在幼果中不扩展的原因，与果实内含酚类物质量和含糖量有关。果实含酚类物质量在0.04%以上、含糖量在6%以下时，病菌被抑制。反之则有利于病菌侵染危害。因此，病害发生高峰一般出现在果实中酚的含量最低、糖的含量最多时期。

影响梨轮纹病发生流行的因素很多，但最主要的有气候、树势和品种。果实生长前期，如降水次数多，发病高峰出现就早，后期发病就重。降水不仅影响病菌孢子的释放，而且也决定分生孢子在果面凝结水中存在的时间长短、孢子的发芽率和芽管侵入的时间。降水量和降水时间的长短与侵染率之间呈极显著正相关。特别是当年5～7月的降水量及降水时、日数，对当年梨轮纹病发生与流行影响大。

梨轮纹病是一种寄生性很弱的病菌，因此衰弱的植株、老弱枝干，补栽尚未旺盛生长的梨树均易感病。果园管理粗放，负载量过大，施肥不当，果园内长期渍水，叶片早落等均会诱发该病严重发生。

（4）防治方法。

加强栽培管理。适当增施有机肥，提高土壤有机质；合理负载；改善树冠通风、透光条件，降低树冠内的湿度；增强树势，提高树体抗病能力，是防治梨轮纹病的基础。

清除病源。结合冬季修剪，清除树上病僵果、患病枝条、干桩和园中残叶，并运到距离梨园30m以外处处理。刮除树干或大枝上的轮纹病瘤、病斑，刮到露白为止，刮除的树皮均要集中销毁或深埋。也可在病部或病瘤群集处涂抹2％农抗120原液，或兑1～3倍水的石硫合剂残渣，均有较好的防治效果。

药剂防治。喷铲除剂：萌芽前喷洒5波美度石硫合剂，铲除在枝干上越冬的病菌。保护果实：4月下旬至8月中旬是梨轮纹病菌分生孢子大量散发、侵染果实的时期。在雨前及时喷药保护，雨后喷药杀菌，长时间阴雨时，要抓住降水间隙的晴天机会喷药保护，尽量减少梨轮纹病菌对果实的侵染。使用的药剂有3％中生菌素可湿性粉剂800～1 000倍液，80％代森锰锌可湿性粉剂1 000倍液，40％多菌灵可湿性粉剂800倍液，70％甲基硫菌灵可湿性粉剂1 000倍液，25％咪鲜胺乳油1 300倍液，10％苯醚甲环唑水分散粒剂2 500倍液等。由于这一时期气温较高，在砀山酥梨上经常出现药害问题，因此，近一些年，代森锰锌、波尔多液及多种铜制剂使用较少，若使用要避开高温天气或降低用药浓度。

成熟期防治。8月中旬以后果实接近成熟，砀山酥梨轮纹病的发病程度随之加重。防治策略是喷1次内吸性杀菌剂，接着喷1次保护剂，再接着喷1次内吸性杀菌剂。防治间隔时间可适量缩短，一般为7～9d。药剂浓度可适当增加。使用的药剂有50％多菌灵胶悬剂600～800倍液加80％三乙膦酸铝可湿性粉剂600倍液，25％咪鲜胺乳油1 000倍液，3％中生菌素可湿性粉剂600倍液，80％代森锰锌可湿性粉剂600～800倍液。

贮藏期防治。在砀山地区，目前大部分砀山酥梨果实采用半地下式自然通风窖贮藏，果实主要在这一时期发病。防治措施一是清除入窖果实病原，二是彻底清洁果窖，三是冬季防鼠，四是采果、入窖时轻摘、轻搬、轻放、轻入窖，尽量避免果实机械伤；五是使用的药剂有40％多菌灵胶悬剂200倍液，25％咪鲜胺乳油600倍液，仲丁胺200倍液浸果。

8.2.4　梨黑斑病

在砀山酥梨上普遍发生。主要侵染果实，也可侵染叶片和新梢，严重时会导致早期落叶。

（1）症状。幼果受害后先在果面生成1至数个黑色圆形小斑点，并逐渐扩大成圆形至椭圆形稍凹陷的病斑，表面有黑色霉状物，为病原菌的分生孢子丛。由于病部组织和健康组织发育不一致，使果面龟裂，有时裂缝深达果心，裂缝里也会长出黑霉，病果常早落。果实后期受侵染时，起初的症状与幼果的相同，但病斑较大，黑褐色，有时病斑表面微显同心轮纹。重病果实常几个病斑连成1个较大病斑，甚至使全果变为黑色，表面生出黑色的霉丛。嫩叶较易受害，初生针头状的黑色圆斑，后扩大成直径1cm左右的近圆形暗褐色的病斑，边沿黑褐色，有时微现轮纹，天气潮湿时，病斑表面生出黑霉，病斑较多时可连接成片，使叶片畸形，早期脱落。成熟叶片发病后病斑较大，直径达2cm左右，同样有轮纹及黑色霉状物。叶柄及新梢上的病斑初呈黑色、椭圆形、稍凹陷，后扩展成椭圆形或纺锤形，凹陷较深，淡褐色，病部与健康部位交界处常产生裂缝（图1-105）。

图1-105　梨黑斑病危害叶片

（2）病原。梨黑斑病（*Alternaria kiknchiana* Tanaka.）属半知菌类，丛梗孢目交链孢属。

（3）发病规律。病菌以分生孢子及菌丝体在病枝、病芽、病叶或病果上越冬。翌年春天产生分生孢子，借风雨传播。分生孢子在充分湿润条件下萌发，穿破寄主表皮，或通过气孔、皮孔侵入寄主组织，实现初次侵染。以后新老病斑上又不断产生新的分生孢子而发生再侵染。

一般年份在4月中旬至5月初，平均气温13～15℃时，叶片上开始出现病斑，5月中旬随气温升高病斑逐渐蔓延，6月多雨期病斑急剧增加。果实于5月上旬开始出现少量病斑，6月下旬病斑扩大，

6月中下旬果实龟裂，并开始脱落。

温度和降水量与病害的发生和发展关系密切。分生孢子萌发的最适温度为 25～27℃，在 30℃ 以上和 20℃ 以下则萌发不良。分生孢子的形成、萌发与侵入，除温度条件外，还需要雨水。因此，气温在 24～28℃，同时连续阴雨，有利于黑斑病的发生与蔓延。如气温在 30℃ 以上，并连续晴天，则病害停止扩展。

树势强弱、树龄大小与发病关系也很密切，一般情况下，10 年生以上、树势衰弱、栽植在低洼地中、园中郁闭、通风透光不良、偏施氮肥的梨树发病较重。

（4）防治方法。

清洁梨园，加强栽培管理。在梨树萌芽前做好清园工作，剪除有病枝梢，清除梨园内的落叶、落果，消灭或降低越冬病源。增施有机肥，合理修剪，合理负载，改善树体通风透光条件，增强树势。

药剂防治。在初现病叶和雨季到来之前，结合防治其他病害连续喷药 4～6 次，可基本控制梨黑斑病的发生。药剂可选择 1∶2∶160 至 1∶2∶200 波尔多液，50％异菌脲油悬浮剂 1 500 倍，10％多抗霉素可湿性粉剂 1 000 倍，80％代森锰锌可湿性粉剂 800 倍液，80％三乙膦酸铝可湿性粉剂 600 倍液。

8.2.5　梨锈病

梨锈病又名赤星病、羊胡子等。除危害梨外，还能危害山楂和木瓜等，但不侵染苹果。梨锈病的病原为转主寄生的锈菌，转生寄主为桧柏、欧洲刺柏、圆柏、翠柏和龙柏等，其中以桧柏和龙柏最易感病。

（1）症状。梨锈病主要危害梨叶片和新梢，严重时也能危害幼果。叶片受害，开始在叶正面发生橙黄色、有光泽的小斑点，数目由 1 个到数十个不等，以后逐渐扩大为近圆形的病斑，病斑中部橙黄色，边缘淡黄色，最外圈有一黄绿色的晕，病斑直径 4～5mm，大的可达 7～8mm。病斑表面出生橙黄色针头大的小粒点，此即病菌的性孢子器。天气潮湿时，其上溢出淡黄色的黏液，即大量的性孢子。黏液干燥后，小粒点变为黑色。病斑组织逐渐变得肥厚，叶片背面隆起，并在隆起部位长出灰黄色的毛状物，此为病菌的锈孢子器。1 个病斑上可产生 10 余条毛状物。锈孢子器成熟后，先端破裂，散出黄褐色粉末，即病菌的锈孢子，病斑以后逐渐变黑，叶片上病斑较多时，往往造成叶片早期脱落（图 1 - 106、图 1 - 107）。

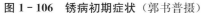

图 1 - 106　锈病初期症状（郭书普摄）　　　　图 1 - 107　梨锈病危害叶片症状（郭书普摄）

幼果上发病，初期症状与叶片上的相似，病部稍凹陷、橘黄色，后呈褐色，中心密生橘黄色小点，后变为黑点，周围丛生灰白色毛状锈孢子器。病果生长停滞，往往畸形早落（图 1 - 108）。新梢、果梗、叶柄受害时病部稍肿起，初期病斑上密生性孢子器，以后在同一病部长出锈孢子器，最后病部龟裂，引起新梢枯死、落叶和落果。

梨锈病需要在两类不同寄主上完成其生活史，在梨等第一寄主上产生性孢子器即锈孢子器；在桧柏、龙柏等第二寄主上产生冬孢子角。在转生寄主桧柏等植物上，锈菌初在针叶、叶腋或小枝上产生黄色斑点，以后稍隆起。次年春季，隆起逐渐明显，病菌突破表皮，长出圆锥形或楔形、直径 1～3mm 的红褐色角状物，即冬孢子角。

图 1-108　危害幼果症状（郭书普摄）

图 1-109　冬孢子角（郭书普摄）

（2）病原。梨锈病（*Gymnosporangium haraeanum* Syd.）属担子菌纲、锈菌目胶柄属。

（3）发病规律。梨锈病以多年生菌丝体在桧柏等病部组织中越冬。一般在 3 月中下旬开始显露冬孢子角，冬孢子角吸收雨水后膨胀，冬孢子在适温和潮湿条件下迅速萌发，产生有隔膜的担子，并在其上形成担孢子，随风飞散，传播的距离在 5km 以内。在梨树发芽、展叶、落花、幼果形成这段时间，担孢子散落其上，在适宜条件下萌发产生侵染丝，直接侵入表皮组织内，经 6～10d，叶正面出现橙黄色病斑、产生性孢子，背面产生锈孢子。锈孢子不能直接危害梨树，只能危害转生寄主桧柏、龙柏等的嫩叶和新梢，并在其上越夏和越冬，到翌春再度形成冬孢子角，冬孢子角上的冬孢子不直接危害桧柏、龙柏，而是危害梨树（图 1-109）。梨锈病的轻重与桧柏等的多少、距离远近有关，尤其是距梨树栽培区 3.5km 范围内的桧柏等对病害的发生、发展影响最大。病菌一般只能侵染幼嫩组织，当梨芽萌发，幼叶初展时，如果正值多雨天气，温度适宜，冬孢子萌发，就会有大量的担孢子分散。同时风力的强弱和方向也影响担孢子的传播。冬孢子萌发盛期在 4 月上中旬，常与梨盛花期一致。冬孢子成熟程度与温度也有密切关系，3 月上中旬若气温高，冬孢子成熟就早。如冬孢子成熟后，梨树还没有发芽，则梨树感病机会减少。冬孢子膨胀萌发需要雨水，如果梨树发芽、展叶期间雨水多，冬孢子大量萌发则当年锈病发生严重。所以 2～3 月的平均气温和 3 月下旬至 4 月下旬的雨水是影响当年梨锈病发生轻重的重要气候因素。

砀山酥梨是易感梨锈病的品种。

（4）防治方法。

砍除转生寄主植物。砍除梨园周围 5km 以内的桧柏、龙柏等转生寄主植物，消灭初侵染来源，是防治梨锈病最有效的措施。

药剂防治。对不能砍除的桧柏等梨锈病转生寄主植物，要在春季冬孢子萌发前及时剪除病枝并销毁，或喷 1 次 3～5 波美度石硫合剂，抑制冬孢子的萌发。在发病严重梨园，于落花展叶后喷 2 次 15％三唑酮可湿性粉剂 1 500 倍液或 12.5％烯唑醇可湿性粉剂 2 500 倍液，以防止担孢子的侵染。

8.2.6　梨煤污病

近年来，砀山地区年降水量增大且集中，煤污病危害有逐年加重趋势。

（1）症状。病菌主要寄生在果实或枝条上，有时也侵害叶片。果实染病时，在果面上产生不规则病斑，附着黑灰色煤状物。病斑初期小、颜色较浅，与健部分界不明显，后逐渐扩展连成大斑、颜色逐渐加深，与健部界限明显。菌丝着生于果实表面，少数菌丝侵入到果皮下层。新梢染病后也产生黑灰色煤状物。病斑一般用手擦不掉（图 1-110）。

（2）病原。梨煤污病［*Gloeodes pomigenaa*（Schw）Colby］属半知菌亚门真菌。

（3）发病规律。菌丝生长和孢子萌发适温为 20～25℃，低于 15℃ 或高于 30℃ 生长缓慢，萌发率低或不能萌发。病菌以分生孢子器在梨树枝条上越冬，翌年春气温回升时，分生孢子借风雨传播到果面上危害，特别是进入雨季危害加重。蚜虫或蚧壳虫虫口密度大、树冠茂密郁闭、通风透光条件差、地势低洼的梨园发病重。

（4）防治方法。

剪除病枝。落叶后结合修剪，剪除病枝集中烧毁，减少越冬菌源。

加强田间管理。加大骨干枝开张角度，疏除树冠内膛过密枝、徒长枝，改善梨园群体和个体光照，增强树势，提高树体抗病能力；有效控制蚜虫或蚧壳虫等虫害；雨季及时排除梨园积水，降低果园湿度。

喷药保护。在发病前喷80%代森锰锌可湿性粉剂800倍液。在发病初期可喷70%甲基硫菌灵可湿性粉剂1 200倍液，50%多菌灵可湿性粉剂800倍液，77%氢氧化铜可湿性粉剂500倍液。间隔10d左右喷1次，共喷3～4次。

图1-110　梨煤污病危害果实

8.2.7　梨褐斑病

梨褐斑病又名梨斑枯病、白星病、叶斑病。此病主要危害叶片，在砀山地区年降水量增大且集中，褐斑病危害易发生。

（1）症状。病初期叶面产生圆形或近圆形褐色小斑点，以后逐渐扩大，边缘清晰，病斑中间变成灰白色，周围褐色，外围为黑色，病斑上密生小黑点，黑色小粒状突起，为病菌的分生孢子器。1片叶上的病斑少则几个，多则数十个；后期病斑常扩大相互融合，成不规则褐色干枯大斑，易引起早期大量落叶（图1-111）。

（2）病原。梨褐斑病病菌的有性态为［Mycosphaerella sentina（Fr.）Schrter］梨球腔菌，属子囊菌亚门真菌；无性阶段［Septoria piricola Desm］为梨生壳针孢，属半知菌亚门真菌。

（3）发生规律。病菌以分生孢子器或子囊壳在落地病叶上越冬，春季产生分生孢子或子囊孢子，成为初侵染源。孢子借风雨传播，通过气孔、皮孔侵入叶组织，完成初侵染，初侵染病斑

图1-111　梨褐斑病危害叶片

上形成的分生孢子进行再侵染。再侵染的次数因降水的多少和持续时间而异，5～7月阴雨潮湿有利于发病。5月初开始发病，5月下旬至6月初进入盛发期。地势低洼潮湿的梨园发病重。

（4）防治方法。

清园。冬季清除病叶，集中烧毁，以减少病源。

加强梨园管理。增施有机肥、磷钾肥，增强树势，以提高抗病力。合理整枝，改善树冠通风透光条件，可减少发病。

药剂防治。春季芽萌动前喷5波美度石硫合剂，落花后，雨季到来前喷1次1∶3∶260倍波尔多液，或12.5%烯唑醇可湿性粉剂2 500倍液或10%苯醚甲环唑。在病菌孢子大量飞散的5～6月，视病害发生情况，每隔10～15d喷1次药，可选用80%代森锰锌可湿性粉剂800倍液，或50%克菌丹可湿性粉剂600倍液或50%多菌灵可湿性粉剂600～800倍液等。

8.2.8　梨银叶病

近年来，梨树银叶病在砀山地区砀山酥梨树上有所发生，主要侵害梨树的叶片和枝干。此病不仅危害梨树，还可侵害苹果、桃、枣等果树。

（1）症状。受害梨树的叶片，表现为叶片表皮和叶肉组织分离，气孔失去了控制机能，其间隙充

满空气，由于光线的反射作用，叶片呈现淡灰色，略带银白色光泽，故称银叶病。病菌侵害枝干后，菌丝在枝干内生长蔓延，向下可蔓延到根部，向上蔓延到 1～2 年生枝条。多年生枝干、根的木质部变为褐色，较干燥，有腥味，但组织不腐烂。受害梨树往往先从 1 个枝上表现症状，以后逐渐增多，直至全株发病。发重病梨树，易造成树势衰弱，发芽迟缓，叶片和果实变小，甚至经 2～3 年全株枯死。病死树上可产生子实体。

（2）病原。梨树银叶病病菌为［*Chondrostereum purpureum*（Pers. ex. Fr.）Pouzae］银叶菌，属担子菌亚门真菌。

（3）发生规律。银叶病菌以菌丝体在有病枝干的木质部或以子实体在病树外表越冬，病菌的担孢子随气流、雨水传播，条件适宜时从伤口侵入感染植株，菌丝生长适宜温度为 24～26℃。子实体在多雨年份，一般 5～6 月及 9～10 月产生 2 次，阴雨连绵时出现较多，此时正是病菌侵染的最适时期。通常侵害的梨树从感染病菌到出现症状需要 1～2 年，给防治工作带来一定难度，因此，发病区梨树要做好预防措施。

（4）防治方法。

加强果园管理。秋冬季增施腐熟的有机肥，改良土壤，增强树势，提高树体抗病性；地势平坦低洼果园，防止园内积水；合理密度，增强果园通风透光；减少树体伤口，防治枝干病虫害危害。

人工防治。对重病树和死树要连根挖掉，刨尽根须，带出果园集中烧毁，病穴用生石灰消毒；清理果园和病源，清除残枝、病枝、病叶和病根；挖除病株的土壤消毒后，重新定植其他非蔷薇科果树。

药剂防治。对病株发病枝条少，除净发病的病枝干，用 1∶3∶260 波尔多液或 5 波美度石硫合剂涂抹伤口，抑制病菌蔓延；轻发病株采用硫酸—八羟基喹啉树干打孔埋设治疗，根据树干粗度合理用量；果树发芽前，每亩可土施 50g 的 12.5%烯唑醇可湿粉剂，有明显控制和预防效果。

8.2.9　梨腐烂病

梨腐烂病又名臭皮病，是砀山酥梨最主要的枝干病害，主要发生在 7～8 年生以上的盛果期树上，以侵害主枝和较大的侧生枝组为主，严重时多年生结果枝组也发病。当病斑环绕整个主枝时，即造成死亡。

（1）症状。梨树腐烂病的危害症状有溃疡型和枝枯型两种。

溃疡型症状。开始多发生在主干、大枝的落皮层部位、枝杈和小枝基部。发病初期，病部树皮呈红褐色，水渍状，稍隆起，用手指按压有松软感，稍下陷。病斑多呈椭圆或不规则形状，常渗出红褐色汁液，有酒糟气味。用刀削去病皮表层，可见病皮组织呈黄褐色至红褐色，湿润、松软、腐烂。春秋两季，病部扩展较快，可深达木质部，形成层受害致使病部底层不能再长出新树皮。发病 1 个月左右，病部表面开始生出瘤状小黑点，即病菌的子座和分生孢子器。雨后或空气潮湿时，从小黑点中长出淡黄色孢子角。生长季节病部扩展一定时间后，周围逐渐长出愈伤组织。病皮失水，干缩下陷，色泽变暗，成黑褐色，病健交界处产生裂缝。病斑面积小、生长势强的树，病皮逐渐翘起，脱落，下面又形成新皮层，病部可以自然愈合；若树势衰弱，病部不能自然愈合（图 1 - 112）。

图 1 - 112　梨腐烂病

枝枯型症状。在衰弱梨树或小枝上发病，病部边缘不明显，沿枝一圈蔓延迅速，无明显水渍状，造成枝条病部以上死亡。病皮表面出生黑色小粒点，天气潮湿时，从中涌出淡黄色分生孢子角。

（2）病原。梨腐烂病的病菌有性态为［*Valsa ambiens*（Pers. et）Fr］苹果黑腐皮壳菌，属子囊菌亚门真菌；无性世代为［*Cytospora ambiens* Sacc］梨壳囊孢菌，属半知菌亚门真菌。

（3）发病规律。梨树腐烂病菌是一种寄生性很弱的真菌，病菌只能从梨树表面伤口如冻伤、剪口、昆虫伤以及其他机械伤口等入侵已死亡的皮层组织。病菌在树皮内越冬，气温升高时开始扩展，产生的分生孢子随风雨传播，经伤口侵入树体。病菌具有潜伏侵染特点，病菌只有在侵染点周围树皮组织衰弱或死亡时，才容易扩展发病。一般先在落皮层部位开始扩展，形成表层溃疡，然后在春秋两季向健康树皮上扩展，形成春秋两次发病高峰。

梨树腐烂病的发生数量、危害程度与梨的品种关系密切。砀山酥梨抗腐烂病能力中等偏上。西洋梨品种最不抗病，白梨和沙梨品种次之，秋子梨品种抗病性最强。病害发生与栽培管理水平、树势强弱密切相关。进入盛果期后，如果肥水条件较差，负载量过大，果园长期积水，园中其他病虫害发生严重，修剪等造成大的伤口较多等，都可诱发腐烂病的发生。此外，周期性的冻害常造成梨腐烂病大流行，砀山酥梨引种到山西、陕西、新疆后，常因冻伤引发腐烂病大发生。据观察，－15℃的低温就可能引起砀山酥梨大面积冻害，进而加重腐烂病的发生程度。

（4）防治方法。

培养树势。培养健壮树势是防治梨腐烂病的根本方法。因此，应加强肥水管理，控制负载量，科学防治病虫害，合理修剪。

刮除病斑。刮除病斑要做到"刮早、刮小、刮了"。夏秋季着重检查新形成的落皮层，发现有表面溃疡后立即将其刮除干净；春季发病盛期要勤于检查，做到及时刮治。刮治时对尚未烂至木质部的病斑，需刮去已变色腐烂的病皮，而对病变深达木质部的病斑则要连同木质部表层坏死组织一同刮净。刮口要光滑平整，以利愈合。病斑刮除后立即涂抹腐必清、灭腐灵、农抗120、843康复剂等药剂保护伤口。

8.2.10 梨干枯病

梨干枯病又名胴枯病，可以造成梨树枝干树皮坏死，导致枝干死亡。

（1）症状。危害苗木和结果的大树枝干。苗木发病时，在茎干树皮表面开始出现褐色圆形斑点，略具水渍状，以后逐渐扩大成椭圆或不规则形状、暗褐色，多深达木质部。病皮内层呈暗褐色，微湿润，质地较硬。病部失水后，逐渐干缩下陷，病健交界处龟裂，病斑表面长出许多细小、黑色粒点，即病菌的分生孢子器。当凹陷病斑大小超过茎干粗1/2以上时，病部以上枝条逐渐死亡。大树发病时，在主干和大枝上产生褐色凹陷小病斑，以后逐渐扩大为红褐色、椭圆形或方形病斑，病健交界处形成裂缝。病皮下具黑色子座，顶部露出表皮，降水时间长，可从中涌出

图 1－113 梨干枯病

乳白色丝状孢子角（图1－113）。病菌也可侵染果实，是果实腐烂的重要病原之一，后期被侵染的果实可在贮藏期发病。

梨干枯病与梨干腐病在发病初期不易区分，病斑大小、形状、发生时间几乎一致。

（2）病原。梨干枯病（*Phomopsis fukushii* Endo. et Tanaka.）属球壳孢目拟茎点菌属。

（3）发病规律。病原菌以菌丝体和分生孢子器在发病部位越冬，春天降水时分生孢子器涌出分生孢子，借风雨传播。菌丝体在温度适宜时，继续活动，造成病斑扩展。春、秋季病斑扩展较快，夏季高温时扩展很慢。在黄河故道地区，分生孢子和子囊孢子大多在7～8月成熟，通过风雨、经伤口侵入枝干或果实，当年形成新病斑。越冬后旧病斑病菌于翌年4～5月气温上升到15～20℃时开始活动，盛夏高温季节活动暂缓，秋季又继续扩展。

生长势衰弱和树龄较大的树上发病较重，生长旺盛的枝干即使被病菌侵染，病斑也不扩展，甚至可以自行痊愈。梨干枯病菌主要危害10年生以下枝干。土质贫瘠，肥水不足，地势低洼，排水不良，修剪过重，伤口过多，负载过大及发生严重冻害后的梨园树发病较重。

（4）防治方法。

增强树势。加强树体综合管理，复壮树势。结合冬剪，去除病枯枝，集中销毁。

药剂防治。结合刮除病斑，选择腐必清、灭腐灵和843康复剂等药剂进行防治。

8.2.11　梨锈水病

自2000年以来，砀山地区梨锈水病的发生渐多，危害性较大。

（1）症状。梨锈水病主要危害梨树骨干枝，枝干发病初期症状较隐蔽，外表无病斑，皮色正常。中后期可在病树上看到从皮孔或伤口渗出铁锈色小水珠，但枝干仍无病斑。此时，如用刀削开皮层，可见病皮下已呈淡红色，并有红褐色小斑或血丝状条纹，腐皮松软充水，有酒糟味，内含有大量的细菌。细菌积少增多，继而从皮孔、伤口大量渗出无色透明的汁液，2～3h后汁液变为乳白色、红褐色，最后转为铁锈色，汁液有黏性，风干后凝成角状物。病枝因形成层腐烂而迅速枯死。感病较轻的病枝，枯死较慢或不枯死，而叶片提早变红、脱落，同时树皮干缩纵裂。

梨锈水病也可危害果实，病果早期症状不明显，或只在果实表皮上出现水渍状病斑，病斑后转呈青褐色或褐色，果肉腐烂成糊糊状，有酒糟味，病腐果汁液经太阳晒后呈铁锈色。

叶片被害，先发生青褐色水渍状病斑，后变成褐色或黑色病斑，形状不一，在病叶叶脉和叶肉组织内，含有细菌。

（2）病原。梨锈水病是由细菌引起的，细菌的细胞较大、杆状。培养后的细菌，接种到梨果实、叶片和离体的枝条上，均能发生梨锈水病。

（3）发病规律。病原细菌潜伏在梨树枝干的形成层与木质部之间的病组织内越冬，至翌年4～5月间再行繁殖，从病部组织内流出锈水，通过雨水和蝇类昆虫传播，经伤口侵入果实，梨小食心虫的蛀孔为该病菌主要的侵入途径。叶片感染主要由枝干锈水及自然滴落的软腐果实汁液，经昆虫和雨水传播，通过气孔和伤口侵入所致。

高温、高湿是梨锈水病发生的重要条件，病害一般8～10月大量发生。树势弱或初结果树发生较重。梨树不同品种对锈水病的抗病性差异很大，砀山酥梨抗锈水病能力中等。

（4）防治方法。

彻底刮除病皮。在春季梨树萌发以前，及时彻底的刮除病皮，清除菌源。刮后用杀菌剂进行表面消毒，再用波尔多液或石硫合剂涂刷，保护伤口。

加强果园管理。适量增施有机肥，及时排灌，合理修剪，增强树势，提高树体抗病能力。加强梨小食心虫等病虫害防治，及时摘除软腐病果，减少病源。

8.2.12　梨根朽病

梨根朽病主要危害梨、苹果，也危害桃、杏等。

（1）症状。主要危害梨根茎部和主根，并沿主干和主根上下扩展，造成环割而使植株枯死。病部韧皮部与木质部之层充满白色至淡黄色扇形菌丝层，新鲜菌丝层在暗处发蓝绿色荧光，腐烂皮层有蘑菇味。高温多雨季节，病树根茎部常丛生出黄色蘑菇状的子实体。

危害地上部，使局部或全株叶片变小变薄，自上而下黄化以至脱落；新梢变短，易结果，但果实变小、品质变差。

梨园内一般是零星单株发病，危害却很严重，能直接造成植株死亡，且多为盛果期大树。发病单株从最初发病、根茎部腐烂至全株死亡约需2～3年时间。

（2）病原。梨根朽病〔*ArmillarieLLa mellea*（Vahlex Fr.）Karst〕属伞菌目口蘑科。

（3）发病规律。病菌以菌丝体和菌索在土中的病残组织上越冬。以菌索蔓延侵染。菌索从小根、大根及根茎部的伤口侵入。菌索穿透皮层组织，使大块皮层死亡剥离。并在髓部形成黑线。

该病主要发生在老梨园更新后定植的梨树上，病组织在土壤中传播的距离有限，感病根通过伤口侵染健康根。整个生长季均可发病，如果土壤长时间高温高湿，发病加重。长时间干旱可以抑制病菌在根部的扩展。砀山地区7～8月的集中降水期，是根朽病侵染和扩展的主要时期。沙质土壤和肥水条件较差的梨园易发病。

（4）防治方法。

加强梨园管理。雨后及时排除梨园积水，改良土壤，合理修剪，调节果树负载量；加强对其他病虫害的防治，增强树势。梨树砍伐更新时，要清除残根，轮作其他作物2～3年后再定植梨树。尽早挖除重病树，清理残根，并对病树穴内土壤进行消毒处理。

药剂防治。及时发现和治疗初病植株，于秋季进行扒土晾根；刮除病斑，并涂抹波尔多液或石硫合剂原液加以保护；对病根周围的土壤进行消毒处理，消毒药剂可选择50％代森锌可湿性粉剂400倍液，1％～2％硫酸铜溶液，50％多菌灵可湿性粉剂500倍液等。

8.2.13　梨紫纹羽病

梨紫纹羽病除危害梨外，还危害苹果、桃、葡萄以及杨树、刺槐等。一般在树龄较大的老果园发病较重。

（1）症状。根部被害是从小根开始，逐渐向大根蔓延，病情发展较缓慢，一般情况下，病株要经过数年才会死亡。病根初期形成黄褐色不定形斑块，根色较健康的深，内部皮层组织呈褐色。病根表面被有浓密的紫色绒毛状菌丝膜和紫色的根状菌索，后期致使病根的皮层、木质部腐烂。

病株叶片变小、黄化，枝条节间缩短，植株的生长势衰弱。

（2）病原。梨紫纹羽病（*Helicobasidium purpureum* Pat.）属木耳目木耳科。

（3）发病规律。病菌以菌丝体、根状菌索或菌核在病根或土壤中越冬。根状菌索和菌核能在土壤中存活多年。环境条件适宜时，从菌核或菌索上长出菌丝，遇到寄主的根时即侵入危害。先侵害细根，后逐渐延及粗根。病菌虽能产生担孢子，但寿命较短，散发后对传病作用不大。有病苗木调运是远距离传播此病的重要途径。刺槐是紫纹羽病的重要寄主。

（4）防治方法。

加强田间管理。避免在梨园周围和梨园中种植刺槐，适量增施有机肥及磷、钾肥，合理负载，增强和稳定树势；开沟排水，恶化病菌生长条件。

防止病情蔓延。紫纹羽病在土壤中主要以根状菌索进行传播。在果园初见病株时，应开沟封锁。对病情严重的植株要尽早挖除，挖出的病残根要全部烧毁，并对病穴土壤进行消毒处理。

药剂防治。对地上部生长不良的梨树，每年的4～5月和9月应扒土晾根，并刮除病部和涂药。对病部周围的土壤，每株可灌注药液50～75kg。药剂可选择70％甲基硫菌灵可湿性粉剂1 000倍液，50％多菌灵可湿性粉剂600倍液，50％代森胺可湿性粉剂500倍液，硫酸铜溶液200倍液。

8.2.14　梨裂果症

（1）症状。梨裂果就是果肉纵向或横向裂开，轻的一条裂缝，重的多条裂缝，严重的果品失去商品价值。裂果现象常发生在5～7月果实迅速膨大期。

（2）发生原因。梨裂果发生的主要原因，一是水分供应不均或天气干湿变化幅度较大。果实在迅速膨大期和着色期，如果水分过多，果实通过根系和果皮吸收大量水分，造成果肉细胞迅速膨大，而果皮细胞生长较慢，产生异常的膨压，超过了果皮和果肉组织细胞壁所承受的最大张力发生裂果。二是梨树结果过多，生长势弱，养分供应不上。

（3）防治方法。加强梨园栽培管理，及时给排水，防止土壤忽干忽湿。增施有机基肥，做到水肥均衡供应。科学合理修剪，生长势保持中庸，合理控制结果量。

8.3　梨贮藏期病害

梨果实贮藏期发生的病害主要有黑星病、轮纹病、黑斑病、青霉病、黑心病、黑皮病、软腐病、果柄基腐病及冷害等。

8.3.1　梨果软腐病

（1）症状。梨果软腐病一般在梨果贮藏后期，窖内温度升高、梨果生理机能衰退时发生。被侵染初期，果实表面出现浅褐色至红褐色圆斑，逐渐扩展成黑褐色不规则软腐病斑。高温时5～6d可使全果软腐。在病部长出大量灰白色菌丝体和黑色小点，即病原菌的孢子囊。

（2）发生规律。梨果软腐病菌是弱寄生菌，主要通过伤口侵入，梨果在采收、运输、进窖及果实翻动时产生的伤口多少是造成梨果软腐病发生轻重的关键因素。3～4月是该病集中发生期。

（3）防治方法。

药剂防治。采收后选用40％多菌灵胶悬剂600倍液或25％咪鲜胺乳油1 000倍液等浸果，铲除侵染源。

人工防治。果实入窖（库）时，严格剔除有虫伤、机械伤的果实。果实在窖（库）中翻动时，尽量避免造成果实伤口。

8.3.2 梨青霉病

（1）症状。主要在梨果贮藏的高温期出现，是砀山酥梨贮藏期常见的病害之一。果实被侵染初期，在果面伤口处，出现淡黄色或黄褐色、圆形病斑，扩大后病组织呈水渍状，软腐下陷，呈圆锥状向心室腐烂呈泥状，腐烂果肉有特殊的霉味。病部长出青绿色霉状物，即病菌的分生孢子梗和分生孢子（图1-114）。

（2）发生规律。梨青霉病菌由空气传播，寄主广泛，病菌来源广，分生孢子随病残体在贮藏场所越冬。主要从果实的各种伤口侵入危害。一般情况下，贮藏温度高或果实衰老期发病较重。

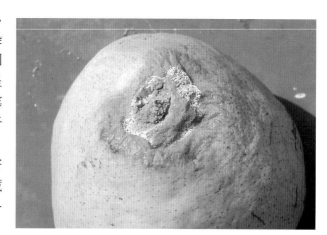

图1-114 梨青霉病

（3）防治方法。

减少病菌侵入途径。采收、包装、运输、贮藏多个环节，均应避免果实产生伤口。

贮藏处理。贮果前，用硫磺粉加适量木屑燃烧熏蒸果窖（库）。100m³的果窖（库），用硫磺粉2～2.5kg，点燃后封闭48h，然后通风、启用。

药剂防治。果实入窖前用40％多菌灵胶悬剂200倍液，25％咪鲜胺乳油600倍液浸果。

8.3.3 梨果柄基腐病

（1）症状。主要症状是从果柄基部开始产生褐色或黑色溃烂病斑，进而使果实腐烂。该病有3种类型，即水烂型、褐腐型和黑腐型，其中以褐腐型居多，其次是黑腐型。3种烂果类型常混合发生。

（2）发生规律。梨果柄基腐病是由多种病原菌混合侵染而致，果柄与其他物体互相撞击、采收时拉拽造成果柄基部果肉内伤，是诱发致病的主要原因。贮藏期果柄迅速失水干枯往往加重发病。

（3）防治方法。

采收及采后处理。果实采收或采后处理时，尽量不拉拽果柄；贮藏时最好将果柄轻轻剪去，防止果柄互相撞击，减轻果柄基部果肉内伤。

贮藏处理。贮藏时湿度保持在90％～95％，防止果柄失水干枯。

药剂防治。入窖（库）前用40％多菌灵胶悬剂600倍液洗果。

8.3.4 梨黑皮病

（1）症状。主要症状是果皮表面产生不规则黑褐色斑块，重者病斑连接成片，甚至蔓延到整个果面，而果皮下的果肉正常，不变褐、不变苦，基本不影响食用，但影响果实外观及商品价值。

（2）发生规律。梨黑皮病的发生是由于梨果在贮藏前期产生的有害物质在果面积累所致。到贮藏中后期，这些有害物质伤害果皮表层细胞，造成黑皮病的发生。有害物质积累得越多，黑皮病发生越重。果实采收后不能及时进入温度较低处预冷，而是堆放在露天，或梨果预贮期温度过高，都容易诱发黑皮病。

（3）防治方法。适时采收，采后及时进入库房预冷，避免果实经受风吹、日晒和雨淋。用0.01％虎皮灵药液浸过的药纸包果贮藏，可显著减轻病害发生。

8.3.5 梨果冷害

（1）症状。主要症状为果肉组织失水坏死，呈水渍状腐败。同时，可诱发果实所携带的青霉菌、交链孢菌侵染发病，加快果实腐烂。

（2）发生规律。发病的主要原因是贮藏场所温度过低所致。特别是未经过预冷的梨果进入冷库后，降温速度过快，可加重冷害发生程度。砀山酥梨果实在贮藏期可耐0℃温度，如温度再低，果肉细胞水分就会逐渐结冰。结冰时，首先是细胞间隙的水分结冰，当温度继续下降，冰晶就会逐渐增大，不断吸收细胞内的水分，并刺破细胞壁，直至引起细胞原生质发生不可逆转的凝固，使果肉坏死、腐败。此外，梨果入库急剧降温，从20℃以上直接进入5℃以下的库房，很容易引起果实黑心症状，这也是1种冷害。

（3）防治方法。果实入窖（库）降温不要过急，贮藏期库内温度不要低于0℃，库房内温度分布均匀，防止局部地方温度过低发生冷害。

8.3.6 梨果发糠

（1）症状。主要症状是果实经过一段时间的贮藏后，果肉失水发糠，失去了砀山酥梨酥脆多汁的特点。失水发糠症状从近果皮处向内蔓延，果肉不变色，但品质大大下降。大部分发糠果实果皮会出现0.3～0.5cm深的凹陷。梨果发糠症状多发生在采摘较晚，平均单果重较大（超过400g），采收前天气干旱，树体负载量过大，氮肥施用过多或缺钙的果园果实中。在自然通风窖中贮藏的砀山酥梨果实发糠症状更加严重。

（2）发生规律。经多年观察，该症状不是真菌或细菌等病菌引发的病害，而是因栽培管理不当引起的生理反应。

（3）防治方法。合理负载，防止果实过大。适时采收。增施有机肥，适当补充钙肥，适时灌水。

8.4　田间虫害防治

8.4.1 梨小食心虫

梨小食心虫（*Grapholitha molesta* Busck）又名桃折梢虫，简称梨小，属鳞翅目小卷叶蛾科害虫。主要危害梨、桃、苹果、李、杏、梅、山楂等。幼虫除危害梨果外，还可危害桃、苹果及樱桃的嫩梢。梨小食心虫是砀山酥梨最重要的害虫之一，在砀山梨区的危害日趋严重，一般年份虫果率达5%～10%，防治不力的梨园虫果率甚至可达60%以上。

（1）危害症状。前期幼虫危害桃、苹果、杏等嫩梢，多从顶端第2、3节叶片的叶柄基部蛀入，在枝条髓部向下蛀食，蛀孔处有虫粪和胶液，最后导致新梢折断、下垂、干枯。幼虫危害梨果多从果实梗洼、萼洼或两果接触处蛀入，幼果被害时，入果孔较大，有虫粪排出，入果孔周围变黑、腐烂、凹陷，俗称"黑膏药"。后期果实被害，入果孔较小，孔口周围绿色，幼虫直向果心蛀食，虫道中有丝状物，果形不变（图1-115、图1-116）。

 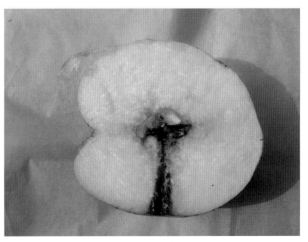

图1-115　梨小食心虫危害症状　　　　　　　　图1-116　梨小食心虫虫道

（2）形态特征。

成虫。体长4.6~7mm，翅展10.6~15mm。全体灰黑色，无光泽。头部具有灰褐色鳞片，唇须向上弯曲。前翅灰褐色无紫色光泽（苹小食心虫前翅有紫色光泽），前缘有10组白色短斜纹，中室处有1个白斑点，这是本种的显著特征。

卵。椭圆形，扁平，中央稍隆起。卵刚产下时淡黄色，3~4d后变成乳白色，即将孵化时变为银灰色。

幼虫。老熟时体长10~13mm，初孵化时白色，淡红色至橙红色，头部黄褐色。两侧有深色云雾状斑块，前胸背板黄褐色。腹足趾钩30~40根，臀栉有4~7刺（图1-117）。

蛹。长6~7mm，黄褐色，复眼黑色，第3~7腹节背面有2行较整齐的刺点。

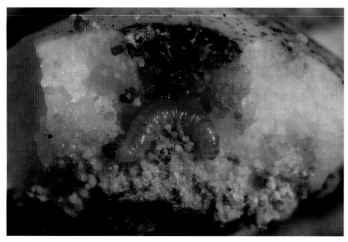

图1-117　梨小食心虫（左：幼虫；右：成虫）（郭书普摄）

（3）发生规律及习性。梨小食心虫在安徽砀山地区1年发生5代，以当年第5代老熟幼虫结灰白色丝茧越冬。越冬场所一般在树根裂缝、树干基部土缝处，其中尤以树干基部和主干老翘皮下越冬数量较多。梨小食心虫从3月下旬或4月上旬开始，基本上1月1代。越冬代成虫3月底至4月初开始出现，发生盛期在4月上中旬。当年第1代成虫发生盛期在5月下旬至6月上旬，第2代在6月下旬至7月上旬，第3代在7月下旬或8月初，第4代在8月中下旬，第5代为越冬代，不产生成虫，以老熟幼虫结茧越冬。

越冬代。3月上中旬，老熟越冬幼虫开始化蛹，3月底至4月初开始羽化，4月中旬为羽化高峰期。越冬代幼虫对温度反应敏感，连续7d平均温度高于5℃时开始化蛹，化蛹盛期日平均温度为9~11℃。蛹期出现早晚，随连续7d日平均气温超过5℃时间的早晚而异。在不同部位越冬的老熟幼虫进入蛹期的时间不同，如在向阳面树干老树皮下越冬幼虫化蛹最早，而背阳面的越冬幼虫化蛹期较晚。有时可相差7d以上。

成虫活动时间在每天16:00~18:00，以17:00最为活跃，18:00以后逐渐减少，19:00停止活动。成虫羽化时间多集中在每天9:00~10:00，成虫羽化后次日即可开始交尾产卵。温度、风力和降水对成虫活动制约作用很大。气温在10℃以上、风力在3级以下时成虫活动最为旺盛；如气温低于5℃、风力超过4级，成虫大部分在背风处栖息，很少活动；如气温不高，风力超过4级再加上降水，对梨小食心虫的活动影响更大，不但不活动，甚至可能造成部分虫口死亡。

梨小食心虫有较强的趋性，雄成虫对雌成虫的性外激素灵敏度很高，性激素诱蛾距离约60m。

越冬后第1代。梨小食心虫越冬代成虫4月上旬开始产卵，盛花期为产卵盛期，卵期一般可持续10d左右。4月底产卵基本结束。第1代成虫卵多集中产在桃树新梢顶端第3~5片叶背面，每梢产卵1粒。每雌成虫产卵50~100粒。4月底5月初第1代幼虫开始孵化，5月10日前后为卵孵化盛期。第1代幼虫从梢端第2~3片叶子的基部蛀入梢中，不久从蛀孔流出胶液，并有粒状虫粪排出，被害新梢先端凋萎并折断下垂。幼虫蛀入新梢后向下部蛀食，当蛀到木质硬化部分后，又从新梢中爬出，转移危害其他桃梢。1头梨小食心虫幼虫可危害2~3个桃梢。经15~20d后，幼虫老熟，在桃树枝干翘皮裂缝、树干基部的土缝等处作茧化蛹。5 月 20 日为化蛹盛期。第 1 代成虫于 5 月下旬开始羽化，5 月底至 6 月初为羽化盛期。

第 2 代。5 月下旬第 1 代成虫开始产卵，6 月上旬为产卵盛期，砀山地区 5 月下旬至 6 月上旬的气候条件比较稳定，产卵期比较集中。6 月上旬正是桃树和苹果树的生长旺期，故第 2 代卵多集中产于没有停止生长的桃树和苹果树新梢上。6 月初第 2 代卵开始孵化，6 月 10 日前后（当地麦收期）为卵孵化盛期。卵期一般为 5d 左右。气温越高卵期越短；在通风不良、气候闷热情况下卵期更短。而在树冠南、北两面所产的卵，即使产卵时间相同，孵化期的长短也有差异，向阳面的卵较背阳面的卵提前 1～2d 孵化。这一时期由于梨小食心虫的食料丰富，幼虫发育很快。6 月中旬先期老熟的幼虫开始作茧化蛹，6 月下旬为化蛹盛期，6 月下旬第 2 代成虫开始羽化，7 月上旬为羽化盛期。

第 3 代。6 月下旬或 7 月初，第 2 代成虫开始产卵，7 月上旬为产卵盛期，7 月 10 日以后，砀山酥梨果实上就会出现大量梨小食心虫的卵，卵多产于果实的胴部。梨品种不同，落卵量有所不同，在砀山酥梨上产卵较多，而在黄梨和西洋梨上产卵较少；单果上产卵多，双果及多果上产卵少；接近成熟的果实上产卵多，相对晚熟的果实上产卵少。在双果及多果上，梨小食心虫一般将卵产在两果之间。第 3 代卵孵化时正值砀山地区 1 年中的高温季节，卵期大大缩短，4d 左右即可孵化。7 月 15 日前后第 3 代幼虫孵化，此时砀山酥梨果实果肉坚硬，幼虫入果的时间大约需要 3～4h。幼虫蛀入果肉 6d 以后，蛀孔开始变为黑色。第 3 代幼虫 7 月中旬后老熟化蛹，7 月 20 日左右进入化蛹盛期。7 月 25 日以后第 3 代成虫开始羽化，7 月底为羽化盛期。这一代成虫性成熟较快，羽化当晚便开始寻找配偶交配。

第 4 代。7 月 25 日以后第 3 代成虫开始产卵，8 月初为产卵盛期。这一代成虫产卵正是砀山酥梨近成熟期，成虫对梨果的趋性较强，果面卵量较第 3 代显著增加。因此，第 4 代对砀山酥梨果实危害最重，往往因为防治不及时或用药不当造成巨大经济损失。第 4 代幼虫多从砀山酥梨果实萼洼或两果接触处蛀入，初孵化的幼虫先在果皮下窜食，然后直入果心。入果处初期不易发现，4～6d 后蛀孔开始腐烂，呈黑膏药状。由于 8 月气温高，食料丰富，幼虫经 12～15d 便发育成熟，脱果化蛹。8 月 20 日以后出现第 4 代成虫。8 月下旬砀山地区气温略有下降，降水增多，昼夜温差较大，成虫羽化期一般较以上各代的长，加上世代交替，直至 9 月底至 10 月初，梨园中仍能诱到第 4 代成虫。

第 5 代。8 月下旬第 4 代成虫开始产卵，8 月 20 日以后至 9 月初园中卵量最为集中，晚熟品种如黄梨、紫酥等品种果实上的卵量相对较多。8 月 25 日后，第 5 代幼虫开始孵化，9 月中旬幼虫发育成熟，脱果入蛰作茧越冬。

梨小食心虫各形态历期为：卵 4～9d，幼虫 10～14d，蛹 7～15d，成虫 2～9d。完成 1 代共需 23～47d。

（4）与环境条件的关系。

温度。成虫产卵最适温度为 24～29℃，相对湿度为 70%～100%。越冬代成虫产卵期，20:00 温度低于 18℃时产卵量减少，高于 18℃时产卵量增多。在适宜温度范围内，梨小食心虫的发育天数随温度升高而减少。

湿度。成虫活动，交尾时果园要求有 70% 以上的相对湿度。雨水多的年份，成虫产卵量较多，造成的危害严重；干旱年份，对成虫繁殖不利，发生的危害较轻。

光照。幼虫脱果后能否化蛹，主要取决于光照的长短。每天光照 14h 以上不发生滞育现象。光照在 11～13h，90% 以上的幼虫发生滞育现象。

（5）预测预报。

成虫的预测预报。从 3 月底开始，在集中连片的桃园中，用糖醋液（按红糖：醋：酒：水为 1：1：1：10 至 1：1：1：15 的比例配成）或性引诱剂连续诱集成虫。一般规律为梨小食心虫成虫羽化高峰期后 3～5d 为其产卵盛期，幼虫在成虫羽化后的 7d 开始出现。因此从诱蛾的结果，可以推算卵发生盛期和幼虫危害期。

检查产卵量。可于 7 月上旬开始，选择上年梨小食心虫发生较重的梨园，在每一块梨园抽查总株数 3%～5% 的植株，调查每株树冠上、中、下部的果实 50～100 个，每隔 2～3d 检查 1 次，用放大镜细致观察果实的萼洼和梗洼处，以及两果接触的部位。当卵果率达到 0.5% 时，应立即喷药。

发生程度的预测。5月20日前后和6月20日前后，调查靠近梨园100m以内的桃园折梢率。在桃园内随机选取桃树，调查第1代幼虫及第2代幼虫的蛀梢情况，调查总量不少于2 000个新梢。若桃折梢率小于5％，当年梨小食心虫为轻度发生；桃折梢率为5％～10％，当年为中度发生；桃折梢率大于10％，预示当年梨小食心虫可能严重发生。

（6）防治方法。防治方法可以概括为"挖、刮、诱、剪、摘、放、保、药"八字方针。

挖、刮、诱结合。冬季落叶后至翌年3月上旬，认真做好以下工作。深挖树盘：将钻入表土缝隙内的越冬老熟幼虫深埋，使其不能正常羽化出土。刮树皮：彻底刮除树体上的所有老、粗、翘皮，将潜藏在其中的越冬幼虫刮掉，集中烧毁。砀山有"要吃梨，刮树皮"的农谚。诱蛾：应用灭虫灯、糖醋液、性引诱剂等诱杀成虫，降低各代成虫数量，降低梨小食心虫的交配率。

剪虫梢，摘虫果。一般情况下，梨小食心虫第1～2代多集中危害桃及苹果的幼嫩新梢，7月上旬以前很少危害梨果。因此，需要组织人力认真细致地剪除桃及苹果的虫梢和虫果，可以控制第2代虫的数量，压低第3代成虫在梨果上的产卵量。

释放天敌。梨小食心虫的天敌很多，保护利用天敌有赤眼蜂、白茧蜂、扁股小蜂、纵条小卷蜂等10余种天敌昆虫。其中赤眼蜂已可大量人工饲养。7月下旬至8月上旬是梨小食心虫世代混乱，大量危害梨果实的时期，人工释放赤眼蜂，可收到很好的防治效果。每次每公顷释放量为30万头，连续释放4～6次，对梨小食心虫卵的寄生率可高达80％左右。

药剂防治。选用低残留、对天敌杀伤力小的农药，在成虫产卵及幼虫未入果前喷药防治。药剂有25％灭幼脲3号悬浮剂1 500倍液，0.65％蛔蒿素水剂500倍液，20％氰戊菊酯乳油2 500倍液，2.5％氯氟氰菊酯乳油3 000倍液，48％毒死蜱乳油1 500倍液，1％甲氨基阿维菌素苯甲酸盐乳油1 500倍液，35％氯虫苯甲酰胺水分散粒剂12 000倍液，4.5％高效氯氰菊酯乳油1 500倍液等。

8.4.2　梨木虱

梨木虱（*Psylla chinensis* Yang et Li）属同翅目木虱科害虫，是危害砀山酥梨面积最大、最普遍的害虫之一。梨木虱食性单一，主要危害梨树，以成虫、若虫刺吸梨的芽、叶、嫩梢的汁液，也可危害梨果。

（1）危害症状。春季若虫多集中在梨树新梢、叶柄及未展开的幼叶内危害，夏、秋季则多在叶片上危害。受害叶脉扭曲，叶面皱缩，产生枯斑，并逐渐变褐变黑、提前脱落。若虫在危害时分泌大量蜜露，常使叶片黏在一起或叶片与果实粘连，诱发煤污病，污染叶片和果实。被害枝叶生长停顿、不充实。由于大量黏液的存在，容易引起药害，如喷洒波尔多液时，梨木虱分泌液可使波尔多液中铜离子快速析出，使叶片局部铜离子浓度过高而产生药害（图1-118）。

（2）形态特征。

成虫。分冬型和夏型两种。冬型体长2.8～3.2mm，灰褐色，前翅和后缘臀区有明显的褐斑；夏型体长2.2～2.9mm，绿色至黄绿色，翅上无斑纹，头与胸等宽，成虫胸背均有4条红黄色或黄色纵条纹。静止时，翅呈屋脊状叠于身体上（图1-119）。

图1-118　梨木虱危害叶片　　　　　　　　　图1-119　梨木虱成虫

卵。越冬成虫产的卵为长椭圆形，黄色或橘黄色，长0.3mm。夏季产的卵为乳白色，一端钝圆并有一刺状突起，以便将卵固定于梨叶面上，另一端尖细，延长成一根长丝。

若虫。初孵若虫扁圆形，体型小，活泼，爬行快。第1代初孵若虫体色淡黄，复眼红色，夏季各代若虫为绿色，晚秋末代若虫为褐色。若虫经4次蜕皮羽化为成虫。2龄若虫最活泼，爬行最快；3龄若虫翅芽增大呈褐色（图1-120）。

（3）发生规律及习性。梨木虱在安徽砀山地区1年发生5代，以成虫在梨树的枝条、裂缝、剪锯口、落叶、杂草及土壤缝隙中越冬。在砀山梨区，梨木虱无明显的休眠现象，当气温达到1℃时，越冬成虫即出来活动，特别是晴朗无风的中午，成虫喜外出活动，在1年生枝上取食危害并交尾产卵。当气温低时，越冬成虫则潜回越冬场所。当气温高于5℃以上时，成虫遇触击后可以跳跃。2月下旬至3月中旬为越冬代成虫产卵盛期。卵主要产在梨树短果枝及芽基部折缝中，呈断续线状排列。以后各代成虫多将卵产于叶面沿叶脉的凹沟内，也可产于叶缘锯齿处或叶

图1-120　梨木虱若虫

柄上。卵散产或2~3粒产在一起。每头雌成虫平均产卵290粒。若虫有群集性，喜阴暗，多栖息于卷叶或重叠叶的缝隙内。

砀山酥梨盛花期是当年第1代若虫孵化盛期。初孵若虫潜入正在绽开的叶芽内，稍后钻入未展开的幼叶里危害。第2、3、4代若虫主要在新梢上、自己分泌的蜜露中或潜入蚜虫危害造成的卷叶内危害。卵期7~10d，若虫期平均24d。通常越冬后第1代成虫出现在5月中旬；第2代成虫在6月上旬，第3代成虫多集中出现在7月上旬，第四代成虫出现在8月初，当年第5代即越冬型成虫于9月中下旬出现。成虫的发生基本上是每月1代。梨木虱自第2代成虫羽化起发生严重的世代重叠，田间调查，可以同时查到成虫、卵、初孵若虫及各龄若虫。当年危害的重点时期为5月下旬至6月下旬，进入7月下旬以后由于雨水增多，虫口数量有所下降。梨木虱的发生与温度和降水有密切关系，在高温干旱的年份或季节发生较重，反之，雨水多、气温低则危害较轻。

（4）防治方法。防治梨木虱重点应放在前期。

人工防治。一是冬、春季清洁果园、刮树皮；结合施肥，将落叶杂草集中清理，同肥料一起深埋。二是在第2代若虫期，集中3~4d时间，摘除背上枝及外围新梢叶片尚未充分展开的顶部，立即深埋。此时，60%以上的未停止生长的新梢有梨木虱，90%左右的梨木虱都集中在这个部位。这个时间摘除新梢顶部，不影响梨树生长发育，防治效果较好。

生物防治。梨木虱的天敌种类很多，据观察主要有花蝽、寄生性蜂、中华草蛉、瓢虫、蓟马、肉食性螨等。其中，以寄生性蜂及瓢虫对其抑制作用最大。在早春和6~7月，正常情况下可不喷药剂，依靠梨园的瓢虫、花蝽及寄生性蜂等天敌可控制梨木虱的种群数量。

化学防治。化学防治有3个关键时期：一是3月中下旬，即越冬成虫的产卵盛期，防治对象为梨木虱越冬成虫及其产下的卵。二是落花末期，是当年第1代若虫1~3龄期，防治对象为越冬后第一代低龄若虫。三是落花后1个月，防治对象是当年第1代成虫。这3个时期集中、科学防治，可大大减轻中后期的防治压力。药剂可选择4.5%高效氯氰菊酯乳油1 500倍液，2.5%溴氰菊酯乳油2 500倍液，1.8%阿维菌素乳油5 000倍液，10%吡虫啉可湿性粉剂2 500倍液，240g/L螺虫乙酯悬浮剂5 000倍液。对于梨木虱黏液很多的梨园可选择喷施5 000倍碱性洗衣粉液，3%草木灰浸取液，200倍的石灰水溶液等，效果显著。

8.4.3　梨茎蜂

梨茎蜂（*Janus piri* Okamoto et Murqmatsu）又名梨折梢虫、切芽虫，属膜翅目茎蜂科害虫。是梨园中的一种常见害虫。一般年份，砀山酥梨新梢被害率约在 1％～2％，严重时梨树新梢被害率可达 30％以上。靠近住户或梨枝堆放处的梨树往往受害严重。

（1）危害症状。在新梢长至 6～7cm 时，成虫产卵时用锯状产卵器在梨新梢 4～5 片叶处锯伤嫩梢，再将伤口下方 3～4 片叶切去，仅留叶柄。几天后锯断的梨新梢干枯，幼虫孵化后在残留的小枝橛内蛀食。锯口以下变为新梢变为黑褐色，髓部充满虫粪并有 1 头幼虫（图 1-121）。

图 1-121　梨茎蜂危害症状　　　　　　　图 1-122　梨茎蜂成虫

（2）形态特征。

成虫。体长约 10mm，翅展 13～16mm，体黑色，有光泽；翅透明，触角丝状，黑色；足黄色；雌虫产卵器锯状（图 1-122）。

卵。长椭圆形，长约 1mm，白色。

幼虫。长约 10mm，头部淡黄色，体黄白色、稍扁平，头胸下弯，尾部上翘，胸足小，呈 S 状。

蛹。长约 7～10mm，初化蛹时为乳白色，复眼赤褐色，后期蛹渐变为黑色。

（3）发生规律及习性。梨茎蜂 1 年发生 1 代。多以老熟幼虫在被害枝越冬，次年 3 月上旬化蛹，4 月初羽化。砀山酥梨盛花后 3～5d，新梢迅速生长时，为其产卵盛期。成虫白天活跃，早晚栖息于叶片背面。羽化当日即可交尾、产卵。产卵前成虫用锯状产卵器将新梢锯断，产卵器插入断梢内产卵，卵多产于锯口下 3～5mm 处的断梢皮层下面。1 头雌虫至少可锯断 20～30 个嫩梢，但也有锯断后不产卵的。卵期 7～10d，卵孵化后幼虫由皮层间向顶部蛀食，接近顶端后转向下蛀食。6 月份幼虫逐渐老熟，调转身体，头部向上，作茧休眠。成虫产卵期比较集中，前后约半个月。成虫对糖醋液及光无趋性。

（4）防治方法。

人工防治。根据成虫早晚低温时在树冠下部叶背处栖息、不善活动的特点，于成虫发生期的早晚，在树冠下平铺布单等，振落成虫，集中处理；剪除被害梢。该虫 1 年仅发生 1 代，蛀食及越冬部位都在被害梢内，而且，被害梢上端枯萎，极易识别。在开花以后的半个月内，在梨园内巡查，及时剪除虫、卵的枯萎梢，具有良好的防治效果。此外，冬剪时若能认真剪除虫梢则效果更好。

在梨园中挂黄色粘虫板是防治梨茎蜂的一个有效方法。在梨花开前，将 20cm×40cm 大小的粘虫板挂在 1.5～2m 高的树枝上，每公顷挂 300 块左右。

化学防治。化学防治的主要对象是成虫。在当年越冬代成虫的羽化盛期喷药防治，但此时一般正值开花盛期，为了不影响坐果，喷药时间可依具体情况提前或推迟。此外，为了提高防治效果，提倡连片集中喷药防治，以达到群防群治的目的。防治的药剂可选择 2.5％氯氟氰菊酯乳油 5 000 倍液，20％氰戊菊酯乳油 2 000 倍液，4.5％高效氯氰菊酯乳油 1 500 倍液等。

防治卵与幼虫，一般在落花后 15d 选择内吸性杀虫剂进行喷药防治。药剂主要有 48％毒死蜱乳油 2 000 倍液，10％吡虫啉可湿性粉剂 2 500 倍液等。

8.4.4 梨二叉蚜

梨二叉蚜（*Toxoptera piricola* Mats），属同翅目蚜虫科。除春季危害梨外，夏季以狗尾草及茅草等作为第二寄主。

（1）危害症状。梨二叉蚜只在春季危害梨树新梢叶片，以大量若虫、成虫群居于梨叶正面，刺吸幼嫩叶片汁液，并分泌大量黏液。因梨二叉蚜吸食汁液先从叶片主脉开始，所以受害叶片一般向正面卷曲成筒状，即使无蚜虫后叶片亦不能展开。叶片受害后逐渐皱缩、变脆，严重时脱落（图 1-123）。

图 1-123 蚜虫危害症状

（2）形态特征。

成虫。无翅胎生蚜，体长约 2mm，绿色，被有白色蜡粉。复眼红褐色，背中央有 1 条绿色纵带。有翅胎生蚜，体略小，长约 1.5mm，前翅中脉分二叉，故得名。

卵。椭圆形，长约 0.7mm，蓝黑色。

若虫。无翅、绿色、体较小，形态与无翅胎生雌蚜相近（图 1-124）。

（3）发生规律及习性。1 年发生 10 多代，以卵在梨树芽腋或小枝缝隙处越冬。翌年梨芽萌动时越冬卵开始孵化，初孵若虫群集于芽露白处危害，待梨芽绽开时钻入芽内，展叶期集中到嫩叶，此时繁殖迅速，危害最重。落花后 15～20d 开始出现有翅蚜，5～6 月大量迁飞离开梨园，转移到狗尾草和茅草上，6 月中旬以后梨树上基本绝迹。9～10 月又产生有翅蚜飞回梨树上危害、繁殖，在梨叶上繁殖几代后产生有性蚜，经过交配产卵越冬。梨二叉蚜属于迁移性蚜虫，每年春、秋危害梨树 2 次。但在秋季的危害程度远低于春季的危害程度。

图 1-124 梨二叉蚜若虫（郭书普摄）

（4）防治方法。

利用天敌。梨二叉蚜天敌种类较多，如瓢虫、食蚜蝇、小花蝽、蚜茧蜂、草蛉等。以瓢虫对蚜虫的控制作用最大，瓢虫种类主要有二星瓢虫、龟纹瓢虫、多异瓢虫、异色瓢虫、七星瓢虫等。对梨二叉蚜的生物防治主要体现在保护蚜虫天敌的繁殖与活动场所上，少喷或不喷广谱性杀虫剂。特别是 5 月 15 日后，若危害程度不重，可利用从麦田大量迁移到梨园的蚜虫天敌防治梨二叉蚜，无须喷施农药。

药剂防治。于梨树花芽绽开前、越冬卵大部分孵化时，以及梨树展叶期、蚜虫群集于嫩梢叶面尚未造成卷叶时喷药防治。使用的生物药剂有 EB-82 灭蚜素和 EC·t-107 杀蚜素 200 倍液，可选择的化学药剂有 10％吡虫啉可湿性粉剂 2 500 倍液，3％啶虫脒乳油 1 500 倍液，20％吡虫啉悬浮剂 6 000 倍液。

8.4.5 梨瘿蚊

梨瘿蚊（*Conlarinia pyrivora*）俗称梨芽蛆，属双翅目瘿蚊科。近年来在砀山酥梨及部分高接梨树上大量发生。

（1）危害症状。寄主仅有梨，幼虫吸食嫩叶及嫩芽的汁液。叶片受害后，3d 开始出现黄色斑点，接着叶面呈现凸凹不平，严重时叶片向正面纵卷，幼虫在叶筒内取食，叶由绿色变为褐色或黑色，质硬发脆，最后枯萎、提前脱落。

（2）形态特征。

成虫。成虫似蚊，体暗红色。雄成虫体长1.2～1.4mm，翅展3.5mm，头部小；复眼大，黑色，无单眼；触角念珠状15节；前翅显蓝紫色闪光。雌成虫体长1.4～1.8mm，翅展约4mm，触角丝状，长0.7mm。

幼虫。长纺锤形，13个体节。共4龄，1～2龄幼虫无色透明，3龄幼虫半透明，4龄幼虫乳白色，渐变为橘红色。老熟幼虫体长1.8～2.4mm，前胸腹面具丫形黄色剑骨片（图1-125）。

图1-125　梨瘿蚊幼虫

卵。长椭圆形，长约0.28mm，宽约0.07mm，初产时淡橘黄色，孵化前为橘红色。

蛹。裸蛹，橘红色，长1.6～1.8mm，蛹外有白色、长1.95～2.24mm的胶质茧。

（3）发生规律及习性。梨瘿蚊在砀山地区1年发生2～3代，以老熟幼虫在树冠下0～6cm土壤中及树干翘皮裂缝中越冬，以2cm左右的表土层中居多。3月中旬越冬代成虫开始出现，早期出现的成虫可能因为梨芽尚未绽开，无处产卵而死亡。越冬代成虫发生盛期在4月上旬，第1代在5月上旬，第2代在6月上旬。梨瘿蚊成虫羽化时间一般在每天的4：00～17：00，雌成虫多在午前羽化，雄成虫羽化则集中在5：00～6：00。雌雄交尾是在上午进行，以8：00左右居多。雌成虫一般交尾1次，少数2次。交尾2h后开始产卵，以上午11：00～12：00为产卵高峰时间。卵多产在未展开的芽、叶缝隙中，少数产在芽、叶表面，每次产卵数粒至数十粒不等，聚集成块状。雌成虫寿命平均26.5h，雄成虫平均寿命24h，雌成虫最大产卵量247粒，平均160粒，卵期随温度升高而缩短。第1代卵期4d，第2代卵期3d，第3代卵期2d。幼虫孵化后即钻入芽内危害，吸食幼嫩叶片汁液，使叶片由两边向内卷曲成筒状，幼虫隐藏于筒状叶内继续危害。每片受害叶内藏有幼虫5～12条，甚至更多。各代幼虫自孵化至老熟约需11～13d。幼虫老熟后必须遇降水、高湿天气才能脱出叶片。脱叶时老熟幼虫先爬出卷叶，弹落到地面或随雨水沿树干下行，潜入适合的翘皮裂缝或到地面入土。老熟幼虫到化蛹场所后第3d结茧化蛹，蛹期20d左右。

降水与土壤温度对梨瘿蚊的发生有着明显的影响。雨水是老熟幼虫脱叶的必要条件，没有雨水，老熟幼虫既不脱叶，也不在卷叶内化蛹。雨量影响梨瘿蚊的发生数量及发生世代数，而土壤湿度主要影响幼虫化蛹，化蛹的最适土壤含水量为15％～30％；土壤含水量在0～5％时，幼虫不能结茧化蛹；含水量超过35％时，对化蛹也不利，羽化率降低，即使羽化成功，成虫的生命力也低。

（4）防治方法。

人工防治。冬、春季刮除枝干上的老翘皮、深翻梨园土壤，恶化梨瘿蚊化蛹及越冬环境。春季及时摘除虫叶，降低虫源密度。

化学防治。一是抓住4月上旬、5月上旬成虫羽化盛期及产卵高峰期，选用48％毒死蜱乳油2 000倍液喷雾防治。二是抓住老熟幼虫借降水集中脱叶入土化蛹期，选用52.25％农地乐乳油2 500倍液，在树冠下地面上喷雾灭杀。

8.4.6　梨黄粉蚜

梨黄粉蚜（*Cinacium iakusuiense* Kishi）又名黄粉虫，属同翅目瘤蚜科害虫。

（1）危害症状。梨黄粉蚜喜群集于果实萼洼处危害，随着虫量的增加逐渐蔓延至整个果面。果实表面初受害时，出现黄斑，稍下陷，而后变成黑斑并扩展，萼洼处受害形成龟裂的大斑，使果实完全失去商品价值。受害部位常有鲜黄色粉状物堆积其上，周围有黄褐色晕环，为成虫、卵堆及小若蚜。这一现象是梨黄粉蚜危害的特殊症状（图1-126）。

（2）形态特征。

成虫。梨黄粉蚜为多型性蚜虫，有干母、性母、普通型和有性型 4 种。干母、性母和普通型均为雌性，行孤雌卵生，形态相似；体呈倒卵圆形，长 0.7～0.8mm，鲜黄色，触角 3 节，足短小，行动困难，无翅，无腹管。有性型雌成虫体长约 0.47mm，雄虫体长 0.35mm，长椭圆形，鲜黄色，口器退化。

卵。几种类型的卵均为椭圆形，越冬卵即产生干母的卵，长 0.33mm，淡黄色、有光泽。产生普通型和性母的卵，长 0.26～0.3mm，黄绿色。产生有性型的卵 0.36～0.42mm，黄绿色。

若虫。形态与成虫相似，身体较小、淡黄色。

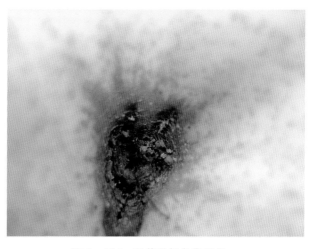

图 1-126 梨黄粉蚜危害症状

（3）发生规律和习性。1 年发生 8～10 代，以卵在果台、树皮裂缝和干翘皮下及梨枝干的残附物内越冬。翌春梨树开花期，卵孵化为干母若虫，若虫爬行至翘皮下的幼嫩组织处取食汁液，羽化为成虫后产卵繁殖。随繁殖数量和代数的增加，若虫的取食范围也逐渐扩大。6 月下旬至 7 月上旬开始向果实转移，并集中在果实萼洼处危害，后随虫量增加而逐渐蔓延至整个果面上。8 月中旬危害最为严重，果面上能看见堆状黄粉。8～9 月出现有性蚜，雌雄交尾后转到越冬处产卵越冬。普通型成虫每天最多产卵 10 粒，一生平均产卵 150 粒，性母每天产卵 3 粒。生育期内多代平均卵期 5～6d，若虫期 7～8d。成虫寿命除有性型较短外，性母、普通型为 30d，干母可达 100d 以上。成虫活动能力较差，喜欢在背阴处栖息危害。温暖干燥的环境对其发生有利，低温高湿则不利于其发生。一般萼片脱落的砀山酥梨果实受害较轻，而萼片宿存的果实受害较重；老龄梨树、种植密度大、通风透光差的梨园果实和套袋果实受害重；稀植、通风透光条件好的梨园果实和不套袋果实受害较轻。梨果采收后，附着在梨果上的梨黄粉蚜仍可继续危害，造成运输、销售期间果实大量腐烂。

（4）防治方法。

人工防治。冬、春季，彻底刮除树上的各种老翘皮、残附物，集中烧毁，消灭越冬虫卵。套袋果实受害较重时，要摘袋防治。

生物防治。积极保护和利用天敌。5 月下旬，大量以小麦穗蚜为食料的天敌转入梨园，此时少喷或不喷广谱性杀虫剂，保护梨黄粉蚜天敌，对控制梨黄粉蚜数量有一定作用。

化学防治。梨树芽萌动前，喷 5 波美度的石硫合剂。生长期可喷施 10%吡虫啉可湿性粉剂 2 500 倍液，80%敌敌畏乳油 1 500 倍液，48%毒死蜱乳油 1 500 倍液防治。

8.4.7 草履蚧

草履蚧（*Drosicha corpulenta* kuwana）又名草鞋蚧，属同翅目蚧科害虫。主要危害梨、苹果、桃、李等果树。近几年来，砀山酥梨受草履蚧危害程度有逐年加重趋势。

（1）危害症状。雌成虫和若虫刺吸寄主的嫩芽及嫩梢汁液，梨树被害后树势衰弱，发芽迟，叶片黄瘦，严重时造成早期落叶、落果和枝梢枯死后果。

（2）形态特征。

雌成虫。体长约 10mm、鞋底形，无翅，身体黄褐色至赤褐色，体被细毛和白色蜡质，触角、口器和足均为黑色（图 1-127）。

雄成虫。体长 4～5mm，前翅灰黑色，腹部紫红色、末端有两对根状突起的刺，复眼、大，触角 10 节。

卵。椭圆形，极小，初产时为黄白色，渐变为赤褐色，产于白色绵状卵囊内。

若虫。与雌成虫相似，但体小色深。

（3）发生规律及习性。1 年发生 1 代，以卵或初孵若虫在树干基部土壤中越冬，大部分越冬卵集中在根颈周围 60cm 半径范围、0～10cm 深的土层中的绵状卵囊里。卵囊有 5～8 层，每层存有 20～30 粒卵。土层含水量对卵的存活影响很大，在比较干燥的土壤中卵的存活率只有 20％～30％，而在湿润的土壤中卵的存活率可达 70％～80％。当 1～2 月中午气温升至 4℃ 以上时，卵即开始孵化出土，气温降至 4℃ 以下时，已孵化若虫停止上树活动。在砀山地区，若虫 2 月中旬开始出土，2 月下旬或 3 月上中旬即可达到出土盛期，4～5 月危害严重。若虫白天爬至树上吸食嫩枝、幼芽汁液，晚上爬回树皮裂缝处隐蔽群居。若虫在树冠上部分布最多，中层次之，下层最少；在 1 年生枝上发生最多，2 年生枝上次之，3 年生以上枝上很少。第 1 次脱皮后虫体逐渐增大，开始分泌灰白色蜡质物和黏液。第 2 次脱皮后雌、雄虫分化。雄若虫老熟后下树，寻找树皮缝、土缝等隐蔽处作薄茧化蛹，蛹期约 10d，5

图 1-127　草履蚧成虫（郭书普摄）

月上旬羽化为成虫。雌若虫经 3 次脱皮后，即变为成虫，但仍在树上危害，等待雄成虫飞来交尾。5 月中旬为交尾盛期，雄虫交尾后 3d 即死亡。交配后，雌成虫仍继续危害，于 5 月下旬下树钻入树干周围 5～10cm 深的土缝内，分泌白色绵状物做卵囊，产卵其中越夏、越冬，每雌成虫产卵 40～60 粒，多的可达 120 粒。

（4）防治方法。

保护天敌。该害虫的主要天敌有黑缘红瓢虫、红环瓢虫、龟敌瓢虫及一些寄生蜂类，尽量避免在天敌发生盛期喷施广谱性杀虫剂。

人工防治。秋、冬季结合挖树盘，施基肥，挖除树干周围的卵囊，集中烧毁。

化学防治。2 月上旬，在树干基部一周涂 10～15cm 宽的毒油带，毒杀上树若虫。毒油配方是废黄油和废机油各半，加热熔化后加入少量的杀虫剂即成。或在树干基部围一周黏虫带。当若虫已经上树，但果树尚未发芽前，喷施 5 波美度石硫合剂。生长季节树上喷 80％敌敌畏乳油 1 500 倍液，20％氰戊菊酯乳油 2 500 倍液。

8.4.8　巴溏暗斑螟

近年，在砀山梨产区，发现一种新的梨蛀果害虫。经安徽省林业科学研究院鉴定为巴溏暗斑螟（*Euzophera batangensis* Coroadia），属鳞翅目螟蛾科害虫，是一种发生量及危害程度均呈上升趋势的蛀果害虫。

（1）危害症状。裂果处是早期危害的主要部位，前期仅危害梨果肉组织，果实外表出现干疤，内有较为宽敞的虫室，受害果后期腐烂。老熟幼虫在果皮下结茧化蛹，常伴有虫粪，虫粪可不排出果皮外。但在果实近成熟期从梨果萼洼处蛀入的幼虫，虫粪常排出果实。宿萼果萼片附近是梨巴溏暗斑螟重要的产卵部位。

（2）形态特征。

成虫。虫体灰色或灰褐色、长 7～9mm，翅展 14～16mm，雄虫比雌虫略小；触角丝状，下唇须发达，可至头顶形成弧状；复眼发达；前翅外缘弧状弯曲，布满灰色鳞片；外横线、中横线明显，不平行，均呈波浪状，两横线之间有明显小黑点；近后缘处，外横线及横线里多有一淡色区，外缘处 7 个小黑点排成一行；后翅扇形，3 对足，翅脉复杂。

幼虫。体长 5～12mm 不等，随虫龄不同依次呈现乳白、淡褐、褐色；幼虫爬行进退活动自如、迅速；胸足 3 对，腹足 5 对，前胸背板及臀板黄褐色；各节毛细长、稀、色淡。

蛹。蛹长 6～7mm，被薄茧，初蛹浅红色，成蛹茶褐色或棕褐色，雄蛹附肢过第四腹节，雌蛹附肢过第五腹节。

卵。卵产出时为乳白色，逐渐变为粉红色，扁椭圆形，大小为 0.8mm×0.1mm，表面有螺纹。

（3）发生规律及习性。巴溏暗斑螟在砀山梨产区 1 年发生 4～5 代，常年可在梨树枝干老翘皮下、腐烂病干疤下见到幼虫，幼虫啃食枝干嫩皮。果实生长后期转向危害果实，各代成虫羽化盛期比梨小食心虫迟 7～10d。

越冬代。以老熟幼虫越冬，3 月中下旬化蛹，4 月上中旬羽化，4 月 20 日前后为越冬后第 1 代成虫羽化盛期，在梨园或桃园能诱捕到成虫，5 月上旬始见虫果。

第 1 代成虫。羽化期为 5 月下旬至 6 月上旬，盛期为 5 月底至 6 月初。卵大多产在梨裂果、病疤或梨果凹陷处。在早熟品种桃的裂果内偶见幼虫，但未见健康果被蛀现象。

第 2 代成虫。羽化期为 6 月下旬至 7 月上中旬，盛期为 6 月 25 日至 7 月 10 日。

第 3 代成虫。羽化期为 7 月底至 8 月中旬，成虫产卵多集中在梨果的萼洼处。世代重叠严重，但通过诱蛾可见明显的高峰期。此期是梨巴溏暗斑螟危害高峰期。

第 4 代成虫。羽化期为 9 月上中旬，有的可延迟到 9 月下旬。

9 月下旬至 10 月中旬幼虫逐渐脱果越冬。梨巴溏暗斑螟蛹期 7～14d，绝大部分集中在 10～13d，1 头雌成虫可产卵 50 粒左右，卵期 4～10d，一般为 5～7d，幼虫期 8～17d，春秋温度低时可超过 20d，由卵到成虫需 25～40d。

（4）防治方法。

抓好越冬防治。刮树皮，清理梨园、果窖内、住宅区内的烂果、僵果，并及时深埋处理，减少越冬虫源。

生长季防治。生长季节及时摘除虫果、裂果、病果，减少产卵部位。

诱虫。于成虫羽化期在梨园中每公顷放置 60～75 盆糖醋液诱杀成虫。

化学防治。当田间卵果率达到 0.5%～1% 时，需进行化学药剂防治。可选择 20% 氰戊菊酯乳油 2 500 倍液；48% 毒死蜱乳油 2 000 倍液；2.5% 氯氟氰菊酯乳油 4 000 倍液等喷施防治。

8.4.9　康氏粉蚧

康氏粉蚧（*Pseudococcus Comstock* Kuwana.）又名桑粉蚧、梨粉蚧壳虫，属同翅目粉蚧科害虫。除危害梨外，还可危害苹果、桃、杏、李等果树和蔬菜等多种植物。在梨园中主要危害套袋梨果实，不套袋梨果实受害很轻。有些国家将康氏粉蚧作为进口梨检疫性虫害，因此防治意义重大。

（1）危害症状。康氏粉蚧以若虫和雌成虫刺吸梨树幼芽、嫩枝、叶片、果实及根部汁液造成危害，被害处常常发生肿胀。果实受害，会导致畸形，第 2、3 代基本上只危害梨果实。

（2）形态特征。

成虫。雌成虫长约 5mm，体略呈椭圆形，淡粉红色，体外被白色蜡质分泌物；无翅，体缘具 17 对白色蜡刺；触角 8 节。雄成虫有翅，长约 1.1mm，紫褐色；前翅透明，后翅退化成平衡棍。一般产卵于白色絮状卵囊中。

卵。椭圆形，长 0.3～0.4mm，淡黄色，数十粒集中成块，外被白色蜡粉。

若虫。雌若虫分 3 龄，从 2 龄开始体背出现蜡粉和蜡刺，3 龄虫形态与成虫相似，只是体长略小。

蛹。裸蛹，长 1.2mm，淡紫褐色；茧长椭圆形，长 2～2.5mm，白色絮状。

（3）发生规律与习性。1 年发生 3 代，以卵在树体的缝隙中及主干基部的土、石缝中越冬。梨发芽时，越冬卵开始孵化，若虫爬行到幼嫩的枝叶上危害。第 1 代若虫的盛发期在 5 月上旬或中旬，是整个生长季节中防治的关键时期。而此时又是梨幼果套袋时期，所以对套袋果实的防治尤为重要。第 2 代幼虫的盛发期为 7 月中下旬，第 3 代盛发期在 8 月下旬到 9 月上旬。9 月中下旬康氏粉蚧开始羽化交配，每头雌成虫可产卵 200～400 粒，成虫产卵后死亡，以产下的卵越冬。

（4）防治方法。

人工防治。一是禁止到已发生康氏粉蚧的疫区调运苗木、接穗，严防害虫传播蔓延。二是结合其他病虫害的防治，冬、春季刮除树上的老翘皮，集中烧毁；翻耕树盘土壤，减少越冬虫卵基数。

生物防治。保护利用粉蚧类害虫的天敌，如寄生蜂、瓢虫和草蛉等。

化学防治。梨树萌芽前喷洒 5 波美度的石硫合剂或 5％轻柴油乳剂 1 000 倍液，其他时间选用 2.5％氯氟氰菊酯乳油 3 000 倍液，1％苦参碱可溶性液剂 1 000 倍液，70％杀扑磷乳剂 1 500 倍液等药剂喷施防治。

8.4.10　茶翅蝽

茶翅蝽（*Halyomorpha picus* Fabricius）又名臭木椿象、臭大姐，属半翅目蝽科害虫。主要危害梨，还危害苹果、桃、杏等果树。发生严重年份，果实受害率可达 30％～50％。

（1）危害症状。成虫和若虫刺吸叶片、嫩梢和果实汁液。果实被害部位木栓化，石细胞增多，果面凸凹不平，畸形，形成疙瘩梨，不堪食用。

（2）形态特征。

成虫。体长 15mm，宽 8～9mm，扁平，略呈椭圆形，茶褐色；口器黑色、较长；前胸背板两侧略突出，背板前方着生 4 个横排褐色小斑，小盾片前缘横列 5 个小黄斑（图 1－128）。

图 1－128　茶翅蝽成虫（郭书普摄）　　　图 1－129　茶翅蝽卵及若虫（郭书普摄）

若虫。初孵若虫体长约 2mm，无翅，白色，腹背有黑斑。虫体渐转为黑色，形似成虫。

卵。短圆筒形，顶平坦，中央稍鼓起，直径 1.2mm，周缘环生短小刺毛。初产时乳白色，近孵化期呈黑褐色，多为 28 粒卵排在一起（图 1－129）。

（3）发生规律及习性。茶翅蝽 1 年发生 1 代，以成虫在墙缝、石缝、草堆、空房、树洞、房檐下等场所越冬。越冬成虫一般在 3 月中下旬开始出蛰，5 月底前出蛰结束。出蛰后先在附近刺槐、杨树、柳树等树木的粗皮内栖息，随着气温不断升高，逐渐向树上转移，吸食嫩枝汁液，并向四周扩散。5 月初，再迁移到梨树上危害嫩枝、幼叶及果实，逐渐遍及全园。越冬成虫在 5 月中、下旬开始交尾产卵，产卵盛期在 5 月底至 6 月中旬。卵多产在叶片背面，卵期的长短与温度关系密切。温度越高，卵期越短，平均 5d。若虫孵化后，先静伏在卵壳上面或周围，3～5d 后分散危害。若虫期平均 58d，7 月中旬出现当年成虫，并于 9 月下旬至 10 月上旬陆续飞往越冬场所。梨果受害最严重期是 6 月下旬至 8 月初。

（4）防治方法。

人工防治。茶翅蝽发生期长而不整齐，药剂防治比较困难，人工捕捉成虫和收集卵块，可收到较好效果。在春季越冬成虫出蛰及成虫越冬时，在房屋门窗缝隙及屋檐下收集成虫。产卵期间，收集卵块或初孵化若虫。

生物防治。椿象黑卵蜂及稻蝽小黑卵蜂对茶翅蝽的卵自然寄生率较高，高者可达 80％以上。因此可以在早期收集被寄生的卵块，待寄生蜂羽化后放回梨园，以提高对茶翅蝽卵的自然寄生率。

化学防治。每年 6 月中旬至 8 月初，发生严重的梨园可喷洒 48％毒死蜱乳油 2 000 倍液，2.5％

溴氰菊酯乳油 3 000 倍液等防治。

8.4.11 麻皮蝽

麻皮蝽（*Evthesina fullo* Thubevg）又名黄斑椿象，属半翅目蝽科害虫。除危害梨、苹果外，还危害杨、柳、榆、桑等，食性杂。

（1）危害症状。成虫和若虫危害梨枝及果实，尤以果实受害严重，被害组织停止生长、木栓化，果面凸凹不平，变硬畸形。

（2）形态特征。

成虫。体长 18～24mm，宽 8～11mm，体较茶翅蝽大，略呈棕黑色；头较长，先端渐细，单眼与复眼之间有黄白色小点，复眼黑色，触角丝状。前翅上有黄白色小斑点；腹部背面较平、黑色，腹面黄白色。

若虫。长 16～22mm，红褐色，触角 4 节，腹背中部有 3 个暗色斑，上部有臭腺孔一对（图 1-130）。

卵。灰色，鼓形，顶端有盖，周缘有齿。常 12 粒排列成行。

（3）发生规律及习性。麻皮蝽 1 年发生 1 代，以成虫在屋檐下、墙、石缝、草丛、落叶等处越冬。在砀山梨区于 3 月下旬开始出蛰，比茶翅蝽略晚，6 月初基本结束。大量出蛰在 5 月初，并开始交尾，5 月中旬始见第 1 代卵，卵多产在叶背，每块卵的粒数多为 12 粒，卵期 6～8d，较茶翅蝽长。若虫孵化后常群集在卵壳周围，经一段时间后才分散危害，7 月上旬出现当年成虫，危害至 9 月上旬，9 月中旬向越冬场所迁飞。全年危害最重时期为 6 月中旬至 8 月上旬。成虫有假死性，离村庄较近的果园受害重。

图 1-130 麻皮蝽高龄若虫
（郭书普摄）

（4）防治方法。

人工防治。春季清扫果园落果，并利用成虫的假死性，振落出蛰成虫。生长季巡查梨园，收集卵块和孵化后未分散的若虫。秋季捕捉成虫。

生物防治。寄生蜂对麻皮蝽卵块自然寄生率可达 30％以上，收集被寄生的卵块放入容器内，待寄生蜂开始羽化后再放入梨园。

药剂防治。6 月上中旬全园喷洒 80％敌敌畏乳油 1 200 倍液，2.5％氯氟氰菊酯乳油 3 000 倍液。防治麻皮蝽可结合防治茶翅蝽一同进行。

8.4.12 绿盲蝽

绿盲蝽（*Lygocoris lucorum*）别名小臭虫、天狗蝇等，属半翅目盲蝽科害虫。近几年，绿盲蝽发生严重，逐渐成为砀山梨区主要害虫之一（图 1-131）。

（1）危害症状。绿盲蝽以若虫和成虫的刺吸式口器危害梨的幼芽、嫩叶、花蕾及幼果。幼嫩叶芽被害后，被害处形成针头大小的褐色小点，随着叶片的展开，小点逐渐变为不规则的孔洞、裂痕及皱缩，叶色变黄；幼果受害后，有的出现绿色小斑点，生长缓慢，受害处开裂并木栓化，果肉石细胞增多，形成坚硬的小疙瘩，果面颜色稍深。严重影响果实品质。

（2）形态特征。

成虫。体长 5mm，宽 2.2mm，卵圆形，黄绿色至浅绿色，密被短毛。头部三角形，复眼棕红色突出，无单眼。触角 4 节丝状，短于体长，第 2 节长度等于第 3、4 节之和，绿色。前胸背板深绿色，有许多小黑点，前缘宽。前翅基部革

图 1-131 绿盲蝽成虫

质，绿色，上部膜质、半透明、灰色，胸足3对，黄绿色。

卵。长约1mm，长口袋形稍弯曲，黄绿色，卵盖乳黄色，边缘无附属物。

若虫。与成虫相似，体绿色，有黑色细毛，触角淡黄色，足淡绿色。

（3）发生规律及习性。在砀山1年发生5代，以卵在苜蓿、蚕豆、豌豆和木槿及果树树干的翘皮及浅层土壤中越冬。翌春3月中下旬或4月上旬、平均气温高于10℃、相对湿度高于70％时，越冬卵开始孵化。第1代若虫5月初羽化为成虫，梨树枝条迅速生长时上树危害，5月上旬是危害盛期，5月中旬后，虫口减少。第2代成虫在5月下旬开始出现，发生盛期为6月初，危害嫩枝及幼果，是危害梨树最重的1代。第2代成虫羽化盛期为7月中旬，第4代成虫羽化盛期为8月中旬，第5代成虫羽化盛期为9月下旬。3～5代世代重叠现象严重。梨树叶片老化后，转移到豆类、玉米、蔬菜等农作物上继续危害。若虫生命30～50d，飞行力极强，白天潜伏，稍受惊吓，迅速爬迁，不易发现。清晨和夜晚趴在叶芽和幼果上刺吸危害。成虫羽化后6～7d开始产卵，非越冬卵多散产在幼嫩组织内，外露黄色卵盖。卵期7～9d。10月上旬产卵越冬。

绿盲蝽的发生与气候密切相关，卵在相对湿度65％以上时才能大量孵化。气温20～30℃，相对湿度80％～90％的条件最适合其发生；高温低湿条件下危害较轻。

（4）防治方法。

人工防治。秋、冬季彻底清除果园杂草，刮树皮；喷3～5波美度石硫合剂，减少越冬卵源。利用成虫的趋光性，挂灭虫灯诱杀成虫。

保护天敌。保护其天敌寄生蜂、草蛉、捕食性蜘蛛等。

药物防治。在前2代若虫期喷药防治，关键时期是4月下旬至5月下旬。可选择10％吡虫啉可湿性粉剂2 500倍液，1.8％阿维菌素乳油5 000倍液等药剂。连片梨园要群防群治，集中时间喷药，喷药时间选择在10:00以前或16:00以后进行。

8.4.13　金龟子

金龟子属鞘翅目金龟子科害虫。危害梨的金龟子有10多种，在砀山梨发生普遍及危害较重的主要有苹毛金龟子（*Phyllopertha pubicolilis* Waterh.）、铜绿金龟子（*Anomola corpulenta* Motsch.）、白星金龟子（*Liocola brevitarsis* Lewis.）和暗黑金龟子（*Hololrichiadiomphalia* Bates.）等。

（1）发生规律及习性。

苹毛金龟子。1年发生1代，以成虫在土中3～5cm深处越冬，深的可达8cm。出土时间多集中在3月下旬至4月上旬，平均气温在10℃以上。雨后常有大量成虫出现，成虫白天活动，中午前后气温高时最活跃，夜晚温度低时潜入土中过夜。成虫有假死性，无趋光性。成虫多在中午交尾，产卵于11～12cm深土层中，每头雌成虫可产卵20～30粒，卵期20～30d。幼虫危害植物的根，幼虫期60～70d，8月底陆续老熟，进入深土层做室化蛹，羽化后不出土，于蛹室内越冬。成虫主要危害花蕾、花芽和嫩叶，尤其嗜食花，影响结果。成虫在砀山酥梨开花期群集取食花瓣和柱头，使其残缺不全。危害叶片，使叶片呈缺刻状或全部被食光。幼虫主要在土下危害幼根。

铜绿金龟子。1年发生1代，以食叶为主，以幼虫在土中越冬。越冬幼虫羽化后出土危害榆、杨、梨叶片及嫩梢，成虫盛发期为7～8月，白天多潜伏在土中，黄昏出土活动，夜晚暴食梨叶片、嫩梢，有群集危害的习性，而且从周边农田移至果园危害时，先从果园边沿开始，逐步向内危害。成虫有假死性和强烈的趋光性（图1-132）。

白星金龟子。1年发生1代，成虫以食果为主。以幼虫在土中越冬，春季化蛹，成虫7月发生较多，每日的高温时活跃。常数头群集啃食幼果，将果实啃食成空洞，致使果实腐烂脱落。对酒醋趋性强，有趋光性和假死性。高温时受惊迅速飞走，低温时受惊假死坠地（图1-133）。

图1-132　铜绿金龟子
（郭书普摄）

暗黑金龟子。又名大黑金龟子，以成虫食叶危害。1年或2年1代，以老熟幼虫在土中越冬。越冬成虫5月出土，危害盛期为7～8月，8月底结束。危害叶片时，在叶片上咬出不规则的缺刻与孔洞。成虫白天多潜伏在土中，黄昏出土活动，黎明前入土潜伏，有趋光性和假死性（图1-134）。

图1-133　白星金龟子（郭书普摄）

图1-134　暗黑金龟子（郭书普摄）

（2）防治方法。

冬季管理。秋、冬季耕翻树盘土壤，将越冬幼虫及成虫暴露冻死，或将表层越冬幼虫及成虫深翻到底层，使之越冬后不易羽化。

人工防治。利用假死性，在黄昏时振落、捕杀成虫，或进行人工捕捉。设置灭虫灯或火堆诱杀成虫。

药剂防治。成虫发生期可选择80％敌敌畏乳油1 000倍液或20％氰戊菊酯乳油2 000倍液等喷施防治。

8.4.14　山楂叶螨

山楂叶螨（*Tetranychus viennensis* Zacher）又名山楂红蜘蛛，属蜱螨目叶螨科害虫。除危害梨外，还危害苹果、杏、梅、李等。近几年来，山楂叶螨对砀山酥梨的危害程度有加重趋势。

（1）危害症状。主要危害叶片，成螨、若螨及幼螨以其刺吸式口器吸食叶组织汁液，使叶片呈现失绿斑点。山楂叶螨常群集在叶背后拉丝结网，于网下取食，严重时叶片变红褐色，引起叶片早落。

（2）形态特征。

成螨。雌成螨虫椭圆形，长约0.54mm，宽0.28mm，深红色，越冬型雌成螨橘红色，体背前端稍隆起，刚毛基部无瘤状物突起。足4对，淡黄色。雄成螨体长约0.43mm，从第3对足以后，体逐渐变细，末端尖削。初蜕皮时为浅黄绿色，后变为绿色，体背两侧有2条不规则黑色条纹。

幼螨。足3对，初孵时为圆形，黄白色，取食后渐呈浅绿色。

若螨。足4对，有前期若螨后期若螨之分。前期若螨体背开始出现刚毛，两侧露出明显的黑色条纹；后期若螨较前期若螨大，形似成螨，可以区分出雌雄。

卵。圆球形，前期产的卵为橙黄色，随着产卵量的增加，卵色逐渐变淡至黄白色。

（3）发生规律及习性。砀山梨区1年发生约10代，以受精雌成螨在梨树主干、主枝的粗皮裂缝或树干周围的土壤缝隙中越冬。翌年春天气温升至10℃以上时开始出蛰，出蛰盛期为4月上中旬。花后至4月下旬第1代成螨出现，山楂叶螨出蛰盛期比较集中，恰好又处在梨花落花之后，此时是防治山楂叶螨的关键时期。5月中旬至6月中旬，山楂叶螨多集中在树冠内膛危害，为内膛聚集阶段；6月中旬至7月中旬由内膛逐渐向外扩散至树冠外围枝上，为外围扩散阶段；7月中旬至8月中旬，外围枝上山楂叶螨数量上升很快，为外围增殖阶段；进入8月中旬之后，气温下降、湿度增大，种群数量呈下降趋势，为种群消减阶段。6月中旬至8月上旬是危害最严重时期。一般8月中、下旬田间即可见到各型雌成螨，9月上、中旬雌成螨大量出现。山楂叶螨两性生殖的后代雌雄均有，而孤雌生殖的后代均为雄螨。一般情况下，雄成螨显著少于雌成螨，雌螨所占比例为60％～85％。每头雌螨产卵50～110粒。

山楂叶螨发育受温度、湿度影响大，在 15.7℃时完成 1 代需 37d，而在 26℃时完成 3 代仅需 17d。每年山楂叶螨大量发生期多在麦收之后（6 月中、下旬），此时的高温、干旱条件是促使其大发生的主要因素。长期阴雨天气不利于其发生，暴风雨可迅速降低其种群数量。

（4）防治方法。

人工防治。冬、春季结合修剪，精刮树皮、集中烧毁，降低越冬代雌成螨基数。

生物防治。捕食山楂叶螨的天敌种类十分丰富，保护利用天敌是控制叶螨危害的有效方法。为保护天敌，一要减少广谱性农药使用量或改变使用方式，在制定防治计划、选择农药时，首先考虑到对天敌的影响。二要改善生态环境，梨树行间种植绿肥，行间覆草，为天敌昆虫提供补充食料和栖息的场所。

化学防治。梨树萌芽前，结合防治其他害虫喷洒 3～5 波美度石硫合剂。在砀山酥梨谢花后和当地小麦收割前后，可选择 15％哒螨灵乳油 3 000 倍液，20％哒螨酮可湿性粉剂 2 500 倍液，1.8％阿维菌素乳油 3 000 倍液等药剂喷施防治。

9　采收、分级、包装、贮藏和运输

9.1　采　　收

果实采收是果树生产中的重要环节，采收的时间和方法，不仅关系到产量和果实品质，而且对果实贮藏和加工性能也有很大的影响。

9.1.1　采前准备

采前 1 个月左右，先做好估产工作，拟定采收、分级、包装、贮藏、运输、销售等一系列计划，准备好采收所需的工具和材料等。

（1）园内消毒。为了降低田间果实携带的病虫基数，减少销售和贮藏过程中果实发病率，采前应全园喷施 1 次"放心药"，杀死蛀果害虫的虫卵，铲除浸染果实表面或侵入表皮的病菌。选用的杀菌剂和杀虫剂要高效、低毒、无残留或低残留，用药时期符合农药的安全间隔期，确保果实的食用安全。

采收前，摘除树上的病、虫、残果，捡去地面上的病虫果、脱落果，避免混入商品果中。清洁堆果场所及附近区域，以免果实在存放过程中再次受病虫危害。

（2）工具和材料准备。果实采收前，准备好包装材料，以及采摘和运输工具。包装材料包括果箱、隔板、包装纸、网套、胶带等，运输工具包括板车、农用三轮车等小型田间运输工具，采收工具包括采果篮、果筐、高梯、采果器等。采果器是采摘树冠顶部果实的工具，它的制作方法是在长竹竿的一端绑扎 1 个直径 15cm 左右、用细钢筋或果树徒长枝条圈成的环状物，在其上固定布袋。果篮、果筐的内壁要用布或塑料编织袋等包裹，以免条梗碰伤果实。

（3）场地准备。准备采收时果实堆放的场地，没有选果车间的要搭建临时性预存棚。进行手工分级选果的应清除棚内杂物，地面铺设无污染、柔软的农作物秸秆，以防碰伤果实。进行机械分选的应事先设计分界线、工作台及不同级别果实堆放的位置。采取半地下式自然通风窖等简易方式贮藏的，要在果实入窖前彻底清理、曝晒装果工具；打扫窖内残屑碎末，并用硫磺熏蒸等方法消毒；检查门窗、设备、照明线路，配备温度计、湿度计等；采取冷库或气调库等机械方式贮藏的，果实入库前应进行仓库清洁消毒处理，并对设备进行全面的调试，确保果实入库后正常工作。

9.1.2　采收时期

果实成熟度一般分为可采成熟度、食用成熟度和生理成熟度 3 种。在生产实际中，采收期的确定，往往综合果实的成熟度、市场供需情况、果品用途、运输距离等因素而确定。但果实成熟度是先决条件，过早或过晚采收，都将严重影响品质。

（1）鲜食果实采收期。达到食用成熟度的果实的形状、色泽、硬度、汁液、可溶性固形物含量及风味等品质特征均已充分表现，果实营养价值最高，风味最好，为鲜食用果实的最适采收期（图 1 - 135）。

在市场急需、中转环节多、运输路途较远的情况下，往往在果实可采成熟度时采收。此时果

图 1 - 135　食用成熟度的果实

实的大小与重量已达到品种应有的特性，但果实色泽、口感和风味尚未充分表现出来。

（2）加工果实采收期。根据加工产品种类的要求确定采收期。如制罐用的果实，需在果实硬度达到制罐要求的硬度时采收；制汁用的果实，需在果实充分成熟、果汁含量较高时采收；熬制梨膏用的果实，需在果实含糖量最高时采收。

（3）贮藏果实采收期。贮藏用果实的采收期与鲜食用果实的相似或略有提前。过早采收的果实，其品质特性不能充分体现，果皮保护能力低，水分蒸发快，贮藏过程中果实容易失水、腐烂；过迟采收的果实，肉质发糠，果实的酥脆程度降低。

9.1.3　判断成熟度的方法

（1）果实发育天数。在正常气候条件下，砀山酥梨谢花后大约150d左右，果实可达食用成熟度；花后130～135d达到可采成熟度。砀山酥梨在原产地盛花期一般为4月6～8日，谢花为4月10～12日，9月15日前后成熟，不同年份提前或推迟7d左右达到食用采收期，提前或推迟天数取决于迅速膨大后的积温情况。果实迅速膨大后高温、干旱、昼夜温差大，成熟期提前；果实迅速膨大后遇阴雨、低温天气，成熟期就会推迟。砀山酥梨生理成熟后有糠果现象，果肉软绵，风味变淡。糠果出现时间与土壤、树势和天气有密切关系，泡沙地、光照好的梨园，适采期后10～15d，遇到干旱天气时果实就出现糠果；期间若遇阴雨天，糠果出现时间稍有推迟。

（2）果实色泽。砀山酥梨从果实迅速膨大至生理完全成熟，色泽显现从绿色、淡绿色、黄绿色、黄色到黄白色变化过程。榨汁用果和贮藏用果一般在果实黄绿色时采收；鲜食用果在果实黄绿色至黄色时采收。

（3）果实风味。达到可采成熟度的果实，大小与重量已基本体现，鲜食时果肉质地较硬、风味淡、不够酥脆；达到食用成熟度时，果肉味甜汁多、酥脆可口；过熟时，果肉软绵，果味转淡，甚至失去鲜食价值。因此，风味变化，也可以作为判断成熟度的指标之一。

（4）种子色泽。种子成熟情况是果实成熟度的一个重要指标。一般情况下，果实成熟与种子饱满程度及种子颜色变化紧密相关。砀山酥梨果实迅速膨大后，种子的色泽经历白色、淡褐色、褐色、黑褐色的变化过程，种子不断发育、逐渐饱满。因此，种子黑褐色、种仁饱满是砀山酥梨果实成熟的标志。

（5）果实硬度。果实的成熟度愈高，果肉的硬度愈低，用硬度计测定硬度也可判定果实的成熟情况。砀山酥梨果实去皮硬度一般在 $5.5kg/cm^2$ 左右时即达到可采成熟度；硬度在 $4.5kg/cm^2$ 左右时为食用成熟度。

（6）可溶性固形物含量。随着果实成熟度的提高，果肉可溶性固形物的含量亦随之增加。砀山酥梨的果实可溶性固形物含量达到10%左右时，属可采成熟度；达到11.0%以上时，属食用成熟度。栽培立地条件、管理水平不同，果实可溶性固形物含量差异较大，生产中可根据相同地块连续几年测定的结果推断成熟度。采前的天气情况对果实的可溶性固形物含量有显著的影响，如连续晴天、昼夜温差大，可溶性固形物增加较快，如连续阴雨，可溶性固形物含量变化较小，甚至有降低现象。

9.1.4　采收技术

果实采收，并不单指将果实从树上摘下来，它是果园管理中的一项技术措施，既影响树势，又影响果实品质和贮藏性能。

（1）采摘方法。采摘要保证果实完整无损，并避免折断果枝。采摘时用手握住果实，以食指顶住果柄基部，向一侧轻轻上托，使其从离层处脱离果台。强摘硬拽容易损伤果实，还容易折断果台枝，影响下年产量。如一台多果，应用一只手托住所有果实，另一只手逐个采摘。摘下的果实要轻轻放入篮筐等容器内，果柄向外，避免触及果面。采摘容器中果实不要装得过满，以免挤伤果实。

（2）分期采收。果实采摘时应先采树冠外围的果实。外围果通风、光照条件较好，成熟期相对树冠内膛的果实较早。此外，成年砀山酥梨的主枝开张角度较大，先采摘外围果，可以减轻主枝前部负担，有助于恢复树势。树冠顶部果实易遭受虫害、鸟害和风害，越接近成熟，损失的风险越大，因此，应尽早采摘。

（3）分级采收。果实的大小、果形和色泽往往存在差异。传统的方法是将果实采收后堆放在田间或选果场内，手工进行分拣，容易造成果实的机械伤。因此，采摘果实时，最好根据分级指标，尽量将大小相同、果形相近、色泽基本一致的果实分批采下，不仅减少了分级环节、提高了工效，而且可减少果实的机械伤。

（4）剪果柄。为防止果柄互相碰撞、损伤果实，果实采下后，剪去果柄。若销售有保留果柄的要求，果实存放时，应尽量避免果柄对果实的伤害。

9.1.5 采后预冷

果实从树上采下时，本身温度较高，需要经过预冷过程，才能进行长途运输或贮藏。传统的预冷方法是将采摘下来的果实放在通风冷凉处，让其自然降温。虽然降温效果较差，但对提高运输和贮藏效果仍能起到一定作用。

有条件的可以采取水冷和风冷等预冷方法。水冷有浸泡式、喷水式、冲水式，冷却速度快，成本低，但易被水污染；风冷又可分为普通风冷与差压强制风冷，它是将果实放在预冷室内，通入冷风，使其冷却，只要有冷库即可采用。

果实预冷的主要作用一是迅速散发田间热，降低果温，进而降低呼吸强度，有利于果实保鲜，减少损失；二是减少贮藏能耗；三是可以减轻冷藏中果实的生理病害。

预冷在果实采收后要尽快进行，延迟冷却会严重影响预冷效果。

9.2　分　级

果品等级标准是销售环节的一个重要工具，是在生产和流通中评定果品质量的一种共同的技术准则和客观依据。

9.2.1　分级标准

（1）分级依据。1989 年国家颁布了鲜梨的国家标准（GB 10650—89），成为全国各地鲜梨分级的主要依据。此标准按不同品种的果径大小分为特大型果、大型果、中型果、小型果 4 类，砀山酥梨被列为大型果。等级规格指标中从基本要求、果形、色泽、果实横径、果面缺陷 5 个方面提出分级的基本技术要求，当时国内水果市场产品还不丰富，等级之间的差距较小，等级标准比较宽松。2005 年 4 月通过农业部组织的专家对安徽省农业委员会起草的砀山酥梨国家标准进行审定，该标准将感官指标与理化指标有机结合，体现了外观质量和内在品质的协调与统一，对促进砀山酥梨生产和流通具有重要意义。此外，1998 年，安徽省颁布了砀山酥梨地方标准（DB341/T154—1998），并于 2006 年修订。

（2）分级内容。砀山酥梨等级指标，在外观上从基本要求、果形、色泽、果实重量和果面缺陷等 5 个方面（表 1-16）提出 3 个等级的分级要求。在内在质量上，从可溶性固形物、总酸、硬度 3 个方面提出 3 个等级的理化指标（表 1-17）。

表 1-16　砀山酥梨等级指标

指标项目	质量指标		
	特　级	一　级	二　级
基本要求	各等级果实完整良好，发育正常，无异味，果面清洁，具有贮藏或市场要求的成熟度		
果形	端正，近圆形或马蹄形，具有本品种应有的特征	端正，近圆形或马蹄形，允许有轻微缺陷，具有本品种应有特征	近圆形或马蹄形，允许有轻微缺陷，仍保持本品种应有的特征，不得有畸形果
色泽	成熟时黄绿色，贮藏后转为黄白色		
果实重量（g）	250～350	≥200	≥165
果面缺陷	无缺陷	允许下列规定的缺陷不超 1 项	允许下列规定的缺陷不超 2 项
碰压伤	无	允许轻微伤，总面积不超过 1.0cm²，不变褐	允许轻微伤，总面积不超过 2.0cm²，不得变褐
刺伤	无	无	无
磨伤	无	允许轻微磨伤，总面积不超过 2.0cm²	允许轻微磨伤，总面积不超过 3.0cm²
水锈、药斑	无	小于 1.5cm²	小于 2.0cm²
日灼	无	无	无
雹伤	无	允许轻微伤，总面积不超过 0.3cm²	允许轻微伤，总面积不超过 0.5cm²
虫伤	无	允许干枯虫伤，总面积不超过 0.2cm²	允许干枯虫伤，总面积不超过 0.5cm²
病害	无	无	无
食心虫	无	无	无

表 1 - 17　砀山酥梨果实理化指标

项目	指　标			备注
	特级	一级	二级	
可溶性固形物（％）	≥12.0	≥11.5	≥11.0	
总酸（％）	≤0.10			
去皮硬度（kg/cm²）	3.5～4.5			果实采摘期

9.2.2　分级方法

（1）人工分级。人工分级主要是根据单果重或果实横径大小进行手工分级。按单果重分级时，可借助台式天平等根据分级标准进行分选。按果实横径分级，应先自制 1 个分级板，即在 1 个长方形的塑料硬板上，刻出 6～8 个直径不同的圆孔，最小的 50mm，依次将孔的直径增加 5mm，分级时将梨果放入孔中，即可迅速分出果实的大小。手工分级时，果形、色泽、果面缺陷按等级要求，分类选出，一步到位（图 1 - 136）。

图 1 - 136　手工分级

（2）机械分选。现在使用的各种分级机，一般是根据果实的重量进行选果。砀山酥梨在用重量式分级机进行分级时，套袋果实连同果袋分选，分选后再除袋，未套袋的果实可在分选时套上泡沫网套，避免造成机械伤。目前，在砀山县很少采用机械分选。

9.2.3　质量检验

果品质量检验是果品在生产和流通过程中进行质量管理的一项重要技术措施，目的是为了提高果品的商品质量，促进果品流通，防止不合格果品进入市场，切实保护消费者的利益。

（1）质量检验的方法。果品质量检验的方法分为感官检验法和理化检验法两种。

感官检验法。检验者用口、眼、鼻、耳、手等感官判断果品质量是否符合等级规格要求。用感官检验法检验的指标主要是果实的大小、形状、成熟度、色泽、果面缺陷、口感、风味和质地等，检验方法简便快捷，不受地点、设备条件的限制，是检验果品外观品质的常用方法。

理化检验法。借助仪器设备对果品的某些质量指标如硬度、可溶性固形物和总酸的含量等进行检验。理化检验方法是检验果品内在品质的重要手段。

（2）质量检验的内容。果品质量检验的内容包括外观品质、理化指标和卫生指标3个方面。

外观品质。外观品质主要包括果形、大小、成熟度、色泽和果面缺陷5项指标。

果形：砀山酥梨的果形是近圆形。果形不端正是果实在生长发育过程受到不良影响所致，因而果实品质较差。

果实大小：用果径或单果重表示。果径是果实最大横切面的直径，可用游标卡尺测量；单果重可用器具称量。在国内外果品贸易中，体积和重量的大小是划分等级的重要指标之一，不同等级规格的果实，对果径或重量都有明确的规定。就品质而言，砀山酥梨并非越大越好，单果重超过350g，可溶性固形物含量就有下降的趋势，口感风味变淡，果肉容易失水。所以在砀山酥梨的等级标准中，特级果的重量是250～350g；果实过小，多为发育不良所致，食用部分所占的比例小，品质也差，因此单果重小于165g的果实为级外果。

成熟度：表示果实成熟的不同阶段。果实因贮存、运输、加工、销售等处理方式不同，对成熟度的要求也不同，但不论采取哪种处理方式，果实的成熟度应基本保持一致。用于应时鲜食销售的砀山酥梨果实，其成熟度应达到食用成熟度，否则难以充分表现其优良品质。

色泽：指果实表面的颜色和光泽。果实表面的颜色和光泽是由果皮中不同的化学成分决定的，是果实重要的外观品质。砀山酥梨果实成熟时黄绿色，贮存后转为黄白色。生产和流通过程中，果实色泽一般都用彩图或文字表述，也可用化学方法测定果实中叶绿素、类胡萝卜素等的含量，据此判断果实的色泽。

果面缺陷：指自然或人为因素造成果实表面的机械伤、药害、日灼、雹伤、虫害等伤害。一般用受害面积或发生率表示缺陷程度。砀山酥梨质量标准规定，特级果的果面不得有任何缺陷，一级果的果面缺陷不得超过1项，二级果的果面缺陷不得超过2项。果面缺陷采用目测与测量相结合的方法进行判定，先统计缺陷的发生率，再测量缺陷面积的大小。

理化指标。理化指标的检验主要有硬度、可溶性固形物含量和含酸量3项指标。

硬度：果实的硬度与果肉细胞间隙中的果胶变化有很大关系，刚采摘的果实原果胶含量多，果肉硬度大，随着贮存时间的延长，原果胶逐渐分解为果胶，果肉硬度变小。检验时在果实的胴部削去一块 $1～2cm^2$ 左右大小的果皮，用手持或台式硬度计垂直对准果面，缓慢施加压力，使测头压入果肉至规定标线为止，从指示器直接读数，即为果实硬度值，通常以 kg/cm^2 为单位，取多次测定的平均值，计算至小数点后1位。

可溶性固形物含量：测定果实可溶性固形物含量，可用手持测糖仪直接测定。砀山酥梨果实中的可溶性固形物主要是糖。果实的可溶性固形物含量与栽培方式、成熟度等关系密切，砀山酥梨特级、一级、二级果可溶性固形物含量分别为大于或等于12.0%、11.5%、11.0%。

含酸量：果品中的含酸量与果实的成熟度、风味、品质的关系十分密切，含酸量相对较高的果实风味浓，含酸量相对较低的果实风味淡。砀山酥梨果实含酸量随着成熟度提高和存放时间的延长会逐渐降低，采摘期果实的含酸量不超过0.1%。含酸量的测定方法一般采用中和滴定法。

卫生检验。病虫害防治过程中，使用的化学农药不可避免地会残留在果实上；大量施用化肥会导致硝态氮在树体及果实中积累；工业生产排放出的废气、废水中的汞、砷、镉、铅等重金属也不可避免地会被植物吸收，残留在树体或果实中。这些有害物质通过人们食用果实进入人体，危害健康，国家制定的有关水果食用安全标准中规定的有害物质最大残留限量，是卫生检验和管理的依据。

（3）果品检验规则。

规定要求。串等果只能是邻级果，特级果中可有总重量不超过2%的一级果，果面无缺陷；一级果中可有总重量不超过5%的二级果；二级果中可有总重量不超过8%的不符合本等级规定的重量要求及果面缺陷的果品；各等级不符合单果重规定范围的果实不得超过5%；同一包装件（箱）单果重之间差异不超过50g。

抽样。抽样必须具有代表性，在整批货物的不同部位按规定的数量抽取。检验中如发现质量问题，需要扩大检验范围，增加抽样数量。抽样数量一般为2%（结果取整数）。

检验结果判别。目前，砀山酥梨果实检验以感官检验为主，按等级规格的各项要求，对样果进行认真检查，对照标准确定等级。在感官检验中，如果对果实质量和成熟度及卫生条件不能做出明确判别时，需借助仪器设备进行测定。

经检验不符合等级品质条件、超出允许度规定范围的果品，按其实际品质定级。

9.3　包　　装

果品包装是指在果品流通过程中，为保护果品质量、方便贮运、促进销售，按一定技术方法在果品上包覆容器、材料和各种辅助物等。它是商品整体的外形部分，是构成果品商品性状的要素之一。

9.3.1　包装的作用

包装对果品的运输、宣传、促销以及提高附加值等方面都有重要的作用。

（1）保护商品、方便贮运。果品从生产者流通到消费者手中，要经过装、运、交易等过程，良好的包装可减轻果品机械伤、污染程度等。在贮存运输过程中便于装卸、计量。

（2）美化产品、促进销售。通过包装，将果品的质量、特色与现代艺术融为一体，不但使产品具有优美的造型、和谐的色彩，而且可以更好地展示果实的内涵，便于消费者选购。在陈列产品中，包装起着"沉默推销员"的作用，能引起消费者的注意，激发购买欲望。

（3）增加利润、提高产值。同一等级的果品，经适度、规范地包装后，可降低损耗、提高利润。

9.3.2　包装的类型

（1）运输包装。运输包装分为单件包装和集合包装两种。主要起方便装卸、贮运和销售的作用。单件包装是指果品在运输过程中作为一个计件单位的包装，如箱（木箱、纸箱、塑料箱）、袋等包装。近年来，随着贮运技术的进步和内外贸易量的增加，运输采用集合包装的越来越多。集合包装是将一定数量的单位包装组合成一件大的包装或装入大的包装容器内，如集装箱等，它有利于保护果品，降低贮运成本。

目前，世界许多国家对进口果品的运输包装有严格要求，凡不符合规定要求的，需要重新包装，甚至不准进口（图1-137）。

图1-137　早期出口用包装箱

（2）销售包装。又称内包装或小包装，它是产品直接与消费者见面时的包装，既要能良好地保护产品，又要美观，便于陈列、展销。砀山酥梨果实皮薄汁多，极易损伤，因此对包装的安全要求比较严格。

9.3.3　包装材料

果品包装的材料很多，有木质、纸质、塑料、竹质等。包装砀山酥梨的容器，采果时多用条筐、木筐，外运时多用塑料箱、纸箱，入窖贮藏多用透气的木条箱。其中，瓦楞纸箱因轻便有弹性，并具有美观、牢固等特点，被大量使用。

为减少包装对果实的挤压伤害，包装内常使用一些安全的缓冲材料，如海绵、禾草、木屑和纸条等。

9.3.4　包装要求

（1）容器要求。用于包装果品的容器必须清洁干燥、牢固美观、无毒、无异味，内无尖突物，外无钉头尖刺等。纸箱无受潮、离层现象。鲜果包装用的纸箱要求能负压200kg以上、24h无明显变形。箱体留气孔4～6个，每个气孔直径16mm。随着市场和消费者需求的变化，销售包装日趋精美、小型、透明化。

（2）重量要求。为方便搬运和装卸，砀山酥梨每箱果实净重15～25kg较适宜。每一包装件内果实重量误差不得超过±1%。

（3）等级要求。每一包装件内应装入产地、等级、组别（果实横径相差不超过5mm或单果重相差不超过50g)、成熟度、色泽一致的果实;不得混入腐烂变质、损伤及病虫害果。

(4) 标记要求。在包装容器同一部位印刷或贴上不易磨掉的文字和标记,标明品名、品种、等级、产地、净重(个数)、包装日期、安全认证标志,字迹清晰,容易辨认。标示内容与产品实际情况须统一。

9.3.5 包装方法

(1) 单果包装。果实分级后要进行逐个包装。首先对已获得注册商标和质量安全认证的产品,在梨的肩部贴上小商标或标志,既向广大消费者公开保证名牌质量,也是区别于其他果品的一个标志,增强产品的市场竞争力。贴标志后用包果纸裹严果实,包果纸的主要作用是不使果实在包装容器中滚动,避免机械伤害,防止病果相互感染,减缓果实的水分蒸发,保持果实较稳定的湿度。最后套上发泡网套,网套有伸缩性和弹性,对果实具有良好的保护作用,同时,它质地轻柔,价格便宜,使用方便。

(2) 单件包装。果箱底部先放入垫板,装果时一定要妥善排列,彼此相互挨紧,不动摇,也不要挤压。每箱定数、分层、整齐排列,用隔板逐层隔开。

若不进行单果包装,装箱时应加以衬垫物(图1-138、图1-139)。

图1-138 单件包装(左:包装箱;右:箱内果实摆放)

最近几年,多种型号的蜂窝状、托盘式泡沫塑料垫板,在出口果实包装中得到广泛应用,这种包装方法有效避免了运输和装卸过程中果实的机械损伤,减少了鲜果的水分蒸发,提高了果实的保鲜效果(图1-140)。

 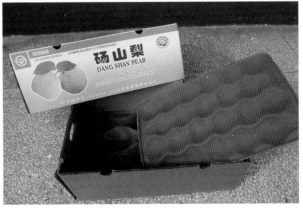

图1-139 礼品包装   图1-140 蜂窝状包装箱(出口用)

9.4 贮 藏

砀山酥梨栽培面积大,果实耐贮性能好。通过安全贮藏可减轻鲜果应时销售压力,稳定市场供应，提高果实附加值。

9.4.1 贮藏情况

（1）贮藏技术的突破。半地下自然通风窖贮藏技术的提出。很早以前，砀山果农就开始摸索砀山酥梨的贮藏方法，沟藏、房贮、地埋和缸藏，甚至尝试用《齐民要术》中介绍的其他水果的贮藏方法贮藏砀山酥梨，但一直没有获得满意的结果。然而，栽培面积不断扩大，产量大幅提高，产地和采收期集中，运销十分困难，造成了"旺季烂、淡季断，丰产不丰收"的局面。1979 年起，砀山县科委组织县果树科学研究所和文庄供销社的技术人员对砀山酥梨的保鲜贮藏开始了系统研究，承担了省科委的科技攻关项目，参加了华东地区科研协作组共同攻关，试验、推广了砀山酥梨半地下自然通风窖贮藏技术，采用这种技术，可使砀山酥梨果实贮藏保鲜时间长达 120～150d，贮藏损耗率仅 10% 左右。1984 年，这一成果通过了省级鉴定，1989 年获省科技进步二等奖，1993 年获国家科委科技成果三等奖。

推广及应用。自 1985 年开始，砀山酥梨半地下自然通风窖贮藏技术在砀山地区得到较快推广和应用，仅 10 年时间，砀山县农村就建成半地下自然通风窖 15 000 多个。同时，该贮藏技术还迅速被周边苏、鲁、豫、皖的 11 个县市采用，大大减轻了砀山酥梨鲜果上市时的运销压力，显著提高了生产经济效益。

（2）贮藏设施与规模。随着广大果农贮藏经验的不断积累，砀山酥梨的贮藏方法也在原有的半地下自然通风窖贮藏技术的基础上得到了不断改进。

窖藏。主要指半地下自然通风窖贮藏，贮藏窖一半在地上一半在地下，窖内的温度和湿度都相应稳定，较多时全县有 5 万多个半地下自然通风窖，可贮藏砀山酥梨 20 余万 t（图 1 - 141）。

图 1 - 141　半地下自然通风窖外观

室内常温贮藏。随着果农住房面积增大，利用空余的房屋贮藏砀山酥梨的情况较为常见。将门窗用棉帘和塑料薄膜封闭后，把梨箱堆码在屋里即可。与半地下自然通风窖不同的是室内常温贮藏期间要经常在地面上洒水，增加室内湿度，以防梨果实失水。也可用塑料薄膜保鲜袋将果实逐个包装，直接堆放在室内贮藏，可有效减少果实失水和贮藏损失。目前，砀山利用这种贮藏方法贮藏的果实约占全县总贮藏量的 5% 左右。

机械贮藏。砀山县现有中、小型机械冷库 62 座，采用机械冷库贮藏的量约 1.5 万 t，其中 60% 是小型机械冷库，每库贮藏量 20～200t。另外，还有 4 座贮藏量为 2 000t 的气调冷藏库。

沟藏。在果树行间挖宽 1.5～2m、深 0.8～1m 的土沟，沟内铺上干草，把梨果实散放堆积在里面，沟上面搭盖塑料薄膜和遮阴网。如果沟藏时间较长，超过霜降节气，要在上面覆盖草苫等保温材料。这种方式仅限于短期贮藏。

9.4.2 影响贮藏的因素

（1）果实品质。

营养状况。氮素可以刺激果实的呼吸作用，因此氮肥施用量过多的梨果实不耐贮藏；果实中的钙含量与呼吸作用存在负相关关系，含钙量高的果实，呼吸强度较低，耐贮期较长。因此，避免过多施用氮肥，并根据梨树生长情况，适量喷施微量元素，如钙、镁、锌等，可增强果实耐贮性。

成熟度。采摘过早，果实尚未充分发育，糖分积累少，在贮藏期间容易失水皱皮；采摘过晚，果肉松软发糠，搬运时，易碰伤损坏，同时，果实成熟不采，衰老进程加快，也缩短贮藏时间。因此，要适时采收。

水分含量。采前果实水分含量过大，果实耐贮性降低。因此，采前梨园不要灌溉。

（2）贮藏条件。

容积。果窖必须有足够的空间容纳所需贮藏的果实，避免过分拥挤。单位体积贮藏果实量为：窖内装箱贮藏为 $280\sim300kg/m^3$、沟藏为 $500\sim510kg/m^3$、冷库贮藏为 $300kg/m^3$。

温度。温度是贮藏条件中最重要的因素。适宜的低温可有效抑制果实的呼吸作用，延长贮藏和保鲜时间。同时，低温还可抑制病菌的滋生。砀山酥梨适宜的贮藏温度为 $0\sim1℃$。

湿度。湿度也是贮藏的重要条件之一，保持较高的相对湿度，可减少梨果实失水，从而减轻自然损耗，保持果实新鲜度。但湿度过大，易造成梨黑星病大发生。砀山酥梨贮藏场所的适宜湿度为 $90\%\sim92\%$。

气体成分。适当调节窖内的 O_2 和 CO_2 等气体的浓度，可抑制果实呼吸作用，延长梨果实的贮藏时间。适宜的 O_2 和 CO_2 浓度为 $2\%\sim3\%$ 和 $3\%\sim5\%$。适当降低 O_2 的含量、提高 CO_2 浓度，可抑制催熟激素乙烯的形成，从而减少营养物质的消耗，保持果实的风味和果肉硬度。

贮藏容器。贮藏用的果箱，应该是条形透气箱，便于呼吸散热。箱子的大小即长×宽×高一般为 $50cm\times35cm\times40cm$，约装砀山酥梨果实 20kg。

覆盖物。沟藏时要另外备足覆盖物（玉米秆、麦秆等），用于气温降低时保温。在砀山地区，一般随气温降低覆盖 2～3 次，覆盖物总厚度约 10～15cm。

9.4.3 贮藏方法

（1）半地下自然通风窖贮藏。

贮藏窖的结构。根据砀山地区的气候和土壤情况，窖址宜选择在地势较高、空气流通的地方，为了减小北侧的迎风面和避免阳光直射，窖体的方向以南北长为宜，窖体的地下深度，应以当地地下水位的情况而定，地下水位低的地方，可以建全地下式，一般深达 $2.5\sim3m$；地下水位高的地方，可建半地下式，一般入地 1.5m。全地下式贮藏窖的窖温比半地下式窖的稳定。窖墙体材料以砖为主，窖顶有用水泥预制板的，有用砖砌成拱形的，也有用水泥条间隔排列后再铺砖块或瓦的。这三种窖形，以砖砌拱形顶的为最好，因为这种窖内部空间大，窖顶承压能力强，坚固安全，而且砖块吸潮，窖顶无凝水、滴水现象。

窖门前留 4m 距离建入窖阶梯，其上盖成小屋。屋门为木门，窖门为铁纱门，窖门高 2m，宽 1m；窖身长一般 10m，宽 3m，高 3m，有效贮藏体积约 $85m^3$。窖的另一头建类似烟囱的通风口，高度应大于窖长的 1/3，内径不小于 0.8m，通风口与窖体间要装栅栏及窗纱，防盗防虫（图 1-142）。

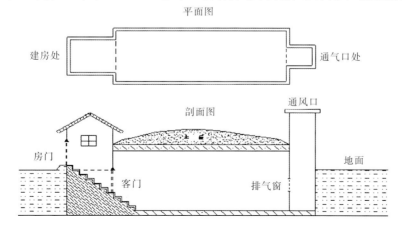

图 1-142 半地下自然通风窖结构示意图

入窖前准备。果实入窖前，要对果窖、果箱和窖内棚架进行消毒。果窖消毒主要采取熏窖方法，用 $20\sim25g/m^3$ 的硫磺，在窖内点燃后密封 48h，然后放风。果箱和窖内棚架消毒可喷洒 300 倍 50% 多菌灵稀释液或 200 倍 5% 辛菌胺醋酸盐稀释液。此外，还要做好以下工作：一是病虫害防治。除贮藏期病害外，梨果实贮藏前若被梨黑星病、轮纹病及梨小食心虫等侵染危害，贮藏期间危害症状会逐渐显现出来，因此，应加强采前果实病虫害防治。入窖梨果实的采收，应在晴天露干后进行，避免果面潮湿滋生病菌；采下的果实果面若附有水珠，应放在通风处晾干，不能暴晒，避免产生日灼。二是防止机械伤。由于砀山酥梨果实皮薄多汁，采摘时应轻拿轻放；果实采下后及时剪除果柄。如果不剪除果柄，装箱时将果梗插入空隙中，以免戳伤其他果实。三是分级。为了日后销售方便，入窖前要对梨果进行分级。首先剔除病虫果、畸形果、机械伤果等，然后按标准分级装箱。装箱后不要马上入窖，应在阴凉处预贮 $2\sim3d$，白天加盖草帘隔热，夜间揭开草帘散热，预贮期间注意防雨。

果实入窖。窖内果实堆放普遍采用两种方法，一是分层棚架式堆放。即用木棒、竹竿等坚固材料搭建成一层一层的架面，中间留有 80cm 宽的走道，以便来回搬运。架面层间距为 $50\sim60cm$，以人能在货架两侧弯腰操作为宜。底层架面距地面 20cm 以上，便于透气，每层果架堆放果实的高度不超过 45cm。这种方法不易操作，进出窖时容易给果实造成机械伤。二是装箱堆放（图 1-143）。果箱在窖内码垛时，一般垒放 $6\sim7$ 层（箱）高，垛间和箱间要适当留出通气间隙，最底层要用砖块或水泥苻条垫底，防止箱子受潮霉变。这种方法入窖出窖方便，透气条件好；可充分利用空

图 1-143 果箱堆放贮藏

间，贮存数量较大。采用棚架式堆放贮藏，1 个 $85m^3$ 的果窖能贮藏砀山酥梨果实 6 000kg，而装箱贮藏，贮藏量可增加 1 倍以上。

入窖后管理。果实入窖后管理分为 3 个时期。初期（又称降温期）。砀山地区 9 月下旬的平均气温在 $15\sim20℃$，昼夜温差较大，果实刚入窖，果温高，呼吸强度较大，晚间要将窖门打开，放进凉气，排出热气和果实后熟气体；白天封闭，防止凉气外出、热气进入。此外，果实入窖后 1 个月左右，要检查果实 1 次，清除病虫果及机械损伤果。中期（又称保温期）。进入初冬季节，气温下降，窖内温度适宜。因此，应关闭窖门，必要时用草帘、棉帘封闭通风口，以稳定窖内温度。后期（又称保窖期）。果实的生理活动逐渐加强，为防止果实失水，要注意观察湿度计，相对湿度低于 75% 时，应在地上泼水或置清水盆于果窖中心通道，也可用湿麻袋平铺在果箱上，使窖内湿度维持在 90% 左右；若湿度过大超过 95%，应及时通风换气或用石灰块吸潮。此外，贮藏后期由于气温、土温上升，窖内温度也随之上升，窖温升至 18℃ 左右时，须尽快出窖销售。

贮藏效果。利用半地下自然通风窖贮藏砀山酥梨果实 $120\sim150d$ 后，果实新鲜度较好，损耗率约 10% 左右。但春季随温度上升，损耗率会快速提高。

（2）沟藏。

开沟。在地势平坦、土壤质地坚实、通风向阳、地下水位低和运输方便的地方，挖口宽 1.5m，底宽 1m，深 $0.8\sim1m$ 的地沟。长度随贮藏果实数量的多少而定，沟边应高于四周，以防雨水流入。沟以南北朝向为好，以利于控制温度。经一段时间的预冷，降低沟内温度后，在沟底铺干净细沙 10cm 或垫上 $1\sim2cm$ 厚的干草。在沟的上方搭建人形屋架，其上覆盖草苫、秸秆、芦席等，屋架两端敞开，便于通风和操作。

管理。果实入沟时，先从沟的一端开始，分段一层一层地摆放，果实堆放高度 $60\sim70cm$，上面覆

盖塑料薄膜，以保水分。气温较高时，白天堵住南端口防热，晚间敞开端口降低沟温；气候转凉后，封堵北端口，防止冷空气袭入。为了便于及时准确地测量沟温，可预先在沟藏的果实中间留好测温筒，平时盖上，测温度时，将温度计吊入测温筒内测定温度（图1-144）。

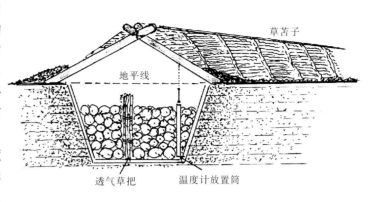

图1-144 沟藏示意图

（3）室内常温贮藏。室内常温贮藏的果实或分级散堆，或装箱码垛，选择墙体整洁，封闭良好，有一定的隔热、隔冷效果的房屋。贮藏前，可用硫磺（15～20g/m³）点燃熏蒸，或用1％的福尔马林（30g/m³）喷雾对房屋进行消毒，气味散尽后，用棉帘或塑料薄膜封闭门窗。

预贮。果实采下后要在室外遮阴处预贮2～3d，待果实温度降低、呼吸强度减弱时方可入室。

分批进屋。由于室温比窖温要高，且下降速度慢，因此，室内贮藏的果实要少量分批入室，以免室内温度猛增、难以回落。

调节温湿度。每晚开门、开窗吸冷散热，白天严密封闭门窗，力争使室内温度保持在10℃以下。装箱贮藏的，应常在地上洒水，有条件的可置加湿器，以保持室内空气湿度。

通气。在散放堆积贮藏的果实中，每隔2m插入一秸秆把子，以利于上下通气，便于散热。

（4）机械冷库贮藏。

准备。贮藏前对库房进行清扫、消毒、灭鼠工作。果实入库前开机制冷，检查冷库制冷系统性能；测温仪器每个贮季至少校验1次，误差不得大于±0.5℃；库内冷点（即库内空气的最低点）不得低于最佳贮藏温度的下限。待库温降至0℃后，再将经过预冷的果实入库。

温度。砀山酥梨果实贮藏过程中应保持库温稳定，贮藏期间库温变化幅度不能超过±1℃。入库初期每天至少检测库温和相对湿度1次。库内温度的测定要有代表性，每个库房至少应选3个测温点。

湿度。砀山酥梨果实皮薄容易失水，库内湿度低于适宜湿度时，应采用加湿器或地面洒水等方式及时增加湿度。

通风换气。冷库内CO_2浓度较高或库内有浓郁的果香时，应通风换气，排除过多的CO_2和乙烯等气体，一般2～3d通风1次，每次30min，选择清晨气温最低时进行，也可在靠近风机的位置（回风处）放置石灰和乙烯脱除剂。

果箱堆放。用纸箱包装的果实的堆码密度为250kg/m³；用大木箱等包装的堆码密度可比纸箱包装的提高10％～20％，但有效容积贮藏量不得超过300kg/m³。果箱堆码要牢固、整齐，间隙走向应与库内气流循环方向一致（图1-145）。

图1-145 冷库中果箱的堆放

果品出库。梨果出库时，若温差过大，果面易结露，果皮颜色发暗，品质变劣。因此，出库时可将库内温度逐渐提升至室外常温或设置过渡场所。

（5）气调贮藏。气调贮藏简称CA贮藏，是在具有特定气体组成的冷藏空间内贮藏果实的一种现代贮藏保鲜方法。影响砀山酥梨果实气调贮藏的因素有温度、相对湿度、氧气（O_2）和二氧化碳（CO_2）浓度等。目前，采用CA贮藏的砀山酥梨较少。

马海燕研究认为，外源一氧化氮（NO）处理延缓了砀山酥梨在贮藏期间硬度的下降和可溶性固形物含量的变化速率，降低了膜透性，延缓了可滴定酸含量的下降，抑制了果实叶绿素的降解，延缓了果实颜色的转变，减少了果实的腐烂率，抑制了果实维生素C的降解，降低砀山酥梨果实贮藏期间的呼吸速率和减少乙烯释放量。表明NO对砀山酥梨具有良好的保鲜作用。

9.5 运　　输

梨果装箱运输时要防晒、防雨、轻装和轻卸。运输过程中，防止机械损伤是关键，俞雅琼等研究了机械损伤对砀山酥梨采后生理生化变化的影响，结果表明：砀山酥梨在受到机械损伤后，呼吸强度明显提高，可溶性固形物、可滴定酸、维生素C含量及果肉硬度明显下降；纤维素酶和苯丙氨酸解氨酶活性均呈下降趋势。

采用汽车运输时，要排好果箱，装车高度不得超过2.5m（图1-146）。采用火车运输时，以冷藏车、盖车为佳，或用集装箱运输。码垛时，应排紧码成五花垛，以防松动倒塌。

图1-146　汽车运输

10 加 工

10.1 浓缩梨清汁加工

10.1.1 果汁加工业简介

果汁加工业从 19 世纪末诞生以来，已有百年历史，近 30 年来，得到迅速发展。到 1991 年，世界上较大的果汁饮料加工企业已发展到 2 400 家，共加工浓缩果汁 350 万 t，浓缩果汁及果汁饮料的营销额达 300 亿美元。而此时，我国的果汁加工和浓缩果汁的生产才刚刚起步，虽有近 10 条进口生产线，但多数不能正常生产，主要产品是苹果汁、橙汁、黑加仑汁和山楂汁等；仅有少部分浓缩苹果汁出口。1995 年以后，我国果汁生产开始有了较大的发展，生产品种有苹果汁、橙汁、橘汁、柠檬汁、西番莲汁、桃汁、山楂汁、黑加仑汁和梨汁等，其中，尤以苹果汁的发展最为突出，但与世界先进水平相比，仍有较大差距。2000 年，德国人均果汁消费量已超过 46L，美国人均达 45L，世界人均年消费量已达 7L，而我国人均果汁消费量年均不足 1L。

目前，受梨品种和栽培环境条件的限制，世界上生产浓缩梨汁的企业较少，而近一些年欧美市场复合果汁饮料行业发展较快，低酸度梨汁作为勾兑复合饮料的原料，需求量增长较快，受此影响，我国浓缩梨汁行业获得了迅速发展，现已受到国外广泛关注。1998 年，我国开始批量生产和出口浓缩梨汁，产品主要出口美国、韩国及欧洲国家。

10.1.2 梨汁产品质量标准

（1）食品添加剂。按 GB 2760 规定执行。

（2）内容物含量。70°Brix 浓缩梨清汁，275kg/钢桶，内衬无菌袋（图 1-147）。

（3）包装及保质期。内为铝塑复合材料无菌包装，外为 200L 带盖开口型钢桶。保质期 0~4℃贮藏不低于 24 个月。

（4）外包装。符合食品标签通用标准 GB 7718 和出口合同要求，以及出入境检验检疫局要求（图 1-148）。

图 1-147 钢桶包装

图 1-148 砀山酥梨清汁成品

浓缩梨清汁的感观指标、理化指标、卫生指标见表 1-18、表 1-19、表 1-20。

表 1-18 浓缩梨清汁感观指标

项 目	指 标
色泽	呈棕黄色或棕红色
香气及滋味	将浓缩果汁稀释至可溶性固形物含量为 12% 时，应具有新鲜梨固有的香气和口味，无异味
外观形态	呈澄清透明状，无沉淀物，无悬浮物
其他杂质	不允许有肉眼可见的杂质

表 1-19　浓缩梨清汁理化指标

项　目	指　标
可溶性固形物（20 ℃折光计法）（％）	60°～70°或≥70°Brix
总酸（以柠檬酸计）（％）	≥0.5
乙醇（g/L）	≤3.0
透光率（T625 nm）（％）	≥90
色值（T440 nm）（％）	≥45
果胶试验	阴性
淀粉试验	阴性

注：除可溶性固形物、总酸外，其余项目均在可溶性固形物为 12％条件下测定。

表 1-20　浓缩梨清汁卫生指标

项　目	指　标
菌落总数（cfu/mL）	≤100
霉菌（cfu/mL）	≤10
酵母菌（cfu/mL）	≤10
大肠菌群（MPN/100mL）	≤3
致病菌（沙门氏菌、志贺氏菌、金黄色葡萄球菌）	不得检出
砷（以 As 计）（mg/kg）	≤0.1
铜（以 Cu 计）（mg/kg）	≤5.0
铅（以 Pb 计）（mg/kg）	≤0.05
农药残留 S（mg/kg）	按照出口目的国的农残标准执行

注：除微生物指标外，其他指标均在可溶性固形物为 12％条件下测定。

10.1.3　工艺流程及描述

（1）工艺流程。工艺流程见图 1-149。

（2）工艺描述。

原料收购。对原料产地进行普查，评定合格供应商。合格供应商应具备"农药残留、重金属含量普查合格证明"，拒绝收购无此证明的原料。

原料卸车。原料果质检员按照《原料果质检办法》检验，将果实收入果槽。卸车时注意尽量减少水果的破损。

一、二、三级清洗。检验合格的原料果由循环水带入果道，使果实得到充分的浸泡、清洗，同时比重大的一些物质（如泥沙、石块、金属等）沉入沉降坑中，通过隔水栅栏，将水和梨子分离（图 1-150）。

绞笼提升。由螺旋绞笼提升机将梨子提升至拣选台。

拣选修整。梨子由螺旋提升机输送至网带式拣果台，由选果人员剔除腐烂、病虫害果，除去夹杂于梨子中的异物。

毛刷浮洗机清洗。拣选过后的梨子通过毛刷清洗机的循环转动、毛刷上方的自来水喷淋和浮选机搅拌，使水果得到更充分清洗。

破碎。将清洗干净的水果在破碎机内破碎，同时添加果浆酶（若必要），由螺杆泵通过不锈钢管道输入果浆罐内暂存，梨子的破碎粒度为 3～6mm（根据原料果成熟度选择不同间隙），目的是获得更大的出汁率。

果浆罐。破碎后的果浆暂存于果浆罐中，然后经螺杆泵输送至榨汁机。

压榨。经破碎后的果浆，用 BUCHER 榨机进行压榨。充填量 8～10t/次；压榨时间 50～60min；出汁率 80％～85％。根据水果的成熟度，对以上参数及时做适应性调整。

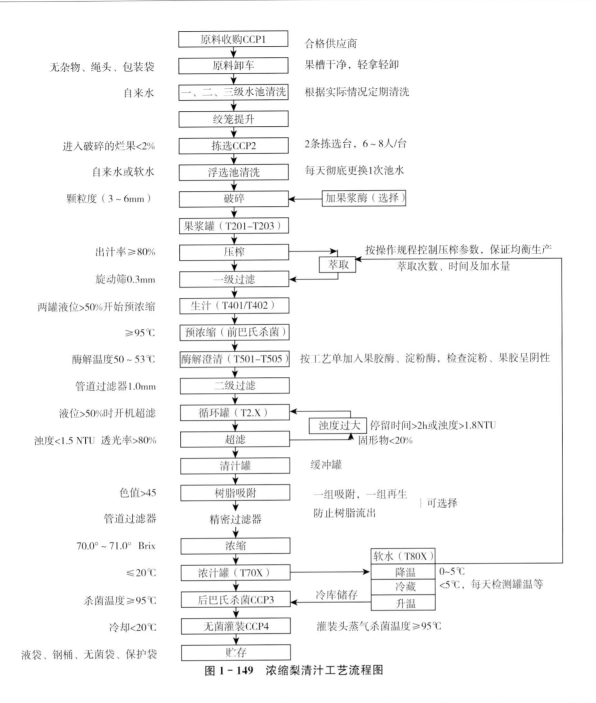

图 1-149 浓缩梨清汁工艺流程图

一级过滤。用孔径为 0.3~1.0mm 旋转刷筛网对浊汁进行粗滤，以除去较大颗粒的非水溶性物质。

生汁。压榨后的果汁暂存于果汁罐中。

预浓缩前巴氏杀菌。粗滤后的浊汁进入蒸发器的一、二效，同时进行巴氏瞬时杀菌和预浓缩，高温灭酶。灭酶温度为 95~98℃，时间为 30s。可溶性固形物含量控制在 17°~20°Brix，同时进行香气回收。预浓缩后的浊汁降温至 50~53℃，进入脱胶罐。

酶解澄清。在果胶酶和淀粉酶的作用下，果汁中的果胶和淀粉分解成可溶性的小分子物质（防止果汁出现浑浊）。酶解工艺条件：温度 45~53℃（酶解温度按《技术通知单》执行），加入果胶酶、淀粉酶，剂量按《技术通知单》执行；酶解罐进料到 1/3 时加入酶制剂，当液位达到搅拌器的密封处时开动搅拌器，继续搅拌至满罐后 10min，关闭搅拌机，静置酶解；满罐后酶化 60~90min，检验果胶、淀粉。

二级过滤。酶化的浊汁经管道过滤器过滤后进入超滤循环罐（图 1-151）。

图1-150　前处理车间

图1-151　超滤系统

超滤。超滤后的果汁经管道输送至清汁罐。超滤工艺条件：温度45～55℃，超滤正常生产时，循环罐液位＞70％；不溶性固形物含量＜20％。当不溶性固形物含量＞20％时，加软水提糖（必要时），提糖时可溶性固形物≤4°Brix；浊度＜0.7，透光率＞90％。

树脂吸附。超滤后的清汁经树脂吸附提升果汁的透光率和色值，降低棒曲霉素、农药残留含量，保证果汁卫生安全品质。

精密过滤器。为防止树脂溢出，增加45 μm孔径的精密过滤器对果汁进行过滤。

浓缩。果汁经清汁罐进入蒸发器三、四、五效浓缩，蒸发器出口浓汁指标应控制在可溶性固形物为50.0°～78.0°Brix，经混合后达到70.0°～71.0°Brix。

浓汁罐。浓缩后的果汁在进入浓汁罐前必须在冷却（冷水循环）装置中迅速降至20℃以下，减少温度带来的品质影响。

后巴氏杀菌。将批次罐中的果汁或贮存罐中储存的果汁经升温用泵打入第2次巴氏灭菌装置中，灭菌温度95～98℃，维持30s以上（通过控制流速保证30s），第2次巴氏灭菌的果汁由管道送入冷却装置。

无菌灌装。冷却后的果汁至无菌灌装机，利用灌装机口周围蒸汽形成95℃以上的灭菌条件将果汁灌入无菌袋中（外围为钢桶）或通过无菌管道灌入液袋中，灌装重量通过质量流量计来控制（图1-152）。灌装温度20℃以下，每桶净重275kg。

在灌装过程中，防止水、果汁和其他杂物污染无菌袋、保护袋、钢桶、液袋等包装物。灌装完后，先用酒精棉将无菌袋上的水珠擦掉，用干净的干毛巾将无菌袋擦干，及时将桶盖盖上。

贮存。装袋或装罐的浓缩果汁在干净卫生的库房中贮存，贮藏温度0～5℃。

图1-152　无菌罐装系统

10.1.4　加工设备选择

（1）破碎机。为了获取最大的出汁率，水果原料的适度破碎非常重要。碎块过大时获汁率较小，过小时则外层果汁很快压出，形成一层厚皮，使内层果汁流出困难。梨果以破碎到0.3～0.4cm为好。应选择能在适度破碎范围调节破碎粒子大小的破碎机，以获取最大量的果汁。目前市场上的破碎机主要有刀片式破碎机、锤式破碎机、鼠笼式破碎机等（图1-153）。

（2）榨汁机。果汁生产的一个核心工序就是榨汁工序，而榨汁机是榨汁工序的关键设备，榨汁机性能的优劣直接影响和决定着产品的质量、成本和加工企业的经济效益，其作用至关重要。因此，应客观、准确了解各种榨汁机的工作特点，以便做到正确、合理地选用，满足生产要求。

螺旋榨汁机。螺旋榨汁机是利用 1 个或 2 个合并为一体的机筒内旋转的变螺距螺杆来输送果浆，通过螺距、槽深变化和出口阻力调整，使机筒内的果浆在输送过程中受压，使得果汁通过机筒四周的细孔筛网流出来完成榨汁作业。螺旋榨汁机在榨汁过程中对果浆有剪切、搓擦作用，可进一步对果浆起到破碎作用。

带式榨汁机。带式榨汁机是利用两条张紧的环状网带夹持果浆后绕过多级直径不等的榨辊，使得绕于榨辊上的外层网带对夹于两带间的果浆产生压榨力，从而使果汁穿过网带流出。带式榨汁机具有结构简单、工作连续、生产效率高、通用性好、造价适中等特点，处理能力可达 20t/h 以上。带式榨汁机对果浆产生的最大压榨力为 0.5MPa 左右，采用普通的带压工艺，新鲜水果的出汁率可达 75% 以上，采用浸提工艺出汁率可达 85% 以上，因此，带式榨汁机是大型果汁加工厂常采用的榨汁设备。带式榨汁机的主要缺点是榨汁作业开放进行，果汁易氧化褐变，卫生条件差；整个受压过程，物料相对网带静止，流汁不畅；网带为聚酯单丝编织带，张紧时孔隙度较大，果汁中的果肉含量较高；网带孔隙易堵，需随时用高压水冲洗；果胶含量高及流动性强的物料易造成侧漏；浸提压榨工艺得到的产品固形物含量下降，后期浓缩负担加重。

图 1-153 刀片式破碎机

图 1-154 液力通用榨汁机

液力通用榨汁机。液力通用榨汁机最典型的就是瑞士布赫公司（Bucher Guyer）生产的布赫榨机，液力通用榨汁机的机理是将果浆打入一圆形筒内，筒内布置多根包裹滤网的滤排汁芯，压榨活塞推压筒内的果浆，果汁通过埋于果浆内的滤排汁芯中的通道排出筒外（图 1-154）。

液力通用榨汁机是目前最先进的一种榨汁设备。批式作业，生产率高，可编制完备的压榨程序实现完全自动化生产，作业密闭进行，如有特殊要求还可在筒内充氮，果汁氧化程度轻。液力通用榨汁机压榨过程柔和缓慢，可进行多次松渣，排汁彻底。压榨新鲜砀山酥梨时采用常规压榨工艺即可使出汁率达到 85% 以上，如对原料进行酶解，出汁率可达 92%。另外，由于滤排汁芯外套的针织多丝滤网较厚密，且压榨过程孔隙不会变稀，果汁中果肉含量低，是当今世界上果汁加工厂的首选机型。

液力通用榨汁机机器造价较高，控制要求较高，压榨工艺复杂，但由于其高出汁率和高产品品质，使产品产出率高、产品售价高、企业经济效益高，使其成为被企业认可的性价比较高的先进设备。

（3）澄清设备。在清汁生产中，现行膜过滤和超滤技术装备有多家生产商可成套提供，如布赫（BUCHERr）、利乐、GEA 和美国高科（KOCH）等设备厂。该技术利用膜孔选择性筛分作用，在压力驱动下，把溶液中的微粒、悬浮物、胶体、高聚物等大分子物质与溶剂和小分子溶质错流分开，因而使果汁的澄清质量大大提高，提高和稳定了产品品质。

用来制造超滤膜的材料很多，分有机高分子材料和无机材料两大类。有机高分子材料主要有纤维素酯类、聚砜类、聚烯烃类、含氟类等，无机材料主要有陶瓷、玻璃和金属。

（4）蒸发浓缩设备。浓缩是生产浓缩果汁的关键工序，在浓缩设备选择时，首先考虑浓缩果汁的

质量要求，使产品在稀释时能保持原果汁的风
味、色泽、成分等。其次，要考虑果汁的热稳定
性。这些要求需要浓缩设备具备以下条件：在整
个作业过程中不得因液位、液压的变化而发生沸
点上升，加热管和蒸发表面不应有固形物附着和
结垢现象；设备内部表面光滑，容易清洗，检查
方便；适应性强；所有接触果汁部位均应采用不
锈钢材料，不产生铜、铅离子污染。蒸发器的工
作原理是物料经分配器被均匀地分配到各蒸发器
管内，物料在重力和自蒸发形式的二次蒸发的作
用下形成膜状，同时物料薄膜与列管外壁蒸汽发
生热量交换，使物料中的水分受热蒸发，稳定的
温差和传热，形成稳定蒸发，被蒸发的水分所形

图 1 - 155　浓缩蒸发器

成的二次蒸汽被多次利用，根据物料特点最大限度地多次利用来降低蒸汽消耗，实现多效蒸发和高效
节能的目的。现在生产中广泛用到的多为三效、四效或更高效体的蒸发器。目前蒸发浓缩设备主要有
GEA、APV 远东有限公司、Unipektin、利乐等知名品牌（图 1 - 155）。

10.1.5　浓缩果汁生产工艺及食品安全 HACCP 体系建立和实施

（1）HACCP 的形成及基本原理。HACCP 是 Hazard Analysis and Critical Control Point 的缩写，
即危害分析和关键控制点。该系统是 1 种保证食品质量与安全的预防措施。它起源于 20 世纪 60 年
代，美国为保证宇航员在飞行任务中的食品安全而建立了该系统，并很快被美国食品药品管理局应用
于低酸罐头的生产中，后被逐步推广应用。迄今，HACCP 安全保证体系已经在以美国为首的包括欧
盟各国、日本、加拿大、澳大利亚、新西兰等世界主要发达国家中广泛应用，各国纷纷在本国企业自
主采用 HACCP 体系的基础上，通过立法的形式对本国和出口到本国的外国企业强制执行该安全保证
体系，世界卫生组织和联合国粮食及农业组织已将其列入了国际食品标准。在我国，为了适应社会的
需求、国际市场的变化，我国政府于 2002 年 5 月 20 日起，由国家质量监督检验检疫总局开始强制推
行 HACCP 体系，要求凡是从事罐头、水产品（活品、冰鲜、晾晒、腌制品除外）、肉及其制品、速
冻蔬菜、果蔬汁、含肉或水产品的速冻方便食品的生产企业在新申请卫生注册登记时，必须先通过
HACCP 体系评审，而目前已经获得卫生注册登记的企业，必须在规定时间内完成 HACCP 体系建立
并通过评审。2006 年，国家质量监督检验检疫总局和国家标准化管理委员会又联合发布了 ISO22000
食品安全管理体系—食品链中各类组织的要求。

HACCP 体系是由危害分析（HA）和关键控制点（CCP）两部分构成的，从食品的原料开始，
经制造加工、储存、流通到最终消费为止的各个阶段，对可能发生的生物的、化学的、物理的危害进
行调查分析，为防止此危害在加工过程中发生，规定出特别需要进行管理的环节，设定此处的管理基
准（关键限值），并且连续地或在适当的频率下，用适当的方法加以监视，是确保食品安全性的有计
划、科学的管理方式。HACCP 基本原理包括以下内容：

危害分析（Hazard Analysis，HA）。评估影响产品质量与安全卫生的风险，分析潜在危害，即
生产过程中从原料开始存在的生物性、化学性和物理性可能导致产品品质下降的因素，而对低风险或
不大可能发生的危害不必进一步考虑。

确定关键控制点（Critical Control Point，CCP）。鉴别生产加工过程中各控制点，按已经分析出
的危害确定 CCP。如果控制措施在此环节中应用，食品安全危害能被防止或消除，可以将食品危害
降到最低水平。

建立关键控制点临界值。是指在进行关键点控制时所遵循的工艺参数或标准，如压力、温度、酸
度等相关参数。

确立 CCP 的监控体系。对 CCP 进行监测并进行精确的记录，使用监测体系进行观察和测定，来
确定 1 个 CCP 是否在能控制的范围内，并进行精确的记录；建立程序，用记录结果来调节整个生产

过程和维持有效的控制，便于以后的核实和鉴定。

建立纠偏措施（Corrective actions）。当监测系统指示某一 CCP 偏离临界值时，校正系统采取相应的校正措施，建立安全有效的防止方法来预防食品危害的发生。

建立 HACCP 体系正常有效的运行程序。此程序的建立目的在于经常性检查 HACCP 体系是否正常运行，包括通过监控证明 CCP 的合理与正确、是否有效实施 HACCP。

健全文件管理体系。在制定和实施这一计划过程中，企业要起草大量配套的技术文件，记录工作流程及监测数据等，对这些文件资料进行科学管理，是保证 HACCP 计划顺利实施的重要前提。

（2）制定 HACCP 计划的步骤。组建 HACCP 实施小组→制定产品说明→确定产品用途→制定生产流程图→确认生产流程→进行 HA→确定 CCP→确定关键限值→建立监控措施→建立纠偏措施→建立审核措施→建立文件记录的保存措施→对 HACCP 计划进行评估（验收）→持续改进。

（3）HACCP 在浓缩梨汁生产中的应用。根据浓缩梨汁工艺流程，对原料水果、生产过程直至成品消费的各个环节进行全面分析，从生物（Biology）、化学（Chemistry）和物理（Physics）等几个方面找出潜在的有损于浓缩梨汁安全的危害因子，并提出控制措施（表 1 - 21）。

表 1 - 21　浓缩水果汁生产危害分析及其控制措施

加工工序	HA	危害是否严重	危害严重的判定依据	预防危害的措施	是否 CCP
原料验收	B：病原菌、致病菌	是	水果中可能存在致病菌与病原菌	二次杀菌，拒收过度霉烂与被污染的水果	是
	C：农药残留、重金属（铜、铅、砷）超标	是	未按规定施药，原料产地有严重空气污染	追踪施药过程、样品抽检	是
	P：泥沙等	是	原料中可能存在	及时捡出，后续工序去除	否
捡果	B：致病菌、寄生虫	是	清洗用水或水道被污染，清洗彻底，坏果修整不干净	SSOP 控制，彻底清洗，剔除不良果	是
	C：农药残留、氯离子消毒剂残留	是	清洗不彻底，清洗用水中氯离子含量超标	SSOP 控制	是
破碎	B：致病菌污染	是	环境、设备污染	车间、设备消毒、后续杀菌	否
	P：金属	是	破碎机刀断裂	过滤可除去	否
榨汁	B：致病菌污染	是	环境、设备污染	车间、设备消毒、后续杀菌	否
一级过滤	B：致病菌污染	是	环境、设备污染	车间、设备消毒、后续杀菌	否
前巴氏杀菌	B：致病菌污染	是	杀菌不彻底	调整杀菌温度和时间、后续杀菌	否
酶解澄清、超滤	B：致病菌污染	是	环境、设备污染	车间、设备消毒、后续杀菌	否
后巴氏杀菌	B：致病菌污染	是	杀菌不彻底	调整杀菌温度和时间	是
罐装	B：致病菌污染	是	环境、设备污染，包装材料不合格	加强操作、设备和环境管理，SSOP 控制	是
	C：罐装材料	是	包装材料不合格	SSOP 控制	是
贮存及运输	B：致病菌污染	是	密封不好被污染，贮存、运输条件不合适	加强操作管理，SSOP 控制	否

注：B 代表生物危害；C 代表化学危害；P 代表物理危害；SSOP 代表卫生标准操作程序。

10.2　其他产品加工

10.2.1　其他加工产品

（1）梨醋。梨醋是以新鲜优质砀山酥梨为原料，经堆积发酵而成。梨醋风味独特，营养丰富，可作调味剂和食品加工的配料。

（2）梨罐头。砀山酥梨罐头是以新鲜、无病虫、无伤疤的砀山酥梨果实为原料，以蔗糖、柠檬酸等为辅助材料加工而成。有罐装和瓶装两种，既出口又内销，它保留了砀山酥梨的原有风味和独特的营养成分。

（3）梨膏。砀山酥梨汁多，口感好；马蹄黄梨的止咳平喘效果更明显。以新鲜优质砀山酥梨和马蹄黄梨果实为混合原料，配以山楂、桔梗、枇杷、枣花蜜、冰糖等加工而成的梨膏，色如琥珀，甘甜芳香，风味纯正，具有败火、降温、止咳、平喘润肺、软化血管之功效（图1-156）。

图1-156　梨　膏

10.2.2　加工方法

（1）梨醋。

工艺流程。制曲→配料→堆积→发酵→备缸→淋醋→杀菌→贮藏。

操作。制曲：按麸皮：曲种为100：3的比例配制原料加水搅拌，湿度以手握料团指缝有水而不滴为宜。用浅盆装料，放入制曲室。曲室温度控制在30℃，料温保持在30～35℃，每2h翻拌1次，使曲料充分接触空气。当曲料发出醋香味，并呈黄色块状时，即可阴干备用。

配料：在果料中加入麸皮，用来吸收多余水分，使原料疏松，加速醋化过程。麸皮加入量，以两者混合后，用手紧握，水能从指缝里挤出而不滴下为宜。

堆积发酵：料拌好后，按原料重量的3％加入新曲。堆积成1～1.5m高的圆锥形堆，插入温度计，上盖塑料薄膜，每日翻料1～2次，检查堆温8次，温度控制在35℃左右，最高不宜超过40℃。经过10～15d，待原料发出醋香，堆温下降，发酵即停止，成为醋坯。

淋醋：在准备好的缸下钻1个直径2cm的小孔，插1根长10～20cm的竹筒，用清洁纱布将竹桶口塞住。将醋坯装至离缸口20cm处，按1kg醋坯1kg凉水的比例加水，泡4h，打开塞在竹筒里的纱布，罩上过滤网，醋便从管口流出。这次淋出的醋称头醋，头醋淋完后，再加入凉水，淋出二醋。二醋不宜食用，一般加入新制醋坯中，供淋头醋用。

杀菌贮藏：醋即为成品，装瓶后密封，在60～70℃温度下杀菌10min即可装瓶、食用（图1-157）。

图1-157　梨　醋

（2）梨罐头。

工艺流程。分选→清洗→脱皮→切瓣、挖核→预煮→修整→杀菌→冷却→封装。

操作。原料：选择食用成熟度的梨果实做罐头。成熟度低，梨果的风味难以体现，成熟度过高，预煮后果肉发糠。

脱皮：脱皮可采用人工削皮、物理脱皮和化学脱皮3种方式。人工削皮适宜作坊式生产，大小均匀的果实适宜用机械削皮的方法；化学脱皮是目前最通用的方法，用12％～15％的氢氧化钠热溶液浸泡果实1～2min，然后用清水漂洗。无论哪一种方式，脱皮后的果实都必须放入1％～2％的食盐水中护色。

切瓣、挖核：将去皮后的果实从正中间切成两瓣，挖去果心、种子，修整梨块。

预煮：将修整好的梨块放入沸水中迅速升温，在微沸状态下轻轻翻动 20min。预煮是为了破坏梨果实中的氧化酶，防止变色；排除果肉中的空气和水分，以免在高温杀菌时发生跳盖和爆裂现象；增加果肉细胞膜的渗透性，使糖水容易渗入果肉内；缩小体积，便于装罐。

修整：削平个别残缺不齐的梨块，除去斑点或遗漏果皮；把过硬或过软的梨块挑出另行处理。

封罐：修整过的梨块，用清水冲洗后，便可称重装罐（瓶）。同一罐（瓶）内的梨块，大小应尽量一致。然后注入 14%～17%糖水，使罐（瓶）留 5～6mm 的顶空，真空封罐。

杀菌：装入高压锅内灭菌，灭菌温度为 90～95℃。

冷却：若采用自然降温法，罐内食品温度需要很长时间才能降下来，既影响产品质量，也延长了生产时间；若立即冷却，罐内压力加大容易膨胀跳盖。为了避免这种现象，可将压缩空气和冷却水一道加入灭菌锅，使温度下降而压力不减。当罐头表面温度降到 40～45℃时，结束冷却。

检验：预贮一段时间后，检验质量，贴标签，装箱销售。

（3）梨膏。梨膏的熬制，基本上是人工操作，有 3 个工艺流程，各有特色。

流程 1。选梨→ 漂洗→ 水煮→ 捣碎→ 熟梨挤汁→ 文火熬制。

流程 2。选梨→ 漂洗→ 捣碎→ 生梨榨汁→ 过滤→ 文火熬制。

流程 3。选梨→ 漂洗→ 捣碎→ 预煮→ 挤汁过滤→ 文火熬制。

这 3 个工艺流程，前后内容基本一致，但中间环节有所不同。第 1 个工艺是先将梨果煮熟后再挤汁、熬制。第 2 个工艺是捣碎生梨，榨汁后熬汁。第 3 个工艺增加了预煮工序。无论哪种工艺流程，掌握火候是熬制梨膏的关键。

11 出 口

11.1 出口历程

11.1.1 首次出口

1958年8月20日，安徽省政府下达了砀山酥梨出口计划，砀山县沙河园艺场（现程庄镇衡楼行政村袁刘庄）接受了这个任务，时任场长当晚组织召开会议，选定由卧龙岗梨园提供出口梨。当年全县砀山酥梨出口量为1 000t。

11.1.2 计划经济时期的出口

自1958年开始，安徽省每年向砀山县下达砀山酥梨的出口任务。1964年，农业部、外贸部、轻工业部和供销合作总社联合在砀山召开现场会，确定砀山为全国水果生产重点县。那时，砀山果园场、砀山县园艺场的砀山酥梨树已进入盛果期，出口任务主要由这两个国营单位承担。当时，砀山酥梨出口是通过香港转口出境，统一使用"中华人民共和国粮油进出口贸易公司"的硬板箱，出口果实单果重要求为185～210g。每个梨果都用印有"安徽梨"字样的薄白纸包裹。包装箱内共3层，1层12格，每格放2个梨，总共72个梨，也有每箱装60个或84个梨果的情况，但净重都是15kg。无论哪个标准，一律用胶水封箱。

三年困难时期（1959—1961年），砀山农村经济极度萧条，1961年砀山县砀山酥梨的总产量不到1 000t，出口数量骤减。1967年是计划经济时期砀山酥梨出口唯一空缺的年份。以后每年出口3 000～4 000t。

11.1.3 改革开放初期的出口

中共十一届三中全会以后，随着我国边境贸易的发展，砀山酥梨出口量得到较快增长。南边口岸通过香港，向越南、老挝、马来西亚、新加坡、缅甸、印度尼西亚等东南亚国家和地区出口，每年出口量约8 000t；北边口岸通过黑河，进入苏联市场；经阿拉山口销往哈萨克斯坦，但数量较南边口岸少。

在民间边境贸易中，买、卖双方不直接见面，贸易由中间商代理。砀山酥梨进入边贸的程序是：在边境城市公开交易→中间商货物认可→委托专门代办人办理关税、检疫等手续→凭出境证件将货物运往贸易点→卸车、点数、付款。

通过边境贸易的砀山酥梨果实主要在民间销售，消费者多为低收入阶层，对果实的品质要求相对宽松。运输方式以汽车为主，为防止果实在运输过程中受挤压，采用一格一梨、外加泡沫网套的包装方式进行包装。

11.1.4 加入世界贸易组织后的出口

进入21世纪，砀山县将砀山酥梨出口的目标瞄准了欧洲市场，但这些国家对砀山酥梨生产的环境、过程和产品质量，都制定了严格的准入标准，为此，出口企业严格按照砀山酥梨安全、标准化生产技术规程进行操作，通过了"ISO质量管理体系"认证。2002年，砀山县的砀山酥梨出口到丹麦、荷兰、比利时等国家，实现了真正意义上的出口。2006年，全县砀山酥梨出口量约为20 000t。

出口使用的包装箱基本由进口国提供，多为套箱，俗称"天地盖"。箱内分为两层，每箱梨果实重量一般为10～15kg。箱内设置纸质托盘，1凹1个，白纸包梨，外裹泡沫网套，果实互不接触。运输多采用保鲜柜车，柜内温度控制在0～3℃，有效地保证了出口梨的品质。

11.2 出口基地的建立

中国加入世界贸易组织后，对鲜果的出口推行种植园备案管理办法。因此，为扩大砀山酥梨出口量，出口生产基地建设成为重要环节。

11.2.1 出口基地的选择

（1）水、土、气环境质量。水、土、气等的质量标准参照 GB/T 18407.2—2001 和 NY 5101—2002 执行。部分指标如下：

水质量。灌溉水要求：氯化物含量≤250mg/L，氰化物含量≤0.5mg/L，氟化物含量≤30mg/L。

土壤质量。土壤质量指标：pH 在 6.5～7.5，总汞含量≤0.5mg/kg，总砷含量≤30mg/kg，总铅含量≤300mg/kg，总镉含量≤0.3mg/kg。

大气质量。空气中总悬浮颗粒物（TSP）含量日平均≤0.3mg/m^3，二氧化硫含量日平均≤0.15mg/m^3、1h 含量平均≤0.5mg/m^3；氟化物含量日平均≤7μg/m^3、1h 含量平均≤20μg/m^3。

（2）远离污染源。基地周边 3 000m 以内，没有对基地的水、土壤、大气质量可能产生污染的污染源，如矿产、化工、造纸等企业和传染病医院等。

园片周围要有缓冲区（防护林、围墙、路沟及其他屏障等），使基地园片保持封闭或半封闭状态。

（3）连片面积较大。面积较大的梨园，便于规划和生产一定量品质稳定的果实。连片梨园可以划分成若干小区，分人承包管理，每小区 6～10hm^2 最为适宜。

（4）良好的管理。为了保证出口产品的质量，必须坚持定期培训管理人员制度。培训工作应指定专门技术人员具体负责，以保持它的连续性。制定基地人员管理方案，并有一套行之有效的监督和验证办法。

11.2.2 出口基地的申报

（1）出口基地的申报程序。申请→承诺条件→提供有关材料→检验检疫部门初审→现场审核→认定小组最终审定。

（2）申请书的填写内容。申请人、详细地址、基地名称、具体负责人、主要品种、产品执行标准、生产规模、年产量、近年度产品出口情况（出口国家、数量、创汇等）、产地认定证书、质量安全管理制度和体系。

（3）承诺附加条件。填写申请书的同时，必须承诺附加条件，如：基地内不使用规定禁止的农药，生产资料的来源合法，记录生产档案，不以基地的名义收购非基地产品出口，遵守检验检疫方面的法律法规等。

（4）提供的书面材料。产品安全认证证书、基地区域分布图、生产技术操作规程（修剪、施肥、授粉、疏花、疏果、套袋、采收、包装、运输等）、农药安全使用规定、生长过程的管理记录（如用药时间、种类、浓度、防治对象、防治效果等）和能证明产品优良的其他材料（如获奖证书等）。

（5）基地立牌明示。申请获得批准后，基地可立牌明示。

11.3 管理体系

出口基地的申报获得批准后，要保证基地能够连续不断地生产出符合出口标准的梨果实，还必须建立一套管理体系。

11.3.1 出口基地示意图表

绘制出口基地一览图表，是为了让人能够尽快地了解基地的概况，以便联系和管理。内容如下：

（1）出口基地一览图，如图 1-158 所示。

填报日期:

所处位置:_____　面积:_____　树龄:_____　株行距:_____　产量:_____

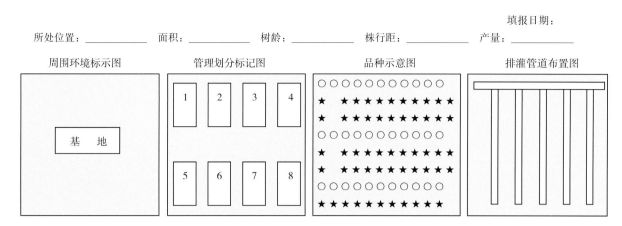

图 1-158　基地位置示意图

注:管理划分标记,是指本基地的承包人员是如何划分管理范围的。

(2) 人员情况。填写以下表格,明确人员情况 (表 1-22、表 1-23)。

表 1-22　管理人员登记表

负责人	姓　名	职　务	职　称	手机号码	备　注
行政负责人					
技术负责人					
财务负责人					

表 1-23　承包人员登记表

序号	姓　名	性　别	年　龄	文化程度	身份证号码	联系电话
1						
2						
3						
4						
5						

11.3.2　健全规章制度

(1) 控制污染的规定。

生态环境。严格分选、处理生活垃圾,提倡果园种草,人工清除田间恶性杂草,不提倡化学方法除草。

工业污染。严禁在基地附近兴建可能产生污染的工厂,如造纸厂、化工厂等。

化学肥料、农药的使用。严格执行国家和进口国有关食品安全生产要求。

(2) 文件记录制度。为了让产品质量符合规定要求,给生产技术管理提供依据,必须认真做好原始生产记录,记录范围包括一切生产过程,如植保(喷药的时间、药品名称、浓度、防治对象、防治效果等)、施肥(肥料种类、施肥的方式、数量等)和采收(采摘的时间、数量等)等。

(3) 责任追溯制度。

技术问题的追溯。如果在全基地范围内出现相同的问题,就要追溯方案的可行性;如果是个别园片的现象,可根据记录、编号、签字等,追溯相关责任人。

最终产品追溯。每个出口包装箱上都标有唯一性标识,一般格式为:县名—区域—基地—农户。例如"DG-1-6-25",即砀山果园场一分场六队,编号为 25 的职工。标识应由验收人员负责验贴,出现重大质量问题,可由此追溯。其职责的追究,由基地行政负责人具体执行。

11.3.3 制定操作规程

操作规程由技术人员编写，组织专家进行论证。内容应包括整个生产过程的操作规范。

11.3.4 关键过程和特殊过程的确认

（1）关键过程。砀山酥梨自花不育，所以人工授粉是生产管理中的关键过程。人工授粉过程确认办法：召开动员大会，强调授粉工作的重要性，结合天气情况，布置工作。基地技术员要做好花粉采集量的统计工作，记录各户采花量。安排专人负责花粉制作，并做好制作时温度、湿度等记录。根据工作量安排授粉人员。调查坐果率，在气候条件正常情况下，若整个基地的坐果率偏低，可能是花粉的问题；若个别户的坐果率偏低，可能是授粉操作问题。

（2）特殊过程。特殊过程是病虫害防治。病虫害防治工作贯穿砀山酥梨整个生长季节，中间环节多，防治时间、药品质量、配制方法、操作程序等都会影响防治效果和环境、果品食用安全。病虫害防治过程的确认方法：基地适时制定、下达病虫害安全防治计划。根据病虫害消长情况定期发布病虫情报，并提出具体防治意见。根据药前、药后的病虫害调查情况，对比出防治效果。达不到防治效果的，立即采取补救措施。可结合秋季生产大检查，统计病虫害发生情况，与往年进行纵比，与邻近基地进行横比，验证全年病虫害防治效果，为下一年生产提供参考信息。

11.3.5 管理程序的监督

（1）物资采购。基地负责人审查病虫害防治年历和施肥计划等技术文件，检查有无禁用农药、肥料等，然后统一从正规渠道进货。货物买回后，审核所购药品、肥料等的检验报告，对不符合要求的要及时退货或封存。对一些暂时缺货或因防治需要而更改的农药，要填写更改报告单，报技术负责人批准。技术负责人要审阅农药更改报告单中提及的药品，特别注意复配药剂的组成成分。

（2）级外果实的控制。由于自然条件、栽培管理等因素，商品果率难以达到100%。为尽可能提高出口基地的商品果率，要对生产过程进行控制。

生长期控制。及时疏除畸形果，病虫果和风、雹灾损伤果；加强田间管理。

采收期控制。严禁采收成熟度不够的果实。

销售期控制。严格分拣分级，逐个检验装箱，剔选下来的不合格品，不得进入出口渠道。

11.4 出口检验与检疫

11.4.1 初步检验

主要是物理检验。质检员对包装箱的外观进行目检，看其是否有潮湿、变形、污染等情况，然后开箱检查果实是否符合标准。对单果重和果面颜色等有异议时，可用计（测）量工具进行验证。

11.4.2 出口检验

出口检验是最终认可基地产品的程序，由出入境检验检疫部门负责。

（1）产品送检。基地技术负责人从拟出口的果品中随机取样，送到质量监督检验测试中心进行检测，并要求出具带有权威标志符号的检验报告。若有关部门对检验报告有异议，便会实施基地抽检。

（2）基地抽检。由检测中心派人或外商委托代理人，直接到梨园自行抽样检验。基地抽检合格后，一般就会放行。也有个别输入国担心非基地产品混入，便要实施装车封检。

（3）装车封检。装车前，随机抽样，用特制封条封箱，送往检测中心进行检测。抽样数量为待检件数的2%，待检件数不足100件的，以100件计算。如在检验中发现一项指标不合格，则加倍抽取样品，对不合格项进行复检，如仍不合格，则判定该批产品为不合格。

不同国家对进口水果生产基地有着不同的标准要求：

北美洲、欧洲、澳大利亚等地区要求出口注册果园有符合标准的采后处理场所，基地必须通过有关国际标准的认定，如ISO9002、HACCP、欧洲GAP等。

西亚国家要求基地制定出以维护消费者安全为目标的企业规范和标准，并有采后处理条件。

通过边贸出口的砀山酥梨，一般由中国检验检疫机构在边境口岸查验后出境。

11.4.3　出口检疫

国际植物检疫，一般都是根据输入国的要求以及贸易合同条款而进行，对检疫对象的确认有三大原则：本地没有，危害严重，难以防治。目前，输入国对砀山酥梨的检疫尚无明确对象，但为了拓宽国际市场，砀山县从 2001 年开始，对世界公认的地中海实蝇进行了基地监测，至今没有发现这一虫害（图 1 - 159）。

检疫过程的控制可分 3 个步骤：

（1）基地在生产过程中，对检疫性病虫害进行彻底控制。

（2）加工车间的工人按照出口和检疫标准对梨果实进行分选、清洗和包装，杜绝果面附着活体物。

（3）贮藏管理人员对贮藏环境进行监测，防止因气温变化滋生病虫害。

图 1 - 159　蛋白诱饵监测实蝇

11.5　出　口　报　关

报关是履行海关进出境手续的必要环节之一，是出口的关键程序。报关要填报中华人民共和国海关出口货物报关单，其内容主要包括：出口口岸、备案号、申报日期、出口日期、经营单位、运输方式、提运单号、发货单位、贸易方式、征免性质、结汇方式、许可证号、运抵国（地区）、指运港、境内货源地、批准文号、合同协议号、件数、包装种类、毛重（kg）、净重（kg）、集装箱号等，以及商品编号、商品名称、规格型号、数量及单位、最终目的国（地区）单价、币制、征免等。报关时要携带有关证明材料，如销售合同、商业发票、货物装箱单、出境货物通关单、出口收汇核销单（此单已于 2012 年 8 月 1 日取消）等。

12 陕西省砀山酥梨生产情况

12.1 产区环境条件

陕西省地貌区划分明，以秦岭、北山为界，从南到北自然形成陕南秦巴山地、关中平原和陕北黄土高原 3 个地貌区，跨越了北亚热带、暖温带和温带，分布有白梨、砂梨、褐梨、秋子梨、夏梨、西洋梨、杜梨、麻梨、豆梨等梨种。主要栽培种是白梨、砂梨和西洋梨。

陕西省砀山酥梨产区主要分布于渭河以北至无定河以南，该区域交通方便，梨栽培技术力量雄厚，自然条件优越，年均温 8～12℃，年降水 560～700mm，年日照时数 2 300～2 500h，昼夜温差 11.8～16.6℃，海拔 800～1 200m。土壤主要为垆土、黑垆土等类型，土层深厚（80～200cm），土壤肥沃，且远离工业区，生态环境良好。

12.2 砀山酥梨的栽培历史及现状

据《陕西果树志》记载，砀山酥梨约在 1936 年从安徽砀山引入陕西。随后在陕西彬县、乾县等地采用高接换头方法进行推广，表现为果实外形美观，果肉酥脆可口，汁液丰富，风味甜美，品质上等。至 1976 年，砀山酥梨已在陕西关中、陕北梨区广泛栽培。

从 1978 年以来，陕西省梨品种经历了 3 次大的更新换代，第 1 次是从 1978—1985 年，主要发展了黄县长把、河北鸭梨、莱阳慈梨、巴梨、砀山酥梨等，淘汰了老遗生、平梨、早茄、康德等品种；第 2 次是从 1986—1993 年，重点发展了砀山酥梨、雪花梨等，淘汰了黄县长把梨、莱阳慈梨、巴梨等；第 3 次是从 1994—2003 年，重点发展了砀山酥梨、早酥梨，引进示范了新水、丰水、红香酥、秦酥、黄金梨、金二十世纪、中华玉梨、绿宝石、美人酥等。至今，砀山酥梨在陕西省梨品种更新换代中发挥着至关重要的作用。2003 年陕西梨面积达到 5.7 万 hm^2，产量 69 万 t，均居全国第四位。其中，砀山酥梨栽培面积和产量分别为 40 300hm^2 和 38.9 万 t，分别占全省梨总面积和总产量的 75.1％和 84.6％。近年陕西梨树面积稳定在 7 万 hm^2 左右，砀山酥梨面积约为 4.7 万 hm^2。

砀山酥梨在陕西简称酥梨。在栽培上，采取密植栽培模式，取得了早果、丰产的效果。如陕西省礼泉县翁官寨村，每 666.7m^2 栽植 383 株，定植第 2 年每 666.7m^2 产 1075.7kg，第 3 年每 666.7m^2 产 2 688.3kg，第 4 年每 666.7m^2 产达到 5 000kg，此后 12 年每 666.7m^2 产一直保持在 5 000kg 以上。目前，陕西有 40 多个县栽培砀山酥梨，其中蒲城、礼泉、彬县、乾县、大荔、宜川、安塞、子长、延长、延川、陇县、富平、渭南市临渭区、华县等 14 个县（区）为陕西省砀山酥梨优质生产基地县。其中蒲城、礼泉、延长、彬县等酥梨生产县为全国梨重点区域发展规划（2009—2015 年）的国家梨重点区域重点建设县。陕西蒲城的"尧山牌"砀山酥梨 1997 年就通过了绿色食品认证，并获"中华名果"称号；1998 年蒲城县被国家命名为"中国酥梨之乡"。2009 年蒲城酥梨出口澳大利亚和欧盟等国家和地区高端市场。近年来，仅蒲城县砀山酥梨栽培面积就达到 13 000hm^2，绿色食品砀山酥梨生产基地 7 000hm^2。

12.3 果实品质特征

陕西省砀山酥梨果实性状如下（图 1 - 160、图 1 - 161）：

果梗长度：4.6cm。

果梗基部肉质：无。

果梗姿态：直生。

梗注深度：浅。

梗洼广度：狭。

萼片状态：多脱落。

萼洼深度：深。

萼洼广度：广。

果实底色：绿黄，贮后淡黄色。

果锈数量：小。

果锈位置：梗端和萼端。

果面平滑度：中。

棱沟：无。

实形状：近圆柱形。

单果重：253g。

果实横径：7.7cm。

果实纵径：8.0cm。

果肉颜色：白色。

果肉质地：中粗。

果肉类型：脆。

果实硬度：$5.60\sim6.50kg/cm^2$。

果心大小：中。

果心位置：中位。

石细胞数量：多。

汁液：多。

风味：甜。

香气：微香。

涩味：无。

果实心室数：5。

可溶性固形物含量：$11\%\sim16.2\%$。

可溶性糖含量：9.26%。

可滴定酸含量：0.14%。

贮藏性：强（$>$4个月）。

图 1-160 果实外观性状

图 1-161 果实剖面图

12.4 部分栽培技术

12.4.1 矮化砧木的应用

生产上应用的砀山酥梨矮化砧木主要为梨属矮化砧 OHF 系的 OHF_{51}、OHF_{97}、OHF_{333} 等，个别生产园也采用梨异属矮化砧，如云南榅桲（*Cydonia oblonga* Mill.）等作为矮化砧木。

（1）OHF 系矮化砧木。OHF 系也称古法杂种系。美国俄勒冈州立大学用古屋（Old Home）梨选出的抗火疫病和衰退病的单系，与法明德尔梨（Farmingdale）杂交，获得古法杂种抗火疫病和衰退病、生长健壮、耐寒砧木。陕西果树研究所研究表明，以杜梨作基砧，用 OHF51、OHF97 作中间砧嫁接砀山酥梨，嫁接亲和性好，矮化梨生长健壮，树冠成形快，幼树期较乔化对照树干径细、树体低、冠径大、发育枝短，花枝、花序数量多，产量高、品质好，随着树龄的增大，其矮化性状和丰产性能更加显著（表 1 - 24、表 1 - 25）。另外，用 OHF51、OHF97 作中间砧的矮化树固地性强、抗逆性强、适宜栽植的区域广泛。

表 1 - 24　砀山酥梨在 OHF 系砧木上生长情况

组合	干粗（cm）	树高（m）	冠径（m）	新梢（cm）					
				长度	粗度	>15cm（个）	5~15cm（个）	2~5cm（个）	总计（个）
酥梨/51	7.31	3.84	2.09	67.76	6.4	40	74	48	162
酥梨/97	6.58	3.79	2.25	74.95	6.7	38	73	54	165
酥梨/杜梨	7.35	4.11	2.08	87.32	7.1	6	50	15	129

资料来源：陕西省果树研究所，1994。

表 1 - 25　砀山酥梨在 OHF 系砧木上成花、果实品质和产量情况

组合	单株成花情况		品质				株产量（kg）
	花枝数（个）	花序数（个）	固形物（%）	硬度（kg/cm²）	总糖（%）	总酸（%）	
酥梨/51	90.84	128.32	10.83	5.33	7.7	0.191	34.43
酥梨/97	86.64	107.24	10.11	4.42	7.11	0.137	34.86
酥梨/杜梨	57.44	67.08	9.92	4.83	6.73	0.165	18.52

注：成花数据为 1991—1995 年的平均值，品质为 1993 年测定结果，产量为 1993—1994 年平均值。

资料来源：陕西省果树研究所，1991—1995。

（2）梨异属矮化砧木。

云南榅桲梨矮化砧栽培效应。云南榅桲枝条细，叶片小，矮化作用明显，但与中国梨品种亲和力差，需用哈代、古屋作中间砧（图 1 - 162）。据陕西省果树研究所在陕西眉县、咸阳等地试验结果，以云南榅桲为基砧、哈代为中间砧的砀山酥梨表现出以下特点：

树体矮小：6 年生树高是乔化树的 58%，冠径为乔化树的 69%。

早花早果：定植后 1 年有个别株开花挂果，第 2 年植株全部开花结果，而乔化砧树在定植后第 3 年才有 60% 的植株挂果。

果实品质好：据连续 5 年测定，可溶性固形物含量比乔化树果实的高 15.3%～41.1%、含糖量高 22.36%、维生素 C 含量高 14.71%。

云南榅桲矮化砧的主要缺点除与砀山酥梨嫁接亲和性差外，根系分布浅，固地性、抗旱性和抗寒性差，对肥水条件要求高，在碱性土壤中生长容易黄化，因而云南榅桲砧矮化梨树适宜在肥水条件较好的地区栽培。

图 1 - 162　云南榅桲扦插苗

云南榅桲梨矮化砧栽培技术。

矮化苗木繁育：应用梨异属矮化砧云南榅桲作为基砧，以西洋梨品种哈代作为亲和中间砧在其上嫁接砀山酥梨繁殖矮化苗木，其核心是提高云南榅桲扦插成活率。采用扦插前用黑色地膜覆盖苗床，在土壤温度上升到15℃左右进行扦插，选用1年生插条，扦插前用100mg/L的ABT一号生根粉或0.5mg/L的吲哚丁（IBA）处理、插后及时灌水等措施，使成活率达到90％以上。榅桲容易分生侧枝，要及时去除，确保中心直立枝生长。

栽培技术要点：选择土壤肥沃、土层深厚的土壤建园，要求土壤有机质含量在1.0％以上，土壤含盐量要低于0.2％。云南榅桲梨矮化砧适宜高密度栽培。栽培株行距按（2～3）m×（1～2）m，每公顷1 667～5 000株。云南榅桲根系浅、固地性差，在树干基部进行培土，加强土肥水管理。榅桲型矮化梨园要严格控制留果量，否则很容易造成树体衰弱。采用主干形整形，树高一般1.5～2.0m，干高一般40～50cm，中心干直立，其上直接均匀分布骨干枝6～8个，单轴向四周延伸，骨干枝上直接着生结果枝组。在整形修剪过程中要注意榅桲型矮化园树体容易衰弱，一是利用梨树干

图 1 - 163　云南榅桲梨矮化砧砀山酥梨园

性强，培养强旺直立的中干；二是要在幼树期等不同阶段多采取短截方法，促使生长，防止树体衰弱（图1 - 163）。

12.4.2　花果管理

（1）提高坐果率。陕西渭北晚霜多在4月上旬，此期恰逢砀山酥梨花期，常发生花期冻害，影响酥梨坐果，每年造成不同程度损失。

预防花期霜冻。造烟雾：在开花期间，要密切注意当地天气预报，当出现晚霜冻害或寒流侵袭时，要在夜间气温降至0℃以下时造烟雾，早上气温回升到0℃以上时停止。一般用烟雾较大、略潮湿一点的柴草为原料，如麦秸、残枝落叶、锯末等进行造烟雾。为提高防霜冻的效果，可按上风向多放柴草、下风向少放柴草的原则，一般每亩果园堆4～5堆，每堆用料25kg左右。果园灌水：对于尚未开花的梨园，根据气象预报，如出现倒春寒天气，有条件的地区可在低温来临前3～5d，对梨园灌一遍透水，以降低果园土壤温度，延迟梨树开花，达到防霜冻目的。喷"天达2116"：该产品其技术原理为通过保护植物细胞膜，进而提高作物对病害和不良环境因子的抗性。实践证明，在果树上使用"天达2116"可有效减轻晚霜冻害。在易发生"倒春寒"的产区，一般在花前采用喷施法（应明确具体使用时间），每25g（1袋）兑水15kg。当天稀释，当天用完，不要过夜使用。一般每666.7m²的面积，1次用2～3袋。

保花保果技术。花期放蜂：花期放蜂主要利用壁蜂和蜜蜂在采粉时传播花粉。用壁蜂或蜜蜂传粉可提高坐果率20％左右，增产效果明显。目前陕西生产上主要以角额壁蜂和凹唇壁蜂为主，其授粉的能力是蜜蜂的80倍。人工授粉：目前陕西等省份多数梨园，由于授粉品种果实价格低于主栽品种酥梨，导致授粉树不足，采用人工授粉是提高坐果率的最普遍措施。喷施激素和营养元素：为提高梨树坐果率，可在盛花期喷施30mg/kg赤霉素稀土溶液，或用30mg/kg赤霉素＋0.3％硼酸溶液。花期环割：在花期对梨树主干进行环割，坐果率明显提高，果个也大。

（2）疏花疏果。

留果量。采用3种方法确定留果量：一是按枝果比留果。礼泉县每666.7m²产5 000kg的砀山酥梨园，枝果比为3.5∶1。二是按叶果比留果。礼泉等地的经验表明，叶果比保持在25∶1至30∶1，可丰产稳产。三是按等距离留果。是在枝果比和叶果比留果基础上发展起来的一种简单、操作性强的

方法，在枝干上每隔 20cm 左右留 1 个果。

方法。砀山酥梨的花芽饱满，很容易辨认。冬季修剪时，对下垂的或冗长的结果枝适度回缩，对花芽密集的枝组精细修剪，剪除过多花芽。在鳞片绽开后，花序伸长至分离期按等距离留果法每 20cm 留 1 花序，其余的花序在花蕾期一次疏除，保留的花序每序留 2～3 朵边蕾，其余的花蕾也一次性疏除。坐果后进行两次疏果，第 1 次在花后 10～20d 进行，主要疏除发育不好的小果、畸形果和病虫果；第 2 次在花后 30～40d 进行，每花序保留 1 个果。

近年来，陕西砀山酥梨的一些产区由于易受晚霜、风沙、阴雨等不良气候影响，为确保坐果，不进行疏花，等到坐果后直接疏果、定果。

（3）果实套袋。从 20 世纪 90 年代开始推行梨果套袋技术，目前一些基地县，如蒲城县，砀山酥梨果实套袋率达到 100％，全省的砀山酥梨果实套袋率达到了 95％以上，套袋已经成为一项成熟、普及的梨果管理技术（图 1-164）。

果实套袋的优点。果面干净、鲜艳，提高果品外观质量；减轻病虫危害程度，提高了果实食用安全性；减轻和防止自然灾害，如夏季高温、冰雹等。

果袋选择。必须使用专用果袋。近几年陕西酥梨产区推出了 10 多种不同类型的专用袋，从种类上可分为单层袋和双层袋。生产上两种果袋均有使用，但从使用效果来看，使用双层袋的梨果外观质量较好，使用单层袋的果实内在品质稍好。

图 1-164　砀山酥梨果实套袋

套袋时间。套袋在定果后进行，一般在 5 月下旬至 6 月上旬；套袋前喷 1 次杀虫、杀菌剂。

套袋后管理。套袋果的可溶性固形物含量比不套袋果的有所降低，在栽培管理上应加强提高果实可溶性固形物含量的措施。如增施钾肥等。

12.4.3　整形修剪

（1）生长特性。砀山酥梨在陕西产区表现出以下生长结果习性，为其整形修剪提供了依据。

喜光性强，干性强。砀山酥梨在系统发育过程中形成了喜光的特性，光照不良，花芽质量、果实品质差。砀山酥梨生长势中等，干性强，树冠直立。

萌芽率高，成枝力中低。枝条的萌芽率高，1 年生枝缓放不剪，萌芽率在 80％以上。而成枝力中等偏低，且分枝角度较小。

成花容易。短、中、长枝长放后，短枝很容易形成花芽成为短果枝，中、长枝上也容易形成短果枝和腋花芽。

结果习性。主要结果部位为短果枝，占 70％左右，腋花芽结果能力也强，占 20％左右，以短果枝结果最好。每个果台一般可抽生 1～2 个副梢，并且多数果台副梢顶芽为花芽。

（2）修剪时期和基本方法

修剪时期。在陕西采用四季修剪方法，不同时期有不同的目的和要求。冬季修剪一般在 11 月至次年 2 月进行，目的是调整结构、平衡树势。春季修剪在 3～4 月进行，也称花前复剪，主要针对花芽进行修剪。夏季修剪一般在 5～7 月进行。主要目的是促进花芽形成、改良树体的通风透光条件。秋季修剪一般在 8～10 月进行，疏除直立旺枝、竞争枝等，改善梨园通风条件，增进果实品质。

修剪方法与效应。短截：砀山酥梨成枝力中低，通过短截促使其抽生新梢，增加分枝数目，恢复树势（表 1-26），常用于骨干枝修剪、培养结果枝组和树体局部更新复壮等。缓放：是幼树和初结果树上采用的主要修剪方法。对砀山酥梨多年生枝缓放能形成大量的短枝，这些短枝 80％以上可形成花芽（表 1-27）。疏枝：改善树体通风透光条件，削弱顶端优势，促进花芽形成，平衡长势。疏枝要逐年分期进行。回缩：培养结果枝组，多年生枝换头，控制树冠大小和老树更新时应用较多。摘心：幼树延长枝（主、侧枝）长至 40cm 左右时进行摘心，扩大树冠。盛果期树在有空间处对新梢进行摘心，使之形成枝组，增加结果部位。环割：在主干或主枝基部用刀转刻一圈，不去皮，深达木质部，又不伤木质部。生产上常采用双环割方法，即转 2 圈，刀距 10~20cm，也不去皮。环割一般应用于幼旺树和适龄不结果树。目的不同，环割的时间不一样，为提高坐果率，可于梨树盛花期进行；为促进花芽分化，可于 5 月下旬至 7 月上旬进行。环割时间越早，成花越多，对树势削弱作用越明显，新梢越短。因此，应选择一个促花效果明显，对树势影响不大的时期，一般在 6 月上旬进行比较适宜。开张角度：通过开张枝条着生角度，改变枝条的生长方向，控制顶端优势，改善树体的光照，培养结果枝组。在幼树和初果期树上应用较多。开张角度的方法有拉枝、坠枝、拿枝和撑枝等。

表 1-26　修剪方法对砀山酥梨萌芽和发枝的影响

类型	修剪方法	萌芽率（%）	发枝率（%）	光秃部位（节）
矮化砀山酥梨	长放	76.59	12.23	2.6
	短截	77.17	28.26	2.1
乔化砀山酥梨	长放	54.91	21.42	5.0
	短截	63.33	36.66	3.3

表 1-27　长放对砀山酥梨花芽形成的影响

调查地点	枝龄	多年生枝长度（m）	发枝数（个）	结果枝数（个）	结果枝率（%）	结果数（个）	新梢长（cm）
礼泉尖张村	2	1.45	21	18	85.7	31	65
礼泉南扶村	3	1.65	27	25	95.6	80	40
礼泉兴隆村	2	1.64	21	17	80.9	15	53

（3）常用树形及树体结构。乔化砀山酥梨主要采用倒人字开心形、多主枝开心形，个别生产园也有采用纺锤形、小冠疏层形。矮化砀山酥梨主要采用小冠疏层形。

倒人字开心形。无中央领导干，干高 40~50cm，树高 2m，冠径 2.5m，树形为长方形。主枝 2 个，主枝与地面夹角为 40°左右，每主枝上均匀分布着结果枝组。2 年成形，3 年覆盖全园。该树形适宜于乔化密植栽培，株行距为（1~1.5）m×（3~4）m，每 666.7m² 栽 111~222 株（图 1-165）。整形以拉为主，以充分利用砀山酥梨萌芽力强、成枝力弱、以短果枝结果为主的习性。树体矮小，通风透光，管理方便。

纺锤形。干高一般 50~60cm，中心干上直接分布骨干枝 12~15 个，单轴向四周延伸，骨干枝间距不少于 20cm，骨干枝开张角 80°~90°，同方位骨干枝间距大于 50cm，骨干枝长度不超过 1.5m，骨

图 1-165　倒人字形树体

图 1-166　纺锤形树体

干枝上直接着生中小型结果枝组，树高 2.5～3.0m。该树形适宜于乔化密植栽培，株行距为（1.5～2)m×（3～4)m，每 666.7m² 栽 83～148 株（图 1-166）。整形注意培养强旺直立的中干、开张骨干枝角度、充分利用空间。

多主枝开心形。干高 50cm，树冠为半圆形。主干上 30cm 范围内向四周分布着 3～5 个主枝，主枝与地面夹角为 40°左右，其上均匀分布着结果枝组。此树形树冠紧凑，适宜于乔、矮砧密植栽培，株行距为 2m×（3～4)m，每 666.7m² 栽 83～111 株（图 1-167）。

主干形树形。干高一般 40～50cm，树高 2.5～3.0m。主干直立强旺，中心干上直接着生大小不等、长短不一的中小型结果枝组 15～20 个，均匀分布。陕西以杜梨为基砧，品种为砀山酥梨进行主干形整形树形示范，5 年生产量 2 200kg。该树形通风透光、修剪量小、管理方便，有望成为乔化密植栽培、省力化栽培的发展树形（图 1-168）。

图 1-167　多主枝开心形树体　　　　　　　　图 1-168　主干形树体

（4）密闭砀山酥梨园树体改造。陕西原有酥梨园大多数是 20 世纪 90 年代初栽植的，株行距为（1～2)m×3m，密度大，病虫害严重，品质差，效益低。在陕西乾县杨洪镇酥梨产区选择生产上栽培密度过大、主干过低、主枝过多和控冠修剪技术薄弱等梨园，采取落头开心控制高度、疏除多余主枝、提干等开展以主干疏层形树形改造为主的技术示范（图 1-169）。梨园树体改造后亩产量保持在 4 000kg，果实的大小由过去的平均单果重 180g 提高到 200g 以上，果面的光洁度、色泽较改形前有了大幅度改观，商品率由以前的 70% 提高到 80% 以上。

图 1-169　密闭砀山酥梨园树体改造

12.4.4　果园生草

（1）立地要求。土层深厚、肥沃、根系分布深的果园，可全园生草，反之，土层浅而瘠薄的果园，可用行间生草和株间生草方式。在年降水量少于500mm、无灌溉条件的果园，不宜生草。行距为5～6m的果园，可在幼树定植时就开始种草，中等密植的矮化梨园亦可生草，高度密植的梨园不宜生草而宜覆草。

（2）生草种类。选植株矮小，适应性强，耐阴耐践踏，耗水量较少，与果树无共同的病虫害，能引诱天敌，生育期较短的草品种。如豆科的白三叶、红三叶，紫花苜蓿、扁豆黄芪、苦豌豆、绿豆、蔓菁、紫云英、苕子、鼠茅草等（图1-170，图1-171）。

图1-170　梨园种草（左：鼠茅草，右：蔓菁）

（3）种草方法。一般春季3～4月（地温15℃以上）和秋季9月最为适宜。采用划沟条播方法播种。为减少杂草的干扰，最好在播种前15d灌1次水，诱使杂草种子萌发出土，人工除去杂草后播种草籽。

（4）生草果园管理。果园生草，应当控制草的长势，适时进行刈割，缓和其与果树争水夺肥矛盾。生草最初几个月，不要割，当草根扎深、营养体显著增加后，才开始刈割。一般1年刈割2～4次。刈割留茬高度，一般豆科草要留1～2个

图1-171　梨园种植三叶草

分枝、约15cm左右，禾本科草要留有心叶、约10cm左右。刈割下的草覆盖于树盘上，或可开沟深埋。

生草园应增施氮肥，早春施肥应比清耕园增施50%的氮肥，生长期果树根外追肥3～4次。生草5～7年后，草逐渐老化，应及时翻压，休闲1～2年后，重新播种。

12.4.5　砀山酥梨果实疫腐病防治

2010年，梨疫腐病在陕西等地酥梨产区暴发，并且迅速蔓延，发病果实失去商品价值，严重影响梨树生产（图1-172）。梨疫腐病是一种真菌性病害，病原菌属鞭毛菌亚门卵菌纲霜霉目恶疫霉[Phytophtora cactorum（Leb. et Cohn.）Schrot]。梨疫腐病主要危害梨果，也危害苹果。发病酥梨果初期呈褐色斑点，病斑迅速扩大呈不规则形，红褐色。在高温高湿条件下，病果表面可长出白色菌丝体。病菌以卵孢子、厚垣孢子或菌丝体随病残组织在土壤内越冬，随雨水飞溅传播到梨果上，通过皮孔或伤口侵入。酥梨成熟期多雨，有利于孢子形成和传播，发病重。梨园密闭、排水不畅的发病重。

梨疫腐病综合防治措施。

（1）清除病原菌。发病梨园及时清除病果，隔离病原，将病果深埋。

（2）加强梨园管理。加强密闭梨园改造，通过落头开心、提高结果主枝部位等修剪措施，改善梨园通风透光条件；夏季多雨要及时进行梨园排水；采收时候避免将梨果堆放在地面上。

图 1－172　砀山酥梨疫腐病病果症状

（3）梨果套袋。在陕西洮河梨区调查表明，未套袋酥梨上发生梨疫腐病，而套袋酥梨没有发现梨疫腐病。因此，采取梨果套袋可有效防治梨疫腐病。

（4）喷药保护。发病梨园可喷施 1：2：200 倍波尔多液、三乙膦酸铝或杀毒矾或甲霜灵锰锌等。

12.4.6　采收及采后处理

（1）果实采收。在陕西渭北，砀山酥梨于 9 月中旬采收，此时果面由绿转为黄或黄白。套袋果实连袋采收。

（2）采后处理。

分级。按标准分级。

预冷。梨果贮藏前预冷降温。采用果窖贮藏的果实，一般在空旷场地预冷 1～2 个夜晚；采用冷库贮藏的梨果直接存入 10℃ 左右的冷库中，然后缓慢降温贮藏。

包装。包装用纸箱（图 1－173）、透明塑料果型模盒、塑料箱、木箱等容器，优质酥梨采用礼品盒高档包装（图 1－174）。梨果一般用白纸包裹，外套发泡网，然后装入果箱贮藏或运输。采用果窖贮藏的梨果也可采用塑料薄膜袋单个包装贮藏，销售时再套发泡网。

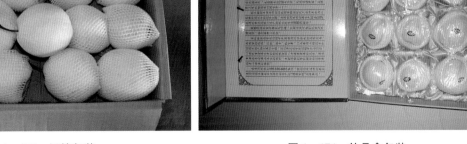

图 1－173　纸箱包装　　　　　　　　　　　　　图 1－174　礼品盒包装

贮藏。砀山酥梨贮藏最适温度在 0～1℃，湿度为 90%～95%。在陕西主要采用果窖贮藏和冷库贮藏方式。一般情况下，采用果窖贮藏的砀山酥梨可保持至次年 4 月，采用冷库贮藏的砀山酥梨可保持至次年 5 月，品质仍佳，损耗也不大。

12.4.7　果园更新

（1）间伐。砀山酥梨在陕西大面积采用乔化密植栽培，栽植密度一般为每 666.7m² 222 株，达到了早结果、早丰产的目的。经过 8 年左右的大量结果，梨园枝条交叉郁闭，通风透光不良，叶片黄化，产量开始下降，另外施肥、喷药和采收也很不方便，此时就需要对密植梨园进行间伐。

间伐最好选在结果大年时进行。在果实采收后或落叶期都可间伐，在果实采收后间伐，有利于保留株进行光合作用，积累有机营养。利用间伐树建园时可在落叶期进行间伐。采取隔株间伐，并注意邻行要错开间伐，也就是第 1 行间伐 1、3、5、7…，第 2 行间伐 2、4、6、8…，第 3 行间伐 1、3、5、7…，依此类推。

（2）老树更新。在陕西砀山酥梨产区，砀山酥梨树龄达到 20 年左右时树势开始减弱，产量下降，树冠内部和下部老枝光秃，树冠外围结果，果小质差。此期可在加强土肥水管理的前提下，采用修剪方法对树体进行更新复壮。对于腐烂病发生严重的梨树可采取桥接方法供给营养。

更新复壮。此期要逐年分批回缩更新骨干枝和多年生枝组。在生长较好且斜生向上的分枝前回缩，并对其下部发育枝进行适度短截，促其多发新枝，然后对新枝采取促控结合方法培养结果枝组，逐步形成新的骨干枝和不同类型的结果枝组。此外，梨潜伏芽寿命很长，很容易从基干萌发徒长枝或直立枝，可利用这些枝更新主枝。砀山酥梨密植树形主枝少，更新比较方便。陕西蒲城县荆姚镇果农对 16 年树龄的砀山酥梨密植园进行主枝更新，使其经济寿命能延长 10 年。

图 1 - 175　桥　接

桥接。没有进行间伐的砀山酥梨密植园，枝量多，梨园郁闭，通风透光不良，加上负载量大，树势衰弱，常造成腐烂病大发生。对于腐烂病严重的梨树，除药剂防治外，还可结合桥接供给营养，恢复树势。桥接分为单桥接和双桥接。桥接方法基本与皮下接方法相同（图 1 - 175）。

单桥接：是利用基部发出的萌蘖作为接穗，或在树盘下播种杜梨种子培育实生苗作为接穗，根据萌蘖（实生苗）基端距上部树干健康皮层处的距离剪留萌蘖（实生苗），然后在其顶部削 1 个长斜面，斜面长 3～4cm，在长斜面的背面再削 1 个短斜面，其长度约为 1cm 左右。削好后，在树干上略低于剪留的萌蘖（实生苗）的位置竖划 1 刀，深达木质部，再将皮层用刀剥开，然后把接穗长斜面朝向木质部，沿形成层向上插入，最后用塑料条绑缚严紧。

双桥接：嫁接时接穗处理方法和皮层处理方法同单桥接。不同之处是双桥接利用梨树 1 年生枝作为接穗，将接穗两端削好后，分别向上和向下沿形成层插入，然后用塑料条绑缚严紧。特别注意的是接穗的形态学上端向上、形态学下端向下，不能上下插反。

12.5　栽培的经济效益

陕西砀山酥梨在不同发展阶段，经济效益也有差异。近几年来，经过品种结构调整，砀山酥梨面积和产量相对稳定，经济效益也比较稳定。平均每 666.7m² 产 2 500kg 左右，单价 1.6 元/kg，每 666.7m² 产值约 4 000 元，扣除农药、化肥等投入，每 666.7m² 净收入约为 3 200 元。近 20 多年来，陕西砀山酥梨产地收购价格情况如下：

1988—1992 年：1.4～2.4 元/kg。

1993—1996 年：2.0～2.8 元/kg，最高达到 3.6 元/kg。

1997—1999 年：1.6～2.0 元/kg。

2000—2003 年：1.0～1.4 元/kg。

2004—2006 年：1.4～1.8 元/kg。

2007—2010 年：1.6～2.4 元/kg。

2011—2012 年：1.2～3.6 元/kg，不同质量果实价格差异明显，优质优价。

13　山西省砀山酥梨生产情况

13.1　产区的环境条件

山西省位于黄河中游东岸，黄土高原东部。总面积约1 562.7万 hm²，实有耕地面积566.7万 hm²，丘陵地、山区面积占70%，大陆性季风气候，四季分明，平均年日照时数2 207.7～3 011.9h，平均年日照率51%～68%。10℃以上积温2 100～4 500℃，昼夜温差大。年降水量300～800mm，大多集中于7～9月。由于土层深厚，光照充足，降水适中，为果树的生长发育、果实糖分积累和品质提高提供了优越的自然、地理、气候条件。

13.2　栽培历史及现状

13.2.1　栽培历史

山西省梨栽培历史悠久，在水果生产中占有重要位置，仅次于苹果，属于第二大水果栽培树种。2011年底全省栽培面积8.7万 hm² 左右，总产量90多万 t。

砀山酥梨自20世纪50年代被引入山西省，特殊的地理、气候条件凸显了该品种在山西省的栽培优势，逐步取代了古老的地方品种，特别是20世纪80年代末到90年代初，栽培面积迅速增加，到20世纪末，砀山酥梨占到全省梨栽培总面积的70%，达5.3万 hm²，成为名副其实的主栽品种。山西省栽培生产的砀山酥梨的外观、内在品质都较好，深受国内外消费者欢迎，畅销我国沿海城市，远销东南亚及欧美市场，在增加农民收入、发展农村经济中发挥了重要作用。

13.2.2　栽培现状

砀山酥梨在山西简称酥梨，在生产中，主要应用技术有树形改造、疏花疏果、人工授粉、套袋、四季修剪、病虫害综合防治等。栽培主要分布在运城、临汾、晋中、吕梁及忻州五大栽培区。

运城地区砀山酥梨栽培区，主要分布在运城市盐湖区和临猗、万荣县及周边。盐湖区王过砀山酥梨栽培区，产量高，每666.7m² 产量平均为3 000～4 000kg，季产季销，效益好，栽培面积约5 300hm²；临猗、万荣县套袋栽培区，面积仅次于盐湖区，产量高效益好，以恒温冷库贮藏销售为主。

临汾市砀山酥梨栽培主要在隰县，1982年始引入栽培，1986年砀山酥梨市场售价3元/kg，在当时，单价是隰县本地其他品种的6倍，当地首次出现了户均收入万元村。2001年8月，隰县被国家林业局命名为"中国酥梨之乡"，2010年全县砀山酥梨面积达到7 000hm²，平均售价1.6～2.7元/kg。隰县砀山酥梨品质好，可溶性固形物含量高，深受水果销售商青睐。

晋中祁县、平遥县及周边的砀山酥梨，是20世纪50年代引入栽培，80～90年代达到发展高峰，目前面积1.3万 hm²，平均每666.7hm² 产2 000～3 000kg，年产量10万～15万 t，品质优，耐贮藏，享誉国内外。以贮藏后销售为主。

吕梁地区文水县及周边砀山酥梨栽培面积7 000hm²，生产水平、销售渠道与晋中祁县基本一致。

忻州地区原平、代县及周边的砀山酥梨栽培区，地处山西省中北部，是山西省砀山酥梨栽培分布的北界。20世纪60年代末引入栽培砀山酥梨，目前面积8 700hm² 左右，在长达40余年的发展历程中，发展速度最快的还是20世纪80年代中期至90年代末。忻州地区生产的砀山酥梨外观鲜黄、汁多味甜、石细胞少、皮薄肉脆、耐贮藏，深受广大消费者青睐。曾被农业部评为全国名优果品，确定为全国优质砀山酥梨生产基地。

13.2.3　销售、贮藏及加工

山西省生产的砀山酥梨约90%在国内销售，主要销往广东、江苏、海南、湖南、湖北、安徽、福建、北京、天津等地区。据业务部门统计，2000年山西梨开始出口，2005年梨出口量2.16万 t，

2011 年梨出口量 7.35 万 t，主要出口市场是东南亚、欧洲、印度、俄罗斯等地区。山西省生产出口到欧洲市场的砀山酥梨被称为脆梨，深受当地消费者欢迎。

山西省果品贮藏能力约 190 万 t，其中以祁县麒麟果业合作社、平遥龙浪果品贮运公司等为代表的贮运企业梨果年贮藏能力约 10 万 t。山西省现有梨加工企业 100 余家，加工产品主要有果汁、果酒、果脯、果酱等，年加工能力 15 万 t，加工量 7 万 t。其中以高平的"厦普赛尔"黄梨汁、隰县天天饮料公司的"金梨汁"为主的鲜梨汁加工企业 2 家，生产的产品深受消费者欢迎。贮藏方式有土窑洞和恒温冷库两种，祁县在贮藏保鲜和销售方面领先于平遥和文水县。

13.3　果实性状

砀山酥梨在山西省栽培总体表现为果面光洁，色泽金黄美观，果点小而稀，石细胞少，肉质细腻，酥脆多汁，可溶性固形物含量较高，品质好，耐贮藏，周年供应期 240d 以上。山西省砀山酥梨果实性状如下（图 1-176）：

果梗长度：4.2cm。

果梗基部肉质：无。

果梗姿态：直生。

梗洼深度：浅。

梗洼广度：狭。

萼片状态：宿存或脱落，不同年份间差异明显。

萼洼深度：深。

萼洼广度：广。

果实底色：绿黄，贮后黄色。

果锈数量：少。

果锈位置：梗端。

果面平滑度：中。

图 1-176　山西省砀山酥梨果实性状

棱沟：无。

果实形状：近圆柱形。

单果重：329.9g。

果实横径：9.1cm。

果实纵径：8.3cm。

果肉颜色：白色。

果肉质地：中粗。

果肉类型：脆。

果实硬度：4.9kg/cm^2。

果心大小：中。

果心位置：中位。

石细胞数量：中多。

汁液：多。

风味：甜。

香气：微香。

涩味：无。

果实心室数：5。

可溶性固形物含量：11.2%～14.2%。

可溶性糖含量：9.8%。

可滴定酸含量：0.134%。

贮藏性：8 个月。

13.4　生长结果特性

砀山酥梨在山西产区表现出以下生长结果习性，与其在陕西的表现相似。

13.4.1　喜光性强

砀山酥梨在系统发育过程中形成了喜光的特性，若光照不良，则树体郁闭，花芽和果品质量差。

13.4.2　干性强，萌芽率高，成枝力中低

砀山酥梨生长势中等，干性较强，树冠较直立。枝条的萌芽率高，而成枝力中等偏低，分枝角度较小。

13.4.3　成花容易

枝条长放后，很容易形成短果枝花芽和腋花芽。

13.4.4　结果习性

以短果枝结果为主，占 70% 左右，果实质量高；腋花芽结果占 20% 左右，但果实质量差。每序花序坐果 1～4 个，以 2～3 个居多，每个果台可抽生 1～2 个副梢，连续结果能力较强（图 1-177）。

图 1-177　山西省砀山酥梨结果性状

13.5　主要栽培技术

13.5.1　栽培密度

乔砧栽培是山西砀山酥梨栽培的主要形式。砧木为杜梨，大冠稀植 [株行距（(4～5)m×(6～7)m] 和中冠中密栽培 [株行距（2～3)m×(4～5)m] 两种。

13.5.2　花果管理

（1）人工辅助授粉。授粉品种数量配置不足的果园主要靠人工授粉。由于果农过度追求主栽品种的产量，授粉品种配置数量严重不足，导致自然授粉不良，人工授粉成为这些产区酥梨生产的必须技术措施。随着人工成本的逐年上涨，成本加大，生产效益下降。

（2）果园放蜂。在授粉品种配置合理的梨园，采用花期放蜂授粉，提高坐果率和优质果率。

（3）花期防霜。由于山西省所处地理位置，花期霜冻已经成为影响梨果优质、丰产、稳产的重要因素之一。花前灌水、遇霜熏烟和梨园燃烧蜂窝煤等是防霜冻害的主要措施。

（4）疏花疏果。由于山西省境内春季花期霜冻危害发生频繁，为保证安全坐果，山西省果农大多不疏花，而疏果已成为提高砀山酥梨果品质量采用的主要措施之一。疏果时间通常是在落花后 20～30d 进行，以每 666.7m² 产量 2 500～3 000kg 计算，一般每 666.7m² 留果量在 12 000～15 000 个，平均果距 15～20cm。

（5）果实套袋。20 世纪 80 年代末，砀山酥梨套袋栽培技术开始在山西省示范推广。套袋时间在花后 40d 左右开始，10d 左右完成。套袋前喷 1 次杀虫剂和杀菌剂。果袋种类有黄色单层和内黑外黄双层两种。实践证明，套袋栽培在提高果实外观品质的同时，降低了果品含糖量，双层袋表现更严重，达不到提质增效的作用。以兼顾内、外品质和降低农药污染为目的，最终黄色单层纸袋栽培被沿用至今，为山西省砀山酥梨优质生产提供了有力的技术保证。目前，山西省砀山酥梨套袋栽培率达 80% 以上。

13.5.3　整形修剪

（1）修剪时期。传统的整形修剪是以冬季修剪为主，自 20 世纪 90 年代以来，由于栽培新技术的引进、示范和推广，四季修剪已经被果农逐步接受并应用。

（2）常用树形及树体结构。目前，砀山酥梨在山西推广应用所采用的树形有三主枝疏散分层形、自由纺锤形、倒人字形、多主枝高位开心形等。

三主枝疏散分层形。株行距（3～4）m×（5～6）m。树高 3.5～4m，干高 0.7～0.8m，第一层大主枝 3～4 个，第二层小主枝 2～3 个，第三层小主枝 1～2 个。整形方法有短截、刻芽、拉枝、抹芽、缓放等。

自由纺锤形。株行距（2～3）m×（4～5）m，树高 3～3.5m，干高 0.6～0.7m，主枝 10～12 个，上小下大，不分层，主枝单轴延伸，无侧枝。整形方法有短截、刻芽、拉枝、抹芽、缓放等。

倒人字形，倒人字开心形：株行距（1～1.5）m×（3～4）m，无中央领导干，树高 2m，干高 40～50cm，主枝 2 个，主枝与地面夹角为 40°左右，每主枝上均匀分布着结果枝组。整形方法以长放、拉枝为主，配合刻芽、抹芽、疏枝等。

多主枝高位开心形，株行距（3～4）m×6m，树高 3m 左右，干高 1.3～1.5m，树冠为半圆形。中心干上 30cm 范围内向四周分布着 5～6 个主枝，主枝与地面夹角为 90°左右，每主枝着生 2～3 个长放侧枝，此树形通风透光好，叶果比相对较小，优质果率高。在老园树形改造方面应用较多。

13.5.4 果园生草

果园生草是近年来在山西省梨园示范推广的栽培技术，其优点是增加梨园土壤有机质含量，改善梨园小气候，为天敌昆虫提供栖息场所，促进果园生态平衡，强化病虫害自然控制能力。

果园生草方法有自然生草和人工种草两种。大多数果园采用自然生草法，少数梨园采用人工种草。生草果园管理主要是适时刈割，控制高度，避免与梨树争肥争水，影响梨园通风透光。一般 1 年刈割 2～3 次。刈割留茬高度 10～15cm。一般豆科草留 1～2 个分枝，禾本科草要留有心叶。刈割下的草覆盖于树盘上。

早春生草园应增施氮肥 50%，生长期果树根外追肥 2～3 次。

幼树定植建园时，行间套种麦类植物，对防止金龟子危害幼叶、幼芽有良好的效果。

13.5.5 采收及采后处理

（1）采收。在山西晋中，砀山酥梨于 9 月 15～20 日开始采收，套袋果实不脱袋采收。运城和忻州地区采收期分别提前和退后 10～15d。部分果园采用分期采收法，果品质量有所提高。

（2）分级。通常分为 3 个等级，果实横径在 7.5～9.0cm 为一级，6.5～7.4cm 为二级，大于 9.0cm 或小于 6.4cm 为等外果。

（3）包装运输。包装用分层分隔纸箱、塑料箱、木箱等容器。果库贮藏的梨果采用塑料薄膜袋单个包装保湿贮藏效果更佳。出库销售时用白纸包裹，外套发泡网，装入果箱后运输销售。

（4）贮藏保鲜。山西省砀山酥梨贮藏方式有两种，即恒温冷库和土窑洞。恒温冷库贮藏时，初入库温度为 10℃，7d 内逐步降至 0℃±0.5℃，相对湿度为 90%～92%，贮藏期 8～9 月；土窑洞贮藏则靠自然降温，贮藏期 5～6 个月。

13.6 梨树病虫害综合防治

13.6.1 坚持综合防控原则

在梨树病虫害防治方面，注重果园生态平衡建设，以农业防治为基础，生物、物理防治为核心，化学防治为调控手段，安全、经济、有效地将病虫害危害损失控制在经济允许水平以下。

从保持果园生态平衡的角度出发，以林、灌、草结合模式开展生态果园建设；以间伐、疏枝、免耕做好梨园生态改造；以减少农药干扰做好生态保护，充分发挥自然控制病虫害的作用。

农业防治是病虫害防治的基础，通过合理的栽培管理手段，提高树体对病虫害的抵抗力和耐害力。主要包括平衡施肥、科学修剪、合理负担、适时灌排、清扫落叶、树干涂白等。

任何其他防治方法都要围绕生物防治来进行，生物防治的主要方法是天敌的保护与利用，有条件的可采用繁殖与释放，还可采用移植和引进。

化学防治作为调控手段，选用植物源类、微生物源类、矿物源类、无机农药和生物农药，果树休眠期用药或避免花期使用广谱性农药，低浓度用药，不同类型农药交替使用，应用保护剂，减少用药次数等。

13.6.2　主要病虫害防治

花芽萌动前期全园喷 5 波美度石硫合剂，压低病虫基数，对防治腐烂病、干腐病、轮纹病、梨木虱、梨圆蚧、梨缩叶病、梨锈病等具有事半功倍的作用。

腐烂病和干腐病防治。冬季树干涂白，防日灼；加强肥水管理，合理负载，增强树势，提高树体抗病能力。发现病疤，及时刮治。定植杜梨，高位嫁接建园。

梨木虱防治。冬季清洁果园，花芽萌动期全园喷 5 波美度石硫合剂或喷菊酯类杀虫剂 3 000 倍液，杀灭初孵若虫，兼治卷叶虫；落花 80％时及时喷 1.8％阿维菌素乳油 4 000 倍液，兼治梨蚜。

黄粉蚜防治。梨黄粉蚜，1 年发生 9 代，以卵在果台、树皮缝等处越冬。该虫喜好阴暗环境，凡树冠郁闭的梨园发生严重，套袋栽培是导致黄粉蚜大发生的主要原因。采用的防治方法有冬季刮粗翘皮灭卵，套袋前喷 20％吡虫啉乳油 4 000 倍液，夏季修剪疏除过密徒长枝，消除果园郁闭。

梨小食心虫防治。实施套袋栽培，可有效控制梨小食心虫危害。裸果生产的果园，采用性诱剂诱捕法防治。通常从 6 月下旬至 7 月上旬开始，在诱捕蛾量达高峰时树上喷药防治。

梨茎蜂防治。梨茎蜂在山西省产梨区发生有程度加重、范围扩大之趋势。目前主要在南部的运城梨区和临汾的部分果园危害严重，晋中和忻州梨区有零星发生，呈逐年加重趋势，应引起高度重视。目前最有效的防治方法是花期挂黄板诱杀和人工摘除虫枝，挂黄板过晚，防效不佳。

13.7　栽培的经济效益

山西省砀山酥梨栽培的不同发展阶段，不同地区生产经济效益有很大差异。从 20 世纪 70 年代起，价格一路走高，显示了该品种在山西的绝对优势，极大地刺激了果农的生产积极性，至 80～90 年代，砀山酥梨栽培发展到高峰时期，迅速成为全国砀山酥梨生产面积大、产量高的主要生产区之一。

由于单一品种面积的过度增长和产业链形成的严重滞后，一度出现季节性压价销售问题。经过 10 多年的品种结构调整，砀山酥梨面积、产量和生产效益趋于相对平稳状态。每 666.7m² 平均产 2 000kg 左右，单价 2.0 元/kg 左右，每 666.7m² 产值约 4 000 元，扣除农药、化肥等投入，每 666.7m² 净收入约为 3 200 元。管理水平较高的梨园每 666.7m² 产值可达 6 000～8 000 元（表 1 - 28）。

表 1 - 28　2009 年山西砀山酥梨主产地每 667m² 的产量和产值水平比较

产　　　地	运城盐湖区	隰县	代县	原平	祁县
产量（kg）	4 000	2 000	875	900	2 750
产值（元）	6 500	3 000	900	900	4 000

13.8　科研成果

13.8.1　杂交育种研究

自 20 世纪 70 年代开始，砀山酥梨被山西省农业科学院果树研究所作为育种资源加以利用，先后配置各类杂交组合 17 个，选育审定品种 4 个。

（1）晋蜜梨。由山西省农业科学院果树研究所以砀山酥梨为母本、猪嘴梨为父本杂交培育而成，选育代号 72 - 9 - 33，1986 年通过成果鉴定，1988 年获山西省科技进步一等奖。

果实经济性状：平均单果重 230g，最大单果重 500g，卵形或椭圆形，果皮黄色，具蜡质，果点中大较密（图 1 - 178），果心小，果肉细脆，石细胞少，汁液多，味浓甜，具香气，品质上等或极上。可溶性固形物含量 13.0％～15.0％。耐贮藏，在土窑洞内贮藏至翌年 4～5 月。

在山西省晋中，4 月中下旬开花，10 月上旬成熟。该品种生长势较强，定植后 4 年结果，以短果枝结果为主。坐果率高、丰产、稳产。

适应性及抗性：树体适应性强，对土壤要求不严，较耐寒，抗腐烂病能力强于酥梨，抗黑心病能力强。

适栽区：适宜在华北、西北、辽宁西部等白梨栽培区种植。

（2）玉酥梨。山西省农业科学院果树研究所以砀山酥梨为母本，猪嘴梨为父本杂交选育而成，选育代号 72 - 9 - 16，2009 年通过山西省农作物品种审定委员会审定。

图 1 - 178　晋蜜梨结果状

图 1 - 179　玉酥梨结果状

果实经济性状：该品种果个大，平均单果重 348g，最大单果重 547g；果实长卵圆形，果皮黄白色，果面光洁具蜡质，果点不显著（图 1 - 179）；果梗短，萼片宿存或脱落；果实可食率 86.3%；果肉白色，肉质细松脆，汁多，味甜，有香气；可溶性固形物含量 11%～13%，总糖含量 7.83%～9.78%，含酸 0.073%～0.134%，糖酸比 58.43：1 至 133.90：1，品质上等。果实耐贮藏，土窑洞可贮藏 7 个月，冷库贮藏 9 个月。晋中地区 3 月下旬萌芽，4 月中、下旬开花，花期约 10～15d。果实 9 月下旬成熟，果实发育期 160d 左右，秋季叶片持绿时间长，11 月上、中旬落叶，生育期 220d 左右。萌芽率、成枝力中等偏弱，枝条长放后易形成串短枝。定植后 3～4 年结果，结果初期中、长果枝结果比例大，大量结果后以短果枝结果为主。果台枝 1～2 个，每序着果 1～5 个，多数为 2～4 个。

树体适应性及抗性：树体适应性强，对土壤要求不严，抗腐烂病能力强于酥梨、鸭梨和香梨；抗褐斑病能力与酥梨、雪花梨等相同，强于鸭梨；抗黑心病能力中等。

该品种抗寒、抗旱性较强。抗腐烂病能力中等，丰产、稳产。适宜在山西省代县以南及我国北方广大白梨适栽区栽植。

（3）晋早酥。山西省农业科学院果树研究所以砀山酥梨为母本，猪嘴梨为父本杂交选育而成，选育代号 72 - 9 - 31，2012 年通过山西省农作物品种审定委员会审定。

果实经济性状：该品种果个大，平均单果重 240g，最大单果重 450g；果实圆柱形（图 1 - 180），纵径 9.6cm，横径 8.7cm；果皮黄色，果面平整，果点中等；萼片宿存或脱落；果心较小，横径 2.4cm，果实可食率 88%；果肉白色，肉质细酥脆，汁多，味甜，微香；可溶性固形物含量 11%～13%，总糖含量 7.89%，含酸 0.113%，糖酸比 69.82：1；品质上等。果实耐贮藏，土窑洞自然贮藏 4 个月，冷库可贮 8 个月。

幼树生长势强，大量结果后树势中庸。花芽萌动期 3 月下旬，4 月中旬开花，果实 9 月上旬成熟，果实发育期 130d 左右，11 月上、中旬落叶，生育期 220d 左右。萌芽率高、成枝力弱，定植后 3～4 年结果，以短果枝结果为主，果台副梢多为短枝，可连续结果，不同部位的果枝能交替结果。每序着果 1～3 个，多数为双果。

幼树定植园 4 年结果。大树高接园，第 2 年有少量花，第 3 年有产量。抗腐烂病能力强于酥梨、雪花梨。适宜在山西省代县以南及我国北方广大白梨适栽区栽植。

图1-180 晋早酥结果状　　　　　　　　　图1-181 硕丰梨结果状

（4）硕丰梨。山西省农业科学院果树研究所用苹果梨做母本，砀山酥梨做父本杂交选育而成，选育代号72-3-29，1995年通过山西省科委和农业部组织的技术鉴定，1998年获山西省科技进步二等奖。

果实大，平均单果重250g，最大单果重600g。果实近圆形或阔倒卵形，果面光洁，具蜡质，果皮绿黄，具红晕，果点细密，淡褐色（图1-181）；果肉白色，质细松脆，石细胞少，汁液特多，味甜或酸甜，具香气；含可溶性固形物12.0%～14.0%，含可溶性糖8.36%～10.56%，含可滴定酸0.102%～0.17%，糖酸比52.2：1至95.78：1，品质上。

晋中地区4月中旬开花，果实9月初成熟，果实发育期130d左右。树体生长势较强，树姿较开张，形成花芽容易；结果早，结果初期，中长果枝较多，大量结果后以短果枝结果为主，腋花芽结果能力较强；丰产、稳产。每序花着果2～3个，全树结果均匀。与砀山酥梨花粉不亲和。较抗寒，抗寒性类似于苹果梨，适应性较广，抗黑星病、腐烂病能力强，成熟早，栽培管理较容易；成熟期早于酥梨10～15d，可以早上市，较耐藏。适宜较寒旱的我国北方梨区（苹果梨适栽区）及一般白梨适栽区栽培。

13.8.2 砀山酥梨矮化栽培研究

由于梨的矮砧和白梨系统优良品种的嫁接不亲和性，限制了梨矮化砧木的广泛使用，山西省农业科学院果树研究所于20世纪80年代开展了针对酥梨的矮化中间砧筛选及栽培技术研究。利用云南榅桲、杜梨为基砧，多倍体梨品种类型为中间砧，嫁接酥梨开展矮化中间砧筛选。组合为：榅桲＋哈代＋酥梨、杜梨＋久保＋酥梨、杜梨＋二十世纪＋酥梨、杜梨＋朝鲜洋梨＋酥梨、杜梨＋身不知＋酥梨、杜梨＋巴梨＋酥梨、杜梨＋鸭梨＋酥梨、杜梨＋哈代＋酥梨。其中，榅桲＋哈代＋酥梨（榅哈酥）和杜梨＋久保＋酥梨（杜久酥）两个组合表现最佳。

（1）榅哈酥组合对砀山酥梨生长及果实的影响。以云南榅桲为基砧，哈代作中间砧，嫁接酥梨，矮化作用极显著，嫁接亲和，植株紧凑，根系发育好，早结果，有安全越冬、丰产、品质优良等特性。

榅哈酥组合具早花、早果、早丰产特性，可提早2年结果，单位叶面积生产的果实量显著大于乔砧酥梨。榅哈砧砀山酥梨果实品质好，无论果实内含物、果个大小、果实色质均优于乔砧砀山酥梨。平均单果重235g，可溶性固形物含量增加2.13%，果实着色度和成熟期提早10～15d。成熟后的果实满面金黄，外观漂亮，果肉酥脆，汁多，酸甜适度，品质好于乔砧砀山酥梨。

（2）杜久酥组合对砀山酥梨生长及果实的影响。以杜梨为基砧，用久保作中间砧嫁接酥梨，优良性状表现最为突出。呈半矮化状。

榅哈酥组合苗定植后3年结果，4年丰产，平均单株产26.85kg，5年生株产36.35kg，最高株产58.5kg，平均叶面积光合效率比对照高25.37%～56.08%，光合产物积累多，比普通酥梨增产20%～30%，增产效果显著。品质较好，果肉较细，石细胞较少。分枝量多，单株平均枝量449个，结实率高，丰产性能好。

参考文献

曹玉芬，聂继云，2003. 梨无公害生产技术 [M]. 北京：中国农业出版社：47-82.

曾庆孝，许喜林，2001. 食品生产的危害分析与关键控制点（HACCP）原理与应用 [M]. 2 版. 广州：华南理工大学出版社：3-98，397-527.

车团结，2012. 浅谈灌木在山西林业发展中的作用 [J]. 长春：农业与技术（6）：48-50.

陈尚谟，1988. 果树气象学 [M]. 北京：气象出版社.

单杨，2010. 中国果蔬加工产业现状及发展战略思考 [J]. 中国食品学报，1（10）：1-9.

砀山县地方志办公室，1999. 砀山年鉴 [Z]. 北京：中国对外翻译出版公司.

砀山县地方志编纂委员会，1996. 砀山县志 [M]. 北京：方志出版社.

杜法礼，2000. 砀山酥梨精品园管理技术 [M]. 北京：科学普及出版社.

杜纪壮，石海强，2004. 北方果树嫁接实用技术图说 [M]. 北京：中国农业出版社.

杜澍，1986. 果树科学实用手册 [M]. 西安：陕西科学技术出版社.

冯恒林，于存周，2006. 砀山地区梨小食心虫的发生与防治 [J]. 北方果树，7（4）：57.

冈元凤，2002. 毛诗品物图考 [M]. 济南：山东画报出版社.

高新一，2001. 果树嫁接新技术 [M]. 北京：金盾出版社.

高正辉，张金云，伊兴凯，等，2010. 砀山酥梨炭疽病发生特征与防治技术 [J]. 安徽农业科学，38（19）：10445-10446.

高正辉，2013. 砀山县水果产业发展现状与实践 [J]. 中国乡镇企业（9）：57-60.

郭林宝，2000. 果品营销 [M]. 北京：中国林业出版社.

何宗军，汪书贵，李正西，等，1996. 中国梨都砀山 [M]. 北京：中国科学技术出版社.

侯保林，1998. 果树病害 [M]. 北京：中国农业大学出版社：110-158.

胡小松，李积宏，1995. 现代果蔬汁加工工艺学 [M]. 北京：中国轻工业出版社：48-89.

胡小松，肖华志，等，2003. 中国果品贮藏与加工产业发展现状与预测 [J]. 保鲜与加工，3（2）：1-2.

胡艳君，2003. 山西省种植业结构调整和地区布局研究 [D]. 北京：中国农业大学.

胡作栋，2005. 苹果和梨病虫害防治 [M]. 北京：中国农业出版社：36-67.

黄显淦，1993. 果树营养施肥及土壤管理 [M]. 北京：中国农业出版社.

霍瑞霞，张学堂，于志良，1995. 砀山酥梨花芽分化动态观察 [J]. 落叶果树（3）：19-20.

贾敬贤，1992. 梨树高产栽培 [M]. 北京：金盾出版社.

贾思勰，2002. 齐民要术 [M]. 北京：华龄出版社.

姜南，张欣，贺国铭，等，2003. 危害分析和关键控制点（HACCP）及在食品生产中的应用 [M]. 北京：化学工业出版社：1-303.

李丙智，徐凌飞，马登奋，等，1998. 梨树整形修剪及病虫防治图解 [M]. 西安：陕西科学技术出版社.

李世真，1986. 果树栽培 [M]. 沈阳：辽宁科学技术出版社.

李玉兰，2002. 20 种果树高接换种技术 [M]. 北京：中国农业出版社.

郦道元，2001. 水经注 [M]. 长春：时代文艺出版社.

刘光荣，王顺建，李志宏，等，2004. 砀山酥梨高接良种棚架栽培技术 [J]. 落叶果树，6（11）：43-44.

刘光荣，王顺建，2007. 砀山酥梨高接换种棚架栽培技术规程 [J]. 安徽农学通报，13（14）：133-134.

刘吉祥，张绍铃，袁江，2010. 砀山酥梨园树体结构的调查研究 [J]. 安徽农业科学，38（1）：12997-12998，13003.

刘小阳，付金沐，2007. 砀山酥梨病虫害的研究进展 [J]. 安徽农学通报，13（7）：78-79.

刘玉升，郭建英，万方浩，等，2001. 果树害虫生物防治 [M]. 北京：金盾出版社：5-98.

吕波，杨批修，2002. 酥梨优质栽培技术 [M]. 北京：科学技术文献出版社.

马海燕，2007. 一氧化氮处理对采后砀山酥梨保鲜效果的研究 [D]. 杨凌：西北农林科技大学.

梅焕亭，1993. 唐宋汴河与宿州 [M]. 合肥：黄山书社.

潘海发，徐义流，2008. 叶面喷施钾肥对砀山酥梨叶片钾素含量和果实品质的影响 [J]. 中国农学通报，24（3）：270-273.

潘海发，徐义流，张怡，等，2011. 硼对砀山酥梨营养生长和果实品质的影响 [J]. 植物营养与肥料学报，17（4）：1024-1029.

潘海发，张昂，高正辉，等，2012. 不同授粉处理对砀山酥梨花柱和子房内源激素含量的影响 [J]. 安徽农业科学，40 (10)：5839-5841.

彭镇华，2001. 安徽砀山风沙碱地治理与林业生态建设 [J]. 林业科学研究 (2)：203-208.

邱强，2013. 果树病虫害诊断与防治彩色图谱 [M]. 北京：中国农业科学技术出版社：88-142.

山西省园艺学会，1991. 山西果树志 [M]. 太原：中国经济出版社.

陕西省果树研究所，1978. 陕西果树志 [M]. 西安：陕西人民出版社.

沈国舫，2001. 森林培育学 [M]. 北京：中国林业出版社.

史文敏，2002. 情系砀山梨 [M]. 北京：中共党史出版社.

司马迁，2000. 史记 [M]. 长春：时代文艺出版社.

孙益知，2011. 果树病虫害生物防治 [M]. 北京：金盾出版社：7-172.

天津轻工学院，无锡轻工学院，1984. 食品工艺学 [M]. 北京：中国轻工业出版社：116-759.

王国平，2012. 梨主要病虫害识别手册 [M]. 武汉：湖北科学技术出版社：85-220.

王宏伟，王少敏，魏树伟，2010. 不同果袋对砀山酥梨果实品质的影响 [J]. 落叶树 (6)：10-11.

王江柱，张建光，许建锋，2011. 梨高效栽培与病虫害看图防治 [M]. 北京：化学工业出版社：173-220.

王久兴，轩兴栓，2003. 落叶果树新优品种苗木繁育技术 [M]. 北京：金盾出版社.

王连荣，2000. 园艺植物病理学 [M]. 北京：中国农业出版社：93-128.

王迎涛，方成泉，刘国胜，等，2003. 梨优良品种及无公害栽培技术 [M]. 北京：中国农业出版社.

王迎涛，方成泉，2004. 梨优良品种及无公害栽培技术 [M]. 北京：中国农业出版社：88-226.

郗荣庭，2006. 果树栽培学总论 [M]. 3版. 北京：中国农业出版社：6-98.

辛树帜，1983. 中国果树史研究 [M]. 北京：农业出版社.

徐明义，姚芳玲，刘振中，等，1997. 梨属矮化砧木的研究 [J]. 西北农业学报，6 (1)：69-73.

徐义流，高正辉，张金云，等，2009. 不同品种花粉和授粉量授粉对砀山酥梨果实萼片的影响 [J]. 安徽农业大学学报，36 (1)：1-6.

徐义流，张金云，高正辉，等，2008. 果实套袋对砀山地区砀山酥梨果实品质的影响 [J]. 安徽农业大学学报，35 (3)：301-306.

徐义流，2012. 砀山酥梨研究 [M]. 北京：中国农业出版社：191-267.

杨平华，李平华，2008. 果树病虫害防治新技术 [M]. 成都：四川科学技术出版社：37-124.

姚旭春，2007. 砀山酥梨贮藏保鲜技术 [J]. 果树花卉 (3)：30-31.

伊兴凯，高正辉，徐义流，等，2010. 梨园生草对果树部分害虫天敌的影响 [J]. 中国农学通报，26 (13)：289-293.

伊兴凯，徐义流，张金云，等，2013. 黄河故道地区砀山酥梨需冷量的研究 [J]. 西北农林科技大学学报 (自然科学版)，9 (41)：133-138，144.

伊兴凯，张金云，高正辉，等，2012. 不同覆盖方式对砀山酥梨园土养分及果实品质的影响 [J]. 西北农林科技大学学报 (自然科学版)，40 (12)：161-273.

于新刚，2005. 梨新品种实用栽培技术 [M]. 北京：中国农业出版社.

俞雅琼，董明，王旭东，等，2011. 机械损伤对砀山酥梨采后生理生化变化的影响 [J]. 保鲜与加工，11 (3)：10-15.

张宏建，梁尚武，张百海，2008. 不同时期套袋对砀山酥梨果实外观质量的影响 [J]. 安徽农业科学，36 (17)：7192-7193.

张建光，李英丽，2011. 梨无公害高产栽培技术 [M]. 北京：化学工业出版社：162-173.

张力，于润，1993. 梨优良品种及其丰产优质栽培技术 [M]. 北京：中国林业出版社.

张振铭，施泽斌，张绍铃，等，2007. 砀山酥梨不同发育时期套袋对石细胞发育的影响 [J]. 园艺学报，34 (3)：565-568.

张振铭，张绍铃，乔勇进，等，2006. 不同果袋对砀山酥梨果实品质的影响 [J]. 果树学报，23 (4)：510-514.

赵锦彪，王信远，官恩桦，2010. 果品商品化处理及全球买卖 [M]. 北京：中国农业出版社：1-133.

中国农业科学院，1988. 中国果树栽培学 [M]. 北京：农业出版社.

朱文勇，柯赛克 R F，福斯特 M，等，1984. 中间砧对红星苹果苗的生长、光合作用及矿质营养的影响 [J]. 山西果树 (1)：53-55.

朱文勇，段泽敏，薛新平，1989. 苹果树营养诊断与矫治技术的研究 [M] //中国园艺学会成立六十周年纪念暨第六届年会论文集：Ⅰ果树. 北京：万国学术出版社：42 - 46.

朱文勇，乔荣英，孟玉萍，1985. 久保梨中间砧的利用研究 ［J］. 山西果树（4）：7 - 11.

祝树德，陆自强，1996. 园艺昆虫学 ［M］. 北京：中国农业科技出版社：189 - 216.

SHANG Xiaofeng，WANG Zhilong，XU Lingfei，2011. Occurrence and Control of Pear Blight Rot（*Phytophthora cactorum*）in Qianxian of Shaanxi Province ［J］. Plant Diseases and Pests，2（3）：17 - 19.

第2篇

徽州雪梨

1　概　　况

1.1　行政区划

徽州历史悠久，在殷商时期，这里就居住着一支叫山越的先民。在春秋战国时期，这里先属吴，吴亡属越，越亡属楚。秦始皇统一六国之后，实行郡县制，这里为会稽郡属地。南朝时开始设置新安郡，郡府搬迁又始终未离开新安江上游，徽州古称新安，其源于此。关于徽州名称的起源，一说因其境内有徽岭、徽水、大徽村等，州则因地得名；另一说赵宋王朝是取"徽者、美善也"之意，炫耀他对这一地区的失而复得。这两种说法并存了 800 多年，州名亦被历代沿用至今。清康熙六年（1667 年）建省的时候，就是摘取安庆、徽州二府首字作为省名的。

1987 年 11 月 27 日，经国务院批准成立地级黄山市，辖三区（屯溪区、黄山区、徽州区）、四县（歙县、休宁县、祁门县、黟县）和黄山风景区，总人口 148 万人，其中农业人口 117 万人。总面积 9 807km²。各区县下辖 101 个乡镇（其中 50 个镇、51 个乡）、889 个村，3 500 余个自然村，8 900 余个村民组。41 个社区居委会。

1.2　栽培历史

梨是黄山市栽培历史最悠久的果树之一，由于生产上沿袭着柿漆渍牛皮纸为袋进行包梨之法，所产之梨洁白如雪，得名"雪梨"。徽州雪梨属蔷薇科梨属中的砂梨，果实外形美观，肉质脆甜细嫩，且具独特果香，是黄山市传统优质果品之一。据《安徽通志稿》记载，宋朝时，徽州雪梨因梨洁白如雪、品质优良，被列为皇家贡品；宋淳熙二年（1175 年）罗愿所著的《新安志》（卷二）物产篇中亦有"梨之类多种，大抵歙梨皆津而消，其质易伤，蜂犯之则为瘿，土人率以柿油渍纸为束，就枝苞封之，霜后始收，今出厂字桥者，名天下"之记录，故黄山市梨树栽培历史至少有 800 年以上，且独创了当时果料套袋等先进的栽培技术。据考证，徽州雪梨大面积种植距今也有 300 多年的历史。相传祁门县柏溪乡芝溪村（现为新溪行政村）于清朝后期从黟县梧村、歙县上丰、休宁大坑等地引入徽州雪梨进行栽培，至今已有 200 多年的历史，梨园中还留有百年以上的大树。在 1959 年开展的果树资源调查中发现，休宁、歙县均有为数不少的百年以上结果大树，有的单株产量达 500kg 以上（图2-1、图 2-2）。新中国成立前黄山市所产之梨主销沪杭一带。2010 年出版的《歙县志》有"歙梨通过套袋养护，果面洁白如雪故称雪梨。主产上丰一带，黄村、仁里等地亦有生产。民国 23 年（1934 年），雪梨在东南亚国际博览会上获果品类银质奖章。传统品种有金花早、细皮等 20 多个"的记载。

图 2-1　大龄徽州雪梨树

图 2-2　连片种植的徽州雪梨

徽州地区梨树栽培中采用套袋技术，使梨果色白如雪，历史上歙县上丰雪梨、休宁大坑雪梨、黟县梧村雪梨、祁门芝溪雪梨统称为"徽州雪梨"。

1.3 徽州雪梨资源及分布

徽州雪梨属砂梨种群。传统品种有金花早梨、细皮梨、廻溪梨、木瓜梨、涩梨等30余个品种，其中以金花早梨、细皮梨、廻溪梨、木瓜梨4个品种品质最佳，栽培面积最广，是徽州雪梨的主栽品种。

金花早梨果梗四周带有金黄色斑点或斑块，名云"金花盖顶"，8月中旬成熟上市。它品质优良，适应性强，丰产稳产，单株产量最高可达900kg以上。

廻溪梨（又名大坑梨）原产自休宁县陈霞乡廻溪村，因常与桂花树相伴而植，也称之为桂花梨；该梨个大汁浓、脆酥爽口，果肉晶莹洁白且不易发生褐变，果实香味浓郁，悠悠散发着一缕淡淡的桂花香味。传说当年朱元璋来此寻访谋士朱升，时值金秋，乡人捧出廻溪梨，朱元璋食后，赞不绝口，特赋诗一首。其中两句是："名贤毓秀地，玉梨似冰雪"。廻溪梨果大，平均单果重400g以上，2009年，最大单果重达1 425g。

涩梨又称药梨，具有药用价值，去核后，放入冰糖炖熟食用。当地果农常用涩梨熬制梨膏糖。

木头酥梨在采后存放期间会有浓郁的香气，耐贮性好，歙县上丰人喜欢将此种梨摆放到书橱或衣柜中，打开橱门，可满室生香（图2-3）。

徽州雪梨在老徽州地区（包括现在的黄山市及宣城的旌德、绩溪）境内均有分布，但主要集中于歙县、休宁、祁门及黄山区一带，其中尤以歙县上丰地区的梨最为有名。20世纪70年代末，邻近的浙江、江西等地也引种栽培金花早等徽州雪梨。

20世纪70年代中期，在歙县上丰乡溪源村梨园中发现1株梨树，该树结的果实光洁度好，少有锈斑点、果皮白色，被当地人称为"溪源白"。几十年的栽培实践表明，"溪源白"丰产稳产，果

图2-3 木头酥古树

实成熟期比金花早梨晚，8月20日以后成熟，单果重400g，品质中上等，耐贮藏。

1.4 徽州雪梨生产发展历程

据1950年歙县工商联调查，1935年歙县有梨园7.3hm²，每666.7m²产量275kg，总产量30.25t。1949年黄山市梨产量641t。中华人民共和国成立后，梨树生产有所发展，1953年全市梨产量提高到974t。20世纪50年代末随着歙县园艺场、祁门园艺场及黄山区园艺场陆续建成，黄山市梨进入了一个较快的发展阶段。当时所栽梨树多为当地的金花早、细皮、木瓜、廻溪、大叶酥等。1957年梨产量首次达到1 306t。20世纪60年代初，黄山市梨生产遭受重创，1962年全市梨产量只有61t。1968年梨产量恢复至1 072t。20世纪70年代初，由于各区县园艺场立足于本地良种开发，加强梨园病虫防治及土肥水管理，主产区歙县雪梨生产有了新的发展，歙县园艺场梨树栽培面积达267lhm²。黄山市梨产量有了较大幅度提高，1975年产量首次逾2 000t，达到2 804t。中共十一届三中全会以后，落实了各项富农政策，先后于歙县园艺场新建梨园80hm²，黄山区园艺场新建40hm²，所栽品种多为徽州雪梨。1991年全市梨面积为960hm²；2005年面积达1 000hm²，产量为3 743t。全市各地在扩大梨树种植面积的同时，与外地科研单位积极合作，20世纪80年代中后期开始引进了菊水、博多青、今村秋、晚三吉、开华、杭青、黄花、新水、丰水、西子绿、早黄金、黄金等国内外梨良种30余个，进行示范种植，使黄山市梨品种结构更趋合理。从20世纪90年代末到如今，大量的徽州雪梨被高

接换种。目前，只有少量的徽州雪梨被果农保留，不少徽州雪梨的品种已难觅踪迹。涩梨由于其药用价值而受到果农的青睐，近年有些许发展。祁门柏溪乡新溪行政村至今保留有 20hm² 的徽州雪梨园。20世纪 80 年代末期，休宁溪口镇五联村从邻乡廻溪村引入廻溪梨进行栽培，在该村 30 余 hm² 的梨园中廻溪梨是主栽品种，同时零星分布有一定数量的木瓜梨。

1.5　徽州雪梨的经济价值与生态效益

1.5.1　经济价值

（1）果实的营养价值。梨因其鲜嫩多汁，酸甜适口，所以有"天然矿泉水"之称。梨果实除含糖和有机酸外，还含有果胶、蛋白质、脂肪、钙、铁、磷及多种维生素。梨味甘微酸、性凉，《本草通法》对其有"生者清六腑之热，熟者滋五脏之阴"的说法。人们赞誉徽州雪梨"凉赛冰雪甜赛蜜，清肺止咳脆而香"。梨果除生食外，还可加工制作梨汁、梨干、梨脯、罐头等。冰糖蒸梨是我国传统的食疗补品，可以滋阴润肺，止咳祛痰，对嗓子具有良好的润泽保护作用。"梨膏糖"更是闻名中外，它是用梨加糖熬制而成。

徽州雪梨中的涩梨虽然其味较差，但药用价值却很高。将涩梨去掉梨核，纳入冰糖，可炖熟食用。用它制成梨膏、梨汁，有去热清痰、止渴润肺功效，《歙县志》（1937 年）记载"其涩者，治肺疾有效"。相传，清初苏州神医叶天士诊断病人何大为绝症，无可救治。然而病人何大却被新安名医程政通用涩梨将其病治愈。叶天士闻之大惊，竟下掉招牌，隐姓埋名，来到歙县程政通的药铺里，当了一名药倌，决心师从程政通学医，后传为谦虚好学的佳话，徽州雪梨也因此名扬四海。

（2）梨树木材的利用。梨树木质坚硬，纹理细密，可供雕刻制作面板及制作家具等。

1.5.2　生态效益与社会效益

徽州雪梨栽培历史久远，主产于黄山市歙县上丰乡一带。上丰乡全乡的面积 70.8km²，地势北高南低，北部为山区，南部为丘陵。该乡现有雪梨面积 213hm²，有效地防止了水土流失。2004 年，"歙县徽梨协会"在上丰乡溪源村应运而生。2007 年溪源村又申请注册了"溪源"雪梨品牌，设计了专用包装箱，进一步提高了雪梨的知名度和附加值。雪梨在给果农带来丰厚利润的同时，还带动了贮藏、包装和运输业的发展，丰富了上丰乡花果山生态旅游景点观光的内涵，对促进上丰乡花果山生态果园区的建设和经济发展起了较大作用。

图 2 - 4　休宁县五联梨园（开花期）

休宁县溪口镇五联村房前屋后山坡上种着 1.5 万棵梨树，有相当多的廻溪梨和木瓜梨。春天的五联梨花如海，洁白如雪，令人流连忘返（图2-4）。金秋时节，沉甸甸的梨子压弯了树枝，尝一尝那甘冰如玉、汁水欲溢的廻溪梨，令人心旷神怡。徽州雪梨成了五联农民增收的重要来源，五联村也成了远近闻名的特色村，当地百姓正在借助徽州雪梨开发乡村旅游。

2　徽州雪梨品种资源

徽州雪梨属砂梨系统，有金花早、细皮、花果早、大叶酥、小叶酥、麝香经久、影梨花、千层花、白皮早、六月雪、麻鹤、木头酥、一点红、黄皮、雪驼子、扁会、廻溪梨及涩梨等品种（表2-1）。

表2-1　祁门县芝溪雪梨的品种及其果实经济性状

品种	果实大小 平均单果重(g)	外观描述			果皮性状			果肉			耐贮性	可溶性固形物(%)	总糖量(%)	总酸量(%)	品质
		果形	果面光滑度	果顶	色泽	果点	锈斑	颜色	肉质	汁液					
黄皮梨	207.5	近圆形	较粗	深凹	浅黄色	大而密	有、圆形	黄白	细脆	中多	最耐	12.5	7.5	0.21	中上
金花早	250.0	扁圆形	光滑	深凹	乳黄有光泽	中等较密	果基有大块状斑	淡黄白	稍细脆较紧	中多	不耐	9.5	6.0	0.19	中上
桂花梨	188.0	近圆形	光滑	凹陷	乳白色有蜡光	小较稀	无	黄白	粗、脆	较多	不耐	8.5	5.0	0.54	下
雪驼子	296.6	椭圆形	不光滑	萼片宿存或脱落	浅黄色	小而稀	很少	黄白	较细脆	中多	不耐	12.0	7.8	0.35	中
六月白	215.0	扁圆形	光滑	深凹	乳白色	小中等疏密	果点外有小圆斑	浮白	粗、脆	较多	耐	10.5	7.1	0.53	中上
六月雪	250.0	长圆形	光滑	深凹	淡黄色	小而稀	少有	黄白	较细脆	中多	较耐	12.5	6.2	0.33	中上
白梨	257.5	扁圆形	光滑	深凹	乳白色	中大密布	无	白	细、脆	较多	耐	9.0	6.3	0.24	中上
小叶	149.0	椭圆形	光滑	深凹	乳白色	极小中等疏密	少	淡黄白	粗、脆	较多	不耐	9.0	5.7	0.39	中下
细皮	108.3	扁圆形不规正	光滑	深凹	浅黄无光泽	极小	无	淡黄白	粗稍紧	中多	较耐	10.5	6.0	0.46	中
扁会	173.0	扁圆形	不光滑	深凹	中黄色	小密	无	黄白	肉紧脆	中多	不耐	14.0	8.0	0.55	中
麻早	176.0	阔椭圆形	较光滑	深凹	浅黄	极小、密	少	黄白	石细胞多脆	中多	耐	12.5	6.8	0.31	中
葱酥	158.8	近圆形	光滑	深凹	乳黄有光泽	很小	无	浅黄白	粗、松	中多	不耐	7.0	5.7	0.35	中下
白顶	235.0	广卵形	粗糙	平、萼片宿存	中黄	中大、密	果点周围有圆形斑	—	—	—	不耐	8.0	—	—	中下
木瓜	500~800	倒卵形	不光滑	突起	淡黄	密生		白		特多	耐	无样分析			中上

资料来源：严康泉，2005。

2.1　金　花　早

果实为扁圆形。平均单果重250g左右。果面光滑平整，多锈斑，果柄四周密布金色斑纹，故名金花盖顶（图2-5）。成熟时套袋果实为黄白色，不套袋果实为绿黄色。果皮薄，味甜，汁多，可食部分达84%。果肉白色，肉质细且脆，可溶性固形物含量12%，每100g含维生素C 3.85mg，品质中上等。萼片脱落，少数宿存，萼洼广、中深。果梗粗长，长约3.63cm，粗0.29cm，梗洼广浅。黄山地区 8 月中旬成熟，可短期贮藏 45d。

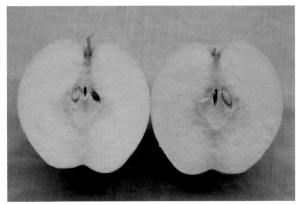

图 2-5　金花早

幼树生长势较旺，枝较直立，萌芽率高，成枝力中等，枝条粗壮，节间较长，修剪反应较为敏感。以短果枝结果为主，中果枝为辅，长果枝很少，有极少的腋花芽。果台结果后当年即枯死。叶片较大，卵圆形，叶尖长而尖，叶基心脏形，叶缘锯齿尖而内贴。

2.2　细　　皮

果实近圆形，果点小而密，果顶窄而深凹，有 4～5 条棱沟，平均单果重 225g 左右。成熟时套袋果实为黄白色，不套袋果实为浅黄绿色。果皮薄，果肉为乳白色（图 2-6、图 2-7）。肉细，汁多，味甜，有微香，果心小，石细胞少，可食率达 80%，果实可溶性固形物含量为 9.6%，含酸量 0.14%，100g 果实中含维生素 C 5.14mg。品质中上等。黄山地区果实 8 月中旬成熟，可贮藏 75d。

图 2-6　细皮梨　　　　　　　　　　　图 2-7　细皮梨剖面图

幼树生长势强，极性亦强，但进入盛果期后则逐渐转弱。萌芽力高，成枝力中等，枝梢开张角度较金花早大，枝较软。新枝颜色绿褐色，老枝颜色灰褐。叶片较大，但比金花早略小，叶基圆，叶缘向上卷曲，锯齿浅，叶尖向下卷，叶面不平。以中短果枝结果为主，短果枝群能连续结果，丰产性能较金花早好，产量高，适应性强，抗风，抗旱。

2.3　廻　溪　梨

又名大坑梨、桂花梨。果实为高圆形（图2-8），果点大而稀，果顶广浅凹，果基凹，大部分萼片宿存，小部分脱落，果大，平均单果重 400g，最大单果重 1 425g。果皮稍厚，果实削皮后果肉不易变色。果肉白色，汁多，味甜而脆，有香气，石细胞少。果实可溶性固形物含量为 9.3%，每 100g

中维生素含量 7.71mg，可食部分占 79%，品质中上等。黄山地区果实 8 月中、下旬成熟，可贮藏 60d。

树冠圆头形，树势中等，枝梢开张，发枝力和成枝力较强。枝条较细，1 年生枝大多呈弧形，红褐色，多年生枝灰褐色，以中短果枝结果为主，花芽较一般的梨花芽大些。果台多抽生 1 个果台付梢。叶片中等大小，为卵形或长卵形，叶面较厚，叶缘锯齿浅且内贴，叶柄较长。

该品种适应性强，果形大，丰产，抗锈病，耐贮运，为徽州雪梨的主栽品种之一。

图 2-8 廻溪梨

2.4 木 瓜 梨

果实倒卵形，中部膨大，顶部突起，果形似木瓜，皮粗，表面稍有凹凸，汁多味甜，带微酸，有香气，品质上（图 2-9）。套袋果皮淡黄色，不套袋果皮褐色，并有锈点密生。果大，一般单果重 500～800g。果肉白色。黄山地区果实成熟期 8 月中、下旬。

图 2-9 木瓜梨

木瓜梨树冠高大，呈圆锥形，树势强健，多年生枝干灰白色，1 年生枝条青红褐色，枝条粗壮，斑点长条形，嫩梢先端着生白色茸毛。该品种自花结实能力强，通常定植 4～5 年挂果，以短果枝结果较多，也有少数腋花芽结果。木瓜梨叶大，是徽州雪梨中叶片最大的，广卵圆形，叶厚，叶缘锯齿稀而细。

木瓜梨是徽州血梨中适应性强，果形特大，产量高，品质好的优良中晚熟品种之一。

2.5 白 酥

果实扁圆，纵径 6.8cm，横径 7.8cm，平均单果重 210g。果顶广平，尊筒较浅，萼片宿存。套袋果实黄白色，果面有大而稀棕色斑点。果肉淡白色松脆、汁中、味甜、石细胞少，有香气，可溶性固形物含量 9.2%，可食率 80.9%，品质中等。果实 8 月下旬成熟。树形开张，多年生枝干灰褐色，新梢细长，叶大卵圆形，叶缘锯齿密而尖。110 年生树株产 175kg，以短果枝结果为主，大小年不明显，极丰产，是歙县上丰主栽品种之一。

2.6 白 皮 早

果实近圆形，纵径 7.5cm，横径 7.8cm，果肩平，萼洼较深，萼片脱落。套袋果面纯白色，不套袋皮色淡青。果肉乳白、多汁、酸甜适中，有香气，可溶性固形物含量 9.6％，可食率 79.1％，品质中上。果实 8 月中旬成熟。树势中庸，树冠开张，多年生枝干深褐色，新梢青绿色，叶薄卵圆，叶缘锯齿细而密，以短果枝结果为主，本品种有明显大小年，产量不稳定，60 年生树株产 140kg。

2.7　麻　　红

果实较大，平均单果重 245g，纵径 7.8cm，横径 8cm，近似圆形。果肩中部深凹，萼筒广浅，萼片脱落或宿存。套袋果面淡黄色有青块，果皮较厚，并布有棕色麻点。果肉白色，石细胞多，汁液中等，涩味较重。可溶性固形物含量 10％，可食率 79.2％，品质中下。果实 8 月下旬成熟。

树形开张，大枝开张角度 65°～70°。主枝深灰褐色有纵浅裂纹，多年生枝灰褐色，叶中厚，长卵圆形，锯齿短密。本品种连年结果性强，定植 3～4 年结果，20 年生树株产约 150kg，主要以 3～5 年生枝上的短果枝结果为主。

2.8　酥　　梨

果实扁圆形，纵径 6.3cm，横径 7.2cm，平均单果重 180g，果肩中部凹浅，尊筒较深，萼片脱落。套袋果面淡黄色，果皮厚有蜡质和有稀而小锈斑，果柄长 3.5～4cm。果肉白色，石细胞多而粗。果汁少，酸甜而涩，可溶性固形物含量 9％，可食率 76％，品质下等。果实 8 月中旬成熟。

树势弱，树冠开张，多年生大枝深褐色，布有纵浅裂纹，新枝棕色有茸毛，叶大长卵圆形，锯齿密尖。以短果枝结果为主，140 年生树株产 90kg。

2.9　一　点　红

果实近圆形，纵径 7.4cm，横径 8.1cm，平均单果重 256g，果顶果基均凹，萼片脱落。套袋果面淡黄色，皮较薄，果点橙黄色，多而小。果肉乳白色，汁多、味甜，有香气，可溶性固形物含量 9.5％，可食率 72％，品质上等。果实 8 月中旬成熟。

树势中庸开张，多年生主干枝深灰褐色，有线条裂纹，新枝青绿色。叶近圆形，长 9.8cm，宽 8.6cm，较厚深绿色，叶缘锯齿短密，以 3～5 年生枝上的短果枝结果为主，100 年生树株产 140kg。

2.10　春　安　种

果实近圆形，纵径 7.4cm，横径 8cm，平均单果重 218g。果柄长 4～4.5cm，果顶果基均深凹，萼片脱落。套袋果面黄白色，有锈斑。果肉乳白色，石细胞多，味甜微涩，有香气，可溶性固形物含量 10％，可食率 73％，品质中等。果实 8 月下旬成熟。

树势较强直立，主干深灰色，有横浅裂纹，叶厚较大长卵圆形，锯齿细尖。以 3～5 年生枝上的短果枝结果为主，120 年生树株产约 150kg。

2.11　大　叶　酥

果实近圆形，平均单果重 247g。果柄长 3.4cm，果顶果基均浅凹，萼片脱落。套袋果皮淡黄白色，有稀而少淡黄色果点。果肉白色，果心小，汁液多，石细胞中等，香气浓，可溶性固形物含量 11.2％，可食率 72％，品质优。果实 8 月中旬成熟。

树势较强开张，主干深褐色，有纵深裂纹，多年生主枝深灰色，叶中厚卵圆，长 15cm，宽 8.7cm，叶柄长 6～6.8cm，叶缘锯齿微波形。以短果枝结果为主，90 年生树株产约 140kg。

2.12　盒　　盆

　　果实扁圆形，纵径 5.8cm，横径 8cm，平均单果重 282g。果柄长 2.4cm，果顶深凹，果基凹而大，萼片脱落。套袋果面淡黄白色，果点棕色稀而小。果肉乳白色，汁多，石细胞中等，甜多涩味少，可溶性固形物含量 10%，可食率 84%，品质中等。果实 8 月 20 日前后成熟。

　　树势中等开张，70 年生树高 6.5m、冠径 8.1m×9.6m，多年生主干枝深灰色，有纵浅裂纹，新梢长 35～40cm，叶中厚心脏形，叶色淡黄，柄长 6.5～7cm，叶缘锯齿稀粗，本品种以短果枝结果为主，单株产量 125～150kg。

2.13　棉 花 梨

　　果实近圆形，纵横径 6.9cm×7.1cm，单果均重 235g。果顶有 4～5 个浅凹。似棉花果，果基稍凹，萼片宿存。套袋果实黄白色，有褐色小型果点。果肉乳白色，石细胞极少，果汁极多，有清香味，可溶性固形物含量 8.7%，可食率 87%，品质中等。果实 8 月底成熟。

　　树势中强直立，大枝开张角度 15°～20°，老枝深灰褐色，有长条形裂纹，新梢粗长，叶卵圆形，长 11.4cm，宽 7.3cm，叶中厚，锯齿密致深。以短果枝结果为主，50 年生树株产约 100kg。

2.14　青 柄 酥

　　果实近扁圆形，纵 6.7cm，横径 7.4cm，平均单果重 213g。果梗长 3.5cm，果顶深凹，果基凹浅，萼片脱落或宿存。套袋果面黄白色，果点大而少。果肉白色，石细胞较多，果汁多，有清香气，可溶性固形物含量 11%，可食率 75%，品质中上。果实 9 月上旬成熟。

　　树势中庸直立，主枝开展角度 20°～30°，老枝灰褐色，新稍长 20～25cm，叶较厚，长卵圆形，长 14cm，宽 8.5cm，叶柄长 5.4～7cm，叶缘锯齿深而密。以短果枝结果为主，110 年生树株产 145kg。

2.15　六 月 早

　　果实近圆形，纵径 6.7cm，横径 7cm，平均单果重 185g。果顶果基均深凹，萼片脱落。套袋果面乳白色，果皮极薄，果点小而稀。果肉白色多汁，石细胞少，味淡带涩。可溶性固形物含量 8.5%，可食率 80%，品质中等。果实 8 月 5 日至 10 日成熟。

　　树势弱，较开张，老枝灰褐色有裂纹，新梢粗长，叶中厚，长卵圆形，长 12.7cm，宽 7.5cm，叶柄长 3.1～3.6cm，叶缘锯齿密而浅。60 年生树株产约 75kg。

2.16　金 皮 梨

　　果实近圆形，纵径 7.3cm，横径 7.8cm。果顶广凹，果基萼筒浅，尊片脱落。套袋果面棕黄色，有大而稀淡黄色果点。果肉乳白色，汁多、味甜，微有香气，可溶性固形物含量 9%，可食率 83%，品质中等。果实 8 月中旬成熟。

　　树势强开张，主干灰褐色，多年生枝灰白色，叶薄卵圆形，长 10.5cm，宽 9.6cm，叶缘锯齿稀而浅。以短果枝结果为主。30 年生树高 6.5m，冠径 5.6m×5m，30 年生树株产 90 余 kg。

2.17　药梨（又称涩梨）

　　果实近圆形，纵径 7.7cm，横径 7.8cm，平均单果重 234g。果顶浅凹，果基歪凸，萼片宿存。

套袋果实淡黄色，皮厚有棕色小而密果点。果肉白色、易褐化，石细胞较多，果汁少，风味涩、酸、微苦，可溶性固形物含量11%，可食率72%，品质下等。果实9月下旬成熟（图2-10、图2-11）。

图2-10　药　梨

图2-11　药梨剖面图

　　树势较强开张，40年生树高7.2m，冠径7.5m×8m，大枝开张角度60°~70°，多年生枝深褐灰色，新梢长8~10cm，叶薄，长卵圆形，长11.6cm，宽8cm，叶缘锯齿细而密。以短果核结果为主，成龄树株产量约100kg。

3　生物学特性

3.1　生长习性

徽州雪梨生长势较强,栽培适应性较广,抗旱抗涝、耐瘠薄。在滩地、平地、山坡地均能很好生长结果。耐盐碱能力强。萌芽率高,成枝力低,在自然生长情况下,树形呈自然圆头状。经济栽培寿命长。

3.1.1　叶芽

(1) 叶芽的种类。梨树的叶芽根据着生的部位分为顶芽与腋芽(图2-12、图2-13)。顶芽着生于枝条顶端,芽大且圆,短枝上的顶芽一般较饱满,随着枝条长度的增加,顶芽的饱满程度渐减。腋芽着生于叶腋内,多呈三角形离生。同一枝条上不同节位腋芽的饱满度、萌芽率、生长势都有明显的差异。枝条基部的腋芽质量最差,枝条中部的腋芽最饱满、质量最好。

图2-12　叶芽(顶芽)

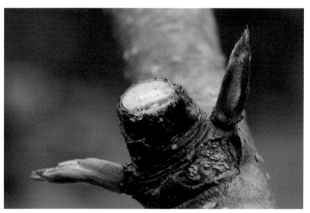

图2-13　叶芽

(2) 叶芽的特性。梨树叶芽的萌发率较强,成枝率较弱,但品种之间有较大差异。徽州雪梨中,廻溪梨萌发率和成枝率较强,金花早萌发率强、成枝率较弱。与腋芽相比,顶芽萌发力和成枝力较强。梨树叶芽的早熟性差,芽形成后当年一般不能萌发,翌年才能萌发。腋芽萌发后,常在枝条基部形成很小的芽或芽痕,这些芽一般不会萌发,形成寿命很长的隐芽,隐芽在受到刺激后才能萌发,成为枝条和树冠更新的基础。

(3) 叶芽的分化。叶芽的分化过程可分为4个时期。

第1时期。自春季叶芽萌动时起,随着幼茎节间的伸长自下而上逐节形成腋芽原基。随所在节的伸长和叶片的增大,芽原基由外向内分化鳞片原基并生长发育为鳞片。这一时期随着叶片生长的停止而停止(图2-14)。

第2时期。经过夏季高温以后开始。在第1时期的基础上开始分化叶原基,并生长成幼叶,一般分化叶原基3~7片,到冬季休眠时暂停。

第3时期。营养条件较好的芽在春季萌芽前进行,继续分化叶原基。在此时期短梢可增加1~3片叶,中长梢可增加3~10片叶。加强肥水管理,改善树体的营养状况可以促使更多的叶芽进入第3期分化,增加枝叶量。

图2-14　萌动的叶芽

第 4 时期。芽外分化。着生位置优越、营养充足、生长势强的芽，萌发以后，先端生长点仍继续分化新的叶原基，一直到 6～7 月新梢停止生长以后才开始下一代顶芽分化的第 1 时期。芽外分化形成的多是强旺的新梢或徒长枝。

叶芽的发育程度与树体的营养状况、环境条件关系密切，采用适宜的施肥技术、修剪方式等可促进芽的发育，提高芽的质量，改变芽的性质。

3.1.2　花芽

（1）花芽的种类。梨花芽依着生部位可以分为顶花芽和腋花芽。在枝条顶端形成的花芽称为顶花芽，在枝条叶腋间形成的花芽称为腋花芽。徽州雪梨以顶花芽结果为主，腋花芽结果所占比例很小。

（2）花芽分化。梨的花芽分化一般经过 3 个时期：即生理分化、形态分化和性器官发育期（图 2-15、图 2-16）。

图 2-15　花　芽

图 2-16　萌动的花芽

生理分化期。即芽的质变期，是指芽生长点细胞内进行着由营养生长状态向生殖生长状态转变的一系列生理变化，细胞内营养物质和激素平衡状态已经达到向花芽分化的物质水平，一旦遇到适宜的外因条件即可进行形态分化。生理分化一般在芽鳞片分化期结束后的 1 个月内进行及形态分化前 1 个月左右开始，约在 5 月，此时长梢仍在生长，停止生长较早的短梢顶芽和发育较好的腋芽营养物质积累多，有较多的成花机会。

形态分化期。形态分化是指已经具备生理分化物质基础的芽，在外因作用下，进行各种花器官原基的分化过程。一般情况下，梨花芽形态分化从 7 月上中旬开始，此时新梢已停止生长，果实尚未迅速膨大，至 11 月基本结束。梨花芽形态分化期大致可分为分化始期、萼片分化期、花瓣分化期、雄蕊分化期、雌蕊分化期。

性器官发育期。花芽解除休眠后至开花前，在雄蕊的花药中发育出花粉粒，雌蕊的子房中发育出胚珠，最后完成花芽分化的全过程。花器官发育完全，开花后才能进行正常的授粉、受精过程。

（3）影响花芽分化的因素。

营养物质水平。营养充足是花芽形成的物质基础，芽内具备丰富的碳水化合物（淀粉、糖等）、矿质营养、含氮物质（蛋白质等）是首要条件。能否形成花芽不仅决定于碳水化合物和含氮物质数量的多少，还取决于两者的比例，比值越高则成花的可能性越大。从栽培实践中可以发现以下几种情况：一是肥料供应和碳水化合物积累适量，树体长势中庸，容易形成花芽且结果良好。二是氮肥不足，生长不良，但碳水化合物积累较多，能够成花但结果不良。三是氮肥施用过多或修剪过重，树体营养生长旺盛，碳水化合物消耗多、积累少，难以成花。四是光照不足或叶片早期脱落，碳水化合物积累少，难以成花。

激素水平。激素对花芽的形成有重要影响。赤霉素、生长素常对花芽分化起抑制作用。细胞分裂素促进花芽分化；脱落酸与赤霉素有拮抗作用，可以促进花芽分化；乙烯对花并分化有促进作用。激素对花芽分化的影响，不是通过其在植株体内的绝对含量实现的，而是取决于各种内源激素的平衡状态，只有各种激素达到适宜的平衡比例时才有助于花芽分化。

外界条件。光照充足、温度适中、适度干旱有利于花芽分化。

光照。光照既影响营养物质的合成，也影响内源激素的产生与平衡。果树在光照充足条件下易形成花芽。树冠内透光率在20%以下时花芽分化受到严重影响，达到30%以上时有利于花芽分化，高于50%时花芽分化旺盛。

温度。平均气温在20～30℃时最适宜梨树的花芽分化。

水分。土壤含水量过高，新梢生长旺，细胞液浓度和激素含量降低，不利于花芽分化。如果土壤含水量过低，则芽休眠早，会失去分化成花芽的机会；适当干旱，利于梨树的花芽分化。

3.1.3 叶

（1）叶的功能。叶片是梨树光合作用的主要器官，其制造的光合产物用于树体营养生长和生殖生长。叶片除进行光合作用外，还进行呼吸作用和蒸腾作用。同时叶片还是合成多种激素的重要器官，通过气孔还可以吸收水分和养分，生产上常利用叶片的这种功能进行叶面追肥。

（2）叶的发育过程。叶片的生长发育过程是从叶原基出现开始的，经过叶片下叶柄和叶托的分化，直到叶展开、停止增大为止。叶片随着新梢伸长而逐渐增多，叶面积也相应增大（图2－17、图2－18）。梨树具有生长快、叶面积形成早的特点，到5月下旬，全树的叶面积大小基本稳定。叶面积形成的早晚和大小不仅影响当年的产量和新梢的生长，而且还影响当年的花芽分化和营养物质的积累。加强萌芽前后的栽培管理，对增加叶面积效果明显。

图 2－17　幼　叶

图 2－18　成熟叶

3.1.4 枝

（1）枝的功能。枝起支撑作用，是结果的重要部位，并承担营养的运输。根部吸收的水分和无机养分，通过枝的木质部导管运送到叶片，叶片制造的有机养分，通过枝的韧皮部筛管运输到全树的各个部位，以满足植株生长结果的需要。枝条生长决定着树冠的扩大和叶幕的形成，并对树势、产量和果实品质产生重要影响。

（2）枝的类型。梨树的枝条按生长结果的性质，可分为营养枝和结果枝。

营养枝是指不结果的发育枝。营养枝根据枝龄可分为新梢、1年生枝、2年生枝和多年生枝。春季叶芽萌发的新枝在落叶前称为新梢，新梢落叶后至第2年萌发前被称为1年生枝（图2－19），1年生枝萌芽后至下年萌发前被称为2年生枝，2年生以上的枝条称为多年生枝。1年生枝按其长短分为短梢（长度在5cm以下）、中梢（长度在15～20cm）、长梢（长度在20cm以上）。徽州雪梨主栽品种之一金花早其健壮枝剪口下一般萌发2～3个长枝，新梢年平均生长长度87.5cm，枝叶茂盛。

图 2－19　1 年生枝

结果枝是指其上着生花芽能开花结果的枝。结果枝按长度分为短果枝（5cm 以内）、中果枝（5～15cm）和长果枝（15cm 以上）。结果枝结果后留下的膨大部分称为果台，果台上抽生的枝称为果台副梢或果台枝，果台副梢也可以结果（图 2 - 20）。短果枝结果后，果台连续分生较短的果台枝，经过几年以后，许多短果枝聚生成群，成为短果枝群。如金花早短果枝约占 50%，中果枝占 15%，长果枝占 5%，腋花芽 5%，发育枝占 25%。

（3）枝的生长。

加长生长。枝的加长生长一般是通过枝条顶端分生组织的活动来实现的。芽萌发后顶端细胞

图 2 - 20　果台枝

加速分裂，并进行细胞伸长，一些细胞进一步分化成表皮、皮层、初生木质部和髓部组织。使枝条发生长度的生长。由于此时叶片也在生长，枝的生长主要靠树体内贮藏的营养，因此伸长缓慢。随着叶片的形成，叶片制造的养分供给新梢生长，顶端细胞继续分裂分化，伸长生长明显加快，新梢进入旺盛生长阶段，以后逐渐变慢，直至停止生长。

加粗生长。枝的加粗生长是由枝条形成层细胞分裂分化实现的。新梢加粗生长与加长生长同时进行，但加粗生长较加长生长停止晚。加粗生长受树体营养状况影响很大，营养状况不良，直接影响加粗生长，形成的新梢细弱。多年生枝的加粗生长是在树体内光合产物有积累时开始。枝干粗度是树体积累多少和树势强弱的表现，叶量多、质量好则枝干增粗快。

3.1.5　花

（1）花的结构。梨花由花梗、花托、花萼、花冠、雄蕊和雌蕊组成（图 2 - 21、图 2 - 22）。通常单花多为 5 个花瓣，花瓣白色离生，雄蕊多、分离轮生、显著高于雌蕊。雌蕊柱头 3～5 个离生。梨花序为伞房花序，每花序一般为 5～12 朵花。花托杯状，子房下位。萼片通常为 5 片，基部合生筒状。

图 2 - 21　花

图 2 - 22　花　蕾

（2）开花。在黄山市内，金花早 3 月上旬花芽开始萌动，3 月中旬花芽绽开露出花蕾，其后花序分离，3 月下旬进入开花期（图 2 - 23、图 2 - 24）。先开花后展叶，叶芽 3 月中旬萌发，3 月底至 4 月初展叶。同一花序下部花先开，顶花后开；同一枝条顶花芽的花先开，腋花芽的花后开，壮树、壮枝壮花芽的花先开，弱的后开。梨开花对温度反应敏感，温度达不到要求时不能开花。开花后连续 3～5d 气温在 15℃ 以上，开花旺盛，盛花期可持续 5～7d。全树花期 8～10d。单朵花期 7～9d。干旱高温天气花期缩短，湿润凉爽天气花期延长。

图 2 - 23　小蕾期花序

图 2 - 24　大蕾期花序

3.1.6　果实

（1）果实结构。梨的果实由果肉、果心和种子 3 部分组成（图 2 - 25）。花托形成果肉部分，花的子房形成果心，胚珠发育成种子。果心通常有 5 个心室，一般每个心室含 1～2 粒种子。

（2）果实性状。徽州雪梨因品种不同，其果实形状、果实大小、单果重、果实颜色、石细胞的多少、果心的大小、风味、香气、可溶性固形物含量、成熟期的早晚、贮藏性等方面存在较大的差异。各品种果实的主要性状参见徽州雪梨品种资源一节内容。

图 2 - 25　果实结构

3.1.7　根

（1）根的功能。根能把梨树固定在土壤里，同时具有吸收、贮藏和合成营养的重要功能。根系从土壤中吸收水分和矿质营养及少量的有机物质，还从土壤中吸收二氧化碳。根系是重要的贮藏器官，能贮藏水分和养分。根系在梨树的生命活动中更重要的功能是合成多种有机物，如根系能合成细胞激动素、生长素、玉米素和其他生理活性物质，对地上部的萌芽、新梢生长、果实膨大等过程起重要调节作用。

（2）根的种类。传统的徽州雪梨多以棠梨作砧木嫁接育苗。以棠梨为砧木的徽州雪梨的根系有主根，主根上分生侧根，侧根上着生许多须根，须根上又分生出更多的吸收根，吸收根的先端着生根毛。根毛是根系直接从土壤中吸收水分和养分的器官。侧根依其在土壤中的分布状况，可分为水平根和垂直根。

（3）根的分布。徽州雪梨的根较深，其分布情况与砧木、树龄及土层的深浅和土壤性质有密切的关系。在土层深厚、疏松肥沃的情况下，垂直根可深达 3～4m，80% 的根系分布在 60cm 深以内土层中，根系的水平生长范围可比树冠大 2～4 倍，但其分布范围常受土质影响。在黏红壤中，其近干部分较密，在沙质土壤中，其根系多向外伸展，近干部分较少。同时土壤的深浅和地下水位的高低对徽州雪梨根系的分布影响很大，当土层浅薄和地下水位过高时，垂直生长明显受到抑制。土壤养分越富集，根系分布越集中，否则根系疏散走得远。

（4）根的生长。徽州雪梨在土温 5～7℃ 时，新根开始生长，一般根系生长比枝条生长要早 1 个月以上，且根系生长与枝条生长呈相互消长的关系。根系在 1 年中一般有 2 次明显的高峰，第 1 次高峰出现在新梢大部分停止生长后，叶面积大部分形成时，高温来临之前，即 5 月中旬至 6 月初，此时土温约 20℃左右，且正值叶片光合养分供应充足的时候，适宜根系生长，新根大量发生。之后土温升高，果实增大，养分消耗大，根系生长缓慢，至土温 28～29℃以上，根系停止生长。第 2 根系生长高峰期出现在 9～10 月，此时果实采收之后，养分重新积累，土温逐渐下降，有利于根系生长，至落叶后逐渐停止生长。不同层次的根系停止生长的时间不一致，上层根系停止生长的时间比深层根系的早。如果温度适宜，根可全年活动而不休眠。徽州雪梨根系再生能力强，土壤耕作断伤后，愈合生根较快。

土壤含水量对徽州雪梨根系生长也有较大的影响。在根系分布层，土壤含水量达到田间最大持水量的 60%～80% 时，土壤通气性最好，如果温度也适宜，则更有利于根系的生长。土壤含水量低于田间最大持水量的 40% 时，根系会因干旱而影响正常生理活动。梨虽较耐涝、耐旱，但土壤水分过多，持续时间过长，仍会引起根系窒息而死，最终导致全树死亡。

土壤含盐量超过 0.2% 时，新根的生长即受到抑制，超过 0.3%，根系就受到伤害。

3.2　结果习性

3.2.1　结果年限

在一般栽培条件下，徽州雪梨定植后第 4～5 年开始结果，10～12 年进入盛果期。

徽州雪梨的主栽品种较易成花，1 年生枝条在轻剪或缓放的条件下，容易抽生短枝形成花芽。因此，采取拉枝、促进抽生枝条等措施，可促使结果期提前 1～3 年。

徽州雪梨经济结果年限很长，100 年以上树龄的树，仍能正常结果，且果实品质良好。

3.2.2　结果部位

徽州雪梨以短果枝结果为主，果台副梢抽生能力较强，正常年份每个果台平均抽梢 1～2 根，果台副梢连续结实能力较强，容易形成良好的结果枝组。

3.2.3　授粉与结实

徽州雪梨开花时一般通过昆虫传粉完成授粉过程。当花粉通过昆虫传到雌蕊柱头后，花粉管开始发芽、伸长生长，到达胚囊，与卵子结合，完成受精过程。

徽州雪梨开花后能否坐果的首要条件是授粉、受精，只有完成受精过程的花才有可能坐果。徽州雪梨的主栽品种自花结实率低，须要配置授粉品种，且要保证花朵完全开放 3d 之内完成授粉。花期气候是影响传粉受精的重要因素，授粉期间遇有温度过高、过低或雨水等气候，均会严重影响授粉与受精，造成果实变小、落果严重等现象。

徽州雪梨果实发育中有 2 次生理落果。第 1 次在谢花后 1 周左右，多数为授粉受精不良。第 2 次在花后 4 周即 5 月上旬，主要原因是营养不良或失调。土壤状况、营养供应、树势强弱等也都是影响徽州雪梨坐果率的重要因素。

3.2.4　丰产性

徽州雪梨根系较为发达，对环境有良好的适应性。萌芽率高、成枝力低、果台副梢抽生能力较好、连续结实能力较强，使徽州雪梨具有良好的丰产性和稳产性（图 2-26）。

图 2-26　廻溪梨结果状

3.3　果实发育

3.3.1　果实生长动态

（1）果实大小。徽州雪梨果实大小因品种不同差异很大，廻溪梨、木瓜梨果个大，金花早、细皮梨果个中等，溪源白果个稍小。梨果实大小由细胞的多少和大小决定。细胞数目越多、体积越大，果实也越大。细胞数的多少决定于上年贮藏的养分和春季至 5 月末的营养状况。而细胞大小，主要受生长季营养的支配，树体营养状况好，分裂的细胞数目就多，细胞体积也越大。

（2）果实发育。梨果实的生长发育可以分为 3 个时期，即第 1 速长期、缓慢生长期和第 2 速长期。第 1 速长期也称果肉细胞分裂期，从胚珠受精后开始，到种子发育程度与成熟种子的大小、形状相近时为止（图 2 - 27）。这期间种子增大，胚乳细胞、花托、果心部分细胞迅速增殖，幼果生长快，纵径生长比横径快。此期持续时间在花后 30～40d 以内（图 2 - 28）。

图 2 - 27　授粉完成后膨大的子房

图 2 - 28　幼果

缓慢生长期，胚吸收胚乳的营养迅速发育并占满胚乳的位置形成子叶和幼胚，幼果体积增长缓慢。果肉组织进行分化，石细胞的数目和大小达到固有水平。此期持续 40～50d。第 2 速长期，从胚形成到果实成熟。此期果肉细胞数目不再增加，细胞体积迅速膨大，是果实生长最快的时期，也是影响产量的重要时期（图 2 - 29）。

（3）种子发育。种子发育与果实发育同步进行。种子的发育可分为 3 个时期，即胚乳发育期、胚发育期和种子成熟期。受精后，胚珠内的胚乳最先开始发育，胚乳细胞大量增殖，使正在发育的种子增大。种子在接近成熟种子大小时，胚乳细胞增殖逐渐停止，此时胚开始发育。胚吸收胚乳营养逐渐成长，占据种皮内胚乳的空间。在胚迅速增大期，幼果的体积增大速度变慢。种子成熟期胚占据种皮的全部空间后，此时种子一般不再增长，只是种皮颜色由白变褐。种子达到完全成熟时，果实也发育成熟。

图 2 - 29　膨大的幼果

3.3.2　果实外观品质发育

（1）果实色泽。色泽是指果实表皮的颜色和光泽。果皮在幼果期呈绿色，含有叶绿素，有一定的光合作用能力。果实快速膨大时，表皮细胞分裂速度加快，颜色呈淡绿色。随着梨果的发育成熟，叶绿素逐渐降解、转化，类胡萝卜素含量增加，果皮变成黄绿色，贮藏一段时间后果实变成黄白色。受环境和栽培措施的影响，采收时果实色泽差距较大。采收过早，氮肥使用量大，光照条件差，果园湿度大的果实，果皮多为绿色或青绿色，光泽度较差，贮藏后果皮颜色略有改善，但光泽度不变。

（2）果点。果点是一团凸出果面的木栓化细胞，是在气孔保卫细胞破裂后形成的空洞内产生的次生保护组织。幼果时期的表皮有气孔，随着果实的增大和外表皮细胞分裂与增大的扩展，气孔被拉开而孔口增大，使气孔的保卫细胞崩坏，其崩坏部分产生愈伤木栓层而形成果点。随着果实的膨大，孔口也随之增大，愈伤木栓层也随之增大增厚，形成大而突出的果点。果实表皮的气孔变成果点大约在花后 20～40d。因此，若想获得最理想的套袋效果，应在花后 40d 内套袋，越早套袋对气孔保护越好，推迟和降低气孔保卫细胞的崩坏程度，就可以获得果点小而不明显的漂亮果面，提高果实的商品外观。如果套袋太晚，则对果点的大小已无影响，只是果皮和果点的颜色变得浅显白净而已。徽州雪梨因品种不同，果点大小、分布密度等有较大差异。

土壤条件不良、化学农药的施用和高温多湿的果园环境对果点的形成有促进作用。

（3）果锈。在果实膨大期，因气候条件不适、管理不当等，都会引起果肉细胞膨大与表皮细胞分裂的不协调，严重时表皮细胞老化、破损和角质层开裂，从而引起木栓层的产生，形成程度不同的果锈。形成果锈的主要环境因素有以下 4 个方面：一是空气湿度大。高湿度条件影响了果皮表面角质层的形成，诱发木栓形成层的发生，最终形成果锈。二是农药。在果实生长的前期和后期，使用波尔多液、有机磷农药和高渗制剂等，易产生果锈；三是肥水管理不当。过量施用氮肥，造成新梢旺长，果实发育营养失衡引起生理性病害，从而使果面粗糙、无光泽并加重果锈的发生；四是风害、霜冻、病虫害及人为损伤也均会引起果锈。

徽州雪梨多数品种的果实果锈明显。金花早果柄四周有大块锈斑，故曰"金花盖顶"；影花梨果面上有大小不一的斑块（图 2 - 30）；麻鹤梨大部分果面上覆盖一层较厚的果锈（图 2 - 31），在黄绿的底色上形成斑点，形似麻点；而细皮、溪源白（图 2 - 32）的果锈较少。

图 2 - 30　影梨花

图 2 - 31　麻鹤梨

图 2 - 32　溪源白梨（左：套袋果实）

3.3.3　果实内在品质发育

随着果实的发育，其内部的组成成分会发生一系列的变化。果实内部的含水量随着果实的生长而增加，幼果期果实水分含量最低。7、8 月迅速增加，到 9 月采收前，水分含量较幼果增加 150 倍。除水分外，果实还含有其重量 10% 左右的干物质，在干物质中 90% 是碳水化合物，主要是淀粉和糖。6 月以前果实淀粉含量很低，7 月急剧增加，7 月下旬达到最高，8 月份逐渐减少，9 月上旬几乎全部消失，转化为糖。糖分为还原糖和非还原糖，还原糖 7 月上旬开始增加，8 月下旬后逐渐减少；非还原糖 7 月下旬开始增加，8 月上旬迅速增加，直到采收为止。

果实含糖量与果实近成熟期的天气状况有直接的关系，天气晴好，雨水少，含糖量增加较快；若遇连续阴雨天气，含糖量增加缓慢。除天气外，施肥、负载量、整形修剪等田间管理也都直接影响果实含糖量。

3.4 主要物候期

果树1年中营养生理和生殖生理的演变过程即为果树的物候过程，每个生长阶段即是物候期，影响物候期的外部因素主要是温度。

徽州雪梨主栽品种之一金花早在黄山市境内，花芽3月上旬萌动膨大，3月下旬开花，花期持续8～10d。叶芽3月中旬萌发，3月底至4月初展叶。8月中旬果实成熟。11月下旬至12月上旬落叶。

3.4.1 萌芽

芽体从膨大开始到初现花蕾或嫩叶分离为止的过程为萌芽期。花芽和叶芽的萌发过程不同。由于气候的影响，花芽现蕾的时间常有较大的差异。从外观上看，叶芽的生长要比花芽晚，花芽露白时叶芽才开始膨大，始花时叶芽开始分离，一般年份要晚12d左右。花芽量相对较大的单株比叶芽量相对较大的单株新梢抽生时间晚3～5d。

3.4.2 开花

当芽体性细胞发育到一定程度时，花芽开始现蕾，鳞片分离脱落，花蕾生长速度加快。温度和积温影响花期的早晚和花期时间的长短。

3.4.3 坐果与生理落果

授粉后花粉在柱头上萌发，花粉管穿过花柱进入子房完成受精后，果实开始发育，果梗增粗，胚珠增大，果实皮色光亮，局部产生红晕（图2-33）。授粉时期遇有雨水等恶劣气象条件时，常对坐果产生不良影响。

谢花后20d左右，出现第1次生理落果，这次落果多因受精不良造成。5月上旬出现第2次生理落果，落果原因主要是营养不良所致。2次落果都会因气候不良而加剧。采取疏果等措施，可以有效地减轻落果程度。

图2-33 花序坐果

3.4.4 果实膨大及成熟

果实进入膨大期的时间决定于种胚发育的程度，种子达到正常大小时，果实即进入膨大期。此时，果肉细胞增大快，胚不长，种子变褐成熟。光照条件和营养条件良好的果实先进入膨大期，反之则滞后进入。

果实进入膨大期以后，果实表面色泽出现较大的变化，果肉硬度降低，可溶性固形物含量增高，逐步表现出果实成熟时应有的特征。徽州雪梨多数品种果实成熟期在8月中下旬，金花早8月中旬果实成熟，药梨9月下旬成熟。

3.4.5 落叶

进入11月以后，叶片进入衰老阶段，叶绿素降解，逐渐失去光泽和功能，叶片营养物质向枝干转移、积累，叶柄形成离层而脱落。

3.5 对环境条件的要求

环境条件对植株的生长发育起到极其重要的作用，因此，在栽培过程中，应尽可能提供适宜植株生长发育的环境条件。

3.5.1　温度

温度是梨树生存的重要条件之一，它直接影响梨树的生长和分布，制约着梨树生长发育的过程和进程。梨树的一切生理生化活动都必须在一定的温度条件下进行。

徽州雪梨较耐湿热，其生长发育要求在 15～23℃之间，高于 35℃和低于 5℃时，树体易受伤害，开花和授粉要求在 10℃以上，以 14～15℃最宜。梨花芽萌动、开花均早，有时会受"倒春寒"的影响，发生花期受冻的现象，导致减产。花期没有低温和阴雨，是徽州雪梨栽培成功的关键。

5～7 月花芽开始分化，此时平均温度在 20～25℃的范围以内，对花芽分化有利。一般地温达 6～7℃时发新根。25℃时根系吸收功能最强。果实发育后期昼夜温差大，有利于提高果实的品质。

3.5.2　光照

梨是喜光的阳性树种，但原产地不同的品种，对光的要求是有差异的。原产多雨寡照的南方砂梨，有较好耐阴性。徽州雪梨年需日照时数为 1 600～1 700h，我国华东地区，年日照时数为 1 700～2 300h，可满足徽州雪梨生长结果对光照的需要。

光照是梨赖以生存的重要因子之一，是叶片进行光合作用的必要条件，光照过强或不足都会影响植株正常生长。梨树根、枝、叶、芽、花、果实一切器官的生长，所需的有机养分，都是靠叶片中叶绿素吸收光能同化合成的。当光照不足时，光合产物减少，导致生长变弱，根系生长不良，花芽难以形成，落花落果严重，果实小，着色差，含糖低，风味淡，品质明显下降。

3.5.3　水分

水是梨树生命物质的重要组成部分，树体内营养物质的输送、光合作用、呼吸作用等生命活动都是以水为载体完成的。水分供应不足或过多，都会给营养生长和生殖生长带来严重影响。

梨不同生长发育阶段对水的需求量不同。萌芽开花、坐果和新梢迅速生长期、果实迅速膨大期需水量较大；花芽分化期水分过多则影响花芽分化；果实采收前如遇降水或灌水，果实虽增大增重明显，但可溶性固形物含量降低，风味淡，耐储性也降低。

徽州雪梨耐涝性、抗旱性较强，在年降水量 800～1 000mm 的地区，生长良好，易获丰产。长江流域及其以南地区，年降水量 1 000mm 以上，雨量偏高，宜选用豆梨、杜梨、砂梨作砧木，嫁接徽州雪梨，并设有沟渠等排水设施，以防止梨园遭受涝害。

3.5.4　土壤

徽州雪梨对土壤质地要求不严，不论是山地、滩地和沙地，还是红黄壤地、甚至盐碱地，都可正常生长结果。但还是以土层深厚、质地疏松、透水保水性较好、地下水位低的沙质壤土中栽培更为适宜。土壤过于瘠薄时，果实发育受阻，石细胞增多，肉质变硬，果汁少而风味差。

梨对土壤酸碱度的适应有一定的范围，最适范围为 pH 5.6～7.2。梨的耐盐力因砧木不同而有别，砂梨砧耐酸性土壤，杜梨砧耐碱性土壤。土壤含盐量 0.14％～0.2％可正常生长，0.3％以上易受害。

3.5.5　风

生长季节中的微风，对徽州雪梨的生长发育有利，适宜的风速可降低果园的相对湿度、减少病虫害的发生率。但是，大风对梨树生长极为不利，特别是梨着果期间忌大风。因此，选址时，要选择不易发生风害的地方。

4　育苗和建园

4.1　育　　苗

徽州雪梨多以棠梨为砧木嫁接育苗，也有采用砂梨作砧木（图2-34）。20世纪50～60年代，徽州雪梨大发展时期主要从安徽省寿县调入棠梨作砧木。

图 2-34　砂梨果实

4.1.1　砧木苗的培育

棠梨播种繁殖。用作培育棠梨砧木用的果实要留到充分成熟时采收。选品种纯正、生长健壮、无严重病虫害的植株作采种母树。黄山地区一般要到10月下旬才采。采后堆积，让其腐烂，但不可堆积过厚，一般不超过35cm，防止发热烧种，并及时洗净风干。装入布袋中，放阴凉干燥处保存。

播种自秋季开始至翌年3月上旬进行。秋播可免除种子层积处理手续；春播要在冬季对种子进行沙藏层积处理（约40～60d）。沙藏过程中要注意检查，防止干燥和种子霉烂。当沙藏的种子有80%以上萌动、先端露白时，即可播种。

（1）圃地准备。黄山地区一般选择地势平坦、背风向阳、土质疏松肥沃的沙壤土、有水源保证便于排灌的地块作育苗用地。注意育苗地不能连作，以免梨苗发生病害，影响砧木苗的生长。播种前施土杂肥45～60t/hm²，将圃地适当深翻25～30cm，耙平，做畦。

（2）播种。黄山地区春播一般在2月，最迟不晚于3月上旬。秋播一般在11～12月进行。多采用直播育苗法。在作好的畦内开沟条播。可以采用宽窄行条播，宽行距50cm，窄行距30cm。覆土厚度，秋播2～3cm，春播1.5～2cm。

（3）播种后的管理。苗出齐后要及时松土、除草。幼苗密度太大时应间苗，当苗生长到2～3片真叶时开始移栽，选择阴天、雨前或傍晚起苗栽种。间苗后的株距约为10cm左右。苗木成活后每隔10～15d浇施1次腐熟的农家肥，6月起酌情加入0.5%尿素，梅雨前施1次复合肥150kg/hm²。要勤除杂草、浅松土，做好雨季排水、旱季浇（灌）水抗旱工作；并注意防治病虫害。苗高30cm以上时摘心，促苗增粗、发根。对直播苗要进行截根处理，以促进侧根的生长。

4.1.2　嫁接

（1）接穗采集与贮藏。从树体健壮、性状稳定的成年徽州雪梨植株上，采集生长充实、芽体饱满、无病虫害的1年生发育枝或新梢作接穗。春季嫁接用的接穗，于春季发芽前随采随接，大量育苗时可结合冬季修剪采集接穗，每50支1捆，挂上标签，注明品种，然后贮藏备用。贮藏方法如下：

室外贮藏，亦称沟藏。选地势平坦的背阴处挖沟，沟深1m，宽1～1.2m，长度依接穗的数量而定。将接穗理顺后，整捆排于沟内，一层接穗一层疏松湿润的土或河沙。上面覆盖1层稻草，再盖15～20cm厚的土，堆成坡形，最后盖上薄膜成屋脊状。坑的四周开好排水沟，以防雨水渗入。

室内贮藏，亦称沙藏。利用闲置的屋舍贮放穗条。贮藏前将室内打扫干净，地面铺撒 15～20cm 干净河沙，然后将接穗条依次直立或横叠摆放在沙上，再用湿沙把接穗埋起来。沙的湿度要求以手握能成团、指缝无水滴出、掉地即散为宜。贮藏过程中要加以检查，防止接穗失水干燥或霉烂。

夏秋芽接和嫩枝嫁接用的接穗，采后应立即剪去叶片，保留 0.5～1cm 长的叶柄，以减少水分蒸发。同时，剪去枝条两端生长不充实部分，每 10～30 根 1 捆，用湿麻袋或湿纱布包好备用。对当日用不完的接穗，将下端插入水中 3～4cm，放在低温阴凉处，每天早晚各换 1 次水。不要将接穗全部浸入水中，否则，时间稍长则不易剥皮。

（2）嫁接方法。

芽接法。徽州雪梨的芽和叶枕都较大，特别是木瓜梨、廻溪梨。芽接时要求砧木较粗，一般在 0.6cm 以上。一般可采用 T 形芽接或嵌芽接。

枝接法。若砧木与接穗均不易离皮，芽接有一定困难的，则可采用枝接的方法。芽接的苗圃中秋季芽接未成活的，也可在春季采用枝接法补接。枝接一般在砧木树液开始流动、芽尚未萌动时进行最好。枝接的时期较芽接短，但接后生长速度快，当年可形成优质苗。徽州雪梨春季枝接主要采用切接或劈接的方法。

4.1.3　嫁接苗管理

（1）检查嫁接成活率。夏秋芽接 10～15d 后，若芽片新鲜、叶柄一触即落，表示接芽已经成活。没有成活的应及时补接。枝接 3～4 周后，若接穗韧皮部保持青绿色，接芽已经开始萌动，表明已经成活，未成活的接穗则皱缩干枯，需补接。

（2）解除绑缚和剪砧。根据嫁接时间、方法、接穗愈合及生长情况来确定解除绑缚时间。春季芽接可在嫁接的同时剪砧或在嫁接前后剪砧均可。嫁接后若接口已完全愈合应及时解绑，以免薄膜勒进皮层，影响新梢生长。绑缚物勒进皮层时，可用利器将薄膜划断。春季枝接一般在剪砧后进行，5 月底接口完全愈合时，及时解除包扎物。解绑时间不宜过早或过晚，过早解绑影响接芽生长，过晚解绑易引起断枝，因此应经常检查接穗生长情况。

（3）除萌。剪砧后要及时抹除砧木上的萌芽，以集中养分促进接芽（枝）生长，除萌要反复进行，直到砧木无萌蘖为止。

（4）其他管理。幼苗生长过程中，及时追肥浇水，中耕除草。当苗高 30cm 左右时，每公顷苗圃施氮、磷、钾三元复合肥 375kg。7 月中旬以后叶面喷施 0.3％磷酸二氢钾溶液，保证苗木健壮生长。杜梨砧直播的实生苗，主根发达，侧根少而弱，因此直播的嫁接苗在嫁接成活后，一定要实行断根，促进发生侧根，以提高苗木质量。徽州雪梨幼苗期常见的病害有黑星病、黑斑病、灰斑病等，可选用波尔多液与 70％甲基硫菌灵 1 200 倍液或 50％多菌灵 800 倍液等药剂交替使用进行防治；虫害主要有螨类、梨木虱、蚜虫、梨茎蜂及卷叶蛾等，可选用 1.8％阿维菌素 3 000 倍液或 10％吡虫啉 2 500 倍液或 48％乐斯本 1 500 倍液等药剂防治。

4.1.4　苗木出圃

（1）出圃方法。苗木在秋季落叶后至翌年 3 月下旬期间均可以出圃。苗木出圃前若土壤干燥，要浇透 1 次水，以免起苗时损伤过多须根。浇水后 2～3d，待土壤疏松即可起苗，起苗时尽量保持根系完整。起苗时随即挑出病株，并进行分级。苗木起出后不立即定植的，应在田间地头用湿土将根系埋住，以防风干，待整块地的苗木起完后集中假植。

（2）苗木规格。苗木要达到一定的标准才能出圃，否则应继续培育。合格的徽州雪梨实生砧嫁接苗应具备以下标准：嫁接口愈合完全，接口光滑；苗木高度在 0.8m 以上，嫁接口以上 10cm 处的粗度不小于 0.8cm，苗茎无病虫害、无干缩皱皮；根系新鲜，无病害，主根和侧根完整，侧根应在 3 条以上，并且分布均匀、舒展，长度 15cm 以上；须根多；嫁接口以上 45～90cm 的枝干，即整形带内有邻接而饱满的芽 6～8 个。

4.2　建　　园

建园时要因地制宜，对小区划分、林带设置、道路规划、排灌系统配置、品种组合、栽植密度及栽植方式等进行科学设计，合理安排。

4.2.1　园地选择

4～10月的日平均温度为15.5～26.9℃，1～12月年日照时数达1 600～1 700h，年降水量不少于400mm，土壤pH 5.4～8.5的区域可栽种徽州雪梨。山区宜选15°以下的坡地，土层薄的地方应加厚土层。为防水土流失，应修筑梯田，种草护坡。平地宜选地下水位较低、无盐碱、具有排灌条件的沙壤土或壤土地段。

4.2.2　园地规划

主要包括土地、道路、防护林及排灌系统等的规划与设计。在果园规划中，尽量增加果园面积，压缩非生产性面积，将自然条件取利避害，使园、林、路、渠协调配合，达到果树占地90%以上，非果园占地10%以下。

4.2.3　定植技术

（1）定植时期。秋季落叶后至春季发芽前均可定值。以秋末冬初土壤未上冻前定植为好，根系易得到恢复，第2年春季发芽早，生长旺盛。

（2）确定定植密度。主要根据品种特性、土地条件和管理技术水平来确定适宜的栽植密度。徽州雪梨传统生产实行大冠种植，株行距为6m×8m，每666.7m²栽14株。根据栽培实践，20世纪90年代采用4m×5m，每666.7m²栽34株。进入21世纪，已开始实施计划密植，株行距调整为2m×4m，每666.77m²栽83株。

（3）配置授粉品种。梨的绝大多数品种自花不实，必须配置适宜的授粉品种。徽州雪梨的主要栽培品种之间可相互授粉。主栽品种与授粉品种一般均按整行栽植，以3∶1至4∶1或4∶2的比例配置；若栽2个品种，可在中心栽1株授粉品种，周围栽8株主栽品种。

（4）定植方法。按照定植计划，提前2周以上，统一定点挖穴。定植穴的长、宽为100cm，深为60～80cm。徽州雪梨原产区多在山地修筑梯田定植梨树。缓坡山地也可进行等高种植，先测定等高线，然后把等高线作基线定点种植。在坡度较大、地形较复杂的山地建园，可采用鱼鳞坑种植。先测出等高线，然后按原计划的规格在等高线上或附近定点挖穴，种植后修好树盘，并在内侧开一浅沟，以达到减少水土流失的目的。将土壤与适量的肥料混合均匀后填入定植穴，边填边踏实，填至距地面20cm处时，将优质苗放入穴内，理顺根系，同时使植株纵横成行，然后填土至地面，边填边摇动并轻轻上提苗木，用脚踏实，最后以苗为中心，做成直径1m的树盘并立即浇透水。水下渗后，以苗木根颈和地面相平为宜（图2-35）。

图2-35　成年树移栽

4.3　高接换种

高接是品种更换的有效方法。采用一次性高接换种方法，可以在高接后第3～4年恢复树冠幅度和产量。

4.3.1　高接时期与方法

（1）高接时期。高接换头，春、夏、秋3季都可进行。黄山地区以春季高接为主。春季嫁接适宜的时间为2月中旬至3月底，以萌芽前后嫁接最好。夏季嫁接从新梢停止生长到果实成熟前，即6～9月初都可进行。带花芽高接宜在9～10月进行。

（2）高接方法。春季高接主要采取切腹接，也可采用切接和劈接。春季高接操作方便，高接、剪砧 1 次完成，成活率高，是高接换种的最佳时期。夏季高接一般采用带木质部芽接法，皮层容易分离时，也可采用 T 形芽接法。带花芽高接常采用单芽切腹接方法。嫁接宜选择在比接穗略粗的 1～3 年生外围枝上进行（图 2-36）。

图 2-36　高　接

（3）包扎方法。徽州雪梨高接换种常采用露芽包扎法。包扎时，先用薄膜绕接口 3 周，固定接穗，防止接芽松动，然后将薄膜顺接穗上绕，把接穗上剪口裹严，接芽露在薄膜外（图 2-37、图 2-38）。

图 2-37　高接包扎方法　　　　　　　　　　图 2-38　高接成活的枝条

4.3.2　高接后的管理

（1）除萌。树体在截干、截枝高接后，会促使砧树潜伏芽大量萌发，必须予以及时抹除，但在不影响接穗芽生长的前提下，可适当保留作为辅养枝，有利于树体的营养平衡，加速接穗的生长，待高接后第 2 年除去辅养枝。

（2）摘心。接芽新梢生长到 30cm 左右时，摘去顶芽，控制顶端生长，使各接芽新梢平衡生长。

（3）解绑。5 月底以后，及时解除已完全成活、愈合良好的枝条的薄膜，以免薄膜勒进皮层，影响枝条正常生长。但解绑也不宜过早，以免枝条被风折断。

（4）补接。高接后 20～30d 检查成活率，对未成活的枝及时补接。春季抹芽时，在缺枝部位留下补接的枝条，6 月可在新梢基部用带木质部芽接法或单芽切腹接法进行补接，补接成活后 10d 左右，在接芽口上部 1cm 处剪砧，当年还能抽生新梢。

（5）其他管理。肥水管理改接后应立即灌水，以利于成活抽枝；高接当年一般不需土壤施肥，生长期可结合病虫害防治，喷 5～6 次叶面肥，促进花芽形成。嫁接当年的冬季，应遵循"轻剪、长放、快成形、早结果"的原则进行修剪；枝条形成较多花芽，可在枝条的 2/3～3/4 处轻短截；若只在枝条上部有少量花芽，可实行长放。

5 土、肥、水管理

5.1 土壤管理

土壤是梨树生长结果的基础，是水分和矿质养分供给的源泉。采取科学合理的管理方法，达到增加土层厚度、提高土壤肥力、改善土壤结构和理化性状的目标，对提高产量和品质极为重要。

5.1.1 土壤改良

黄山地区的徽州酥梨除歙县上丰外，大部分是在 20 世纪 50～60 年代定植的。黄山地区人均土地面积少，依据当时果树要"上山下滩，不与粮棉争地"的土地管理政策，主要在荒坡地及山地上建园，梨园土壤类型多为黄红壤，土层薄，砂石多，水土流失较重。徽州雪梨对土壤质地要求不严，在不同质地的土壤上均能生长结果，但还是以土层深厚、质地疏松、透水保水性较好的沙质壤土中栽培较为适宜。

黄山地区梨园土壤改良的中心工作是结合水土保持做好深翻熟化，防止水土流失，加厚土层，多施有机肥，提高土壤肥力。

（1）深翻时期。定植前是全园深翻的最佳时期，定植前没有全园深翻的，应在定植后第 2 年进行，一年四季均可进行深翻。成年梨园根系已布满全园，无论何时用何种方法深翻，都难免伤及根系，影响养分水分的吸收。因此，没有特殊需要，一般不进行大规模深翻，只在秋施基肥时适当挖深施肥沟穴，达到深翻目的。

（2）深翻方法。

壕沟法。在植株行间或株间挖深、宽各 60～80cm 的长条壕沟，将挖出的表土、心土分别堆放，每穴垫上干稻秆适量，猪牛粪 50kg，土杂肥 50kg。盖土时先放表土，后放心土，盖土 1/3 时铺 1 层稻秆，继而均匀撒下猪牛粪，土杂肥，饼肥等，最后盖上所有的土，其间也可匀撒一些石灰，以中和土壤酸碱度，每 50kg 有机肥约撒熟石灰 0.5kg。

扩穴法。在定植穴外或在成年树树冠边缘挖短弧形沟或方穴，当年在东西两方，次年在南北两方，逐年向外扩大，做到全园深翻改土。方法与壕沟法相同。

（3）深翻时应注意的问题。深翻应配合施用足够的有机肥料，才能达到改土的效果，有机肥源可包括厩肥、堆肥、绿肥、土杂肥等，在有机质分解过程中，产生腐殖质，使土壤形成良好的团粒结构，从而达到疏松土壤，改良土壤理化性状，提高土壤保肥保水能力。在深翻过程中不可避免会切断一些根系，细根伤口愈合快，新根发生多，但对于 1.0cm 以上粗根，伤口愈合及生根慢，影响植株生长，因此深翻时要以不伤 1.0cm 以上粗根为原则。断根伤口应剪平，以利发根。深翻时注意避免根系暴露太久，最好随翻随填，及时灌足水。

5.1.2 土壤管理制度

传统的果园管理制度是清耕、漫灌、深施肥。改良的要求是免耕、覆草、微灌、浅施肥。免耕、浅施肥的目的是保护浅层根系不受破坏，使树体早成花、早丰产；覆草的目的是增加土壤有机质，从根本上提高土壤肥力，为促进花芽形成，提高果品质量打下基础；微灌在于节省用水，使有限的水用到花芽萌发、果实发育上，不致因水多刺激营养生长。总之，改良的目的是为浅层根系创造一个适宜的生长环境，使之更适合于果树生长发育特性，以达丰产、优质的栽培目的。

（1）间作。黄山地区土地资源紧张，对幼龄梨园，或行间较大的梨园，均采用间作法（图2-39）。即使是成年的梨园，有的也间作茶叶等。间作物宜选择植株矮小的、经济效益较高的作物。其生育期短，根系浅，需肥水的关键时期与梨树错开，与梨树无共同病虫害，适应性强，如大豆、花生、豆科物，西瓜等瓜类作物，马铃薯等作物。不宜选用玉米、芝麻等高秆作物。也宜选用白菜、萝卜、大蒜等秋季蔬菜，亦可选用绿肥作物。夏季绿肥于 4～5 月播种，宜选用大豆、豇豆、绿豆等。

冬季绿肥于 10～11 月播种，可选用黄花苜蓿、紫云英、豌豆等。

（2）清耕法。20 世纪 90 年代前，皖南地区梨园的土壤管理采用此法。在梨园内不种作物，经常进行中耕除草，使土壤保持疏松无杂草状态。该方法的不足之处在于费时费工，坡地梨园常因中耕而导致水土流失。

（3）覆盖法。徽州雪梨的栽植地多为山地，水土流失较为严重，几乎没有灌溉设施和条件，宜用秸秆、塑料薄膜或其他材料，对梨树树盘或全园实行覆盖。覆盖可以减少水分蒸发，调节缓和土壤温度，防止土壤冲刷，抑制杂草生长，覆盖物腐烂后可增加有机质。覆盖宜从雨季将要结束时开始，厚度为 10～20cm 为宜。覆盖后于当年或次年，将覆盖的植物材料翻入土中、改良土壤。

（4）生草法。近年来，果园生草法被徽州雪梨的部分果农所接受。果园生草包括自然生草和人工培养草坪两种措施。自然生草方法简单易行，一般梨园都会自然长出许多杂草，任其生长，每年针对梨树主要竞争时期与草的长势定期刈割，把割下的草覆盖于树下。人工种植的草品种有黑麦草、早熟禾、紫花苜蓿、白三叶、油菜、蚕豆、豌豆、苕子等。果园生草可调节土温，增加土壤肥力，改善果园生态条件，减少地表径流对山地和坡地土壤的侵蚀，增加土壤的蓄水能力，减少肥、水的流失。

图 2－39　梨园间作

5.1.3　梨园综合利用

（1）果、草、牧生产模式。利用梨园行间空闲土地种植牧草，用牧草饲养家畜家禽，畜禽粪便经处理后回归梨园作肥料，达到果业、牧业双丰收目的。梨园种植黑麦草、紫花苜蓿这些适应性强、产草量高的草种，可为畜禽提供适口性好的饲草。梨园养殖的畜禽有鸡、鸭、鹅等。养殖禽类动物，饲草地周围应用塑料网围护，白天将家禽放入草地内散养。

（2）果、茶生产模式。梨树是深根性果树，茶树为多年生的浅根性植物，茶树生长喜欢漫射光。梨树、茶树套种可充分利用土地，改善茶树生态环境，提高果农的经济收入。

（3）食用菌生产。梨树修剪下的枝条粉碎后，可用作香菇等食用菌培养基。春季栽培每年可采菇 4～5 茬，每 100kg 木屑可年产香菇 80～100kg。

5.2　梨园施肥

5.2.1　需肥特点及施肥原则

（1）需肥特点。梨在其生命活动周期中，需要吸收多种营养元素才能正常地生长发育、开花结果。最主要的有碳、氢、氧、氮、磷、钾、钙、镁、硫、铁、锌、硼、锰等，稀土元素对提高产量和品质有良好的促进作用。必需元素中的碳、氢、氧可从水和光合作用产生的碳水化合物中获得，一般无需补充，其他营养元素则全部来自土壤和依靠人为供给。

不同树龄树的需肥特点。幼龄期树以树体生长为主，需要大量氮肥和适量磷、钾肥，以迅速增加枝叶量、形成牢固骨架，为结果打好基础。初果期树担负长树和结果双重任务，与幼龄树相比，须适当减少氮肥比例，增施磷、钾肥，以缓和树势，促进花芽形成。盛果期树以结果为主，此期树体结构、产量基本稳定，应保证相对稳定的氮、磷、钾三要素供给量。对进入衰老期的梨树，应适当增施氮肥，促进隐芽萌发、枝条营养生长和根系更新。不论树龄大小，在重视氮、磷、钾肥料施用的同时，都不能忽视其他营养元素的补给。

不同物候期的需肥特点。徽州雪梨在年生长周期中，不同时期需肥种类和数量各不相同。生长前期萌芽、发枝、展叶、成花、坐果时需氮素最多；生长中期和果实膨大期，钾的需要量增高，80%以上的钾是在此期吸收的；磷的吸收生长初期最少，花期后逐渐增多趋于平衡，全年没有明显的吸收高峰。

（2）施肥原则。以有机肥为主，化肥为辅原则。土壤有机质含量是土壤肥力的重要指标之一。安全的有机肥是优化土壤结构、培肥地力的物质基础。

安全原则。所施用的肥料不应对果园环境和果实品质产生不良影响。偏施氮、磷、钾三要素化肥，长期施用单一肥料（含有机肥），施用未经处理的动物粪肥、生活垃圾等都会给梨树栽培带来危害。

平衡原则。提倡根据土壤分析和叶分析进行配方施肥和平衡施肥。施肥还要根据不同土壤类型、肥力状况和徽州雪梨需肥特点，适时、适量、适法进行，才能充分发挥施肥的作用。

5.2.2 梨园常用肥料种类

（1）允许使用的肥料。有机肥包括各种饼、腐熟粪肥、植物体，经腐熟或加工合格的有机肥等；化肥主要是氮、磷、钾三要素肥料，钙、镁及微量元素肥料，复合肥及稀土肥料等；生物菌肥包括根瘤菌、磷细菌、钾细菌肥料等；其他肥料还有，如经过处理的各种动植物加工的下脚料、皮渣、骨粉、鱼渣、糖渣等，腐殖酸类肥料，以及其他经农业部门登记、允许使用的肥料。

（2）禁止使用的肥料。黄山地区有着优越的生态环境，徽州雪梨的生产应朝无公害、绿色食品方向发展。在无公害、绿色梨生产中，禁止使用未经无害化处理的城市垃圾和含有金属、橡胶及有害物质的垃圾，硝态氮肥和未腐熟的人粪尿，未获准登记的肥料产品。在有机梨栽培中，禁止使用一切采用化学处理的矿质肥料、化学肥料和城市污泥污水。

5.2.3 施肥量的确定

梨树的施肥量因土壤肥力、品种、树龄、树势、气候、栽培方式、管理技术等而存在差异。

（1）测土施肥。针对土壤养分丰缺和作物生长需肥特点，实行丰减欠补的施肥方案。

（2）平衡施肥。根据树种对营养元素的需求，实行按元素比例施肥。理论的施肥量是以梨树的养分吸收量（未知数）减去土壤自然供给量（经验数），除以肥料的吸收利用率（可变数）。施用时应根据当地的实际情况和历史经验，对理论施肥量加以适当调整，以获得最佳施肥量。

（3）田间肥料试验。对不同品种采用氮、磷、钾三要素进行大量田间多点试验，根据试验结果确定三要素用量和比例。

5.2.4 营养诊断

（1）土壤诊断。梨园土壤诊断参考指标见表 2-2。

表 2-2 果园土壤分析诊断参考指标

元素	易发生缺乏症的含量 （mg/kg）	正常含量 （mg/kg）	过剩伤害的含量 （mg/kg）	备注
氮	硝态氮（NO_3^-）<5	30～80	100（沙） 200（黏土）	梨园 0.7 mol/L HCl 浸提
	铵态氮（NH_4^-）<25	50～150	>200	
磷（P_2O_5）	有效磷<50	75～150	>200	
钾（K_2O）	交换性钾<70～80	100～150	>250	
镁（MgO）	交换性镁<100	150～400	>500	沸水浸提
硼	有效硼<0.25	0.8～1.2	>2.0	硫铵—醋铵
铁	有效铁<5.0	10		
锰	易还原态锰<50	100～200	>300	
锌	有效锌<0.5	1.1～20		DTPA 提取
铜	有效铜<1.0	2.1～4.0	>6	0.1mol/L HCl

资料来源：马国瑞等，2001。

（2）叶分析。采样时期在盛花后 5～12 周，采样部位在树冠外围中部新梢的中部叶（表 2-3）。

表 2-3　梨叶分析标准值范围

种类	氮（%）	磷（%）	钾（%）	钙（%）	镁（%）
梨	2.0～2.4	0.12～0.25	1.0～2.0	1.0～2.5	0.25～0.80

种类	铁（mg/L）	锰（mg/L）	铜（mg/L）	锌（mg/L）	硼（mg/L）
梨	100～200	30～60	6～50	20～60	20～50

资料来源：束怀瑞，1993。

5.2.5　施肥时期与方法

（1）基肥。基肥对梨树生长发育、产量和果实品质起重要作用。基肥以有机肥为主，对于保肥保水能力较好的土壤，基肥施用量应占全年需肥量的 60%～70%。

施肥时期。果实采收后（10～11 月初）进行。肥料种类以土杂肥、厩肥或枯饼为主，结合施些速效性肥料。每株成年的徽州雪梨树施土杂肥、厩肥等 100～150kg，或枯饼 2.5～5kg，同时结合施些速效性的肥料。

施肥方法。施肥方法多种多样，应根据根系分布范围及土壤性质合理选择（图 2-40）。环状沟施肥法，在根系外沿开挖宽 40～50cm、深 30～40cm 的沟，将肥土施入，常用于幼树的施肥；条状沟施肥法，在行间挖沟，将树叶、杂草、树枝、秸秆等填入沟底，然后填入肥土，多用于成年树梨园；放射沟施肥法，距树干 1～1.5m 处，以树干为中心向四周辐射状开沟 4～6 条，沟由浅到深，由窄到宽，外至树冠投影以外，然后将肥土施入沟内，此方法需每年轮换挖沟位置；全园撒施，盛果期或密植园梨树根系已布满全园，为提高肥料利用率可进行全园撒施，然后浅耕，为防止根系上行，应间隔 2～4 年实行 1 次。

图 2-40　施　肥

在土壤 pH 高的梨园，应将全年所需磷肥及锌、硼、锰等元素肥料和有机肥拌匀施入土壤，因这些肥料在碱性条件下易被固定，掺入有机肥中，有利于梨树对这些元素的吸收；施肥方法每年轮换，使各方向根系都能接触肥料，促进树体及根系均衡生长、全园土壤肥力得到均衡改善；给成年树施肥，施肥穴宜多不宜深，一般 40cm 左右即可，以少伤大根，否则会造成树体明显衰弱；肥料应与回填土拌匀，特别是养分含量高的无机肥及部分粪肥等；若掺拌不均匀，易发生烧根现象，严重时会造成根系死亡、削弱树势等后果；施肥后结合灌水，有利于提高根系吸收能力和肥料利用效率。

（2）根际追肥。追肥是基肥的补充，追肥的时期、数量和次数，应根据树体生长状况、土壤质地和肥力而定。追肥应以速效无机肥为主，果实膨大期也可施入腐熟后的有机肥或饼肥。

花前追肥。一般以氮肥为主，适量配合磷肥。每 50kg 尿素加 15kg 磷肥拌匀后施，每株成年树施 1kg，施入深度 20cm。

花后追肥。落花后及时补充速效性氮肥，每株成年树施 0.75～1kg，或施碳胺 1.5～2kg。

果实膨大期追肥。以氮、磷为主，配合适量钾肥。氮肥、磷肥按 1：1 的比例。每株成年树施 1.5～2.5kg 复合肥。黄山地区徽州雪梨栽培区，在果实迅速膨大前施入饼肥、腐熟的人畜粪，不但产量高而且品质好。

后期追肥。以磷肥、钾肥为主，增施适量氮肥。一般每株成年树施复合肥 1～1.5kg，廻溪梨施

2～3kg。

（3）根外追肥。根外追肥方法是一种辅助施肥措施。在干旱无浇水条件的果园或根系生长不良的弱树，可采用叶面喷施。若遇突发性自然灾害，叶面喷施可及时辅助恢复树势，减少和补救损失。根外追肥肥料利用率高，损失少，效果好，肥效快。

为预防肥害，叶面喷肥应在晴天无风的早晚喷施，避免中午高温时喷肥。喷肥时应均匀、周到，重点喷施叶背面。梨树根外追肥常用的肥料种类、浓度、施用时期见表2-4。

表2-4 梨树根外施肥的种类、浓度、时期和次数

元素	化肥名称	浓度（%）	施用时间	次数
氮	尿素	0.3～0.5	花后至采收前	1～2
氮	尿素	2～5	落叶前1个月	1
氮	尿素	5～10	落叶前1～2周	1
磷	过磷酸钙	1～3	花后至采收前	2～4
钾	硫酸钾	1	花后至采收前	3～4
钾	硝酸钾	0.5～1	花后至采收前	2～3
钾	磷酸二氢钾	0.3～0.5	花后至采收前	2～4
镁	硫酸镁	0.5～1	花后至采收前	3～4
氮镁	硝酸镁	0.5～0.7	花后至采收前	2～3
铁	硫酸亚铁	0.3	花后至采收前	2～3
铁	硫酸亚铁	2～4	休眠期	1
铁	螯合铁	0.05～0.10	花后至采收后	2～3
钙	氯化钙	1～2	花后4～5周内	2～3
钙	氯化钙	2.5～6.0	采收前1个月	1～3
钙	硝酸钙	0.3～1.0	花后4～5周内	2～3
钙	硝酸钙	1	采收前1个月	1
锰	硫酸锰	0.2～0.3	花后	1
铜	硫酸铜	0.05	花后至6月底	1
铜	硫酸铜	4	休眠期	1
锌	硫酸锌	0.2～0.3	落花前、萌芽时或采收前	1
锌	硫酸锌	2～4	休眠期	1
硼	硼砂	0.2～0.4	花期	1
硼	硼酸	0.2～0.4	花期	1
钼氮	钼酸铵	0.3～0.6	花后	1
氮磷钾等	人畜尿	5～10	落花2周后	2～4
氮磷钾钙等	禽畜粪浸出液	5～20	落花2周后	2～4
钾磷等	草木灰浸出液	10～20	落花2周后	2～4

资料来源：鲁韧强等，2008。

5.3 水分调控技术

水分调控主要通过灌水、排水和地面覆盖等措施来调控水分。在皖南春季或初夏雨水较多时要注意排水防涝，避免积水。在盛夏高温季节要以地面覆盖、灌水等来保证梨树对水分的需求。

5.3.1 水分调节的重要性

（1）水是梨树的重要组成部分。梨树的根、枝、叶中的含水量约为50%，而鲜果的含水量则高

达 80％以上。梨树在生长季节缺水则会影响新梢生长、果实增大和产量增加。如严重缺水，叶片则从果实中夺取水分，使果实体积缩小、裂果，甚至脱落。

（2）水是梨树生命活动的重要原料。梨树体内的许多代谢活动，如光合、呼吸、蒸腾等作用都需要有水的参与。

（3）水是各种营养物质的溶剂和载体。根系吸收的一切无机养分，溶于水中后，才能被运输到树体的各个器官；叶的光合作用必须有水的参与才能进行，叶制造的一切有机养分，都要形成水溶液形态才能运送到树体各个器官和部位。只有在水的参与下树体的各种复杂的生命代谢活动和生化反应才能正常进行。

（4）水有多种调节作用。干旱时灌水能调节土壤的温度和湿度，促进微生物活动，加快有机质分解，提高土壤肥力。冬季灌水能提高果园温度和湿度，防止根系和树体受冻。高温季节喷水能降低果园温度，减少蒸腾，防止日灼等灾害发生。

5.3.2　灌水时期与方法

（1）灌水时期。灌水时期主要取决于树体生长需求（如新梢迅速生长期、果实膨大期需水量大）和土壤含水量。各种缺水现象都会在树体上表现出来，特别是叶片，它是水分是否适宜的指示器。缺水时叶片会出现不同程度的萎蔫症状。在保证梨树正常生长的情况下，应尽量减少灌水次数，以免造成水资源浪费。一般按以下几个时期进行灌溉：

萌芽、开花期。此期根系生长、开花、展叶、抽枝需水较多，适时适量灌水对肥料利用、新根生长、整齐开花都有促进作用。

新梢旺长期。此期为徽州雪梨的需水临界期。水分不足不但引起生理落果，还影响枝叶的生长，最终导致减产。

果实膨大期。此期供水应适当、平稳，过多会引起品质下降，过少会造成果实水分向叶片倒流，果个变小。干旱时应缓慢供水，防止裂果。

果实采后期。采果后结合施基肥适量灌水，有助于有机质分解，促进根系生长，增强叶片的光合作用。

（2）灌水方法。徽州雪梨多栽在山地，在 20 世纪 80 年代以前几乎没有灌溉条件，多靠天收。80 年代末歙县园艺场为徽州雪梨栽植地建立了灌溉系统，此外有的梨园中修筑了一些贮水窖（图 2 - 41）。在盛夏高温季节多采用地面覆盖进行梨园保水。

图 2 - 41　贮水窖

有灌溉条件的，灌水方法应根据地形、地貌、经济条件，选择方便实用、节约用水、效果良好的灌溉方法。

渗灌。由供水站、干管、支管、毛管组成。毛管壁每隔 10～15cm 四周均匀分布直径为 2mm 的小孔，将毛管顺行埋入根系集中分布区，深度约为 20cm，灌溉水经过滤，在压力下缓慢渗入土壤。渗灌是一种科学先进的灌水方式，在水源缺乏、经济条件允许的情况下应积极采用。

滴灌。设备组成与渗灌相似，只是 3 级毛管壁上不设渗水孔，而是接上露于地表的滴头，灌溉水以水滴形式滴入根系分布区。

盘灌。在根系集中分布区外围、梨树四周筑埂，用塑料管将水直接注入树盘内。

沟灌。在树冠四周或顺行间开浅沟，使水顺沟流淌，向四周浸润，灌后封土保墒。

5.3.3　灌水量

最适于梨树生长发育的土壤含水量为田间最大持水量的 60%～80%，低于这个数值，就会影响树体生长，就需要浇水，差值越大，浇水量越大。反之，超过这个数值，土壤含水饱和积水时，就需排水。灌水量计算公式如下：

灌水量＝灌水面积×灌水深度×土壤容重×（灌后田间持水量－灌溉前土壤持水量）

不同土壤类型，其容重和含水量不同（表 2-5）。

表 2-5　不同土壤的容重和田间最大持水量

土壤类型	容重（t/m³）	田间最大持水量（%）
黏土	1.3	25～30
黏壤土	1.3	23～27
壤土	1.4	23～25
沙壤土	1.4	20～22
沙土	1.5	7～14

梨园的实际灌水量还要根据天气、地形、树龄、树势、灌溉方式、物候期和实际灌溉面积等适时调整。

5.3.4　梨园排水

尽管梨树较耐涝，但积水时间过长，对树体仍会造成一定伤害。对于易涝多雨地区的梨园，建园时应充分考虑排水系统的建设。排水系统不完善的应在雨季来临前补救配齐，防患于未然。

6　花果管理

6.1　花的管理

6.1.1　促进花芽形成措施

（1）平衡肥水。在秋施基肥的基础上，每年生长前期要供给果树充足的肥水，促使新梢健壮生长，为花芽分化奠定良好的生理基础。6月花芽分化前追施氮、磷、钾3要素复合肥，解决树体生长、花芽分化、果实发育三者之间对营养元素竞争的矛盾，以利花芽分化顺利进行。果实采收后，少量施速效氮肥，有利于采果后树体营养的恢复，有利于碳水化合物的产生、积累和贮藏，促进翌年花芽形态分化。

（2）适宜负载。适宜负载对促进花芽的形成有着十分重要的意义，也是避免梨树大小年结果的有效措施。果实采收后，树体可得到30～40d的营养积累时间，为花芽形态分化创造良好的营养条件。

（3）保护叶片。非正常落叶会影响树体的正常生长，进而影响花芽分化。生长季节要控制病虫害，防止干旱，确保叶片发挥正常功能，促进花芽形成，提高花芽质量。

（4）合理修剪。休眠期采用小年留花、适当疏枝，大年疏花、适当留枝的修剪方法，可以有效地促使花芽的形成，减小大小年产量差异。通过整形修剪途径，控制树冠上部枝叶量，疏除树体内膛过密枝，改善树冠内膛通风和光照条件。夏季修剪采取弯枝、拉枝甩放和环剥（割）等措施，可缓解营养生长与生殖生长的矛盾，促进花芽形成。环剥（割）可在落花后20～30d内进行，拉枝可在4～9月进行。

6.1.2　花期管理

（1）疏花。在徽州雪梨的栽培历史中，一般不进行疏花。花芽多的年份，冬剪时疏除部分花芽，或采用破芽剪的方式，以减少开花数量，节约养分。南方地区梨树萌芽开花较早，易遭倒春寒危害，疏花工作进行较少。疏花时期以花序伸出到初花时为宜，越早越好。疏花时，疏除花序中顶蕾和下部花蕾。花量大时，可间隔疏掉整个花序上的花蕾。疏弱留壮、疏长（长、中果枝的花序）留短（短果枝的花序）、疏腋花芽留顶花芽、疏密留稀、疏外留内。疏蕾时应使用剪枝剪，避免损伤果台，保留果台副梢，以提高枝果比和叶果比，对提高果实品质和克服大小年结果有良好作用。

（2）花期放蜂。徽州雪梨需异花授粉才能确保丰产稳产。花期放蜂适合于授粉树配置合理而昆虫少的梨园（图2-42）。所需的蜜蜂数量要根据梨园大小、栽培品种、栽植密度、气象条件而决定。通常情况下，一般0.4～0.5hm²放置1个蜂箱（1 500～2 000头蜜蜂）可满足梨树授粉的需要。蜂箱最好设置在风力小、阳光灿烂的地方。一般开花前2～3d可引入蜜蜂。放蜂期间，严禁使用任何化学药剂。

图2-42　蜜蜂传粉

（3）人工辅助授粉。在徽州雪梨的传统生产中一直未采用人工辅助授粉措施。采集授粉树上呈气球状的花序和花朵，去掉花瓣，取出花药，置于干燥、通风的室内，室温保持20～25℃，花粉散出后，用细筛除去杂质，添加2～3倍滑石粉，装在瓶内备用。授粉时间一般在主栽品种开花前1～2d内进行，采用人工点授等方法对主栽品种进行辅助授粉。该措施的使用将有利于应对不良气候条件，提高徽州雪梨的坐果率及果实品质。

（4）花期霜冻及其防御。花期易遇晚霜危害的梨园，特别是海拔较高的山地梨园，要注意花期防霜害。2010 年 3 月 10 日，黄山地区气温为 −4～7℃，徽州雪梨花芽已进入萌动期，梨花芽受冻后，雌花蕊变褐，干缩，开花而不能坐果。防御措施有：

树干涂白。早春树干涂白，可使树体温度升降缓慢，延迟梨树萌芽和开花，从而有效避免早春霜害。

熏烟防霜。密切注意花期气温变化（特别是夜间），当夜间气温降至接近受冻临界温度（约为0℃）时开始熏烟，直至气温回升到受冻临界温度以上时熄火。一般熏烟持续 2～3h，可有效降低霜冻危害。熏烟一般使用烟雾较大、略潮湿一点的柴草为原料，如秸秆、锯末、残枝落叶、废棉絮、废麻袋等。每 666.7m² 放 6～10 堆，每堆 25kg 左右，均匀摆开。燃烧后少量压土，使其冒浓烟，不让柴草起火苗。注意柴草等熏烟材料要充足，熏烟到寒流过后为止。

其他措施。受霜冻后，及时做好晚花授粉工作，提高晚花坐果率；花期喷施 0.2%～0.3% 硼酸、0.3% 尿素、0.2% 磷酸二氢钾或其他有机营养液肥能提高坐果率。

6.2　果实的管理

随着人们对果品质量要求的不断提高，在保证一定产量基础上，提高果实品质和食用安全性已成为果树栽培的重要准则。

6.2.1　果实产量管理

（1）果实大小。随着市场要求的变化，梨果并非越大越好，果实过大不仅不符合消费习惯，且容易失水变糠。单果重 250～350g 的果实最适宜。

（2）产量目标。在正常管理的条件下，梨树通常产量都较高。随着消费者对果实品质的要求越来越高，产量需得到合理控制，成年梨园一般控制在 30t/hm² 左右为宜。

（3）科学调控。采取充分授粉、疏花、疏果，合理修剪，平衡施肥等措施，以维持相对稳定的产量，防止产量过高或过低。

6.2.2　果实品质管理

（1）选择授粉品种。徽州雪梨一般自花授粉不结实，梨园必须合理配置授粉品种，才能获得稳定的经济产量和优质的果实外观。授粉品种配置不合理会导致徽州雪梨果实个小、果形不正、果面粗糙、含糖量下降，严重影响梨果品质。生产实践表明，徽州雪梨的主栽品种金花早的授粉树选用廻溪梨或细皮梨较好。

（2）疏果。在正常的气候条件或经人工授粉的情况下，梨的坐果率较高，在同一花序上常坐多个果，为了保证果实大小一致，提高果实等级，必须进行合理疏果（图 2 - 43）。

留果标准。留果量应根据枝果比、叶果比确定，树势壮、管理好的可适当多留，反之应少留。平均 2～2.5 个果枝留 1 个果。单果重 300g 时，叶果比应为 40：1 左右，一般果间距为 25～35cm。

疏果时间。徽州雪梨疏果分 2 次完成。第 1 次疏果一般在谢花后 10～15d 开始，第 2 次疏果一般在第 1 次疏果 7～10d 后进行，2 次疏果完成后可进行套袋。

图 2 - 43　疏　果

疏果方法。疏果时多留 3～5 序位的果实。先疏去病果、伤残果和畸形果，然后再根据果型大小和枝条壮弱决定留果量。同时根据平均单果重与单位面积产量指标进行定果，每花序最多留 1 个果。

金花早、细皮梨相邻 2 个果实之间留 25cm、廻溪梨果实间距约为 30cm、木瓜梨果实间距约为 35cm。疏果时用枝剪或疏果剪，剪断果柄，不要损伤果台，以免影响幼果生长。

　　（3）果实套袋。徽州雪梨果实套袋至少有 800 年以上历史。

　　果实套袋可明显提高果实外观品质，套袋后的果实果面光滑，果点变小且少，果锈减少，果实外观明显改善，果品商品性得到提高，销售价格明显提高，而且容易销售；套袋可明显减轻果实的主要病虫害，减少打药次数，降低农药残留；套袋可增强果实耐贮藏性，套袋果实受病虫危害轻，采收、分级等机械伤也少，可减少果实贮藏、运输过程中的果实损耗（图 2 - 44）。

图 2 - 44　套　袋

　　在徽州雪梨长期栽培实践中，果农自己用报纸制作纸袋，用缝纫机扎制；或在旧纸袋的外面再糊 1 层纸。将纸袋口朝下放在君迁子的水溶液中浸渍、拿起，挤掉多余的汁液，在太阳底下晾晒，晒干后，每 100 个 1 扎，以便于计算套袋量。这样的纸袋一般可连续用 2～3 年。为节省成本，减少君迁子汁液的使用量，可用棕刷蘸汁液涂在纸袋的两边，蘸 1 次可刷 3～4 个纸袋。

　　目前市场上梨果专用袋种类很多（图 2 - 45），果袋的大小和种类应根据品种而定，一般果实成熟时果皮为褐色，单果重在 250g 以上的，应选择黄黑单层袋，果袋大小在 18cm×24cm 为宜；果实成熟后果皮为黄绿或绿色，应选择黄黑双层套袋或灰黑双层袋。

纸袋刷漆　　　　　　　　　　成品纸袋　　　　　　　　　　二次使用的纸袋

图 2 - 45　梨果用袋

　　套袋前，为了防止果实受到病虫的侵害，在谢花后至套袋前按照常规病虫害防治方法进行防治，套袋前 1～2d 喷 1 次杀虫、杀菌剂。重点喷果面，喷药时遇雨或喷药后 7d 之内还没有完成套袋的，应补喷 1 次药再套袋。农药不能用乳油类药剂及波尔多液，要用水剂或粉剂。

　　徽州雪梨在谢花后第 15d 开始套袋，最迟不能超过谢花后 45d。套袋过早影响果实发育，套袋过迟果形外观较差。套袋应先树上后树下，先内膛后外围，对于纸质较硬较好的果袋为避免干燥纸袋擦伤梨幼果果面和损伤果梗，要在套袋前 1～2d 将袋口朝下放水中浸润"潮袋"。套袋时先撑开袋体，托住袋底，使袋底两角的通气口张开，将袋体膨起套在果实上，幼果悬挂在中央。手执袋口下按折扇的方式折叠袋口，最后将铁丝卡反转 90°弯绕扎紧在果柄或果枝上，注意一定要把袋口封严，但也不要过分用力，以防损伤果柄影响幼果生长。

套袋操作注意事项。有些果袋制作时涂有农药和蜡质，操作后应及时洗手，以防中毒。套袋虽能防止果实遭受大部分病虫侵害，但不能代替全树病虫害的防治。果实膨大期特别要注意梨椿象的防治，该虫具有较长的刺吸式口器，能透过塑膜袋和纸袋刺害梨果。为了提高套袋果的口味和品质，在 7~8 月可适当追施钾肥 1 次，也可叶面喷洒 3~4 次 200 倍的磷酸二氢钾等。梨果套袋后，影响果实的光合作用，套袋果要适当晚采摘几天。梨果采摘时，可连同袋一起摘下放入筐中，待装箱时再除袋分级。既可减少果实失水，又可防果碰伤，保持果面净洁。

（4）综合管理。加强土肥水管理，安全防治病虫害，科学地进行整形修剪，有效防御各类自然灾害，严格采收标准适时采摘，才能确保果实品质。

7　整形修剪

7.1　常用树形

新中国成立前后，零星种植的徽州雪梨，基本不进行整形修剪，形成了多主枝自然半圆头形。新中国成立后，皖南地区新建的各园艺场栽种的徽州雪梨多用基部 3 主枝疏散分层形。20 世纪 80 年代末开始，各园艺场及歙县上丰逐步对徽州雪梨的大树进行树形改造，锯掉中央领导干，落头开心形，将疏散分层形改造为疏散分层延迟开心形。20 世纪 90 年代末开始，栽种徽州雪梨则多采用纺锤形或开心形（图 2 - 46）。

图 2 - 46　雪梨树形

7.1.1　疏散分层形

该树形是大冠稀植的主要树形。树高 5m 左右，主干高 60～80cm。主枝 6～7 个，每个主枝配备 2 个副主枝。第 1 层均匀分布 3 个主枝，第 2 层 2 个，第 3 层 1～2 个。第 2、3 层主枝，应分别对着下层主枝的空间选留，使上、下层主枝不重叠。1、2 层间距 100cm 左右，2、3 层间距 60～80cm。主枝开张角度 70°左右。第 1 层层间距在 40cm 以内，第 2 层层间距约 30cm，第 3 层层间距约 20cm。副主枝间距为 50cm 左右，相互分生。在主枝、副主枝上着生各类结果枝组。

7.1.2　小冠疏层形

该树形适合于株行距（3～4）m×（4～6）m 的中等密植梨园。树高 3m 左右，干高 60～80cm，全树 6 个主枝。第 1 层主枝 3 个，层内距 30cm；第 2 层主枝 2 个，层内距 20cm；第 3 层主枝 1 个。第 1 层与第 2 层层间距 80cm，第 2 层与第 3 层层间距 60cm。主枝上直接着生大、中、小型结果枝组，第 1 层每个主枝上可留 2 个大型结果枝组，第 2 层每个主枝上留 1～2 个大型结果枝组，第 3 层主枝上无大枝组。

7.1.3　高位开心形

该树形适合乔砧密植梨园，一般行距 3～4m，株距 2～3m。树高 3m 左右，干高 60～80cm，树干高 1.6～1.8m。在中心干 60cm 以上均匀排布着伸向四周的枝组基轴（30cm 长）和长放枝组。每个枝组基轴分生 2 个长放枝组，再加上直接着生在中心干上的无基轴枝组，全树共着生 10～12 个长放枝组。最上部两个枝组拉平，伸向行间。下部基轴及枝组与中心干夹角 70°左右。全树枝组不分层，并在 1.6～1.8m 处高位开心（图 2 - 47）。

7.1.4　纺锤形

该树形适于密植梨园。一般行距

图 2 - 47　高位开心形

3.5～4m，株距 2～2.5m，树高 2.5～3m，干高 60～80cm。直接在中心干上均匀着生 10～12 个结果枝组，向四周伸展，下大上小。每个结果枝组之间的距离以 20～30cm 为宜，同侧重叠的大型枝组间距 80～100cm，与中心干的夹角为 70°～80°。枝组基部直径一般不超过其着生处中心干直径的 1/3。

7.2 整形修剪技术

7.2.1 整形修剪的依据

（1）品种特性。徽州雪梨的品种很多，生长结果习性略有差异，整形修剪时应区别对待。

（2）树龄和树势。幼树生长势强，常采用轻剪、长放的方法来缓和其生长势，达到成花结果的目的。盛果期的树以回缩、更新修剪为主，稳定树势，延长优质丰产栽培年限。老龄树以更新、复壮修剪方法为主，促使隐芽发枝，重新培养树冠和结果枝组。对生长势较强的树以疏枝为主，少短截或轻短截；对树势较弱的树，减少结果量，多短截、少缓放，多回缩、少疏除。

（3）花芽量。梨树每年花芽数量和质量的差异较大，同时有的年份存在倒春寒，所以修剪时应留足饱满花芽的数量。

（4）修剪反应。观察修剪反应是判断修剪方法是否正确的重要依据。一是看局部反应，即枝条短截或缓放后，萌芽、抽枝、结果、花芽形成的表现；二是看单株的反应，修剪后全树生长量，新梢长度、密度，花芽量，果实产量和质量等；三是看整体反应，单株的树高、冠幅等是否影响到邻株。依据修剪反应来调整修剪方法。

（5）栽植密度。栽植密度可直接影响整形方法。一般来说，栽植密度大，不适合采取树体分层和培育大型骨干枝的整形措施。这种修剪方式会导致新梢多，枝与枝之间遮光严重，内膛枝条枯死，结果部位外移，产量不稳，果实品质下降。

7.2.2 整形修剪时期及作用

（1）休眠期。休眠期修剪又称冬季修剪，其修剪的适宜时期在落叶后至翌年萌芽前，黄山地区一般在 11 月底至翌年 2 月底。休眠期修剪主要作用是维持、调整和完善树体结构；调节生长和结果的关系，平衡树势；改善树体光照条件等。

（2）生长期。生长期修剪又称夏季修剪，黄山市在整个梨树年生长周期的 2 月底至 10 月内，都可进行。生长期修剪有利于树体贮藏养分的合理利用，调整负载量，抑制新梢过旺生长，促进花芽形成，改善树冠内膛光照条件，提高果实品质。但由于生长期树体活动旺盛，对修剪的反应较敏感，生长期修剪量过大，会严重削弱树势。

7.2.3 整形修剪操作

（1）疏散分层形的整形修剪。

骨干枝的选留和培养。定植当年，在距地面约 100cm 处定干，剪口以下一般要求有 10 个左右的饱满芽。保证当年在整形带内长出 4～6 个新梢。对角度小的新梢要及时运用拉枝、撑枝等方法开张角度。第 1 年冬剪时，选直立的、顶端生长较旺的枝条作中心干，在约 60cm 处短截。在整形带内选留 3 个方位好、生长健壮的枝条作为主枝培养，在 50cm 处短截。对直立枝和竞争枝重短截，其他的枝条尽量缓放。第 2 年冬剪，对中心干延长枝在 50～60cm 饱满芽处短截，疏除竞争枝或将其压弯培养为辅养枝。第 1 层主枝延长枝留 50～60cm 短截，同时注意在主枝上选留副主枝，第 1 副主枝距中心干 50cm 左右，并在约 50cm 处短截。其余的枝条尽量不剪，留作辅养枝或培养为结果枝组。第 3 年以后每年冬剪时，对中心干延长枝继续在 50～60cm 处短截，直到达到高度要求。短截时剪口芽要选在上年剪口芽的反方向，以保证第 4～6 主枝的方位互相错开排列，使中心干呈小弯曲状，以防上强下弱。随着中心干的生长，分别选留第 2、3 层主枝。同时在主枝上配备第 2 副主枝，第 2 副主枝着生在与第 1 副主枝相对的一侧，两者相距 60cm 左右。第 1～2 副主枝要选留背斜侧枝。如无理想侧枝，可用别、拉、坠等综合方法对角度高的枝改造后加以利用。第 3 层主枝是在中央领导干长至 50cm 左右，尽早摘心短截或拉平，以控制树冠的加高生长。主枝延长枝留 50～60cm 短截，副主枝留适当长度短截，主从分明。密生枝、徒长枝根据情况疏除或重短截。其他枝条一般长放不剪。生长季注意拉枝开角，及时疏除萌蘖枝、徒长枝等。

辅养枝。辅养枝是指树冠中起辅养树体生长、补充树体结构空间和增加结果部位的枝，一般为临时性的枝。辅养枝多着生在中心干及主枝上，幼树期间适当多留辅养枝，以加快树体生长，增加营养积累，促进幼树早结果，早丰产。在树体下部适当多留辅养枝，可以有效控制上强下弱，起到均衡树势的作用。对辅养枝一般采取连年缓放、拉枝、多疏少截、去直留斜、去强留弱、摘心、环剥和环刻、成花结果后再回缩等措施加以利用和控制。当辅养枝影响到骨干枝生长及树冠内光照时，应及时回缩或疏除。

（2）小冠疏层形的整形修剪。梨树定植后，选饱满芽处定干，定干高度 80～90cm。骨干枝的培养第 1 年冬剪，中心干延长枝留 50cm 左右短截，选 3～4 个方位好的枝条作主枝，留 40～45cm 短截，剪口芽留背下芽。第 2 年冬剪，骨干枝延长枝继续按第 1 年冬剪要求剪，在主枝上选 1～2 个位置合适的中庸健壮枝条剪留 40cm，以培养大型枝组，其余枝条拉平长放。第 3 年冬剪，骨干枝延长枝留 40～50cm 短截，选出第 2 层主枝两个，剪留 40～45cm，其伸展方向与第 1 层主枝错开。第 4、第 5 年冬剪，选留 1 个第 3 层主枝，主枝延长枝剪留 40～50cm，在配齐 6 个主枝后，中心干延长枝用弱枝长放，第 2 层主枝上选方位好的中庸枝剪留 40cm 培养枝组。在主枝培养的过程中要及时拉枝开张角度，基角 50°，腰角 70°左右。主枝开张角度后，及时剪除背上长出的直立枝，若有空间，可将其拉平长放，或先重截再去强留弱，培养成枝组。结果枝组的培养。该树形主枝上直接着生各类结果枝组。在第 1 层主枝上距中心干 50cm 处，选一背斜枝做大型枝组，距第 1 个大枝组 50cm 的另一侧，选第 2 个大枝组。第 2 层主枝配 1～2 个大枝组，第 3 层主枝上无大枝组。大枝组多用连截法培养。其他枝培养成中小枝组。

（3）高位开心形的整形修剪。定植当年，定干高度 100cm 左右，发芽后，抹除主干上 50cm 以下的萌芽。栽后第 1 年，夏剪时，8 月对新梢拉枝开张角度达 70°；冬剪时，中心干延长枝留 40～50cm 短截，选位置、长势较好的枝条作主枝，留 20～30cm 短截，剪口下留 2 个侧生饱满芽。栽后第 2 年，萌芽前对中心干延长枝剪口下第 3、4 芽上目伤促发长枝。生长期将主枝第四芽枝以下新梢全抹除，8 月拉枝开角。冬剪时，仍对中心干延长枝留 40～50cm 短截，在中心干上选位置、长势较好的 1 年生枝条，留 30cm 长短截，剪口下留 2 个侧生饱满芽，并对第 1 年选留的枝组基轴所发出的枝条缓放不剪。栽后第 3 年，生长期将主枝背上直立枝疏除。冬剪时，对顶端的 2 个直立枝条反弓形平拉向行间，通过拉、缚、扭等方法调整全树的枝角，及时疏除内膛过密无用枝。

（4）纺锤形的整形修剪。定植当年定干高度 80cm 左右。栽后第 1 年，在中心干 60cm 以上选 2～4 个方位较好、长度在 50cm 以上的新梢，新梢停止生长时对长度 1m 的枝进行拉枝，一般拉成 70°～80°，将其培养成大型枝组。冬剪时，中心干延长枝剪留 50～60cm。第 2 年以后仍然按第 1 年的方法继续培养大型枝组，冬剪时中心干延长枝剪留长度要比第 1 年短，一般为 40～50cm。对达到 1m 长的大型枝组拉枝开角。未达到 1m 长的枝不拉枝。经过 4～5 年，当大型枝组枝已经选够时，就可以落头。主枝上的直立枝、竞争枝，有空间的可拉平，否则要及时疏除，避免树上长树。冬剪时一般不对小枝进行修剪。对延伸过长、过大的大型枝组应及时回缩，限制其加粗生长，使其不得超过着生部位中心干粗度的 1/3。5 年生以上的大型枝组，如果过粗时，有条件的可以回缩到后部分枝处，或选定备用枝后从基部疏除。要及时疏除内膛的徒长枝、密生枝、重叠枝，以保证通风透光，维持树势稳定。

7.2.4　徽州雪梨主栽品种成年树的修剪要点

（1）金花早。

骨干枝的修剪。该品种枝条多直立生长，整形期间应注意增大骨干枝开张角度。在主枝延长枝的 2/5 处剪为佳，延长枝头应采用里芽外蹬，或利用背后枝换头。副主枝剪口芽留外侧芽。在树冠与树冠之间的距离较小时，延长枝剪口芽留侧芽，相邻两年所留侧芽左右交错，即采用曲折延伸方式，使其养分积聚在有效的果枝上。

徒长枝的修剪。徒长枝一般要疏除，对有生长空间的徒长枝，在枝条的 1/3～1/2 处短截以培养结果枝组，并在枝条基部环剥 0.5cm 宽、长为周长 1/3 的树皮。目的是削弱枝势，使养分容易累积，以利形成花芽。

中庸枝的修剪。中庸枝是培养结果单位的有效枝条，要注意结果枝、预备枝、发育枝有一定的配备比例，各占 1/3。大年树，斜生的、水平的中庸枝适当长放；弱树、小年树则不放或少长放。

结果母枝的修剪。结果母枝尽量多留，少短截。花芽多的中长果枝适当短截，疏除 1/3～1/2 的花芽。已长放形成花芽的结果母枝留 5～7 个花芽回缩。小年树疏去 1/3 中间芽，尽量保留花芽。

细弱枝、果台副梢一般进行轻短截修剪。

（2）细皮梨。

强壮枝的修剪，留 2～3 个瘦瘪芽剪，使之形成中间枝或短果枝。中庸枝连续 1～2 年不剪，也可能形成 3 根以上较为充实的短果枝。第 2 年从已形成的果枝处回缩，但对弱树起到辅养作用可以不剪，而留 4～5 个芽短截。较弱的小枝修剪，留 2～3 个芽剪。果台副梢如抽 1 根，放 1 年不剪，第 2 年回剪至已形成的果枝处；如抽 2 根，则 1 根留作预备，1 根用于结果。其余的修剪要点与金花早相似。

（3）廻溪梨。1 年生枝有下垂现象，多数枝成弧形，花芽易形成，发枝力强，成枝力中等，枝条开张角度大，层性不强。在枝梢中部短截，能抽出 2～3 根枝条，留 1/3 剪能抽出 1～2 根长枝，中上部形成花芽，但中下部易光秃，重剪能抽出 3～4 根枝条。但枝条距离短了，花芽形成少了。

骨干枝的修剪。根据以上的修剪反应，故以中短截为优，由于此品种开张角度大，故修剪要注意留上芽，抬高角度，两年后枝条直立，再留外芽降低角度。

发育枝的处理。强壮的留 10～12 个芽剪，中庸枝留 6～8 个芽剪，细弱枝留 3～4 个芽剪。

短果枝及果台枝的处理。短果枝易枯死，要注意更新，避免下部光秃，1 个果台一般能抽出 2 根枝，1 根短果枝，1 根中果枝，生长强壮的可连续结果，不必剪之，生长弱的可剪除 1 个。

7.2.5　树形改造

20 世纪 80 年代末，黄山市及宣城市的旌德县开始对徽州雪梨传统的疏散分层形树形进行改造，落头开心，降低树体高度，减少树冠上层的骨干枝数目，使上下层冠幅比约为 1∶3，即全树 75% 的产量由基部主枝承担。改造的具体方法是：

（1）落头开心。此项工作在梨园中分批逐年进行，使果园每年有一定的产量。在第 2 层主枝以上锯掉中心干。

（2）缩小上层树冠。缩小上层树冠，首先是疏去对基部树冠光照影响大、拥挤的骨干枝；其次是采取回缩方法缩小冠幅。

（3）疏除或回缩层间枝组。将层间枝组控制在上层树冠的冠幅范围内。

（4）增加下层骨干枝数量。根据树冠内空间等情况，将下层骨干枝基部侧枝或大型枝组培养成骨干枝，增加下层骨干枝数量，稳定产量。

8　病虫害防治

8.1　防治方法

做好梨树的病虫害防治工作对提高果品质量，增加产量作用十分显著。在过去较长时间里，徽州雪梨的病虫害防治主要以化学防治为主，对环境和果实都有较严重污染，随着人们对食品安全以及环保意识的增强，生产者所采用的病虫害防治方法也在不断改进，综合防治的观念越来越被广大果农所接受。

按照"预防为主、综合防治"的原则，采用农业措施、物理机械措施、生物措施及化学措施对梨树病虫害进行综合防治。建立完善的预测预报制度，摸清梨树病虫害的发生规律，坚持适期合理使用低毒、高效农药，禁止使用高毒、高残留农药，严格遵照农药安全使用操作规程，同时控制农药用量，降低用药成本，提高产量，改善品质，逐步树立优质安全果品的品牌形象。

8.1.1　农业措施

（1）良种壮苗。培育无病虫的接穗和苗木，使用脱毒苗木，引进苗木时严格进行检疫。

（2）合理布局。不与桃、李等其他果树混栽，以防次要病虫上升危害。梨园周围 5km 范围内不栽植桧柏，防止锈病流行。

（3）冬刮梨皮。冬季刮除枝干病斑、翘皮、粗皮。刮皮要彻底，把老裂皮、各种病斑、病瘤刮净。刮皮要得当，以大树刮皮露白、小树刮皮露青为宜，而不应刮至木质部（图 2-48）。每次刮过带病斑的树皮，工具都要用酒精消毒后再用，以免人为造成病菌传播。刮皮后 10～15d 用 50 倍菌毒清或腐必清药液涂抹刮皮部位，而不应刮后立即涂药，以免引起药害。

图 2-48　刮树皮

（4）冬季清园。保持梨园内良好的卫生环境，做好冬季清园和越冬管理，可以减少翌年病虫的发生量。清除病枝、病叶、病果，减少病虫源。适时浅翻，大部分害虫的蛹冬天钻入地下，利用冬季低温的自然条件，通过浅翻，可将在土壤中越冬的害虫翻上地表冻死。浅翻深度一般 15cm 左右，最好是在春节前天气较寒冷的时期进行。

（5）加强肥水管理。合理施肥、浇水可增强树势，提高树体抗病虫能力。基肥一般在秋季落叶前施入，以菜饼肥、鸡粪、圈肥等有机肥为主，加入适量的速效磷、钾肥，一般每亩施充分腐熟的优质有机肥 2 500～4 000kg。追肥可根据梨树在各物候期需肥的不同特点和生长结果情况灵活掌握，一般在萌芽前、开花后、果实膨大期、摘果后追肥，前期以尿素或腐熟人粪尿等氮肥为主，后期以过磷酸钙、磷酸二氢钾等磷钾肥为主，可结合防治病虫害进行多次叶面喷肥。同时在伏旱期间选择早晨或傍晚浇水，梅雨季节注意排水。

（6）合理修剪。冬季修剪应尽可能剪除枯枝、病枝、虫枝，并集中烧毁。在生长期应结合夏季修剪，适当去除重叠枝、直立枝、徒长枝，增加梨树通风透光性，促使树体健壮，同时去除重叠果、病果、虫果、烂果，并集中堆放，统一处理。

（7）套袋保果。梨果套袋是保护果实、减少病虫害发生、防止鸟害、减少农药污染、提高果实品质的有效途径，在套装时间上应掌握"宜早不宜迟"的原则。

8.1.2　物理手段

（1）人工捕捉。如对天牛成虫进行人工捕捉，对其幼虫可用铁丝捅杀、树干缠草诱杀等。

（2）采用频振式杀虫灯。利用部分害虫如蛾类、金龟子等的趋光性诱杀成虫。降低果园成虫基数，减少农药用量。

（3）挂放粘虫板。利用梨二叉蚜等蚜虫对黄色的趋性，在果园挂放黄色粘虫板以粘住蚜虫，减少蚜虫危害。

（4）其他。糖醋液（红糖：酒：醋：水＝1：1：4：16）诱杀。

8.1.3　生物方法

（1）保护利用害虫天敌。常见的梨树害虫天敌有寄生性和捕食性两类。寄生性天敌有寄生蜂和寄生蝇，如赤眼蜂等；捕食性天敌有草蛉、七星瓢虫、食蚜蝇等。人工释放赤眼蜂，助迁和保护瓢虫、草蛉、捕食螨等昆虫天敌都是行之有效的生物防治方法。

（2）生物性农药。利用真菌、细菌、放线菌、病毒、线虫等有益微生物或其代谢产物防治梨树病虫，具有易于生产、防效长、成本低、无公害等特点。如应用青虫菌6号悬浮剂和Bt乳剂等防治害虫，这些制剂对人、畜、作物、益虫均无害，并有较好的稳定性。Bt乳剂防治梨小食心虫效果可达95％以上；用白僵菌与低剂量化学农药（3％啶虫脒、48％毒死蜱等）混用还有明显的增效作用；在梨小食心虫发生较重的果园，每亩用白僵菌制剂2kg和40.7％毒死蜱0.15kg混用，兑水75kg喷洒，幼虫僵死率达93％以上，对压低虫源基数作用明显。还可利用微生物间拮抗作用，或利用微生物生命活动过程中产生的一种物质去抑制其他的有害病菌，如农抗120、多抗霉素对多种真菌病害有明显的防治效果。

（3）利用昆虫性外激素诱杀或干扰成虫交配。如采用迷向法干扰成虫交配，在果园内散布大量性诱剂，空气中到处都有性外激素的气味，使雄虫分不清真假，迷失寻找雌虫的方向而不能交配，雌虫得不到交配，不能繁衍后代，达到控制害虫危害的目的。如在果园内每公顷排放60～90只水盒，盒内放水和少量肥皂粉或菜油，水面上方1～2cm处挂昆虫性引诱诱芯，可诱杀大量前来交配的昆虫，降低害虫基数（图2-49）。

图2-49　性诱剂诱杀

（4）以激素治虫。激素干扰昆虫生长，常用于害虫防治的主要有昆虫几丁质合成抑制剂，在幼虫期使用，抑制害虫蜕皮时表皮几丁质的合成，进而杀死害虫。主要产品有灭幼脲、杀铃脲、除虫脲等，可用作防治梨小食心虫、卷叶蛾等鳞翅目害虫。

8.1.4　化学防治

禁止使用剧毒、高毒、高残留农药和致畸、致癌、致突变农药。对于国家明令禁止和限制使用的农药，要严格遵照其规定。使用新型高效、低毒、低残留农药，优先采用生物农药和矿物源农药。科学合理使用农药，对症下药，避免长期重复使用同一种药剂，注意不同作用机制农药的交替使用和合理混用，以延缓病菌和害虫产生抗药性，提高防治效果。按照规定的浓度、使用次数和安全间隔期等要求规范用药；施药均匀周到，对于叶背发生的病虫要进行叶背喷药。为防止环境污染，可以采用非化学措施防治的要避免使用农药，可以小范围防治的不要全面喷药。加强病虫预测预报，做到及时准确而有效地防治。

8.2　田间病害防治

8.2.1　梨黑星病

梨黑星病又称疮痂病、黑霉病，是梨树重要病害之一，危害严重时，可引起早期落叶、幼果脱落或畸形，不仅影响当年产量，还由于落叶严重而影响树势及翌年产量。

（1）症状。病菌危害叶片、新梢、果实、芽及花序等所有绿色幼嫩组织，其中以叶片和果实受害最重，危害期从落花后直到果实近成熟期。芽最早发病，当早春萌芽后，从芽鳞片重合处露出的淡绿色部分即可见黑色有光泽的病斑，以后病斑上产生黑霉状物（分生孢子梗和分生孢子）。被害芽鳞片茸毛较多，严重时芽鳞开裂枯死。花序受害后，花萼和花梗基部呈现褐色坏死斑，并产生黑霉状物。病斑扩展至叶簇、花序基部，致使叶簇（或伸长成的新梢）和花序萎蔫枯死。

受害叶片初在背面产生圆形、椭圆形或不规则形黄白色病斑，病斑沿叶脉扩展，并产生黑色霉状物，发病严重时整个叶背面，甚至正面布满黑霉，叶片正面常呈多角形或圆形褪色黄斑。叶簇伸长的新梢受害，表现 2 种症状：一是病害从早春抽出的嫩梢基部向上扩展，病斑初呈黄褐色，最后变黑，嫩梢枯死；二是病菌直接侵染新梢，产生黑色或黑褐色、凹陷开裂的椭圆形溃疡斑，严重时枝梢易从病斑处折断。

刚落花后的幼果受害后常不能膨大而脱落。较大果实受害后，病部停止生长，木栓化，形成果面凹凸不平、龟裂的畸形果；后期受害的果实则不畸形，但在表面产生大小不等的黑色、凹陷的圆形病疤，病疤坚硬，表面粗糙，常产生星状开裂。病部均可产生黑霉。

（2）病原。病原物有性态为纳雪黑星菌（*Venturia nashicola* Tanaka et Yamamoto），子囊菌亚门黑星菌属；无性态为黑星孢（*Fusicladium* sp.），半知菌亚门黑星孢属。

病菌假囊壳一般在越冬后的落叶上产生，以叶背面居多，散生或聚生，圆球形或扁圆球形，颈部较肥短，黑褐色；子囊棍棒状，聚生在假囊壳底部，无色透明，每个子囊内含 8 个子囊孢子；子囊孢子淡黄绿色或淡黄褐色，双胞，上大下小，状如鞋底。分生孢子梗 5～14 根丛生，从寄主角质层伸出，粗而短，暗褐色，无分枝，直立或弯曲，其上有许多疤痕状突起物，此为分生孢子着生后脱落的疤痕；分生孢子淡褐色或橄榄色，两端尖，纺锤形，单胞，但少数在萌发时可产生 1 个隔膜。

病菌生长温度范围为 5～28℃，以 22～23℃最适宜。分生孢子形成的最适温度为 20℃，萌发的温度范围为 2～30℃，以 21～23℃最适宜。分生孢子萌发的速度与温度有关，适温下，孢子萌发快。新形成的分生孢子在 25℃下经 24h 后，萌发率可达 95% 以上。分生孢子萌发要求的最低相对湿度为 70%，以相对湿度在 80% 以上时萌发较好。分生孢子耐低温干燥，在 −14～−8.3℃时，经过 3 个月尚有一半以上的分生孢子能萌发。在自然条件下，残叶上的分生孢子能存活 4～7 个月，但潮湿时，分生孢子易死亡。

（3）侵染规律。病菌主要以分生孢子或菌丝体在腋芽的鳞片内越冬，也能以菌丝体在枝梢病部越冬，或以分生孢子、菌丝体及未成熟的子囊果在落叶上越冬。由于气候条件的差异，不同地区之间或同一地区不同年份之间病菌越冬方式不完全相同。在皖南山区及附近的上海、江苏、浙江等地，以菌丝在病梢或芽内越冬为主。在芽内越冬的，翌年一般在新梢基部先发病；在落叶上越冬的，则先在树冠下部叶片上发病。

病菌的分生孢子和子囊孢子主要通过风雨传播。孢子萌发后可直接侵入，潜育期为 14～25d。潜育期长短除与温度有关外，还与叶龄有关。展叶后 5～6d 的叶片侵染，潜育期最短，以后随着叶龄的增长，抗性不断增强，潜育期也延长，展叶后一个月以上的叶片不受感染。病害往往从新梢、花序、叶簇基部开始发生，随之发展为田间发病中心，并产生分生孢子，通过风雨传播到附近的叶片、果实和新梢上作再侵染，加重病情。长江中下游地区及皖南一带一般在 4 月中下旬开始发病，梅雨季节为发病盛期，7～8 月由于气温较高，组织老熟，病害受抑制，而 9～10 月间，气温下降，一般不再发病，但遇秋雨多时，秋梢上则可再度发病。

病害的发生和流行也受气象因子的制约。病菌入侵的最低温度为 8～10℃，最适流行温度为 11～20℃。病菌孢子入侵的最低湿度要求为 1 次达 5mm 以上的降水量或持续 48h 的阴雨天。寄主的幼嫩组织最易感染，当新梢木栓化、叶片革质化（展叶后 30d 以上）后，则不再受感染。在梨树萌芽展叶期，温度易满足病菌侵染和病害发生流行的要求，故降水的早晚、降水量的大小及持续时间的长短是影响病害流行的主导因素。春雨早，持续时间长，夏季 6～7 月雨量多，日照不足，空气湿度大，往往引起病害流行。

此外，地势低洼、树冠茂密、通风透光不良和湿度较大的梨园，以及肥力不足、树势衰弱的梨树易发病。越冬后存活病菌的数量，也与病害发生迟早和流行速度密切相关。

（4）防治方法。病害的防治以采取农业防治与喷药保护为主的综合治理措施。

加强栽培管理。增施肥料，特别是有机肥，可提高植株抗病力。合理修剪，促使树冠内通风透光，降低梨园湿度，使之不利于病菌的繁殖和病害的蔓延。

消灭病菌侵染来源。秋末冬初清扫地面落叶和落果，冬季或早春结合修剪，清除病梢，并集中烧毁。梨树发芽前，全树喷施尿素或硫铵 10 倍液，或 40％代森胺水剂 400 倍液，铲除芽鳞越冬病菌。在花芽绽开前，喷施 1～3 波美度石硫合剂也有较好的防治效果。发病初期，及时连续地剪除中心病梢和花序，防止病菌扩散蔓延。

喷药保护。在梨树接近开花前和落花 70％左右时各喷药 1 次，以保护花序、新梢和叶片。各发病部位初见霉斑时立即喷药，根据降水情况和药剂残效期，每隔 15d 左右喷药 1 次，共喷 4 次，以保护叶片、新梢和果实。以后根据天气情况和病情确定喷药次数和时期，一般在 6 月中旬、6 月底至 7 月上旬以及 8 月上旬各喷药 1 次。可使用 40％氟硅唑（福星）8 000～10 000 倍液或 40％新星可湿性粉剂 8 000～10 000 倍液、90％三乙膦酸铝可湿性粉剂 600 倍液、12.5％烯唑醇 2000～2 500 倍液或 25％腈菌唑乳油 5 000～9 000 倍液、62.25％仙生可湿性粉剂 600 倍液、70％代森锰锌可湿性粉剂 600～800 倍液等，其间可与代森锰锌、波尔多液等保护性杀菌剂交替使用。常规药剂还可用 50％多菌灵或 50％甲基硫菌灵可湿性粉剂 500～800 倍液。前期喷药可混加尿素 500 倍液，中期混加磷酸二氢钾 300～500 倍液，不仅防病还有增加营养的作用。对波尔多液敏感、易产生药害的品种，可改用 30％百科乳油 125mg/L 等代替。

8.2.2　梨锈病

梨锈病又称赤星病，俗名"羊毛丁"。危害严重时引起梨树早期落叶，落果，对产量影响很大。梨锈病菌除危害梨外，还能危害山楂、木瓜、棠梨和贴梗海棠。该病菌是一种转主寄生菌，其转主寄主为松柏科的桧柏、欧洲刺柏、高塔柏、圆柏、龙柏和翠柏等。

（1）症状。主要危害叶片，也危害新梢和幼果。叶片受害初在其正面产生橙黄色小点，逐渐扩大成近圆形病斑（图 2－50）。病斑中央橙黄色，边缘淡黄色，最外面有一层黄绿色晕圈，直

图 2－50　梨锈病危害叶片

径 4～5mm。之后病斑表面密生橙黄色针头大小的小粒点（性孢子器），潮湿时溢出淡黄色黏液（性孢子）。黏液干燥后小粒点变黑色。后期病斑变厚，背面呈淡黄色疱状隆起，并在隆起部位产生数根灰黄色的毛管状物（锈孢子器）。不久，锈孢子器顶端破裂，散出黄褐色粉末（锈孢子）。最后病斑逐渐变黑干枯，毛管状物脱落。同时叶片向内卷曲，叶色变淡，最后全叶变黑干枯脱落。

受害幼果初期症状与叶片症状相似，病部微下陷，果实畸形，严重时引起落果，后期在同一部位产生毛管状物。新梢、叶柄和果柄上的症状与果实相似，但病部肿大明显，黄绿色。叶柄、果柄受害后易引起落叶、落果。新梢受害后，常因病部龟裂而易折断。

梨锈病在桧柏等转主寄主的针叶、叶腋或小枝上产生淡黄色斑点，病部于秋季黄化隆起，翌年春季形成球形或近球形瘤状菌瘿。菌瘿继续发育后，突破表皮露出红褐色、圆锥形或楔形的冬孢子角，直径 1～3mm。冬孢子角成熟后，遇雨吸水膨大呈橙黄色的舌状胶质块，天气干燥时即干缩成污胶状物。

（2）病原。病原物为梨胶锈菌（*Gymnosporangium haraeanum* Syd），担子菌亚门胶锈菌属。病菌在整个生活史中可产生 4 种类型孢子，需要在两类不同的寄主上完成其生活史。在梨上产生性孢子和锈孢子，在桧柏等柏科植物上产生冬孢子和担孢子。

性孢子器扁烧瓶形，基部埋生在梨叶片正面表皮下，上部突出，从孔口生出丝状受精丝，并释放性孢子；性孢子单胞、无色，纺锤形或椭圆形。锈孢子器丛生于梨叶病斑背面或病梢和病果的肿大的病斑上，细长圆筒形，长约 5～6mm；锈孢子球形或近球形，橙黄色，表面有小瘤。冬孢子角红褐色或咖啡色，圆锥形，初短小，后渐伸长，一般约长 2～5mm，顶部较窄，基部较宽；冬孢子纺锤形，黄褐色，顶壁较厚，双胞，分隔处稍缢缩，柄细长，外被胶质，遇水胶化，萌发时产生 1 个具 3 个隔膜、4 个细胞的担孢子（也称小孢子），每细胞生 1 个小梗，每小梗顶端着生 1 个担孢子。担孢子卵形，淡黄褐色，单胞。

冬孢子萌发的最适温度为 15～23℃，萌发时需要有水膜。

（3）侵染规律。病菌以多年生的菌丝体在桧柏等转主寄主的病组织中越冬，翌年 2～3 月开始形成冬孢子角。冬孢子成熟后，遇水时吸水膨胀，萌发产生担孢子。担孢子随风传播，当散落在梨树幼叶、新梢、幼果上时，遇水萌发成芽管，从气孔、皮孔或从表皮直接侵入。担孢子最大有效传播距离为 2.5～5km。病害的潜育期长短与气温和叶龄有密切关系，一般约为 6～10d。温度越高，叶龄越小，潜育期越短，展叶后 25d 以上的叶片一般不受感染。病菌侵入后，叶面产生橙黄色病斑，病斑表面长出性孢子器，在叶背形成锈孢子器和锈孢子。4 月底开始，锈孢子器突破表皮外露，5 月中旬锈孢子器成熟并陆续释放锈孢子，到 6 月上旬锈孢子器因锈孢子的释放而脱落，病斑变黑、干枯。锈孢子通过风力传播至桧柏等转主寄主上危害，并在转主寄主上越夏、越冬，至翌年春季形成冬孢子角。

梨锈病的发生轻重与梨园周围 1.5～3.5km 范围内的桧柏等转主寄主数量关系密切。转主寄主多，侵染源也多，病害发生重；反之，病害发生轻。

在有桧柏等转主寄主存在的前提下，病害的流行与否受气象因子的影响。2～3 月气温高，3 月下旬至 4 月下旬雨水多是当年病害流行的重要因素。病菌一般只侵染幼嫩组织，冬孢子的萌发盛期常与梨萌芽期一致。当梨树萌芽、幼叶初展时，若天气多雨，温度高于 15℃，田间就会有大量担孢子释放，发病严重。一般在冬孢子萌发时，风力的强弱和风向影响担孢子与梨树的接触，与发病轻重有一定关系。

（4）防治方法。由于梨锈病侵染循环中无再侵染和病菌具有转主寄生的特点，因此通过消灭转主寄主和及时喷药保护，就可将病害所造成的损失减少到最低限度。

铲除转主寄主。梨区不用桧柏等柏科植物造林绿化，新建梨区应远离柏树多的风景区。在梨区周围 5km 范围内，应砍除桧柏等植物，使病菌缺少寄主而无法完成生活史，避免梨树发病。

药剂防治。在梨树萌芽前，对桧柏喷药 1～2 次，以抑制冬孢子萌发。药剂可选用 3～5 波美度石硫合剂。

梨树上喷药应在梨树萌芽期至展叶后 25d 内进行，每隔 10d 左右喷 1 次，或选择在花后喷洒 250 倍石灰倍量式波尔多液，连续喷 2～3 次，喷药要避开下雨天气。其他有效药剂还有 20％三唑酮乳油

2 000～2 500 倍液、50％多菌灵可湿性粉剂 800 倍液或 70％甲基硫菌灵可湿性粉剂 1 000 倍液等。三唑酮须在开花末期使用，一般使用 1～2 次即可。

8.2.3　梨黑斑病

黑斑病又称裂果病，发病后引起大量裂果和早期落果，造成严重损失。

（1）症状。主要危害果实、叶片和新梢。幼嫩叶片发病最早，表现为圆形黑色斑点，病斑逐渐扩大成近圆形或不规则形，中心灰白色，边缘黑褐色，有时微现轮纹。潮湿时症状明显，病斑表面密生黑霉（分生孢子梗和分生孢子）。叶片病斑多时连合成不规则形大斑，引起早期落叶。幼果发病后产生黑色、近圆形或椭圆形病斑，病斑略凹陷，并龟裂，裂隙可深达果心，病斑表面及裂缝内可着生很多黑霉，病果往往早落。新梢上的病斑长椭圆形，淡褐色，中间凹陷，后期病健部分界处常发生裂缝。

（2）病原。病原物为菊池链格孢菌（*Alternaria kikuchiana* Tanaka），半知菌亚门链格孢属。

分生孢子梗褐色或黄褐色，数根至 10 余根丛生，一般不分枝，基部较粗，先端略细，有隔膜 3～10 个；分生孢子初为淡褐色，老熟后则变暗褐色，形状不一，多为棍棒状，基部大，顶端细小，喙胞短至稍长，砖隔状，通常有横隔 4～11 个，纵隔 0～9 个，常 2～3 个连成链状。

病菌生长温度范围为 10～36℃，最适温度为 28℃。病菌分生孢子形成的最适温度为 28～32℃，萌发适温为 28℃。枝条上越冬的病菌在 9～28℃的条件下均能形成分生孢子，而以 24℃为最适。

（3）侵染规律。病害以分生孢子或菌丝体在被害枝梢、芽鳞及落在地面的病残体上越冬。翌年春季产生分生孢子，通过风雨传播，萌发后从气孔、皮孔或直接穿透寄主表皮侵入。发病后，病菌可不断产生分生孢子进行多次再侵染。幼嫩组织最感病，展叶后 1 月以上的叶片不受感染。

病害发生流行与温度高低和降水量大小关系密切。一般气温在 24～28℃、连续阴雨时，有利于黑斑病的发生与蔓延。

病害的发生还与树龄大小和树势强弱有关。树龄小、树势强，通常发病轻于衰弱的老龄梨树。

（4）防治方法。做好清园工作，减少越冬菌源。由于病害初侵染源来自病组织和病残体，故萌芽前剪除病枯枝，清除园内的落叶、落果，并集中烧毁，对减少初侵染源、延缓病害流行速度具积极作用。

套袋。套袋可以保护果实免受病菌侵染。套袋时间一般在 5 月上、中旬，套袋前应对果园全面喷药 1 次。在普通纸袋外涂一层桐油，晾干后即成桐油纸袋，用此袋对防治梨黑斑病的效果较好。

加强栽培管理。果园内间作绿肥，或增施有机肥料，促使植株生长健壮，增强抵抗力，减轻发病。对于地势低洼、排水不良的果园，应做好开沟排水工作。历年黑斑病发生严重的梨园，冬季修剪要剪除病梢，疏除密生枝，以增强树冠间的通风透光性，并减少病菌来源。

喷药保护。梨萌芽前喷 1 次 3 波美度石硫合剂，以杀灭枝干和芽鳞内越冬的病菌。落花后至梅雨季节结束前，即在 4 月下旬至 7 月上旬，喷药保护的次数视品种感病性、气候条件而定，一般喷药间隔期为 10d 左右，共喷 7～8 次。有效药剂有 50％异菌脲可湿性粉剂 1 500 倍液、10％多抗霉素 1 200 倍液、70％代森锰锌 600～800 倍液或 50％代森胺 1 000 倍液。

8.2.4　梨树腐烂病

梨树腐烂病又称臭皮病。多发生在主干、主枝、侧枝及小枝上，多见于枝干向阳面及枝杈部，有时主根基部也受害。严重时病斑环绕枝干 1 周，可造成全枝及整株死亡。

（1）症状。梨树腐烂病症状有溃疡型和枝枯型 2 种类型。

溃疡型症状。树皮上的初期病斑椭圆形或不规则形，稍隆起，皮层组织变松，呈水渍状湿腐，红褐色至暗褐色。以手压之，病部稍下陷并溢出红褐色汁液，此时组织解体，易撕裂，并略有酒糟味。随后，病斑表面产生疣状突起，渐突破表皮，露出黑色小粒点，空气潮湿时，从中涌出淡黄色卷须状物。当梨树进入生长期或活动一段时间后，病部扩展减缓，干缩下陷，呈黑褐色至黑色，病健交界处龟裂，病部表面生满黑色小粒，即子座及分生孢子器。梨树展叶开花进入旺盛生长期后，一些春季发生的小溃疡斑停止活动，被愈伤的周皮包围，失水形成干斑，稍凹陷，多埋在树皮裂缝下，刮除粗皮可见近圆形干斑，略呈红褐色，较浅，多数未达木质部。入冬后病斑继续扩展，穿过木栓层形成红褐色坏死斑，湿润加剧，即导致树皮呈溃疡形腐烂。病斑逐年扩展，一般较慢，很少环绕整个枝干。在衰弱树、衰弱枝上，或在遭受冻害的梨树上，病斑可深达木质部，破坏形成层，并迅速扩展，环绕枝干，而使枝干枯死。在愈伤力强的健壮树上，病皮逐渐翘起以至脱落，病皮下形成新皮层而自然愈合。

枝枯型症状。多发生在极度衰弱的梨树小枝上，病部呈边缘不明显干斑，无水渍状，病斑形状不规则，扩展迅速，很快包围整个枝干，使枝干枯死，并密生黑色小粒点。极度衰弱大枝发病，也呈现这种症状。病树的树势逐年减弱，生长不良，如不及时防治，可造成全树枯死。

果实症状。腐烂病菌偶尔也可通过伤口侵害果实，初期病斑圆形，褐色至红褐色软腐，后期中部散生黑色小粒点，并使全果腐烂。

（2）病原。梨树腐烂病病原有性世代 ［*Valsa ambiens*（Pers.）Fr.］，属子囊菌亚门，黑腐皮壳属。子座散生，分布较密，初埋生，后突破表皮。子座直径 0.25～3mm，内生子囊 4～20 个，子囊壳直径 400μm，子囊含子囊孢子 4 或 8 个，大小（40～80）μm×（8～16）μm，子囊孢子在含 4 个孢子的子囊内大小（24～36）μm×（5～8）μm，在含 8 个孢子子囊内大小（16～24）μm×（3～6）μm，无性阶段（*Cytospora ambiens* Sacc.），称迂回壳囊孢，属半知菌亚门真菌壳囊孢属。分生孢子器生于子座内，1 个子座只含 1 个分生孢子器，孢子腔多室，不整形，具 1 孔口，器壁上内生分生孢子梗，分生孢子梗单胞无色，不分枝。其上着生香肠形分生孢子，两端钝圆，单胞无色，大小（4.5～4.9）μm×（1.0～1.2）μm。

（3）侵染规律。病菌在树皮上越冬，翌年春暖时活动，产生孢子借风雨传播，从伤口侵入。在田间，病菌先在树皮的落皮层组织上扩展，条件适宜时，向健组织侵袭。该病发生 1 年有 1～2 个高峰，春季盛发，夏季停止扩展；秋季再次活动，但危害较春季轻；冬季发病停滞。

7～8 年以上的结果树及老树发病较重。结果盛期管理不好，水肥不足的易发病。病斑以在第 1 次及第 2 次分枝的粗干上发生为多，主干及小枝则较少受害。病斑一般多在西南向，并且多数在枝干向阳的一面。树干分叉的地方也是容易发病的部位。腐烂病的发生常与冻害和日灼有关。

（4）防治方法。加强栽培管理，增强树势，防止冻害，提高抗病力是防治腐烂病的根本途径。梨园内实行合理间作，增施基肥、适期追肥；细致修剪，适量疏花疏果，调节负载量，平衡大小年；预防早期落叶，提高树体营养水平，控制后期贪青徒长，以增强树体抗病和抗寒能力。生长季及时剪除树体上的病枯梢、病剪口、病果台及修剪愈合不良的锯口死组织，降低腐烂病菌的侵染危害。

重刮皮，6～8 月用锋利刮刀将树干病皮表层刮去，一般要刮到露出白绿色健皮为止，注意要刮净病变组织，树皮下没有烂透的，可只刮表皮病层；病变较深的，木质部以上病皮都要刮净。对枝杈等树皮较薄部位要细心刮，防止刮透树皮。主干和主枝伤痕部较大部位，可进行桥接或脚接，帮助恢复树势。刮下的病残体要收集起来，集中深埋或烧毁，清除病源。刮治病斑做到"刮早、刮小、刮了"。

在刮除主干、主枝上病组织及粗皮之后，喷具渗透性、残效期长的杀菌剂，铲除树皮上潜伏的腐烂病菌，防止病菌侵染。对主干和大枝基部喷 5% 辛菌胺醋酸盐水剂 200 倍液，需注意防止药液伤害叶片，采果后，于晚秋冬初再喷 1 次药。刮皮后涂抹药剂，可用 5～10 波美度石硫合剂或 45% 晶体石硫合剂 20 倍液、1% 硫酸铜液、1% 平腐灵水剂 1～2 倍液、腐必清 1～5 倍液、11371 发酵液、灭腐 816 兑水 20 倍液、S-921 抗生素 25～30 倍液，843 康复剂、2% 农抗 120 水剂 60～200 倍液、40% 甲霜铜可湿性粉剂 100 倍液、克黑星 5 倍液、50% 琥胶肥酸铜（DT）可湿性粉剂 10 倍液等。入冬前在刮净的腐烂病皮部涂白。

8.2.5　梨轮纹病

梨轮纹病亦称瘤皮病、粗皮病、疣皮病、烂果病。主要危害树干、叶片和果实，导致树势衰弱果实腐烂，田间病果率可达 80% 以上。被侵染的果实在贮存期发病腐烂。

（1）症状。枝干发病，起初以皮孔为中心形成暗褐色水渍状斑，渐扩大，呈圆形或扁圆形，直径 0.3～3cm，中心隆起，呈疣状，质地坚硬。以后病斑周缘凹陷，颜色变青灰至黑褐色，翌年产生分生孢子器，出现黑色点粒。随树皮愈伤组织的形成，病斑四周隆起，病健交界处发生裂缝，病斑边缘翘起如马鞍状。数个病斑连在一起，形成不规则大斑。病重树长势衰弱，枝条枯死。

叶片发病，形成近圆形或不规则褐色病斑，直径 0.5～1.5cm，后出现轮纹，病部变灰白色，并产生黑色点粒，叶片上发生多个病斑时，病叶往往干枯脱落。

果实发病，多在近成熟期和贮藏期，初以皮孔为中心形成褐色水渍状斑，渐扩大，呈暗红褐色至浅褐色，具清晰的同心轮纹。病果很快腐烂，发出酸臭味，并渗出茶色黏液。病果渐失水成为黑色僵果，表面布满黑色粒点。

（2）病原。病原菌有性阶段属子囊菌球壳孢目梨生囊孢壳菌（*Physalospora piricola* Nose），自然情况下很少见到，无性世代为半知菌轮生大茎点菌（*Macrophoma kawatsukai* Hara.）。

（3）侵染规律。枝干病斑中越冬的病菌是主要侵染源。分生孢子翌年 2 月底在越冬的分生孢子器内形成，借雨水传播，从枝干的皮孔、气孔及伤口处侵入。梨园空气中 3～10 月均有分生孢子飞散，3 月中下旬不断增加，4 月间随风雨大量散出，梅雨季节达最高峰。病菌分生孢子从侵入到发病 15d 左右，老病斑处的菌丝可存活 4～5 年。新病斑当年很少形成分生孢子器，病菌侵入树皮后，4 月初新病斑开始扩展，5～6 月扩展活动旺盛，7 月以后扩展减慢，病健交界处出现裂纹，11 月下旬至翌年 2 月下旬为停止期。

轮纹病的发生和流行与气候条件有密切关系，温暖、多雨时发病重。干旱年份或地区，病害发生轻。气温 20℃以上，相对湿度在 75％以上或降水量达 10mm 时或连续下雨 3～4d，孢子大量散布，病害传播最快。果园管理粗放，挂果过多，蛀食性害虫危害严重，肥水不足或偏施氮肥，树势衰弱，均有利于病害发生。

（4）防治方法。防治轮纹病的关键是提高树体的抗性，消灭越冬病原。在病原传播和侵入过程中掌握最佳时期喷药保护尤为重要。

清除病源。秋冬季清园，清除落叶、落果，剪除病梢，集中烧毁。对枝干上的老皮、病斑及时刮除，并涂以杀菌剂保护伤口，可用 70％甲基硫菌灵 50 倍液、402 抗菌剂 50～100 倍液或 30％福连200～400 倍液。芽萌动前喷施 3～5 波美度石硫合剂。

加强栽培管理。增施有机肥，增强树势，提高树体抗病能力。合理修剪，合理负载，增强园地通风透光性。果实套袋。

生长期喷药防治。4 月下旬至 5 月上旬、6 月中下旬、7 月中旬至 8 月上旬，每间隔 10～15d 喷 1 次杀菌剂。药剂可选用：50％多菌灵可湿性粉剂 800 倍液、50％克菌灵可湿性粉剂 500 倍液、70％甲硫菌灵可湿性粉剂 1 000 倍液、70％代森锰锌可湿性粉剂 900～1 300 倍液、40％氟硅唑 8 000～10 000 倍液、30％绿得保杀菌剂（碱式硫酸铜胶悬剂）400～500 倍液、50％甲霉灵或多霉灵可湿性粉剂 600 倍液、12.5％速保利可湿性粉剂 3 000 倍液、80％代森锰锌可湿性粉剂 600～1 000 倍液、6％氯苯嘧啶醇可湿性粉剂 1 000～1 500 倍液。

8.3　梨贮藏期病害的防治

梨属较耐贮藏水果，经过贮藏后再上市销售能避开梨果集中销售期，是果农获得更高收益的一条基本途径。然而梨贮藏期常发的一些病害却严重影响着水果的价值。梨贮藏期的病害主要有霉心病、冷害、青霉病、果柄基腐病、黑心病、黑皮病、二氧化碳中毒、黑星病、轮纹烂果病、黑斑病等。

8.3.1　梨霉心病

（1）症状。在梨果实的心室壁上形成褐色、黑褐色小病斑，随后果心变成黑褐色，病部长出灰色或白色菌丝。心室病菌继续往外扩展，造成果实由里向外腐烂，达到果面后，则成为湿腐状烂果。

（2）发病规律。梨霉心病是由多种弱寄生真菌复合侵染的结果。其中常见病菌有交链孢菌、镰刀菌、单端孢菌等。这些菌在梨园中普遍存在；花期和生长期分别从柱头和萼筒侵入，采收前后果实陆续发病。

（3）防治方法。对落果、病果及时收集，深埋；梨树发芽前全树喷洒 1～3 波美度石硫合剂；花期、幼果期喷洒 50％多菌灵 800～1 000 倍液，生长期结合防治轮纹病等喷洒杀菌剂。

8.3.2　梨果冷害

梨果冷害是由于果实较长时间在冰点温度（0℃）以下贮藏引起，主要发生在贮藏中后期。引起果肉坏死、褐变、果实腐烂。

（1）症状。初期果实表面正常，果肉组织变褐、失水、坏死，导致果肉发糠；后期，随病情加重，内部果肉变褐范围扩大，发糠程度加重，果实表面逐渐出现不明显的淡褐色晕斑。冷害病果受一些弱寄生菌（如红粉菌、青霉菌、交链孢菌等）侵染，以及果皮表面和蜡质层中腐烂菌的活动，加快果实腐烂。

（2）发病规律。梨在贮藏期可耐 0℃ 低温，如温度再低或运输中低于−5℃时，果内水分就会逐渐结冰。结冰时，首先是细胞间隙的水分结冰，当温度继续下降，冰晶便逐渐增大，不断从细胞中吸收水分，细胞液浓度愈来愈高，直至引起原生质发生不可逆转的凝固，使果肉坏死、腐败。

（3）防治方法。贮藏期控制好贮藏温度（1～2℃），使之保持均匀一致，防止局部地方温度过低受冻。

8.3.3　梨贮藏期腐烂病

主要在贮藏和运输过程中发生。除潜伏侵染的轮纹病、褐腐病病果在贮藏期继续发病腐烂以外，还有灰霉腐烂、青霉腐烂、红粉腐烂，这 3 种腐烂病仅在贮藏期发生，是造成贮藏期烂果的重要病原。尤其是在贮藏条件不当或贮藏期过长时，更易大量发生，造成很大的经济损失。

（1）发病症状。

灰霉腐烂病。由灰霉菌引起。病斑圆形、淡褐色、略凹陷，随病斑的扩大颜色逐渐加深，新扩展部分仍保持褐色。病斑的扩展速度受温湿度影响，高温高湿条件下病斑扩展很快，并在斑上形成灰色霉层，干燥条件下放置可形成僵果。

青霉腐烂病。能引起梨果实腐烂的青霉属真菌有数种，其中最主要的是扩展青霉菌。病斑圆形，褐色略凹陷。高温条件下果实很快腐烂，并在果实上长出绿灰色霉层。病果散发出有机物霉变时形成的霉味。

红粉腐烂病。由粉红聚端孢菌引起。病斑圆形，淡褐色，上生白色绒毛状霉层，随病斑的扩大霉层变成粉红色。高温高湿条件下病果很快腐烂，病果有苦味，室内干燥放置的病果变成僵果。

（2）发病规律。3 种病原菌均是在土壤和空气中大量存在的腐生真菌，都不侵染树上生长发育中的果实，都以菌丝体或分生孢子梗在冷库、包装物或其他霉变的有机物上越冬，通过气流传播或病健果接触传播，机械选果中的水流也是病菌传播的途径。采运过程中的机械伤口、病虫危害后形成的伤口等，都是腐生真菌侵入的途径。果实装箱后，长距离运输，果实相互挤压碰伤，造成运输途中的"烂箱"。贮藏条件不当，尤其是贮藏期过长时发生严重。

（3）防治方法。严格采收管理，在采收、分级、包装、装卸、运输的各个环节都要进行严格管理，最大限度地减少伤口；入库前对冷库进行全面彻底的清理，清除各种霉变杂物，喷施杀菌剂或施放烟剂进行消毒处理；在果实装箱前进行浸药处理，装箱后尽快入库，贮藏期定期抽样检查，及时发现病果并清除。

8.3.4　梨果柄基腐病

（1）发病症状。从果柄基部开始腐烂发病，分 3 种类型。

水烂型。开始在果柄基部产生淡褐色、水渍状溃烂斑，很快使全果腐烂；

褐腐型。从果柄基部开始产生褐色溃烂病斑，往果面扩展腐烂，烂果速度较水烂型慢；

黑腐型。果柄基部开始产生黑色腐烂病斑，往果面扩展，烂果速度较褐腐型慢。以上 3 种类型通常混合发生。

（2）发病规律。梨果柄基腐病主要由交链孢菌、小穴壳菌、束梗孢菌等真菌复合侵染，造成果实发病。随后一些腐生性较强的霉菌，如根霉菌等进一步腐生，促使果实腐烂。采收及采后摇动果柄造成内伤，是诱发致病的主要原因。贮藏期果柄失水干枯往往加重发病。

（3）防治方法。采收和采后尽量不摇动果柄，防止果实内部受伤；贮藏时湿度保持在 90%～95%，防止果柄干燥枯死；采后用 50% 多菌灵 1 000 倍液洗果，有很好防治效果。

8.3.5　梨黑心病

果实冷库贮藏和土窖贮藏均可发生。黑心病有早期黑心和晚期黑心2种类型。前者在入冷库30～50d后发病，是由于梨果入库后急剧降温所致的一种冷害；后者一般发生在土窖贮藏条件下或冷库长期贮藏的后期，是果实自然衰老所致。生长后期大量施用氮肥及贮藏环境中二氧化碳含量过高均可加重该病的发生。

（1）症状。发病初期，先在果心的心室壁与果柄维管束连接处产生芝麻粒大小的浅褐色病斑，后逐渐向心室内扩展，使整个果心变为褐色至黑褐色。继续向外扩展，果心附近的果肉也出现褐变，边缘不明显，口味变劣。果心及果心附近果肉变褐时，果实表面一般没有异常变化。随病情加重，果肉褐变继续向外扩展，导致外部果肉变褐，此时果皮呈现淡灰褐色的不规则晕斑，梨果大部果肉发糠，重量轻，硬度差，手捏易陷，不堪食用。

（2）发病规律。梨黑心病是一种生理病害，病因比较复杂。据报道，健康梨的钙含量为0.06%～0.064%，氮钙比为6.8∶1，而梨黑心病重病果钙含量比健果低25.5%～42.9%，随着钙含量的降低和氮钙比加大，黑心病也愈加严重。此外，果实成熟过度，或采收期晚，或果内多元酚氧化酶活跃，或果实未经预冷就直接进入0℃冷库而造成急剧降温以及预贮期温度过高，或贮藏期低氧、高二氧化碳等条件，均可加重发病。

（3）防治方法。花后第2、4、6周及采前20d、10d喷0.3%硝酸钙，也可于7～8月喷1次$500\mu L/L$增甘膦，可明显减轻发病；加强梨树综合管理，多施有机肥，适当少用氮素化肥；适期采收，果实硬度达到约$7.49kg/cm^2$，果实种子边缘和尖端已变褐色，为适宜采收时期；梨果在预贮期，防止窖温过高或过低，应分期逐步降温，控制乙烯生成，延缓果实衰老；控制冷库气体成分，贮藏环境中的CO_2控制在0.7%，O_2在12%～13%为宜，其他为氮气的条件下，可有效地防止发生黑心病。

8.3.6　梨黑皮病

是由于贮藏过程中一些酶的不正常活动，使表皮细胞黑色素大量沉积所造成的。另外，采收早晚、树龄大小、贮藏环境等均可影响该病发生。

（1）发病症状。梨果在贮藏期，果皮表面产生不规则的黑褐色斑块，重者连成大片，甚至蔓延到整个果面。而皮下果肉却正常、不变褐，基本不影响食用，仅影响外观和商品价值。

（2）发病规律。梨果贮藏前期产生的有害物质在果皮部位积累所致。到贮藏的中后期，有害物质伤害果皮层细胞，造成黑皮病的发生。采后果实不及时入低温库预冷，而堆放在露天，使预藏期温度过高，容易发生黑皮病；采后梨果在筐内"发汗结露"，也会加重发病。

（3）防治方法。适时入库预冷，防止堆放在果园内风吹、日晒、雨淋；改善贮藏条件，适当通风换气，严格控制温度变化，采用梨果保鲜纸或单果塑料袋包装。

8.3.7　梨果二氧化碳中毒症

二氧化碳中毒症多发生在梨果贮藏中后期。梨果采收后含水量偏高，呼吸强度过旺，及贮藏环境中二氧化碳浓度过高等，均可导致该病发生。

（1）发病症状。梨果心室变褐、变黑形成水烂病斑，使心壁溃烂，继而引起果肉腐烂。有的果肉呈蜂窝状褐色病变，组织坏死，果重变轻，弹敲果实可发出空闷声。

（2）发病规律。梨果采后含水较多，果实内生理活性很旺盛，对CO_2敏感；如果贮藏时CO_2浓度过高，梨组织中就会产生大量乙醇、琥珀酸、乙醛等，造成中毒，使成箱梨果腐烂。

（3）防治方法。采收前期注意控制浇水，适当降低果实含水量；注意控制贮藏环境中CO_2的浓度与比例，以O_2为12%～13%、CO_2在1%以下为宜；加强贮藏环境通风换气，防止CO_2过度积累。

8.4　田间虫害防治

8.4.1　梨小食心虫

梨小食心虫（*Grapholitha molesta* Busck）简称梨小，属鳞翅目卷叶蛾科。主要危害梨、桃，还可危害苹果、山楂、杏、枣等果树。

（1）危害症状。每年 4～7 月，梨小幼虫在嫩梢髓部蛀食，被害新梢萎蔫下垂、枯死、折断。蛀孔外有虫粪，易于识别。7 月蛀入果实，多从果肩或萼洼附近蛀入，直到果心。早期蛀孔较大，孔外有粪便，引起虫孔周围腐烂、变褐、凹陷，形成"黑膏药"（图 2 - 51）。后期蛀孔小，周围呈绿色。

（2）形态特征。

成虫。体长约 5mm，灰褐色。前翅前缘有 7～10 组白色斜短纹，近外缘处有 10 个黑色斑点。

卵。扁椭圆形，中央稍隆起，刚产时呈淡黄白色，渐变微粉红色。

幼虫。老熟幼虫体长 10～13mm，体背面淡红色（图 2 - 52）。头浅褐色，腹部末端有深褐色臀栉，其上有 4～7 个刺。

蛹。体长 6～8mm，黄褐色，外被有灰白色丝茧。

图 2 - 51　梨小食心虫危害果实

图 2 - 52　梨小食心虫幼虫

（3）发生规律。该虫在皖南每年发生 5 代，以老熟幼虫在果树粗翘皮缝、树下土缝、落叶杂草等处作茧越冬，翌年 3 月下旬至 4 月上旬越冬成虫羽化。羽化后白天潜伏，傍晚活动，交尾产卵，6 月以前各代主要危害桃、杏、李、樱桃等的新梢或根蘖、砧木及幼苗，尤其对桃树的趋性很强，1～2 代主要危害桃树新梢。1 代幼虫转害多梢，7 月以后才转害梨果。1 代幼虫孵化和蛀入桃梢时间为 4 月下旬至 5 月下旬，盛期在 5 月中旬。第 2 代至第 5 代幼虫孵化和蛀入时间分别为：第 2 代 5 月下旬至 6 月下旬，盛期在 6 月上、中旬；第 3 代 6 月下旬至 7 月中、下旬，盛期在 7 月上旬；第 4 代 7 月下旬至 8 月中、下旬，盛期在 8 月上旬；第 5 代自 8 月下旬至 10 月初，盛期在 9 月上旬、中旬。幼虫于 9 月上旬至 10 月上旬越冬。各代虫态历期因气候、营养条件而差异，一般蛹期 7～13d（越冬代 20 多天），成虫寿命 5～15d（越冬代 30 多天），卵期 3～6d，幼虫期 10～15d，完成 1 代需 30～40d。成虫多产卵于果实肩部，特别在两果相接处产卵多，少数产于叶背和果梗上。由于发生期不整齐，各代之间有重叠现象。

梨小食心虫成虫羽化、活动、交尾、产卵以及卵的孵化等对气候条件有一定要求，大风、下雨等天气不利于成虫的活动。成虫羽化、产卵和卵的孵化均要求一定的湿度，在南方上半年雨水充足，空气湿润有利于繁殖，因此多雨潮湿年份发生重。伏旱季节及长期干旱会控制梨小种群的扩大。梨小食心虫有转主危害习性，因此，在桃、梨混栽果园危害严重。梨小食心虫的天敌主要有松毛虫赤眼蜂。成虫具有趋光性和趋化性，特别是对糖醋液趋性极强。人工合成的性诱剂对梨小食心虫的雄虫有强烈的引诱作用，可用于测报和防治。

（4）防治方法。

成虫发生期预测。在 3 月下旬成虫羽化前，于上一年梨小食心虫危害严重的果园，挂性诱剂诱捕器或糖醋液诱杀器 5～10 个，每天统计诱蛾数量，成虫连续出现数量显著上升时，即成虫发生盛期。

幼虫蛀果期预测。从 7 月上旬开始，在历年梨小食心虫危害严重的果园，固定 5～10 株梨树，每棵树在不同部位固定 100～200 个果实，每 3d 调查 1 次。记载卵果数，计算卵果率。当卵果率达到 1%～1.5% 时，立即进行树上喷药防治。

避免混栽。新建果园时，不要把桃、梨等不同种类的果树混栽在一起。

冬春防治。冬前翻挖树盘，将在土中越冬的幼虫翻在地表，让鸟雀啄食或被霜雪低温冻死。早春果树发芽前，刮除老翘皮，并集中烧毁，消灭越冬幼虫。在 8 月中旬，越冬幼虫脱果前，在树干上绑草把、麻袋片等诱集梨小食心虫结茧越冬，并集中烧毁。做好入冬前涂白、除草清园工作。

剪除新梢。在 4～6 月，剪除被害而萎蔫的新梢并烧毁。

诱杀成虫。设置糖醋液、黑光灯、性诱剂等设备诱杀成虫。糖醋液的配制方法为红糖：酒：醋：水＝1：1：2：16，加入少量洗衣粉，每 666.7m² 挂 5～6 碗，兼有测报作用。

梨果套袋。6 月下旬至 7 月上旬，喷 2～3 次杀虫剂，如溴氰菊酯、氰戊菊酯或杀螟硫磷，然后套袋防治。

药剂防治。自 7 月起，当卵果率达 1％时，立即进行喷药防治。药剂选用 2.5％氯氟氰菊酯或溴氰菊酯乳油 3 000～5 000 倍液、20％甲氰菊酯乳油 3 000 倍液、40％水胺硫磷乳油 1 200～1 500 倍液或 25％快杀灵乳油 2 000 倍液等，喷药要仔细均匀周到。另外，由于梨小食心虫的飞翔力较强，易于迅速扩散，因此一个地区防治时要统一采取行动，才能达到较好的效果。

释放天敌。在园中释放梨小的天敌松毛虫赤眼蜂，赤眼蜂产卵于梨小卵内，因此应掌握在成虫发生峰期之后 3d 进行。

8.4.2　梨木虱

梨木虱（*Psylla chinensis* Yang et Li）属同翅目木虱科昆虫。梨木虱食性单一，以成虫、若虫危害梨树，并诱发煤烟病，导致梨树落叶、落果、品质变劣。一般受害梨树减产 10％左右，严重受害梨树减产 30％以上。

（1）危害症状。主要以成虫、若虫刺吸叶片汁液，也可危害果实。多在叶片背面危害，若虫危害时分泌大量蜜露，黏液将 2 片或几片叶黏在一起，或使叶片与果实粘连。叶片受害后叶脉扭曲，叶面皱缩，产生黑斑，严重时叶片变黑，提早脱落。危害果实的若虫分泌黏液，使果实受污染，表面出现霉污。

（2）形态特征。

成虫。分为冬、夏两种类型。冬型成虫体长 2.8～3.2mm，灰褐色，前翅后缘臀区有明显褐斑。夏型成虫体稍小，长 2.3～2.9mm，黄绿色，翅上无斑纹，胸部背面有 4 条红黄色或黄色条纹。静止时翅呈屋脊状覆于体上。

卵。长椭圆形。初产时淡黄白色，后黄色。一端钝圆，其下有一刺状突起，固定于植物组织上，另一端尖细，延长成一根长丝。

若虫。分 5 龄，初孵若虫扁椭圆形，淡黄色，复眼红色。第 3 龄以后的若虫胸部两侧出现翅芽，常分泌黏液盖在身体上；第 4 龄若虫体色为绿色，翅芽明显，为褐色。

（3）发生规律。1 年发生 4～6 代，以冬型成虫在树皮缝、落叶、杂草及土缝中越冬。越冬代成虫在 3 月上旬梨树花芽萌动时开始活动，在暖冬年份，2 月中旬即有越冬代成虫出现。卵散产，呈断续线状排列。越冬代成虫产卵在短果枝叶痕、芽缝处，第 1 代卵产于嫩梢、新叶和花蕾上，以后各代产卵于叶面主脉沟、叶柄或叶缘。卵期一般 7～10d。4 月初为越冬代成虫产卵盛期，4 月中下旬为第 1 代若虫盛发期，初孵若虫潜入芽鳞片内或群集花簇基部及未展开的叶内危害，若虫怕光，喜欢潜伏在暗处。世代重叠明显。9 月中下旬出现越冬型成虫。

梨木虱的发生与温度和降水有密切关系，在高温干旱年份和季节发生较重，反之，雨水多、气温偏低危害较轻。

（4）防治方法。冬、春清除果园杂草，清理枯枝、落叶，刮树皮，消灭越冬成虫，早期摘除有虫新梢。

越冬成虫出蛰盛期和第 1 代若虫发生期，喷洒 20％氰戊菊酯乳油 2 000 倍液，或 2.5％氯氟氰菊酯乳油 2 000 倍液，或 5％来福灵乳油 2 000 倍液。

梨树生长季节的若虫发生期，除选用以上药剂外，还可用 27％百磷 3 号乳油 1 000 倍液、20％双甲脒乳油 1 500 倍液、33％虫螨净乳油 1 500 倍液或 1.8％虫螨克 2 500～3 000 倍液、20％吡虫啉 6 000 倍液进行防治。用药时间以卵孵始盛期即若虫 1～2 龄高峰期为最佳防治时期。

利用梨木虱的天敌控制害虫种群数量，天敌昆虫中以寄生蜂和瓢虫对梨木虱抑制作用最大，喷洒药剂要注意避开天敌发生期。

8.4.3　梨黄粉蚜

梨黄粉蚜（*Aphanostigma jakusuiesie* Kishida）又叫黄粉虫、梨瘤蚜，属同翅目，根瘤蚜科。该虫食性单一，只危害梨属植物，主要危害梨树果实、枝干和果台枝等，叶很少受害，成虫、若虫常堆集一处似黄色粉末，故而叫"黄粉虫"。

（1）危害症状。以成虫和若虫集中在果实萼洼处取食危害，刺吸汁液，并大量繁殖。果面受害处呈黄色凹陷的小斑，以后斑扩大变黑褐色，故称"膏药顶"，严重时病斑龟裂。潮湿时果实易腐烂，失去商品价值。

（2）形态特征。成虫倒卵圆形，无翅，体长 0.7～0.8mm，鲜黄色，触角短小、3 节，无腹管和尾片。卵为椭圆形，淡黄色。若虫淡黄色，体型与成虫相似。

（3）发生规律。1 年发生 5～10 代，以卵在枝干粗皮缝内越冬。翌年梨树开花时，越冬卵开始孵化成若虫，若虫在树翘皮下刺吸嫩皮汁液。如果套袋时将若虫套在其中，果实受害严重。若虫发育为成虫后，继续群集在果实萼洼处取食，并再次在此产卵繁殖，此时即可见成虫、卵和若虫集结在一起形成花粉。生育期内各代卵期 5～6d，若虫期 7～8d。

（4）防治方法。春季刮翘皮，消灭越冬卵；抓住关键时期进行喷药防治，即越冬卵孵后若虫爬行期用 80% 的敌敌畏 800～1 000 倍液、2.5% 氯氟氰菊酯 2 000～2 500 倍液、25% 快杀特 1 500～2 000 倍液进行防治，6 月下旬用上述药剂再防治 1 次；果实套袋可避虫害，但带口要扎紧，避免蚜虫爬入袋内。

8.4.4　象鼻虫

梨象鼻虫（*Rhynchites foveipennis* Fairmaire）又称梨虎，梨象甲，俗称梨狗子，属鞘翅目，象虫科。除危害梨外，还危害苹果、桃、李、枇杷等果树。

（1）危害症状。成虫、幼虫均可危害。主要危害果实，梨芽萌发抽梢时，成虫取食嫩梢、花丛成缺刻。幼果形成后即食害果实成宽条缺刻，并咬伤果柄。产卵于果内。幼虫孵出后在果内蛀食，造成早期落果，严重影响产量。

（2）形态特征

成虫。体长 12～14mm，紫红色有金属光泽，体密生灰色短细毛，头部向前延伸成管状，似象鼻，前胸背板有不很显著的小字形凹陷纹。

幼虫。老熟幼虫长约 12mm，黄白色，体肥厚，略弯曲，无足，各体节背面多横皱，且具微细短毛。

卵。长 1.5mm，椭圆形，乳白色。

蛹。长椭圆形，长 7～8mm，初乳白色，近羽化时淡黑色。

（3）发生规律。1 年 1 代。以新羽化的成虫在树干附近土中 7～13cm 深处的蛹室中越冬，亦有少数以老熟幼虫越冬，越冬幼虫翌年在土中羽化为成虫，翌年 4 月上旬梨树开花时成虫开始出土危害，梨果拇指大时虫口数量最多。成虫取食花果，5 月上旬交尾、产卵，5 月中、下旬为产卵盛期。产卵时先把果柄基部咬伤，然后在果面上咬一小孔产卵，并分泌黏液封闭孔口，产卵处呈黑褐色斑点，每果产卵 1～2 粒。成虫产卵期长达 2 个月，1 头雌虫最高可产卵 150 粒左右，卵 1 周左右孵化。由于果柄被咬伤，养分和水供应不足，果皮皱缩呈畸形，不久被害果脱落，产卵后 10～20d 落果最多。幼虫继续在落果中蛀食，老熟后脱果入土，作土室化蛹。一般 6 月下旬开始入土，7 月下旬开始化蛹，9 月成虫陆续羽化，在蛹室内越冬。成虫有假死习性。

（4）防治方法。3 月上、中旬成虫出土前于树冠下地面撒施 25% 西维因可湿性粉剂或 90% 晶体敌百虫，用 0.75～1kg 药剂拌 15～20kg 细土制成毒土撒施，触杀出土成虫；5～6 月利用成虫假死习性，在树下人工捕杀。6～7 月间及时拾地上落果并打落被害果，集中销毁，消灭幼虫。药剂防治，成虫发生盛期，每隔 10～15d 喷药 1 次，连续 2 次，有效药剂有 80% 敌敌畏 800～1 000 倍液、90% 晶体敌百虫 1 000 倍液、50% 杀螟硫磷 1 000 倍液。

8.4.5 梨茎蜂

梨茎蜂（*Janus piri* Okamoto et Muramatsu）又名折梢虫、截芽虫等，属膜翅目，茎蜂科。主要危害枝梢，严重时被害率达 80%～90%。主要危害梨，也危害苹果、海棠等。

（1）危害症状。成虫和幼虫危害嫩梢和二年生枝条，成虫以产卵器将嫩梢锯断成一断桩，留一边皮层使断梢和断桩相连，再将产卵器插入断口下方产卵，产卵处的嫩茎表皮上不久即出现一黑色小条状产卵痕，卵所在处表皮隆起，断梢产卵后 1～3d 凋萎下垂，变黑枯死，遇风吹落，成为光秃枝。幼虫孵化后即在被害梢下端蛀食。也有嫩梢切断而不产卵的，一般以枝顶梢以及顺风向处最易受害。

（2）形态特征。

成虫。体长约 10mm，翅展 13～16mm，全身黑色具光泽，翅透明，翅脉黑褐色。口器、前胸背板后缘、中胸侧板、后胸两侧及后胸背板后缘均为黄色。足黄色，基节基部、腿节基部和附节均为褐色。触角黑色丝状，雌虫具有锯状产卵器。

卵。长约 0.25mm，长椭圆形，稍弯曲，乳白色，半透明。

幼虫。老熟幼虫体长 10～11mm，乳白色或黄白色，头部淡褐色，头、胸部略向下弯，尾端上翘，胸足极小，无腹足。

蛹。离蛹，长约 10mm，初期为乳白色，羽化前变黑色，复眼红色。

（3）发生规律。梨茎蜂 1 年发生 1 代。以老熟幼虫在 2 年生被害枝内越冬，翌年 3 月上旬化蛹，3 月下旬成虫羽化飞出，4 月上中旬新稍大量抽出时为产卵盛期。成虫多在中午前后产卵，在新梢生长至 6～7cm 时，先用锯状产卵器将嫩梢 4～5 片叶处锯伤，将卵产在伤口下 2～4mm 处嫩组织里。5 月开始孵化，幼虫孵化后即向嫩梢下方蛀食，6 月上旬开始蛀入 2 年生枝，6 月下旬全部蛀入 2 年生枝，8 月上旬幼虫老熟，掉转身体，头部向上作茧休眠。各虫态历期：卵期 18～38d，幼虫取食期 50～65d，幼虫越冬期约 150d，蛹期 42～60d，雌雄成虫寿命分别为 6～15d 和 3～8d。

（4）防治方法。

人工防治。在梨树抽春梢时，利用成虫喜停息叶背的习性，于早晚和阴天人工捕捉成虫，4 月下旬在成虫危害新梢末期剪除被害梢，一般在锯口下 2～3cm 处剪除，并集中烧毁。

挂粘胶黄板。于 3 月下旬成虫羽化前，按 250～300 张/hm² 的密度在树冠外围悬挂黏胶黄板，具有显著防治效果。

药剂防治。3 月下旬成虫羽化期喷第 1 次药，4 月上旬梨茎蜂危害高峰期前喷第 2 次药，药剂可选用 20%甲氰菊酯乳油 2 000 倍液、50%乙酰甲胺磷乳油 1 000 倍液、5%溴氰菊酯乳油 2 000 倍液，也可用 40.7%毒死蜱乳油 2 000 倍液、20%氰戊菊酯乳油 2 000 倍液。

9　采收、分级、包装、贮藏和运输

目前，大多数的徽州雪梨树已被高接换种，只有少数高大的徽州雪梨树，近年来高接了为数不多的药梨等传统梨品种。采收的果实经过简单的分级、包装之后直接上市场销售，也有连同果袋一起采收然后直接上市销售。

9.1　采　　收

果实采收是果树生产的重要环节。梨果实采收的好坏直接决定梨园的效益。采收不当，不仅降低果品质量，而且降低果实的贮运性能，还可能影响翌年的产量。因此，在梨园的管理过程中必须重视采收工作（图 2 - 53）。

9.1.1　采前准备

在采前 20～30d，先做好产量的估产工作，拟定采收、分级、包装、贮藏、运输、销售等一系列计划，准备好采收所需的工具和材料，如采果篮、采果袋、采果梯、果筐或纸箱等。

由于徽州雪梨多栽种在山上，道路狭窄，采收的果实需果农肩挑、背驮运回家，装运器具通常为竹篓。果园面积较大的果农近年也在梨园中修筑简易库房，以做果实临时存放等用途，在采果前需对此库房进行清洁消毒（图 2 - 54）。

图 2 - 53　采收

图 2 - 54　临时贮藏库

9.1.2　采收时期

梨果实采收时期的早晚，对产量、品质和贮藏性状有很大影响。采收过早，果实尚未充分成熟，个头小、产量低，果实色泽、风味和品质较差，不耐贮藏；采收过晚，成熟度过高，果肉衰老加快，不适合长途运输及长期贮藏，而且影响树体养分的贮存和翌年梨树的产量。

在生产实际中，采收期的确定，往往综合果实的成熟度、市场供需情况、果品用途、运输距离等因素而确定。但果实成熟度是先决条件，果实成熟度一般分为可采成熟度、食用成熟度和生理成熟度 3 种。

徽州雪梨总体产量不是很高，多在当地及周边地区进行鲜食销售，也有部分果实用于生产加工雪梨罐头等产品。

（1）鲜食果实采收期。达到食用成熟度的果实的形状、色泽、硬度、汁液、可溶性固形物含量及风味等品质特征均已充分表现，果实营养价值最高，风味最好，为鲜食用果实的最适采收期。

（2）加工果实采收期。根据加工产品种类的要求确定采收期。如用作制罐的果实，需在果实硬度达到制罐要求的硬度时采收；制汁用的果实，需在果实充分成熟、果汁含量较高时采收；熬制梨膏用的果实，需在果实含糖量最高时采收。

9.1.3 成熟度判定方法

（1）果实的生长天数。在同一环境条件下，不同的品种从盛花到果实成熟，都有不同的生长发育的天数。梨花后130~135d达到可采收成熟度，花后150d左右，果实可达食用成熟度。果实迅速膨大后若遇高温、干旱、昼夜温差大等条件，成熟期提前；果实迅速膨大后遇阴雨、低温天气，成熟期就会推迟。

（2）果实色泽。梨果成熟时，都显示出该品种固有的色泽。随着果实成熟度的提高，果皮上的叶绿素逐渐分解，底色逐渐呈现。果皮底色由绿色开始变为浅绿色或黄绿色，果面略带蜡质，出现光泽时，表明果实即将成熟，可以采收。金花早成熟时套袋果实为黄白色，不套袋果实为绿黄色。细皮成熟时套袋果实为黄白色，不套袋果实为浅黄绿色。廻溪梨成熟时套袋果实为金黄色，不套袋果实为绿黄色。木瓜套袋果皮淡黄色，不套袋果皮褐色，并有锈点密生。

（3）种子的色泽。一般情况下，已经成熟的梨果，其内部种子的颜色为黑褐色且种子饱满。若种子的色泽较淡，则该品种还未达到应有的成熟度。

（4）果柄脱落难易程度。果柄基部离层形成，果实容易采收，表明果实已经成熟。

（5）果实硬度。梨果的成熟过程中，原来的不溶性果胶变成可以溶解的果胶，梨果的硬度也由大向小转变。梨果的成熟度愈高，果肉的硬度愈低，用硬度计测定硬度也可判定果实的成熟情况。

（6）可溶性固形物含量。随着果实成熟度的提高，果肉可溶性固形物的含量亦随之增加。徽州雪梨的果实可溶性固形物含量达到10%左右时，属可采成熟度；达到11%以上时，属食用成熟度。栽培立地条件、管理水平不同，果实可溶性固形物含量差异较大，生产中可根据相同地块连续几年测定的结果推断成熟度。采前的天气情况对果实的可溶性固形物含量有显著的影响，如连续晴天、昼夜温差大，可溶性固形物增加较快，如连续阴雨，可溶性固形物含量增加较小，甚至有降低的现象。

9.1.4 采收技术

果实采收，并不单指将果实从树上摘下来，它是果园管理中的一项技术措施，既影响树势，又影响果实品质和贮藏性能。

（1）采收要求。徽州雪梨基本采用套袋栽培，采收时连同果袋一同采下，装箱时再去袋分级。轻摘、轻放，防止机械伤害，保证果实完整无损伤。采收时间以晨露已干、天气晴朗的午前和16:00以后为宜，这样可以最大限度地减少田间热。下雨、有雾或露水未干时不宜采收。必须在雨天摘果时，需将果实放在通风良好的场所，尽快晾干。

（2）采摘方法。徽州雪梨一直采用人工采摘的方法。采摘时用手握住果实，以食指顶住果柄基部，向一侧轻轻上托，将梨果轻轻掰下。摘下的果实要轻轻放入篮筐或采果袋等容器内，采摘容器中果实不要装得过满，以免挤伤果实。采收树冠顶部的果实，往往使用当地自制的工具（图2-55）。

（3）分期采收。采收时一般应按成熟度分期分批采摘。果实采摘时应先采树冠外围的果实。

图2-55　采收工具

外围果通风、光照条件较好，成熟期相对树冠内膛的果实较早。树冠顶部果实易遭受虫害、鸟害和风害，越接近成熟，损失的风险越大，应尽早采摘。

9.2　分　　级

9.2.1　分级的作用

果品分级的主要目的是提高果实的商品价值，便于实行优质优价。果实的大小和品质受自然界和人为多种因素影响。不同果园，同一果园的不同树体，甚至同一株树不同部位的果实，也不可能完全一致。只有通过果品分级，才能按级定价，便于收贮销售和包装。通过挑选、分级，剔除病、虫、伤、烂果，可以减少在贮运期间的损失，减轻一些危险病虫害的传播，并将这些残次果及时就地销售或加工处理，以降低成本和减少浪费。

9.2.2　分级的依据

梨的分级标准依照国家标准《鲜梨》（GB/T 10650—2008）。也常常根据果品经销商要求的标准进行分级。

9.2.3　分级的方法

我国目前一般是在果形、新鲜度、颜色、品质、病虫害和机械伤等方面已符合要求的基础上，再按大小进行分级，我国目前对梨果的分级主要采用人工分级法。人工分级方法有两种：一是目测法，凭人的视觉判断，按果实的颜色、大小将果实分级，此法分级标准容易受操作人员心理因素的影响，偏差较大。二是用选果板分级，选果板上有一系列直径大小不同的孔，按果实等级规格依次将孔的直径增大。分级时，将果实送入孔中漏下即可，此法分级的果实，同一级别的果实大小基本一致，偏差较小。

徽州雪梨分级时先去果袋，再采用目测法进行人工分级。分级与包装同时进行，以减少中转环节，尽量避免机械损伤。

9.3　包　　装

9.3.1　包装作用

在贮藏、运输和销售过程中，包装可减少产品间的摩擦、碰撞和挤压造成的损伤，防止产品受到尘土和微生物的污染，减少病虫害的蔓延和产品失水萎蔫，使产品在流通中保持良好的稳定性，提高商品价值。包装的标准化有利于仓储工作的机械化操作和充分利用仓储空间。

包装直接针对产品，能兼起品牌商标、广告宣传等作用，是品牌形象的具体化、标识化。新颖的包装能促使消费者产生一种强烈的购买欲，增加产品价值，提高产品附加值（图 2-56）。

图 2-56　礼品盒包装

包装也是一种贸易辅助手段，可为市场交易提供标准规格单位。

9.3.2　包装类型

（1）采收包装。以有内衬的竹篮、藤筐，或塑料筐为宜，以减少对果品的擦伤。

（2）运输包装。要有一定的坚固性，能承受运输期的压力和颠簸，并容易回收。最好用纸箱或泡沫箱，内加果实衬垫。

（3）贮藏包装。外包装应坚固、通气，内包装应保湿、透气。由于贮藏库内低温高湿，产品的堆码较高，要求具有良好的通气状态。因此，果品的包装尽量以塑料箱为好。为减少果实失水和自发性气调作用，有的可加塑料薄膜内包装，但薄膜袋的厚度和透气应依果品的生理特性而定，防止因 O_2 浓度过低或 CO_2 浓度过高而产生伤害。

（4）销售包装。以方便、轻巧、直观和美观为准。一般可选择透明度高、透气性好的塑料薄膜袋、塑料薄膜网、塑料托盘、泡沫托盘或小纸箱包装。销售包装上应标明重量、品名、价格和日期。

9.3.3 包装材料

果品包装的材料很多，有木质、纸质、塑料、竹质等。徽州雪梨采果时多用竹筐，外运时多用塑料箱、纸箱，入窖贮藏时多用透气的木条箱。其中，瓦楞纸箱因轻便有弹性，并具有美观、牢固等特点，被大量使用。为减少包装对果实的挤压伤害，包装内常使用一些安全的缓冲材料，如海绵、禾草、木屑和纸条等。

9.3.4 包装要求

（1）容器要求。用于包装果品的容器必须清洁卫生、牢固美观、无有害化学物质、无异味，内壁光滑、外壁无钉头尖刺等；纸箱无受潮、离层现象；包装容器应具有足够的机械强度，以保护果品，避免在运输、装卸和堆码过程中的机械损伤；具有一定的通透性，以利于果品在贮运过程中散热和气体交换；具有一定的防潮性，以避免容器吸水变形，导致机械强度降低，造成果品受伤进而腐烂变质。

（2）重量要求。为方便搬运和装卸，徽州雪梨每箱果实净重一般为 5kg、10kg、15kg。每个包装件内果实重量误差不得超过 $\pm 1\%$。

（3）等级要求。每个包装件内应装入产地、等级、成熟度、色泽一致的果实；不得混入腐烂变质、损伤及病虫害果。

（4）标签要求。在包装容器同一部位印刷或贴上不易磨掉的文字和标记，标明品名、品种。等级、产地、净重（个数）、包装日期、安全认证标志，字迹清晰，容易辨认。标示内容与产品实际情况须统一。

9.3.5 包装方法

（1）单果包装。果实分级后进行逐个包装，用包果纸裹严果实，以保持其原有的质量，提高耐贮性。包果纸的主要作用是不使果实在包装容器中滚动，避免机械伤害；防止病果相互感染；减缓果实的水分蒸发，减轻失重和萎蔫；抑制果品体内外气体交换，降低呼吸强度；具有一定的隔热作用，有利于保持果品稳定的温度。最后套上发泡网套，网套有伸缩性和弹性，对果实具有良好的保护作用，同时，它质地轻柔，价格便宜，使用方便。

（2）果实装箱。先在箱底平放垫板，然后将果实妥善排列，彼此相互挨紧、不动摇、不挤压。一层果一层垫板，装满后再加垫板，然后封箱。

（3）果实装筐。徽州雪梨除了用纸箱包装外，也有用竹筐或竹篓包装。先用蒲包、树叶、草垫、纸张等清洁干燥的称衬垫物将筐或篓底、四周垫好，然后使果梗方向一致逐层排列至筐或篓上沿处，轻轻摇动，使果实彼此紧靠，最后盖上衬垫物，装上包装卡片，捆紧扎实，并挂牌注明品种、产地、等级和重量等（图 2-57）。近年来，多种型号的蜂窝状、托盘式泡沫塑料垫板，在果实包装中得到广泛应用，这种包装方法有效避免了运输和装卸过程中果实的机械损伤，减少了鲜果的水分蒸发，提高了果实的保鲜效果。

图 2-57　竹筐包装

包装应在冷凉的条件下进行，避免风吹、日晒和雨淋。包装时要轻拿轻放，装量要适度，防止过满或过少而造成损伤。

9.3.6 采后预冷

（1）预冷的作用。梨果长期贮藏前需进行预冷。徽州雪梨不同品种其成熟期从 8 月上中旬至 9 月中下旬，梨果从树上采下后仍然进行着旺盛的呼吸作用，同时梨果从田间采收后还要释放大量的田间热，会使采后梨果周围的环境温度迅速升高，加速成熟衰老。因此，果实采后需及时预冷以降低果实的呼吸强度，减少水分蒸发和贮藏、运输过程中病害的发生，有效地延长果实的贮藏保鲜期。

（2）预冷的方法。传统的预冷方法是利用自然界的昼夜温差使果实自然降温，将梨果装箱后单层摆放或散放，白天遮盖，夜晚揭开，经过 1～2 个夜晚即可使果温接近夜间气温，预冷后次日早晨入库贮藏。这种预冷方式降温速度很慢。有条件的可以人工冷却，即将梨果放入安装有制冷设备的预冷库内冷却降温。采收后的梨果尽快运至已彻底消毒、库温已降至要求温度的预冷间内，按批次、等级分别摆放。

9.4　贮　藏

徽州雪梨不同的品种其耐贮性差异较大，多数品种可以久贮远运。在传统生产中，采用简易贮藏法，金花早果实贮藏期达 40d 左右，细皮梨果实通常可一直贮藏到春节前后，涩梨果实在自然条件下，一直可以保存到翌年 3 月。

9.4.1　对贮藏环境的要求

（1）温度。温度是梨果贮藏的基本条件。梨属于呼吸跃变型水果，呼吸作用的强弱与温度关系很大，在一定范围之内，降低贮藏期的温度，梨果的呼吸作用受到明显的抑制，延迟了梨果的后熟作用，微生物的活动受到明显的控制，还避免了某些生理失调，从而延长了梨果的贮藏寿命。低温贮藏是梨果实贮藏保鲜的有效措施，可降低呼吸强度，减少水分、糖分和维生素 C 的损失，保持梨果鲜脆品质。一般来讲，略高于冰点的温度是贮藏的理想温度。因梨品种及含糖量不同，冰点的高低也有所不同，梨的冰点在 $-3～-1℃$。不同品种的梨虽在入贮初期要求的贮温各不相同，但长期贮藏的温度，大致都在 $0～2℃$。

（2）湿度。湿度是梨果实贮藏的重要条件之一。梨果离开树体后，仍在进行蒸腾作用。贮藏环境中相对湿度的高低，对果实的蒸腾作用影响很大，相对湿度愈低，果实自身的蒸腾作用愈强，失水愈快；反之，蒸腾作用弱，失水慢，果实外观和果肉变化不大。一旦失水达 5％～8％，果实便明显皱缩，直接影响到果实的外观，并能引起果皮衰老和果肉褐变，影响梨果的商品价值。梨果在贮藏期间比较适宜的湿度为 85％～95％。

（3）气体成分。梨果在贮藏过程中的气体成分，对贮藏效果影响很大。在一定温度、湿度条件下，适当地提高 CO_2 的浓度，减少 O_2 的浓度，可以达到降低果实的呼吸强度和自身消耗、延缓衰老、提高梨果的贮藏质量的效果。但 CO_2 高于 5％ 时易引起 CO_2 中毒，在 O_2 不足 2％ 时易引发低氧伤害。

不同品种对低氧和高二氧化碳的忍耐力是有限的，彼此之间差异甚大。更重要的是，只有正确处理好 O_2 和 CO_2 浓度的配比与贮藏温度的关系，才能达到预期贮藏效果。

9.4.2　贮藏方法

（1）室内常温贮藏。选择墙体整洁，封闭良好，有一定的隔热、隔冷效果的房屋。

贮藏前消毒。可用硫黄 15～20g/m³ 点燃熏蒸，或用 1％ 的福尔马林 30g/m³ 喷雾对房屋进行消毒，气味散尽后，用棉帘或塑料薄膜封闭门窗。

适时预冷。徽州雪梨成熟时连同果袋一起采摘，采摘后的梨果散放在阴凉通风的空房内预冷 3～5d。

贮藏材料准备。准备足量整洁的果实中转箱（如旧纸箱、木箱、竹筐等）和干净的草纸若干。

适时贮藏。剔除伤果、烂果，选取完好无损的梨果进行贮藏。在果实中转箱底部和周围铺一层草纸（底部可铺厚点），把选好的梨果均匀摆放在箱内，装满后覆盖一层草纸，并在箱顶放一薄板盖住，以防将果实压坏。

调节温湿度。入室后如果室温白天较室外低，夜间较室外高时，白天宜在门窗上挂棉帘，晚上应把门窗全部打开，充分利用外界低温与室温对流，以降低室温。装箱贮藏的，应常在地面洒水，有条件的可置加湿器，以保持室内空气湿度。贮藏室注意通风透气。

定期检查。每隔 20d 左右开箱检查梨果，选除伤果、烂果。

（2）冷库贮藏。徽州雪梨贮藏设定温度以 0～2℃ 为宜，冷库贮藏相对湿度一般应保持在 85%～95%。

准备。贮藏前对库房进行清扫消毒工作。果实入库前开机制冷，检查冷库制冷系统性能；测温仪器每个储季至少校验 1 次，误差不超过 ±0.5℃；库内气温的最低点不低于最佳贮藏温度的下限。待库温降至 0℃ 后，再将经过预冷的果实入库。

温度。梨果实贮藏过程中应保持库温稳定，贮藏期间库温变化幅度不能超过 ±1℃。入库初期每天至少检测库温和相对湿度 1 次。库内温度的测定要有代表性。

湿度。梨果实皮薄容易失水，库内湿度低于适宜湿度时，应采用加湿器或地面洒水等方式及时增加湿度。

通风换气。冷库内 CO_2 较高或库内有浓郁的果香时，应通风换气，排除过多的 CO_2 和乙烯等气体，一般 2～3d 通风 1 次，每次 30min，选择清晨气温最低时进行，也可在靠近风机的位置（回风处）放置石灰和乙烯脱除剂。

果箱。堆放果箱堆码要牢固，整齐，间隙走向应与库内气流循环方向一致。

果品出库。梨果出库时，若温差过大，果面易结露，品质变劣。因此，出库时可将库内温度逐渐提升至室外常温或设置过渡场所。

（3）气调贮藏。气调贮藏简称 CA 贮藏，是在具有特定气体组成的冷藏空间内贮藏果实的一种现代贮藏保鲜方法。影响梨果实气调贮藏的因素有温度、相对湿度、O_2 和 CO_2 浓度等。目前，徽州雪梨还没采用 CA 贮藏。

（4）MA 贮藏。亦称 MA 自发气调保鲜，就是用塑料薄膜袋进行贮藏保鲜。这种贮藏保鲜方法是根据不同梨品种的生理特点，选择不同透气率与透湿率的塑料薄膜包装果实，自发地调节密封包装内的不同气体比例，控制果实呼吸速率，达到延长果蔬贮藏保鲜期的目的。采用 0.013mm 厚聚乙烯薄膜袋单果密闭包装梨果，其自然损耗率与腐烂率均较低，保鲜效果好。梨经预冷后装箱，果箱内衬以 0.03～0.06mm 厚聚乙烯薄膜袋，果实装入后再缚紧或密封，配以低温条件下贮藏，保鲜效果理想。

9.5　运　输

梨果装箱运输时要防晒、防雨、轻装和轻卸。采用汽车运输时，要排好果箱，装车高度不得超过 2.5m。用火车运输时，以冷藏车、盖车为佳，或用集装箱运输。

10　加　　工

徽州雪梨除鲜食外，还可以加工成许多食品。屯溪罐头食品厂以徽州雪梨为原料生产加工的梨罐头，歙县园艺场所辖的食品加工厂以徽州雪梨为原料生产加工的梨干、梨脯，黄山市广大果农以徽州雪梨为原料熬制的梨膏糖等，都是深受消费者欢迎的产品。

10.1　梨膏糖加工制作技术

10.1.1　工艺流程
选梨→漂洗→原料处理→预煮→过滤→榨汁→熬制→成品→包装。

10.1.2　操作要点
（1）选梨。对制作梨膏糖的梨果要求不太严格，所选原料应多汁、含糖量高。黄山地区的果农常用药梨等果实进行加工。

（2）原料处理。清洗所选梨果，并用小刀去皮、去核。

（3）预煮。将果肉倒入双层锅中，向锅内加入约为果肉重 15％的水。用 $1\sim2kg/cm^2$ 的蒸汽压预煮 45min 或于常压下预煮 85min，并不断地搅拌。

（4）过滤。将煮好的果肉连同汁液倒入干净的滤布中，滤布的四个角固定在十字形架上，滤布下面放容器装滤下的汁液。若进行工厂化生产则采用压滤机。

（5）榨汁。待汁液滤干后将果肉取出压榨，将果肉用麻布包好置于压榨机中榨出果汁。将压榨后的果渣弄松，加入适量水，置于锅中煮沸 0.5h，再用上述方法滤取汁液，果渣再进行压榨。

（6）熬制。将上面两次过滤、压榨的汁液混合在一起，放于双层锅中，用 $2.5\sim3kg/cm^2$ 的蒸汽压进行浓缩，沸腾后撇去泡沫，浓缩过程中需不断搅拌以免焦糊。当果汁浓缩达 $50°Brix$ 时加入白砂糖，糖的用量为原汁重的 20％，加糖后应充分搅拌，使糖全部溶化，继续浓缩至浓缩液滴入水中，不变形、不溶散即可，沸点约为 105℃左右，此时锅内的果汁起大泡发黏。如用真空浓缩煮制，其品质更好。

（7）成品装封。将制好的梨膏糖趁热装入已杀菌消毒的玻璃瓶或罐中（容器先用清水洗净，再用 100℃的蒸汽消毒 3min），加盖密封即可。每 100kg 的梨果可以制梨膏糖 $15\sim20kg$。

10.2　梨罐头加工制作技术

10.2.1　工艺流程
原料选择→分选→去皮→切分→挖核→预煮→装罐→排气→封罐→杀菌→冷却→成品。

10.2.2　操作要点
（1）原料选择。制罐原料应选择肉质厚，果心小，质地细、致密，无石细胞或极少，有香气，酸甜味浓，耐煮性强，不易变色的品种类型。

（2）分选。果实在坚熟期采收，剔除腐烂果、病虫果、伤果、畸形果，并按成熟度进行分级。经过漂洗以后即可进行加工。

（3）去皮、切分、挖核。摘掉果柄，用机械去皮器去皮后，纵切两半，挖去果心，再根据罐装规格进行切块，然后将梨块放入浓度为 1％～2％的食盐水和 0.1％～0.2％柠檬酸液中护色。

（4）预煮。将切好的梨块放入沸水中煮 $5\sim10min$，以果块煮透而不烂，无夹心，半透明为度。

（5）装罐。500g 的玻璃罐头，装入果块 290g，糖水 210g，糖水浓度以可溶性固形物 30％为好，酸度低的品种在糖水中添加 0.05％～0.1％柠檬酸。罐盖和胶圈预先在 100℃沸水中煮 5min 灭菌。

（6）排气。将罐头放入排气箱内，罐内中心温度在 80℃以上，排气密封时真空度 46.7～

53.3 kPa。

（7）封罐。从排气箱中取出后要立即密封，罐盖放正、压紧。

（8）杀菌。密封后及时杀菌，灭菌设备一般用立式或卧式灭菌锅，锅中水沸腾后放入罐头。灭菌时间因罐型及梨罐品种的不同而异。

（9）冷却。杀菌后迅速用浸水或淋水冷却，玻璃罐要分段逐步冷却，终止温度在 38℃ 左右，然后自然冷却至室温后贮存。

10.2.3 质量要求

果肉呈白色或黄白色，色泽一致，糖水透明，允许含有不引起混浊的少量果肉碎屑。风味要具有该品种糖水罐头应用的风味，酸甜适口，无异味。梨块组织软硬适度。块形完整，大小一致，不带机械伤和虫害斑点。固形物为 14%～18%。

10.3 梨脯加工制作技术

10.3.1 工艺流程

原料选择→清洗→去皮→切分去核→硫处理→漂洗→糖渍和糖煮→干燥→回软→成品→包装。

10.3.2 操作要点

（1）原料选择。选果形整齐、肉质厚、八成熟、无病虫害和伤残的梨做原料。后熟变软和变绵的品种不能选用。

（2）原料处理。将梨用清水洗净，农药污染严重时，果皮上残留的有毒农药可用有效氯为 $600\mu L/L$ 的漂白粉溶液浸泡 3～5min，注意液温不超过 37℃，再用清水洗净；用旋皮机（也可用手工）去掉梨的外皮，切分，去心，立即浸于 1% 食盐水中护色，以防止褐变反应。

（3）第 1 次糖渍。从盐水中捞起梨块，沥干水分，加入梨块重量 20% 的白砂糖。为了利于维生素 C 的保存，防止返砂结晶、抑制氧化褐变以制得黄色明亮的制品，需加入 0.3%～0.4% 的亚硫酸氢钠溶液（硫以氧化硫计不超过 0.1%），拌匀浸渍 24h。

（4）第 1 次糖煮。再加入梨块重量 20% 的白砂糖，放在不锈钢锅内，加入与白砂糖等量的水，加热溶化。将上一步骤中糖液和梨块一起倒入锅内，煮沸 20min，并加入适量柠檬酸调节酸度和一定量的淀粉糖浆防止蔗糖晶体析出。

（5）第 2 次糖渍。将梨块连同糖液一起起锅，再糖渍 24h。

（6）第 2 次糖煮。第 2 次糖渍后，再称取梨块重量 20% 的白砂糖，糖煮 30min。

（7）第 3 次糖渍。第 2 次糖煮后，继续糖渍 24～36h，使糖液充分渗透到梨块的肉质中将水分替换出来，并保持梨块不变形、不皱缩。

（8）烘干、整形。把梨块从糖渍液中捞出，沥净糖液，放在烘盘上送入烘房，在温度 50～60℃ 下烘 24～36h，期间不断通风排湿，互相倒换梨块位置，并在烘干后期用手压成扁圆形进行整形。最后制成扁平饱满、不皱缩、不结晶、质地紧密而不粗糙、色泽金黄、糖果分布均匀、酸甜适口、无焦味、水分含量为 17%～20%、含糖为 65%～68% 的制品。

（9）上糖衣。以 2 份煎糖、1 份淀粉和 2 份水混合后煮沸到 113～114.5℃，离火冷却到 93℃ 制成过饱和糖液，将烘干后的梨块浸于以上糖液中约 1min，取出后散置筛面上，于 50℃ 下晾干，使梨块表面形成一层透明状糖质薄膜，以防止吸湿、黏结，增强保藏性，增加一定透明度。

（10）成品包装。用塑料食品袋包装，再行装箱。

10.4 梨汁加工制作技术

梨汁一般指天然梨汁，不含人工加入的其他成分，即从梨果中榨出的原果汁。这类果汁又分透明果汁和混浊果汁两种。它们的加工工艺基本相同，不同的是混浊梨汁采用均质步骤，而透明梨汁采用澄清过滤步骤。

10.4.1　工艺流程

（1）澄清梨汁工艺流程。

选果→清洗→破碎→护色→榨汁→粗滤→澄清→清汁细滤→成分调整→装瓶→排气→密封→杀菌→冷却→成品。

（2）混浊梨汁工艺流程。

选果→清洗→破碎→护色→榨汁→粗滤→均质→成分调整→装瓶→排气→密封→杀菌→冷却→成品。

10.4.2　操作要点

（1）原料选择。应选择风味良好，酸甜味浓，具芳香，色泽稳定，在加工过程中仍能保持优良品质的品种，要求汁液丰富，取汁容易，出汁率高。剔除腐烂、病虫害、严重机械损伤等不合格的梨果。

（2）梨的清洗与分选。通过清洗将果皮上携带的泥土、农药残留物去掉，使微生物量降至原来的 $2.5\%\sim5.0\%$。清洗方法有流水槽漂洗、刷洗、喷淋等，常将几种方法结合起来使用。

（3）修整。有局部病虫害、机械损伤的不合格梨类，用不锈钢刀修削干净并清洗。合格的梨切瓣去果心；如果去皮榨汁，先削皮再修整。

（4）破碎与护色。由于梨皮较厚，肉质坚硬，石细胞含量多，因而破碎工序是提高出汁率的重要工序，破碎果块的大小要适宜，一般为 $3\sim4mm$。为防止果实与空气接触发生氧化褐变，破碎工序要采取护色措施，一般加入 0.8% 的柠檬酸或 0.08% 的维生素 C，也可采用偏重亚硫酸钾（添加量为 $100mg/kg$）护色。破碎设备有锤片式破碎机、齿板式破碎机、离心式破碎机。

（5）榨汁。榨汁是制汁工艺的重要环节，一般要求出汁率高，汁液色泽好，营养物质损失少。由于果实中果胶含量较高，破碎后直接取汁时出汁率低，且汁液混浊，可加入 0.2% 的果胶酶使果胶分解，酶解温度 $35\sim45℃$，处理 $2h$。

（6）粗滤。通过粗滤去除果汁中的粗大颗粒或悬浮粒。

（7）均质与澄清。均质（混浊梨汁）以 $100\sim120kg/cm^2$ 的压力进行均质，在均质前宜先以 $80KPa$ 以上真空脱气。澄清是透明梨汁制汁工艺的最关键工序，粗滤后的果汁，常存在一些悬浮物及胶粒，主要成分是纤维素、蛋白质、酶、糖、果胶等物质，它们的存在严重影响了果汁的透明度和稳定性。采取方法有硅藻土澄清法和明胶单宁法。

（8）过滤。澄清后的梨汁还需除去沉淀及不稳定的悬浮颗粒，硅藻土过滤机过滤效果最好，硅藻土用量 0.01% 左右，采用 $0.3\sim0.35MPa$ 的过滤压力。板框式过滤机也是常用设备之一，也可采用超滤设备。

（9）调和。天然梨类汁根据原料的糖酸度调整到成品糖度为 12%，酸度为 0.4% 左右。

（10）灌装。可采用热灌装、冷灌装和无菌灌装 3 种形式。

（11）密封。使用金属罐时用封罐机密封，使用瓶装，根据不同瓶子的要求用压盖机或旋盖机密封。

（12）杀菌。可采用巴氏杀菌和高温瞬时杀菌法。

（13）冷却。杀菌后的梨汁立即转入冷水中快速冷却至常温。在使用玻璃瓶包装时，冷却水的温度不要太低，防止炸瓶。

10.5　梨醋加工制作技术

利用残次果及梨果加工中余留下的果皮、果心、果渣、酒脚料等做原料，经发酵将糖分转化成酒精，酒精在醋酸菌的作用下，即被氧化成乙酸。

10.5.1　醋酸酵母菌的种类及特性

（1）种类。我国广泛使用的醋酸菌有巴氏醋酸菌亚种、许氏醋酸杆菌及其变种弯醋酸杆菌等。巴氏醋酸菌产醋力在 60% 左右，并伴有乙酸乙酯生成，增进醋的香气。但巴氏醋酸菌能进一步氧化醋酸，使产醋量不稳定，而许氏醋酸杆菌产醋力强，产量稳定。

（2）特性。果酒中的酒精浓度在 $5\%\sim10\%$ 时，醋化作用能很好地进行，当酒精浓度超过 14%

时，醋酸菌很难繁殖，生成物以乙醛为多；果酒中溶解氧愈多，醋化作用愈强，如果缺乏空气，醋化作用将受到阻碍；温度在 10℃ 以下时，醋化作用进行缓慢，28～35℃ 时醋化作用最快；果酒中的酸度过大，会阻碍醋酸菌的发育生长。一般醋酸浓度应控制在 8％ 以下。

10.5.2 醋酵母的制备

优良的醋酸菌种，可从优良的醋酸或生醋中采种繁殖，然后进行扩大培养。

（1）斜面固体培养。取果酒 100mL，加入 3％ 的葡萄糖、1％ 的酵母膏、2％ 的碳酸钙、2％～2.5％ 的琼脂，混合后加热熔化，按每管 8～10mL 分装于经干热灭菌的试管中，在 98 kPa 压力下杀菌 15～20min，取出后趁未凝固加入 50％ 的酒精 0.6mL，制成斜面。冷却后在无菌操作下接种醋酸菌种，在 26～28℃ 恒温条件下培养 2～3d 即成。

（2）液体扩大培养。取果酒 100mL，加入葡萄糖 0.3g、酵母膏 1g，装入灭菌的 500～800mL 三角瓶中，消毒。接种前加入 75％ 的酒精 5mL，制成斜面，随即接种醋酸菌种，在 26～28℃ 恒温条件下培养 2～3d 即成。培养过程中要每日定时摇瓶 6～8 次，以供给充足的 O_2，促使菌膜下沉繁殖。

培养成熟的液体醋母，可在酒液中扩大培养，供生产使用。

10.5.3 酿造方法

（1）固体发酵法。利用残次果等做原料，洗净、破碎，加入酒酵母液 3％～5％，进行酒精发酵，每日搅拌 3～4 次，经 5～7d 发酵完成后，加入 50％～60％ 的麸皮、谷壳、米糠及 10％～20％ 的醋酵母液，搅拌均匀，装入醋化缸中，稍加覆盖，使其进行醋酸发酵。发酵时温度控制在 30～35℃，每天搅拌 1 次，15d 后再加入 2％～3％ 的食盐，即成醋坯。将醋坯压紧封严，经 5～6d 后即可淋醋。淋醋时，将醋坯放在淋醋器中，用冷却沸水淋入，从底部流出的醋液即为生醋。将生醋在 60～70℃ 温度下消毒 10～15min，即成熟醋。

（2）液体酿制法。以稀酒为原料，将发酵液酒精度调整到 7％～8％，使生成果醋含量为 6％ 左右，常用酿制方法有速酿法和缓酿法两种。

速酿法。在专门的醋化塔内进行。塔身由耐酸陶瓷砖砌成，高 3～5m、直径 1～1.3m，距塔底 0.5m 处设架空搁架，搁架底部可盛醋液；塔顶设一可自动回转的喷淋管，可将稀发酵酒液自上而下淋在塔身中的填充料上。填充料由木炭、玉米芯、稻壳构成，分层放置在木搁架上的竹编垫子上。在塔底四周靠近木搁栅处，均匀设置 10～12 个通气孔，使空气由底部通过填充料，与发酵液充分接触并氧化成醋，空气最后由塔顶的排气管排出。所有的填料必须洗净，并用 7％ 的食醋浸泡后使用。喷淋发酵酒液间歇进行，每天 16 次，发酵时塔内温度保持在 32～35℃，室温要求保持在 28～32℃，并用温度监控计随时监测。成熟后的醋液从塔底用泵抽出，除一部分循环使用外，其余的抽到成品罐中，加水调整酸度，加热杀菌后装瓶出厂。

缓酿法。将发酵液注入高 30cm 的木桶内，高深度至桶的一半，注入醋母液 5％ 左右，并在液面浮格子木板，防止菌膜下沉，每天搅拌 1～2 次，桶内温度控制在 30～35℃，10d 后即可醋化完成。取出大果醋，留下菌膜及少量醋液在桶内，再补充发酵液，继续醋化。取出的生醋加热，在 70℃ 下保持 10～20min，消毒后装瓶。

10.5.4 果醋的成分要求

总酸，50.0～60.0g/L；挥发酸（醋酸），45.0～58.0g/L；不挥发酸（乳酸），2.0～5.0g/L；全糖，20.0g/L。

10.5.5 梨果醋的陈酿贮藏

果醋中留有的少量（0.5％）酒精，陈酿可使这部分酒精与醋发生酯化反应，生成乙酸乙酯，使醋具有醋香味。将含有 0.5％ 酒精的生醋装入容器后密封，静置 1～2 个月即可完成陈酿过程。在 70℃ 下杀菌 10min 后，即可放在阴凉处保存。

10.6 梨 干

梨的干制就是通过自然或人工干燥，使果肉中的游离水和胶体结合水蒸发，将可溶性物质的浓度提高到微生物难以利用的程度。

10.6.1　工艺流程

选梨→洗涤→去皮和去心→切分→煮制熏硫→烘烤→均湿回软→包装→成品。

10.6.2　操作要点

（1）原料选择。选择充分成熟，肉质细而致密，石细胞少，肉厚，果心小，糖分高的品种做原料。去掉虫蛀果、腐烂果。

（2）原料处理。将选好的梨果去掉果梗，洗净后切成 4 瓣，挖去果核，切分成圆片或细条均可。

（3）预煮。将切分后的梨瓣放入沸水中煮 15min，当梨瓣透明时捞出，放入冷水中冷却，捞出沥干水分。

（4）熏硫。将预煮的梨瓣摆在烘盘中送入熏硫室内熏蒸 4～5h（每 100kg 梨需用 200g 硫黄）。

（5）烘烤。将熏好的梨送人烘房烘烤，烘房温度为 70～75℃，烤到成品含水量为 10％～15％，温度降至 50～55℃即可。

（6）均湿。回软梨干冷却后放入木箱封好盖，经 3～5d 即均湿回软。

（7）包装。将均湿回软的梨干按质量分级装入塑料食品袋中密封贮存。

10.6.3　质量指标

梨干色泽鲜明，片块完整，肉质厚，有清香气味；无霉变，无虫蛀，无泥沙等杂质，用手紧握时互不黏结，且富有弹性；含水量 10％～15％，含硫量不超过 0.05％；不焦化，不结壳。

附表 2-1 徽州雪梨栽培工作年历

月份	工作内容及要求
1~2月	1. 交流生产技术、总结管理经验、参加培训学习、提高科技素质。 2. 整形修剪。
3月	1. 清洁果园。 2. 复剪。对花量大的弱树、弱枝疏除部分花芽，减少树体负载量。 3. 熬制石硫合剂，材料比例为：石灰：硫黄：水＝1：2：10。 4. 发芽前喷药。全园喷5波美度石硫合剂。 5. 高接换头改良品种。 6. 预防倒春寒危害。 7. 萌芽前后地下追施高氮多元复合（混）肥。 8. 3月下旬，徽州雪梨的多数品种开始相继开花。生产上需进行疏花。
4月	1. 继续疏花，疏除多余花序，留出空枝形成花芽，翌年结果。 2. 授粉，果园放蜂或人工点授。 3. 绿肥翻压与种植。 4. 疏果。枝果比10：1或15~20cm留1个边果。疏果时要多留两侧果，留果要力求分布均匀，防过稀或过密，疏除病虫果、果锈果、表面有棱沟和花萼不脱落的果。疏果要在谢花后7~10d进行。 5. 套袋前喷药。 6. 4月中下旬开始套袋。谢花后5~15d开始。
5月	1. 继续套袋。 2. 追肥。 3. 除草。 4. 高接树抹芽。抹除高接树的萌蘖枝。
6月	1. 中耕除草。根据果园杂草情况进行。 2. 幼树拉枝。 3. 高接树解缚。 4. 追肥。以多元复合肥为主，促进花芽分化、幼果发育和新梢生长。 5. 疏通排水沟。
7月	1. 修剪：疏除背上旺梢、密梢，促进梨果生长及两侧枝的发育，调节通风透光条件，减少无效消耗。 2. 除草。 3. 果园树盘覆草或压青，增肥保水，抑制杂草，调节地温保护土壤上部根系，促进树体发育。 4. 高接树管理。春季枝接为成活的采用芽接法进行补接，对接活的进行夏剪，注意拉枝或新梢短截。 5. 注意做好排涝工作。
8月	1. 做好采收前的准备工作。 2. 采收、包装、贮藏与销售。带袋采收，分级时去袋，采收及包装要做到轻采、轻放、轻搬、轻运、防碰、防压、防挤、防刺。徽州雪梨多适时销售，很少贮藏。
9月	1. 采后追肥。 2. 继续进行采收与采后处理。徽州雪梨品种多，成熟期不一致。药梨9月下旬成熟。 3. 梨膏糖的熬制。药梨多用于熬制梨膏糖。 4. 树盘下种植绿肥。
10月	1. 秋施基肥。秋施基肥，施肥应以有机肥为主，配合使用有机无机多元复混肥。 2. 幼树定植。
11月	1. 清除果园内的病虫枝、残留枝、落叶、杂草，刮除粗皮、翘皮、病皮，深埋或烧毁，压低越冬菌源和虫源基数。 2. 果园深翻或全园中耕30cm。 3. 涂白。
12月	1. 总结生产经验，交流管理技术，参加培训学习，提高科技素质。 2. 整形修剪。

附表 2-2　徽州雪梨病虫害防治年历

物候期	时间	防治对象	防治措施
休眠期	12 月至翌年 2 月	腐烂病、轮纹病、黑斑病等。梨木虱、蟓、梨大等。	1. 清理果园。将果园内的枯枝、落叶、杂草彻底清理干净，集中烧毁。 2. 刮皮。刮除粗皮、病皮、翘皮。 3. 剪除病虫枝。 4. 喷药。全园喷 5 波美度石硫合剂。 5. 刮斑涂药。
萌芽至开花前	2 月下旬至 3 月中旬	梨锈病	1. 防止担孢子飞散。清除梨园周围的龙柏、桧柏，集中处理。 2. 对于不能清除的龙柏、桧柏喷 3～5 波美度石硫合剂。
		梨瘿蚊等土中越冬的害虫	树基培土，阻止各种土中越冬的害虫出土。
		梨木虱	防治出蛰的越冬成虫。用 10％吡虫啉可湿性粉剂 5 000 倍液，1.8％阿维菌素乳油 4 000 倍液，20％的氰戊菊酯 3 000～4 000 倍液喷洒树干、树冠。
开花、展叶、幼果期	3 月下旬	梨叶灰霉病	70％甲基硫菌灵可湿性粉剂 1 000 倍液或 40％氟硅唑杀菌剂乳油 8 000 倍液或异菌脲悬乳剂 800 倍液等进行喷雾防治。
		梨茎蜂	1. 人工防治。在早晚树冠下张接布单，振落成虫集中杀死；检查被成虫产卵的新梢，及时剪去并销毁有虫梢。 2. 药剂防治成虫。80％的敌敌畏乳油 1 000 倍液，48％毒死蜱乳油 1 500 倍液，20％氰戊菊酯乳油或 2.5％氯氟氰菊酯乳油 3 000 倍液。
		梨黑斑病、褐斑病、炭疽病	用 1∶1∶200 波尔多液、80％的喷克或 70％代森锰锌可湿性粉剂 600～800 倍液，50％异菌脲或腐霉利可湿性粉剂 1 000～1 500 倍液喷雾。
	4 月上旬	锈病	常用的农药有：1∶2∶200 的波尔多液，15％的三唑酮 1 000～1 500 倍液，50％甲基硫菌灵可湿性粉剂 600～800 倍液，40％的氟硅唑乳油 8 000 倍液，65％代森锌可湿性粉剂 500～600 倍液。
		梨瘿蚊	1. 防治成虫。可用 15％氰戊菊酯乳油 2500 倍液，或 48％毒死蜱乳油 600 倍液进行喷雾。 2. 防治幼虫。用 90％晶体敌百虫 800 倍液，或 10％大功臣可湿性粉剂 5 000 倍液，或 5％蚜虫净乳油 2 000 倍液喷洒。
		麻皮蟓、茶翅蟓、天牛	1. 人工捕杀成虫。 2. 毒饵诱杀蟓类。用 20 份水、20 份蜂蜜，1 份 20％的甲氰菊酯混合配制成毒饵，涂抹在梨树的部分 2 年生和 3 年生枝干上。在梨、桃的整个生长季均可使用，但幼果期使用防效最佳。
		梨木虱	防治第 1 代成虫。用 10％吡虫啉可湿性粉剂 5 000 倍液，1.8％阿维菌素乳油 4 000 倍液，20％的氰戊菊酯 3 000～4 000 倍液。
	4 月下旬至 5 月下旬	烂根病（根朽病、白纹羽病）	1. 病树治疗。发现病树，要挖开根区土壤寻找患病部位，清理根茎皮层腐烂部，彻底刮除病灶，刮下的病皮等要集中烧毁。伤口用 50％多菌灵可湿性粉剂 300 倍液或 70％甲基硫菌灵可湿粉 500 倍液涂抹，较大伤口涂抹后，应用塑料薄膜包扎，加以保护。 2. 隔离病株。发现少数病株应及早挖除，连同残根一起烧毁。在挖除病株后的土穴四周开沟深 1.5m，宽 0.33m，沟内边覆土边撒石灰，防止病菌蔓延扩散，土壤还用 2％福尔马林液杀菌或改换无病土壤。 3. 灌根处理。病害初期用 70％甲基硫菌灵可湿性粉剂 1 000 倍液或 50％多菌灵可湿性粉剂 1 000 倍液灌根，每株 25kg。
		轮纹病	喷药防治。50％多菌灵可湿性粉剂 600～800 倍液，70％甲基硫菌灵可湿性粉剂 500 倍液，代森锰锌可湿性粉剂 600～800 倍液，1∶2∶200 波尔多液。

（续）

物候期	时间	防治对象	防治措施
开花、展叶、幼果期	4月下旬至5月下旬	金龟子类	1. 人工捕杀。利用金龟子成虫的假死性，敲击树干振落后捕杀。 2. 灯光诱杀。利用金龟子成虫的趋光性，设置黑光灯诱杀。 3. 药剂防治。可用80％敌敌畏乳油或50％马拉硫磷乳油或50％辛硫磷乳油1 000～1 500倍液，或2.5％的氯氟氰菊酯乳油50ml加50％敌敌畏250毫升兑水250kg进行喷雾。
果实膨大至采果前	6～8月	黑斑病等叶部病害	80％的喷克或70％代森锰锌可湿性粉剂600～800倍液、50％异菌脲或腐霉利可湿性粉剂1 000～1 500倍液喷雾。
		天牛	1. 人工除卵。 2. 钩杀或用80％的敌敌畏药棉、磷化铝片毒杀天牛幼虫。
		梨网蝽	90％晶体敌百虫1 000倍液，48％毒死蜱乳油1 500倍液，20％氰戊菊酯乳油或2.5％氯氟氰菊酯乳油3 000倍液。
		叶螨（红蜘蛛）	在叶螨发生期用1.8％阿维菌素乳油5 000～8 000倍液，15％扫螨净1 500～2 000倍液，5％卡死克乳油1 000倍液，20％的螨死净悬浮液2 000～3 000倍液，5％尼索朗乳油或25％倍乐霸可湿性粉剂或73％克螨特乳油2 000倍液进行喷雾防治。
		梨蚜	药剂防治。用10％吡虫啉可湿性粉剂5 000～6 000倍液，25％辟蚜雾水分散粒剂1 000倍液，2.5％氯氟氰菊酯乳油3 000倍液。
采收后	9～11月	梨网蝽、叶螨、梨木虱、天牛、梨蚜、康氏粉蚧等。黑斑病、腐烂病、轮纹病等。	1. 喷药防治吸汁害虫。可选用10％吡虫啉可湿性粉剂5 000倍液，1.8％阿维菌素乳油4 000倍液，20％的氰戊菊酯3 000～4 000倍液。 2. 钩杀或药杀天牛幼虫。 3. 喷药防治叶部病害。用1∶1∶200波尔多液、80％的喷克或70％代森锰锌可湿性粉剂600～800倍液、50％异菌脲或腐霉利可湿性粉剂1 000～1 500倍液进行喷雾。 4. 刮除枝干病斑。刮除病斑时一定要彻底，刮到健康部位为止。刮后涂药以防复发和利于伤口愈合。可用腐必清或843康复剂原液、2％农抗120的10～20倍液、5％辛菌胺醋酸盐水剂30～50倍液涂病斑伤口，半个月后再涂1次。 5. 树干涂白。用1∶1∶0.5∶30的石灰、食盐、动物油、水配制成白涂剂进行刷白或用5波美度石硫合剂刷干。

参考文献

黄山市农业委员会，2008. 黄山市农业志［M］. 屯溪：黄山地质出版社：174-175.

鲁韧强，2008. 梨树实用栽培新技术［M］. 北京：科学技术文献出版社：137-138.

罗愿，2008.《新安志》［M］. 物产篇. 合肥：黄山书社：55.

孟凡武，2011. 梨无公害标准化生产实用技术［M］. 北京：中国农业科学技术出版社.

佘德松，2005. 云和雪梨常见叶部病虫害发生规律及无公害防治技术［J］. 中国南方果树，34（6）：34-36.

孙士宗，2006. 梨［M］. 第2版. 北京：中国农业大学出版社：211.

干金方，冯明祥，等，2005. 新编梨树病虫害防治技术［M］. 北京：金盾出版社.

徐义流，2009. 砀山酥梨［M］. 北京：中国农业出版社：19-20.

严康泉，2005. 芝溪雪梨种质资源初报［J］. 安徽农学通报，4：88.

左克城，2010.《歙县志》［M］. 合肥：黄山书社：268-269.

安徽特产果树

（中 册）

徐义流　主编

中国农业出版社

北 京

《安徽特产果树》（中册）
编 写 人 员

主　编：徐义流

主要编写人员：陆卫明　俞飞飞　凌经球　潘海发　张金云　伊兴凯

　　　　　　　高正辉　张晓玲　齐永杰　秦改花　管良明

参加编写人员：陈大会　江长汝　章庆华　王春风　戴　超　王文龙

目　　录

第 3 篇　三潭枇杷 229

  1　概要 231

    1.1　栽培历史 231

    1.2　自然环境条件 232

    1.3　经济价值和生态效益 235

  2　品种资源及应用 236

    2.1　品种资源 236

    2.2　新品种选育 241

  3　生物学特性 242

    3.1　根 242

    3.2　枝梢 242

    3.3　叶片 244

    3.4　芽 245

    3.5　花芽分化 246

    3.6　花 247

    3.7　果实 249

    3.8　枇杷生长环境条件要求 252

  4　枇杷育苗 258

    4.1　实生繁殖 258

    4.2　嫁接苗繁殖 259

    4.3　苗木出圃 262

    4.4　枇杷容器苗培育 263

  5　建园 264

    5.1　园地选择 264

    5.2　建园规划 265

    5.3　果园开垦与水土保持 266

    5.4　定植 268

  6　土肥水管理 270

    6.1　土壤管理 270

    6.2　施肥管理 272

    6.3　水的管理 275

  7　枇杷整形与修剪 277

    7.1　树形与整形 277

    7.2　修剪 278

    7.3　老园改造 280

  8　枇杷主要病虫害防治 285

    8.1　枇杷病虫综合防治 285

    8.2　枇杷病害 285

    8.3　枇杷检疫性病害 291

　　8.4　枇杷虫害 ……………………………………………………………………… 292

9　枇杷自然灾害预防 ………………………………………………………………… 298
　　9.1　冻害 …………………………………………………………………………… 298
　　9.2　热害 …………………………………………………………………………… 300

10　枇杷采收、贮运、加工 …………………………………………………………… 302
　　10.1　采收 …………………………………………………………………………… 302
　　10.2　贮藏 …………………………………………………………………………… 304
　　10.3　加工 …………………………………………………………………………… 304

第4篇　富岱杨梅 …………………………………………………………………… 309

1　概要 ………………………………………………………………………………… 311
　　1.1　杨梅的栽培历史 ……………………………………………………………… 311
　　1.2　富岱杨梅栽培历史及现状 …………………………………………………… 312
　　1.3　黄山市自然环境条件 ………………………………………………………… 313
　　1.4　杨梅的经济价值和生态效益 ………………………………………………… 315

2　品种资源 …………………………………………………………………………… 317
　　2.1　杨梅种类 ……………………………………………………………………… 317
　　2.2　品种资源 ……………………………………………………………………… 317

3　生物学特性 ………………………………………………………………………… 322
　　3.1　生长习性 ……………………………………………………………………… 322
　　3.2　结果习性 ……………………………………………………………………… 325
　　3.3　果实发育 ……………………………………………………………………… 326
　　3.4　主要物候期 …………………………………………………………………… 328
　　3.5　对环境条件的要求 …………………………………………………………… 329

4　育苗和建园 ………………………………………………………………………… 331
　　4.1　育苗 …………………………………………………………………………… 331
　　4.2　建园 …………………………………………………………………………… 334

5　土肥水管理 ………………………………………………………………………… 336
　　5.1　土壤管理 ……………………………………………………………………… 336
　　5.2　施肥 …………………………………………………………………………… 337

6　花果管理 …………………………………………………………………………… 341
　　6.1　花的管理 ……………………………………………………………………… 341
　　6.2　果实的管理 …………………………………………………………………… 342

7　整形修剪 …………………………………………………………………………… 344
　　7.1　优质丰产树形态指标 ………………………………………………………… 344
　　7.2　常用树形 ……………………………………………………………………… 344
　　7.3　整形修剪技术 ………………………………………………………………… 345
　　7.4　树形改造 ……………………………………………………………………… 349

8　病虫害防治 ………………………………………………………………………… 350
　　8.1　防治方法 ……………………………………………………………………… 350
　　8.2　田间病害防治 ………………………………………………………………… 351
　　8.3　虫害防治 ……………………………………………………………………… 354

9　采收、分级、包装、贮藏和运输 ………………………………………………… 360
　　9.1　采收 …………………………………………………………………………… 360
　　9.2　分拣、分级 …………………………………………………………………… 361

9.3　包装 ………………………………………………………………………… 361

9.4　贮藏 ………………………………………………………………………… 362

9.5　运输 ………………………………………………………………………… 362

10　加工 ……………………………………………………………………………… 363

10.1　糖水杨梅罐头 ……………………………………………………………… 363

10.2　杨梅干 ……………………………………………………………………… 363

10.3　杨梅脯 ……………………………………………………………………… 364

10.4　杨梅坯 ……………………………………………………………………… 364

10.5　烧酒杨梅 …………………………………………………………………… 364

10.6　杨梅汁 ……………………………………………………………………… 364

10.7　杨梅酱 ……………………………………………………………………… 365

10.8　杨梅蜜饯（七珍梅） ……………………………………………………… 365

第5篇　宁国山核桃 …………………………………………………………………… 371

1　概要 ……………………………………………………………………………… 373

1.1　宁国山核桃栽培历史 ……………………………………………………… 373

1.2　宁国市自然环境条件 ……………………………………………………… 374

1.3　经济价值和生态效益 ……………………………………………………… 376

2　品种资源及利用 ………………………………………………………………… 377

3　生物学特性 ……………………………………………………………………… 378

3.1　生长习性 …………………………………………………………………… 378

3.2　结果习性 …………………………………………………………………… 384

3.3　主要物候期 ………………………………………………………………… 385

3.4　对环境条件的要求 ………………………………………………………… 386

4　育苗和建园 ……………………………………………………………………… 387

4.1　育苗 ………………………………………………………………………… 387

4.2　建园 ………………………………………………………………………… 391

5　土肥水管理 ……………………………………………………………………… 393

5.1　土壤管理 …………………………………………………………………… 393

5.2　施肥 ………………………………………………………………………… 395

5.3　水分管理 …………………………………………………………………… 397

6　花果管理 ………………………………………………………………………… 398

6.1　人工辅助授粉 ……………………………………………………………… 398

6.2　疏雄 ………………………………………………………………………… 398

6.3　保花保果 …………………………………………………………………… 398

7　整形修剪 ………………………………………………………………………… 400

7.1　整形修剪方法 ……………………………………………………………… 400

7.2　山核桃树不同树龄时期的整形修剪 ……………………………………… 400

7.3　自然生长山核桃树体改造 ………………………………………………… 402

8　病虫害安全防治 ………………………………………………………………… 403

8.1　防治方法 …………………………………………………………………… 403

8.2　田间病害防治 ……………………………………………………………… 405

8.3　虫害防治 …………………………………………………………………… 407

9　果实采收及采后处理 …………………………………………………………… 415

9.1　采收 ………………………………………………………………………… 415

9.2 脱苞和水洗 ………………………………………………………………… 415
9.3 果实分级与脱涩 ……………………………………………………………… 416
9.4 山核桃贮藏 …………………………………………………………………… 417
9.5 包装 …………………………………………………………………………… 417
9.6 运输 …………………………………………………………………………… 417
9.7 贮存 …………………………………………………………………………… 417
10 加工 ……………………………………………………………………………… 418
10.1 多味山核桃加工 …………………………………………………………… 418
10.2 椒盐山核桃加工 …………………………………………………………… 418
10.3 手剥山核桃加工 …………………………………………………………… 419
10.4 山核桃仁加工工艺 ………………………………………………………… 419

第6篇 黟县香榧 ……………………………………………………………………… 423
1 概述 ……………………………………………………………………………… 425
1.1 栽培历史 …………………………………………………………………… 425
1.2 自然环境条件 ……………………………………………………………… 428
1.3 经济价值和生态价值 ……………………………………………………… 430
2 品种资源及利用 ………………………………………………………………… 432
2.1 种类 ………………………………………………………………………… 432
2.2 品种资源 …………………………………………………………………… 432
3 生物学特性 ……………………………………………………………………… 436
3.1 生长特性 …………………………………………………………………… 436
3.2 开花结果习性 ……………………………………………………………… 442
3.3 环境条件 …………………………………………………………………… 445
4 育苗 ……………………………………………………………………………… 447
4.1 砧木苗的培育 ……………………………………………………………… 447
4.2 容器育苗 …………………………………………………………………… 449
4.3 苗木嫁接 …………………………………………………………………… 450
4.4 扦插育苗 …………………………………………………………………… 452
4.5 胚芽砧插接法 ……………………………………………………………… 452
4.6 高接换种 …………………………………………………………………… 452
5 建园 ……………………………………………………………………………… 454
5.1 园地选择 …………………………………………………………………… 454
5.2 建园方法 …………………………………………………………………… 454
5.3 定植 ………………………………………………………………………… 454
6 果园管理 ………………………………………………………………………… 457
6.1 幼龄园管理 ………………………………………………………………… 457
6.2 成龄园管理 ………………………………………………………………… 458
6.3 老树复壮 …………………………………………………………………… 459
7 花果管理 ………………………………………………………………………… 460
7.1 花的管理 …………………………………………………………………… 460
7.2 果实管理 …………………………………………………………………… 461
8 整形修剪 ………………………………………………………………………… 462
8.1 生长与结果习性 …………………………………………………………… 462
8.2 整形 ………………………………………………………………………… 463

　　8.3　修剪 ………………………………………………………………………… 464

9　病虫害防治 …………………………………………………………………………… 465
　　9.1　主要病害与防治 ……………………………………………………………… 465
　　9.2　主要虫害与防治 ……………………………………………………………… 467
　　9.3　病虫害综合防治 ……………………………………………………………… 470

10　采收、采后处理与加工 …………………………………………………………… 472
　　10.1　采收 …………………………………………………………………………… 472
　　10.2　采后处理 ……………………………………………………………………… 472
　　10.3　加工 …………………………………………………………………………… 473

第 **3** 篇

三潭枇杷

1 概 要

1.1 栽培历史

枇杷属蔷薇科（*Rosaceac*）枇杷属（*Eriobotrya*）植物。作为栽培品种的枇杷均属普通枇杷（*Eriobotrya japonica* Lindl.）。枇杷原产于中国，栽培历史悠久。据华中农业大学章恢志教授等考察，早在2 200年前已有枇杷栽培。半野生型的原生枇杷在中国湖北、四川以及云南、贵州等省份均有分布，说明其原产地确是中国而非日本。我国栽培枇杷的产区主要分布于长江流域及南方各省份。以浙江塘栖、德清，江苏洞庭山，福建莆田及安徽歙县"三潭"栽培最盛。

三潭枇杷因产于黄山市歙县新安江流域的绵潭、漳潭及瀹潭3个行政村而得名。"三潭"区域潭水深广，境内有新安江水体调节（图3-1），有黄山山脉作屏障遮挡寒风，雨量充足，气候温暖，终年云雾缭绕，为枇杷生产提供了得天独厚的自然条件。三潭枇杷果大，肉厚、味甜、汁多、清香爽口，素有"天上王母仙桃，世上三潭枇杷"之美誉。与江苏洞庭、浙江塘栖、福建莆田并称为中国四大枇杷产区。

据明代李时珍著《本草纲目》记载：枇杷其叶似琵琶，故名。枇杷旧不著所出州土，今襄、汉、吴、蜀、闽、岭、江西南、湖南北皆有之。木高丈余，肥枝长叶，

图 3-1 新安江沿岸

大如驴耳，脊有黄毛，阴密婆娑可爱，四时不凋。盛冬开花，至3、4月成实作球，生大如弹丸，熟时色如黄杏，微有毛，皮肉甚薄，核大如茅栗，黄褐色。又录郭义恭《广志》云：枇杷易种，叶微似栗，冬花着实。其子簇结有毛，四月熟，大者如鸡子，小者如龙眼，白者为上，黄者次之。又录杨万里诗云："大叶耸长耳，一直堪满盆。荔枝分与核，金橘却无酸。"详细记述了枇杷之形态及果实之成熟时间。

黄山市"三潭"地区种植枇杷历史悠久，宋代《新安志》（1175年）已有记载。但华中农业大学章恢志教授认为，在清·何绍基《安徽通志》（1877年）里没有提到。明代汪舜民的《徽州府志》（1488—1505年）中，仅在土产中提到枇杷而无描述。只有1937年许承尧在《歙县志》才提到"瀹坑、瀹潭、漳潭、绵潭一带出产最多，富岱及打措黄村亦产之，移栽数次则肉厚核小"。因此，安徽省歙县三潭枇杷产区也是在近代发展起来的。其实，民国的《歙县志》亦载："歙县枇杷栽培始于宋，至清康熙年间已盛"仍可证明"三潭"地区种植枇杷历史悠久之观点。

三潭枇杷主要有红沙与白沙2类品系、17个栽培品种。其中当家品种为大红袍、光荣，果大、肉厚、味甜、清香可口、柔嫩多汁，品质上等，堪与江苏洞庭枇杷、浙江塘栖枇杷媲美。据民国三十三年《歙县枇杷》记载，"歙县枇杷产量多时，当推民国十三、十四年，大有供过于求之势（绵潭一村单运屯溪，即有3 800担*之多……）；民国十八年冬，天气奇寒，着果大树，多被冻死，全区所产不及担，损失极巨"。后因战乱频繁，均未能恢复元气，至新中国成立（1949年），产量仅有920t。

---

* 担为非法定计量单位，1担＝50kg。——编者注

新中国成立后，三潭枇杷生产恢复较快，至1959年，总栽培面积达260hm²，总产量达626t。1960年以后，由于受三年困难时期影响，到1963年，栽培面积由1960年的223hm²下降到72hm²，总产量亦由1960年的684t下降至300t。但1964—1965年又有所恢复，至1965年总产量首次超1 000t，达到1 102t，当年还出口50t。此后，由于多种因素，枇杷生产严重受挫，到1979年，黄山市三潭枇杷种植面积仅剩160hm²。1978年，徽州地委提出"因地制宜，发展多种经营"，使三潭枇杷生产得以逐步恢复和发展，三潭枇杷种植范围进一步扩大至新安江两岸之漳岭山、仁源、济树湾、坑口、棉溪及深渡等行政村。至1982年，栽培总面积达264hm²，总产量达2 918t；1987年发展到718hm²。但1991年12月31日至1992年1月2日，黄山市出现了自有气象记录以来罕见的—16.1℃低温，给黄山市三潭枇杷造成了严重的冻害。据调查，所有枇杷树基本都受到3级以上的冻害，连续多年枇杷绝收。但经过政府扶持及数年不懈努力，至2003年全市枇杷种植面积又恢复发展到800hm²，农户7 730户，产量上升至5 000t；到2009年产量突破10 000t。

三潭枇杷树虽多，但长寿树并不多见。据安徽省徽州行政公署林业局、徽州林学会1986年编著的《徽州古树》记载：与瀹潭毗连的雄村乡富岱村边，有一株罕见的"枇杷王"，树高6.8m，基围1.75m。枝条扶疏，八方伸展，恰似一棵绿色大蘑菇覆盖地面。这株百余年的古树，枝繁叶茂，结实累累，年产鲜果150kg。其果大，卵圆形，果皮橙黄色，果肉厚质嫩，汁多味甜，深受人们喜爱，精心管护至今。

三潭枇杷10月上旬至翌年3月开花，开花迟早因品种而异。每花序50～80朵，同一品种花期约20～30d，坐果率不足10%。新稍1年抽生2～3次，形成春、夏、秋稍，结果枝多为当年9月抽生之秋稍。果实成熟期因品种不同，早熟品种5月上旬即可上市，而晚熟品种则要到6月上旬成熟。5月底至6月初为三潭枇杷采收期。枇杷花期及幼果期冻害是影响枇杷产量之重要因素，此外，5月采收前果实易产生日灼，影响枇杷产量和品质。三潭枇杷原先多为种子繁殖，一般6～7年开始挂果；20世纪60年代，开始采用嫁接繁殖，4年左右开始挂果，10年进入盛果期，一般盛果期可维持30年左右，管理好，树龄百年以上仍有较高产量，单株产量可达150～250kg。

1986年由原农牧渔业部、安徽省农业厅与歙县人民政府联合投资130万元，于歙县园艺场建枇杷种植资源圃、良种繁育圃、丰产示范园，收集三潭枇杷及全国枇杷品种，拟为大面积丰产栽培提供示范，后因1991年12月31日至1992年1月2日大冻尽毁。2001年黄山市歙县被国家林业局授予"中国枇杷之乡"称号（图3-2）。

图3-2　印象漳潭

1.2　自然环境条件

1.2.1　行政区划

黄山市历史文化源远流长，文明源头可追溯到距今5 000多年前的良渚文化相似的旧石器时代。其最早的行政建制设于秦朝，即始皇帝三十七年（公元前210年），正月设立黟（宋以后称黟）、歙二县，属鄣郡。"黟""歙"二县名，来自于古山越语地名发音。2 200多年来，行政建制名称相继为黟歙、新都、新安、歙州和徽州等，直至宋徽宗宣和三年（1121 年），平歙州人方腊起义，改歙州为徽州，辖歙、黟、绩溪、婺源、祁门，州治歙县，从此，直到清宣统三年（1911 年）的 790 年间，作为州府名，一直未变更。中华民国元年（1912 年）裁府留县，徽州所属各县直属安徽省。民国二十一年（1932 年）10 月，设安徽省第十行政督察区，辖休宁、婺源、祁门、黟、歙、绩溪 6 县，治所休宁。民国二十三年（1934 年）7 月，婺源划属江西省。民国二十七年（1938 年）4 月，成立皖南行政公署，治所屯溪，第十行政督察区隶之。民国二十九年（1940 年）3 月，撤销第十区机构，保留名义，各县直属皖南行署；同年 8 月，原第 10 区改为第 7 区，辖休宁、黟、歙、祁门、绩溪、旌德 6 县。民国三十六年（1947 年）6 月，婺源划归皖，属第 7 区。1949 年 4 月，第 7 区所属 7 县全境解放。5 月成立徽州专区，隶属皖南区人民行政公署。专区治所初设歙县，后迁屯溪。全区领绩溪、旌德、歙、休宁、黟、祁门 6 县，婺源划属江西省。1971 年 3 月改徽州专区为徽州地区。1988 年 4 月成立地级黄山市，原属徽州地区石台县划属池州地区，绩溪、旌德划属宣城地区，辖屯溪、黄山、徽州 3 个区和歙、休宁、祁门、黟 4 个县，50 个镇 56 个乡 6 个街道办事处；66 个新区居民委员会、1 146 个村民委员会，人口 147 万人。

1.2.2　地理位置

黄山市位于安徽省最南端，介于东经 117°02′～118°55′和北纬 29°24′～30°24′之间。南北跨度 1°，东西跨度 1°53′。西南与江西省景德镇、婺源县交界，东南与浙江省开化、淳安、临安县为临，东北与本省宣城市的绩溪、旌德、泾县接壤，西北与池州石台、青阳、东至毗邻。全市总面积 9 807km²。

1.2.3　自然条件

（1）地形、地质、地貌。黄山市境内多山，属皖南山地地貌。境内 1 000m 以上中山山脉有黄山山脉，天目山的白际山脉、五龙山脉。著名风景胜地黄山坐落于黄山市中部，清凉峰、牯牛降自然保护区分置于黄山市东西。中山山前为低山丘陵，逐渐过渡到河谷盆地。其中山地丘陵面积 87 万 hm²，占全市国土面积 88.9%；河谷盆地 11 万 hm²，约占国土面积 11.1%，是一座典型的山区城市，"八山半水半分田，一分道路和庄园"是黄山市之真实写照。黄山市土壤以红壤为主，主要分布于海拔 700m 以下，面积 58.3 万 hm²，占黄山市土地面积的 57.6%；黄壤主要分布于海拔 700～1 100m，面积 8 万 hm²，占全市面积的 8.2%；黄棕壤主要分布于海拔 1 100m 以上中山上部，面积 1.8 万 hm²，约占全市面积的 1.9%；紫色土分布于盆地紫色丘陵上，面积 3.7 万 hm²，占全市面积的 3.7%；黑色石灰土分布于各区县石灰岩地区，面积 2.1 万 hm²，约占全市总面积的 2.1%；石质土、粗骨土，山地草甸和潮土零星分布于山地陡坡，中山顶部和近河冲积地，总面积 9.3 万 hm²，约占全市面积的 8.7%；水稻土分布于河谷盆地、低丘等适于水稻生长地区，属人为土，面积 7 万 hm²，占全市土地面积 6.8%。

（2）气候特征。黄山市气候温和湿润，四季分明，属亚热带生物气候区（图 3-3）。独特的地貌类型及小气候多样性，既适宜于常绿果树枇杷、柑橘及杨梅生长，又适宜于落叶果树梨、桃、李、葡萄、猕猴桃、山核桃等生长。但冬季低温和早春倒春寒也常常给枇杷、柑橘、杨梅及梨、桃、李等果树造成冻害。据气象资料统计，

图 3-3　生长环境

黄山市有"十年一大冻，五年一小冻"之特征，常给黄山市枇杷、柑橘、杨梅造成巨大损失。

黄山市全市太阳辐射总量为 438.9～472.3kJ/cm²，年日照时数为 1 753～1 954h，是安徽省低值区。年平均气温 15～17℃，历年极端最低气温为 -16.1℃（1991 年 12 月 29 日），极端最高气温 41.6℃（2003 年 8 月 28 日）。无霜期 216～237d，有效积温 5 652℃，夏秋两季温差大。年平均降水量在 1 400～2 000mm，是安徽省降水量最多地区。黄山市多雨期与少雨期交替出现，最多年 1954 年降水量达 2 708.4mm，最少是 1978 年降水量只有 839.1mm。降水量年变化受季风影响，降水季节分

布不均，主要集中于 4～6 月，约占全年降水量的 47%。冬季降雪日数 8～12d，多雪年份可达 20d，少雪年份只有 1～2d，也有全年无雪。降雪主要集中 1、2 月，由于降雪后往往伴随剧烈辐射降温，常常给枇杷花、幼果造成冻害而减产。

（3）河流水系。黄山市河流分别流向钱塘江、长江两大流域。属钱塘水系正源的有新安江水系，包括遂江武强溪支流的璜尖河、白际河和营川河及云江的皂汰源；属钱塘江中游第一条支流的兰江水系，有巨江马金溪支流的龙田河；直注富春江水系，有石门亭河合永来河。属长江流域的有阊江、秋浦河、黄盆河、青弋江和水阳江的西津河。

（4）环境质量状况。据黄山市中心城区"城市大气功能代表性监测点位"和黄山风景区"环境空气质量现状监测点位"的监测结果，中心城区空气优良率达 100%，空气污染指数常年低于 100，各测点 SO_2、NO_2、TSP 均达标。黄山风景区环境空气质量优，空气污染指数常年低于 30。主要河流水质状况基本良好，新安江水系共设 8 个监测断面，街口出境断面为 3 类，上游屯溪二水厂断面为 2 类，中心城区下游河段水质略差。太平湖、东方红水库和丰乐湖水库中，太平湖开展例行水质监测符合地面环境质量评价 2 类标准，水质良好。2005 年，年日均空气污染指数 56，空气质量级别为 2 级。全年有 138d 空气质量达到优，占总天数的 37.8%，优良率达 100%；全市全年共降水 71 次，酸雨频率 73.2%，降水 pH 4.75。黄山风景区、新安江、阊江，太平湖水质标准合格率均达 100%。全市县以上水源地水质达标率 100%。

1.2.4 生物资源

（1）植物资源。黄山市处于亚热带北缘，生物物种资源十分丰富，2005 年全市森林覆盖率达 77.4%。果树除了枇杷之外，还盛产柑橘、杨梅、梨、桃、李、葡萄、猕猴桃、山核桃、枣、柿、香榧等近 30 种干鲜果。野生植物资源十分丰富，加上受第三、四纪冰川影响较小，因此保存着一些古代残存的孑遗植物。经不完全统计，全市有种子植物 1 300 多种，高等维管束植物 3 000 多种。其中仅纤维植物就有 250 多种，芳香植物 100 多种，药用植物 1 263 种。

（2）野生动物。黄山市在动物地理区划中，属东洋界华中区东部丘陵平原区，生态地理动物群属亚热带林灌、草地～农田动物群，野生动物资源种类和数量均很丰富。初步调查全市野生动物中陆生脊椎动物至少有 76 科 330 种，占全省种数的 66.9%。其中两栖类有 3 目 5 科 14 种，爬行类 2 目 6 科 19 种，鸟类 17 目 43 科 211 种；兽类 8 目 22 种 86 种。黄山市珍稀动物种类多，仅受国家保护的生物就有 25 种，占全省保护动物种类的 71.4%，其中有两栖类的大鲵，鸟类的白鹳、雀鹰等，兽类的云豹、短尾猴等。

1.2.5 旅游资源

黄山市地处中国东南部山地，为南北过渡带。优越的自然条件和灿烂悠久的历史文化，使得黄山市旅游资源十分丰富。有山岳、江湖、古城、古村落、老街、民居、牌坊、祠堂、温泉、森林公园、湿地公园、自然保护区等，自然景观与人文景观交相辉映，品位高，类型多。境内有世界文化与自然遗产、世界地质公园——黄山，世界文化遗产皖南古村落西递、宏村，国家历史文化名城歙县，国家历史文化保护街区屯溪老街，国家水利风景区和省级风景名胜区太平湖，新安江山水画廊，国家级自然保护区牯牛降、清凉峰等。全市有国家重点风景名胜区 3 个（黄山、齐云山、花山谜窟—渐江），国家 4A 级景区 8 处（黄山、西递、宏村、齐云山、翡翠谷、棠越牌坊群—鲍家花园、花山谜窟—渐江、牯牛降），全国历史文化名村 4 处（西递、宏村、渔梁、呈坎），国家地质公园 3 处（黄山、齐云山、牯牛降），国家森林公园 3 处，（黄山、齐云山、徽州），全国非物质文化遗产 6 处（徽墨制作工艺、歙砚制作技艺、万安罗盘制作技艺、徽州三雕、目连戏、徽剧），全国重点文物保护单位 10 处（罗东舒祠、许国牌坊、棠越牌坊、潜口民宅、老屋阁、绿绕亭、呈坎、渔梁坝、西递、宏村、程氏三宅），省级重点文物保护单位 45 处，省级历史文化名城 1 座（黟县），省级历史文化保护区 4 个（万安、呈坎、唐模、许村），省级自然保护区 7 个（清凉峰、岭南、十里山、九龙峰、五溪山、查湾、天湖）。优越的生态环境，丰富自然景观及人文景观，博大精深之徽文化，黄山市被我国现代教育家陶行知先生誉为"东方瑞士"。

1.3 经济价值和生态效益

1.3.1 经济价值

（1）营养丰富。枇杷果实柔软多汁，甜酸适度，风味优美，营养丰富，深受消费者喜爱。据中国医学科学院分析，果实每 100g 果肉中，含蛋白质 0.4g；脂肪 0.1g；碳水化合物 7g；粗纤维 0.8g；灰分 0.5g；钙 22mg；磷 32mg；铁 0.3mg；维生素 3mg；类胡萝卜素（红肉种较多）1.33mg；其中钙、磷及类胡萝卜素的含量均高于其他常见水果，并含有人体所必需的 8 种氨基酸（白肉种较多）。果实除鲜食外，还可加工罐头、枇杷露等多种产品。

（2）药效明显。枇杷的果实、叶、花、核、根均可入药。中医认为枇杷果实味甘、凉、性平。《本草纲目》亦载："实甘、酸、平、无毒。主治止渴下气，利肺气，止吐逆，主上焦热，润五脏。"有清热、润肺、止咳、祛痰、润燥、涤烦、和胃、下气的功效。《本草纲目》又云："枇杷叶苦、平、无毒。主治卒哕不止，下气，煮汁服，治呕秽不止，夫人产后口干，煮汁饮，主渴疾，治肺气，热咳，及肺风疮，胸面止疮，和胃降气，清热解暑气，疗脚气。温病发秽，反胃呕秽，血不止，面上风疮，痔疮肿痛，痘疮溃烂"。《中药大辞典》介绍，枇杷叶含有橙花椒醇、金合欢醇及有机酸、苦杏仁苷 B 族维生素等多种药用成分，有清肺和胃，降气和胃，降气化痰等功效，是治疗肺气咳喘之良药。另据《民间兽医本草》载："枇杷叶可治马下气，下食、肺热、内罗、产后各症；治马噎嗝、肺伤咳嗽、并气喘吼，胸膊症，牛咳嗽及呼吸迫促症。"可谓枇杷叶药用范围之广。枇杷花可以化痰止咳，治头疼，伤风；枇杷花花蜜为上等药用保健食品。树白皮治吐逆，不下食症。种子含 20% 左右淀粉，可以用于酿酒和提取工业用淀粉。

（3）材质上乘。枇杷木质坚韧细腻，是雕刻、制作高档家具的优质木材。

1.3.2 生态效益

枇杷是小乔木、常绿果树，树势健旺，生长快，成形早，绿荫婆娑，根系发达。冬花夏实，是一种非常好的绿化树种，并成为新安江流域美化乡村、发展库区经济的理想树种。新中国成立以来，新安江库区两岸，地方政府大力扶持枇杷发展，不但使昔日荒山披上了绿装，还使得库区农村经济有了较大发展。到 2009 年，新安江库区"三潭"两岸，10km 新安江缓坡地，枇杷园面积已近 1 000hm²，森林覆盖率达到 80% 以上，"青山迎绿水，小舟衬枇杷"，风景如画的新安江山水画廊现已成为联系千岛湖和黄山的黄金水道，是人们休闲好去处，枇杷产业带来了生态环境的改善，带动了黄山乡村旅游经济的发展（图 3 - 4）。

图 3 - 4 青山迎绿水，小舟衬枇杷

2 品种资源及应用

2.1 品种资源

三潭枇杷栽培历史悠久，传说在宋朝年间已有引种，多由商人自江浙一带经商返乡时带回枇杷种子，经播种后选择优良单株，经长期培育后形成了不少当地优良品种。据1980年以来多次调查，大面积栽培品种有十几个。主栽品种有大红袍、光荣、朝宝、长柄扁核、短柄扁核等7个（图3-5、图3-6）。

图3-5 白沙枇杷

图3-6 红沙枇杷

2.1.1 大红袍

为歙县绵潭汪长财从浙江塘栖引种培育而成。树冠圆头形，树势较强，老枝灰褐色，新梢被覆灰白色茸毛；叶椭圆形，一般长23cm，宽7cm，深绿色，较厚，叶缘有明显深锯齿；果穗较密，每穗平均果数5~7个，最多可达10个，穗长7~8.5cm，穗宽14.5~15cm；果实圆形，果顶平，萼筒深，凹而大，呈明显五角星形，单果纵横径3.8cm×4.3cm，平均单重40~50g，最大单果重可达100g以上；果皮橙红色，较厚，果粉较多，斑点较密，灰白色，剥皮易；果梗较长而粗，青绿色，有灰褐色茸毛；果肉较厚，橙红色，味甜，可溶性固形物含量为11.5%，汁较多，质地稍粗，有韧性，可食率达74.75%，略有香气，品质上等，每果平均含种子3~5粒；5月下旬至6月上旬成熟。本品种果大，肉厚，外形美观，品质佳，丰产，抗寒并较耐储运，生食和加工制罐均宜，是当地代表品种之一（图3-7）。

图3-7 大红袍果实

2.1.2 光荣

本品种系漳潭张光荣从大红袍实生苗中选育的优良品质，故名。树冠呈半圆头形，树势较强，老枝灰白色，新梢被覆黄褐色茸毛；叶长椭圆形，长约21cm，宽6.5cm，深绿色，较厚，叶缘锯齿稀而浅；果穗较松，每穗平均果数5~6个，最多可达8个，穗长7~8cm，穗宽11~12cm；果实为圆形，顶部微凹，基部稍尖，单果纵横直径4.2cm×4.1cm，平均单果重45g，最大单果重60g；果皮橙黄色，果粉较多，斑点较密，淡黄色，剥皮易；果梗中长而粗，淡绿色，茸毛较多，灰褐色；果肉橙黄色，味甜稍带酸味，可溶性固形物含量 10.4％，汁多，肉质柔软，稍带香气，可食率可达 67.95％，品质上等，种子数 3～5 个；5 月下旬至 6 月上旬（成熟）。本品种果形较大，风味佳，丰产，较耐储运，是当地一优良品种，现有一定数量栽培（图 3-8）。

图 3-8　光荣果实

2.1.3　朝宝（又名草包）

树冠圆头形，树势强，老枝灰褐色，新梢被覆灰褐色茸毛；叶长圆形，长 23.5cm，宽 7.5cm，深绿色，有光泽，叶缘有浅锯齿；果穗较松，每穗平均果数 3 个，最多 5 个，穗长 6～7cm，穗宽 12～13cm；果实圆形，稍歪，顶部稍狭而平，萼筒较深，基部突尖，单果纵横直径 4.5cm×4.1cm，平均单果重 45g，最大单果重 70g；果皮橙黄色，果粉多，斑点白色，大而明显，有锈斑，剥皮较难；果梗较长而粗，深褐色，茸毛多；果肉橙黄色，汁多，味甜略酸（图 3-9），可溶性固形物含量为 11.0％。肉质稍粗，可食率 66.92％，品质中上等，种子数 2～4 个；5 月下旬成熟。本品种优点是果形较大，风味尚佳，丰产，比较耐瘠薄和粗放管理，亦耐储运，故名。

图 3-9　朝宝果实

2.1.4　长柄扁盒（又名长柄扁核）

树势强，发枝力强，树冠自然圆头形，老枝灰白色，新梢覆褐色茸毛，分枝角度 40～45°；叶长纺锤形长 15cm，宽 6.5cm，深绿色，叶缘锯齿稀而粗；果穗 5～6 果，最多 8 果；果实扁圆形顶端平，萼微凹，萼筒稍深，基部略平（图 3-10），单果纵横径 3.1cm×3.6cm，平均单果重 25g，最大单果重 30g，果皮橙黄色，斑点密，呈明显白色，剥皮易，果梗长、中粗，茸毛锈色；果肉橙色，汁多味酸甜，质地柔软，可溶性固形物含量 12.4％，可食率达 71.10％，略有香气，品质中上等，种子数 3～4 个；5 月下旬成熟。本品种果型中大，年年丰产，漳潭、绵潭分布较多。极不耐储运，群众称之为"下篓瘟"，即易受伤腐烂。

2.1.5　短柄扁盒（又名短柄扁核）

树势强，树冠广圆形。分枝角度 30°～33°，枝条粗而软，主干灰白色；叶厚，叶面茸毛较多，叶柄粗短,叶脉明显;果穗紧密,每穗平均着果实5个、最多10个,穗长4～5cm,穗宽8～9cm;单果纵横径3.3cm×3.6cm,平均单果重24g,最大单果重为35g,果形扁圆,果顶凹平,基部广圆(图3-11);果皮薄,橙黄色,果粉多,灰白色,斑点稀,皮易剥;果柄极短,是其与长柄扁盒最大区别,由于果梗短,穗轴也短,果穗显得特别紧密,使每穗果紧贴于叶片之下,不易看见,是其特征。果肉味酸甜,可溶性固形物含量12.3%,可食率67.35%,种子2～3粒,有香气;5月下旬成熟。由于本品种果穗勾头,藏于叶片之下,耐寒,虽不耐储运,但仍受当地群众欢迎。

图3-10　长柄扁盒果实

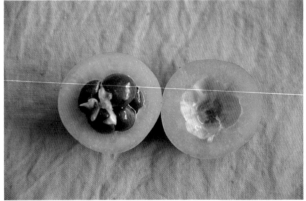

图3-11　短柄扁盒果实

2.1.6　塘栖

从浙江塘栖引进的实生苗中选育而成。树冠圆头形。树势弱,分枝力中等,角度开张,老枝灰白色,新梢披覆灰白色茸毛;叶薄,椭圆形,长21.5cm,宽6.7cm,叶缘锯齿稀而浅,叶背茸毛灰白色,叶柄长1.0～1.2cm,深绿色;果穗平均5果、最多7果,穗长8～9cm,穗宽9～10cm,果穗紧密;果形为圆形,平均单果重31.2g,纵横径3.4cm×3.3cm,顶部平,微凹,基部渐尖;果皮橙黄色,果面有锈色斑,皮薄易剥,果梗长2～2.5cm,黄绿色,茸毛锈色;果肉橙红色,中等厚,肉致密,风味甜中带酸,有微香,品质中等,可溶性固形物含量12.0%,可食率70.24%,种子数1～3个;5月下旬成熟。该品种果中等大,风味尚可,耐储运是早熟品种中较好的品种,也是三潭枇杷主栽品种之一(图3-12)。

图3-12　塘栖果实

2.1.7　金水

本品种是有瀹潭果农方金水育成，故名金
水，主要分布于瀹潭，有100多年的历史。树冠为阔圆头形，树势强健，大枝分枝角度70°～80°；老枝灰白色，新梢被覆灰色茸毛；叶中厚，椭圆形，叶尖宽，叶基稍窄，长22cm，宽8cm，深绿色，锯齿稀，叶脉明显，叶柄长1.5cm，叶背茸毛灰白色；单穗平均果数3～4个，最多7个，穗长6.5～7.0cm，穗宽10～12cm，平均单果重20g，最大单果重35g；果实近圆形或呈广圆形，纵横径3.5cm×3.4cm，顶部平稍狭，基部微尖，略歪肩；果皮橙红色，果粉多，皮薄，有白色细斑点，皮易剥；果梗长与粗中等，长1.4～1.5cm，粗0.5cm，绿色，茸毛灰白色；果肉橙色，肉厚0.55～0.67cm，质地柔软，味甜中带酸，可溶性固形物含量为11.3%，可食率65.00%，品质中上等，每果种子数2～4粒；5月上旬成熟，丰产，较耐储运。

2.1.8　白花（又名白沙、沟头白花）

漳潭、绵潭都有栽培。树冠圆头形，大枝分枝角为70°～80°，分枝较多，枝叶茂盛；老枝灰白色，新梢被覆灰色茸毛；叶椭圆形，长26cm，宽9cm，叶端渐尖，叶柄长1cm，叶缘锯齿稀而浅，叶背茸毛灰白色；果穗平均3～4个果，最多5个，穗长8～9cm，穗宽11～12cm，果穗松；果形近圆形或略带扁圆形，平均单果重25g，最大单果重32g，纵横径3.3cm×3.8cm，果顶平而广，基部稍平；果皮淡黄色，果粉较多，皮薄，斑点少而不明显；果梗长3.0cm以上，弯曲，黄绿色茸毛锈色；果肉白色，汁多味甜，质地柔软，有香气，可溶性固形物含量达11.0%，可食率为78.33%，品质优良，种子2～3粒；6月上旬成熟（图3－13）。本品种果形中等大，品质佳，是白肉品种中比较优良品种，可延长供应期，但不耐贮运。

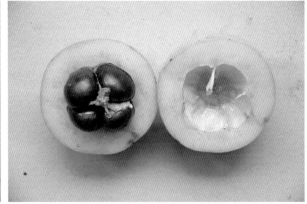

图3－13　白花果实

2.1.9　鸭子白

"三潭地区"均有栽培。树势中等，树冠呈自然圆头形，分枝角度50°～60°，新梢被覆灰褐色茸毛；叶形长圆形至长椭圆形，长26cm，宽7.5cm，深绿色，锯齿稀而浅，叶背茸毛灰白色；果穗紧密，平均单果重27g，最大单果重30g，果实圆形稍歪，纵横径4.0cm×4.0cm，果顶果基广平，萼筒深；果皮淡黄色，果粉多，斑点白色，果皮难剥；果梗长2.5～3cm，黄绿色，茸毛锈色；果肉淡黄色白，肉厚0.7～0.8cm，果汁偏少，味甜，可溶性固形物含量11.0%，可食率63.00%，肉质软，品质上等，种子2～3粒；为6月上旬成熟（图3－14）。是品质好、丰产、优质晚熟品种，较耐贮运。

2.1.10　东来（又名牛腿）

歙县瀹潭孙东来用种子播种选育而成，瀹潭、漳潭均有栽培。树冠圆头形，树势中等，发枝力强；大枝分枝角度60°～70°，枝粗而软，主干灰白色；叶薄纺锤形深绿色，叶长23cm，宽8cm，叶背毛茸密灰白色，叶柄长1～1.5cm，叶缘锯齿密，无托叶；果穗平均5～6果，最多9果，单果均重30g，最大40g，果形卵圆形，纵横径3.8cm×2.5cm，果顶斜平稍凹基部渐略歪；果皮橙黄色，阳面呈红色，果粉中多，斑点稀呈白色，皮厚而剥；果柄长2～2.5cm，粗0.7～0.8cm，黄绿色，茸毛锈色；果肉橙红色（图3－15），肉厚0.7cm，肉质嫩，果汁中多，味甜，可溶性固形物含量10.1%，

图 3－14　鸭子白果实

可食率为 70.00％，种子 1～2 粒；5 月下旬成熟。耐贮运。

图 3－15　东来果实

2.1.11　观成龙

歙县瀹潭孙观成于实生苗中选育而成。树势强，树冠圆头形；树干灰褐色，大枝分枝高度 60°～65°；叶薄长而窄，纺锤形，浓绿色，叶长 28cm，宽 8cm，叶柄粗而短，叶背茸毛密灰白色，锯齿细密，叶脉明显；果穗平均 3～4 果，最多 7 果，穗长 13.3cm，宽 18cm，单果重 26g，果实圆形（图 3－16），顶微凹，基渐尖歪肩；果皮橙色，果粉中多，斑点小而稀，皮中厚易剥；果柄长 6.5cm，淡绿色，茸毛短；果皮橙黄，肉厚 0.8cm，果汁多，酸甜适度，可溶性固形物含量 13.0％，可食率 47.00％，品质较优，种子 2～3 粒；5 月下旬成熟。贮藏后易脱水干瘪。

图 3－16　观成龙果实

2.1.12　黄袍

产于歙县绵潭。树势中等，树冠圆头形，主干灰褐色；叶片特别厚，阔圆形，长 23cm，宽 9cm，深绿色，叶背茸毛粗灰白色，叶缘锯齿稀而浅，叶脉明显，叶柄长 1～1.2cm；果穗平均 3～4 果，最多 7 果，果穗紧密，长 7cm，宽 10cm；单果均重 23g，最大 35g，近正圆形，纵横径 3.4cm×3.47cm，果顶凹基尖；果皮橙黄色，果粉多，斑点白色，皮柔软易剥；果梗长 2.5cm，粗 0.7cm；果肉含汁液量一般，味偏酸，可溶性固形物含量 8.0％，可食率 70.00％，肉质粗，品质中下，种子 2～3 粒；果实 6 月上旬成熟。耐贮运。

2.1.13　皖佰（原名王八种）

由歙县漳潭村张招播种选育而成。树势强健，树冠为自然圆头形，树干灰褐色，枝梢稀而软；叶长纺锤形，较小，长 12～16cm，宽 4～6cm，叶缘锯齿疏而浅，叶柄长 1～1.5cm，叶背茸毛灰白色；

果穗长 8～9cm，宽 10～11cm，每果穗 4～5 果、最多 9～10 果；平均单果重 32g，最大单果重 45g，纵横径 3.6cm×3.5cm，果形有歪圆形和扁圆形 2 种，果顶广平，萼筒外围微凹，果基部有小突起和布有鳞片；果梗长 0.6～1.5cm；果皮橙色，厚而有韧性，易剥，茸毛灰黄，果点灰白色；果肉橙红色，肉质致密味甜，可溶性固形物含量 11.5％，可食率 65.00％，种子 2～3 粒，5 月下旬至 6 月上旬成熟（图 3 - 17）。

图 3 - 17　皖佰果实

2.1.14　瀹潭 1 号

母树位于歙县瀹潭村中片。树冠长圆头形，主干灰色，大枝分枝角度 50°～60°；叶长椭圆形，中厚，长 40cm，宽 12cm，叶背茸毛多，灰白色，叶柄短粗，叶缘锯齿稀而粗；果穗平均 5～6 果，最多 7～8 果，穗长 9cm，宽 10cm；平均单果重 35g，最大单果 42g，果形扁圆，纵横径3.3cm×3.5cm，果顶平稍凹，基尖圆头；果皮橙黄色，果粉中等，皮薄较难剥；果梗长 5.5cm，粗 0.7cm，淡绿色，茸毛锈色；果肉橙色（图 3 - 18），肉厚 0.71～0.96cm，果汁中多，甜酸味淡，可溶性固形物含量 10.0％，可食率 70.00％，肉质柔软品质中上等，种子 3～4 粒；果实 5 月中旬成熟，耐贮运。

图 3 - 18　瀹潭 1 号果实

此外，三潭枇杷尚有大头歪、小红袍、野林、迟白花、实生塘栖等品种，但由于产量不高、种子过多、果实小等缺点，近年来有被逐步淘汰之趋势。

2.2　新品种选育

枇杷虽具有悠久的栽培历史，但广泛分布于长江以南地区，在安徽栽培面积相对较小，长期以来，新品种选育工作在安徽未得到应有的重视。

3　生物学特性

枇杷四季常绿，枝、叶和根周年生长，一年生长发育时间达330d，无完全休眠阶段。

3.1　根

3.1.1　根的功能

根系是枇杷树体重要组成部分。其功能一是使枇杷树体固定在土壤内吸收水分、矿物质和少量有机质，贮藏和输导养分和水分。二是将无机养分合成为有机物质，如将无机氮转化成酰胺，氨基酸，蛋白质，把磷转化为核蛋白和磷脂，把土壤中二氧化碳和碳酸盐与叶片光合产物～糖结合成各种有机酸，并将其转化物送到地上部分参与光合作用的过程。三是合成某些特殊物质，如细胞激动素、赤霉素、生长素以及其他活性物质，对地上部分的生长和结果起着调节作用。此外，根在代谢过程中分泌酸性物质，能溶解土壤养分，使之转化成易于吸收的化合物，将氮及其他元素的复杂有机化合物转变成枇杷根系易于吸收的类型。

3.1.2　结构与分布

枇杷的根系通常由主根、侧根和须根组成，生长粗大的主根与侧根构成根系主要骨架。枇杷以种子繁殖培养砧木而后嫁接育苗。其主根由种子胚根发育而成。主根具有向地性、避光性、垂直向下延伸，枇杷主根发达。但具体深度往往受土质、土层厚度及地下水位的影响。三潭枇杷一般种植于土层比较深厚的缓坡地，土层较疏松，根系较发达，主根深度可达1.5m以上。但80%侧根及须根主要分布于10～50cm土层中，其中侧根按土壤中分布状况又分为垂直根和水平根，垂直根大多沿着土壤中缝隙、蚯蚓及其他动物活动通道生长；水平根大体沿着土表平行方向生长，多密集分布于离主干1～1.6m的范围内。须根是枇杷根系中主要吸收水分及分泌物主要器官，但枇杷须根较少。据日本研究表明，枇杷须根与全根重量比值为0.16，叶片与须根的重量比值为8.57，地上部分与地下部分重量比值为3.64。为了促进须根发育，改善土壤条件，降低地下水位等措施非常必要。

3.1.3　枇杷根系生长动态

枇杷根系没有完全休眠期，但其周年生长动态往往受外界环境如土壤、水、肥、气、热和树体营养状况等因素影响（图3-19）。土壤温度在5～6℃时开始生长，9～14℃生长缓慢，18～25℃生长旺盛，30℃以上则停止生长。枇杷根系活动可分为4个周期，即1月底至2月底，5月中旬至6月中旬，8月中旬至9月中旬，10月底至11月底。其中根系1～3生长周期与春、夏、秋梢交替生长。

图3-19　根

3.2　枝　梢

枇杷幼树主干顶生优势明显，仅顶芽及较近的几个腋芽抽生生长枝，因此树冠层性明显。而主枝上顶芽所抽生的枝条生长缓慢，短而粗壮，腋芽所抽生的枝条生长较快而细长，使树冠向外开张，形成圆锥形树冠。进入盛果期后，因果实重量使主枝下垂，树冠逐渐转为圆头形。枇杷幼树枝梢生长无明显季节性，一般一年四季均能不断抽梢。据多年观察，黄山市枇杷1年内可抽生春、夏、秋3次梢。而一年内尤以夏梢发量最多，亦为翌年主要结果母枝。

3.2.1　春梢

4月上旬至5月上旬抽生，一般生长充实，枝粗叶大，长约3～9cm。幼年树及开花结果少的枇杷树，春梢抽生多而整齐，丰产树春梢抽生量较少（图3-20）。春梢抽发有3种类型：

（1）从上年营养枝梢顶端抽出，这是最早出现的春梢，因为气温低，生长较缓慢，但充实。

（2）从果穗基部腋芽发生，只从初结果壮树、营养条件好的结果枝抽出，生长较快而长（图3-21）。

（3）落花落果枝腋芽或疏折花穗后的断口附近抽出，抽生迟早受疏穗时期影响，但较一般春梢迟。

以上3种春梢如生长充实，都能在夏季抽发夏梢，成为结果母枝（图3-22）。

图3-20　春　梢

图3-21　花穗基枝

图3-22　春梢抽生夏梢结果

3.2.2　夏梢

6月初至7月上旬抽生。夏梢一般比春梢细，长度可达20～30cm，叶片也较小（图3-23）。一般在采果后的结果枝近顶端或春梢营养枝上抽出。由于采果后正逢黄山市6月之雨季，雨水充足，树体养分集中于抽梢，因此夏梢多而整齐。夏梢常在夏末秋初开始花芽分化，所以夏梢通常是黄山枇杷主要的结果母枝。促进夏梢生长和发育充实，是确保黄山枇杷丰产的重要措施。

3.2.3　秋梢

8月上旬至9月下旬抽生。营养性秋梢在幼年树或结果少的树上发生较多（图3-24）。一般于当年春梢或夏梢上抽发，与夏梢很相似，叶片较少。盛果期树秋梢多为混合芽，往往形成结果枝。此种结果枝抽生很短一段，一般仅有1～2片小叶，也有不带叶片，成为花穗茎枝（图3-25）。

图3-23　夏　梢

图 3 - 24　秋　梢

图 3 - 25　花穗茎枝

3.2.4　结果母枝和结果枝

　　枇杷结果母枝多数为生长充实的春梢顶端所抽生的夏梢，也有春梢侧芽抽生的夏梢。结果母枝发生多少，因树龄和植株的发育情况各有不同（图 3 - 26）。据章恢志教授调查结果，春梢顶端抽的夏梢成为结果枝的占 59.1%～83.7%；其次为侧芽抽生之夏梢，其他各枝抽出仅为少数。一般能形成结果母枝的夏梢径粗要在 0.6cm 以上，大多数细弱的夏梢则很难形成结果母枝，为了利于夏梢形成理想的结果母枝，应只留 1～2 个，除去多余的，利于养分集中，顶芽花芽分化。

　　枇杷结果枝则由结果母枝顶端混合芽抽出，在 7 月下旬至 8 月上旬分化而成。短粗的枝为短结果枝，自侧芽抽生比较细长的为长结果枝（图 3 - 27）。短结果枝叶数多，所以花穗大而花数多，其中尤以春梢顶生枝抽生的夏梢，其顶生结果枝质量最好，开花多、着果率高。

图 3 - 26　春梢抽生夏梢结果

图 3 - 27　结果枝

3.3　叶　片

　　枇杷叶为单叶互生，由叶身、叶柄和托叶构成。叶身革质，披针形、倒披针形、倒卵形或椭圆长圆形，先端渐尖，基部楔形或渐狭成叶柄。叶片上部及中部。

　　边缘有锯齿，基部全缘，羽状叶脉，表面光滑，多皱，背面一般有绣色茸毛。叶片大小和形状随品种、枝梢抽生时间及栽培条件而变化。通常以春梢上叶片作为品种叶的代表。叶片是枇杷进行光合作用制造养分及贮藏养分的主要器官，枇杷树体 90% 左右干物质是靠光合作用合成。因此，叶片之数量及生理活动效能往往影响枇杷之产量和质量。枇杷叶片寿命一般为 13 个月，但各品种间差异很大，种植立地条件良好的，寿命长；而涝、旱、高温、冻害及病虫害均能造成降低枇杷叶片寿命导致早期脱落。新叶的光合作用效能随叶龄增长而增加，成熟后光合效能达到高峰。树冠过大，内膛郁蔽，无效光区增大，枇杷功能叶减少，所以过高的叶面积指数不仅不能提高枇杷产量，反而导致枇杷减产和品质下降。为了增加枇杷树冠内有效光区，提高叶片质量，采用自然开心形整形，以达到枇杷丰产、稳产、优质的目的（图3-28）。

叶片正面　　　　　　　　　　　　叶片反面

图3-28 叶 片

3.4 芽

芽是叶、花等器官的原始体。枇杷生长、结果以及更新、复壮都是从芽开始。依据芽着生位置，将着生在枝条顶端的芽叫顶芽，着生于枝条侧面或叶腋中，称为侧芽或腋芽；枇杷于秋冬季未开花的枝条顶端有一顶芽，在顶芽旁的几个芽均为侧芽或腋芽。根据芽的性质，可分为花芽（图3-29）、叶芽（图3-30）和混合芽（图3-31）。一般饱满顶芽于秋末抽生极短一段枝条，有1～3个叶片或无叶片，形成1个花轴，而其上有许多小枝轴开花结果，此类芽为混合芽。

图3-29 花 芽

图3-30 叶 芽

此外，着生于老枝或主干原节位，一般处于潜伏状态，不萌发，只受到特殊刺激后才萌发新梢的芽为潜伏芽或叫隐芽。枇杷一般可利用隐芽进行衰老树更新复壮或作育苗之嫁接用之接穗。

枇杷顶芽及其以下2～3个腋芽萌发长成枝条，顶芽发出的新梢生长缓慢，且停止生长较早，短而充实，故大部分形成花芽。与此相反，腋芽出生的新梢，生长旺盛，充分伸长，枝条细长而不充实。幼树时腋芽生出新梢主要形成发育枝，代替顶芽继续扩大树冠生长，但成年树腋芽出生的新梢生长力弱，易形成花芽（图3-32）。

图 3-31　混合芽

图 3-32　顶牙梢短、腋芽梢细

枇杷芽一般 1 年萌发 3 次。第 1 次于果实膨大的 3 月上中旬左右发生，枝条短而充实，易形成结果枝；第 2 次于果实采收后的 5 月下旬至 7 月发生，发生时期，萌发数，花蕾着生情况，因上年度枝条种类（发育枝、结果枝）不同而不同；第 3 次于夏秋之交发生，发生量和生长量较少。

3.5　花芽分化

枇杷花芽从分化到开花，只有 3 个月左右时间，约为其他果树花芽分化期 8～10 个月的 1/3。而且与其他果树明显不同的是花芽分化的前一半（即从总轴出现到分轴分化）是在芽内进行，即在花芽未萌动时进行，而另一半（即分轴延伸与小花分化）均在萌芽后进行，也就是边生长边分化至开花，即现蕾、花序伸展、花轴分离、鳞片张开（图 3-33 至图 3-36）。

图 3-33　现蕾

图 3-34　花序伸展

据浙江农业大学于 1978 年对黄岩"单边种"春梢主梢切片观察，花序总轴原基开始出现于 8 月初，随后不断分化苞片，至 8 月中旬初，分轴原基开始出现，一直可延续到 9 月中旬，但主要时间是在 8 月中下旬。初期分轴数较少，一般只能见到 3 个。至 8 月 28 日切片中可见到 4～5 个分轴。小花分化是从 9 月初开始，从 9 月 2 日的切片中，可见到小花的花萼分化，此时芽已开始萌动，花序开始伸出芽外。从 9 月 7 日切片中可以同时看到花萼、花瓣原基出现，其体积也明显加大，芽的宽度可达 0.44mm。10d 以后，可以看到雄蕊、雌蕊的原基，大小在 0.50～0.58mm。10 月初，雌蕊心室形成，从 9 月上旬小花开始分化，继而数量迅速增加，至此时，小花数已基本稳定。到 10 月中旬末胚珠已

图 3 – 35　花轴分离　　　　　　　　　　　图 3 – 36　鳞片裂开

形成，雄蕊处于花粉母细胞阶段，至 10 月底内外珠被可明显区分。同时，观察到花粉母细胞的减数分裂出四分体，随后花粉发育成熟，至 11 月上旬进入开花阶段。

另据日本大野等（1948）分别于 1935、1946 年对小锦、茂木和田中等枇杷品种当年所抽新梢花芽分化观察，7 月 20～26 日，可以看到 4 类枝梢花芽分化特征，7 月 20 日至 8 月 9 日花芽分化初期生长点肥厚，7 月 23 日至 9 月 25 日形成萼片出生点起，7 月 30 日至 9 月 3 日形成花瓣出生点起，8 月 24 日至 9 月 25 日形成雌蕊初生突起，10 月 6～15 日花粉成熟，10 月 22～28 日开花，花芽分化时间约 92d。

枇杷有春、夏、秋梢之分，而春、夏梢又各有主侧之分，4 类枝梢分化期时间上亦存在差异。1981 年，浙江农业大学对洛阳青品种观察，春梢主梢于 8 月中旬初已全部进入分轴原基分化期，一部分芽处于总轴原基出现期；夏梢则大部分芽未分化，一部分芽处于总轴原基分化阶段，一部分芽则开始出现分轴原基，夏侧梢绝大部分芽处于未分化阶段。1979 年对单边种观察，9 月初取样，春主梢已全部进入花瓣分化期，而春侧梢和夏主梢则大部分仍处于分轴原基分化期，仅一部分芽进入小花瓣分化期。9 月 22 日观察，单边种春主梢的芽已全部进入雄蕊分化期，而春侧梢芽则大部分仍处于雄蕊的原基阶段；夏主梢和夏侧梢则部分进入雄蕊原基分化期，有的仍处于花瓣分化期，个别甚至是分轴原基分化期。1979 年 9 月 22 日，对洛阳青观察，也有同样趋势。由此可见，8～9 月花芽分化程度以春主梢最高，然后依次为春侧梢、夏主梢、夏侧梢。但到 10 月初，如洛阳青，春主梢已全部进入小花雌蕊分化期，且形成了心室，其雌蕊原基大小平均达 1.16mm，而夏侧梢芽也大部分进入雌蕊分化期，仅个别仍处于雄蕊阶段，原基大小平均为 0.85mm。这是由于随着时间的推移，后期夏侧梢发育进程加快。直到 10 月下旬，其雌蕊原基大小几乎和春梢主梢的相等，平均约为 1.53mm。

综上所述，枇杷花芽分化属夏秋连续型。春梢主梢于 8 月初开始形成花序总轴原基，8 月中下旬出现花序分轴原基，9 月上旬先后出现花萼及花瓣原基，9 月中旬出现雄蕊和雌蕊原基，10 月进行雌、雄性细胞进一步发育。枇杷不同枝梢间其花芽分化次序有先后，春梢主梢先分化，其次是春梢侧梢、夏主梢，以夏侧梢分化最迟。但花芽分化迟的枝条，花芽发育时间较短，后期迅速发育，到 10 月底不论春梢或夏梢的主侧梢上的花芽均发育成熟，为 11 月开花创造条件。

3.6　花

3.6.1　花的结构

枇杷的花穗都是顶生复总状花序（小穗为聚伞花序），长 10～19cm，总花梗和花梗密生锈色茸毛；花梗长 2～5mm；苞片钻形，长 2～5mm，密生锈色茸毛；花直径 12～20mm，萼筒浅杯状，长 4～5mm；萼片三角卵形，长 2～3mm，先端急尖，萼筒及萼片外面有锈色茸毛。花瓣白色，长圆形或卵形，长 5～9mm，宽 4～6mm，基部具爪，有锈色茸毛；雄蕊每轮 10 枚，共 2 轮 20 枚，远短于花瓣，花丝基部扩展；花柱5根，高生，柱头头状、无毛；子房顶端有锈色柔毛，5室，每室2胚珠（图3-37）。

枇杷花序由1个主轴和5～10个支轴构成，有的支轴上还有小分轴（图3-38）。花穗支轴的着生状态因品种而异，有的平展、有的斜出、有的下垂。这种支轴下垂的特性使花和幼果隐蔽在叶背底下。在晴天夜间，叶片阻止幼果热辐射，起着保护花和幼果免受冻害作用。花穗大小差异很大，着花数多者有200余朵，少者只有30～40朵，一般为70～100朵。

图3-37 花

图3-38 花　序

3.6.2 开花习性

枇杷开花最适宜温度为11～14℃，适宜温度内开花最多，若在10℃以下，花期延长。枇杷花期多在10月至翌年2月间，一朵花开放持续时间平均达19d，一穗开完需15～60d，全树花期长达3～4个月（图3-39至图3-43）。自花穗长出可以识别，约经1个月后开始开花。1个花穗花开放进度，因花穗类型不同而有差异。花穗挺直的，总轴顶部单花开花最早，中部支轴次之，下部支轴最晚；下垂花穗以弯曲部为中心，向上向下依次开放。而每1小穗则是顶端1朵先开，两侧后开。一株树不同部位，开花时间也有差异。树冠下部持续开花时间长，中部次之，上部花期最短。此外，枇杷开花迟早与品种有关，一般小果型、红肉品种开花时间比大果型开花时间早，白肉品种开花最迟，花期也最短。据观察，"三潭"地区主栽品种大红袍，10月上中旬，全树开花达到5％以上即始花期，11月中旬全树开花达到25％以上即盛花期，2月上旬，全树开花达到75％以上即末花期。生产中，果农常把同树花分为3批，10月下旬至11月中旬开的为头花，头花枇杷由于生长周期长，发育充实，果大品质好，但于"三潭"地区易生冻害；11月下旬至12月中旬开的为二花，遭受冻害概率低于头花，品质次之；12月下旬至2月上旬开的为三花，受冻机会更少，但果实生育时间短，果小、品质差，一般疏除，以节约养分。花期不同着果率也各不相同，据调查，大红袍以中期花穗坐果率最高达12.14％～12.3％；早、晚期均较低，坐果率为8.2％～9.8％。

图3-39 始花期（前排花序）

图 3-40 露 白

图 3-41 盛花期

图 3-42 盛开的花

图 3-43 谢花期

3.6.3 授粉受精

大部分枇杷品种具有自花授粉能力，但也有些品种不能自花授粉。因此，必须在主栽品种中相应配植授粉品种，以保证经济生产需要。三潭枇杷多为一家一户种植，品种较为混杂，利于枇杷授粉，保证枇杷产量。此外，枇杷蜜腺丰富，通过昆虫传递花粉，也有利于授粉受精。

枇杷花粉在气温 10℃以上时开始萌发，20℃左右发芽率达到 70%以上，5℃以下和 35℃以上发芽率较低。在阴雨低温或刮大风等恶劣条件下，蜜蜂以及其他采蜜昆虫活动少，难以帮助授粉。但在一天中只要有短时间 10℃以上的温度，花粉管就能顺利伸长到达子房，完成受精。但在枇杷花期，大部分时间气温较低，不利于授粉受精，一般结果率也只有 3%～30%。枇杷花量多，

图 3-44 蜜蜂授粉

花期长，有利于抵抗低温冻害，确保枇杷产量，这是枇杷对自然条件长期选择的结果（图 3-44）。

3.7 果 实

3.7.1 果实结构

枇杷幼果由花托、子房和花萼 3 部分组成。成熟枇杷果实的果肉由花托形成，萼筒由花萼形成，子房壁形成包围种子外内膜（图 3-45、图 3-46）。幼果子房室有 5 室，每室有 2 个胚珠，但受精的

胚珠不一定能发育成种子，中途退化，有的冻死，幼果仍能继续生长。

图 3－45　幼果横切面　　　　　　　　　　　图 3－46　幼果纵切面

3.7.2　果实发育动态

枇杷果实生长发育分 3 个时期，即第 1 期为细胞分裂期，第 2 期为细胞增大期，第 3 期为果实成熟期。第 1 期为枇杷盛花后 118d，生长缓慢。果实纵径、横径、重量、果肉重量和果实体积日增长量分别为 0.0112cm、0.0127cm、0.0119g、0.011g 和 0.0997cm^3；第 2 期为盛花后 118～158d，果实生长迅速，日增长量分别为 0.0389cm、0.0408cm、0.31g、0.192g 和 2.547cm^3；第 3 期为盛花后 158d 至采收，果实生长放缓，日增长量分别为 0.0092cm、0.003cm、0.2g、0.096g 和 0.698cm^3。

章恢志教授按枇杷果实发育分为幼果滞长期、细胞迅速分裂期、果实迅速生长期及果实成熟期 4 个时期。据丁长奎先生于武汉观察，枇杷果实发育具体日期如下：

（1）幼果滞长期。从 1 月初至 2 月底谢花后 2 个月时间内，这时期幼果基本处在停滞状态，细胞也很少分裂（图 3－47）。

（2）细胞迅速分裂期。自 3 月初至 4 月初，这时气温升高，果实转绿。果实外形增长虽缓慢，但是果肉细胞分裂比较旺盛，所以此时的营养条件对果实生长发育非常重要（图 3－48）。

图 3－47　幼果滞长期　　　　　　　　　　　图 3－48　细胞迅速分裂期

（3）幼果迅速增长期。自 4 月初到 5 月上旬，此时气温继续升高，细胞分裂已基本停止，细胞开始迅速膨大，幼果外形开始由慢到快的加速膨大（图 3－49）。

（4）果实成熟期。在果实充分成熟前 15d 时间内，为果实成熟期（图 3－50）。这个时期果皮由黄绿转至黄色，最后转成橙黄或橙红。果肉营养物质转化，形成特有风味，直至成熟。

图 3 - 49　幼果迅速增长期　　　　　　　　图 3 - 50　果实成熟期

3.7.3　果实成分变化

据张忠良等研究表明，在森尾早生枇杷果实 5 种主要养分变化过程中，水分含量初期呈增长趋势，接近成熟时开始下降；可溶性固形物总糖以蔗糖最多，其次为果糖及葡萄糖，一直保持增长趋势，到果实成熟时达到最大值；总酸以草酸为主；纤维素含量先增后减，在 4 月达到最高值后逐渐下降；维生素 C 含量一直保持下降趋势。另据平井正志于 1979 年试验检测表明，果实成熟期（果皮着色），果肉内苹果酸含量减少，类胡萝卜素增加，果肉组织软化，成熟期中果实鲜重增加，糖分积累，并产生乙烯。山梨糖醇在枇杷幼果内是主要可溶性糖，虽在果实发育期间，山梨糖醇含量增加，但在总糖中百分比却减少，在成熟果实中，山梨糖醇只占总糖的 1%～2%。糖分积累在果实成熟期开始加速。酸度迅速降低，果肉逐渐由硬变软，在此期间，蔗糖比其他糖类积累快些，是枇杷成熟果中的主要糖类，而山梨糖醇则变成次要成分。成熟果实中 90% 的糖是在成熟前 2 周内积累，果实于成熟前 15d 内迅速膨大和糖分迅速增长这两个特点，有别于其他果树，其他果树在近成熟期果实增重不明显，糖分也是逐渐增加。因此，枇杷适宜采收期比其他果树狭窄得多。

3.7.4　种子

随着果实发育，种子质量也在不断增加，据胡波研究表明，种子重量增加的趋势与果实重量增加不一致，种子重量在盛花后 125d 内生长极缓慢，平均日增长量仅为 0.002 7g；生长高峰在盛花后 125～146d，日增长量达 0.116 8g，其增长量为前期 43 倍；此后到成熟，种子重量增加很小，日增长量只有 0.006 1g，另据叶瑟瑟等对华宝三号品种观察，果实发育前期种子增重缓慢，增重高峰为 4 月中旬至 5 月中旬。此期内种子增重为最终重量的 90%，此后重量不再增加。这是由于种皮硬化，含水量减少之故。同时还观察到种子纵横径生长曲线和果实一样，均呈 S 形动态，且两者生长进程几乎同步，仅 5 月中旬以后，种子生长基本停止，而果实仍在继续迅速膨大。枇杷种子肥大，主要是两片子叶，胚根很小，种子多为卵圆、长椭圆形，呈赭黑、褐黄或棕色，重量约占全果重的 15%～25%（图 3 - 51）。

图 3 - 51　种子

3.8 枇杷生长环境条件要求

枇杷原产于我国温带南部，性畏寒、喜温暖湿润气候，一般于年平均气温12℃以上即能生长，年平均气温于15℃以上，则更适宜。故宜于我国南方气候温暖湿润、土层深厚的红壤山地和丘陵地作经济栽培。

3.8.1 气候条件

（1）气温。枇杷原产于亚热带，是温暖湿润的常绿性果树，在生长发育过程中需要较高温度，一般年平均气温于12℃以上均能生长，但15℃以上更适宜。黄山市年平均气温为15～17℃，"三潭"地区年平均气温为16.3℃，满足枇杷生长之需要。但枇杷为冬季开花，春季形成果实，冬季及初春的低温对当年枇杷产量有很大影响，成为黄山市广泛种植枇杷的主要限制因素。在一般情况下，枇杷以花蕾最耐寒，其次为花瓣未脱落的花，再次为花瓣脱落而花萼为合拢前的花，最不耐寒为幼果。花蕾能承受−8℃低温，花在−6℃就有严重冻害，幼果在−3℃下受冻（1991年12月31日至1992年1月2日的−16.1℃低温，"三潭"地区枇杷花、幼果均严重受冻，导致当年枇杷绝收）。据统计，−6℃时花冻死率占17.9%，幼果冻坏占31.4%，而花蕾基本没有受冻。另据报道，1958年1月中下旬，江苏太湖地区洞庭山最低气温降至−8.3℃，并有连续4d降至−5℃以下低温，连续12d最低气温在0℃以下，当时大部分枇杷已进入幼果期，因受冻损失极为严重。黄山市为枇杷栽培北缘地区，发展枇杷宜重点选择歙县"三潭"地区，第一，由于横贯东西的新安江水体调节，及北面高山阻挡寒流，小气候环境基本适宜于枇杷生长；第二，宜选用开花晚的品种以避开幼果受冻时期；第三，宜选择花序疏松，母穗花量少，支轴平展，花蕾大部分分布于支轴下方或支轴下垂、花梗向下弯曲等耐寒性的品种种植。枇杷也不耐高温，夏秋高温干旱季节，土壤温度≥35℃时，其枝叶和根系生长滞缓，幼苗生长不良，果实在采收前7～15d遇晴热高温天气，极易使果实产生日灼伤害，以致失去食用和商品价值。

（2）降水量。枇杷为亚热带常绿果树，长期生长于我国长江流域及以南地区的气候条件下，果树的叶片、枝梢、根系、花序及果实器官，对水分有一定要求。黄山市"三潭"地区常年降水量达1 536.2mm，雨量充沛，能满足枇杷生长发育及开花结果的需要。枇杷虽喜湿，但又怕涝。果园土壤保持湿润，根系生长就会正常，若土壤积水就会造成烂根，严重的全株死亡。黄山地区一年内降水量分布不均匀，3～4月春雨绵绵，5～6月梅雨期为黄山"三潭"地区主要降水期，地势低洼，排水不畅的枇杷园，由于园内积水，地下水位过高，易发生涝害，影响枇杷根系正常呼吸，妨碍土壤中有益微生物活动，增加土壤中还原性有害物质生成，引起枇杷树烂根落叶。此时，正逢新梢生长和果实生长、膨大期，连续阴雨寡照天气，枝梢徒长，病虫多，影响结果。同时，影响果实糖分积累，果味变淡，着色不佳，成熟延迟，甚至裂果。果实临近成熟时，"三潭"地区常出现晴雨相间天气，在雨、雾后烈日照射时，容易产生日灼危害。早春受干燥寒冷的西北风影响，也会常常造成枇杷果实皱缩和落果。7～10月为黄山伏秋干旱时期，也是夏梢萌发及花芽分化时间，但受台风影响，时有雷阵雨天气补充水分，满足枇杷生长发育。此时雨量较春季和梅雨季节少，高温、干燥天气使新梢生长缓慢，利于花芽分化。但部分年份出现过度伏秋干旱，且温度较高，蒸发量大，加重虫害发生，亦影响了枝叶生长，不利于花芽分化。故"三潭"地区山地枇杷园，应采取树盘浅耕、覆草、培土、加深土层保墒、引根下长、减少旱害。黄山地区也有极个别年份，8～10月出现秋雨绵绵的天气，温度适宜，但光照偏少，易导致枝梢生长旺盛，甚至导致秋梢、晚秋梢萌发，不易使新梢停止生长，顶芽很难形成，花芽分化不良，影响翌年产量。11月至翌年2月为枇杷开花期，一般年份，"三潭"地区雨量仍较少。此时气温虽偏低，但由于新安江水体调剂，清晨多发秋冬雾，蒸发量少，只要做好树盘覆盖，不出现冬旱，一般能够满足枇杷生长和开花结果所需水量。但若于花期遇气温偏低的阴雨雪天气，则会大幅降低花粉发芽率，不利于蜜蜂等昆虫活动，会因授粉受精不良而影响产量。正常情况下，枇杷花粉发芽率一般为90%，若遇低温阴雨天则会降低至50%以下。同时雨水过多，不仅加重了病虫发生，还会使枇杷叶片光照不足，光合作用养分积累少，加重落果；同时，因园地排水差，果园积水，造成早期落叶及烂根，削弱树势，甚至使树体死亡。俗语云："枇杷开花天气晴，来年获得好收成"，就是说枇杷开花时晴天，昆虫多授粉好，落花落果少，产量高。

（3）光照。枇杷属于喜光的常绿果树。俗语云："山岗松，山脊杉，向阳山坡栽枇杷"，便是对枇杷喜光性状最好概括。因此，光照充足与否对枇杷鲜果产量影响较大。光照充足，有利于果实生长，且能提早成熟，使果实着色良好，提高枇杷果实的商品性。若光照不足，枝条生长不充实，易发生徒长，碳氮比下降，花芽分化不良或中途停止，花粉量少，着果率低；枇杷花期、幼果期阴雨天过多，生理落果加重；果实含糖量低、光合作用强度不高，有机养分积累少，新根产生减少，无机养分吸收受到影响，树势减弱，病虫发生加重；光照不足，受直射光时间短，枝梢易徒长，叶片变薄、色淡。三潭枇杷由于管理较粗放，种植密度偏高，光照不足，导致枝条生长趋向纤弱，并直立向上生长，树冠中下部内膛郁蔽进而光秃、着果率低，平面结果严重，单产低。且由于90%以上枇杷果实着生于树冠上层，果实由绿转黄时，若逢烈日直射，易使大量果实产生"日灼"，失去商品价值。实践证明，于光照充足幼年果园或密度适宜，且进行整形修剪的枇杷园，由于树体强健，枝梢粗壮，叶片增厚，叶果比适度，叶片浓绿，花芽分化良好，坐果率高，果实外观色泽艳美，风味浓郁；病虫害少，由于叶幕遮挡作用，果实"日灼"轻。

枇杷幼年树的生长期和成年树的结果期对光照需求各不相同。幼苗期的枇杷树喜欢散射光照射，尤其是刚出土的幼芽苗，忌阳光直射和暴晒，故枇杷育苗苗圃应搭遮棚。幼苗定植初期适当遮阴，对幼苗成活十分有利。成年结果树则要求阳光充足（果树内膛不可过于郁蔽，否则枝梢生长不良，枯枝增多，病虫滋生），利于花芽分化和果实发育及果实品质提高。因此，新建枇杷园应选择阳光充足、背风向阳的山坡、地区建园，选择适宜种植密度，坚持进行必要的夏季修剪和冬季整形，培养树形，改善树冠的光照条件，平衡生长与结实关系。成年老枇杷园则应分步开天窗，疏除病、枯、纤细枝，回缩、短截健壮枝，以改善果园树冠的光照条件。

（4）风。80%以上的三潭枇杷定植于山坡地，树冠高大、茂密，根系由于受山坡地土层浅限制，粗根少，固定性差，易被大风吹倒。因此，栽植枇杷应避开山谷风风口和迎风坡，建园之前首先建防风林。"三潭"地区一般于端午节前后气温变动剧烈，起伏较大，山谷冷热气流对流加速，风向转变，导致降水减少，易产生"焚风"。枇杷果皮转色期，平面化结果严重老枇杷园枇杷果实因"焚风"而脱水干涸，即使果实继续长大，也因果皮皱缩或强光照射导致日灼而完全失去商品价值。冬春季节，若逢雨雪较少的"干冻"年份，由于干燥寒冷的西北风影响枇杷花期昆虫活动，不利于传粉，空气相对湿度降低，柱头易干燥，受精不良，造成落果；同时，由于干燥寒风的作用，会使幼果脱水皱缩引起落果；此外，干燥寒冷的西北风导致长时间低温，给花、幼果造成冻害，造成大幅减产。

3.8.2　地势、地形与土壤条件

（1）地势、地形与坡向。枇杷于平地和山坡地均可栽培。山地宜选择坡度在25°以下的地块，不宜选择坡度过大、山脊突出地段，以及土壤瘠薄、保水力差的山坡，因为该类山坡种植枇杷极易遭受风害、旱害。山坡坡向一般以南向或东南方向为佳，北向或西北方向山坡栽培枇杷易受冻害。低凹谷地，由于冬春季节冷空气易沉积，形成"霜眼"，给枇杷造成冻害，故亦不宜种植枇杷。

枇杷根系分布较浅，对土壤透气性要求较高，忌积水，山坡地以排水好的缓坡或梯田地为宜。平地种植枇杷，特别是要注意开好深沟，使梅雨季节大雨过后，雨停地干，干湿适当。一般种植于阳坡地的枇杷由于光照充足，树势生长健旺，果实着色良好，品质佳。但阳坡昼夜温差大，夏季要注意防"日灼"；冬季气温较低，要注意昼夜温差较大带来冻害，特别是距新安江水体较远的枇杷种植园，更要做好防冻工作。

（2）土壤。枇杷对土壤适应性很广，沙质或砾质壤土或黏土，均可栽培；但以土层深厚，含腐殖质较多，且保水保肥力强，而又不易积水的为好。枇杷对土壤酸碱度要求不严，不论在pH 7.5～8.5石灰岩母质土壤，还是pH 5.0左右的红壤中都能生长结果，但以pH6左右为宜。在土质疏松、肥沃、pH6左右的土壤中栽植枇杷，生长健壮、果实大、产量高，树体寿命长。枇杷忌连茬，老枇杷园改造砍伐后，应深翻消毒，种4～5年其他作物后，再种枇杷。

3.8.3 枇杷无公害栽培的环境标准

（1）空气环境标准。

大气环境质量等级。目前，我国公布的大气环境质量标准（GB 3095—1996）中，大气环境质量标准分为3级（表3-1）。

表3-1 大气环境质量标准

污染物名称	取值时间	浓度极限（mg/m³）		
		1级	2级	3级
总悬浮微粒	日平均	0.15	0.30	0.50
	任何1次	0.30	1.00	1.50
飘尘	日平均	0.05	0.15	0.25
	任何1次	0.15	0.50	0.70
二氧化硫	年日平均	0.02	0.06	0.10
	日平均	0.05	0.15	0.25
	任何1次	0.15	0.50	0.70
氮氧化物	日平均	0.05	0.10	0.15
	任何1次	0.10	0.15	0.30
一氧化碳	日平均	4.00	4.00	6.00
	任何1次	10.00	10.00	20.00
光化学氧化剂（O₃）	1h平均	0.12	0.16	0.20

注：1.“日平均”为任何1日的平均浓度不许超过极限。2.“任何1次”为任何1次采样测定不许超过浓度极限，不同污染物“任何1次”采样时间见有关规定。3.“年日平均”为任何1年的平均浓度均值不许超过极限。4.此表根据GB 3095—1996国家标准编制。

1级标准：为保护自然生态和人群在长期接触的情况下，不发生任何危害影响的空气质量要求。

2级标准：为保护人群健康和城市、乡村动物与植物，在长期和短期接触情况下，不发生伤害的空气质量要求。

3级标准：为保护人群不发生急性中毒和城市一般动植物（敏感者除外）正常生长的空气质量要求。

根据以上标准，无公害枇杷生产应达到二级以上空气质量标准。

无公害枇杷生产的空气质量指标。绿色食品和有机农业生产的大气质量标准，为国家大气环境质量标准一级（GB 3095—82），对大气环境质量要求十分严格。枇杷绿色食品及枇杷有机产品的空气质量指标见表3-2。

表3-2 绿色食品及有机农业生产空气质量指标

污染物名称	日平均≤		任何1次		年日平均≤	1h平均≤
	绿色食品	有机农业	绿色食品	有机农业	有机农业	有机农业
二氧化硫（mg/m³）	0.15	0.05	0.10	—	0.02	—
氟（μg/dm²·d）	1.8（生长季）	—	—	—	—	—
氮氧化物（μg/dm²·d）	0.1	0.05	—	—	—	—
总悬浮物（mg/m³）	0.3	0.3	0.10	—	—	—
飘尘（mg/m³）	0.05		0.15	—	—	—
一氧化碳（mg/m³）	4.0		—	—	1.0	—
光化学氧化剂（mg/m³）	—		—	—	—	0.12

注：此表的编制依据为：1. 中华人民共和国农业标准（NY/T 391—2002）；2. 国家环境保护局，有机（天然）食品生产和加工规范（1995）。

无公害枇杷生产基地的空气质量指标，应符合国家规定（GB/T18407）的无公害水果产地环境要求和检测方法等要求。无公害枇杷生产对空气环境要求见表 3-3。

表 3-3　无公害枇杷生产空气质量指标

项　　目	指　　标	
	日平均	1h 平均
总悬浮颗粒物（TSP）（标准状态）mg/m³≤	0.30	—
二氧化硫（SO₂）（标准状态）mg/m³≤	0.15	0.50
氮氧化物（NOₓ）（标准状态）mg/m³≤	0.12	0.24
氟化物（F）μg/（dm²·d）≤月平均	月平均 10	—
铅（标准状态）μg/（dm²·d）≤季平均	季平均 1.5	季平均 1.5

注：连续采样 3d，每天早、午、晚各 1 次。

无公害枇杷生产空气质量检测方法。为了确保无公害枇杷生产空气质量，必须使其符合国家颁布无公害果品生产空气质量标准。环境空气监测的采样点、采样环境、采样高度及采样频率要求，应按《环境检测技术规范》（大气部分）执行。空气环境质量指标测定采样和数据统计，应按照 NY/T 397 执行。具体按以下规定实施：总悬浮颗粒物的测定，按照 GB/T 15432 规定执行；二氧化硫（SO₂）的测定，按照 GB/T 15262 规定执行；氮氧化物（NOₓ）的测定，按照 GB/T 15436 规定执行；氟化物（F）的测定，按照 GB/T 15433 规定执行；铅的测定，按照 GB/T 15264 规定执行。（2）土壤环境质量标准。

土壤环境质量等级。无公害水果生产对土壤质量有着严格要求。1995 年国家环保局和国家技术监督局发布了土壤环境质量标准（GB 15618—1995），将土壤环境质量标准分为 3 级：

1 级标准：为保护区域自然生态，维持自然背景的土壤环境质量的限制值。

2 级标准：为保障农业生产，维护人体健康的土壤限制值。

3 级标准：为保障农林业生产和植物正常生长的土壤临界值。

标准根据土壤 pH 的不同，以及水田、旱地和果园的不同分别制定土壤质量的限制值，见表 3-4。

表 3-4　国家土壤环境质量标准（mg/kg）

项目		1 级	2 级			3 级
		自然条件	pH<6.5	pH 6.5～7.5	pH>7.5	pH>6.5
镉≤		0.20	0.30	0.30	0.60	1.0
汞≤		0.15	0.30	0.50	1.0	1.5
砷	水田≤	15	30	25	20	30
	旱地≤	15	40	30	25	40
铜	农田≤	35	50	100	100	400
	果园≤	—	150	200	200	400
铅≤		35	250	300	350	500
铬	水田≤	90	250	300	350	400
	旱地≤	90	150	200	250	300
锌≤		100	200	250	300	500
镍≤		40	40	50	60	200
六六六≤		0.05	0.50	—	—	1.0
滴滴涕≤		0.50	0.50	—	—	1.0

无公害枇杷生长基地土壤中有机污染物的指标，仍是针对有机氯农药的含量而确定。

无公害枇杷生产基地的土壤质量标准。农业部于 2000 年 3 月 2 日发布，4 月 1 日开始实施的《绿色食品肥料使用准则》（中华人民共和国农业行业标准 NY/T 391—2000），其中绿色食品产地环境质量标准规定了各项污染物的含量限值（表 3-5）。无公害枇杷生产基地的土壤质量应达到国家土壤质量 2 级标准以上。

表 3-5　无公害枇杷生产基地土壤各项污染物的含量限值

项目	1 级	2 级	3 级
pH	<6.5	6.5~7.5	>7.5
总汞（mg/kg）≤	0.25	0.30	0.35
总砷（mg/kg）≤	25	20	20
总铅（mg/kg）≤	50	50	50
总镉（mg/kg）≤	0.30	0.30	0.40
总铬（mg/kg）≤	120	120	120
总铜（mg/kg）≤	100	120	120
六六六（mg/kg）≤	0.05	0.05	0.05
滴滴涕（mg/kg）≤	0.05	0.05	0.05

无公害枇杷生产土壤质量检测方法。无公害枇杷生产基地上土壤质量监测和检测，必须按照国家对无公害果品生产土壤质量监测和检测的具体规定进行。进行环境土壤监测，应根据产地条件及产地面积确定采样点多少，一般 1~2hm² 为 1 个采样单元，采样深度为 0~60cm，多点混合（5 个点）为 1 个土壤样品。样品多时，采用四分法将多余的予以弃去，留 1kg 左右供分析检测。土壤环境质量测定的采样和数据统计，按照 NY/T 395 执行。土壤质量检测方法具体如下：总汞测定，按照 GB/T 17163 规定执行；总砷测定，按照 GB/T 17143 规定执行；总铅测定，按照 GB/T 17141 规定执行；总镉测定，按照 GB/T 17141 规定执行；总铬测定，按照 GB/T 17137 规定执行；总铜测定，按照 GB/T 7484 规定执行；六六六测定，按照 GB/T 14550 规定执行；滴滴涕测定，按照 GB/T 14550 规定执行。

（3）灌溉水质量标准。

农田灌溉水质量等级标准。果园用水，必须符合国家农田灌溉水质量标准（GB 5084—92），其中的主要指标为：pH 5.5~8.5，总汞≤0.001mg/L、总镉≤0.005mg/L、总砷≤0.1mg/L、总铅≤0.1mg/L、铬（六价）≤0.1mg/L、氯化物≤0.1mg/L、氟化物≤3mg/L（高氟区）或 2mg/L（低氟区）、氰化物≤0.5mg/L。

灌溉水的污染指数分为 3 个等级：1 级（污染指数≤0.5）为未污染，2 级（污染指数 0.5~1.0）为尚清洁（标准限量内），3 级（污染指数≥1.0）为污染（超出警戒水平）。

无公害枇杷生产基地灌溉水质量标准。无公害枇杷生产基地灌溉水质量要求，按国家农田灌溉水质量标准（GB/T 18407.2—2001）中 2 级标准实施（表 3-6）。

无公害枇杷生产灌溉水质量标准检测方法。为了确保无公害枇杷生产灌溉水质量，国家对无公害果品生产灌溉水质量监测和检测作出了明确规定。灌溉水监测在灌溉期间进行，采样点应选择灌溉水口上。氰化物的标准数值为一次测定最高值，其他各项标准数值均指灌溉期多次测定的平均值。枇杷灌溉水质量检测方法如下：氯化物测定按照 GB/T 11896 规定执行；氰化物测定，按照 GB/T 7484 规定执行；氟化物测定，按照 GB/T 7484 规定执行；总汞测定，按照 GB/T 7468 规定执行；总砷测定，按照 GB/T 7484 规定执行；总镉测定，按照 GB/T 7475 规定执行；总铅测定，按照 GB/T 7475 规定执行；总铜测定，按照 GB/T 7475 规定执行；六价铬测定，按照 GB/T 7467 规定执行；石油类测定，按照 GB/T 16488 规定执行；pH 测定，按照 GB/T 6920 规定执行；大气菌群数测定，按照 GB/T 7484 规定执行。

表 3-6　无公害枇杷产地灌溉水质量标准

项目	浓度极限	备　注
pH≤	5.5~7.5	
总汞（mg/L）≤	0.001	
总镉（mg/L）≤	0.005	
总砷（mg/L）≤	0.10	
总铅（mg/L）≤	0.10	
总铜（mg/L）≤	1.00	粪大肠菌群数检测适用于免去皮食用水果；去皮食用水果可免这项。
六价铬（mg/L）≤	0.10	
氯化物（mg/L）≤	250	
氟化物（mg/L）≤	2.0	
氰化物（mg/L）≤	0.50	
石油类（mg/L）≤	10	
粪大肠菌群数（个/L）	10 000	

4 枇杷育苗

在"三潭"地区，枇杷苗木繁殖主要有实生繁殖和嫁接繁殖两种方法，而实生繁殖是"三潭"地区历史上主要育苗手段，嫁接繁殖于20世纪80年代以后才被广泛应用。

4.1 实生繁殖

4.1.1 实生苗特点

用枇杷种子播种培育成的枇杷商品苗，称之为实生枇杷苗。"三潭"地区历史上长期沿用实生繁殖方法繁殖枇杷苗，虽存在进入结果期迟、性状变异大等问题，但经广大果农长期选优，形成了一批适宜于"三潭"地区气候自然条件的优良品种，如大红袍、光荣、朝宝及夹脚都是于大量实生苗中选出的地方主栽品种。枇杷实生苗根系发达、植株生长健壮、对环境适应性强、寿命长等优点，但由于变异性大，"三潭"地区现只有少数果农应用，或被用于砧木培育。

4.1.2 种子采集

为了保持原品种的优良性状，应采集品种纯正、无病虫害、充分成熟的种子。

4.1.3 种子处理

将采集的种子洗净，在阴凉处晾干，并用70%甲基托布津或50%多菌灵可湿性粉剂500倍液浸种子3~5min，捞取晾干播种。不能马上播种的种子，应将阴干种子1份与洁净河沙5~10份充分混合，堆放于阴凉处储藏。沙子湿度以手握成团而不滴水为宜，约为沙最大持水量50%。在储藏过程中，每隔1周左右检查1次，观察种子是否发热、沙的干湿程度、有无鼠害和积水。发现种子霉烂情况严重时，沙和种子要重新清洗，并进行消毒。储藏到翌年2~3月即可播种。经过沙藏的种子发芽率一般为50%左右，没有采后直播种子发芽率高。外地买回的种子，一般较干，播种前或沙藏前应先用清水浸24h，让其充分吸水，清洗干净沥干，用农药消毒后播种或沙藏。

4.1.4 苗圃地选择

枇杷幼苗忌积水和通气性不良的土壤，忌连茬。宜选择地势较高、地下水位低、土层深厚疏松肥沃、水利设施良好、排灌方便的沙质土壤、pH 5.5~7.5、没有育过枇杷苗的背风向阳、交通便捷的地方进行育苗。播种前每666.7m²施经充分腐熟的农家厩肥2 000kg，钙镁磷肥50kg做基肥，并深翻作畦。畦面宽1.0m、高25~30cm，待播。

幼苗喜阴怕干热，需避免盛夏阳光照射。因此，苗圃地若非背阳地块，可于播种前提早稀植豇豆一类高秆作物，然后将枇杷种子播于行间，也可使用遮阳网，竹帘和稀草帘等遮挡阳光。或者选在半阴的果树行间、东西走向山坞地建枇杷苗繁育苗圃。

4.1.5 播种

枇杷种子没有休眠，种子采后洗净消毒后即可播种。枇杷种子于4~6月采收，播种也是4~6月，播种后4~6d，种子就发芽生根，20~25d幼苗出土。春播和秋播种子需进行沙藏层积处理。每千克枇杷种子400~500粒，每666.7m²用种量：撒播为100~120kg，条播50~75kg。撒播方法：用手将种子撒播于畦面上，然后用木板将种子压入表土，再覆盖细土。采用撒播方法，出苗后需移栽1次，将主根切断，刺激根系生长。条播方法：先于畦面开出15cm宽、5cm深的播种沟。行距为20~30cm，粒距为5cm，种子播于沟内，覆土盖种。播完种子后浇透水，在畦面盖上稻草待种子于土壤中萌发。4~6月采后即播育苗，发芽率一般可达90%~95%。

4.1.6 苗期管理

枇杷苗期管理主要有揭覆盖物、间苗、搭荫棚、施肥、灌水、摘心及病虫害防治等工作。

（1）揭覆盖物。播后约2周出苗，苗床约有1/3种子发芽时，揭去畦面覆盖物（稻草等）。防止出现高脚畸形苗。

（2）间苗。畦面齐苗后，分次疏除弱苗，剔除过密或病畸形苗。条播的 15～20cm 株距留 1 棵壮苗；撒播的待苗长出 2～3 片真叶时移栽，移栽宜早不宜迟，并注意搭荫棚遮阴和灌水。行株距以 (25～30)cm×(15～20)cm 为宜，每 666.7m² 留苗 12 000～17 000 株。

（3）搭荫棚。"三潭"地区 7～10 月极易出现伏秋旱，高温及强光照不利于枇杷幼苗生长。应于播种前稀植豇豆等高秆作物挡阴，或畦面架设遮阳网挡阴，到 9 月下旬高温过后，陆续拆除荫棚或其他覆盖物。

（4）施肥和灌水。枇杷苗有 2～3 片真叶以前，注意保持土壤湿润与疏松，保证出苗整齐。逢干旱时，每次灌水不宜太多。水分过多，土壤太湿，透气性差，土温下降，幼苗生长缓慢，且易发生病害。3 片真叶以后，开始施清淡粪水，可以每隔 2 周施 1 次 0.3kg 尿素，以促幼苗生长。

（5）摘心。无论是撒播苗还是条播苗，当苗长至 20cm 时，及时摘去顶端嫩叶 1～2 片，促使幼苗增粗。以后发生小芽，除顶端留 1～2 个芽让其继续生长外，将下面发出的芽一律抹除，并且要早抹、勤抹。

（6）病虫防治。枇杷苗期的虫害主要有地老虎、蝼蛄、蛴螬、蜗牛、蚜虫及黄毛虫等，可用 50% 辛硫磷酸乳剂 1 000～1 500 倍浇灌苗圃地，每 666.7m² 苗圃地用药 500～700L；蚜虫与黄毛虫防治方法可参照枇杷病虫害防治章节内容。病害主要有叶斑病及苗枯病（立枯病），可用 50% 多菌灵 800 倍或 50% 托布津 600 倍液喷雾防治。

（7）出圃。待苗生长高度达到 50cm 以上，离地面 10cm 处茎粗达 0.8cm 以上时，即可出圃。

4.2　嫁接苗繁殖

4.2.1　嫁接苗特点

（1）嫁接苗优点。可利用砧木某些性状和特征，增强栽培品种的抗性和适应性；接穗取自成年树，性状已稳定，因此，能保持母本品种之优良性状，结果早。此外繁殖系数大，可以大量繁殖苗木。

（2）嫁接成活原理。同属或同种之间，亲和性好的砧木与接穗的形成层细胞紧密接触后，在适宜温湿度条件下，由于受愈伤激素的作用，砧、穗形成层细胞旺盛分裂而产生愈伤组织，进而形成新的形成层。向内分生木质部，向外形成韧皮部，使砧木、穗之间维管系统连接，结合成一个统一整体，培育出 1 棵新植株。

4.2.2　砧木选择与培育

枇杷砧木可用石楠、榅桲、台湾枇杷，但"三潭"地区枇杷嫁接苗基本上用本砧，即普通枇杷。当年播种，长出实生苗后，翌年嫁接繁殖。采用本砧嫁接成活率高，生长结果好。但其根系稍深，在表土浅的干燥地、地下水位高的湿地均不适宜。肥沃地因直根易深入土中，枝条易于徒长，容易扰乱树形，延迟结果，减少产量。因此，苗木定植时，宜剪去主根，不使其继续垂直延伸入土中；也可于砧木苗培育期，2～3 片真叶时，移栽、剪去主根，促发侧根。据报道，江苏苏州市吴中区亦用石楠作砧木，接后表现生长快、丰产、寿命长，根系发达，耐寒、耐旱力较强，且不受天牛危害。砧木培育方法与实生苗培育方法相同。

4.2.3　接穗采集

枇杷接穗必须选择优良品种或优良单株。一般要求是母本树品种纯正，高产优质、树势健壮、无检疫性病虫害的树。在已经进入结果期母本树上采集接穗时，应选择树冠外围中上部发育充分、粗细适中、芽眼饱满，叶片完整浓绿的 1 年生秋梢枝条。试验结果表明，1 年生接穗嫁接成活率最高，成活率可达 80% 以上，2 年生者为 69%；多年生者仅 60%。一般 1 年生枝梢做接穗，由于形成层分生能力较强，容易愈合，成活率高。接穗紧张时，也可用 2 年生及多年生的生长健壮枝梢做接穗，但切忌用内膛枝、隐蔽枝和徒长枝做接穗，由于此类枝芽眼不饱满，发育不充实，养分积累少，嫁接成活率低，即使成活，苗的长势也不强，且结果迟。另外，幼树和嫁接苗的枝条更不能用于做接穗，这些枝条尽管生长健壮，芽体饱满，嫁接成活率高，但同样会较迟进入结果期。应于晴天早上露水干后或下午阳光较弱时采接穗，接穗剪下后立即摘去叶片，每 50～100 条扎成一捆，标明品种及采集日期，

2～3d 之内嫁接不完的接穗，应湿沙埋藏于阴凉处，防止接穗失水，影响成活率。

4.2.4 嫁接时间与方法

"三潭"地区枇杷嫁接时间一般为 2 月至 10 月上旬。一般单芽切接于 2～4 月进行；剪顶留叶劈接法于 3 月上旬至 3 月下旬进行；芽片腹接 2 月下旬到 10 月下旬进行。"三潭"地区嫁接方法以单芽切接为主。

4.2.5 嫁接方法

三潭枇杷嫁接常用的方法有切接、单芽腹接法，近几年来芽接育苗技术也已在育苗中开始应用。

剪 砧   切 砧

削接穗   插接穗

包 扎

图 3-52 切接的方法

（1）切接。常于春季 2～4 月进行。切接时机以早春砧木树液已流动、枝梢萌动以前最好。选粗度 0.6cm 以上，生长健壮的 1～2 年生砧木，在距地面 10～15cm 处剪断，选平滑的一边以梢伤木质部垂直切下，切口长约 3cm。并将切开的皮层去掉上部分 2/3，留下 1/3。接穗长 3～5cm，于芽上 0.3cm 处剪断。用较平直的一面做长削面，先在背面呈 30°角削一刀，然后翻转削出 3cm 长削面，微露木质部，将接穗长削面与砧木切面形成层对准，接穗切口略高于砧木，用宽 1.5cm、长 30cm 的薄膜带，在接口处捆缚 2～3 圈后将薄膜带下端向上盖住接穗与砧木切口，把上端的薄膜带自下而下捆缚并微落芽眼。若接穗和砧木粗度不同，使一边形成层对齐即可，并封严砧木和接穗上部切口，以便一边形成层密切结合，防止雨水浸入。也可将接穗顶端切口将薄膜带带帽封严，有利于保水，提高成活率（图 3-52、图 3-53）。

图 3-53　切接苗

（2）腹接。嫁接时间 1～4 月均可嫁接，其中以 2 月份嫁接成活率最高，也可于秋季嫁接，接穗削取同切接法。砧木不剪断上部，仅于接近地面 10cm 处，用利刀与砧木呈 45°角斜切，深达木质部（附相片），将接穗插入，使砧木与接穗的形成层相互吻合后用薄膜条捆紧。接后 15～20d，接穗就可萌发。秋季腹接应摘除砧木顶芽头，控制砧木生长，待来春接芽成活萌芽时，再将砧木于接口上 0.3cm 处剪断头，砧木剪口最好用塑料薄膜封闭或涂上保护剂，以防止失水干燥而影响成活率。也可以腹接成活后采用折砧法进行管理，即在接芽对面上方 2～3cm 处折断砧木，保留折断部分与砧木相连，使上下水分和养分尚有部分相通，利于伤口愈合和接芽生长，待接芽新梢充实后再把上部基叶全部剪除。

（3）芽接。过去由于考虑到枇杷腋芽小，有时只有芽痕，芽接不易成活。福建省农业科学院经过试验表明，枇杷芽接育苗成活率可达 80%～90%，芽接节省了接穗材料，提高了接穗的使用率，且操作简便，现已于枇杷产区普遍推广应用。方法是：3～10 月均可嫁接，但以秋季为多。通常 1～2 年生砧木即可进行芽片贴接。嫁接时选砧木表现光滑的一侧，在离地 10～20cm 处用抹布擦干净嫁接部位，用刀尖自下而上切宽约 0.6～0.8cm、长约 3cm、深达木质部的切口，使切口上部交叉，连接成舌状，随后从上而下，将皮层挑起，切下舌状表皮上半段，留下小半段，以便夹放芽片。接穗应选择生长充实、芽点处覆盖有白色茸毛的 1～2 年生长枝，枝粗 1cm 左右。在穗条中部削取长 2～2.5cm、宽 0.6cm，不带有木质部的芽片，芽片成舌形，正好嵌入砧木的切口处或稍小。然后将砧木上留下的皮盖在芽片上，用宽 1.2cm 的塑料薄膜条自下而上缠绕，上下圈重叠 1/3，一般接后约 25d 接口可愈合。若不成活可补接 1 次。如芽已成活，解开薄膜条 7～10d 后，于接芽上方 0.5～1.0cm 处将砧木剪断其直径的 4/5，自剪断处折断，使砧木上下水分及养分相通，待接芽萌发新梢有成熟大叶 4～5 片，新梢停止生长后，再将砧木上的枝叶全部剪除。剪砧时间若过早，接芽抽出枝叶所制造养分还不足以满足自身生长需求；过迟砧木剪口愈合困难，会影响苗木出圃时间。

4.2.6　嫁接苗的管理

（1）检查成活率。不论是枝接或芽接，嫁接后 15～20d 即能辨别是否成活。一般从接芽和叶柄状态来检查，凡接芽新鲜、叶柄一触即落的就已成活。如接芽干瘪，色泽焦黄、灰黑，叶柄干枯不落，有的接穗顶端发黑，则表明未接活。凡未接活的要及时补接。

（2）破膜露芽。接芽开始萌动时，应及时用刀尖仔细挑破妨碍接芽萌发的包扎薄膜。

（3）除萌。已成活嫁接苗，要及时抹去砧木上萌动的新芽，促进接芽快速生长；芽接苗上还会萌动无用副萌，与接穗同时生长，对接穗生长不利，也应及时抹除。

（4）剪砧。凡腹接、芽接苗经检查成活后，接口上仍留有砧木枝条，可于接口部位上方，分两次剪砧。第 1 次于接口上方 20～25cm 处剪断砧木，留下一部分砧木枝梢作为接穗的支柱，待新梢木质化后，再留接芽以上 0.3～0.5cm 进行第 2 次剪砧。注意剪口必须平整，以利于伤口愈合。

（5）解除薄膜。于春季切接的在夏末秋初才可解除包扎的薄膜，过早易导致接芽干枯死亡，但过迟不利于愈合或因包扎薄膜形成环缢，制约嫁接苗正常生长。

（6）立支柱。接穗生长初期很娇嫩，易受风折，应插支柱固定。

（7）遮阴。枇杷幼苗喜荫，由于春季嫁接成活后，枝梢尚未完全老熟，即转入伏旱高温季节，因此可以采用搭荫棚遮阴，待进入秋季后逐步使幼苗充分见光，促其老熟。

（8）加强肥水管理。对嫁接成活的苗圃要及时进行松土、除草，灌水结合追肥，促其根系生长。一般于 5～7 月每隔 15～20d 施 1 次 0.3％的尿素，8～9 月应适当再加施磷钾肥，且施肥浓度可适当增加。施肥要结合防涝抗旱进行，天气干旱时要及时浇水，暴雨过后要及时排水，苗圃做到雨停水干。

（9）剪顶摘心定干整形。枇杷苗嫁接成活后芽梢萌发，要及时选优去劣。春梢长到 12～15cm 时要及时摘心，促进新梢老熟。夏梢抽生后，选留 1 个健壮的嫩梢集中养分加速生长，然后对主干进行剪顶定干，在新发枝梢中选择生长方位好，分布理想的壮枝梢培育成主枝，使苗木于苗圃内初步形成骨架。

4.3　苗木出圃

4.3.1　苗木规格

枇杷出圃苗木，要求品种纯正，无检疫对象及严重病虫害，生长健壮，主干直立，根系发达，接口愈合良好，嫁接口以上 3cm 主干粗应≥0.6cm，新梢长达≥20cm 以上，苗木总高度达 45cm 以上为标准（表 3-7）。

表 3-7　苗木规格标准

项　目	指　标			
	1 级苗		2 级苗	
	1 年生砧	2 年生砧	1 年生砧	2 年生砧
苗高（cm）≥	40	60	30	40
茎粗（cm）≥	0.8	1.0	0.6	0.8
叶数（张）≥	10	15	7	10
主根（条）≥	4	4	3	3

4.3.2　起苗前准备

枇杷起苗时间可以按需要，安排于春季雨水到清明或秋季从白露到寒露季节进行。此外，枇杷苗虽然根系发达，须根较多，但是较其他果树根系弱。为了防止起苗过度伤根，应视土壤干湿情况决定是否需要浇水，土壤过干应于起苗前 3～7d 浇水，减轻劳动强度和根系损伤。其次，起苗前 3～4d，应剪除砧木基部萌蘖，剪去嫁接苗上多余分枝。并用 1 000 倍甲基托布津药液和 40％乐果乳剂 1 500 倍液混合进行消毒。

4.3.3　起苗

枇杷起苗应尽量减少根系、枝干损伤，起苗时应距主干 10～15cm 处用铁锹切断苗木周围侧根，在深 25cm 处切断主根。苗木挖起后应剪去过长主侧根、嫩枝梢、病虫枝和部分叶片，叶片仅留叶柄附近 1/3 叶面积，以减少水分蒸发；根部醮泥浆，调制泥浆时，为了促发定植后生根，提高成活率，可于每升水中加入 10～20mg 吲哚丁酸、吲哚乙酸或萘乙酸等生长剂。按苗木规格进行分级，每 20～50 株 1 捆，用薄膜将根部包好。每捆上挂 2 个品种标签，注明品种名称、级别、数量、生长单位和出圃日期。若不能马上定植，应将苗存放于荫凉处，并保持一定湿度和通气条件，切忌日晒、风吹、雨淋和堆放过高。

4.3.4　包装运输

异地长距离运输的枇杷苗，经分级打泥浆后，应每 50 株或 100 株扎成一捆，并用塑料薄膜包扎，减少水分蒸发。运输宜选择阴雨天气，防止日晒或雨淋，并注意遮阴通风，严防苗木发热。到达目的地后及时拆开包装物，把苗木根系浸于清水 1～2h，让根系充分吸水后再定植，以提高成活率。

4.4　枇杷容器苗培育

枇杷容器苗是目前大力推广的一项育苗新技术。采用容器育苗，可以使枇杷苗在移栽时带土定植，不受定植季节限制，可于一年四季栽树，没有缓苗现象，成活率高，进入结果期早。亦可实行枇杷苗工厂化生产，提高育苗效率。该育苗技术于 20 世纪 60 年代已在美国、日本、瑞典、芬兰、澳大利亚等国广泛应用。

4.4.1　营养土配制

枇杷育苗营养土配制，各地要因地制宜，就地取材。一是用肥沃的通常含有丰富腐殖质的园土和稻田表土层各占 50％合成营养土，按每立方米营养土加入充分腐熟的干猪粪 150kg＋含 N、P、K 各占 15％三元复合肥 2kg＋菜籽饼肥 5kg，将以上各种成分充分混合均匀后，加入适量水分，以手捏指缝间有水分渗出但不滴为宜。配成后集中堆沤，上面加盖薄膜密封，2 周后翻动 1 次再盖好薄膜，经 1～2 个月即可使用。二是以锯木屑、河沙为主搭配腐殖质。锯木屑要经过充分堆积发酵，用尿素 2.5～3kg、石灰 2kg，溶于 100kg 水中配成的溶液淋湿 1m³ 锯木屑，拌和均匀后，加盖塑料薄膜堆沤，每间隔 2 周翻动 1 次，1 个月后即可。然后每立方米基质中加入过磷酸钙 10kg、硫酸钾 1.25kg、硫酸亚铁 1.5kg、菜籽饼肥 10kg，堆沤处理后，加 1/4 河沙充分混合均匀待用。

4.4.2　育苗容器

枇杷育苗塑料容器为黑色薄膜袋，长×宽×高为 12cm×12cm×22cm，底部钻有 6 个直径为 1.5cm 排水孔。黑色容器吸热增温效果好，早春土壤上升快，有利于根系生长活动。

4.4.3　育苗地选择与设施

容器育苗场地宜选择地势平坦，向阳背风，水电使用方便，无病虫传染的地方。苗床宽 1～1.2m，长度依场地而定，用砖砌边，容器放于床上，床边设喷灌系统。冬季和早春采用塑料小拱棚覆盖，可以提早幼苗物候期，加速生长。

4.4.4　砧木苗的繁殖

（1）砧木苗播种期。砧木容器育苗播种期为 5 月中旬至 6 月中旬，选择饱满的枇杷种子，在育苗容器中装 3/4 容积的营养土，种子播于容器内 1cm 深的穴中，根据种子发芽势分别在每个容器中手播 1～2 粒种子，用营养土盖种，浇足水量，在苗床上盖薄膜保温保湿，播种后 20d 左右便可出苗。

（2）砧木苗管理。砧木苗床用银灰色遮阳网，设 1.2m 高架遮光，苗木于 8 月上旬定苗，每个容器选留 1 株矮壮挺立健苗，间苗后每隔 10d 浇 1 次 0.3％～0.5％的三元复合肥水溶液，翌年春、夏季根据苗情追施 2～3 次，结合防治病虫喷药。砧木苗高达 50cm 时摘心，促进苗木加粗生长，经常抹除基干基部萌芽，力争尽快达到培育嫁接砧木苗的标准。

4.4.5　嫁接及嫁接苗管理

砧木苗距土面 5cm 处为粗度为 1cm 左右即可用于春季嫁接。选择健壮母株上树冠外围的 1 年生充实的侧枝为接穗，根据接穗节间的具体情况采用单芽或双芽切接。接口高度距土面 10～15cm。嫁接后加强成活苗的肥水管理，及时抹去砧木上萌蘖。成活后施肥 3～4 次，以复合肥或农家肥为主，偏施氮肥苗易瘦长软弱，不利于形成壮苗。容器育苗根系水分自然补充受限，应及时灌水。7～9 月高温期宜用银灰色遮阳网高架覆盖，阻挡强光直射，适度降温，减少蒸发，以促进苗木高温期生长。苗期要注意炭疽病、叶斑病、黄毛虫及若甲螨等病虫害防治。

5 建　园

5.1　园地选择

5.1.1　气候

枇杷原产于温带南部，在生长发育中要求较高温度，一般在年平均气温12℃以上的地区才能生长，年平均气温15℃以上则更适宜。枇杷生长发育各阶段和植株不同部位对温度要求不一致，且于冬季开花，春季形成果实，花、幼果均对低温比较敏感，一般要求1月平均气温在5℃以上，最低气温不低于−5℃。黄山市冬季、早春常遭受寒潮、低温阴雨、干旱及大风等异常灾害性天气危害，因此发展枇杷生产，除考虑年平均气温因素外，更要考虑冬春气候因素，将生产风险降至最低。黄山市歙县东南新安江库区沿岸为黄山市枇杷的主要产区，该区为新安江河谷，海拔200~500m，小气候条件优越，据《徽州土壤》记载：新安江库区年平均气温和降水量均高于县城，最低气温比县城高1~2℃，1985年1月2~4日和11月8日2次寒流降温，水库沿岸小气候温度比一般地区高3.2~4.4℃。因此，黄山市发展枇杷、新建枇杷基地应充分利用新安江库区小气候环境之适宜地区建园。

5.1.2　地势

黄山市歙县新安江库区90%以上为海拔500m以下的丘陵和山地，地形复杂，且受水体调节，冬无严寒夏无酷暑，山地小气候多样性，气温随海拔升高100m下降0.4~0.6℃，降水量增加30~50mm/年，光照强度增4%~5%。按海拔不同，库区发展枇杷可分为丘陵山麓地带和低位山带两种地势类型。

（1）丘陵山麓地带。一般海拔在200m以下，坡度较小，一般坡度5°~15°，这些地带，由于坡度小，土层深厚，排水良好，日照充足，空气流通，为黄山市发展枇杷的好地方，一般又称之为"半山区"或"近山区"。但要避免在山麓凹地建园，以免花期因形成"霜眼"，给枇杷花及幼果造成冻害。

（2）低位山带。一般海拔在200~500m，其坡向、海拔不同，温度、雨量、日照条件也不同。首先，通常海拔越高，光照越强，气温降低，雨量增加。其次，低位山带坡度也较丘陵山麓地带坡度大，易造成水土流失，梯田修筑成本也大幅上升，管理成本也随之增加。因此，低山地带建枇杷园应首先选择小于5°的缓坡；选择5°~25°斜坡时，要配建水土保持工程；25°以上陡坡和峻坡由于水土流失严重，耕作管理不便，一般不宜种植枇杷，宜留林地，以保持良好生态环境。此外，低山带建园，由于坡向不同，同一海拔高度，其温度、湿度也存在着较大差异，宜选择朝南或朝东南的坡向为好。南坡日照多，热量高，春季物候期早，果实的色泽、品质也比北坡好。但是，枇杷树耐寒性较好，在新安江库区的东坡或北坡亦可建园。在同一长坡上，上坡空气流通，散热快，温度变化大，土层较瘠薄；下坡，尤其谷地，冷空气容易沉积而发生冻害，但土层比较深厚肥沃，水肥条件好；中坡温度变化较小，低温时间短，排水良好，土壤肥力适中。因此，大山朝南的低位山带，温度较高，雨量充沛，日照长，北来寒流被大山阻挡，因而适宜发展耐寒性较差的枇杷品种。

5.1.3　土壤

枇杷对土壤适应性广，沙质或砾质的壤土或黏土都可栽培，但以土层深厚，含腐殖质较多，且保肥力强而又不易积水的为好。山地建园坡度较大，土层较瘠薄，保水能力差，易引起干旱，因此，建园初期，应采取措施如修筑等高梯田，建鱼鳞坑，深翻大穴，增肥有机肥，加深土壤层，引根下长，减少危害。枇杷最忌积水，积水容易引起根部腐烂。平地和新安江山谷下部离新安江库区较近之平地，在建园时应开排水沟，培厚土层。枇杷对土壤酸碱度要求不严，pH 5~8.5的都能生长，但以pH 6左右为最适宜。

5.2　建园规划

枇杷建园规划一般包括生产小区划分，道路系统布局，排灌系统设置，防护林营建，建筑物（办公室、工具间、作业室、蓄水池等）及场地的修筑等。

5.2.1　生产小区划分

枇杷园小区划分，其大小、形状和方位，应根据地形、地势和劳动组织等情况来确定。其原则是每个小区内土壤、气候、光照和水分条件大致一致。同时，还应有利于农事操作和枇杷园自然灾害预防。地势平坦的平地或坡度在5°以下的缓坡地，每个果园小区面积以6~8hm² 为宜；丘陵或山麓地带地形较复杂，枇杷园小区面积以1~2hm² 为宜。山地带状长方形小区，其长边宜与等高线平行，以利于农事操作和水土保持，小区边缘可与道路、排水沟和防风林相结合。

5.2.2　道路系统

果园的道路系统是由主路、干路、支路组成。主路要求位置适中，贯穿全园，便于运送产品和肥料。在山地建园，主路可以环山而上呈之字形亦可，坡度不超过5°~10°。与排水沟交叉处应修建桥梁或涵洞。干路一般兼做小区之分界线，山地干路可沿坡修筑，但须有3%的比降，不能沿真正等高线筑路。支路可以根据需要顺坡筑路，但顺坡筑路应建在分水线上，不宜设置于集水线上，以免被水冲塌。各种道路规格质量如下：

（1）主路。宽5~6m，山地建园主路沿坡上升的斜度不能超过10°。筑路质量需与公路相等。

（2）干路。宽4~5m，山地建园可作为小区分界线，顺坡干道为左右小区分界线，呈之字形，坡缓处可直上直下。

（3）支路（作业道）。宽1~1.5m，主要为人行道及通过小型喷雾器，于山地支路可以按等高通过行间。在修筑梯田果园可以用边埂或背沟边缘做人行小路，不必另开支路。

5.2.3　排灌系统

目前黄山市枇杷园排灌系统相当脆弱，园区基本上没有排灌系统，新建枇杷园应加强排灌设计。做到旱能浇水，涝能排水，中小雨时水不流失，大雨时土不被冲走。

（1）灌溉。目前枇杷园灌溉系统主要采取渠灌，比较先进的枇杷园有的采用喷灌、管道灌水或滴灌。渠灌主要包括水源、水渠、灌水沟等设施。水源主要利用井水、河水，山丘果园可用引水自流灌溉，缺水源的可引水上山，或利用水库、塘坝拦截地面径流（雨水、山洪）等，蓄水灌溉，也可利用河流、山泉水等抽水灌溉。灌溉渠道由干渠、支渠和灌水沟等组成。在保证灌溉前提下，山地果园设计位置要高，一般设计于分水岭地带，应尽量缩短灌溉渠道长度，减少施工量及水资源流失。山地果园的灌溉渠道，应结合水土保持系统，沿等高线按一定比降（干渠1/1000、支渠2/1000）挖成明沟，并将排水沟合二为一，一沟两用，置于梯田内侧，亦称之为后台沟。无论是平地还是山地果园，灌溉渠道走向都应与小区长边一致，而输水支渠则与小区短边一致。

（2）排水。排水系统设计规划，是防止地面径流冲刷和涝害的主要措施。一般果园排水有明沟排水、暗沟排水两种方法。山地果园宜用明沟排水，排水系统由集水沟和总排水沟组成。山地枇杷园宜于顶部开设宽1m、深1m的拦洪沟，并使之与果园排水沟相通。在梯田化的果园中，集水沟与等高线一致，并修于梯田内侧，比降与梯田一致。总排水沟可设计于道路两侧，连通各等高线排水沟，设计于集水线上，其方向应与等高线成正交或斜交。为了防止水流直冲而下，造成冲刷，排水沟可开成阶梯状，也可于每阶梯内侧挖一小坑。果园行间排水沟的比降朝向支沟，支沟朝向干沟，为了防止泥沙阻塞，影响排水，沟与沟相结合处，可保留一定弧度。平地果园的明沟排水系统由果园小区的集水沟和小区边缘支沟与干沟三部分组成。

5.2.4　防护林系统

防护林主要作用有降低风速、防止风害、调节温度、增加湿度、减轻高温干旱和霜冻造成自然灾害。在山地枇杷园设防护林还可以保持水土，减少地表径流，防止雨水冲刷。黄山地区由于枇杷园主要分布于新安江河谷地区，地形地势复杂，小区面积较小，宜营造环园林带。但大面积果园防风林一般由主林带和副林带构成。主林带要求与当地有害风或长年大风方向垂直，若因地形影响，可以有20°～30°的偏角。副林带是主林带的辅助林带，应与主林带垂直，是辅助主林带以阻挡其他方向的有害风。副林带的设置应与排水沟、道路、作业区相结合。山地果园的主林带，也应与有害风方向垂直，在迎风坡、山谷和坡地上部的林带宜采用透风林带或使林带留有缺口。主林带4～6行，副林带2～3行。防风林树种可以就地取材，实行乔灌木相结合，要求速生快长，树体高大，根深叶茂，并没有与枇杷树相同病虫害，有一些经济价值，能供建筑、编织用或作蜜源，如马尾松、杉树、枫树、小叶杨、桦树、桉树、栎树、石楠、女贞、油茶、杨梅、槐树、荆条等。此外，为了达到理想的防风效果，防风林宜于建园前1年营造；枇杷树与防风林间隔距离应大于5m，而且林带与枇杷树之间应挖1条阻根沟，以便积水或加石灰石后添上阻根。

5.2.5 果园配套系统

果园辅助配套系统应包括管理用房、贮藏室、农具室、包装物、药池、肥料、洒肥坑、蓄水池等。此外还应考虑水电设施架设，建设时应选好适宜地点，尽量少占耕地。

5.3 果园开垦与水土保持

5.3.1 果园土壤冲刷的危害性和影响因素

（1）危害性。坡地枇杷园水土流失是地表径流对土壤侵蚀的结果。土壤侵蚀主要是面蚀和沟蚀两种类型，面蚀引起流失的土壤，是具有较高肥力表层土，沟蚀形成大小不同沟壑，常将果园切割成不便于耕作地块，降低地下水位，使园地干旱，土壤中腐殖质和无机养分损失，土壤理化性质恶化，有益微生物活力减弱。当沟蚀面积发展到全园面积40%～50%时，果园将被毁弃。面蚀和沟蚀也导致枇杷树根部裸露，果树寿命减短，甚至死亡。

（2）影响冲刷因素。影响冲刷因素主要有地形、降水量、植被和土壤。

地形。坡度、地形和坡长等直接影响冲刷速率。坡度越大径流速率越大，形成的推或拉的力量越大。坡长越长，流量也越大，流速也越猛。阶梯形坡将长坡截断，利于减轻冲刷；直线坡形和凸形坡下段、凹形坡上段流速较急。

降水量。在单位时间内冲刷速率与降水量呈正相关。暴雨由于雨点具有强烈冲击力，它会将土面细小土粒挖掘起来纳入径流，顺流而下。所以暴雨较之等量细雨，对果园土壤冲刷强烈。

植被。植被由于根系可以固定土壤，增强土壤的抗冲击力外，地上部分又可分散暴雨对土面冲击力，减缓径流速度，同时给土坡渗水以充足的时间，变径流为潜流，从而削弱了径流能量，降低土壤冲刷速率。在一定降水量范围内，坡地果园植被多少与径流强弱呈正相关。

土壤。果园土壤中有机质含量愈多，土壤团粒结构愈好，土壤渗水力就愈大，从而土壤抵抗面蚀作用愈大。固粒结构愈差，土坡渗水力弱，地表径流强，冲刷量因而增大。黏土虽然渗水力弱，固粒结构虽差但水黏性强，故仍较沙性土耐冲刷。故在山地建枇杷园定植前进行土壤改良，对防止土壤侵蚀控制冲刷具有重要的意义。

5.3.2 防止枇杷园水土流失的技术措施

当丘陵山地坡度小于5°时，枇杷园行间生草或全园生草是控制水土流失最有效的措施。当坡度大于5°时，则宜根据坡面大小、地形变化、土层深浅和土壤类型，采取相应水土保持工程。一般坡度在5°～10°范围内，且地形又比较一致，土层较厚的地区，可以修筑等高梯田；地形比较复杂，土层又较浅，则以等高鱼鳞坑为宜。但不论采用何种水土保持措施，果树栽植台面应力求半整，其两端比降不宜超过1/1000～3/1000，而且应使外侧稍高于内侧，以缓和地面径流，兼起蓄水、积淤作用。

（1）梯田。山地修筑梯田，变坡地为台地，消除了种植面的坡度，划小集流面，削弱了一定范围之径流流速和流量，利于水土保持，更便于耕作、施肥、灌溉、修葺、病虫防治及采收等管理工作。由于变平面为立体果园，增加光合利用率及整个生长期的积温，利于枇杷质量提升及抗冻。等高梯田，依阶面不同，可分为水平式、内斜式和外斜式3种。枇杷建园宜用内斜式为好。山地枇杷园梯田台面宽度，应根据原山地坡度而定。坡度愈大，台面愈小。若要使台面达到一定宽度，则要提高梯壁高度。开设梯田时，不同坡度山坡，其梯田面与梯壁高度的适宜关系见表 3-8 所示。

表 3-8　不同坡度梯田台面宽度与梯壁高度关系

坡度（°）	台面宽（m）								
	2	3	4	5	6	8	10	12	14
6	0.2	0.3	0.4	0.5	0.6	0.8	1.0	1.2	1.4
10	0.4	0.5	0.7	0.9	1.0	1.4	1.7	2.1	2.4
14	0.5	0.7	1.0	1.2	1.5	1.9	2.4	2.9	3.4
18	0.6	1.0	1.3	1.6	1.9	2.5	3.1	3.7	
22	0.8	1.2	1.6	2.0	2.3	3.0	3.8		
26	1.0	1.5	2.0	2.4	2.6	3.5			
30	1.2	1.7	2.3	2.9	3.0				
34	1.3	2.0	2.7	3.4					

梯田修筑，一般沿等高线自下而上依次进行，以最低处的一条等高线为基准，把等高线外（下）方的草皮砖翻到线上交错砌叠（图 3-54、图 3-55）。草壁梯田须向内倾斜 70°～80°的斜壁，坡度大，梯壁高地方要用石块垒成石壁。梯田内侧要低于外缘，即内斜 3°～5°，将内侧梯田深翻，使整个梯田平整、内斜、疏松再在内壁下修 1 条排水沟，并在沟内每隔一定距离挖 1 个小坑，供淤泥蓄水。这种沟称为"竹节沟"，待淤泥满坑后，淤泥培育畦面。此沟有利于排水保土（图 3-48），梯田两头挖坑淤泥蓄水，梯田宽 3.5m 以上。

图 3-54　梯田

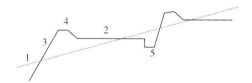

图 3-55　梯田结构断面图
1. 原坡面　2. 阶面　3. 梯壁
4. 边埂　5. 背沟

（2）鱼鳞坑。鱼鳞坑结构如同微型梯田（图 3-56）。于陡坡上修筑鱼鳞坑时，亦需要先在上坡修 1 道拦山堰，然后划 1 条等高线作基础线，在基础线上按欲栽果树株距定点打桩，然后按行距顺坡向下划线，插空定点，以减少径流、引起沟蚀。在较长的陡坡上修筑鱼鳞坑，每 80～100m 坡距，必须修筑 1 道拦山堰，沿等高线拦截山洪，以免毁坏全园。鱼鳞坑大小因地点情况而定。幼龄定植时，在等高线上开挖长宽各 40cm、深 50cm 的坑，以后结合施肥，将坑逐年扩大。开挖鱼鳞坑时，坑面要稍向内倾斜，沿坑外侧要修筑 1 条土埂。坑内土壤要保持疏松，以利于保蓄雨水。

图 3-56　鱼鳞坑

（3）等高撩壕。于山坡面上，按等高线挖成等高沟，把挖出的土放在沟外侧，使沟的断面和壕的断面成正反相连的弧形。于等高撩壕的外侧栽培枇杷树。采用此种方式栽培枇杷树，由于壕土较厚，沟旁水分条件好，因而，幼树的生长发育较好。但是，由于撩壕在沟内沿及外沿皆增加了坡度，使两壕之间的坡面较原坡为陡，因而也增加了两壕之间地表径流流速，使行间土层变薄，树体生长在后期不如前期。因此，在较平缓大坡上，通常根据具体情况，简单削高就低，从地块内侧向上翻垒土堰，整成上下高差不大的复式梯田，以利耕作兼防冲刷。

5.4 定 植

5.4.1 定植前的土壤改良

在山地建园，普遍存在土壤瘠薄、质地黏重和透气性差的问题。因此，应在修筑梯田、鱼鳞坑或撩壕等水土保持工程的同时，深翻、挖大穴、增施有机肥，改良土壤。深翻可以加深耕作层，提高土壤持水量和心土孔隙率，改善土壤的物理性状。深耕一般应达到 $60\sim80cm$，并结合增施有机肥，以改良心土。山地建立枇杷园，定植前如劳动力不足，来不及进行全园深翻，可在定植穴位置挖坑，直径不小于 $1.5m$，深度不小于 $0.7m$，将坑内粗沙或石块取出，客入好土，然后植树，以后逐年将坑穴放宽，取出沙石继续客土。

5.4.2 苗木定植

（1）选择苗木。选择黄山适宜的优质品种苗木，为建立高效、丰产、稳产的枇杷园打下良好基础。枇杷为常绿果树，带土移植，成活率高，缓苗期短，进入结果期早。外地订购苗木，必须严把质量关，并具备"三证"，即苗木生产许可证、苗木合格证和检疫证。

宜选择品种纯正，须根很多，无根癌病，主干粗度 $0.8cm$ 左右，高度为 $80\sim120cm$，枝干无病虫害的苗木。若苗木长势过旺，且须根很少，则栽后缓苗期长，不易成活。若苗木细弱，则栽后长势不强，树冠形成慢，结果迟。本地培育苗木，起苗后宜立即栽培，外地购进苗木，一定要妥善包装，注意保湿，快装快运，及时定植或假植，以提高成活率。

（2）定植时期。枇杷一般无休眠期，全年均可种植，但以 10 月中旬至 11 月中旬或翌年 2～3 月为好。农谚云："秋栽先发根，春栽先发芽"，这是因为秋季地温较高，枇杷苗栽植后，根系伤口能较快愈合，并生长新根，有利于翌年及时萌发生长。但是黄山地区位于枇杷种植北缘地区，秋季较南方地区短，冬季也较冷，干旱风大，冬季易导致定植枇杷苗干枯，故习惯上以春植为多。但不论是秋植还是春植都必须于新梢停止生长时进行。栽培时间最好选择阴天进行，若遇到毛毛细雨也可栽植，但大风大雨时不宜栽植。

（3）定植密度与品种配置。黄山地区枇杷园建园以山坡地为主，枇杷种植密度宜每 $666.7m^2$ 定植 44～55 株，株行距以 $3m\times5m$ 为宜。于肥沃、土层深厚园地建园，栽培密度以每 $666.7m^2$ 种 27～33 株为宜，株行距 $4m\times6m$；在山地或沙质地栽培密度以每 $666.7m^2$ 种 55～70 株，株行距 $3m\times4m$。品种应注意早中晚熟品种搭配，一般可按 $(1\sim2.5):(5\sim6):(2\sim4)$ 搭配；此外，为了提高坐果率同一地块应配置盛花期相近品种 2～3 个，以解决部分品种自花不实问题。

（4）定植。

定植点。平地或缓坡地建园，可用按株行距做好标记的测绳，先于要栽树地段四周定好点，然后，将测绳沿两边平行移动，每移动 1 次即可确定 1 行定植点，用石灰或木桩做好标记。丘陵或山地建园，则先开筑好梯田或等沟撩壕、鱼鳞坑。定点时，可选 1 块代表性坡地，由下而上做 1 条垂直于梯田的直线，然后，以此直线为标准，分别向左右两侧梯田，按株行距进行测定。再将上下梯田连接起来，使上下各定植点都在同一直线上。

挖定植穴。根据确定的定植点，挖好定植穴。坑穴应以定植点为中心，画好圆形或方形后挖掘。一般要求挖大穴，如方形穴以宽深各 $80\sim100cm$ 为好。若已进行过深翻改土，定植穴可适当缩小些，但不应小于 $80cm\times80cm\times80cm$。挖出表土和底土，应分别放置于定植穴两边，利于栽植时将表土放在底层。

定植苗木。枇杷苗定植，应以大穴、大肥、大苗浅种为原则。回穴的土可加入绿肥、秸秆、垃圾土和厩肥等有机肥。要求每穴施绿肥或秸秆 10～20kg，饼肥 2～4kg，磷肥 1～2kg。每穴先将表土与肥料混匀，取其一半填入穴内，培成丘状，然后将苗木置于穴内中央，捋顺根系，同时进行前后左右对正，再将另一半土掺入肥土分层填入穴中，每填一层土都要踏实，并将苗木略上提和稍加摇动，使土壤与小根密接。然后将所有挖出土全部回穴、踏实，回穴土要高出穴面到嫁接口。最后，在苗木周围土面做直径 1m 水盘，浇足定根水。

（5）栽后管理。枇杷苗栽植后剪去大部分叶片，减少水分蒸发；同时，应根据干高要求，于整形带留 4～6 个饱满芽，约 50～70cm 处定干，促进整形带内芽及早萌发和幼树成形；栽培后，应适时抗旱浇水，或树盘覆盖薄膜保墒防寒；未成活苗应及时补植；枇杷根系浅，风大时苗木定植应立支柱，以避免风吹摇动，影响苗木成活和根系生长。

6 土肥水管理

6.1 土壤管理

土壤是果树生长发育的基础，是供给树体生长所需水、肥、气、热的源泉。枇杷对土壤适应性较广，山区、平原、丘陵均可种植，但良好的土壤条件是枇杷快速生长、大果优质、丰产稳产的基础。因此，应该把果园的土壤改良与管理当作枇杷丰产稳产的重要措施常抓不懈，创造有利于枇杷果树生长发育所需要的水、肥、气、热条件，保证枇杷生产持续稳定发展。

果园土壤管理的目的可以归纳为：一是扩大根域土壤范围，为果树创造适宜的土壤环境；二是供给和调节果树从土壤中吸收养分和水分；三是增加和保持土壤有机质，提高土壤肥力；四是疏松土壤，增强土壤的通透性，有利于根系向水平和垂直方向伸展；五是保持水土和做好排水工作。

6.1.1 深耕改土

黄山市为典型山区农业城市，大部分枇杷均种植于山地或丘陵、缓坡地。许多枇杷园土壤的物理性状、化学特性等都与枇杷对土壤条件的要求有差距，土层浅、贫瘠、团粒结构差、有机质含量低。因此，定植前和定植后均需要对枇杷园进行有计划的深翻改土，一是可以疏松土层，加厚活土，改变土壤结构，使土壤容量减少，孔隙度加大，提高土壤蓄水保湿能力；二是为土壤微生物创造良好的生活环境，促进土壤有益微生物繁殖与活动；三是加速枇杷根系的生长发育，使根系于一定范围内随着耕作层加深而伸展范围，总根量增加，营养面积扩大，根深叶茂，抗旱耐涝；四是使土壤深层不易被果树吸收利用的养分释放出来，转化为有效养分，供枇杷根系吸收利用。枇杷园深翻可于定植前进行1次全园性深翻，也可于建园后隔行分2年进行全园性深翻。据测定，在0～30cm深土层中的速效养分，深翻40cm的比浅翻12cm的速效氮增加21.9mg/kg，速效磷增加8.6mg/kg，速效钾增加9.7mg/kg。土壤深耕熟化还有利于消灭多年生杂草和越冬的地下害虫。

6.1.2 扩穴改土

枇杷属于菌根性果树，根系（菌根）生长需要有机质含量丰富，通透性良好的土壤环境。枇杷幼树生长旺盛，栽植后1～2年，根系就可布满定植穴。为了促进树体快速生长，定植建园前未进行全园深翻熟化的枇杷幼年果园，应及时结合施有机肥和绿肥进行扩穴改土，扩大耕作层保水保肥能力，促进根系的生长和树冠成形。扩穴改土是土壤、交通、立地条件较差的丘陵山地幼龄枇杷树早成形、早结果的重要管理措施。

扩穴改土，1～2年幼年树以9～10月进行为最佳时期。因为秋季气温高，根系伤口容易愈合，也有利于新根再生；此外，此期间进行扩穴改土，切断部分吸收根，有利于保护秋叶、促花保果。黄山地区冬季枇杷园没有冻结，因而也可以利用冬闲进行扩穴改土。但抽梢旺期和开花结果期不宜进行扩穴改土，以免影响地上部分生长发育。

枇杷幼树园的扩穴改土，可于定植穴外围对应两侧各挖1条长100cm、宽50cm和深40cm的扩穴沟（图3-57）。次年换1个方向，逐年外移，2～4年完成。也可1年1个方向，4年轮1圈。对于丘陵山地梯面较窄、单行种植枇杷园，扩穴沟应开在株间或梯台内侧，外侧不开扩穴沟，以免梯台坍塌。开沟时，表土、心土应分开堆放，以便填土时将表土放于底层。改土时，可利用绿肥、树枝落叶、稻草、豆秆、山边杂草等作粗料，以腐熟的猪牛栏肥、饼肥、鸡鸭粪、蘑菇土、化肥等作精肥。每株枇杷树的改土材料，用量为绿肥20～30kg，加上饼肥5kg，钙镁磷肥或（过磷酸钙）1.5kg，熟石灰1kg，尿素0.5kg和猪牛栏肥（或鸡鸭粪、蘑菇土）20～25kg。上述肥料分3层压埋

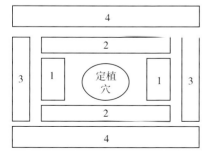

图3-57 枇杷园扩穴示意图

（灌木杂草等粗料填入穴底层），腐熟的猪、禽粪与园土混合后施入沟（坑）上层再填土，以利培肥枇杷园土壤。

6.1.3　间作套种

黄山地区丘陵山地枇杷园的土壤，有机质含量大多数在 1% 以下，而丰产枇杷园土壤有机质含量要求在 2% 以上。因此，广开肥源，充分利用幼龄期树冠小，树根扩展范围小时期，利用行里株间空隙地，套种绿肥及其他农作物，将收获的绿肥和作物秸秆翻埋到果园土壤中，是丘陵山地枇杷园提高土壤有机质含量的有效途径（图 3-58）。每吨绿肥鲜茎叶、秸秆可为土壤提供 200kg 有机质、5kg 氮素、2kg 磷素、4kg 钾素。套种绿肥除可增加土壤有机质含量，还可调节土壤水、肥、气、热条件。据观察，7 月高温季节，枇杷园套种绿肥（蔬菜），土壤地面温度可降低 16.3℃，土壤含水量增长 8.5%，表层以下 5cm 处土温降低 9.1℃；10cm 处土温降低 9.3℃。此外，利用枇杷幼龄果园套种绿肥覆盖地面，可减少杂草生长和水土流失。幼龄枇杷园套种的绿肥、作物品种应具备下

图 3-58　套　种

列条件：短浅根，吸收水肥高峰期应与枇杷树错开，不影响枇杷的正常生长发育；生物产量高的绿肥，或经济产量、经济价值相对较高的作物；对生态环境要求与枇杷相似；与枇杷没有共同病虫害；翻埋入土易腐烂分解，对枇杷无其他不利影响。绿肥可于 3~4 月中旬春播，也可于 9 月下旬至 10 月上旬秋播。秋播绿肥有紫云英、黄花苜蓿、苕子、蚕豆等；春播绿肥有大绿豆、花生、黄豆、绿豆。间作套种可选用草莓、西瓜、蔬菜、药用植物等。绿肥通常于开花之前耕翻压青；豆科作物，于豆荚老化之时耕翻压青。

6.1.4　石灰改土

黄山地区丘陵山地枇杷园，其土壤多为红壤，呈酸性，土壤 pH 5.0~5.5。土壤阳离子代换量小，保肥保水能力差，风化淋溶剧烈，硅酸及钙、镁等元素淋失，铁铝富集，磷酸固定强烈；土壤颗粒中硅/铁铝率低，土壤通风透气不良，干时坚硬，湿时黏糊。因此，可在深耕、增施有机肥、熟化土壤的同时，施用石灰调节土壤酸碱度，降低酸度和铝素，提高土壤磷素有效率，增加枇杷生长结果所需钙素营养。红壤降酸所需石灰用量见表 3-9。

表 3-9　提高土壤 pH 石灰用量

单位：kg/666.7m²

土壤 pH	沙土	沙壤土	壤土	黏壤土	黏土
4.9 以下	40.0	80.0	133.3	173.3	226.7
5.0~5.4	26.7	53.3	80.0	106.7	133.3
5.5~5.9	13.3	33.3	40.0	53.3	66.7
6.0~6.4	6.7	13.3	20.0	26.7	33.3

注：表内数字为每 666.7m² 的 10cm 厚土壤石灰需要量。表内石灰用量是指碳酸钙。若用消石灰、用量为该量的 75%；若用生石灰，用量为该量的 50%。

6.1.5　树盘覆盖

丘陵山地枇杷园一般土质瘠涝干旱，有机质含量低。树盘覆盖能改善土壤结构，增加土壤有机质，能减少土壤水分蒸发，抑制杂草滋生，调节耕作层土壤湿度，有利于根系活动（图 3-59）。树盘覆盖材料通常用绿肥、杂草、作物秸秆及黑色地膜，厚度为 5~10cm，黑色地膜覆盖可周年使用，覆盖具有明显的增湿保墒效果，11 月至翌年 5 月，地膜覆盖土壤温度可增加 4~5℃。树盘覆盖前要进行 1 次松土、施肥、清耕，冬肥、春肥在覆盖前一次性施足，以免中途揭开覆盖物。

图 3 - 59　树盘覆盖

6.2　施肥管理

6.2.1　枇杷需肥规律

枇杷是一种需肥水平较高的果树，与其他果树相比，有以下营养特点：一是由于枇杷树的叶片生长旺盛，1 年抽生多次新梢，挂果期长达 6～7 个月，需要营养物质多；二是由于山地枇杷根系欠发达，在土壤中所占面积小，吸收营养相对要少，故需不断施肥补充养分；三是由于枇杷属于高钾作物，果实含钾量几乎是氮的 3 倍。根据上述需肥特点，若施肥不足会严重影响树势、产量、品质及经济寿命。

枇杷树生长分为 4 个阶段，即幼年期（第 1～2 年）、结果初期（第 3～5 年）、结果盛期（第 6～19 年）、衰老期（20～30 以后），各生长发育阶段需肥规律不同。

（1）幼年期。于春、夏、秋乃至初冬均可抽梢，以营养生长为主，迅速增加枝叶量，壮大根系。其特点是枇杷根系数量少，分布范围小。因此要薄肥勤施。以氮素为主，配以少量磷、钾肥，在抽梢前施好促梢肥，半个月后新梢展叶时，再施 1 次壮梢肥。

（2）结果初期。此阶段营养生长仍旺盛，扩大树冠，同时开始花芽分化，开花结果，根系生长渐趋完善。施肥次数可减少，增加每次施肥量，适当增加磷、钾肥，促进开花结果。

（3）结果盛期。枇杷树冠接近封行，产量基本稳定。树冠扩大速度逐渐放缓，冠形已基本形成，树体以结果为主。注意保持营养生长和结果平衡，保持产量和品质，按枇杷结果量调整肥料种类和施用量及配比，如适当增施钾肥。

（4）衰老期。树势减弱，逐渐衰老。这一阶段枇杷枝梢生长势弱，内膛空虚，产量下降。生产上常用重剪更新，促进新梢生长，恢复树势。随着更新技术的运用，枝叶和根系生长恢复，器官建成，需大量营养物质。因此，应结合土壤改良，增加施肥量，并适当增施氮肥等速效肥。

6.2.2　矿物质营养及其作用

枇杷生长发育所需的主要矿物质元素有：氮（N）、磷（P）、钾（K）、钙（Ca）、镁（Mg）、铁（Fe）、硼（B）、锰（Mn）、锌（Zn）、硫（S）、钼（Mo）、铜（Cu）和氯（Cl）等 13 种。其中氮、磷、钾、钙、镁、硫等需求量较大，称之为大量元素；铁、硼、锰、锌、钼、铜等在树体各组织中存在量较少，但却是枇杷树生长发育不可少的元素，称之为微量元素。

（1）大量元素。主要是氮、磷、钾、钙和镁等元素。

氮。枇杷生长最主要元素之一，有促进枝叶生长、花芽分化和提高着果率的作用。枇杷树对氮素较敏感。氮素不足，会使枇杷新梢生长慢，叶片薄、小、稀，叶色变淡或黄化而脱落，花量少，质量差，果实少而小，产量低。根系少而生长差，呈胡须状。但是，氮素过量，又常出现枝梢徒长，树冠郁敝，中下部枝条易枯死，花芽分化差，落花落果严重和果实贪青着色不良等现象。

磷。枇杷生长最主要元素之一，参与细胞分裂等多种生理生化活动，具有促进花芽分化、新根生长、果实发育，提高果实品质和树体抗逆性等作用。磷素不足，枇杷根系弱，枝叶生长不足，叶片小，叶色深绿；花蕊发育不良，坐果率低，果实变小；树体抗逆性下降。但磷素施用过量，枇杷果实发酸，可溶性固形物含量下降，还妨碍对氮、钾、铁和铜等元素吸收。

钾。枇杷生长最主要元素之一，以离子状态主要集中于生命最活跃部位。如新芽、幼梢、幼叶、根尖等处，参与光合产物的合成与运转，钾于枇杷树体内，常从老叶和成熟组织移向嫩芽、新梢中。钾素对枇杷果实发育极为重要，果实中含量很高。钾素充足，叶大色绿、果大、质优、产量高。钾素不足，树体内新陈代谢功能出现障碍，新梢抽生细弱；老叶尖端或叶缘呈现黄褐色枯死斑，易脱落；坐果率低，果实小，着色不良，产量和品质下降。但钾过量，又会引起果实变硬，妨碍钙、镁元素的吸收和利用。

钙。细胞壁组成部分，枇杷缺钙则细胞壁不能形成，细胞分裂受到阻碍，幼芽先端变褐枯萎，根系生长受影响，嫩叶尖端黄化，慢慢扩大散至叶脉，病叶比健叶要窄小，黄化早落，树顶上部出现落叶光枝，严重时出现生理落叶落果。黄山地区枇杷园大部分建于酸性红壤，容易缺钙，施用石灰可中和酸性，增强有效钙，改良土壤结构。钙过量，却使土壤偏碱性，易板结；同时，造成铁、锰、锌等元素吸收障碍。

镁。叶绿素组成部分，可促进磷酸盐的吸收和运输。缺镁首先表现为枇杷较老叶片边缘逐渐失绿，叶脉间可能发生一些腐点，叶片干枯脱落，呈爪状，但叶脉仍保持绿色，形成清晰网状花叶。镁易从土壤中流失，尤以酸性土壤严重。

（2）微量元素。主要是指铁、锰、锌、硼、铜、钼和氯等元素。

铁。对叶绿素合成和氮代谢具有重要作用。缺铁，会使枇杷树体因氨的大量积累而中毒，叶片失绿黄化。但铁过量，如酸性红壤枇杷园，又会影响磷钙等元素吸收利用。

锰。叶绿体组成部分，并直接参与光合作用。缺镁，叶绿素合成受阻，枇杷叶片从边缘附近开始，叶脉间逐渐黄化，成为花叶，严重时叶片变褐枯萎；果实质地变软，果色浅，坐果率低，产量低。但锰过量，也会造成毒害，使枇杷功能叶片绿黄化和异常落叶，还有诱发缺钼症。酸性土壤锰易大量溶出，使土壤中锰过剩。

锌。参与氮代谢及生长素合成。缺锌，枇杷枝梢生长受阻，树势弱，常出现簇叶病和小叶病；果实小、花芽分化差；产量很低。土壤条件差的丘陵山地枇杷园，因锌易流失，而常发生缺锌现象。

硼。促进光合产物运转和花器发育，提高坐果率。缺硼，枇杷枝叶顶端生长受阻，花丝、花药萎缩，根系生长点受抑制，花果发育不良。

铜。叶绿体和某些酶的组成部分。铜可刺激枇杷生长和提高抗性，缺铜，使枇杷新梢在停止生长以前，发生"枯梢"现象，形成枝条丛生状态；叶片薄而失绿；果实成熟后局部果肉发僵，发僵部位果皮有萎缩和粗糙状，去皮难，食时有生硬感。

钼、氯。钼对硝态氮的吸收和利用、菌根共生生长有着重要作用；缺钼时，叶片出现黄斑，枝叶干萎、坏死。氯是枇杷树生长发育必需元素，促进有机物合成，提高品质；缺氯，枇杷根系吸收能力下降，叶片易凋萎。

6.2.3 营养诊断

枇杷果树营养诊断是通过外形观察、土壤分析、植株分析或其他生理生化指标的测定，对植株营养状况进行客观分析和判断，用以指导施肥或改进其他管理措施。

（1）外形诊断。即症状诊断，长势和长相诊断。不同元素，其生理功能及其在枇杷树体内移动性各异，出现症状及部位也有一定规律性。因此，可通过观察和分析外形特征及变化，判断枇杷的营养状况。但是，由于植株出现某些营养失调症状时，往往表明植株营养失调已相当严重，若此时采取措施常为时过晚，且由于土壤系统的复杂性，往往1个症状会受多个因素影响，从而影响判断精确性。

（2）土壤分析诊断。是了解土壤中某一时期易被枇杷吸收可给态养分的动态变化及供肥水平，并以此为基础，提出土壤养分含量丰缺指标的方法（表3-10）。该方法可印证植株营养外形诊断结果，帮助找到植株营养失调的原因。但土壤中养分能否被枇杷吸收，受土壤种类、养分总量和阳离子交换量，以及品种、土壤温度、水分、通气性状、pH及元素间相互作用等因素综合影响。因此，土壤分析与其他诊断手段相结合，才能准确诊断枇杷营养水平，并制定出合理施肥方案。

表 3-10　枇杷园土壤分析诊断参考指标

元素	易发生缺素症含量（mg/kg）	适宜含量（mg/kg）	过剩伤害的含量（mg/kg）
氮（N）	硝态氮（NO₃⁻－N）<5	30～80	100（沙质土） 200（黏土）
	铵态氮（NH₄⁺－N）<25	50～150	>200
磷（P₂O₅）	有效磷<50	75～150	>200
钾（K₂O）	交换性钾<70～80	100～150	>250
镁（MgO）	交换性镁<100	150～400	>500
硼（B）	有效硼<0.25	0.8～1.2	>2
铁（Fe）	有效铁<5	10	
锰（Mn）	易还原态锰<50	100～200	>300
锌（Zn）	有效锌<0.5	1.1～2	
铜（Cu）	有效铜<1	2.1～4	>6

（3）植株营养诊断。枇杷不同于一年生大田作物，其当年树体营养水平，除部分受土壤供给的状况影响外，也受树体中贮藏养分水平影响。因此，只测定土壤养分状况，并不能完全反映树体的营养状况，还必须结合树体本身的养分水平进行判断。枇杷植株体内养分，最好控制于最适浓度范围，即有效区内。此范围稍高于最适浓度，以保证有充足营养供应，而不至于减产，并以此为基础提出枇杷植株养分诊断指标（表3-11）。

表 3-11　枇杷叶片主要营养成分含量范围

含量状况	氮	磷	钾	钙	镁	硼	锰	锌	铜	钼
缺乏	≤1	≤0.04	≤1.1	≤1.2	≤0.14	≤15	≤180	≤12	≤5	≤1.5
适量	1.3～2	0.08～0.15	1.5～2.25	1.7～2.4	0.22～0.38	50～150	230～270	15～20	6.5～15	3～6
过剩	≥2.5	≥0.21	≥2.7	≥2.8	≥0.42	≥200	≥275	≥30	≥20	≥7

注：1. 氮、磷、钾、钙、镁、硼、锰、锌、铜、钼的含量均为全量。2. 氮、磷、钾、钙、镁含量单位为%；硼、锰、锌、铜、钼含量单位为 mg/kg；3. 枇杷叶片用叶龄为6～8个月夏梢结果母枝叶片为样品。

6.2.4　枇杷施肥技术

枇杷施肥用量应根据树龄、树势、土壤情况等决定。研究结果表明，15～20年生壮年树在表土浅而较瘦的土地，每666.7m²面积用氮12.5～15kg、磷10～12.5kg、钾12.5～15kg；表土深厚肥沃平坦地则为：氮10kg、磷6.3kg、钾7.5kg。

（1）幼龄树施肥。自定植后到结果前2～3年为枇杷幼龄期。幼龄树施肥原则是：薄肥勤施，施肥养根，以肥引根，促进根系发展。全年施肥5～6次，大约每2个月施1次。每株施腐熟粪肥（浓度为20%～30%）15～25kg，或复合肥150~250g。

（2）成年结果树施肥。枇杷树结果期施肥每年一般4次，即基肥、花前肥、壮果肥和采果肥。

基肥。基肥施用时间应于8月下旬至9月下旬，结合扩穴深耕施入。此时期枇杷根系吸收部分营养贮藏，而大部分有机质在土壤中经过充分腐熟分解，到秋冬季开花时供树体吸收利用。基肥以有机肥为主，施用量应占全年施肥量30%～40%及以上。

花前肥。于9～10月枇杷开花前施入，此期花穗开始抽出，尽管树体内积累了一定营养，但仍不能满足此时生殖生长对营养的要求，故必须追适量速效性肥料，提高坐果率，保证枝梢正常生长，并增强抗寒力。此次肥料以有机肥为主，每株施腐熟粪肥10～13kg，施用量约占全年施肥量10％～20％。

春梢壮果肥。于2～3月谢花后施用，促发春梢及根系生长，供给幼果生长所需养分，促进幼果长大，减少落果，并促发和充实春梢。以速效性肥料为主，适当增加磷、钾肥的比重。施肥用量约占全年施肥量10％～20％。一般株施0.5kg（氮：磷：钾＝15：15：15）复合肥或钾肥0.25kg＋过磷酸钙或钙镁磷肥1kg。

采果肥。于5～6月收获前施，主要是补充结果所消耗的养分，恢复树势，促进夏梢健壮生长，以及促发根系生长和花芽分化。以速效性肥为主，结合深翻，施入大量腐熟有机肥，氮：磷：钾为3：2：2，施肥量约占全年施肥量的30％～40％。每株施进口复合肥0.75～1.0kg，腐熟粪肥10～12kg。

6.2.5 施肥方法

枇杷树根系吸收活动，主要集中于树冠投影外围的土层中，生产上以树冠滴水线处为施肥地点。枇杷园常用施肥方法有：环状施肥、盘状施肥、放射沟施肥、条状沟施肥、全园施肥及根外追肥。

（1）环状施肥。于树冠外围稍外地方，挖一环状沟，将肥料施入，然后覆土。施基肥沟宜深，为40～50cm；追肥沟宜浅，为15～30cm。施肥沟要逐年外移。

（2）盘状施肥。以主干为中心，将土耙开成圆盘状。靠主干宜浅，离主干越远则越深。耙出的土壤于盘外周围，形成土埂边缘。施肥后，再覆土。

（3）放射沟施肥。以树干为中心，在离树干60～80cm处挖6～8条放射状条沟，深20～30cm，施肥于沟中。隔年或隔次更换位置，以增加枇杷根系的吸收面。

（4）条状沟施肥。于树冠滴水线两侧开条沟，或于枇杷园的行间或株间开条沟。施基肥宜深，为50～60cm；追肥沟宜浅，为15～30cm。再将肥料施于条沟内覆土。

（5）全园施肥。成年枇杷树根系已布满全园，可将肥料均匀地撒布全园，再结合中耕、深翻将肥料埋入土中。全园施肥若与条状沟施肥或放射状沟施肥相结合，可以更好发挥肥效。

（6）根外追肥。也称叶面追肥，是将肥料溶于水，直接喷到枇杷树叶上，使叶片直接吸收利用营养元素的方法。此方法简单易行，肥料用量小，吸收利用快。根外追肥对保花保果，促进果实发育、改善品质、矫治缺素症、提高肥效和调节枇杷树势，有着重要作用。但只起辅助作用，不可完全替代土壤施肥，枇杷常用根外追肥种类及使用浓度见表3－12。

表3－12 枇杷根外追肥种类及使用浓度

肥料种类	浓度（％）	肥料种类	浓度（％）	肥料种类	浓度（％）
尿素	0.2～0.4	氯氧化铜	0.10～0.15	硝酸稀土	$(2～4)×10^{-2}$
硼砂	0.1～0.2	硫酸铵	0.2～0.3	硫酸锰	0.05～0.10加0.1熟石灰
钼酸铵	0.05～0.1	硫酸锌	0.1～0.2	草木灰	1.0～3.0（浸提滤液）
氧化锰	0.10～0.15	硝酸铵	0.2～0.3	过磷酸钙	0.5～0.8（过滤）
柠檬酸铁	0.1～0.2	磷酸二氢钾	0.2～0.3	硼酸	0.2
硫酸钾	0.3～0.4	环烷酸锌	$(1.5～4.5)×10^{-2}$	硫酸亚铁	0.3～0.5

6.3 水的管理

6.3.1 抗旱

枇杷是蒸腾量较大的果树之一。据测定，6年生枇杷树，单株叶面积为30m²，于4～9月生长期，每日每666.7m²蒸腾量约2.0m³。另一方面，由于枇杷根系浅，黄山地区的丘陵山地枇杷园，易受春雨、夏季暴雨所造成山洪和积水危害。而7～9月往往又出现高温伏旱，严重的导致枇杷缺水落叶，乃至枯枝死树。部分年份冬季出现干冻和春旱，从而导致幼果冻害加重或幼果"死胚"现象。因此，进行良好科学水份管理，对枇杷适时适量供水，及时防洪排涝，是保证枇杷树健壮生长，优质高产和延长结果年限，减轻冻害的重要措施。

（1）适时灌水。枇杷需水临界期为果实迅速膨大期和新梢生长期。此期供水不足，不仅抑制新梢生长，而且影响果实发育。3～6月为黄山市雨水比较集中的时段，枇杷生长一般不会出现旱情，7～10月为黄山市伏秋旱季节，高温寡雨，极易出现旱情。但是，黄山市枇杷园90%以上建于丘陵山坡地带，地形复杂，水源紧张，在长期生产实践中，摸索出在山坡修建蓄水池的灌溉措施。一般蓄水池建于枇杷园的高处，利用雨季蓄贮水，秋旱季于早上或傍晚，用PVC管引出，分株浇灌或滴灌，旱季一般1周或半月浇灌1次（图3-60、图3-61）。冬季出现旱冻，也可适时根部灌水，确保根系水分供应，减少冬季严寒的冻害威胁。

图 3-60　水　窖

图 3-61　滴　灌

（2）覆盖。枇杷园土壤表面覆盖秸秆、杂草或地膜等物质，利于土壤保持水分，防止杂草滋生。夏季覆草可降低土温7～12℃，减少水分蒸发、水土冲刷，保肥保水，有利于有益生物如蚯蚓活动和减少土壤病原菌，果实提早成熟，提高产量。冬季枇杷园覆盖黑色地膜，可提高土壤温度2～4℃，改善根际土壤墒情和温度，提高枇杷抗旱防冻能力；春秋季节，覆盖银灰色地膜，可防蚜虫，增加树冠中下部反射光线，利于枇杷开花结果。因此，枇杷果园尤其是丘陵山地，水资源短缺枇杷园，大力推广果园覆盖技术，是一项既节约又环保的行之有效的节水技术。

6.3.2　防涝

枇杷比较耐涝。土壤含水量达到20%～40%时，生长良好；但当果园土壤含水量达到80%以上，则应及时排水。特别是黄山地区4～6月正逢梅雨季节，降水量相对集中，枇杷园特别是地势较低的果园，极易积水，发生涝害及大量裂果。此期，务必加强雨季来临之前的清园配套措施，完善排水设备的修复。

（1）丘陵山地枇杷园。梯田里挖好堰下沟，沟宽50cm、深30cm；挖好拦腰沟，以便排除积水，防治"半边涝"。

（2）高畦种植枇杷园。清好高畦四周畦沟及环园沟，确保降水时雨水可通过畦沟、环园沟及时排到园外，不使园间积水。

（3）坡地枇杷园。在果园中，依地势和坡向，每隔40～60m，挖1条深的主排水沟，2条主沟间挖1条浅一些的支沟，使支沟与主沟相通，即可将园内积水顺利排出。

7　枇杷整形与修剪

7.1　树形与整形

枇杷干性强健，即使粗放栽培，树势也很旺盛，三潭枇杷一直采取放任管理模式，任其自然生长，易成高大树姿，管理极不方便，结果部位外移，花果易遭冻害和日灼，经济产量低。新建果园通过整形修剪，达到降低树冠，矮化树形，改善通风透光，减少病虫发生，培育强壮结果枝条，提高果品质量和效益的目的。生产上多用主干分层形、开心形、主干形等树形。

7.1.1　双层圆头形

树冠分 2 层，层间距 50～80cm。主干高 40～60cm。第 1 年，苗木定植定干后，留 4～5 个主枝，向四面伸展，并拉成与主枝成 40°～50°。第 2 年，在主枝上选留枝若干，将主干截顶，使枇杷树不再增高，形成中空的双层圆头形。3～4 年后形成圆头形树冠。成年封行后，树冠控制在 2.5～3.0m。此种树形，由于树冠较矮，操作方便，通风透光好，果实质量较高（图 3 - 62）。但由于枇杷生长势旺，每年枇杷树冠中上部会萌发大量枝条，因此，为了维持树形，促进结果，每年需及时进行拉枝和回缩。

7.1.2　疏散分层形

该树形一般有 3～4 层，各层主枝数自下而上分别是：3 - 2 - 1 或 3 - 2 - 2 - 1，共有主枝 6～7 个。也有 4 - 3 或 4 - 3 - 1 个，主枝为 7～8 个的情况。于主干高度 30～60cm 处，选留第 1 层，第 1 层与第 2 层层间距宜大，为 1.0～1.2m，其后各层间距控制于 0.8～1.0m，每个主枝上宜配置 3～4 个侧枝，错开排列。上层主枝侧枝枝数比下层侧枝枝数逐渐减少。各主枝上侧枝枝间距逐渐缩短。各层主枝也应相互错开，以免重叠挡荫。最上一层主枝选定后，将主干顶部直立枝去除，使树冠不再长高。

图 3 - 62　双层圆头形

7.1.3　主干形

与疏散分层形的主要差别，在于没有明显层次。所有主枝视枇杷树生长情况逐年配置于不同的高度上，在主干上每隔 40～60cm 留 1 个主枝，其余新梢摘心、拉平，培养成辅养枝，方位分别于第 1、第 2 主枝之间。这 4 个主枝正好形成投影十字形。往上视情况按 30～40cm 处留第 5、第 6 主枝，其方位应与下列 4 个主枝错开。各主枝配备侧枝，并培养枝组。7～8 年后，视树势强弱去掉顶上中央主干；10 年后，分年去掉上部 1～2 个主枝，最后留 4～5 个主枝。该种树形适合于比较直立的白砂品种。

7.1.4　双层杯状形

此形为 2 层结构（图 3 - 63）。定植后，于离地 40～60cm 处定干。留分布均匀的 3 个主枝，作为第 1 层。往上 80～100cm 处再选留 3 个与第 1 层主枝错开的主枝。主枝上配备侧枝。层间枝条不宜过早去掉，以免影响树势，此种树形，树冠矮，操作简便，通风透光好，果实质量较高，主枝相对少，但结果枝多。

7.1.5 开心形

苗木定植后，于主干发出的第一轮枝中，于地面 $30\sim40cm$ 处选 $4\sim5$ 个枝作为未来主枝及候补主枝，去掉中心枝。各主枝间距应尽量拉开。若在第一轮枝梢中选不出 3 个主枝，则应暂时保留中心枝，以后再选。主枝上配备侧枝。主枝间平衡依靠调整枝条角度解决。对强旺主枝，应将角度放大，对于衰弱主枝，应将角度缩小。以后只选择其中 $3\sim4$ 个作为主枝，此树形适宜于干性较弱，树姿开张的品种如大红袍等，这种树形主枝少，结果枝多，产量高，通风透光好，品质佳，且树冠较低，便于管理（图 3-64）。

图 3-63 双层杯状形

图 3-64 开心形

7.2 修 剪

7.2.1 枇杷修剪特点

（1）修剪时期不同。枇杷为常绿果树，且冬花夏果，因此，不可按其他果树一样，实施冬季修剪。枇杷大量修剪最适宜时间为果实采收后立即进行，不可过迟，否则，夏梢抽生迟，不易形成花芽。秋季修剪为辅，即于秋季花蕾开放前进行 1 次补充修剪（疏剪花穗）。

（2）多次抽生新梢。枇杷有 1 年多次抽梢之习性，在黄山地区一般 1 年可抽 3 次梢，即 $3\sim5$ 月春梢，生长缓慢，粗壮而短、充实，顶芽易形成花芽（混合芽）；$5\sim8$ 月于果实采收后，抽发夏梢，数量多，是枇杷主要结果母枝；$9\sim10$ 月抽发秋梢，数量少。在栽培上，春梢和夏梢为枇杷结果和生长的关键枝梢，秋梢多为无用枝。

（3）芽萌发能力不同。枇杷顶芽及附近芽抽生新梢能力强，枝条中下部芽往往处于隐芽潜伏状态；只有重短截，才可促使隐芽萌发。因此，幼树主干上易着生轮生枝；进入结果期后，侧枝往往是枝梢顶芽及附近 $1\sim2$ 个芽萌发延伸，$4\sim5$ 年后，易形成顶芽枝向上、侧芽枝向外的弯曲枝（图 3-65，图 3-66）。

7.2.2 枇杷树修剪

枇杷树修剪方法主要有短截、疏剪、回缩、抹芽、摘心、拉枝及整穗。

（1）幼龄树修剪。主要任务是平衡树势，抑强扶弱，促发健壮枝梢。应于每次新梢停止生长后，下次新梢抽生之前修剪。具体时间是：2 月下旬至 3 月中旬（春梢抽生前）；5 月上旬至 6 月中旬（夏梢抽生前）；9 月下旬至 10 月中旬（秋梢抽生前）。主侧枝从属关系不明，树形紊乱，应尽量压强旺侧枝，扶持主枝。为了促进幼树从营养生长向生殖生长转化，必须注意夏季短截，缓和树势，加速短果枝形成。

（2）成年树修剪。

图 3－65　顶端芽易萌发　　　　　　　　　图 3－66　弯曲枝

成年树修剪时间。第 1 次于 3 月上旬至 4 月上旬，黄山地区早春倒春寒基本结束，枇杷幼果膨大期进行。第 2 次于 5 月下旬至 6 月下旬，采果后 10～15d 进行。第 3 次于 9 月下旬至 10 月下旬初见花蕾时进行。

主侧枝修剪。枇杷第 1 层主、侧枝比第 2 层主、侧枝健壮，长势由下而上应依次递减，形成宝塔形，确保光照充足，立体结果。因此，树冠主、侧枝数量不宜过多。树冠出现偏向上生长时，主侧枝剪口芽应留于空隙较大一方；树体出现强弱不匀，主从不明时，对强主枝宜适当长放，或选方位合适的侧枝、背面枝换头。若树势趋于弱化，延长枝即加重短截，或强枝换头，增强树势。

过密枝梢修剪。枇杷分枝力强，除顶生枝梢外，常有 1～4 个侧枝梢，如幼龄枇杷树、肥料条件好、结果少的树，任其自然生长，骨干枝则形成轮生枝，枝条必然过密，此类枝梢应根据空间大小，适当保留 1～2 个，其余自新梢长至 3cm 左右时及时抹除。也可于培养骨干枝延长枝时，对其留下的 1～2 个进行摘心。当抽生过长时，可剪梢使其形成结果基枝。

结果枝修剪。实际形成枇杷产量的果实数只占总花数的 5%～10%，多余花则消耗大量养分。因此，于花蕾形成至开花前，进行结果枝修剪，利于养分集中，培养大果穗。一般主枝抽生花穗（主穗）大、开花早、果实较大，但易遭受冻害；副梢抽生花穗（副穗）小，开花迟，果实较少，而冻害轻。因此，应选留不同开花期的花穗，避免因碰到冻害而大幅减产。疏剪数量上，一般先疏去 1/3，等冻害过后再疏去迟花。但分枝能力强、采果后梢易发育成结果母枝的可除去 1/2，保留 1/2；分枝能力较差，或采果后梢难发育成结果母枝的可疏去 1/3，保留 2/3。具体操作时，可保持"五去五留"的原则，即去上留下、去外留内、去副留主、去小留大、去弱留强。

结果母枝修剪。枇杷采果后，就对结果母枝进行修剪。主梢、副梢按 1∶1 选留，即 1 个短结果母枝（顶芽长成的主梢）附近，只保留 1 个长结果母枝（腋芽长成的副梢），最多不超过 2 个。树龄小、树势旺的最多保留 2 个。树龄大、分枝级数多、树势差、侧枝弱的可全部剪除，或只保留 1 个主梢。具体操作是：于采果后或采果时，将生长过弱的结果母枝全部剪去，强的母枝留 3～4 片叶进行短截。5～6 月以后，留 1～2 个健壮枝梢培养为良好夏梢，形成当年结果枝，当年结果，其余萌发时抹除。对于生长夏梢应适时摘心，促其早日停梢，形成花蕾。

徒长枝的修剪。幼年树或高接换种的树，或进行改造的树，往往易出现徒长枝扰乱树冠。对于一般性徒长枝，宜将其自基部疏除。若所在部位有空间，可留 1/2 或 1/3 后短截，使其抽生结果枝。若附近缺少骨干枝的，可以将其适当拉成平斜，缓和生长势，待长到 30cm 左右时再摘心，促进分枝形成大型结果枝组。

（3）疏花疏蕾与疏果。枇杷成年树春、夏梢有 80%～90% 的枝条可形成花穗，但坐果率只有 5%～10%。花量过多特别是开花时花蜜分泌甚多，将损耗大量养分。为了确保枇杷产量和质量，提高优质果比例，可通过疏花疏蕾控果，将产量控制在每 666.7m² 为 1 500kg，由于控果控产，枇杷果实大，着色好，品质高。

疏花穗。由于冬季花、幼果易遭受冻害，习惯于宁可不疏花，而于春季疏果较安全。但据日本茂木枇杷产区（日本枇杷种植北缘地区），通常于10月下旬至11月上旬进行疏花，却每年均获丰产。因此，"三潭"地区枇杷疏花穗时间不宜过早，通常在花穗抽出未开花时，从花穗基部疏除。疏穗时宜疏去侧枝上着生花穗，选留主枝顶生花穗。疏花穗量一般分枝多品种应多疏，反之则少疏；树势弱的多疏，树势强的则少疏；树冠上部和外围多疏，树体下部和内部少疏；幼龄树、老树多疏；壮年结果树少疏。一般花枝与营养枝比例为1∶1为宜。

疏花蕾。"三潭"地区小气候环境优良，冬季有大水体调节，由于受冻害风险少，为了节约养分，提高质量，可于疏蕾后不久，小花梗开始分离时，即10月中下旬进行疏蕾。方法：一是只疏花穗的中、上部，留基部2～4个穗轴；二是摘除顶部和基部支穗，留中部3～4个支穗；三是摘除上部支穗，基部留3～4个支穗，并摘去留下支穗先端，留上面的支穗1～3个。留量：大果型品种每穗留2～3个支穗；中、小型果实品种每穗可留4～5个支穗；每穗保留4～6个果实成熟。

疏幼果。疏果应于冻害结束后7～10d即于3月中旬至4月上旬开始。每个果穗上一般大果型品种留3～4个果；中果型品种留4～6个果；小果型品种留7～10个果。疏除病虫危害果、畸形果、冻害果和小果、过密果（图3-67）。疏果时

图3-67　疏　果

做到强枝强穗多留果；树冠下部、内膛和壮旺枝多留果，反之则少留果。

7.2.3　剪口伤口保护

枇杷枝条修剪后，伤口愈合能力较差。因此，对枇杷枝条伤口要进行保护。直径1.5cm以上大伤口很难愈合，极易影响树势，甚至导致整个受伤骨干枝死亡。伤口保护方法是，要把伤口削得平整光滑，涂上保护剂。保护剂配制：生石灰8份、动物油1份、食盐1份、清水40份，用这种保护剂涂于伤口，可促进伤口愈合。

7.3　老园改造

三潭枇杷虽种植历史悠久，但快速发展于20世纪80年代。由于发展速度较快，且90%以上栽于丘陵山地，立地条件较差，以每家每户为生产单元，建园质量低，种植密度偏高，一般都在每666.7m²种植80～120株；未修筑水土保持等高梯田或鱼鳞坑，未进行全面深翻改土，有机肥投入严重不足；未进行规范整形修剪，树型紊乱，徒长枝丛生，内膛光秃，平面化结果严重；树冠高大，管理极不方便；树势早衰病虫滋生。迫切需要进行全面改造。

7.3.1　深翻改土、增施有机肥

深翻时，把堆肥、厩肥、草木灰及过磷酸钙等直接撒在树冠滴水线外缘，深耕30～40cm（滴水线内缘由于已布满根系，深翻会给枇杷根系造成损伤，不利于枇杷生长），使枇杷园表土与肥料拌匀翻入土中；或逐年在树冠外围滴水线处向外挖长80～100cm、宽20～40cm、深20～30cm条形沟，然后分层填入上述肥料。用3～4年时间，对老枇杷园进行一次全园土壤改良，提高土壤中有机质含量。

7.3.2　补筑等高梯田或鱼鳞坑

20世纪80～90年代建枇杷园，大部分未建水保工程等高梯田或鱼鳞坑。由于水土流失严重，大量地表耕作层被雨水冲刷，土壤中大量矿物质及有机质流失。土层浅而贫瘠，团粒结构差，不适宜于枇杷树根系生长，导致枇杷树生长势弱，未老先衰，产量低，品质下降，针对此种类型老枇杷园改造，应首先有计划修筑等高梯田或鱼鳞坑，通过等高梯田或鱼鳞坑修筑，加厚枇杷根系生长土层厚度。并结合深翻增施有机肥，改善枇杷园土壤结构，使枇杷树势尽快恢复。

7.3.3　清园

老枇杷园一般管理水平均较粗放，冬季很少进行清园消毒工作。杂草丛生，枯枝落叶遍地，病虫滋生。因此，老枇杷园应结合中耕施肥修剪，清除枇杷园内杂草及枯枝落叶，剪除树冠内纤细枝、病虫枝并集中销毁，减少翌年病虫侵染源。同时，对主干及骨干枝进行涂白消毒，改善老枇杷园的生态环境。

7.3.4　间伐

对于种植密度比较大的老枇杷园，树冠叶幕层严重上移，树冠中下部和内部光秃，应进行间伐，通过间伐改善枇杷园的光照通风条件。间伐的原则：间伐病树、严重衰老树及品质较差的品种，整株挖除，并将根清理干净，然后用生石灰对原树穴土壤消毒。间伐后的枇杷园种植密度应控制在每666.7m² 种植35～40 株，确保整个枇杷园有 1/4～1/3 面积有阳光照射。

7.3.5　树体改造

"三潭枇杷"老枇杷园，树冠高大、树型紊乱、徒长枝丛生、内膛光秃、平面化结果严重。因此，必须对树冠进行改造，采用重剪更新方法，促进枝梢生长，恢复树势（图 3-68）。改造过程中，要加强病虫防治和土壤管理（施足肥料和及时排灌水）。分 2～3 年，甚至 4～5 年完成。每次回缩枝量不要超过全树 1/3。更新修剪一般于春季萌芽前。3～4 月或夏季采果后进行为好，此期间气温逐渐回升，雨水较多，树液流动较快，生理功能强，回缩修剪后主枝、侧枝及衰老枝的潜伏芽容易抽出壮实的春夏新梢。炎热的 7～9 月，由于光照强、温度高，不宜进行更新修剪，以防树皮因强光照射爆裂。

图 3-68　树体改造

更新修剪时，先围绕树体仔细观察，根据品种特性及长势，选择可以去掉的大枝，将原来大枝密集，主从不分的高大树形，改造成比较低矮的树形，减少主枝数量，达到通风透光，便于操作的目的。一般枇杷树冠顶部及行间，至少有 3h 以上光照，内膛才易结果。改造时，仍坚持随树造型、因树修剪的原则，不能硬套某一种矮化树形。第 1 年，先疏除一部分树冠上部骨干枝（由下往上分年去除）。第 2 年，在采果后，上年处理过骨干枝下部的骨干枝（将来为永久骨干枝）向树冠内回缩，剪缩至强旺的分枝处。同时，在前一年疏删骨干枝处，压顶去除中心干，最后保留最下部 3～4 个主枝，将原来不成形的树冠，改造成多主枝自然开心形。留下的 3～4 个主枝，在改造回缩过程中，从萌发的新梢中，选留位置和角度均适宜的枝梢，培养新的树冠。改造后第 3 年可以恢复正常产量。一般采果后进行重截更新，若当年夏季雨水充足，新梢抽生后也要适当短截，促其分枝成为强旺结果枝。春季修剪时，对夏梢也要适当短截。

在更新修剪时，要重新合理调整搭配好骨干枝，以保证内膛光照，使内膛挂果。枇杷枝梢伤口不易愈合，需要留桩保护。尤其是夏季采果后更新修剪，对裸露树干和骨干枝，必须涂保护剂。

7.3.6　高接换种

枇杷高接换种是老枇杷园改造中淘汰、劣质品种的一项重要技术手段。通过高接换种，2 年后就可挂果，3 年后就可恢复树势和产量。

（1）接穗。采用良好母株树冠的中外围、表皮红褐色、生长充实和芽眼饱满的 1～2 年生的春、夏梢段作接穗，尤以叶痕有白色茸毛的顶生枝的中段为好，接穗粗度 1.0～1.5cm。

（2）时期。枇杷高接换种，以 2～3 月为最适时期。此时正值春梢萌发期，气温回升、树液流动，有利于伤口愈合，高接成活率高。到夏季，气温超过 25℃，嫁接成活率则很低，一般不实施。也可于秋季进行。

（3）部位。枇杷全树的高接枝数，与高接部位（级位）有关。级位越高，高接枝数就越多，树冠恢复快。但是级位高，接头多，新梢抽生较弱，结果部位高，内膛空虚，效果差。反之，级位低，接头少，树冠恢复慢，但枝梢抽生健壮，同时有更新树冠作用。具体数量一般可按树龄而定，如5年生的树可接3～5个头，10年生以上树可接6～9个头。

大树宜分2年或3年逐步高接完毕。树上留部分"拔水枝"，也称"领水枝"，促进水分、养分供应（图3-69）。可避免因一次全树接完而造成树体光秃，枝干裸露，树皮在夏季被烈日晒裂，引起其他病虫害和降低成活率。留一部分大枝，对当年高接的接穗既能起到遮阴的作用，又能提高成活率，还会有一部分产量。第2年对上年的这些"拔水枝"再进行高接，而上年高接的成活枝便成为"拔水枝"。

（4）高接方法。枇杷高接中，因砧木的粗细不同，而应选择不同的嫁接方法。树冠大，枝条粗的，宜采用嵌接法和低位腹部切接法；而树冠小，枝条细（粗度1～3cm）的，可用春季切接法、腹接法等。在接口下方应保留1～2条"拔水枝"。枇杷高接换种，其"拔水枝"的留量较大，一般应占到树冠总枝量的1/4～1/3枝梢，以便在夏秋季遮挡阳光，促进砧穗的愈合和萌芽。枇杷高接的方法主要有以下几种：

图3-69　拔水枝

嵌接法。嵌接法是枇杷高接换种的主要方法之一。嵌接的时间在春分至立夏之间，其中以清明至谷雨之间嫁接的成活率最高。可在砧木的主干或分枝上嵌接，嫁接部位锯断，锯口下应有一段长20cm左右、平直光滑的茎干。一般在主干离地40～50cm处锯砧，保留1/4不锯，切忌完全锯断。树冠较大者，在锯砧前应先锯除砧枝上部分大枝条，以减轻树冠重量，防止主干撕裂和断砧。砧树在嫁接部位以下需要留一部分枝条，以调节水分。嫁接时，首先削平砧木断面，然后选树皮光滑的地方，用手锯沿切口锯1～3个（视树干大小）内宽外窄的锲形凹槽，槽两边用刀削平。凹槽大小根据接穗粗细而定，一般内宽1cm，深1.2～1.5cm，长5～6cm，俗称燕尾槽。其上面比下面略宽，内面比外部略宽，上部深入本质部2～3cm，凹槽底部稍向外倾斜。接穗长12～16cm，削面长5～7cm，削去的树皮略带木质部，削面不要太深。向内的一侧，下端削长约2cm的短斜面，深达接穗木质髓部成楔形，其形状及大小与接口相似。接穗削成后，将其对准两侧形成层，插入接口，稍向下轻敲，使穗砧密贴，并使两边形成层对齐即可。一般大树可接4～6个接穗，接穗嵌入接槽后，用刀背轻敲，使接穗与砧木的各接触面密切接触，形成层对准。而后将接口绑紧，用塑料薄膜裹围严紧，中间堆放洁净的湿沙土或红壤土，使接穗埋入沙土中4～5cm。加以保护。再将上部筒口用麻皮束紧。在外面。用稻草、麦秆等做成草帽状，进行遮盖，以防筒内温度升高。要做到雨天不积水，晴天不干燥。此外，接后在树干茎部离地面50～60cm处，锯两条40～50cm长的斜槽沟，深至本质部，以使伤流液从锯出的斜槽沟流出。

低位腹部切接。在生产上，枇杷早春结果期与高接换种最佳时期有矛盾，可采用低位腹部切接技术，做到收获果实与嫁接生长两不误。此法还有受连续阴雨等不良气候的影响较小、成活率较高、能促进树体矮化等优点。具体方法：在早春选择砧木主干（大枝）表面光滑的基部，在嫁接部位锯深0.8～1.2cm，再在锯口上方5～10cm处，自上而下地向里斜切，削除锯口以上部分，形成三角槽，做成砧木切接嫁接口。接穗的削法与切接相同。然后，把接穗切口正面向里插入砧木切口，使接穗的形成层与砧木的形成层对齐。妥当后，用塑料薄膜在嫁接口自下而上地进行包扎，把接口的所有伤口面包紧，不让雨水流渍伤口。

接穗发芽后，如芽不能突破薄膜，则要及时用锋利小刀挑开薄膜，让芽长出。枇杷果实成熟采摘后，当接穗新梢长出10cm以上时，应逐步锯掉接口以上的枝条。先锯掉2/3，到大暑过后再将其全部锯除。

（5）包扎。这是枇杷高接换种成败的关键因素之一。不同的包扎方法和材料，对枇杷高接后愈伤组织的形成有很大影响。包扎除了使砧穗伤口紧密结合和防止水分散失外，加套牛皮纸袋或黑色塑料袋等防护措施，能减少阳光中的紫外线对接口处生长素的破坏，促进愈伤组织的形成。用薄膜条作全封闭包扎，然后套上牛皮纸袋，5～10d 可形成愈伤组织，成活率为 96％，而且生长量大；而单用地膜或薄膜条包扎的，其愈伤组织的形成需 15d 以上，成活率和生长量均不如包扎膜并加套牛皮纸袋的高。

高接后接口的保护保湿，直接关系到嫁接成活率。用 1～2cm 宽的塑料条绑缚接口，是广泛应用的方法。它具有固定接穗和保湿的双重作用。绑缚必须严密，砧穗切削处伤口要一丝不露。也可用塑料袋保湿。这种方法又可分为开口式和封口式，内装鲜锯末或细土等保湿材料。展叶后，封口式塑料袋要及时开口通风，完全成活后再去掉保湿物。

(6) 高接后的管理。枇杷高接换种的效果如何，除了与嫁接技术有关，还与接后的管理水平高低有密切的关系。如精心管理，第 2 年即可形成新的树冠，开花结果。如管理不当，则会直接影响成活，有的即使愈合并抽了新芽，也会死亡；有的则迟迟形不成良好的树冠，达不到高接换种的目的。

及时抹除砧芽。接后管理的重点，是保护接穗，促其萌发成梢。对接口下部萌发的砧芽，要及时抹除，同时去除"拔水枝"上的新梢和果穗，以减少营养损耗。枇杷高接树的砧芽比接芽萌发早，生长势强，对接芽的萌发和生长有明显的抑制作用。枇杷高接后 20d 左右，砧木的隐芽萌动，应及时将其抹除。以后，每间隔 10d 检查抹除 1 次，以减少养分损耗，确保接穗上的芽萌发成梢。采用腹接时，要抑制顶部生长，等接穗新梢老熟后，在接口上方 1cm 处折砧。

处理好包扎物。嫁接是通过塑料带捆缚来促进接穗和砧木愈合。在接部上方套塑料袋，或在锯口盖塑料膜，可以保护愈口切面，防止日晒雨淋，减少阳光紫外线的不利影响。因此，切忌随便解除或松缚，必须待切口愈合完好，新梢老熟后方可解除。锯口面较大的切接或嵌接，最好在 1 年后解缚。当新芽长至米粒大小时，应在塑料袋的上方剪个小缺口，以利于通气炼芽（不要解缚换气）；芽梢逐渐长大，缺口应逐渐剪大，使芽梢及时伸出缺口。新梢有被风吹折危险的，要绑缚小竹竿（片）加以保护。

处理好"拔水枝"。嫁接锯去了枝干，树头易受烈日暴晒，甚至引起裂皮，不利于嫁接成活。通常保留一些"拔水枝"。高温季节，要在树干捆扎麦秸，防止太阳直射裸露的树干。高接成活后，于台风季节过后可逐渐锯除"拔水枝"。

肥水管理。在雨季，要开沟排水防渍。接芽抽梢叶片未转绿时，要施第 1 次薄肥。以后每隔 2 个月施 1 次肥料。在夏、秋季，要对树盘覆盖杂草，遇旱要及时灌水。春梢老化后，要勤施薄肥，最好开沟施水肥，将肥料施在原树冠滴水线周围，以引发细根。施肥要注意氮、磷、钾相配合，不要偏施氮肥，以防徒长。在春季病虫害发生的高峰期，要适当控制氮肥的施用。5 月以后，枝梢生长旺，可多施肥。

整形修剪。当接穗长出的新梢长 30～50cm 时，要进行摘心，以促进枝的发育和分枝，加快树冠的形成。在当年秋季或翌年春季，接穗抽发的新梢老熟后，要逐步将嫁接时保留的辅养枝锯除。在每次嫩梢期，都要进行疏梢。在每个枝条上选留向外且角度较大的侧梢 1～2 个，将其余的枝条予以疏除，以培养较开张的新树冠（图 3 - 70、图 3 - 71）。

防治病虫害。由于枇杷多是春季嫁接，高温高湿的气候条件和多次抹芽所造成的伤口，为病菌侵染创造了有利的条件。因此，要及时进行病虫害防治。

|削接穗|切接口|
|插接穗|包扎|

图 3-70　高接换种方法

图 3-71　嫁接成活

8　枇杷主要病虫害防治

黄山地区危害枇杷的主要病害有 10 余种，虫害有近 20 种，对枇杷产量和质量有着很大影响。枇杷病虫防治要遵循科学合理、综合防治的原则，从整个果园生态系统出发，做到"预防为主、综合施策"。

8.1　枇杷病虫害综合防治

8.1.1　农业措施

及时排灌，降低地下水位；整形修剪，剪除病虫枝、过密枝、衰弱枝；冬季、采后清园，树干刷白；加强肥水管理，增施有机肥；果实套袋，防病、虫、鸟等危害，还能防裂果、锈病等。

8.1.2　保护利用天敌

改善果园生态条件，采取套种豆科类绿肥，给天敌栖息繁衍的环境；喷药避开天敌繁殖期，应用生物农药或高效低毒的农药。

8.1.3　抓住关键防治时期

（1）抽梢期（春、夏、秋）。此期危害叶部的病害有灰斑病、褐斑病、叶斑病、轮斑病和炭疽病等，虫害主要是黄毛虫、梨小食心虫和木虱。

（2）花期。此期也是秋梢抽生期，加之又遇秋雨绵绵，病虫害较多，危害也重，主要有花腐病、木虱、若甲螨、梨小食心虫等。在花蕾期开始喷 80％大生 1 000 倍液加杀灭菊酯 4 000 倍液防治，至少防治 4 次。

（3）结果期。此期能否控制好病虫的危害，是关系到枇杷增产的关键。此期主要病害有炭疽病、褐腐病和黑腐病，主要虫害有梨小食心虫、蝽象和介壳虫等。

8.2　枇杷病害

枇杷病害可分为非侵染性病害、浸染性病害两大类。

8.2.1　非侵染性病害

非侵染性病害，又称生理性病害。此类病害发生，不是受病毒、细菌和真菌等病原微生物侵害所引起，而是由不良外界环境条件所致，主要有日烧病、皱果病、裂果病、果锈病、紫斑病、脐黑病、叶尖焦枯病及栓皮病等。

（1）日烧病。

症状。日烧病又称日灼病，发病果实向着太阳面果肉产生不规则凹陷，出现黑褐色病斑，果肉干燥黏着果核，不可食用（图 3-72）。发病枝干病部多发生于朝阳面表皮，患病树皮干瘪凹陷，燥裂翘起，最后向阳病部形成焦斑深达木质部。

发病规律。建于西南坡地或平地的枇杷园，以及树势衰弱，叶片生长不旺，树冠平面结果枇杷园易发生，如遇 4、5 月早上浓雾而中午前后气温高达 30℃以上天气，极易发生此病。

防治方法。选用抗病品种，加强果园管理，培养合理树冠，使枝叶生长繁茂；枝叶果实防止强光暴晒；在高接及更新修剪时，或于 4～5 月果实由浓绿色转为淡绿色时，树干涂刷涂白剂或 1％～2％石灰水；如部分树皮已被太阳强光直晒后坏死，要于伤口上涂上 50％多菌灵 50 倍液或 5 波美度石硫合剂；果实于转色前进行套袋或于晴天中午用遮阳网挡强光；果实成熟期遇晴热高温天气，应于 10:00 和 16:00 后向树冠喷水，可增加果园空气湿度，降低温度，减轻该病发生。

（2）皱果病。

症状。由于枇杷叶片蒸腾作用抢夺果实中水分，使果皮出现皱缩，直接影响未成熟果实和近成熟果实的品质以致降低或完全失去商品价值（图 3 - 73）。

图 3 - 72　果实日烧

图 3 - 73　皱果病

　　发病规律。该病发生主要与品种、果实成熟期气候和栽培管理有关。果实含糖量高、果实肉质细嫩的枇杷品种比较易发病；果实成熟期遇高温，空气湿度小；果园管理粗放，土壤贫瘠、黏重，大年结果多，或采收过迟等因素，都会导致皱果现象。

　　防治方法。选择抗病品种，果实适时套袋，果实成熟期出现高温干旱天气，做到及时抗旱，树盘覆草或覆盖地膜，可有效减少皱果病的发生。

　　（3）裂果病。

　　症状。果树过量吸收水分，果实细胞迅速膨大，导致果皮胀破，部分果肉果核外露，裂果后果实容易腐烂变质（图 3 - 74）。

图 3 - 74　裂果病

　　发病规律。该病发生与品种、气候、管理密切相关。果实皮薄，果形较长的枇杷品种容易裂果，枇杷果实膨大期或果实着色期，遇干旱后骤雨，或前期干旱，后期大量灌水；偏施氮肥，树势生长过旺，整枝修剪差等，都易引起裂果发生。

　　防治方法。选择不易裂果品种；疏果后套袋；增施有机肥，适时灌水，树盘覆盖黑色地膜；幼果膨大期每隔 10d 喷 0.2% 尿素液 ＋ 0.2% 硼酸 ＋ 0.2% 磷酸二氢钾混合液，连喷 2～3 次，果皮转淡绿色时，树冠喷施 800～1 000mg/L 乙烯利溶液可有效防止该病发生并能促使果实提早成熟。

　　（4）果锈病。

　　症状。发病初期果实表面出现细条状或斑点状褐色锈斑，果实膨大后褐色锈斑布满全果表皮（图 3 - 75）。

　　发病规律。枇杷幼果期遇低温高湿及强直射阳光影响，导致果皮表面茸毛基部细胞损伤，木栓化，形成细条状或斑点状红褐色锈斑，并随果实膨大而逐渐扩大至整个果面。一般树冠外侧果实发病较多。

防治方法。枇杷果实直径达 2.5cm 时套袋；采用防冻和遮阳措施。

图 3 - 75　果锈病

（5）紫斑病。

症状。该病又名赤斑病（俗称"花枇杷"）。果实成熟时，果皮表面出现紫红色或黑褐色不规则斑纹或斑点（图 3 - 76）。病斑多出现于向阳面，然后遍及整个果面，但不伤及果肉。

发病规律。该病于果实成熟后期突然出现病斑，与阳光直射、低温天气有关，收获果实时遇持续晴天、阳光强烈最易发生。早熟品种易发此病。

防治方法。选择抗病品种，选用颜色较浅的纸袋套袋，不进行过量修剪，减少光线直射果实；采收果实置于通风阴凉处预冷。

（6）脐黑病。

症状。果皮顶部的萼片附近，发病初期呈现青绿色，后因失水丧失新鲜感，最终变为黑色。

发病规律。果实萼片向上，树冠上部及果穗受阳光直射的易发此病。有时套袋果实比不套袋的发生重。

防治方法。选用抗病品种；改进套袋方法和选用优质果袋材料，树冠外围和顶部果实可选用透光性低的纸袋；合理修剪，选留枝叶遮光，避免阳光直射果实。

（7）叶尖焦枯病。

症状。该病俗称"枇杷瘟"，主要发生于枇杷新梢嫩叶上，当嫩叶抽生长至 2cm 左右时，叶尖发病呈黄褐色坏死，然后整个叶片慢慢黑色焦枯（图 3 - 77）。病叶变小，畸形脱落，留下叶柄，以后全叶、全枝枯死，果实生长缓慢，并出现落果。病树根系数量减少，树体长势衰弱，明显矮小，严重的甚至全株死亡。

图 3 - 76　紫斑病　　　　　　　　　　　　　图 3 - 77　叶尖焦枯病

发病规律。以幼叶、夏叶发病严重。枇杷盛花后一个月左右开始发病，3～4月随着气温回升病情发展快，5月为高峰期。果实采收后病情好转，根系逐渐恢复，新梢嫩叶生长正常。据研究，果园土壤酸性强发病较重，土壤pH 4.6为该病发生的临界值，该病发生为土壤中缺钙所致。

防治方法。加强果园肥水管理，培育健壮树势；多施磷钾肥，酸性较重土壤进行扩穴施入有机肥，增加钾肥、石灰、钙肥施用量；叶面喷施0.4%氯化钙或于发病枇杷树根部株施石灰5kg；枝梢萌发时，喷0.3%波尔多液或0.3波美度石硫合剂。

（8）栓皮病。

症状。别名"癞头病"，发病初期幼果表面呈现油渍症状，果实受害后表皮为暗绿色，果面上的绒毛和蜡质渐脱落（图3-78）。随着幼果膨大，病斑木质化，呈黄褐色，病斑表面产生开裂。

发病规律。该病发生于急剧降温时，幼果表面因受凝霜冰雪危害，果皮细胞冻伤坏死，伤口愈合后形成栓皮，也有可能其他机械损伤所致。霜冻年份较多，树冠外围果实发病多于内膛果。

防治方法。幼果期套袋，冻前果园灌水；树盘覆盖地膜；冬春季晴朗夜晚，辐射降温剧烈，果园熏烟驱寒等。

8.2.2　侵染性病害

侵染性病害又称为寄生性病害，包括真菌、细菌等侵染。叶部病害主要有叶斑病类、污叶病等；果实病害主要有炭疽病、心腐病、花穗腐烂病；枝干病害主要有腐烂病、赤衣病等。

（1）叶斑病。叶斑病为灰斑病、斑点病、角斑病、胡麻色斑病的总称，是枇杷产区普遍发生的一种病害（图3-79）。

图3-78　栓皮病　　　　　　　　　　　　　图3-79　叶斑病

①灰斑病（又称轮斑病）。

病源。病原菌为半知菌的盘多毛孢属，属半知菌，学名 *Pestalotia adusta* Ell. Ev. 。

症状。主要侵染叶片、果实。是目前叶斑病中发病最多的1种。嫩叶被害初呈黄褐色小斑点，后转为紫黑色，由几个病斑融合扩大，叶片卷曲凋萎；老叶受害出现黄褐色斑点，继而扩大后连成大病斑，叶片中央呈灰白色或灰黄色。幼果受害产生紫褐色病斑，后期凹陷，散生黑色小点，严重时果肉软化腐烂，发生恶臭。

②斑点病。

病源。病原菌为枇杷叶点霉，属半知菌，学名 *Phyllosticta eriobotryae* Thum。

症状。病原菌侵入叶片，先出现赤褐色小点，后扩大成圆形，中央变为灰黄色，外缘呈灰棕色或赤褐色。由许多病斑连成不规则形斑块，使病叶局部或整片枯死。与灰斑病比较，斑点病的病斑较小。

③角斑病。

病源。该病原菌为枇杷尾孢，属半知菌，学名 *Cercospora eriobotryae* (Enj.) Sawada。

症状。病原菌只侵染叶片，受害叶片先出现褐色小斑点，然后病斑以叶脉为界，扩大成为多角形赤褐色病斑，外缘常有黄色晕环，后期长出黑色霉状小粒点。

④胡麻色斑病。

病源。病原菌为枇杷虫形孢菌，属半知菌亚门，俗称"苗瘟"，学名 *Entomosporium eriobotryae*。

症状。为枇杷产区普遍发生的病害。病原菌侵染苗木叶片，发病初期叶面出现暗紫色病斑，以后逐渐变成灰色或白色，中央散生黑色小粒点，发病严重的小病斑扩大，互相连成片，引进叶片枯萎脱落，降低嫁接成活率，病菌浸染苗木基干后会引进苗木枯死。

发病规律。在温暖多湿环境中容易发病，病菌生长适宜温度大部分为 24～28℃，温度高于 32℃ 或低于 20℃ 时会受到抑制，但胡麻色斑病传播适宜温度为 10～15℃，气温超过 20℃ 则发病率下降。一年中多次侵染，尤其于 3 月上旬至 7 月上旬，黄山市梅雨季节为斑点病盛发期。梅雨季节，在土壤瘠薄、排水不良、管理不善的老枇杷园，更易发生。干旱时，灰斑病、角斑病易发。病菌一般于嫩叶的气孔或果实气孔（皮孔）及伤口侵入。

防治方法。深沟高畦，雨季注意排水。加强肥水管理，增施有机肥。修剪时及时疏去过密枝，改善通风条件，降低内膛湿度。冬季清园，将病叶、病枝剪除，集中烧毁。喷药：喷 0.3～0.4 波美度石硫合剂保护叶片，每隔 10～15d 喷 1 次，连续 2～3 次；或于新梢长出后，于 3 月下旬每隔 10～15d 喷 1 次，连续 2～3 次喷 70% 甲基硫菌灵或 50% 多菌灵 800～1 000 倍液，或 50% 苯莱特可湿性粉剂 1 500 倍液，或 40% 三唑酮可湿性粉剂 1 000 倍，或 65% 代森锰锌 500～600 倍液，或 30% 氧氯化铜 500～700 倍液，或等量式波尔多液 0.5%～0.6%（用硫酸铜 0.5～0.6 份，生石灰 0.5～0.6 份，水 100 份配制）。以上药剂交替使用。

（2）污叶病。

病源。病原菌是枇杷刀孢真菌，属半知菌亚门，学名 *Clasterosporium eriobotryae*。

症状。污叶病是枇杷园主要危害叶背的一种常见病害。发病时初于叶背出现暗褐色小点，病斑不规则，后成煤烟色粉状绒层，小病斑连合成大病斑。严重时全树大部分叶片均发病，很快发展到全园叶片。

发病规律。以分生孢子与菌丝在叶上越冬，翌年从春季到晚秋都会发病。园地阴湿，管理粗放，树势衰弱而枝叶密蔽，通风透光差，排水不良，地势低洼处最易发生；尤其于梅雨季节和暴雨过后发病最多。

防治方法。加强园地排水，深沟高畦；增施磷钾肥以增强树势，提高抗病能力；适当修剪，改善通风透光条件；及时清除病叶、减少病原。药剂：4 月上旬至 5 月上旬，为防止春、夏梢染病，用 50% 多菌灵可湿性粉剂 1 000 倍液，代森锰锌 600～700 倍液，50% 施得功可湿性粉剂 2 000 倍液，20% 丙环唑油 2 500 倍液，每隔 7～10d 喷 1 次，连续喷 2～3 次；用 0.5%～0.6% 等量式波尔多液间隔喷射，效果更好。

（3）炭疽病。

病源。病原菌为盘长孢状刺盘孢菌，属半知菌亚门，学名 *Colletotrichum gloeosporioides*。

症状。主要危害枇杷果实、叶片、嫩梢。果实发病初期，果面上产生淡褐色水浸状圆形凹陷病斑，以后密生小黑点，排列成同心轮纹状，即为病菌分生孢子盘。当雨水湿润时，分生孢子盘内粉红色黏物就会溢出。后期病斑扩大成块，使果实局部及全果软腐或干缩成僵果。

发病规律。病原菌以菌丝体在病果残体及带病枝梢上越冬，翌年春季在温暖多雨时产生新的分生孢子，随着风雨、昆虫传播，再次侵染危害。园地排水不良，树梢郁闭，氮肥过多，遇上长期连绵多雨或大风冰雹、暴雨等灾害性天气，枇杷幼苗、果实及叶片易暴发该病。

防治方法。做好枇杷园管理，清沟排水，确保园地干爽，不积水。增施磷钾肥，增强树势，提高抗病能力。果实采收期结合修剪，清除病枝、病果、病叶及地面杂草，集中烧毁。抽梢展叶及果实着色前选择代森锰锌 500～600 倍液，50% 咪鲜胺锰盐可湿性粉剂 2 000 倍液，77% 氢氧化铜悬浮剂 600～800 倍液、0.5%～0.6% 等量式波尔多液等药剂预防；若已发病可选 2% 抗霉菌素 120 水剂 200 倍液；1% 中生菌素（农抗 751）水剂 400 倍液及百菌清、甲霜灵、多菌灵等农药。

（4）心腐病。

病源。病原菌为半知菌亚门根念珠霉菌，学名 *Thielaviopsis paradoxa*。

症状。病菌每年侵染成熟的枇杷果实。受害果实表面产生似圆形褐色水浸状病斑，直径约 6～15mm，病菌逐渐伸入果心，周围果肉组织变成褐色，病斑上着生呈灰褐色菌丝，到后期病果渗出液体，即腐烂。

发病规律。病菌以菌丝体在病果上越冬，翌年春季菌丝体靠风雨、昆虫传播，从果蒂、花蕾处侵入果实组织。4～5 月果实成熟期，果实贮运期发病较多。

防治方法。结合清园，将病枝、病叶、病果穗集中烧毁；于青果期（果实直径达 1.5cm）进行套袋；药物防治可选代森锰锌 600 倍液，50％多菌灵 800 倍液，80％代森锰锌 800 倍液，70％甲基硫菌灵 800～1 000 倍液或 20％三唑酮乳油 3 000 倍液防治。

（5）花穗腐烂病。

病源。花穗腐烂病可分为两种类型，即干腐型（拟盘多毛孢），学名 *Pestalotiopsis eriobotrifolia*；湿腐型（灰葡萄孢），学名 *Botrytis cinerea*。

症状。该病于黄山地区发生较普遍，且有逐步加重的趋势。花期雨水多，郁闭，树势弱的果园，该病发生严重。多发生于 10 月份以后，受害花穗、花轴变褐呈软腐状（不直接危害花果），用手捏病部时会有黏稠的腐烂组织出现。后期被害部表皮皱缩干枯呈萎蔫状（图 3-80）。

发病规律。拟盘多毛孢和灰葡萄孢最适宜生长温度分别为 25℃、20℃。孢子萌发最适温度分别为 30℃、15℃；最适相对湿度分别为 75％、78％。病害前期干腐型花腐病普遍；后期湿腐型花腐病发生重；干旱年份比湿润年份发病轻。

防治方法。清园，及时清除病虫的花、果、枝及落叶、杂草，采果后全园喷波尔多液，冬季树干刷白，降低果园病源菌基数。合理整形修剪，改善果园通风透光性，创造有利于植株生长发育而不利于病害发生的环境。科学进行土肥水管理，如挖深沟排水，降低田间含水量，防止烂根；深翻土壤，增施有机肥，疏松土壤，改善土壤肥力状况，培育健壮树势，增强对病害的抵抗能力。药物防治，结合防治枇杷花期虫害，在保障开花结果的情况下，可用甲基硫菌灵 800 倍液或多菌灵 500 倍液，每隔 7d 喷 1 次。

（6）枝干腐烂病。

病源。病原菌为仁果囊孢壳，学名 *Physalospora obtusa*（Schw.）Cooke。

症状。病菌侵染枇杷果树枝干皮层，初发病时以树干为中心，1m 直径内主根，逐渐上延至根颈部，近地面处韧皮部褐变，以后逐渐扩大到根颈四周，造成全株死亡（图 3-81）。如在根颈以上发病，树皮会开裂翘起，严重时剥落。在多雨或树液流动旺盛季节，会发生软腐或流胶。主枝发病时，病斑小、分散，树皮多开裂翘起。发病轻的影响树势，重的落叶枯枝、树势衰弱。嫁接部位也易发生此病。

图 3-80 花穗腐烂病

图 3-81 枝干腐烂病

发病规律。病菌以菌丝体和分生孢子同在枇杷树病干和其他病残体中越冬。菌丝在 10～25℃ 温度范围内均可生长，最适生长温度为 25～28℃。在 4～6 月和 8～9 月发病较多。病菌主要通过伤口侵入，也可通过枝干皮孔和芽眼等处侵入，分生孢子由雨水传播，有些昆虫，如天牛的危害伤口也能传播，旱季如遇气温持续偏高，雨水多、湿度大，易使该病流行发生。

防治方法。加强果园肥水管理，培育健壮树体；及时刮除病斑上翘起的裂皮，并集中烧毁，伤口上涂842康复剂＋50％甲基硫菌灵可湿性粉剂50倍液，或喷20％噻菌铜500倍液，每月涂1次，连续3次，或喷等量式波尔多液、石硫合剂对伤口愈合效果更好。

（7）赤衣病。

病源。病原菌为担子菌亚门的赤衣隔担耳菌，学名 *Septobasidium albidum*。

症状。赤衣病也叫赤锈病，主要危害枇杷枝干的皮部，造成落叶，枯枝或整株死亡（图3-82）。枇杷枝干被感染后，病枝上的叶片凋萎，病枝表皮上着生一层粉红色或白色菌丝和稍隆起小块点。严重时树皮开裂，易剥离脱落，呈溃疡状。

图3-82　赤衣病

发病规律。病原孢子于第2年春季靠风雨传播。遇高温多湿环境则发芽长出白色菌丝，从表皮深入木质部，阻止水分养分输送，叶片枯萎，每年4月上旬能在果园发现病枯枝，到8月以后发病渐少。

防治方法。搞好整形修剪，增加通风透光；剪除病枝集中烧毁；3～4月新梢未抽前和10月枇杷现蕾后喷0.3波美度石硫合剂或50％多菌灵可湿性粉剂800～1 000倍液，每隔2周1次，共3～4次。

8.3　枇杷检疫性病害

8.3.1　癌肿病

（1）病源。病原菌为枇杷假单胞菌，或称枇杷癌肿病假单胞菌，学名 *Pseudomonas eriobotryae* (Takimoto) Dowson。

（2）症状。为细菌性病害，又称"溃疡病"。该病主要危害枝干，也危害芽、叶、果及浅土层根系。在枝干及根部发病初期，有黄褐色小斑点，以后逐渐侵入内部，表面变黑溃疡病状，表皮易剥离，被害部周围肥大成庞状突起癌肿，严重时枝干枯死。新芽受害出现黑色溃疡，叶片受害产生黑褐色斑点，最后芽枯死。幼果发病表现为烫伤状病斑，以后成黑色溃疡，并逐步融合成软木状，表面产生裂纹，形成黑色痂，果梗表面似裂纹产生酱状物。

（3）发病规律。病原菌在枝干的病部越冬。翌年3～7月雨季，通过风雨昆虫（如梨小食心虫、天牛及木蠹蛾）所危害伤口侵染。还可以从人工抹芽后的芽痕、采果后果痕、落叶后的叶痕、修剪后的伤口及使用过的工具传播。在多雨水和台风季节、树势衰弱或枇杷品种抗病能力不强等情况下，癌肿病最易发生。

（4）防治方法。严格检疫，防止带病苗木和接穗从外境传入；加强果园管理，及时施肥排灌，提高树体抗病能力；结合清园疏除病枝，扫净枯枝、病叶、杂草，集中烧毁；采果、剪枝、抹芽等操作使用过的工具要用药消毒，以防带菌传播。药物防治可用1 000倍升汞水或1 000倍链霉素＋4.5％高效氯氰进行伤口涂刷消毒；喷雾0.5％～0.6％等量式波尔多液保护伤口，或20％噻菌铜500倍液，或用843康复剂、农用链霉素糊剂、5波美度石硫合剂等涂刷伤口。

8.3.2　白纹羽病

（1）病源。病原菌为子囊菌亚门的座坚壳菌，学名 *Rosellinia necatrix*。

（2）症状。主要侵染枇杷树根部和根颈部，受害树与根颈周围土壤表面，出现灰白色菌丝，根部受害后老根与主根上，形成略带褐色的菌丝和菌丝体，有时填满土壤中空隙。菌丝可穿过皮层侵入木质部，导致全根腐烂。此病初发时，发芽延迟，新梢瘦弱，生长缓慢，晴天叶片萎蔫，老叶干枯，黄化脱落至全株死亡，如将主干病皮扒开，可见木质部布满白色菌丝。

（3）发病规律。该病是以土壤带菌传播的根部病害，其他果树普遍发生。除土壤带菌外，病菌也是病源传播途径之一。于温暖多湿的梅雨季节易发病。果园土壤黏重，含水量高，透气性差，发病则重。树势生长势弱、老龄弱树和结果过多树易发病。

（4）防治方法。严格执行苗木、接穗调运的检疫制度，防止境外传入；加强果园肥水管理，增强树势；果园发现病株应立即挖除销毁，挖走病树病坑土立即用生石灰进行彻底消毒。药剂防治可用70％甲基硫菌灵300～500倍液或50％多菌灵200倍液淋灌果树根部，然后按果园面积每平方米撒施生石灰0.5kg灭菌。

8.3.3 白绢病

（1）病源。病原菌为担子菌亚门白绢薄膜革菌，学名 *Sclerotium rolfsii*。

（2）症状。该病又称"茎基腐病"，危害多种果树。发病部位一般在根茎部距地面5～10cm处，初期根颈表面形成白色菌丝，表皮呈现水渍状褐色病斑，菌丝继续生长直至根颈部覆盖着丝绢状白色菌丝，故名为"白绢病"。随着病情进一步发展，根颈部皮层腐烂，溢出褐色汁液。病株地上部分叶片发黄变小，枝条节间短缩，结果量多、果小，病斑环绕树干后，夏季全株突然枯死。

（3）发病规律。病原菌丝体于病树根颈部或经菌丝体在土壤中越冬，翌年再生出菌丝侵染果树，高温多雨季节易发病，果园内病菌在近距离传播，主要靠菌核通过雨水流入灌溉水，进行二次侵染蔓延。远距离主要是通过带病苗木传播。

（4）防治方法。严格执行检疫制度，禁止病苗传入；健苗用70％甲基硫菌灵或多菌灵800～1 000倍液或2％石灰水浸20～30min，杀灭根部病菌后再定植；避免老园土重建枇杷园；扒开病树根部土壤晒根、刮除根部病斑，用1％硫酸铜液消毒伤口，再涂上波尔多液等保护剂，然后覆上新土；病株外围开挖隔离沟，阻止蔓延。

8.4 枇杷虫害

枇杷主要虫害有橘蚜、介壳虫类、瘤蛾（黄毛虫）、木虱、螨类、天牛、花蓟马、梨小食心虫、吸果夜蛾、蓑蛾类害虫。

8.4.1 橘蚜

属同翅目，蚜科，学名 *Toxoptera citricidus*。

（1）危害症状。蚜虫成虫和若虫群集危害枇杷幼叶、嫩梢，受害的嫩叶凹凸不平，不能正常伸展，并且引发煤烟病，嫩梢卷曲。

（2）形态特征。属同翅目，蚜科。无翅胎生雌蚜和有翅胎生雌蚜体长1.3mm，体为漆黑色。无翅胎生雌蚜和有翅胎生雄蚜相似，体为深褐色。

（3）生活习性。蚜虫以卵在树干上越冬，一年发生8～10代，果树叶片老化不便于取食时，无翅胎生蚜虫则会产生有翅蚜虫，迁飞到其他树上危害。4月上旬至6月下旬危害最多。

（4）防治方法。进行生物防治，保护和利用蚜虫的天敌。瓢虫、草蛉、食蚜蝇、褐蛉、蚜茧蜂、寄生菌等，控制蚜虫的作用显著。据观察，1只七星瓢虫、大草蛉的一生，可捕食蚜虫4 000～5 000头。在蚜虫发生期选择如下药剂防治：25％阿克泰水分散粒剂5 000倍液，0.4％杀螟素乳油300倍液、50％敌敌畏1 000倍液、10％吡虫啉可湿性粉剂3 000倍液、2.5％氯氟氰菊酯乳油3 000倍液、灭幼脲3号1 500倍液、抗蚜威2 000倍液等。

8.4.2 介壳虫类

属同翅目害虫。常见的有：银毛吹绵蚧，硕蚧科，学名 *Icerya purchasi*；日本龟蜡蚧，蜡蚧科，学名 *Ceroplastes japonicus*；矢尖蚧，盾蚧科，学名 *Unaspis yanonensis*；草履蚧，硕蚧科，学名 *Drosicha corpulenta*；褐盔蚧，蜡蚧科，学名 *Parthenole canium corni*；危害枇杷的介壳虫主要是褐软蚧、矢尖蚧、银毛吹绵蚧和日本龟蜡蚧。

（1）危害症状。成虫、若虫群集在果、嫩梢，刺吸汁液。受害部位枯萎，树势衰弱并诱发煤烟病，严重时全株枯死。

（2）形态特征。介壳虫类4个虫的形态特征分别介绍如下：

褐盔蚧。雌虫的介壳圆形，暗紫色，边缘为灰白色，中央隆起呈圆锥形，壳面环纹密而明显，直径为1.5～2mm，雌成虫体长1.1mm，倒卵形，腹部较尖，淡黄色；雄蚧壳卵形，体长约1mm，壳下的雄虫为淡黄色，体长0.75mm，有1对透明的翅。

矢尖蚧。雌虫蚧壳细长，体长约2～3.5mm，紫褐色，周围有白边，前端尖，后端宽，中央有一纵脊，脱皮位于前端。雌成虫体长形，橘黄色，体长约2.5mm；雄成虫体为橘黄色，体长约0.5mm，具有1对翅。

银毛吹绵蚧。雌成虫卵圆形，背面稍隆起，黄色至橘红色，被黄色至白色块状蜡质物覆盖，有许多放射状排列的银白色蜡丝，触角黑色，各节均具细毛。足黑褐色，发达。

日本龟蜡蚧。雌成虫体长约2mm，椭圆形，紫红色。蜡壳灰白色，产卵期背面呈半球形（表面龟甲状凹纹）。雄成虫体长1.3mm，棕褐色，翅白色透明。卵椭圆形，橙黄色。初孵若虫体扁平，椭圆形，不久体背面出现白色蜡点，虫体周围有白色蜡刺。

（3）生活习性。褐盔蚧1年发生4代，以若虫越冬，各代第1龄若虫的始发期为5月中旬、7月中旬、9月上旬、11月下旬。矢尖蚧1年发生3代，以受精雌虫越冬，各代若虫发生期为5月下旬、7月中旬、10月中旬。银毛吹绵蚧1年发生2代，以3龄若虫和雌成虫越冬。3月中下旬开始产卵，4月若虫盛发。第1代发生于4～6月，危害枇杷嫩枝及叶片，初孵若虫多寄生于嫩枝及叶背主脉两侧，2龄后迁移至枝干及果梗等处聚集危害。日本龟蜡蚧1年发生1代，以受精雌虫在1～2年生枝条上越冬，翌年3月开始在枝条上危害，虫体迅速膨大，4～5月开始在腹下产卵。每雌虫产卵1 000～2 000粒，5～6月卵开始孵化。初孵若虫多在嫩枝、叶柄及叶片上附着吸食。5月初雌雄开始分化，雄虫蜡壳仅增大加厚。雌虫草则分泌软质新蜡，形成龟甲状蜡壳。

（4）防治方法。蚧壳虫天敌种类较多，如多种瓢虫和草蛉虫等。保护和利用这些天敌进行生物防治均可控制蚧壳虫的发生。结合清理果园，通过修剪疏除蚧壳虫危害严重的枝条集中烧毁。药剂防治，要抓住若虫每次分散转移期，分别在5月上旬、7月中旬、9月上旬、11月下旬进行喷药。每10d喷1次，连喷2～3次。常用的药剂：在夏季用1%的机油乳剂100～500倍液（其他季节用50～60倍液），40%杀扑磷乳油1 500倍液，伏乐行可湿性粉剂1 500倍液，0.3～0.5波美度石硫合剂，50%混灭威乳剂800倍液，50%马拉松乳剂1 000倍液等。蚧壳虫杀灭时喷药必须周到细致，要把药液喷到虫体，接触药液才会有效。

8.4.3　瘤蛾

属鳞翅目，灯娥科，成虫又称黄毛虫（图3-83），学名 *Melanographia flexilimeata* Hampson。

（1）危害症状。黄毛虫以幼虫危害果树新梢为主。1～2龄幼虫取食叶肉，剩下叶面表皮。3龄幼虫啃食新叶成空洞或缺刻。4～5龄幼虫吞食全叶，继而啃食叶脉、嫩梢皮部和果皮，严重时新梢、叶片全部被吃光。

（2）形态特征。雌成虫体长9～10mm，翅展20～22mm，雄成虫体略小，银灰色。幼虫体长21～23mm，体背黄色，腹部草绿色，头部橘黄色。

（3）生活习性。黄毛虫1年发生4代，第1代为5月上旬至6月中旬，第2代为6月下旬至8月初，第3代为8月中旬至9月中旬，第4代为9月下旬至10月下旬。10月以后进入越冬期，

图3-83　黄毛虫

枇杷每次新梢抽发都是枇杷黄毛虫危害盛期，枇杷黄毛虫危害高峰期正好与枇杷新梢抽发期相吻合。

（4）防治方法。每年冬季彻底清除果园内的杂草落叶，消灭越冬虫源；用黑光灯诱杀成虫，人工捕杀栖息在果树上的成虫，在嫩梢上的幼虫；采取震树落地杀灭。根据新梢抽生期和幼虫初孵期，可用下列杀虫剂：20％氰戊菊酯乳油 4 000 倍液，40％毒死蜱乳油 1 500 倍液，5％卡死克乳油 1 000 倍液，25％果虫敌乳油 1 500 倍液，50％杀螟硫磷乳剂 1 000 倍液；0.5％苦参碱 1 000 倍；2.5％天王星 3 000 倍等。

8.4.4 木虱

属同翅目木虱科，学名 *Psylla chinensis*。

（1）危害症状。其幼虫从 10 月到第 2 年 4 月陆续发生，主要危害嫩梢、花朵及幼果。幼虫除吸食汁液外，还产生白色胶状分泌物，引起煤烟病，妨碍幼果膨大并造成伤痕，影响果实的产量和外观，降低商品价值（图 3 - 84）。

图 3 - 84 木虱危害

（2）形态特征。成虫分冬型和夏型，冬型体长 2.8～3.2mm，体褐至暗褐色，具黑褐色斑纹。夏型成虫体略小，黄绿色，翅上无斑纹，复眼黑色，胸背有 4 条红黄色或黄色纵条纹。卵长圆形，一端尖细，具一细柄。若虫扁椭圆形，浅绿色，复眼红色，翅芽淡黄色，突出在身体两侧。

（3）生活习性。1 年发生 4～5 代，以冬型成虫在落叶、杂草、土石缝隙中、树皮缝内越冬。早春 2～3 月出蛰，在幼果、枝叶痕处产卵。若虫多群集危害，有分泌胶液习性。因各代重叠，全年均可产生危害。

（4）防治方法。药剂防治，可用吡虫啉 10％可湿性粉剂 2 500 倍液，或 20％双甲脒（螨克）乳油 1 000～1 500 倍液、5％来福灵乳油 3 000～4 000 倍液、25％扑虱灵乳油 1 250～1 500 倍液及 0.3 波美度石硫合剂等，喷施杀灭该虫。

8.4.5 螨类

属蜱螨目，叶螨科。主要有枇杷始叶螨，学名 *Eotetranychus* sp.。枇杷全爪螨，学名 *Panonychus* sp.。

（1）危害症状。螨类害虫以若螨和成螨危害枇杷新梢、嫩叶和花芽。新梢受害后生长缓慢。花芽受害后，在开花期大量花朵萎蔫脱落。叶片受害后呈黄褐色，影响光合作用。

（2）形态特征。危害枇杷的螨类害虫有始叶螨、全爪螨。始叶螨体长 0.35～0.4mm，体近梨形，橙黄色至红褐色，卵球形，光滑，直径约 0.12mm。幼螨体形近圆形，长约 0.17mm，若螨体形与成螨相似，较小。全爪螨体长 0.3～0.4mm，暗红色，椭圆形，足 4 对。雄螨略小，鲜红色。卵球形，直径约 0.13mm。幼螨体长约 0.2mm，体色较淡，足 3 对，若螨近似于成螨，较小，足 4 对。

（3）生活习性。螨类害虫 1 年发生 15～17 代，多为两性生殖，也有孤雌生殖现象，后代多为雌螨，卵产于叶片、果实和嫩枝上，世代重叠，以卵和成螨在枇杷树的枝条裂缝、叶背越冬。3～5 月春梢抽发期，老螨迁移危害。春、秋梢抽发期发生量大。

（4）防治方法。冬季清园结合刮除树干翘屑和老皮裂缝，树干喷洒5波美度石硫合剂，树冠喷1波美度石硫合剂，消灭越冬虫；保护螨类天敌，进行生物防治，控制害虫发生。药剂防治可选用下列杀螨剂：20％双甲脒（螨克）乳油1 000倍液，20％哒螨灵可湿性粉剂2 000～3 000倍液，5％卡死克乳油1 500倍液，5％霸螨灵悬浮剂2 000倍液，5％尼索朗1 500倍液，73％克螨特2 000倍液，托尔克1 500倍液，0.3～0.5波美度石硫合剂。要求在叶片正反两面均匀喷雾。

8.4.6　天牛

天牛类害虫种类多，均属鞘翅目，天牛科。主要有桑天牛，学名 *Apriona germari*。星天牛，学名 *Anoplophora chinensis*。

（1）危害症状。桑天牛成虫啃食枇杷嫩枝皮层，幼虫蛀食枇杷树枝干，造成无数孔洞。受害枝干养分水分运输受阻，严重时枝干枯死。星天牛幼虫蛀食枇杷成年果树主干基部或主根，接着蛀食主干，常因数条幼虫环绕树干基部迂回蛀食，致整个植株枯死。人们容易从树干基部发现排出的虫粪和木屑而获知洞内潜伏有幼虫（图3-85）。

图3-85　天牛危害

（2）形态特征。天牛类害虫包括桑天牛和星天牛等。桑天牛成虫体长36～46mm，体为黑褐色，密被黄褐色绒毛。幼虫体长65～70mm，圆筒形、乳白色，头部黄褐色，每2～3年发生1代，以幼虫在树干内越冬。星天牛成虫体长19～39mm，体为黑色，有光泽，具有小白斑。幼虫体长45～67mm，淡黄白色，一年发生1代。以幼虫在枇杷树干基部或根内（主根内）越冬。

（3）生活习性。天牛成虫先啃食枇杷果树嫩叶皮层、叶片、幼芽，取食3～5d进行交尾，然后在枇杷树枝干上啃一伤口，产卵其中，每处产卵1粒，每只天牛雌虫可产卵100多粒。卵经过10～14d孵化出幼虫，初孵幼虫先在伤口附近取食，后蛀孔入木质部，虫道自上而下，每隔一定距离向外蛀1个排粪孔。随着幼虫的长大，排粪孔的距离也愈来愈远，幼虫多位于最下1个排粪孔内。幼虫在危害期间，只要发现枝干上的蛀孔有新鲜虫粪，下方就有天牛幼虫。

（4）防治方法。

及时除卵。天牛成虫产卵前，在枇杷树主枝和树干上涂刷石硫合剂或涂白剂，即可防止成虫产卵（涂白剂配比为：生石灰1份、硫黄1份、食盐0.2份、桐油0.2份、水10份）。或在树枝基部表面天牛产卵处（6～8月）用小刀刮除卵粒。

捕捉成虫。天牛成虫出现期（6～7月），利用午间或虫静息枝条的习性人工捕捉。

捕杀幼虫。经常检查枇杷枝干，发现新鲜虫粪，用小刀在幼虫危害部位，顺树干纵划几道，杀死幼虫。或用铁丝捅入虫孔内勾杀幼虫。

虫孔注药。用普通注射器注入敌敌畏乳剂100倍液于隧道内毒杀幼虫。

虫孔塞药。用棉花蘸吸敌敌畏乳剂后塞入虫孔，封上泥团，熏杀幼虫。

药剂防治。在5月中旬喷洒50％杀螟硫磷1 000倍液。

8.4.7　花蓟马

属缨翅目，蓟马科。学名 *Frankliniella intonsa*。

（1）危害症状。花蓟马成虫和若虫危害枇杷花穗，有时危害嫩叶或果实。枇杷园通常在11～12月开花时危害最严重，在花冠危害花瓣。

（2）形态特征。花蓟马雌成虫体长约0.9～1mm，橙黄色，卵呈肾形，淡黄色。若虫初孵时乳白色，2龄后淡黄色，形状与成虫相似。蛹（4龄若虫）出现单眼，翅芽明显。

（3）生活习性。1年发生6～8代，世代重叠，进行有性生殖和孤雌生殖。以成虫越冬。雌虫羽化后2～3d在叶背、叶脉处或叶肉中产卵，每只雌成虫产卵几十粒至100多粒，孵化后，若虫在枇杷树的枝条嫩芽或嫩叶上吸食汁液。

（4）防治方法。开花期喷雾50％的仲丁威乳油1 000倍液、1.8％阿维菌素4 000倍液等进行全面防治。

8.4.8 梨小食心虫

该虫别名东方蛀果蛾，简称梨小。属鳞翅目，卷蛾科。学名 *Grapholitha molesta*。

（1）危害症状。梨小食心虫成虫产卵于果实的萼孔内，孵化出幼虫钻入果肉危害种子，粪便排泄在种子周围和果实外面。被害果早期脱落，到后期被害果实在外观上看不出受害症状，但果内却被幼虫蛀食不能食用。幼虫钻进果实后，在贮运期往往虫粪被排在果外，造成烂果。幼虫还常危害新梢和苗木、采果痕及嫁接部位，蛀入表皮内啃食，侵入木质部，出现直径4～5cm的圆形或不规则形的腐烂斑块，导致癌肿病病菌侵染。

（2）形态特征。梨小食心虫成虫体长5～7mm，翅展11～14mm，体为灰褐色至暗褐色，前翅前缘具有10组白色斜纹，翅上密布有白色鳞片。卵淡白色，扁椭圆形，幼虫体长10～13mm，淡红色或粉红色，头黄褐色，蛹长6～7mm，纺锤形，茧白色，扁平椭圆形。

（3）生活习性。梨小食心虫1年发生6～7代，成虫寿命10～15d，幼虫发育起点温度10℃，以老熟幼虫在树干的裂缝及根颈周围等处结茧越冬，到3月中下旬越冬幼果化蛹，第1、第2代幼虫分别在4月上中旬和5月，危害枇杷果实。成虫白天静状，黄昏活动，夜间产卵，散产在果实表面上，每处1粒。梨小食心虫由于寄生广，有转移寄主危害习性，生活史复杂。如果枇杷园附近有桃、梨、李等果园，对枇杷的危害会更严重。

（4）防治方法。

农业、物理、生物方法。清除越冬寄主，消灭越冬幼虫；果实套袋，在成虫产卵前喷洒1次防病灭虫药剂（青果直径达1.5～2cm时）开始进行套袋；在第1代和第2代幼虫期，人工摘除病果、病梢；成虫羽化期用糖醋液或悬挂频振式杀虫灯诱杀成虫（糖醋液的配制方法：红糖1份、米醋2份、水10份，加入少量敌百虫和黄酒，配制成诱饵剂）；园中挂食小诱芯，干扰交配；在成虫发生高峰后1～2d，释放赤眼蜂。

药剂防治。每隔2～3d在叶面（或果实）上检查所着的卵量，如卵量显著增加时，可指导喷药。在幼虫孵化期可喷10％除尽悬浮剂1 500倍液、1.8％齐螨素乳油2 000倍液或50％杀螟硫磷1 000倍液、2.5％溴氰菊酯（敌杀死）3 000倍液；在3月下旬第1代初孵幼虫还没有蛀入幼果时，喷洒90％敌百虫1 000倍液、5％来福灵乳油2 000倍液等。

8.4.9 吸果夜蛾类

吸果夜蛾种类很多，发生普遍，均属磷翅目、夜蛾科。

（1）危害症状。成虫在枇杷果实成熟期，夜间出动用口器刺吸果实汁液，果实被刺的小孔部位，常表现出不同症状，轻者外表只有1个小孔，内部果肉呈海绵状腐烂，重者果实软腐脱落。早期危害果实往往不易发现，常在采果后的贮运中出现果实腐烂。

（2）形态特征。青安纽夜蛾成虫体长29～31mm，翅展67～70mm，头部黄褐色，腹部黄色，触角丝状幼虫黄褐色。

（3）生活习性。吸果夜蛾1年发生4～5代，4月中旬出现第1代成虫，危害成熟的枇杷果实。成虫白天隐藏在荫蔽处，傍晚开始活动，刺吸果实汁液。成虫在闷热、无风的夜晚数量较多，10月以后幼虫开始越冬。

（4）防治方法。枇杷果实成熟阶段，设置灯光诱杀成虫，按每666.7m²面积，设置40W黄色荧光灯（波长为 0.5934nm）1～2 支。也可在果园摆放糖醋诱杀成虫，或在傍晚将滴有香油的纸片挂在果树上，能起到拒避夜蛾飞来危害果实的作用。夜晚还可在果树上悬挂樟脑丸或喷 5.7％白树得 1 000 倍液，拒避夜蛾的效果最佳，或用敌敌畏杀虫药剂拌西瓜及其他果实悬挂在果园树上，具有一定的诱杀效果，果实套袋可以防止吸果夜蛾危害。

8.4.10　蓑蛾类

蓑蛾又名口袋虫、皮袋虫和大蓑蛾、小蓑蛾，属鳞翅目，蓑蛾科。主要有白囊蓑蛾，学名 *Chalioides kondonis*。茶蓑蛾，学名 *Clania minuscula*。

（1）危害症状。蓑蛾危害枇杷树主要是以幼虫啃食叶片为主，严重时全树叶片被食殆尽。大蓑蛾初龄幼虫取食叶肉，残留表皮。幼虫长大将叶片啃成孔洞或缺刻，最后吃光全叶。小蓑蛾也是危害叶片和取食嫩枝皮，先食叶肉，后啃叶片，仅剩叶脉，由于蓑蛾数量多，食量大，暴发时常把全树叶片吃光后转移到其他果树上继续危害。

（2）形态特征。蓑蛾雄虫有发达的双翅，善于飞翔。雌成虫体肥胖，乳白色，无翅，一生在护囊内交尾产卵。卵椭圆形，肉红色。幼虫粗短，末龄幼虫体长 20～23mm，蛹长约 20mm。小蓑蛾雌成虫体长 26mm，雄成虫体长 17mm，翅展 22mm，蛹长 15mm。

（3）生活习性。大蓑蛾 1 年发生 1 代，以老熟幼虫在护囊内越冬，每只雌蛾可产 3 000 多粒卵，6 月底到 7 月初为孵化盛期。孵化后幼虫爬出护囊，吐丝下垂，随风飘移。然后沿丝附着树上，咬碎叶片做成新护囊。1～3 龄幼虫取食叶肉，使叶片呈半透明状斑块，后穿孔或缺刻，最后叶片只剩下叶脉。5 龄后护囊做成较厚的丝质，11 月间幼虫停食封囊越冬。大蓑蛾在干旱年份猖獗，危害成灾。小蓑蛾 1 年发生一代，以幼虫越冬，翌年 3 月开始活动，6 月中下旬幼虫化蛹，成虫 7 月上旬出现。每只雌虫可产 2 000～3 000 粒卵，产出的卵经过 7d 左右孵化，幼虫从护囊爬出，吐丝下垂，随风飘散到各处，啃食枇杷叶肉，吐丝缀枝聚叶，营造新的护囊。

（4）防治方法。人工摘除护囊，杀灭大龄幼虫和雌成虫；保护小蜂科的费氏大腿蜂、粗腿小蜂、姬蜂科的白蚕姬蜂、黄姬蜂、蓑蛾虫姬蜂及寄生蝇等天敌，这些天敌对控制蓑蛾类害虫能发挥最大的作用。在蓑蛾幼虫未做护囊前用 20％氰戊菊酯 4 000～5 000 倍液或 2.5％溴氰菊酯 3 000 倍液，或在 7～8 月幼虫未做护囊时，喷 90％敌百虫 800 倍液。7 月初在幼虫吐丝下垂时，喷 50％二溴磷 600 倍液。

9 枇杷自然灾害预防

黄山地区枇杷自然灾害主要有冻害、高温热害，这些自然灾害的发生，会给生产造成严重损失。

9.1 冻 害

枇杷不耐寒，从开花到果实成熟长达 6 个月，所经历的环境温度，开花在－6℃以下，幼果在
－3℃以下，胚珠在－2℃以下，就会造成冻害（图3-86）。在黄山市，花果受冻是影响枇杷产量的
首要因子。因此，认真做好枇杷防寒防冻已成为黄山地区枇杷增产、农民增收的关键手段。枇杷的抗
寒能力与品种、树势、树龄有关，成年树抗寒能力相对较强，老年树抗寒能力较弱；花蕾抗寒能力比
花强，花的抗寒能力比幼果强。

图3-86 冻 害

枇杷防寒基本措施有选择优越小气候环境，营造防护林，改善小气候环境；选用抗寒品种；改善
栽培技术措施，培育健壮树势，以增强抗寒力等。

9.1.1 选择优越小气候环境

枇杷喜欢温暖湿润环境，一般年平均气温在15℃以上，冬季最低气温在－5℃以上，年降水量在
1 000～2 000mm 的地区，均适宜栽培。黄山地区位于枇杷种植北缘地区，1991 年 12 月 31 日至 1992
年 1 月 2 日曾出现－16.1℃历史上最低气温，给枇杷造成严重冻害。三潭枇杷种植历史长达 800 余
年，历史上曾遭受数次大冻，但最终均得到恢复。黄山地区发展枇杷应重点选择"三潭"地区避风的
东南山坡，或海拔较高山腰地带（利用逆温差效应），或选择新安江水库的四周和沿岸，遇到寒潮袭
击时，由于避风、逆温效益及水体调节，气温下降幅度较小，可以减轻冻害发生。

9.1.2 营建防护林

枇杷建园时应按作业小区设计防风林，防风林由主林带和副林带组成。营建防风林可以有效减缓
风速，增加枇杷园空气湿度，改善枇杷园的小气候环境。但山地枇杷建园，冷空气易顺坡向下沉积形
成"霜眼"，因此，为了防止冷空气沉积，卜坡防护林应留有缺口，否则易加重枇杷花及幼果冻害。

9.1.3 选用抗寒品种

枇杷早熟品种，由于结果早，幼果易受冻害；中熟品种次之；晚熟品种受冻相对较轻。同成熟期
的不同品种抗寒能力也有差异。黄山地区发展枇杷为减少冻害，应选择抗寒的优良品种。

9.1.4 加强管理

（1）加强夏季管理。采果后（6月中下旬）进行短截修剪和重施采果肥，使夏梢抽发时间推迟，
花期也相应推迟，可避免幼果受冻，若强壮树抽发夏梢旺盛，不要摘顶（因顶芽分化花芽），可以采
用0.2%～0.3%硫酸钾或0.2%磷酸二氢钾喷树冠，积累养分分化花芽，并可相应推迟抽发结果枝和

开花。

(2) 预防高温干旱。黄山地区枇杷干旱期正逢伏秋旱季,此时枇杷已没有果实,果农往往放松管理。高温干旱往往对枇杷危害更大,促进枇杷提早开花。预防高温干旱可采取下列措施:地面覆盖,降温保湿,覆草前每株先增施尿素 0.1~0.25kg,覆草厚度应达 15~20cm,覆草范围应超过树冠滴水线外 30cm;秋末冬初雨后浅中耕覆盖地膜,或于树干周围培土 30cm 厚保温。也可叶面喷施 0.2%磷酸二氢钾或 0.2%~0.3%尿素 2~3 次,提高抗旱能力。

(3) 花前晾根。晾根可增强树势,推迟开花期 15d 左右,减轻早霜对花及幼果危害。方法是于秋梢停长现蕾时,结合浅中耕耙开表土,深 10~15cm,伤断部分细根,使根系外露,任其晾晒 15~20d,结合 10 月份追肥,树干周围培土覆土。

(4) 根外追肥。于 11 月初至 2 月中旬,每隔 7~10d 树冠喷 1 次 0.4%尿素和 0.2%硼砂,可提高花果耐寒力,减轻冻害。

(5) 灌水防冻。冬季久晴,并刮干燥的西北风,土壤及空气干燥,引起枝、叶、花、果水分蒸腾加剧,根系不能吸收足够水分,导致叶、花及幼果含水量下降到生理需求量以下,花、幼果对低温抵抗力弱,容易受冻,群众俗称为"干冻"。若遇冬旱,应于寒流到来之前进行枇杷树盘灌水,有条件地区,可实施喷灌或滴灌,以增加土壤和枇杷园湿度,防止干冻发生。

9.1.5 枝干涂白

主干和主枝涂白有缩小温差和增强抗寒力的作用(图 3-87),一般于 12 月前结合清园,在主干和主枝上涂白。涂白剂配制方法见表 3-13。

图 3-87 涂 白

表 3-13 常用的涂白剂配方及用途

配 方	用 途
生石灰 5、硫黄 0.5、水 20	防治树干病虫害
生石灰 5、石硫合剂原液 0.5、食盐 0.5、动物油 0.1、水 20	防烧病(日灼病)
生石灰 5、石硫合剂渣 5、水 20	防治树干病虫害
生石灰 5、食盐 2、动物油 0.1、水 20	防日烧病、冻害

9.1.6 熏烟

黄山地区枇杷干冻常常伴随冬季晴好天气辐射降温,从而进一步加重花和幼果的冻害。因此,应密切关注天气预报,在晴天无风、低温(-3℃以下)时,于零时到日出进行熏烟,通常每 666.7m² 范围内挖 5~6 个地灶,内放熏烟材料,如垃圾、砻糠、湿柴、杂草等 250kg,每堆加入 0.25kg 氯化铵起发烟作用。熏烟可提高枇杷园内温度 2℃左右;起到良好防霜冻效果。

9.1.7　靠枝束叶和套袋

靠枝束叶是将每一花穗下部叶片向上把花穗裹束，并将大枝间相互捆拢，可以减轻花穗及幼果冻害；也可以盛花后对整个花穗套袋，但一定要在盛花后花瓣已脱落再套，否则影响授粉受精。套袋可以增加袋内温度，减轻花和幼果冻害，同时，可以减少病虫危害及其他生理病害如日烧病的发生。

9.1.8　摇雪

大雪过后，易出现大冻，也易压断枇杷大枝和大型结果枝组，给枇杷花及幼果造成冻害、大枝伤害。因此，降大雪后，应立即将枇杷树冠上积雪摇下，防止雪压给树冠造成不必要的机械伤害以及融雪给花和幼果造成冻害。

9.1.9　冻后管理

枇杷受冻后应追施速效性肥料，也可采用根外追肥 3～4 次，以增强树势；对园地应进行浅中耕松土，如因雨雪地面有积水或地下水位过高，要开沟排水，促进根系健壮。枇杷花前、幼果受冻，易使胚珠冻死变褐色，幼果不能发育。幼果刚受冻时肉眼不易识别，待气候转暖后，仔细观察幼果上茸毛和果皮色泽变化即可识别，茸毛萎蔫，果皮变褐色表明已冻死。因枇杷是假果，由花托发育而成，在胚珠冻死后，幼果仍会轻微膨大，甚至成熟，但果型极小，无商品价值，故应及时摘除受冻幼果。

9.2　热　　害

由高温引起枇杷伤害现象通称为"热害"。黄山地区一般 5～6 月开始进入夏季，此时正逢枇杷果实成熟期，经常出现 7～10d 左右高温晴好天气。由于太阳光直射暴晒树干、树枝及果实，尤其是树冠外围和顶上部果实，受干热风危害，向阳部枇杷果实细胞失水焦枯，出现日烧病及落果，对枇杷产量产生很大影响；向阳枝干及韧皮部导管组织坏死，叶片光合作用急剧下降，消耗树体贮藏养分时间过久，植株呈现"饥饿"，甚至死亡。

9.2.1　加强管理

培育理想树形，确保枇杷立体结果；增施有机肥，中耕改土，促进根深叶茂；尽量使枝干、果实不外露。

9.2.2　园地覆草

4 月下旬至 5 月初，即立夏前后，枇杷园结合中耕，将作物秸秆、杂草及山地周边蕨类作物，绿肥等覆盖于树盘，用以防旱、降温，改善园内小气候环境。

9.2.3　喷水或喷石灰水

5 月上旬，如遇晨雾、无风、无云、气温猛升到 27℃ 以上时，于 11:00 前向树冠喷水或 1:100 的石灰水，也可进行果园灌水或人工浇水。

9.2.4　枝干涂白

5 月初在枇杷树干上用涂白剂进行刷白，减轻太阳直射暴晒树皮，兼治日烧病及天牛危害等。

9.2.5　果实套袋

（1）套袋作用。枇杷套袋不仅可以预防果实灰斑病、吸果夜蛾及鸟害，而且可以预防霜冻、裂果、日烧病等危害。套袋果实表面毛茸完整、色泽鲜艳，好果率和产量明显提高，农药污染下降，品质上升，售价高，经济效益显著。

（2）套袋方法。袋子规格：大果品种单果袋 10cm×14cm；果穗袋 27cm×35cm；中、小果品种果穗袋为 17cm×20cm。套袋时间：于疏果定果后的 3 月底至 4 月初进行。最好率先将纸袋用杀虫剂、杀菌剂浸泡数分钟消毒，经晾干后使用。套袋前枇杷园要全面喷施 1 次杀虫剂和杀菌剂，喷后 2～3d 便可套袋。套袋时先将袋撑开成筒状，压住两个袋角，套入果穗，然后把果穗茎部 3～4 片叶束在果穗上面。套袋时要防止袋直接接触果面；采收时连袋一起摘下，分级时除去，以保证果实不受机械损伤，并保持茸毛完整（图 3-88、图 3-89）。

9.2.6　缚草护干

7 月高温干旱到来之前，有外露的树干、大枝上缚草保护；也可用遮阳网覆盖树冠，减轻热害损失。

图 3 - 88　套　袋

图 3 - 89　套袋果实

10 枇杷采收、贮运、加工

10.1 采 收

10.1.1 适时采收

枇杷果实适时采收，对鲜果产量和质量有着重要影响。枇杷果实成熟期，与地区、品种、气候有着密切关系，树龄、树势、地势、土质等不同，成熟时间也不同；即使同一株树上，甚至同一花穗上，因开花时间不同，果实成熟时间也往往不一致。枇杷果实于"三潭"地区除作鲜果外销外，大部分用于加工罐头。因此，枇杷果实的适宜采收期可以根据不同用途，分为硬熟和完熟两个采收时期。

（1）硬熟采收期。主要用于贮藏保鲜、外销远运、加工制品等。硬熟采收时，果实重量达到最大值，果皮全面着色，成熟度达到8成，剥皮稍难，但可食用。此时采收利于贮藏期间延迟呼吸高峰到来和长途运输。

（2）完熟采收期。此期采收在本地销售以鲜食为主，不宜贮运。此时枇杷果实已完全着色，果皮易剥离，果肉开始变软，色、香、味俱佳，即充分成熟，是鲜食的最佳采收期，但个别品种如白沙，完熟时风味变淡，故采收宜稍早。

10.1.2 采收准备

"三潭"地区枇杷园大部分建于坡地，且树冠高大，因此，采收前应做好所需工具的准备工作。所需工具有双人梯、剪果刀、竹篮、竹篓、塑料筐、纸箱等。枇杷采收前果园严禁灌水，以防使果实水分过高，影响品质和裂果。

10.1.3 采收时间

果实采收最适宜时间应于温度较低的晴天上午露水干后 7:00～10:00 或下午 15:00～18:00 或阴天进行。绝不能于露水未干或下雨天或高温烈日下采收，这时采收的果实不好贮藏保鲜。

10.1.4 采收方法

枇杷果实必须按成熟情况分批采收，选黄留青，为了减少人为机械损伤，摘果时依树冠自上而下、由外及里，轻剪轻放。手持果柄，不要用手触摸果面，避免擦掉果面绒毛，更不能划破果皮碰伤果肉。保留果柄宜短（1～2cm），果柄剪口要平整，以防装运时戳伤果实。套装与否，采收方法略不同，未套装果实按顺序将病虫危害果、破伤果及等外果全部剔除；套袋果则于采收时连同果袋一同剪下，运到室内，然后揭开果袋分级包装，避免多次翻动，造成果实损伤。采收果实置于筐内后，要摆放于阴凉处，防止暴晒引起灼病。

10.1.5 分级

黄山地区传统方式一般不进行分级，而是统货出售，近几年，随着广大消费者观念的转变，分级包装于枇杷产区逐步得到推广。果实分级一般于采收时进行初步分级，然后运于室内通风处，于 12h 内或于第 2 天进行分级，剪去过长果蒂。果实分级除大小要求外，必须品种纯正，果实新鲜，且有该品种成熟时固有色泽、风味、质地，果梗完整青鲜，果面洁净无污染，果实肉脆皮薄，汁液丰实（表3-14、表 3-15、图 3-90），没有青果、僵果、烂果。

图 3-90 分 级

表 3-14　枇杷果实质量分级标准

项目	1 级	2 级	3 级
果形	整齐端正丰满，具有该品种征，大小均匀一致	尚正常，无影响外观畸形果，次于 1 级果	次于 2 级果
果面色泽	着色良好，鲜艳、无锈斑或锈斑面积不超过 10％	着色好，锈斑面积不超过 20％	
茸毛	基本完整	部分保留	
生理障碍	不得有萎蔫、日烧、裂果及其他生理障碍	允许绿色及褐色部分不超过 100mm²，裂果允许 1 处，长度不超过 5mm，无其他生理障碍	
病虫害	无	不得侵入果肉	
损伤	无刺伤、划伤、压伤、擦伤等机械损伤	无刺伤、划伤、压伤、无严重擦伤等机械损伤	
肉色	具有该品质最佳肉色	基本具有该品质肉色	
可溶性固形物	白肉类：不低于 11％ 红肉类：不低于 9％		
总酸量	白肉类：不高于 0.6g/100ml 果汁 红肉类：不高于 0.7g/100ml 果汁		
固酸比	白肉类：不低于 20∶1 红肉类：不低于 16∶1		

表 3-15　枇杷果实大小分级规格

项别	品种	特级（特大果）(g)	1 级（大果）(g)	2 级（中果）(g)	3 级（小果）(g)
白肉类品种	软条白沙	≥30	25～30	20～25	16～20
	照种白沙	≥30	25～30	20～25	16～20
	白玉	≥35	30～35	25～30	20～25
	青种	≥35	30～35	25～30	20～25
	白梨	≥40	35～40	25～35	20～25
	乌躬白	≥45	35～45	25～35	20～25
红肉类品种	浙江大红袍	≥35	30～35	20～25	20～25
	夹脚	≥35	30～35	20～25	20～25
	洛阳青	≥40	35～40	25～35	20～25
	富阳种	≥40	35～40	25～35	20～25
	光荣种	≥40	35～40	25～35	20～25
	安徽大红袍	≥45	35～45	25～35	20～25
	大城 4 号	≥50	40～50	30～40	25～30
	长红 3 号	≥50	40～50	30～40	25～30
	解放种	≥70	60～70	40～50	30～40
可食部分	福建红肉品种	≥68％	≥66％	≥64％	≥62％
	及其他品种	≥66％	≥64％	≥62％	≥60％

10.1.6　包装

"三潭"地区枇杷包装常用的是竹篓或纸箱，底部衬垫碎纸或树叶，将分级好的果实紧密排列在内，装至篓口或纸箱顶部以下 5cm 左右时，上面铺上碎纸或树叶封箱起运外销，一般 1 件果重 5kg。纸箱包装外面一般都印上安全认证、商标、注册产地、品种、等级、毛重、果实净重及联系电话等信息（图 3-91）。外地企业来"三潭"地区收购用于加工的枇杷一般用内装 20～25kg 木箱、竹筐、竹篓及塑料筐装运。

图 3-91 包装

10.2 贮 藏

"三潭"地区枇杷大部分以外销和加工企业收购加工为主，通过贮藏保鲜较少，只有少量枇杷采用简易场所短时间贮藏保鲜，设施保鲜几乎是空白。下面介绍本地常用的几种简易场所保鲜方法。

10.2.1 山洞贮藏

黄山市屯溪水果经销商到产地收购后，利用山洞、防空洞贮藏，延长上市时间，一般贮藏时间较短，为临时性贮藏措施。贮藏前先将贮藏山洞或防空洞清扫干净，贮藏使用工具清洗晾干，并用硫磺粉（$20g/m^3$），燃烧熏蒸消毒。24h后打开洞门、排气孔和通气孔。然后将经过防腐灭菌处理的枇杷果实装入贮藏容器，放进山洞或防空洞，以品字形堆码。码垛高度4~5层，垛与垛、垛与墙之间，以及四周墙壁和顶部都应有空隙。洞内温湿度分别控制在20℃以下和80%~90%相对湿度，贮藏期可达25~30d。

10.2.2 室内贮藏

枇杷采收后将无损伤、无害虫危害并带果梗的果实，轻轻放置于室内干净、卫生木板上铺摊，可以贮藏20d左右，果实腐烂率0.5%，但失水率高达14%~26%。

10.2.3 松针贮藏

用新鲜松针铺在地面上，将果实轻轻放置于松针上，果上再铺一层松针。松针对贮藏枇杷果实，能起到保湿和催熟作用。可用于20d左右的短期贮藏，腐烂率2%，失水率为10%~18%。

10.2.4 竹篮贮藏

将枇杷果实装入小竹篮内，每竹篮装5~10kg，将竹篮挂在室内通气阴凉处。保鲜期可达20d左右，腐烂率1.5%~2.5%，失水率12%~21%。

10.2.5 坛缸贮藏

先在坛、缸内铺上干蕨叶，然后把果实放入坛、缸的蕨叶上，装满果实后在坛口上盖上竹帘通气。保鲜期15~20d左右，腐烂率3.6%~5.2%，失水率2.1%~2.6%。

10.3 加 工

20世纪80年代，三潭枇杷主要为原屯溪罐头食品厂提供枇杷罐头加工原料。现在，主要是为浙江黄岩罐头加工企业及安徽砀山、萧县地区果品加工企业提供罐头加工原材料。

10.3.1 枇杷糖水罐头

（1）工艺流程。选料→摘柄→清洗→热烫→冷却→去核、剥皮→护色→漂洗→分选→装罐→加汁→加热排气→封罐→杀菌→冷却→擦罐、入库、验收、贴标签→保温→包装。

（2）制作方法。

原料选择。选肉质致密而厚，甜酸适口，果核小、果形大、形态完整的果实，剔除严重机械伤及病虫伤的果实。

摘柄。扭转摘除果柄，防止果皮破损。

清洗。先用1%食盐溶液清洗果实后，用清水冲洗干净。

热烫。按果实大小和成熟度高低，分批在85～90℃热水中热烫5～15s，以皮易剥落为度。

冷却。取出果实，立即用冷水冷却。

去核、剥皮。用孔径为13～15mm的打孔器在果实顶端打孔，再用6～9mm打孔器打蒂柄部，使果核从顶部排出，并剥去外皮。要尽量避免伤及果肉。

护色。剥皮后的果肉立即浸入1%的盐水中护色。

漂洗。护色后，放到流动清水漂洗数次沥干水分。

分选。挑选果肉色泽黄至橙黄，形态完整、洞口整齐、无严重机械伤的果肉，按色泽、大小分开，同一罐中果实大小、色泽应大致均一。

装罐。称取果肉250g，装入经清洗消毒的玻璃罐中，加注浓度为24%～28%的热糖水275g。

加热排气。装罐后立即送入100℃排气箱中，待罐中心温度上升到70℃以上时，即可取出。

封罐。趁热在封罐机上封罐，不能漏气。

杀菌。将罐头放在沸水中煮15min。

冷却。分段冷却，防止玻璃罐破裂。

擦罐。入库、验收、贴标签。擦干水，在常温库里放5d后敲罐检验，合格者贴标签出库（图3-92）。

图3-92 枇杷罐头

10.3.2 枇杷饮料

（1）工艺流程。原料→洗涤→破碎榨汁→去皮→护色→加热→筛滤→调配→装罐→排气→封口→杀菌→冷却→包装→成品。

（2）制作方法。

原料选择。采用成熟的新鲜枇杷，或部分生产糖水枇杷选出的碎果肉，但必须新鲜卫生。

洗涤。原料先用流动水冲洗果实外表尘土等，然后用1%的食盐溶液或0.1%的高锰酸钾溶液浸泡1min，以达到消毒杀菌的作用。再用流动水冲洗干净后，除去皮、核、梗、霉烂等不适加工部分，并浸泡护色。

破碎榨汁。用筛板孔径1.5～2.5mm的打浆机打出汁，再把枇杷肉渣经螺旋榨汁机榨出残余汁，加入0.02%～0.04%的抗坏血酸，以防止果汁氧化，并迅速进行热处理以抑制氧化酶的活性。

加热。榨出的果汁在加入0.02%～0.04%的抗坏血酸后，迅速置于蒸气中加热，使原汁的中心温度达85～90℃，保持15s后迅速过滤。

筛滤。上述果汁趁热通过绢布过滤，或以高速离心分离机分离出粗粒及粗纤维，再以绢布过滤，滤除粗纤维和碎果肉。

调配。过滤后的原汁按果汁饮料的规格要求及感官需求加入糖、水、柠檬酸制成天然饮料。

装罐、排气、封口。调整好的饮料装瓶，加热排气，控制果汁饮料的中心温度为90℃，保持1～2min，取出后稍冷迅速封口。

杀菌、冷却。装瓶好的饮料在蒸气中加热15min杀菌后迅速冷却至室温，即为成品。

为了防止果汁饮料的褐变，整个生产过程中要尽量减少果汁与空气的接触及尽量避免果汁与金属材料直接接触。

10.3.3 枇杷膏

（1）工艺流程。原料→榨汁→熬煮→装罐→排气→封罐→杀菌→冷却。

（2）制作方法。

原料。可用下脚料、级外果，漂洗，去皮、核、果柄，捡去腐烂果、病果。

榨汁。将备料冲洗，压榨，将榨出果汁过滤。

熬煮。果汁煮开后，及时将浮在上面泡沫捞净，起锅过滤；然后将过滤后汁液再入锅熬煮，熬至39～41°（比重表）时起锅冷却。

装罐。冷却降温后，装罐（图3-93）。

图3-93 枇杷膏

附表 3-1 黄山地区枇杷周年管理历

月份	生育物候期	主要管理工作
1月	冬梢抽生期，“三花”期，月底根系开始活动	防寒防冻，摇雪，培土；清园，消除越冬病虫；疏通沟渠，维修道路；新建园修筑梯田，挖定植穴，施基肥等；继续喷尿素、硼砂和防燥冻
2月	根系第1次生长高峰，中旬开花末期和春梢萌发开始	继续1月未完成的工作；施芽前肥；花后喷大果灵等保果药剂
3月	春梢抽生期，幼果开始缓慢生长，果肉细胞分裂旺盛	整形修剪，施保果肥，第1次疏果；下旬喷50%多菌灵1 000倍液防病，刮治烂脚病，涂药
4月	春梢伸长期，果实迅速肥大	上旬第2次疏果及定植；继续防治烂脚病、污叶病、梨小食心虫等病虫害；翻压绿肥，松土除草，开沟排水，播种夏季绿肥；土施或叶面喷施壮果肥
5月	中旬春梢停止伸长，根系第2次生长高峰，早夏梢开始萌发，果实迅速肥大，下旬果实陆续成熟	上中旬防止果实日灼；绿肥培育管理；继续开沟排水；施采果（前）肥；防治斑点病、污叶病、炭疽病和第1代黄毛虫，捕捉天牛成虫等；选种和采收
6月	夏梢继续萌发生长，上旬果实继续成熟，上中旬根系继续生长高峰	继续采收和施肥；下旬防治黄毛虫第2代幼虫、角点毒蛾幼虫、天牛成虫和卵等；夏季修剪
7月	夏梢伸长期	捕杀天牛成虫和卵，防治叶斑病、第2代黄毛虫、梨小食心虫、舟形毛虫、蓑蛾和刺蛾等；喷松碱或松针碱合剂消灭地衣、薹藓等；覆草防旱，灌水或喷水抗旱，预防台风危害
8月	上旬夏梢停止伸长，花芽开始分化，中旬为根系第3次生长高峰，下旬秋梢开始萌发	继续防旱抗旱；继续防治烂脚病、灰斑病、角斑病和捕杀天牛、防治第3代黄毛虫等
9月	根系生长高峰期继续，秋梢伸长期，花芽继续发育	继续防旱抗旱，防治抗台；翻压绿肥；防治舟形毛虫、天牛和刺蛾等；进行辅助修剪、晾根、施基肥、加施石灰、除草；
10月	秋梢停止伸长，初花期开始，根系第4次生长开始	继续施基肥；松土、除草、深翻改土；秋季栽植、移植；播种冬季绿肥；开始疏花穗、疏花蕾
11月	上旬冬梢开始生长，盛花期开始，月底根系生长停止	继续疏花穗、疏花蕾；树干涂白、清园，减少越冬病虫基数；施肥、培土、捻河泥培土；覆盖地膜；11月初开始每隔7～10d树冠喷0.4%尿素和0.2%硼砂，直到2月上旬止
12月	冬梢抽生期，盛花期，根系停止生长	继续做11月未完成的各项工作；疏通沟渠，整个道路；防冻，灌水防燥冻等；继续喷尿素和硼砂

参考文献

安徽省徽州行政公署林业局，徽州林学会，1986. 徽州古树 [M]. 北京：中国林业出版社.

陈福如，陈元洪，翁启勇，2009. 枇杷病虫害诊治 [M]. 福州：福建科学技术出版社：8.

窦彦霞，2009. 枇杷花腐病原生物学特性研究 [J]. 中国南方果树，38 (1)：47-50.

冯洪钱，1993. 民间兽医本草 [M]. 北京：科学技术文献出版社：4.

黄山市农业委员会，2008. 黄山市农业志 [M]. 黄山：黄山市地质出版社.

江国良，林莉萍，2001. 枇杷高产优质栽培技术 [M]. 北京：金盾出版社：6.

姜路花，潘兰贵，2007. 大红袍枇杷控量提质技术试验示范 [J]. 中国南方果树，36 (3)：43-44.

李乃燕，张上隆，等，1982. 枇杷花芽分化的观察 [J]. 中国果树 (3)：14-18.

李时珍，1978. 本草纲目 [M]. 北京：人民卫生出版社：9.

平井正志，1982. 枇杷果实的糖分积累和发育 [J]. 园艺学文摘 (3)：21-22.

全国枇杷科研协作组，1982. 枇杷科技资料汇编 [M]. 第1辑.

孙云蔚，杨文衡，1986. 果树生长与结果 [M]. 上海：上海科技出版社：2.

吴耕民，1979. 果树修剪学 [M]. 上海：上海科学技术出版社：3.

吴少华，刘礼仕，罗应贵，2007. 枇杷无公害高效栽培 [M]. 北京：金盾出版社：12.

歙县地方志编纂委员会，1995. 歙县志 [M]. 北京：中华书局.

小林章校，中川昌一，1982. 果树园艺原论 [M]. 北京：农业出版社：3.

肖宇，2007. 重庆地区枇杷花腐病的初步调查 [J]. 中国南方果树，36 (1)：47-49.

谢红江，2007. 几种剂防治攀西枇杷花腐烂病药效试验初报［J］. 中国南方果树，36（4）：44.

徐春明，2006. 枇杷黄毛虫种名考证及发生规律与防治技术［J］. 中国南方果树，35（2）：46.

张守和，1982. 果树引种驯化［M］. 上海：上海科学技术出版社：8.

张元二，2009. 优质枇杷栽培新技术［M］. 北京：科学技术文献出版社：2.

张忠良，2006. 枇杷果实生长过程中营养成分变化研究初报［J］. 中国南方果树，35（1）：31－32.

浙江省科技咨询中心，台州市黄岩区科学技术协会组，2003. 绿色枇杷生产技术［M］. 香港：香港天马图书出版社：3.

郑重禄，2004. 枇杷黄毛虫的发生与防治［J］. 中国南方果树，33（5）：43.

中国科学院南方山区综合科学考察队第三分队，1987. 安徽省南部丘陵山区土地开发与整治研究［M］. 上海：华东师范大学出版社：7.

中国农业科学院郑州果树研究所，柑桔研究所，1988. 中国果树栽培学［M］. 北京：农业出版社.

第**4**篇

富岱杨梅

1　概　　要

1.1　杨梅的栽培历史

1.1.1　杨梅栽培历史

杨梅最早时期叫"朹子"，南宋时称为"君家果"，元代古书上称为"圣僧"，富有"神果"的意思。到了明代，李时珍《本草纲目》中记载："其形如水杨，而味似梅，故名。"杨梅是我国著名的常绿特产果树之一，在我国南方各省普遍栽培，栽培历史悠久。1972 年在湖南长沙市郊马王堆西汉古墓中，发掘出一个陶罐，内有杨梅果实和种子，经鉴定，与现今栽培的杨梅完全相同。近年来，广西壮族自治区贵县罗泊湾出土的西汉古墓中，也有许多保存完好的杨梅核。证明 2 000 多年前，杨梅已作为水果进入王侯之家。1978 年发掘的浙江余姚市新石器时代的河姆渡遗址中就发现有杨梅属花粉，表明 7 000 年前该地就有杨梅生长。

公元前 2 世纪，西汉陆贾在《南越行记》中写道："罗浮山顶有湖，杨梅、山桃绕其际"，这是目前见到的最早有关杨梅的文字记载，说明我国人工栽培杨梅的历史最迟从西汉开始。公元前 1 世纪，西汉司马相如《上林赋》中有"林邑山杨梅，其大如杯碗，青时极酸，熟则如蜜，用以酿酒，号'梅花酎'，甚珍重之"，说明当时已用杨梅酿酒。公元 3 世纪的张华著《博物志》中载："地有章名，则生杨梅；无章名亦有耳，有章名无之也"（旧说，杨梅生于有瘴气的地区，章华驳此说"章"同"瘴"）。与此前后的《吴兴记》称："故障县北石郭山生杨梅，常以贡御。"故障县在今浙江安吉县西北，可见当时浙江所产杨梅，已作为珍品进贡。公元 5 世纪，晋代吴钧的《西京杂记》、裴渊的《广州记》、南北朝沈怀远的《南越志》、北宋刘翰等的《开宝本草》、苏轼的《物类相感志》、南宋吴攒的《种艺必用》、明代徐光启的《农政全书》（1639 年），清代陈扶摇的《花镜》（1688 年）、刘灏等的《广群芳谱》（1708 年）、鄂尔泰等的《授时通考》（1742 年）等古代农、医书籍，都有杨梅栽培、食用、药用、药效及贮藏加工等方面的记载。

1.1.2　杨梅的有关诗词

自从西汉代文学家司马相如将杨梅写入《上林赋》，历代著名文学家多有写杨梅的诗句。盛唐诗仙李白诗曰："玉盘杨梅为君设，吴盐如花皎白雪。"白居易有写杨梅花的诗，"花非花，雾非雾。天明来，夜半去。来如春梦几多时，去时朝霞无觅处。"宋杨万里诗中写到"梅出稽山世少双，情如风味胜他杨。"平可正赞美杨梅"五月杨梅已满林，初疑一颗值千金。味比河朔葡萄重，色比泸南荔枝深。"郭祥正在《杨梅》中说"红实缀青枝，烂漫照前坞。"张兹在《谢张户部慧山杨梅》中有"聊将一粒变万颗，掷向青林化珍果。仿佛芙蓉箭镞形，涩如鹤顶红如火"的美丽诗句。

南宋方岳《咏杨梅诗》是与好友一起采杨梅、食杨梅后留下的："筠笼带雨摘初残，粟粟生寒鹤顶殷。众口但便甜似蜜，宁知奇处是微酸。"陆游的杨梅诗："绿荫翳翳连山市，丹实累累照路隅。未爱满盘堆火齐，先惊探颔得骊珠。斜插宝髻看游舫，细织筠笼入上都。醉里自矜豪气在，欲乘风露扎千株。""山前五月杨梅市，溪上千年项羽祠。小缴轻舆不辞远，年年来及贡梅时。"

北宋诗人苏东坡也曾盛赞杨梅："闽广荔枝、西凉葡萄，未若吴越杨梅。"

明朝礼部尚书、余姚人孙升在京为官为稻粱谋，分身乏术，想到夏至杨梅满山红，小暑杨梅要生虫，心中极度郁闷，写下："旧里杨梅绚紫霞，烛湖佳品更堪夸。自从名系金闺籍，每岁尝时不在家。"

清朝有许多诗人盛赞杨梅。如沈堡："杨梅初熟烂湖干，接种甘香草种酸。采得金婆最佳果，火齐颗颗泻晶盘。"王端履："棕笠芒鞋小暑初，梅过如翦碎菰蒲。少年邀吃杨梅去，行过头湖到二湖。"黄元寿："千林红绽火含珠，熟到杨梅夏至初。风味品评何处去？南山数过是湘湖。"金农《蔬果十种》："夜潮才落清晓忙，摘来颗颗含甘浆。登盘此是杨家果，消受山中五月凉。"全祖望有咏《白杨梅》："萧然山下白杨梅，曾入金风诗句来。未若万金湖上去，素娥如雪满溪隈。"与他同朝代一个叫杨芳灿的在《迈陂塘·杨梅》中怀旧："夜深一口红霞嚼，凉沁华池香唾。谁饷我？况消渴，年来最忆吾家果。"

1.2 富岱杨梅栽培历史及现状

1.2.1 富岱杨梅栽培历史

黄山市全市均有野生杨梅分布，其野生资源主要分布于黄山南麓、清凉峰以南，人工栽培以歙县西南富岱一带最为集中。南宋《新安志》记载："近城多杨梅，南朝时太守所采，任昉以冒险多物，故停绝"；民国《歙县志》载："邑南旆田、富岱及邑北敦仁里均产之，圆刺色紫者佳，尖刺白色者逊。"徽州府志亦记载道，富岱杨梅已有300多年的栽培历史（图4-1）。故歙县是安徽省的杨梅主产区，尤以雄村乡富岱村栽培为盛。现在仅富岱村内还保留有数十年以上的杨梅树300余棵，富岱齐坞岭有1棵杨梅树，树高5.8m，胸围1.9m，冠幅16m×12m，树龄已有150多年，正常年份每666.7m^{2}产量50kg左右，最高产量达150kg（图4-2）。歙县上丰乡蕃村口也有1株100多年的杨梅树，树高5m，胸围1.06m，冠幅7m×8m，说明歙县除了富岱为杨梅主要产区外，其他地方也有少量杨梅栽培。近年来，与富岱紧邻的深渡镇，杨梅发展也很迅速，农民发展杨梅的积极性不断提高，面积、产量也在不断提升。

图4-1 富岱村全貌

图4-2 大龄杨梅树

此外，屯溪区、黄山区、徽州区、休宁县、祁门县、黟县等地也有野生杨梅生长。

1.2.2 栽培现状

（1）面积与分布。雄村乡现有杨梅栽培面积340hm^2，主要集中在富岱、山下、柘林、柘林倍、鲍坑等村，最大连片杨梅园4hm^2（图4-3）。

（2）栽培品种。栽培品种主要有正梅、大红袍、炭梅等。

（3）主要栽培技术。加强采后管理：施好采果肥和秋冬基肥，恢复树势，保证花芽分化。秋冬季修剪：培养良好的树形和树体结构，控制树体高度，减少无效大枝的数量，及早清理病虫枝、交叉枝、细弱枝、徒长枝，加强树体通风透光。保持树势：利用修剪调控、注重施用钾肥等技术控制枝梢，特别是东魁杨梅幼树新梢的长度，有

图4-3 成片杨梅园

利形成花芽，提早结果。疏花疏果：控制产量，克服大小年结果，提高果实品质。抗寒防冻：采用塑料薄膜覆盖、覆草，提高地温，枝干涂白、树干包扎、培土、摇雪等措施提高树体抗冻防寒能力，预防枝干被雪压断。

（4）经济效益。2009 年总产量 16.1 万 kg，产值 110 多万元。2010 年虽遭受到寒冷气候影响而减产 15% 左右，但最高销售价格达每千克 18 元，产值突破 150 万元，富岱杨梅已成为当地农业的支柱产业。

（5）存在的主要问题。品种繁杂，优良品种少：富岱杨梅品种大多是当地原产的品种，如正梅、大红袍等，品种的命名不统一、不规范、不系统。20 世纪 80 年代，从浙江省引进了炭梅种，主要作为加工用品种，其后又引进了优良品种东魁，但种植面积较小，且缺乏统一规划，近年来大量引进东魁杨梅，面积在逐年增加。20 世纪 80 年代，富岱杨梅栽培实行承包到户，将原属于集体的山场承包到各家各户，杨梅树也随山场一同分到各家各户，既不便于管理，又易产生纠纷，更谈不上规模化、集约化栽培。建园、种植不规范：大多数果农建园时没有严格按照建园要求建园，一是种植密度不规范，在山顶较平坦地块种植的，大多偏密或随意栽植；二是坡度较大之处，虽做梯田栽植，但梯面不够宽（窄的仅 1～1.5m），不方便生产管理，并造成树与树之间争抢地盘的现象等。土肥水等管理不到位：杨梅树有菌根共生，能够固氮，一般情况下对氮肥的需要量不大；有机肥可使富岱杨梅的果实糖分增加，色泽变得鲜丽，果实亦较耐贮运，也能增加根部菌根数量，有利于生长结果。但富岱很多果农往往很少施有机肥，加上种植在山坡，施肥也存在一定的困难。水分管理几乎是空白，没有灌溉设施，遇到天气干旱，极易造成杨梅落果，品质变差。土壤管理上，由于很多杨梅树是种植在茶叶树当中，土壤的科学化管理很少。花果管理：没有采取任何疏花疏果的技术措施，大小年现象严重。缺乏科学的整形修剪技术：果农极少进行整形修剪，树体处于放任生长状态，树形普遍高大，骨干枝偏多，树冠内部通风透光条件差；大年结果数量多、果型小，落果严重，小年几乎没有产量；树上枝条紊乱，弱枝、病枝较多。病虫害防治：富岱杨梅产区很少进行合理有效的病虫害防治，对受白蚁危害的杨梅树，常以树死而告终；受癌肿病危害的杨梅，树势逐年衰退，最终死亡。再加上杨梅与茶树混作，也给病虫防治带来一定的难度。缺少育苗技术：果农用常规育苗方法，播种出苗率低，嫁接成活率低。富岱村能掌握常规育苗技术的人本身就少，能掌握特殊的育苗技术的人更少；歙县本身没有杨梅育苗基地，杨梅苗大都是政府部门花高价从江浙一带购买。产区交通不便：富岱虽然距离黄山市区较近，但受山区地理因素的影响，道路比较狭窄，大型车辆不能开到产区，影响了杨梅的销售。

1.3　黄山市自然环境条件

1.3.1　行政区划

徽州历史悠久，在距今近 3000 多年的殷商时期，这里就居住着一支叫山越的先民。在春秋战国时期，这里先属吴，吴亡属越，越亡属楚。秦始皇统一六国之后，实行郡县制，这里为会稽郡属地。南朝时开始设置新安郡，郡府搬迁又始终未离开新安江上游，徽州古称新安，其源于此。关于徽州名称的起源，一说因其境内有徽岭、徽水、大徽村等，州则因地得名；另一说赵宋王朝是取"徽者、美善也"之意，炫耀其对这一地区的失而复得。这两种说法并存了 800 多年，州名亦被历代沿用至今。清康熙六年（1667 年）建省的时候，就是摘取安庆、徽州二府首字作为省名的。

1987 年 11 月 27 日，经国务院批准成立地级黄山市，辖 3 区（屯溪区、黄山区、徽州区）、4 县（歙县、休宁县、祁门县、黟县）和黄山风景区，总人口 148 万，其中农业人口 117 万。总面积 9 807km²。各区县下辖 101 个乡镇（其中 50 个镇、51 个乡）、889 个村，3 500 多个自然村，8 900 多个村民组，41 个社区居委会。富岱是歙县雄村乡低山丘陵地带的 1 个行政村。

1.3.2　地理位置

黄山市位于安徽省最南端，位于东经 117°02′～118°55′和北纬 29°24′～30°24′之间。南北跨度 1°，东西跨度 1°53′。西南与江西省景德镇市、婺源县交界，东南与浙江省开化县、淳安县、临安县为邻，东北与安徽省宣城市的绩溪、旌德、泾县接壤，西北与池州市的石台、青阳、东至县毗邻。

歙县位于黄山市东南方向，雄村乡位于歙县县城南郊，距县城 10km，分别与徽城、王村、森村等乡镇以及徽州区接壤。新安江和徽杭高速公路穿乡而过。雄村古名洪村，元末曹姓家族迁入此地，取《曹全碑》中"枝分叶布，所在为雄"句，改名为雄村，距今已有 800 多年的久远历史。雄村青山环抱，竹林掩翳，粉墙黛瓦，清碧新安江水傍村流淌，是一块钟灵毓秀、风光旖旎的风水宝地，与"锦绣江南第一村"呈坎、"牌坊之乡"棠樾齐名，被誉为"新安第一岛、徽州最雄村"。

1.3.3 自然条件

（1）土地资源。黄山市土地总面积 9 807km²，约占全省土地总面积的 7%。总的特点是既有山地、丘陵，又有河谷盆地，山地面积大，耕地面积小，高差变化大，山地坡度陡。全市山地面积 5.896×10^5 hm²，占土地面积的 60.1%，由中山和低山组成。其中，中山海拔 1 000m 以上，面积 1.172×10^5 hm²；低山海拔 500～1 000m，面积 4.724×10^5 hm²。丘陵海拔 200～500m，面积 2.82×10^5 hm²，约占土地总面积的 28.8%。河谷盆地海拔 200m 以下，面积 1.085×10^5 hm²，约占土地总面积的 11.1%。

（2）气候特征。黄山市地处北亚热带，属于湿润性季风气候，具有温和多雨、四季分明的特征。水热资源十分丰富，适宜林木、茶叶、果树及农作物生长。多变的气象因素、地理位置和复杂的地形地貌，使得黄山市成为水旱灾害频发的地区。局部水旱灾害几乎年年发生，有时 1 年之间先涝后旱，旱涝交替，给水果生产造成严重损失。

全年太阳辐射总量为 $(4.389 \sim 4.723) \times 10^5$ J/cm²，年平均日照时数为 1 753～1 954h，太阳辐射量和光照时间为安徽省最低。年平均气温为 15～17℃，历年极端最高气温 41.6℃，历年极端最低气温为 -15.5℃。大部分地区冬无严寒，无霜期 236d。平均年降水量 1 400～2 000mm，最高达 2 708mm。降水量的年变化受季风影响，降水季节分配不均，主要集中在 4～6 月，约占全年降水量的 47%。黄山市是安徽省降水日数最多的地区，年平均降雨日数 153～164d。冬季降雪日数平均 8～12d，多雪年份可达 20d，少雪年份只有 1～2d，也有全年无雪。降雪集中在 1 月、2 月。少雪天气对杨梅等常绿果树生长有利。

（3）河流水系。新安江是黄山市的主要河流，属于钱塘水系。它源出休宁冯村五股尖（海拔 1618m）北侧，上源流经祁门县，复入休宁以后称率水，它在屯溪纳入横江后，成为浙江，流至歙县城南朱家村，又由练江汇入，始称新安江。"深潭与浅滩，万转出新安。"新安江东流至街口附近，便朝浙江省而去，干流自歙县流至街口，长约 44km，其集水面积有 5 944km²。除新安以外，境内还有发源于黄山北坡的青弋江，北流入长江；发源于黄山南坡西段的阊江，南流入鄱阳湖，均属于长江水系。

（4）环境质量现状。黄山市大气环境质量优良，达到大气一级标准的天数占全年的 95%，黄山风景区大气环境质量始终保持一级标准。黄山市地表水环境质量总体稳定，Ⅰ类地表水占 5%，Ⅱ类地表水占 34%，Ⅲ类地表水占 56%，Ⅳ类地表水占 5%，无Ⅳ类以下地表水，主要流域新安江的出境断面地表水现状达Ⅱ类，在全省乃至全国属水环境质量优良城市。

1.3.4 生物物种

黄山市动植物资源极为丰富。素有"华东植物宝库之称"，共有高等植物 217 科 1 664 种，其中原生植物 1 446 种。主要有黄山松、黄山杜鹃、天女花、木莲、红豆杉、铁杉等。植被覆盖率达 92%，森林覆盖率达 83.4%。珍禽异兽种类繁多，群落完整，生态稳定平衡。动物共 550 种，属国家一、二、三类保护动物 30 多种。

1.3.5 旅游资源

黄山市最大的特点是旅游资源丰富，景观独特，不仅有大自然造就的天下无双的山水风光，而且有大量展现中国古老文化的人文景观。方圆 154km² 的黄山风景区无处不景，无景不奇，以奇松、怪石、云海、温泉"四绝"著称于世，徐霞客称赞："薄海内外无如徽之黄山，登黄山而后天下无山，观止矣"。后人传颂为"五岳归来不看山，黄山归来不看岳"。1985 年，黄山作为唯一的山岳风光，被评选为全国十大风景名胜之一；1990 年被联合国教科文组织列入世界文化遗产和自然遗产名录；黄山周围，景观簇拥，风格各异，犹如众星拱月。

齐云山是中国四大道教名山之一，集道教名山、丹霞地貌、天然太极、摩崖石刻等四大特色为一体。

牯牛降是国家地质公园、华东物种宝库、生态休闲福地，是以自然风光为主体、以生态文明为底蕴的"中国生态休闲度假区"和国家 5A 级旅游景区。

风光秀丽的太平湖素有"黄山情侣""江南翡翠"之称，区位优越，天生丽质，镶嵌在黄山、九华山之间，太平湖那一湖碧水历来为高端客户所青睐、所喜爱，有着无限的潜力。

"山水画廊"新安江是我们的母亲河、生命河，她承载着厚重的历史，成就了徽商的辉煌。

保持原始风貌的省级自然保护区清凉峰，位于皖浙交界处，是浙江天目山的主峰，海拔 1 787.2m。保护区层峦叠嶂，群峰争奇，沟谷纵横，树林茂密，人迹罕至，生态完整，野生动植物资源丰富，珍稀动物种类繁多，高等植物有千余种，是皖南山区的绿色宝库之一。

位于黄山市黟县东南部的西递，四面环山，现保存有明、清古民居 124 幢，祠堂 3 幢，为安徽省重点文物保护单位。2000 年被联合国教科文组织列入世界文化遗产名录。

花山谜窟风景区集青山、绿水、田园景致、千年谜窟、奇峰怪石、摩崖石刻、石窟、庙宇、古建筑等自然景观和人文景观于一体，其宏大壮阔、玄妙奇巧的石窟景象规模恢弘、气势壮观、独具特色、国内罕见，令人叹为观止，堪称中华一绝。

伴随着徽商的发展而兴起的屯溪老街，早在 20 世纪 20～30 年代，已有沪杭大商埠之风，盛极一时。老街的"前店后坊、前店后库、前店后户"的特殊结构，凸显老街的"老滋老味"，饮誉世界的"祁红""屯绿"，多集散于屯溪；"徽墨""歙砚"更是琳琅满目、"徽州四雕"（砖、木、石、竹）产品及徽派国画、版画、碑帖、金石、盆景、根雕更是随处可见。百余部影视作品在老街拍摄成功，老街又被称之为"活动着的清明上河图"。

翡翠谷也叫"情人谷"，是黄山东海最长的一条峡谷，谷中怪岩耸立，流水潺潺，气势非凡。谷中瀑布、竹海，绿竹与飞水交相辉映，别有一种奇异的神韵。这里是一块未被污染的净土，一切都显得那么明净和魅力，它让人变得更加灵秀、纯真和多情，无数的情侣都在这里倾吐着爱情，弹奏过恋歌，正如歌中所唱：山有情、水有情，翡翠谷中藏真情；情有我，情有依，患难相助情更浓。

1.4　杨梅的经济价值和生态效益

1.4.1　经济价值

（1）果实的营养价值。杨梅果实初夏成熟，适值 1 年中鲜果缺乏季节，且色泽艳丽，风味独特，很受人们欢迎。经测定杨梅果实含可溶性固形物 9.6%～14%，可溶性固形物含量 7.8%～10%，有机酸含量0.5%～3.2%，酸甜可口，果实含多种维生素及铁、钙、磷等矿物质元素，其中维生素 C 的含量较高，营养价值高，有吴越杨梅与岭南荔枝的"瑜亮"之称，苏东坡云："闽广荔枝，西凉葡萄，未若吴越杨梅。"杨梅有很好的保健和药用价值。明代李时珍的《本草纲目》中载："杨梅可止渴、和五脏、能涤肠胃、除烦愤恶气。"杨梅还能除湿、消暑、御寒。当夏日炎炎，吃几颗烧酒浸的杨梅，能使人消痰开胃，顿觉气舒神爽。

果实除鲜食外，最宜加工，可制糖水罐头、果酱、果汁、果酒以及盐渍、蜜饯等。核仁含油量高达 40%，可供炒食或榨油用。种仁还富含维生素 B_{17}。叶可提炼香精，树根的皮富含单宁，可熬赤褐色染料供制渔网等其他涂料。根和树皮还能止血并治跌打损伤、骨折、牙痛、外伤出血等。

（2）杨梅树的绿化用途。杨梅四季常绿，树形优美，红果绿叶。每当果实成熟期间，呈现出"层林尽染，万山红透"的景象。黄山市为旅游城市，富岱离黄山市中心城区 50km，2009 年开始的"吃农家饭、摘杨梅果"的自摘游特色旅游，吸引了众多的游客前往，丰富了黄山的旅游内容。杨梅树还具有病虫害少、抗烟雾、亚硫酸等有害气体，有净化大气的功能。枝叶稠密，有防尘、隔音、充当绿色隔离墙的作用。杨梅在南方山区既可作行道树又可作公园、庭园的绿化、美化树种栽植。有很高的观赏价值。

（3）杨梅木材用途。杨梅木材坚硬，红褐色，纹理美观，为工艺美术品及细木工用材。

1.4.2　生态效益

（1）杨梅树是优良的保土蓄水树种。杨梅的生长适应性强，耐瘠薄土壤，在陡坡、贫瘠的山地和水土流失严重、地表裸露的低丘红、黄壤上均能生长。虽然头两年生长缓慢，枝叶稀少，但3年后生长旺盛，树冠迅速扩大。杨梅树的树冠截留的水分通过物理作用蒸发而散入大气中，提高空气湿度。长江以南地区夏季多阵雨、暴雨，甚至台风骤雨，雨水被树冠多层次叶片阻挡，减少了雨水对土壤的冲击力，有利于雨水徐徐渗入土壤下层。因此，杨梅是减缓山洪暴发和涵养水源的优良绿化树种。

（2）杨梅能提高林地土壤肥力。在贫瘠山地阔叶树种大多生长不良，而杨梅在这种立地条件下生长良好，并能促进与其混交树种的生长。杨梅叶片中含有氮、磷、钾、钙、镁、铁、铜等元素，每年春季老叶脱落后堆积在树冠下部，经一定时间逐渐被微生物分解，归还给土壤一部分元素，同时是土壤有机物的主要来源。杨梅根部有放线菌共生，有固氮作用，经过数年适量施肥和土壤管理，杨梅林地的有机质、土壤颗粒组成、容重、孔隙度、持水量维持在一个较高的水平，明显改善了土壤的渗透性能和贮水性能，提高了林地土壤的熟化度。

2　品种资源

2.1　杨梅种类

杨梅为杨梅科（Myricaceae）杨梅属（*Myrica*）植物。本属植物在我国有 4 个种。

2.1.1　杨梅（*Myrica rubra* Sieb. et Zucc.）

杨梅为常绿乔木，高 5～12m。幼树树皮光滑，呈黄灰绿色，老树为暗灰褐色，表面常有白晕斑，多具浅纵裂。叶革质，叶面富光泽，深绿色，叶背淡绿色，叶面叶背平滑无毛。雌雄异株。果较大，圆球形。我国栽培品种多属本种。

2.1.2　毛杨梅（*Myrica esculenta* Bucu.-Ham.）

毛杨梅为常绿乔木，高 4～11m。幼枝白色，密被茸毛。树皮淡灰色。叶片无毛，叶柄稍有白色短柔毛。果小，卵形。分布于云南、贵州、四川海拔 1 600～2 300m 处，东南亚也有分布。

2.1.3　青杨梅（*Myrica adenophora* Hance）

青杨梅又称细叶杨梅，灌木或乔木，高 1～6m。幼枝纤细，被短柔毛及金色腺体。叶背叶面密被腺体，中脉有短柔毛，叶柄无毛。果椭圆形，红色或白色，单果重 5～10g。果盐渍后可食，并可入药。产于广西、海南。

2.1.4　云南杨梅（*Myrica nana* Cheval）

云南杨梅又称矮杨梅，常绿灌木，高 1m 左右。叶面叶脉凹下，背面凸起，叶柄极短，稍有短柔毛。果小，卵圆形稍扁。产于云南、贵州海拔 1 500～2 800m 处。

2.2　品种资源

2.2.1　歙县紫梅

歙县栽培较多，又称乌梅、正梅（图 4-4）。果圆形，较整齐，中等大，重 11.5g，纵横径 2.77cm×2.53cm，果顶凸起，顶端平，缝合线不明显。果梗长，与枝条结合牢固，不易落果。果面紫红色，肉柱较细，可食率 92%，可溶性固形物含量 11%，汁多，深红色，有清香味，品质优良。

图 4-4　歙县紫梅

2.2.2　大红袍（歙县红杨梅）

产于歙县，是当地主栽品种（图 4-5）。果实小，圆形，果形整齐，单果重 4.2～6.9g，纵横径 2.3cm×2.2cm，果顶突出，顶部圆形，蒂部深红色，果梗和果枝附着力强。肉柱细，先端尖，离核，核大，可食率 81% 左右，味偏酸水分多，品质中等。可分为 3 个株系。

（1）大早红梅。树势强健，圆头形，树姿半开张。结果枝圆形，皮孔较少。叶片革质有光泽，为楔状披针形，顶端渐尖，基部楔形、叶片较小，长 3～9cm，宽 1～2cm，全缘。雌雄异株，花期较一般品种早 5～10d，花红色。成熟期早，6 月 11 日左右成熟。产量高，但大小年较重。核果球形，外表具乳状凸起，粗糙不平。成熟时鲜红色，艳丽。肉质柔软多汁，味浓，单果重约 6.9g，甜酸适口，品质优良。

（2）小早红梅。性状与大早红梅无差异，仅果实成熟时呈粉红色，果实小，不太艳丽，果实小，单果重约 4.2g。且偏酸，不适宜鲜食，适宜蜜饯加工。

（3）红梅。树势强健，树姿半开张，适应性强，产量较高（单株产量可达 130kg），耐贮运性较强、抗病、虫、旱的能力较强，坐果率高。结果枝绿色，横断面圆形，上有密集的皮孔，叶片革质有光泽。枝条下部 1～4 片叶为长椭圆状倒卵形，上部为楔状披针形，下部叶片顶端圆形，基部楔形。上部叶片顶端渐尖，基部楔形，长 4～10cm，宽 1～3cm，全缘。雌雄异株。果实 6 月 20 日左右成熟。核果圆球形，外表具乳状凸起，粗糙不平，果实色泽艳丽。偏酸，品质较差，适宜加工蜜饯。

图 4-5　大红袍　　　　　　　　　　　　　　　　图 4-6　炭　梅

2.2.3　炭梅

果实球形，外表具乳头状凸起，果柄附着部分明显突起，果实成熟时呈紫黑色（图 4-6）。肉质柔软、多汁。可食率 89%，味浓，酸甜适口。果实大，色泽艳丽，单果重 11.4g。

该品种树势强健，适应性强，抗病，抗旱，约 6 月中旬成熟。圆头形，树冠高大。20～30 年生树高 6m，树冠 8m×8m，干高 50cm。叶片革质有光泽，枝条下部 1～2 片叶为长椭圆状倒卵形，其余叶片均为楔状披针形，叶长 5～8cm，宽 1～2cm。雌花序常单生于叶腋，长 2～8mm，每一雌花序仅顶端 1 雌花能结果。1 个结果母枝有花序 10 个以上，仅上部 1～4 个花序结果。具有早果、丰产稳产、优质、鲜食与加工兼用等优点。

2.2.4　大仁梅

树势强健、树冠高大。成年树高 8m 左右。叶片革质有光泽，枝条下部 1～2 片叶为长椭圆状倒卵形，上部为楔状披针形，节间较长，雌雄异株，雌花常生于叶腋，长 2～10mm，1 个结果母枝有花序 10 个以上，仅上部 1～3 个花序能结果。

核果球形，外表具乳头状凸起，粗糙不平，成熟时红中带紫。果柄附着部分没有突起。果实柔软多汁，味浓，甜酸适口，色泽艳丽，品质优，适宜鲜食和加工。6 月中旬成熟，单果重 7.9g。但坐果率低，单株产量也低，抗风、抗病，抗旱性不及炭梅。

2.2.5　糯米梅（水晶梅）

树势强健，圆头形，树冠高大。叶片革质有光泽，深绿色。结果枝下部的 1～2 片叶为长椭圆状倒卵形，上部为楔状披针形，顶端渐尖，叶长 6～10cm，宽 1～1.3cm，全缘。雌雄异株，雄花序单条或数条丛生于叶腋，长 1～5mm，每一雌花序仅顶端 1 雌花能形成果实，其下部的花落去或退化。果实成熟期为 6 月 20 日左右。核果圆球形，外表面具乳头状突起，粗糙不平，成熟时透明略带红色，色泽特别艳丽，故名水晶梅（图 4-7）。适应性强，坐果率高（达 40% 以上），肉质柔软多汁，可食率达 87%、风味独特、味浓、酸甜适口。但果形小，单果重仅 5.2g，果实耐贮运性差，大小年严重。适于鲜食和加工。

2.2.6　白梅（圣僧梅）

树势中庸，圆头形，树冠较大。结果枝比其他品种细弱，圆形，上有密集的皮孔。叶片革质有光

图 4-7 糯米梅

泽，叶片基本上为楔状披针形，顶端急尖，基部楔形，长 5～10cm，宽 1～3cm，全缘。雌雄异株，开花全是白花，每一雌花序仅顶端 1 朵雌花形成果实，其余的均落去或退化。6 月 25 日左右成熟。适应性强，坐果率高（果枝坐果率达 60％以上），产量高，丰产株产约 150kg。核果球形，外表面具乳头状突起，粗糙（图 4-8、图 4-9）。成熟时白中略带黄色，透明，色泽艳，肉质柔软多汁。

图 4-8 白 梅

图 4-9 白 梅

2.2.7 荸荠种

原产浙江省余姚市张湖溪，是该地古老良种。具有早果、丰产稳产、优质、鲜食与加工兼用等优点。

果实扁圆形（图 4-10），成熟时呈紫黑色似荸荠而得名。平均纵横径 2.4cm×2.6cm，单果重 9.7g。果顶微凹，有时具十字形条纹，果底平，果蒂小，果轴短。肉柱棍棒形，先端圆钝，排列整齐而密，果面紫黑色，肉质细软，汁多而稠，甜酸可口，有浓香，品质极佳。核小卵圆形，平均重 0.5g，核肉易分离，可食率 94.2％，果肉可溶性固形物含量 12.5％，总糖量 9.1％，总酸量 1.1％。在富岱，6 月下旬至 7 月初成熟。该品种不仅宜鲜食，也是加工糖水杨梅罐头的优良品种。

荸荠种 1 年生嫁接苗栽植后，4～5 年开始挂果，8～10 年后进入盛果期。20～30 年生树高 6～9m，冠径 8～12m，单株产量在 100～250kg，最高单株产量可达 900kg 左右。平均每 666.7m² 产量 1 100～1 500kg，经济寿命 60～70 年，最大

图 4-10 荸荠种

树龄140余年。盛果期产量较稳定，大小年差异小。果实不易被风吹落，采前落果少，果实较耐贮运。大年果实偏小。该品种耐瘠薄土壤，适应性强。主要株系有：

（1）早荸蜜梅。系荸荠种杨梅实生变异，成熟期比荸荠种早10多天。果实品质与荸荠种相同。果实深紫红色，光亮。平均单果重9.0g，扁圆形，每千克果实96～116个。可食率达到93.1%，可溶性固形物含量12.8%，含酸量1.23%，甜酸适度，品质优良，果实6月9～16日成熟。嫁接苗栽植后，3～4年开始挂果，产量稳定，采前极少落果。花期提早20d左右。

（2）晚荸蜜梅。系荸荠种杨梅的晚熟营养系变异，成熟期比荸荠种晚熟5d以上。果较大，平均单果重13.0g，每千克果实稳定在80个以下。果实紫黑色，光亮美观，肉质微密，甜酸可口。果实可食率达95.6%，可溶性固形物含量13.9%。该品种树势强健，栽种后3～4年开始结果，6年生树每666.7m² 产量1 260kg。该品种树枝稠密，在果实迅速增长期对高温干旱有较强的忍耐力，在少雨期果实发育正常，果较大，能保持优良品质。

2.2.8 东魁

属红梅类，主产地为浙江黄岩东岙等地，是20世纪80年代选出的晚熟新品种，目前已在浙江各杨梅产区广为推广。单果重20g，最大达50g。果实为不正圆形，平均纵横径3.3cm×3.2cm。果实充分成熟时紫红色（图4-11），内部红色或浅红色，肉柱较粗硬，先端钝尖，肉厚汁多，甜酸适口，可溶性固形物13.4%，总酸1.1%，核中大，可食率95%，品质上等，耐贮运。7月初陆续采收。适于鲜食或罐藏，也是加工蜜饯的最佳品种。

图4-11 东 魁

该品种树势生长旺盛，枝条密生。叶大而长，开始结果晚，初果的2～3年，果较小，肉较硬，3年后达到品种的固有水平。20～30年生树产量100～180kg，抗风力强，不易落果，结果寿命长达100多年。

2.2.9 其他品种

（1）晚稻杨梅。产于浙江舟山皋泄，因其成熟较晚而得名。平均单果重11.7g，大的15g以上，果实圆球形，果面紫黑色，富光泽，纵横径2.60cm×2.70cm。肉质细腻，甜酸可口。果肉可溶性固形物含量12.6%，总糖9.8%，可食率达95%，果汁含量82.2%，汁液清香，肉核较易分离，品质极佳。成熟期一般在6月底至7月上旬，采收期12～15d。该品种树势强健。30～40年生树株产125～200kg，经济寿命80年以上。

（2）丁岙梅。属乌梅类，产自浙江温州瓯海，由实生杨梅选育而成的优良品种。平均单果重12.1g，果实圆球形，平均纵横径2.84cm×2.79cm，果柄长约1.7cm，果顶平或微凹，果基圆，果面紫黑色，两侧有明显纵横沟各相映，果蒂呈瘤状突起，红黄色，上有绿色果柄，因此有"红盘绿蒂"之称。肉柱披针形发育均匀，果肉厚同，肉质柔软汁多，味甜酸少微香，可溶性固形物含量11.7%，总糖量8.63%，总酸0.75%，可食率92%，在浙江6月中下旬成熟，可陆续采收12～15d。

该品种树势强健，30～50年生树常年产量60～125kg，丁岙梅系早熟大果形品种，果形整齐美观，但树冠较矮小，单株产量不及其他品种，可适当密植。

（3）临海早大杨梅。产于浙江省临海市，是 20 世纪 80 年代从当地品种中选育的实生变异株系。单果平均重 15.75g，果略扁圆形，平均纵横径 2.94cm×3.18cm，果面紫红色，肉柱长、较粗、圆钝，肉质硬，可食率 93.8％，可溶性固形物含量 11.0％，风味甜酸适口，品质上等。早熟品种，在临海市 6 月 15 日前后成熟。宜鲜食和罐藏加工，罐头产品的果形、色泽、质地、风味和汤汁均优于当地水杨梅罐头。苗木栽后 4～5 年开始结果，成年树株产 50～150kg，最高可达 250kg。经济寿命长，120 年生树仍能高产。

（4）大炭梅。平均单果重 14.5g，果略为圆球形，纵横径 2.72cm×2.83cm，果底平或稍凹，果蒂大而突起，黄绿色，果梗极短。肉柱顶端粗壮，呈圆钝形或尖头，长短不一致，果面粗糙不平。成熟时果面紫黑色，近核处淡红色，肉质细而柔软多汁，甜酸可口，风味浓品质优良。果实可食率 93.2％，可溶性固形物含量 9.9％，含酸量 0.6％。成熟期 6 月下旬至 7 月上旬。果实贮藏性较差。

树势强健，25～30 年生树株产 100～180kg，经济寿命达 100 多年。

（5）细蒂杨梅。原产江苏吴县洞庭东山。树冠直立高大，枝梢粗短，较密生。细蒂杨梅有 2 个品种，即大叶细蒂和小叶细蒂。果大，圆形或扁圆形，平均单果重 10.5g（小叶细蒂）和 14.7g（大叶细蒂），平均纵横径 2.6～2.7cm（小叶细蒂）和 2.9～3.0cm（大叶细蒂），蒂部宽，深凹入，果蒂很少，故称细蒂。缝合线宽，深而明显；肉柱有尖刺和圆刺并存，采收前期和终期以尖刺居多，中期以圆刺为多。果面深紫红色，果梗长 1cm 左右，柔软多汁，可溶性固形物含量 12.3％，含酸量 0.36％，可食率 95％。在歙县 6 月底 7 月初成熟，属中熟品种。

大叶细蒂和小叶细蒂的树性和果形相似，但产量和品质差异很大。大叶细蒂产量低，但品质特佳；小叶细蒂产量虽高，但风味淡，品质不及大叶细蒂。2 个品种的贮运性都较差。

3 生物学特性

3.1 生长习性

杨梅为常绿小乔木，树体高大，层性明显，枝梢节间短，一年抽梢2～3次，多的达4次。杨梅主根不明显，分布较浅，其根与放线菌共生，形成的大大小小的根瘤称为"菌根"。因此能在荒山瘠地良好生长。在自然生长情况下，树冠呈圆头形。杨梅雌雄异株，雄株只开花不结果，生长势强，枝叶茂密，树冠高大；雌株由于结果营养消耗多，枝叶稀疏，植株较矮小。

3.1.1 叶芽

杨梅的叶芽比较瘦小，叶芽的种类可按着生的部位分为顶芽（图4-12）和腋芽。顶芽着生在枝条的顶端，均为叶芽。腋芽着生于叶腋内，同一枝条上与顶芽邻近的4～5个腋芽萌芽率、生长势比较强，可当年萌发抽梢，其下部的芽多不萌发处于休眠状态，称为隐芽。杨梅隐芽寿命长，遇到修剪、枝干断裂和病虫害等刺激能随时萌发抽梢。

3.1.2 花芽

杨梅的花芽单生在叶腋内，圆形，较肥大，花芽形成后易与叶芽区别。着生花芽之节无叶芽，花芽比叶芽的萌动期约迟20d，萌动后约15d展叶，同一植株萌芽展叶比较整齐。

杨梅的花芽分化是指叶芽经过生理生化转变及形态分化，最后转变成有生殖性的花芽的现象（图4-13）。一般每年的7月中旬，杨梅花序原基形态分化期开始分化，7月底8月初雌杨梅的花芽开始分化，8月花序正常分化，9～10月雌、雄蕊分别出现，12月至翌年2月为休眠期，3～4月继续分化，历时约10个月，因此杨梅春梢和夏梢都能形成结果枝。其中7～8月是区别杨梅叶芽与花芽的关键期。

图4-12 顶 芽

图4-13 雌花芽

图4-14 叶

3.1.3 叶

杨梅叶互生，多簇生在枝梢顶端（图4-14）。雄株叶小，叶的最宽部在先端，叶序为3/8式；雌株叶较大，叶序为2/5式。在同一树上，不同时间形成的叶片绿色深浅度不一，春叶色深绿，秋叶色浅绿或淡黄，夏叶处于两者之间。杨梅叶片大小和色泽能反映树体营养状况，因此对叶片的分析、判断可作为施肥的依据。

　　叶芽萌发后约经半个月开始展叶生长。随着新梢伸长而逐渐增多，叶面积也相应增大（图 4 - 15）。叶片大小依枝条抽生时期而不同，一般春梢和夏梢的叶片，生长较迅速，秋梢生长时正值炎热干旱时期，生长较慢。故杨梅叶以春叶为最大，夏叶次之，秋叶最小；不同枝梢上叶片的大小也有差别，徒长枝上的叶较大，纤弱枝上的叶则短小而较宽，中庸枝的叶形变化小，能表达叶片性状。幼年树的叶片，叶缘锯齿较成年树多。杨梅叶的叶龄一般 12～14 个月。正常情况下，在春梢萌发后老叶集中脱落。春梢抽生前的落叶，往往是由于病虫害、干旱、寒害等因素造成的不正常落叶。

图 4 - 15　顶　芽

图 4 - 16　春　梢

3.1.4　枝

　　杨梅枝梢互生，节间短，雌株比雄株更短。木质脆易断裂，分枝呈伞状。一年抽梢 2～3 次，个别地区可抽生 4 次。按抽生时间可分为春梢（4～5 月）、夏梢（6～7 月）、与秋梢（9～10 月）。春梢一般从上年的春梢或夏梢上抽生（图 4 - 16）；夏梢从当年的春梢和采果后的结果枝上抽生，少数在上年生枝上抽生；秋梢大部分自当年的春梢与夏梢上抽生。当年生长充实的春、夏梢的腋芽，发育良好的，可分化为花芽成为良好的结果枝。秋梢只有生长势强的才能分化花芽，成为结果枝。栽培上要尽量减少秋梢的发生。杨梅的枝条一般可分为生长枝、徒长枝、结果枝和雄花枝 4 种。长度 30cm 以下，节间中长，芽充实饱满，有能力抽出结果枝的为普通生长枝（图 4 - 17）；长度 30cm 以上，粗壮直立，芽不饱满的枝条称为徒长枝；着生雄花的枝条称雄花枝；着生雌花的枝条称结果枝（图 4 - 18）。

图 4 - 17　生长枝

图 4 - 18　结果枝

3.1.5 花

（1）花的结构。杨梅花小，单性，无花被，风媒花。

雄花为复柔荑花序，亦称雄花穗，着生于叶腋，着生之节无叶芽（图4-19）。每个雄花枝着生花序2~60个，多数为10~20个，数量视枝条的种类、长短而定。雄花序圆筒形或长圆锥形，初期暗红，后转为黄红色、鲜红色或紫红色。每个雄花序由15~36朵小花序组成，每个小花序有雄花4~6朵，每朵花有雄蕊（或花药）2枚。花丝顶端呈Y形，其上着生肾状形的药囊，鲜红色，基部联合，侧向纵裂。花粉发芽率9%左右，散粉后花序枯萎变褐色，继之脱落。在微风的晴天，花粉可借风传播数公里远。

雌花为柔荑花序，小枝基部每叶腋发生1个花序，但个别品种每叶腋可发生1~7个花序（图4-20）。每一结果枝一般有2~25个花序，多数6~9个，圆柱形。每一雌花序中有7~26朵花，平均14朵左右，部分退化。每个花序一般仅有1个果。柱头2裂，也有3~4裂，鲜红色，呈羽状开张。同一花序中自上而下逐次开放，发育不良的花序，偶尔有上部开雌花、下部开雄花的现象，当上部雄花有2~3朵开放时，下部的雄花即行开放，但雄株从未见有雌花着生现象。

图4-19 雄 花　　　　　　　　　图4-20 雌 花

杨梅是典型的雌雄异株植物，雌株和雄株在开花前无法识别。一些主产区和新区成片杨梅园中未发现有雄株，附近也无野生杨梅存在仍能年年挂果累累。依据同一树上花性变化特征，发现杨梅花序有4种类型。第1类为雌株，树上只有雌花，无雄花。第2类为雄株，只有雄花无雌花。第3类是雌花占绝大多数，偶尔有少数雌雄花在同一花序上。第4类是雄花序约占花序总数的95%，其余为雌雄花同序或完全为雌花序。雌雄同序的花序上，雌花和雄花着生位置并不固定，相互排列也无规律。

（2）开花。雄花1月下旬苞片开裂，有的在3月上旬开裂，3月上中旬为盛花期，花期长达一个半月。雄花遇连续数日低温阴雨天气即停止开放，待天气晴朗，温度回升时继续开放。

雌花3月上旬至4月初渐次开放，盛花期为3月中旬，盛花日数约13d，花期长约27d。同一雌花序中，自上而下渐次开放。1个花序开放大致可分为6个阶段：①花苞开裂期：花芽苞片松开，可见到雄蕊或雌花柱头；②花序分离期：同一花序内各小花序松开，雄蕊外露，小苞片显现，雌蕊柱头露出；③初花期：雄蕊花丝伸长，雌花柱头呈Y形张开，由淡红色转为深红色；④盛花期：雌花柱状充分开展呈深红色，雄蕊花药开裂；⑤盛花末期：雄蕊花药转为黄白色，雌花柱头枯萎；⑥落花期：雄花干缩随整个花序脱落，雌花受精的子房膨大，柱头枯萎，未受精的花柱头枯萎相对较晚。一般每个雌花序常结1~2个果，而以顶端1个果最为可靠，其余都枯萎脱落。有时出现花果并存现象，即花序上花朵尚在陆续开放，而有的花子房已开始膨大。

3.1.6 果实

（1）果实结构。杨梅为核果，食用部分是外果皮外层细胞的囊状突起，称为肉柱，柔软多汁（图4-21）。肉柱的形态主要与品种特性、环境和栽培条件、树龄大小、结果多少、成熟度高低以及植株上的坐果部位等有关。

杨梅内果皮为坚硬的核。核内可见的只有两片肥厚、松软、蜡质的子叶，种子发芽所需的养分贮藏在子叶内，无胚乳。一般早熟品种的子叶发育不良，种子播种后不易发芽或发芽率很低，不宜作种子用。

（2）果实性状。果实的肉柱有长短、粗细、尖钝、硬软之分，形状有棍棒形、槌形及针形。一般肉柱圆钝果实汁多柔软，风味可口；肉柱尖的汁少，风味较差，但结构紧密，不易损伤腐烂，较耐贮运。

（3）果实色泽。有红色包括粉红、深红、紫红；黑色包括紫黑、乌黑；白色包括乳白色、黄白色或白色中略带绿晕的。

图 4 - 21　果　实

（4）果实大小。果实大小悬殊，小者仅 3g，大的 25g 以上，最大的超过 50g。

（5）核。有椭圆形、高圆形、纺锤形及卵形等。

（6）可食率。一般为 81%～95.6%。

（7）品质。成熟的荸荠种、东魁、深红 3 个品种，鲜果可溶性固形物含量一般为 11.6%～13.4%，总糖 9.8%～11.7%，总有机酸含量在 0.42%～1.28%，酸甜可口，汁液丰富，有清香。

3.1.7　根

（1）根的功能。根能固定杨梅树体，并从土壤中吸收水分和矿质营养及少量有机物质，贮藏水分和养分，合成生长素、细胞激动素等。根系生长状况直接影响到地上部分的生长与结果。

（2）根的种类与分布。嫁接繁殖的杨梅根系有主根、侧根、须根之分。杨梅根部有放射菌共生，形成大小不一的根瘤，称为"菌根"，呈灰黄色，多肉质。杨梅树供给放射线菌碳水化合物，同时从菌根获取有机氮化合物。放射线菌与杨梅树的根是共生关系，因此有"肥料树"之称。杨梅能在瘠薄山地，不需多施肥即能良好生长与结果，就是因为放射线菌和杨梅共生的结果。

杨梅根系的分布情况，与苗木的来源有很大关系。一般情况下，杨梅根系分布较浅，主根不甚明显，侧根和须根发达，20～30 年生大树也易被大雪压倒或连根拔起。根系分布范围依品种、环境和栽培条件而异。一般 70%～90% 的根系分布在 60cm 以内的土层内，尤其在 5～40cm 的浅土层中最为集中，少数深根可达 1m 以上。根系的水平分布范围大于树冠直径的 1～2 倍。

（3）根的生长。杨梅根系生长与其他果树不同，其生长与地上部生长接近同步，即两者生长高峰十分接近。杨梅根系的生长活动始于 2 月下旬，3 月上旬新根开始显露并进入旺盛生长期。杨梅一年中根系与地上部有 3 个生长高峰，即 5 月中、下旬，7 月中旬和 10 月上旬。

3.2　结果习性

3.2.1　结果年限

在一般栽培条件下，杨梅嫁接苗种植后 4～6 年开始结果，7～8 年即可达盛果初期，15 年左右达盛果期，30～40 年生树产量最高，60～70 年后逐渐衰退，寿命达 100 年以上。自然生长的孤立树，100 年树龄的仍有相当产量。实生树需经 10～15 年才能开花结果，一般寿命比嫁接树长，生长旺。

3.2.2　结果部位

杨梅有雌花的枝条称为结果枝，杨梅结果枝多由发育充实的春梢或夏梢形成。秋梢发生较晚，在花芽分化季节尚未充实，因此不能分化花芽而成为结果枝。结果枝依其长度可分为下列 4 种：

（1）徒长性结果枝。长度超过 30cm，其先端 5～6 个芽为花芽，但发育多不良，开花后多落花落果，仅少数能坐果。

（2）长果枝。枝粗细中等，枝条长 20～30cm，其先端 5～6 个芽为花芽，因枝条不够充实，结果率不高。

（3）中果枝。枝长 10～20cm，除顶芽为叶芽外，其下 10 余节几乎全是花芽，结果率高，是最优良的结果枝（图 4-22）。

图 4-22 中果枝结果

图 4-23 短果枝结果

（4）短果枝。枝长 10cm 以下，最短的仅有 2～3cm，有 2～4 个花芽，生长健壮的结果较好。

在 4 种结果枝中，以中、短果枝结果为主，徒长性结果枝和长果枝结果甚少。品种不同主要结果枝也不同。当结果枝占全树总枝数 40% 左右时，有望达到连年丰产、稳产。如结果枝数超过 60% 时，则大小年结果现象明显（图 4-23）。

3.2.3 授粉与结实

杨梅为风媒花，花粉靠风力传播。若遇雨天、连续大雾笼罩，空气湿度大或遇黄沙天气，花粉传播受到阻碍，影响授粉受精，杨梅树自然坐果率不同品种间，差异在 2%～20%。杨梅结果枝上的花序以顶端 1～5 节坐果率最高，特别是第 1 节占绝对优势，占总果数的 20%～40%。同一品种结果枝类型不同坐果率也有明显不同，中果枝坐果率高、结的果也多，短果枝坐果率虽高、但结果少。结果枝开花后，只要顶端不萌发春梢，坐果率就高，若果枝上抽生春梢，幼果养分供应不足，常造成大量落花落果（图 4-24），故春梢越多、坐果率越低，甚至全部脱落。

图 4-24 落 果

图 4-25 丰产性能

3.2.4 丰产性能

杨梅生长良好的根系可保证杨梅抗风、抗倒伏和承载一定的果实重量。一年多次抽梢的特性可迅速扩大杨梅的树冠，为丰产稳产奠定基础（图 4-25）。加强栽培管理，控制枝梢旺长，保证中、短结果枝占全树总枝数 40% 左右时，实现连年丰产和稳产。

3.3 果实发育

3.3.1 果实生长动态

（1）果实大小。杨梅鲜果重量增长呈明显的双 S 形曲线。在 5 月中旬前迅速生长期，鲜果日增长量较快，5月中旬至6月上旬，果实增重减缓，6月上旬后至成熟前的肥大期，果重增长快，其日鲜重增加量是前期的3倍。因此，在果重快速生长期，若干旱少雨，往往果小、产量低、品质差。从幼果期至硬核前期果实含水量逐渐增加，硬核期间果实水分渐趋减少，进入成熟期时又逐渐增加，其变化趋势呈N形曲线，水分增减与果实的肥大周期基本一致。

（2）种子发育。杨梅开花后约1个月，即5月中旬以后进入硬核期，时间大约1周，硬核期结束。果径越大，核硬化的速度越快，反之，硬核化速度则缓慢。杨梅种子重量与果重呈显著的正相关，种子重量越大，果重也越大。果径小、着色迟或不良的果实多数种子胚发育不完全。

3.3.2　果实外在品质发育

（1）果形变化。杨梅幼果在谢花后即开始膨大，初期较缓慢，5月中旬开始迅速膨大，而在硬核期前及硬核期间生长又趋缓慢，硬核期过后果径又迅速增大直至果实成熟，果径的增长呈双S形生长曲线。杨梅果实生长基本上可概括为3个时期。即开花后20d，即5月20日前后为迅速生长期；从硬核期开始约20d时间为生长停滞期；6月10日前后开始，果实进入膨大期和成熟期。果径测量结果显示，在迅速生长高峰期每天果实纵径增加0.76mm，第1纵径生长量大，而第2、3期则横径生长占优势。

（2）果实色泽变化。杨梅果实的色泽变化是逐渐发生的，紫红色品种未熟前幼果是黄绿色（图4-26），随着果实发育进入黄橙色（图4-27），成熟前不久变为红色（图4-28），完熟时为紫红色。全株果实完熟的速度比较一致，最后着色成紫色的果实数可占总果数的95%。

图 4-26　幼　果

图 4-27　未成熟期的果实

图 4-28　成熟期的果实

杨梅幼果期果实外层中含有叶绿素，呈现绿色，到成熟时叶绿素含量逐渐减少而呈现各品种的固有色泽。杨梅果实色素是花青素中的一类。黄白色品种花青素含量低，紫黑色品种花青素含量高。除了品种固有特性外，环境条件如光照强度、光照时间、矿质营养、树体生长势等都会影响果实着色。

果实生长过程中,果面色泽和营养成分随果实的发育发生变化。一般紫红色品种的采收期是在紫红期的中期,此时糖和酸的含量分别为9％和1％左右,糖酸比适中,果肉硬度较好,较耐贮藏和运输。采摘过早,糖少酸多,汁液少,肉质硬;采收过迟,糖多酸少,果实变软,不耐贮运。

3.3.3 果实内在品质发育

(1)果实酸度变化。果实中有机酸主要是柠檬酸和少量的苹果酸,也有少量异柠檬酸、富马酸、草酸等。酸含量变化与糖相反,进入成熟期后,酸含量迅速下降,这主要是游离酸被果实的呼吸所消耗,尤其是气温较高的产区更为明显,而结合酸含量则保持不变。果形越小、成熟度越低的果实,酸度越高。

(2)果实糖度变化。杨梅果实中的糖以葡萄糖和果糖为主,在完熟前2~3周,含糖量显著增加,其中葡萄糖含量急速上升,其总量是果糖的2~5倍。果实含糖量与果实着色程度呈正相关,一般着色越深,含糖量越高。

(3)果汁变化。杨梅果汁含量既是果实品质的指标之一,也是榨汁和酿酒的重要指标。据测定,紫红色果实的出汁率在整个采收期无明显变化。大果与小果间果汁率也相近,大果实出汁率为73.5％,小果为72.6％。

3.4 主要物候期

准确掌握物候期是制定杨梅栽培措施,防病治虫害的重要依据之一。物候期因环境条件、品种、雌雄株、树龄等不同而有变化。

3.4.1 根系活动期

杨梅根系的生长活动始于2月下旬。3月上旬新根开始显露并进入旺盛生长期。根系生长与地上部生长接近同步,即两者生长高峰十分接近。

3.4.2 萌芽期

花芽2月中、下旬萌动,叶芽3月上旬至下旬萌动。雄株芽比雌株芽萌动早1周左右,花芽比叶芽萌动早20d左右。

3.4.3 叶生长期

萌芽后约半个月,即3月下旬至4月上旬为叶初展期,5月份叶片生长最快。各类枝条上叶片的生长速度有相同的生长趋势,叶片生长期约3~4周,随着枝条的生长,幼叶随之不断产生,并逐渐增大,直至枝条停止生长,展叶也停止。同一品种春梢叶片先端较尖锐,夏梢叶端较圆钝,可根据叶的大小、形状和叶质老嫩识别春、夏、秋3种枝梢。

3.4.4 新梢生长期

杨梅1年中抽梢次数因品种、结果量、气候、树龄和管理水平而不同。一般幼树每年抽梢3次,成年树可抽2~3次。杨梅1年中新梢生长有3个高峰,4月初至4月底为春梢生长第1次高峰,其生长量约占全年生长量的3/5,6月果实迅速膨大,枝条生长量很少;6月底至7月中旬为夏梢生长高峰期,其生长量约为总生长量的1/5;8月中旬天气干旱,生长几乎停止,8月下旬至9月底雨水渐多,出现秋梢生长高峰,其生长量约为总生长量的1/5,10月中旬以后气温降低,枝条生长停止。

3.4.5 开花期

开花期从花芽开放开始,包括芽苞片开裂,雌蕊柱头露出,以及雄花药囊开裂为标志的时期,在3月上中旬为盛花期。杨梅全树有5％的雄花药囊分离露出花丝,雌花5％柱头裸露称为始花期;全树有75％花开放称为盛花期。雄花散粉后成黄褐色,雌花柱头开始干枯为终花期。杨梅花期受到多种因素的影响,特别是春季的低温,会使花期推迟。

3.4.6 生理落果期

杨梅开花后2周至4月中旬左右为前期落果高峰期,5月上旬还有1次后期落果盛期。后期落果后,优良品种直到成熟基本上不再出现生理落果,但有些品种在5月中旬以后陆续落果,接近成熟时落果更多,这种落果与品种特性有关,如大红袍落果严重,炭梅落果较轻。

3.4.7　果实膨大及成熟期

果实的生长发育可分为 3 个时期：5 月上旬后期落果后，果实迅速生长为第 1 生长高峰，然后进入硬核期，生长缓慢；6 月上旬又快速生长进入转色期，为第 2 生长高峰，果实重量明显增加；6 月中旬到 7 月上中旬继续增大，直至成熟采收。杨梅从谢花后子房膨大形成幼果开始，到果实成熟约需 60～70d。

3.4.8　老叶集中脱落期

杨梅老叶集中脱落期为 2 月下旬至 4 月下旬，一般在春梢生长停止后开始，但常受到环境的影响而提早或延迟。生长旺盛树的落叶期往往偏迟；土壤黏重、生长衰弱和受褐斑病危害的杨梅，落叶时间会大大提早，往往在上一年 10 月就开始，11 月达到落叶高峰，提早落叶使树势更加衰弱，严重地影响果实产量和品质。

3.5　对环境条件的要求

3.5.1　温度

（1）对温度的一般要求。杨梅原产我国亚热带常绿阔叶和针叶林中，主要分布在长江流域及其以南地区，在我国长江流域以北的陕西汉中等特殊气候地区也有分布，是较耐寒的常绿果树。适宜的年平均气温在 15～21℃。杨梅开花期较其他核果类果树迟，花器也较耐寒，故气温对开花授粉的影响不大，但低温会推迟杨梅开花进程。1 月平均气温保持在 3℃，7 月平均气温 29℃时，杨梅一般不会出现冻害和灼伤现象。冬天不太冷，夏天不太热，对杨梅生长结果有利。

（2）极端最低温度。在富岱杨梅产区，冬季的极端最低温度低于 −9℃ 时，会导致产量不稳，果实品质低。在高海拔和偏北地区，即使偶有较长时间的冬春寒流侵袭，也只是秋梢有被冻害危险，不至于枝干受害或全树冻死。在富岱村至今尚无发生严重冻害的历史记录。

（3）年活动积温。年平均温度在 14℃ 以上，大于 10℃ 的年活动积温在 4 500℃ 以上；5～6 月果实发育膨大期的日平均温度小于 23℃，6 月的湿度和温度比在 3.5，6 月降水量在 160mm 以上，7～8 月干燥度 K（$K = 0.16 \sum t / R$，$\sum t$ 为日均气温稳定在 10℃ 以上的积温，R 为同期的降水量）小于 1.8 的气候条件下，适宜杨梅优质丰产栽培。

3.5.2　光照

杨梅幼树和成年树对光照要求不一样。幼树较耐阴，但成年后需充足光照。

（1）光照对树体营养的影响。光照条件差，杨梅叶幕层内庇荫处枯枝则多，枝细、叶小而薄，叶色淡，病害严重，严重影响树体生长和开花结果。在夏季光照强烈的低丘红壤地区，成年杨梅树生长旺盛，结果良好，未发现有烈日照射引起枝干焦灼枯死现象。

（2）光照对产量、品质的影响。光照对花芽分化起到重要的作用。在一定范围内，花芽形成的数量、质量及结实在光照充足情况下为好。光照条件好，杨梅在丰产年份平均每 100 个花序可结果 14 个左右，即使是小年也可达 9 个；光照差时，杨梅坐果率低。光照对果实内外品质都有很大影响。光照不足，不仅低产，而且成熟期延迟，果实着色不均，鲜艳度差，果汁少而酸，品质下降。

3.5.3　水分

（1）需求量。杨梅喜湿，当雨水充足，气候湿润时，树体生长健壮，树龄长且丰产，始果期早，果大，果实汁多味甜。杨梅要求年降水量最少 1 000mm 以上才能丰产优质。富岱等杨梅产区的年均降水量均在 1 200mm 以上。

杨梅主产区多在江河两岸、湖泊四周以及滨海和山峦深谷之间，这些地方空气湿度大，最有利于生长结果。杨梅根系分布较浅，根量少，抗旱力弱，长期少雨干旱易出现枯萎。

（2）需水时期。杨梅在不同的生长时期，对湿度有不同的要求。花期，要求天气晴朗有微风，空气湿度小，以利传粉，干燥会影响受精结果；果实迅速膨大、转色期，要有适度的雨水，土壤水分充足才能促进果实迅速膨大，否则果小，肉柱尖，汁少品质差；果实成熟期，要求天气晴朗，以利转色和增加糖分；采收期，多雨落果严重，烂果多，味淡，果实不耐贮运；夏末秋初花芽分化期，要求多晴天，以利光合作用为花芽分化积累碳水化合物，若该期出现伏旱，对花芽分化不利，翌年产量将有不同程度的降低。

（3）空气相对湿度。对杨梅果实品质的形成有重要影响。总的来说，在空气相对湿度较高的地方，结果就好。统计分析表明，杨梅果实的可溶性固形物、糖酸比和固酸比，与5～6月的相对湿度呈正相关；果实含酸量与6月相对湿度呈显著反相关。在高温高湿条件下发育而成的杨梅果实品质，较适温高湿条件下形成的果实品质要差。

（4）耐涝性和抗旱性。杨梅根为菌根，多肉质，抗旱性较差，全年降水量低于1 000mm、6月平均降水量少于100mm时，杨梅产量将明显下降。

3.5.4　土壤

（1）土壤质地。从杨梅主产区的土壤来看，多为质地轻松，排水良好，含有石砾的沙质红壤或黄壤土。有些地方，在杂草丛生、从未耕种过的石砾土中栽植杨梅，生长结果良好，果实品质也好。山地红壤中的黄砾土以及黄泥沙土都适于栽培杨梅。

杨梅在多石砾、土壤贫瘠的坡地上栽培，仅在初期生长缓慢，后期根系深入土壤后则生长良好，在比较贫瘠、排水良好的山地反比平坦肥沃地中栽培结果好，在平坦肥沃土壤中栽培，易引起树体生长过旺，导致落花落果。在植被稀少，水土流失严重，地表裸露，土壤瘠薄，夏季高温干旱、土壤水分不足等地方，一般不适合杨梅生长。

（2）土壤酸碱度。杨梅适于红壤或黄壤，pH 4～6的酸性土为宜。在园地选择时，凡狼蕨、杜鹃、松、杉、毛竹、青冈栎、麻栎、苦槠、香樟等植物生长良好的山地，一般适于杨梅栽培。

3.5.5　坡度及方位

（1）山坡坡度。山地坡度大小和杨梅生长结果无直接的因果关系，但在栽培中为了管理和采摘方便，减少产品成本，一般均栽植在5°～30°山坡地。此外，山沟、深谷也是杨梅较理想的种植区。

（2）山坡方向。山坡方位对杨梅生长和果实品质有一定关系。光照较少的阴山，由于土壤水分较多，空气湿度大，有利树体生长，所产的果实柔软多汁，风味较佳；反之，在光照强烈和光照时间长的阳山，树体生长不如阴山，果实肉柱硬、汁少。生产上多选向北或东北向缓坡栽植，特别是夏季易干旱地区，北向或东北缓坡土壤水分较多，更具栽培优势。深山谷地，因有高山与茂密树林荫蔽，光照不强，土壤含水量较多，可不必考虑坡向问题。

3.5.6　海拔高度

海拔高度增加，杨梅成熟期延迟，可利用海拔梯度延长市场供应期。海拔800m以上、年平均气温15℃以下，不利于生长发育，不宜栽植；海拔高但年平均气温在15℃以上的山区及深山谷地，均可发展杨梅。

3.5.7　山地类型

（1）山麓地。土层深厚，为混杂有石砾的红壤或黄壤，俗称"黄泥土"。生长在其上的杨梅一般树势强健、丰产，但果实大小不匀或因结果多而果变小，同时土壤水分充足，风味稍淡。

（2）山间谷地。多位于高山间的山谷或山坳地带，土壤为上坡的沙土、石砾冲刷堆积而成，土层深厚、肥沃，栽培的杨梅果形大，品质良好。但由于小气候变化大，且有山谷风，对生产也有不利影响。

3.5.8　风、雪

风对杨梅结果的影响主要在授粉期。微风有利于花粉的散发、传播，提高坐果率。果实采收期大风会引起大量落果，造成减产。杨梅树冠高大，枝叶密生，根系较浅，最忌暴风和台风，易使大树倒伏和枝干断裂，树冠受损。

杨梅枝干质脆，根系浅，冬季大雪压树易引起枝干断裂和倒伏。大雪天气要注意上山摇雪。

4　育苗和建园

4.1　育　　苗

苗木质量对杨梅的生长发育和经济生长年限都有直接影响，优质壮苗也是杨梅早产、高产的先决条件。

4.1.1　砧木苗培育

（1）砧木种类。野杨梅树冠高大，枝干开展，生长旺盛，叶大边缘常有锯齿或呈波浪状（图 4-29）。果小，红色也有淡红色，肉柱细，顶端多尖头，味极酸，成熟早，成熟果实易脱落。多数是自然实生树，核大，品质低劣。种子发芽率高，每 100kg 果实可收集种子 20～30kg，通常 1kg 种子约 2 000 粒，发芽率为 30％～60％。

栽培品种的种子可作为培育实生苗的材料（图 4-30）。栽培的大果型品种种子 1kg 仅有 800～1 300 粒，发芽率仅 20％～30％。

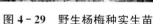

图 4-29　野生杨梅种实生苗

图 4-30　栽培杨梅种实生苗

（2）砧木种子的收集。不论是采集野生杨梅种子或采集栽培品种的种子都要从生长健壮的成年树上采取。种用果实均应在充分成熟后采收，以提高种子发芽率。有时让采种树上的果实充分成熟而自然落地后捡拾，留作种用。

种用果实采下后，选阳光不直射的场地将果实摊开堆置 3～5d，厚度一般在 15cm 左右，以免堆积过程中果肉发酵、温度过高导致种胚死亡或受损。待果实腐烂后，洗净并除去上浮不饱满的瘪子及杂质，将种子放在竹帘上晾干，防止强光直射，也可摊放在通风处阴干，种子干燥后即可贮藏备用。如要马上播种，种子洗净后，要暴晒 2d；在播种前再次暴晒，晒到种壳开裂，并摇动有响声为好。经"两晒"的种子，发芽率可达 90％左右。

（3）砧木种子的贮藏。种子贮藏有两种方法：一是少量种子，冲洗阴干后，放置木箱中一段时间，然后放入缸内，以稻草封扎缸口，倒置于木板上保存；二是层积法，开深 30cm、宽 60～100cm 的沟，底部铺沙，一层种子、一层沙，层层堆积，每层厚度 6～7cm，然后作成高畦，以防积水。

（4）砧木苗培育。

苗圃地选择。杨梅苗圃地应选择带有沙粒，土质疏松的坡地或平地。最好是白石泥，其次是黄泥土，苗圃地要排水良好，土层深厚，透气，有机质丰富，酸性或微酸性。圃地中杨梅苗根浅、叶嫩、蒸发量大，在整个生长季节需要充足的水分供给，一遇干旱就会出现缺铁症状，所以圃地要有灌溉条件。杨梅圃地不能用黏土地，土质过松的沙土也不宜播种。圃地切忌连作，前作凡种过龙柏、水杉、松、槭树以及柑橘、桃、李等绿化苗和果苗的土地，也不宜留作杨梅圃地。杨梅圃地前作最好是稻田、菜地以及种过豆类的田块。

苗圃地准备。播种前在晴天深翻、晒白土壤，开沟作畦，施足基肥（每公顷施腐熟有机肥 4.5～7.5 万 kg，加过磷酸钙 250kg，草木灰 2 000～3 000kg。整平后在畦面撒上一层红黄壤的心土，以减少杂草滋生和病菌的危害，减少幼苗死亡率，撒好心土后再播种。选择没有种过前作物的新垦地，可不施基肥，不撒药，将圃地整成高 10～15cm、宽 100cm 畦，畦沟宽 30cm，然后将畦面轻轻压实，即可播种。

播种时间。10～12 月播种的一般是在 8 月份开始沙藏的种子，用 3 份清洁的湿沙和 1 份种子混合后在室外贮藏。目前较好的做法是在 7～8 月播种，最迟以不超过霜降（10 月下旬）为好，不需要进行沙藏。

播种方法。条播每公顷需种子 1 500kg，撒播每公顷需种子 4 500～7 500kg。播前的种子，可用 50％多菌灵 600 倍液浸泡 1～2d 或 0.1％高锰酸钾浸泡 10min 或甲基硫菌灵 800 倍液浸泡 1d。种子均匀撒于畦面后，用木板稍加镇压，上覆焦泥灰或细土厚 1～2cm，其上再覆盖稻草或茅草，以防雨水冲刷或表土干燥。12 月上中旬，严寒来临前苗床覆膜保温。苗床要注意排水，并保持一定湿度，膜上还可覆草帘以稳定苗床温度。种子在 1 月底开始萌动，2 月上中旬时开始破土出苗，幼苗出土后逐步揭去所覆稻草和薄膜，4 月中下旬待苗高 5～6cm，有 6～7 片叶时即可起苗移植，可促进根系发达，加速幼苗生长。亦可从山地挖取野生苗供砧木用，待生长 1～2 年后，当苗干直径达 3cm 以上时再进行嫁接。

幼苗移植。栽植幼苗的圃地要翻耕，晒干后作成 1m 宽的畦，畦面要以 40％甲基硫菌灵 800 倍液喷洒畦面，每公顷用 2 250kg 钙镁磷作基肥。开沟施入肥料，覆土整平哇面后，即可移苗。移栽的苗距 15cm×15cm，每 666.7m² 种植 28 000～30 000 株。在无风阴天起苗移植，根部要带土并按幼苗大小分级分别栽植，栽后根部压紧并浇定根水。

幼苗管理。杨梅小苗对肥料反应敏感，刚移植的小苗，不能马上施肥。即使施了少量薄肥，也会引起枯苗。要待苗根已经恢复生长，并已萌发 4～5 片新叶后，可先后施 2 次薄肥；第 1 次施肥时期约在 5 月底，每 666.7m² 面积苗地用三元复合肥 35kg（氮 15、磷 15、钾 15）。第 2 次施肥时期是前 1 次施肥后 1 个月。每 666.7m² 面积用同样的复合肥 50kg。

幼苗在 7～8 月干旱高温季节要注意浇水抗旱，以利苗木生长。此外，圃地要及时松土除草，防止土壤板结。移植后经 1～2 年培育，苗高达到 50cm 左右，粗度为 0.6cm 时即可作砧木苗进行嫁接。

4.1.2 嫁接

（1）接穗的采集与贮藏。接穗的采集一般在 7～15 年生品种优良的杨梅树上剪取。采穗时选择母树树冠外围中上部充分成熟、健壮、芽眼饱满的枝条，以上年生带叶的春梢为好，直径 0.5～1.0cm，与砧木直径接近。采下接穗后应立即剪除叶片，留下叶柄，即可嫁接。接穗在阴凉处放置 1～2d 再嫁接，接穗水分蒸发一部分，在接穗稍干的条件下反可提高成活率。没有嫁接完的接穗按 30～50 支捆扎好，下端用藓苔或塑料薄膜保护，排放在避阳的室内；在 5℃的冷库中贮藏 10～20d，其成活率仍很高。

（2）砧木的准备。作砧木的实生苗茎粗至少在 0.6cm 以上，并有比较发达的须根，生长充实。砧木过嫩嫁接成活率低。杨梅幼苗树液流动旺盛会严重影响嫁接成活率。

（3）室内嫁接。立春后挖出砧木，在室内嫁接，然后种植。此法可延长嫁接时间，同时又是在室内操作，减轻了劳动强度，嫁接成活率也可维持在 85％～95％。

（4）移苗换地嫁接。挖起砧木、剪去部分主根，种植后嫁接。

（5）断根就地嫁接。嫁接前、后，从砧木两侧深切入土，铲断砧木部分主根，再进行嫁接。

（6）嫁接方法。

劈接。杨梅嫁接时期从立春（2 月上旬）到谷雨（4 月下旬）都可进行，但是以立春到清明嫁接的为最好。嫁接时将接穗剪成长 5～8cm、有 5～10 个芽的一段，在接穗下端向下削成伤及木质部的长削面，长 2.5～3cm，其反面呈 45°斜角削成短削面，长 0.5～2cm。砧木离地面 4～20cm 剪去主干。在其横截面一侧 1/4 处从上往下纵切一刀，其长度略短于接穗的长削面。把削好的接穗插入砧木切口中，接穗的长削面紧贴在砧木切口一侧，使两者形成层密接，然后用薄膜将整个嫁接伤口捆扎实，并将接穗上的切断面从上向下包裹严实，以减少水分蒸发。

切接。接穗的削法同切接。砧木留一定高度剪去上部，选砧木光滑的一侧由木质部和韧皮部交界处向下斜切一刀，长约23cm，向内不超过髓部，将接穗插入砧木接口，使两者的形成层有一侧密接，然后用薄膜将整个嫁接伤口捆扎实，并将接穗上的切断面从上向下包裹严实（图4-31）。

腹接。苗圃地或换种时采用。接穗的削法同切接。在砧木的一侧向斜下方切一刀，其长度略长于接穗的长削面，把削好的接穗插入切口中，接穗的一边形成层与砧木一边的形成层对齐，然后用薄膜将整个嫁接口包入、扎实。

图4-31　切接杨梅苗

4.1.3　室内嫁接苗的定植和管理

（1）定植。种植室内嫁接苗的圃地最好是"生荒地"，就是未种植过果树、蔬菜、杂粮或其他农作物的土地。熟地应选择土质疏松、透气、肥沃、酸性或微酸性的土壤，并有排水灌溉条件的地方。按畦面宽0.7m，沟宽0.3m，深0.4m的要求整好畦面。种植株行距为10cm×20cm，每666.7m² 可种1万株左右。

种植时必须先挖定植沟深植，然后培土，培土高度至少不低于接穗顶端的1cm。嫁接苗在培土的保护下，温湿度比较稳定，有利于接口的愈合，成活率高。在潮湿的地方，室内嫁接苗接口只用薄膜包扎，可不培土保护，成活率也可达80%～90%。刚嫁接的苗木栽植时，在栽植沟内要扶直，不要倾斜，避免以后苗木弯曲。苗扶直后，先掩部分泥土，使苗固定，再按每666.7m² 圃地用50～75kg的三元复合肥撒上，然后再掩土，直至将苗木全掩埋或外露接穗1cm为止。

（2）苗期管理。5月中旬，检查嫁接成活率，及时拔去死苗。及时除去砧木上的萌蘖，6月初开始定梢，在接穗上只留1个芽培养成主干，使之成健壮的苗木。苗木生长期间要保持圃地湿润状态，特别是7～8月干旱季节，如果水分不足，生长受阻，当年达不到苗木出圃高度和直径的标准。干旱时在傍晚沟灌或喷灌，次日早晨排除沟内积水。梅雨季节应及时排水。

新梢木质化后，根据长势，可施用三元复合肥，每666.7m² 需50～60kg。也可每隔半个月喷施磷酸二氢钾1次，使苗木生长粗壮。经常进行浅中耕，及时去除圃内杂草，疏松表土，但谨防伤及苗木。

杨梅苗木虫害主要是杨梅卷叶蛾，1年发生2次，幼虫在5月底到6月中旬和7月至8月间发生，可用50%杀螟松乳油1 000倍液和敌敌畏乳油1 200倍液防治。

4.1.4　苗木出圃

嫁接苗按苗龄可分为1年生苗和2年生苗。1年生苗伤根少，生命力较强，栽植成活率高。2年生苗如起苗时伤根太多种植不当，成活率低。需长途运输的苗木，以一年生苗为宜，这种苗成活快，成活率高，生长好。距离苗圃近的地方，可种植2年生苗，成活率不低于1年生苗，而且成活后树冠形成较快，可提早结果。

（1）起苗时间。一般在2月下旬到3月。起苗时，尽量少伤根，及时摘去大部分枝叶并剪去过长的枝条，减少水分蒸发，也可减少运输体积，防治长途运输苗木发热造成死亡。起苗后最好尽快种植以提高成活率。

（2）苗木规格。苗木要达到一定的标准才能出圃，否则要继续培养。2级以下不作商品苗，须留圃继续培养。1年生嫁接苗分级标准见表4-1。

表4-1　杨梅一年生嫁接苗出圃规格

级别	高度（cm）	直径（cm）	根系状态
一级	≥40	0.6	粗根4条为上，须根发达
二级	30～40	0.5	粗根3～4条，须根中等

注：高度指嫁接口到苗木春梢和夏梢顶端；直径指接穗抽生的新梢基部的粗度。

资料来源：郑勇平等，2002。

4.2 建园

建园时要因地制宜，要充分考虑土壤、水源、气候环境、交通、劳动力等状况，对品种选择、栽植密度及栽植方式等进行科学安排。

4.2.1 园地选择

选择园地宜相对集中、成片，不宜过分分散；交通便利，水源充足；地面平整，土壤以土层深厚，山地红壤或黄壤的微酸性沙土、沙砾土或略带黏性的沙砾土为好。

4.2.2 园地规划

（1）小区划分。根据地块形状、面积、道路和水利设施情况，把全园划分为若干种植小区。小区按山头和坡向划分，小区形状采取近似带状的长方形，长边沿等高线弯曲，以便水土保持。山地丘陵小区面积一般 0.7～2.0hm² 为宜，一个小区一般只栽 1 个品种。

（2）道路划分。主干道：园地与附近公路相连接的干道，宽 5～6m，可以通行拖拉机和小型汽车，并每隔一定的距离加宽一段以便车辆交会，要求贯穿全园。支道：通往种植小区的人行道和各小区的分界线，宽度一般为 3～4m。杨梅树冠低矮，每隔几行行间距应加宽 1～2m 作为操作道并与支道沟通。

（3）水土保持。杨梅生长需要雨量充沛，但暴雨易造成山坡土壤冲刷，因此在建园时应做好水土保持工作，防止建园初期园地大面积水土冲刷。

杨梅园一般建在山腰以下，山腰以上要植树造林，俗称为"山头戴帽"。园地和林木的交界地带，要开一条等高的环山防洪沟并与排水沟相连，防止山地上部大水冲入园地毁坏梯地，防洪沟一般宽为 60～100cm，深 30～60cm。在一定的场所要修筑蓄水池和排水沟等灌溉系统，以便提供抗旱、喷药和施肥用水。排水沟一般利用天然水沟，依地形、水势从上而下修筑，通常设在山谷或地势低洼的地方，也有安排在道路两侧或梯地一侧。为减缓水流冲击，每隔一定距离设跌水坑或拦水坝，沟底最好用石砌成，或让其自然生草（图 4 - 32）。

图 4 - 32 取水井

4.2.3 种植方式

（1）梯田。在山地修筑梯田是杨梅最适宜的栽植方式，也是杨梅幼年期保持水土的一项根本性措施。修筑梯田既可有效防止水土流失，又可利用幼树期行间空地间作其他作物以短养长。在坡度不大，地形较完整的坡地建造梯田时应自下而上按等高线筑成，较为省工。但在坡面相对较陡，或同一坡面不能在短期内筑完时，若遇暴雨，下部修好的梯田可能被上坡径流冲坏，因此宜自上而下修筑。梯田台面的宽度视坡度而定。一般坡度在 10°～15° 的，台面宽 10～15m，梯壁高 1.5～2.0m；坡度在 5°～15° 的，台面宽 3～9m，梯壁高 2～3m。坡度较大时，可在梯壁基部保留一段原坡面，以防崩塌。在修筑梯田台面时，应使台面向内倾斜 1°～2°。台面内侧开排水沟，沟宽 30～40cm，深 15cm，排水沟向 端或两端倾斜，把水引向排水总沟；台面外侧作 条土埂，高 10～15cm，宽 30cm，阻挡台面雨水流向下一级台面，以防损坏梯田壁。

（2）鱼鳞坑。在地形凹凸不平的坡面或者有高大稀疏马尾松、杂灌木的地方，一般采用鱼鳞坑方式栽植。先需在上坡修一道拦山堰，然后划一条等高线作基础线，在基础线上按欲栽杨梅的株距开凿鱼鳞坑，以后可按坡度大小横向扩展连成梯田。然后按行距基点顺坡向下划线，上下二线上的各栽植点，宜插空定点，以减少径流发生顺坡直流，引起大的沟蚀。在较长的陡坡上修筑鱼鳞坑，每 80～100m 的坡距，必须修筑一道拦山堰。也可以依地形和行株距随机选择较平坦地块挖坑种植，以后适当扩大鱼鳞坑。周围保留低矮杂灌木。

4.2.4　定植技术

（1）定植密度。杨梅栽植密度依气候、土壤、品种生长势以及管理水平而定。在气候温暖、土壤深厚肥沃偏黏性，施肥量较多，树冠不加人工控制的地方，栽植密度宜小，反之则大。目前生产上杨梅每公顷种植 225～600 株，其行株距为 7m×5m、6m×5m、5m×4m 等。过稀，早期产量和单产不易提高。一般土层较厚，肥力中等，每公顷 400 株左右较合适。在土层较浅薄贫瘠山地每公顷 450～510 株。鱼鳞坑的间距依土壤肥力、土层厚度和杨梅品种生长势而定，一般行株距大致有 6m×5m、6m×4m、5m×4m 等。每个鱼鳞坑的直径宜大，最好在 1.5～2.0m，其中种植穴直径应在 0.8～1m，深在 60～70cm，坑面要向内侧倾斜，以利水土保持。

杨梅生长快，枝叶茂密，结果较晚，一般不采取密植的栽培方式。

（2）授粉树配置。杨梅为雌雄异株果树，通过异花授粉才能结实。杨梅花为风媒花，雄树宜种植在花期常吹风向的上风口，少数品种虽然在雌株的花序中可能有少量雄花蕊，能产生正常的花粉供雌花授粉，达到正常结果，但为了提高坐果率、丰产、稳产，在附近无野生杨梅树，特别是新区建立杨梅园的地方，一定要搭配栽植合适的授粉树（雄株）。杨梅林授粉树的数量控制在 1%～2%。

（3）定植时期。杨梅在气候温暖湿润，种后土温高，水分充足的条件下，有利于根系迅速恢复生机。因此，最好在 3 月上旬气温开始回升后直到 4 月初，杨梅春梢萌发前进行。栽植时间不应太迟，以免栽植后苗木根系功能尚未恢复，而地上部分已开始萌芽抽梢，造成水分失调而致死亡。定植时间应选在阴天或小雨天进行，忌干燥天气栽植。

（4）定植前准备。无论是缓坡或是山地，均要按密度要求，先定点挖穴。挖穴时间一般在秋冬季节进行，挖出的土壤经冬季冰冻风化，有利于土壤改良。定植穴应在梯田或鱼鳞坑外缘的 1/3 处。要求穴直径为 1～1.2m，深 0.7～0.8m。在土层浅薄，土壤贫瘠的地方，穴宜大不宜小。挖穴时表土和心土要分开堆放。定植时按每株 30～50kg 土杂肥或等量经过堆制的作物秸秆或 0.15～1kg 全价有机复合肥或 3～4kg 腐熟饼肥加 0.5～1kg 过磷酸钙的施肥量，将肥料与土壤混合均匀后填入定植穴，边填边踏实，直至距地面 20cm 准备栽植。

（5）定植方法。定植时要选枝干粗壮、干高、接口愈合良好、根系新鲜发达的壮苗。杨梅 1 年生嫁接苗起苗时伤根较少，只要方法得当，定植成活率可高达 95% 以上。2 年生苗往往根系损伤大，分枝多，定植成活率比 1 年生苗低，但成活后生长量大，结果早。苗木到达园地后，应尽快定植，未及时定植的要假植和覆盖。定植时适当剪短过长的根系，修平伤口，摘除全部或部分叶片，主干留 30～35cm 剪短，再将苗木根部放入已施基肥的穴内，使根系舒展，勿使根系直接与肥料接触，然后填土至地面，边填边摇动并轻轻上提苗木，用脚踏实（图 4-33）。常规定植方法是使其嫁接口与地面保持平齐。

（6）定植后管理。杨梅种后第 1 年生长势弱，生长缓慢，在 7～8 月高温干旱季节，要松土、割草或用锯木屑等覆盖，既可防止土壤失

图 4-33　定植后的杨梅园

水，又可防止土温过高对杨梅伤害，提高苗木成活率。杨梅幼树耐阴，结果后有一定庇荫条件则果实肉柱软而多汁，品质优于阳光直射、高温干旱的果园，同时杨梅能改善生态条件，有利于与其混交树种生长，两者相辅相成。杨梅与茶叶混交是比较普遍的方式。此外，杨梅与油茶、板栗、柿、枇杷、马尾松等树种也可混交。不少地方是先有混交树种，后套种杨梅。杨梅园里也可套种花生、黄豆等豆科植物。

5　土肥水管理

5.1　土壤管理

根据园地土壤特点、地形、地势和杨梅树生长状况采取科学合理的管理方法，达到改善土壤物理、化学性质，有利于土壤排水、通气；增加土壤有机质含量，创造有利于土壤微生物活动的环境，增强土壤蓄肥、供肥能力。

5.1.1　土壤改良

杨梅园大都是建在山坡地或与其他作物混栽，山坡地土层浅薄，下部常含砾石，肥力低，水土保持能力差，影响杨梅根系正常生长。可沿等高线修建梯田，增施有机肥，不断深翻土壤，捡出砾石，加厚土层。

5.1.2　土壤耕翻

（1）土壤深翻。

扩穴改土。杨梅生长快，经3～4年生长，原定植穴已布满根系。穴外土层坚实，根系难于向外伸张，须逐年向外深翻土壤，以便根系伸展。2～3年幼年树，在定植穴外方相对的两侧各开深60～70cm，宽50cm，长1～1.5m的长方形沟，然后分层埋入改土材料。对4～5年生的树，应在树冠投影稍外的行间或株间相对两侧开长方形沟。坡度较大的坡地，一般靠近下坡一面土壤疏松，不需要深翻，主要对梯田内侧土壤进行深翻。扩穴开沟时，表土和心土要分别堆放。改土材料可就地取材，利用灌木枝叶、杂草、绿肥或表层土等作为主要材料，再加饼肥、厩肥、堆肥等分层埋入。体积大的灌木枝叶及表土放在下面几层，体积小的肥料及心土则放在上面几层并压实。最后把挖出的土壤堆放在沟上待填充物腐烂、泥土下沉后再加入，使之与梯田持平。扩穴时应从穴外缘开始逐年向外深翻。约经3～4年可完成。

深翻。成年树经多年生长，以及每年采果时踩踏，下层土壤逐渐坚实，土壤的通气、排水及养分条件逐渐恶化，根系的功能随之逐渐衰退，以至影响杨梅生长和结果。因此每隔2～3年进行1次深耕，疏松土壤、更新根系。深耕一般结合施有机肥进行，以改善土壤理化性状，创造有利根系生长环境。根系已布满全园时，翻耕不宜过深，以免伤根太多，一般30cm为宜，近树干处浅，树干投影以外可深至40～50cm。深耕操作可以全园一次性完成，在劳力不足地方，可以以树干为中心每年逐步扩大，也可以第1年深翻一侧土壤，第2年深翻另一侧，最后完成全园深耕。深耕时尽量少伤根系，尤其是根径在1cm以上的粗根。此外，在坡度大的山地宜减少深翻次数，避免水土流失。土壤深翻时期与翻耕效果有密切关系。定植前是全园深翻的最佳时期，定植后的杨梅园深翻与扩穴时间应安排在根系生长高峰期以前为宜，以利根系受伤后尽快愈合和新根发生，对次年生长影响小。一般在秋施基肥时适当挖深施肥穴，达到深翻的目的。

（2）土壤浅翻。杨梅根系主要分布在60cm以内的土层中，因此，结合秋季撒施基肥，全园翻耕20～30cm深，形成土质疏松、有机质含量高、保水通气的耕作层，对植株良好生长具有明显作用。通常采用人工浅翻，翻后立即耙平保墒。浅耕可熟化耕作层土壤，增加耕作层中根的数量，减少地面杂草，消灭在土壤中越冬的病虫。浅翻应在晚秋进行，每隔2～3年进行1次。

（3）中耕。杨梅园中耕是调节土壤湿度和温度、消灭恶性杂草的有效措施。经常中耕的园地，土壤疏松，排水和通气性好，有利于固氮菌的活动。可以减少土壤水分蒸发，有利于花芽分化。

幼年杨梅虽然较耐阴，但其根系尚不发达，枝叶生长量少、在杂草、灌木丛中对水分、养分的竞争力差。因此要求在树盘直径1m范围内，每年中耕1～2次，清除杂灌木和杂草，并行土面覆草。

成年杨梅园可采用清耕法，时间及次数根据土壤湿度、温度、杂草生长情况而定，一般于3月、6月底到7月上中旬各进行1次。管理粗放的果园，通常在采收前将树冠下部杂草割倒，采收后土壤翻耕时再将杂草埋入土中。

5.1.3 杨梅园生草与间作

（1）生草。斜坡上没有筑梯田的杨梅园，若经常中耕除草，夏季暴雨时易造成土壤冲刷、根系裸露、土壤肥力逐渐衰退、产量下降。可采用自然生草和人工生草两种措施。自然生草。翻耕时，除去竞争力强的木本植物和旺盛生长的草本植物，保留生长势弱、植株矮小的杂草，任其生长，定期刈割。自然生草既起到松土，又起到护坡防止水土流失的作用，同时每年割草埋入土中，又使土壤得到改良。人工生草。是指在果园中人工种草的土壤管理办法。草种可选择植株矮小或匍匐性品种，如白三叶、红三叶、紫花苜蓿等，适应性强，耐阴耐践踏，耗水量少，能固氮增加土壤养分的植物。

（2）套种作物。杨梅幼龄期树冠小，为了充分利用土地资源和光能，在土壤条件较好，水分充足的地方可以套种经济作物，以短养长。间作物收获后，秸秆等回归杨梅园作肥料。间作物种类主要有：具有固氮能力的豆科作物，如花生、大豆、蚕豆、绿豆、豌豆、豇豆等；经济效益好的蔬菜作物，如茄子、番茄、辣椒、四季豆和甘蓝等；保护土壤的匍匐性瓜类作物，如西瓜、甜瓜等。

此外还可种植中药材、蜜源植物等。

5.1.4 果园培土和覆盖

（1）果园培土。山地坡度较大的杨梅园，一般土壤冲刷较严重，根部土层较薄，有的根系裸露，抗逆性和吸收功能减弱。必须进行培土加厚土层以保护根系。培土一般就地取材，利用山坡表土、草皮泥等，也可以利用客土来加厚土层。

（2）土壤覆盖。是将作物秸秆、杂草、枯枝落叶、绿肥、植物鲜体等有机物覆盖在杨梅园内，起到调节果园温度、湿度，增加土壤有机质含量、增强土壤保水性和通气性，促进微生物生长和活动，有利于有机养分的分解，抑制杂草、防止水土流失、减少土壤水分蒸发等作用。

为防止风吹动覆盖物或不慎着火，可在覆盖物上撒一层薄土。

5.2　施　　肥

5.2.1 杨梅需肥特点与施肥原则

（1）需肥特点。杨梅在其生命活动周期中，需要吸收多种元素才能正常地生长发育、开花结果。最主要的有碳、氢、氧、氮、磷、钾、钙、镁、硫、铁、锌、硼、锰等，稀土元素对提高产量和品质有良好的促进作用。必需元素中的碳、氢、氧可从水和光合产物中获得，一般无需补充，其他营养元素则全部来自土壤或人为供给。

不同树龄树的需肥特点。杨梅幼年树生长旺盛，树冠不断扩大，需要大量的氮、磷、钾，以迅速增加枝叶量、形成牢固骨架。杨梅有放线菌共生，有固氮能力，同时叶片含氮量比较高，每年一部分落叶回归土壤后又增加土壤氮素，有肥料树之称。初结果树由于担负长树和结果的双重任务，为控制春梢旺发，可适当减少氮肥用量，增加钾肥，促进花芽形成。盛果期树以结果为主，氮、钾肥料需求量大，而山坡地此类肥料流失严重，要每年施用，磷肥要隔1～2年施用1次。

磷肥可被土壤固定，但杨梅需求量少，不必每年施和单独施用。生产实践显示，单独施用磷肥，坐果率虽可提高，但果形变小而不端正，不易转红成熟，果实品质下降，经济效益降低。进入衰老期的树，应适当增施氮肥，促进隐芽萌发、枝条营养生长和根系更新。此外要重视其他元素的补给。

不同物候期的需肥特点。3月杨梅芽开始萌动，春梢生长、开花坐果对养分的需求量大，特别是花量多、结果量大的树，施肥得当，可促进新梢生长和花芽分化，为翌年结果奠定基础，并可减小大小年幅度。如果当年结果量少，或基肥施用充足则可不施。6月上旬夏梢发生前追肥，能有效地促进果实膨大增加产量，更重要的是有利于夏梢抽发和花芽分化，增加结果预备枝的数量，保证稳产。这次追肥以速效氮、磷、钾、钙肥配合施用为好。

（2）施肥原则。有机肥料和无机肥料配合施用。安全的有机肥是优化土壤结构、培肥地力的物质基础，有机肥具有肥力平稳、肥效全面、活化土壤养分、增加土壤微生物数量、改善土壤理化性状、提高果实品质等作用。以有机肥为主，配合施用化学肥料，是果树生产的趋势。有机肥和速效性化学肥配合施用可以缓急相济，满足杨梅各生育阶段对营养的不同要求。氮、磷、钾肥配合施用。氮、磷、钾肥是杨梅生产所需要的三种主要肥料，它们之间有一定的比例和平衡关系。有研究认为，幼年杨梅树氮、磷、钾的施用量以3∶1.5∶3为好；结果期的杨梅树以2.5∶2.5∶5较为适宜。此外还要注意锌、钙与氮、磷、钾肥之间的关系。

5.2.2 杨梅园常用肥料种类

（1）允许使用的肥料。有机肥：包括经无害化处理的各种腐熟的饼肥、粪肥、植物体等。化肥：主要是氮、磷、钾肥料，钙、镁及微量元素肥料、各种比例的复合肥料及稀土肥料等。其他肥料：经过无害化处理的各种动植物加工的下脚料，如果渣、糖渣等；以及其他经农业部门登记、允许使用的肥料。

各种主要肥料有效成分见表4-2、表4-3、表4-4。

表4-2 常用有机肥料养分含量

肥料名称	有机质含量（%）	N含量（%）	P_2O_5含量（%）	K_2O含量（%）
土杂肥	—	0.2	0.18～0.23	0.7～2.0
猪粪	15.0	0.56	0.40	0.44
牛粪	14.5	0.32	0.25	0.15
羊粪	28.0	0.65	0.50	0.25
人粪	20.0	1.00	0.50	0.31
大豆饼	—	7.00	1.32	2.13
花生饼	—	6.32	1.17	1.34
棉籽饼	—	4.85	2.02	1.90
菜籽饼	—	4.60	2.48	1.40
芝麻饼	—	6.20	2.95	1.40

资料来源：徐义流，《砀山酥梨》，2009。

表4-3 常用无机肥料养分含量

肥料名称	分子式	N含量（%）	P_2O_5含量（%）	K_2O含量（%）
尿素	$CO(NO_2)_2$	46	—	—
硫酸铵	$(NH_4)_2SO_4$	20～21	—	—
碳酸氢铵	$(NH_4)_2HCO_3$	17	—	—
磷矿粉	$Ca_3(PO_4)_2$	—	30～36	—
过磷酸钙	$Ca(H_2PO_4)_2$、$CaSO_4$	—	14～19	—
硫酸钾	K_2SO_4	—	—	50
氯化钾	KCL	—	—	60
草木灰	—	—	—	11～12

资料来源：徐义流，《砀山酥梨》，2009。

表4-4 常用无机肥料养分含量

肥料名称	分子式	有效成分（%）
硫酸亚铁	$FeSO_4$	20
硫酸锌	$ZnSO_4 \cdot H_2O$	35
硼砂	$Na_2B_4O_7 \cdot 10H_2O$	11
硫酸镁	$MgSO_4$	20
硫酸锰	$MnSO_4$	26
硫酸铜	$CuSO_4$	24

资料来源：徐义流，《砀山酥梨》，2009。

（2）禁止使用的肥料。包括未经无害化处理的城市垃圾，含有重金属、橡胶和有害物质的垃圾，未经腐熟的粪肥，未获准有关部门登记的肥料等。

5.2.3　施肥量的确定

杨梅施肥应根据树龄、树势、产量、土壤肥力以及肥料种类和流失程度等条件加以综合考虑。正确的施肥量，应当是能满足杨梅对各种营养元素的需求，过量和不足都是不利的。

关于杨梅需肥量，迄今还没有一致的研究结果。有关资料显示，杨梅每 100kg 果实中含氮 0.14kg、五氧化二磷 0.005kg、氧化钾 0.15kg、氧化钙 0.005kg、氧化镁 0.016kg，加上每年枝叶、根大量生长，树体需要更多的各种营养。杨梅园一般地处山地，有机质和氮、磷、钾含量都较低。在酸性土壤中，由于离子的交换作用，以及雨水的淋溶，钾损失严重，而在果实中氮∶五氧化二磷∶氧化钾的比例为 1∶0.04∶1.2，可见杨梅需钾量较多，因此要注意钾肥的施用。适宜的钾肥施用量，还可使果实糖分增加、色泽鲜丽、较耐贮运，且增多根部菌根数量，有利于生长结果。

5.2.4　施肥时间

（1）基肥。基肥对杨梅生长发育、产量和果实品质起重要的作用。基肥以有机肥为主，对于保肥保水能力较好的土壤，基肥施用量占全年需肥量的 70%～80%。在 9～10 月施用有机肥，经腐熟分解后即可供 10～11 月根系生长，促进根系发达，增强抗寒性，同时为翌年春梢生长、开花结果提供充足的养分。若延至春季施用，春梢生长时有机肥尚未腐熟分解，树体没有足够的有效养分，势必影响当年生长和产量。

（2）追肥。追肥是基肥的补充，追肥的时期、数量和次数，应根据树体生长状况、土壤质地和肥力而定，追肥应以速效化肥为主。

花前肥。1 月下旬至 2 月下旬杨梅叶芽萌动前施用，以钾肥为主，配合适量速效氮肥。一般株施硫酸钾 0.5～1.0kg。如花量多，可在上年 11 月份施草木灰或堆肥或腐熟粪粪，每株 15～20kg，加硫酸钾 0.5～1.0kg。树势弱的加适量尿素。

壮果肥。4 月中旬至 5 月上旬施用。壮果肥要看树势，挂果较多的，可株施硫酸钾 1.0kg；对树势弱的可根外追肥，用于快速补肥或补给微量元素，常用 0.3% 磷酸二氢钾或 0.3% 硫酸钾或 10% 草木灰浸出液或高美施 600 倍液等。喷施时间宜选择阴天或傍晚。

采后肥。6 月下旬至 7 月上旬果实采收后施用。其目的是恢复树势，有利夏梢发生和花芽分化，为翌年优质丰产打下基础。此次追肥不可迟于 7 月底，否则施肥后难于被杨梅吸收，甚至会促发秋梢，不利于次年结果。采后肥以有机肥为主，配合少量速效肥料，株施饼肥 2kg 加硫酸钾复合肥 0.5～1.0kg。

（3）根外追肥。12 月喷施高美施、高效稀土肥、磷酸二氢钾或绿芬威 3 号等 2～3 次，可增强冬季叶片光合能力，增加花芽营养，使花芽饱满健壮，增强花器抗风能力。花期喷施 0.2% 硼砂；果实生长期喷施 0.2% 尿素＋0.3% 磷酸二氢钾或高效稀土液肥 1 200～1 500 倍液；5～6 月喷施"喷施宝" 7 000 倍液、高美施 500～600 倍液、0.3% 硫酸钾和 10% 草木灰浸出液等，增加果实的光泽度和饱满程度。

5.2.5　施肥方法

施肥方法多种多样，应根据根系分布范围及土壤性质合理选择。土施肥料时一般是将肥料和挖出的土混合后，再填入沟内，以提高肥料利用率。

（1）盘状施肥。幼树根系分布范围小而浅，常采用这种方法。即以主干为中心，将土壤呈圆盘状耙开后施肥。

（2）环状沟施肥法。在距离树冠滴水线外方少许，挖环状沟，沟的深度随肥料种类而定，有机肥和磷肥宜深施，氮、钾宜浅施，施后盖土。宽 40～50cm、深 50～70cm 的沟，将肥料施入。

（3）穴状施肥。以树干为中心，在树冠下方均匀地挖 7～8 个穴，穴的大小视肥料多少而定，深度一般为 20～30cm，施后覆土。

（4）放射沟施肥法。在树盘内树干周围留一圈，然后由里向外挖 5～7 条放射状沟，沟长 70～80cm，宽 30～40cm，沟道内浅外深，一般深 30cm 左右，施肥后覆土。此法较环状法伤根少，且挖沟时可以避开大根。但施肥部位有一定局限性，因此每次施肥要更换放射沟位置，扩大施肥面，促进根系吸收。

（5）条状沟施肥法。成年树杨梅园，在株间、行间或隔行开条状沟，将树叶、杂草、树枝、秸秆等填入沟内底，然后填入肥土。

（6）全园施肥。成年杨梅园根系大都布满全园，将肥料均匀地撒施在园地然后结合土壤耕翻埋入土中。此法施肥面广，适于雨季应用。为防止根系上浮，应间隔2～4年进行1次。

（7）根外追肥方法。适用于用量小易被土壤固定的无机肥料的施用，虽能用急补缺，但不能代替土壤施肥，两者应互为补充。优点是：

肥效快。杨梅叶片的气孔、角质层以及新梢表皮和绿色的果实都有不同程度的吸肥能力，特别是叶背的气孔吸肥能力最强，喷施后见效快，是治疗缺素症的有效措施。

肥料利用率高。叶面喷肥可有效防止肥料在土壤中的固定和流失，例如磷等，在根系受伤、吸收能力减弱，以及施用微量元素时，采用根外追肥更为适合。

吸收均匀。长枝在中短枝停长后继续生长，占有营养竞争优势，叶面喷肥可使中短枝得到较多养分，有利于花芽的形成。叶面喷肥还可以有效防止移动性差的元素的缺素症，如钙等。只要树体需要，在一定技术条件下对果树生长没有负面影响的肥料都可用作根外追肥。常用的有0.3%～0.5%尿素，0.3%硫酸钾或氯化钾，2%～3%过磷酸钙，0.3%～0.5%磷酸二氢钾，0.2%的硼砂等。

6　花果管理

6.1　花的管理

6.1.1　促进花芽形成的措施

（1）平衡肥水，调控树势。每年生长前期，要供给树体充足的肥水，促使春梢健壮生长，创造花芽分化的先决条件。6 月上旬是夏梢抽发和花芽分化的关键时期，在夏梢发生前追肥，有利于夏梢抽发和花芽分化，增加结果预备枝的数量，缩小产量变化幅度。还能有效地促进果实肥大，增加产量。

（2）合理负载，压控新梢。果实生长需要消耗大量养分，常对花芽分化造成不利影响。在一定范围内，结果越多，形成的花芽越少。因此，合理负载对促进花芽的形成有十分重要的意义，也是避免杨梅产量不稳的有效措施。

杨梅生长势强，一年多次发梢，春、夏梢是杨梅的主要结果母枝。要严格控制其生长量，保持在 15～20cm 长范围内。秋梢为不良的结果母枝，不仅本身结果性能差，还因秋梢的萌发，夺取了枝条上的营养，使春梢和夏梢上的花芽发育不良，所以要控制秋梢。目前控制春、夏梢长度和秋梢生长的方法主要是在各类新梢抽发期，树冠喷洒 15％多效唑 250～300 倍液。不同时期的使用时间要依树依梢进行。控制春梢要待幼果直径在 0.5cm 以上时，才开始喷洒多效唑溶液，并要根据春梢的伸长情况，连续喷施 2～3 次；控制夏梢要待大多数夏梢伸长 6～7cm 时，才开始喷施多效唑溶液；控制秋梢时只要见到秋梢萌发，就要喷多效唑控制，不使其伸长。

（3）保护叶片，增加营养积累。非正常落叶会影响树体的正常生长，进而影响花芽分化。严重的非正常落叶可促使枝梢抽生。因此，生长季节要控制病虫危害，防止干旱和积水等，确保叶片发挥正常功能，促进花芽形成，提高花芽质量。

6.1.2　花期管理

花期管理关系到杨梅的开花质量和坐果，是生产管理中很重要的环节。杨梅花期受到多种因素的影响，特别是春季低温会使花期推迟。雄花遇连续数日低温阴雨天气即停止开放，待天气晴朗，温度回升时继续开放。风沙天气影响花期授粉。开花期从花芽萌发开始，雄花花期长达 45d，雌花花期长约 20d。对花量过大的树要进行疏花，方法如下。

（1）化学疏花。杨梅花量过多时，必须疏除过多的花，减少结果量，调节树体养分分配，集中较多的养分促进春梢和夏梢抽生和充实。①喷施疏花剂"疏 5"和"疏 6"。疏花剂系浙江省农业科学院园艺研究所研制。一般在 4 月上旬，杨梅开花期的晴天喷洒 50～200 倍的"疏 5"或 50～100mg/kg 的"疏 6"。此时杨梅的雌花柱头裸露，对药剂十分敏感，喷药后能起到杀伤花器作用，使柱头触药的雌花丧失授粉受精的能力而脱落。喷药后能使结果量减少 45％～60％，集中养分供应留存的果实及新梢，使果形增大，可溶性固形物增加，成熟期提早，特别是可以促进春梢和夏梢生长，对提高第 2 年产量有显著效果。②喷施多效唑。花期喷施 50～100mg/kg 的多效唑有疏花作用，落花落果率为 73.0％～83.9％，比对照多脱落 7.9％～18.8％。疏花最有效时间在盛花期后期，花量多的树药剂浓度宜高些，反之浓度则宜低些。盛花期使用的多效唑浓度要低，一般不超过 50mg/kg，以免疏花过量。可在多效唑液中加入 0.2％硼砂和 0.5％尿素混合液，对疏花促梢均有作用，并可提高果实品质。200mg/kg 多效唑混合液的配制方法：15kg 水加 20mg 多效唑（有效成分 15％）、30g 硼砂和 75g 尿素。硼砂加入多效唑药液前先用热水溶解。

多效唑是一种生长抑制物质，对杨梅生长有抑制作用，用于疏花疏果克服大小年结果，只能用在成年壮树上，对老弱病树不宜采用。在初花期和盛花期喷药疏花作用过强，会导致减产或无收。因此喷药时间宜在盛花后期，约有半数雌花已闭合时，使用浓度愈高疏花作用愈大。

（2）短截结果枝疏花。一般 2～3 月对花芽过多的树，短截全树 1/5～2/5 结果枝，并疏除细弱、密生结果枝后，每株施速效氮 0.5～1.0kg 促发营养梢。

6.2 果实的管理

6.2.1 产量管理

为了使杨梅高产、稳产、优质，必须提高杨梅栽培管理水平，促使杨梅营养生长和生殖生长取得平衡，在保证当年丰产的同时，促生足够枝条供第 2 年结果。

由于杨梅树势强健，枝梢长势旺，或由于过量施用氮肥、修剪不当等原因，造成杨梅树冠高大、不结果或迟结果，因此对于树势过旺的不结果树须采用一系列技术措施进行处理。

（1）合理修剪。初结果树在春芽萌动前修剪时"去直留斜"，剪除交叉枝、重叠枝、过密枝、病虫枝、干枯枝，以及着生不当枝，采用拉枝、撑枝、倒贴皮等方法促进花芽分化。为了减少大龄树当年挂果量，并促发春、夏梢抽生和充实，提高枝条花芽形成率、改善果实品质，为翌年结果培养结果预备枝，须对一部分有花芽的侧枝进行疏剪或回缩，修剪时多疏上、少疏下；多疏外、少疏内，均匀分布，以利光照透入和侧枝的轮换结果。

（2）科学施肥，促使早发预备枝。杨梅在结果的同时，若能抽生大量结果预备枝为翌年结果，则无明显大小年结果现象。如果此类枝条不足，次年势必低产。抽生这些预备枝最适宜的时间是 4 月上旬至 6 月中旬，这期间气温、降水量最适宜枝条生长，如果肥料供应充足，可抽生大量充实、粗壮的春、夏梢。因此必须在春、夏梢抽生前的 3 月上旬和 6 月上旬分期施足氮钾肥料，便可促发大量结果预备枝。一般每产果 50kg 的大树施尿素 0.5kg，钙镁磷肥 0.3kg 氯化钾或硫酸钾 0.8kg（或草木灰 5kg），或厩肥 100kg。不要施用过多的磷肥，避免诱发过多的花芽，导致结果过多。如果延至 7～8 月施肥，此时高温、干旱，抽生新梢量少，质量差，不能形成花芽，到 9 月雨量增加后又促发秋梢，消耗养分，不利次年结果。

（3）生草种绿肥，改良土壤。杨梅园应在树间隙地种植绿肥或生草，以增加土壤有机质含量，改良土壤肥力和结构，培养深、广、密的根群，可克服由营养失调引起的大小年结果现象。

生草有自然生草和人工生草两种方式。从杨梅园立地条件和管理水平出发，自然生草比较实用，选择利用当地的自然草种，每年在采果前割草，采果后结合中耕松土，将割下的草埋入土中，增加土壤有机质含量。

6.2.2 果实品质管理

（1）适量负载。

留果标准。杨梅在春季气候良好的情况下，坐果率比较高，如果任其结果，往往结果太多、果实变小、难以转色，品质差，严重者会使树体衰弱。正常年份进行疏果，是杨梅优质高效栽培技术的关键措施之一。确定合理的留果量，须根据品种、管理水平和树体生长情况来定。

疏果方法。杨梅疏果分 2～3 次进行。第 1 次盛花后约 20d，果实花生米大时，疏去密、小、劣果，每结果枝留果 4～6 个；第 2 次谢花后 30～35d，果径 1cm 时，疏去小果和畸形，每结果枝留果 2～4 个；第 3 次盛花后 40～45d（6 月上旬），果实膨大期前定果，每结果枝平均留果 1.8～2.0 个（长果枝留果 3～4 个，中果枝留果 2～3 个，短果枝留果 1 个，弱枝不留果）。

疏果原则。树冠上部少留，中下部多留，以促夏梢形成结果枝，做到"大年多疏，小年少疏"，即大年树春梢少，树冠上部多疏果；小年树春梢多且旺，树冠上部多留果，以果压梢。

（2）加强土肥水管理。富岱杨梅园立地条件一般较差，土层较浅，有机质含量低，特别在坡度较陡的地带，由于雨水冲刷，水土流失严重，要采用深翻、增施有机肥、果园覆草或种草、培土等技术措施，提高土壤有机质含量，改善土壤团粒结构，防止水土流失；也可采用树冠下铺设地膜，来改善树冠下层光照、保肥保水和防除杂草。

平衡施肥。通过测定土壤和植株叶片营养含量，结合杨梅的需肥特点，制定科学的施肥方案，适量增施有机肥，严格控制化肥施用，特别是化学氮肥的使用量。此外，注意微量元素的补给。小年树往往春梢生长过旺，花芽发育受到影响，坐果率很低。在小年树的花芽萌动或初花期（3 月下旬至 4

月初）每隔10d左右叶面喷施0.2％硼砂＋0.4％磷酸二氢钾1～2次，促进花芽发育，防止春梢徒长，提高坐果率，增加产量。喷施时间在10：00前、15：00后或阴天进行，喷湿叶背，喷后24h不下雨为好。

水分管理。杨梅产区年降水量大都在1 500mm以上，能够满足杨梅对水分的需求，需要注意的是平坦杨梅园的排水。杨梅的根系是根与放线菌共生，形成的大大小小的根瘤，又称为"菌根"，不耐积水。果实膨大期注意水分的均衡供应，有条件时进行避雨栽培，可生产优质果。

（3）防冻。一般来说，杨梅从当年12月至翌年2月最容易出现冻害，防冻不是在冻害到来时才采取措施，而是在冻害到来前2～3月就按计划进行。年年要有预防措施。

矿质营养调控。根据树体的营养状况决定肥料的种类。树体的营养状况的鉴别要看叶片嫩绿与否。若叶片嫩绿，少施氮肥、磷肥，多施用钾肥。株产50kg果实，每株需施硫酸钾1.2～1.6kg。同时要根据微量元素的需求，一般株施硼肥15～30g比较适宜；7月前后叶面喷施钼肥。营养吸收均衡，枝叶组织充实，抵御冻害等不良因素的能力提高。

主干防冻。主干防冻工作是重中之重，须在11月上中旬之前完成涂刷石灰水工作。石灰水配制比例是食盐：石灰水＝1：200。同时，结合清园，先用5波美度石硫合剂对地面喷雾，再酌情进行地面覆盖。

（4）裂皮防治。由于矿质营养施用比例和时间不当等原因，易造成植株树皮开裂，主要发生在主干部和根颈部。对此，要先用经过消毒的锋利的刀具仔细刮清受伤口，然后用市售"402"等黏合剂进行伤口愈合包扎，用黄泥加水拌食盐涂抹也可。若出现大面积枝条枯死，就对枯死枝条进行疏除，同时注意伤口包扎。

（5）主枝防断裂。杨梅幼树期至盛果期树，由于枝叶较多，枝干脆弱，遇到大雪天气，树冠积雪多，重量大，易造成主枝断裂。预防措施如下：

摇树除积雪。当树上积雪至一定量时，及时用带钩的木棍摇晃树体，摇落积雪。但不可用木棍使劲敲打，以防造成枝叶损伤。

搭架支撑。在果树主干下方用木棍搭架支撑主干或用带叉的木棍直接支撑主干，可有效地防止主枝因雪压而断裂。

7 整形修剪

7.1 优质丰产树形态指标

富岕杨梅优质丰产树形态指标随土壤、气候、密度、整形方法等不同而异，本节介绍的为歙县适宜栽培区域内，自然圆头形和自然开心形富岕杨梅优质丰产树形态指标。

7.1.1 树高

富岕杨梅树冠形成后，自然圆头形和自然开心形树高应控制在 2.5m 左右，最好不要超过 3m。

7.1.2 骨干枝分布

自然圆头形的骨干枝 3～5 个，自然分布在整形带内，主枝向四周及上部伸展，形成自然圆头形的树冠。自然开心形骨干枝 3 个，均匀分布在整形带内使树冠形成自然开心形状（图 4-34）。

图 4-34 骨干枝分布

7.2 常用树形

富岕杨梅主产区过去不重视杨梅树的整形修剪工作，往往处于放任生长状态，因而树体高大，树形紊乱。随着科学技术的不断深入，果农也逐步认识到整形修剪的重要性，各种树形的整形工作也逐步展开。

7.2.1 自然圆头形

生产上富岕杨梅树均采用了这种树形，主干上有 3～5 个上下错落的主枝，主枝向四周及上部伸展，主枝上分生骨干枝和直接结果的枝组，成年后树冠呈圆头形或半圆形，大多数是任其自然生长而成（图 4-35）。这种树形修剪量少，树形易形成。成年后树冠内膛光照差，内膛和下部枝条多枯秃，树冠无效容积大，产量低，内部枝条上的果实小且品质差。

7.2.2 自然开心形

主干上分生 3 个主枝，各主枝向外斜生，在 1～1.5m 处主枝先端向上几乎呈直立生长，在弯曲处分生出副主枝并向外斜生，占领外围空间。主枝、副主枝上培养结果枝组，大小交错排列。这种树形主枝少，树冠呈开心形，外观仍呈圆头形，克服了自然圆头形的缺点，内膛和下部光照较充足，有效结果容积大。

图 4-35 自然圆头形

7.2.3 主干形

对在土层较深厚、肥沃、稀植的园地和生长势强健的品种多采用这种树形。主干形由人工适当调整后自然生长而成。主干上直接分生 10 多个骨干枝，骨干枝不分层，在主干上错落着生，整形过程中每年形成2~4个骨干枝，经5~7年构成树冠。这种树形修剪量少，生长势缓和，有利于结果。早期树冠呈圆锥形，最后成倒卵形。

7.2.4　疏散分层形

中心主干上分布2层至3层主枝，层间有较大的距离，第1层3个主枝是结果的主要部位，以上每层主枝2~3个，主枝上分生侧枝。这种树形主枝减少，层间距加大，解决了内膛光照不足，结果部位上升和外移等问题。但是成形后要严格控制中心主枝，防止树冠上强下弱，出现内膛郁闭，光照减弱，结果外移。

7.3　整形修剪技术

7.3.1　整形修剪方法

（1）短截。即将枝梢剪去一部分。短剪可刺激剪口芽的萌发，增加分枝。为增加新梢数量，可用短截。短截有利于枝条的更新复壮，恢复树体生长势。短截按其剪留量的多少，有轻、中、重和极重短截之分，其剪后反应也不同。短截越重，对剪口芽刺激作用越强，应根据修剪目的加以应用。

（2）疏除。即将枝梢从基部全部剪去，疏除可减少分枝，有利于树体通风透光，有利于花芽分化，促进开花结果。疏除对母枝长势有削弱作用。杨梅幼树整形时，对强的主枝应多疏少留，弱的主枝则可少疏或不疏，以调节主枝生长平衡。疏除后在母枝上形成伤口，有削弱伤口上部枝条生长的作用，而对伤口下部枝条由于光照改善，养分增多则有促进生长作用。疏除的枝条越粗，距伤口越近作用越明显。杨梅大树往往上强下弱，树冠无效容积大，可疏除树冠上部部分枝条，促进内膛枝生长和结果。

（3）回缩。即在多年生枝条上短截。回缩有削弱母枝生长的作用。回缩时剪口后留较强的分枝，一般有加强母枝生长势、防止结果部位快速外移的效果；剪口后留弱枝则会削弱母枝生长势。杨梅衰退树和大侧枝更新复壮，以及株行间树冠外围交叉枝，均可采用回缩修剪方法。

（4）抹芽。春季发芽后直到秋季生长停止前，及时抹除树体上无用的芽梢。抹芽时抹去过密、位置不当的芽梢，保留所需的芽梢，可节省养分，改善光照，提高被保留枝条的质量。杨梅幼树整形时，主干、主枝、副主枝等背上着生的强芽梢，以及位置不当的都要及时抹除，以避免骨干枝过多过密，有利于树冠形成和提早结果。

（5）摘心。新梢长到一定长度，组织尚未木质化时，将枝条顶芽摘除或剪去一段，称为摘心（图4-36）。摘心能促使2次枝的抽生，增加分枝，加速树冠形成，提早结果。在枝干空虚部位利用徒长枝摘心，可促使抽生2次枝，进而培养成结果枝。杨梅结果树尤其是幼龄初结果树，长势旺，在开花的同时抽发大量春梢，消耗大量养分，从而导致花和幼果因缺乏营养大量脱落后果，及时摘心除去果枝上部嫩梢，减少养分消耗可减少落果，提高坐果率。

图4-36　摘　心

（6）拉枝和撑枝。利用绳索或枝干将骨干枝基角和腰角扩大，使树冠向外扩展。拉枝后枝条向外斜生，生长势削弱，同时树冠内通风透光改善，可防止内膛枝枯秃，有利于结果和丰产。杨梅幼龄树生长过旺，结果延迟，有的 10 多年生的树仍不结果。拉枝可有效解决这一问题。杨梅拉枝、撑枝 1 年要进行 2～3 次才能见效，否则枝条易恢复到原来位置。

（7）环剥。即将枝干的韧皮部剥去一圈。杨梅多采用螺旋状环剥，在主干或骨干枝上螺旋环剥两圈，螺距 12～15cm、宽 4～6mm。环剥后阻碍了伤口上下部有机营养物质的运输，伤口上部枝条积累较多花芽分化和结果所需的营养物质，可以促进花芽分化和提高坐果率。环剥的时间不同，作用和效果也不同。为促进杨梅花芽分化，宜在花芽分化前即 6 月底到 7 月初进行；若为提高杨梅坐果率则在初花期进行。此外，用较粗铅丝绞缢枝干，深达韧皮部，其效果与环剥有类似作用。一旦上部有反应后立即解绑。

杨梅环剥主要用于生长势强的品种，以及园地土壤肥沃、施肥过多、长势过旺、不形成花芽或坐果率低的青壮年树，其效果明显。杨梅环剥的宽度不宜太大，要小于一般果树。伤口过宽易引起枝干枯死或严重落叶。杨梅环剥 3～4d 后伤口开始产生愈伤组织，约经 10d 以后叶片略变黄色，这是正常现象。花期环剥，可明显提高杨梅坐果率。6 月环剥，到了 7～8 月，在切口以上枝条上就能观察到许多饱满的花芽。

7.3.2　整形修剪时期及作用

杨梅为常绿果树，生长在温暖地区，无真正的休眠期，修剪时期与落叶果树有明显的不同。一般在 10 月下旬至次年 3 月下旬进行休眠期修剪。修剪的作用主要是培养丰产树体，调节生长和结果的平衡，促进持续优质高产稳产。

生长期修剪大致可分为 4～5 月的春季修剪与 7～9 月的夏季修剪。夏季修剪有削弱树体生长，或促进局部积累养分、缓和树势，促进花芽分化，提高坐果率，促进果实发育和枝条分枝等作用。

7.3.3　整形修剪技术

以自然开心形为例，介绍整形修剪技术。

（1）幼年期树整形修剪。修剪的主要任务是选留和培养骨干枝，形成预期的树形，初步建立良好的树体结构；充分利用发育枝，扩大树冠，增加枝量，为获得早期产量打下基础。

第 1 年。苗木栽植后，在 30～40cm 高、有饱满芽处定干。第 1 年主干上的饱满芽都有可能萌发成枝条，应抹去离地面 20cm 以下的芽梢，以集中养分供上部枝条生长。春梢生长停止后，在其先端再抽发夏梢，1 个春梢可抽生 1 个以上的夏梢，夏梢是幼树造型的主要枝条，必须促其生长粗壮。因此当 1 个春梢上发生夏梢太多时，要及时疏梢，一般仅保留 2～3 个夏梢。夏梢上如萌发秋梢，待适当生长后摘心，促进充实。

第 2 年。春季修剪时，可从主干上部选出 3 个主枝，第 1 个主枝离地面约 30cm，主枝间距 10cm 左右。如果幼树生长强健，除选留 3 个主枝外，尚有一些枝条，则可选留 1～2 个大枝并行拉、撑枝，以免与主枝竞争，其余则可删除。要避免主干轮生主枝，抑制主干生长，造成上弱下强。修剪时要剪去主枝的延长枝上不充实的秋梢，并将主枝上侧枝适当剪短，使主枝和侧枝大小、长短有别，同时进行春梢摘心和夏梢抹芽。如果幼树生长良好，可在主枝侧下方距主干 60～70cm 的位置选留第 1 副主枝，副主枝长势要弱于主枝，其延长枝要低于主枝的延长枝，构成从属关系。

第 3 年。主枝上选留培养第 2 副主枝，其位置应在第 1 副主枝的另一侧，其间距为 50～60cm，其余的侧枝宜留 30cm 左右短剪。

第 4 年。继续在主枝上培养副主枝，促进主枝伸长向外，向上扩展，并在第 2 副主枝另一侧，即第 1 副主枝同一侧，与第 1 副主枝间距 90～100cm 处选留第 3 副主枝，并在骨干枝上陆续培养大量侧枝，如此连续 5～6 年整形即可完成造形。

（2）结果树修剪。杨梅结果树的修剪主要是保持丰产的群体结构，调节生长和结果的平衡，降低大小年结果幅度，促进持续优质高产。杨梅进入结果期后，原则上轻剪长放，不进行重剪短剪。

初结果树。要通过拉枝、吊枝等方法开张枝梢角度，或采用倒贴皮、环剥等方法缓和树势，促使早日形成花芽；疏除幼树过多的主枝、旺树顶部的强旺枝或徒长枝、过密枝、交叉枝、病枝和直立枝等，改善通风透光条件，促进结果。

盛果树。要注意疏除部分侧枝、徒长枝、过密枝、交叉枝、枯枝、衰弱枝、病虫枝、重叠枝与下垂枝，其余枝尽量保留，以利制造光合养分。

（3）各类枝梢的修剪。

侧枝的修剪。侧枝是指着生在主枝上的分枝，一株树上的数量可达数十根，其体积有大有小，是杨梅结果的单位，务必使其健壮生长。修剪时对旺树应采用去强留弱的修剪方法，保留生长中庸的侧枝；对弱树、衰老树则应采用去弱留强，促使枝条强壮。侧枝经多年生长结果变成纤细的、过密和相互交叉并远离骨干枝基部，趋向衰退的，应及时疏除或回缩更新。

结果枝的修剪。杨梅枝多而细密，生产上不可能对每一个结果枝进行修剪。修剪时应以侧枝为单位，对侧枝上一部分的结果枝予以保留、当年开花结果，另一部分结果枝适当短剪或疏除，促发健壮新梢形成花芽为翌年结果（图 4-37）。在一株树侧枝上，生长和结果是交替进行的，通过修剪达到调整生长和结果的平衡。

图 4-37　成年结果树修剪

徒长枝的修剪。生长旺盛的成年树经常有徒长枝发生。在主干和骨干枝上枝叶密生部位萌发的徒长枝应全部删除，以免扰乱树形。徒长枝发生在骨干枝空虚部位，可行短截，促其发生分枝演变成侧枝。发生在衰退枝下部可行回缩修剪，更新衰退枝。

下垂枝修剪。树冠下部下垂枝，生长趋弱，结果量减少，品质下降，结果寿命短促。在整形过程中，力求培养粗壮的主枝和骨干枝，避免过长、过细而下垂。侧枝尽量靠近骨干枝，避免过长，以减轻下垂的程度和延缓下垂年限。对于过分下垂的侧枝或全部删除或在有向上生长的强枝处进行回缩更新。树冠下部枝条和地面保持 60～70cm 的距离，并随树龄增大而逐渐提高。

其他类型枝修剪。杨梅成年树的枝条，经多次分枝和结果后，树冠上枝条密集，相互交叉，光照不足，通风不良，枝细易枯死，不枯萎的也难结果。同时仍然消耗养分，因此密生枝和交叉枝应及时疏除或回缩，病虫枝全部剪除。

（4）上强下弱树的修剪。生长旺盛的杨梅树冠，普遍存在着上强下弱，内膛光照不足的现象。有些树虽然主干上主枝较少，但上部主枝或中心主干直立、生长过旺。在修剪过程中，在树冠的中上部疏去直立性、生长过旺、过粗的枝条 2～3 个，使光线能从树冠上部透入，同时删除树冠四围的密生侧枝，做到去强留弱，疏上留下，去外留内，促进树冠内部和下部枝条生长，增加树冠有效容积。

对主干上主枝较多、直立延伸，顶端优势明显，树冠上部生长过旺的树，可选择树冠上部相对较弱并斜生的枝条为主干延长枝，进行"换头"回缩修剪，削弱顶端优势，改善内部光照。

树冠内膛郁闭往往是大侧枝着生在主枝背上或主干上造成的，修剪时可以对这些大侧枝进行去强留弱疏删或回缩，短剪一部分枝条，缩小侧枝体积，减少树冠内部枝叶量。在修剪中要以疏剪为主，少短剪，避免大量枝条发生。

（5）衰老树的更新修剪。杨梅树龄达 40～50 年后，树势开始趋弱，外围枝叶茂盛，内膛光秃，通风透光条件差，结果部位远离骨干枝，枯萎枝增多，树体高大，树高可达 6m 以上，产量下降，大小年现象逐渐明显，并影响采摘。60 年后主干、主枝上侧枝开始大量枯死，产量大减，应及时进行更新修剪，降低树冠，恢复树势，提高产量。

轮换更新。据观察，杨梅隐芽寿命极长，有利于更新改造树形。轮换更新主要用于土层深厚肥沃、树冠高大衰退初期的杨梅树。所谓轮换更新即一株树的枝条分 2～3 年，在一定的部位，重度短截，把树冠体积缩小到原体积的 1/2（图 4-38）。一株树更新通常分 3 年完成，第 1 年春季发芽前，将全树 1/3 左右的骨干枝各剪去全长的 1/2～2/3，当年剪截的骨干枝应该是无花芽或少花芽的枝条。骨干枝剪截后当年抽生的春梢和夏梢，过密或位置不当的应疏去，在剪口处选留 1～2 个方向、角度、长势均好的新梢作为主枝延长枝加以培养。第 2 年春季再对树冠上留下骨干枝的 1/2 进行缩截修剪。第 3 年将剩余的骨干枝全部短截处理，完成全树的更新修剪。由于骨干枝的短截的时间不一，重新萌发的枝条生长的长短和高低也不在一个水平上，可造成树冠的凹凸而使树冠呈波浪形，有利光照和增加结果面积。短截后，应对萌发的新梢作适当的调整，去密留疏，重新培养主枝、副主枝和侧枝。

一次性更新。杨梅进入衰弱期后，距地面 2m 以上枝条大量死亡，但在 2m 以下主枝和主干上会发生强健的生长枝。这种树只要主干和主枝生长尚健康即可采用一次性更新复壮。春季春梢萌发前，将主干和主枝新萌发的枝条上部所有主枝和衰老枝全部锯去，并刨平伤口，促进愈合（图 4-39）。对所留更新枝进行调整和定向培养。各骨干枝上配置适量的侧枝，促进形成新的树冠。留下的主干和主枝有病灶、树洞的要刮除消毒、堵塞，以恢复树势。

图 4-38 轮换更新　　　　　　　　　　图 4-39 一次性更新

在砾质或沙质土壤上栽培的杨梅，一般树冠较小，进入衰退期时，因其树冠缩小的体积不大，不必采用轮换更新，而应用一次性更新更为适宜。进行这种更新时，先疏去一部分过密的大枝，再适当剪截主枝、副主枝以及其他侧枝。

大枝修剪。大枝修剪的目的是矮化树冠、培养丰产树形。可采用自然圆头形整形原则进行大枝修剪。对影响树形的大枝进行疏删修剪，对其他大枝进行短截修剪，留桩长度为锯口周长的 1.5 倍。用利刀修平锯口后，涂上加 1% 多菌灵的工业黄油。采用主枝更新修剪，可用轻（剪或锯去全树 1/5 枝干量）、中（剪或锯去全树 2/5 枝干量）、重（剪或锯去全树 3/5 枝干量）修剪方式，增强杨梅树势，改善树冠内部光照条件，获得优质高产。

更新修剪注意要点。①轮换更新的目的是要确保每年仍有一定的产量，因此更新时先剪截无花芽、少花芽的枝条，暂时保留有花芽能结果的枝条。②轮换更新中，先行大枝更新，集中养分供应，使其成为良好的骨干枝，再更新侧枝。③更新短截的高度因品种、树势而异，衰老树高度在 2～2.5m 的一次性更新到 1～1.5m 高。大枝剪截不宜过短，以免削弱枝条的再生能力。④更新必须与土壤深翻、断根、施有机肥等园地管理相结合，改善土壤通透性，为菌根活动提供条件，以利新根的发生和生长，迅速恢复树冠。如果更新得法，管理周到，70 年生的杨梅树，经一次性更新后仍可保持较高的产量，同时果大品质好。

7.4　树形改造

苗木栽植后未经整枝修剪，而处于自然生长状态的杨梅树，树形往往呈现自然圆头形或主干形，其主要缺陷是骨干枝过多，在中心干上的间距小，主、侧不分，骨干枝上的侧枝缺少发展空间，光照不足，树冠容积虽大，但有效容积小，随树龄增长，产量逐年下降。可以通过树形改造技术加以改造。

7.4.1　自然圆头形的树形改造

（1）第 1 步。在主干上选定生长势、大小较一致，上下错落，方位角适宜的 3 个主枝，删除或短截郁闭、无结果能力的或低产的大枝。

（2）第 2 步。主枝直径要大于侧枝，空间位置错开，避免相互遮阴。

（3）第 3 步。对侧枝行回缩修剪。原来的侧枝由于趋光性多呈扇形，造成下部枝条严重遮光，要逐年进行回缩，边更新、边结果。侧枝回缩时，靠近主枝下部宜留长，靠近上部宜短，避免再度出现上强下弱。修剪过程中，要确保各级骨干枝有一定的生长势和当年的产量，对其他各类枝条采取疏删、回缩、重截或环剥等方法分年进行，不要操之过急，大砍大伐影响产量和树势，并易引起枝干日灼。

7.4.2　主干形的树形改造

主干形的杨梅树势健旺，顶端优势强。圆锥形树冠不可能持久保持，随树龄增大最终会演变成上大下小的倒圆锥形的树冠，有效容积缩小，产量下降。对这种树冠应及早整枝改造成变则主干形为好。

（1）第 1 步。从中心干上选出 5～7 个主枝，要求主枝在中心干上相邻距离 30～40cm，基角大，生长粗壮，向不同方向伸展。中心干上其余骨干枝如果严重影响主枝的可 1 次疏除 1～3 个，余下逐年分期回缩或短截，最后将其疏除。避免一次性修剪量过大，造成产量大幅度下降。

（2）第 2 步。去顶落头，即把中心主干逐年短剪，最后在最上部那个主枝处将中心干剪去，完成树形改造。以后还应注意最上部 1～2 个主枝的生长势，由于顶部优势，易旺盛生长遮盖全树。如出现旺长，而下部主枝仍然生长较弱时，下部主枝的延长枝要抬高梢头角，多短剪，少结果，促进生长；上部主枝多疏剪强枝，多结果，以果压枝，使树冠上下部处于相对平衡。

8 病虫害防治

8.1 防治方法

杨梅的病害比其他果树相对要少，直接侵染杨梅导致发病的主要致病微生物有 4～5 种，杨梅主要害虫有 10 余种。在过去很长时间里，富岙杨梅病虫害防治较少，即使防治也以化学方法为主，对环境和果实有一定的污染。随着消费者对食品的安全要求不断提升，富岙杨梅病虫害防治的方法也在不断改进。

8.1.1 农业措施

加强杨梅园的栽培管理，促使树体生长健壮，可有效抵抗病虫危害。

（1）增强树势。采取园地深耕，增施有机肥，改良土壤结构，适当提高钾肥施用量，合理负载，生草覆盖等措施，有利于杨梅健壮生长，提高杨梅对病虫害的抵抗能力。

（2）清园管理与涂白。冬春季节要做好杨梅园的清园工作，清除枯枝、枯草、落叶等。春季杨梅有一个较集中的落叶过程，落叶后要及时清理园地，清除病虫害的寄生场所，减少传染源。入冬前树干涂白有利于防止日灼和冻害（图 4-40）。

（3）科学修剪。科学修剪能改善杨梅园的通风透光条件，减轻病虫害的发生。修剪时，顺便剪除病虫枝和病僵果、卷叶蛾危害枝。

（4）其他。加强检疫措施，选取无病苗木；采果时要尽量避免损伤枝干，减少伤口，避免病菌侵入。

8.1.2 物理手段

根据虫害的生活习性，运用物理手段防治虫害，是生产安全、无公害水果的有效途径。

（1）趋光诱杀。根据害虫的趋光性，采用频振式灭虫灯诱杀害虫（图 4-41）。

图 4-40 树干涂白   图 4-41 黄板诱杀

（2）引诱剂诱杀。根据有些害虫趋化性，用性诱剂、糖醋液等诱引害虫。

（3）人工捕虫。利用某些害虫的群集性、假死性等特殊的生活习性，适时进行人工捕杀。

8.1.3 生物方法

主要是利用和保护害虫的天敌，达到防治害虫的目的，其次是应用昆虫的性外激素，引诱雄性昆虫前来交尾，达到降低果园害虫发生频率的作用，以及利用生物农药使昆虫致病和毒杀的方法来防治害虫。

8.1.4 化学防治

化学农药防治病虫害常用的方法有喷雾、喷粉、涂干和地面施药（图 4-42）。化学防治要在预测预报的基础上，科学防治并加强农药种类、喷药时间、施药部位的选择。为了节省时间和增强防治效果，还要注意农药与农药、农药与肥料的配合使用。

图4－42　药剂防治

（1）预测预报。预测预报是根据历年病虫的发展规律、当年的气候条件以及田间调查的结果，预测当年病虫害的发生情况，并通过有效途径，及时准确地将预测信息传递给果农。

（2）选择适宜的农药。在科学实验的基础上，针对不同的病虫害，选择适宜的农药。有同样效果的农药要相互交替使用，以延缓病虫抗性的产生，提高防治效果。

（3）选择适宜的喷药时间。选择病虫生命活动的薄弱环节或对药剂敏感期喷药，以防为主，提早防治。

（4）选择合适的施药部位。根据害虫的发生和危害习性，选择合适的施药部位，以有效的防治害虫、保护天敌和减少农药的使用量。

（5）农药的混配使用。农药混配主要是为了节省劳动力成本，常采用的有杀虫剂与杀菌剂混用、杀虫剂与杀螨剂混用以及杀螨剂与杀菌剂混用等方法。并非所有的农药都能混合使用，因此，在农药混用前要进行小面积试验或使用成熟的技术。

（6）农药和肥料混合使用。在喷洒化学农药时加入适量的速效性化肥，达到既能防治病虫害，又能起到根外追肥的目的，节省劳动力成本。常与农药混用的肥料种类有硼肥、锌肥、钙肥、铁肥、尿素、磷酸二氢钾等。

8.2　田间病害防治

8.2.1　杨梅癌肿病

杨梅癌肿病又名杨梅疮，是杨梅枝干上的主要病害（图4－43）。

（1）病原。杨梅癌肿病的病原菌为丁香假单胞菌杨梅变种（*Pseudomonas syringae* pv. *myricae*），是一种细菌性病害。

（2）危害症状。杨梅癌肿病主要侵染2～3年生的枝干或年龄更大的主干、主枝以及当年生的新梢。侵染初期，病部产生乳白色的小突起，表面光滑，逐渐扩大形成肿瘤。肿癌表面坚硬的木栓质粗糙不平，褐色至黑褐色。肿瘤状似球形，小者如豌豆，大者如核桃，最大直径可达10cm左右。1根枝上的肿瘤少者1～2个，多者达4～5个，甚至更多，多发生在枝条节部。小枝受害后形成小圆球状的肿瘤，在肿瘤以上的枝条即枯死。在树干上发病，常使树势早衰，严重时可引起全株死亡。在大树发病时，树皮粗糙开裂，凹凸不平，也有隆起的肿瘤。

（3）发病规律。病原菌在树上和园地地面病瘤内越冬，翌年春

图4－43　杨梅癌肿病

季细菌从病瘤内溢出后,主要通过雨水的溅散和树干上自上而下的流动,将病菌传开。病菌也可通过空气,更多是通过接穗进行传播。此外还通过昆虫(主要是通过杨梅枯叶蛾)传播,凡是重病区,虫口密度均高。

4月底至5月初,病菌从伤口侵入植物体内,在20~25℃的条件下,经过30~35d的潜伏期就开始出现症状。新病瘤从5月下旬开始出现,6月20日以后逐渐增多。

杨梅不同品种染病程度有一定差异。不同树龄发病不同,幼树很少发病,随着树龄增加,伤口增多,生长转弱,病瘤也逐渐增加。病害发生还与气候条件有关。病瘤在4月中旬气温15℃左右时开始膨大。6月气温在25℃阴雨连绵季节膨大最快,7~8月高温时病瘤生长又趋缓慢。

(4)防治方法。冬春季节在新梢抽生前,加强修剪,剪除并烧毁发病的枝条,以免病菌再行传播。实行果园深耕,增施有机肥,特别是钾肥,增强树势,提高树体的抵抗能力。上树采果时要尽量减少伤口的发生,以免引起病菌感染。禁止在病树上剪取接穗培育苗木,禁止出售带病苗木。新区若发现个别病树,应及时砍去烧毁。冬季全园喷1:2:150波尔多液,树冠、枝干都要喷到。春季3~4月,在病菌传播以前,用利刀刮除病斑,涂以200倍抗菌剂402,能起到很好的防治效果。刮下的病斑要带出园外烧毁。

8.2.2 杨梅褐斑病

(1)病原。病原为真菌类子囊菌亚门,腔菌纲座囊菌目座囊菌科(*Mycosphaerella Myricae* Saw.)。

(2)危害症状。该病是杨梅叶片上的一种主要病害,开始时叶面出现针头大小的紫红色小点,以后逐渐扩大呈圆形或不规则形,病斑中央红褐色,边缘褐色或灰褐色,直径4~8mm(图4-44)。后期病斑中央变成浅红褐色或灰白色,其上密布黑色、灰黑色的细小粒点,为病菌的子囊果或分生孢子。进而小病斑联结成斑块,最后干枯脱落。

(3)发病规律。病菌以子囊果在落叶或树上的病叶上越冬,第2年4月底至5月初,病菌开始在子囊果内逐渐形成子囊和子囊孢子,5月中旬以后子囊孢子开始成熟,此后每逢雨水都可自子囊果内陆续散出子囊孢子,通过雨水传播蔓延。子囊果散发子囊孢子延续的时间较长,从5

图4-44 杨梅褐斑病

月中旬可持续到6月下旬,病叶中均有子囊孢子。病菌侵入叶片组织后,潜伏期较长,3~4个月后出现症状。一般7~8月高温干旱时停止蔓延,8月下旬出现新病斑,10月开始病情加剧,11月开始大量落叶。该病1年发生1次,无再侵染现象。

5~6月雨水多发病严重,反之则轻;土壤瘠薄,很少进行土壤耕翻,有机肥施用偏少,管理粗放,树势衰弱,病害较重;土壤黏重,排水不良,阳光不足,通风条件差也较严重。

(4)防治方法。栽种时选择排水良好、光照充分的沙砾质土壤,海拔较高的山腰、山顶种植。实行深翻改土,促进根菌活动。园地多施禽畜肥、饼肥等有机肥以及钾肥或草木灰和焦泥灰等钾元素含量高的肥料,增强树体的抵抗力。对树冠进行疏剪,促进通风透光,营造不利病菌发生的环境。冬季及时清除园地落叶、枯枝,集中烧毁或深埋,减少越冬病原,减轻次年发病。每年的5月下旬和7月上旬,各喷1次80%代森锰锌可湿性粉剂800倍液或75%百菌清可湿性粉剂800~1 000倍液或80%万生可湿性粉剂800倍液,或50%多菌灵可湿性粉剂600倍液;或在采果前后各喷1次1:2:200波尔多液和70%甲基硫菌灵1 000倍液,都有良好的防治效果。上述药剂要交替使用。

8.2.3 杨梅根腐病

(1)病原。杨梅根腐病的病原属座囊菌目葡萄座腔菌[*Botryosphaeria dothidea*(Moug ex Fr.)

Ces &de Not.］，无性阶段为球壳孢目的小穴壳菌（*Dothiorella* sp.），是一种世界性分布真菌。

（2）危害症状。地下烂根，导致地上部分枝叶枯萎。根系的侵染顺序是细嫩根→根瘤→小根→大根→地上部；根组织的侵染是从髓心周围的木质向四周扩展。根部染病后地上部表现为枝叶急速青枯症状。

（3）发病规律。先从根系的须根上发生，后向侧根、根颈及主干蔓延。在病根横断面上可见两个坏死环，最后导致树体死亡。较小的树从发病至全株枯萎在夏季高温季节仅几天时间。树冠较大的成年树从发病到死亡约为1年，个别树能维持2年以上。

（4）防治方法。每株土施多菌灵和甲基硫菌灵0.25～0.5kg，防治效果较好，而且药效长，是目前较理想的防治方法。施药时将药剂拌匀，撒施在根颈至树冠滴水线下地面，然后翻松土壤深度15～30cm。用青枯立克300倍液灌根，每株10～20kg。上述方法对重病树均无防治效果，对病情中等以下的树有较好的防治效果。

8.2.4　杨梅干枯病

（1）病原。病原是属于真菌类半知菌亚门腔胞菌纲黑盘孢目黑盘孢科（*Myxosporium corticola* Rostr.）。

（2）危害症状。主要危害杨梅枝干。初期为不规则暗褐色的病斑，随病情加剧病斑不断沿树干上下扩大。被害部由于水分逐渐丧失而成为稍凹陷的带状条斑。病灶与健康部分界处有明显裂痕。至后期病斑表面生有很多黑色小粒点，即为分生孢子盘，初期埋于表皮层的下面，成熟后突破表皮，使皮层出现圆或横裂的开口。发病重时病斑深入木质部，当病斑绕枝干1周时，其上枝干即枯死。

（3）发病规律。该病菌为弱寄生菌，一般从伤口侵入，植株生长势弱时才在体内蔓延。

（4）防治方法。加强栽培管理，增施有机肥和钾肥，增强树势，提高抗病力。早期刮除病斑并在病部涂抹抗菌剂402，500倍液，以利伤口愈合。清除病死枝，刮平伤口，涂抗菌剂。防治害虫，减少伤口，防止病菌侵入。

8.2.5　杨梅枝腐病

（1）病原。病原为真菌类属子囊菌亚门核菌纲球壳菌目腐皮壳科［*Valsa coronata*（Hoffm）fr.］

（2）危害症状。主要危害树干的皮层，病部初期呈红褐色，略隆起，组织松软，以手指压之即下陷。至后期病部失水干缩，变黑褐色，后向下凹陷，其上密生黑色小粒点，即为病菌的子座。在小黑点上部有很细长的刺毛，这一特征可以与杨梅干枯病加以区别。天气潮湿时，分生孢子器吸水后，可从孔口溢出乳白色卷须状分生孢子角。

（3）发病规律。该病菌在病残体上越冬，翌年外界环境适宜时开始活动。病菌从枝干伤口、裂缝等处侵入，逐渐蔓延，2～3年生枝陆续发病枯萎。雨天潮湿时，分生孢子从孔口溢出，借助风雨扩散，进行再侵染。雨水多、果园潮湿、管理粗放，树势较弱发病严重。

（4）防治方法。本病病菌是一种弱性寄生菌，其防治的根本方法在于加强园地管理，增强树体抗病性为主。此外，刮除病斑加涂抗菌剂402等，促进伤口早日愈合。

8.2.6　赤衣病

（1）病原。病原菌为担子菌亚门层菌纲，非褶菌目伏革菌科（*Corticium saimonicolor* Bork.）。

（2）危害症状。该病主要危害杨梅枝干，发病后明显的特征是主干、主枝、侧枝及小枝的病害处覆盖一层橘红色霉层，以后逐渐蔓延扩大，龟裂成小块，树皮剥落，树势衰退，最后枝条枯死（图4-45）。

（3）发病规律。该病常在3月中旬开始发生，4～6月为盛发期。4月下旬开始形成粉红色子实层，5月中旬产生担孢子，担孢子存在时间长，11月尚可见到。6月以后，在担子层两端菌丝中逐渐形成白色菌丝，11月后转入休眠。

图4-45　杨梅赤衣病

病害的发生受降水影响甚大。通常降水有利于病菌孢子的形成、传播、萌发和入侵。4～5月的降水量和降水日数对该病的发生影响最大。在土壤黏重、积水和管理粗放的果园，发病较重。富岱杨梅产区以5月下旬至6月和10月上旬至10下旬为两个发病高峰期。

（4）防治方法。加强栽培管理，增强树势在雨季主要做好排水防涝工作，防止积水伤根。增施有机肥和钾肥，提高树体抗病能力。2月下旬（开花前）树干喷10倍松碱合剂，4～6月上旬或9～10月盛发期喷代森锰锌600倍液或代森锌600倍液或纹达克1 000～2 000倍液或5％硫酸亚铁溶液，隔20d再喷1次，发病重的枝干，喷药前用刷子将病菌刷下后，再喷药效果更好。一般在温度低时，喷药的浓度高些，温度高时喷药浓度可低些。

8.3　虫害防治

8.3.1　杨梅卷叶蛾

杨梅卷叶蛾，又称为丝虫、卷叶虫或青虫，属鳞翅目卷叶蛾科。杨梅卷叶蛾类在杨梅产区危害较严重的主要是拟小黄卷叶蛾（*Adoxophyes cyrtosema*）、褐带长卷叶蛾（*Homona coffearia* Nietner）（图4-46）和小黄卷叶蛾（*Adoxophyes orana* Frscher von Roslerstamm）。这3种卷叶蛾的生活习性和发生规律相似，常相伴发生危害。

（1）危害症状。幼虫在顶端新抽的幼嫩叶片上吐丝裹成一团，食害叶肉。又能吐丝下坠，随风飘荡迁移新株危害。当虫苞叶片严重受害后，再转移到新梢嫩叶继续危害。杨梅新梢被害后，影响叶片光合作用，使新梢生长缓慢，长势衰弱。再抽枝困难，生长慢，树势衰弱（图4-47）。

（2）形态特征。成虫。拟小黄卷叶蛾成虫体长7～8mm，翅展17～18mm，黄色，头部有灰褐色鳞片。前翅黄色，但色泽深浅随食料及环境而变化；后翅淡黄色。

图4-46　褐带长卷叶蛾

图4-47　卷叶蛾危害状

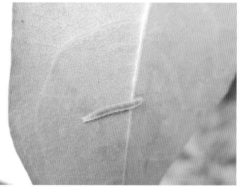

图4-48　卷叶蛾幼虫

褐带长卷叶蛾成虫雌体长8～10mm，翅展25～30mm，雄体长6～8mm，翅展16～20mm。全体暗褐色。头顶有浓黑褐色鳞片。前翅暗褐色，基部黑褐色，有黑褐色宽中带由前缘斜向后缘。后翅淡黄色。雌蛾翅甚长，超出腹部甚多。雄蛾翅较短，仅遮盖腹部，前翅具短宽的前缘折。

卵。产卵于叶面，卵块呈鱼鳞状。

幼虫。拟小黄卷叶蛾幼虫体长约18mm，黄绿色。头部、前胸盾黄色（图4-48）。胸腹足淡黄褐色。褐带长卷叶蛾幼虫头部及前胸盾黑色，身体其余部位黄绿色，体长1～2cm。卷叶蛾幼虫甚活泼，遇惊迅速向后跳动，并吐丝下垂。老熟后在卷叶内结茧化蛹。

蛹。拟小黄卷叶蛾蛹长约9mm，黄褐色，腹部末端有8根钩刺，粗细相似。褐带长卷叶蛾蛹长

11.5mm 左右，黄褐色。腹部末端有 8 根钩刺，中间的 4 根较粗，两侧各 2 根较细。

（3）发生规律。卷叶蛾 1 年一般发生 4～5 代，其中褐带长卷叶蛾为 4 代，大多以 3～5 龄幼虫在卷叶内越冬。翌年春当气温回升至 7～10℃时开始活动危害。第 1 代发生较为整齐，其余各代多有重叠。5 月中下旬至 6 月中旬第 2 代幼虫和 7 月上旬至 8 月下旬第 3、4 代幼虫对杨梅危害最为严重。幼虫敏感，3 龄后若受惊常弹跳坠地逃脱。

（4）防治方法。在幼虫发生期，可人工捕捉幼虫和蛹，集中予以烧毁。在幼虫危害期，可喷每毫升 2 亿～4 亿孢子的苏云金杆菌（Bt）制剂和白僵菌制剂，或 25％灭幼脲悬浮剂 1 000～1 500 倍液，或 Bt 杀虫剂 500～800 倍液，进行防治。4 月上中旬正值卷叶蛾越冬幼虫开始取食危害时，可喷施 50％杀螟硫磷乳油 1 000 倍液，或 20％氰戊菊酯乳油 2 000 倍液，或 80％敌敌畏乳油 1 000 倍液，5 月中下旬第 2 代幼虫危害时，可喷施 40％水胺硫磷，或 20％氰戊菊酯等药剂。7 月中下旬以后第 3、4 代幼虫危害时，继续喷施上述药剂防治。为不影响果品食用品质，宜使用生物农药进行防治，如青虫菌、Bt 杀虫剂等。

8.3.2　大蓑蛾

大蓑蛾（*Clania variegata* Snellen）属鳞翅目，蓑蛾科。主要危害杨梅、油茶、柑橘、梨、桃、枫杨等。

（1）危害症状。以幼虫啃食嫩叶和 1 年生枝梢的木质部，造成叶片缺失和小枝枯死。

（2）形态特征。

成虫。雄蛾体长 15～20mm，翅展 35～44mm，体、翅均为暗褐色。前翅沿翅脉黑褐色，前、后缘附近黄褐色至赫褐色，近外缘有 4～5 个半透明斑。后翅褪色无斑纹。雌成虫体长约 25mm，淡黄色，无翅，足退化，胸部及腹末多淡黄色茸毛。

卵。椭圆形，长 0.9～1.0mm，淡黄色。

幼虫。成长时雌雄异态明显。雌幼虫肥壮，体长 25～40mm。头赤褐色。胸部背板灰黄褐色，背线黄色，两侧各有一赤褐色纵斑。腹部黑褐色或灰褐色，有光泽，多横皱。雄幼虫体长 17～24mm。头黄褐色，中央呈白色人字形状。胸部灰黄褐色，背侧亦有两条褐色纵斑。腹部黄褐色，背部较暗。

蛹。雌蛹体长 28～32mm，赤褐色，似蛆蛹状。雄蛹体长 18～23mm，暗褐色。被蛹，翅芽伸达第 3 腹节后缘，第 3～5 节背面前缘各有一横列小齿。尾部具 2 枚小刺状臀棘。

护囊。成长幼虫的护囊长 40～60mm，丝质坚实，囊外紧附有较大碎叶片。有时亦附有少数枝梗，但排列零散。

（3）发生规律。该虫 1 年发生 1 代，以老熟幼虫封囊越冬。该虫翌年春季很少活动危害，至 4 月中旬开始化蛹。5 月中旬以后成虫盛发，交尾产卵，6 月上旬幼虫盛孵，8～9 月间危害最重，直至 11 月老熟越冬。

成虫趋光性较强。雌蛾产卵量较大，平均每头产卵 2 623 粒，最多可达 4 000 粒以上。卵较耐干燥，在 40％相对湿度下孵化率仍可达 90％以上。大蓑蛾天敌较多，主要有伞裙寄蝇等寄生，以及多种鸟类啄食。

（4）防治方法。检查和发现该虫危害的虫源，摘除虫囊。冬季彻底清园，以消灭虫源。在幼年期，可选 90％敌百虫 800～1 000 倍液，80％敌敌畏 1 000～1 500 倍液，50％杀螟硫磷或 50％马拉硫磷 1 000 倍液，进行喷药防治。

8.3.3　油桐尺蠖

油桐尺蠖（*Buzura suppressaria* Guenee），又名大尺蠖、拱背虫。属鳞翅目尺蛾科。

（1）危害症状。幼虫危害叶片，是一种暴食性害虫。初龄幼虫喜在叶片尖端上咬食叶片的叶缘、叶尖表皮，呈不规则的黄褐色网膜斑，夜晚吐丝下垂悬挂在树冠外围，随风飘荡扩散及转移危害。3、4 龄幼虫主要危害树冠内膛叶片，造成叶片缺刻。5 龄幼虫食量大，食性杂，可把整片叶片吃尽仅余枝干和主脉。杨梅园成片无叶，严重影响产量。

（2）形态特征。

成虫。雌虫体长 23mm，翅展 65mm，灰白色，触角丝状。胸部密被灰色细毛。翅基片及腹部各节后缘生黄色鳞片。前翅外缘为波状缺刻，缘毛黄色；基线、中横线和亚外缘线为黄褐色波状纹，此纹的清晰程度差异很大；亚外缘线外侧部分色泽较深；翅面由于散生的蓝黑色鳞片密度不同，由灰白色到黑褐色；翅反面灰白色，国央有 1 个黑斑；后翅色泽及斑纹与前翅同。腹部肥大，末端有成簇黄毛。产卵器黑褐色，产卵时伸出长约 1mm。雄蛾体长 17mm，翅展 56mm，触角双节状。

卵。卵圆形长约 0.7mm，淡绿色或淡黄色，即将孵化时黑褐色。卵块较松散，表面盖有黄色茸毛。

幼虫。共 6 龄。初孵幼虫体长 2mm 左右。前胸及腹部第 10 节亚背线为宽阔黑带；背线、气门线浅绿色，腹面褐色，故虫体深褐色。5 龄平均体长 34.2mm，头前端平截，第 5 腹节气门前上方开始出现 1 个颗粒状突起，气门紫红色。老熟幼虫体长平均 64.6mm。

蛹。圆锥形，黑褐色。雌蛹体长 26mm，雄蛹体长 19mm。身体前端有 2 个齿片状突起，翅芽伸达第 4 腹节，第 10 腹节背面有齿状突起。

（3）发生规律。该虫 1 年发生 2～3 代，以蛹在根部表土中越冬。第 1 代幼虫发生期为 5 月中下旬至 6 月下旬；第 2 代幼虫 7 月下旬至 8 月下旬发生；第 3 代幼虫发生期为 9 月下旬至 11 月中旬，蛹越冬后次年 4 月中旬至 5 月上旬出现成虫。危害时，在地面上可见密布的颗粒状粪便。

（4）防治方法。在幼虫孵化前，采集卵块集中烧毁。在幼虫时，可用剪刀剪断幼虫，或手戴乳胶手套，将幼虫掐死。在幼虫危害期，可喷每毫升 2 亿～4 亿孢子的苏云金杆菌制剂和白僵菌制剂，或 25％灭幼脲悬浮剂 1 000～1 500 倍液，或 Bt 杀虫剂 500～800 倍液，进行防治。对 4 龄前幼虫，可用 20％氰戊菊酯乳油 2 000～3 000 倍液，或 2.5％氯氟氰菊酯乳油 3 000～4 000 倍液，或 90％敌百虫晶体 800～1 000 倍液，进行喷施防治。

8.3.4　星天牛

星天牛（*Anoplophora chinensis*）属鞘翅目，天牛科。除危害杨梅外，还危害杨、柳、元宝枫、榆等。

（1）危害症状。主要在近地表的主干部位钻蛀取食，造成植株养分和水分的输送受阻，导致树势衰退，最后全株枯死。

（2）形态特征。

成虫。成虫体长 19～39mm，漆黑有光泽，背后鞘翅可见白色小斑点。触角鞭状，雄虫触角超过体长 1 倍，雌虫则稍长于体长。鞘翅基部密布颗粒，鞘翅表面散落有许多白色短绒毛组成的斑点，成不规则排列。

卵。长椭圆形，长 5～6mm，乳白色，孵化前黄褐色。

幼虫。老熟幼虫体长 45～67mm，淡黄色。

蛹。蛹长 30mm 左右，乳白色，老熟时呈黑褐色，触角细长，卷曲，体形与成虫相似。

（3）发生规律。该虫每年发生 1 代，以幼虫在树干基部或主根内越冬。成虫在 4 月下旬或 5 月上旬开始出现，5～6 月为孵化盛期，至 8 月下旬，个别地区在 9 月上中旬，仍有成虫出现。成虫羽化后，在蛹室内停留，5～8d 后咬破蛹室，自羽化孔爬出，飞向树冠。产卵一般多在 5～8 月进行，以 5 月底至 6 月中旬最盛。卵多产在树干上离地面 5cm 的范围内。卵期 9～14d。幼虫孵化后，先在皮下向下蛀食，常因数头幼虫在树干基部蛀食，导致杨梅树整株枯死。

幼虫经 3～4 个月皮下蛀食后，方进入木质部，至一定深度再转而向上。一般蛀道长 10～15cm。虫道上部为蛹室，占 5～6cm，其出口为羽化孔，孔口为变色树皮所掩盖。幼虫于 11～12 月开始越冬。如当年已长成，则次年春天化蛹，否则次年仍继续发育至老熟化蛹，幼虫期约 10 个月。蛹期短者为 18～20d，长者 1 个多月。

（4）防治方法。加强果园管理　通过加强肥水管理，促使植株生长旺盛，并保持树干光滑，及时剪除病虫枝和枯枝，使剪口断面光滑整齐，同时，在 4～8 月间保持树冠基部无杂草，杜绝天牛成虫钻入其中产卵危害。

人工捕杀成虫和幼虫。成虫大批羽化出孔时，利用星天牛成虫多在晴天中午栖息于枝端，并多在枝干基部产卵等特点，对成虫进行人工捕杀。4～8 月，常在树干基部检查有无成虫咬伤的伤口、流胶、幼虫蛀食时排出的木屑等，及时用铁丝钩杀幼虫。若幼虫已钻入主干，可将虫孔中堵塞木屑掏空后，把蘸有80％敌敌畏乳油的药棉球塞入虫孔中将孔堵死，熏杀幼虫。

化学防治。在每年4～6月，成虫活动盛期，用80％敌敌畏乳油或40％乐果乳油等，掺和适量水和黄泥，搅成稀糊状，涂刷在树干基部或距地30～60cm以下的树干上，可毒杀在树干上爬行及咬破树皮产卵的成虫和初孵幼虫，还可在成虫产卵盛期用涂白剂涂刷枝干基部，预防成虫产卵。还可定期使用喹硫磷乳剂50倍液，喷施于枝干。

8.3.5　褐天牛

褐天牛（*Nadezhdiella cantori*）属鞘翅目天牛科。

（1）危害症状。主要在近地表的主干部位钻蛀取食，造成植株养分和水分的输送受阻，导致树势衰退，最后全株枯死。

（2）形态特征。

成虫。成虫体长26～51mm，黑褐色，有光泽，被有灰黄色短绒毛（图4-49）。雄虫触角超过体长1/2～2/3；雌虫触角较体略短，背后鞘翅可见白色小斑点。触角鞭状，雄虫触角超过体长1倍，雌虫则稍长于体长。

卵。椭圆形，长约8mm，初产出时乳白色，后逐渐变黄，孵化前呈灰褐色。

幼虫。扁圆筒形，幼虫老熟时体长46～50mm，乳白色。

蛹。蛹淡黄色，翅芽叶形。

图4-49　褐天牛成虫

（3）发生规律。该虫2年完成1代，7月上旬以前孵化出幼虫，次年8月上旬至10月上旬化蛹，10月上旬至11月上旬羽化为成虫。在蛹室中越冬。第3年4月下旬成虫外出活动，8月以后孵出的幼虫需经历2个冬季，到第3年5～6月化蛹，8月以后成虫才外出活动。越冬虫态有成虫、2年生幼虫和当年幼虫。成虫产卵分布于主干距地面16cm到3m高处的树皮裂缝和伤口处。

（4）防治方法。与星天牛的防治方法相似。

8.3.6　果蝇

果蝇（*Drosophila melanogaster*）为双翅目，果蝇科。

（1）危害症状。以雌果蝇产卵于成熟的杨梅果实乳柱上，孵化后的幼虫蛀食果实。受害果实凹凸不平，果汁外溢和落果，品质变劣，失去商品价值。

（2）形态特征。成虫。体长4mm左右，浅黄色或灰黄色，尾部呈黑色或黑褐色。翅展5mm左右。

卵。梭形，长0.4～0.5mm，白色。

幼虫。长约3mm，乳白色或黄白色，无头，无足形，尾端粗，前端细，成楔形（图4-50）。

蛹。略呈梭形，淡黄色到深褐色。

（3）发生规律。杨梅果实硬核着色之前，生果不能成为果蝇的食物。杨梅果实硬籽着色之后，果蝇开始在果实上产卵，杨梅进入成熟期后，果实变软，出现盛发期，发生危害；随着采收，杨梅逐渐减少，果蝇数量随之下降。杨梅采收后，树上残次果和树下落地果腐烂，果蝇有丰盛的食物，又会出现盛发期，而随着残次果及落地果的逐渐消失，虫口又随食物的缺少而下降。在气温21～25℃、相对湿度75％～85％的条件下，1个世代历期4～7d，繁殖很快，世代无法

图4-50　果蝇幼虫

计数，也无严格的越冬现象。在果园世代重叠、虫态交错的现象十分明显。

（4）防治方法。针对不同的果园，选择适合的防治方法。

诱饵诱杀。利用果蝇成虫趋化性，用敌百虫、糖、醋、酒、清水按 1∶5∶10∶10∶20 配制成诱饵，用容器装液置于杨梅园内，诱杀成虫。定期清除诱虫钵内的虫子，每周更换 1 次诱饵，可收到较好的诱杀效果。也可将腐烂瓜果盛于箩中，喷洒敌敌畏，诱杀成虫。

捡拾烂果。人工捡拾杨梅成熟前的生理落果和成熟采收期的落地烂果，送至距园外一定距离的地方厚土覆盖或用 30％敌百虫乳油 500 倍液喷雾处理，可避免卵孵化成成虫返回园内危害。

清除园间杂物。果蝇的成虫和幼虫都喜欢在腐烂杂物中滋生。在 5 月中旬就开始，将园间与园边的腐烂杂物、杂草、杂木全部清除。生草覆盖的青草，要在采果前 15d 全部刈除，再覆盖到地面，并以 90％晶体敌百虫 800 倍液或 80％敌敌畏 800 倍液喷洒，先后相隔 7d 左右，连喷 2 次，以清除蝇源。

EM-原露防虫液防治。可将 EM-原露、红糖、醋、米酒、水按 1∶1∶1∶1∶10 的比例混合，通过 15d 左右的发酵，制成防虫液。从杨梅果实硬核着色之前开始，每次每 666.7m² 用 EM-原露防虫液 150ml 喷雾，5d 喷 1 次。此产品为有益微生物制剂，安全有效，采收前 1 周也可喷施。

8.3.7 白蚁

危害杨梅的白蚁主要有黑翅土白蚁（*Odontotermes formosanus* Shiraki）和黄翅大白蚁（*Macrotermes barneyi* Light）等。除杨梅外，白蚁还危害桃、梨、葡萄、柑橘、板栗、李、山核桃等果树。

（1）危害症状。主要蛀食根部及树干木质部，在皮层修筑孔道，造成树干损伤，根部腐烂，不能吸收养分、水分或阻碍养分、水分输送，最后导致树势衰弱或树体死亡。老树树干危害严重（图 4-51）。

（2）形态特征。兵蚁。体长 5.44～6.03mm。头暗黄色，被稀毛，胸腹部淡黄色至灰白色，有较密集的毛。头部背面卵形，上颚镰刀形，上唇舌形。触角15～17节，第 2 节长度相当于第 3 节和第 4 节之和。

卵。乳白色。椭圆形。长径 0.6mm，一边较平直。短径 0.6mm。

有翅成虫。体长 12～14mm，翅长 24～25mm。头、胸、腹背面黑褐色，腹面棕黄色。全身密被细毛。头圆形，复眼黑褐色，单眼橙黄色。

图 4-51 白蚁危害状

工蚁。体长 5～6mm。头黄色，胸腹灰白色。头后侧缘圆弧形。囟位于头顶中央，呈小圆形的凹陷。后唇基显著隆起，长相当于宽之半，中央有缝。

蚁后和蚁王。是有翅成虫经分飞配对而形成的，其中配偶的雌性为蚁后，雄性为蚁王。蚁后的腹部随着时间的增长逐渐胀大，体长可达 70～80mm，体宽 13～15mm。蚁后的头胸部和有翅成虫相似，但色较深，体壁较硬。蚁王形态和脱翅的有翅成虫相似，但色较深，体壁较硬，体形略有收缩。

（3）发生规律。白蚁是群集而居的社会性昆虫，有蚁后（雌蚁）、雄蚁（蚁王）、工蚁和兵蚁之分，而且恋巢性很强。以上几种白蚁均筑巢于地下，挖有隧道、小室和住所，并将挖出的物质及叶片堆积在入口附近。在老的巢群中，每年都能形成一定数量的大翅型成虫。一般在 4～8 月雷雨（中雨或大雨）后的傍晚，分别自老巢中集群飞出，而后雌雄结合觅地，形成新的巢群，进行分群。分群时大翅型成虫在空中飞舞片刻，落地后雌雄接触，翅脱落，即行交尾、筑巢和产卵。初产的卵均为工蚁。蚁后产卵量很大，每年在 100 万粒左右。4～10 月为白蚁活动危害期，当气温达到 20℃以上时白蚁就外出觅食危害。5～6 月为分巢期，11 月至翌年 3 月为越冬期。

白蚁的有翅成虫有强烈的趋光性。久旱逢雨，白蚁的活动即趋频繁，在地表的表现最为明显。

（4）防治方法。

毒饵诱杀法。省工、省钱并彻底的诱杀方法，即应用白蚁诱杀包，经 2～3 个月，蚁巢就会被消灭。白蚁诱杀包由中草药制成，其中添加引诱剂和杀灭剂，每包 3～4g。以 4～11 月白蚁活动时进行防治。把药包直接投放在白蚁经常出没的地表、杂草和树皮等筑有泥被或泥线处，即可达到全歼的效果。先用锄头在果园地表挖深约 5cm、长宽各 15cm 的小坑 1 个，将药包平放在坑内，然后覆盖枯枝落叶，再加上少量泥土或碎石。按长×宽为 4m×5m 的投放范围，每 666.7m^2 一般用药 30 包左右。使用药杀包后一般 8～10 年不会再出现蚁巢。

灯光诱杀法。在 5～6 月闷热天气和雨后的傍晚，点灯诱杀有翅繁殖蚁。

化学防治法。用灭白蚁粉或灭白蚁药剂装入洗耳球或喷粉胶囊中，对准蚁路、蚁巢及白蚁喷撒。由于白蚁有互相吮吮习性，因而可最终导致整巢白蚁死亡。

其他防治法。如在果园养鸡或人工挖掘蚁巢防治白蚁，也有一定效果。

9 采收、分级、包装、贮藏和运输

9.1 采 收

杨梅采收是杨梅生产中的重要环节，采收的时间和方法，不仅关系到产量和品质，而且对杨梅的贮藏和加工性能也有很大影响。

9.1.1 采前准备

采前 1 个月左右，先做好估产工作，拟定采收、分级、包装、贮藏、运输、销售等工作计划，准备好采收所需的工具和材料等。

（1）清理园地。为了便于采收，应清除园内的杂草、灌木和枯枝落叶，生草覆盖的青草，要在采果前 15d 全部刈除，再覆盖到地面，并以 90%晶体敌百虫 800 倍液或 80%敌敌畏 800 倍液喷洒，相隔 7d 左右再喷 1 次，以清除蝇源，便于采收和捡拾落果。

（2）工具和材料准备。果实采收前，准备好包装材料以及采摘和运输工具。包装材料包括有孔的塑料箱子、纸盒箱或大小不一的竹篓、竹篮。采摘工具包括人字梯、采摘篮、采摘筐等。运输工具包括各种车辆、可以挑着走的篓筐等。

9.1.2 采收时期

杨梅成熟时间依产地和品种而不同。富岱杨梅在 5 月底、6 月上旬至 7 月上旬陆续成熟。杨梅成熟时正值梅雨季节，气温较高，加上杨梅果实柔软多汁，又缺少保护组织，所以果实成熟后极易落果，采后又易腐烂，因此应及时随熟随采。当地有"端午杨梅挂篮头，夏至杨梅满山红，小暑杨梅要出虫"等农谚，说明杨梅依品种从 6 月初到 7 月中旬依次成熟，以及杨梅的成熟和采收期很短，要及时采摘。

9.1.3 判断成熟度的方法

杨梅果实色泽因品种不同而不同，成熟和采收的标志也不相同。乌杨梅品种在果实呈现红色时，味仍很酸，待从红转紫红时，甜酸度适口，呈最佳风味，是最佳采收期，若不及时采摘，果实转为炭黑色，则风味变差，过熟则变质腐烂。红杨梅品种群果实充分成熟时不会变紫红，当肉柱丰满，有光泽，色泽呈深红色或紫红色时，即为其成熟可采的标志。白杨梅品种群其成熟标志是，果面的叶绿素完全消失，肉柱丰满呈白色水晶状并光亮。杨梅果实成熟时间受环境条件影响很大。同一品种在高海拔地区，由于温度低，成熟晚。在山地，一般阳坡杨梅先熟，阴坡杨梅后熟，但多雨年份成熟期则无明显差别。幼树、小年树果实发育好，比大年树提早成熟。杨梅果实成熟期间天气晴朗，气温较低，果实成熟进程减缓，果形明显增大，产量提高。同一植株果实的成熟时间先后不一，相差10～12d。故在全树或全园见有 20%～30%的果实达成熟时，即开始分批采收。

9.1.4 采收方法

采收时宜选红留青，每天或隔天采收 1 次，采收时间以上午 9：00 以前和傍晚为好，气温低可减少损耗。一般不宜在雨天和雨后初晴采收，此时采摘，果实湿度大易腐烂，但若果实已充分成熟，亦当采收，以免落果。采收时以手指握住果柄摘下，并要做到轻采、轻放、轻挑运，不要采用摇树抖落果实的采收方式，以免损伤果实和黏上泥土影响销售（图 4-52）。高大树冠顶部的果实，人工采摘困难，可在树下铺塑料薄膜或草

图 4-52 人工采摘

摇落果实，这些果实均已受伤，不宜远售或贮藏，另行放置作加工用。

9.2　分拣、分级

果品等级标准是果实分级的重要依据，对果品销售价格的确定有重要影响。

采果时应按果实大小分拣、分级，同时将小果、烂果、未熟果分开，以免降低果品等级。果实从采果装箱外运，到上架销售，至少要经过 2 次翻动，果品堆放在货架上又采用开放式销售，经常翻动，果实多次碰压受伤，因此在销售期内即腐烂变质。因此杨梅应推行在树上采收时即依果实大小、好坏、色泽直接分开放入容器，然后小心装盒包装，再装箱、装车运往销售地点，盒装出售，减少果实翻动受伤引起的腐烂，未出售的要冷藏，以延长销售时间。

9.3　包　　装

杨梅果实柔软多汁，果实包装尤为重要。

9.3.1　包装的类型

富岱杨梅的包装过去较为简单，仅在竹篮的上下、四周垫上蕨叶，内置杨梅果实。现在由于市场的需求，有了较大的改进。大多采用有孔的塑料筐子、塑料篮、纸盒箱或大小不一的竹篓、竹篮等盛放，上面覆盖蕨叶，然后装车运往各地销售。

9.3.2　包装方法

杨梅包装每容器装果，一般在2～2.5kg，容器底部和四壁用蕨类植物枝叶衬垫，以免损伤果实，出售时连容器一并售出，减少翻动（图4-53）。这种容器小巧玲珑，采摘时提在手上在树冠内行动方便。大量外运果容器各地不一，有的产地采用特制的塑料箱，其规格长×宽×高为42cm×33cm×25cm，底部和内壁用新鲜植物叶衬垫，然后装果，每箱重量 17kg 左右，可以叠高7～8层，便于车船装运，很少损伤。有的产区仍沿用圆形小口竹篓装果（图4-54），其构造为高46cm，直径35cm 左右，在高度 3/4 处收口，开口

图 4-53　杨梅塑盒包装

直径22cm，开口上附有两个把手和盖子，内壁用新鲜植物叶衬垫，每篓装果 22kg 左右。这种容器耐压，不易损坏，在产区广泛使用。还有一种长方形竹筐上加盖，但易压伤果实。

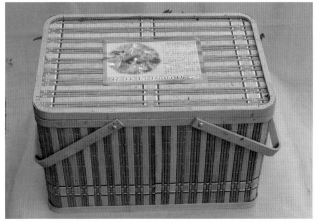

图 4-54　杨梅竹篓包装

在产地附近多用小容器或纸箱装果带容器出售，便于销售，又减少果实损伤，可以连容器置冰箱中冷藏，延长消费期，受到顾客欢迎。

9.4 贮　藏

9.4.1　贮藏时间

在室温条件下，杨梅果实藏放时间为2～3d，第3～4d起在受伤的果面长出白霉，果面出水滴等症状，因此一般第3～4d腐烂率最高，第4～5d后肉柱崩溃，果肉软化变质。因此，有"一日味变，二日色变，三日色味皆变"的说法。

9.4.2　贮藏方法

低温能延长鲜果贮藏时间。在温度0～0.5℃，相对湿度85%～86%的条件下，杨梅果实能贮藏1～2周而保持不坏。对杨梅果实进行一般低温（6～8℃）冷藏试验，结果表明，在一般的低温条件下，早、中熟品种冷藏后第6d开始腐烂，到第10d腐烂率达16%～30%；而中晚熟品种到第11～12d开始腐烂，第14d腐烂率为7.5%～10.32%，而同期早、中熟品种腐烂率则达到21%～66%。经过2周冷藏果实除腐烂外，其余多为失水干缩、裂果而失去商品价值。

用塑料薄膜小包装冷藏，第7d深红种有37.5%、荸荠种有6.5%果实腐烂；小包装冷藏的果实在相同时间内的腐烂率分别为0和3.32%。果实远销外地冷藏用杨梅，应选择中、晚熟品种，在晴天、果实八成熟时采摘，采后要少翻动果实，避免重复碰撞、手指压迫，采用纸箱小包装，减少果品堆叠层次，应用2～4℃低温冷藏，适当控制湿度勿过湿、过干，果品可保存2周。

据试验，杨梅果实九成熟时采收，装入塑料薄膜等容器中，在-30℃的低温下速冻15min左右，然后贮放在-18℃的冷库中，可保质半年左右。但为了降低冷藏成本，一般贮藏1～2个月后，在7～8月高温暑天出库上市。冷冻杨梅解冻后果肉软化，口感差，有的消费者不太喜爱。

9.5 运　输

富岱杨梅由于面积和产量的限制，基本上在黄山市内销售，大都采用农用车、三轮车、摩托车等运往黄山市市区及周边县区。随着栽培面积的不断扩大和产量的不断提高，杨梅要走向更大的市场，就必须改进运输方式。要使杨梅远销，普遍采用低温保鲜办法。一般来说，长途运输的工具最好是冷藏车，但在农村比较缺乏，目前产区常用冰块冷却的方式运输。

9.5.1　运输的设备和材料

主要包括预冷的冷库、白色泡沫塑料箱、塑料薄膜包装袋、冰块以及隔热保温材料等。

9.5.2　操作程序

（1）选果。选择九成熟、果形圆整、发育良好、无损伤、无病、无腐烂的果实。

（2）预冷。将经过挑选的果实，立即送进冷库或小型预冷室进行预冷，使温度降至0～2℃。

（3）装箱。先在泡沫箱底部中央，放上薄膜包扎的冰块，再在其上放置包裹杨梅的果实的薄膜袋，然后将经过预冷的杨梅放入袋内，紧密排列，使之达到泡沫塑料箱口的高度。尽力挤出袋内空气后，折叠好塑料袋口，盖好泡沫箱盖。果实要挤紧箱内，以免果实在箱内移动碰撞、造成损伤。最后用黏胶纸封口，固定好箱盖。

（4）运输。装箱后应立即装车起运。果箱装车要堆实、固定，不使其移动。堆装好后再包以泡沫塑料板或其他隔热保温材料。

10　加　工

10.1　糖水杨梅罐头

糖水杨梅罐头是我国传统出口产品，其产品色彩鲜红艳丽，深受欧洲和国内市场的欢迎。一般多用玻璃瓶作为容器，也有用马口铁罐，后者产品品质较好，但生产成本提高。

10.1.1　加工过程

原料选择→清洗→食盐水处理→漂洗→分选→装罐→排气封罐→杀菌→冷却→擦罐→入库→贴商标。

10.1.2　操作要求

（1）原料。应选择果大，色泽鲜艳美观，肉质致密，糖分含量高，糖酸比适度，核小，大小一致，无损伤果。剔除烂果，机械伤、成熟度低的果实、小果及杂物。

（2）清洗。置水槽用流动水洗净表面尘污。

（3）食盐水处理。果实在 5％的食盐水中浸 12min，既驱走虫又可增加硬度。

（4）漂洗。将处理后的果实立即放入流动清水中漂洗，以除去盐分和泥沙杂质。

（5）分选。除去变形果，软烂果。要求果实组织完整呈紫红色，同一罐中果实大小一致，色泽均匀。

（6）装罐。按不同罐型装入不同重量的果实。如采用 8113 型罐号，则称取 280～290g 果实，装入经沸水消毒的玻璃罐中，加注糖水 277～287g。

（7）抽气密封。采用 300～350mmHg 气压抽气密封。

（8）杀菌。封罐后，在 100℃沸水中煮若干分钟，并保持恒温几分钟。

（9）冷却。不同重量的罐头冷却的时间不同，如 567g 的包装，抽气杀菌后，冷却时间为 2～10min。

（10）擦罐、入库、贴商标。擦干罐体水分，在 20℃的库房中存放 1 周，经检验合格后，贴上商标即可出厂。

10.1.3　成品质量要求（表 4-5）

表 4-5　出口糖水杨梅罐头标准

色泽	成品色泽可比原果实色泽略淡，果实及汤汁均呈现紫红色或淡红色，均匀一致，糖水较透明，可少量沉淀
果实大小	果实平均直径不小于 2.5cm
风味	具有本品种糖水杨梅应有的风味，无异味
果实、果肉	果实完整，带核，大小均匀，果肉不应过度煮熟，组织不软烂。允许不超过总果数 20％的轻微裂果
果实量	果实不少于净重的 45％
糖水浓度	开罐时按折光仪的浓度 14％～18％

资料来源：郑勇平等，2002。

10.2　杨　梅　干

选用适度成熟的杨梅果实，剔除病虫果、小形果、杂物和果柄，放入 4％的食盐水中浸渍消毒 2～3min，可排出果实中一部分水分，使果肉收缩增加硬度。

将果实捞出在清水中漂洗，除去盐分及杂物，沥干后放入不锈钢锅中用文火煮之，然后将白糖或盐徐徐倒入锅中，不断搅拌，煮沸1h左右即可捞出，在阳光下晒干，或用火烘干。用糖煮即成为甜杨梅干，用盐煮成为咸杨梅干。糖和盐的用量约为鲜果重的1/4。也可将鲜果洗净后直接晒干或焙干，称为淡杨梅，作为加工原料。

10.3　杨梅脯

杨梅与白糖按10∶4的比例称好，放入不锈钢锅中煮至糖溶化后，即可取出盛于容器中，再加入适量白糖腌制，能久藏不变质，可随时食用。

10.4　杨梅坯

杨梅坯是制作杨梅蜜饯等的原料。

（1）原料配制。杨梅、小颗粒食盐和明矾粉末，三者按100∶14∶0.6的比例秤取。

（2）方法。将准备好的杨梅、食盐和明矾，按照先放1层大约30cm厚的杨梅，其上撒一层盐和明矾混合物的方法，逐层盐渍，直到容器顶部，最后撒上盐矾混合物后用粗竹席盖好，再用大石块或其他沉重物体压实，放置3d左右，捞出倒入另一容器中，仍用原盐水盐渍10～15d，再捞出曝晒3～5d，待水分蒸发90%左右，即成为杨梅胚。在原料数量很多的情况下，一般采用大型的水泥池，小批量则用大缸盐渍。制作杨梅蜜饯用的杨梅坯，以淡红色黏核的品种为好，其加工成品色泽淡褐红，结构紧实。紫红色离核品种加工后品质好，但色泽暗紫黑色，结构松散，感官品质欠佳。在加盐矾混合物时，下层可少撒，上层逐渐增加，上层会向下层渗透。加工时应剔除腐烂变质果，不用落地果。

10.5　烧酒杨梅

烧酒杨梅又称浸酒杨梅或杨梅酒，不同于发酵制的杨梅酒。该酒古称火酒杨梅，夏季饮用有解暑、治痢疾、腹泻等功效。浸制时选用充分成熟、新鲜的杨梅，除去果梗、杂质和烂果，用冷开水洗净、风干，放入容器达容器的80%，再注入50°～60°高粱烧酒，以淹没果实为度，然后加盖密封。近年来用玻璃罐浸制，用带螺丝的盖子封罐，作为当地特产商品在市场销售或馈赠礼品也很受欢迎。

烧酒杨梅的质量与品种有密切关系，不同品种除了影响酒的风味外，还与果实的花青素含量有关。紫红色品种花青素含量高，浸酒后花青素溶解到酒中，但果实仍保持紫红色的鲜丽，而酒液呈紫红。红色品种一旦褪色，酒中果实色泽变淡，作为商品不太美观。粉红色或白色品种浸酒后，果实灰褐色，外观难看，且有涩味。因此浸酒用杨梅，以紫色或紫红色的品种最佳，红色次之，粉红和白色则不宜浸酒。

为了提高杨梅酒的质量，杨梅果实宜新鲜，硬度要强，采摘后要及时浸制。杨梅酒从浸制到果实色泽性状基本稳定，约需1个月时间。在浸酒后1周，杨梅出现裂果，果实仍保持红色，酒液出现鲜红色。2周后果实的色泽开始浸出，果肉色泽变淡、酒液色泽更加鲜红。在1个月以后酒液中的色素重新被果实吸收，酒色又变淡。

10.6　杨梅汁

杨梅汁为果汁型饮料，汁液清澈，保持杨梅风味。制果汁的杨梅对原料要求不如糖水杨梅高，只要充分成熟，未腐烂变质的杨梅，不论其果形大小，是否压碰伤都可用作果汁生产的原料，因此在杨梅丰收年或果型外观欠佳，市场不畅时进行加工，可充分利用果实，提高经济效益。

10.6.1　加工过程

原料选择→洗果→盐水处理→漂洗→加热→浸泡→过滤→调配→加热→过滤→装罐→封罐→杀菌→冷却。

10.6.2　操作要求

（1）原料。选用新鲜成熟的杨梅，摘除果梗，剔除腐烂果和未成熟果，用清水洗净果面泥沙等物。

（2）盐水处理。将果实在 3％的盐水中浸泡 10～15min 除去杂物，然后用流动清水漂洗 10～15min，洗去盐分和杂物。

（3）加热、过滤。按杨梅、砂糖和水 10∶4∶1 的比例，将砂糖加水在夹层锅中溶解，然后倒入杨梅，徐徐加热到 65℃，保持 10min，出锅后置于缸中浸泡 12～16h，然后过滤取滤液。留下的果渣再按渣重 50％的水浸泡 10min，再过滤取滤液，将两次滤液混合备用。

（4）调配。测定果汁浓度，并加水将果汁稀释到含糖量达 14％～16％，再测定含酸量。含酸量不足时，可加入适量的柠檬酸，一般调整到 0.7％左右。然后在夹层锅中加热至汁液温度达 85℃。出锅后过滤。

（5）装瓶。果汁加热过滤后及时装瓶。一般采用 500g 有色玻璃瓶装瓶。

（6）封瓶。密封时汁温应不低于 70℃。瓶盖与胶圈用沸水煮 5min。

（7）杀菌和冷却。在 90℃热水中保持 3～5min 后冷却。

10.7　杨 梅 酱

加工制作果酱的杨梅，除腐烂变质的果实外，只要充分成熟，不论大小及是否压撞伤果，均可利用。

10.7.1　加工工艺

原料选择→洗果→盐水处理→漂洗→打浆→配制→加热浓缩→装罐→密封→杀菌→冷却。

10.7.2　操作程序

（1）漂洗。原料除去果梗杂质，洗果后放入 5％食盐水中浸 20min，捞出在清水中漂洗 40min。

（2）打浆。将原料放到打浆机中打浆。经打浆后原料分成果实原汁、渣汁和种子。把原汁和渣汁分别煮沸 10min 备用。

（3）配制。杨梅果汁、渣汁 55kg，砂糖 45kg，琼脂 380g，柠檬酸 100g。先把 45kg 砂糖用 9.5kg 的水溶解，加水量以能溶解糖为度，不宜太多。然后把糖水加入杨梅汁中，煮沸搅拌，浓缩到原体积的 60％左右时，再加入用开水溶解的柠檬酸和琼脂，最后浓缩到 55°～60°糖度。

（4）装罐、密封。用玻璃瓶做容器装罐，装罐后加盖密封。

（5）杀菌、冷却。在 100℃的蒸汽锅中经 10min 后，逐步降温冷却到常温。要避免温度骤降导致玻璃瓶破裂。

10.8　杨梅蜜饯（七珍梅）

10.8.1　加工工艺

杨梅坯→浸水→冲洗→沥干→晒干或烘干→配制→晾晒→拌料→包装。

10.8.2　操作要求

（1）配料。咸杨梅坯 100kg、砂糖 65kg、甘草 4.2kg、香料 1kg（其中橘皮粉 30％，桂皮粉 20％，公丁香粉 5％，甘草粉 30％，小茴香粉 15％）。

（2）浸水。将果坯倒入清水槽中浸泡 5～6h，捞出置竹筛内，在水中轻轻搅动，洗去果坯中杂质，然后将果坯倒入竹篮中用清水冲洗，洗净后沥干。

（3）日晒。将果坯摊放在竹匾上，在阳光下曝晒至八成干，将果坯倒入木桶。

（4）配制。将捣碎的甘草加水连续熬煮 2 次，每次加水 20～25kg，熬煮 30min。将两次熬煮的甘草汁混合后用纱布过滤，然后加糖煮成 60％～65％浓度的甘草液。将甘草糖液倒入有果坯的木桶，经 1～2d 后滤去糖液。

（5）晾晒。将果坯摊放在竹匾上晾晒，晒时将浸渍过的甘草糖液分成 4～5 份，分次泼洒在果坯上，并经常翻动，待果坯晾晒至八成干时就可收集。

（6）拌料。将收集的果坯拌入香料，即为七珍梅。

（7）包装。用塑料薄膜食品袋包装。

（8）质量要求。成品不黏手，棕黑色，味甜香略带酸。

利用品质好的杨梅加工的杨梅坯再加工成杨梅蜜饯，成品质量好，风味佳，但成本高。为降低生产成本，也可利用加工杨梅汁后的果实来加工杨梅蜜饯。方法是：果实在 50% 的食盐水中浸泡 30min 后捞出，漂洗干净，沥干；杨梅、白糖、水按 10：9：4 的比例配比，水和糖混合煮沸后倒入杨梅再煮 40min 捞出、过滤，其汁液可供制果汁或其他用途；果实在阳光下曝晒或烘房中烘干；果实晒干后拌以 5/10 000～10/10 000 的丁香或其他调味品即成为杨梅蜜饯。品种以淡红色的为好。

附表 4－1　杨梅园周年管理工作历

时间	物候期	作业内容	技术要求
1 月	休眠期	1. 建园	新建园地规划、挖穴、准备基肥。
		2. 防积雪	大雪天扫落树冠积雪、防止枝干断裂。
		3. 清理园地	清除果园内落果、落叶和枯死枝。
2 月	花芽发育及萌动	1. 修剪	成年树回缩疏除侧枝；幼树整形和衰退树更新修剪。
		2. 土壤深翻改土	幼树扩穴改土；成年树深翻。
		3. 清理园地	继续清除果园内落果、落叶和枯死枝。
3 月	叶芽萌动、抽发春梢、开花	1. 圃地实生苗移植	去冬播种的实生苗高 7～8cm 时，可移入大田继续培育。
		2. 嫁接苗培育	3 月下旬，砧木掘起，室内嫁接、藏放，选阴天或无风晴天栽植于大田。
		3. 苗木出圃、定植	已培育的成品苗出圃；新建园地苗木按要求定植。
		4. 修剪	继续进行修剪。
		5. 追肥	以钾肥为主，配合适量速效性氮肥。一般株施硫酸钾 0.5～1.0kg。
		6. 树体调控	对旺树、不结果或少果、徒长性树，土施多效唑调控生长。
4 月	开花，幼果发育，落果，春梢生长	1. 继续嫁接并高接换种	嫁接苗培育同 3 月，高接采用切接、斜接、劈接法，注意要留枝缓势。
		2. 继续苗木出圃、定植	同 3 月。
		3. 嫁接苗抹芽、除萌蘖	及时除去砧木上的萌芽、萌蘖。
		4. 绿肥翻压与种植	翻压越冬绿肥，注意留足种子，并适时种植夏绿肥或人工生草。
		5. 花期管理	小年要减少落果提高坐果率，可根外追肥；大年要疏花疏幼果，喷"疏 5"或多效唑等药剂。
5 月	果实膨大	1. 嫁接苗继续抹芽，除萌蘖	抹芽，除萌蘖同 3 月。5 月底施复合肥，稀释成 0.5% 浇灌或喷磷酸二氢钾 1 次。
		2. 大年树追肥	5 月上旬施用壮果肥，挂果较多的，可株施硫酸钾 1.0kg，对树势弱的可用 0.3% 磷酸二氢钾或 0.3% 硫酸钾或 10% 草木灰浸出液或高美施 600 倍液等根外追肥。喷施时间宜选择阴天或傍晚。
6 月	果实成熟，夏梢发生	1. 及时采果	作好采前准备，预测产量，树冠下除草，准备装果容器。
		2. 施肥	早熟品种采后追肥，晚熟品种采前施。
		3. 种子收集、处理、贮藏	收集野杨梅或栽培杨梅果实，收集种子并处理贮藏。
		4. 苗圃地管理	加强苗圃地苗木的培养、覆盖、中耕除草、防旱等管理工作。
		5. 树体调控	旺树叶面喷施多效唑，化学调控新梢生长。
7 月	夏梢生长、果实成熟	1. 及时采果	采果同 6 月，主要为晚熟品种。
		2. 防旱保墒	采果后要进行地面覆盖，注意防旱保墒。
8～9 月	秋梢发生，花芽分化	1. 苗圃地管理	圃地嫁接苗和高接苗除萌蘖、新梢立支柱、打顶。
		2. 准备播种育苗地	选择苗圃地，深翻，晒白土壤，开沟作畦，施足基肥（每公顷施腐熟有机肥 4.5 万～7.5 万 kg，加过磷酸钙 250kg，草木灰 2 000～3 000 kg）；撒上防病治虫的药物。整平后在畦面撒上 1 层红黄壤的心土，准备播种育苗。
		3. 播种冬季绿肥	翻压春播绿肥，注意留足种子，并适时播种冬季绿肥。

（续）

时间	物候期	作业内容	技术要求
10 月	秋梢生长	1. 砧木种子播种	条播或撒播，播前用杀菌剂浸泡种子。种子均匀撒于畦面后，用木板稍加镇压入土，上覆焦泥灰或细土，其上再覆盖上稻草或茅草。
		2. 继续播种冬季绿肥	同 8～9 月。
		3. 新建园地开垦整地	修筑梯田、鱼鳞坑，挖定植穴，施基肥，按每株施 30～50kg 土杂肥或经过堆制的作物秸秆或 0.15～1kg 全价有机复合肥或 3～4kg 腐熟饼肥加 0.5～1kg 过磷酸钙的施肥量，将肥料与土壤混合均匀后填入定植穴。
		4. 施基肥	采用盘状、环状沟、穴状、放射沟等施肥法施基肥。以有机肥为主，基肥施用量占全年需肥量的 70%～80%。
11 月	休眠期	土壤深翻，扩穴改土	每隔 2～3 年进行 1 次疏松土壤，更新根系。根系已布满全园的翻耕不宜过深，以免伤根太多，一般 30cm 为宜，近树干处浅，树干投影以外可深至 40～50cm。
12 月	休眠期	1. 苗圃管理	搭架盖薄膜防寒，通风炼苗，防止干燥，预防鼠害。
		2. 园地深翻改土	同 11 月。

附表 4 - 2　杨梅无公害栽培主要病虫害综合防治年历

物候期	防治时期	防治对象	防治措施
休眠期	11 月至次年 1 月	褐斑病、癌肿病、赤叶病、干枯病、腐烂病、根腐病、锈病、炭疽病、白腐病；卷叶蛾、蓑蛾、小细蛾、角点毒蛾、枯叶蛾、蚧类、粉虱、松毛虫、蚜虫、天牛、黄小叶叶甲、果蝇、碧蝽蝉、绿尾大蚕蛾、麦蛾、白蚁、蚱蝉、刺蛾	清除地上落叶，减少褐斑病、锈病、炭疽病、卷叶蛾、小细蛾、角点毒蛾等越冬病源，结合冬季剪枝，剪除干枯病、枝腐病、腐烂病等病枝；刮除癌肿病的病斑及角点毒蛾越冬的翘皮和裂缝；剪去蚱蚕、蚜虫的产卵枝；刮杀枝干上的刺蛾茧；钩杀或药剂毒杀天牛幼虫。清除园边的杂草、杂木，消灭角点毒蛾、刺蛾果蝇、松毛虫等越冬虫源。寻找白蚁的蚁道和巢穴，消灭白蚁。枝干涂白或包草，避免霜冻裂皮与阳光灼伤。喷 5 波美度石硫合剂，减少褐斑病、赤叶病、锈病、炭疽病、白腐病等越冬病源，杀死枝干等越冬场所的蚧类、粉虱、黄小叶叶甲。
花芽发育及萌动	2 月	根线虫以及上月主要病虫	继续做好上月的病虫害防治工作。
叶芽萌动、抽发春梢、开花	3 月	病害与上月相似，害虫主要有卷叶蛾、蓑蛾、枯叶蛾、小细蛾、蚜虫、黄小叶叶甲、蜗牛、白蚁等	根线虫的防治：园地客土换土，增施有机肥；用石灰调节土壤酸碱度；苗木种植前，用 48℃温水浸根 15min，杀死线虫。用糠醋诱杀卷叶蛾成虫；用黑光灯诱捕卷叶蛾、蓑蛾、枯叶蛾、小细蛾、等成虫。以药液点喷的方法，防治第 1 代幼蚜。用梅塔颗粒剂撒于园间杀除蜗牛。在根茎上浇 2.5% 天王星乳油 600 倍加 1% 红糖的药液，拒避白蚁进入根基危害。
开花，幼果发育，落果，春梢生长	4 月	褐斑病、癌肿病、赤叶病、卷叶蛾、蓑蛾、枯叶蛾、松毛虫、蚜虫、天牛、金龟子、白蚁、蜗牛等	褐斑病的孢子开始侵入春梢，可喷 70% 代森锰锌可湿性粉剂 600～700 倍液或 80% 喷克 700～800 倍液、80% 必备可湿性粉剂 400～600 倍液进行预防。可用 5% 硫酸亚铁液或 3% 波尔多液、石硫合剂涂刷赤衣病的枝干，杀死初发生的孢子。癌肿病菌随春雨流动而蔓延，应在 4 月上旬之前刮除病斑，减少发生危害。继续以灯光诱捕卷叶蛾、蓑蛾、枯叶蛾、地老虎、松毛虫。继续以药液点喷方法防治蚜虫。4 月下旬，天牛成虫开始出洞，可以人工捕捉。继续用梅塔颗粒剂撒于园间杀除蜗牛。继续用糖醋酒液诱杀卷叶蛾、地老虎。继续用天王星药液拒杀白蚁。
果实膨大	5 月	褐斑病、癌肿病、赤叶病、炭疽病、干枯病、枝腐病、腐烂病、根腐病、小细蛾、角点毒蛾、油桐尺蠖、天牛、金龟子、绿尾大蚕蛾	对褐斑病发生严重的植株，可多喷多菌灵、甲基硫菌灵、甲霜灵、百菌清等农药，每次任选 1 种，前后相隔 7d 左右，连喷 2～3 次。对轻微发生的植株，为了生产安全的食品，暂不喷药，待采果后再防治。刮除赤衣病、癌肿病病斑，并涂药。炭疽病孢子开始传播，对病株要及时处理。对发病严重的植株，为了"保命"，防治同褐斑病。对干枯病、枝腐病、腐烂病、根腐病的病株或病枝要及时剪除或挖掘，再烧毁。点灯诱杀小细蛾、角点毒蛾、绿尾大蚕蛾继续捕杀天牛成虫。继续刮治癌肿病、赤叶病病斑。

（续）

物候期	防治时期	防治对象	防治措施
花芽生理分化，果实迅速膨大，果实成熟，夏梢发生	6月	癌肿病、赤叶病、白腐病、松毛虫、天牛、金龟子、果蝇、刺蛾、蚱蚕	清除地面腐烂物，可减少白腐病的病源。在此基础上，于6月中、下旬用多菌灵或甲霜灵等药液，将地面、主干、沟道等都喷上，先后相隔10～15d，共喷2次，清除病菌。以灯光诱杀松毛虫、金龟子、蚱蝉、刺蛾。继续捕杀天牛成虫。结合白腐病防治，清除园间腐烂物，减少果蝇的虫源，地面喷30%的敌百虫乳油500倍液，在采前每隔7～10d喷1次，共喷2～3次，杀除园间潜人果蝇。6月下旬，在蚱蚕开始出土上树时，用塑料薄膜绑扎树干，或用较高浓度的有机磷药液喷于干基，阻止若虫上树。果实转色期开始，喷山梨酸钾600倍液1～2次，预防果实白腐病。
花芽形态分化开始、夏梢生长、果实成熟	7月	白腐病、褐斑病、赤叶病、干枯病、枝腐病、根腐病、蚧类、粉虱、蚜虫、蓑蛾、白蚁、蚱蝉、绿尾大蚕蛾、碧蜡蝉、角点毒蛾、枯叶蛾、尺蠖等	夏梢褐斑病要及时用药剂进行防与治。所用的药物可参考即4月与5月防治时的安排，并要做到及时喷药，认真喷药，彻底防治为目的。及时刮治赤叶病病斑。及时处理干枯病、枝腐病、根腐病的病株、病枝与病根。认真细致的喷药，消灭蚧类、粉虱、蚜虫、蓑蛾幼虫、尺蠖幼虫、角点毒蛾幼虫、枯叶蛾幼虫、碧蜡蝉等。灯光诱捕白蚁、蚱蝉、绿尾大蚕蛾等。褐斑病继续喷药防治。炭疽病盛发期，要用代森锰锌、多菌灵、甲基托布津等进行多次喷洒防治。
秋梢发生，花芽进一步分化	8月	褐斑病、炭疽病、蓑蛾、栗黄枯叶蛾、小细蛾、尺蠖、蚧类、粉虱、天牛、刺蛾、蚱蝉等	喷药防治蓑蛾、栗黄枯叶蛾、尺蠖、刺蛾等幼虫。继续喷药防治蚧类、粉虱。点灯诱捕小细蛾、蚱蝉等成虫。注意捕杀天牛成虫，并寻找天牛的初孵幼虫，加以钩杀。寻找蚱蚕的产卵枝，及时剪除。及时处理干枯病、枝腐病、腐烂病、根腐病的病株、病枝、病根，并烧毁。
秋梢发生，花芽进一步分化	9月	干枯病、枝腐病、腐烂病、根腐病、癌肿病、褐斑病、小细蛾、尺蠖、角点毒蛾、蚜虫、天牛、碧蜡蝉、绿尾大蚕蛾、麦蛾、刺蛾、蚱蝉	注意褐斑病的发生，继续喷药防治。喷药防治小细蛾、尺蠖、角点毒蛾、绿尾大蚕蛾、麦蛾、刺蛾、等幼虫。喷10%吡虫啉2 000倍液或3%啶虫脒2 500倍液，99.1%敌死虫200倍液，消灭蚜虫。继续捕捉天牛成虫，并寻找天牛的初孵幼虫，加以钩杀。灯光诱捕蚱蝉、角点毒蛾的成虫。剪除蚱蝉与碧蜡蝉的产卵枝。继续处理干枯病、枝腐病、腐烂病、根腐病的病株、病枝、病根，及时烧毁。继续刮治癌肿病的病斑。
秋梢生长	10月	枯叶蛾、尺蠖、刺蛾、蚱蝉、癌肿病、干枯病、枝腐病、腐烂病、根腐病等	灯光诱捕枯叶蛾。喷药杀灭尺蠖、刺蛾的幼虫。剪除蚱蝉与碧蜡蝉的产卵枝。本月下旬可铺地膜，阻止尺蠖幼虫入土越冬。在主干或大枝上包扎稻草或其他杂物，引诱刺蛾、角点毒蛾等进入越冬。

参考文献

陈方永，倪海枝，等，2009. 杨梅冻害预防和冻后处理 [J]. 中国南方果树，38（6）：50-51.

福建省漳州市农业学校，1990. 果树栽培学各论南方本 [M]. 北京. 农业出版社，253-271.

葛有良，洪美萍，华爱君，2007. 白蚁对杨梅的危害及其防治 [J]. 中国南方果树，36（2）：43-44.

龚洁强，梁克宏，王允镶，2004. 杨梅矮化早结优质栽培技术研究 [J]. 中国南方果树，33（6）：38-39.

黄建珍，黄胜华，赵友淦，2009. 地理标志产品——丁岙杨梅标准化生产技术 [J]. 中国南方果树，38（6）：49-50.

黄金生，吴振旺，余宏傲，2009. 丁岙杨梅大枝修剪和矮化效应 [J]. 中国南方果树，38（2）：16-17.

黄山市农业委员会，2008. 黄山市农业志 [M]. 黄山：黄山地质出版社：35-48.

梁森苗，宋玉强，钱巧琴，2007. 杨梅树冻害的调查分析及防治对策 [J]. 中国南方果树，36（2）：35-36.

林金娟，2004. 东魁杨梅的栽培技术 [J]. 中国南方果树，33（6）：40-41.

邵静，章铁，1998. 皖南杨梅栽培品种资源简介 [J]. 福建果树，19（2）：27-28.

王沛林，2009. 东魁杨梅优质丰产技术新疑难新解答 [M]. 北京：中国农业出版社：2-5.

吴昌旺，施巨盛，刘恒旭，等，2006. 野生杨梅大砧高接集中建园技术 [J]. 中国南方果树，35（6）：31.

徐国枝，2006. 东魁杨梅幼年树的促花控梢保果技术 [J]. 中国南方果树，35（6）：32.

徐义流，2009. 砀山酥梨 [M]. 北京：中国农业出版社：48-50.

杨小平，王一光，林羽，等，2004. 如何克服丁岙杨梅大小年结果现象 [J]. 中国南方果树，33（6）：42-43.

郑勇平，2002. 杨梅 [M]. 北京：中国林业出版社：16-59.

朱延东，胡广治，汪树人，2011. 提升富岱杨梅品质与产量的关键技术 [J]. 安徽农学通报，17（6）88-89.

第 **5** 篇

宁国山核桃

1　概　　要

1.1　宁国山核桃栽培历史

宁国山核桃为胡桃科山核桃属的多年生落叶果树，乔木，学名山核桃（*Carya cathayensis* Sarg），又名山核、山蟹、小核桃、浙江山核桃、天目山核桃等，全属有 18 种 4 个变种，主要产于北美。其中经济价值高而实行人工栽培的仅有原产北美的长山核桃〔又称薄壳山核桃（*C. illinoensis* K. Koch）〕和主产浙皖交界的天目山区的我国山核桃即宁国山核桃。

1.1.1　山核桃栽培历史

根据化石资料研究，远在 4 000～2 500 万年前的第三纪，在我国华东地区就有山核桃分布，到中新世时，山核桃与桦木科、壳斗科的一些树种已成为华东地区亚热带落叶—常绿阔叶混交林的主要组成树种。以后由于遭受第四纪冰川的毁灭，仅在浙皖交界的天目山区保存下来。在我国山东等地曾多次发现山核桃化石，所以山核桃亦是古老的孑遗树种之一（图 5 - 1、图 5 - 2）。

图 5 - 1　山核桃古树　　　　　　　　　　　图 5 - 2　山核桃成龄林

中国最早有关山核桃的记载始于唐代，1 000 多年前唐刘间撰《岭表录异》有"山胡桃皮厚而坚，大於北府。底平如槟榔，多肉少仁，亦於北中者相似。以斧槌之方破或取之自底磨平，以为印之，其隔屇曲篆文也"的记载，这可能是有关山核桃最早历史文字记载。明代万历年间《群芳谱》和清康熙《广群芳谱》中记载："南方有山核桃，底平如槟榔，皮厚而坚，多肉少瓣，其壳甚厚，须椎之方破，此南方出者"，说明当时已有人采拾野生的山核桃蒲果尝试食用。弘治十五年（1502 年）的《绩溪县志》中有"山胡桃实小而核薄"。嘉靖六年（1527 年）的《宁国县志》中有"山核桃小而圆，肉似核，核能炸油，壳能助火"的记载。清宣统二年劝业道潘批准昌化潘秉文禀"饬属广为购种昌邑土特产山核桃等果木"，这是已查证到的政府提倡种植山核桃的最早历史记载。又据民国三十一年（1942 年）编写的《昌化经济》中记述："从前山核桃不为人所注意，民国初年才开始榨油而面向外营业，以后被有闲者发现，可以用作干果助茶，于是逐渐推广……成为昌化新兴的财富。"由上可见山核桃的利用历史在 500 年以上，人工栽培历史已有 300 余年，作为经济林人工开发利用历史约在民国初年（1912 年）。

1.1.2　山核桃栽培现状

中华人民共和国成立之初全国山核桃成林面积约为 1 万 hm²，其中昌化近 7 300hm²，於潜、宁国、淳安各有 667hm² 左右，黄山市山核桃林面积约 66.7hm²。进入 20 世纪以后，由于山核桃利用的普及（榨油及炒食）及经济价值的提高，群众栽培积极性也随之提高，通过群众的零星种植和利用野生苗、幼树抚育成林，使山核桃林地面积不断扩大，产量不断提高（图 5-3、图 5-4、图 5-5）。据 1997 年编写的《宁国县志》记载，1975 年全县有山核桃林 1 433hm²，至 1987 年全县山核桃林达 4 400hm²。1996 年宁国市获"中国山核桃之乡"称号。2005 年 2 月 4 日，国家质量监督检验检疫总局发布公告，批准对宁国山核桃实施原产地域保护。2005 年 8 月 16 日，国家质量监督检验检疫总局批准宁国市詹氏、林佳、山里仁 3 家企业允许使用"宁国山核桃原产地域产品"专用标志。目前，宁国市山核桃林占经济林总量的 1/4，每年新造山核桃林面积达 333.3hm² 以上，700hm² 以上山核桃基地 6 个，专

图 5-3　山核桃产区

业村 18 个，专业户 1 200 多户。经过多年的发展，现皖南山区山核桃面积已超过 3 万 hm²，其中宁国市山核桃面积已超过 2.1 万 hm²，年总产量为达 8 500～10 000t，面积和产量分别占全国的 40%，绩溪县山核桃面积 6 700hm²，黄山市山核桃面积 3 700hm²，旌德等地也有少量栽培。

图 5-4　山核桃纯林

图 5-5　中国山核桃第一村——梅村

1.2　宁国市自然环境条件

1.2.1　行政区划

宁国建县始于东汉建安十三年（208 年），孙吴置，属丹阳郡。宁国县名取吉祥语，《易·乾卦》："首出庶物，万国咸宁"，寓意邦宁国泰，长治久安。吴晋帝时（258—263 年）改属故鄣郡。西晋太康二年（281 年），属宣城郡。南北朝沿旧制。隋开皇九年（589 年），并怀安、宁国县入宣城县。唐武德三年（620 年），分宣城复置怀安县、宁国县，属宣州。武德七年又并入宣城县。唐天宝三年（744 年）以宁国、怀安两县地合置宁国县，属宣城郡。五代十国时属宣州。北宋属宣州宣城郡。南宋乾道二年（1166 年），属宁国府。元至元十四年（1277 年），属宁国路。元至正十七年（1357 年），复属宁国府。明、清相沿。民国元年（1912 年）废府，宁国县直属安徽省。民国 3 年属芜湖道，民国 21 年属宣城首席县长，同年 11 月属第九行政督察区，民国 29 年属第六行政督察区，民国 35 年改属第七行政督察区。1949 年 4 月 23 日宁国县解放，5 月隶属宣城专区。1952 年，属徽州专区。1956 年，属芜湖专区。1961 年复属徽州专区。1980 年，改属宣城地区。

1997 年 3 月 11 日撤县设市，宁国县改称为宁国市。2000 年 6 月 25 日，原宣城地区撤地设市后，宁国市由安徽省直辖，委托宣城市代为管理。2006 年被安徽省列为 12 个享有省辖市部分经济社会管理权限的试点县市之一。现下辖 8 个镇、4 个乡、1 个民族乡和 6 个街道办事处，人口 38.09 万人。

1.2.2　地理位置

宁国市位于安徽省东南部，天目山北麓，水阳江上游，东临苏杭，西靠黄山，连接皖浙两省七县市，是皖南山区之咽喉，南北商旅通衢之要冲。地跨东经 $118°36'\sim119°24'$，北纬 $30°16'\sim30°47'$，宁国市土地总面积 $2\,447km^2$，以山地和丘陵地为主，夹有岗峦、河谷平原和盆谷地。山丘地面积占全市国土总面积的 84.9%，素有"八山一水半分田，半分道路和庄园"之概括。市区位于市域中北部，北距芜湖市 128km、距省会合肥市 265km，东距上海市 303km、杭州市 173km、南距黄山市 143km。皖赣铁路、慈张公路穿境而过。

1.2.3　自然条件

（1）地形、地质、地貌。宁国市属皖南山地丘陵区，山地、丘陵占全市总面积的 84.9%，地形总体特征是南高北低，东西山川起伏，全市海拔一般在 $300\sim500m$，地势最高点为东南部的龙王山，海拔 $1\,587m$，地势最低点为北部港口镇，海拔仅 40m，境内海拔千米以上山峰有 19 座。宁国市境内地层比较完整，从元古界震旦系至新生界第四系皆有出露。全市以沉积岩分布最广，砂岩、粉砂岩、页岩最为常见，西津河以东岩性比较复杂，有较大面积石灰岩出露。宁国市土壤具有明显的垂直分布土壤带，海拔 $650\sim750m$ 以下主要分布黄红壤和红壤，面积占全市总面积 72.5%；海拔 $700\sim1\,100m$ 主要分布山地黄壤，土壤 pH 5 以下；海拔 $1\,100m$ 以上为山地黄棕壤，pH4.7；它们相互过渡的上限和下限不是在同一水平线上，而是交叉相嵌分布。紫色土、石灰土、潮土则是随成土母质而定，水稻土是受人为水耕熟化，全市各地都有分布，主要集中在海拔 200m 以下，有机质含量平均值为 2.9%。

（2）气候特征。宁国市属北亚热带季风亚湿润气候区。气候温和，雨量充沛，日照充足，四季分明。全年太阳辐射总量为 $4.74×10^5\,J/cm^2$，年平均总日照时数为 $1\,981.3h$。年平均气温为 15.4 ℃，历年最高气温 41.1℃，历年最低气温为 -14.5℃，全年无霜期 226d，有效积温 4 883.7℃。年均降水量 1 426.9mm，但年际变化较大，最多的 1983 年为 1 948.4mm，最少的 1978 年为 922.6mm，降雨主要集中在 $5\sim7$ 月，因落差较大易洪涝；年均蒸发量 1 464.4mm。最多风向为偏北风，南风次之。宁国市地势垂直差异明显，山区小气候独特，既有亚热带的光、热、水的宽裕条件，又有暖温带的辐射量高、温差大的特点，适宜农林牧业生产和多种经营。

（3）河流水系。宁国市共有大小河流 465 条，10km 以上河流 34 条，河道总长度 1 734.6km，分属水阳江、青弋江、钱塘江、太湖 4 个水系。其中主干流东津河、中津河、西津河由南向北在河沥溪街道附近汇入水阳江，流域面积为 $2\,369.4km^2$，占全市总流域面积 96.8%。

（4）环境质量现状。2007 年，宁国市大气环境质量在全省城市环境综合整治定量考核中名列县级市第一；二氧化硫、二氧化氮等主要监测项目日均值均符合《环境空气质量标准》Ⅱ类标准；城市饮用水源地水质均达《地表水环境质量标准》Ⅱ类标准。

1.2.4　生物物种

宁国山核桃面积和产量位居全国第二，早竹、笋干竹、元竹、青梅、银杏、杜仲居全省前茅，毛竹居全省第二，属于省重点茶、香菇产区之一。杨山猪为著名的地方良种猪。宁国市野生动植物资源尚未进行全面普查，据 1991 年专家在板桥有限范围内初步调查，蕨类植物有 22 科 58 种，裸子植物有 6 科 13 种，被子植物有 108 科 675 种，其中，国家 2 级保护植物 3 种，3 级保护植物 7 种，省级保护植物 3 种。兽类 18 科 40 种，鸟类 40 科 127 种，两栖类 8 科 18 种，爬行类 9 科 30 种，其中国家 1 类保护动物 4 种，2 类保护动物 20 种，省 1 级保护动物 17 种，省 2 级保护动物 45 种。

1.2.5　矿产资源

全市矿产资源共有 8 大类、30 多个矿种，主要有陶土矿、紫砂陶、水泥石灰石等，其中陶土矿储量全省第一。紫砂陶属于省内独特产品，透闪石石棉为全国唯一产区，水泥石灰石和配料贮藏量大、品位均一；能源资源较丰富，全市煤炭工业储量 2 284 万 t，石煤工业储量 7.5 亿 t。水能理论蕴藏量约为 44 万 kW（不包括港口湾水库装机容量）。

1.2.6　旅游资源

宁国市旅游资源丰富，名胜古迹有"山门洞""千秋关""仙人塔"、明代建筑上坦大桥和清代建筑河沥溪古桥等，清邑人周赟有诗："天下之奇山门有，山门之奇天下无"；唐诗人罗隐有："想望千秋岭上云"之咏。此外还有通灵峰、黄颜石室、龙王潭、关岭天池、千人墓洞、潘茶古戏台等自然人文景观。位于宁国市西部的恩龙世界木屋村是一个以绿色生态为主题的国家 4A 级旅游景区，占地 300 余 hm²，内有木屋别墅群、民俗风情园、恩龙湖、植物园、特色林果园、千亩银杏园及多功能环湖餐厅与会议中心。位于宁国市东部群山之中的夏霖风景区，西望黄山奇景，南眺西湖秀色，境内奇峰幽洞无数，孤壁绝崖万千。被专家誉为"一级空气一级水"的青龙湾生态旅游区集山景、水景和人文景观为一体，森林覆盖率达 75.85%，湖面延绵 34km²，有 38 个岛屿，湖光山色、绚丽多姿；石柱山风景区是一个集奇、险、秀为一体的自然生态风景区，景区内植被葱郁、森林茂密、石峰耸立、瀑布飞溅、古树参天，气候宜人；石观音、石长城、百丈天梯、骆驼峰、迷人情人谷等独特景观为皖东南之最，此外还有解带山风景区、方塘世京果园、东津河漂流以及板桥古溶洞群等旅游景点。

1.3　经济价值和生态效益

1.3.1　经济价值

（1）山核桃果仁的营养价值。山核桃仁营养丰富，含有大量脂肪、蛋白质、钙、镁、磷、锌、铁及多种维生素。山核桃仁中油脂含量为 69.8%～74.01%，其中不饱和脂肪酸占 88.38%～95.78%，超过油茶 4 倍，比橄榄油还高。山核桃仁中含有 17 种氨基酸，总量达到 27.2%。长期食用，可以补气养血、润肺健脑。山核桃仁味道鲜美、风味独特，广泛用于食疗、主食、糕点及高档菜肴的配料。

（2）山核桃壳的利用。山核桃壳是一种制取汽车轮胎耐磨添加剂和制作优质活性炭的原料，还可以生产碳酸钾和焦磷酸钾。以山核桃壳为原料提取的食用棕色素带有淡淡的香味，并具有良好的耐热性和抗氧化性，提取后的残渣仍可用于活性炭制取。

（3）山核桃青皮的利用。山核桃青皮为山核桃未成熟时外部的一层厚厚的绿色果皮，在中医验方上叫青龙衣，它是一种有毒物质，正常人服用过量会导致死亡。山核桃青皮成熟后为深褐色，提取的色素为酒红色，有植物的清香味，是一种具有开发前景的食用色素，也是生产低毒、无污染、环保型农药的原料。

（4）山核桃木材的利用。山核桃的木材材质坚硬、纹理直、抗腐、抗冲击性能强，但易翘裂，经处理后为优良军工用材，亦为车轮、船及其他建筑的好材料。

1.3.2　生态效益

山核桃根系发达，分布深广，可以固定土壤，缓和径流，防止侵蚀冲刷，是绿化荒山、保持水土的优良树种。山核桃适宜在石灰土上生长，宁国市的石灰岩山地形成了茂密的山核桃林，因此山核桃是部分石灰岩地区的适宜造林树种之一（图 5-6）。

图 5-6　山核桃生态效益

2　品种资源及利用

　　山核桃属共有 18 个种，4 个变种，山核桃是其中果实食用品质最好的 1 个。长期以来，山核桃产地均采用实生繁殖，无确定的品种。新中国成立后，浙江农林大学等单位相继开展了山核桃良种选育工作。2006 年，浙江农林大学选育了 3 个山核桃新品种，即浙林山 1、2、3 号，虽然取得了初步成效，但山核桃仍是我国目前还未实现良种化的经济树种之一。

　　山核桃果核果形差异不大，平均单果重 4.2g，已查明有 2 种类型：圆果种和扁果种。绝大多数山核桃属于圆果种类型（图 5 - 7），坚果尖卵形，果顶尖锐，茎部圆（图 5 - 8），左右两半歪斜大小不对称，果壳厚（图 5 - 9），内壁有 2 个大分隔、6 个小分隔，壳较易剥，种仁常完整（图 5 - 10）。扁果种的坚果扁圆形，果顶尖，稍有突起，基部圆，壳较厚，内壁有 3 个大分隔，再分为 9 个小分隔，因壳内沟纹多，剥壳较难，剥出的种仁多不完整。

图 5 - 7　山核桃果实

图 5 - 8　山核桃果核顶部

图 5 - 9　山核桃果核底部圆

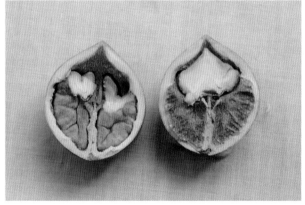

图 5 - 10　山核桃果核剖面

3　生物学特性

3.1　生长习性

3.1.1　根系

（1）根系的类型。到目前为止，山核桃的繁殖仍然是以实生繁殖或实生繁殖后嫁接良种为主。因此，山核桃的根系基本上属于实生根系。特点是主根发达，根系分布较深，生命力强，对环境条件有较强的适应能力。山核桃根系包括主根、侧根和须根3个部分。

主根。由种子的胚根发育而来的垂直向下的大粗根。它的作用是固定支持地上部的树干和树冠、增加根系的垂直分布深度、产生侧根以及运输根系吸收的水分、养分到地上部等。山核桃主根十分粗壮，但随着向下伸展粗度递减加快。

侧根。在主根上发生的向四周延伸的大粗根。侧根可增加根系的水平分布范围，与主根共同构成根系的骨架，与主根有相同的作用。树体在水平范围内对土壤水分和营养的吸收利用程度，取决于侧根的发育程度。

须根。在主根和侧根上形成的粗度2mm以下的细根。须根是根系中最活跃的部位，可促进根系向新土层的推进，既是根系的伸长生长部位，又是根系从土壤中吸收水分和养分的部位。

（2）根系的分布。山核桃的主根虽粗壮，但其穿透力不强，在其向下发展过程中，遇到石块或坚硬土层时，即发生扭曲或分叉，然后沿水平方向辐射伸展，或绕过石块继续向下生长的，但其粗度要明显变细，因此山核桃的主根分布深度随土壤而异。土壤深厚，根深可达1.5m以上，但一般土壤根深在1.0m左右。山核桃的侧根在地表30cm的土层内最多，在此土层细侧根（直径在8mm以下的）占整个细侧根的70%～93%，而主侧根（直径在8mm以上）占整个主侧根的69%～100%（图5-11）。栽培在山坡上的山核桃，根系向下坡发展的多于上坡及两侧，而两侧又多于上坡，有的主侧根原来生长于上坡，也会扭转向下坡发展（图5-12）。

图5-11　山核桃主侧根　　　　　　　　　　　图5-12　山核桃根系分布

（3）根系的生长特性。山核桃根系与地上部一样，也有1个发生、发展到衰亡的过程。不同年龄时期根系有不同的生长特点。在幼年时根系生长最快，1～14年为根系极性生长时期，其中1～5年生长最快，根幅生长旺盛期为3～22年生，其中3～13年生长最快，35年生以后根幅基本停止扩长，以后由于树势衰弱反而缩小。15年生以前根系数量增长很快，很少有死根，以后随年龄增长死根绝对数及其所占比重均不断增加，65年生的老年树死根可达30.5%。

3.1.2　枝条

（1）枝条的种类。山核桃的枝条按年龄可分为1年生枝、2年生枝和多年生枝；按生长结果的性质，可分为营养枝、雄花枝、雌花枝及雌雄花混合枝。

营养枝（5-13）。生长季节只长叶片不开花结果的枝条。依其长度可分为短枝、中枝和长枝。其中，长枝可分为发育枝和徒长枝。发育枝是由上年的叶芽发育而成的健壮营养枝，其上叶片多，叶面积大，但没有花芽，旺盛的发育枝，顶端多抽夏梢，以延长枝形式向前生长。在未结果以前的幼树，全部枝梢均为发育枝，结果以后，随着结果枝数量的逐年增加，发育枝的比例逐年减少。营养枝是扩大树冠增加营养面积和形成结果母枝的基础。徒长枝多由树冠内膛的休眠芽（潜伏芽）萌发而成，徒长枝角度小而直立，一般节间长，不充实。这种枝条可根据情况疏去或者短截培养成结果母枝，以充实内膛。

雄花枝（图5-14）。为生长细弱或叶片不发育的春梢，其上仅生雄花不生雌花，雄花开放后多枯死，这种枝耗营养，多了没有什么经济意义，是修剪对象。雄花枝多着生于短果枝丛上，且其上不会抽生夏梢，在老树上较多。

图 5-13　山核桃营养枝

图 5-14　山核桃雄花枝

雌花枝（图5-15）。为生长旺盛的春梢，仅在梢顶着生雌花，不生雄花。这种枝条在初结果的幼树上较多，以后随着树龄的增加而递减，且多发生于主、侧枝的延长枝上。

雌雄花混合枝（图5-16）。为结果枝的主要形式，80%以上的结果枝均属这种枝条，在其顶部着生雌花序，叶腋内及枝条基部光秃部分着生雄花序。雌雄花混合枝，多着生于短果枝丛上，且其上不会抽生夏梢，盛果期树着生这类枝很多。

图 5-15　山核桃雌花枝

图 5-16　山核桃雌雄花混合枝

（2）枝条的生长特性。山核桃枝条的生长受树龄、营养状况、着生部位及立地条件等的影响，由去年形成的短枝状裸芽或混合裸芽春季萌发后形成春梢，随着气温的逐渐升高，新梢生长逐渐加快，

4月中旬，在春梢顶部形成雌花芽，4月下旬为雌花序旺盛生长期，5月上旬着生雌花芽的春梢停止生长，而在一些生长旺盛，没有结果的春梢上，再由春梢顶部生长点延伸而形成夏梢，在幼年阶段夏梢多，生长量大，待结果以后，随着年龄的增长夏梢逐渐减少，且多发生于主、侧枝的延长枝上，生长也逐渐减弱，夏梢生长期在5月初至7月底，也有延续至9月初才停止生长的即成为夏秋梢。一般夏梢及夏秋梢上所抽的短枝状裸芽，不能形成花芽，仅少数生长停止较早的可以形成花芽，成为第2年的结果枝。

春梢为结果枝，同时春梢上又抽生短枝状裸芽为下年结果枝的基础，因此它又是结果母枝。短枝状裸芽萌发成春梢后，其长度和粗度增加很少。而春梢的粗度与其结果和育芽能力呈正相关。据调查，春梢粗度在2.5mm以下基本不能结果，抽生裸芽的能力也极差，粗度3.5～4.5mm的能正常结果，抽生裸芽能力中等，粗度4.5mm以上春梢结果能力强（70%以上可成为结果枝），且其上短枝状裸芽也萌生多，生长健壮，次年可变为结果枝。这说明春梢越粗、长，叶片数越多，结果和萌芽能力越强，所以春梢生长好坏不仅与当年产量有直接关系，对次年产量也有影响。因此要使山核桃高产稳产，必须采取措施促进春梢及其短枝状裸芽发育健壮。

（3）山核桃枝条的结构特性。山核桃枝条有很大的中空的髓心（图5-17），并且髓心中具有间断的隔膜，隔膜的疏密程度与枝条当时的生长速度有关。生长速度快时，髓心中的隔膜稀疏，生长速度慢时髓心中的隔膜较密。由于具有髓心，枝条被截断后，水分散失速度较快，在剪截

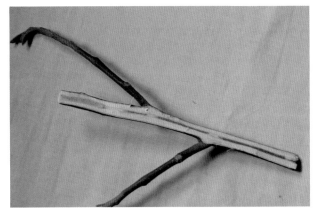

图5-17　枝条内部结构

枝条时要在芽上端多保留一段枝条，以防芽体失水风干。

（4）干性。在自然生长的情况下，树干自然向上延伸的能力叫干性。山核桃树干性强，树高一般为12～13m，最高可达30m左右。

3.1.3　芽

（1）芽的类型。根据芽的形态、构造及发育特点，山核桃的芽可分为混合芽（雌花芽）、雄花芽、叶芽和潜伏芽。

混合芽（图5-18）。多着生于结果母枝上部的1～3节，单生或与叶芽、雄花芽上下呈复芽状态叠生于叶腋间，混合芽的顶部着生雌花芽，中下部叶腋中着生雄花序。混合芽萌芽后抽生结果枝，其顶端开花结果。混合芽只着生于壮枝上，弱枝的顶端不能形成混合芽。具有健壮的混合裸芽是山核桃高产稳产的基础。

图5-18　山核桃混合芽

图5-19　山核桃雄花芽

雄花芽（图5-19）。萌发后只能形成雄花序。山核桃的雄花芽为纯花芽，着生于短枝状裸芽的叶腋或基部光秃处，雄花芽的形成在分化时受枝条的营养状况影响，营养状况良好时分化成混合芽，营养状况不良时分化为雄花芽。雄花芽的发育与开放要消耗大量营养，可以在早期适当疏除雄花芽或雄花序，以集中营养用于坐果。

叶芽（图5-20）。萌发后只抽生枝、叶而不开花。

潜伏芽。也叫休眠芽，位于枝条的基部或下部，在正常情况下不萌发，当受到外界刺激后才萌发，成为树体更新和复壮的后备力量，其寿命可达数十年或几十年以上。

（2）芽的特性。在山核桃1年生枝条上，不同部位的芽在分化和发育形成过程中，由于所在的节位得到的光合产物量不同，形成的芽的质量也不同，春梢上部和少数停止生长早的夏梢的中上部，形成的饱满短枝状裸芽，有的分化成混合花芽，萌发后可以开花结果，有的可以抽生壮枝。而春梢下部和春、夏梢交界的盲节上部的芽体比较瘦弱，有的萌发后抽生弱枝，有的甚至不萌发而成为潜伏芽。

图5-20　山核桃叶芽

3.1.4　叶

（1）叶的功能。叶片可以通过光合作用制造有机养分，又是地下传输来的矿质营养的贮存库。通过对叶内矿质元素的诊断，可以了解树体的营养水平。叶片通过气孔可以吸收水分和养分，生产上可利用这种功能进行叶面施肥。

（2）叶的发育过程。4月初，叶片开始少量展开，随着新梢伸长，叶片逐渐增多和增大，叶面积也相应增大，到4月底，全树的叶面积大小基本稳定。

（3）叶的形状和大小（图5-21、图5-22）。山核桃的叶片多为奇数羽状复叶，复叶叶柄无毛或近无毛，小叶数多为5～7片，小叶卵状披针形，顶端渐尖。叶平均长为12.5cm，宽为3cm左右。

图5-21　山核桃叶片

图5-22　山核桃幼叶背面

3.1.5　花

（1）花的结构。山核桃为雌雄异花同株，雌花着生于枝梢顶端，为穗状花序（图5-23），每穗花3朵，个别有4朵，通常下部两朵无柄，顶花多具细长花柄，一般发育较差，难坐果；雄花为三出柔荑花序（生于枝梢的中下部叶腋），平均长度28cm左右，数量很多（图5-24），雄花序总梗较短，长0.7～1.5cm，雄花的苞片、小苞片和花药均有毛。

图 5 - 23　山核桃雌花序

图 5 - 24　山核桃雄花序

（2）花芽分化

雌花芽的分化。山核桃雌花芽未分化期外部形态与叶芽的相似，花序原基顶端生长锥呈尖圆状；雌花芽的分化与早春气温回暖的早迟有关，不同年度雌花芽开始分化时间常在 3 月底与 4 月中旬之间。黎章矩等研究发现，1984 年 4 月 13 日生长锥开始变形，4 月 17 日花序轴快速伸长，雌花原基出现，4 月底雌花小孢片及心皮原基出现，5 月初已可见胚珠原基，5 月 6 日雌花在外形上已肉眼可见。黄有军等研究发现，雌花芽 3 月末开始分化，生长点长大，顶端变宽呈半圆形；4 月上、中旬雌花原基出现，生长锥顶端形成 3 个突起，生长锥两侧突起分别为第一小花原基和第 2 小花原基，中央顶部为第 3 小花原基。小花原基进一步发育，形成椭圆形的小花原始体。4 月中旬总苞出现，雌蕊原基可见。总苞形成期每 1 小花周围形成 1 个总苞片和 3 个小苞片。4 月下旬胚珠原基出现。5 月初雌蕊发育成熟，胚囊形成。从雌花芽开始分化至雌花开放，需要 30d 左右。

雄花芽的分化。雄花芽的分化时间较长，一般从开始分化至雄花开放约需 11 个月。雄花芽着生在结果母枝上，5 月下旬坐果后，当年结果枝果序基部不育叶叶腋上部 1 个芽发育成短枝状裸芽（翌年的结果母枝），6 月上中旬随果实膨大而伸长，结果母枝在形态学下端第 2～4 个芽开始雄花芽的分化，据黎章矩等观察，生长锥迅速伸长，分化出 3 个雄花序轴原基；6 月底，花序轴全部形成，但大苞片及雄花原基仍在快速生长，直到 7 月中旬，逐渐停止分化，进入休眠期。翌年 3 月底至 4 月初，雄花原基恢复分化，原基顶部先变宽厚，4 月上旬雄蕊原基出现，4 月中旬雄蕊原基进一步分化出花药组织和花丝，4 月下旬，花药组织出现孢原细胞，个别出现花粉母细胞。5 月上旬，花粉囊中产生单核花粉粒，雄花已开始成熟，5 月中旬雄花开放散粉。

同一雄花序上的单花，基部小花先于顶端小花分化，因此，在开花时基部小花也明显早于顶端小花。从雄花芽开始分化到形态建成，持续期约 11 个月左右，这是消耗树体贮藏营养的重要阶段。雄花芽过多容易导致树体营养亏缺和不足，从而引起雌花发育不良和落花落果。

（3）开花。

雄花开放特点。3 月底至 4 月初雄花芽萌动后，花序开始膨大伸长（图 5 - 25），由褐变绿，经 15d 左右，花序平均长度可达 11cm 左右，随后伸长加快，到 4 月底伸长停止，平均长度大约 28cm 左右，有的可以长到 35cm 以上。基部小花开始分离，萼片开裂，显出花粉，再经 1～2d，基部小花开始散粉并向先端延伸，此时为散粉盛期（图 5 - 26），可持续 2～3d，中午气温最高时散粉最快。散粉完毕后，雄花序变黑脱落。如天气晴朗，一株树的雄花期仅 5d 左右。散粉期如遇低温、阴雨、大风等，则对树体授粉受精不利。

图 5-25　雄花芽膨大伸长

图 5-26　雄花开放

雌花开放特点。5 月初雌花芽分化完成后，在春梢顶端露出单生或簇生的雌花。雌花初露时有小子房露出，此时无授粉受精能力。经 5～8d，子房逐渐膨大，羽状柱头开始向两侧张开，雌花小花柱头颜色变成紫红色并分泌出黏液时，即该雌花开放（图 5-27）。雌花期较长，1 株树上发育健壮的枝梢上的花先开，枝梢细弱或花发育不良的迟开，在正常情况下雌花期可持续 6～10d。雌花授粉受精后 3d 左右柱头由紫红色变为紫黑色（图 5-28），并逐渐枯萎，如未授粉，它可在开放后 5～10d 内保持柱头不萎，等待授粉，如果花期气温较低，等待时间还会延长，这一特性为花期常遭阴雨影响的山核桃采用人工辅助授粉提供了有利条件。

图 5-27　雌花开放

图 5-28　授粉受精后的雌花

3.1.6　果实

（1）果实的结构。山核桃果实为坚果（图 5-29），最外侧为总苞，也叫青皮。总苞肉质，果实具 4 棱，羽状突起明显，厚 0.1～0.3cm，主要由石细胞、木质素等组成，具有对外种皮的保护作用，果实成熟时青皮由绿变黄、开裂，与外种皮分离。青皮内侧是外种皮，为骨质化的坚硬核壳，厚 0.3～2mm，主要由木质素构成。核壳由两半组成，中间结合部分为缝合线，核壳表面有浅沟状刻纹。果核内有发达的隔，无胚乳，子叶（种仁）肥大，为食用部分。

山核桃果核（指脱去外果皮的坚果）呈倒卵形或椭圆状卵形，基部圆形，顶端尖，长 2～2.5cm，宽 1.5～2.2cm，核仁是主要食用部分。

图 5-29　果实

（2）果实发育。山核桃从雌花柱头枯萎到总苞变黄开裂、果实成熟为止，一般约需120d（图5-30）。果实的发育可分为3个时期，即果实膨大期、种仁填充期和果实成熟期。

果实膨大期（图5-31）。据解红恩等观察，在6月10日之前，果实直径日平均增长0.24mm，6月10日至7月8日，是果实迅速膨大期，果实直径日平均增长0.50mm，果实干质量日平均增加量是5月份的24.2倍，此期也是山核桃落果高峰期。7月8日至8月5日，果实生长速度放缓，果实直径日平均增长0.25mm，果实干质量日平均增加量是5月份的8.6倍，此后直到采收，体积和干质量不再发生变化。山核桃果实膨大呈现慢—快速—慢速—稳定的生长规律。

图5-30　幼　果

图5-31　果实膨大期形状

种仁填充期（图5-32）。从8月初至9月成熟，果实质量不再增加，但种仁的质量不断上升，主要是胚发育以及山核桃粗蛋白质和可溶性糖等营养物质逐渐转变为脂肪过程，核仁不断充实，此期是山核桃品质形成的重要时期。

果实成熟期（图5-33）。从8月下旬至9月上旬，果实青皮由绿变黄，有的出现开裂。据研究，此时山核桃果实的粗蛋白质和可溶性糖含量均达到最低点，但种仁的质量和脂肪还在上升阶段，因此，为提高果实品质，不宜过早采收，最好在白露后采收。

图5-32　种仁填充期形状

图5-33　果实成熟期形状

3.2　结果习性

3.2.1　结果年限

山核桃为落叶乔木，在一般管理情况下，实生山核桃定植后7～13年开始结果，15年后产量增加很快，18年生后进入盛果期，至50～65年生以后产量下降，进入衰老期，但在立地条件好的地方，100年生大树仍结果累累。

3.2.2　结果部位

进入结果期以后，生长充实的新梢顶芽及其以下的几个腋芽易形成混合芽，第 2 年这些混合芽的顶端便可着生雌花。结果枝在结果以后，不再抽枝，其下的 1～3 个叶腋间的裸芽，在营养充足条件下，可于当年形成混合芽，第 2 年抽生结果枝结果，但一般因结果时消耗营养过多，而无力形成混合芽，第 2 年就只能抽生发育枝，转化为结果母枝后，才能再抽枝结果（图 5 - 34）。

图 5 - 34　山核桃结果部位

3.2.3　授粉与结实

山核桃是风媒花，进行人工辅助授粉可以保证稳定的产量。山核桃雌花可在开放后 5～10d 内保持柱头不萎，等待授粉，但授粉的最佳时间是雌花开放后 6d 内。

山核桃花粉在常温干燥器中贮藏，可保存 10～13d，冰箱中贮藏可保存 20d 左右，在 -40℃贮藏条件下，能保持长时间较高的活性，可用于第 2 年的辅助授粉。山核桃花粉的发芽率一般在 40% 以上，其中大约有 20% 是败育的，因此，授粉数量相对要多些。

山核桃坐果率要达到 35% 以上才能丰产，只有完成受精过程的花才有可能坐果。花期如果遇低温多雨，可导致授粉受精不充分，花期遭受花蕾蛆的危害或树体营养不良等，都可造成落花落果。

3.3　主 要 物 候 期

在宁国市山核桃每年 3 月底 4 月初开始萌芽，4 月中上旬展叶，4 月底至 5 月上中旬开花，5～7 月为果实膨大期，8～9 月上旬为果实及油脂生长期，9 月上中旬果实成熟，10 月底至 11 月上中旬落叶，此后进入休眠期（图 5 - 35），整个生长期为 210～220d。

图 5 - 35　落叶后的山核桃林

3.4　对环境条件的要求

3.4.1　海拔高度

山核桃对海拔的要求不高，在现有产区，海拔从 50～1 200m 都有山核桃的分布，但以海拔 200～700m 地带的中低山山腰和山脚，土壤深厚、水分条件较好的避风处为宜。宁国山核桃分布于坡度 15°～40°的山地居多，在平原、低丘陵地带，由于阳光直射，光照强，气温高，地下水位高，土壤排水不良，往往分布较少，人工造林也很难成功。

3.4.2　温度

山核桃喜凉爽湿润的气候，要求年平均气温 15.5℃，1 月平均气温 2.9℃，7 月平均气温 27.6℃，绝对最低温度－13.3℃，全年降水量1 400mm左右。山核桃必须经受 60～80d 的连续 5℃左右的低温，否则不开花或开花不盛、结果不多。4～5 月正是芽分化及开花时期，如果此时遇到 10℃以下的低温，特别是在 4 月中下旬至 5 月中下旬，气温太低或变幅太大，对花的发育和授粉受精不利。

3.4.3　光照

山核桃为中性偏阴树种，年光照时数 1 700～1 800h，日照率 40％～43％为宜，在深山谷地或半阴坡生长良好，而在向阳干旱地带则生长不良，尤其是在幼苗幼树阶段，喜阴怕旱，怕日灼，需要做好遮阴工作。到了成年期，对光照的要求逐渐增加，结果期要求有较为充足的光照。在水份条件满足的情况下，较强的光照有利于结果。

3.4.4　水分

山核桃生长发育要求有充沛的雨水，在丘陵地带，高温干旱往往是发展山核桃的限制因子。山核桃在不同的物候期对水份要求不同，一般 4 月下旬以前的春梢生长、花器发育期要求雨水均匀，4 月下旬至 5 月下旬的花期最怕连阴雨，如遇连阴雨则授粉受精不良，坐果率低。

3.4.5　土壤

山核桃对土壤的适应性较广，在花岗岩、板岩、石灰岩等发育的土壤中都能生长，但在土层深厚、湿润肥沃、pH 5～6 的土壤中生长旺盛、结果多。而土层浅薄、贫瘠、黏重的土壤由于排水不良和保肥保水能力差，生长不良。在红壤土，因酸度大，虽可生长，但结实差，产量低。积水地方则生长不良或不能生长。

4　育苗和建园

4.1　育　　苗

山核桃人工育苗近十几年才开始兴起，以往产地都靠挖野生山核桃苗造林，苗木质量差，造林成活率低，生长势弱，而且破坏生态环境，同时连年挖掘野生山核桃苗，野生苗资源急剧减少，远不能满足生产需求。由于山核桃嫁接技术尚不成熟，目前大部分产区主要采用种子播种育苗、实生苗造林，由于不同单株之间产量和品质差异较大，为了提高山核桃产量和质量，应采用优质实生苗木或嫁接苗建园。

4.1.1　实生育苗

(1) 种子的采集与贮藏。

采种。选择生长健壮、无病虫害的壮龄树为采种母树。当果实形态成熟，即青皮由绿变黄并开裂时即可采收，一般在 9 月上、中旬（白露后）为宜，自然脱落果最佳（图 5 - 36）。未脱青皮的青果堆沤 3～5d 后即可脱去青皮，脱去青皮的种子经过水洗，剔除漂浮种子后，薄摊室内 3～4d，并经常翻动，阴干后即可贮藏。秋播的种子外果皮不需脱落。

贮藏。山核桃种子无后熟期，秋播种子在采收后即可播种，带青皮播种也行。春播种子贮藏方法可以沙藏和干藏。沙藏是将阴干好的种子用湿沙（粗沙）分层贮藏在室内，沙子要用 0.5％ 多菌灵进行消毒处理，沙的含水量 3％～4％，沙以不黏手为好，1 层种子（厚 5～10cm），上覆 1 层沙（厚 4～5cm），堆高至 30～40cm，宽 1m，长度不限，种子数量大时，每隔 1m 竖 1 个草把以便通气，每隔半个月翻堆 1 次。干藏是将阴干的种子装入袋或缸等容器内，放在经过消毒的低温、干燥、通风的室内或地窖内。种子少时可以吊在屋内，既防鼠害，又可以通风散热。

图 5 - 36　山核桃成熟果蒲

(2) 苗圃地选择与整地。根据山核桃幼苗怕强烈日照和怕积水的生态习性，圃地最好选择海拔高度 200～500m、排水良好、灌溉方便、土壤肥沃的阴坡山圩田（地），沙壤土为好，尤其以疏林下育苗最好，避免重茬地。播种前，根据地力施入厩肥 30～75 t/hm²，过磷酸钙 300～400kg/hm²，将圃地适当深翻、耙平后起垄做床，苗床宽 1m 左右，高度 25cm 左右。

(3) 催芽。秋播前催芽，山核桃种子在温度 10℃ 以上就会发芽，9 月上、中旬采种后，湿沙贮藏催芽，种子开裂发芽后，分批播种（未开裂发芽种子继续催芽），应注意不能将胚根催得太长（一般不超过 1cm），否则将影响出土。

春播前催芽。沙藏种子，需在春播前 20d 左右，加大沙的温度（含水量 5.5％～7.0％）进行播前催芽，并增加室温到 10℃ 以上，每隔 1 周翻动 1 次，待种子开裂或发芽（长出胚根），及时分批播种。干藏种子播种前 30～40d 与湿沙按 1：3 混合，置于室内，上覆稻草，每 3～5d 洒水 1 次，保持含水量在 50％ 左右，待种子开裂时播种。

(4) 播种。

播种时间。山核桃无休眠期，只要温度、湿度适宜，就可以萌发，因此，秋季、冬季、春季均可播种，以秋播最好。秋播不宜过早，9月下旬至10月为宜，当年可发芽出土，年内苗高可达10cm以上。冬播12月至翌年1月，种子当年不发芽，因种子在土壤中吸足水分，次春发芽早。春播不催芽的种子，越早播越好，最迟不能迟于3月中旬，经催芽的种子，可在3月底至4月初播种。

播种方法。山核桃属于大粒种子，成本高，为节省种子，多采用点播（图5-37、图5-38）。苗床宽1m左右，高度25cm，播种前先浇1次透水，待土壤湿度适宜时播种，株行距为5cm×（25～30）cm，这样出苗后，苗木可相互庇荫，有利生长，且可防日灼。种子要横放，裂口朝下，播种后覆土2.5～3.0cm，覆土不可太厚，因山核桃芽纤细，对土壤穿透力不强，如覆土太厚会使苗木闷死在土中，严重影响出苗率。通常秋播较深、春播较浅；缺水干旱的土壤较深，湿润的土壤较浅；沙土、沙壤土比黏土深些，每666.7m²播种量50～60kg（蒲250kg左右），出苗7 000～10 000株。秋播、冬播都要盖草覆地膜，并注意做好防冻、防旱、防烂根、防鼠害。春播后及时覆盖地膜或稻草，以提高地温、保墒，提高出苗率。

图5-37　带青皮播种　　　　　　　　　　　图5-38　种子播种

（5）苗期管理。

补苗。当新芽大量出土时，应及时检查，若缺苗严重，应及时补苗。补苗可用水浸催芽的种子点播，也可将幼苗带土移栽。地膜覆盖育苗时，在出苗期应及时检查，及时破膜。待外界气温、地温不断回升，再揭掉地膜。

遮阴。初生的幼苗嫩弱、喜阴、忌强光照射和温差大的变化，怕干旱和积水。5～9月要搭棚防晒，透光度30%～50%。海拔较高地段，应在苗床周围套种少量玉米遮阴。

断根。山核桃直播实生苗，主根较长，而侧根较少，为了控制主根生长过长，提高移栽成活率，可在6月中下旬对实生苗进行断根处理，即在行间距离苗木基部15～20cm处，用锹呈45°角斜插入地面，将主根切断。断根后每隔1周叶面喷施0.2%～0.5%尿素液或0.5%～1%叶面宝，连续3～4次，以促进伤口愈合及侧根发育。

防治病虫害。用10%吡虫啉2 500倍液喷杀蚜虫，播种翻耕土地时人工捕杀金龟子，也可选择20%氰戊菊酯2 000倍液等喷施防治；采取在排水沟堆草诱杀地老虎，清晨人工捕捉；防治根腐病需要及时排水，在苗木高20cm时，晴天每周喷1次50%甲基硫菌灵500～1 000倍液进行防治。

其他管理。5～6月是苗木生长的关键时期，根据墒情结合浇水追肥2～3次，每666.7m²面积用5kg尿素兑水浇施。7～8月雨量较多，注意排水，防止烂根，雨后要及时松土，防止土壤板结，并追施磷、钾肥2次。除草时应用手拔，避免伤到幼苗，拔草时间宜在早晚，忌在炎热中午。9～11月一般浇水2～3次，特别是最后1次封冻水，应予保证（图5-39、图5-40）。

图 5-39　1 年生山核桃幼苗

图 5-40　2 年生山核桃苗

4.1.2　嫁接苗的培育

（1）砧木的种类。

山核桃。以山核桃作砧木（本砧），由于山核桃形成层薄，嫁接时对接较难，且山核桃单宁含量较高，嫁接成活率较低。

枫杨。又叫坪柳、麻柳、水槐树等，为胡桃科枫杨属。在我国分布很广，多生于湿润的沟谷及河滩地。用枫杨作砧木嫁接山核桃可使山核桃在低洼湿润的环境中生长。枫杨种子来源容易，可节约大量山核桃种子。枫杨嫁接山核桃成活率高，但几年后逐渐死亡，能够存活的不多。

野生化香。胡桃科化香树属，主要分布于长江流域及西南各省份，是低山丘陵常见树种。对土壤的要求不严，酸性、中性、钙质土壤均可生长。耐干旱瘠薄，深根性，萌芽力强。用野生化香树嫁接山核桃，应选择根系在 5 龄以下、丛生枝干少的作砧木。砧桩粗度应在短截处直径 1.5～2.0cm 间最合适，过粗剪口当年难以愈合包被，过细嫁接苗生长发育势弱。

长山核桃。也叫美国薄壳山核桃、培甘，为核桃科山核桃属。原产北美，适应性强，嫁接山核桃成活率高，但后期表现还有待观察。

（2）接穗采集与贮藏。从树体健壮、进入盛果期的山核桃树树冠中、上部外围挑选粗壮、光滑、芽体饱满、无病虫害的 1 年生发育枝，切忌采集徒长枝或还没结果的山核桃树的枝条。山核桃接穗采集时期，因嫁接方法的不同而异。枝节所用的接穗，在春季萌芽前采集，采后每 50 根捆成一捆，用塑料薄膜包紧，放入 1～3℃冷藏库中保存。夏季芽接的接穗，接穗采下后，立即去掉复叶，留 2cm 左右的叶柄，将接穗下端插入水中 3～4cm，放在低温阴凉处，每天早晚各换 1 次水。芽接多为夏季，所用接穗随用随采或短暂贮藏，贮藏时间越长，嫁接成活率越低，一般不宜超过 5d。

（3）嫁接方法。根据嫁接所选用的接穗不同，可分为枝接和芽接两大类。

枝接。以枝条作接穗的嫁接方法。一般采取坐地双舌接和切接法。嫁接时间以春季进行为宜，最好在雨水至春分期间，最迟不过清明。以晴天无风天气最好。秋季也可以进行嫁接，但极易受冻害，影响成活率。室外枝接接穗保湿极为关键，可采用蜡封接穗、塑料条包扎接口后，外面再套上塑料袋等方法。①坐地双舌接（图 5-41）。在萌芽时进行，过迟影响成活。选择与砧木粗细相当的充实、无病虫害、水分充足、无坏死芽、髓心小的枝条作接穗，剪成 15～20cm 长、带有 2～3 个饱满芽的枝段蜡封；砧木和接穗各削 5～8cm 的大斜面，斜面大小以砧穗粗度的

图 5-41　山核桃切接

3～3.5倍为宜，斜面底端1/3处开2～3cm插口，接面要薄一些，否则结合不平。砧木和接穗削好后立即将形成层对齐插合，用塑料条绑扎。②切接。分为室内切接和室外切接，嫁接时选择与砧木粗细相当的充实、无病虫害、水分充足、无坏死芽、髓心小的枝条作接穗，先将砧木距根茎处8cm以上处剪断，并削平断面，然后选择砧木皮层平滑的一面用切接刀在皮层内略带木质处垂直切下，切口深2～3cm，使切开的小片连而不断。接着用快刀把准备好的接穗在芽同侧的下部，削成长2～3cm的平整切面，再在另一侧削长1cm左右的小斜面，接穗削好后，将大斜面朝里迅速插入砧木劈口，对准形成层。然后用薄膜带由下而上进行绑扎，绑扎时要包紧，包好砧木伤口及接穗顶端削口，但要露出芽苞。将室内嫁接好的苗木定植在苗圃地，苗圃地床宽100cm，株距10cm，行距25cm，用细土覆盖，厚度以微露苗木顶端为好，然后覆以塑料薄膜，膜内温度控制在30℃以下，经常喷水保持湿润。

芽接。芽接所用芽片要平，以当年生健壮发育枝中下部直顺光滑处的饱满芽为好，否则不易与砧木密接，影响成活率。芽接前10d、后15d不宜灌水，否则嫁接成活率下降。芽接效果较好的是方块芽接和带木质部芽接法。①方块芽接。嫁接最佳时期一般为5月20日至6月20日，平均气温24～29℃，温度过高、过低都不利于嫁接愈合。在优质接穗上选一饱满的芽，在芽上方和芽下方各1cm处横切1刀，在芽两旁各竖切1刀，用大拇指压住切好的长方形接芽的一侧，逐渐向偏上方推动，将接芽取下，取下的接芽要带有维管束。在砧木当年生的新梢上、离地面15～20cm处选光滑的部位，切取与芽片大小一样的皮，将接穗上的芽粘贴在砧木上，用塑料条绑缚严紧，芽和叶柄露在外面。在接芽上部保留2～3片复叶，剪除砧木上部其余枝叶，并将剩余部分叶腋内的萌芽全部抹掉。②木质部芽接法。一般春季到秋季，均可进行。将接穗在芽上1～1.5cm处向下斜削1刀，长2.5～3cm时，左手将芽片按住，然后右手持刀在芽下1cm处沿45°斜向下切入木质部至第一切口底部，取下带木质部的盾形芽片。再用同样的方法在砧木距地面5～10cm处，削成与接穗芽片形状基本相同或略长的切口，然后将接芽嵌入砧木的削口，用塑料条绑缚严紧，春季嫁接时，芽和叶柄露在外面；秋季嫁接时不露芽，不解绑，翌年立春萌芽时再解绑。

（4）嫁接苗的管理。

检查嫁接成活率。芽接10～15d后，若芽片新鲜、叶柄一触即落，表明接芽已经成活，否则，就没有成活，应及时补接。枝接3～4周后，若接穗韧皮部保持绿色，接芽开始萌动，表明已经成活，未成活者，及时补接（图5-42）。

除萌、剪砧。为了保证嫁接成活率和新梢迅速生长，应随时把砧木上所有的萌芽除去，当确认嫁接没有成活时，可在砧木上选留一位

图5-42　1年生嫁接苗

置好的芽培养，以备再嫁接，其余随时去掉。当接芽长到30cm时，在接芽上1.5cm处，将砧木全部剪掉。嫁接后，接芽生长到3～6cm时，即可解绑，解绑过早影响接芽生长，而解绑过迟因绑扎条纹缢，易被风刮折。

其他管理。嫁接后视土壤墒情，加强肥水管理，一般嫁接2周内不浇水、不施肥，当新梢长到10cm以上时应及时追肥、浇水和除草。新梢生长期要及时观察，注意防治食叶害虫。

4.1.3　苗木出圃

（1）出圃方法。山核桃当年生苗平均苗高一般不超过30cm，平均根粗仅0.3～0.5cm，侧根少，因此要2年以上苗才能出圃。但不少秋播苗因管理好，肥水足，当年根茎粗可达0.5cm以上，高达到80cm以上，这样的1年生苗，也可出圃。起苗从秋季落叶开始至翌年春季树液开始流动前都可进行。

山核桃幼苗根颈及其附近处多弯曲，起苗时若用力拉苗，易从此处断折。山核桃根含有较多的单宁物质，根皮破损，接触空气，易使根皮变黑、有碍生长。所以起苗时，不要用手拔，用锹起。苗木出圃前若土壤干燥，浇1次透水，以免起苗时损伤过多须根。对于过长的主根和侧根，可以切断。起

苗后，要及时定植或假植。

（2）苗木分级。苗木应达到地上部枝条健壮、成熟度高、芽饱满、根系健全、须根多等条件才可出圃。苗木分级的原则是品种纯正，砧木类型一致；地上部分枝条充实，芽体饱满，具有一定的高度和粗度；根系发达，须根多、断根少；无检疫对象、无严重病虫害及机械损伤；嫁接口愈合良好。苗木分级见表5-1。

表5-1　山核桃苗木分级

苗木种类	苗龄①	地径②（cm）		苗高（cm）		根幅（cm）	
		1级	2级	1级	2级	1级	2级
实生苗	1～0	≥0.7		≥60		≥25	
	2～0或1～1	≥1.0	≥0.8	≥100	≥80	≥40	≥30
嫁接苗	1（1）-0或1（1）-1	≥0.6	≥0.4	≥50	≥35	≥40	≥30
	1（2）-0或1（2）-1	≥0.8	≥0.6	≥80	≥50	≥50	≥40

①苗龄：第1个数字表示苗木在原地的年数，第2个数字表示移植后培育的年数，数字用短横线间隔；括号内的数字表示嫁接苗的年数。

②嫁接苗的地径指接口以上0.5cm处的直径。

资料来源：黄坚钦等，2009。

（3）苗木假植。出圃后的苗木如不能及时定植或外运，应及时进行假植。选择地势平坦干燥、背风向阳、排水良好的地块，挖深60～80cm、宽1.5m、南北向的沟，长度根据苗木多少而定。先把沟底10cm的土层刨松，然后从沟的一头开始，将苗木成45°角，一棵一棵摆开，排完一层后埋一层湿润细土或河沙，细土的数量以埋住嫁接口为宜，并摇动苗木，使土壤与根部密切接触，再排第2层，直到排完。所有苗木摆放完后，往沟里填沙子，深度应达到苗高的3/4，然后浇1次透水。

4.2　建　园

4.2.1　园地选择

山核桃为中性偏阴树种，从山核桃地理分布看，园地宜选择海拔200～800m海拔的丘陵低山，年平均温度在16.5℃左右，绝对低温-18℃以上，年降水量1 000～1 500mm，大气年平均相对湿度在80%以上，土壤深厚、水分条件好、pH为5.5～7，大气、土壤及水质量符合国家有关标准，避风的山麓、山凹处。

4.2.2　园地规划

（1）小区。根据地块形状、现有道路和水利设施等条件，划分若干小区，每小区面积以3～4hm²、形状以长方形为宜；有风害的地区，小区长边应与主害风方向垂直。山地山核桃园，地形复杂，土壤、坡度、光照等差异很大，每个小区面积以2～3hm²为宜，或根据情况再小一些，一般以山头或坡向划分小区，小区间以道路、防护林或分水岭为界。

（2）道路。道路分为主干道、次干道和区间作业道。主干道直接与外界公路相通，宽5～8m。次干道与主干道和区间作业道相接，宽3～5m，为小区分界线。小区作业道是贯通小区内各树行间或梯田各台面的人行通道或小型耕作机行驶道，宽1～3m。小型山核桃园，为减少非生产用地，可不设主干道。

（3）防护林。防护林可减少风害、冻害的危害，改善果园生态条件。山地山核桃林的主林带应规划在山顶、山脊以及风口处，与主害风的方向垂直，间距200～400m；副林带与主林带垂直，间距500～1 000m。平地山核桃林的主林带也要与主害风的方向垂直，副林带与主林带垂直。防护林最好与山核桃同年或提前1年栽植。防护林树种应选择生长迅速、树体高大、枝叶繁茂、抗逆性强、适应当地条件，与山核桃没有共同的病虫害、经济价值高的乡土树种，如杨、柳、泡桐、枫杨、酸枣、花椒、皂角等。

（4）排灌系统。山地山核桃园应结合水土保持工程，利用水库、蓄水池、泉水等引水上山，进行灌溉。平地山核桃园可引水修渠灌溉。起伏较大的山地山核桃园，多采用明沟法排水，集水沟修在梯田内沿，总排水沟设在集水线上，走向与集水沟斜交或正交。平地山核桃园是通过明沟排水系统排水，由小区内的集水沟、小区边缘的排水支沟与排水干沟组成。

4.2.3　定植技术

（1）整地。发展山核桃的宜林地，一般都是未经开耕的荒山、荒地。在建园之前必须进行整地，包括杂草灌木的清理和土壤耕作，为幼林生长创造条件。由于山核桃建园主要在山区，林地都有一定的坡度，在经过整地以后，破坏了原有植被，疏松了土壤，很容易造成水土流失。要建立丰产稳产的山核桃园，在建园整地开始就必须十分注意水土保持工作。在造林整地时采用"山顶戴帽子，山腰扎带子，山脚穿鞋子"方法，即留下山顶植被不开垦，山腰留下生草杂灌带，山脚植被也保护好的办法，以分段拦截径流。同时在整地中推广梯形整地，带状开垦，环山截水沟和鱼鳞坑等水土保持措施。这些措施都适用于山核桃建园。山核桃造林整地的具体类型如下：

全面整地。适宜坡度在 10° 以下，土壤深厚肥沃，通过全面开垦，然后定点挖穴造林，在幼龄阶段进行绿肥和农作物套种，以耕代抚，以短养长，为幼林速生丰产创造条件。

水平带状整地。坡度在 25° 以下的造林地一般宜用水平带状整地，方法是沿山坡等高线按一定宽度开垦水平带，带与带之间不开垦，留生草。每隔 3～5 带开 1 条环山截水沟。一般带宽 2m，带面可反向内倾斜，以利蓄水，带间生草带宽 4m，水平带种上树，每年抚育松土施肥，带间不松土，其上杂草于夏季生长茂盛时，割下铺于水平带面，可以防止水平带水分蒸发和增加土壤有机质。

块状整地。在坡度大于 25° 以上的造林地或石山区宜用块状整地。山核桃的块状整地一般在定植点 1m 直径范围内开垦松土，造林后 2～4 年内逐步拓宽开垦为（3～4）m×（3～4）m 的鱼鳞坑状，利用山地的石块垒于定植穴的下方，以保持水土。

（2）定植。山核桃栽植时间分为春栽和冬栽。一般海拔 700m 以上地区宜春栽，2～3 月之间，宜早不宜迟，否则墒情不好对缓苗不利。海拔 700m 以下，春栽、冬栽都可以，但要注意幼树防寒。

山核桃苗木定植前，应将苗木下部的伤根和烂根剪去，然后将苗木基部浸入清水中，浸泡 12h 以上，使苗木充分吸水，将从清水中取出的苗木，再用生根粉泥浆液蘸浆处理，以促进新根形成和提高成活率。

栽植密度株行距 3m×（5～6）m，以后疏为（5～6）m×6m。在整地时应挖好定植穴，要求定植穴长、宽各 50～60cm，深 50cm，每穴施有机肥 25～30kg，加 0.5kg 磷肥，栽植时先将拌有肥料的表土填入坑底，然后将苗木放入，舒展根系，然后填土至地面，边填边摇动并轻轻上提苗木，用脚踏实，最后以苗为中心，做成直径 1m 的树盘并立即浇透水，水下渗后，以苗木根茎和地面相平为宜。然后用地膜覆盖树盘，以增加地温，减少土壤水分蒸发，缩短缓苗期，提高苗木成活率。

（3）定植后管理。为了提高栽植成活率，确保幼树健壮生长，必须加强幼树的栽后管理。

除草。幼苗林地坡度在 25° 以上的不要全垦，以防止水土流失，每年根据树苗生长情况逐步把山核桃树周围的杂草去除，未垦的山地生长出来的草可以每年在 7 月底前割掉，撒在小苗周围，立秋后可再割 1 次，但不宜在树干周围堆大量的青草，以免草腐烂时发热灼伤根部或生虫。

肥水管理。秋栽的山核桃苗木，春季萌芽前浇 1 次水；春栽的栽后 15d 左右视墒情灌 1 次水，以后视土壤干湿情况适时浇水。栽植当年以叶面喷肥为主，展叶后每半月喷 1 次 300～500 倍液的尿素，7 月下旬停止氮肥供应；自 8 月起每半月喷 1 次 300～500 倍液的磷酸二氢钾，至落叶前结束；8 月中旬至 9 月上旬，沟施基肥，株施鸡粪 5kg、过磷酸钙 0.5kg，施肥后及时浇水。封冻前浇 1 次封冻水。

套种。山核桃幼林喜阴，怕高温干旱和日灼。坡度 25° 以下全垦的山地，在造林后 3 年内可以套种玉米等高秆作物为山核桃庇荫。在山核桃产区，过去传统经验是在山核桃林中套种油桐，利用油桐生长快、投产早的特点，一方面为山核桃遮阴，另一方面可获得早期效益，以短养长。套种作物与山核桃之间距离要保持在 1m 以上。如遇作物压制山核桃生长与树冠扩展时要及时清除，坚持以山核桃为主。3～4 年后山核桃进入旺盛生长期，及时改高秆作物为豆科作物或绿肥。

5　土肥水管理

5.1　土壤管理

山核桃为深根性树种，细根多，根系分布范围广，树体生长对土层厚度及土壤透水、透气性要求较高，科学合理的土壤管理是保证山核桃树生长发育良好以及提高产量和品质的保证，是栽培管理的1个重要环节。

5.1.1　土壤深翻

每隔2~3年深翻1次果园土壤，可以增加土壤孔隙度和保水能力，促进好氧微生物活动，有利于土壤有机质的转化和矿质元素的释放；可以减少病虫害，加深根系分布层，增加深层吸收根数量，提高根系吸收水分和养分能力，增强树势。深翻深度应在30~40cm，过浅效果较差。

（1）深翻时间。深翻宜在秋季果实采收后至树叶变黄以前，结合秋季施基肥进行。此期温度较高，正值根系第2次生长高峰，伤根容易愈合并能促发部分新根。

（2）深翻方法。

扩穴深翻。幼树期间，根据根系伸展情况，在定植穴边缘或树冠投影下向外挖宽、深各30cm的环状沟，把沟内石头及底土挖出后回填表土，每年向外深翻直至株行间全部翻通为止。

隔行深翻。盛果期果园一般进行隔行深翻，即第1年在2行之间深翻1行，第2年再深翻未翻的1行。深翻规格同扩穴深翻。此方法伤根少，每年只伤部分根，对树体影响较小。以后，每隔2~3年挖1次，深翻可结合施肥进行。

全园深翻。将定植穴以外的土壤1次深翻完毕，一般在建园前一次性完成，或在幼树期1次翻完。全园深翻1次需要劳力较多，但翻后便于平整，有利于操作。全园深翻适宜平地山核桃园，坡度在15°以上的山场不宜全园深翻。

深翻时应注意将表土与底土分开堆放，回填时先填表土，并混以绿肥、秸秆或经腐熟的人畜粪尿、堆肥等，后填底土，然后浇水，使根系与土壤充分接触。坡度在25°以上的林地，将挖出的石头垒在树根部下方1.5~2m，砌成半月形保水保土埂，以利水土保持。

5.1.2　中耕除草

在定值后的1~3年，每年要进行带状和块状中耕除草。除草时间以雨季结束后旱季到来之前为好。在苗木周围进行松土除草，松土深度8cm以内，根旁宜浅，外围适当加深，但不能伤及根系。除下的草应覆于根部，以防地表水分蒸发。中耕除草的带、块面积要逐年加大。第1年块状直径及带宽40~50cm，保留块、带周围及两侧杂草、灌木形成侧方庇荫，第2年70cm，第3年1m左右，3年后根系水平扩展每年达40~45cm，所以中耕范围也要求相应扩大。梯田和带状整地的，3年后就要在整个水平带及梯田上中耕，并把带间及梯壁上的杂草割下覆于山核桃根际。

5.1.3　土壤覆盖

在山核桃树下用鲜草、干草、秸秆、地膜等覆盖地面，可以起到减少地面水分蒸发、抑制杂草生长、保持土壤湿度、提高地温的作用，特别是坡地山核桃林，覆盖可以减少雨水对林地的直接冲刷、淋溶，有机覆盖物腐烂后还可以提高土壤肥力，改善土壤结构。

图 5 - 43　果蒲覆盖

（1）有机物覆盖。用鲜草、绿肥、锯末、干草以及作物秸秆等有机物覆盖树盘（图 5 - 43），一年四季均可进行，以夏末、秋初为最佳。覆盖厚度以 10～15cm 为宜，并在覆盖物上撒 1 层薄土，以防被风吹散或引起火灾。覆盖物经过 1 年以上后，可以在秋季深翻时结合施基肥翻入基肥沟内，次年再覆。但此方法易引起根系上行生长，使根系变浅。

（2）地膜覆盖。地膜覆盖具有增温、保湿、保墒提墒、抑制杂草等功效。一般在早春进行，最好在春季追肥、浇水后或降雨后趁墒覆盖地膜，四周用土压实。在干旱地区，春季栽植时覆盖地膜可有效提高幼树成活率。但地膜常造成白色污染。

5.1.4 生草

（1）生草的作用。山核桃园郁闭以前，在园内种植豆科牧草，如紫花苜蓿、三叶草等，可起到减少地表径流、保持水土的作用，牧草收割后，可作为绿肥用于园地，也可饲养牲畜，经牲畜转化为肥料来养树，减少化肥用量，提高经济效益和生态效益；草丛是一些有益生物的栖息场所，可改善果园的生态条件，减少害虫；果园生草后，增加了地面覆盖层，可调节果园地温、湿度，减小土壤表层温、湿度变幅，有利于果树根系的生长发育。

（2）生草的方法。土层深厚、肥沃，株行距较大的山核桃园，可全园生草（图 5 - 44、图 5 - 45）；土层浅薄、光照条件较差的果园，可采用行间生草，不管哪种方式，牧草种植都不要离树干太近，距离树干 1m 以上为宜。为控制草的长势，一般 1 年刈割 2～4 次。

图 5 - 44　果园生草（种植白三叶）

图 5 - 45　果园生草（种植油菜）

（3）生草注意事项。一是草与山核桃争夺肥水问题。这是果园生草栽培存在的主要矛盾之一，可通过选择浅根性的豆科草和禾本科草，并在草旺长期进行适当补肥补水，同时应在旱季来临前及时割草覆盖，减少蒸腾。二是生草与果园病虫害问题。一般而言，生草为病虫害提供食物和栖息场所，加重病虫害发生，但同时也有利于滋生和保护病虫天敌，减轻病虫害。调查和试验证明，天敌对病虫害控制作用大于病虫害造成的危害。三是长期生草影响土壤通透性问题。除采用经常刈割外，一般通过每隔 2 年左右，对草坪局部进行更新，5 年左右要全园更新深翻，可基本解决土壤通透性问题。

5.1.5 间作

平地幼龄山核桃园行间空地较大，为有效利用土地和光能，增加山核桃园的早期效益，达到以短养长，山核桃行间可以间作一些粮食和经济作物。同时山核桃幼龄阶段喜荫，套种农作物，特别是高秆作物，可以为山核桃遮阴，有利于山核桃的成活和生长。

图 5 - 46　果园间作

山核桃园间作种类和形式应以有利于山核桃

生长发育为原则（图 5-46）。幼龄山核桃园间作物要求植株根系浅，生长期短，大量需肥、需水时间与山核桃错开，病虫害少，与山核桃没有相同的病虫害或不能是山核桃的主要病虫害的中间寄主。适宜的间作物种类有：小麦、豆类、薯类、玉米、花生，芝麻、油桐、茶叶、药用植物等。立地条件较差，土壤肥力较低的山核桃园，间作应以养地为主，可间作豆科作物。已经郁闭的山核桃园一般不宜间种作物，有条件的可在树下培养食用菌、中药材等。

山核桃林地间作时，间作物与山核桃存在水肥竞争，特别是在干旱天气，很容易导致山核桃缺水，因此，要加强水分管理，保证间作物和山核桃的水分需求。

5.2　施　　肥

山核桃为多年生果树，多分布在陡坡、土层薄、水土流失严重的山地，每年都要从土壤中吸收大量矿质元素来维持树体的正常生长结果，如不及时补充肥料，必将造成某些元素的缺乏和不足，从而影响树体的生长，使产量下降。此外，山核桃多分布在石灰岩发育的土壤上，往往缺锰、缺锌，而锰锌的缺乏又常引起落花落果。从以往的调查和果实分析看，山核桃产量与土壤含钾量关系密切，所以及时补充钾肥尤其重要。合理施肥可以改善山核桃仁的品质，增加出油率和出仁率，施肥是丰产、稳产的关键之一，但如果肥料使用不当，会造成环境污染和果品污染，从而影响人类的身体健康。

5.2.1　施肥原则

以有机肥为主，化肥为辅。有机肥料养分丰富，含有多种营养元素，肥效时间比较长，长期施用可增加土壤有机质含量，改良土壤物理性状，提高土壤肥力。但有机肥料肥效慢，难以满足山核桃在不同生育阶段需肥要求。化肥养分高，浓度大，易溶性强，肥效快，施后对山核桃的生长发育有着极其明显的促进作用，已成为增产和高产不可缺少的重要肥源。但化学肥料中养分比较单一，即使含有多种营养元素的复合肥料，其养分含量也较有机肥少得多，而且长期施用会破坏土壤结构。在生产中，有机肥和化肥配合使用，不仅可以取长补短，缓急相济，平衡供应山核桃所需养分，而且还能相互促进，提高肥料利用率和增进肥效，协调土壤的水、肥、气、热状况，节省肥料，降低生产成本。

所施的肥料不应对果园的环境和果实的品质产生不良影响，应使用符合国家行业标准的农家肥、化肥、微生物肥及叶面肥等。

5.2.2　肥料种类

允许使用的肥料。包括有机肥（各种饼肥、堆沤肥、绿肥、泥炭、沼气肥、秸秆肥等）、化肥（主要是氮、磷、钾三要素肥料，钙、镁及微量元素肥料，复合肥及稀土肥料等）、微生物肥（固氮菌肥、根瘤菌肥、磷细菌肥料、钾细菌肥料、复合微生物肥料等）和其他经过处理的各种动植物加工的下脚料、如骨粉、鱼渣、糖渣等，腐殖酸类肥料以及其他经农业部门登记、允许使用的肥料。

禁止使用的肥料。未经无害化处理的有机肥料，含有激素、重金属超标的肥料，如城市工业和生活垃圾、污泥、工业废渣、医院的粪便垃圾等；未经腐熟的粪肥，未获准有关部门登记的肥料等。

5.2.3　施肥量的确定

影响施肥量的因素很多，如园区土壤肥力、理化性质，山核桃生长结果状况、环境条件以及肥料种类、施肥方法等，因此，在生产上只能先根据一般情况进行理论推算，在此基础上，再根据各因子的变化调整施肥量。用公式表示为：

$$山核桃树施肥量 = \frac{山核桃树需求量 - 土壤供肥量}{肥料利用率}$$

任何肥料施入土壤后，都不可能被山核桃树全部吸收利用，肥料的利用率受气候、土壤条件、施肥时期、施肥方法、肥料形态等多种因素影响。根据试验推算，肥料利用率大体上氮约为 50%，磷约为 30%，钾约为 40%，绿肥为 30%，圈肥、堆肥为 20%～30%。

目前，生产中施肥量的确定，主要依据产量和肥料试验的经验等。一般来说，幼树吸收氮量较多，对磷、钾的需求量偏少。随着树龄的增长，特别是进入结果期以后，对磷、钾的需求量相应增加，所以，幼树应以施氮肥为主，成龄树则应在施氮肥的同时，注意增施磷、钾肥。在中等土壤肥力条件下，一般按树冠投影面积计算，在结果前的1~5年，每平方米树冠投影面积年施肥量（有效成分）为：氮素50g，磷和钾各10g；进入结果期的6~10年生树，每平方米树冠投影面积施氮素50g，磷和钾各20g，有机肥5kg；成年树的施肥量在参考此标准时，应适当增加磷、钾肥的施用量，一般按有效成分计，其氮、磷、钾的配比为2∶1∶1。

5.2.4　施肥时期

（1）基肥。一般在秋季果实采收后至叶片变黄以前（9月中旬至11月上旬）结合秋季深翻进行。此期施肥使基肥有充分的时间释放养分，促进树体吸收利用，同时可以恢复树势，延长树叶寿命，增强叶片光合作用能力，使尽量多的合成营养贮藏在枝干和根内，供次年春季花芽分化和新梢生长之用。基肥以迟效性有机肥为主，如腐殖酸肥料、厩肥、堆肥、绿肥、饼肥、作物秸秆、杂草等，一般幼树每株15~20kg有机肥，初结果树每株20~30kg，盛果期树每株30~50kg，同时配合施用1~2kg过磷酸钙。基肥用量占全年施肥有效成分的30％以上。

（2）追肥。追肥是基肥的补充，是在树体生长发育需要时及时补充的速效性肥料，如尿素、碳酸氢铵、复合肥等（图5-47）。追肥可供给树体当年生长发育所需的营养，既有利于当年壮树、高产和优质，又给来年生长结果打下基础，是生产中不可缺少的环节。追肥后及时灌水以发挥肥效。山核桃树一般1年有以下几个追肥时期。

萌芽前追肥。山核桃树春季生长量大，而且开花期树体养分消耗过多。萌芽前追肥可以补充营养，有效促进春梢生长和花芽分化发育，提高坐果率，增加产量。主要追施速效氮肥和磷肥，时间为3月中下旬，一般幼树每株施尿素或复合肥0.5kg，大树每株施1kg，占全年施肥量有效成分的25％左右。

果实膨大肥。山核桃受精后即进入幼果膨大期。充足的养分供应可促进果实膨大、产量提高和副梢发育。以速效氮肥和磷肥为主，占全年施肥有效成分的25％左右。

图5-47　追　肥

硬核期追肥。有利于山核桃硬壳的发育，使山核桃仁发育充实，提高产量和品质，同时，促进短枝状裸芽的发育。以磷、钾肥为主，氮肥次之，用量占全年施肥有效成分的10％。

5.2.5　施肥方法

施肥方法应根据树龄、土质、肥源等条件综合确定，主要方法有：

（1）放射沟施肥。距树干1~1.5m处，以树干为中心向四周辐射状开4~6条沟，沟宽30cm、深40cm左右，内浅外深，外至树冠投影以外，然后将肥土施入沟内。施肥沟的位置逐年更换。此法伤根少，多用于平地的成年大树。

（2）条状沟施肥。在行间或株间开沟施肥，施肥沟在树冠投影边缘向内，挖深40cm左右的平行沟，第2年挖沟的位置换到另外两则。沟的长度依树冠大小而定，常用于平地施基肥。

（3）环状沟施肥。在树冠投影外缘挖环状沟或挖间断的环状沟，将肥土施入。一般用于施基肥，多用于幼树和山地山核桃园。

（4）穴状施肥。在山地山核桃园，以树干为中心，从树冠半径的1/2开始向外，挖4~8个深、宽各20cm左右的小穴，穴的分布要均匀，将肥料直接施入穴中，灌水。此法多用于追肥。

以上几种方法在施肥后结合灌水，有利于提高根系吸收能力和肥料利用率。

（5）根外追肥。根外追肥是通过叶片或枝条快速补充某种矿质元素的追肥方式，这是一种经济有效的施肥方法，以叶面喷肥为主。根外追肥具有用肥量小，见效快，利用率高，可与多种农药混合喷施等优点，特别是在树体出现缺素症时，或为补充某些容易被土壤固定的元素，通过根外追肥可以收到良好的效果，对缺水少肥的地区尤为实用。叶面喷肥的种类和浓度为：尿素0.2％~0.3％，过磷酸钙 0.3%~0.4%，硫酸钾 0.2%~0.3%，磷酸二氢钾 0.2%~0.3%，硼酸 0.1%~0.2% 等。叶面喷肥时期可在花期、新梢速长期、花芽分化期及采后进行，特别是雌花初期喷施 0.2%~0.3% 磷酸二氢钾和 0.2%~0.3% 尿素，能明显提高坐果率。喷肥宜在 10:00 时以前和 16:00 以后进行，阴雨天或大风天气不宜喷肥。注意叶面喷肥不能代替土壤施肥，二者应相辅相成，互为补充。

5.3　水分管理

山核桃树对土壤水分的反应比较敏感，过旱时不能正常结果，特别是在 6 月、7 月长期干旱，容易造成大量山核桃空壳或果实瘦小；而土壤积水时间稍长，会使叶片脱落，甚至整树死亡。

5.3.1　灌水

（1）灌水时期。灌水时期主要取决于树体生长需要和土壤含水量，不同物候期对水分有不同要求。

萌芽、开花期。此期山核桃根系生长、展叶、抽枝、花芽分化和开花需要较多的水分。适时适量结合施肥进行灌水，对肥料利用、新根生长、开花坐果都有促进作用。

开花后和硬核期。5~6 月，雌花受精后，果实进入迅速生长期，到 6 月初，雄花芽开始分化，这段时间需要大量的养分和水分供应，尤其在硬核期（花后 6 周）前，应灌 1 次透水，以确保山核桃仁饱满。

采后和土壤封冻前。10~11 月落叶前，可结合施基肥灌水，不仅有利于土壤保墒，且能促进基肥分解，增加树体养分贮备，提高幼树越冬能力，也有利于早春萌芽和开花。

（2）灌水方法。山核桃大多数种植在海拔 200~800m 的丘陵山地上，对于有条件灌溉的果园，可采用滴灌、沟灌和穴灌等。滴灌由供水站、干管、支管、毛管、滴头组成，滴灌水以水滴形式滴入根系分布区，滴灌节水效果明显，对土壤结构无不良影响，是一种科学先进的灌水方式，在水源缺乏、经济条件允许的情况下应积极采用；沟灌就是在树冠四周或顺行间开沟，使水顺沟流淌，基本不破坏土壤结构，有利于土壤微生物的活动；穴灌用水经济，但浸润土壤的范围较小，且仍有使土壤板结和破坏土壤结构的缺点。

在无灌溉条件的山区或缺乏水源的地方，应注意积雪贮水，或用鱼鳞坑、蓄水池等水土保持工程拦蓄雨水，以备关键时期使用，还可以通过扩穴改土增加土壤蓄水能力。

5.3.2　排水

山核桃树对地表积水和地下水位过高均很敏感，积水易使根部缺氧窒息，影响根系正常呼吸。如积水时间过长，叶片变黄，严重时整株死亡。此外，地下水位过高，会阻碍根系向下伸展，也影响土壤中微生物特别是好气性微生物活动，降低肥料利用率等。山核桃产区大多为山地和丘陵，自然排水良好，只有少数低洼地，有积水和地下水位过高的情况。在地下水位较高的地区，可挖深沟降低水位，根据山核桃根系生长深度，可挖深 2m 左右的排水沟，使地下水位降到地表 1.5m 以下。在低洼易积水地区，可在山核桃园的周围挖排水沟，既可阻止园外水流入，又可排除园内地表积水。

6　花果管理

花果管理是提高果实品质和维持连年稳产的重要技术环节。花果管理的主要内容有人工辅助授粉、疏雄疏果、保花保果等。人工辅助授粉可解决因花期不遇和不良气候条件造成的授粉不良所引起的坐果率低的问题；疏雄疏果可节约大量养分，调节营养生长和生殖生长的矛盾，解决因营养竞争激烈而引起的大小年问题。

6.1　人工辅助授粉

山核桃属异花授粉的果树，风媒传粉，花期常遇低温多雨天气，影响雄花的散粉，坐果率低，产量不稳，自然条件下大年自然坐果率为 25%～30%。由于山核桃分布于不同海拔，花期相差大，雄花花粉易收集，且雌花有等待授粉的习性，一般可等待 6～10d，因此，人工辅助授粉可提高山核桃的坐果率。

6.1.1　授粉时间

山核桃开花期一般在 4 月底至 5 月上中旬，雌花成熟较雄花成熟早 1～2d，雌花开放后 10d 以内人工授粉均有效。授粉时间的确定应注意观察雌花柱头的变化，以颜色刚由淡红转为紫红，用手触摸有黏液时授粉最佳，此时授粉坐果率可达 47.8% 左右。有时因天气不良，同一株树上雌花期早晚可相差 7～15d，为提高坐果率，有条件的地方可进行 2 次授粉。授粉适宜在晴天或阴天，8：00 到 16：00 之间，微风天气为好。

6.1.2　花粉采集

从当地或其他地方生长健壮的成年树上采集将要散粉（花序由绿变黄）或刚刚散粉的雄花序，在干燥的室内或无阳光直射的地方，将花序放在干净的硫酸纸或其他白纸上晾干，在温度 20～25℃ 条件下，经 1～2d 即可散粉，花粉收集后，放在瓶中，置于 2～5℃ 冰箱冷藏室中，可保存 20d 以上。

6.1.3　授粉方法

（1）方法一。将花粉装入 2～4 层纱布袋中，封严袋口，拴在竹竿上，人举着竹竿在林中走动，边走边抖落花粉。

（2）方法二。将即将散粉的雄花序采下，每 4～5 个 1 束，拴在树冠上部，任其自由散粉；

（3）方法三。将花粉配成悬液（花粉与水之比为 1∶500）进行喷洒，在水中加 10% 蔗糖和 0.02% 硼酸，可促进花粉发芽和受精。

6.2　疏　　雄

疏雄是指疏除山核桃树上过多的雄花芽。山核桃树体营养供应不足时，营养的供应与消耗之间发生矛盾，易出现大小年现象，疏雄可节省大量养分和水分，不仅有利于树体的发育，提高当年果实产量和品质，同时有利于新梢生长和下年花芽的分化，保证翌年的产量。因此，在肥水条件不能满足坐果和果实增长需要时，进行合理的疏雄，不但可以减少树体养分消耗，调整生长与结果的关系，而且也可减少由于养分竞争而出现的落果现象。

疏雄适期为雄花芽开始膨大期，用带钩的竹竿拉下枝条，人工摘去雄花芽即可，也可结合修剪进行。对栽植分散和雄花芽较少的树可适当少疏或不疏。

6.3　保花保果

落花落果是影响山核桃产量的主要原因之一。山核桃的落花落果每年可出现 3 次，第 1 次在开花后，子房未见膨大，花即脱落，是未受精的花；第 2 次在花后 2 周，子房已经膨大，这是由于雌花受精不良造成的落果现象；第 3 次出现在花后 4～6 周，又叫"六月落果"，主要是营养供应不足、授粉受精不良造成的落果现象。

6.3.1　落花落果主要原因

山核桃的坐果率要达到 35％以上才能获得丰收，但由于种种原因，山核桃坐果率不高，有时在 5％以下，主要原因是：花期遇低温多雨、导致授粉受精不良，这是花后幼果脱落的主要原因；雌、雄花在发育、开花时消耗大量养分致使树体营养亏损，进而引起落果；土壤肥力不足或缺少某些微量元素引起生理失调、受精不良，如缺铜、缺硼等；少数树体生长过旺，使营养生长和生殖生长失去平衡，导致生理落果；6 月连续阴雨和林间积水，光照不足，光合作用弱，而生长又消耗大量养分，往往造成大量落果。7 月核仁生长期，如持续高温无雨，易导致果实脱落或籽粒不饱满；花期虫害，如花蕾蛆在花期危害雄花，致使雄花枯萎。7～8 月，若有台风也会引起落果。

6.3.2　保花保果措施

由于落花落果具体原因不同，因此，保花保果必须因地制宜，根据具体情况，制订有效措施，确保山核桃的高产、稳产。

（1）改善树体营养。营养条件的改善对减少落花落果具有决定作用，因此，必须加强地上部和地下部的管理，为山核桃的生长结果创造有利条件。

（2）人工辅助授粉。在花期多雨的年份进行人工授粉，是提高山核桃坐果率的一项重要措施。

（3）花期喷施硼肥。花期用 0.3％硼砂＋0.3％尿素或 0.3％硼砂＋0.3％磷酸二氢钾混合液喷雾，可起到提高坐果率的作用。

（4）追肥。营养不良树体的落花落果，可在始花期、果实膨大期、新梢速长期进行叶面喷肥。常用肥料及浓度为：尿素 0.3％～0.5％，过磷酸钙 0.5％～1.0％，磷酸二氢钾 0.3％～0.5％，硼酸 0.2％～0.3％，均能显著提高坐果率。喷施时间宜在无风的傍晚或阴天。另外，6 月的生理落果，通过适当的根外施肥和喷施激素，都有明显减少。

（5）加强病虫害防治。应以预防为主，通过加强林地管理，如采取冬季树干涂白（即涂刷硫黄石灰浆）、清园除杂、剪除病虫枝及增施有机肥等措施，促使树势旺盛，有效抵御病虫害。为防治花蕾蛆，每年 3 月底在果园喷撒辛硫磷，可有效控制危害。对已发生的病虫害，则应对症下药，尽早防治。

7　整形修剪

山核桃干性很强，中央干直立向上，枝条顶芽及附近芽易抽生长枝，中下部芽多不萌发，老枝上的隐芽寿命较长，遭受刺激后易萌发新梢。通过整形修剪，可以培养良好的树体结构，使树势均衡，通风透光良好，各枝条保持健壮生长，实现可持续优质丰产。

7.1　整形修剪方法

7.1.1　拉枝
拉枝的目的是改变枝条生长方向和开张角度，缓和枝条长势，促进下部芽萌发和新梢生长。

7.1.2　短截
剪去1年生枝条的一部分称为短截。根据剪截程度可分为轻短截（剪去1年生枝条的 1/4～1/3）、中短截（剪去1年生枝条的 1/2～1/3）、重短截（在1年生枝条中、下部次饱满芽处短截）。短截常用于中心干和主枝的培养、预备枝的修剪等。山核桃树修剪时长枝一般多用中短截，中等长枝或弱枝不宜短截，否则刺激下部发出细弱短枝，髓心较大，组织不充实，冬季易枯死。短截时剪口距下面芽 2～3cm，防止芽失水枯死。

7.1.3　疏枝
把1年生枝或多年生枝从枝条的着生处彻底去除称为疏枝。疏枝可改善树冠内通风透光条件、促进花芽形成。疏枝主要是疏去雄花枝、干枯枝、无用的徒长枝、病虫枝、过密枝、交叉枝、重叠枝等。

7.1.4　回缩
在多年生大枝上的分枝处进行剪截。回缩多用于中心干落头、衰弱主枝和衰老树的复壮、抑制强旺辅养枝和强壮骨干枝。

7.1.5　缓放
对1年生枝不进行剪截，任其自然生长的修剪方法叫缓放。缓放有利于缓和树势、枝势，增加中、短枝数量，有利于营养物质的积累，促进幼旺树的结果。缓放多用于中、壮结果母枝的修剪，缓放后易萌发出长势近似的小枝。

7.2　山核桃树不同树龄时期的整形修剪

7.2.1　幼树的整形修剪
（1）定干。幼苗定植后，当幼树达到定干要求的高度时，即可定干，一般定干高度为 1.2～2.0m（主干高 0.8～1.5m），山坡地定干可高些，平地定干可低些。

（2）整形。山核桃适宜树形为主干疏层形。定干当年或第2年，在主干上选留3～4个不同方位，生长健壮的枝，作为第1层主枝。发枝多的可一次性选留，生长势差，发枝少的，可分两年选留。层内主枝间距不少于20cm，主枝开张角度以 60°左右为宜。在树冠顶部选垂直向上的壮枝作中心枝。翌年春季萌芽前，对要培养成主枝的1年生枝条进行短截，对不够长度的枝条，若较壮并且顶芽饱满，则不用短截；如果顶芽不饱满或有损伤，则剪口下留壮芽短截。通过剪口芽的方向来调整主枝的方位和长势，若枝条长势较弱，可留上芽；枝条长势较强，可留下芽。

第4～5年，在中心主干枝上离第1层主枝 80～100cm 处，选留3～4个生长势强，方位好的枝条作为第2层主枝，同时在第1层主枝上培养侧枝。春季萌芽前，对主枝头和侧枝继续进行短截，主枝头继续向前生长以扩大树冠，侧枝上萌发的枝条根据空间大小决定去留，留下的枝条培养成结果母枝或结果枝。

第 6～7 年，继续培养第一层主、侧枝和选留第 2 层主、侧枝以及第 3 层主枝，第 3 层主枝一般为 1～2 个，第 2 层与第 3 层主枝的层间距为 2m 左右。选留主枝后，在最上 1 个主枝上方落头开心，至此，疏散分层形骨架基本形成，需要 6～7 年的时间。

在选留主、侧枝的过程中，要注意促其分枝，以培养结果枝和结果枝组，及时剪除骨干枝上的萌蘖及过密枝、重叠枝、细弱枝和病虫枝等。幼树期间，下部裙枝的长势较为缓和，容易成花结果，为促进早结果，下部裙枝宜尽量保留，用于结果；进入盛果期以后，枝量增多，影响通风透光时，再适当疏除。

7.2.2　初果期树的修剪

初果期山核桃树修剪的主要任务是继续培养主、侧枝，保持树势平衡，疏除改造直立向上的徒长枝，充分利用辅养枝培养结果枝组等。

（1）主、侧枝的修剪。在有空间的条件下，继续对主、侧枝的延长枝进行适当中、轻度短截，以促进分枝，扩大树冠；无空间时，则对主、侧枝延长枝缓放，抑制生长。

（2）辅养枝修剪。对已影响主、侧枝的辅养枝，可回缩或逐渐疏除，给主、侧枝让路；对有空间的保留，逐渐改造成结果枝组，修剪时一般要去强留弱，或先放后缩，放缩结合。

（3）徒长枝的修剪。可采用留、疏、改相结合的方法进行修剪。对没有生长空间的徒长枝应及早疏除；有空间的，可根据空间选留，改造成结果枝组。

（4）结果枝组的培养与修剪。对健壮的发育枝和中等徒长枝，可先缓放促发分枝，第 2 年在适宜分枝处回缩，第 3 年再去旺留壮，2～3 年后培养成良好的结果枝组。也可对从 1 级和 2 级侧枝上抽生的旺盛发育枝进行轻、中度短截，促发分枝后再回缩，即可培养成结果枝组。结果枝组的生长势以中庸为宜，枝组生长势过旺时，利用摘心控制旺枝，冬季疏除旺枝，并回缩至弱枝弱芽处，或去直留平改变枝组角度等，控制其生长势。

7.2.3　盛果期树的修剪

山核桃树一般要 20 年左右进入盛果期，处于结果盛期的山核桃园，树冠大都接近郁闭，树冠骨架已基本形成和稳定，树姿逐渐开张，外围枝量增多，由于内膛光照不良，部分小枝开始干枯，主枝后部出现光秃带，结果部位外移，易出现大小年现象。这一时期修剪的主要任务是调节生长与结果的关系，不断改善树冠内的通风透光条件，防止内膛空虚，加强结果枝组的培养与更新，剪除过密、重叠、交叉、细弱、病虫、枯死枝等。

（1）骨干枝及外围枝的修剪。及时控制背上枝，保持骨干枝的生长势；当相邻两树的枝交接时，可采用交替回缩的换头方法，控制延长枝向外伸展；当先端开始下垂，主、侧枝表现衰弱时，应及时回缩复壮，用斜上生长的强壮枝代替延长枝，以抬高角度，复壮枝头。盛果期大树，外围枝常出现密枝、交叉和重叠现象，要适当疏除和回缩。山核桃木质坚硬，大枝伤口愈合较难，因此，锯截后要削平伤口，用接蜡等涂抹，并用薄膜包扎，促其早日愈合。

（2）结果枝组的培养与更新。对 2～3 年生的小枝组，可采用去弱留强的方法，不断扩大营养面积，增加结果枝数量；当生长到一定大小，并占满空间时，则应去掉强枝、弱枝，保留中庸枝，促使形成较多的结果母枝。对于已无结果能力的小枝组，可一次疏除，利用附近的大、中型枝组占据空间。对于大型枝组，应及时更新复壮，使枝组内的分枝交替结果。对于已无延伸能力或下部枝条过弱的大型枝组，可适当回缩，以维持其下部中、小枝组的稳定。山核桃在进入盛果期后，每年萌发的春梢中，有相当部分生长十分细弱，不生叶片，但生有大量雄花及少数发育不良的雌花，这些雌花因营养不足在发育过程中先后脱落，而大量雄花开放消耗大量养分，花后枝枯死，此类枝是修剪对象。

（3）辅养枝的利用与修剪。辅养枝是着生于骨干枝上用于辅养树体生长和早期结果的临时性枝条。当辅养枝与骨干枝不发生矛盾时，保留不动；如果影响主、侧枝的生长，可视其影响程度，进行回缩或疏除，为骨干枝让路；当辅养枝生长过旺时，应去强留弱或回缩到弱分枝处，控制其生长；对生长势中等、分枝良好、又有可利用空间者，可剪去枝头，将其改造成大、中型结果枝组。

（4）徒长枝的利用和修剪。随着树龄和结果量的增加，山核桃成年树外围枝生长势变弱或受病虫危害时容易形成徒长枝，造成树冠内部枝条紊乱，影响结果枝组的生长和结果。如内膛枝条较多，结果枝组又生长正常时，从基部疏除徒长枝；如内膛有空间或其附近结果枝组已衰弱时，可利用徒长枝培养成结果枝组，更新衰弱枝组；在盛果期末期，树势开始衰弱，产量下降，枯死枝增多，更应注意对徒长枝的选留和培养。

7.2.4　衰老树的更新修剪

盛果后期的大树，经过连年的大量结果，逐渐表现衰老。突出的表现是，树干及主枝顶部开始由上而下、由外而内的向心枯死，而在主干上和主干基部常由潜伏芽抽生许多更新枝，产量大幅下降，严重的连续几年没有产量。

为了防止衰老现象的出现，在山核桃树盛果末期就要不断更新复壮，以增强树势，延长盛果期。此时可以利用山核桃树萌芽力强的特点，选择一些生长弱且与邻树相交的树枝进行回缩，改善树冠内部光照，促进大枝基部萌发更新枝。对结果枝组，也应逐年回缩，抬高角度，防止下垂。枝组内应采用去弱留强、去老留新的修剪方法，疏除过多的雄花枝、无叶花枝和枯死枝，以减少养分消耗。

对年龄大、长势差、结果少、干高的衰老树，可在12月至翌年2月进行截干更新，将主干和主枝先端已枯死的部分全部剪掉，在剪口部位以下存在的潜伏芽由于受到刺激，会很快萌发新枝，对这些更新枝选择3～4个培育成主枝，其余萌芽及时抹除。注意剪口要平斜，并涂抹敌克松等防腐剂以防腐烂，并用塑料薄膜包扎。在截干更新的同时，结合进行土壤的深翻和施肥，以促进根系的更新和发展，同时加强病虫害防治，3～5年可恢复产量。

7.3　自然生长山核桃树体改造

目前，宁国自然生长的山核桃树占相当大的比例，这部分树由于早期没有进行修剪整形，造成树冠郁闭，通风透光不良；内膛枝细弱，并逐渐干枯，内膛空虚，结果部位外移；结果枝少而细弱，落花落果严重，产量低，隔年结果现象严重。对这部分山核桃树在加强地下管理的基础上，进行修剪改造，可迅速提高产量。

7.3.1　改造方法

（1）整形。自然生长的山核桃树的树形多种多样，应本着因树修剪、随枝作形的原则，根据具体情况区别对待。对于中央主干明显的树，可改造成疏散分层形或变则主干形，分2～3层，保留5～7个主枝；如果无中央领导干或中央领导干不明显的，可调整为自然开心半圆形树冠，交错留3～4个主枝。对于主枝上的侧枝，重点疏除严重影响光照的密挤枝、重叠枝和交叉枝，留下的侧枝要分布均匀，互不影响。为了避免一次性去枝过多，影响当年的产量，对一部分交叉、重叠的大枝，可先行回缩，改造成结果枝组或辅养枝，待以后分年分期处理。对于外围的下垂枝，进行回缩，抬高角度，壮枝轻回缩，弱枝重回缩。

（2）结果枝组的培养。经过改造后的山核桃树，内膛常萌发大量的徒长枝，对于这些枝条有选择的加以保留、培养，2～3年后即可成为良好的结果枝组。对原有的结果枝组，应采取去弱留强、去直留斜、疏前促后或缩前促后的方法，恢复枝组的生长势，并采用截中心缓两侧、去下垂抬枝头的方法，控制枝组的高度，改变枝组的生长方向。

7.3.2　注意事项

（1）加强土肥水管理。长期自然生长的山核桃树，树体营养严重亏缺，整形修剪只有以地下管理为基础，才能收到较好的效果。地下管理应从土壤改良、平衡施肥、合理水分管理等多方面入手。

（2）因树修剪，随枝作形。自然生长的山核桃树树形紊乱，很难改造成理想的树形，生产中应根据树体具体情况，从解决光照、通风等方面入手，因树修剪，随枝作形，达到通风透光、恢复树势、立体结果的目的。

8　病虫害安全防治

8.1　防治方法

长期以来，基本上呈野生状态的山核桃，由于生态条件优越，植被保存完好，天敌种类繁多，大多数病虫害并未形成致命性危害，但随着山核桃价格的上升，山核桃纯林逐渐增加，特别是近 20 年来化学农药和除草剂的大面积使用，以及在许多地方把全垦作为 1 项抚育措施，部分地区水土流失十分严重，已使山核桃林生态系统出现一定程度的破坏，林间天敌数量锐减，一些次级病虫害上升演变为主要病虫害，局部地区病虫害发生猖獗，已严重制约了山核桃产量的提高和品质的改善。因此，适时有效地对山核桃病虫害进行防治，是生产无公害优质山核桃的 1 个重要环节。

8.1.1　农业措施

（1）增强树势。加强栽培管理，增施有机肥以及在山核桃行间种草，如苜蓿、白三叶等来改良土壤，增强树势。

（2）科学修剪。合理修剪，改善树体通风透光条件，提高抗病力。冬剪时，剪除病菌虫卵寄生的枝条和病僵果等；生长季节剪除豹蠹蛾危害的虫梢，带出园外烧毁，消灭里面的幼虫。

（3）越冬管理。一是清园。秋季及时清扫落叶、落果和杂草，剪除病枯枝，集中烧毁或深埋。二是深翻。秋季结合施肥，将林间土壤深翻 20～30cm，破坏病虫害生存场所，可消灭土壤中越冬的多种害虫，如青胁白舟蛾、油桐尺蠖、胡桃豹夜蛾、眼斑蛾、刺蛾类、山核桃瘿蚊（花蕾蛆）等。

8.1.2　物理手段

（1）诱杀。利用害虫的趋光性（图 5 - 48、图 5 - 49），用频振式杀虫灯或黑光灯诱杀青胁白舟蛾等食叶性害虫成虫；用糖醋液诱杀金龟子成虫，悬挂黄板诱杀蚜虫等。

图 5 - 48　悬挂杀虫灯　　　　　　　　　图 5 - 49　悬挂黄板

（2）人工捕杀。利用人力捕杀有群集性或假死性的害虫。如剪除刺蛾虫茧，摘除群集危害时的刺蛾初孵幼虫，带出果园踩死；摘除大袋蛾越冬虫囊；在金龟子成虫期于傍晚人工振落捕杀；秋冬季在树干上绑草把，诱集山核桃瘿蛾幼虫化蛹，早春在害虫羽化以前解下草把烧毁。

（3）阻隔。为了防止幼虫或某些不善飞行的成虫上树，早春在主干离地面 30cm 处涂 6～10cm 黏胶环，或缠绕宽 15～20cm 的不干胶带，将草履蚧等上树的害虫阻隔于树下。

8.1.3　生物方法

（1）保护和利用天敌。山核桃园要控制使用广谱性杀虫农药，减少喷药次数及农药用量，以保护天敌。常见的捕食性天敌有瓢虫、草蛉、胡蜂、食蚜蝇和捕食螨等（图 5 - 50、图 5 - 51），寄生性天敌主要包括寄生蜂和寄生蝇。

图 5-50　刺蛾虫茧　　　　　　　　　　　　　　图 5-51　瓢　虫

（2）生物农药。选用生物源农药如 BT、阿维菌素、甲基阿维菌素等防治病虫害。

8.1.4　化学防治

病虫害防治应以农业防治为主，辅之以物理、生物防治等多种措施和途径，尽量少用或不用化学药剂，若必须使用化学农药时，应使用低毒高效化学农药，并注意交替用药，改进施药技术等。

（1）预测预报。加强病虫害预测预报，及时掌握病虫害的发生动态，掌握防治指标，适时用药。

（2）科学防治。萌芽前，全园喷 5 波美度石硫合剂；落叶后，用生石灰 5kg、硫黄 0.5kg、食盐 0.25kg、水 20kg 充分拌和后，涂刷主干基部 2m，可防止树干冻害兼有防治病虫害在树干上越冬的作用；严格掌握防治适期，选用合理的施药机械和施药方法，尽量降低农药使用次数和用药量（图 5-52、图 5-53、图 5-54）。

图 5-52　雾化喷药　　　　　　　　　　　　　　图 5-53　雾化防治

图 5-54　电动喷药

8.2　田间病害防治

8.2.1　山核桃干腐病

山核桃干腐病又叫溃疡病、墨汁病、黑水病，该病在山核桃栽培地区普遍发生，个别地区受害严重，发病率达 $80\%\sim100\%$，病树的大枝逐渐枯死，严重时整株死亡。

（1）症状。主要危害枝干的皮层，因树龄和感病部位不同，其病害症状也不同（图 5 - 55）。

图 5 - 55　干腐病症状

大树主干。病斑初期隐藏在大树主干韧皮部内，俗称"湿串皮"，有时多个病斑呈小岛状互相串联，周围集结大量菌丝层。一般从外表看不出明显的症状，当发现由皮层向外溢出黑色黏稠的液滴时，皮下已经扩展为长达数厘米病斑，发病后期，病斑可扩展到长达 $20\sim30\mathrm{cm}$，树皮纵裂，沿树皮裂缝流出黑水，干后发亮，好像刷了一层黑漆。

幼树和侧枝。在幼树主干和侧枝上的病斑，初期近梭形，呈暗灰色，水渍状，微肿，用手指挤压可流出带泡沫状的液体，有酒糟味。病皮失水下陷，病斑上散生许多黑色小斑点（分生孢子器）。当空气潮湿时，小黑点上涌出橘红色胶质丝状物（分生孢子角）。病斑沿树干的纵横方向发展，后期皮层纵向开裂，流出大量黑水。病菌继续侵入木质部，使木质部变黑，一直可深达髓心。后期病部失水下陷，树皮纵裂，病健交界处产生愈伤组织，呈明显的溃疡斑。危害严重的枝条，病斑环绕枝条 1 周，以上部分枯死。

（2）病原。真菌引起，有性为（*Botryosphaeria fusisporae* Yu.），无性为（*Macrophoma Caryae* Yu.）。

（3）发病规律。病菌以菌丝体和分生孢子器在病枝上越冬。第 2 年环境条件适应时，产生分生孢子，借助风雨、昆虫等传播，从冻伤、机械伤、剪锯口、嫁接口等处侵入。该病从树液流动时开始，直到越冬前为止，春秋两季为一年中的发病高峰期，以 4 月下旬至 5 月中旬为最盛。管理粗放，土层瘠薄，土壤黏重，地下水位高，排水不良，肥料不足，以及遭受过冻害的山核桃园，发病严重，幼树比大树发病重，阳坡比阴坡严重。

（4）防治方法。

加强栽培管理。平衡施肥、合理修剪，提高树体营养水平，增强树势和树体抗寒抗病能力；落叶后，清除病枝集中烧毁；入冬前树干涂白，注意防冻、防旱和防虫，是防治此病的基本措施。

刮治病斑。一般在早春进行，也可以在生长期发现病斑随时进行刮治，刮后涂抹 $1\sim2$ 次杀菌剂如 5 波美度石硫合剂保护伤口和防止病疤复发（图 5 - 56）。

药剂防治。落叶后和萌芽前，喷施 21% 果富康 100 倍液，喷洒时注意将直径 3cm 以上枝干全部均匀喷洒；生长季节，刮除病斑或在病斑上纵划数刀深达木质部，然后直接喷 80% 抗菌剂 402200 倍、或 80% 乙蒜素 200 倍液、或 21% 果富康 400～500 倍液，效果较好（图 5-57）。

图 5-56　刮树皮　　　　　　　　　　　　图 5-57　涂　药

8.2.2　山核桃枝枯病

山核桃枝枯病危害枝干，多发生在 1～2 年生枝条上，造成枝条枯死，树冠逐年缩小，产量下降，受害严重的苗木或幼树可全株枯死。此外还危害核桃、核桃楸、枫杨、板栗等树种。

（1）症状。主要发生于秋季。病菌先侵染 1 年生枝梢，逐渐向下蔓延至枝干。被害枝上叶片逐渐枯黄，直至脱落。初期，病部皮层失绿呈暗灰褐色，后为浅红褐色，最后变成褐色，干燥时开裂下陷露出木质部，当病斑扩展绕枝干一周时，出现枯枝以至全株死亡。在枯枝上产生稀疏的小黑点，即病菌的分生孢子盘，湿度大时，从中涌出黑色短柱状呈馒头形的分生孢子团。

（2）病原。无性阶段为 *Melanconium juglandinum* Kunze.，属半知菌亚门，主要是无性阶段侵染危害；有性阶段为 *Melanconis jaglandis* (Ell. et Ev) Groves，属于子囊菌亚门，自然情况下很少发生。

（3）发病规律。病菌以菌丝体或分生孢子盘在枝干病部越冬，翌春产生分生孢子借风雨传播，从伤口侵入。山核桃枝枯病开始于 8 月中下旬，盛发于 10～11 月，冬季也有少数新的病枯枝出现（染病遭冻所致）。山核桃枯枝病为弱寄生菌，腐生性强，发病轻重与树势强弱有密切关系，一般立地条件好，栽培管理水平高，长势旺的树很少发病，管理不善，肥料不足，树势衰弱的果园发病严重，空气湿度大或雨水多的年份发病重。

（4）防治方法。加强田间管理。增施有机肥或专用肥，增强树势，提高抗病能力。

清除病原。入冬前结合修剪，清除病枯枝并烧毁，减少初次侵染源。冬季树干涂白，注意防冻、防旱、防虫，尽量减少各种伤口，防止病菌侵入。

药剂防治。在 5 月间往树上喷施 70% 甲基硫菌灵可湿性粉剂的 800 倍液，或 80% 代森锌 500～600 倍液喷施树冠，10～15d 1 次，连喷 3 次，效果良好。主干发病，应及时刮除病部，用 1% 硫酸铜或 21% 果富康 3～5 倍液消毒。

8.2.3　山核桃褐斑病

褐斑病是山核桃树叶片上的一种常见病，山核桃产区均有发生，影响树势和产量，山核桃苗木尤易受此病危害。

（1）症状。

叶片。叶片感染病菌后，感病部位首先出现小褐斑，后扩大呈圆形或不规则形，中间灰褐色，边缘不明显，呈暗黄绿色至紫色。

果实。病斑上有略呈同心轮纹状排列的黑褐色小点，即分生孢子盘和分生孢子，发病严重时，多个病斑互相连接成较大的褐色斑，造成早期落叶；在果实上的病斑较叶上小，且凹陷，扩展或连片后，致果实变黑腐烂。

嫩梢。病斑呈长椭圆形或不规则形，黑褐色，稍凹陷，边缘褐色，中间常有纵向裂纹，后期病斑上散生小黑点，即分生孢子盘和分生孢子，严重时造成枯梢。

（2）病原。真菌，属半知菌亚门，学名为（*Cercospora juglandis* Etswingle）。

（3）发病规律。病菌主要在病枝落叶上越冬，翌年条件适宜时，产生大量分生孢子，随风雨传播，侵染危害。一般 6 月初开始发病，7～8 月为发病盛期，通常从植株下部叶片开始，逐渐向上蔓延。管理粗放，树势旺，多雨年份发病较重。

（4）防治方法。

增强树势。加强管理，增强树势，提高抗病力。

清除病源。冬季及时清除病枝落叶并烧毁。

药剂防治。6 月中旬和 7 月上旬，各喷 1 次 70％甲基硫菌灵可湿性粉剂 800 倍药液，可控制病害蔓延。

8.2.4　核桃白粉病

核桃白粉病在山核桃产区都有发生，是一种常见的叶部病害。除危害叶片外，还危害嫩芽和新梢。干旱季节，发病率高，造成早期落叶，影响树势和产量。

（1）症状。发病初期，叶面产生褪绿或黄色斑块，严重时叶片变形扭曲，皱缩，嫩芽不展开。并在叶片正面或反面出现白色、圆形粉层，即病菌的菌丝及无性阶段的分生孢子梗和分生孢子。后期在粉层中产生褐色至黑色的小粒点，或粉层消失只见黑色小粒点，即病菌有性阶段的闭囊壳。

（2）病原。病原菌为子囊菌亚门的山田叉丝壳菌〔*Microsphaera yamadai*（Salm.）Syd.〕和核桃球针壳菌〔*Phyllactinia fraxini*（de Candolle）Homma.〕两种。

（3）发病规律。病菌以闭囊壳在落叶或病梢上越冬。翌年春季气温上升，遇到雨水，闭囊壳吸水膨胀破裂，散出子囊孢子，随着气流传播到幼嫩芽梢及嫩叶上。发病后的病斑多次产生分生孢子进行再侵染。秋季病叶上又产生小斑点及闭囊壳，随落叶越冬。温暖气候，潮湿天气都有利于该病害的发生。植株组织柔嫩，也易感病，苗木比大树更易受害。

（4）防治方法。清除病源。清除病枝残叶，减少病源。

药剂防治。发病初期可用 0.2～0.3 波美度石硫合剂喷洒。夏季用 50％甲基硫菌灵可湿性粉剂 1 000 倍液，或 15％三唑酮可湿性粉剂 1 500 倍液喷洒。

8.3　虫害防治

8.3.1　山核桃天社蛾

山核桃天社蛾又名青胸白舟蛾（*Quadrialcarifera cyanea* Leech.），又称山核桃青虫，属鳞翅目、舟蛾科，危害山核桃树叶。

（1）危害症状。山核桃天社蛾是历史上山核桃受危害最为严重的害虫之一，常有周期（10 年 1 次）暴发习性，且一旦发生，危害速度快，造成损失严重。幼虫食叶，大发生年代，"上午一片青，下午一片黄"，仅留叶柄和枝干，山核桃提早落果，引起枝干枯死。危害轻者，当年山核桃产量受影响，重者 3～5 年不结果。

（2）形态特征。

成虫。体长 20～25mm，雄蛾略小。翅展雄 39～46mm，雌 50mm 左右；头和胸背灰白掺有褐色；腹背灰褐色；前翅暗红色褐色掺有灰白色和黄绿色鳞片，沿前缘到基部较灰色，内外线暗褐色很不清楚，后翅灰褐色，前缘较暗，有 1 条模糊外带。触角羽毛状，端部丝状。

卵。圆形，油菜子大小，初产时黄色，孵化时黑色。

幼虫。长 25～40mm，头部粉绿色，上有白色的小点粒，头胸间有 1 条黄色环。3 龄前青绿色，4 龄后黄绿色，并出现红色或紫色背线，两侧有白边，气门红色，肛上板红色。

蛹。长 20～30mm，黄褐色或黑褐色。

（3）发生规律及习性。1 年 4 代，9 月下旬至 10 月上旬以老熟幼虫入疏松湿润土中约 1.5cm 深处化蛹越冬。翌年 4 月中旬成虫羽化。羽化后的成虫有较强趋光性，白天静伏在树干上，当晚或次晚活动交尾，卵产在叶背面，少数产在树皮上，平铺成块，每雌蛾可产卵 50～500 粒，每块卵量 10～150 粒。卵 5～7d 孵化，初孵幼虫在卵块周围群集危害，食叶缘成缺刻，3 龄后暴食全叶，仅留叶柄。幼虫 25d 左右老熟，幼虫无论晴、阴天在上午 8～10 点都要在树干上下来回爬动。老熟时也沿树干爬至土中化蛹。各代幼虫危害期分别为 5 月上旬至 6 月下旬，7 月中旬至 7 月下旬，8 月上旬至 8 月下旬，9 月上旬至 10 月上旬；各代成虫出现期分别为 4 月上、中旬，6 月下旬，7 月下旬和 8 月下旬。一般坐北朝南，低洼向阳，三面环山的山谷是虫源发生地。

（4）防治方法。

生物防治。4 月中下旬，在林间释放赤眼蜂，每 666.7m² 的蜂包数量为 6～7 个，效果很好。

化学防治。幼虫发生期，采用 1.2%苦烟乳油 1 500 倍液、或 90%晶体敌百虫 1 000 倍液、80%敌敌畏 1 000～1 500 倍液高压喷雾防治幼虫，效果达 95%以上。在无风或微风的早晨或傍晚，大面积受害林子可释放敌马烟剂，每 666.7m² 的施用量为 1～2kg。

物理防治。防治效果在 90%以上。抓住青虫每天要在树干上上下来回爬动的习性，在树的胸高处涂 1 圈由 4 份黄油和 1 份乐果混合的药物一层，宽度 10cm 左右，就能取得较好的杀虫效果。人工挖蛹。成虫期用黑光灯诱杀效果显著。

8.3.2 胡桃豹夜蛾

胡桃豹夜蛾（*Sinna extrema* Walrer），属鳞翅目、夜蛾科。危害胡桃属和枫杨。浙江、江苏、江西、湖北、四川等省均有分布。

（1）危害症状。以幼虫吃食山核桃叶片，危害严重时，林子似火烧一片，山核桃大量落果减产，是山核桃的又一重要害虫，常与山核桃天社蛾混合发生。

（2）形态特征

成虫。体长约 15mm，翅展 32～40mm。头部及胸部白色，颈板翅基片及前后胸有枯黄斑；腹部黄白色，背面微带褐色；前翅桔黄色，有许多白色多边形斑，外线为完整的曲折白带，顶角有一大白斑，中有 4 个小黑斑，外缘后半部有 3 个黑点；后翅白色微带深褐色；触角丝状，上颚须明显向上伸出。

卵。球形，很小，初产时青绿色。

幼虫。长约 20mm，形态和山核桃天社蛾幼虫相近似。但头部有 12 个小黑点，体背无紫红色背中线，而体两侧上方各有黄色线 1 条；尾足较长向后伸出。

蛹。初期青绿色，后变黄绿色，外有 1 个淡黄色梭形茧，茧壳上有似菱形花纹，茧壳一端有一明显尖端。

（3）发生规律及习性。一年 4 代，以老熟幼虫在山核桃枯枝落叶或草丛中结茧化蛹过冬，翌年 5 月中旬羽化成虫。4 代幼虫危害期分别在 5 月下旬至 7 月上旬，7 月下旬至 8 月上旬，8 月下旬至 9 月中旬，10 月上旬至 10 月中旬。成虫羽化期分别在 5 月中旬，7 月中旬，8 月中旬，9 月中旬。成虫具有较强的趋光性。胡桃豹夜蛾多发生在坐西南朝东北的山坡上，阴湿的山坞、山脚、山腰严重，山脚较轻，向阳地段常与山核桃天社蛾混合发生。

（4）防治方法。1.2%苦烟乳油 1 500 倍液、5%甲氨基阿维菌素苯甲酸盐 3 000 倍液高压喷雾防治幼虫，或喷施白僵菌，效果良好。成虫期可用灯光诱杀。

8.3.3 云斑天牛

云斑天牛又名核桃天牛、核桃大天牛、白条天牛。幼虫钻蛀山核桃枝干，将枝干蛀空，削弱树势，严重影响生长，甚至枝枯树死，同时受害大枝和主梢易折断，人上树采山核桃时，一不小心，就会枝断人落，造成伤亡事故。

（1）危害症状。成虫啃食新枝嫩皮，幼虫蛀食枝干皮层和木质部，还会导致木蠹蛾危害和木腐菌寄生。危害严重的地区受害株率达 95%，山核桃树干受害后，大部分整株死亡，是山核桃树的毁灭性害虫（图 5-58）。雌虫产卵于干基离地 30～50cm 处的椭圆形产卵疤内，卵孵化为幼虫后蛀入木质部。虫道纵横交错，不规则，被害处稍显膨大，皮层稍开裂，由开裂出排出长约 1cm 的丝状木屑。能蛀入根部危害。

图 5 - 58　树干受害状

（2）形态特征。

成虫。体长 50～65mm，黑色或灰黑色，密被灰绒毛；触角鞭状，长于体长；前胸背板有 1 对肾形白斑，胸腹两侧各有 1 条白纹，鞘翅上有 2～3 行 10 余个白色云斑。

卵。长椭圆形，略弯曲，长 8～9mm，乳白色，表面坚韧光滑。

幼虫。体长可达 70～100mm，淡黄色或乳白色，头扁平；前胸背板两侧有橙黄色半月形斑块，前胸腹面排列有不规则的橙黄色斑块 4 个。

（3）发生规律及习性。2～3 年 1 代，以幼虫在被害枝干内过冬。越冬幼虫 4 月中下旬开始活动，幼虫老熟后便在隧道内化蛹，蛹期 1 个月左右。6 月出现成虫，啃食嫩枝皮层，补充营养。成虫多夜间活动，白天栖息在树干及大枝上，有趋光性和受惊落地假死性。30～40d 后开始交配产卵，卵多产于距地面 60～200cm 的树干或较粗的主枝上。产卵前成虫先将树皮咬成半月形窄口刻槽，每处产卵 1 粒，1 条雌虫可产卵 20 多粒，卵期 15d 左右。幼虫孵化后先在枝干皮层内串食，被害处变黑，流出褐色树液，经 1 个月左右，幼虫逐渐转入木质部向上串食危害。

（4）防治方法。人工防治。冬季清除枯树死枝，集中烧毁；6～8 月是成虫产卵和初孵化幼虫期，应注意巡视树干和树枝，发现产卵疤或幼虫，立即用锤敲击，以消灭虫卵和初孵幼虫；利用成虫的假死性和趋光性，晚上用灯光诱杀，白天震动枝干使成虫受惊落地捕杀；幼虫蛀入树干后，可用细铁丝尖端弯 1 个小钩，伸入虫口，钩杀幼虫。

生物防治。用干、鲜百部根切成段塞新鲜的排粪孔，施药后数天检查，仍有新鲜虫粪排出处再补 1 次。

化学防治。寻找有新鲜虫粪的排粪孔，掏净粪，灌注 80％敌敌畏乳油（1∶1）或 90％晶体敌百虫 8～10 倍，也可塞浸透 80％敌敌畏乳油原液的棉团于蛀孔中，外用黏土封闭。

8.3.4　桑天牛

（1）危害症状。幼虫蛀食枝干，致使树势衰弱，影响材质和果品产量，严重危害时整株枯死。成虫补充营养时啃食新枝嫩梢，造成枝梢萎枯。危害 2 年生以上枝条和主干。雌虫产卵于直径 1～2cm 小枝条基部方的 U 形产卵疤内，孵化为幼虫后蛀入枝内向下蛀食，形成较直的单条虫道，被害枝干外每隔一定距离有一排粪孔，孔外堆有潮湿的红褐色锯齿状虫粪，孔下方有明显的锈黄色流水痕迹。

（2）形态特征。

成虫。体长 30～50mm，体上密生黄褐色绒毛，前胸背板有横皱纹，鞘翅基部密布黑色颗粒状突起。

卵。乳白色，长椭圆形略弯，长约 6mm。

幼虫。乳白色，近圆桶形，前胸硬皮板黄褐色，后半部密布深褐色颗粒状小点，其中央有 3 对尖叶形空白纹（图 5 - 59）。

图 5 - 59　桑天牛幼虫

（3）发生规律及习性。2 年发生 1 代，以幼虫在被害枝干蛀道内越冬。第 3 年的 6 月幼虫在蛀道内化蛹，6 月下旬成虫开始羽化，羽化期长达 2～3 月。卵多产于 1 年生枝条分叉处的上方。产卵痕 U 形，每痕内产卵 1 粒。每条雌虫产卵 100 余粒。7 月下旬幼虫开始孵化，侵入木质部，向下蛀食，每隔一定距离向外咬 1 个圆形排泄孔，排出细粉状湿润虫粪，蛀道向下可达根部，老熟幼虫向上移 10cm 左右，以木屑堵塞两端作蛹室化蛹，蛹期 20d 左右。

（4）防治方法。参照云斑天牛的防治方法。

8.3.5　眼斑钩蛾

（1）危害症状。初孵幼虫啃食树叶面层呈网状，1 龄幼虫食叶呈缺刻状，2～3 龄幼虫食叶量骤增，暴食全叶仅留叶柄和叶脉。

（2）形态特征。

成虫。体灰白色。体长 6～8mm，翅展 20～25mm。头胸部灰色。前翅灰色有 3 条斜纹线，中间 1 条较明显，中室端有 2 个灰白色小圆点，顶角向外突出，端部有 1 块眼状斑。后翅浅灰色，中室端有 2 个不太明显的小黑点，但在翅反面清楚可见。

卵。长圆形，长 0.7～0.8mm，初产时淡黄色，约 1h 后变淡红色，近孵化时为红褐色。卵上有 1 条深红色线。

幼虫。初孵时体长 2mm，1 龄幼虫体长 3～5mm，2 龄幼虫体长 5～8mm，3 龄幼虫体长 7～13mm。初孵幼虫体棕红色。2～3 龄幼虫头部棕褐色，体棕色或棕褐色，头胸间盾板上有 2 块黄色小斑，背部两侧各有 8 个外缘黑色内黄色的圆点，腹部两侧各生 12 撮黑毛，腹足 4 对，尾部有 3 个小黄点，尾端有臀刺 1 根。

蛹。长椭圆形，长 5～7mm。初蛹淡红色，后变棕色。蛹体被 1 层白粉，尾端有 1 根臀刺，近孵化时为棕褐色。

（3）发生规律及生活习性。1 年发生 4 代，以蛹在地表土杂草下越冬，5 月下旬羽化，初羽化成虫白天隐伏在林地杂草上或在地面飞绕并停留在杂草叶上交配，卵产在山核桃树叶边缘锯齿上。成虫有较强趋光性，幼虫有吐丝下垂习性。幼虫危害期分别为：6 月上中旬、7 月上中旬、8 月上中旬、9 月下旬。老熟幼虫挂丝下垂在地表上中化蛹越冬。成虫出现期为 5 月下旬、6 月下旬、7 月下旬、8 月下旬。

（4）防治方法。

地面喷药。利用成虫在地面停留交配时，可用 20％氰戊菊酯或 50％乙酰甲胺磷 1：1 500 倍液进行喷杀。

灯光诱杀。夜间可安装黑光灯进行诱杀成虫，必须掌握在天黑时开灯、天亮前关灯处理掉诱到的成虫。

树冠喷药。可利用幼虫在早上 7：00～8：00 挂丝下垂时，用 20％氰戊菊酯或 2.5％溴氰菊酯 2 000 倍液进行喷雾防治。

8.3.6　山核桃刻蚜

山核桃刻蚜（*Kurisakia sinocarye* Zhang）属同翅目，蚜总科，又名"油虫""麦虱"，分布于浙江、安徽各山核桃产区，危害山核桃树。

（1）危害症状。若蚜群集在山核桃幼芽、幼叶和嫩梢上刺吸汁液（图 5 - 60）。每年 4 月上中旬，即"清明节"前后危害最重，此期 1～3 代小蚜重叠在一起争相刺吸，进入危害盛期。危害严重时，使雄花枯萎，雌花开不出，树势衰弱，产量下降。

（2）形态特征。

第 1 代蚜（母蚜）。赭色，无翅，体背有皱纹，具肉瘤，触角短，4 节，缩于腹下，无父管，形似一只"小乌龟"。

第 2 代蚜。体嫩黄色，无翅，扁平，椭圆形，触角 5 节，复眼红色，腹背有绿色斑带两条和不甚明显的瘤状腹管。

第 3 代蚜。为有翅蚜，翅前缘有 1 颗黑色翅痣，触角 5 节，腹背有两条绿色斑带及明显的瘤状腹管（图 5 - 61）。

第 4 代蚜（性蚜）。体无翅，无腹管，触角 4 节。雌蚜黄绿色带黑，头前端中央微凹，尾端两侧各有 1 个圆形泌蜡腺体，分泌白蜡，雄蚜体色较雌蚜深，头前端深凹，腹末无泌蜡腺。越夏型：体黄绿色，无翅，个体极小，体扁薄如纸。

图 5 - 60　蚜虫危害状

图 5 - 61　第三代蚜

（3）发生规律及习性。1 年 4 代。10 月下旬至 11 月初，产卵在山核桃芽缝、叶痕以及枝条破损裂缝里越冬，每处 1 粒或十几粒，翌年 1 月中下旬至 2 月上中旬孵化为第 1 代小蚜，初为黄色，后转为暗绿色，爬至山核桃树的芽缝里刺吸取食，至 2 月中下旬（雨水前后）开始从芽上陆续转移到芽下小枝上刺吸危害，随着天气逐渐转暖，虫体发育增快，到山核桃开始萌动的 3 月下旬至 4 月初发育为成熟母蚜，开始进行孤雌卵胎生产第 2 代小蚜。第 2 代小蚜一经产下便可爬至正在萌发中的山核桃芽叶上刺吸危害，到 4 月上中旬又开始进行孤雌胎生，生产第 3 代小蚜，聚集于山核桃新叶上，刺吸危害，此时，第 1、第 2、第 3 代蚜虫都可以看到，竞相刺吸危害，进入危害盛期（图 5 - 62）。到 4 月下旬，第 3 代小蚜的背肩两侧开始形成翅芽，继续成为有翅蚜。不久，有翅蚜产下非常微小的第 4 代小蚜于山核桃叶背上并于 5 月上中旬（立夏前后）开始休眠越夏，称为越夏型。越夏型蚜体黄绿色扁薄如纸贴于叶背不

图 5 - 62　几代蚜集中危害

吃不动，直到9月中下旬才开始慢慢苏醒过来恢复活动，同时体形增大，颜色由黄绿色转为黑绿色，在叶背刺吸危害。直到10月下旬至11上旬发育分化为无翅的雌蚜和雄蚜，交配产卵，卵产于山核桃芽上叶痕以及枝干破损裂缝里过冬，每雌蚜产卵1～5粒，产卵后，雌、雄蚜相继死亡。

山核桃刻蚜在越夏期间，由于高温、干旱的影响，可引起大量山核桃刻蚜干瘪发黑死亡。越夏后恢复活动已快到深秋，山核桃叶近于黄化，危害就不重。

山核桃刻蚜喜欢湿润凉爽，阴坡虫多，阳坡虫少，山坞虫多，山冈虫少。连续几天大雨并不能使虫口下降，但3～4月出现的严重"倒春寒"，则死亡率很高。

（4）防治方法。

药剂防治。4月初选用1.2％苦烟乳油1 500倍液、5％蚜虱净乳油1 000～1 500倍液、50％吡虫啉3 000倍液进行树冠喷治效果较好。

生物防治。山核桃刻蚜的天敌有蚜茧蜂、食蚜蝇、异色瓢虫、草蛉等。其中蚜茧蜂的寄生率可高达51％，喷药时应注意保护。

8.3.7　山核桃花蕾蛆

山核桃花蕾蛆（*Contarinia* sp.）属双翅目瘿蚊科，在山核桃产区发生普遍而严重。

（1）危害症状。山核桃遭受该虫危害，健康花与受害花形成明显区别。健康雄花序轴笔直下垂，而受害雄花序轴弯曲膨大，在正常散粉前凋谢枯萎；健康雌花序基部不育叶叶柄不膨大，而受害雌花序基部不育叶叶柄膨大，雌花早期枯萎脱落，严重影响山核桃产量（图5-63、图5-64）。

图5-63　山核桃花蕾蛆危害雄花状　　　　图5-64　山核桃花蕾蛆危害雌花状

（2）形态特征。

成虫。触角14节，翅椭圆形，翅脉简单，足细长。雌成虫体长为1.3～1.5mm，暗黄褐色，全身被有柔软细毛，头扁圆，复眼黑色，无单眼，腹末有1根细长的伪产卵管，平时此管缩入体内。雄成虫体长为0.9～1.2mm，体色灰黄。

卵。无色透明，长椭圆形，卵长约为0.12mm，宽0.03～0.04mm，外包层胶质，卵的一端有1根胶质的丝状体。

幼虫。老熟幼虫体长为1.0～1.8mm，黄白色。前胸腹面有1个黄褐色的Y状剑骨片。

蛹。体长为1.6～1.8mm，宽0.5～0.6mm，深褐色，体外有1层胶质透明的蛹壳。

（3）发生规律及习性。在浙江、安徽1年1代，以老熟幼虫在林地表土越冬。翌年3月下旬开始化蛹，3月底至4月上旬在山核桃雄花序长至1.5～2.0cm时先后羽化出土，羽化时间在16:00～18:00为多。闷热天气，地面潮湿利于成虫羽化，雨天羽化较少。羽化后成虫先在地表飞绕交配，然后把卵产于山核桃雄花序轴和雌花序轴基部不育叶叶柄。卵期很短，经3～4d即孵化。孵化后幼虫活动力不强，聚集在一起。在山核桃雄花序弯曲肿大的部位剥开花粉囊和受害的雌花花蕾，可见幼虫。幼虫具隐蔽性，老熟幼虫有弹跳性。整个危害期很短，约15d。幼虫在山核桃雌雄花序中吸取营养，老熟后随枯萎花序凋落或弹跳出蕾，入土越夏越冬。山核桃雄花上的老熟幼虫一般在4月下旬落地，雌花上的一般在5月上中旬落地越夏越冬，在土中生活达11个月。

（4）防治方法。山核桃雄花序长 1～2cm 时，使用 1.2％苦烟乳油 1 500 倍液，地面喷雾 2 次，每次相隔 1 周。4 月上旬，选用 75％灭蝇胺可湿性粉剂对花重点喷施。防治效果良好。

8.3.8　山核桃蝗虫

（1）种类。

摹螳秦蜢（*Chinamanfispoides* Walker）属直翅目秦蜢亚科，秦蜢属。国内分布于浙江、江苏、安徽与广西，国外分布于缅甸。危害的寄生主要有山核桃、山茱萸、馒头果、榆树等 18 种木本和草本植物，山核桃产区危害山核桃为主。

绿腿复露蝗（*Fruhstorferiola viridifemorata* Caud）属直翅目秃蝗亚科，复露蝗属。分布在浙江天目山区、临安昌化等地，寄主有山核桃、山茱萸、柑橘、馒头果、马铃薯、番薯藤、玉米、黄豆等植物。

图 5-65　蝗虫危害叶片状

（2）危害症状。

摹螳秦蜢。以跳蝻和成蝗直接吃山核桃叶子，严重危害时树叶被吃光，造成颗粒无收（图 5-65）。

绿腿复露蝗。初孵跳蝻以禾木本科、豆科等植物叶子为主食，随着虫龄增大逐渐转移到山核桃和山茱萸树上危害，严重危害时，树叶被吃光，产量当年歉收。

（3）形态特征。

摹螳秦蜢。①成虫。雌成虫，平均体长 25.6mm，宽 4.0mm，有黄褐色和灰褐色 2 种，翅灰褐色长约 21mm，伸达腹末。雄成虫平均体长 17.8mm，宽 3.0mm，只有黄褐色 1 种，翅灰褐色长约 19mm，超出腹末 6mm 左右。雌雄成虫触角丝状，11 节短而细，后足腿节有 3 个环形褐斑。②卵。长椭圆形，略弯曲，褐色，长约 8mm，宽约 2mm，一端圆钝，另一端略尖且有一圆环状的帽盖，通常十几粒胶结成圆桶形。③跳蝻。有淡黄色和灰褐色 2 种，后足腿节有分布均匀的 3 个明显的棕褐色斑纹。

绿腿复露蝗。①成虫。体长雄虫 24～25mm，雌虫 28～30mm，绿褐色，前胸背板宽平，触角丝状，前翅褐色，后翅基部无色，端部烟色。后足股节黄褐色，上侧具两个黑色横斑，后足胫节端青绿色，基部黑色。近腹部有 2 个黑色横斑，初孵跳蝻体绿褐色。头略棕红色。②卵。灰白色，长椭圆形，长约 8.5mm，宽约 2mm。

（4）形态特征及生活习性。

摹螳秦蜢。1 年 1 代，以卵在表土中过冬，翌年 5 月中旬卵孵化出跳蝻，孵化期为 5 月下旬至 6 月上旬。8 月上旬成虫羽化，8 月下旬交配产卵在阳光充足、杂草较少的地方，10 月下旬成虫死亡。跳蝻共 5 龄，平均历期为 76.6d，1 龄跳蝻在地表活动危害小灌木和杂草，2 龄跳蝻上树危害山核桃叶子。新鲜人粪尿水对成虫有一种特殊的引诱力。成虫进入性成熟期纷纷下树到地面，交配产卵。摹螳秦蜢在避风向阳的坐北朝南地段发生重，山脚比山岗发生重，林地灌木植物和柴草如金樱子、锦鸡头、馒头果丛中容易发生。

绿腿复露蝗。1 年 1 代，以卵在表土中越冬。卵多成块成堆的产在山脚路边杂草较少、土壤较疏松的地方。初孵跳蝻出现在 4 月上旬，7 月上旬成虫羽化，7 月中旬开始交配产卵，8 月下旬成虫开始死亡。跳蝻共 4 龄，历期 70d 左右，初孵跳蝻以地表禾本科和豆科等植物为食，2 龄起上树危害山核桃叶子。新鲜人粪尿对成虫有一种特殊引诱力。绿腿复露蝗在避风山凹、山湾易发生，山脚比山岗先发生，林内及附近旱地、开垦地多，马铃薯、黄豆、玉米等蝗蝻食料丰富，土壤疏松的林地发生重。

（5）防治方法。

2 龄跳蝻前防治。该期跳蝻主要分布在山脚、地角、田边、路旁、杂草中，以取食地表杂灌（馒头果等）及禾本科杂草，且呈聚集分布，用20％氰戊菊酯1 500倍液地面喷雾防治效果达90％以上。

成虫期防治。在有蝗虫活动的山核桃林地上，堆放浸透含有90％晶体敌百虫尿水药液的稻草堆（90％晶体敌百虫2kg溶化后和25kg尿水混合），一般每堆10mL，每666.7m²放置6～7堆，每堆稻草1～2kg，短时间内成虫嗅到尿水气味就会很快飞来取食，立即中毒死亡。

8.3.9　梨园蚧

（1）危害症状。梨园蚧是严重影响山核桃产量的危险性害虫，被害后山核桃树叶失绿，渐枯黄，严重的造成树枝枯死。该虫寄主范围广，传播蔓延快，以若虫和雌成虫群集在树枝干、枝丫上刺吸危害。因该虫发生初期具隐蔽性，体呈青灰色，与枝条颜色相近，虫口密度低时肉眼不易察觉。受害后容易误认为肥力不足或其他病害所致，故不能及时防治，导致该虫危害成灾。

（2）形态特征。

成虫。雌成虫体背覆盖近圆形蚧壳，有同心轮纹，蚧壳中央隆起的壳点黄色或黄褐色，虫体扁椭圆形，橙黄色，体长1.0～1.5mm，宽0.75～1.23mm。口器丝状，位于腹面中央，眼及足退化。臀板有20个长管形圆柱腺，中臀叶发达，外侧明显凹陷，第2臀叶小，外缘倾斜凹陷，第3臀叶退化为突起物。雄虫蚧壳长椭圆形，较雌蚧壳小，壳点位于蚧壳的一端，橙黄色。

卵。椭圆形，乳白色。

若虫。椭圆形，橙黄色，上下极扁平，口针比身体长；雌若虫蜕皮3次，雄若虫蜕皮2次，蚧壳长椭圆形，化蛹在蚧壳下。

蛹。淡黄色，椭圆形。

（3）发生规律及生活习性。该虫1年发生3～4代，以1～2龄若虫在枝干和芽痕缝处越冬，翌年初春树液流动后开始活动。4月上旬雌雄分化，4月中旬雄虫蛹羽化，交尾即死亡，雌虫继续取食，4月下旬雌虫产卵孵化，初孵若虫多在1～3年生枝条上，喜在阳面群聚，夏季虫口数量增多。4代若虫发生期分别为4月下旬至5月上旬、6月上旬至7月中旬、8月中旬至9月中旬、10月下旬，10月下旬起为越冬代若虫。

（4）防治方法。

减少虫源。秋冬季整枝剪去虫害枝予以烧毁，减少越冬虫源。

化学防治。越冬若虫在初春萌芽前10～15d可用3～5波美度石硫合剂喷治，效果较好。各代若虫期用3％苯氧威（蚧虫专杀型）1 500倍液防治。

9　果实采收及采后处理

9.1　采　　收

9.1.1　采收时期

山核桃适时采收非常重要，采收过早，青皮不易剥离，种仁不饱满，单果重轻，出仁率和出油率低，且不耐贮藏；采收过晚，青皮开裂后留在树上或地上的时间过长，会造成果实发芽及增加受霉菌感染的机会，导致坚果品质下降。

山核桃果实一般在 9 月中旬前后成熟，成熟果实的外部特征是：青果皮由绿色、黄绿色变为褐色，部分顶部出现裂纹，外果皮容易剥离；内部特征是种仁饱满、幼胚成熟、子叶变硬。最佳采收时期一般在白露过后。

9.1.2　采收方法

采收前，清洁林地，将地面早落的病果、虫果等捡拾干净，并做妥善处理。果实成熟时，用细长有弹性的竹梢侧击枝条，果实便会坠落。敲打时应自上而下、从内向外顺枝进行，以免损伤枝芽，影响翌年产量（图 5-66）。对于打落的果实应及时捡拾，剔除病果、虫果，将带总苞（青皮）的果实和脱去总苞的坚果分别放置。对于采收后的果实应尽快放置在阴凉通风处，以免阳光暴晒，温度过高会导致种仁颜色变深，甚至使种仁酸败变味。

图 5-66　采收方法

9.2　脱苞和水洗

9.2.1　脱苞

采下的果实要及时进行脱苞处理，有堆沤脱苞法和机械脱苞法。

（1）堆沤脱苞法。堆沤脱苞法是传统的山核桃脱苞方法。果实采收后及时运到室外阴凉处或室内，切忌在阳光下暴晒，然后按 50cm 左右的厚度堆成堆，一般堆沤 3～5d，当青果皮离壳或开裂达50％以上时，即可用木棍敲击脱皮。对未脱皮者可再堆沤数日，直到全部脱皮为止。堆沤时切勿使青皮变黑或腐烂，以免因污液渗入壳内污染种仁而降低坚果品质和商品价值。

（2）机械脱苞法（图6-67）。使用山核桃脱苞机处理，具有脱皮效率高、脱皮干净、不伤内核等优点，并可避免外果皮对手的损伤。一般1台机器每小时可加工鲜蒲1 000kg。

9.2.2 坚果水洗

山核桃外果皮脱去后，坚果表面常残存有烂皮、泥土及其他污染物，应及时用清水漂洗，以提高坚果的外观品质和商品价值。洗涤时将脱去外果皮的坚果装入筐内，把筐放在清水池或流水中，用竹扫帚搅洗，捞去浮在水面上的霉变、腐烂、不饱满的空籽和瘪粒，筛选出颗粒饱满者，沥干后备用。在水池中冲洗时，应及时更换清水，以免脏水渗入壳内污染核仁。清水洗涤后应及时将坚果摊开晾晒2～3d晾干水分，如遇雨天，应将果实堆在通风阴凉处，以免发热而发芽（图5-68）。

图5-67 机械脱苞

图5-68 坚果晾晒

9.3 果实分级与脱涩

9.3.1 果实分级

山核桃因产地、树龄等因素影响，其果实表现出不一样的特征，如壳的厚薄不一样、肉的饱满程度不一样、水分和蛋白质含量不同等，这些变化，直接影响炒制的质量。另外，果子大小不一，其受热的表面积不一样，加工中容易出现颗粒小的已经焦透，颗粒大的还没有炒熟，这种现象严重影响产品质量。所以，生产过程中，尽量采用同一产地、同一品种、同一级别的果子，作为同一批次进行加工。根据生产实践及市场需求，果实按直径大小分3个级别：1.8～1.95cm、1.95～2.1cm、2.1cm以上，小于1.8cm的果子适合加工山核桃肉（图5-69、图5-70）。

图5-69 分级

图5-70 机械破壳

9.3.2 果实脱涩

（1）家庭脱涩法。将分级后的山核桃果置于上小下大的特制木桶（俗称"山核蒸"）内，放满水，一般用火蒸5～7h，再取出晒3～4d或烘干后即可完全脱涩，此时的果实即可直接食用或作为加工原料。

（2）高压脱涩。把经过分级的山核桃放入蒸汽桶内，保持 0.1MPa 的热气压力蒸 1.0～1.5h，待蒸出的山核桃肉色为淡红色，肉切断面微白，无涩味即为脱涩完成。

（3）山核桃仁脱涩。先进行手工破壳（内果壳）取仁，再把选取好合格的生潮仁放在水缸中，每缸 30kg 左右加入去涩剂，用 100℃ 水浸泡 15～16min，取出后用清水把残留的涩味和黄水冲洗干净，而后放入不锈钢蒸箱内蒸 15min，彻底除掉涩味（图 5-71）。蒸制时热气压力控制在 0.05MPa 内。

图 5-71　山核桃仁脱涩

9.4　山核桃贮藏

作为加工原材料的山核桃贮藏一般采用普通室内贮藏和低温贮藏两种方法，贮藏前，将清洗后的原料（或脱涩后的原料）在太阳下或在 40～50℃ 的烘房中加热干燥，至果仁含水量在 7%～8%。

9.4.1　普通室内贮藏

将晾干的山核桃装入布袋或麻袋中，放在干燥、通风的室内贮藏。为了避免潮湿，最好下垫石块并严防鼠害，此法只能作短期存放，过夏易发生霉烂、虫害和酸败变味。

9.4.2　低温贮藏

将干燥后的原料装入 0.08～0.12mm 厚的聚乙烯薄膜袋内，并在包装袋内充入浓度为 98%～100% 的氮气，然后扎紧袋口放入保鲜库中进行贮藏，在整个贮藏保鲜期内，库中温度控制在 -3～0℃，直至贮藏结束，此法可贮藏 12 个月左右。

9.5　包　　装

山核桃产品应采用清洁、干燥、无毒，并采用符合食品包装卫生要求的材料进行包装。包装应牢固、密封，正常运输中不得松散。

9.6　运　　输

山核桃产品可采用各种交通工具进行运输。运输时，运输工具必须保持干燥、清洁、无异味、无污染。运输时必须有防水、防晒措施，应轻装轻卸。严禁与有害、有毒、有异味、有污染物品混装和混运。

9.7　贮　　存

山核桃产品应贮存在干燥、清洁、通风、无污染的库房中。严禁与有毒、有害、有污染的物品混放。在符合上述运输与贮存的条件下，炒制山核桃保存期为 10 个月，手剥山核桃保存期为 8 个月，山核桃仁保存期为 8 个月。

10 加 工

10.1 多味山核桃加工

10.1.1 工艺流程
选料→煮→浸泡→炒→冷却→包装。

10.1.2 操作
（1）选料。选用成熟、饱满、新鲜的脱涩山核桃，剔除生虫、走油、变质的坏果和杂质。

（2）煮。将香料、水、盐倒入铁锅内加热，煮沸后加入普通山核桃煮1h左右，捞起核果与香料水分开置放。

（3）浸泡。将奶粉、糖精倒入刚起锅的香料水中搅拌均匀，再把捞起的核果倒入浸泡并翻动，然后用箩筐沥去香料水。

（4）炒。用四目筛网筛选洗净去泥的粗砂与多味核果一起放入锅内加热混炒，不停地翻动，使受热均匀，直至山核桃干燥为止，也可用炭火烘烤干燥。

（5）冷却。自然冷却即可。

（6）包装。用食品袋包装后装箱（图5-72）。

图 5-72 简易包装

10.2 椒盐山核桃加工

10.2.1 工艺流程
选料→初炒→浸盐→再炒→冷却→包装。

10.2.2 操作
（1）选料。选用成熟、饱满、新鲜的脱涩山核桃，剔除生虫、走油、变质的坏果和杂质。

（2）初炒。不用加盐，旺火炒至山核桃壳缝线自然张开，用手摸山核桃感到烫手即可。

（3）浸盐。配好食盐水，将热山核桃浸在盐水里，使山核桃仁充分吸收盐分后捞出，沥去盐水。

（4）再炒。粗盐加入锅中热炒，立即倒进山核桃，先用旺火炒，炒到核桃表面水分全部蒸发后，改用文火继续炒，直至核桃呈象牙色时起锅。炒制过程中应不断搅动，以免生熟不均匀。炒制时也可加入沙子，使山核桃受热均匀。

（5）冷却。自然冷却即可。

（6）包装。用食品袋包装后装箱（图5-73）。

图 5-73 礼品包装

10.3　手剥山核桃加工

10.3.1　工艺流程

选料→裂壳→浸煮→烘烤→冷却→包装。

10.3.2　操作

（1）选料。选用成熟、饱满、新鲜的脱涩山核桃，剔除生虫、走油、变质的坏果和杂质。

（2）裂壳。将不同大小的山核桃分别放入类似于半个山核桃形状的内凹的特制模具中，用内凹的特制锤子敲打至其外壳出现许多裂缝，约1/5的外壳碎落，裂壳后筛去碎壳（图5-74、图5-75）。

图5-74　山核桃裂壳模具

图5-75　手工裂壳

（3）浸煮。山核桃放入锅中加水浸没，加入调料搅拌均匀，煮沸约15min后捞出沥干水分。

（4）烘烤。在100～150℃的条件下烘烤20～30min，烘烤时又会碎落部分外壳，出炉后将碎壳筛去。

（5）冷却。自然冷却即可。

（6）包装。包装后入箱。

10.4　山核桃仁加工工艺

10.4.1　工艺流程

选料→拌料→烘烤→冷却→包装。

10.4.2　操作

（1）选料。选用新鲜的脱涩山核桃仁，剔除生虫、走油、变质的坏果仁和杂质（图5-76、图5-77）。

图5-76　山核桃仁

图5-77　精　选

（2）拌料。把去除涩味的山核桃仁放入荸荠式糖衣机不锈钢搅拌机内，然后加入用白砂糖、食盐、桂皮、茴香配成的去渣料水，搅拌 15～20min，搅拌时要处在合理高温状态，以便配料水彻底溶化进入山核桃仁内。

（3）烘干。把搅拌好的山核桃仁用微波杀菌干燥机烘干。

（4）冷却。自然冷却即可。

（5）包装。筛去碎仁后即可包装入箱（图5-78、图5-79、表5-2）。

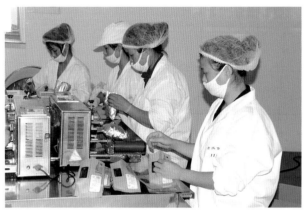

图 5-78　包　装

图 5-79　山核桃油

表 5-2　山核桃产品质量等级表

产品种类	项目	指　标			感官			
		特级	1级	合格	色泽	形态	口味	杂质
炒制山核桃	完善果率（%）≥	98	96	95	果壳呈棕褐色或黑褐色，且均匀一致，略有光泽	颗粒完整，表面洁净，无焦斑现象	香脆可口，甜咸适中，并具有山核桃特有的风味和包装上指示的滋味，无酸败及明显涩味、焦味等异味	无外来杂质
	瘪籽率（%）≤	2	3	5				
	果径（mm）≥	21.0±0.02	19.5±0.02	18.0±0.02				
	水分（%）≤	4	4	4				
手剥山核桃	瘪籽率（%）≤	2	3	5	果壳呈棕褐色或黑褐色，略有光泽	外壳开裂，表面洁净，无焦斑现象		
	果径（mm）≥	21.0±0.02	19.5±0.02	18.0±0.02				
	出仁率（%）≥	47	47	45				
	水分（%）≤	4	4	4				
山核桃仁	完整果仁率（%）≥	90	80	65	呈棕褐色，色泽均匀，略有光泽	仁肉饱满，无仁末		
	水分（%）≤	2.5	2.5	2.5				
	蔗糖含量（%）≤	13						

资料来源：刘微等，2008。

附表 5 - 1　山核桃栽培管理年历

时间	物候期	作业内容	技术要求
1~2 月	休眠期	1. 整形修剪 2. 制订果园年度栽培管理计划；生产资料准备	截杆更新时截口应选择在保留主枝上方 20cm 左右，并保持一定斜度。截口应在枯死部位以下的活枝干上，截后用抗生素，如敌克松等防腐剂处理，处理后，截口用蜡封口或塑料纸包扎。
3 月	萌芽期	1. 喷铲除剂 2. 播种 3. 追肥	全园喷 3~5 波美度石硫合剂。 春播种子进行沙床催芽，种子开裂后及时分批播种。 萌芽前追肥，一般幼树每株施尿素或复合肥 50g，大树每株施 100~200g。
4 月	展叶期新梢生长期现蕾期	1. 疏雄花 2. 采花粉	雄花芽开始膨大期，用带钩的竹竿拉下枝条，人工摘去部分雄花芽即可。 4 月下旬至 5 月上旬，在雄花将开未开时采集雄花序，收集花粉。
5 月	花期 春梢停长期	1. 人工授粉 2. 追肥 3. 苗木遮阴	授粉时间以雌花颜色刚由淡红色转为紫红色，用手触摸有黏液时授粉最佳。 苗圃地每亩追施 0.5%~1.0% 的人粪尿或每亩用 5kg 尿素兑水浇施；幼树每株施尿素或复合肥 50g，大树每株施 100~200g。 当年播种的苗圃地，盖遮阴网或种植高秆作物遮阴。
6 月	果实迅速膨大期生理落果期	1. 追肥 2. 保果	以多元复合肥为主。 5 月底至 6 月初，叶面喷施 0.3% 硼砂加 0.3% 尿素溶液，在石灰性土壤上用 0.02% 硫酸铜溶液喷施。
7 月	夏梢停长期	排水防涝	进入雨季，注意排水防涝和中耕除草。
8 月	种胚发育期	1. 除草 2. 灌水	苗圃地人工除草；林地使用割灌机，禁止使用除草剂。 天旱注意浇水。
9 月	果实成熟期	1. 采收 2. 秋播苗圃地准备及播种 3. 施基肥	白露后，外果皮由黄绿色转变为黄褐色后及时采收。 秋播种子外果皮不需去掉。 施肥后及时浇水。
10~11 月	落叶期	1. 清园 2. 防冻 3. 涂白	清除病果枯枝，并安全处理。 秋播苗圃地用稻草覆盖 7~8cm 厚防冻。 用生石灰 5kg、硫黄 0.5kg、植物油 0.2kg、食盐 0.25kg、水 20kg 充分拌和后，涂刷主干基部不低于 2m。
12 月	休眠期	技术培训	开展技术培训。

参考文献

傅松玲，丁之恩，周根土，等，2003. 安徽山核桃适生条件及丰产栽培研究 [J]. 经济林研究，21 (2)：1-4.

胡国良，程益鹏，楼君芳，等，2007. 山核桃花蕾蛆生物学特性及防治技术 [J]. 浙江林学院学报，24 (4)：463-467.

黄有军，王正加，郑炳松，等，2006. 山核桃雄蕊发育的解剖学研究 [J]. 浙江林学院学报，23 (1)：56-60.

黄有军，夏国华，王正加，等，2007. 山核桃雌花发育解剖学研究 [J]. 江西农业大学学报，29 (2)：723-726.

解红恩，黄有军，薛霞铭，等，2008. 山核桃果实生长发育规律 [J]. 浙江林学院学报，25 (4)：527-531.

黎章矩，钱勤，1986. 山核桃花芽分化与开花习性的研究 [J]. 南京林业大学学报，10 (3)：36-43，149-150.

黎章矩，1985. 山核桃芽、梢发育状况与结果关系的研究 [J]. 浙江林学院学报，2 (2)：27-31.

黎章矩，2003. 山核桃栽培与加工 [M]. 北京：中国农业科学技术出版社.

李保国，齐国辉，郭素萍，等，2008. 核桃优良品种及无公害栽培技术 [M]. 北京：中国农业出版社.

凌庆枝，袁怀波，高明慧，等，2007. 安徽宁国山核桃外果皮色素的性质研究 [J]. 食品科学，28 (10)：64，67.

刘微，黄坚钦，丁立忠，等，2008. 山核桃产品质量要求：LY/T 1768—2008 [S]. 北京：中国标准出版社.

楼君芳，徐丙潮，陈小忠，等，2000. 眼斑钩蛾生物学特性及防治初报 [J]. 浙江林学院学报，17 (2)：229-231.

宁国县地方志编纂委员会，1997. 宁国县志 [M]. 北京：生活·读书·新知三联书店.

邵亚荣，2008. 山核桃常见害虫及其防治［J］. 现代农业科技，14：126-137.

王帧，1974. 食物疗法精粹［M］. 太原：山西科学教育出版社.

杨淑贞，丁立忠，楼君芳，等，2009. 山核桃干腐病发生发展规律及防治技术［J］. 浙江林学院学报，26（2）：228-232.

杨香林，2009. 山核桃主要虫害综合防治技术［J］. 防护林科技，1（88）：118-120.

张斌，夏国华，王正加，等，2008. 山核桃开花生物学特性与雌花可授期［J］. 西南林学院学报，28（6）：1-4，9.

张志华，罗秀钧，1998. 核桃优良品种及其丰产优质栽培技术［M］. 北京：中国林业出版社.

章小明，汪祥顺，黄奎武，等，1999. 山核桃嫁接技术的可行性分析［J］. 林业科技开发，5：45-47.

周靖，尹泳一，尹泳彪，等，2002. 山核桃青果皮中脂肪酸成分的色谱—质谱分析［J］. 中国林副特产，8（3）：7-8.

第**6**篇

黟县香榧

1　概　　述

1.1　栽培历史

香榧（*Torreya grandis* Fort. ex Lindl.），又称为"中国榧"，又名榧树、玉榧、野杉子，常绿乔木，是第三纪孑遗植物，为我国原产珍贵的坚果树种及世界上稀有的经济树种（图6-1、图6-2）。在古籍中称为柀、柀子、玉榧、赤果及玉山果，在公元前2世纪《尔雅》中即有记载。人工栽培利用已有2 000余年的历史，至宋已被人们视为珍果，将其加工成椒盐香榧、糖球香榧及香榧酥等，并列为朝廷贡品。如北宋文学家苏东坡于《送郑户曹》诗中写道"彼美玉山果，粲为金盘实……愿君如此木，凛凛傲霜雪"的赞颂。后于明代的《群芳谱》中对香榧的植物性状已有详细描述，并指出："其木有雌雄，雄者花而雌者实。"《广群芳谱》又补充了很多材料，如"有一种粗榧，其木与榧相似，但理粗、色赤，其子稍肥大，顶圆而不尖"，可能是人工选择的大粒品种。书中还列举了我国几个香榧的主要产区，其中有安徽的休宁县，该县主产香榧，历经300余年不衰，至今仍为安徽省香榧主产区之一。

图6-1　原始香榧林

图6-2　原始香榧林

据文献记载，黄山市种植香榧已有千余年历史（图6-3）。1175年，安徽歙人罗愿注《新安志》对徽州山中的特产香榧，于其《尔雅翼》中称："柀，似粘而异。杉以材称，柀又有美实，而材尤文采。其树木连抱，高数仞，叶似粘（杉）。其木如柏，作松理而绝难长；肌理细软，堪为器用。古所谓文木，柏坚致有文采而色黄，银杏色莹白而太软，易损成迹；唯柀既有文采，又劲于银杏，实良木也。其木自有牝牡，牡（雄）者华而牝（雌）者自实，理有相感，不可致诘。其实有皮壳，大小如枣而短，去皮壳，可生食，亦焙而收之，可以经久。以小而心实者为佳。"香榧如此良材美木、山珍美食，罗愿却叹惋："今柀子退入有名无用中矣。"似乎从宋元之始，自生山野的香榧，莫辨其用，难得赏识，就有点走下坡路的味道。

《新安志》又载："休宁县产榧子，出黄山者尤佳"，"柀之小而圆者出于黟"。又民国《歙县志》也载："即柀子，形尖而质美者名芙蓉榧产黄山。"据《木本油料作物栽培》记述："安徽省香榧主要分布于皖南，如休宁、歙县、黟县及宁国、宣城等地。其中以休宁生产最多，其种子虽小而香，品质较优。"据《徽州地区林业志》载："黄山市香榧主要分布于黄山山脉周围的黟县、休宁县、歙县、徽州区、黄山区等，其实除黄山山脉有成片分布外，属天目山脉、白际山脉及五龙山脉的高山区亦有榧树分布，百年以上香榧大树仍随处可见。"据《休宁农业志》记载："休宁县里仁、阳台、右龙、朱家坑、王陵山、上槐潭等地调查，百龄以上的大榧树目前仍然苍劲挺拔，枝繁叶茂，果实累累，长势旺盛。从岩前（齐云山）北部山区（黄山山脉南）的南塘、蓝田乡经儒村连绵至黟县；从流口的鹤城经冯村连绵至江西。许多村口、水口、坟地、宗祠及荫湿肥沃的深山区谷地均有榧、松、杉、檫、栗、

图 6-3 1 500 年香榧树

楠木等间杂生长的混交林和成片香榧林（图 6-4 至图 6-7）。20 世纪 60 年代，虽给香榧资源造成巨大破坏，但 1982 年休宁全县调查成年香榧树仍存 6 600 余株，其中儒村乡里仁 3 600 株，冯村、鹤城等地分布于海拔 600~1 000m 深山区 3 000 余株；年产榧 65t，其中香榧 30t、木榧 35t。据黟县农业局于 20 世纪 80 年代初实地调查，全县百年以上大香榧树有 4 000 余株，主要集中分布于该县泗溪、际联、洪星等乡海拔 350~700m 的深山密林，或三五结伴散生，或构成葱郁的榧林，所以这一带素有"千峰佳木，万壑榧林"之称誉。1982 年黟县香榧鲜果总产量约 600t。此外，黄山区新明乡、龙门乡、谭家桥乡及位于天目山山脉的歙县金川乡，白际山脉的休宁白际乡、璜尖乡及原属歙县现隶属徽州区的杨村乡、富溪乡、呈坎乡等海拔在 300m 以上的深山区，均有香榧树分布。

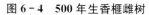

图 6-4 500 年生香榧雌树　　　　　　　　　图 6-5 800 年生"仙榧"雌树

图6-6　500年生香榧雄树

图6-7　香榧混交林

图6-8　"和尚榧"

　　黄山市香榧树不仅天然分布，也有成片种植，数百年乃至愈千年榧树于分布区随处可见。据安徽省徽州地区林业局编撰《徽州古树》记载："香榧古树木盛多，其栽培历史源远流长。"品质最佳者莫过于黄山区樵山乡团头村的"神仙榧"；黟县泗溪乡甲溪村万春庵的"和尚榧"（图6-8），属于圆榧类型。相传为明代庵内一高僧从当地黟榧树中选优栽培，故名"和尚榧"，于明代闻名于世，是当时向皇帝进贡的珍品。"神仙榧"树高14m，胸围4.6m，"和尚榧"树高14m，胸围4.13m，均是600年以上的"老寿星"。另据黄山区林业局调查，樵山乡团头村数百年榧树甚多，"神仙榧"树下方还有1株树龄800年的"仙榧"，树高24m，胸围5.03m，九大主枝横展（围粗1.40～3.36m），形成自然分散型的庞大树冠，冠幅达35m×36m，年产干榧子100kg（4kg鲜香榧制1kg干榧子）。在该村右上坡有1株逾千年的古榧树更加雄健，树高19m，胸围6.85m，13根大侧枝分散开成半圆形树冠，冠幅25m×28m，宛若一盘开张的大蘑菇，年产干榧子100kg。该村成片硕壮的榧树在山坡上错落分布，各展雄姿，"深浅山色高低树"，"松风常带风鸾声"，浓郁青翠。

　　《徽州古树》记载：黄山榧树之祖，当属黟县泗溪乡东坑村火炮岭的唐代古榧，寿命已越千年。它也是黄山香榧树干最粗者，此树胸围9m，树高20m，树枝古朴苍老，枝叶茂盛。1935年中国工农红军方志敏部队经过此地，因敌人尾追逼近，而将25枚地雷藏于该树洞内，后经地下党组织转送黄山归还部队，从此这株古榧树更加博得人们的尊敬和爱护。歙县金川乡柏川村，有1株高达36m，胸围3.7m的榧树，列黄山榧树高度之最；该县杞梓里金川村水塘古榧，树高31m，胸围5.7m，高度仅次之，宛若巨塔，高耸云霄，迄今生机盎然，结实旺盛。黄山香榧古树产量最高者，首推歙县许村乡吴家村的1株米榧，胸围4.8m，树高24m，树冠庞大，枝叶茂盛，单株产量鲜果高达1 000kg左右，这株明代香榧，已是这里几个世纪的"摇钱树"（图6-9）。

　　黄山香榧虽有千年种植历史，且黟县"和尚

图6-9　香榧古树

榧"、黄山区"神仙榧"，休宁"里仁金榧"及歙县（现属徽州区）"小蓉香榧"，或于明代作为贡品，或于近代走俏于市场，深受广大消费者喜爱。虽然黄山香榧已作为采种食用栽培，但大部分仍为半野生状态。据《徽州地区林业志》载：黄山市于新中国成立前的产量只有125t。新中国成立后，由于香榧延用实生苗栽植，生长缓慢，始果（15～20年生）和进入盛果期迟，加上香榧树对气候和环境条件要求较高，许多大树不断被砍伐，面积骤减。据1980年统计，全市香榧面积只有近33hm²。据《徽州地区林业生产统计资料（1950—1980年）》的统计，1950—1980年30年累计产量846.9t，年平均28.16t。其中，黟县30年累计118.6t，休宁30年累计300.4t，歙县30年累计322.5t，黄山区30年累计105.4t。

　　黄山香榧在长期实生栽培中形成部分特色品种或品系，按榧籽形状、大小分为大圆榧、小圆榧、米榧、长榧、羊角榧、转筋榧和木榧等品种（系），其中小圆榧和米榧产量高、品质好、种衣易脱、种仁香脆可口而居优。

　　进入21世纪，随着林业产业结构调整力度加大，以及香榧嫁接技术、幼林遮阴技术应用，新品种引进及市场价格居高不下的带动，黄山市香榧生产得到市区县林业部门的重视。黟县、休宁县及徽州区、黄山区在抓好老香榧树保护的基础上，认真抓好新香榧园的建设。黟县香榧种植面积已扩展到70hm²；休宁县蓝田镇正积极打造70hm²香榧基地；黄山区以实施国家林业局项目为契机，开展香榧育苗基地建设及老香榧树高接换种，已建成基地100hm²；徽州区呈坎镇容溪村通过高接换种已改造老香榧园46hm²，引进浙江诸暨枫桥香榧等良种，产量比老香榧品种提高了20%。黄山香榧现已成为黄山市打造山区林业经济主要树种，种植规模及产量将有一个大的飞跃（图6-10）。

图6-10　宁国香榧基地

1.2　自然环境条件

1.2.1　行政区划

黄山市历史文化源远流长，文明源头可追溯到距今5 000多年前的良渚文化相似的旧石器时代。

其最早的行政建制设于秦朝。即秦始皇三十七年（公元前210年），正月设立黝（宋以后称黟）、歙两县，属鄣郡。黝、歙两县名，来自于古山越语地名发音。2 200多年来，行政建制名称相继为黝歙、新都、新安、歙州和徽州等，直至宋徽宗宣和三年（1121年），平歙州人方腊起义，改歙州为徽州，辖歙、黟、绩溪、婺源、祁门，州治歙县，从此，直到清宣统三年（1911年）的790年间，作为州府名一直未变更。1912年裁府留县，徽州所属各县直属安徽省。1932年10月，设安徽省第10行政督察区，辖休宁、婺源、祁门、黟、歙、绩溪6县，治所休宁。1934年7月，婺源划属江西省。1938年4月，成立皖南行政公署，治所屯溪，第10行政督察区隶之。1940年3月，撤销第10区机构，保留名义，各县直属皖南行署；同年8月，原第10区改为第7区，辖休宁、黟、歙、祁门、绩溪、旌德6县。1947年6月，婺源划归安徽省，属第7区。1949年4月，第7区所属7县全境解放；同年5月成立徽州专区，隶属皖南区人民行政公属。专区治所初设歙县，后迁屯溪。全区领屯溪、绩溪、旌德、歙、休宁、黟、祁门7县，婺源划属江西省。1971年3月，改徽州专区为徽州地区。1988年4月，成立地级黄山市，原属徽州地区石台县划属池州地区；绩溪、旌德划属宣城地区，辖屯溪、黄山、徽州3个区和歙、休宁、祁门、黟4县。

1.2.2　地理位置

黄山市位于安徽省最南端，介于东经117°02′～118°55′和北纬29°24′～30°24′，南北跨度1°，东西跨度1°53′。西南与江西省景德镇市、婺源县交界，东南与浙江省开化、淳安、临安县为临；东北与本省宣城市的绩溪、旌德、泾县接壤，西北与池州市的石台、青阳、东至毗邻。全市总面积9 807km²。

1.2.3　自然条件

（1）地形、地质、地貌。黄山市境内多山，属皖南山地地貌。境内千米以上中山山脉有黄山山脉，天目山的白际山脉、五龙山脉。著名风景胜地黄山坐落于黄山市中部，清凉峰、牯牛降自然保护区分置于黄山市东西。中山山前为低山丘陵，逐渐过渡到河谷盆地。其中山地丘陵面积$8.722 \times 10^5 hm^2$，占全市国土面积88.9%；河谷盆地$1.085 \times 10^5 hm^2$，约占国土面积11.1%，是一座典型的山区城市，"八山半水半分田，一分道路和庄园"是黄山市的真实写照。黄山市土壤以红壤为主，主要分布于海拔700m以下，面积$5.83 \times 10^5 hm^2$，占黄山市土地面积的57.6%；黄壤主要分布于海拔700～1 100m，面积$8.02 \times 10^4 hm^2$，占全市土地面积的8.2%；黄棕壤主要分布于海拔1 100m以上的中山上部，面积$1.81 \times 10^4 hm^2$，约占全市土地面积的1.9%；紫色土分布于盆地紫色丘陵上，面积$3.68 \times 10^4 hm^2$，占全市土地面积的3.7%；黑色石灰土分布于各区县石灰岩地区，面积$2.1 \times 10^4 hm^2$，约占全市土地面积的2.1%；石质土、粗骨土、山地草甸和潮土零星分布于山地陡坡，中山顶部和近河冲积地，面积$9.29 \times 10^4 hm^2$，约占全市土地面积的8.7%；水稻土分布于河谷盆地、低丘等适于水稻生长地区，属人为土，面积$6.66 \times 10^4 hm^2$，占全市土地面积的6.8%。

（2）气候特征。黄山市气候温和湿润，四季分明，属亚热带生物气候区。独特的地貌类型及小气候多样性，既适宜于常绿果树枇杷、柑橘、杨梅及香榧生长，又适宜于落叶果树梨、桃、李、葡萄、猕猴桃、山核桃等生长。但冬季低温和早春倒春寒也常常对枇杷、柑橘、杨梅、梨、桃、李等果树造成冻害。据气象资料统计，黄山市有"十年一大冻，五年一小冻"的规律特征，常给黄山市枇杷、柑橘、杨梅造成巨大损失。

黄山市全市太阳辐射总量为$4.39 \times 10^5 \sim 4.73 \times 10^5 J/cm^2$，年日照时数为1 753～1 954h，是安徽省低值区。年平均气温15～17℃，历年极端最低气温为−15.05℃（1991年12月29日），极端最高气温41.6℃（2003年8月28日）。无霜期216～237d，有效积温5 652℃，夏秋两季温差大。年平均降水量在1 400～2 000mm，是安徽省降水量最多地区。黄山市多雨期与少雨期交替出现，最多年是1954年，降水量达2 708.4mm，最少是1978年，降水量只有839.1mm。降水量年变化受季风影响，降水季节分布不均，主要集中于4～6月，约占全年降水量的47%。冬季降雪日数8～12d，多雪年份可达20d，少雪年份只有1～2d，也有全年无雪。降雪主要集中在1、2月，由于降雪后往往伴随剧烈辐射降温，常常给枇杷花、幼果造成冻害。

（3）环境质量状况。据黄山市中心城区"城市大气功能代表性监测点位"和黄山风景区"环境空气质量现状监测点位"的监测结果，中心城区空气优良率达 100％，空气污染指数常年低于 100，各测点 SO₂、NO₂ 及总悬浮微粒均达标。黄山风景区环境空气质量优，空气污染指数常年低于 30。主要河流水质状况基本良好，新安江水系共设 8 个监测断面，街口出境断面为 3 类，上游屯溪二水厂断面为 2 类，中心城区下游河段水质略差。太平湖、东方红水库和丰乐湖水库中，太平湖开展例行水质监测符合地面环境质量评价 2 类标准，水质良好。2005 年度，年日均空气污染指数 56，空气质量级别为 2 级。全年有 138d 空气质量达到优，占总天数的 37.8％，优良率达 100％。全市全年共降水 71次，酸雨频率 73.2％，降水 pH4.75。黄山风景区、新安江、阊江、太平湖水质标准合格率均达100％。全市县以上水源地水质达标率 100％。

1.2.4　生物资源

黄山市处于亚热带北缘，生物物种资源十分丰富，2005 年全市森林覆盖率达 77.4％。果树除了香榧之外，还盛产柑橘、枇杷、杨梅、梨、桃、李、葡萄、猕猴桃、山核桃、枣、柿等近 30 种干鲜果。野生植物资源十分丰富，加上受第三、四纪冰川影响较小，因此保存着一些古代残存的孑遗植物。经不完全统计，全市有种子植物 1 300 多种，高等维管束植物 3 000 多种，其中仅纤维植物就有250 多种，芳香植物 100 多种；药用植物 1 263 种。黄山市在动物地理区划中，属东洋界华中区东部丘陵平原区，生态地理动物群属亚热带林灌、草地—农田动物群，野生动物资源种类和数量均很丰富。初步调查全市野生动物中陆生脊椎动物至少有 76 科 330 种，占全省种数 66.9％。其中，两栖类有 3 目 5 科 14 种，爬行类 2 目 6 科 19 种，鸟类 17 目 43 科 211 种，兽类 8 目 22 科 86 种。黄山市珍稀动物种类多，仅受国家保护的生物有 25 种，占全省保护动物种类的 71.4％，其中有两栖类的大鲵，鸟类的白鹳、雀鹰等，兽类的云豹、短尾猴等。

1.2.5　旅游资源

黄山市地处中国东南部山地，为南北过渡带，优越自然条件和灿烂悠久历史文化，使得黄山市旅游资源十分丰富。山岳、江湖、古城、古村落、老街、民居、牌坊、祠堂、温泉、森林公园、湿地公园、自然保护区等，自然景观与人文景观交相辉映。境内有世界地质公园——黄山，世界文化遗产皖南古村落西递、宏村，国家历史文化名城歙县，国家历史文化保护街区屯溪老街，国家水利风景区和省级风景名胜区太平湖、新安江山水画廊，国家级自然保护区牯牛降、清凉峰等。全市有国家重点风景名胜区 3 个（黄山、齐云山、花山谜窟——渐江），国家 4A 级景区 8 处（黄山、西递、宏村、齐云山、翡翠谷、棠越牌坊群——鲍家花园、花山谜窟——渐江、牯牛降），全国历史文化名村 4 处（西递、宏村、渔梁、呈坎），国家地质公园 3 处（黄山、齐云山、牯牛降），国家森林公园 3 处（黄山、齐云山、徽州），全国非物质文化遗产 6 处（徽墨制作工艺、歙砚制作技艺、万安罗盘制作技艺、徽州三雕、目连戏、徽剧），全国重点文物保护单位 11 处（罗东舒祠、许国牌坊、棠越牌坊、潜口民宅、老屋阁、绿绕亭、呈坎、渔梁坝、西递、宏村、程氏三宅），省级重点文物保护单位 45 处，省级历史文化名城 1 座（黟县），省级历史文化保护区 4 个（万安、呈坎、唐模、许村），省级自然保护区7 个（清凉峰、岭南、十里山、九龙峰、五溪山、查湾、天湖）。优越的生态环境，丰富的自然景观及人文景观，博大精深的徽文化，黄山市被我国现代教育家陶行知先生誉为"东方瑞士"。

1.3　经济价值和生态价值

1.3.1　经济价值

香榧是原产于中国长江以南、亚热带特有的常绿干果果树，已有 2 000 余年的人工栽培历史。公元 6 世纪前期的《名医别录》及 7 世纪《唐本草》均记载有香榧种子的药用价值。至宋已被人视为珍果。明代李时珍著《本草纲目》记云："榧亦作斐，其木名文木，斐然章彩，故谓之榧。"即榧树材质肌理流畅，木纹直顺，犹如华采斐然的通达文章，文采耀世，取其斐义而名也。还是制作高档家具和棋盘的上等良材。《本草纲目》又记云："榧子杀腹间大小虫，小儿黄瘦有虫疾者宜食""助筋骨，行营卫，明目轻身；沉五痔，去三虫"，阐明其药用价值。

香榧的益处不但医家知晓，北宋文学家苏东坡于徐州（彭城）送别友人席上见榧果，亦情不自禁饮酒而歌："彼美玉山果，粲为金盘实。瘴雾脱蛮溪，清樽奉佳客。客行何以赠，一语当加璧。祝君如此果，德膏以自泽。驱攘三彭仇，已我心腹疾。愿君如此木，凛凛傲霜雪。斫为君倚几，滑净不容削。物微兴不浅，此赠毋轻掷。"此诗是说：盘中黄灿灿的美食是来自南方云雾山中的玉山香榧。以此为君践行，临别赠言也不逊于你琼琚玉佩。愿你如榧子一样既有济世的功效，又美味，去浊，行荣卫，疗治心腹之患，不怕恶人当道，勿为善者退志。要像挺立的榧树，无惧风雨，不怕挫折。若你用榧木制作座椅，千万不要为清净而把它美好的一面削光了。用香榧为你送别，物微意不浅，请勿把你我老朋友的一席话轻易忘掉。

香榧种子，即果仁，加工后香脆可口，营养丰富。据测含脂肪 45%～51%，蛋白质 10%，碳水化合物 28%，灰分 2.2%～2.3%，脂肪酸中主要成分为油酸、亚油酸、棕榈酸、硬脂酸、亚麻酸、月桂酸、肉豆蔻酸等不饱和脂肪酸，并含有麦胶蛋白、草酸、葡萄糖、多糖、鞣质及多种氨基酸。

据歙县林业科学研究所的研究，香榧油有较高的碘值（30%～35%）和亚油酸（44%～48%），香榧油具有较高的食用和药用价值，是优质的植物油。

据测定，香榧假种皮含有 1.4% 左右的柠檬醛和 1.7% 左右的芳樟酯，是高效芳香油的极好原料。此外，初步分析，还含有防治癌症的 5 种二萜类化合物，它们分别是香榧酯、18-氧弥罗松酚、18-羟基弥罗松酚、花粕酚和半日花烷类衍生物。

香榧叶中已鉴定出 26 种精油成分，其主要成分为 N-蒎烯、8-蒎烯、香叶烯、苎烯、7-依兰油烯、橙花叔醇和榧树醇等。同时，还从同种植物叶中分离到 3 个结晶化合物，即 6-羟基脱氢松香榧酚、8-谷甾醇和香榧酯。香榧的药理作用近年来，由于从红豆杉科（紫杉科）植物中发现了具有强大抗癌活性的天然产物紫杉醇，从而使得国内外学者广泛关注该科各属植物化学成分药理作用的研究。

香榧的应用和开发，香榧独特的药理作用、丰富的营养价值、纯天然药用植物特性及几千年传统食用的安全性已使香榧显示出其较高的经济价值。

1.3.2　生态效益

（1）景观效果好。香榧四季常青，生机盎然，林姿壮美，细叶婆娑，是一种很好的景观树种。

（2）生态功能强。香榧幼苗、幼树耐阴，造林可以不破坏或少破坏原有植被，特别适宜于疏林下种植，是低价值林分改造的优良树种。香榧树姿浓密，叶面积指数高，林下落叶层厚，而且树叶不含树脂，容易腐烂，对保养水源、改良土壤都有重要意义。

2　品种资源及利用

2.1　种　　类

香榧属裸子植物，红豆杉科榧属。榧属植物有 7 种，其中中国产 4 种、美国产 2 种、日本产 1 种。根据胚乳组织特性把本属分为 2 组，即胚乳皱折组（*Ruminatae*）与胚乳平滑组（*Nuciferae*）；前 1 组，我国有 3 种：篦子榧、云南榧及长叶榧；后 1 组中国有 1 种，即香榧（*Torreya grandis* Fort），叶先端有凸起的刺状短尖头，基部圆或微圆，长 1.1～2.5cm，干燥后叶面中央有 1 条明显的微凹槽；2～3 年生，枝紫褐色或灰褐色。产于我国浙江、安徽、福建、江西、湖南、贵州等省，是榧属植物中最主要的 1 种。

香榧经人工栽培后，已发生很多变异，经加以整理，鉴定共分为 4 个变异种及 2 个类型，分别为栾泡榧（*Torreya grandis* Fortmajus Hu）、芝麻榧（*Torreya grandis non-apiculata* Hu）、米榧（*Torreya grandis* var. *dielsii* Hu）、寸金榧（*Torreya grandis* var. *sargentii* Hu）、木榧（*Torreya grandis* var. *chingii* Hu）、香榧（*Torreya grandis* var. Fort）。

2.2　品种资源

2.2.1　品种类型

香榧长期自然杂交，自然演变，已发生了许多变异，按种子形态，可分为长籽形和圆籽形两大类。一是长籽型，种子长椭圆形或长卵圆形，种型指数在 1.7 以上，有枫桥香榧（称细榧）、米榧、芝麻榧、茄榧、獠牙榧、旋纹榧等。二是圆籽型，种子呈圆形或卵圆形，有小圆榧、圆榧、大圆榧等。

2.2.2　当地品种

据黄山市林业部门调查，黄山市香榧品种主要有米榧（小米榧）、大圆榧、小圆榧、寸金榧等；近几年引进品种有枫桥香榧、芝麻榧等。

（1）米榧（小米榧）。产于安徽省黄山市歙县、休宁县、黟县、黄山区及浙江省诸暨市、嵊州市等地，实生种。生长势较弱，幼枝细软，分枝多，叶色浓绿有光泽。果实较小，长圆形，平均纵径 3cm，横径 1.6cm。种子较小，重 1.79g 以下，平均纵径 2.8cm，横径 1.2cm，细而长。种壳表面细腻光滑，棱沟不明显，壳厚 0.9～1.0mm。种仁饱满，品质与芝麻榧相似，可供食用。9 月中旬采收，产量较高，大小年现象不明显，除小米榧外，还有中籽米榧和大籽米榧（图 6-11 至图 6-13）。

图 6-11　小籽米榧　　　　　　　　　　　　　图 6-12　中籽米榧

图 6 - 13　大籽米榧

（2）大圆榧。又称大桂圆榧（图 6 - 14）。产于安徽、浙江及湖北等省，实生种。树势强健，树冠高大，叶呈淡绿色或淡黄绿色。果实近圆形，较大，重约 15g，果面被有较厚的灰白色蜡质。种子近圆形，平均纵径为 3.3cm，横径为 2.1cm。种壳棱沟宽而深，极明显，壳厚 1.0～1.1mm。种仁不饱满，干燥后与种壳分离，摇动发响。种仁质粗硬，品质低劣，仅作药用或砧木用。9 月中、下旬采收，熟期不一致，大小年现象明显。

图 6 - 14　大圆榧

（3）小圆榧。又称小桂圆榧（图 6 - 15）。产于安徽、浙江及湖北，叶形小而弯曲，绿色有光泽。果实椭圆形，果面被有稀薄的灰白蜡质。种子椭圆形或卵圆形，平均纵径为 2.2cm，横径为 1.4cm。种壳微现棱沟，壳较薄，厚为 0.7～0.8mm。种仁较饱满，品质较大圆榧好，其中有的可以食用，有的不宜食用，仅供药用或砧木用，9 月中旬采收。

图 6-15 小圆榧

（4）寸金榧。产于安徽休宁，种子小，下垂，长 4～6cm，长倒卵圆形或倒卵长圆形，具有明显尖头；种仁可食，且可药用，治咳嗽及胃病。

此外，黄山市还有贡榧、神仙榧、木榧、转筋榧、钩头榧及鲜榧（又名长榧）等实生品种（图 6-16、图 6-17）。

图 6-16 樵山贡榧

图 6-17 神仙榧

2.2.3 引进品种

（1）枫桥香榧。亦称细榧、直细榧，主产于浙江诸暨、嵊州等地，为近几年黄山市引进良种（图 6-18）。无性繁殖，树冠为半圆形或广扁圆形。分枝密集，叶色深绿，富光泽，叶背气孔白色明显。果实较小，长倒卵形或椭圆形，顶部稍宽，重约 5g，平均纵径 3.4cm，横径 1.9cm。种子长倒卵形或椭圆形，重 1.9～2.4g，平均纵径 2.7cm，横径 1.3cm，种壳细腻光滑，较薄，厚 0.8～0.9mm，棱沟稍明显，较平直。种仁饱满，表面微皱。品质优，产量稳定。9 月上旬采收，出籽率 28%。

（2）芝麻榧。产于浙江诸暨、嵊州、绍兴、鄞县等地，实生种，有人认为是香榧原始种（图 6-19）。为近几年引进品种，枝梢柔软，不易折断，果实长椭圆形，重 4～5g。种子形似香榧，重 2.0～2.5g，平均纵径 2.8cm，横径 1.4cm，种壳较薄，厚 0.8～0.9mm，棱沟稍明显。种仁饱满，表面微

图 6 - 18　枫桥香榧

皱，品质仅次于香榧，可供食用。9 月上旬采收。本种中还有迟芝麻榧、粗芝麻榧等变型，品质较差。

　　香榧栽培品种中只有枫桥香榧，为无性繁殖用于生产，且性状稳定、品质优，是各种香榧中经济价值最高的食用香榧。在浙江诸暨、嵊州等地比重在 80％以上。其余几种香榧都为实生株系，变异大，只是在种子形态上略有分类，实则还有许多中间类型（图 6 - 20）。

图 6 - 19　芝麻榧

图 6 - 20　香榧实生树树形

3　生物学特性

自然生长的香榧实生树，直立高耸，一般形成挺拔的尖塔形树冠（图6-21）。高度可达25m以上，最高达35m，树冠直径在8～10m。经过嫁接，则树冠呈圆头形，1株砧木上嫁接数枝接穗同时养成数个主干，从而形成多主干状（图6-22）。30年生嫁接树高约15m，树冠直径为6m，与实生香榧树相比，树体矮而宽阔。

图6-21　香榧实生树

图6-22　香榧嫁接树树形

3.1　生长特性

3.1.1　芽

根据香榧芽着生位置可分为定芽和不定芽，按芽性质可分为叶芽与混合芽。枝先端部分具有1个顶芽和2～4个侧芽，其余叶腋间则为隐芽。

（1）定芽。着生于1年生枝顶端，由3～5个成簇状，中间1个为顶芽（图6-23）。顶芽体积明显大于其他芽，抽生延长枝；其余顶侧芽，抽生侧枝（图6-24）。

（2）不定芽。主要产生于多年生枝条节附近，1年生枝条节间也有隐芽原基，受刺激后也可产生

图6-23　顶　芽

图 6 - 24　隐芽萌发

不定芽，但为数很少。

（3）叶芽。抽生营养枝的芽即为叶芽（图 6 - 25）。

（4）混合芽。发育成结果枝的芽即为混合芽（图 6 - 26）。混合芽一般由顶侧芽分化而成，生长势弱的下垂枝顶芽也可发育成混合芽。不定芽抽生的枝条部分当年就可以分化成雌花芽。部分生长旺盛的枝条腋间的隐芽当年也可分化成花芽，这在幼年树和苗木的夏梢上比较常见。

图 6 - 25　叶　芽　　　　　　　　　　　　　　　　图 6 - 26　混合芽

3.1.2　花芽

香榧为雌雄异株植物，花芽分为雄花芽和雌花芽。

（1）雄花芽（图 6 - 27）。单生于雄株新梢叶腋间背后侧，每个花枝有雄花芽 12～28 个。9～10月在新梢叶腋中形成雄球原始体，此新梢称为雄球花母枝。此母枝除先端若干对叶外，其余各对叶腋间都单生 1 个雄球花，也有只在中、下部叶腋间着生 1～2 对或 3～4 对者，有不成对者。原始体至翌年 4 月迅速膨大而成雄球花。

（2）雌花芽（图 6 - 28）。为混合芽，于 9～10 月形成，翌年发芽抽枝成 5～7cm 长的结果枝。成对着生于雌株新梢叶腋间，每结果枝有雌花 6～9 对，少者仅 1～2 对。

图 6 - 27　雄花芽

图 6 - 28　雌花芽

3.1.3　叶

香榧叶片披针形，革质，正面暗绿色（图 6 - 29），背面嫩绿色（图 6 - 30），有两条平行的粉白色气孔带。叶长 1.1～2.5cm，宽 2～4mm，以不规则的螺旋状着生于枝上，但叶身为 3 列排列，似羽状复叶。1 年生实生苗的叶身仍为螺旋状着生，叶的寿命为 3～4 年。

图 6 - 29　叶片（正面）

图 6 - 30　叶片（背面）

3.1.4　枝

（1）枝条生长特点。香榧抽梢次数少，除幼苗和幼年树 1 年可抽生 2～3 次春、夏、秋梢（图 6 - 31）外，成年树一般 1 年只抽 1 次春梢，且生长缓慢。

香榧发枝率越高，生长枝条越细弱。主枝上的 1 级侧枝长度多在 20cm 以下，粗度只有 3mm 左

图 6 - 31　秋　梢

右；2 级侧枝长仅 6～10cm，粗度 2～3mm；3 级以上侧枝群长度仅有 1.1～8.0cm，粗度只有0.8～2.0mm。

侧枝生长势与结实能力密切相关。随着枝条粗度下降，结实能力也下降（图 6 - 32）。枝粗 2.0～2.5mm 的 1 年生的枝条，果枝率达 100%；平均每枝小果数为 5.28 个；1～2mm 的枝条，果枝率为48.97%，每枝小果数为 2.43 个；而枝粗 1mm 以下的枝条，果枝率和每枝小果数分别只有 18.18%和 0.38 个。

（2）落枝特性。香榧下垂枝由于营养和激素不足，长势逐年下降，多数在 4～6 年内，结实 1～2次后，枝条基部产生离层，整枝脱落（图 6 - 33）。同时在枝条开始下垂时，于下垂枝所在的节上产生不定芽，抽发更新枝（次生侧枝）以代替脱落枝条。由于老枝不断脱落，新枝不断更新，所以在 1个枝节上分布有不同年龄的枝梢，枝龄从 1～12 年生都有，说明下垂侧枝组，最长寿命可达 12 年。通过自然脱落、萌发更新，来保持结实枝组的相对年轻化和旺盛结实能力，这是香榧树有别于其他树种的独特性状。

图 6 - 32　枝　条　　　　　　　　　　　图 6 - 33　落　枝

3.1.5　花

（1）雄花。雄花中心有 1 个肉质圆柱体，周围着生 30～40 个雄花，每一个雄花由 3～4 个花粉囊组成。雄花基部有数枚重叠鳞片包被（图 6 - 34）。

（2）雌花。花无柄，每一朵雌花由 1 个大苞片、4 个互相对生小苞片和 1 个胚珠组成，胚珠直立裸露，由 1 个珠皮组成（图 6 - 35）。

图 6 - 34　雄　花

图 6 - 35　雌 花

3.1.6　果实

果实椭圆形至长圆形（图 6 - 36），在植物学上属于种子，由假种皮（俗称果肉）、外种皮（俗称
种壳）、内种皮（俗称种衣）和胚乳（俗称种仁）组成。胚在刚成的种子中呈原始体状，肉眼看不见。
在后熟过程中逐渐分化发育成子叶、胚芽和胚根。子叶狭长，伸入胚乳中，发芽后子叶不出土。假种
皮由珠柄全部的衍生物发育而成，肉质、表皮墨绿色，被有条状的白色蜡粉。种子成熟时假种皮黄绿
色，呈不规则状开裂，种子自行脱落（图 6 - 37 至图 6 - 39）。假种皮充分成熟时，可分裂成数十瓣，
每瓣似叶片状。

图 6 - 36　果 实

图 6 - 37　成熟果实

图 6 - 38　成熟果实剖面

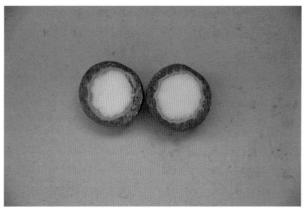

图 6 - 39　未成熟果实剖面

3.1.7　种子

种子即果实剥去种皮部分，通常称为香榧子，也称为种子（图 6 - 40、图 6 - 41）。种子似坚果类，有圆形、椭圆形、倒卵形、长圆形等，是区分类型的重要依据。种壳坚硬，表面有明显和不明显的棱沟，厚 0.8～1.3mm。内种皮紫红色至黄褐色，很薄，紧包于胚乳外。胚乳黄白色，有饱满和不饱满之分，干燥胚乳中心尚有缝隙。

图 6 - 40　种　子　　　　　　　　　　　　　图 6 - 41　种子剖面

3.1.8　根

（1）根系结构。香榧为浅根性树种，根系皮层厚，表皮上分布多而大的气孔，具有好气性。香榧只在幼年期有明显的主根，伴随着树龄的增长，侧根分生能力增强，生长加速，主根生长受到抑制。进入盛果期后，由骨干根、主侧根和须根组成发达的水平根系，主根长度仅 1m 左右。

（2）根系分布。根系水平分布只有冠幅 2 倍左右，多的可至 3～4 倍；根系垂直分布多在 70cm 深土层内，少数可达 90cm，密集层多在离地表 15～40cm 范围内（图 6 - 42、图 6 - 43）。在荒芜板结或地下水位高的林地，根系上浮，多密集于地表，林地深翻可促使根系向深、广方向发展。

（3）根系生长。香榧根系常年生长，无真正休眠期。全年生长有 3 个高峰期，第 1 个高峰期为 3 月上旬至 4 月下旬，时间短，生长量小；第 2 个高峰期为 5 月中旬至 6 月下旬，新根多，生长旺；第 3 个高峰期为秋季种子收获前夕至隆冬，这段时间由于地上部分生长发育基本停滞，又逢 10 月小阳春天气，光合产作用物能较多供应根系生长，因此，新根量多，生长旺盛，历时也最长，为 8 月中旬至翌年 2 月初。香榧根系再生力强，一旦断根，能从伤口愈伤组织产生成簇新根，且粗壮有力。在根系生长高峰后期，多数须根尖端发黑自枯，随即在自枯部位的中后部萌发新的根芽，相继进入下一个生长期。如此周而复始，不断分叉，形成庞大的根群。

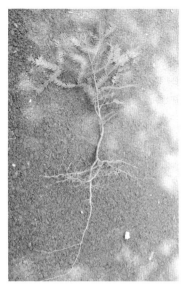

图 6 - 42　4 年生苗根系　　　　　　　　　　图 6 - 43　百年老树根系

3.1.9　树皮

香榧树皮有纵裂，未木质化的 1、2 年生枝为绿色，随着木质化后转变为紫红色或紫褐色（图 6 - 44）。

图 6 - 44　树　皮

3.2　开花结果习性

3.2.1　结果年限

香榧实生苗进入结果年龄早则 8～9 年，迟则 12～15 年，20 年后为盛果期。嫁接苗第 4～5 年结果（少数 2 年挂果），15 年进入盛果期，砧木越大，接后生长结实早（图 6 - 45）。8～10cm 大砧嫁接，一般 3～4 年挂果，10～12 年进入盛果期。大砧就地嫁接，抽枝年生长量可达 60cm 以上，一般 5～6 年可形成完整树冠。

图 6 - 45　嫁接树结果状

香榧树经济寿命极长，可达数百年乃至上千年，在黄山市百年香榧随处可见，生于黟县泗溪乡下东村火炮岭的唐代古榧，据林业专家鉴定，寿命已在千年之上，可谓黄山市榧树之祖。

3.2.2　枝梢生长

由混合芽抽生的结果枝于 3 月中、下旬抽生，至 4 月上、中旬生长结束，4 月中、旬开花；叶芽抽生的营养枝于 4 月上旬萌发，5 月中下旬生长结束，抽生时间比混合芽迟 10～15d。根据 3 月中、下旬从树冠上抽生淡黄色结果枝多少，基本上可预测当年和来年产量。

3.2.3　开花习性

（1）花芽分化。花芽多数由侧芽分化而来，中庸的顶芽亦可分化为花芽。结果枝落花落果后，顶端当年继续形成花芽，个别的结果枝顶端当年可继续形成花芽。

雌花芽分化。香榧树混合芽上雌球花原基产生于当年 11 月初，在此之前，混合芽与营养芽在形态上没有区别，11 月上旬雌球花原基出现后至翌年 4 月中旬开花时，雌球花经珠托、包鳞、珠鳞、珠心、珠被分化发育阶段进入开花期。裸子植物的花芽分化期以雌、雄球花原基出现为标志。因此，香榧雌球花分化期应为 11 月上旬至翌年 4 月中旬，历时 160d 左右，主要在冬季进行。

雄花芽分化。雄榧树的雄花芽为纯花芽。雄球花原基 6 月中旬在当年生枝叶腋间形成。8 月中下旬，雄球花中轴迅速伸长。9 月中上旬，小孢子叶原基迅速分化成小孢子叶，并于小孢子叶基部外侧形成乳突状花粉囊。9 月下旬至 10 月上旬，造孢组织进行有丝分裂，形成大量花粉细胞。10 月下旬，花粉进行细胞减数分裂，进入四分体初期，直至翌年 3 月中旬均处于四分体时期。翌年 3 月底至 4 月上旬，四分体分离，形成单核花粉；4 月中旬，花粉囊的绒毡层已大部分被吸收，只留下药室的外壁，二核花粉粒全部形成，等待雄花开放散粉。从雄花原始体到开花，为期约 240d。

（2）开花。

雄花开放。4 月中、下旬开花，花期长 10～15d，单株花期为 6～8d，单花花期 2～3d。榧树花粉小，黄色，量多，发芽率高。随气流传播可达数十千米之远。雄花蕾遇久雨霉烂脱落，若遇大风花粉一夜散尽。花粉于常温下贮藏，可保持生活力 20d 左右。

雌花开放。雌花结果枝于 4 月发芽抽枝时，叶腋间产生雌花，胚珠孔分泌白色晶亮的液体表示即为开花标志（性成熟）（图 6 - 46）。4 月中、下旬开花，一般于结果枝展叶后 4～5d。单株花期 10～12d，单花花期为 8～10d，开花后 10～15d 开始落花。始花时传粉滴小，如不及时授粉，传粉滴会随时间推移而增大，明亮且有黏性，经 9～11d 后，渐次缩小，色渐深，亮度减弱，直到黄褐色干缩。香榧为风蝶花，无柱头，传粉滴是花粉接受者和引导者。传粉滴的有无是能否授粉的重要标志。传粉滴的出现与天气状况关系密切，天气暖则花期短，低温多雨则花期长。

图 6 - 46　雌花开花标志

3.2.4　落花落果

（1）落花。开花后 10～30d，雌球花发黄，相继脱落，时间在 5 月中旬至 6 月上旬，落花量占雌球花总量 25%。

（2）落果。落果有 2 次。第 1 次落果为落花后，约 6 月中、下旬有少量落果，此次落花落果率为 25%。原因是雄花树数量过少，花粉不足，或花期逢多雨导致授粉不足和受精不良。香榧幼果当年发育极为缓慢，直至秋冬果如豌豆大小，以幼果状态越冬。翌年 4 月果实重新肥大，5 月初如花生米。5 月底至 6 月中旬出现第 2 次落果，第 2 次落果占初果总数 80%～90%，是影响产量的主要原因。第 2 次生理落果主要是由于营养、激素不足等生理原因和不良气候条件，如寒潮、病害（香榧细菌性褐腐病）等内外因素叠加共同影响造成的。

3.2.5 种子发育

香榧种子发育分为缓生期、速生期、充实期及成熟期4个阶段。

(1) 缓生期。即从落花后的5月初至翌年4月底的幼果期，历时1年，幼果全部埋于苞鳞和珠鳞之中（图6-47）。幼果体积由最初的长0.5～0.6cm、宽0.3～0.4cm到最后的长0.60～0.65cm、宽0.40～0.45cm，增长甚微。

(2) 速生期。于翌年5月初幼果从珠鳞中伸出至6月底，果实基本定形，为果实体积增长的旺盛期，历时2个月（图6-48）。其中5月中、下旬的15～20d增长最快，体积增长量占总体积的70%～80%。在速生初期种子内部为液体状，至6月中、下旬种仁变凝胶状并逐步硬化（图6-49）。

图6-47　缓生期

图6-48　速生期

图6-49　缓生与速生同存

(3) 充实期。翌年6月底至9月上、中旬为种子内部充实期，历时70～80d（图6-50）。此期种子体积无明显变化，光合作用的产物主要用于种仁发育和内部物质积累。此期在种子外部形态上产生一系列变化，光滑的假种皮表面出现棱纹，外表产生一层白粉，肉质的假种皮出现纤维质，种柄由绿色变成褐绿色；种仁衣（内种皮）由淡黄色变成淡紫红色，种仁进一步硬化，表面出现微皱。

(4) 成熟期。香榧品种种子成熟期比较稳定一致，一般于翌年白露至秋分之间（图6-51）。种子成熟的特征为假种皮由绿色变为黄绿色或淡黄色，并与种核分离，假种皮开裂露出种核，少量香榧果落地，即为成熟采收适期，嫁接树成熟期比实生树早。

图6-50　充实期

3.2.6 胚胎发育

香榧花粉落在传粉滴上并随之带入胚珠的贮藏室内，经花粉萌发，精子形成至8月中旬才开始受精。香榧胚的发育从开花授粉到胚发育完全需跨2个年度，历时达20个月。从开花到果实成熟为期约500d，树上同时存在2代果实。胚胎发育大体分3个阶段：第1年受精后胚发育缓慢，当年以原胚越冬；第2年7～8月为后期胚发育阶段，到9月中上旬种子成熟时，胚的各种组织和器官原基已基本分化,但苗端和根冠尚未分化;种子成熟采集后经层积贮藏,胚的各种组织继续分化发育,到第 2 年 11～12 月完成胚的最后分化,成为成熟胚,此时种子才有发芽能力。

图 6 - 51　成熟期

3.3　环境条件

香榧一般分布于长江以南温暖湿润地带。黄山市是我国香榧比较集中的分布区,这主要得益于黄山温暖湿润,海拔较高(200～600m),凉爽多雾,生态绝佳(森林覆盖率达 77%)的生态条件,适宜于香榧这种中国特有珍稀果树生长(图 6 - 52)。

图 6 - 52　香榧生长的生态环境

3.3.1　温度

香榧适合于温暖、湿润、阳光充足条件下生长。最适宜的年平均气温为 14.5～17.5℃,在香榧生长地点,绝对最低温一般不会低于 −13℃。香榧对温度适应性较强的主要表现是具有一定的耐低温能力,从花芽分化到果实成熟,需要在树上度过 2 个寒冬,无论是植株还是头年孕育的幼果,或者是夏秋孕育的花芽,一般不会受冻害。

相对而言,香榧对高温的忍耐力较弱,气温超过 35℃ 时,香榧立即停止生长,叶面也会严重褪色、黄化,并出现铁锈状斑点,甚至部分白化。气温越高,阳光越强,这种变色、显斑现象越为严重。

3.3.2　降水

香榧在年降水量为 1 600mm 的地区均可生长,但在不同生长期,对水分的要求有所不同。生长旺盛时期的 4～8 月,从新梢抽发、开花结果、果实增长到种仁充实整个过程,均要求适量水分。但 4 月下旬开花期,若逢阴雨,则不利于授粉,当年花幼果第 1 次落花落果及前 1 年幼果的第 2 次生理落果增加。5～7 月若多阴雨,易引起烂果、落果。但香榧树体抗旱能力强,即使久晴不下雨,也未见枝叶凋萎或干死的现象。

3.3.3　光照

香榧野生性状较强,多分布于山区,性喜在海拔 200～800m,温暖、湿润、荫蔽、日照少、直射光较少而散射光较多的峰岭连绵、山谷纵横、溪流迂回交叉的具典型亚热带山区阴湿气候特征的生态环境。香榧是耐阴树种。香榧老产区云雾缭绕,强烈的太阳光在雾气中变成适宜香榧生长结实的散射光。香榧对过强光照反应强烈,种植在阳光充足空旷地的香榧,不仅叶色发黄,叶面起锈斑,果实也会出现焦斑。枝叶向光性较强,若任其自然生长,则形成层性明显的高大树冠;香榧幼苗需要一定的遮阴;成林阶段光照充足有利于花芽分化和开花时花粉传播。结果习性,随光照强弱而异,一般阳坡比阴坡好，山坡比深谷强。树冠枝叶稠密时，枝叶自然脱落，调节光照。

3.3.4　地势

从黄山百年以上香榧树分布情况来看，多分布于海拔 200～1 000m 山地，长期自然驯化使香榧喜地形起伏，但相对高度相差不大，空气湿润，土壤肥沃，无严寒酷暑的立地条件。海拔在 300m 以下的低山丘陵应选择植被良好、空气湿度大的山凹、阴坡建园造林；但海拔在 500m 以上则应选择阳坡建园。土壤贫瘠的山岗和冲风口香榧生长不良，在冬季和晚春遇到干冷的西北风时，幼苗、幼树易受冻害。林地坡度应于 30°以下，陡坡只能块状整地，以利于保护林下植被和水土。

对于平原或低海拔地区，1958 年于诸暨城郊海拔 50m 的红壤丘陵种植实生苗，1960 年嫁接，并采取遮阴、灌溉、施肥等综合措施，幼林生长良好，20 世纪 70 年代开始结果，如今树高近 20m，根径 30～45cm，冠幅 7～9m。23 株香榧每年产果 2 500kg，最高年产果 3 500kg，平均株产 152kg，折成株产干籽 37.5kg。因此，平原或低海拔地块，只要于幼龄阶段遮阴、灌溉等管理措施到位，使香榧度过幼龄期，提早形成林分环境，香榧就能正常结果。

低丘地区、沟谷、阴坡生长的香榧好于阳坡、上坡生长，但结果没有显著差别。种植于海拔 500m 以上的低山香榧结实情况为阳坡好于阴坡，坡地好于沟谷。

3.3.5　土壤

香榧树对土壤适应性很强，但有机质含量高、肥沃、通气性好，土层深度在 50cm 以上，pH 5～7 沙质壤土或石灰质成土生长一般较好（图 6-53）。由于香榧喜钾，种仁中含钾量较高，所以香榧对土壤含钾量要求较高。香榧根系好气性强，怕积水；土壤过于酸黏、积水，均不适宜于种植香榧。石灰土，特别是生长于黑色淋溶石灰土的香榧结实良好，种子品质也优。

图 6-53　石灰岩地貌

4　育　苗

4.1　砧木苗的培育

历史上黄山香榧一直沿用实生苗栽培方法，但近几年已改用嫁接繁殖育苗。

4.1.1　砧木选择

各种香榧的实生苗均可作砧木。如用香榧、芝麻榧留种，因其种仁饱满，壳较薄，故发芽率高。圆榧、獠牙榧、茄榧等种壳较厚的种子，若催芽得法，亦可获得较高的发芽率。

4.1.2　采种

采种树宜选择生长健康、品质优良的盛果期树，在假种皮自青绿变黄绿色，70%～80%开裂时采收（图6-54）。若过早采收，种子未充分成熟，而过迟采收，种子开裂脱落。采种后，随即将种子薄薄地平摊于阴凉处，切不可堆放，以免发热而降低种子发芽力。经摊放5～6d后，剥去种皮，洗净阴干沙藏。一般每100kg果实可得30～40kg种子，1kg种子约400粒，但各品种、品系有所差异。

4.1.3　贮藏与催芽

香榧在发芽前须经过湿润低温阶段，完成其胚的后熟分化过程。如果秋季（采后）或冬季（12月）播种，种子在土壤中完成后熟过程，但这种直播，常因外界条件多变而影响发芽率，生产上最好将种子经湿沙贮藏至发芽后，于春季播种。

图6-54　果实成熟期

香榧种子沙藏时，在底层放6～7cm厚湿沙，然后放1层3～4cm厚种子，再放同样厚度的1层湿沙，交替到45～60cm为度，最上1层沙宜厚些，6～7cm。种子数量大时，可用竹筒打通各节，其上钻几个孔，插入其中，以便透气，若是露天地堆积沙藏，四周应开好排水沟，其上加盖薄膜草帘，以防日晒雨淋。也可不分层，用5倍于种子体积的湿沙混合拌匀，堆积于室内或露天处。沙藏用的沙必须经过太阳暴晒消毒，然后加清水湿润。沙藏的目的，是使沙藏过程中种子本身所含的水分能保存，而不是由沙中的水分来供应种子。沙藏温度宜保持3～7℃，过高过低都不好。为了防止发热、发霉、干燥，一般宜每半个月翻动1次。沙藏处理后种子发芽先后不一，应陆续将种壳破裂、使胚根露出种子后进行播种。

4.1.4　播种

（1）播种时间。秋播为9月下旬至10月下旬，春播宜于每年2月至3月上、中旬。

（2）苗圃地选择。

苗圃地环境。香榧及内生菌根喜阴湿，忌积水、干旱和强日照。苗圃地宜选择四周森林覆盖率较高，阴湿凉爽的立地条件。黄山市为典型山区城市，地形地貌复杂，可选择海拔300～600m的山区梯田或地形起伏较大、植被茂盛、空气湿度大的海拔在100m以下山坞田育苗。因气候凉爽，梯田排水好，育苗效果好。海拔在600m以上低山，苗圃地宜选择阳坡、半阳坡。而低丘地带育苗，则苗期应适当遮阴。

苗圃地土壤条件。一定要排水良好，且以微酸性沙壤土，pH在5以上为好。酸黏而排水不畅的土壤不宜作苗圃地，香榧的肉质根遇积水易烂根。水稻田改作苗圃地必须开深沟排水，并经过1个冬季风化。连茬苗圃地应每666.7m²用20～50kg硫酸亚铁或石灰等进行消毒。

（3）苗圃地整理。苗圃地应在入冬时翻耕，以风化土壤、冻死土壤中越冬病虫害，并用硫酸亚铁消毒。酸性土壤每 666.7m² 用 100kg 生石灰中和土壤，兼有预防病虫害作用。春季作畦前先用草甘膦等除草剂消灭苗圃地杂草。作畦前每 666.7m² 施 4 000kg 腐熟农家肥，平整后作宽 1.2m，沟深 30cm 的东西向畦。

（4）播种。

播种量。中小粒种子播种量每 666.7m² 为 80～100kg，大粒种子播种量每 666.7m² 为 150kg。

分批播种。香榧种子沙藏处理后（图 6-55），由于发芽不一致，宜采用分批播种。2 月上中旬挑发芽种子进行第 1 次播种，第 1 批种子发芽率占 40%，出苗率可达 98% 以上；第 2 批为 3 月上旬播种，发芽率占 40%～50%，出苗率亦可达 90%；第 3 批播种为 4 月上旬，发芽率只有 10%～20%，出苗率只有 70%～80%（图 6-56）。

图 6-55　沙藏后的种子

图 6-56　萌芽的种子

播种方法。香榧播种可采取撒播或条播，现一般以条播为主。条播行距 20～30cm，每畦 4 行，种子间距 6～10cm。种子横向排列，使胚根垂直入土。播后覆盖细土、焦泥灰 2～3cm，再覆上切碎的稻草或谷壳。一般播种后 10～30d 出苗，每 666.7m² 出苗 1.5 万～2 万株。

4.1.5　砧苗管理

（1）遮阴。香榧幼苗柔嫩娇弱，种子出苗后须搭阴棚防止日光直射，阴棚透光率宜 50% 为佳（图 6-57）。阴雨和傍晚，宜打开阴棚，以利于苗木生长。10 月以后幼苗已老熟，可将阴棚除去。2 年生苗梅雨季节到"处暑"仍需遮阴。海拔 300m 以上苗圃地透光率可适当加大，遮阴时间可适当缩短。

（2）防病。苗期、雨季和高温、高湿天气需注意防治立枯病和根腐病。除注意排水外，发现

图 6-57　苗木遮阴

根腐病病株，应及时拔除，松土后喷 1% 硫酸亚铁或 800～1 000 倍液多菌灵 2～3 次；8～9 月高温干旱季节，在灌溉、遮阴基础上用 800～1 000 倍液多菌灵或甲基托布津喷苗防治立枯病效果良好。在雨季开始前每 666.7m² 施石灰 25kg，对防治苗木病害相当有效。

（3）除虫。苗期常见虫害有地老虎、蛴螬和蝼蛄等，在使用未腐熟有机肥后最易发生，可用 1 000 倍液敌百虫浇地杀灭。

（4）除草。除草工作是花工最多且最易伤苗的工作，除草用工投资相当于苗木管理支出 70%～80%，损伤率达 10%～25%。故除抓好整地前除草剂灭草工作外，苗期除草宜坚持除早、除小，并用手拔或小锄除草。

（5）施肥。幼苗长至 10cm 以上时，每月浇施 0.5%～1% 尿素 1 次或 0.5%～1% 可溶性复合肥液 1 次，也可将少量复合肥直接洒于根际，再轻轻松土使肥土混合，但要防止肥料黏枝叶，产生烧苗，

施肥量每 666.7m² 控制在 3～5kg。

（6）排水。清沟时清出泥土不可覆于苗床上，否则会引起根系透气不良，严重影响苗木生长。8～9月高温干旱季节，要注意灌溉，时间宜早晨或傍晚。丘陵地带，如果8～9月台风吹坏遮阴棚，要及时补救，否则暴雨过后晴天易使苗木大量死亡。

（7）移栽。翌年春季，把1年生苗按行株距 30cm×15cm，移栽于嫁接苗圃，1～2年后根颈粗度达 1.0～1.2cm、苗高达 30cm 以上即可嫁接。移栽苗木初期要搭遮阴棚，浇水施肥，待幼苗稍老化后，可除去遮阴棚。

4.2　容器育苗

容器育苗现已在黄山市香榧育苗中广泛采用，育成的苗木具有质量好、种植成活率高、缓苗期短等优点（图6-40）。

4.2.1　容器选择

播种苗常用高 15cm，直径 12～15cm 的圆筒状塑料容器。播种1粒发芽种子，培养砧木苗2年后于翌年秋季或第3年春季嫁接，再培养嫁接苗1年，成为"2＋1"嫁接苗便可定植。若培养大苗，则于秋季或早春将"2＋1"嫁接苗移植于较大的容器中。"2＋2"嫁接苗容器高 25～30cm，直径 25cm 以上，苗木越大，容器也随之加大。移苗时间宜于阴天或雨后空气湿润的晴天为好。播种或移植容器苗，可直接置于苗圃平地的畦面上，排列整齐，容器间的空隙处填以细土，以利保湿，上搭遮阴棚（图6-58）。

图 6-58　容器育苗

4.2.2　土料配置

香榧喜肥沃、透气性好的土壤；营养土应多放有机质，pH 保持在微酸性至中性，生产上有下列4种配方。

（1）配方1。黄泥土 50％，鸡粪（干）35％，饼肥（腐熟）15％，钙镁磷1％，分层堆积，经1个夏季腐熟。播种前充分混合打碎，加入少量硫酸亚铁消毒。

（2）配方2。肥土（菜园土、火烧土等）每立方米加入人粪尿 100kg、牛粪 100kg 或鸡粪 50kg（干），钙镁磷肥 2.5～3.0kg，饼肥 4～5kg，石灰 1～2kg，充分混合拌匀堆好，外盖尼龙薄膜密封，半个月翻1次，堆沤 30～45d。

（3）配方3。兰花土（腐殖质土、阔叶林下的表土）50％，黄泥土 50％或火烧土 50％，按 100kg 加入过磷酸钙 5kg，草木灰 10kg，充分拌匀。

（4）配方4。兰花土或袋栽香菇（灵芝）废料 50％（体积）、蛭石 50％，按土重加入 1％复合肥、1％～2％石灰、3％钙镁磷肥，充分混合拌匀堆沤1个月。

4.2.3　消毒

香榧苗期根腐病、立枯病比较严重，配制营养土必须进行消毒。方法是：50％多菌灵可湿性粉剂 1kg，加土 200kg 拌匀，再与 1m³ 营养土混合；按 1 000kg 营养土对 200mL 福尔马林与 200kg 水的混合液混合堆垄，上盖塑料薄膜密封1周，然后揭膜倒堆 10～15d，使药味挥发后装钵。

4.2.4　播种

经催芽后的种子，待种壳开裂，胚根长 2cm 以内时，最适播种。一般现装土现播种，种子上覆盖土 2cm。为防容器内土壤下沉，装土略高于容器口，呈馒头型，播后排列于苗床，转入苗期管理。

4.2.5　移苗

移苗时，先将根系完整的苗木置于容器内，一边填土一边摇匀容器，再上提苗至根颈处略低于容器土表 1cm 左右，使根土密接，浇水后土壤下沉再适当补充营养土。移植深度宜浅，根土覆土 2～3cm 即可。

4.2.6　病虫害防治

容器育苗因营养土已预先经过消毒，病虫害较少，但也应时常检查，发现病虫害要及时防治。

4.2.7　施肥

主要是追肥，配制营养液浇施，施用化肥后必须用水冲洗苗木以防肥害（图 6-59）。

4.3　苗木嫁接

4.3.1　嫁接时间

香榧嫁接时间在黄山地区以春季嫁接为主，即树液开始流动的 3 月上旬至 4 月上旬嫁接最好，补接则以秋季 9 月最佳。根据有关试验结果，除 5 月新梢快速生长期和 11 月至翌年 1 月（低温季节）外，其他时间嫁接，只要接穗新鲜，接后管理得当，成活率可达到 80% 以上，大多数可达 90% 以上。

4.3.2　取接穗

接穗宜选自 30～50 年生健壮丰产、稳产的优良母树，并从母树中上部剪取粗壮充实、顶芽健全的 1～2 年生枝条。嫁接大砧木的接穗一般

图 6-59　容器大苗

采用有 3 个分枝的 2 年生枝，小砧木宜采用 1 年生枝。在采取接穗时，应注意准备一部分雄株接穗，作繁殖授粉树之用。

4.3.3　接穗保鲜

接穗剪下时，其叶片最初不宜剪去，按品种每 50 或 100 枝为 1 束，用湿的苔藓包裹，外挂牌注明品种和母株，再用薄膜包扎，这样可以进行运输，一般可贮藏 15～20d。

4.3.4　嫁接方法

由于香榧枝条细软，一般 1 年生枝粗只有 0.9～4.0mm，砧木粗度也只有 5～6mm，根据多年实践以贴枝接为好。

（1）贴枝接方法。接穗基部去叶后，削去 3～4cm 长带木质部的皮层，背面再反削一刀（图 6-60）；选砧木的光滑部位，削去与接穗同样长短，削面较大的切口（图 6-61），贴上接穗，对准形成层，然后用塑料薄膜绑紧密封即可（图 6-62、图 6-63）。

贴枝接的接口长，加上穗条细软，绑后砧穗容易密接，愈合好；当年生砧苗秋季嫁接可以不剪砧，光合面积大；少数不成活的可随时补接。

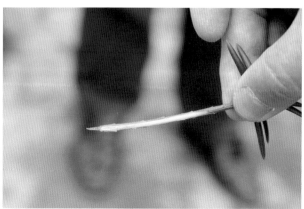

图 6-60　接穗处理

图 6-61　砧木处理

图 6-62　贴接——插接穗

图 6-63　包　扎

（2）其他嫁接法。香榧除常用贴枝接外，还有劈接（图 6-64）、插皮接（图 6-65）切接及腹接等。一般大砧木或高接换种（一般接口粗度超过 4cm）通常采用劈接法，劈接法常用 2 根接穗；也采用插皮接，每砧木插 4 根接穗。

图 6-64　劈　接

图 6-65　插皮接

4.3.5　接后管理

嫁接后立即搭遮阴棚遮阴，透光度以 20% 左右为宜。30～40d 后接穗发芽新梢长至 3～4cm 时，解除包扎物；9 月下旬要拆除遮阴棚；砧木的萌蘖，应及时抹除，接穗上抽生的新梢，宜支柱扶缚，以防大风吹断；冬季应对砧木根际进行培土，并铺草防冻，确保安全越冬。

4.4 扦插育苗

选平坦而排水良好的沙质土地作为扦插床，苗床宽 1.2m。香榧扦插育苗可分为嫩枝扦插和硬枝扦插。

4.4.1 嫩枝扦插

于 5～6 月嫩枝已形成顶芽，并已开始半木质化时期进行扦插。插穗宜选 20～30 年生优良母树上发育健壮的嫩枝，长 12～15cm。扦插时除去下半部叶片，下端削一斜面，扦插于沙壤土中。插前选用竹签于苗床上插 1 个小孔，再插入插条，入地 1/2 左右。上面覆盖苔藓保湿，也可盖地膜后扦插保湿，上架阴棚以防日晒。插后若遇干旱，应及时灌水。扦插当年生根，翌年抽新梢，可带土移至培养圃中，自初夏至秋季，仍需搭遮阴棚，这样第 3 年可成苗，成活率 50%～70%。

4.4.2 硬枝扦插

于 3 月下旬，进行硬枝扦插，成活率可达 70% 以上。扦插苗根系发达，生长良好。插穗采自 20～30 年生优良母树上树冠外围，粗壮充实 1 年生枝侧枝，插条长 15～20cm。上插孔，深 5～6cm，并压紧周围土壤。盖少许苔藓。其他方法同上，硬枝扦插若能在温室或大棚设施内，由于温度、水分、光照可人工控制，其成活率更高。若插于苗床营养钵中，便于移植管理，则可较露天提早 1 年出圃。

4.5 胚芽砧插接法

浙江省诸暨市林业科学研究所于 20 世纪 80 年代试验成功。具体操作方法是：于 2 月上旬取经过沙藏催芽、生长出胚芽的种子做砧木。胚芽长度以 1cm 左右为适度。在胚乳裂缝处，用一先端尖薄的竹签插入约 1cm 深，将裂缝挤大成孔，竹签拔出后，立即将预先削成楔形的 1 年生接穗插入孔内，利用种子的自然夹合力夹住接穗（图 6-66）。接后先用湿布保湿，然后将嫁接苗全部假植在室内湿沙中，经过 30～40d 接口愈合后移植于苗床中，并搭遮阴棚，注意浇水保湿。8～9 月胚根处可生长大量新根。如果管理良好，成活率可在 70% 以上。生长快，根系发达。此种方法可以于室内进行，不论是雨天还是晴天，均可进行。嫁接时间长，并可节省大量的砧木和接穗，可流水作业，提高效率。如果苗床在塑料大棚内，便于管理，成活率更高。1 年后移植于培养圃。

图 6-66 胚芽砧嫁接

4.6 高接换种

4.6.1 高接换种效果

香榧嫁接愈合力强，成活率高，野生砧木就地嫁接成活率一般在 80% 以上。接后生长速度与砧木粗度呈正相关，一般 5～10cm 胸径的榧树，嫁接后 4 年开始结实，6 年左右株产鲜果 1～2kg，10 年生株产 10～15kg，15 年生进入盛期，株产 30kg 以上。砧木越大，长势越旺，嫁接后生长与投产也越快。40 年后，最大单株产量达 250kg，株产值达 6 000 元。近来，黄山市及徽州区实施高接技术对榧园进行改造也取得成功，为黄山市野生香榧林品种更新提供了成功经验。

4.6.2 嫁接方法

（1）主干插皮接。在砧木主干距地面 1m 左右、相对光滑的地方锯断，在断面上等距离接 2～4 个接穗，并于断面上堆土直至埋没接穗的 1/2，周围用竹片固定围成竹篓状，并包以稻草和塑料薄膜保湿，上覆遮阳网遮阴（图 6-67）；在海拔较高、环境湿润的林地，嫁接后不堆土和覆盖遮阳网，而绑以笋壳，罩阴效果也很好。

图 6-67 插皮接

（2）高枝接。在砧木 3m 处断干，在断面上用插皮接 2～3 个接穗，3m 以下留 2～3 个主枝截断，根据断面大小选用插皮接、切接或劈接方法嫁接，包扎后用笋壳遮阴（图 6-68）。此种嫁接方法，砧木损伤小，树冠恢复快；缺点是接穗量大，嫁接、除萌用工多，且只适宜于海拔较高、较阴凉地方应用。大砧嫁接忌只用 1 根接穗接于一边，这样常会导致另一边断面不能愈合而枯死，应多枝嫁接，利于断面愈合。

图 6-68 高枝接

4.6.3 接后管理

（1）遮阴。嫁接后要及时遮阴保湿，是低海拔、丘陵地带确保大砧嫁接成活的关键。遮阴只遮上方直射光，于海拔较高，阴湿地方可以用当地毛竹笋壳挡遮接穗的向阳面（东南面）。湿度小，光照强的地方遮阴 2 年，第 3 年除去遮阳网；林下嫁接 2～3 年后，要及时除去周围及植株上部其他树种的枝条，以增加光照，否则不利于生长。

（2）除萌。榧树萌芽力强，在断砧嫁接后，砧木受刺激会萌生许多枝条，必须及时除萌，但第一年可选留 1～2 根萌生枝作为辅养枝，其余抹除，待第二年接穗生长转旺后，可全部除去萌枝。

（3）绑护。大砧嫁接后，接穗生长量很大，年抽梢可长达 40cm 以上，且平展下垂，易受风吹雪压，故要及时立杆绑护。

（4）其他管理。野生榧树多分布于黄山市荒山野岭，当地条件较差，坡陡、土瘠，且杂草林丛生，接后于树下方垒石块，添土建成简易保水鱼鳞坑，并将树盘周围杂木草清除，铺于树盘下，以保持水土；第 2 年始每株施复合肥 150～200g，以后随树体增长逐年增加。冬季清园对树干及断面切口用石硫合剂涂白，以防治病虫危害。

5 建 园

5.1 园地选择

香榧树适宜于年平均气温 12～18℃，年降水量在 1 000～1 600mm，且雨量分布均匀，2～3 月雨量适当多些的环境，以满足花粉母细胞分裂；4 月下旬至 6 月下旬，降水量及降雨日数减少，利于授粉受精，减少落花落果。其次，香榧树适合于微酸性至中性偏碱性土质中生长，特别是于腐殖质丰富、土层在 20～30cm 深的土壤上生长健壮。pH5 以下，酸黏红壤及瘠薄山地、多风山岗不宜建园。黄山发展香榧生产可选阴凉，空气湿度大，光照强度适中，且排水良好的低山丘陵或中低山地建园，以及森林植被保存良好的小环境，即海拔 100m 以下的小丘陵、平畈地及山坞地。对于海拔在 400m 以上如黄山区新明乡樵山，由于香榧结果后，需充足阳光，香榧建园则宜选择阳坡、半阳坡建园，种植密度要小，以确保树体有充足的上方光和侧方光。

5.2 建园方法

5.2.1 实生苗建园

坡度小于 25°以下山地，宜用直播法，即就坡地挖直径为 50cm 土坑，除去杂草，于春季播 2～4 粒经过沙藏层积催芽处理的种子；也可直接栽植实生苗，然后逐年扩大鱼鳞坑，视劳力和坡高等情况逐年扩大开垦，修成简易梯田。

5.2.2 高接建园

由于老栽培区品种混杂，劣质品种多，优良品种少，可先成行补植砧木或优良品种，然后逐年对野生砧木或劣质品种进行高接换种，使之达到全部良种化，并逐年建成梯田。

5.2.3 缓坡地建园

坡度在 15°以下的缓坡地，秋季先开垦，除去杂草，再进行全部或局部开垦；或者为防止水土流失，先修筑等高垄，即在坡地上每相隔一定距离筑等高垄，香榧树栽于垄顶或垄的内侧，这样每条等高垄之间有 1 条未开垦的杂草带，以防止水土流失。也可直接修筑成简易梯田，梯田宽度 3～4m，过窄管理不便。香榧树根穿透力不强，因此，园土应深翻 80～100cm 为宜，否则要逐年进行开垦深翻。

5.3 定 植

5.3.1 选用优质苗

（1）实生苗规格（图 6-69、图 6-70）。苗高≥28cm，根径≥0.5cm，根系发达，须根多，最好用营养钵苗，具体规格见表 6-1。

表 6-1 实生苗分级标准

等级	苗龄	地径（cm）	苗高（cm）	根长（cm）
I	2	≥0.7	≥35	≥22
II	2	≥0.5	≥28	≥20

图6-69 营养钵实生苗

图6-70 直播实生苗

（2）嫁接苗规格（图6-71）。苗高≥30cm，茎径≥0.6cm，"2+2"或"2+1"带营养钵的嫁接苗（表6-2）。

图6-71 营养钵嫁接苗

表6-2 嫁接苗分级标准

等级	苗龄	苗高（cm）	地径（cm）	根长（cm）	新枝数（个）
Ⅰ	2+2	>38	≥0.8	>25	>20
Ⅱ	2+1	>30	≥0.6	>22	>10

注："2+2"指在2年生砧木上嫁接后2年的苗，"2+1"指在2年生砧木上嫁接后1年的苗。

5.3.2 苗木保护

起苗后50株或100株为1捆，裸根苗要及时打泥浆，并用尼龙带或草帘包扎根系，集中放置于阴凉地方，最好早晚起苗，连夜运输（图6-72），苗到后立即种植。种植时临时从尼龙袋中拿1棵种1棵，不宜将苗散放于园地任其风吹日晒，以保证根系不受损害；为了减少叶面蒸发，苗木地上部分应适当修剪，特别是实生苗可以重剪，以减少叶片蒸腾作用。香榧宜随起随栽，若苗木运到后不立即种植，则可将其连包扎袋排放于阴凉湿润房间内，上盖稻草帘，每天洒水1次，3～5d内一定要定植完。"2+3"以上嫁接苗必须用容器带土或土球苗，3年生以上的实生苗也需带土球并对地上枝叶

图6-72 苗木运输

进行重修剪。

5.3.3 种植时间

带土球容器苗从 11 月至翌年 3 月下旬均可种植，但裸根苗则宜于春季 2～3 月种植，并选择阴湿天气，避开大风和干燥天气。在海拔 500m 以下低山上，春植宜早不宜迟。

5.3.4 种植密度

株行距为 5.0m×6.5m，每 666.7m² 种植 20 株；或株行距为（1.5～2.0）m×（3～4）m，每 666.7m² 栽植 110 株。

5.3.5 挖定植穴

栽植前，最好是当年秋季挖定植穴，挖 1m×1m×1m 的定植穴或宽 1m、深 1m 定植沟，并将腐熟的厩肥、杂草等有机物埋入，每 666.7m² 施生石灰 50～100kg，穴施 25kg 腐熟的有机肥和 0.5kg 钙镁磷肥，与表土混合后施入，至离地 20cm 左右时，再施入腐熟人粪尿 10kg，使其湿润，上覆心土保墒。

5.3.6 授粉树

香榧为雌雄异株，风蝶花。为了确保丰产稳产，香榧建园时必须考虑配置花期相近、花粉多、花期长的雄株作授粉树。配置比例为 3%～5%，根据建园地形复杂程度而定。并按 4 月（花期）主风面和地形地势确定种植方向。

5.3.7 定植

定植宜于土壤湿润或降过雨后进行。裸根苗定植前应修剪过长和劈裂的主根。嫁接苗则要用刀片将接口塑料膜直刻一刀，以便定植后自然解绑，大苗定植必须带上土球栽植。定植做到栽要浅（根基平）、根要舒、泥要实、覆土要高，呈馒头状。嫁接苗接口要高出地面 5～8cm。因为所填各种有机物腐烂后，苗木要下沉。苗木移栽后，浇足定根水，并立支柱（图 6-73），以防风吹摇动。

5.3.8 遮阴防晒

低海拔地带定植后，要及时用遮阳网遮阴（透光度为 50% 左右）（图 6-74）。保护圈直径为 50～60cm，高 60～80cm。高温干旱年份，即使是高海拔带，干旱季节也要遮阴或根际覆草保湿、防旱。

图 6-73 立支柱

图 6-74 防 晒

6　果园管理

6.1　幼龄园管理

6.1.1　除草松土

对大苗定植后1～2年，小苗定植后2～3年的果园，要进行适时除草松土。

（1）春季雨季后除草。黄山每年雨季结束后，往往伴随伏秋干旱天气的出现。香榧幼年保护圈内应及时除草松土，并将保护圈外深草削除掩埋或覆盖于根际部位，减轻地表高温对香榧根颈处的灼伤，保持土壤湿度。

（2）秋冬除草清园。11月至翌年1月，结合施肥，把幼树保护圈周围土壤松土除草，将落叶、旱季覆草及套种的豆类、绿肥，行间枯草等埋入土中以改善土壤通气条件。但幼年树除草不宜太深，防止损伤根系，影响成活率。

6.1.2　林间套种

香榧树幼年耐阴，于幼年抚育期非全园建园的尽量保留种植带侧或种植保护圈外的杂草灌木，利于造成侧方庇荫（图6-75）；部分全垦建园的香榧幼林，可选择玉米、大豆、芝麻、荞麦、烟草、黄花菜、菊花、苜蓿、紫云英等农作物，以短养食，获得早期效益，保持林地可持续利用，又人为造成了侧方庇荫，但禁种藤蔓作物。

图6-75　香榧林套种

6.1.3　保持水土

香榧适宜于土层深厚、土质疏松的环境，香榧林若不注意水土保持，在幼林期极易造成水土流失，导致土壤肥力下降，不利于香榧幼树生长。建园时尽量避免全垦整地，在坡度、坡长较大坡块，切忌坡顶到坡脚全坡开垦，应于山顶、山腹和山麓分别保留一些块状或带状植被，群众称为"山顶戴帽子，山腰扎带子，山脚穿裙子"。阶梯整地建园每年冬季要进行清沟固坎，保留带间植被，带外一侧可因地制宜套种茶叶、黄花菜、贡菊及灌木状金银花等作物，以保持水土和增加收益；坡度较大的地块应利用挖取的石块或土块于根际下方修筑鱼鳞坑保土。

6.1.4　施肥

香榧幼林施肥以促进树体营养生长为目的，应多用复合肥，并结合有机肥进行施肥。每年施肥2次，时间分别是3月中、下旬和9月中旬至10月下旬。第1次施肥可选用复合肥，每株施肥量为50～200g，视树体大小，立地条件而定；第2次施肥可选择腐熟有机肥20kg或饼肥1kg施入。在树冠滴水线区域挖深20～30cm环形沟，将肥料均匀撒入沟内后，再覆土掩埋，逐年外移，也可结合冬季清园，土壤深翻施入。

6.1.5　抗旱

幼树四周围遮阳网罩，保湿防晒；伏秋旱，树盘覆草减少水分蒸发；还可于旱季采用泥炭浸出液或黄腐酸喷树冠，抑制蒸腾，以保持移栽初期苗木水分的平衡，有条件的地块还应于旱季早晚树盘浇水。

6.1.6　防寒

冬季到来前，结合秋季除草清园、施肥、对根颈部位培土防寒。

6.2　成龄园管理

6.2.1　劈山抚育

应掌握"秋挖春削"的原则。秋挖即在果实采摘前结合林地清理，也可于采后实施，具体时间为8～10月，挖山深度20cm，以挖去少量支根和上浮的须根。春削即3～4月浅耕，只除草而不伤根。

6.2.2　施肥

（1）需肥特点。4～5月为成年香榧树的开花授粉及新梢发育期，为了促进新梢及雌花发育，宜追施1次以氮肥为主的速效肥；6月至9月中旬为香榧种子发育期，为了促进种子发育，应及时增施1次以磷钾为主的速效肥，这2次化肥用量占全年施化肥总量的2/3以上。采果后为了利于树势恢复，提高光合作用，积累更多养分为即将开始的雌花分化和来年新梢、花器官的发育创造条件，应于9月中、下旬采果后施以有机肥为主添加适量三元复合肥的基肥，秋肥的施肥量约占全年施肥量的60%。

（2）常用肥料种类。无机肥有尿素、三元复合肥、硫酸钾、钙镁磷肥、石灰、草木灰、硫铵、磷酸二氢钾、硼砂等；有机肥有人粪尿、腐熟的厩肥、堆肥、绿肥、栏粪、鸡鸭粪及饼肥等。有机肥施用前应进行充分腐熟，经过无害化处理。

（3）施肥时间。春肥施肥时间为3～4月，夏肥施肥时间为7～8月，基肥施肥时间为10～12月。

（4）施肥量。根据成年榧树（可产榧蒲50～100kg）株测算，春肥：尿素少量加三元复合肥3～5kg；夏肥：三元复合肥3～5kg；秋肥（基肥）：腐熟栏粪肥100～200kg或饼肥5～10kg，加1～2kg三元复合肥。

（5）施肥方法。为了防止肥料挥发和流失，春、夏、秋肥均采用沟施。在主干到滴水线之间适当位置开宽30cm、深25cm环状沟或于冠幅范围内由主干向外开4～5条宽30cm、深25cm的放射沟。沟开好后削除树冠下及周围杂草、枯叶填于沟底，将肥料撒于杂草上，再覆填沟土。此法可防止化肥直接与根系接触而引起烧根。同时，有机物与化肥混施，可以有效提高肥料利用率，减少流失。坡地环形施肥沟应设于树干上坡树冠滴水或以外，以免肥料过分集中流入树冠下，造成肥害。在土壤干燥，施肥效果不好或于某些生长关键时期，也可辅以根外追肥。可用0.2%～0.3%尿素、0.3%～0.5%磷酸二氢钾、2%～3%过磷酸钙浸出液、0.3%硫酸钾、0.2%硼砂及其他叶面肥，选择无风的早晚或阴天进行根外追肥（表6-3）。

表6-3　香榧施肥技术

施肥	春肥	夏肥	秋肥（基肥）	
时间	3-4月	7～8月	10～12月	
种类	三元复合肥	三元复合肥	农家肥	三元复合肥
用量（每10m² 树冠投影）	0.5～1kg	0.8～1.5kg	35kg	0.8～1.5kg

6.2.3　抗旱

分年逐步完成简易鱼鳞坑建设，并回填培土，做好水土保持工作；夏季干旱季节，树盘覆草，减少水分蒸发，有条件的可实施浇水抗旱（图6-76）。

图 6-76　树盘覆草

6.3　老树复壮

6.3.1　砌坎培土

对于立地条件较差，水土流失严重和根系裸露的老香榧树，可用筑垒树盘的办法。先在香榧树下方，树冠滴水线外围用石块砌一道半圆形的小坎，高度依据老树所处的位置和坡度大小决定，坡度大则坎高，从树四周收集疏松表土放入，用铁锹将土扒平，稍稍打紧密即可（图 6-77）。若客土结合施入一定量的有机肥效果会更好。在土坎外侧可种茶树或灌木绿肥护坡。

图 6-77　砌坎护树

6.3.2　截干更新

对于长期受病虫害危害的老树，要加强病虫害的防治工作，对部分密度大、枝条交叉、光照差、枝干裸秃、结果枝少、产量很低的老林老树可以采用截干更新。香榧各级枝条上都分布有潜伏芽，在外界刺激下，会很快萌发新枝条。截干后树冠整体缩小，缩短了养分输送距离且营养集中，新抽生的枝条生长势旺，极易形成良好的新树冠。由于现在香榧价值高，农民舍不得对虽然结果少却仍有产出的老树进行截干改造，因此，可推广隔年截干轮换更新的方法，先在老树上选择几个长势最差的枝条进行短截，等这部分枝条形成一定树冠后再对其他枝条进行短截。

6.3.3　补洞防腐

香榧老树中有很大一部分衰老树的树干腐朽或半边枯死，树干中心暴露于外，日晒雨淋，进一步加快了树干腐朽。为此，必须先用刀刮去暴露于外面腐朽部分（刮至露出新鲜木质部）后，涂上 800 倍液的多菌灵，用塑料薄膜包裹坚实，待新鲜的愈伤组织形成后去掉塑料薄膜即可（图 6-78）。也可用水泥直接覆盖在腐朽部位，可取得相同效果。

图 6-78　树干防腐

7 花果管理

7.1 花的管理

7.1.1 落花的原因

落花指雌花开放后 1 个月以内，开放雌花逐渐发黄脱落，落花量占总花量的 25%～75% 的情况。造成大量落花原因有 3 个。

（1）产区雄株少。香榧主产区农民由于对雄株的作用缺乏正确认识，多把雄株改接为雌株，或把雄株当成木材砍伐，使产区的雄株数量锐减，授粉不足。

（2）花期不一致。雄花和雌花开放时间前后相差 10d 左右，在适宜条件下，单株花粉一般 1～2d 全部散尽，很大一部分雄花开放时间与雌花不遇。

（3）花期多雨。香榧的传粉滴不伸出，传粉滴即使伸出，也易被雨水淋洗、震落；同时雨水多，空气湿度大，也会影响雄花粉的扩散。

7.1.2 花粉收集

香榧为"风媒花"，天然香榧林由于多数为实生苗的后代，雄树比例高达 18% 左右，资源丰富。雄花花期有迟早之别，即使在同一立地条件，不同单株花期相差可达 10d 左右，且随着海拔升高，花期推迟。大约海拔每升高 100m，花期推迟 1d。香榧雌花有等待授粉的特性，在雌花性成熟标志——柱头分泌物出现后 9d 内授粉仍有效。这为香榧的人工辅助授粉创造了有利条件，同时榧树雄花的花粉多，易采集、贮藏、授粉方法简单易操作，故人工辅助授粉是弥补因雄榧树不足、分布不匀、花期不遇、花期多雨等原因引起授粉不良、大量落花的重要手段。该技术由浙江省诸暨市林业科学研究所汤仲勋于 20 世纪 60 年代末试验成功，可将自然授粉情况下香榧胚珠 7.5% 受精率提高到 64.8%，产量增加 47.17%。

（1）采蕾。由于榧树花粉可贮藏较长的时间，4 月上、中旬可以选择开花偏早的雄树，在雄花花蕾颜色由青红色转为淡黄色，将开未开（少量微开，用手指拨弹树冠下方花蕾，有少量花粉撒出）时，采集雄花花蕾或小枝。

（2）收粉。将采集的花蕾或带花蕾小枝，放在下垫白纸的通风室内的避光处，经 1～2d 阴干，然后抖动雄花枝让花粉散出，或用筛轻筛，去除杂物收集花粉。一般 1kg 花球可得 0.4g 花粉。

（3）保存。香榧花粉生活力在常温干燥条件下，可保存 15～20d，若未到授粉时间，可将收集的花粉用纸包好，置于已放生石灰的空罐（坛）中，坛口密封，保持坛内干燥。花粉贮藏时，每包花粉量不宜过大，防止花粉因发热腐烂，影响授粉效果。

7.1.3 授粉时间

人工授粉最佳时间为雌花柱头出现分泌物后 3～8d 内，选择晴朗天气，露水干后进行人工授粉。

7.1.4 人工授粉方法

人工授粉方法有喷雾法、撒粉法和排罐法。

（1）喷雾法。将 25mg 的花粉放入杯中，加少量清水调成糊状，再加清水 5kg，稀释成淡黄色花粉液（如花粉沉淀或浮在水面，可加少量吐温-80，则花粉成为悬浮状态）。或将 1g 花粉加 500kg 左右清水，混合均匀即可。装在干净的喷雾器中，喷湿花枝，受精率可达 90% 左右。也可将溶液装入大杯中，以手将雌花弯入杯内，浸没柱头为度，受精率亦可达 80% 以上。

（2）撒粉法。将收集的花粉放入自制的毛竹筒，筒四周打有 1cm 直径小孔，筒顶为 5cm 的圆孔，将花粉放入，也可加 10 倍松花粉作为填充剂，充分拌匀，筒外再包 5～7 层纱布，这样绑扎在 1 根长竹竿上，手持竹竿在榧树间舞动或者绑扎于上风口树上，使花粉随风飞散，起到传粉作用。也可将花粉放入高压喷雾器中，喷粉效果非常明显，可提高功效，但花粉用量大。一般撒粉 2 次，2 次间隔时间为 3～4d。

（3）排罐法（也称插花枝）。黄山毛竹资源丰富，可就地取材，锯成竹筒，内盛水，挂在香榧园的上风口。然后剪取，将开花的雄花枝插入竹筒，待其开花后自然授粉。

7.1.5　高接雄花枝

在香榧分布相对集中的区域，可通过高接雄花枝以解决花粉量长期不足的问题。

（1）接穗选择。宜选择花蕾大而密集，花粉量多，花期较长且与香榧雌花花期相吻合或稍迟于香榧雌花开放的雄株上选取接穗。要求是发育健壮的带 1 年生三叉枝的 2 年生枝，采取接穗用薄膜包裹或插入湿砂中保湿贮藏。

（2）高接位置。宜选取迎风面（一般为东南面）的 50～100 年壮年香榧树作为砧木；在砧木树冠迎风面的中上部骨干枝的延长枝上高接。因为香榧有自然整枝的特性，侧枝经过 6～9 年生长便会自动脱落，因此雄花枝忌接在这些侧枝上，以免随自然整枝脱落。

（3）嫁接时间。一般于清明节前几天，树液开始流动而芽尚未萌发前进行高接。

（4）高接方法。一般采取切接法。选择骨干枝的延长枝离分叉处 5～7cm 处截断，通过切砧削穗后，插入接穗（接穗的上部留 1/3 叶片，其余抹除），对齐一边形成层，接穗基部不露白，用塑料薄膜严密绑扎，然后用竹箨或毛竹笋衣弯曲成带尾巴的漏斗状，套住接穗后绑扎严实，防止阳光直射。嫁接后要及时抹去砧木上新抽的不定芽和侧枝，选择合适时间（一般春季嫁接应于秋季）用刀片划开绑扎薄膜带松绑。高接雄花枝对技术要求较严，嫁接和接后管理费时费工，但嫁接后可自然授粉；而且通过嫁接雄花枝可以减少因为采集花粉对榧树雄株资源的破坏。

7.2　果实管理

7.2.1　落果原因

香榧落果主要是指受精的幼果，于翌年 5～6 月开始膨大时脱落，落果率严重的占幼果总数 80%～90%，严重影响产量。落果原因：

（1）病害。香榧细菌性褐腐病等病害通过危害叶片、果实等引起大量落果。

（2）阴雨寡照。4～6 月为黄山地区的雨季，长期阴雨影响叶片的光合作用，导致树体营养不足；连续阴雨还使土壤中水分长期处于饱和状态，根系缺氧影响根系吸收功能和细胞分裂素合成，也会引起幼果脱落。

（3）营养失调。营养生长过旺或营养不良引起落花落果。

7.2.2　防治措施

（1）预防褐腐病。4 月下旬至 7 月上旬，香榧幼果期喷施浓度为 56%噁菌·百菌清 800 倍液，或代森锰锌 800 倍液、抗菌剂 402 号 1 000 倍液、2～3 次家用链霉素 500～600mg/L。对防治由该病引起的落花落果效果良好。

（2）喷万果灵或爱多收。喷药时间为花期（3 月下旬至 4 月中、下旬）与当年幼果膨大期至前一年果的落果期（5 月中、下旬）；使用浓度为 10mL 万果灵兑清水 25kg、10mL 爱多收兑水 30kg 或 1.8%爱多收水剂 5 000 倍液，喷施 2 次效果最好；保果剂可以与花粉、农药混用，但不可三者同时混用。

8 整形修剪

8.1 生长与结果习性

8.1.1 生长习性

香榧属紫杉科榧属常绿乔木，黄山自然分布的榧树高达 20~27m，树冠直径可达 8m 多。实生苗进入结果期迟，早则 8~9 年，迟则需 12~15 年才开花结果，20 年后始达盛果期。但作为人工栽培，用大砧木就地嫁接，栽培管理得法，嫁接后 5~6 年开始结果，15 年达到结果盛期，经济寿命很长，100 年以上的老树还结果累累，在黄山地区 1 000 年以上的榧树仍可见（图 6-79）。

香榧有中央领导干，任其自然生长，主枝自主干周围发生，有明显层性，树冠呈尖塔形（图 6-80）。香榧幼树 1 年可抽春梢、秋梢；但成年树仅抽生 1 次春梢，即自枝梢顶芽发生及附近侧芽抽生，一般于尖端抽生 3~4 个新梢，极少抽生 2~5 个枝梢。其余在叶腋间成为隐芽。故香榧枝叶不会过于密生。

8.1.2 结果习性

香榧为雌雄异株，由雄花粉依靠风传播授粉后，才能结实，故香榧为"风媒花"，栽培上常在上风口配以雄树数株，以利授粉。香榧 4~5 月开花，6~7 月结果，以幼果越冬，至翌年 9 月下旬果实成熟。故同一树上当果实尚未采收时，常有 2 种大小不同的果实存在。为当年开花结果的，果极少；另一种为上年开花结果的，生长已达最后阶段，形较大。果农云："千年榧树三代果"，其实在树上果实不过 2 代，另 1 代是指贮藏于家里的上年所收果实（图 6-81）。

图 6-79 千年香榧

图 6-80 香榧树层性

图 6-81 千年香榧三代果

8.2　整　形

榧树干直立高耸，枝条向四周和主干成大角度开张，阳光从旁透入，不会过于郁蔽，一般在高山比较荫蔽处作为林木栽培，任其自然生长成形，不进行特殊整枝工作。但随着经济发展，现作为人工栽培时，则采取了适当整形，以形成良好树形，确保榧树连年丰产。榧树作为果树栽培，常用自然多干形、主干形和十字形，整形修剪宜于采收后至树液流动前进行。

8.2.1　自然多干形

先定植砧木，培养数年后，在主干高 20cm 左右处锯去上部，嫁接接穗 2～4 个，接活后常保留接穗新梢 3～4 个，使其向四周自然生长而成分生主干，再自这些主干四周分生主枝，就成为自然多干形（图 6-82）。此种树形中央无单一的领导干，多干丛生，树形比较低矮，不但采收管理方便，还可减少风害，且因最初即有树干，各自分枝发展，树冠的扩大或形成较仅留中央 1 根领导干为快，结果期和盛果期产量得以提高。

图 6-82　自然多干形

8.2.2　主干形

小苗栽植时常常是 1 根主干直立向上，以后分生少数骨干枝向四周散开（图 6-83）。为了使阳光能进入树冠内，每层主枝留 3～4 个，向四周方向展开；对开张角度不合适的，可以采取撑、拉、顶、吊等人工措施矫正。各层之间层距为 50～80cm，越向上，层间距可以略小为 50～70cm，每 2 年形成 1 层，5～7 层即可，但不急于去顶。各骨干枝必须牢固，因为香榧采摘常常需要人攀爬上树。

8.2.3　十字形

每 2 年留 2 个主枝，形成 1 层，每层交叉，2 层俯视呈十字形（图 6-84）。总之，主干形的香榧树易培养。20 年后逐年去顶，一般留 5 层左右即可。大砧木有时可以用劈接法嫁接。为了保证成活，在十字形树上嫁接 4 根接穗，并培养成较主干形低矮的变相多主干丛生形。

图 6-83　主干形

图 6-84　十字形

8.3 修 剪

8.3.1 修剪原则

香榧为常绿而耐阴的果树，其枝梢又多稀疏而不密生。故不论是幼年树还是成年树，修剪总原则是尽量从轻。

8.3.2 修剪方法

幼树扶主枝、疏除过密枝、延长枝短截和控冠等。

（1）幼树扶主枝。以小苗嫁接形成香榧树，分枝点低，无主干。主枝多少不定，分枝角度大，斜向甚至匍匐生长，生长势弱。为此，对主枝应加以扶持以增强树势，有目的地扶正1个生长势较强的主枝作为中央主枝进行培养，其余枝条任其向周围生长。扶持主枝时必须让枝条正面朝向阳光，不可让枝条背向阳光，否则会生长不良。

（2）疏除过密枝。香榧多为顶芽抽枝，1年1轮。主枝延长枝顶芽发枝力强，多为3～7个簇生，生长旺，斜生；侧枝顶芽一般抽生3根，多抽生2根侧枝1根延长枝，生长弱，多平展或下垂。由于枝条长度多在5～10cm，主枝延长枝也多在20cm以内，加上枝条节上及其附近不断有新枝萌生，故枝条密度过大。香榧结实能力强，细弱枝条也能结果，特别是幼林期，下部枝条先结实，上部枝条斜向生长担负着增加枝条数量和扩大树冠容积的重任。一般侧枝在结实1～2次后自然脱落，下部下垂枝条，处于光照不良的位置，结实1次后，一般无力再次结实。若密度过大，则在疏除病枯枝的基础上应适当疏除，以减少营养消耗，改善光照条件，但幼年树修剪量不宜过大。

（3）延长枝短截。香榧分枝另一特点是主枝延长枝不结实，一直往前伸长，而侧枝生长变弱后，顶侧枝和延长枝均可结实，形成结果枝丛，故主枝上副主枝难以形成，主枝常呈细长的"竹竿形"，树冠结构不尽合理。为此，可在适当部位对主枝延长枝进行短截，发枝后，留养中间1枝做延长枝，培养1个强壮侧枝使之成为副主枝，留养延长枝向前生长2～3年后再采用同样方法培养另一侧副主枝。副主枝的位置应有利于填补树冠空档，一般1个主枝培养2～3个副主枝即可。

（4）控冠。香榧树冠扩展不快，用"2+2"或"2+1"的嫁接苗造林，若每 666.7m^2 面积定植40株，15年以内树冠不会相接。此后，随着树势快速生长，则应通过修剪来控制树冠，减少相邻树枝交叉重叠，保持郁闭度在70%以内。早期密植的应隔行或隔株移去一半。带土移栽成活率高，恢复树势快，投产早。对于为给幼年香榧遮阴而套种速生树种的混交林，随着香榧树体生长和需光性增加，必须及时调整林分结构，逐步疏去混交林，保证香榧光照。否则，若上层树冠郁闭度大于70%，林下套种的香榧因光照不足而枝条细弱，匍匐生长，3年以上枝条多自动脱落。

9　病虫害防治

9.1　主要病害与防治

香榧主要病害有：香榧立枯病（茎腐病）、香榧细菌性褐腐病、香榧紫色根腐病、香榧疫病及绿藻等。

9.1.1　香榧立枯病（茎腐病）

主要危害香榧、银杏、山核桃等茎部，往往使苗木致死，是香榧幼苗期一种主要病害，主要危害种芽、苗木根和茎基部，染病后常造成幼苗大量死亡，降低香榧育苗的成苗率，是我国香榧产区主要病害之一。

（1）病原及症状。香榧立枯病 [$Pythium\ uhinum$（$Rhizoctonia\ solani$，$Fusarium\ ClZlllzorum$）] 是由半知菌类、球壳孢目的一种真菌引起，该病菌可以广泛危害多种树苗，还能危害农作物。凡是有香榧生长的地方，都能见到这种病菌。

发病时，多在苗木茎部出现褐色病斑，以后迅速蔓延茎部 1 周，使皮肿大坏死，阻止养分运输，使苗木自上而下叶片枯萎，顶部枯死，但叶片不立即脱落，有时皮层部病部松弛，不紧贴木质部，而易于剥落，苗木枯死后，叶不脱落。病势继续发展使皮层腐烂破碎，而皮层和木质内发生许多煤灰形小菌核。该病于黄麻、芝麻上发生，常生分生孢子器，但在香榧、银杏上，只产生菌核。

（2）发病规律。该病喜高温。在黄山梅雨后 10d 左右，随气温升高，病势逐渐加重，但至 9 月中旬随着气温下降而停止。该病以菌丝和菌核于病死苗木和苗圃地土壤中越冬。病菌土传从伤口入侵；苗木茎部夏季受高温影响灼伤，或除草时工具刮伤苗木茎部，病菌易入侵。

（3）防治方法。选择通风、向阳、地势较高、土层深厚、通气性好、排灌方便的沙壤土建苗圃，并于播种前用 0.1% 福尔马林（甲醛）进行土壤消毒。

实行秋播育苗，避开发病高峰季节，或推广无菌土营养钵育苗技术。

夏季苗圃地搭荫棚或地面覆草，以降低地表温度。遮阴帘一般于上午 10:00 盖上，下午 4:00 揭开。阴雨天，可不必遮盖。苗圃地高温干旱时，有喷灌设施可喷水降温或浇水降温，以减轻发病，同时多施草木灰等钾肥以增强苗木的抵抗力。

发病苗床用 50% 多菌灵 500 倍液进行喷施或灌根，5d 1 次、连续 3 次。拔除病株，集中销毁，并对附近土壤用 1% 硫酸铜或生石灰消毒。

9.1.2　香榧细菌性褐腐病

（1）病原及症状。病原为胡萝卜软腐欧氏菌 [$Erwinia\ carotovora$（Jones）Bergey et al]，主要危害香榧幼果和叶片，于阴湿山谷地带发病尤为严重，发病率高的可达 70%～80%，一般都在 10% 左右，引起落果，严重影响产量，是目前危害香榧生产的主要病害之一（图 6-85）。发病初期，首先出现针头的油渍状斑点。若削去表皮，可见表皮下组织已变成紫褐色。2～3d 后形成片状或条状褪色病斑。病斑微凹陷，并有水珠状黏液溢出，此后病斑继续扩展，果皮由青绿色转变成灰黄色，并侵入种仁部分，使种仁被害处呈紫褐色，最后导致脱落。危害较迟或较轻的果实，仅于病部结成干疤或形成畸形果，一般不脱落。

图 6-85　细菌性褐腐病

（2）发病规律。此病开始于5月上旬幼果种壳未硬化前，5月中、下旬为发病盛期，5月下旬至6月中旬为病果脱落时期。由于此阶段也是香榧生理落果期，极易被忽视。该病在果实贮藏期也可侵染危害。

（3）防治方法。注意园地排水，尤其是4月至5月上、中旬。及时清除香榧林中病残果等传染源，将其集中烧毁。

药物防治应避开香榧授粉期，于4月下旬至7月上旬雨季结束，喷56%嘧菌·菌毒清800倍液或代森锌800倍液或抗菌剂402号1 000倍液，链霉素500～600mg/L，每7d 1次，对枝、干、叶和果实进行全面喷湿，可以有效防治该病。

9.1.3 香榧紫色根腐病

（1）病原及症状。紫色根腐病〔*Helico-basidium pur pureum*（Tul.）Pat〕，又名紫纹羽病、苗木白绢病。病原属真菌担子菌亚门层菌纲木耳目中的紫色卷担菌，是香榧生产中常见的一种致命性的根部病害，主要危害香榧苗木及成年榧树根部。发病后根部皮层腐烂而凋萎枯死。苗木发病后，叶片脱落，仅留下1个光干，轻轻一拔就起来。是造成当前香榧育苗效率不高、成活率低和大树树势衰亡的主要原因。

（2）发病规律。病菌以菌核在土壤内传播，附于病株组织上越冬。第2年温度适宜时，菌核萌发成菌丝体借土壤、雨水或流水侵害苗木。温湿度适宜的环境下，菌丝呈白色绢丝状，能很快蔓延至苗木茎部及根周围的表面，以后在干中形成菌核，最初呈白色，后转变为黄褐色或茶褐色。该病于6～7月高温、多湿季节最易发生，至9月下旬基本停止蔓延，在土质黏重、排水不良的苗圃地和园地最易发生。

（3）防治方法。应以预防为主，苗圃地宜选择排水良好的坡地，如是平地，则应高畦深沟，以利排水。培养过香榧苗的圃地，不可连续使用，可以与禾本科作物轮作，至少4年以上。

苗圃地要施足底肥，同时每666.7m² 拌施生石灰50kg，力求苗木健壮，增强抵抗力，以减少发病。播种前，进行深翻后曝晒，并每666.7m² 喷1%硫酸铜液250～300kg，进行土壤消毒；或施入生石灰50kg，如前已施入，则可不必再施。

及时清除病株，发现树体、苗木枯死或不明原因落叶现象，要及时处理。若为紫色根腐病菌侵染所致，要及时确定发病中心及范围，集中救治。对于枯死的香榧植株，须连根挖起，集中烧毁。挖除病株后，曝晒病株根部土壤；留下土坑必须及时使用石灰消毒，也可用1%硫酸铜，浇灌苗木根部。

3月中旬至4月发病前，在病株根部周围树冠范围内挖数条不同半径的环沟或辐射状条沟，深及见根，选择晴好天气，使用70%甲基硫菌灵1 000倍液，也可用2%石灰水、1%硫酸铜、1:0.5:200波尔多液，或5%辛菌胺醋酸盐1 000倍液浇灌。浇灌可分数次，使根部充分消毒。隔1周后，再用药浇灌1次，后覆上松土。在酸性黏土则撒石灰可有效防治该病。

9.1.4 香榧疫病

（1）症状。香榧疫病（*Endothia parasitia*）是目前影响香榧生产的重要病害之一。幼苗发病时，常出现死苗；大树发病，主要危害主干或主枝，造成局部溃疡。

（2）防治方法。选用抗病品种和健壮、无病的香榧接穗。加强抚育管理，增强树势，提高树体抗病力。及时防治蛀干害虫，防止病菌从伤口侵入。定植检查，发现重病株、病枝，及时清除烧毁。对主干和大枝病斑，用刀刮除后涂"402"抗菌剂200倍液或10波美度石硫合剂；或60%以腐殖酸钠1 000mL兑水50～75kg喷施；也可用70%甲基硫菌灵可湿性粉剂1份加豆油或其他植物油3～5份进行涂抹，效果很好。

9.1.5 绿藻

（1）病原及症状。绿藻（*Chlorella* sp.）属藻类植物绿藻门，于香榧叶片表面和枝干形成一层粗糙的灰绿色苔状物，影响叶片正常光合作用，导致落果减产（图6-86）。

（2）发病规律。绿藻大多发生于香榧树的老叶片上，新叶危害较轻。香榧绿藻发生率达51%～64%，以轻度发生为主。梅雨季节绿藻易发生，6月中、下旬至7月上、中旬为发病盛期。在潮湿条件下，山坡阴面、阴暗潮湿的山谷及种植过密、生长过于郁闭的香榧林利于绿藻滋生蔓延。

（3）防治方法。整枝修剪，减少郁闭度，保持榧林良好的通风透光环境；平地榧园，开沟防止积水，可有效防止绿藻的发生。6月初梅雨季节来临前防治或在雨间放晴时用晶体石硫合剂800倍液防治，10～15d喷药1次，连续喷药2～3次，防治效果良好。

图6-86 绿 藻

9.2 主要虫害与防治

香榧主要虫害有：切根虫、香榧瘿螨、香榧硕丽盲蝽、香榧细小卷蛾、金龟子、天牛、白蚁、蚧壳虫及鼠害等。

9.2.1 切根虫

（1）危害。又名地蚕，主要危害香榧幼苗嫩茎基部。

（2）生活习性。1年4代，以蛹或老熟幼虫在土中越冬，至3月中旬羽化为成虫，第1代幼虫自4月中旬至5月中旬严重危害苗木，5月下旬在3～6cm深土中作穴化蛹，其后3代发生的虫数及危害情况不如第1代严重。成虫于夜间19:00～22:00活动较盛，有趋光性，对糖、醋、酒气敏感。卵多产于土面或杂草叶背，初龄幼虫以杂草为食料，至4龄的幼虫白天蛰居土中，夜间活动，咬断幼苗，故名夜盗虫。有假死性，受惊后不动。常咬断幼苗拖至所在洞口，故易于发现。

（3）防治方法。提前早播，可采用地膜覆盖，使幼苗早萌发、早木质化，以免被害。春季苗圃要勤中耕除草，以消灭地面上卵及杂草上幼虫。用黑光灯诱杀成虫，或在夜晚20:00～22:00人工捕杀幼虫；或于清晨挖其居住洞穴，进行捕杀。在苗圃地撒施5%辛硫磷颗粒剂，每666.7m² 用2～2.5kg，或喷施90%晶体敌百虫1 200倍液毒杀。

9.2.2 香榧瘿螨

（1）危害。俗称"红蜘蛛"，也称"锈壁虱"，属蜱螨目、瘿螨科。主要危害叶片的正面，以成虫、若虫刺吸嫩叶或成叶汁液，导致叶绿素遭受破坏，光合作用下降，受害叶片呈黄红色。新老叶片均可发生，尤以新叶较为严重，严重时，叶枝干枯，造成大量落叶，其主要导致香榧减产。

（2）生活习性。香榧瘿螨1年可发生5～9代。越冬卵于翌年4月底至6月上旬孵化。随新梢生长，危害部位逐步上移，从4月底到10月下旬均发生危害，全年盛发期于5～7月。从生长环境来看，一般垄背上树发生少而山凹多，散生榧树上发生较普遍；黄泥地多沙地少；平地多坡地少；树周围空旷的一般发生少。连续雨天可以抑制瘿螨的蔓延。

（3）防治方法。

药剂涂干。3月下旬用10％吡虫啉乳油加5倍柴油，涂刷树干离地50cm的部位。先沿树干一圈刮除老皮，宽度为20cm，涂药后由塑料薄膜包扎。

喷药防治。5～7月为香榧瘿螨防治最佳时期，发生期用10％吡虫啉1 000倍液，或80％的唑锡乳油2 000倍液，或0.3～0.5波美度石硫合剂喷雾，或用专用杀螨剂如5％尼索朗乳油2 000倍液，或50％托尔克2 000倍液，或73％克螨特乳油3 000倍液，或25％倍乐霸可湿性粉剂1 500倍液，或15％的扫螨净1 500倍液喷雾。第1次喷药后，隔7～10d再喷第2次，需连续防治2次以上。

9.2.3　香榧硕丽盲蝽

（1）危害。属半翅目、盲蝽科，寄主为香榧。若虫和成虫危害榧树的嫩梢和果实，据2001年浙江省建德市凤凰乡首次发现，有虫株率高达85％～100％。危害严重时造成大量枯梢和榧实脱落。

（2）生活习性。1年发生2代，以卵在杂草上越冬，翌年4月上旬在榧树叶芽萌动时，越冬卵开始孵化，4月中旬为孵化盛期，越冬代成虫在5月上旬开始出现，5月中旬达到羽化高峰，第1代若虫始见于5月10～15日，5月20日达到孵化高峰，6月下旬为第1代成虫羽化盛期。初孵若虫活泼，爬行快捷，无群集取食的习性，低龄若虫隐蔽性强，常在未完全展开嫩叶间吸食，造成嫩叶中上半片枯黄干缩，幼果表面布黄斑。重者嫩梢萎蔫，幼果脱落。成虫吸食新梢、叶、幼果，趋光性弱，灯诱效果差，善飞，但飞翔能力不强，一般在5～60m，无假死性，灵敏度中等，受惊吓时常飞2～4m又返回附近。越冬成虫产卵于嫩梢。

（3）防治方法。早春清除树下杂草，消灭越冬虫卵。保护天敌蜘蛛。4月下旬即若虫期20％吡虫啉1 500倍液，或50％杀螟硫磷1 000倍液，或烟参碱500倍液喷雾防治；成虫盛发期5月中旬可用80％敌敌畏乳油1 500倍液喷雾防治。

9.2.4　香榧细小卷蛾

（1）危害。属鳞翅目、卷蛾科，寄主为香榧。第1代幼虫蛀害榧树的新芽、嫩梢及叶肉，危害严重时树体新芽几乎全部脱落；第2代幼虫潜叶危害。

（2）生活习性。1年发生2代，以老熟幼虫在榧树主干基部树皮裂缝及枝冠下枯枝落叶、苔藓中做茧越冬，翌年2月中旬开始发育化蛹，3月上旬成虫羽化产卵，3月下旬至5月中旬幼虫孵化后蛀腋芽危害，5月幼虫陆续老熟化蛹，6月上、旬为第1代成虫羽化高峰期，6月下旬为产卵盛期。第2代幼虫孵化后潜叶危害，7月上中旬为孵化盛期，危害后于11月上旬幼虫老熟进入越冬状态。成虫有夏型和冬型2种形态。成虫白天有向光、向上爬行的习性，可作短距离跳跃和飞行，夜晚无趋光性。

（3）防治方法。清园消灭越冬虫源，11月下旬至3月中旬之前清除榧树下枯枝落叶，深埋或集中烧毁。3月上中旬香榧新芽长1cm时，防治成虫；4月上旬初见虫苞和7月上旬初见潜道时防治幼虫；11月幼虫老熟吐丝下垂时防治。具体可用5％氰戊菊酯乳油3 000～5 000倍液，或吡虫啉2 000倍液，或抑太保3 000倍液，或苏云阿维可湿性粉剂3 000倍液，或49％毒死蜱乳油1 500倍液，或50％辛硫磷乳油1 500倍液喷雾防治。

9.2.5　金龟子

（1）危害。危害香榧的金龟子主要有铜绿金龟子、斜纹丽金龟子和东方绒金龟子。幼虫蛴螬栖居土中，喜啃食刚刚发芽的胚根、幼苗等。成虫喜啃食危害香榧春季萌发的嫩芽、嫩叶及新梢。

（2）生活习性。3～8月危害。幼虫又称蛴螬，潜伏于土中，越冬时深入30cm以下，3～4月间温度上升，蛴螬也逐步上升至土层表面取食危害，中午温度过高则又向下移动，晴天上升，雨天向下。取食后卷卧于受害树木的根际。蛴螬在土壤结构疏松而肥力较高的土壤，特别是堆肥厩肥堆集地活动最为频繁。生姜地、前茬种过山芋等块茎作物及施用堆肥厩肥较多的幼树根旁，虫口密度最高。成虫在黄山地区，4月初开始活动，随气温回升，而逐渐增多。4月中旬进入高峰，5月初逐步消失。出现时间自早至晚，大部分为晚上，成群取食幼嫩新梢。闷热晴天温度22℃以上最为活跃，每晚19：00～21：00出现高峰，19：00～23：00为灯光诱杀最佳时间，性高峰在11：00至14：00，除清晨外，性高峰期也是人工捕捉有利时间。

（3）防治方法。

预防。在香榧育苗地建立及幼林抚育过程中结合育苗营林措施，秋末深翻土壤，将成虫、幼虫翻到地表，使其冻死或被天敌捕食，消灭部分土壤中所藏的越冬幼虫和成虫。避免施用未腐熟的有机肥，减少成虫产卵，苗圃地合理灌溉，促使蛴螬向土层深处转移，从而避开幼苗最易受害时期。

人工捕杀。在施用有机肥前筛捡有机肥中的幼虫。在成虫活动盛期，利用金龟子假死、趋光性，进行人工捕捉，或用黑光灯诱杀。

饵料诱杀。根据金龟子喜食的习性，用炒菜饼、甘蔗等饵料拌10％吡虫啉可湿性粉剂或40％毒死蜱乳剂等药剂（10∶1）诱杀。

药物防治。每666.7m²用90％的晶体敌百虫60～100g，或用50％辛硫磷乳油70mL，兑少量水稀释后拌毒土140kg，在播种或定植时均匀撒施于苗圃地面，随即翻耕；或撒于播种沟或定植穴内，每666.7m²施用13kg，覆土后播种或定植。幼虫发生严重、危害重的地块，每666.7m²可施用50％辛硫磷乳油80～100mL，或用90％的晶体敌百虫80～100g，或用50％的甲萘威可湿性粉剂80～100g，兑水70kg灌根，每株灌药液150～200mL，可杀死根际附近幼虫。3～4月成虫啃食新梢可用10％吡虫啉可湿性粉剂2 500倍液；40％毒死蜱乳剂1 000～1 200倍液；或20％氰戊菊酯乳油70mL兑水140kg喷雾防治。

9.2.6　天牛

（1）危害。天牛幼虫常钻蛀香榧树干、大枝，造成主干大枝枯死，甚至整株树体枯死。有时也钻蛀顶梢，影响榧树正常生长。目前危害香榧天牛种类有咖啡虎天牛、星天牛和油茶红天牛3种。

（2）防治方法。结合管理，修剪虫枝、枯枝，消灭越冬幼虫。发现树体上有天牛幼虫蛀道，应及时用黏土堵塞，使幼虫窒息死亡。树干涂白，以避免天牛产卵。

物理防治。星天牛可在晴天中午检查树干基近根处，对其进行捕杀；也可于闷热的夜晚，利用火把、电筒照明进行捕杀；或于白天捕杀潜伏在树洞的成虫。在6～8月天牛成虫盛发期，经常检查树干及大枝，及时刮除虫卵，捕杀初期幼虫。根据星天牛产卵痕的特点，发现星天牛卵可用刀刮除，可用小锤轻敲主干上的产卵裂口，将卵击破。当初孵幼虫危害处的树皮有黄色胶质物流出时，可用小刀挑开皮层，用钢丝钩出皮层里幼虫。伤口处可涂石硫合剂消毒。

化学防治。若幼虫已蛀入木质部，可用小棉球浸80％敌敌畏乳油按1∶10的水剂塞入虫孔，或用磷化铝毒签塞入虫孔，再用黏土封口。如遇虫龄较大的天牛时，要注意封闭所有排出孔及相通的老虫孔，隔5～7d查1次，如有新鲜粪便排出则再治1次。用注射器打针法向虫孔注入80％敌敌畏乳油1mL，再用湿泥封塞虫孔，效果很好，杀死率可达100％，且对榧树无损害。幼虫已蛀木质部较深时，可用棉花蘸农药或用毒签送入洞内毒杀，或向洞内塞入56％的磷化铝片剂0.1g，或用80％敌敌畏乳油2倍液0.5mL注孔；施药前要掏光虫粪，施药后用石灰、黄泥封闭全部虫孔。成虫发生期用2.5％溴氰菊酯乳油2 000倍液、50％杀螟硫磷乳油1 000倍液；或80％敌敌畏乳油1 000倍液喷洒于主干茎部表面至湿润，5～7d再喷1次。

9.2.7　白蚁

（1）危害。属等翅目、白蚁科，主要危害香榧树干和根部，不论苗木、成年树均受其害。苗木受害后成活率低，或枝梢缩短；成年树受害后，大量落叶，枝叶稀疏，严重时全株枯死。

（2）防治方法。

清园。清理杂草、朽木和树根，减少白蚁食料。

诱杀。用糖、甘蔗渣、蕨类植物或松花粉等加入0.5％～1％灭幼脲3号、卡死克或抑太保，制成毒饵，投放于白蚁活动的主路、取食蚁路、泥被、泥路及飞孔附近。

化学防治。苗床、果园用氯氰菊酯、溴氰菊酯或辛硫磷等药兑水淋浇，浇后盖土。发现蚁巢后用50％辛硫磷乳油150～200倍液灌巢。

9.2.8　蚧壳虫

（1）危害。蚧壳虫是危害当前香榧的主要害虫之一。种类多，主要有矢尖蚧、白盾蚧、角蜡蚧、桔小粉蚧和草履蚧等。蚧寄主除榧树外，还有柑橘、桃、李、梅、石榴、梨、枣等。成虫、若虫群聚于叶、梢、果实表面等处吸食汁液，使受害组织生长受阻，叶绿素被破坏，产生微凹的淡黄色斑点，严重时导致落叶、植株枯死（图6-87、图6-88）。

（2）生活习性。一年发生多代。雄性有翅、能飞，雌虫、雄虫一经羽化，终生寄居在枝叶和果实上。

图6-87　蚧壳虫危害叶片状

图6-88　蚧壳虫危害果实状

（2）防治方法。3～4月结合抚育管理，重剪有虫枝条，同时加强肥水管理，促发新梢。3月中、下旬用10%吡虫啉乳油加5倍柴油，或50%辛硫磷乳剂按1∶20比例兑水，涂刷树干离地50cm部位。操作时，先沿树干一圈刮除老树皮，宽度为20cm，涂后用塑料膜包扎。5月下旬，园中正值若虫孵化盛期，可用40%的速扑杀乳油1 000倍液，或35%的快克乳油800倍液喷雾防治，效果较好。

9.2.9　鼠害

（1）危害。香榧播种育苗阶段和造林后的幼林抚育期是田鼠危害的两个主要时期。田鼠主要偷食种子，危害幼树，严重时可造成幼树根茎及根茎处侧根大量损伤，引起植株生长不良以致整株死亡。现已成为香榧造林保存率不高的重要原因之一。

（2）防治方法。

毒饵诱杀。利用甘氟毒饵，按毒药∶饵料∶水（1∶30∶115）比例配制。即将75%的甘氟钠盐50g先用75g温水溶解，再倒入115kg饵料（小麦或大米）中，并反复拌匀（注意操作时人身安全）。施放时，毒饵应放于田鼠经常活动有效洞口。每666.7m²苗圃地投量应根据鼠穴数量来定，每堆抽毒饵1g（约30粒）左右，一般可达到95%以上效果。

熏蒸灭鼠。于晴天时找到苗圃地有效洞口，每洞口投磷化铝片剂1片（3～3.5g），用泥土封洞踏实。施放后，磷化铝吸收土中水分分解后，放出磷化氢，将田鼠毒死。

生化剂灭鼠。C型肉毒素（冻干剂）是一种灭鼠效果良好的神经毒素，淡黄色固体，怕光、怕热，应于避光条件下配制。配制时可用注射器注入5mL水至冻干剂瓶内，慢慢摇匀，再加入适量水对毒素进行稀释。在拌桶内将饵料（小麦、玉米渣）等与毒素稀释液按比例混匀（0.1%浓度每瓶加水4kg，饵料50kg），然后将备好的塑料布把搅拌桶封严，闷置15h备用。毒饵配制后，投放至田鼠洞口内，避免阳光照到。每洞投饵料300g（约1万单位剂量），以阴天或傍晚投放为好，毒饵随配随用。田鼠喜隐蔽环境，山地幼林林下杂草多，灌木多，应经常清除杂草。用1∶1∶10波尔多液涂树干茎部，并结合清园；若波尔多液加入适量硫黄，效果更好。

9.3　病虫害综合防治

9.3.1　农业措施

（1）清理香榧树林的杂草，减少杂草与香榧争肥。

（2）开通周围排水沟，利于排水。

（3）适时翻耕松土，既增加土壤透气性，又可杀灭在土中越冬的害虫。

（4）重视有机肥投入，同时兼顾磷钾肥。

（5）对香榧茎腐病进行保护圈遮阴和根际覆草。

9.3.2　物理防治

及时清园，将枯枝落叶及病残果清除并及时集中烧毁；用石灰 5kg、硫黄 1kg、食盐 1kg、水 18kg 配成涂白剂进行涂白；在蛾类成虫发生期用黑光灯诱杀，以减少虫口基数。

9.3.3　药物防治

在抓好虫口测报的基础上，应用不同化学药剂适时防治香榧细小卷蛾、香榧瘿螨、小地老虎、白蚁及香榧细菌性褐腐病等。

9.3.4　生物防治

（1）保护和利用瓢虫、寄生蜂、食蚜蝇等天敌。

（2）合理施用生物农药如 BT、阿维菌素、甲基阿维菌素及苏云阿维素等，防治病虫害。

9.3.5　化学防治

（1）农药使用应严格按 GB 4285 和 GB 8321 的规定执行。

（2）限量使用低毒、低残留化学农药，严格控制施药量、施药次数，采用正确施用方法。

（3）严禁于采果前 40d 施用任何农药。

（4）中午、雨后或有露水时不宜喷药，喷药后 4h 内遇雨应补喷。

10 采收、采后处理与加工

10.1 采 收

10.1.1 采收时间

香榧果实采收期以假果皮转黄，有 20%～30% 开裂时为宜，一般于白露前后，即 8 月下旬至 9 月上、中旬采收。若采收过早，果实尚未充分成熟，水分含量高，种子干燥过程中收缩性大，种仁皱褶，种衣（内种皮）会嵌入褶缝而不能剥离，加上含油率低，炒食硬而不脆，无香醇味，产量和质量都受影响。但若采收过迟，如 9 月中旬以后，大量种子自然脱落，鼠害严重，亦影响产量。因此，一旦香榧果实成熟，必须抓紧采收。香榧果实成熟迟早，还与海拔高低、土壤条件有关，应适时采收，成熟 1 株采 1 株。

10.1.2 采收方法

（1）人工采收。榧树高大，且由于香榧果实成熟时已孕育着幼果，为了保护幼果及树体，切忌采用击落法，应借助于自制的"云梯"上树采摘，用手指旋转果实使其脱落（图 6-89）。

（2）自然脱落法。在种子成熟以前，先清除树下杂草，果实充分成熟后，假种皮开裂，种子自然脱落，每天清晨到树上拾取，将种子运回室内处理。盛具应用箩筐，忌用软包装。

图 6-89 人工采收

10.2 采后处理

10.2.1 摊放脱皮

上树采收的果实大部分假种皮未开裂，种子与假种皮相黏不易除去，因此采收后须堆积，使果肉腐烂。一般将带假种皮的种子薄摊于通风室内，待假种皮开裂、干缩、变黑，或将种子堆放于通风室内的地上，堆高 30～50cm，覆盖稻草，经常浇水，经 10d 左右，待假种皮变黑、软化时用刀片手工剥去假种皮，剥出种核留待后熟处理或假种皮已腐烂时，即用手捏出种子，即剥取"毛榧子"，此法堆积不可过厚，保持通风良好。若堆放过高，且通风不良，堆温过高，容易引进假种皮中的香精原油与果胶汁液，从种脐渗入种仁，使品质下降，炒食会有榧臭味，甚至不堪食用（图 6-90）。

图 6-90 摊放脱皮

10.2.2 后熟处理

"毛榧子"种仁内单宁物质尚未完成转化，若立即洗净、晒干和炒食仍有涩味，须经种子后熟处理，促使单宁转化。后熟处理常用堆积法，即第 2 次堆沤后熟，利用第 2 次堆沤，自身的呼吸作用放出热量，低温后熟。具体方法是将未经清洗的"毛榧子"在室内泥地上堆高 30cm 左右，上盖假种皮或稻草，堆沤 10～15d。在堆沤后熟期内要保持堆内温度 35℃ 左右，温度过低则脱涩效果差，过高则种核易变质。在堆沤期内，为了调节上下温差，宜经常将种核上下翻动 2～3 次，致使种壳上残留的假种皮继续腐烂或由黄色转为黑色，同时种衣由紫红色转黑色即完成后熟。也可把"毛榧子"用烫的草木灰掩埋10～12d，利用热灰吸水除湿（图 6 - 91）。

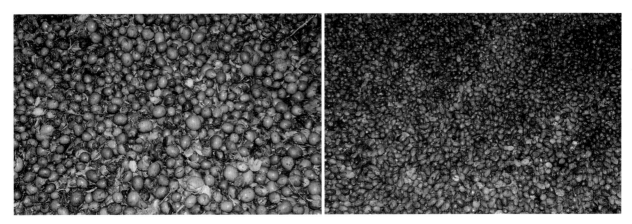

图 6 - 91　后熟处理方法

10.2.3　清洗晒干

用于加工的香榧，经后熟处理后，宜选择晴天将其水洗，洗净后立即晒干。晒至种子重量为原鲜重80%，种壳发白，手摇种核无响声时即可，太湿种仁易腐烂，太干核壳易破裂（图 6 - 92）。

图 6 - 92　晾　　晒

10.2.4　贮藏

晒干后的香榧，宜用透气容器如竹筐、竹篓、单丝麻袋贮装，并置于通风干燥而无日光直射之处。可贮至翌年 4～5 月。但若延迟到夏季，则种子所含的脂肪酸在常温下易败坏变质，不堪食用。

10.3　加　　工

香榧加工主要是炒制和加工成椒盐香榧、淡炒香榧。

10.3.1　椒盐香榧

第 1 次炒制时，先将米粒大小的白沙倒入锅中炒烫，再加入与沙同量香榧共炒，几分钟后外壳已很烫，剥开壳见种仁两头微黄时，即出锅装袋，浸入盐水中 5～10min，取出滤干再炒至种仁呈米黄色，酥香可口，便可取出（图 6 - 93、图 6 - 94）。炒时火不可太猛，以免外壳炒焦。每 50kg 香榧用盐 2.5kg。

图 6-93　炒　制

图 6-94　装袋浸盐水

10.3.2　淡炒香榧

不浸盐水，炒法同上，一次成功。加工后的榧子应保持干燥，以免受潮变质（图 6-95）。

10.3.3　保健食谱

（1）椒盐香榧。香榧生坯 2kg，食盐 100g，沙炒至半熟时，离锅筛去沙子，倒入冷水中浸泡片刻；捞出沥干后重新倒入锅中，以猛火炒至熟，筛去沙粒放入盐水中浸渍片刻，再捞出沥干，入锅内复炒至干燥即成。

（2）榧子饮。取生榧子 20g，将榧子切碎，加适量水煎，去渣，空腹饮用。

（3）炒榧仁。榧仁 500g，薄荷霜 50g，冰糖 100g。将榧仁刮去黑皮，炒锅烧热，加入冰糖、薄荷霜熬成浓汁，倒入去皮榧仁拌炒收汁，起锅晾凉即可。

图 6-95　包　装

（4）榧子素羹。榧仁 50g，大米 100g。榧子去壳取仁，大米洗净，锅内加清水，榧仁、大米一同大火煮沸，然后改小火熬成浓羹。此羹味道甜美，入口绵软。

附表 6-1　香榧幼林期主要病虫防治

防治对象	危害时期	防治方法
地下害虫（小地老虎、蛴螬）	3～8 月	1. 50％辛硫磷乳剂 1 000 倍液行中浇灌。 2. 用炒菜饼、甘蔗等饵料拌 10％吡虫啉可湿性粉剂或 40％毒死蜱乳剂等药剂诱杀，配比为 10∶1 左右。 3. 早、晚人工捕杀。
根腐病	6～7 月	1. 挖定植穴时用生石灰进行土壤消毒。 2. 挖除病株，并喷浇 5％～10％硫酸铜溶液防止蔓延。
茎腐病	7～8 月	1. 做保护圈遮阴。 2. 加强肥水管理。 3. 根际覆草。

附表 6-2　成林香榧主要病虫害防治

病虫种类	危害习性	防治方法
金龟子	4 月啃食新梢	3 月下旬至 4 月上旬用 10％吡虫啉可湿性粉剂 2 500 倍液或 40％毒死蜱乳剂 1 000～1 200 倍液喷雾防治。
香榧小卷蛾	春季危害新梢，秋季危害叶片，转叶 1 次。分别于 5 月、11 月吐丝下垂入土化蛹，过夏、越冬	春季可与金龟子防治相结合，在当年生结果枝尚未完全展叶时，用 10％吡虫啉可湿性粉剂 2 500 倍液或 40％毒死蜱乳剂 1 000～1 200 倍液喷杀。6 月起用相同方法防治。
白蚁	危害根部及树身	在蚁路上用白蚁专用诱杀包诱杀。
香榧紫色根腐病	夏至之后发病，以菌丝网罩根系，俗称"网筋"。重则整株枯死。酸性黏重土壤和套种易感染的农作物（如薯类等），容易发病	深翻，用生石灰或 10％硫酸铜溶液消毒。停止套种易感染作物。
香榧硕丽盲蝽	1 年 1 代，以卵在杂草上过冬。危害期从 4 月下旬至 6 月上旬。危害高峰期出现在 4 月底至 5 月初这一时段。危害严重时造成枯梢和榧实脱落	1. 营林措施，早春清除树下杂草，消灭越冬虫卵。 2. 保护天敌蜘蛛。 3. 药剂防治，若虫期每公顷可用 5％高渗吡虫啉乳油 1 500mL、10％吡虫啉乳油 1 000mL、45％辛硫磷乳油 1 000mL，兑水 1 500kg；成虫盛发期可用敌敌畏乳油 1 000mL，兑水 2 000kg 喷雾。

附表 6-3　香榧周年工作历

时间	时期	工作重点
1 月	香榧缓慢生长期	剪除病虫枝、细弱枝，合理留足结果枝数量，结合香榧林清理，树干涂白
2 月	第一次发根高峰	下旬采接穗、嫁接；整理苗床、催芽
3 月	萌动期	3 月上旬，继续采接穗，圃地嫁接；施催芽肥；断根尖播种
4 月	开花生长期	花前治虫保果；采花粉，花期授粉，花后保果；浅削中垦，清除林地杂草；防治香榧细小卷蛾、香榧香蝽及香榧细菌性褐腐病等
5 月	幼果膨大期	下旬施肥；防治细菌性褐腐病；防治白蚁、地蚕；苗圃地排水、遮阴、除草、摘顶控势
6 月	第二次根生长高峰	削草，绿肥压青；下旬追施肥料；防治白蚁
7 月	受精长核期	合理做好排水抗旱工作；6 月下旬至 7 月上旬施壮果肥；主要防治盲蝽、瘿螨和褐腐病、立枯病、香榧瘿螨、细小卷蛾、白蚁
8 月	果实充实期	下旬园地除草；苗圃地加强遮阴；幼树摘顶控势

（续）

时间	时期	工作重点
9 月	采收期	适时采收；施采后肥；绿肥压青
10 月	第三次发根高潮	继续施肥；砌坎保护；苗圃地撤荫棚
11 月	养分积累期	秋冬补植造林；防鼠害；起苗
12 月	休眠期	冬季修剪；防雪压；翌年圃地施肥翻耕

参考文献

安徽省徽州地区林业科学研究所，1978. 黑光灯诱杀金龟子试验小结 ［J］. 徽州林业科技（1）.

安徽省徽州行政公署林业局，徽州林学会，1986. 徽州古树 ［M］. 北京：中国林业出版社.

曹若彬，1985. 香榧细菌性褐腐病病原菌的鉴定技术 ［J］. 浙江农业大学学报，11（4）：439－442.

曹若彬. 方华生，等，1984. 浙江果树上二种新的细菌病害 ［J］. 昆虫与植病（1）：62－64.

陈力耕，等，2005. 香榧的主要品种及其开发价值 ［J］. 中国南方果树（5）：33

丁玉洲，曹传旺，刘小林，等，2003. 安徽省木本药用植物害虫发生与危害记述Ⅱ ［J］. 安徽农业大学学报，30
　　（2）：197－201.

韩宁林，王东辉，2006. 香榧栽培技术 ［M］. 北京：中国农业出版社.

黄山市农业委员会，2008 . 黄山市农业志 ［M］. 屯溪：黄山地质出版社.

徽州地区林业志编纂委员会，1991. 徽州地区林业志 ［M］. 合肥：黄山书社.

李时珍，1978. 本草纲目 ［M］. 北京：人民卫生出版社.

马正三. 曹若彬，等，1982. 香榧细菌性褐腐病的初步研究 ［J］. 浙江林业科技，2（3）：23－25.

孙蔡江，杨惠萍，等，2003. 香榧紫色根腐病的防治 ［J］. 浙江林业科技，23（5）：43－44.

孙蔡江，2002. 香榧细菌性褐腐病的症状与防治 ［J］. 中国森林病虫，21（5）：14.

童品璋，马正三，曹若彬，等，1986. 香榧细菌性褐腐病研究 ［J］. 浙江林学院学报，3（2）：67－71.

吾中良，徐志宏，等，2005. 香榧病虫害种类及主要病虫害综合控制技术 ［J］. 浙江林学院学报，20（5）：
　　545－552.

吴耕民，1982. 果树修剪学 ［M］. 上海：上海科学技术出版社.

徐志宏. 吾中良. 陈秀龙，等，2005. 浙江省香榧病虫害及害虫天敌种类调查 ［J］. 中国森林病虫，24（1）：14－19.

浙江省林业厅组，2009. 图解香榧实用技术 ［M］. 杭州：浙江科学技术出版社.

中国农业科学院郑州果树研究所，柑桔研究所，1988. 中国果树栽培学 ［M］. 北京：农业出版社.

安徽特产果树

（下 册）

徐义流　主编

中国农业出版社

北　京

《安徽特产果树》（下册）
编　写　人　员

主编：徐义流

主要编写人员：孙其宝　李昌春　刘长华　朱效庆　范西然　邵　飞

张金云　伊兴凯　高正辉　潘海发　秦改花　齐永杰

张晓玲

参加编写人员：陶小海　翟田俊　陈文廷　胡　飞　周子燕　娄　志

李占社　张长俭　王锁廷　刘兴林　杨　军　刘春燕

目　　录

第 7 篇　水东蜜枣 ……………………………………………………………………… 477

1　概要 ………………………………………………………………………………… 479

　　1.1　栽培历史 …………………………………………………………………… 479

　　1.2　产地自然环境条件 ………………………………………………………… 479

　　1.3　经济价值和生态效益 ……………………………………………………… 481

2　安徽地方品种资源 …………………………………………………………………… 482

　　2.1　地方品种 …………………………………………………………………… 482

　　2.2　栽培品种 …………………………………………………………………… 484

3　生物学特性 …………………………………………………………………………… 487

　　3.1　生长特性 …………………………………………………………………… 487

　　3.2　生长习性 …………………………………………………………………… 492

　　3.3　果实发育和落花落果 ……………………………………………………… 492

　　3.4　主要物候期 ………………………………………………………………… 493

　　3.5　对环境条件的要求 ………………………………………………………… 494

4　育苗和建园 …………………………………………………………………………… 495

　　4.1　育苗 ………………………………………………………………………… 495

　　4.2　建园 ………………………………………………………………………… 496

5　土肥水管理 …………………………………………………………………………… 499

　　5.1　土壤管理 …………………………………………………………………… 499

　　5.2　施肥 ………………………………………………………………………… 500

　　5.3　水分调控技术 ……………………………………………………………… 500

6　花果管理 …………………………………………………………………………… 502

　　6.1　枣树的落花落果 …………………………………………………………… 502

　　6.2　保花保果技术措施 ………………………………………………………… 502

7　整形修剪 …………………………………………………………………………… 504

　　7.1　整形修剪的依据 …………………………………………………………… 504

　　7.2　整形修剪时期及方法 ……………………………………………………… 504

　　7.3　丰产树形和树体结构 ……………………………………………………… 505

　　7.4　不同树龄的整形修剪 ……………………………………………………… 506

8　病虫害防治 …………………………………………………………………………… 507

　　8.1　防治方法 …………………………………………………………………… 507

　　8.2　主要病害防治 ……………………………………………………………… 507

　　8.3　主要虫害防治 ……………………………………………………………… 510

9　枣果采收、分级、包装、贮藏和运输 …………………………………………… 516

　　9.1　枣果采收 …………………………………………………………………… 516

　　9.2　分级 ………………………………………………………………………… 516

　　9.3　包装 ………………………………………………………………………… 517

　　9.4　贮藏 ………………………………………………………………………… 517

　　9.5　运输 ··· 518

10　加工 ··· 519

　　10.1　水东蜜枣加工 ··· 519

　　10.2　其他产品加工 ··· 523

第8篇　舒城板栗 ·· 529

1　概要 ··· 531

　　1.1　舒城板栗栽培历史 ··· 531

　　1.2　舒城板栗的自然环境条件 ··· 531

　　1.3　新中国成立后舒城板栗的发展 ··· 532

　　1.4　舒城板栗生产现状 ··· 532

　　1.5　舒城板栗的经济价值与生态效益 ··· 533

2　舒城板栗品种及其应用 ··· 535

　　2.1　舒城板栗品种 ··· 535

　　2.2　新品种引进 ··· 538

3　生物学特性 ··· 539

　　3.1　生长习性 ··· 539

　　3.2　结果习性 ··· 545

　　3.3　果实发育 ··· 546

　　3.4　主要物候期 ··· 546

　　3.5　对环境条件的要求 ··· 547

4　育苗和建园 ··· 549

　　4.1　育苗 ··· 549

　　4.2　建园 ··· 551

　　4.3　高接换种 ··· 553

5　土、肥、水管理 ··· 555

　　5.1　土壤管理 ··· 555

　　5.2　栗园施肥 ··· 558

　　5.3　水分调控 ··· 561

6　花果管理 ··· 563

　　6.1　花的管理 ··· 563

　　6.2　果实管理 ··· 563

7　整形修剪 ··· 566

　　7.1　优质丰产树形态指标 ··· 566

　　7.2　整形修剪的依据 ··· 566

　　7.3　整形修剪时间及作用 ··· 567

　　7.4　整形修剪方法 ··· 567

8　板栗病虫害防治 ··· 571

　　8.1　病虫害防治方法 ··· 571

　　8.2　田间主要病害 ··· 572

　　8.3　田间主要虫害 ··· 577

9　采收、分级、包装、贮藏和运输 ··· 590

　　9.1　采收 ··· 590

　　9.2　分级 ··· 591

　　9.3　包装 ··· 592

　9.4　贮藏 …………………………………………………………………………………………… 593
　9.5　运输 …………………………………………………………………………………………… 594
10　加工 ……………………………………………………………………………………………… 595
　10.1　罐头食品 …………………………………………………………………………………… 595
　10.2　炒食 ………………………………………………………………………………………… 595
　10.3　栗子酱 ……………………………………………………………………………………… 595
　10.4　糕点 ………………………………………………………………………………………… 596

第9篇　怀远石榴 …………………………………………………………………………………… 599
1　概要 ……………………………………………………………………………………………… 601
　1.1　栽培历史 ……………………………………………………………………………………… 601
　1.2　产地自然环境条件 …………………………………………………………………………… 601
　1.3　经济价值和生态效益 ………………………………………………………………………… 603
2　品种资源及其应用 ……………………………………………………………………………… 605
　2.1　植物学分类 …………………………………………………………………………………… 605
　2.2　栽培学分类 …………………………………………………………………………………… 605
　2.3　主要品种特征 ………………………………………………………………………………… 605
　2.4　新品种选育 …………………………………………………………………………………… 607
3　生物学特性 ……………………………………………………………………………………… 609
　3.1　生长习性 ……………………………………………………………………………………… 609
　3.2　结果习性 ……………………………………………………………………………………… 613
　3.3　果实发育 ……………………………………………………………………………………… 615
　3.4　主要物候期 …………………………………………………………………………………… 616
　3.5　对环境条件的要求 …………………………………………………………………………… 617
4　育苗和建园 ……………………………………………………………………………………… 618
　4.1　育苗 …………………………………………………………………………………………… 618
　4.2　建园 …………………………………………………………………………………………… 619
　4.3　高接换种 ……………………………………………………………………………………… 620
5　土肥水管理 ……………………………………………………………………………………… 622
　5.1　土壤管理 ……………………………………………………………………………………… 622
　5.2　施肥 …………………………………………………………………………………………… 624
　5.3　水分调控技术 ………………………………………………………………………………… 626
6　花果管理 ………………………………………………………………………………………… 628
　6.1　花的管理 ……………………………………………………………………………………… 628
　6.2　人工授粉 ……………………………………………………………………………………… 628
　6.3　果实的管理 …………………………………………………………………………………… 629
7　整形修剪 ………………………………………………………………………………………… 630
　7.1　常用树形 ……………………………………………………………………………………… 630
　7.2　不同树龄石榴树的整形修剪 ………………………………………………………………… 631
8　病虫害防治 ……………………………………………………………………………………… 633
　8.1　防治方法 ……………………………………………………………………………………… 633
　8.2　病害防治 ……………………………………………………………………………………… 634
　8.3　虫害防治 ……………………………………………………………………………………… 636
9　采收、分级、包装、贮藏和运输 ……………………………………………………………… 641
　9.1　采收 …………………………………………………………………………………………… 641

9.2　分级 ··· 641

9.3　包装 ··· 642

9.4　贮藏 ··· 642

9.5　运输 ··· 643

9.6　加工 ··· 643

10　市场营销 ·· 645

10.1　营销现状 ··· 645

10.2　销售时间 ··· 645

10.3　销售方式 ··· 645

10.4　市场体系 ··· 646

10.5　市场 ··· 646

第 10 篇　太和樱桃 ··· 649

1　概要 ·· 651

1.1　栽培历史 ··· 651

1.2　栽培现状 ··· 651

1.3　太和县自然环境条件 ··· 651

1.4　生物物种 ··· 652

1.5　太和樱桃的食用价值 ··· 653

2　品种资源 ·· 654

2.1　大樱紫甘桃（又名大鹰嘴） ··· 654

2.2　二樱红仙桃（又名二鹰嘴） ··· 654

2.3　金红桃 ·· 655

3　生物学特性 ··· 656

3.1　生长特性 ··· 656

3.2　结果习性 ··· 658

3.3　果实生长发育 ·· 659

3.4　主要物候期 ··· 660

3.5　对环境条件的要求 ··· 661

4　育苗和建园 ··· 662

4.1　育苗 ··· 662

4.2　苗木出圃 ··· 663

4.3　建园 ··· 664

5　土肥水管理 ··· 667

5.1　土壤管理 ··· 667

5.2　施肥 ··· 667

5.3　水分调控技术 ·· 668

6　花果管理 ·· 670

6.1　花的管理 ··· 670

6.2　果实管理技术 ·· 671

7　整形修剪 ·· 673

7.1　优质丰产树形态指标 ··· 673

7.2　整形修剪技术 ·· 673

8　病虫害防治 ··· 677

8.1　防治方法 ··· 677

8.2　田间病害防治 ··· 679

8.3　虫害防治 ··· 681

8.4　鸟害 ··· 684

9　采收、分级、包装、贮藏和运输 ··· 685

9.1　采收 ··· 685

9.2　分级包装、运输 ·· 686

9.3　贮藏保鲜 ··· 686

10　加工利用技术 ··· 688

10.1　樱桃脯 ·· 688

10.2　樱桃罐头 ·· 688

10.3　樱桃酱 ·· 688

第 11 篇　萧县巴斗杏 ··· 693

1　概要 ··· 695

1.1　萧县果树的栽培历史 ·· 695

1.2　萧县自然环境条件 ·· 695

1.3　杏的价值 ··· 697

1.4　萧县杏树的栽培现状 ·· 697

2　巴斗杏树的生物学特性 ·· 699

2.1　生长特性 ··· 699

2.2　结果习性 ··· 702

2.3　果实发育 ··· 703

2.4　主要物候期 ··· 704

2.5　对环境条件的要求 ·· 704

3　育苗和建园 ··· 705

3.1　育苗 ··· 705

3.2　建园 ··· 709

3.3　高接换种 ··· 711

4　土、肥、水管理 ··· 713

4.1　土壤管理 ··· 713

4.2　杏树施肥 ··· 714

4.3　水分管理 ··· 717

5　整形修剪 ··· 718

5.1　整形修剪的作用 ·· 718

5.2　整形修剪的原则 ·· 718

5.3　整形修剪的依据 ·· 719

5.4　巴斗杏树的丰产树体结构 ·· 719

5.5　巴斗杏常用树形 ·· 720

5.6　不同树龄期杏树的修剪 ·· 720

6　花果管理 ··· 723

6.1　巴斗杏花的管理 ·· 723

6.2　促进花芽分化 ··· 724

6.3　提高果品质量 ··· 725

7　巴斗杏病虫害防治 ··· 726

7.1　病虫害防治的原则 ·· 726

7.2　病虫害防治的基本方法 ……………………………………………………… 726

7.3　田间病害防治 …………………………………………………………………… 726

7.4　巴斗杏虫害的田间防治 ………………………………………………………… 729

8　巴斗杏的采收、包装和运输 ……………………………………………………… 732

8.1　采收 ……………………………………………………………………………… 732

8.2　包装 ……………………………………………………………………………… 733

8.3　运输 ……………………………………………………………………………… 734

第 12 篇　萧县葡萄 ……………………………………………………………………… 737

1　概要 …………………………………………………………………………………… 739

1.1　萧县葡萄栽培历史 ……………………………………………………………… 739

1.2　萧县葡萄的营养功能、经济价值以及生态效益 ……………………………… 739

2　主要品种资源 ………………………………………………………………………… 741

2.1　主要传统品种 …………………………………………………………………… 741

2.2　现代加工品种 …………………………………………………………………… 743

2.3　现代鲜食品种 …………………………………………………………………… 746

3　生物学特性 …………………………………………………………………………… 749

3.1　生长特性 ………………………………………………………………………… 749

3.2　结果习性 ………………………………………………………………………… 752

3.3　果实发育 ………………………………………………………………………… 753

3.4　主要物候期 ……………………………………………………………………… 753

3.5　对环境条件的要求 ……………………………………………………………… 754

4　育苗和建园 …………………………………………………………………………… 756

4.1　育苗 ……………………………………………………………………………… 756

4.2　建园 ……………………………………………………………………………… 757

5　土肥水管理 …………………………………………………………………………… 759

5.1　土壤管理 ………………………………………………………………………… 759

5.2　施肥 ……………………………………………………………………………… 761

5.3　水分管理 ………………………………………………………………………… 765

6　花果管理 ……………………………………………………………………………… 767

6.1　花的管理 ………………………………………………………………………… 767

6.2　果实管理 ………………………………………………………………………… 768

7　整形修剪 ……………………………………………………………………………… 771

7.1　葡萄的架式 ……………………………………………………………………… 771

7.2　优质丰产树形 …………………………………………………………………… 771

7.3　整形修剪技术 …………………………………………………………………… 772

8　病虫害防治 …………………………………………………………………………… 775

8.1　病虫害的综合防治 ……………………………………………………………… 775

8.2　主要病害 ………………………………………………………………………… 777

8.3　主要虫害 ………………………………………………………………………… 782

9　采收、分级、包装、贮藏和运输 ………………………………………………… 786

9.1　采收 ……………………………………………………………………………… 786

9.2　分级 ……………………………………………………………………………… 787

9.3　包装 ……………………………………………………………………………… 789

9.4　贮藏 ……………………………………………………………………………… 789

9.5　运输 ··· 790

10　葡萄酒加工 ··· 792

10.1　工艺流程 ·· 792

10.2　酿酒设备的选择 ··· 793

10.3　葡萄酒产品 ··· 795

10.4　葡萄酒质量标准 ··· 795

第 **7** 篇

水东蜜枣

1　概　　要

1.1　栽培历史

枣是我国最早的药食兼用果品之一，与桃、梨、梅、杏合称"中国五果"。在我国，枣树的栽培历史可追溯到 7 000 年以前，有文字可考的历史也在 3 000 年以上。《诗经》中，就有"八月剥枣，十月获稻"的记载，已有枣和棘（酸枣）的种类之分。《尔雅》记述了"洗""大枣"。《战国策》里有"北有枣栗之利……民虽不由田作，枣、李之实，足食于民矣"的记载，《山海经》《广情物志》《齐民要术》中亦有枣的详尽描述介绍。汉代以后，枣树栽培规模不断扩大，栽培区域不断向四周扩展，《史记·货殖列传》（公元前 1～前 2 世纪）有"安邑千树枣……其人与千户侯等"的记载。

安徽蜜枣加工历史近 400 年。据许承尧所著《歙县志·食货物产果属》（1937 年）载："枣。昔琶塘以产枣著，今邑南武阳及阳川一带枣林茂密，盖始于咸同以后，其制为蜜枣，有京庄、天香、贡枣诸目。武阳、深渡人制之。以三阳、川东、南山上之高山枣所制品为最上，行销全国。外人因购自沪，呼为春申枣云。"制作技术起源于歙南，明末清初传入宣城白马山，发展成宣城蜜枣，后又传到江浙一带。

由于独特的土壤、气候条件，使水东地区生长的青枣具有十分独特的优良品质，加上数百年的加工历史经验，形成的完整工艺，使水东蜜枣品质超群。水东蜜枣个大、核小、皮薄、肉厚、脆甜，形色俱佳，香甜爽口，营养丰富，属滋补佳品。清初著名诗人施润章（1618～1683）在《割枣》一诗中吟诵道："井梧未落枣欲黄，秋风来早吹妾裳。含情割枣寄远方，绵绵重叠千回肠。"水东蜜枣历史上曾为贡品，早在 20 世纪就远销东南亚、欧美 20 多个国家，久负盛名，驰名中外。

水东镇历届党委、政府都十分重视枣产业的发展，尤其是近几年来，更加大了对枣经济的开发力度，抢抓国家退耕还林政策契机，大力调整种植业结构，一股种枣的热潮在全镇掀起。2007 年统计面积有枣林 1 000 hm²，挂果面积约 950 hm²。2005 年产青枣 6 000 t，2006 年青枣 8 000 t，2007 年青枣 7 500 t。目前，水东镇已形成中良枣业公司、天元枣业制品厂、琥珀蜜枣厂 3 个龙头企业，还分别注册了自己的产品品牌，即"水东""天元""白马山"。

1.2　产地自然环境条件

1.2.1　行政区划

水东镇是一个历史悠久的古老集镇，据记载至今已有 1 100 多年的历史。唐朝初期境内长番岭（今名茶花岭）已形成村落，后迁现址。中心镇位于水阳江东岸，江水从镇西流过，与水西村（今黄渡乡西戴村）隔河相望，故名"水东"。中心镇位于宣州、宁国、广德、郎溪交界处，水阳江畔，交通便利，是周围土特产品集散地，各种土特产汇集水东，以水路运往南京、上海等地，市场繁荣，商品云集，曾有"小南京"之称。明、清时期庙宇庵堂甚多，香火旺盛。新中国成立后，水东镇成立农委会，设胜利、民主、自由 3 个村，1952 年 3 个村并镇后改名为胜利街、自由街。1969 年撤区时，武山公社、水东镇又并于水东公社，1984 年 9 月经地、县两次批准撤乡（水东公社）留镇建为标准镇至今。全镇辖 15 个行政村，3 个居委会。1999 年年底全镇总人口 32 313 人，9 866 户，其中非农业人口 4 694 人、中心镇人口 7 531 人。全镇人口中，绝大多数为汉族，极少数为苗族、壮族、满族和布依族。

1.2.2　地理位置

水东镇地处宣城市东南，跨东经 117°58'～119°40'、北纬 29°57'～31°19'。位于安徽省东南皖南山区与沿江平原结合地带，距市区 29km。镇区总面积 108.4km²，104 省道直贯境内长达 10km，距 318

国道高速公路、宣杭铁路各 20km，皖赣铁路静卧镇西，水阳江穿境而过，交通便捷，早在明代水东镇因盛产蜜枣和发达的商贸而享有盛名，现已建成名副其实的中国蜜枣之乡、江南工贸旅游名镇。

1.2.3　自然条件

（1）河流水系。水东镇城内有水阳江、朝阳河、武山河、兵山河等主要河流。其中水阳江沿镇域西部边缘而过（水阳江河道中心线即为镇域界线）。朝阳河、武山河、兵山河均属季节性河流，暴雨后流量大、水势猛，汛期沿河部分地带为淹没区，洪水最终汇入水阳江。水阳江起源于宁国市，水流量大，可季节性通航。因上游为山区，洪汛期间沿江部分地带皆受洪患。除水阳江外，镇城内没有大型河流，但由于镇城内多山地、丘陵，林地占绝大多数，水土保持较好，因此，地表水资源情况良好，镇域内建有多处中小型水库、塘坝。

（2）地质条件。镇域内地质以沉积岩为主，有少量火山岩、变质岩；各系地层较齐全，属地震六度烈度区，对城镇建设影响不大，但在山区村镇建设需避开滑坡崩塌地段，以免造成危害。

水东镇土壤共有铁铝土、淋溶土、初育土、半水成土、人为土 5 个土纲。其下分 10 个土类、23 个亚类、75 个土属、119 个土种。

（3）气候特征。水东镇地处亚热带季风区，气候温和，雨量适中，四季分明，日照长，温差大；无霜期长，属季风气候显著的亚热带湿润气候。气候多样，气象灾害频繁。由于境内地形复杂，山体相对较大，气象要素随山体坡向、坡度呈现不同的分布类型和规律，从而构成立体气候景观。多种类型的地形气候和局部小气候，有利于农业多种经营，但是气象灾害也比较频繁。农业上因热量条件而引起的气象灾害有：春季的低温连阴雨和"倒春寒"，夏季的"小满寒"和高温，秋季的"寒露风"和早霜冻，冬季的霜冻和寒潮等；因降水的时空分布不均而引起的局部地区山洪、大面积的旱涝等；伴随着某些气象要素异常变化而出现的大风、暴雨、冰雹、冰粒等；因适宜的气候条件而诱发的农作物病虫害等。

由于受海陆热力性质差异的影响，全区年平均温度为 15.6℃，最热月平均 28.1℃，最冷月平均 2.7℃，气温年较差 25.4℃，极端最高气温 42.30℃，极端最低气温－12℃，气候变化温和。干燥度在 0.68～0.90，即可能蒸发量小于实际降水量，属湿润气候区。雨量丰沛，年降水量在 1 200～1 500mm，夏季下雨集中，一般夏季降水 500～600mm，占全年降水量的 40％左右。气候湿润温和，无霜期长达 8 个月。年日照时数为 2 000h。

1.2.4　生物物种

本区属中亚热带常绿阔叶林地带。受人类活动的影响，地带性植被群落现已很少见到，多为次生植被或人工植被所替代，常见的以常绿阔叶、落叶阔叶混交或阔叶、针叶混交林为主。由南到北，这种趋势更为明显。在交通不便、人烟稀少的边远山区，尚保存有少数地带性植被群落。如宁国县板桥乡海拔 700m 以下山坡，有大片常绿阔叶林分布，主要为甜槠林、苦槠林、青冈栎林等。其中槠林面积达万亩以上，林相齐整，林木茂盛，盖度达 90％～95％。该乡还有成片的金钱柳、毛红椿、金钱松、云锦杜鹃、青檀、绞股蓝等群落，现已被划为自然保护区。

1.2.5　旅游资源

水东镇是一个有着 1 100 多年历史的古老集镇，始建于隋唐时代，是宣州现存最完整、最古老的一座集镇。据史料记载，早在唐朝初期，该镇境内海拔 500m 高的长番岭（今名茶花岭）已形成繁华街市，后为战争所毁，镇街市迁至现址，由于其位于水阳江的东岸，故名水东镇。水东自古素有"小南京"的美誉，今又被称为"中国蜜枣之乡"。传统文化和现代文明在此交融，折射出璀璨的光华。水东镇已先后获得"全国文明镇""安徽省历史文化名镇""安徽省重点中心镇""安徽省最佳旅游镇"等称号。此次由省级晋升为国家级历史文化名镇，水东镇成为宣城市唯一获此殊荣的乡镇。

水东镇依山傍水、古迹众多，除了保存较为完整的明清老街外，还有晋朝古寺红庙、唐代古刹宁东寺、宋代花戏楼、明朝的百步三道桥、清代的圣母教堂等。水东镇明清老街形成于唐，距今已有千年历史。明清时期，古镇水东因"黄金水道"水阳江而成为鼎盛的商埠码头。现存的水东老街街区面积约 6hm²，街道全长 1 500m，宽 4m。上街头、下街头、正街、横街、当铺街、网子街、沈家巷等街巷纵横交错，形成连环街市。"水东林蔼接长堤，屋宇鳞鳞比户栖。千家林中春啼鸟，津里人烟午唱鸡。"清代诗人马文开在《水东漫兴》中即对当时水东的繁华与富足景象发出了无限感慨（图7-1）。

"首届中国·宣城水东蜜枣旅游节"举办期间，前往水东老街参观游览的省内外和海外游客突破10万人。目前，水东老街已跻身国家AA级风景区。近年来，水东镇投资10多万元，编制了历史文化街区规划，整治了"十八踏"周边环境，建设了休闲广场。注重园林的建设和自然生态环境的保护。人均拥有公共绿地9.5m²，山场植被率95％，绿化覆盖率38.5％，绿地率35.2％，是这座园林的点睛之作；而全国文明镇、安徽省历史文化名镇、安徽省最佳旅游镇，则综合反映了枣乡水东的实力和魅力已提升到了一个全新水平。

图7-1　水东镇古民居

1.3　经济价值和生态效益

1.3.1　经济价值

枣树是果树，也是重要的药用植物和经济林树种。枣果含有丰实的营养物质和多种微量元素，具有独特的营养、药用价值。

（1）果实的营养价值。枣素有"木本粮食"之誉，古人将枣奉为仙果。我国民间有"一日吃三枣，终生不显老"的说法。水东蜜枣含有维生素A及人体所需的氨基酸等。据测定，加工后的水东蜜枣，总糖达到60％～68％，水分18％，氨基酸0.53％，果酸1％，蛋白质3.1％，脂肪0.5％，每100g中维生素C含量为153mg。每100g枣可产生热量1 288.7kJ，因此枣有"百果之冠"的美名。

（2）枣果的药用价值。《随居园饮食谱》中载："鲜者甘凉。刮肠胃，助湿热。干者甘温补脾养胃，滋养充液，润肺、食之耐饥。"现代中医药研究认定：枣有健脾功能。

（3）枣树木材、叶、花等利用。枣树的叶等分别含有维生素、鞣革物质、单宁和枣酸及铁、锌、铈等微量元素。枣叶可做饲料，也可代茶。枣木质坚，纹理细密，是制作家具和木雕的良好原料，还可制成轮轴。枣花期长、多蜜，是良好的蜜源和绿化树种。

1.3.2　生态效益

枣林有防风固沙、降低风速、调节气温、防止和减轻干热风危害的作用，对间作农作物生长影响颇大（图7-2）。据研究观测，在农枣间作的人工栽培群体结构中，枣树林带防护区，可降低风速30％，水分蒸发量减少10％以上，大气相对湿度提高10％。株行距越密者，其作用越显著。农枣间作区风速降低20.9％～62.1％，气温降低1.2～5.8℃，大气相对湿度提高0.5％～

图7-2　水东枣树生态林

11.3％，土壤含水率提高4.5％～5.1％，蒸发量减少8.0％～44.7％。

2 安徽地方品种资源

2.1 地方品种

2.1.1 繁昌长枣

原产安徽繁昌，有 300 余年栽培历史，目前尚有 200 多年生的大树。果实较大，长柱形，胴部中腰部分常有不对称的统痕，两端常显歪斜。平均果重 14.3g，大小整齐。果皮薄，脆熟期褡红色，白熟期绿白色。果肉淡绿色，质地致密且脆，进入脆熟期后甘甜可口。可食率达 98.3%，每 100kg 鲜枣可制蜜枣 78kg。核细，长棱形。核内无种子或含有不饱满的种子。树干深褐色，较光滑，树皮浅裂，易剥落。枣头紫褐色或褐色。皮孔小，褐色，不显著，分布较稀。针刺退化。枣股圆柱形，老龄枣股有分歧现象。枣股抽枝力较强。花量多，为多花型。该品种耐旱涝、瘠薄，适应性强，但不抗枣疯病。树体高大强健，丰产稳产，经济寿命长（图 7-3）。

在原产地，4 月 10 日前后萌芽，8 月底至 9 月初进入脆熟期。果实生长期 95d 左右。树体高大，树姿开张，树冠自然圆头形。

果实较大，肉质致密，细脆甘甜，适宜制作蜜枣和鲜食。蜜枣成品个大，整齐，皮薄，肉厚，核小，含糖量高，呈半透明琥珀色，品质极上。适宜南方枣区推广栽培。

图 7-3 繁昌长枣

2.1.2 歙县马枣

原产安徽歙县，栽培历史近 800 年。果实大，椭圆形。平均果重 16.38g。果面光滑。果皮较薄，脆熟期褡红色，白熟期浅绿白色，很少裂果。果肉浅绿白色，质地疏松，汁液少，可食率 96.4%，适宜制作蜜枣，品质上等。果核纺锤形，纵径 2.81cm，横径 0.91cm，平均核重 0.58g。核纹中等深，长条状，核内一般不具种子。树体较大，树势开张，树冠多自然半圆形。树干灰褐色，树皮裂片较小，成条状。枣头红棕色，生长势强。老龄枣股有分歧现象。花量多，为多花型。

在原产地，4 月 10 日前后萌芽，5 月 20 日前后始花，8 月 25 日前后进入白熟期，9 月上旬着色进入脆熟期。果实生长期 100d 左右。

该品种适应性较强，但不抗枣疯病。产量高，不稳定。果实大，在白熟期，皮、肉浅绿白色，质松，少汁，制作蜜枣果形整齐美观，透明度高，肉厚核小，维生素 C 含量丰富，品质上等，有"金丝琥珀蜜枣"之称。为中熟的优良蜜枣品种，适宜生产栽培。

2.1.3 蜜蜂汁

别名汁枣，原产于安徽歙县。果实小，倒卵形。平均果重 6.3g。果肩斜圆，平整。果面光滑。果皮薄，白熟期呈绿白色，不裂果。脆熟期果皮褡红色。白熟期果肉白色，质地致密细脆，汁液中多，可食率 93.7%，适宜鲜食和制作蜜枣。鲜食品质中上，制作蜜枣因果小，吸糖差，品质较差。果核纺锤形，核内一般不具种仁。

在原产地，4 月 10 日前后萌芽，5 月中旬始花，8 月下旬进入白熟期，9 月上旬进入脆熟期。果实生长期 105d 左右。

树势强健，发枝力强。树体较大，树姿半开张，树冠自然圆头形。老龄枣股有分歧现象。枣股抽枝力强。适应性强，耐旱、耐贫瘠，抗枣疯病。适宜山地栽培。

2.1.4 郎溪牛奶枣

原产于安徽郎溪。果实长卵圆形，中等大，平均果重 8.7g。果面光滑，果皮薄，脆熟期褡红色，遇雨有裂果现象。白熟期为浅黄色。果肉淡绿色，较紧密，汁液少，可食率96.5%，适宜制作蜜枣，不宜鲜食。果核细，长梭形。核纹深，长条状，核内无种子。树体较大，树姿开张，树冠多自然圆头形。针刺发达。老龄枣股有分歧现象。花量少，为少花型（图7-4）。

在原产地，4月10日前后萌芽，5月20日前后始花，8月20日前后果皮褪绿，进入白熟期，9月上旬进入脆熟期。果实生长期105d左右。

该品种适性较强，耐旱、抗风寒，但不抗枣疯病。树体强健，寿命长，产量高而稳定。果实中等大，核小，汁少，制成蜜枣外形整齐美观，半透明，迎光见核，果面富糖霜，品质上等，为优良的中熟蜜枣品种。

图7-4 郎溪牛奶枣

2.1.5 广德木枣

别名木头篓、白头枣。原产安徽郎溪，栽培历史悠久。果实圆柱形，中等大。平均果重8.7g，大小较整齐。果面光滑。果皮薄，白熟期绿白色，不裂果。脆熟期果皮褚红色。果肉浅绿色，白熟期质地较硬，可食率94.6%，宜制作蜜枣。肉质疏松多汁，味甜酸，适宜鲜食，品质中上等。果核长圆形。核内含有1粒饱满的种子。树体高大，树姿直立，不开张，树冠为多主干自然圆头形。树干灰褐色，树皮裂纹呈不规则的条块状，易剥落。枣头阳面灰白色，阴面棕褐色，生长势强。枣股短小。老龄枣股有分歧现象。枣股抽枝力中等，为多花型。

在原产地，4月10日前后萌芽，5月中、下旬始花，8月下旬进入白熟期，9月中旬着色、进入脆熟期。果实生长期110d左右。

该品种适应性强，抗枣疯病，高产稳产，果实白熟期可加工蜜枣，脆熟期适宜鲜食，为品质中上等的加工、鲜食兼用的中晚熟品种。

2.1.6 甜枣

别名糖枣、水蜜枣、水白枣、糠枣。原产主要分布于安徽郎溪，栽培历史悠久。果实小，椭圆形。平均果重5.0g。果面光滑。果皮薄，褚红色，不裂果。果点小，圆形，较稀。果肉绿白色，质地松脆多汁，味甜，可食率88.8%，风味良好。果核大，纺锤形。核内有饱满种仁。适应性强，抗枣疯病。树体较强健，发枝力弱，根蘖萌生力强，易繁殖。树体较大，干性弱，树姿开张，下层主枝略下垂。树冠自然圆头形。树干浅灰褐色，树皮裂纹深。枣头灰白色。针刺短。老龄枣股有分歧现象。属多花型。

在原产地，4月中、上旬萌芽，5月中、下旬始花，9月上旬进入脆熟期采收。果实生长期100d左右。

该品种适应性强，树体健壮，抗枣疯病，产量中等。果肉松脆多汁，味甜，风味良好，但果小核大，可食率低。

2.1.7 歙县秤砣枣

原产安徽歙县，有近800年的栽培历史。果实大，椭圆形。平均果重16.3g，大小均匀。果面光滑。果皮脆熟期褚红色，中厚，不裂果。适宜加工蜜枣，品质中上。果核短纺锤形，核纹中等深，不规则。核内一般不具种子。适应性强，抗枣疯病。树势强盛，树体健旺。根蘖苗生长快，结果早，寿命和盛果龄期均长。树体高大，树姿开张，树冠为圆锥形。树干灰褐色，树皮裂纹小条块状，裂片粗厚，不易剥落。枣头红棕色，粗壮。针刺退化。老龄枣股有分歧现象。枣股抽枝力强。为多花型。

在原产地，4月中旬前后萌芽，5月中、下旬始花，8月下旬进入白熟期，9月下旬进入脆熟期，果皮完全着色。果实生长期100d左右。

该品种适应性强，抗枣疯病。树体高大健壮，寿命长，产量高，较稳定。果实大，适宜制作蜜枣，但果肉绿色较深，质地较硬，蜜枣成品色深，透明度差，品质一般。为品质中上等的中熟蜜枣品种。

2.1.8 红头枣

原产安徽广德。果实小，圆柱形。平均果重 6.8g，大小较整齐。果面光滑。果皮脆熟期褚红色，果顶部分先着色变红，裂果较少，白熟期为绿白色。果肉白色，质地松脆，汁液少，味甜，可食率 95.1%。可制作蜜枣，但透明度差，渗糖少，品质较低。脆熟期果肉味甜，适于鲜食，品质中等。果核细瘦，长梭形。核内多无种子。适应性一般，在丘陵地栽培，生长良好。树势较弱，发枝力中等。树体容易衰老，寿命较短。产量中等，大小年严重。树体中等大，干性强，树姿不开张，树冠为自然圆头形。树干浅灰色，皮裂纹浅显。枣头红棕色，生长势中等。老龄枣股无分歧现象。枣股抽枝力中等（图 7-5）。

图 7-5 红头枣

在原产地，4 月 10 日前后萌芽；5 月 20 日左右始花；8 月 15 日左右进入白熟期，开始采收，供制蜜枣；8 月底着色，进入脆熟期。果实生长期 90d 左右。

该品种适应性中等，可在丘陵地栽培。树势强，寿命短，产量中等，但不稳定。果实小，可做蜜枣和鲜食，品质中等。为中早熟蜜枣、鲜食兼用品种。

2.2 栽培品种

2.2.1 宣城圆枣

别名团枣。为水东原产的主栽品种。栽培历史近 200 年，1888 年修的《宣城县志》记载："枣出水东有尖圆两等。"果实大，平均果重 24.5g，大小整齐。果肩圆，略耸起。果面平整光滑，果皮薄，白熟期绿白色，着色后褚红色。果点明显，中大，圆形，较稀。果肉淡绿色，质地致密细脆，汁液中多，白熟期可溶性固形物含量 10.7%，可食率 97.4%。脆熟期味甜略酸，鲜食品质中上。栽植地以壤土或沙壤土最适宜，在黏壤土上也能较好地生长。原产地土壤 pH 6～7。树株寿命长，树势强健，发枝力强，枝系易更新。繁殖多用嫁接，用大苗作砧嫁接当年即能开花结果（图 7-6）。

图 7-6 宣城圆枣

在原产地，4 月上、中旬萌芽，5 月中、下旬始花，8 月中、下旬进入白熟期，9 月上旬着色进入脆熟期。果实生长期 95d 左右。

该品种为优良的蜜枣和鲜食品种，适应性较强，对枣疯病有一定的抗性，较丰产稳产，果实大，果肉致密细脆，汁液中多，除加工普通蜜枣外，还可制作天香枣、兰枣、玉枣、浆枣和红枣等。蜜枣成品个大，果形整齐，但透明度较差，核较大，品质上等。适宜我国南方蜜枣产区发展栽培。

2.2.2 宣城尖枣

别名长枣。本品种有近 200 年的栽培历史。原产于安徽宣城的水东，主要分布于宣城水东、孙埠、杨林等乡镇，为当地的主栽品种。果实长卵圆形，果面光滑，果大。平均单果重 22.5g，大小整齐。果皮红色，采收加工期为乳黄色，很少裂果。果点小，圆形，较密。果肉乳黄色，汁液少，甜，味淡，可溶性固形物含量9.9%，可食率97%。栽植地以壤土或沙壤土为好，土壤pH 6.5。耐旱，不耐涝，抗风性差，不抗枣疯病。树冠圆锥形，树姿开张，发枝力较弱。根蘖萌发力强。繁殖采用嫁接法。嫁接苗生长良好，当年即开花结果（图7-7）。

图7-7　宣城尖枣

在产地，8月下旬进入白熟期，9月上旬开始着色。果实生长期95d左右。

本品种不宜生食，为蜜枣加工优良品种，树体寿命长，高产稳产。蜜枣果形整齐，透明度高，吸糖量高，肉厚核小，品质上等，素有"金丝琥珀蜜枣"之称，多用于出口，畅销国际市场。

2.2.3　皖枣1号

安徽省农业科学院园艺研究所选育。2009年12月通过了安徽省林木品种审定委员会审定。皖枣1号树姿半开张，树势中等偏旺。根蘖苗针刺较发达。枣吊的平均长度为16.6cm，每花序着生花4～7朵，花量中等，新枣头结果能力较强。成熟叶片呈卵状披针形。果实圆形，果形指数为0.99。果个中等大，平均单果重17.04g，最大单果重26.76g，大小均匀整齐。果面光滑，皮薄，果点小，圆形，较密，不显著；果肩平圆，梗洼中深、小，环洼中广，果顶平，柱头遗存。成熟呈赫红色。果肉绿白色，肉质酥脆、细腻，无渣，汁多，风味极甜。果核梭形，核小，核内无种仁，平均单核重0.34g。脆熟期果实含可溶性固形物28.80%，可滴定酸0.268%，维生素C 3.27mg/g。果实可食率98%。在安徽合肥，一般3月中旬开始萌动，5月下旬盛花期，9月上旬进入成熟期，果实发育期85～90d，10月下旬至11月初开始落叶。皖枣1

图7-8　皖枣1号

号具有优质、早果、丰产、适应性强的优点，可作为鲜食品种推广（图7-8）。

皖枣1号适于低山丘陵和沙地栽培。采用嫁接和根蘖繁殖，淮河以北地区嫁接繁殖适宜用野生酸枣作砧木，淮河以南地区可以用铜钱树或野生酸枣作砧木。高密植园株行距2m×（3～5）m，常规栽培株行距（3～4）m×（4～6）m。树形采用开心型整形，早期开张角度，极早扩冠，均衡树势。重视夏季修剪，开花前疏除多余枣头，花前1周开始环剥，初花期喷施一定浓度GA3、BA加硼肥，可有效提高坐果率。及时防治枣锈病、枣缩果病、枣瘿蚊等病虫害。

2.2.4　李府贡枣

安徽省农业科学院园艺研究所选育。2009年12月通过了安徽省林木品种审定委员会审定。李府贡枣树姿半开张，干性较强。根蘖苗针刺较短，嫁接苗的针刺较少，不发达，易脱落。成熟叶片为浓绿色，有光泽，较光亮，表面基本平直，无明显卷曲，呈卵状披针形，叶尖钝尖。叶基圆楔形，叶缘钝齿形。生长势强，12年生树树高3.5～4.8m，干径12.5cm，冠径4.6m×5.8m。全树年生长总量较大，1年生平均枝长为46.8cm，直径为0.86cm，节间长为3.65～7.43cm。结果枝的平均长度为16.6cm，平均叶片数为15.23，每花序着生花4～6朵，花量中等，单个枣吊平均花蕾数为27.73朵，花粉活力为1.85%，自花结实率为0.88%，大小年现象不明显。果实圆形，果实纵径3.31cm，横径2.99cm，果形指数为1.11。平均单果质量13.97g，最大18.1g。果面光滑，皮薄，完全成熟期呈赭红色。果肉绿白色，多汁，肉质酥脆、细腻、无渣，风味甜酸。果核小，纺锤形，纵径1.61cm、横径0.64cm；核纹粗深，不规则条状；核内无种仁；平均单核质量0.29g。脆熟期果实含可溶性固形物 28.56%，可滴定酸 0.33%，维生素 C 2.90mg/g。果实可食率97.92%。在安徽合肥，3月下旬开始萌动，4月上旬萌芽，4月上、中旬展叶，4月中旬现蕾，4月下旬始花，5月下旬盛花期，8月中旬进入成熟期，10月下旬至11月初开始落叶（图7-9）。

图7-9 李府贡枣

李府贡枣适合有机质含量高、土层厚的低山丘陵和沙地栽培。采用嫁接繁殖，淮河以北地区适宜用野生酸枣做砧木，淮河以南地区可以用铜钱树或野生酸枣做砧木。高密植园株行距（1～2）m×（3～5）m，常规栽培株行距（3～4）m×（4～6）m。采用开心型整形，早期开张角度，极早扩冠，均衡树势。注重夏季修剪，开花前疏除多余枣头，花前1周开始环剥，初花期喷施一定浓度的GA₃、BA加硼肥，可有效提高坐果率。皮薄，如肥水管理不当，果实容易出现裂果现象。6月下旬应增施有机肥和钙肥，7月中、下旬应加强水分管理。

3　生物学特性

3.1　生长特性

3.1.1　芽

枣芽分为正芽和副芽两种。

（1）正芽。又称主芽，被褐色鳞片，当年多不萌发，次年春天萌发新的发育枝（枣头）或结果母枝（短缩枝或称枣股）。着生部位不同，生长习性各异。位于枣头顶端的主芽，生命活力旺盛，往往能萌发成发育枝，连续多年延长生长，形成树体的骨架或大的结果枝组。着生在枣股顶端或侧生在枣头一次枝和二次枝叶脓间的主芽，一般生长弱或呈潜伏状，受强烈刺激后方能萌发为强壮的营养枝（图 7 - 10）。

（2）副芽。副芽位于主芽的侧上方，副芽当年萌发，在不同的位置上有着不同的发育形态。枣头 1 次枝的基部和 2 次枝上的副芽，萌发后形成枣吊，枣头 1 次枝中上部的副芽萌发后形成永久性 2 次枝，其上的主芽翌春均萌发形成新枣股；而 1 次枝上的主芽翌年多不萌发。枣股上的副芽萌发后形成枣吊，开花结果，是主要结果性枝条（图 7 - 11）。

图 7 - 10　枣股顶芽（顶芽为主芽，周周的为副芽）　　图 7 - 11　枣股上的副芽

3.1.2　叶

（1）叶的功能。枣叶是枣树进行光合作用、气体交换作用和蒸腾作用的重要器官。枣叶中的叶绿素利用光的能量，结合水分和空气中的 CO_2，转化成有机养分。

（2）叶的形态构造。枣叶绿色，多为卵状披针形，属完全叶类型，由叶片、叶柄和托叶三部分构成。叶的大小和形态变异较大。宣城尖枣叶为卵状披针形，绿色。叶长 5.85cm，叶宽 3.59cm。叶尖渐尖，叶基楔形，叶缘具粗锯齿，1 cm 叶缘有 2 或 3 个。宣城圆枣叶片中等大，卵状披针形，中等厚，绿色，有光泽。叶长 5.0cm，叶宽 2.5cm。叶尖渐尖，叶基阔楔形，叶缘具粗锯齿，1 cm 内有 3～5 个（图 7 - 12、图 7 - 13）。

（3）叶的生长规律。叶的生长分为 3 个时期。叶的纵长生长，第 1 期自抽枝现叶开始，到花期来临的 5 月中旬停止，该期生长量最大，占总生长量的 90％以上。第 2 期在花期结束时，即 6 月中旬末开始，到果实生长加速时的 7 月上旬停止。第 3 期在采前落果出现后到采果之前，即 8 月下旬。

树势、气候因子及土壤肥力对叶的影响颇大。一般根蘖苗和肥沃土壤上的健株，其叶生长量大，反之则小。受旱的叶不仅小而薄，受光多的叶片肥大、油绿，受光少的叶片，薄而且黄，这充分说明气象因子直接左右着生长和发育。

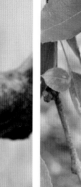

图 7 - 12　幼龄叶　　　　　　　　　　　图 7 - 13　成龄叶

3.1.3　枝

（1）枝条的类型。枣树枝条分为骨干枝、生长枝和结果枝 3 种类型。

骨干枝。骨干枝由主枝和侧枝组成。这类枝条发育旺盛，控制着树冠的整个空间，构成枣树的骨架。在主枝和侧枝分级较高的节上，生有单位枝和结果枝。主枝指分枝于主干上部，发育粗壮，生有两个以上侧枝，并对侧枝具有主导优势的大枝。因整形方式的不同，主枝在树冠内有着不同的分布方式，即在有中央领导干的树形中，主枝开张角度大，多为 3～4 层排列，中央主干发育强旺，直径较粗。在无中央领导干的树形中，整个主枝同时加粗，开展度小，树冠的层次性不强。侧枝由主枝上的枝条发育而来，位于主枝的基部和中部，发育较旺，其上着生 2 个以上的单位枝。

生长枝。生长枝包括发育枝和单位枝。发育枝又名枣头，俗称"滑条"，生长较快，是枣树形成骨干枝和结果枝组的基础，多由顶芽（主芽）萌发而成（图 7 - 14）。枣头 1 次枝上的叶腋间有主芽、副芽各 1 个，主芽紧靠叶腋，一般情况下不萌发。副芽在主芽上方，当年萌发长成 2 次枝，又称结果枝。枣树整形主要依赖于枣头，利用枣头扩大树冠的结果面积，增加新枣股（图 7 - 15），为枣树增产和更新提供条件。单位枝是由生长旺盛的发育枝发育而来的，当发育枝上的部分副梢变成基果枝时，该发育枝称作单位枝。单位枝着生在骨干枝上，其上生有 3 个以上的基果枝。单位枝是枣树生长和结果的单位，也是发育枝向骨干枝过渡的中间形态，若位置适宜，不断抽出新的枣头而控制较大的空间，即可发育成骨干枝，否则结果达一定年限后，容易衰退。

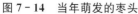

图 7 - 14　当年萌发的枣头　　　　　　　　图 7 - 15　枣　股

结果枝。包括结果枝、短缩枝和脱落性果枝。结果枝简称基果枝，是枣树结果的枝组。多从发育枝中、上部的副梢发育而来，一般 3～7 节，每节生枣股 1 个。基果枝多位于单位枝或分级较高的骨干枝上，但在幼树骨干枝的下部分亦有分布。这些基果枝随着年龄的增大，将抽出新的发育枝或逐渐死亡。短缩枝即结果母枝，主要是 2 次枝上的主芽发育成的，以 2 次枝中部的枣股质量较好，结果数量多，枣头上侧生的主芽也能转化成枣股。枣股是一种短缩性结果枝条，每年生长量极小，仅2～3mm。枣股的顶芽是主芽，主芽周围有2～6个副芽，呈螺旋状排列。枣股的寿命很长，一般可活15～20年。枣股因年龄不同，分为幼龄、壮龄和老龄3个时期。1～3年生枣股为幼龄枣股，一般抽生1～3个枣吊；4～7年生为壮龄枣股；8年生以上为老龄枣股。壮龄期枣股抽吊能力最强，结果能力最高；幼龄枣股次之，老龄枣股结实能力较差。脱落性果枝又名枣吊，简称果枝，由副芽萌发而来。枣吊细弱柔软下垂，多数是枣股副芽形成的，在枣头基部和1年生2次枝的各节上也能抽生枣吊，大部分枣吊均能开花结果。因枣树的品种不同，枣吊长短差别很大，短者8～10cm，长者可达30cm以上。通常每个枣股可抽生枣吊3～6个，这与枣股年龄及枣股强弱程度有关。枣股强壮时，抽生枣吊数目则多；反之，抽生枣吊数目便少。枣吊分节，每节着生1个叶片，叶腋间着生1个花序，每花序有花3～5朵不等，以枣吊中部的花序坐果为好，果实个大，品质也好（图7-16）。

图7-16 枣 吊

（2）枝条的生长规律。

发育枝的生长规律。发育枝由主芽发育而成。主芽较副芽萌动略晚，一旦萌发，枝条茁壮抽出，生长快速，1次枝上具有明显的纵沟，横切面椭圆形，随着枝的伸长，2次枝（或脱落性枝）相应地抽出。多数当年不会结果。隐芽或不定芽萌发的发育枝，多具有明显的徒长性，故称徒长性发育枝。发育枝生长量的大小，除因品种、树龄而异外，还和抽生的部位密切相关。一般顶部的发育枝较旺，中部次之，下部最弱。其中以机械伤处的发育枝生长量最大，而瘦弱下垂的发育枝生长量最小。

短缩枝的生长规律。短缩枝幼年扁圆形，4龄时近球形，7龄以上为长圆形，外被黑褐色鳞片，期间有果枝遗痕，木质坚硬，白色，亦具明显的副梢脱落痕。依据股外枝痕，可以推算短缩枝的年龄。主、副芽顶生，主芽位居中央，多数潜伏不发，副芽位于主芽周围，每年有3～5个萌发，抽出脱落性枝。短缩枝的生长量很小，平均加长生长量1.2～3.0mm，其寿命一般10年左右。20年以上的枣股虽有，但为数很少。所以不修剪的老枣树，结果部位外移，内膛空虚，产量低。

果枝的生长规律。果枝除部分着生在当年生发育枝上，绝大部分着生在短缩枝2次枝上。一般当年生发育枝2次副梢各节上，只有1个果枝；1年生枣股，多着生果枝2个，少有1个或3个；2年生枣股生枝1～3个；4年生以上的枣股，一般着生果枝3～4个。基果枝上的短缩枝，自上而下果枝逐渐增多。枝长逐渐增大，以顶生发育枝上的果枝数目最多，生长量最大。果枝以生长量来区分，可分为两种类型，即旺长果枝和正常果枝。旺长果枝出现在发育强盛的枣股，特别是顶生枣股上。一般无果，故称徒长性果枝或徒长性空吊。

正常果枝。花前停止抽长，以便有更多的营养物用于供蕾、开花、坐果上，因而这种果枝停止延长早，结果率高，并在果枝中占有绝对的优势。

3.1.4 花

（1）花的结构。枣花属两性完全花类型，黄绿色，由雄蕊、雌蕊、花盘、花瓣、花萼、花托、花柄7部分构成（图7-17）。宣城尖枣花量较多，枣吊中部节位的花序着花多达9朵，为多花型。初开花蜜盘淡黄色（图7-18）。萼片三角形，绿色，花瓣乳黄色。每吊着果1或2个，最多5个。宣城圆枣花中多，每个花序着花1~6朵，以枣吊中部节位着花为多。花中大，初开花蜜盘淡黄色。花瓣淡黄色，萼片绿色，三角形。

图7-17　枣　花

图7-18　枣花形成发育期

（2）开花。枣花的开放，初花期发育正常的果枝平均每日开花1~2朵，盛花期达1d 10朵。枣树1朵花的寿命比较短，一般为2~3d，1个花序的开花时间为5~20d不等，1个枣吊的开花时间为30d左右。但品种间差异很大，全树花期长达1~2个月，通常盛花期一般为5~20d。

（3）花期。依据开花的多少，可将多年枣股正常吊上花的开放，分为以下3个时期：

初花期（图7-19）。开放的花约占总花数的25%。其花多由1级蕾发育而来，故称头棚花。由头棚花发育而成的果，称为头棚枣。头棚花虽坐果率不高，但枣果发育良好，生育期长，果个较大。但如花期遇上低温，绝大部分头棚花不能坐果。

盛花期。开放的花约占总花数的50%。其花多由2级蕾和部分3级蕾开放而来。此期花多在夜间24：00裂蕾，因此授粉时间长。受精良好，坐果率高。

终花期（图7-20）。开放的花为总花数的75%。绝大部分由3、4级蕾开放而来。这类花蕾由于气温升高，树体内有机营养物质分配竞争激烈，因此末棚花多数受精不良，坐果率较低。但前期多雨、落花多、坐果少时，相应树体营养充分，末棚花亦可大量坐果。由于生育期短，其果较小，品质较差。

图 7 - 19　枣初花期

图 7 - 20　枣终花期

宣城圆枣和宣城尖枣在原产地，5月中、下旬始花，6月中旬进入终花期。整个花期为25～30d。

（4）授粉。在自然状况下，枣花需授粉才能结果，很多品种自花授粉也能结果。但是，异花授粉可提高坐果率，而有些品种则必须配植适当的授粉品种。因此，建园时应需考虑为主栽品种配植适宜的授粉树。枣花授粉和花粉发芽均与自然条件有关，低温、干旱、多风、连雨天对授粉不利。花粉发芽要求较高的气温。气温达到27～28℃时，发芽率最高。空气湿度太低（40%～50%）通常也影响花粉的发芽，生产上在花期喷水，就为花粉发芽创造条件，以提高坐果率。

（5）花芽分化。枣的花芽分化分为6个时期，即苞片期、分化初期、萼片期、花瓣期、雄蕊期及雌蕊期。枣树花芽分化与一般果树不同，其特点是当年分化，边生长边分化，分化期短，分化速度快，分化期持续时间长。花芽分化期需要大量的营养物，故此花的多少和树体健弱、枣园管理水平密切相关。果枝和发育枝上的花芽，是由下向上分化的。同一花序则是中心花最先分化，然后侧花分化。花的开放顺序和分化顺序是一致的，即最先分化的花芽最先开放。

3.1.5　果实

枣果实由果被、种子和果柄构成（图7-21、图7-22），其果被又分外、中、内3层，分别称为外果皮、中果皮和内果皮。

图 7 - 21　宣城圆枣果实

图 7 - 22　宣城尖枣果实

（1）外果皮。外果皮角质，薄而坚韧。不同的枣树品种在果实成熟前有着不同的颜色变化，但总的趋势是随着果皮的成熟，叶绿素逐步消失，绿色逐渐消退，果面逐渐呈现红色或紫红色。

（2）中果皮。即果肉，发育时期细胞含有叶绿素，所以呈绿色；随着成熟逐步变成白色或淡青色；晒成红枣时，呈棕褐色。

（3）内果皮。即枣核，近纺锤形，由核喙纹、核体、核膜组成，核层细胞石化，坚硬，深褐色，外表有棱纹，内壁光滑。

3.1.6 根

（1）根的功能。枣树根系发达，水平延伸大于垂直生长。根不仅是重要的代谢与繁殖器官，而且能合成有机物，除了固结土壤，支撑地上部分外，还具有吸收、改造、贮存和转运水分、无机盐及有机物的功能；同时能通过根的萌蘖力，更新老株，繁殖新的个体，以延续后代。

（2）根的种类。

水平根。枣树的水平根粗大，向四方延伸，生长能力强，分布广，能超过树冠的 3～6 倍。一般多分布在表土层，以 15～30cm 的土层内最多，50cm 以下则很少。

垂直根。由茎源根系形成的垂直根，是由水平根分枝向下延伸生长形成，一般只有树高的 50%，主要分布在树冠下面，约占总根量的 50%。

（3）根系生长。枣实生根系主根和侧根均强大，且垂直根较水平根发达。分株繁殖时一般水平根较垂直根发达。根在地温达 7.2℃ 以上开始生长，地温 22～25℃ 时达生长高峰期。地温降至 21℃ 以下时，生长又趋缓慢，随土温降低逐渐停止生长。在根系生长活动季节，土壤湿度在 60%～70%，空气通透，能加速根的生长；否则，不但根系生长缓慢，其生长期和寿命都会缩短。枣树地上与地下生长量是相互促进和互为制约的。

3.2 结果习性

3.2.1 枣吊节位对坐果的影响

枣的着生部位多在果枝（枣吊）上第 3～7 节，第 1 节多不结果。一般情况下，每叶腋着果 1 个，着生双果的亦有，但着生 3 个果者较为少见。在不同的品种中，果枝上出现双果的节位不一。

3.2.2 花期对果实发育的影响

花期对果实影响颇大。初花期前几天所开的花，大多受精不良，坐果较少，同时幼果易于脱落；初花期末和盛花初期所开的花，坐果率较高，发育良好，果大、肉多、糖分高，最能表现枣的特有风味，群众称为头棚枣。盛花中、后期所开放的花，受精良好，坐果率高，果体中等，品质亦佳。终花期，尤其是终花期末开放的花，由于气温高，加之营养物供不应求，所以授粉、受精均差，幼果发育不良，落果重，而且导致畸形。这类枣个小、肉少、品质差。

3.2.3 果实大小与坐果率的关系

在栽培品种内，果个越大，落果越重，空枝越多，坐果率越低。

3.2.4 枣树枝龄对结果的影响

枣树结实能力因枝龄而异。结果母枝抽生果枝的数量也因树龄而变化。1 年生幼龄枣股由于枣处于营养生长旺盛期，只抽生 1 个枣吊，结实力弱。3～8 年生枣股，抽生果枝多而长，其中木枣为 3～7 个，铃枣为 3～5 个，结实力均强。10 年生以上的老枣股，虽然抽生果枝数量没有明显减少，但挂果数空前下降。

3.2.5 树龄对果实的影响

树龄直接影响着果实的大小和形态。幼龄植株枝条生长较旺，果的发育略差，果实基部较粗，先端较细。生长健壮的中龄树发育旺盛，结果数量多，而且个大丰满。衰老植株开花晚，果熟早，果实生育期短。枣树进入结果期较早，寿命亦长，有的根蘖苗发育旺盛，隔年即可结果，个别 200 年生的老龄植株仍可丰产。

3.3 果实发育和落花落果

3.3.1 果实生长发育

枣花授粉后果实开始发育，由于花期长，坐果期不一致，因而果实生长期长短也不同，但果实停止生长期相差不大，果实发育周期分为 3 个时期。

（1）迅速增长期。包括果实细胞旺盛分裂和迅速生长期。授粉受精初期，细胞迅速分裂，大果型品种细胞分裂期长达4周左右，且分裂速度快；小果型品种细胞分裂期短（2～3周），而且分裂速度慢。迅速增长期是果实细胞分裂生长的关键时期，要消耗较多的营养物质，如肥水不足，不仅果实瘦小，而且生理落果严重。

（2）缓慢增长期。果实各部分增长速度下降，果核细胞壁加厚并木质化，核完全硬化；在核硬化的同时，种仁充实、饱满，期末达最高峰。此期末果肉细胞增长已趋停止。此期持续期长短因品种而异，一般为4周左右。

（3）熟前增长期。主要进行营养物质的积累和转化，细胞和果实的增长均很缓慢，此期果实达一定大小，果皮绿色变淡，开始着色，糖分增加，风味增进，直至果实完全成熟。此期在生长上又分为3个期，即白熟期、脆熟期和完熟期。

3.3.2　落果

枣的落果机理。枣果在脱落前，离层区细胞代谢减弱，生长素水平激降，细胞内含物减少；细胞中的果胶酶和纤维素酶活性增强，因而纤维素和原果胶物质大量分解。离层是从果柄层内部开始，自内向外形成，而髓部也同时分离（但维管束并不分离），接着出现初生壁解体，导致细胞间产生裂隙，输导作用受阻，尤其水分和无机盐类供给不足，果实中的叶绿素解体，果皮黄绿色，生长发育受到抑制。果柄沿着这层特化的组织（离层）与果枝间形成一道缝隙，在风的作用下，果实脱落。

枣的落果可分为3个时期，即前期落果、中期落果和后期落果。

（1）前期落果。多属子房膨大后5～15d的幼果，它出现在花期内，故有花期落果之称。由于出现在果实发育的前期，所以又称前期落果。其特点是落果数量多。

（2）中期落果。生理落果系生理失调而致，在花后约25d达落果的顶峰。由于出现在果实发育的中期，所以称为中期落果。

（3）后期落果。后收期落果又称采期落果。其落果的强度及时期与气象因子尤其是风力密切相关。不同的品种差异颇大。

3.4　主要物候期

3.4.1　萌芽期

一般在4月上、中旬，平均气温11～14℃时萌芽，随着新芽萌动，嫩枝很快抽出，叶片展开生长。

3.4.2　花期

枣树花芽当年分化，当年完成。当果枝抽出1cm时，花芽分化已经开始。枣花在5月中旬，旬均气温22.7℃时始花，5月下旬旬均气温24℃或6月上旬旬均气温25℃时进入盛花期。

3.4.3　果实发育期

5月下旬（旬均气温24.4℃）至6月上旬（旬均气温25℃）为枣果缓慢生长期；6月上旬（旬均气温25℃）至6月中、下旬（旬均气温26℃）为枣果纵径快速生长期；6月中、下旬（旬均气温26℃）至7月上旬（旬均气温28℃）为枣核形成期；7月上旬至9月上旬（旬均气温20.8℃）为子叶、果肉快速生长期；9月中旬（旬均气温19℃）果实成熟。

3.4.4　落叶期

枣树先落叶后落枝，落枝的过程是根系活动终止的信号，落枝结束，表明枣树休眠开始（旬均气温14.8℃）。

宣城圆枣和宣城尖枣在原产地，4月上、中旬萌芽，5月中、下旬始花，8月中、下旬进入白熟期，9月上旬着色进入脆熟期。白熟果生长期95d左右。

3.5 对环境条件的要求

3.5.1 土壤

枣树适应性强，对土壤选择不严，南方的壤土，北方的黏土，黄河故道冲积沙土，均能生长，一般以沙壤土最佳。土壤是枣树生长发育中所需水分、矿质元素的供应地，土壤的质地、厚度、温度、透气性、水分、酸碱度、有机质、微生物区系等，对枣树根系、枝、叶、花、果的生长发育有着直接的影响。生长在疏松、透气性好、微生物活跃土壤上的枣树，根系发达，植株健壮。

3.5.2 温度

枣属喜温树种，枣萌芽晚，落叶早，这主要是受气温的影响。影响枣树生长发育的温度为气温和地温，温度直接影响着枣树的水平和垂直分布。一般旬均气温13℃时树液流动，14℃时萌芽、抽枝、展叶，日气温22～24℃授粉受精最好，气温25～27℃适合果肉生长，种子发育；日气温19～21℃，且昼夜温差大时，有助于枣果糖分积累；当气温14℃时落叶，进入休眠期。

3.5.3 光照

枣树属喜光植物，当光照充足时，叶色浓绿，同化作用强，干物质积累多，有助于果的膨大、糖分等营养物质的合成。故果实发育好，产量高。合理密植，加强树体管理，确保枣树冠部内外合理受光，才能树壮、花旺、果多。

3.5.4 水分

土壤水分直接影响枣树体内水分平衡和器官的生长发育，所以水分是枣树的生存因子之一。当表层土壤含水量为5%时，枣苗出现暂时萎蔫；含水量为3%时，则出现永久萎蔫。但土壤水分过多，长期透气不良，易于烂根，造成全株死亡。

3.5.5 氧气

枣树同其他树种一样，生长发育是离不开空气的，特别是O_2。一旦土壤中空气变化，O_2不足时，首先影响根的形成和生长，进而根系吸收作用停止或死亡。植株遭受水淹时，根部缺氧，叶片黄化，叶柄形成离层，导致叶片早落，尤其夏季暴雨成灾，排水不良，低洼处的枣树，往往能在半月时间内，被水淹死。

3.5.6 风力

风可维持枣林CO_2和O_2的正常浓度，以助光合、呼吸作用的进行。一般的微风、小风可改变林间湿度、温度，调节环境，促进蒸腾作用，解除霜冻，有利生长、开花、授粉和结实。

4　育苗和建园

4.1　育　　苗

4.1.1　育苗方法

枣树的繁殖，分为分株法和嫁接法 2 种。

（1）分株法。春季于树冠外围，顺树行方向挖沟。沟深、宽各 40cm，切断直径 2cm 以下的小根，而后回土 20cm，以利发根。断根后，在 5 月即可出现大量根蘖，根蘖大部分丛生，可去弱留强，疏成单株。并注意施肥、灌水和除草。

（2）嫁接法。实生砧木苗的繁殖及嫁接。

种子采集和贮藏。采种要求种子充实饱满和充分成熟。一般在 9～10 月枣果或酸枣充分成熟时采集，果实进行堆沤，5d 左右，堆温不超过 65℃，过高会影响种子的发芽力。待果肉软化腐烂后，加水搓洗，除去果肉及其他杂物，洗净枣核，捞出阴干。将充分干燥的种子放在阴凉处贮藏，以备沙藏。枣和酸枣种子寿命很短，在常温下贮藏 1 年，大部分种子即无发芽力。育苗必须采用新种。

种子层积处理。春播前应做层积处理。在 11～12 月，先将种子放入清水中浸 2～3d，使其充分吸水，然后将种子与 5 倍湿沙（沙的湿度以手握成团不滴水为宜）均匀混合，放入层积沟内。层积沟应选背阴排水良好处，挖深 80cm 沟，层积沟的宽、长因种核多少而定。沟内温度保持在 3～10℃。如春季播种前种核未经层积处理，则播种前将种核在 70～75℃ 的水中热烫，自然冷却后，用冷水清洗、浸泡 2～3d。放温室或室内催芽，待部分种核裂开时及时播种。

播种。整地作畦。早春土壤化冻后，在上年秋季粗平土地的基础上，每 666.7m² 施 3 000kg 腐熟有机肥；之后耕翻土壤 25～30cm，压碎土块，使土地平整、土壤疏松；随后灌水，待水渗后即可作畦，畦宽 1.2m，长 10m，每 666.7m² 作畦 50 个。种核每 666.7m² 播种量 15～20kg（发芽率在 80% 左右），用机械去壳后的酸枣仁每 666.7m² 播种量 2～4kg（发芽率在 80% 左右）。

播种期。春播为 3 月中、下旬至 4 月中、下旬，秋播可在土壤封冻前播种。播种方式为条播，行距 50～60cm，开沟深 3～5cm，覆土厚度以 2～3cm 为宜，播种后为增温保墒，需用塑料薄膜覆盖地面，促使幼苗提早出土，提高出苗率。

播后管理。苗出土后破膜放苗，苗高 10cm 时进行定苗，株距保持 15cm 左右，每 666.7m² 留苗 7 000～8 000 株，缺苗处应及时补栽；苗高 15cm 时，作第 1 次追肥，苗高 30cm 时，作第 2 次追肥，肥后及时灌水，追肥时，在苗行一侧距苗 10cm 处，挖 4～5cm 深的施肥沟，施入速效肥料，每次 666.7m² 施磷酸二铵 20kg 或等量其他氮素和磷素化肥。苗高 60cm 时，应对主茎摘心，促加粗生长，以保证苗木秋后达到嫁接粗度，同时做好苗期病虫防治工作。

接穗的选择、采集与贮藏。采集接穗应选健壮结果树，枝接用穗整个休眠期均可采集。选直径大于 6mm、成熟良好的 1～3 年生枣头 1 次枝、2 次枝剪成单芽小段，去除针刺，迅速蜡封后放于塑料袋中，贮藏在 0～2℃ 的冰柜或冷藏库，贮期可达 4～6 月。生长季芽接，最好是随采随用，采下后立即剪去 2 次枝和叶片，基部浸入水中防止萎蔫。接穗远运，要随采随包。包装物用透气性好的麻袋、草包等物料，并于穗间填充洁净潮湿锯末，切忌用不透气的包装材料，也不能用易腐烂的碎草、稻麦颖壳做填料，运输中要防止失水干燥，也要防止不透气使枝条发热。

常见嫁接方法。劈接：劈接最适宜时期是萌芽前后一段时间。嫁接时，在砧木近地面处选择枝面平整的部位，截去上部，然后从砧木断面中央向下劈一裂口（粗大的砧木可靠近边缘处劈口）长 4～5cm。接穗下端削成两面等长的楔形。削面 3～4cm，要平直光滑，接穗削好后，插入劈口，一定要使接穗削后的皮层内缘和砧木劈口皮层内缘对齐。用塑料条包严接口，以防失水影响成活。芽接：采取芽子做接穗进行的嫁接方法都可称为芽接。枣树的芽接方法不同于一般果树，通常采用 T 形带木质部芽接。优点是嫁接时间长，凡皮层能够剥离时均可进行，节省接穗，操作简便，成活率高。具体做法是：枣头1次枝和2次枝均可。在芽上方2mm处横切1刀，深2～3mm，再从芽下1.5cm处向上斜削，使芽长约2cm，宽4～8mm，上平下尖，带木质部。砧木在距地面10cm左右处，选平整的枝面，在皮层上切T形接口，横切口长0.6～1.0cm，纵切口长约2cm，拨开纵切口，插入芽片，使芽片上部的切口与砧木横切口密接。也可采用倒T形接，效果更好，接口用塑料薄膜捆绑包扎严密。

嫁接苗的管理。除萌：接后应及时抹去砧木萌发的所有嫩芽，使砧木集中贮存养分，用于接口愈合和接芽生长。一般7～10d进行1次。不然轻则影响接口愈合速度、接芽生长量，重则大大降低成活率。引扶：接芽长到30cm时，应立柱扶绑，防止因风雨而折断。追肥灌水：在新株整个生长季节中，一般应进行2～3次追肥，每次相隔20d左右。以复合肥为宜，每666.7m²用10kg左右，施肥一般结合灌水进行。病虫防治：注意新梢生长时的病虫发生情况，及时检查防治。

4.1.2 苗木出圃

（1）出圃方法。

起苗。在秋季或春季均可进行。如条件允许，最好是春季起苗，随起随栽，既可减少假植工序，又有较高的栽植成活率。起苗时必须距干30cm处切断侧根，切忌图快损坏根系。地上部2次枝可留1～2个芽以后剪掉，既便于运输栽植，又有利于成活。

选苗。合格苗木必须具备：发育良好、茎干通直、充分木质化。根系完整，1级苗主根长大于30cm，2级苗应大于25cm，且侧根6～8条，须根多。无病虫害、无劈裂、无主干折断等机械损伤。嫁接苗，无砧木萌枝、无嫁接未活的砧苗。扦插苗，用5～10年生，已挂果生长健壮，品质优良的母树营养枝作插穗而成活的苗木。

假植。苗木挖出后除立即定植外，须进行假植，假植沟深60～80cm，宽1m，长度不限。把枣苗成排斜放沟中，埋土，再放苗，再埋土，一排一排假植，务必使土壤和苗根密接。也可将苗存于地窖内或冷凉室内，把根部用湿沙或湿锯末覆严保湿，并经常检查，喷水保湿。

包装、运输。将苗木每50～100株扎成一捆，根部沾泥浆，然后用湿蒲包或湿麻袋包裹好。若远运，湿麻袋或蒲包外要加塑料袋，塑料袋外再加草袋包装。苗木到达目的地后，应立即栽植。

（2）苗木规格。苗木规格一般分3级（表7-1）。

表7-1 枣树苗木质量分级及产量标准

苗木类型	苗龄	质量标准（cm）						产量标准	
		1级		2级		3级		株/m²	万株/hm²
		地径	苗高	地径	苗高	地径	苗高		
嫁接苗	1（2）～0	1.2～1.5	100	1.00～1.19	100	0.8～0.9	90～100	20	12
扦插苗	1～1	1.0～1.2	80～100	0.8～0.9	70～90	0.8以下	60～70	20	12

备注：括号内的数字表示嫁接苗、扦插苗在原圃地根的年龄，1（2）～0表示1年生2年未经移植的嫁接苗或扦插苗，1～1表示经过1次移植的2年生苗。1、2级苗木为能够出圃造林的合格苗。3级苗不适合建园，可移植或留圃培育。

4.2 建 园

4.2.1 园地选择

（1）气候条件。山区发展枣树，应选择向阳的坡地。枣树在海拔1 500m以上仍能正常生长。坡地角度应小于35°。枣树抗风力较强，但花期遇大风会降低坐果率，果实成熟时遇大风易造成大量落果，所以发展枣树要避开风口。

（2）土壤条件。枣树耐盐碱、耐瘠薄、抗旱、耐涝。在pH为5.5～8.5的土壤上均可正常生长。黏质壤土对制干品种的品质有利，沙质壤土对鲜食品种的品质有利。

（3）果园规模。最好村与村连片，或乡与乡连片，形成一定的规模。

（4）园地的调查。规划设计之前，对园地要进行地类、海拔、坡位、坡向、坡度、土壤质地、土质厚度、土壤养分、pH、土壤含盐量、地下水位、植被及气候情况进行调查，并绘出有关的图表。

4.2.2　枣园的规划设计

（1）小区规划。应根据1个小区内的土壤、气候、光照等条件大体一致的原则，安排枣树品种，将果园划分若干小区。小区设置应便于防止果园土壤受侵蚀，防止果园受风害，便于运输和生产作业，能经济利用土地。

（2）小区的面积。平原大型果园4～6hm² 为1个小区，山区2hm² 左右为1个小区。小区形状以长方形为宜，长边与宽边的比例为2∶1至5∶1。平原小区的长边应与当地主要有害风向垂直；山地小区的长边要与等高线相平行。

（3）道路设计。

主路。位于果园中部，贯穿全园，一般6～7m宽。山地果园的主路应顺山势呈环形或之字形，坡度不超过5°～10°。

支路。应垂直主路，是小区之间的分界线，宽4～6m，小区的多少决定着支路的数量。

（4）排灌系统规划。积极推广低压管道输水灌溉、滴灌、喷灌。排水可在地面上挖明沟，以达到排地表径流的目的。山地果园排水系统是由集水沟和总排水沟组成。集水沟与等高线一致。梯田的集水沟应修在梯田内侧，总排水沟连通各级等高排水沟，设在集水线上。总排水沟的方向与等高线垂直或斜交。

（5）防护林规划。大中型枣园的防护林一般应规划主林带和副林带；小型枣园可只造环园林带。主林带与有害风向或常年大风相垂直，宜采用透风结构林带。防护林树种可选择杨树、榆树、紫穗槐、荆条和花椒等。

（6）建筑物规划。包括枣园办公室、贮藏室、农机房、选果棚、泵房和配药池等。

（7）规划占地面积比例。枣树占地88.5%～90.5%，灌渠占地2%～2.5%，防护林占地2%～3%，建筑物占地1%～1.5%，道路占地2.5%，其他占地2%。

（8）品种选择。品种选择应以区域化和良种化为基础，遵照枣区域化，结合当地自然条件，选择优良品种，实行适地适栽。优良品种引进栽培时，必须进行品种区域试验，然后再大面积发展。品种选择时要注意选用地方良种，做到地方良种与引进品种相结合，并达到错开季节上市目的。

4.2.3　定植技术

（1）栽植密度。枣树栽植密度应根据当地环境条件、地形、地势、耕作要求和管理水平综合考虑。在土壤肥力较好，管理水平中等地区，株行距为（3～4）m×（3～5）m；地势平坦、土壤肥力高、枣粮间地，可采用大行距、小株距，（8～10）m×（3～5）m。如以种粮食为主，枣为辅，也可采用特大行距、小株距，（30～70）m×（5～6）m。如自然条件优越，技术力量较强，为提高土地利用率，实现早期丰产，可采用密植栽培，株行距为（1～2）m×（2～3）m；丘陵、河滩地带，株行距为（3～4）m×（4～5）m。

（2）定植前的准备。按照小区内栽植的品种和株行距，采用测绳放线，用白灰渣标示定植点的位置；在标示定植点的位置上挖定植穴或顺行挖定植沟，定植穴（沟）在定植的前1年完成，定植穴要求直径80cm，顺行定植沟要求宽、深各80cm，定植穴（沟）内挖出的表土放在一侧，心土堆放在另一侧；当年3月回填定植穴，先将腐熟的优质有机肥每株40kg与表土混合回填，注意定植穴下部回填表土，上部回填心土，回填土时必须分层踏实。

（3）苗木处理。栽前应将苗木根系浸泡水中8～24h以上，将苗木根部劈裂处剪平，然后用5波美度石硫合剂消毒20min，洗净后用生根粉处理根系或沾泥浆后栽植。

（4）栽植。植树时，将枣苗立在坑的中心，根系自然舒展，把熟土填于根际处，心土填在上层，踏实，再填土踏实。苗的栽植深度以根茎部略高于地面为宜。

（5）栽植后管理。

灌水。苗木栽植后，应立即灌水，使根与土壤紧密结合（图7-23），灌水后待地表不黏时及时中耕松土保墒，以提高土壤温度和透气性，促使苗木尽快发根，缩短缓苗期，待10～15d后，视土壤墒情再进行第2次灌水、中耕。以后视土壤墒情及时灌水。

图 7-23 苗木栽植后灌水

覆膜。有条件的地区，苗木栽植灌水后，立即在树盘覆地膜。可节水，还能显著提高地温，苗木发根早、生长快。覆膜后还可抑制杂草生长。

修剪。苗木栽后应根据整形要求及时定干、抹芽、除萌蘖。

追肥。当苗木新梢长到 10~15cm 时，应结合灌水追施速效氮肥，每 666.7m² 每次施 10kg 为宜。也可雨前开沟抢追化肥。在根部追肥的同时，每隔 10~15d 还应进行叶面喷肥。用 0.3％尿素、0.3％磷酸二氢钾，叶面喷肥也可结合喷药进行。

病害虫防治。应特别注意金龟子、毛虫类食芽食叶，降低树势及影响成活。也应注意枣瘿蚊等虫害及病害，及时检查、发现及防治，以保证叶片的完整和树体的正常生长。

（6）补植。苗木栽植时，应留有一定量的备用苗木同时栽植，以备缺株补栽。另外，枣苗栽植当年，有时会出现不发芽或发芽晚的假死现象，对假死苗应特别管理，促其尽早发芽、加快生长（图 7-24）。

图 7-24 多年生枣树园

5　土肥水管理

5.1　土壤管理

5.1.1　土壤改良

在山区、丘陵地枣园水土流失严重，必须以水土保持工程、防土冲刷为重点，主要通过修筑梯田等措施来完成。在沙荒地、风蚀流沙严重，土壤中有机质少，保水保肥力差，必须改善土壤结构，逐步提高土壤的保肥保水能力，应种植绿肥作物，秸秆还田，增施有机肥料，如有条件还可以拉土压沙，深翻熟化土壤。在土层深厚，肥力条件较好的平地枣园，翻土深度一般20～30cm，由树干向外自浅到深，春秋两季均可进行。

5.1.2　果园深翻

以秋季为宜。深翻一般在果实采收后至土壤封冻前结合施基肥进行。缺水山地枣园可以在雨季到来之前进行。注意避免断大根。枣园深翻与施基肥一起进行。

（1）扩穴深翻。在幼园中应用，即由定植穴的边缘开始，每年或隔年向外扩展，挖宽50～100cm，深60～100cm的环状沟，掏出沟中沙石，株施20～40kg优质有机肥混土回填。逐年进行一直到相邻两株之间深翻沟相接为止。

（2）株间深翻。一般在幼树栽植后4年内，可在行间间作矮秆作物。待间作物收获，土壤休闲期将果树株间深翻30～50cm。

（3）全园深翻。盛果期，撒施基肥后深翻土壤。深翻深度30～50cm，靠近树干的地方粗根多，应浅些。

5.1.3　间作与生草

（1）间作。枣园禁止间作高秆作物和需水量多的秋菜。间作以豆科作物如豇豆、红小豆、绿豆、黄豆等为宜。幼树要留足树盘，树盘应与树冠大小一致（图7-25）。

图7-25　枣树与棉花间作

（2）生草。枣树行间提倡间作三叶草、毛叶苕子、扁叶黄芪等绿肥作物，通过翻压、覆盖和沤制等方法将其转变为枣园有机肥。有条件的枣园提倡行间生草制。

5.1.4　中耕除草与覆盖

（1）中耕除草。在生长季要进行多次中耕除草，以清除杂草，消除地面板结，增加土壤透气性，促进微生物活动，提高地力。中耕除草的方法可以人工，也可用机械，深度一般5～10cm。除草可用化学除草剂，以减少人工除草的费用。但大面积使用时，先要做药效试验。

（2）覆盖。树盘内提倡秸秆覆盖，以利保湿、保温、抑制杂草生长、增加土壤有机质含量。

5.2 施　肥

5.2.1　需肥特点与施肥原则

（1）需肥特点。增施氮素，可以提高光合作用的强度，改善新老枝条生命活动，促进花芽的分化和提高坐果率。磷的增加，可促进枝干发育、花芽分化，增加枣的含糖量和香味，从而提高其品质。铁、锰、锌、硼等微量元素的供给，可促进受精过程，减轻生理落果，从而提高产量。施肥可增强树势，促进同化作用的进行，加大发育枝的生长量，提高坐果率，减轻落果，从而获得大幅度的增产，其中以有机肥料混合作基肥、化肥作追肥的处理效果最好。

（2）施肥原则。以有机肥为主，化肥为辅，保持或增加土壤肥力及土壤微生物活性。所施用的肥料不应对枣园环境和果实品质产生不良影响。

5.2.2　常用肥料种类

（1）允许使用的肥料种类。

农家肥料。包括堆肥、沤肥、厩肥、沼气肥、绿肥、作物秸秆肥、泥肥、饼肥等。

商品肥料。包括商品有机肥、腐殖酸类肥、微生物肥、有机复合肥、无机（矿质）肥、叶面肥、有机无机肥等。

其他肥料。不含有毒物质的食品、鱼渣、牛羊毛废料、骨粉、氨基酸残渣、骨胶废渣、家禽家畜加工废料、糖厂废料等有机物料制成的，经农业部门登记允许使用的肥料。

（2）禁止使用的肥料。未经无害化处理的城市垃圾或含有重金属、橡胶和有害物质的垃圾；硝态氮肥和未腐熟的人粪尿；未获准登记的肥料产品。

5.2.3　施肥时间、方法和数量

（1）基肥。秋季施入，以农家肥为主。混加少量氮素化肥。施肥量按 1kg 枣施 1.5～2.0kg 优质农家肥计算，一般盛果期枣园每 666.7m² 施 3 000～5 000kg 有机肥。施用方法以沟施为主，施肥部位在树冠投影范围内。沟施为挖放射状沟或在树冠外围挖环状沟，沟深 60～80cm。

（2）根际追肥。每年 3 次，萌芽肥、花期肥和助果肥，第 1 次以氮肥为主；第 2 次以磷钾肥为主，氮磷钾混合使用；第 3 次以钾肥为主。施肥量以当地的土壤条件和需肥特点确定。施肥方法是树冠下开沟，沟深 15～20cm，追肥后及时灌水。

（3）叶面喷肥。在枣生长期每隔 10～15d 就进行 1 次叶面喷肥。生长前期以氮肥为主；后期以磷钾肥为主。常用肥料浓度：尿素 0.3％～0.5％，磷酸二氢钾 0.2％～0.3％，硼砂 0.1％～0.3％。最后 1 次叶面喷肥在距果实采收期 20d 以前进行。叶面喷肥可单独进行，也可结合喷药及花期喷施植物生长调节剂同时进行。

5.3　水分调控技术

5.3.1　水分调节的重要性

（1）水分对枣树生命活动的影响。水分是枣树进行光合作用不可缺少的物质，亦是枣树躯体的组成部分，如水分在枣树体中占 45.1％、枝中占 51.8％、叶中占 63.3％、成熟的果实中占 66％。土壤水分，直接影响枣树体内水分平衡，土壤含水量过少将严重影响树体生长发育，甚至导致死亡；但土壤水分过多，长期透气不良，易于烂根，造成全株死亡。

（2）干旱对枣树的影响。当土壤或大气过于缺乏水分时，枣叶即出现卷曲或凋萎，光合作用受阻，生长停顿，较长时间的萎蔫，还可导致落花、落叶、落果，乃至植株的死亡，所以干旱是影响枣树产量的主要因素之一。

5.3.2　灌水时期与方法

（1）灌水时期。根据当地当年降水情况，结合枣树生理特点，有两个需水的关键时期。

萌芽水。枣树萌芽晚、生长快、需水较多，枣芽萌发时，灌 1 次透水，称为萌芽水。对于抽枝、

展叶和花蕾的形成均有促进作用。除非天气过于干旱的情况下，花期不宜浇水，以免降低花部器官原生质的浓度，导致落花落果。

膨果水。当枣果直径生长量最大的时期，特称枣的膨果期，此时需水较多，假若土壤中水分不足，需灌溉 1 次膨果水，促进果的肥大生长，提高其产量，并为冬前根系的活动，供给了必要的水分。

（2）灌水方法。

沟灌法。在枣树行之间挖掘灌溉沟 4～5 条，深 30cm，宽 50cm，沟距 1m，沟长不限。为了防止水分的蒸发，当水渗入后，立即将沟封平。在管理精细的枣园内，枣树行中间设有水沟 1 条，两侧的枣树通过此沟发出的支沟输水浇灌。

畦灌法。在有间作物的枣园上及水源充足的地方，可在枣行间作畦 2～3 个，畦的规格因水量、地形和枣树的行距而异，此法工程小、水量大、效率高，但费水较多，非水源充足之地，不可采用。

喷灌。喷灌耗水量小、效果好。多在花期、幼果期、果实快速生长期的干旱季节采用。

（3）灌水量。保持田间持水量不低于 60%。一般成年枣树每年每株用水量在 150～200kg。

5.3.3　排水

枣园土壤水分过大或园地长期积水，会引起土壤严重缺氧，根系发育不良，树势衰弱，产量下降。果实生长后期园地积水，还会加大空气湿度，枣果大量霉烂脱落。枣树建园时应做好排水工程，一旦土壤超过田间最大持水量 75%～80% 时，就应立即进行排水。

6 花果管理

6.1 枣树的落花落果

6.1.1 落花落果现象

枣树落果一般分 3 个时期：前期落果、中期落果、后期落果。

（1）前期落果。子房膨大后 5～15d，数量多。

（2）中期落果。主要发生在果核硬化、子叶快速生长期。

（3）后期落果。发生在果实近成熟期。

6.1.2 落花落果原因

（1）前期落果。主要是受精不良或其他因子的影响，致使胚珠发育终止。

（2）中期落果。此时果实对矿质营养需要量倍增，一旦所需元素供不应求，特别是氮磷的不足时，则可抑制或终止种子的发育，造成落果。据观察，6 月下旬末，部分幼果生长减慢，由绿色转黄色，核层硬化终止，进而果柄形成离层，果实中部一侧果肉萎缩，并出现褐斑，核层呈现暗褐色，不久果实即行落去。

（3）后期落果。其落果的强度及时期与气象因子尤其是风力密切相关。

6.2 保花保果技术措施

6.2.1 枣头摘心

枣头萌芽以后，当年生长很快，有一部分虽然能结果，但是成熟晚，果实皮色浅、质量差。枣树盛花期，对不做主、侧枝延长枝和大型结果枝组的枣头进行摘心。摘心程度可根据枣头生长强弱及其所处的空间大小来定，一般是弱枝轻摘心，强旺枝重摘心；空间大可轻摘心，留 5～7 个 2 次枝；空间小可重摘心，留 3～4 个 2 次枝。

6.2.2 枣树环剥

环剥即环状剥皮，是枣树常用的措施之一（图 7 - 26）。一般环剥选择枣树半花半蕾时期。第 1 次环剥最好选择晴朗的天气进行，在距地面 20～30cm 处，先用镰刀将粗老的树皮刮掉一圈，宽 1cm，直至露韧皮部（即白色活树皮），再用镰刀或劈刀从刮去老树皮的部位与树干垂直上下切入两刀，深至木质部，但不伤及木质部，上、下刀距宽为 0.3～0.5cm。用刀将两刀距离内的韧皮部剔除干净。如果下次再环剥可在本次环剥口的上方 5cm 左右处进行。环剥后，用 200 倍 90% 的敌百虫稀释液涂抹，每 5d 抹 1 次，共 3 次。第 15d 后，用稀泥土将甲口抹平，以防虫、保湿和利于甲口愈合。

图 7 - 26　枣树环剥

6.2.3　花期喷水

在枣树开花期，天气干燥，通过喷水，增加空气相对湿度，来提高坐果率。喷水在下午5点以后，用喷雾器向树冠上均匀喷清水，连续2d，每天1次。

6.2.4　使用植物生长调节剂

常用的为 GA_3，在盛花期喷施 $10\sim15$ mg/L 赤霉素1次，喷施时可加入 $0.3\%\sim0.5\%$ 尿素液混合喷施。

6.2.5　枣树花期放蜂

枣树花期放蜂，能明显提高坐果率，增产 20%，有条件的枣园可以引进壁蜂受粉，一般每 $666.7m^2$ 放壁蜂 $50\sim100$ 只（图7-27）。

图7-27　枣树花期放蜂

6.2.6　使用营养元素

利用微量元素硼、铁、锌等，促进坐果。一般选择在花期喷 $0.2\%\sim0.3\%$ 的硼酸或硼砂，可加入300倍的硫酸锌和硫酸亚铁稀释液。

6.2.7　加强栽培管理

加强枣树肥水管理，增加树势，提高枣树营养贮备，利于花芽充分分化。

7　整形修剪

7.1　整形修剪的依据

7.1.1　整形修剪原则

枣树整形修剪的原则和其他果树一样应做到"因地制宜，因树修剪；有形不死，无形不乱"。依据当地的自然条件和生产需求，统筹兼顾，从解决主要矛盾出发，制订丰产优质低耗的修剪指标。

7.1.2　整形修剪依据

枣树整形修剪必须依据枣树生长结果特征、自然条件、栽培措施及经济技术条件等进行。枣树的修剪首先要根据枣树自身的生长发育特点，因树因地进行修剪，通过不同的季节、不同的方法修剪，达到树势均衡、营养平衡、通风透光的目的，实现早产、丰产、稳产和安全优质的目标。

7.2　整形修剪时期及方法

7.2.1　整形修剪时期

枣树修剪时期一般分为休眠季修剪和生长季修剪。

（1）休眠季修剪。即冬季修剪，在枣树落叶后至萌芽前进行，主要目的是调整树体结构，培养骨干枝和树体枝组的更新。

（2）生长季修剪。即夏季修剪，枣树萌芽时，修剪的内容以疏枝和抹芽为主，节省树体营养，调整树体各个部分的生长。枣头生长高峰后展叶至盛花期以疏枝和摘心为主，调整树体营养生长和生殖生长关系，改善通风透光条件，减少营养的消耗，促进坐果。

7.2.2　整形修剪方法

（1）短截。把1年生枣头或着生的2次枝的一部分剪除。短截程度视枣头生长强弱而不同，一般剪去枝条的1/3左右。

（2）回缩。也称缩剪，是把生长势衰弱、枝条过长、弯曲下垂枝条、植株间枝条生长相互交叉、辅养枝或结果枝组生长影响到骨干枝生长的枝条，在适当部位短截回缩，以抬高枝角，促发新枝，增强树势。回缩时要注意剪掉剪口下2次枝，以刺激隐芽萌发枣头。

（3）抹芽。即在枣树萌芽后，及时抹除当年萌发不久的、没有利用价值的枣头。

（4）摘心。即在枣树生长季节摘除新生枣头顶端嫩梢的一部分。枣树摘心的时间一般在6月中旬前后枣树盛花期，待枣头枝长到5～7节时开始。

（5）疏枝。即将过密枝、交叉枝、并生枝、重叠枝、枯死枝、病虫枝等多余的枝条从基部剪除。

（6）拉枝。对角度小、生长直立和较直立的枝条，借助于铁丝、绳子等物，通过拉的方法，改变骨干枝角度，从而改变枝条生长势，改善树体结构。

（7）撑枝。直接用做好的木棍把枝撑开到一定的角度称为撑枝，目的是为了改变枝条的生长方向和角度，主要在幼树整形期间用得较多，结合拉枝和坠枝进行。

（8）刻芽。在2年生或多年生枝侧生芽上方去掉2次枝后，用刀刻长1cm左右、宽1～2mm的月牙形伤口，取下韧皮部，目的是促使主芽萌发新枣头。

（9）环剥。环剥是根据枝干的粗度用刀从枝或干上剥下1圈宽度相当于枝或干径1/10的韧皮部，露出木质部。

（10）落头。枣树生长达到要求高度后，可在树体上部适当部位将顶端延长头落下。控制树体高度，改善树冠内的光照条件。

7.3　丰产树形和树体结构

7.3.1　树形和产量的关系

枣树栽后放任树冠自然生长发育，容易造成树枝紊乱、层次不清、树势衰老、结果部位外移、开花多、坐果少，产量低而不稳。

7.3.2　枣树丰产树形的特点

（1）树体结构。枣树树形与生长结果特性是密切相关的，具体有以下特点：一是骨架牢固健壮，角度开张，主枝粗壮，每个主枝上都有数量适宜的健壮侧枝。二是层次分明，通风透光良好。主、侧枝的角度，以保持40°～60°为宜；每层枝的叶幕厚度不超过1.2m；使每个主、侧枝，都呈独立的扁球形，加大受光面积，提高光能利用率（图7-28）。

图7-28　枣树丰产树形

（2）树冠结构。树冠内光照良好，层次清晰，主枝角度50°～60°，有的品种单轴生长能力强，结果后，容易使枝条中上部弯曲下垂，腰角过大，梢角下垂。这类品种树冠形成后期应当抬高主枝延长枝的角度。

（3）结果枝组的分配。要求结果枝组健壮牢固，结果基枝（2次枝）分布合理，数量适当，一般平均每立方米树冠空间结果基枝为20～25条，结果母枝（枣股）90～120个。

7.3.3　几种丰产树体结构

（1）小冠疏层形。全树主枝5～6个，分3层着生在中心干上，第1层3个，第2层1～2个，第3层1个，主枝上不设侧枝，直接培养大中小型枝组，冠径不超过2.5m；干高30～40cm，主干直立，树高2.5m左右。

（2）单轴主干形。单轴主干直立，无主枝，枝组直接着生在主干上；结果枝组下强上弱，下大上小；全树有枝组12～15个，树高2m左右。

（3）自由圆锥形。主枝8～10个，全面呈水平状，均匀排列在中心干上，不重叠、不分层；主枝长度在1m左右，冠径不超过2.0～2.2m；主枝上直接着生中小型枝组，不配备大型枝组。枝组与枝组间有一定的从属关系；干高35～40cm，主干直立，树高2.2～2.5m。

（4）水平扇形。全树有水平主枝3～4个，分向两个相反方向生长；主枝长度1m左右，顺行向枝展，树高1.8m左右，成形后为扇形；干高40cm，各主枝间距40～50cm。

7.4 不同树龄的整形修剪

7.4.1 幼树的整形修剪

（1）修剪时间。幼树的整形修剪主要包括枣树生长期和生长结果期的修剪。

（2）定干。定干的高度要依据栽培方式和品种而定。密植枣园定干高度 60~80cm；枣粮间作园，定干高度一般较高，以 120~150cm 为宜。

（3）骨干枝的培养。一般疏层形树形，定干后第 1 年首先选 1 个直立粗壮的枝作为中心干，选留剪口下第 1 个主芽萌发的枣头为中心干。其下选留 3~4 个方向、角度均合适的枣头作为第 1 层主枝，其余的可酌情剪除。保留下的当年生枣头第 2 年冬剪时可进行短截。对培养的主枝通过拉枝、撑枝调整其方向和枝角，以形成合理的树体结构。第 3 年，除继续用同样的方法培养第 1、2 层主、侧枝外，对中心干延长枝继续短截培养第 3 层主枝，并开始在第 1、2 层枝上选留结果枝组。第 4 年后，树体骨架基本形成，可形成结构合理而丰满的树冠。

（4）结果枝组的配置。枝组数量适宜，分布合理，大、中、小枝组保持一定的比例。注意主侧枝中、下部以配置中、大枝组为主，主侧枝上、中部以配置小、中枝组为主。主、侧枝角度大时应配置两侧斜生枝组。

7.4.2 结果树的整形修剪

（1）清除徒长枝。锯除过密大枝，保证大枝稀、小枝密，枝枝见光，内外结果，立体结果。过密枝、层间直立枝、交叉枝、重叠枝、枯死枝、徒长枝、细弱枝等，凡无位置、无利用价值者均应疏除。

（2）更新结果枝。主枝回缩防止上强下弱，结果外移，产量下降；有空间的交叉枝、直立枝、徒长枝等回缩培养结果枝组；主枝、枝组回缩更新复壮，培养新主枝、枝组，保证旺盛结果能力。

（3）骨干枝的调整和改造。根据各部位骨干枝具体生长情况，通过疏、截、回缩、开张角度、环割等方法，调整其生长势，保持中央干强于主枝，主枝强于侧枝、侧枝强于结果枝组、骨干枝强于辅养枝的从属关系。

7.4.3 老树的更新复壮

回缩骨干枝。对开始焦梢，残缺少枝的骨干枝，应回缩更新。

先缩后养。即截去骨干枝的 1/3 左右，促其后部萌生新枣头，逐年培养成新的骨干枝。

先养后缩。即在衰老骨干枝的中部或后部进行刻伤，有计划地培养 1~2 个健壮的新生枣头，然后回缩老的骨干枝，达到更新的目的。

调整新生枣头。对新生枣头必须加以调整，去弱留强，去直立留平斜，防止延长性的枣头过多地消耗营养，扰乱树形。同时，用摘心、撑枝、拉枝等方法开张主枝角度，利用更新枣头形成新的树冠。

8　病虫害防治

危害枣林的病虫种类有：危害枝干的木蠹蛾、天牛、腐烂病、枣疯病。危害叶、花的枣瘿蚊、枣黏虫、红蜘蛛、蚧壳虫、刺蛾、枣尺蠖、枣花盲蝽、枣锈病。危害果实的枣黏虫、桃小食心虫、麻皮蝽、炭疽病、缩果病等。这些病虫害四季皆有发生，对枣产量、品质造成影响的主要病虫是枣黏虫、红蜘蛛、桃小食心虫、枣花盲蝽和炭疽病。

8.1　防治方法

8.1.1　农业措施

主要施用有机肥和无机复合肥，增强树体抗病能力。控制氮肥施用量。生长季后期注意控水、排水，防止徒长。严格疏花疏果，合理负载，保持树势健壮。发芽前刮除枝干的翘裂皮、老皮，清除枯枝落叶，消灭越冬病虫。生长季及早摘除病虫叶、果，结合修剪，剪除病虫枝。在枣树行间和枣园周围种植有益植物，增加物种多样性，提高天敌有效性，控制次要病虫发生。

8.1.2　物理方法

根据病虫害生物学特征，采取树干绑塑料薄膜、涂黏虫胶，树干基部堆土堆，田间安装杀虫灯等方法诱杀或阻止害虫上树危害。

8.1.3　生物方法

充分利用寄生性、捕食性天敌昆虫及病原微生物，调节害虫种群密度，将其种群数量控制在危害水平以下。在枣园内增添天敌食料，设置天敌隐蔽和越冬场所，招引周围天敌。饲养释放天敌，补充和恢复天敌种群。限制有机合成农药的使用，减少对天敌的伤害。

8.1.4　化学防治

根据防治对象的生物学特性和危害特点，严格遵守国家相关规定，使用生物源农药、矿物源农药（如石硫合剂和硫悬浮剂），有限制地使用低毒农药，禁止使用剧毒、高毒、高残留和致畸、致癌、致突变农药，控制施药量与安全间隔期。

8.2　主要病害防治

8.2.1　枣疯病

（1）症状。枣疯病主要是侵害枣树和酸枣树。主要表现为花变叶和主芽的不正常萌发，造成枝叶丛生现象（图 7 - 29）。

图 7 - 29　枣疯病症状

（2）病原。枣树疯病病原为类菌原体（MLO），是介于病毒和细菌之间的多形态的质粒。无细胞壁，仅以厚度为10nm的单位膜所包围。易受到外界环境的影响，形状多样，大多类菌原体的繁殖方式有二均分裂、出芽生殖，在细胞内部生成许多小体再释放出来等形式。类菌原体侵染枣树后，分布在韧皮部筛管细胞中，其次为伴胞。主要通过筛板孔，随着树体的养分运转而发展。

（3）发病规律。通过各种嫁接方式，如皮接、芽接、枝接、根接等传染。在自然界，中国拟菱纹叶蝉（*Hishimonoides chinensis* Anufriev）、橙带拟菱纹叶蝉（*Hishimonoides aurifaciales* Kuoh）、凹缘菱纹叶蝉（*Hishimonus sellatus* Uhler）和红闪小叶蝉（*Typhlocyba* sp.）等都是传播媒介。凹缘菱纹叶蝉一旦摄入枣树疯病类菌原体后，则能终生带菌，可陆续传染很多枣树。至于土壤、花粉、种子、汁液及病健根的接触均不能传病。土壤干旱瘠薄，肥水条件差，管理粗放，病虫害严重，树势衰弱发病重，反之较轻。

（4）防治方法。彻底挖除重病树、病根蘖和修除病枝；培育无病苗木；选用抗病品种和砧木；接穗消毒，对有可能带病接穗，用0.1‰盐酸四环素液浸泡30min消毒防病；对发病轻的枣树，用四环素族的药物治疗，有一定效果；防治传毒媒介，消除杂草和野生灌木，减少虫媒滋生场所，6月前喷药防治枣尺蠖即可兼治虫媒叶蝉类。或在6月下旬或9月下旬，喷3～4次氰戊菊酯或杀螟硫磷、10%吡虫啉4 000倍液等以防治虫媒。

8.2.2 枣树锈病

（1）症状。枣树锈病只发生在叶片上，初在叶片上散生淡绿色小点，后逐渐凸起呈暗黄褐色，即病菌的夏孢子堆（图7-30）。

（2）病原。病原菌为枣多层锈菌［*Phakopsora ziziphi-vulgaris* (P. Henn) Diet.］，属于担子菌亚门。只发现有夏孢子堆和冬孢子堆两个阶段。夏孢子球形或椭圆形，淡黄色至黄褐色，单胞，表面密生短刺。冬孢子长椭圆形或多角形，单胞，平滑，顶端壁厚，上部栗褐色，基部淡色。

（3）发病规律。已查明枣树锈病病菌的越冬方式是以夏孢子在落叶上越冬，成为翌年的初侵染源。一般于7月中、下旬开始发病，8月下旬和9月初出现大量夏孢子堆，不断进行再次侵染，使发病达到高峰，并开始落叶。发病轻重与当年8、9月降水量有关，降水多发病就重，干旱年份则发病轻，甚至无病。

（4）防治方法。栽植不宜过密，适当修剪过密的枝条，以利通风透光，增强树势；雨季应及时排除积水，防止果园过于潮湿。冬季清除落叶，集中烧毁以清除病菌来源。7月上旬喷施1次波尔多液或锌铜波尔多液200～300倍液。流行年份可在8月上旬再喷1次，能有效地控制枣树锈病的发生和流行。选用抗病品种。

8.2.3 枣树炭疽病

（1）症状。炭疽病俗称烧茄子病，枣树果实近成熟期发病。主要侵害果实，也可侵染枣吊、枣叶、枣股及枣头。果实在果肩或果腰的受害处，最初出现淡黄色水渍状斑点，逐渐扩大成不规则性黄褐色斑块，中间产生圆形凹陷病斑，病斑扩大后连片，呈红褐色，引起落果。病果着色早，在潮湿条

图7-30　枣树锈病症状

图7-31　枣树炭疽病症状

件下，病斑上能长出许多黄褐色小突起，即为病原菌的分生孢子盘及粉红色黏性物质即为病原菌的分生孢子团。剖开前期落地病果发现，部分枣果由果柄向果核处呈漏斗形变黄褐色，果核变黑色。叶片受害后变黄绿色早落，有的呈黑褐色焦枯状悬挂在枝头（图 7 - 31）。

（2）病原。病原菌属于真菌中半知菌亚门的胶孢炭疽菌（*Colletotrichum gloeospeoriodes*）。病原菌的菌丝体在果肉内生长旺盛，有分枝和隔膜，无色或淡褐色。

（3）发病规律。枣树炭疽病病菌以菌丝体潜伏于残留的枣吊、枣头、枣股及僵果内越冬。翌年，分生孢子借风雨（因病菌分生孢子团具有胶黏性物质，需要雨、露、雾溶化）传播，昆虫如椿象类也能传播，从伤口、自然孔口或直接穿透表皮侵入。从花期即可侵染，但通常要到果实接近成熟期和采收期才发病。该菌在田间有明显的潜伏侵染现象。

（4）防治方法。摘除残留的越冬老枣吊，清扫掩埋落地的枣吊、枣叶，进行冬季深翻。再结合修剪剪除病虫枝及枯枝，以减少侵染来源。于 7 月下旬至 8 月下旬，喷洒 1：2：200 倍波尔多液 2 次，保护果实，既可防治枣树锈病，又可防治枣树炭疽病的感染。

8.2.4　枣树腐烂病

（1）症状。枣树腐烂病又称枝枯病。侵害幼树和大树，常造成枝条枯死。主要侵害衰弱树的枝条。病枝皮层开始变红褐色，渐渐枯死，以后在枯枝上从枝皮裂缝处长出黑色突起小点。

（2）病原。病原菌属于真菌中半知菌亚门的壳囊孢菌（*Cytospora sp.*）。分生孢子器生于黑色子座内，多室，不规则形。分生孢子小，香蕉形或腊肠形，无色。

（3）发病规律。病原菌以菌丝体或子座在病皮内越冬。第 2 年形成分生孢子，通过风雨和昆虫传播，经伤口侵入。该菌为弱寄生菌，先在枯枝、死节、干桩、坏死伤口等组织上潜伏，然后逐渐侵染活组织。

（4）防治方法。加强管理，多施农家肥料，增强树势，提高抗病力，彻底剪除树上的病枝条，集中烧毁，以减少病害的侵染来源。

8.2.5　枣树缩果病

（1）症状。缩果病俗称"束腰病"，枣果感病后，初期果面产生淡褐色斑点，进而外果皮呈水渍状土黄色，边缘不清，后期外果皮呈暗红色，无光泽，果皮由淡绿色转为赤黄色，果实大量脱水，一侧出现纵向收缩纹，进而果柄成离层，果实提前脱落。果实瘦小，病斑果肉色黄、发苦、糖分总量下降（图 7 - 32）。

（2）病原。病原菌系细菌病害，病原菌属细菌植物门草生群肠杆菌科欧文菌属的 1 个新种——噬枣欧文菌（*Erwinia jujubovra* Cai. Feng et Gao），病原菌属革兰氏阴性，短杆状，周生鞭毛 1～3 根，无芽孢。

（3）发病规律。枣树缩果病的发生与枣果的发育期密切相关。一般从枣果梗洼变红（红圈期）到 1/3 变红时（着色期）枣肉含糖量 18％以上，气温 23～26℃时，是该病的发病盛期，特别是阴雨连绵或夜雨昼晴的天气，最易暴发流行成灾。枣采收前 15～20d 防治很关键。

（4）防治方法。选育和利用抗病品种，加强枣树管理，增施农家肥，增强树势，提高枣树自身的抗病能力；根据当地当年的气候条件，决定防治时期。一般年份可选在 7 月底或 8 月初喷洒第 1 遍药，隔 7～10d 后再喷 1～2 次药。药剂有：对真菌性枣树缩果病可用 75％百菌清可湿性粉剂 600 倍液；对细菌性缩叶病可用链霉素 70～140U/mL、土霉素 140～210U/mL、卡那霉素 140U/mL，DT 600～800 倍液。结合治虫，可在施用杀菌剂时，加入 20％甲氰菊酯 5 000 倍液。

8.2.6　枣树裂果症

（1）症状。果实接近成熟时，如连日下雨，果面裂开缝，果肉稍外露，随之裂果腐烂变酸，不堪食用。果实开裂后，易于引起炭疽等病原菌侵入，从而加速了果实的腐烂变质（图 7 - 33）。

（2）病因。生理性病害，主要是夏季高温多雨，果实接近成熟时果皮变薄等因素引起，也可能与缺钙有关。

（3）防治方法。合理修剪，注意通风透光，有利于雨后枣果面迅速干燥，减少发病，从 7 月下旬开始喷 0.03％的氯化钙水溶液，以后每隔 10～20d 再喷同样倍数的氯化钙溶液，直到采收，可明显地降低裂果发病。喷氯化钙可结合病虫害防治同时进行。

图 7 - 32　枣树缩果病症状

图 7 - 33　枣树裂果症状

8.3　主要虫害防治

8.3.1　枣尺蠖

枣尺蠖［*Chihuo zao* Yang (jujube looper)］又名枣步曲，属鳞翅目尺蠖蛾科。

（1）危害症状。普遍发生在中国枣产区。主要危害枣树，野生的酸枣上也有发生。大发生的年份，枣树叶被吃光之后，可以转移到其他果树如苹果、梨上危害。当枣树芽萌发时，初孵幼虫开始危害嫩芽。严重年份将枣芽吃光，造成大量减产。枣树展叶开花，幼虫虫龄长大，食量大增，能将全部树叶及花蕾吃光，不但当年没有产量，而且影响翌年坐果。

（2）形态特征。

成虫。雄成虫体长约 13mm，翅展约 35mm。体翅灰褐色，深浅有差异。胸部粗壮，密生长毛及毛鳞，前翅灰褐色，外横线和内横线黑色，两者之间色较淡，中横线不太明显，中室端有黑纹。雌成虫体长约 15mm，灰褐色。前、后翅均退化。腹部背面密被刺毛及毛鳞。产卵器细长，管状，可缩入体内。

卵。椭圆形，有光泽，数十粒至数百粒产成 1 块。

幼虫。幼虫共 5 龄。可根据体色、体长及头壳宽度来区别龄期。

蛹。枣红色，体长约 15mm。从蛹的触角纹痕可以区别雌雄。

（3）发生规律及习性。枣尺蠖 1 年发生 1 代，有少数个体 2 年发生 1 代。以蛹分散在树冠下深 3～15cm 土中越冬，靠近树干基部比较集中。3 月中旬成虫开始羽化，盛期在 3 月下旬至 4 月中旬，末期在 5 月上旬，全部羽化期达 60d 左右。气温高的晴天则出土羽化多，气温低的阴天或降雨时则出土少。

（4）防治方法。阻止雌蛾上树产卵。在树干基部距离地面 10cm 处绑 1 条 10cm 宽的塑料薄膜带，接头相搭 3～4cm，接头处用书钉或枣刺钉牢，随即取湿土在树干基部培起稍隆起的土堆，将塑料袋的下沿压住，塑料薄膜带需要在 2 月下旬至 3 月上旬绑完。为了防止产在树下的卵孵化后，小幼虫上树，在塑料带的上沿或下沿需涂上黏虫药，全期要涂黏虫药 2 次，3 月下旬至 4 月初及 4 月中旬各进行 1 次。黏虫药制法是黄油 10 份、机油 5 份、药剂 1 份，可用的药剂有杀螟硫磷或溴氰菊酯或氰戊菊酯等。

人工防治。秋季或初春（最迟不得晚于 3 月中旬）在树干周围 1m 范围内，深 3～10cm 处，组织人力挖越冬蛹。

树上喷药防治。需在虫卵绝大部分孵化，幼虫绝大部分在 3 龄前施用药剂。具体时间是在成虫高峰期后 27～30d，对抗药性强的枣尺蠖和发生量大时，可采用 25％灭幼脲 2 000 倍液，或 5％氟虫脲 1 500 倍液，或 2.5％保得 3 000 倍液。

8.3.2　枣镰翅小卷蛾

枣镰翅小卷蛾（*Ancylis sativa* Liu）又名枣黏虫、枣小蛾、枣实蛾、枣卷叶虫，属鳞翅目卷蛾科。

(1) 危害症状。幼虫吐丝黏缀食害芽、花、叶和蛀食果实,造成叶片残损、枣花枯死,枣果脱落,对产量影响极大。

(2) 形态特征。

成虫。体长 6~7mm,翅展 13~15mm,体和前翅黄褐色,略具有光泽。前翅长方形,顶角突出并向下呈镰刀状弯曲,前缘有黑褐色短斜纹 10 余条,翅中部有黑褐色纵纹 2 条。后翅深灰色,前、后翅缘毛均较长。

卵。扁平椭圆形,鳞片状,极薄,长 0.6~0.7mm,表面有网状纹,初为无色透明,后变红黄色,最后变为橘红色。

幼虫。初孵幼虫体长 1mm 左右,头部黑褐色,胸部淡黄色,背部略带红色,以后随所取食料(叶、花、果)不同而呈黄色、黄绿色或绿色。成长幼虫体长 12~15mm,头部、前胸背板、臀板和前胸足红褐色,胸部黄白色,前胸背板分为 2 片,其两侧和前足之间各有 2 个红褐色斑纹,臀板呈山字形,体上疏生短毛。

蛹。纺锤形,初化蛹时为黄褐色,羽化前为暗褐色。蛹体长 6~7mm,细长,初为绿色,渐呈黄褐色,最后变成红褐色。腹部各节背面前后缘各有 1 列齿状突起,腹末有 8 根弯曲呈钩状的臀棘。

(3) 发生规律及习性。枣镰翅小卷蛾在 1 年发生 4~5 代。以蛹在枣树主干、主枝粗皮裂缝中越冬,其中以主干上虫量最大。发生 3 代区翌年 3 月下旬越冬蛹开始羽化,4 月上、中旬达盛期,5 月上旬为羽化末期。1 日内成虫羽化高峰在 8:00~10:00 和 16:00~20:00,一般雄蛾羽化早于雌蛾,雌雄性比 (0.86~1.19)∶1,羽化后 2d 交尾,多在早晨进行。雌雄蛾均有重复交尾现象,平均雌蛾交尾 1.48 次,雄蛾 3 次。成虫寿命一般 1 周左右。雌蛾寿命略长于雄蛾。第 1 代成虫发生的初、盛、末期分别在 6 月上旬,6 月中、下旬,7 月下旬至 8 月中、下旬。

(4) 防治方法。在冬季或早春刮除树干粗皮,堵塞树洞,主干大枝涂白。将刮下来的树皮集中烧毁,以减少越冬虫源;于 8 月下旬越冬幼虫下树化蛹前在枣树主干上部和主侧枝基部束草诱集幼虫入内化蛹,冬季取下烧毁;成虫发生期设置黑光灯和性诱捕器(每公顷 45 个)诱杀成虫。在第 2、3 代成虫产卵初期、初盛期和盛期各释放松毛虫赤眼蜂 1 次,每次每株 3 000~5 000 头。于各代卵孵化盛期或性诱捕器诱蛾指示高峰后 9~15d(越冬代 15d,第 1、2 代 9d)树上喷药,重点应放在枣芽 3cm 时第 1 代幼虫防治。可用药剂与浓度有 25% 灭幼脲 2 000 倍液,或 20% 灭幼脲四号 8 000 倍液,或 20% 米满胶悬剂 1 500 倍液,或 10% 氯氰菊酯 2 000 倍液等。

8.3.3　枣绮夜蛾

枣绮夜蛾 [*Porphyrinia parva* (Hübner)] 又名枣花心虫,属鳞翅目夜蛾科。

(1) 危害症状。枣绮夜蛾以幼虫食害枣花、蕾、幼果。枣花盛开时幼虫吐丝缀连枣花,并钻到花丛中食害花蕊,被害花只剩下花瓣和花盘,不久枯萎脱落。危害严重者能把脱落性结果枝上的花全部吃光。枣果生长期幼虫吐丝缠绕果梗,蛀食枣果,然后黄萎,但不脱落。

(2) 形态特征。

成虫。体长约 5mm,翅展 15mm 左右,为 1 种淡灰色的小型蛾子。身体腹面、胸背、翅基均为灰白色。前翅棕褐色,有白色横纹波 3 条:基横线、中横线及亚缘线。中横线弧形,淡灰色,与基横线间黑褐色;亚缘线与中横线平行,其间为淡棕褐色带,亚缘线与外缘线间为淡黑褐色,其间靠前缘有 1 晕斑。

卵。馒头形,有放射性花纹。白色透明,孵化前变成淡红色。

幼虫。老熟幼虫体长 10~14mm,淡黄绿色,与枣花颜色相似。胸、腹的背面有成对的似菱形的紫红色线纹(少数幼虫无此特征)。各节稀生长毛。腹足 3 对。

蛹。长 6~7mm,肥胖。初化蛹时头胸部腹面鲜绿色,背面及腹部暗黄绿色。羽化前全体黄褐色。

(3) 发生规律及习性。枣绮夜蛾在安徽 1 年发生 2 代。以蛹在树皮裂缝,树洞青苔等处越冬。翌年 5 月上、中旬成虫开始羽化,5 月下旬为羽化盛期。

（4）防治方法。消灭冬蛹，休眠期刮除枣树粗裂翘皮，消灭越冬蛹；5月下旬喷药杀灭幼虫，可用药剂有25%灭幼脲2 000倍液、2.5%氯氟氰菊酯3 000倍液、50%杀螟丹1 000倍液或马拉硫磷1 000倍液；幼虫老熟前，在枝条基部绑草绳，引诱老熟幼虫入草化蛹后取下烧毁。

8.3.4 枣瘿蚊

枣瘿蚊（*Contarinia* sp.）又名枣芽蛆，属双翅目瘿蚊科。

（1）危害症状。危害枣树嫩芽及幼叶，叶片受害后，叶缘向上卷曲，嫩叶成筒状，由绿色变成紫红色，质硬发脆，幼虫在筒内取食。受害叶后期变成褐色或黑色，叶柄形成离层而脱落。此虫发生早，代数多，危害期长，对苗木、幼树发育及成龄树结实影响较大，是枣树主要叶部害虫之一（图7-34）。

（2）形态特征。

成虫。虫体似蚊子，橙红色或灰褐色。雌虫体长1.4~2.0mm，头、胸灰黄色，胸背隆起，黑褐色，复眼黑色，触角灰黑色，念珠状、14节，密生细毛，每节两端有轮生刚毛，翅1对、半透明，平衡棒黄白色，足3对，细长，淡黄色。雌虫腹部大，共8节，1~5节背面有红褐色带，尾部具产卵器，雄虫略小，体长1.1~1.3mm，灰黄色，触角发达，长过体半，腹部细长，末端有交尾抱握器1对。

图7-34 枣瘿蚊危害症状

卵。近圆锥形，长0.3mm，半透明，初产卵白色，后呈红色，具光泽。

幼虫。蛆状，长1.5~2.9mm，乳白色，无足。

蛹。蛹为裸蛹，纺锤形，长1.5~2.0mm，黄褐色，头部有角刺1对。雌蛹，足短，直达腹部第6节；雄蛹足长，与腹部相齐。茧长椭圆形，长径2mm，丝质，灰白色，外黏土粒。

（3）发生规律及习性。每年发生5~7代，以老熟幼虫在表土层中结茧越冬。翌年4月上、中旬成虫出蛰羽化，开始活动产卵。4月中、下旬枣树萌芽展叶期第1代幼虫危害嫩芽和幼叶。一般每叶有幼虫10~15个，幼虫在叶内取食叶肉汁液，被害叶片肿大，变厚，发脆，呈紫红色，逐渐干枯脱落，5月上、中旬老熟幼虫随被害叶落地化蛹。6月上旬成虫羽化并产卵，成虫平均寿命为2d。除越冬幼虫外，生长期平均幼虫期和蛹期为10d。4月下旬，5月中旬，6月上、中旬，7月上旬和7月下旬有5次危害高峰期，其中以5~6月危害最为严重。

（4）防治方法。地面喷以5%敌百虫粉或25%辛硫磷1 000倍液，结合翻园，消灭越冬虫；在幼虫发生期（无果时）喷2.5%氯氟氰菊酯3 000倍液或10%吡虫啉3 000倍液，以杀死幼虫。

8.3.5 桃小食心虫

桃小食心虫（*Carposina niponensis* Walsingham）为鳞翅目果蛀蛾科，简称桃小，别名钻心虫、枣实虫等，为世界性害虫，是多种果树的主要蛀果害虫（图7-35）。

（1）危害症状。桃小食心虫只危害果实，被害果果面有针头大小的蛀果孔，有孔流出泪珠状汁液，干涸后呈白色蜡状物。幼虫取食果肉形成弯曲纵横的虫道，虫粪留在果肉呈"豆沙馅"状。幼果受害后，生长发育不良，形成凹凸不平的猴头果；后期危害的果实，果形变化不大；被害果大多有圆形幼虫脱果孔，孔口常有少量虫粪，有丝粘连。

（2）形态特征。

成虫。体长5~8mm，翅展12~18mm，为

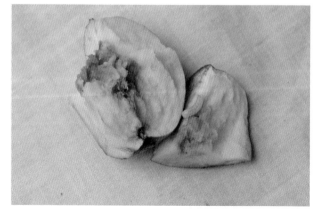

图7-35 枣树桃小食心虫

淡灰褐色小蛾，雌蛾较大。雌蛾触角丝状，雄蛾齿状，下唇须3节，雌蛾下须长而直，稍向下倾斜，雄蛾短而上翘。前翅灰白色至淡灰褐色，中部近前缘处有1块近三角形蓝黑色大斑。后翅灰色。

卵。椭圆形，初产橙红色，渐变为深褐红色，顶部环绕2～3圈Y状刺毛。

幼虫。体长13～16mm，体肥胖，幼龄期为黄白色，后转为橙红或粉红色。头部褐色，前胸背板和臀板为黄白色至黄褐色，近羽化时为灰黑色，复眼红色。

蛹。茧蛹有2种，一种为扁圆形的越冬茧，长约6mm，外面附着有土粒；另一种为纺锤形的蛹化茧，长约8mm，茧质较冬茧薄，外面也附着有土粒。

（3）发生规律及习性。1年发生1～2代。以老熟幼虫在树干周围土壤内越冬，4～7cm内分布较多。越冬幼虫翌年6月麦收前，日均气温为20℃左右，土壤含水量10％以上出土，出土期受雨情制约，雨期早则出土早，6～7月每逢下雨后出现出土高峰，水地枣园比旱地枣园危害严重。

（4）防治方法。7月下旬开始，每3～4d拾1次地上落果和摘除树上虫果，深埋处理，以消灭果内害虫；5月幼虫出土前树干周围覆盖地膜，抑制幼虫出土，兼有保墒效果；秋末冬初翻树盘，利用寒冬冻死部分越冬幼虫；利用桃小性诱剂诱杀成虫，从6月开始，每亩挂1个诱捕器；根据性诱剂预报，适时喷药。诱获第1只雄蛾时为越冬幼虫出土盛期，可进行地面防治，树冠下喷50％辛硫磷乳油200倍液，诱蛾高峰17d左右，为树上喷药最佳时期，一般在7月中旬至8月上旬，可喷2.5％溴氰菊酯3 000倍液，或桃小灵1 000～1 500倍液。

8.3.6 刺蛾

刺蛾［Thosea sinensis（walker）］属鳞翅目、刺蛾科，别名刺毛虫。

（1）危害症状。刺蛾以幼虫危害，杂食性。初龄幼虫多在叶背面取食叶肉，留叶脉和上表皮，形成圆形透明的小斑，严重时，能将叶片吃成网状或将叶片吃成缺刻、孔洞，甚至只留叶柄及3条主脉。严重时影响树势和枣的产量。

（2）形态特征。

成虫。体长13～16mm，翅展30～34mm，为中型褐色蛾，头较小，触角丝状，头、胸、背为黄色，腹背为黄褐色，前翅内半部黄色、外半部为赤褐色，中部有2条暗褐色斜纹，在翅尖汇合，呈倒V形，后翅黄色或赭褐色。

卵。扁椭圆形，淡黄色，卵膜上有龟状刻纹。

幼虫。老熟幼虫头小、黄褐色，胸部黄绿色，身体背面有1块大型的前后宽、中间细的紫褐色斑和许多突起枝刺。

蛹。椭圆形，淡黄褐色。头、胸背面黄色，腹部各节前面有褐色背板。

（3）发生规律及习性。此虫在安徽1年发生2代，均以老熟幼虫在茧内越冬，茧多附着在枣枝顶部或枝杈间。6月上旬出现成虫，成虫多于夜间活动，趋光性不强，白天潜伏在叶背面。卵多产在叶背面，块状或散产，卵期7～10d。幼虫于7月上旬至8月中旬发生危害，初龄幼虫有群集性，多集中危害。第1代幼虫6月中旬孵化，7月是危害盛期。第2代幼虫8月为危害盛期。其毒刺可分泌毒液。

（4）防治方法。结合冬剪和起苗，剪除在树枝或枣苗上的越冬虫茧，以消灭越冬虫源。在幼虫发生期，可用菊酯类农药2 000～3 000倍液树冠喷雾；保护利用天敌，刺蛾天敌主要有上海青蜂、黑小蜂等。

8.3.7 枣天牛

枣天牛（Anoplophora chinensis Forst）属鞘翅目天牛科，又名星天牛（图7-36）。

（1）危害症状。以幼虫蛀食主干、主根或主枝危害。枣树受其危害后，轻者树叶发黄，后期落叶落果，重则造成树木死亡。主要寄主植物有杨、柳、榆、槐、桑、枣、苹果等。

（2）形态特征。

成虫。体长25～35mm，宽8～13mm。体黑色、光亮，头和腹部长有银灰色细毛。触角鞭状，3～11节各节基部1/3处有淡蓝色毛环。雌虫触角超出翅端1～2节，雄虫超出4～5节。前胸背板前方有两个突起，两侧各有1个刺状突起。鞘翅基部有许多颗粒状突起，每翅面有白色毛斑约19个，不规则排成 5 行，并有 2～3 条纵向隆纹。翅基最宽，向后渐窄，翅端弧形。

卵。椭圆形，长 5～6mm，乳白色，具光泽，孵化前为黄褐色。

幼虫。体黄白色，头棕色。大颚发达，黑褐色。胸部粗大，背板前缘后有横向褐色曲纹 1 道，其下有 1 块凸字形褐色骨化斑。足退化。腹部各节背面为椭圆形移动器，中央凹陷并有横沟，周围有规则隆起，密生细刺突。

蛹。裸蛹体形同成虫相似，长 30mm，乳白色，羽化前为褐色。复眼卵圆形。触角伸于腹部，在第 2 对胸足下呈环形卷曲。

（3）发生规律及习性。该虫 1 年发生 1 代，以幼虫在树干基部或主根虫道内越冬。成虫于 5 月上旬羽化，6 月上旬达羽化盛期，有时 8～9 月亦可见。成虫羽化后在蛹室内停留 5～8d，而后在

图 7 - 36　枣天牛

枣树上咬开大口羽化孔，缓缓爬出，顺树干攀援而上，取食嫩叶及嫩枝树皮。成虫在无风白天活跃，遇强光高温，有午息特性。傍晚时分交尾，交尾后约 1 周开始产卵，其卵多在夜间凉爽时产出。6 月初至月末为产卵盛期，1 头雌虫可产卵 70 粒，产卵期 25～35d。卵期 9～15d。成虫寿命 25～60d。

（4）防治方法。

人工防治。5～6 月是成虫发生盛期，利用成虫在树干地表处午息的习性，人工捕捉，并将树干 1m 以下涂白，防止星天牛产卵。6～7 月，在树干基部发现枣天牛产卵刻槽后，可用小锤对准刻槽锤击，可锤死其中的卵和小幼虫。或在枣林地插新鲜杨、柳枝干，引枣天牛到杨、柳枝干产卵后集中焚烧。

化学防治。幼虫蛀干后，在树叶发黄的枣树树干基部挖 1 个坑，用 20％氰戊菊酯 1 000 倍液灌坑。幼虫接触药液或闻到药气迅速向外出逃，把头部伸出洞外，1～2d 后幼虫即中毒死亡。

生物防治。利用寄生性天敌花绒坚甲防治星天牛幼虫（需人工转移）。6～9 月释放肿腿蜂、啮小蜂防治当年的幼虫。此外，保护和招引啄木鸟，也可有效防治星天牛。

8.3.8　红蜘蛛

枣红蜘蛛（*Tetranychus urticae* koch）属蛛形纲、蜱螨目、叶螨科。又称二点叶螨、棉叶螨、棉红蜘蛛。

（1）危害症状。受害枣树叶片的刺吸部位初为淡黄色斑点，上面有许多白色的红蜘蛛脱皮物和蛛丝，后失绿成锈红色而凋落。枣树多从树冠的中上部内堂枝先遭害继而蔓延到全株，远视整株焦黄并伴有大量落叶、落花、落果。

（2）形态特征。

成螨。椭圆形，锈红色或深红色，背毛 26 根，有足 4 对。雌螨长约 0.48mm，体两侧有黑斑 2 对，雄螨长约 0.35mm。

卵。圆球形，直径约 0.13mm。初产时无色透明，孵化前变浅红色。

幼螨。近圆形，有足 3 对，长约 0.05mm，浅红色，稍透明。成若螨后有足 4 对。

（3）发生规律及习性。每年发生 15～20 代。枣红蜘蛛以受精雌螨和少量雄螨在枣树基部树皮裂缝内，及附近枯枝落叶层下的较干燥缝隙内群集越冬。翌年 3～4 月气温上升到 9～10℃时雌虫爬到刚萌发的枣芽上或其他树木的嫩芽叶上危害。4 月中下旬雌螨开始产卵于枣头和嫩叶叶脉两侧，1 代幼虫 4 月下旬初出现，虫态较整齐。2 代后世代重叠，在同一枝枣吊上见到的虫及卵可能是不同世代的个体。正常年份 1 年发生 15 代以上。

（4）防治方法。从营林措施入手，加强枣林抚育管理，改善环境，提倡枣粮间作，多施沤熟的农家肥，提高土壤肥力，促进枣树健壮生长。新造枣林要注意品种混交和选栽抗虫能力强的尖枣品种。

保护天敌，天敌有瓢虫、草蛉、植绥螨等，在红蜘蛛大发生时，天敌的种群数量随之上升对其有重要的控制作用。发芽前树体细致喷洒3～5波美度石硫合剂或200倍液阿维柴油乳剂，最大限度地消灭越冬虫源；5月下旬若螨发生盛期，树冠细致喷洒2％阿维菌素液3 000倍液、或20％哒螨灵乳油液、或28.3％噻螨特乳油液2 000倍液、或10％浏阳霉素乳油液1 000倍液。喷洒以上药剂时，注意掺加果树专用型"天达2116"1 000倍液，每15d 1次，可显著提高防治效果，并能增强植株抗病、抗干旱等抗逆性能，增加产量，改善品质。

8.3.9　枣龟蜡蚧

枣龟蜡蚧（*Ceroplastes japonicus* Green）属同翅目，蜡蚧科。

（1）危害症状。枣龟蜡蚧俗称枣虱子，以若虫和成虫固着在1～2年生枝上刺吸汁液，同时分泌黏液，引起煤污病，妨碍叶片进行光合作用，轻者使枝势、树势衰弱，重者减产甚至绝收。枣龟蜡蚧近几年已上升为残害枣树的重要害虫，应引起枣农的高度重视。

（2）形态特征。

成虫。雌虫体长2.2～4.0mm，体扁椭圆形，紫红色，背覆白色蜡质蚧壳。蚧壳中间隆起似龟甲状。雄虫体长1.3mm，翅展2.2mm，体棕褐色，翅白色透明，有两条明显翅脉。

卵。椭圆形，长0.2mm，橙黄色至紫红色。

若虫。初孵化时体扁平，椭圆形，橙黄色，长0.5mm，触角丝状，复眼黑色。固定后分泌白色蜡质层。

（3）发生规律及习性。枣龟蜡蚧1年发生1代，以受精雌成虫固定在1～2年生枝上越冬，以当年枣头上最集中。翌年3～4月开始取食，4月中下旬虫体迅速膨大，取食量最多。6月初开始在腹下产卵，卵期共约20d；6月中旬开始孵化，孵化期长达40d。初孵若虫一般爬至叶面刺吸汁液，以叶脉处分布较多，也可借风传播蔓延。

（4）防治方法。应采取人工防治和化学防治相结合的方法。休眠期进行人工防治，生长季节抓住幼虫初孵期进行药剂防治，以达到彻底防治的目的。

人工防治。结合冬剪，剪除虫枝，集中烧毁，减少越冬虫口数量。利用冬闲时间，用竹片或硬刷细致地刷除1～2年生枝上的越冬雌虫。此法既可消灭害虫，又可保护寄生在龟蜡蚧体内的姬小蜂、黑缘红瓢虫等天敌。

化学防治。于若虫孵化盛期，隔1周连喷2～3次药，可杀死大部分若虫。因卵不是同时孵出，所以一定要隔1周左右再喷药，选用药剂主要有25％水胺硫磷1 000倍液、20％氰戊菊酯2 500倍液、10％柴油乳剂100～150倍液，2.5％溴氰菊酯乳油3 000～4 000倍液等。

生物防治。保护和利用寄生性天敌姬小蜂及黑缘红瓢虫等捕食性天敌。

9　枣果采收、分级、包装、贮藏和运输

9.1　枣果采收

9.1.1　采前准备

一般在采前先做好估产工作，拟订采收工作计划，合理组织劳动力，准备必要的采收用具和材料；并搭设适当面积的采收棚，以便临时存放果实和分级、包装。

9.1.2　采收时期

枣果实采收根据用途不同分为 3 个时期，即白熟期、脆熟期和完熟期。根据成熟度的划分，按照实际需要，采收某一成熟度的果实，以符合生食、贮藏和加工的要求，减少损失，提高质量。

（1）加工果采收。做蜜枣用的果实以白熟期为采收适期。此期果实体积停止增加；果皮绿色减退，呈乳白色或绿白色；果皮质地薄而柔软，煮熟后不易与果肉分离；果肉比较松软，果汁少，糖度低，但富含原果胶，抗煮性强。加工成品黄橙晶亮，呈琥珀半透明状，咬食韧滑无皮渣。风味好。

（2）鲜食果采收。以果皮大部分转红到完全转红的脆熟期采收为宜。此期果实艳美，具有甘甜微酸、松脆多汁等最好的鲜食品质，且贮藏性较好，是鲜食枣采摘的最佳时期。

9.1.3　果实采收方法

（1）人工采收。参加采收工作的人员应首先进行体检，患有传染病的人不能参加采收工作；采收过程中应防止一切机械伤害，如指甲伤、碰伤、擦伤、压伤等；防止折断果枝，影响翌年产量；采收时，应按先下后上，先外后内的顺序采收；采果要轻拿轻放，尽量减少转换筐（篓）的次数，运输过程中要防止挤、压、抛、碰、撞。

（2）机械化采收。

振动法。用一个器械夹住树干、用振动器将其振落，下面有收集架，将振落的果子接住，并用滚筒集中到箱子。振动法适用于加工用的枣果、制干枣果。

台式机械。人站在可升降、移动的台上靠近果实去采收。减轻劳动强度，提高工作效率。

9.2　分　　级

9.2.1　鲜果、加工分级方法

（1）人工分级。外观品质挑选时采用人工的方法进行，或借助选果台进行。选果台是一条狭长的胶皮传送带，工作人员分列两侧进行挑选。

（2）机械分级。机械分级时主要依据枣果大小进行，利用滚筒式分级机进行分级。

9.2.2　鲜果、加工分级标准

枣果的质量标准是对商品枣果进行分级的主要依据。没有国家和地方标准时，企业可以制定自己的标准。有了国家和地方标准后，企业也可制定自己的标准，但应达到或超过国家或地方标准。水东蜜枣鲜果分级标准见表 7-2。

表 7-2　水东蜜枣鲜果分级标准

项目		等　　级				
		优级	1 级	2 级	3 级	等外级
	单果重（g）	＞30	20～29	15～19	10～14	10 以下
宣城尖枣	感官要求	果实长卵形，光滑，乳白色，无虫眼，无病斑		虫果病斑占 10％以下	虫果病斑占 10％以下	

（续）

项目		等 级				
		优级	1级	2级	3级	等外级
宣城圆枣	单果重（g）	>30	20～29	15～19	<14	
	感官要求	果圆形，果面平整光滑，皮薄乳白色或赭红色，无虫眼、无病斑		虫果病斑占10%以下	虫果病斑占10%以下	

9.3 包　装

9.3.1 包装材料
常用的包装材料包括条筐、木桶、旧式果篮、木箱、纸箱、钙塑箱、塑料箱等。

9.3.2 包装要求
鲜果的运输包装应达到保护果品免受机械伤害、防止水分蒸发、方便采后处理、利于贮藏运输过程中的通风降温、方便贮藏运输和方便批发销售。

9.3.3 包装方法
枣果经过分级后应分别装在不同的包装容器内，避免混装。包装前应剔除枝、叶等杂物。枣果要轻装轻放，装紧装满。各包装件表层枣果在大小、色泽和重量上均应代表整个包装件的情况。包装容器外面要做好标志，注明品种、品名、等级、净重、产地、包装日期等。同一批枣果，包装标志的形式和内容要统一。

9.4 贮　藏

9.4.1 农村家庭贮藏
（1）冰箱贮藏。选择半红期枣果，采后立即装入薄的方便袋中放入冰箱冷藏室，可适当延长鲜食时间。

（2）背阴沙藏。在阴凉潮湿的地方，铺1层湿沙，上面放1层挑选的鲜枣，再铺1层沙，再放1层枣。为防止沙干燥，可用少量清水定期喷洒，保鲜在1个月以内。

（3）地窖贮藏。将适时采收的鲜枣装入较薄的方便袋中，每袋0.5～1kg，袋口不宜扎紧，或在袋两侧各打孔2个，以防止 CO_2 的伤害，也可保鲜1个月左右。

9.4.2 地沟简易贮藏
在房后或高大建筑物的背阴处，挖一深80～100cm的沟，沟的宽、长以遮阴面而定。沟的四壁贴泡沫板。采果前1周将沟做好，并编制1条草盖。白天将沟盖好，晚上打开，利用夜间辐射低温将沟彻底预冷至当时的最低温度。枣果采收后，装入保鲜袋内，入贮后至封冻前，继续利用夜间自然低温使入贮果和地沟降温，每周检查1次枣果的贮藏情况，发现问题及时处理。

9.4.3 气调贮藏
（1）自发气调贮藏。选用0.07mm厚的聚乙烯薄膜，制成70cm长、50cm宽的塑料袋，每袋精选鲜枣15kg。装枣时注意轻倒轻放，不要碰破塑料袋，装好后随即封口。鲜枣装袋后，贮放在阴凉的凉棚中，逐袋立放在离地60～70cm的隔板上。每隔4～5袋留1条通道。贮藏初期注意散热，棚内温度越低越好。贮藏过程注意鼠害。

（2）气调库贮藏。气调库属现代贮藏设施的高级形式，一般要求 O_2 含量降低到2%～4%，CO_2 低于3%～5%较为适宜。气调库的气体成分靠气调设备来调节，主要是降 O_2 和 CO_2 脱除设备。

9.4.4 冷库贮藏
（1）果实处理。枣果在半红期人工采摘。摘前可喷施0.2%的氯化钙或采后立即用2%～5%的氯化钙浸泡处理。选择好果装袋入库，聚氯乙烯袋的两侧打4个直径5mm的小孔，每袋装枣5kg左右。入库前迅速降温预冷。

（2）库房管理。入库前的库房管理进行保温试验，以确保贮藏期间的温度稳定。确认保温无误后进行库房消毒，每立方米库容用 10～15g 硫黄熏蒸 24h，或用 2%～3%的福尔马林消毒 24h。入贮前将库房温度降到－2℃，防止鲜枣入库后库温回升过高。

（3）入库贮藏。入库后的果实分层放在库中，冷库温度控制在 0℃左右，库内温度应均衡、稳定。枣果入库预冷 1～2d 后将袋口扎住，袋内的相对湿度保持在 90%～95%，O_2 不低于 3%～5%，CO_2 不高于 3%。保鲜期在 2～3 个月。

（4）定期检查和出库。每周检查 1 次贮藏情况，观察袋或箱中枣果的质量变化，当发现果实原有红色变浅或有病斑出现时，说明果实开始变软或腐烂，应及时出库和销售，以免造成损失。

9.5 运　　输

枣果包装后，需采用各种运输工具将枣果从产地运到销售地或贮藏库。在运输时要求做到轻装轻运、轻装轻卸、防热防冻。在待运时都必须批次分明、放置整齐、环境整洁、通风良好，严禁烈日暴晒和雨淋。保持适宜的温度、湿度及通气条件。

9.5.1 温度

鲜枣不宜长时间贮藏，长途运输要采用低温保鲜措施，一般采用冷藏车运输，可根据保鲜要求调节温度。

9.5.2 湿度

鲜果装箱后，箱内空气相对湿度很快接近饱和，在运输过程中应保持这种湿度状态为宜，过干、过湿均不利于果实保鲜。

9.5.3 通气

机械冷藏车运输，需要配有通气换气装置，以排除车厢内积累过多的 CO_2 和乙烯等气体，避免因过分密闭而发生生理病害。

10　加　　工

10.1　水东蜜枣加工

10.1.1　金丝琥珀枣产品质量标准

（1）水东蜜枣等级标准。1 级蜜枣每千克 80 个以内，2 级蜜枣每千克 120 个以内，3 级蜜枣每千克 160 个以内，4 级蜜枣每千克 200 个以内。

（2）感官要求。感官要求要符合表 7-3 的要求。

表 7-3　感官要求

项目	要　　求	
	糖煮类	天然类
色泽	半透明近似琥珀，呈栗色	玉枣半透明，光泽似玉，呈深琥珀色；红枣呈深红色
形态	丝条均匀细密，两端到尖，切深超过 2/3，呈长扁形，表面有细微糖霜	椭圆形，表面有皱折
滋味	甜香酥醇，具有本产品特有品味，不沾牙，无异味	
杂质	无肉眼见外来杂质	

（3）理化要求。加工产品理化要求应符合表 7-4 的要求。

表 7-4　理化要求

项目	要　　求	
	糖煮类	天然类
水分（%）	$\leqslant$16	
总糖（以蔗糖计，%）	$\leqslant$60	无

注：其中糖煮类的枣脯总糖$\leqslant$45%。

（4）加工后水东蜜枣卫生标准。加工后的水东蜜枣应符合表 7-5 的规定。

表 7-5　卫生指标

项　　目	要　　求
菌落总数（cfu/g）$\leqslant$	1 000
大肠菌群（MPN/100g）$\leqslant$	30
致病菌（mg/kg）$\leqslant$	不得检出
黄曲霉素 B_1	5
铅（以 Pb 计，mg/kg）$\leqslant$	1.0
砷（As，以总砷计，mg/kg）$\leqslant$	0.5

10.1.2　工艺流程

（1）工艺流程。水东蜜枣的传统加工制作工艺流程为：拣选→切缝→淘洗→糖煮→养浆→稀烘→挤捏→老烘→分级→包装。

（2）工艺描述。清初著名诗人施润章曾在他的《割枣》一诗中写道"含情割枣寄远方，绵绵重叠千回肠"，形象地描绘了制枣的情景。

拣选。每年8～9月是水东青枣收获的季节。采收后的鲜枣首先要认真拣选，清除病枣、虫枣及附着在青枣表皮上的杂物，然后将特级青枣选出，以供制作无核"天香枣"。余下青枣制作1～4级蜜枣。

切缝。切缝又称割枣。传统割枣，手工进行（图7-37）。手持割枣刀，熟练地逐个切割。割枣的目的是使青枣在糖煮的过程中快速吸糖、变色、收身，使之成为细如丝、琥珀色，具金丝琥珀蜜枣特色。现在一般采用改进后的手工割枣和机械割枣方法（图7-38至图7-40）。

图7-37　传统手工割枣

图7-38　改进后手工割枣

图7-39　割枣机械

图7-40　切缝后的鲜枣果实

淘洗。将切缝后的青枣置水中清洗（图7-41）。用特制的木抓子将青枣上下翻动，让其相互撞击摩擦，使黏附在青枣表皮上的灰尘、叶片等杂物彻底清除干净，然后捞取盛放于特制的竹篮中，每篮30kg左右，稍晾干水后，即可下锅进行糖煮。

糖煮。糖煮的过程，是加工制作优质蜜枣的关键工序（图7-42）。糖煮时，其燃料可用大柴或煤炭。首先在锅中加入适量的水，然后将准备好的优质白糖投放锅中。白糖的配量原则上按每千克青枣的60%～80%投放。传统习惯每锅煮枣30kg，则需投入白糖18～24kg。另外还可根据青枣的大小酌情增减。白糖的配量直接关系到蜜枣的质量，因此一定要根据具体情况，灵活配比投放。另外，加水量要以白糖能溶化为起码标准。加糖前，灶中小火，加糖后，逐渐大火。待白糖完全溶化后，就可以把事先准备好的青枣倒入锅中，然后用大铲上下贴锅操动几下，以防未溶化的白糖和青枣粘贴锅体。调整灶内火力，使之慢慢升温，待青枣开锅翻头（即沸腾）后，继续调整灶内火力到大火烧煮，这样可以有效地排除枣内水分，使青枣收身、变色（即由青变黄），枣浆上出现白色泡沫，随着煮枣时间的增长，泡沫颜色逐渐由白色变为浅黄至金黄，并发出嗤嗤的声音，这时可用手捏捏枣子，若手

图 7-41　人工淘洗

图 7-42　糖　煮

感枣肉质细化且可触及硬核，则枣子煮好了，可以出锅。若手感枣肉质较硬且不可触及枣核，则可延长糖煮时间。需注意的是，如出现浆熟了而枣未熟，则可适当加些水，继续大火烧煮，直至煮好为止。

养浆。将煮好的枣连同糖稀从锅中取出。分锅盛放，让其自然冷却。冷却的过程称为养浆。在养浆的过程中，每隔 15min 左右翻动 1 次，一般需 5～6 次的翻动。养浆的目的是使枣体继续吸糖收身，排除水分。

稀烘。经过养浆的枣子已基本成形蜜枣。所不同的是这时的蜜枣含水量较高而已，枣体呈稀软状态，故此道工序称为稀烘（图 7-43）。因此及时地将枣子烘干，这也是加工制作优质蜜枣的关键之一。稀烘的主要目的是烘干水分。传统烘枣采用竹制枣烘，其燃料为木炭。如今民间烘枣又添加了土炕，其燃料用煤。两种形式烘枣，各具其优势，任其选用。土炕的原理相似于北方的烟炕。稀烘方法：

图 7-43　稀　烘

开始小火，温度控制在 45℃ 左右，经 2～3h 后，可翻动 1 次。如见蜜枣散子（即枣体之间相互分离、不粘连）即可调整灶内火力，使之升温至 60℃ 左右，每隔 1h 翻动 1 次，再经 2～3h 的烘烤后，蜜枣进一步收身，逐渐皱皮，然后又改以小火烘烤，控制温度在 40℃ 左右。2h 翻动 1 次，这样经 18～20h 的小火烘烤后，稀烘工序结束。

挤捏。稀烘结束后的蜜枣，为具良好的商品性能，必须按照人的意志进行整形（图 7-44）。整形时，用手指挤捏，推动枣核滚动，并使蜜枣变为扁椭圆形，使之具有色、香、味、形俱佳的特点，然后上老烘继续进行烘烤。

老烘。经稀烘挤捏整形的蜜枣，仍含有一定的水分。为便于贮藏、运输过程中保持质量不变，必须上老烘继续烘烤（图 7-45、图 7-46）。温度控制在开始 50℃ 左右，经 2h 许，逐渐加温至 65～70℃，每隔 1h 左右翻动 1 次，为的是均匀烘干，紧身适度。经验

图 7-44　人工挤捏

判定：手感蜜枣较硬（即燥手）时，便可出拼。这道工序约需 24h 即可结束。此时，具有外形扁平、金丝细缕、核小肉厚、脆、酥、甜美的"金丝琥珀蜜枣"已经以诱人的身姿、飘散着令人陶醉的甜

香，展现在人们的眼前。

图 7-45　机械去核

图 7-46　老　烘

分级。将经过以上工序精细加工制作的水东蜜枣进行分级，以便实行按质论价（图 7-47、图 7-48）。水东蜜枣在通常情况下可分为 4 个等级和特级"天香枣"。特级蜜枣"天香枣"的制作方法：将经过挑选的特大青枣糖煮后挖去枣核，填入绵白糖（或蜂蜜）、桂花、橘饼、红绿丝等佐料，再用糖饴封口，烘制而成。"天香枣"甜香醉人，每千克 40 个左右，是不可多得的珍品。

图 7-47　宣城尖枣成品蜜枣　　　　　　　图 7-48　宣城圆枣成品蜜枣

包装。经过分级后的蜜枣，为争取快速投放市场，应立即进行包装。其包装形式，根据重量可分为大、中、小型包装。根据种类可分为铁听包装、覆膜包装与礼品盒包装（图 7-49、图 7-50）。

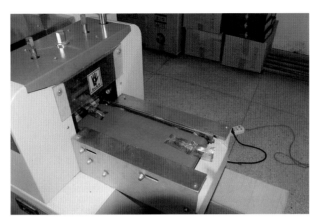

图7-49　覆　膜

图7-50　水东蜜枣包装

　　（3）加工设备选择。选料机有不同的规格，一般孔眼直径规格是24mm、26mm、28mm、30mm、32mm、34mm、36mm的；划丝道具选用不锈钢夹层锅、糖浆浸泡池、控糖槽、烘干车、不锈钢笊篱、包装设备等。

10.2　其他产品加工

10.2.1　枣茶

　　枣茶是以红枣与优质茶叶为原料加工而成的一种饮料，产品冲调后，既具有红枣香味，又具有浓郁的茶香，是一种深受人们欢迎的复合饮品。

工艺流程如下：

（1）红枣选料、烘烤、清洗、浸提、过滤、浓缩与红枣冲剂操作相同。

（2）茶汁制备。选择上等优质茶叶作为加工原料，先将茶叶用 60～65℃ 热水烫 10～15min，以除去灰尘杂质及异味，再进行浸提。浸提时每 100g 茶先用 5 L 水煮沸 5～8min 加热浸提，过滤取汁液，茶叶渣再用 5 L 水煮沸浸提 1 遍，合并两次汁液，进行真空浓缩至 2 L 时为终点，出液为浓缩茶汁。

（3）配料。配料时先按比例称取糖粉、枣粉和糊精粉倒入搅拌机中混合均匀，再把浓缩枣汁与茶汁及枣香精混合均匀后加入粉料中搅拌制成坯料。

糖粉（过 80～100 目筛）	60％
浓缩红枣汁	10％
浓缩茶汁	5％～7％
精制枣粉	15％～20％
枣香精	0.2％

（4）成形造粒、烘干、过筛、检验、包装。与枣冲剂制作相同。

10.2.2　枣醋

利用加工商品枣剩下的残次枣做醋，既能减小损失，又可增加经济效益。不过，现在已经有企业引进国外先进的生产设备，酿造枣醋等枣制品，选用的枣都是优质的红枣，并添加如枸杞、鹿茸等保健食品，使其更具有保健价值。枣醋的销售有些地方已达到普及了。

工艺流程如下：

（1）入缸处理。将做醋的枣洗净，于清水中浸泡 24h，压碎或粉碎。每 10～15kg 枣加粉碎的大曲 1kg，加相当于枣重 3～5 倍的水，再加枣重 15％ 的谷糖和 5％ 的酵母液，拌匀以后入缸，缸口留 17cm 左右的空隙，然后用纸糊严，加盖压实。

（2）发酵。入缸后 4～6d，酒精发酵大体完成，可将盖去掉（但不去纸），在阳光下曝晒。34℃ 是醋酸菌繁殖的最适温度，15～20d 可完成醋酸发酵。

（3）成品。发酵物过滤后即为淡黄色的新醋。每 100kg 新醋加食盐 2kg 和少量花椒液，再贮藏半年即成熟，醋味既香又酸。

制作方法也可简化，不加放酵母和大曲，将枣洗净放入缸、坛中，加枣重 5 倍的清水，放于温暖处，冬季可放在住人的屋内，让它自然发酵。夏季 1～2 个月，冬季 3～4 个月，发酵就可完成。所得食醋为淡黄色。

附表 7-1　水东枣周年管理

季节	管理内容
1~3 月	1. 土肥水管理：准备肥料；土壤解冻后及时耕翻。 2. 树体管理：刮除老翘皮；树体用 3~5 份石硫合剂原液、1 份食盐、10 份生石灰、30 份水混合均匀，涂刷树体。 3. 病虫防治：结合刮老翘皮，消灭在老皮中越冬的病菌、虫体，减少越冬基数；剪除病虫枝；喷 5 波美度石硫合剂；树干绑 6~10cm 宽的塑料条，阻止枣步曲上树，早晚在树下捕杀雌蛾。
4 月	1. 土肥水管理。枣股开始萌动，在萌芽前及时追肥，追肥以氮肥为主；结合施肥浇催芽水；及时中耕。 2. 树体管理。在缺枝部位刻芽；萌芽后要及时抹除无伤芽；注意开张枝条角度，纺锤形小主枝开角 80°~90°，辅养枝拉下垂，双主枝开心形开角 50°~60°。 3. 病虫防治。喷 2.5% 敌杀死 3 000 倍液，杀灭枣步曲、枣黏虫幼虫。
5 月	1. 土肥水管理。每 666.7m² 追肥 20 kg 左右尿素；灌好助花水；及时中耕。 2. 树体管理。疏除过密和位置不当的枣头，枣头长出 3~5 个 2 次枝时摘心，对生长过旺的植株和枝环切。盛花期主干环切 1~2 道或主干环剥。 3. 病虫防治。重点防治枣步曲、枣瘿蚊、大灰象甲、枣黏虫等。大灰象甲可采用人工振落法捕杀。 4. 花果管理。花期喷水；喷 0.5% 的尿素、0.3% 的硼砂或硼酸、10~20 mg/kg 的赤霉素，提高坐果率。
6 月	1. 土肥水管理。中耕除草，土壤墒情差时浇水。 2. 树体管理。2 次枝生长到 4~8 个枣股时摘心，枣头长 10 cm，木质化枣吊长 30 cm 时摘心，抑制枣头过旺生长。 3. 病虫防治。加强食心虫、枣黏虫、龟甲蜡蚧等的防治。
7 月	1. 土肥水管理。及时追肥浇水，促进幼果生长，追肥应注意氮、磷、钾相配合，每 666.7m² 施三元复合肥 20~25 kg，施肥后浇水。 2. 病虫防治。防治枣黏虫、大灰象甲、桃小食心虫、黄刺蛾、桃天蛾、龟甲蜡蚧及锈病，虫害喷 1 500 倍液的毒死蜱＋2 000 倍液的 20% 甲氰菊酯，锈病可喷 1：（2~3）：（200~250）倍的波尔多液或 50% 的多菌灵 800 倍液、50% 的克菌丹 500 倍液防治。
8 月	1. 土肥水管理。施肥保证果实品质提高，应注意氮、磷、钾配施，每 666.7m² 施三元复合肥 20~25 kg；田间有积水时要及时排水，加强中耕。 2. 病虫防治。防治黏虫、桃天蛾、桃小食心虫、黄刺蛾、锈病等。食心虫危害严重时在树干基部堆 30cm 厚的土堆，将成虫堵死于土内。 3. 花果管理。严格控制田间水分的供给，防止裂果烂果。
9 月	1. 土肥水管理。控水、除草、中耕松土。 2. 病虫防治。在树体交叉处绑草把，诱杀越冬黏虫。 3. 花果管理。适时采收。
10 月	1. 土肥水管理。每 666.7m² 施优质有机肥 5 000kg 左右、磷酸二铵 50 kg 左右、硫酸钾 75 kg 左右基肥；及时耕翻，将肥料撒施地表，耕翻 25~30 cm，然后耙平。 2. 病虫防治。喷 5 波美度石硫合剂。
11 月	1. 土肥水管理。土壤结冻前浇 1 次透水。 2. 病虫防治。细致清园，剪除病虫枝，清扫枯枝，落叶，杂草。
12 月	树体管理：修剪。

附表 7-2　水东枣主要病虫害周年防治

防治时间	物候期	防治对象	防治方法
1~3 月	休眠期	重点防治褐斑病、轮纹病、红蜘蛛	1. 清除树上、树下和土壤中越冬病虫源。 2. 土壤上冻前，及时进行枣园深翻或刨树盘。 3. 结合冬剪，剪除树上干枯枝、病虫枝，刮除树干和主枝上老粗翘皮；及时清除地面枯枝落叶、老粗树皮、病僵果和杂草等，集中深埋或烧毁。 4. 发芽前 7 d 左右，树体喷 3~5 波美度石硫合剂或 45% 晶体石硫合剂 20~30 倍液。

（续）

防治时间	物候期	防治对象	防治方法
4月	萌芽至花芽分化期	重点防治枣瘿蚊、绿盲蝽、天牛和叶螨类害虫	1. 发芽期，树上喷施 10%吡虫啉可湿性粉剂 2 000～3 000 倍液，防治枣瘿蚊和绿盲蝽。 2. 喷施 10%浏阳霉素乳油 750 倍液防治叶螨类害虫。 3. 检查树干基部，人工挖除天牛幼虫。
5月	开花期至坐果期	重点防治叶螨类害虫、绿盲蝽	1. 发现枣疯病植株及时清除。 2. 花期应尽量少用或不用农药，防治叶螨类害虫可用 1%甲氨基阿维菌素 6 000～8 000 倍液。 3. 绿盲蝽可利用其白天潜伏在树下作物上的生活习性，对树下作物喷洒 50%辛硫磷乳油 1 000～1 500 倍液或 20%甲氰菊酯乳油 2 000 倍液。
6月	坐果期	重点防治桃小食心虫、枣焦叶病等	1. 挂设桃小食心虫性诱剂，进行虫情测报；桃小食心虫危害较重的枣园用 50%辛硫磷乳油 300～400 倍液地面处理消灭出土幼虫，减少虫口基数。 2. 树上喷 1 次 50%氧吩嗪可湿性粉剂 400 倍液或 40%络氨铜·锌可湿性粉剂 400 倍液，防治枣焦叶病。
7月	幼果期	重点防治桃小食心虫、枣锈病等	1. 树冠喷施 70%甲基硫菌灵可湿性粉剂 800 倍液防治枣缩果病等果实病害；采用 10%吡虫啉可湿性粉剂 2 000～3 000 倍液防治桃小食心虫。 2. 喷施 1∶2∶200 倍波尔多液 1 次，防治枣果实病害同时兼治枣锈病。 3. 从果实膨大期开始喷 3 000 mg/kg 的氯化钙水溶液或氨基酸钙 800～1 000倍液，每隔 10～20 d 喷 1 次，采收前 20 d 停止喷施。
8～12月	果实采收前后	重点防治枣缩果病、枣锈病、炭疽病、刺蛾、桃小食心虫、红蜘蛛等	1. 树冠喷施 1∶2∶200 倍波尔多液 1～2 次，间隔期为 20 d，预防枣缩果病等果实病害同时兼治枣锈病；喷施 70%代森锰锌 600～800 倍液防治枣缩果病、炭疽病。 2. 喷施 10%吡虫啉可湿性粉剂 2 000～3 000 倍液防治刺蛾、桃小食心虫、红蜘蛛等，下雨后要及时补喷农药。 3. 病果、烂果，集中烧毁或深埋。

参考文献

安徽年鉴编辑委员会，2009. 安徽年鉴 [M]. 合肥：安徽年鉴出版社.

安徽省地方志编纂委员会，1995. 安徽省志林业志 [M]. 合肥：安徽人民出版社.

陈漠林，马元忠，李占林，等，1996. 枣缩果病的发生过程及流行规律 [J]. 河南科技（4）：11-12.

陈贻金，1993. 枣树实用新技术 [M]. 北京：中国科技出版社：62-71.

方国飞，汪礼鹏，张之华，等，2002. 安徽枣树害虫发生危害及综合治理对策 [J]. 安徽农业大学学报，29（4）：340-344.

郭裕新，1983. 枣 [M]. 北京：中国林业出版社.

何水泉，1998. 水东蜜枣的传统加工制作工艺 [J]. 林业科技开发（2）：46-47.

宦景路，桯兴民，周广斌，1987. 枣园桃小食心虫发生危害规律与防治 [J]. 植物保护，13（1）：18-20.

黄荣来，1999. 安徽主要经济林木栽培与管理 [M]. 合肥：安徽科技出版社.

焦荣斌，2001. 枣缩果病的发生规律及综合防治 [J]. 中国果树（2）：45.

开秀兰，1999. 枣树红蜘蛛的发生与防治措施 [J]. 安徽林业科技（2）：8-9.

李瑞霞，2004. 枣缩果病病原发生规律及防治措施 [I]. 河北林业科技（4）：41.

李向军，温秀军，孙士学，1994. 枣锈病流行规律的研究 [J]. 河北林业科技（6）：6-10.

刘孟军，2004. 枣优质生产技术手册 [M]. 北京：中国农业出版社：24.

鲁绪祥，2009. 水东蜜枣主要病虫害综合防治技术 [J]. 现代农业科技（18）：162-163.

邱强，2004. 中国果树病虫原色图鉴 [M]. 郑州：河南科学技术出版社.

曲泽洲，王永蕙，1993. 中国果树志（枣卷）［M］. 北京：中国林业出版社.

束庆龙，刘世骏，1990. 安徽枣树病害绸查研究初报［J］. 安徽农学院学报（1）：37 - 41.

孙俊，孙其宝，俞飞飞，等，2011. 早熟鲜食枣新品种"李府贡枣"［J］. 园艺学报，38（3）：603 - 604.

孙俊，孙其宝，袁维风，等，2009. 52.25% 农地乐乳油防治枣瘿蚊的田间药效试验［J］. 安徽农业科学，29（4）：499 - 500.

孙其宝，孙俊，俞飞飞，等，2010. 鲜食枣新品种"皖枣 1 号"［J］. 园艺学报，37（5）：853 - 854.

孙其宝，孙俊，朱立武，等，2009. 安徽省枣树地方品种资源考查和评价［J］. 中国林副特产，98（1）：73 - 74.

田国忠，1998. 枣疯病的预防和治疗策略研究［J］. 林业科技通讯（2）：14 - 16.

汪世祥，普绪祥，徐爱萍，1993. 宣城地区枣树病虫害发生与防治［J］. 林业科技开发（4）：27 - 28.

王焯，张承要，周佩珍，等，1983. 枣疯病传播昆虫分布调查［J］. 植物病理学报，13（3）：174.

王芳年，1985. 安徽省果树品种资源的调查初报［J］. 安徽农业科学，（4）：77 - 83.

王祈楷，除绍华，陈子文，等，1981. 枣疯病的研究［J］. 植物病理学报，11（1）：15 - 18.

徐凯，孙启祥，1997. 提高圆枣座果率和产量试验［J］. 经济林研究，15（2）：44，53.

徐先祥，1996. 枣树复壮丰产技术试验推广研究的回顾与展望［J］. 经济林研究，（14）3：69 - 70.

杨丰年，1996. 新编枣树栽培与病虫害防治［M］. 北京：中国农业出版社.

俞飞飞，孙其宝，陆丽娟，2009. 安徽地方优质枣品质性状比较分析［J］. 安徽农业科学，37（19）：8957 - 8958.

俞飞飞，孙其宝，田贻民，2006. 枣锈病发病规律与防治技术研究进展［J］. 安徽农业科学，34（15）：3730 - 3731.

第 **8** 篇

舒城板栗

1 概　　要

1.1　舒城板栗栽培历史

1.1.1　古老的舒城

舒城县是三国时期周瑜的故乡，从周惠王二十年（公元前 657）至今已有 2 000 多年的历史。舒城，古时称舒国、群舒国、龙舒国等均属西周，战国属楚，三国时属东吴。舒城自古以来就是"兵家必争之地""四战之地，从古必争"，曾多次遭兵燹之灾。蜀汉建兴六年（公元前 208 年）扬州牧休率步骑十万与大都督陆逊于县内大战驼岭、老关岭、庐镇关一带，大小战役数十起。自唐开元二十三年（公元前 735 年）设舒城县至清末疆土未动，或属庐江郡或属庐州府，民国初属安庆道，1940 年改属六安行政督察区，1949 年 1 月 22 日全县解放后，归属六安专区，现归属六安市。

1.1.2　舒城的河流

舒城县境内有长江一级支流杭埠河，自上而下贯穿全境流入巢湖，有长江二级支流丰乐河绕北而行（也是与六安、肥西的交界线）流入巢湖，还有晓天河、河棚河、龙谭河、五显河、南港河等大小河流 20 多条，中部有万佛湖水库，库容量为 7.87 亿 m^3，两侧修有舒庐干渠和杭北干渠。

1.1.3　舒城板栗栽培

舒城板栗由何引入，已无从查证，但从嘉庆十一年《舒城县志》第 13 卷产物中曾有梅、杏、桃、李、栗、梨等记载，说明舒城板栗的栽培史至少也有 200 多年。

新中国成立前，舒城板栗多处于零星分布，很少有集中成片的栗园，多为野生、半野生状态，与其他乔灌林混生较多，总面积约 600hm²，产量在 150t 左右，平均每公顷产量仅有 0.25t。

1.2　舒城板栗的自然环境条件

从 20 世纪 90 年代起，舒城开始大面积栽培板栗等果木树种，使舒城的自然环境条件发生了巨大的变化，生物种类繁多，人们的生活条件得到极大的改善。

1.2.1　地理位置

舒城县位于安徽省中部偏西，介于东经 116°26′～119°15′、北纬 31°1′～31°34′，地处大别山东北边缘山脉；全县总面积 201 987km²，南北长约 86km，东西宽约 49km，最高海拔 1 539m，最低海拔8m，东邻庐江，东北接肥西，西北连六安，西部与霍山接壤，西南与岳西、潜山交界，南连桐城。西南至东北有 105 国道贯穿而过，南北有 206 国道穿越舒城县城，东部有合九铁路和合桐高速公路穿过，距合肥、六安仅有 50km，安庆 135km，陆路交通四通八达。

1.2.2　自然条件

（1）地形、地质、地貌。舒城境内地形是西南高山，中部丘陵起伏，东北系平原圩区，故西南高而东北低；母岩多为花岗岩、片麻岩、大理岩，土地多为黄棕壤，局部为黏性土地，土层深浅不一，pH 4.5～6.5，土壤有机质含量 1%～1.5%。

（2）气候特征。舒城气候温和，四季分明，春秋短、冬夏长，平均气温为 15℃ 左右，最低温度为－14℃，年无霜期 210～230d，山区因受地形影响，温度比平原低 1～2℃；年平均降水量 1 000～1 200mm，最高降水量为 1 500mm，3～7 月雨季，5 个月的降水量约占全年的 2/3，其余月份偏少，易发生春秋干旱。

（3）河流水系。舒城位于长江下游北侧的巢湖流域，流域面积约为 62 756km²，全县有 20 余条河流，多为季节性河流，70％～80％的水源来自降雨，无外来过境水源，地下水多埋藏在 1～12m，水质较好。

（4）环境质量现状。安徽省农业环境保护监测总站年监测结果显示，舒城的大气污染指数 API 全年平均为 60 左右，土壤综合污染指数 $Pi \leqslant 1$，水质综合污染指数 P 值为 0.3 左右，以上指标符合《农田灌溉水质标准》（GB 5084—2005）、《土壤环境质量标准》（GB 5084—1992）和《空气环境质量标准》（GB 3095—2012）。

1.2.3 生物种类

舒城生物种类丰富，除板栗之外，还有梨、桃、杏、葡萄、沙果等 20 多种干果、水果，林木植物 300 种，分属 57 科，草本植物 335 种，分属 52 科；水生植物 54 种。

境内污染轻，多种生物组成比较和谐的生态系统，据有关专家考察，舒城有夏候鸟、秋候鸟、留鸟等鸟类 115 种，分属 38 科，其中省二级以上保护鸟类 10 种，国家二级以上保护鸟类 5 种；两栖爬行动物 2 种；水生动物 3 种。

1.2.4 旅游资源

全县现有 4A 级万佛湖、3A 级万佛山旅游风景区各 1 处，另外还有汤池温泉、仙米尖、三江码头度假村、舒城启德文化宫、舒城公园等景点，山清水秀、绿树成荫、风景秀丽、鸟语花香，常年旅游观光的人群，络绎不绝，对舒城的自然风光赞不绝口。特别是万佛湖旅游风景区，已被列入全省十大旅游观光休闲度假的好去处。

1.3 新中国成立后舒城板栗的发展

1.3.1 新中国成立初期

舒城板栗虽然有悠久的栽培历史，但栽培面积一直较小，据有关方面了解，舒城板栗在新中国成立前仅有 600hm²，年产量在 150t 左右，且多为分散栽培，零星分布，乔灌林木混生在一起，长势弱，病虫危害严重，产量很低。

1.3.2 20 世纪 50～70 年代末

当时舒城林业发展，多倾向于发展松、杉、竹、杂等用材林，对果木林很少重视，所以这 20 年仅栽植板栗树 2 093hm²。

1.3.3 20 世纪 80～90 年代

发展步伐加快，这 10 年全县板栗栽培面积发展到 4 749hm²，比前 20 年增加栽培面积 2 656hm²。

1.3.4 20 世纪 90 年代

1991—1996 年舒城板栗栽培面积急剧增加，创历史新高。6 年共发展板栗 10 909hm²，使全县板栗发展达到了饱和状态。

1.4 舒城板栗生产现状

1.4.1 分布

（1）舒城县内分布情况。舒城板栗在舒城全县均有分布，大部分分布在大山山腰以下，以及丘陵地区，少部分分布在平原河滩地、村前宅后、水旁路边等地。其中，百年左右的板栗大树约 10 万株，近 600hm²，多分布在河棚、汤池、春秋、晓天等山区乡镇。20 世纪 50 年代左右，板栗面积约为 5 500hm² 也都分布在丘陵以上的中山地区，其余中幼龄栗园 14 375.8hm²，全部分布在丘陵地区和少数的深山边缘地区。

（2）舒城周边地区分布情况。据了解，舒城县周边县市均有板栗栽培。其中，霍山县 8 000hm²、金寨县 33 000hm²、岳西有 12 000hm²、桐城县 800hm²、庐江县 6 200hm²。

1.4.2 板栗园的基本条件

栗园的路网已基本形成，由于国家对农村的投入加大，村与村之间大部分已经修通了水泥路，村民组之间都修通了机耕路。栗园机械化程度有所改进，特别是病虫防治、喷施药肥上，大山区一般都使用了高压喷雾器，小山丘陵区板栗园用背负式或担架式机械喷雾器。有的实现了机耕和间作套种，如栗粮、栗油、栗药间作等。灌溉条件也有所改善，特别是沿库区两侧修的干渠多穿过相当部分的板栗园，提供了抗旱的水源。

1.4.3 栽培技术更新

（1）科学施肥。每年秋冬、早春都能主动地对栗树追施基肥和少量硼肥，生长季节适时施用药肥，基本满足树体生长需求。

（2）花期管理。疏去过多的雄花序，以便积累营养供给果实的生长发育。

（3）病虫害防治。采取农业措施、物理手段、生物方法与化学防治相结合的综合措施防治，按照国家有关标准选择和使用农药，提高了板栗食品的安全性，减少板栗病虫害防治对环境的污染。

（4）土壤管理。按不同的立地条件、栽植密度，修建梯田、鱼鳞坑，并在梯田的外沿栽种小灌木（如紫穗槐等）防止水土流失。实行栗粮、栗油、栗药间作，既增加了收入，又起到改良土壤结构、增强土壤肥力的作用。

（5）改善树体结构。采用回缩大枝的办法，控制树冠过度扩大、结果部位外移；短截或疏除衰弱的大枝，培育新枝结果，使栗树更新复壮，延续结果年限；剪除细弱枝、交叉枝、重叠枝，改善树体结构，促进通风透光、集中水分、养分，恢复树势、提高板栗产量和质量。

1.4.4 产品贸易

舒城低产板栗园产量每公顷不到 1t，中等栗园产量 3.75～4.5t/hm²，高产栗园可达 5.28t/hm²。2007 年，为有史以来舒城板栗年产量最高年份，达到 2.3 万 t，其中 1 级、2 级品板栗占 75% 左右，每千克 60～80 粒；3 级栗占 20% 左右，每千克 100 粒左右；级外栗约占 5%，每千克 120 粒左右。随着人们对板栗果实的质量要求不断提高，板栗销售价格也在变化。3 级以下的板栗（包括级外品）经过炒制供应市场，每千克的价格可达 15.0 元，比 1、2 级鲜果的价格还高。

1.4.5 采后处理

（1）包装。1985 年前，舒城板栗外销多采用麻袋包装，每袋 100kg，随后采用专用小麻袋包装，每袋 25kg，也有用塑料筐包装的。

（2）贮存。1987 年前，山区多采用河沙窖藏法；1987 年后，部分山区采用山洞低温贮藏，现多采用冷库贮藏。

（3）加工。1980—1990 年，舒城县建了 2 家板栗糖水罐头加工厂，年加工量在 40t 以上，现在合肥、舒城糖炒板栗年加工 10t 左右。

1.4.6 市场体系

全县有大小板栗批发销售市场 18 处，最大的为汤池镇批发销售市场。为了拓宽流通市场，使板栗货畅其流、物尽其用，让栗农增产增收，1996 年起，开始建立板栗流通市场。对外组织能人联系销路，招揽客商；对内规范市场交易，制止小商小贩欺行霸市行为，改善交通通讯、旅馆等服务设施，免除一切税费，提供相关服务等。汤池镇市场每至板栗采收季节，车水马龙，一派繁荣，广纳霍山、金寨、岳西、湖北等地资源，畅销上海、江苏、浙江、福建、香港等地，年销售量 2 500t，成交额 1 700 万元以上。

1.4.7 生产中存在的主要问题

舒城板栗园大都分布在山地，而农村青壮年劳力大量外出务工，板栗园管理因缺少人力、物力而放松，产品销售也受到一定影响。产品深加工跟不上，果农生产效益较低。此外，灌溉条件差，易遭受秋季旱灾，难以实现高产、稳产。

1.5 舒城板栗的经济价值与生态效益

1.5.1 经济价值

（1）果实的营养价值。舒城板栗除含糖量为 10%～12% 外，还含有 30%～35% 的淀粉、7%～

10%的蛋白质，可加工成罐头、代乳品、栗子糕、蜜饯等。肉烧板栗、鸡烧板栗等是招待宾客的名菜；糖炒板栗，风味独特，十分畅销。

（2）栗树木材的利用。栗树木材坚硬、质地细密、耐温抗腐，是造船、桥梁、车具、地板的好材料。树皮含有大量单宁物质，是制鞋业的重要材料，果实、果壳、刺苞、叶片、雄花序、根系均可入药用；苞壳、果皮是培育香菇的好材料。花期是放蜂的好去处，雄花晒干结成绳子，点燃后可驱赶蚊虫。

1.5.2　生态效益

为改善生存条件，舒城县人民充分利用板栗这一资源，创造条件使舒城森林覆盖率由1970年的25%上升到2005年的43.44%，林木绿化率由1970年的28%增加到2005年的47.91%，其中板栗占乔木林面积的24.1%，有效地控制了水土流失，改善了生态环境，净化了空气，增加了空气湿度，减少了自然灾害，降雨明显增加，温湿度更适合人们和谐生活和多种生物的栖息（图8-1）。

图8-1　漫山板栗

2　舒城板栗品种及其应用

2.1　舒城板栗品种

在舒城县境内板栗品种共有 22 个，其中主栽品种 7 个。

2.1.1　六月暴

又称六月艳。树冠矮小，树姿开张，发枝少，树冠枝条稀疏，叶大而薄，色较浅，发芽较其他栗树早 1 周左右，主干不光滑。球苞近球形，苞刺中等，稀疏、软而短，每球苞虽有 3 粒坚果，但多为 2 粒饱满、1 粒瘪。球苞成熟时横裂，坚果顶微突，红褐色、椭圆形，平均每千克 100 粒，果粒大小不整齐、种皮薄，乳黄色，肉质乳白色，生食嫩脆，平均出籽率为 31%。早熟，8 月底采收。

本品种优点是树冠小，易管理，可密植，成熟期早，可提早上市。但产量低而不稳，有隔年结果现象、坚果整齐度差、不耐贮藏等缺点。

2.1.2　蜜蜂球

别名落花红、头水早，又称早栗子。树皮光滑强健，树冠矮小开张，叶片中等大小，色青绿，基部扭转，芽较小。结果母枝灰褐色，刺短，结果枝产生雌花枝，有的结果枝上能产生 6~7 个雌花穗，一般均能坐果 2~3 个栗苞，结果枝结果后，仍能形成完全混合芽连续结果，一般能连续结果 3~4 年，最多能连续结果 7 年。球苞椭圆形，苞刺较六月暴稀短，但较硬。单球苞重 125~150g，每球苞多数 3 粒坚果，大小均匀，果顶微凹，呈椭圆形，果面猪肝红，披稀疏茸毛，平均每千克 80 粒，种皮厚，呈黄褐色、易剥离、肉质黄色，生食时肉质板结，风味稍香，平均出籽率为 38%。早熟，8 月底采收。

本品种主要优点是树冠矮小，便于管理，结实力强，坚果整齐色泽亦好，采收早，能提早供应市场，深受群众欢迎。其缺点是不耐贮藏。

2.1.3　叶里藏

树势旺盛，树形开张，叶狭长，灰暗，叶厚而发皱，叶缘波浪状。结果母枝粗壮、呈褐色、节间短；结果枝结果后产生尖细极短的尾枝，其上几片小叶近似簇生而遮掩住了球苞，故名"叶里藏"。结果枝生雄花穗的节位低，有连续结果的能力，球苞似鹅蛋形，苞刺长、较硬，壳薄 0.8~1cm，球苞鲜重 125g。球苞成熟时纵裂，坚果果顶微凸，为圆形，上半身密披茸毛，暗红色，平均每千克 48 粒，种皮厚，黄褐色，能剥离，品味佳，较耐贮藏，丰产稳产，平均出籽率 38%。中熟品种，9 月中旬采收。

本品种优点是粒子大、丰产稳产。但苞壳厚是其不足之处，可从中选择苞壳薄、出籽率更高的单株加以发展。

2.1.4　小板栗

树势较差，树冠开张，结果母枝短、较细，呈黄褐色，多年生枝紫褐色。球苞椭圆形，果顶微凸，茸毛由果顶向下逐渐稀少，呈深红色，平均每千克 100 粒，出籽率为 34%。中熟品种，9 月中旬采收。

该品种主要优点是坚果颜色好看，产量稳定，但产量不高，果实偏小。

2.1.5　粘底板

幼树较直立，成年大树树形开张，树冠呈半圆或圆头形。主干褐色，嫩枝密生黄茸毛。叶中大，为披针状椭圆形，深绿色发皱、有光泽。结果母枝上混合芽大而饱满，产生结果枝比例较高。雄花穗较少、较短；球苞大、顶部稍突。总苞内茸层较厚，坚果底座大而深嵌在总苞内，以致坚果成熟后，总苞开裂，坚果不落；即使过熟（总苞落地），坚果仍附着于总苞之中，因此而得名"粘底板"。苞刺密稍软、呈椭圆形、壳薄。平均每千克 76 粒左右，椭圆形、红色、大小整齐（图 8 - 2）。较耐贮藏，出籽率为 43%，高产稳产。中熟品种，9 月下旬采收。

图 8 - 2　粘底板果实

该品种结果枝比例高，雄花穗小，坚果大小均匀、耐贮藏，高产稳产，同时球苞成熟后开裂坚果不掉，有利于劳动力少的山区、丘陵区发展。

2.1.6　大油栗

树形高大，叶深绿色，球苞大多为椭圆形，苞刺硬、较短，坚果呈椭圆形、顶部突出，除果顶具长毛外，光滑发亮、为深红色，平均每千克62粒，种皮厚、黄褐色、肉质乳白色，生食肉质脆、风味清香，耐贮藏、出籽率为32％，中熟，稳产。

本品种果型大、色泽好、品味佳、耐贮藏，稳产。

2.1.7　油栗

实生型，其形态特征同大油栗相似，主要区别是球苞、坚果均小于大油栗。

2.1.8　大红袍

别名大栗子，原多为实生林，现已成片发展为嫁接树。树形开张，自然圆头形，叶大而薄，呈绿色，果枝粗长，成熟果枝稍带微红色，表皮光滑，芽大饱满，果痕大而深，球苞椭圆形，苞刺长、密而软，苞顶突起，苞壳较厚，单球苞鲜重150～200g。坚果肩狭，果实具稀、短茸毛，呈椭圆形，果面鲜红色、有光泽、艳丽，故称"大红袍"，种皮乳白色，肉质淡黄色，坚果大，平均每千克46粒，食用时风味稍淡，平均出籽率为32.4％（图8-3）。晚熟品种，9月20日前后成熟。

本品种优点是坚果大，色泽艳丽，商品价值高。但结蓬少、产量不高，有大小年现象。

2.1.9　二水早

别名二黄早、二发早。树势健旺，冠形不整齐。叶大而薄，缺刻，背部有少量茸毛，呈黄绿色。多年生枝深褐色，1年生枝赤褐色；结果母枝细长，皮孔小而密；结果枝结果后发生的尾枝特别细长。芽小呈暗灰色。球苞扁椭圆形，苞刺长密硬，壳厚0.6mm，单球苞平均鲜重150g，坚果果顶凹，呈椭圆形，全身有稀疏白色茸毛。且有明显的3条棱。果面鲜红色，平均每千克60粒，种皮乳白色，易剥离，生食风味好（图8-4）平均出籽率35％。早熟品种，9月初成熟。

图 8 - 3　大红袍果实

图 8 - 4　二水早果实剖面图

本品主要优点是瞎蓬少、坚果大、色泽好、较稳产。

2.1.10　浅刺二水早

别名同二水早，嫁接型，其形状特征相似于二水早，唯苞刺较二水早稀、短、软、苞壳稍薄，成熟期迟 2～3d，坚果颜色稍淡，栗实较小，高产稳产，平均每千克 70 粒左右，平均出籽率 43％。

本品种优点是瞎蓬少，特别是产量高而稳。

2.1.11　洋辣蒲

别名和尚头、腰子蒲。树势健壮，冠较小，枝条青褐色，向阳区微红，皮孔圆形突出，结果母枝粗长，多萌发顶端 3～4 芽，其中 1～2 芽萌发成结果枝，每一结果枝能形成 2～3 个雌花穗，坐果可靠，个别结果枝能坐果 8 个。叶厚，呈披针状椭圆形。球苞顶横径处有一道裂沟（无刺）呈茧形，刺丛黄褐色，苞刺极短粗而稀硬，所以有"和尚头"之称；横刺向下伸展，似"洋辣子"身上的刺毛，所以又称"洋辣蒲"。单球苞鲜重 75～100g，每球苞有 3 粒饱满的坚果，最多有 6 粒，苞壳薄，单粒坚果重 13g，坚果赤红色、有光泽，食时质地细糯、味香。丰产稳产，出籽率为 45％。实生型中熟品种，9 月中旬成熟。

本品种是优良的实生单株，坐果率高，苞壳薄，空苞率低，球苞不大，栗子不小，出籽率高，品质上等。但母株少，应对其实行保护、加速推广。

2.1.12　桂花香

油栗的实生优良单株。树冠高大，枝条稀疏，球苞椭圆形，苞刺长软，稀密中等，苞壳薄，坚果果顶平，具短茸毛，呈椭圆形。果面油光呈鲜红色，边果的内侧和中果的两侧均有淡黄色花纹，成熟时正是桂花盛开时，故得名。平均每千克 100 粒。果实内质细糯、风味香甜，极耐贮藏。

本品种果实色泽艳丽，有花纹，品质上等，耐贮藏，是炒栗的上等品种。

2.1.13　小油栗

形态特征与大油栗相似，唯果苞小，似圆形，苞刺硬密，坚果小，顶端微突，呈椭圆形，除坚果顶部具长茸毛外，其他果面有油光，呈深红色，平均每千克 130～140 粒，种皮薄，生食时肉质细紧（图 8-5），风味香甜，耐贮藏，年年稳产。9 月下旬成熟。

本品种主要优点是稳产，坚果品质好、耐贮藏。但果小、商品性差。

图 8-5　小油栗果实

2.1.14　社栗

树势强盛，树冠高大，叶厚，深绿色，叶面多茸毛，结果母枝粗短，球苞梗突出，呈椭圆形，苞刺密较硬，苞壳厚，单球苞平均鲜重 125g。坚果果顶突出，为椭圆形，深红色，平均每千克 76 粒，大果粒达到每千克 32 粒，平均出籽率 34％。中熟品种，9 月中旬成熟。

本品种优点是果型大，但空蓬率高，单球苞内籽粒少，坚果易受虫害，隔年结实现象明显。

2.1.15　十月寒

树势健旺，树姿较开张，树冠呈圆头形，叶小，呈卵状椭圆形，球苞较小，近圆形，刺长而细软，坚果较小，平均每千克 200 粒。果面深红色，有光泽，果肉淡黄，生食质脆，味微甜，稍有香气，耐贮藏，产量不高。晚熟，成熟期为 9 月底至 10 月初。

本品种优点是成熟晚，坚果色泽好，品质好，耐贮藏。但产量不高，籽粒小。

2.1.16　大灰栗

别名大毛栗、大毛胡头。树冠高大，球苞大，呈椭圆形，苞刺硬较疏，坚果果顶凹，呈椭圆形，整个果实密披白色长茸毛、分布均匀、暗黑无光。平均每千克 46 粒。中熟品种，风味较好，极耐贮藏（图 8-6）。

本品种主要特点是坚果大，极耐贮藏，产量稳定。

图 8 - 6 大灰栗果实

2.1.17 中毛胡头（中灰栗）

形态特征与大灰栗相似，唯球苞、坚果稍小于大毛胡头。本品种无明显优点。

2.1.18 小毛胡头（小灰栗）

形态特征与大毛胡头相似，唯球苞较小，单球苞平均鲜重仅 40g，苞刺硬密，坚果小，每千克 140 粒以上，出籽率 35%。

2.1.19 青刺

别名马屎球。树体高大，球苞形似"马屎"，球苞成熟后，苞刺仍为青色，不变黄，因此得名。中熟品种，九月中旬采收，苞肉厚，瞎蓬多，出籽率低。

2.1.20 气苞栗

球苞长椭圆形，大型蓬，苞顶突出，内有较大空腔，蓬大籽小，苞刺长密较软，壳厚，每球苞鲜重 125g，坚果果顶微凹，呈椭圆形，果顶密披茸毛，放射至果肩，果面呈淡红色，种皮厚呈黄褐色，难剥离，生食味淡，平均出籽率为 26%。中熟品种，成熟期为 9 月中旬。

2.1.21 狗牙栗

树体高大，叶片极小，呈倒卵形，灰色内卷，1 年生枝褐色，多年生枝深褐色。芽鳞片为红色，球苞圆形至短椭圆形，苞梗微突，苞刺稀、短、硬，苞壳薄，单球苞平均鲜重 50g，总苞自幼苞顶开裂，其内坚果的 1/3～1/2 露于总苞之外。坚果椭圆形，周身具有稀疏短茸毛，呈暗红色，平均每千克 124 粒，出籽率极高，可达 48%，9 月中旬成熟。

本品种优点出籽率高，但坚果小，不易贮藏，极易生虫，生食味差。

2.1.22 乌栗

别名乌头栗、乌栗子，中熟品种。坚果在球苞内成熟前发黑变坏，不能食用。

2.2 新品种引进

20 世纪 60 年代末，从山东引进红栗品种，从浙江省引进长斑红、短斑红品种，在舒城县河棚镇岚冲村作嫁接试验。经过多年观察，结果表明，山东红栗不适合舒城环境条件，没有推广价值；浙江省的长斑红、短斑红 2 个品种，结实性状稳定，果实色泽光艳，高产、稳产，深受当地栗农喜爱，已在河棚、汤池等镇推广发展。

3 生物学特性

3.1 生长习性

舒城板栗生长势较强,枝条抽生速度中等,萌芽率高,栽培适应性较强,较耐旱,耐瘠薄,抗寒能力较强,在自然生长情况下,树形多呈自然圆头形,经济栽培年限长。

3.1.1 叶芽

板栗的生长发育和树体更新复壮都是从叶芽开始的,通过叶芽发育实现营养生长向生殖生长转变。

(1)叶芽的结构。叶芽由鳞片、雏梢和叶原体组成(图 8-7),萌发后形成新叶(图 8-8)。

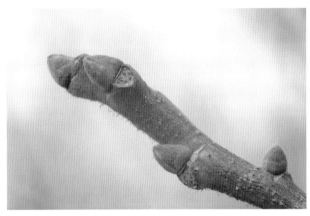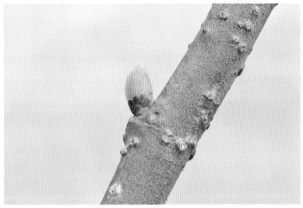

图 8-7 叶 芽

(2)叶芽的种类和特征。栗树的叶芽按着生部位,可分为顶芽和腋芽,顶芽着生在枝条的顶端,较大而圆。短枝上的顶芽一般较饱满,随着枝条长度的增加,顶芽饱满度渐减,与腋芽相比,顶芽萌发力和成枝力较强。腋芽着生在叶腋内,同一枝上不同部位的腋芽,饱满度、萌芽率、生长势都有明显的差异,枝条中部的腋芽质量最好,最饱满,芽体扁圆呈三角形离生,内侧较平,外侧较鼓。

图 8-8 萌发的叶芽

（3）叶芽的分化。主要包括芽原基出现期、芽片分化期和叶原基分化期。

芽原基出现期。自芽原基出现期到芽开始分化出鳞片的时间，为芽原基出现期。叶芽是枝的雏形，春季萌发前，雏形枝已经形成，芽萌发后，雏形枝开始伸长，随着芽的萌发，在雏形枝的叶腋由下而上发生长枝的茎部，1～3节叶腋一般不发生腋芽，成为盲节。

芽片分化期。雏形芽原基形成后，生长点就由内向外分化鳞片原基，并逐步发育成固定形态的鳞片。鳞片分化期一直延续到该芽所属叶片停止增大为止。鳞片分化期间由于鳞片芽的发育状况而有差异。

叶原基分化期。鳞片分化结束的芽原基经过炎热的夏季后开始分化叶原基，并逐渐生长成幼叶。此期一般分化叶原基3～7片，直到冬季休眠时才暂停分化。翌年春萌芽前，营养条件较好的芽，在芽内继续分化叶原基，在这一时期中，短梢可增加1～3片叶，中长梢可增加3～10片叶。舒城板栗芽内分化叶片数，一般在7～13片。

营养充足和生长势强的芽，在春季萌芽后，先端生长点仍能继续分化新的叶原基，继续增加节数，直到6～7月新梢停止生长以后，再开始下一轮的叶芽分化。

3.1.2 花芽

舒城板栗的花芽为混合花序，内含雏梢、叶原始体和花的雏形（图8-9）。

（1）花芽的种类与构造。板栗花芽按生长部位可分为顶花芽和腋花芽，在枝条顶端形成的花芽称顶花芽，在枝条叶腋间形成的花芽称为腋花芽。顶花芽是舒城板栗结果的主要部位，而腋花芽多为雄花。分化完成的花芽，内部有雏形梢，雏形梢顶部着生数朵雌雄花序，着果。舒城板栗花芽分化一般经过3个时期，即生理分化期、形态分化期和性器官发育期。

图8-9 花 芽

生理分化期。生理分化是指利用树体营养建造新器官，即新梢的生长，雌花形态的分化，茎部叶和中部叶的形成和成长，以及雄花序的成长。贮存营养的多少，各器官分配多少，决定着各器官发育的好坏，此期在舒城一般在4月初至5月底。

形态分化期。形态分化是指已具备了生理分化的物质基础，形成各种花器官原基的过程。舒城板栗形态分化从6月中旬开始一直到7月底，正是营养转换期。此期的特点是雌花形态形成，新梢和上部叶仍在生长，基部叶和中部叶已经长成并进行光合作用，由消耗和贮存营养转为提供营养物质，但仍以消耗贮存营养为主。

性器官发育期。花芽解除休眠至开花前，雄花发育出花粉，雌花的子房发育出胚珠，最后完成花芽分化的过程。花器官发育完全，开花后才能完成正常授粉受精过程。

（2）影响花芽分化的因素。物质基础和适宜的外部环境，是花芽正常分化的前提。物质基础包括结构物质（光合产物、矿物盐等）、能量物质（淀粉、糖等）、遗传物质（DNA、RNA等）和调节物质（各种激素）。

营养物质水平。花芽的分化，是叶芽向花芽转化的质变过程，需要一定的营养物质水平，特别是适宜的碳氮比。能否形成花芽不仅决定于碳水化合物（淀粉、糖等）和含氮物质（蛋白质等）数量的多少，还取决于两者的比例。比值越高，则成花的可能性越大。营养水平对花芽分化的影响一般会出现4种情况：一是肥料供应和碳水化合物积累适量，树体长势中庸，容易形成花芽且结果良好；二是氮肥不足，生长不良，但碳水化合物积累较多，能够形成花但结果不良；三是氮肥施用过多或修剪过重，树体营养生长过旺，碳水化合物的消耗量多，积累少，难以成花；四是光照不足或叶片早期脱落，碳水化合物积累少，难以成花。

激素水平。激素对花的形成有重要影响。赤霉素主要产生于迅速生长的枝条顶端、幼叶和幼胚，对花芽分化起抑制作用；生长素产生于枝条顶端分生组织中，对花芽分化也起抑制作用；细胞分裂素多产于老熟的叶片，促进花芽分化；脱落酸与赤霉素有拮抗作用，可以促进花芽分化；乙烯对花芽分化有促进作用。激素对花芽分化的影响，不是通过其在植株体内的绝对含量实现的，而是取决于各种内源激素的平衡状态，只有各种激素达到适宜的比例时，才有助于花芽分化。

外界条件。光照、温度和水分对花芽分化均有影响。光照既影响营养物质的合成，也影响内源激素的生产平衡，充足的阳光有利于叶片光合作用、积累养分，在强光下，激素合成慢，特别是在强紫外线的照射下，生长素和赤霉素分解或活化受阻，从而抑制新梢生长，促进花芽分化。因此，果树在光照充足的条件下易形成花芽，树冠内自然透光率在 20％以下时，花芽分化受阻严重，达到 30％以上时有利于花芽分化，高于 50％时花芽分化旺盛。平均气温在 20～30℃时适宜花芽分化，低于 20℃时分化缓慢，低于 10℃花芽停止分化。适当干旱，土壤含水量在 10％左右时有利于板栗花芽分化。土壤含水量过高，新梢生长旺盛，细胞液浓度和激素含量降低，不利于花芽分化。但土壤含水量过低，也不利于花芽的分化。

3.1.3　叶

（1）叶片的功能。叶是制造有机养分的主要器官，叶片除了能进行光合作用外，还进行呼吸和蒸腾作用，通过气孔可以吸收水分和养分，生产上常用叶片这种功能进行叶片喷施追肥。

（2）叶片的生长发育过程。叶片的生长发育过程是从叶原基出现开始的，经过叶片、叶柄和叶托的分化，直到叶面展开、停止增大为止（图 8-10、图 8-11）。叶片随着新梢伸展而逐渐增多，叶面积也相应增大，到 5 月下旬，全树的叶面积大小基本稳定。

图 8-10　成熟叶

图 8-11　幼　叶

（3）叶的形状和大小。舒城板栗叶片为短圆状披针形或长圆状椭圆形，先端尖，叶缘有稀疏锯齿，齿端刺毛状，互生在枝条上，叶柄长 1.2～2cm，营养枝上的叶片自上而下陆续展开和生长。结果新梢上的叶片的生长，也有类似的特点。根据叶片生长的部位和动态状况，可大体分为 3 段；即下部叶（盲节以下叶）、中部叶（盲节段叶）和上部叶（尾枝叶）。下部叶有 2 次生长高峰，第 1 次高峰在混合花序露红期，第 2 次高峰期在苞片可见期。最早的中部叶要比下部叶晚 5d 左右，中部叶片自上而下顺次展开，展叶期可相差近 1 个月，停长期相差 20d 左右，除较晚的叶片只有 1 个生长高峰期，一般都有 2 个高峰期，中部叶的叶面积要比下部和上部叶小。上部叶自下而上，展叶期都相差 3～5d，即使高峰期也有规律的顺展，只有 1 个高峰期。最早展叶期要比中部叶晚 10d 左右，比下部叶晚 15d 左右；展叶期相差 35d 左右，停长期相差 25d 左右。

由于不同枝段上的叶片，成长时期不同，使叶片面积增长期较长。下部叶成长结束时的树冠叶片面积占最终树冠总叶片面积约为 50％，中部叶成长结束时期的树冠叶片面积占最终树冠总叶片面积的近 80％，直到 7 月中旬，上部叶才结束生长。一般下部叶占树冠总面积的 22％，中部叶占 40％，上部叶占 38％。

3.1.4 枝

（1）枝的功能。枝起支撑作用，是结果的重要部分，并承担营养运输任务。根部吸收水分和无机盐，通过枝的木质部导管运送到叶片，叶片制造有机养分通过枝的韧皮部筛管运输到全树各个部位，以满足植株生长结果的需要。按生长结果的性质，枝条分为营养枝和结果枝两大类（图 8-12、图 8-13）。

图 8-12 枝

图 8-13 干

营养枝。不结果的发育枝为营养枝。营养枝依枝龄可分为 1 年生枝和多年生枝。春季叶芽萌发的新枝在落叶前称为新梢；新梢自落叶后至第 2 年萌芽前称为 1 年生枝；1 年生枝自萌发至下年萌发前称为 2 年生枝；2 年生枝以上的枝条称多年生枝。1 年生枝按枝条的长度可分为短枝（5cm 以内）、中枝（5～30cm）和长枝（30cm 以上）。

结果枝。枝上着生花芽能开花结果的枝称结果枝。结果枝按树势强弱可分为强壮结果枝、一般结果枝和弱结果枝，结果枝结果后留下的疤痕称果痕。

（2）枝条的生长。枝条的生长包括伸长生长和加粗生长。

伸长生长。枝条伸长生长是由顶端细胞分裂和细胞纵向延伸实现的。舒城板栗新梢生长旺盛期是 4 月中旬到 5 月中旬，6 月中下旬基本停止生长（图 8-14）。新梢长度决定于生长时间的长短，短枝生长 10d 左右，即开始形成顶芽，长枝一般生长 70～80d，才停止生长。营养状况良好、水分充足、温度适宜，则有利于枝条的伸长生长。板栗枝条一般很少有自然二次伸长生长现象。

加粗生长。枝条加粗生长是由形成层细胞分裂分化实现的。新梢加粗生长并伸长生长同时进行，但加粗生长停止生长较延伸生长停止要晚，加粗生长受树体营养状况影响很大，营养状况不良，直接影响加粗生长，形成的新梢细弱。因此，枝条的加粗生长程度，反映了植株生长期间管理的好坏和营养水平的高低。

3.1.5 花

（1）花的结构。雄花花序在枝条上开花的顺序是自下而上，小花在花序上的开放顺序也是自下而上，呈无限型。每个雄花花序有小花 600～900 朵，每朵小花有花被 6 枚，雄蕊 9～12

图 8 - 14　新　梢

个，花丝细长，花药卵形，没有花瓣，每 3～9 朵小花组成一簇，花序自下而上每簇小花数逐渐减少，雄花花序的长短和数量，因品种而异，雌雄花数的比例为 1∶2 000 以上（图 8 - 15 至图 8 - 18）。

图 8 - 15　花　　　　　　　　　　　　　　　图 8 - 16　雄花花序

图 8 - 17　雄　花　　　　　　　　　　　　　图 8 - 18　雄　蕊

　　每个雌花花序有 3 朵雌花，聚生在 1 个总苞（栗蓬）内，正常情况下，授粉受精后发育成 3 个坚果，有时发育成 2 个或 1 个，但也有 1 个总苞内有 4 个以上的坚果，甚至 6 个坚果的情况（图 8 - 19）。雌花花序是中心花先开，为聚伞花序，1 根花轴有多个雌花序的，表现为总状聚伞花序（图 8 - 20）。自柱头伸出到反卷为授粉粉期，大约 25d，此期柱头上分泌黏液，有利于花粉萌发。

图 8 - 19　雌花花序

图 8 - 20　总状聚伞花序

（2）开花。舒城板栗开花期一般在 5 月中旬至 6 月中旬，雄花比雌花早 1 周左右开放。

3.1.6　果实

（1）果实结构。舒城板栗果实由果壳、种皮、果肉 3 个部分组成。果肉又可划分为胚芽、胚根、子叶和胚茎 4 个部分。果壳坚硬，其颜色有红色、浅红、大红、深红之分，外壳一般有光泽，有的油光，有的艳丽，形状上多为半球形。

种皮多为黄褐色，一般易剥离，种皮紧贴果肉，可起到抑制种子萌芽的作用。果肉多为乳白色、淡黄色、黄色（图 8 - 21）。

图 8 - 21　果　实

（2）果实性状。舒城板栗品味好，色泽亮丽，抗腐性强，较耐贮藏。这些均与当地的地理条件以及品种类型有关。

3.1.7　根

（1）根的功能。根能把栗树固定在土壤里，并从土壤中吸收水分、矿物质营养和有机物，能贮存水分和养分，根系还能合成激素，根系生长状况直接影响地上部分的生长和结果。

（2）根的种类。栗树根系发达，有主根、侧根、须根和毛细根。毛细根是直接从土壤中吸收水分和营养的器官。侧根在土壤中分布的状况，可分垂直根和水平根，在沙质土壤的栗园，土壤较均匀的地方，根系分布是上多下少，约80%的根系多分布在60cm深的土层中，土壤不均匀的地，根系呈现不规则的分布，地质好的区域，根系明显多，反之较少。根的垂直分布大体与树干相同，水平伸展范围与树冠比约为1∶1，吸收根则集中分布在树冠范围、深20～60cm的土层中。

（3）根的生长。板栗根的生长有2个高峰期，第1个高峰期是新梢停止生长时期，根系生长最快，此后根系生长渐缓；当果实采收后，根系则进入第2个生长高峰期，落叶后根系逐渐进入休眠状态，新的侧根1年可生长1m左右。不同层次的根系，停止生长时期也不相同，一般上层根系停止生长早于下层根系。土壤含水量对板栗根系生长有较大的影响，在栗树四周如果水分过多，排水不良，会使根系窒息而死；如果水分不足，则根系发育不良，同样会影响地上部分的生长发育。因此，开花前后，适当灌溉，对提高栗树的营养水平，促进地上部分生长有重要作用。

3.2　结果习性

3.2.1　结果年限

在一般的栽培条件下，舒城板栗栽后3～5年为试花期，6～10年为初果期，11～15年后进入盛果期。

舒城板栗幼树生长旺盛，特别是新枝接的幼树或低产树换冠改接的树，若能在新梢长到35～40cm时连续进行2～3次摘心，并对其砧桩上的萌蘖及时连续多次抹除，不仅可促使提前1～2年挂果，而且会有利于栗园矮化，达到早产丰产的目的。

舒城板栗经济结果年限长，百年以上的树仍能正常结果，而且坚果品质良好。

3.2.2　结果部位

舒城板栗结果部位是在生长势强的粗壮结果枝的顶端，每1个当年生结果枝结果后（图8-22），则变成第2年的结果母枝，第2年则可以在其先端再萌发2～3个当年生结果枝，形成结果枝组，每个枝的新梢都能连续结果，如蜜蜂球的结果枝，可连续5～7年结果（图8-23）。

图8-22　当年生结果枝结果

图8-23　结果枝组结果

3.2.3　授粉与结果

板栗树的雄花数高于雌花数的2 000倍以上，靠自花、异花风媒、虫媒授粉基本能够满足经济栽培需要。有些板栗树虽然能够授粉受精，但受精后没有形成果实，造成空蓬，这是影响板栗产量的1个原因。

板栗空蓬的原因，从胚胎学的角度分析，是由于初生胚乳核在胚囊中分裂几十个游离核后，就不再继续分裂，合子不能从胚乳中得到充足的营养而处于停顿状态，以致未能发育成幼胚。从发育生理学角度分析，是合子和胚乳细胞不能及时得到有机营养物质而停止分裂。如果授粉受精时（6月15～30日）能够提供足够营养（N、P、K、Mg、B、Ca、Zn等）促进体内蛋白质、脂肪、核酸以及活性物质（激素、酶、维生素）的合成，供给合子和胚乳细胞，它们就能正常地分裂发育。因此，在生产上，可以通过适时叶面追肥来解决。

图 8 - 24　丰产性能

3.2.4　丰产性能

舒城板栗根系发达，具备了良好的适应性，有较高的萌芽再生力，较强的抽枝能力和较好的连续结果的特点，不少品种具有良好的丰产性和稳产性（图 8 - 24）。

3.3　果实发育

3.3.1　果实大小

果实的大小，是由细胞的多少、大小决定的。细胞的数目越多、越大，果实越大。板栗果实的大小，因不同品种、不同管理水平和不同年份而不同。

6月15～20日，是受精卵细胞不间断的分裂生长发育成幼胚的关键时期，需要提供足够的营养物质。而果实的大小，则取决于7月下旬至8月上旬果实迅速膨胀期树体本身营养状况和外界营养物质的提供，以及成熟前20d的气温和水分供给情况。在此期间，若营养供给好、阳光充足、雨水充沛、生长发育良好，果实就大，反之，果实则小。

3.3.2　种子发育

种子发育与果实发育同步进行。种子发育可分 3 个时期，即胚乳发育期、胚发育期和种子成熟期。

（1）胚乳发育期。授粉受精后，胚乳细胞大量增殖，胚珠内的胚乳最先发育、分裂最快，胚乳细胞显著增加至 10 多个原胚，转变成鱼雷胚，使正在发育幼果迅速增大。

（2）胚发育期。当幼果形成后，胚乳细胞增速渐缓，此时胚开始发育，吸收胚乳营养逐渐成长，占据种皮胚乳空间，在胚迅速膨大期，幼果的体积增速变慢。

（3）种子成熟期。当胚占据种皮内全部空间后，幼果迅速膨大，此时果肉细胞不再增加，但体积达到了完全成熟时的状态，果实和种子逐渐成熟。

3.4　主要物候期

果树 1 年中营养生理和生殖生理的演变过程，即为果树的物候过程。每一个生长阶段，即是物候期。影响物候期的外部因素主要是温度。

3.4.1　萌芽

芽体从膨大开始到现花蕾或嫩叶分离为止的过程为萌芽期。花芽和叶芽的萌发进程不同，花芽达到生理分化温度下限时，即进行性细胞分化，如此时平均气温低于 8℃，则细胞分化也相应地向后推迟，而叶芽的分化一般要比花芽分化迟 3～5d。

3.4.2　开花

栗树一般在 4 月下旬开始出现雄花序，再过 5～7d 相继出现雌雄混合花序，5 月中、下旬至 6 月15 日前为盛花期，雌花授粉期长达 1 个月时间，从柱头露出 7～28d 为授粉适期。6 月 15 日后花序开始凋谢。

3.4.3 坐果与生理落果

花粉落到柱头上。花粉粒萌发进入子房受精后，胚乳开始分裂增殖，胚珠增大。谢花后的 15d（7月上中旬）栗树出现生理落果现象，这主要与营养缺乏有关，如提前加强田间管理、喷施多种元素微肥，摘除先期发育多余的雄花序等，均可减轻其生理落果现象。

3.4.4 果实膨大与成熟

果实进入膨大的时间，取决于胚的发育程度，当果实达到正常大小时，果实则进入了发育成熟期（图 8-25）。

果实进入成熟期后，栗苞表面变化很大。初期为绿色（图 8-26），进入可采成熟时期，总苞由绿变成淡黄或黄褐色，进而约有 1/3 的总苞开始出现裂缝露出坚果，此时栗实硬度增强，果面呈现深红、大红、赤红等颜色，食用时口感细糯、风味香甜、脆嫩可口，充分显示出舒城板栗的特色。

图 8-25 发育期果实

图 8-26 果实成熟前期

3.4.5 落叶

10月下旬至11月上旬，平均气温下降到8℃以下，叶片进入衰老阶段，叶绿素降解，逐渐失去鲜绿色和功能，叶片营养向枝干转移、积累，叶柄形成离层而脱落。

3.5 对环境条件的要求

环境条件对植株的生长发育起到极其重要的作用，因此在栽培过程中，应尽可能提供适宜植株生长发育的环境条件。

3.5.1 温度

温度是板栗树生存的重要条件之一，它直接影响栗树的生长和分布，制约着栗树生长发育的过程，板栗树的一切生理、生化活动都必须在一定温度条件下进行。

（1）基点温度。基点温度是能够满足板栗树正常生长的温度，包括最低温度、最适温度和最高温度。

最低温度又称临界温度，是板栗树一年中从休眠期转向生长期的起点温度，舒城板栗生长的临界温度为8℃。舒城板栗在全县生长最旺盛的时间是5～7月，5月平均温度21℃左右，6月平均温度26～27℃，就是舒城板栗最适宜生长和发育的温度，舒城板栗能耐受的最高温度是45℃。

（2）受害温度。极端高温和极端低温，均会造成舒城板栗植株的部分器官死亡，但造成整株死亡的现象较少。花芽分化期，如遇低温阴雨时间长达月余，会直接影响板栗树当年坐果率，秋季高温干旱（气温在38℃以上）也会造成板栗树凋萎现象，栗苞不同程度脱落，以及蓬厚、籽粒小、品质差的严重后果。

（3）有效积温。舒城板栗每个物候阶段都受到有效积温的影响，尤其是春季花芽分化期，影响更大。据调查，舒城板栗从花芽分化到花蕾的形成，需要 15d 时间，在此期间，若受到低温阴雨影响，光合作用不强，则花蕾发育不良，坐果率不高。

3.5.2 光照

（1）光照对树体营养的影响。光照是叶片进行光合作用的主要能源，光照过强或不足，都会影响植株的正常生长。若光照不足，叶小而薄，产生的营养物质就少，严重影响栗树的生长和开花结果。

（2）光照对花芽分化的影响。光照对花芽分化起着重要的作用，在一定范围内，花芽形成的数量随着光照强度降低而减少，花芽质量也随着光照强度的减弱而降低。同一株树上，树冠上部的花芽饱满充实，结果后，下年仍能抽生较强的结果枝；树冠下部枝的花芽则发育较弱，花芽饱满程度降低，结果后，下年多抽生雄花枝，很少抽生结果枝。

（3）光照对果实品质的影响。光照对果实内外品质都有很大的影响。光照促进果皮固有颜色和光泽的形成，促进果实近成熟期内含物质的转化。因此，光照条件好的部位果个较大、色泽较好，果肉饱满充实，食用时风味清香，甘甜可口。反之，光照条件差的部位果实偏小，果肉也不够充实，味淡。

3.5.3 水分

（1）需求量。水是栗树生命物质的重要组成部分，水分供应不足或过多，都会给营养生长和生殖生长带来严重影响。舒城板栗的叶片含水量占叶片总重量的 $60\%\sim70\%$，枝条含水量占枝条鲜重的 $50\%\sim70\%$，果实含水量占果实鲜重的 65% 以上。

栗树不同生长发育阶段，对水的需求量不同。花芽分化期水量过多则影响花芽分化。果实成熟期，如遇降雨或灌溉，果实增大增重明显；如水分供给不足，则发育不充实，栗苞厚、籽粒小。

（2）需水时期。板栗树对水的需要有 3 个较明显的时期：一是春季萌芽、开花坐果和新梢迅速生长期，在这一时期，生殖生长和营养生长同时进行，需水量大；二是果实迅速膨大期及花芽分化期，此时各组织细胞分裂迅速，同化作用强，蒸腾作用大，对水分的需求量也大；三是秋季落叶后，树体贮存养分，休眠需要一定的水分。

（3）耐涝性和抗旱性。舒城板栗较耐涝，短期栗园积水，对其生长影响不大。舒城板栗根系分布深、广，可以从土壤深层中吸收水分，短期内在土壤水分少或大气湿度低的环境中，仍能正常生长发育，表现出较强的抗旱性能。

3.5.4 土壤

（1）土壤质地。不同质地土壤对舒城板栗果实品质有显著的影响，沙质土栽植板栗果实品质最好，黏土地中栽培的板栗果实品质最差。

舒城板栗原产地的土壤以沙壤土、壤土为主，沙壤土栽培的舒城板栗树势较强，果实品质最好。黏土地栽植的栗树，虽然营养良好，树势也较强，但板栗树在生长过程中，由于土壤黏结，影响根部的呼吸作用，易使植株感染胴枯病害，结果受到影响，果实品质也较差。

（2）土壤酸碱度。板栗适宜在微酸性土壤中生长。舒城板栗产区土壤 pH $4.5\sim6.5$，适宜板栗生长。

4　育苗和建园

4.1　育　　苗

苗木质量对栗树的生长发育和经济生产年限都有直接影响，优质壮苗也是实现栗园早产、丰产的先决条件，对安全优质果品生产具有重要意义。

4.1.1　砧木苗繁殖

（1）砧木种类。

茅栗。以茅栗为砧木嫁接的舒城板栗植株抗寒、抗旱、亲和力强、生长健壮、结果早、丰产性好，适宜沙质土壤中栽培，是舒城山区培育板栗优质苗木的主要砧木之一。

板栗。指小油栗，通过播种育苗培育板栗嫁接砧木。

（2）砧木种子收集。从品种纯正、生长健壮、遗传性状稳定、无病虫害的植株上采集充分成熟的果实，采收后将果实堆积在阴凉处，堆积的厚度不要超过 50cm，上盖稻草等透气覆盖物，堆积处温度应保持 25℃左右，3～5d 后揭去覆盖物、摊开剥出栗籽，随后，拣去杂质不规则的劣种，摊凉在阴凉处 3～4d，晾干胚水，即可沙窖贮藏，以备翌年春季育苗。

（3）砧木种子的沙藏。油栗种子采收后，必须经过一定时间的低温后熟过程才能萌发。若环境条件不适宜，则后熟作用缓慢或停止。沙藏的地点应选择阴凉通风处，切忌阳光曝晒，种子与沙的比例按 1：4 处理，沙的湿度以用手能捏成团，放手即散开为准。初窖期 1～2 个月内，应每月翻动 1～2 次，11 月后每月翻动 1 次，严防种子呼吸温度过高、变质腐烂。

（4）种子活力鉴定。为保证种子发芽整齐，幼苗生长健壮，播种前需要进行种子活力鉴定，种子活力鉴定采用发芽试验和染色法进行，以鉴定结果确定播种量。

（5）砧木苗培育。砧木苗培育方式，有直播育苗法和移植育苗法 2 种。直播法是指大田播种后直接生产苗木的方法，育出的苗木主根发达，但侧根较少。移植法是指在苗圃培育砧木小苗，然后再移栽到大田培育苗木的方法，育出的苗木侧根发达。播种时期一般分秋播和春播。秋播 11～12 月进行，常用直播育苗法；春播一般采用移植育苗法或直播育苗法。直播育苗方法如下：

苗圃准备。选择排水条件好的沙壤地做苗圃。播种前每 666.7m² 面积施饼肥 100～150kg，将土地深翻、耙平后起垄。为节约土地，可采取宽、窄行条状播种方法，窄行 20～24cm，宽行 40～45cm。板栗属深根性乔木，若翻耕过深，影响侧根生长，因此，育苗苗圃耕作深度一般不宜超过 35cm。

播种。春季播种一般从 2 月开始，耙平耙细苗床，然后开沟条播，沟深 4.5cm，将种子排放在沟底，边平整边封沟，使种子上覆土 2.5cm 厚。然后在苗床上覆盖地膜，以增加土温，保持湿度。种子发芽出土后，逐步将地膜去掉。为防治地下害虫，播种后可在苗床上均匀撒播掺入麦麸等饵料的毒土，诱杀地下害虫。

砧木管理。为当年达到嫁接要求，应加强苗木管理。砧木苗出土后，要及时进行中耕除草、松土保墒。幼苗生长到 20cm 左右，追施尿素和复合肥，每 666.7m² 每次用量 10kg，追肥后灌水，并加强病虫害防治。苗高 30cm 时，进行摘心，使苗木增粗。为促进侧根生长，对直播苗可用铁锹从幼苗侧面，距苗基部 15～20cm 处，与地面呈 45°角断根，以增发侧根。到 7 月下旬，砧木即可达到芽接粗度，芽接前 3～4d 灌水 1 次，以利砧木皮层剥离，提高嫁接成活率。

移栽定植。在舒城多数地方均采用对幼苗先移植，待幼苗成长 2～3 年后再进行嫁接，移植的株行距一般为 4m×（4～5）m。上年 11～12 月整地，翌年 3 月中旬定植；定值前，开挖长、宽、深各 1m 的定植坑，表土、心土分开放置；定植时先将上层表土填入坑中，然后边栽植边填上中下层分化后的土壤。

4.1.2 嫁接

（1）接穗采集与贮藏。从综合性状优良、树体健壮、性状稳定的成年板栗树上，采集生长充实、芽体饱满、无病虫害的1年生发育枝或结果枝做接穗。春季嫁接用的接穗，可于冬季修剪时进行采集，每50枝为1捆，沙窖或剪成20～30cm枝段封蜡贮藏备用。

沙窖贮藏法。将接穗短截成20～30cm长的枝条，按每50支为1捆，接穗与地表成30°角，用湿沙把接穗埋起来，地窖的温度最好在0℃左右。若秋季芽接，可以随采穗随嫁接，剪去生长不充实的部分，嫁接时立即剪去叶片，保留0.5～1cm长叶柄，以减少水分蒸发，每10～30根为1捆，用湿麻袋或湿纱布包好备用，当日用不完的接穗，将下端插入水中3～4cm，放在低温阴凉处，每天早晚各换1次水。

接穗封蜡。春季接穗一般在嫁接前封蜡。封蜡前，先将接穗放在清水中浸泡一夜，然后洗净穗条上的泥沙，晾干后，放入60～70℃工艺石蜡溶液中浸过，边浸放，边取出，使其接穗表层蒙上一层薄薄的石蜡。

（2）嫁接方法。包括芽接、枝接等。

T形芽接。此法一般多采用于1年生砧木苗的嫁接，通常在7月中旬至8月中旬，砧木和接穗形成层处于易剥离期进行，嫁接后若不剪砧，当年接芽不萌发，翌年春季剪砧后接芽萌发，生长旺盛。

削接穗时，先在接芽的上方0.5cm处横切一刀，要求环切枝条3/4周、深达木质部，再从芽下方1.5cm处向上斜削一刀，用右手拇指压住刀背，由浅而深向上推到切口时，用手捏住叶柄和芽，横向用力取下盾形叶片，芽片长度为2cm左右。芽片取好后，在砧木距地面6～10cm的光滑部位横竖各切一刀，切成T形切口，深达木质部，横切口长于芽片上边，竖切口与芽片长度相当，然后用嫁接刀的尾端塑料片剥开T形切口，将接芽插入切口皮内，使接芽的横切口与砧木的横切口相接，上端留1cm，下部绑两道，再转向芽上部绑两道，叶片基部要绑紧，叶柄、叶芽露在外边，然后系上活结，芽接过程中勿用力捏芽或将芽体全部绑在薄膜里，以免使芽体受伤。

T形芽接法优点是嫁接成活率高。缺点：一是嫁接速度慢；二是可以嫁接的时间短；三是接穗利用率低。

带木质部芽接。一般春季到秋季，只要有芽体饱满的接穗，砧木能够产生愈伤组织的时间内都可进行，尤其是当砧木和接穗不易剥离时或早春用贮藏的1年生枝条做接穗时多采用带木质部芽接法。

削接芽时，从芽上方1～1.5cm处向下斜削一刀，长2.5～3cm、芽体厚2～3mm，在芽下1～1.2cm处沿45°角倾斜向下切入木质部至第一切口底部，取下带木质部的盾形芽片。再用同样的方法在砧木距地面5～10cm处，削成与接穗芽片形状基本相同略长的切口并切除砧舌，将带有木质部的接芽嵌入砧木切口中，对齐形成层，最后用塑料薄膜包紧扎严。春季嫁接时仅露芽柄和芽，萌芽生长15d再松绑，否则易被风折断；秋季嫁接时不露芽、不解绑，翌年立春萌芽时再解绑。

上述2种方法是芽接，而舒城地区板栗嫁接的主要方法是枝接。枝接一般在砧木树液开始流动、芽尚未萌动时进行。枝接的时间较短，但接后生长速度快，当年可形成优质苗，枝接方法主要有2种，分别是插皮接和腹接，方法如下：

插皮接。砧木直径在2cm以上者均可进行插皮接，在需要嫁接的部位选一光滑无节疤处锯断或剪断，断面要求与枝干垂直，锯平滑，以利愈合，然后将接穗枝条先削1个长3～5cm的长削面，再在对面削一个小削面形成楔形，接穗留2～4个芽，顶芽留在大削面对面，接穗削的厚度一般在0.3～0.4cm。在削平的砧木切口下选一光滑处划一纵切口，比接穗稍短一些，深达木质部，然后插入削好的接穗，长削面对着木质部，插时要留0.5～1cm，最后薄膜绑缚即可，要求将切口和皮缝都包严实，接穗及砧木用塑料袋套住，以减少水分蒸发，注意绑扎时不要碰接穗。

腹接法。即在接穗下端3～4cm处倾斜向下削一刀，再在背面倾斜削一刀，随后在砧木的突出面，用刀向内倾斜切入，再将接穗大斜面朝里，小斜面朝外插入切口处使其接穗两斜面与砧木切口两侧斜面基本相吻合后，剪去砧木接口以上部分，用塑料薄膜包严扎紧即可。此种方法操作简便，易于掌握，成活率高，深受广大栗农欢迎。

4.1.3　嫁接苗管理

（1）检查嫁接成活率。夏秋芽接 10～15d 后，若芽片新鲜，叶柄一触即落，表明嫁接已经成活。否则，应及时补接，枝接 3～4 周后，若接穗韧皮部保持青绿色，接芽已经开始萌动，表明已经成活，未成活的接穗则皱缩干枯，需补接。

（2）解除绑缚和剪砧。春季芽接和枝条腹接，可在嫁接的同时剪砧或在嫁接前后剪砧均可。嫁接后若接口已经完全愈合应及时解绑，以免薄膜勒进皮层，影响新梢生长，绑缚物勒进皮层时，可用利器将薄膜划断。7 月中旬前芽接，可在嫁接后 10d 剪砧，待芽接萌发，绑缚物影响接芽生长时及时解绑。8～9 月嫁接的苗木，一般当年不让接芽萌发，秋季落叶后或翌年春季萌芽前剪砧，剪砧一般在嫁接口上 0.5～1cm 处进行，剪口要平滑，呈马蹄形，近芽侧面略高。春季枝接，一般在剪砧后进行，5 月底当接口完全愈合时，应及时解除包扎物，解绑时间不宜过早或过晚，过早松绑影响芽生长，过晚松绑易引起断枝，因此，应经常检查接穗生长情况。

（3）除萌抹杈。剪砧后及时抹除砧桩上的萌芽，以集中养分促进接芽（枝）的生长，多次进行，直到砧木无萌蘖为止；合理抹除接活新梢上的过多枝条，以及适时摘心以便促进树冠早日形成、早挂果。

（4）其他管理。幼苗生长过程中，及时除草松土，追施肥料，可于 7 月中旬喷施 1 次 0.3% 磷酸二氢钾，同时适量根施三元复合肥。对危害栗树的金龟子、大小袋蛾、红蜘蛛等害虫，要及时防治。

4.1.4　苗木出圃

（1）出圃方法。苗木在秋季落叶后至翌年 3 月下旬均可出圃。苗木出圃前若土壤干燥，要灌 1 次水，以免起苗时损伤过多须根。灌水后 2～3d，待土壤疏松即可起苗。起苗时要尽量保持根系完整，起苗时进行苗木分级。苗木起出后如不立即定植的应集中假植。

（2）苗木规格。苗木达到一定的标准才能出圃，否则应继续培育。合格的栗树苗应具备以下标准：苗木高度在 0.8m 以上，嫁接口以上 10cm 处的粗度不小于 0.8cm，苗木无病虫害、无干缩皱皮；根系新鲜、无病虫害、主侧根完整，侧根应在 3 条以上，并且分布均匀、舒展，长度在 15cm 以上，须根多；嫁接口以上 45～90cm 的枝干，即整形带内有邻接而饱满的芽 6～8 个；如整形带内发生副梢，副梢上要有健壮的芽；嫁接口愈合完全，接口光滑。

在具体实践中，优质苗按大小、根系完整程度又分为 3 个等级。1 级苗高度一般 80cm 以上，2 级苗苗高 60cm 以上，3 级苗高 50cm 以上。

（3）苗木假植。出圃苗木若不立即定植就需要假植。在背风向阳、地势干燥、排水良好的地块，挖深 50～70cm、宽 100～150cm 东西走向沟，沟长度以苗木的数量而定。先把沟底 10cm 的土层刨松并使土壤湿润，然后从沟一头开始，将苗木松开，依次斜靠在沟内，排完 1 层后埋盖 1 层湿润的细土（河沙更好）并抖动苗木，使土壤与根系密切接触，然后排第 2 层，直到排完。要使根系和根须颈以上 30cm 完全埋入土中，不能留有空隙，埋好后灌水，待水渗下去后，在表面用湿土埋封，防止表土干裂失水，假植期间土壤湿度应保持 60%～80%，春季气温回升后，适当降低土壤湿度。

4.2　建　园

建园要因地制宜，对小区划分、林带设置、道路规划、排灌系统配置、品种组合、栽培密度及栽培方式等进行科学设计、合理安排。

4.2.1　园地选择

选择交通便利，地势平整，土层深厚肥沃，土质为沙土、沙壤土，排污条件良好、年平均温度在 8～15℃，最冷月平均温度不低于 -8℃，极端最低温度不低于 -15℃，大气土壤及水质量符合国家有关标准的地块建园。

4.2.2　园地规划

（1）小区。根据地块形状、现有道路和水利设施等条件，划分若干小区，小区面积以 5～10hm²，形状以长方形为宜，长宽比例为（2～3）：1。

（2）道路。道路分为主干道、次干道和区内作业道。主干道宽 12m 左右，要求位置适中，贯穿全园，连接外部交通线；次干道宽 6～8m 为小区分界线，与主干道和小区作业道相连；小区作业道与次干道相连，路宽 5m。

（3）防护林。防护林既可防止风灾，又可减少土壤水分蒸发、植株蒸腾和减轻冻害。特别是山区靠北坡栗园早春易受冻害，对栗实年产量影响较大。因此，因地制宜建造防护林带特别重要。林带树种应以乔、灌结合。主林带一般 4～6 行，宽 10～12m，林带内树木栽植行株距，乔木为（2～2.5）m×（1～1.5）m，灌木为（1～1.5）m×（0.5～0.7）m。防护林树种应适应当地气候、土壤与环境条件。乔木要求生长迅速、树体高大、枝繁叶茂、树冠紧密、寿命长；灌木要求枝繁叶茂、抗逆性强、根系发达，不影响栗树生长，自身具有较高的经济价值。乔木可选择杨、柳、桑树等高大速生树，灌木可选用油茶、茶叶、紫穗槐等经济价值较大的树种。

（4）排灌系统。可充分利用山区水库开设引水支渠进行灌溉。在条件具备的地方采用灌溉系统控制设备（水泵、水表、压力表、过滤器等），通过干管、支管、毛管等组成灌溉系统。通过这个系统可以进行喷灌、滴灌。对地下水位低的洼地、沙滩地及坡度较大积水面广的栗园要进行排水系统的规划，防止地表径流和涝害。排水有明沟排水、暗沟排水以抽水排水 3 种。

4.2.3 定植技术

（1）定植。舒城板栗因根系发达、树冠大、树势强，所以丰产期大树以稀植为宜。为兼顾早期经济效益，生产上常采用早期密植、后期间伐的方法。定植株行距一般为 4m×（4～5）m。

（2）定植时期。秋季栗树停止生长后到翌年 3 月中旬。秋季定植以秋末冬初土壤未上冻前为宜；春季定植以土壤解冻后，树液萌动前进行。秋季定植时地温较高，定植后伤口可以愈合，并继续生长，成活率高，缓苗期短，有利于促进翌年春季植株健壮生长；春季定植，由于地温低，根系伤口愈合慢，缓苗期较长。

（3）定植方法。在定植前先统一定点挖穴，定植长、宽、深均为 1m，定植时每株施足 35～50kg 土杂肥或等量的堆制作物秸秆或 0.15～0.5kg 有机复合肥或 2～3kg 腐熟的饼肥，0.5～1kg 过磷酸钙的施肥量，将土壤与肥料混合均匀填入定植穴，边填边踏实，填至距地面 20cm 处时，将优质苗植入，最后以苗为中心做成直径 1m 的树盘，并立即灌透水。水下渗后，以苗木根颈和地面相平为宜，不可将根颈埋在土内，以免影响正常的生长发育。为防止水分蒸发和树干摆动，在树干周围培成土堆，春季幼苗萌芽时及时扒开。

（4）定植后管理。定植第 1 年 5 月在根盘内追施 1 次尿素，追肥后立即灌水，并覆 1 层细土，7月底 8 月初追施 1 次氮、磷、钾复合肥。先用木桩在距树干 30～40cm 处，每株打洞 3 个，深 10cm，每洞施 0.2kg 肥料，封上洞口，灌透水，6～10 月结合病虫防治，喷施 0.3％的尿素和 0.1％磷酸二氢钾 3～4 次。为了充分利用行间空地，可间作豆类、花生、矮秆药材等作物，间作要留出至少 2m² 的树盘空地。

4.2.4 栗树大树移植

（1）移栽技术。一般 30 年以下生长健壮的栗树均可移植，以 20 年生以内的为宜。移植前锯掉病虫枝，基干过密的大枝以及层间过渡枝，适当保留部分骨干枝和 2 年生枝，9 月对拟移栽的大树进行断根处理，使其形成愈伤组织。落叶后至翌年芽体萌动前均可移栽，但以落叶后至土壤封冻前为好。

移栽前，首先在定植点挖大坑，按每株施有基肥 20～30kg，过磷酸钙 2～3kg 的标准施肥，将土壤与肥料混合备用。用草绳捆绑好栗树根部土球，运到定植点，放入定植穴，填土灌水后，用力摇动树干，使整个根系立足灌透水的稀泥中，然后封土固定，铺地膜或覆草保湿。

（2）移栽后的管理。削平伤口，涂抹多菌灵 500 倍液保护，防止感染病害；较大的伤口要用胶泥封口，再用塑料薄膜包严或用石蜡封口。当年冬季彻底刮除主干及主枝上的老翘皮和病斑等并集中烧掉，对刮后涂白或用 5 波美度的石硫合剂处理。在生长期要加强病虫害防治，保叶保枝。

（3）其他管理。当年要保持土壤湿润，加强水肥管理，中耕除草，尽量促其多发枝，以利于树体正常生长；成活后按要求进行整枝修剪。

4.3　高接换种

高接是品种更换、提高杂交育种工作效率的有效方法之一。采用一次性高接换种方法（图 8 - 27），可以在高接后，第 3～4 年恢复树冠幅度和产量。

图 8 - 27　高接换种

4.3.1　高接前准备
（1）高接前管理。加强水肥管理，对需要改接的树，需在改接前 1 年秋或当年早春施足基肥。

（2）整形修剪。即对原树体基部多主枝以及上层较多的骨干枝，应适当疏除，第 1 层留 3～4 个主枝，第 2 层每个主枝上保留 2～3 个骨干枝，并均匀分布，骨干枝数量保留 6～8 个，直径在 0.4～0.5cm 为最好。

（3）接穗准备。冬季修剪时，可将生长健壮、枝芽充实的 1 年生枝条选留做接穗，每 50～100 根捆成 1 捆，放在地窖湿沙里贮藏，第 2 年春季备用，也可在春季随采随用。

（4）嫁接工具、材料。高接要准备好嫁接刀、修枝剪、手锯等工具，并用酒精擦洗工具或将工具放入 3～5 倍的浓碱水中浸泡 6～12h 进行消毒处理，同时备包扎用的塑料条。

4.3.2　高接时期与方法
（1）高接时期。舒城板栗高接的最佳时期是 3 月中旬至 4 月初。

（2）高接方法。春季高接主要采用切腹接，也可采用切接、劈接和插皮接。

（3）包扎方法。主要采用全包扎法，包扎时选用宽 1.5～2cm、长 50～60cm 的地膜条把接穗接口及砧木的断面一起包住扎紧扎严。

4.3.3　高接后的管理
（1）除萌抹权。高接树在接芽萌发同时，砧木上隐芽也大量萌发，放松管理极易导致枝条紊乱、损失营养，严重降低嫁接成活率。因此，要反复及时抹除萌发隐芽，同时适当抹除接穗上过多的萌发梢（图 8 - 28）。

（2）树体支撑。由于属大树高接，树体营养丰富，极易造成成活新梢过于旺盛生长，头重脚轻，易受风折，故要适时在其原骨干砧上捆绑支撑，将新梢系在支撑上，可以避免风害，确保嫁接成果。

（3）摘心。当嫁接成活新梢高生长达到 30cm 以上时，要适时进行摘心，促其嫁接伤口进一步愈合，多发侧枝，当二次新梢再生长 30cm 以上时，可进行二次摘心，可促使树冠早形成、早挂果。

（4）松绑。5 月底前后，要及时解除已完全成活、愈合完好的枝条薄膜，以免薄膜勒进皮层，影响枝条正常生长，但解绑不要过早，以免枝条被风折断。带花芽嫁接的枝条，开花结果后解膜。

图 8 - 28 除 萌

（5）补接。高接后 20～30d 检查成活率，对未成活的枝条及时补接。春季抹芽时，在缺枝部位留下补接的枝条，7 月可采用单芽腹接法进行补接，补接成活 10d 左右，在接芽口上部 1cm 处剪砧，当年还能抽生新梢。

（6）其他管理。改接后应立即灌水，以利成活抽枝。高接当年一般不需土壤施肥。生长期间，可结合病虫防治，喷 4～5 次叶面肥，促花芽形成。当年冬季修剪要遵照"轻剪、长放、快形成、早结果"的原则进行修剪。枝条形成较多花芽，可在枝条的 2/3～3/4 处短截，若在枝条上部有少量花芽，就实行长放。

5　土、肥、水管理

5.1　土壤管理

土壤管理是根据土壤特点、地形和板栗树生长状况，采取科学合理的管理方法，达到增加土层厚度、提高土壤肥力、改善土壤结构和理化性状的目的。

5.1.1　土壤改良

（1）黏土改良。黏土地矿物营养丰富，有机质分解缓慢，利于腐殖质积累，保肥能力强、供肥平稳持久。但由于黏粒含量大，孔隙度小，透水、通气性差，不耐旱涝，在这种条件下，板栗树根系呼吸困难，易造成树体病害，不利于栗树正常生长发育。

改良黏重土壤的主要方法是掺沙，每年冬季在土壤表层铺 5～10cm 厚的沙土，也可掺入炉渣，结合施肥或翻耕与黏土掺和。在掺沙的同时，增加有机肥、杂草、树叶和作物秸秆等，改善土壤通气、透水性能，直到改良的土壤厚度达到 40～60cm，机械组织接近沙壤土的指标。

（2）沙土地改良。沙质土壤成分主要是沙粒，矿质养分少，有机质缺乏，透水、通气性强，保水保肥性能差，沙土热容量小，夏季高温易灼伤根系，冬季低温易冻伤根系。由于土壤营养贫乏，有机质含量低，一般树势较弱，产量低。

沙土地改良主要以淤积沙，可与黏土改造结合进行。将沙土运往黏土地，同时将黏土运至沙土地，一举两得，减少费用。同时，结合种绿肥、增施有机肥等措施，逐步提高沙土栗园的土壤肥力（图 8 - 29）。

（3）山坡地改良。土层浅薄、下部常含砾石，肥力低、水土保持性差，影响根系生长。可沿等高线建造梯田，不断深翻土壤，拣出石砾，加厚土层。

（4）低洼地改良。地下水位高、土壤通气条件差，常引起根腐，甚至死亡（图 8 - 30）。

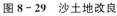

图 8 - 29　沙土地改良　　　　　　　　　　图 8 - 30　低洼地改良（起垄）

降低栗园地下水位，除建好排水系统外，还可开沟筑垄，使地下水位保持在地下 0.7m 以下；垄可抬高地面，同时使栗园沟与排水系统相连，以便及时排除积水。

5.1.2　土壤翻耕

土壤翻耕有利于改善黏性土壤结构和理化性状。但若翻耕的方法不当，常造成树势衰弱，特别是对成年大树和在沙性土壤栽植的树，这种现象十分明显。

（1）土壤深翻。因板栗是深根性的果树，在土层深厚、地下水位低的土壤中，根系深度可达到 2.5m 以上，深翻能增加活土层厚度，改善土壤结构和理化性状，加速土壤熟化，增加土壤空隙度和保水能力，促进土壤微生物活动和矿物质元素的释放，改善深层根系生长环境，增加深层吸收根数，提高根系吸收养分和水分的能力，增强稳定树势。

定植前能全面深翻是最佳选择，定植前没有全面深翻的，应在定植后第2年深翻，一年四季均可进行。成年栗树一般不进行大规模深翻，只在秋施基肥时适当挖深施肥穴，达到深翻的目的。冬季深翻伤口愈合慢，当年不能生出新根，有时还会导致根系受冻。春季深翻效果最差、深翻截断部分根系，影响开花坐果及新梢生长，还会引起树势衰弱。

若是开沟定植的栗树，定植第2年顺沟外沿挖条状沟，深60～80cm，并逐年外扩，3～4年完成；对穴状定植的栗树，采用扩穴法，每年在穴的周围深挖60～80cm，直到株间行间接通为止。盛果期的栗园深翻，一般隔年进行，挖沟应距树2m以外，沟深、宽各60～80cm，第2年再深翻另一行，以免伤根太多，影响树势。结合深翻，沟底部施入杂草、秸秆等，并拌入少量氮肥，以增强土壤微生物活力，提高土壤肥力，改善土壤保水性和通气性。

深翻应随时填土，填土后适当灌水，使根系与土壤充分接触，防止根系悬空，无法吸收水分和养分。沙土地如下层无黏土或砾石层，一般不深翻，以免增加沙蚀程度不利于水土保持。

（2）土壤浅翻。栗树吸收根主要分布在20～60cm土层中，因此结合秋季撒施基肥，全园翻耕20～40cm深，对植株生长十分有利。行间距较大的栗园可用机械操作，行间距小的适宜人工浅翻，翻后立即耙平保墒。浅翻应在晚秋进行，每隔2～3年1次，浅翻应距树1.5m以外进行。

（3）栗园中耕。中耕是调节土壤湿度和温度、消灭杂草的有效措施。春季3月底4月初，杂草萌生，土壤水分不足、地温低，中耕对促进开花结果、新梢生长有利，夏季阴雨连绵、杂草生长茂盛，中耕对减少水分、抑制杂草生长和调节养分有利。中耕时间和次数根据土壤湿度、温度、杂草生长情况而定。

5.1.3　土壤覆盖

土壤覆盖主要材料有作物秸秆、杂草、枯枝落叶、绿肥、植物鲜体有机物等。

（1）有机物覆盖。全园覆盖10～15cm厚度的作物秸秆等能起到调节土壤温度、改良土壤的作用。有机物覆盖缺点是易引起根系向上生长，为防止风吹掀动覆盖物或不慎着火，可在覆盖物上加1层薄土。

（2）其他覆盖物。沙土地覆盖黏土可防止风沙侵蚀、水土流失，也可缩小地温变幅、改善土壤理化特性。沙土地覆盖沙粒、炭渣除了有利于增加土壤昼夜温差，提高果实含糖量，还可改善沙土的通透性，从而有利于栗树根系生长。除此以外，还可利用地膜覆盖等。

5.1.4　生草与化学除草

（1）栗园生草。

生草的作用。栗园生草能起到改良土壤结构、调节土壤温度、保肥保水以及有利于栗园的生态平衡，改善栗园生态条件的作用。

生草技术。对土层深厚、肥沃、根系分布深、株行距离大、光照条件好的栗园，可全园生草；反之对土层浅而瘠薄、光照条件差的栗园可采用行间生草的方式。

选择草类的标准是株形矮小或匍生，适应性强、耐阴耐践踏、耗水量小、与果树无共同病虫害并能引诱天敌。舒城栗园的主要品种可选择紫穗槐、苕子、红花草、草木豆科作物等。自春季至秋季均可播种，一般采取划沟条播方法，春季在3～4月、秋季9月最宜播种。

为控制草的长势，一般草高30～40cm时，进行刈割。一般1年2～4次，割草要掌握留茬高度，一般豆科留1～2年分枝，禾本科要留有心叶。

生草的栗园要适当增施氮肥，生长期果树根外追肥3～4次，生草4～5年后，草逐渐老化，应及时翻压，休地1～2年后，重新播种。翻压以春季为宜，翻后有机物可迅速分解，土壤中速效氮肥激增。因此，当年应适当减少或停施氮肥。

（2）化学除草。对于清耕栗园，夏季若遇连阴雨，无法中耕除草，影响果实膨大和花芽的形成，还因通风透光条件恶化，加快果实病害的发生，降低果实品质。为避免草荒，可采用化学除草剂除草，但要选择无风时喷药，注意人畜安全。

5.1.5 绿肥种植与栗园间作

（1）种植绿肥优点。

改良土壤。增加土壤有机质含量，促进土壤团粒结构的形成，降低土壤容重，增强土壤通气性能，使水、肥、气、热更加协调。同时，种植绿肥还促进了土壤微生物的活动，有利于有机质的分化和无机养分的释放，显著提高了土壤的有效养分的含量。

改善栗园的生态环境。绿肥刈割后覆盖地面，可调节地表温度，有利于根系的生长发育。绿肥作物可增加栗树害虫天敌的数量种类。

节约施肥成本。利用栗园内外空闲地种植绿肥，只需投入少量的无机肥和绿肥植物种子，便可获得大量有机肥，节约了施肥成本。

提高品质。由于种植绿肥增加了栗园土壤的有机质，从而明显地提高了果实的含糖量和维生素含量，致使果实风味和外观品质得到了改善。

（2）绿肥种植的品种选择。根据土壤类型、气候条件、树龄大小及栽培密度，选择适宜种植的绿肥品种。舒城地区栗园秋冬季种植绿肥植物品种大体有油菜、蚕豆、豌豆、苕子等，春季种植的品种有花生、绿豆、豇豆、草木樨等。

（3）绿肥种植技术。以条播为主，便于刈割、翻压。与树干保持一定距离，防止与栗树争肥、争水、影响通风透光。在播种时按 $750kg/hm^2$ 的标准撒施过磷酸钙，可起到以磷促氮的作用。固氮作物苗期固氮瘤未形成时，追施少量氮肥助苗生长，增加鲜草量。每次刈割后，少量施肥水，可使绿肥生长茂盛。当绿肥长到一定高度，影响栗园通风透光时，要及时刈割。割下来的鲜草覆盖于树盘间，也可开沟埋压。豆科绿肥花荚期养分含量高，应在此时刈割。多年生绿肥连续生长3～4年后翻1次，隔年后再种。

（4）栗园间作。幼龄栗园行间空地较大，为有效地利用土地和光能，增加前期收益，栗园可间作一些粮、油等经济作物，作物收获后秸秆归还栗园做肥料。

间作种类。豆科作物有固氮能力，可提高土壤肥力，是栗园理想的间种品种，如花生、大豆、蚕豆、绿豆、豇豆、红豆等。经济价值高，植株矮小，对栗树生长影响不大，可供选择的有大蒜、洋葱、胡萝卜、花椰菜等。投入少，收益高的中药材，如沙参、党参、板蓝根、柴胡、甘草等。瓜类秧蔓匍匐于地，对土壤起到覆盖作用，可节约土壤水分和温度，如甜瓜、西瓜等。蜜源植物，如油菜等（图8-31、图8-32）。

图8-31 栗园间作（蚕豆）　　　　　　图8-32 栗园间作（油菜）

间作原则。给栗树生长留足空间，幼树间作物离干在1.5m外，成林栗园在树冠垂直投影以外种植。不可种植高秆作物，如高粱、玉米、棉花，这些作物影响通风透光，耗肥耗水量大，影响栗树正常生长。避免与病虫共生，棉花易滋生红蜘蛛、棉铃虫，白菜易生大绿浮尘子，玉米易招致桃蛀螟，这些作物均不宜在栗园间作。

5.1.6 栗园综合利用

（1）果、牧生产模式。利用栗园空闲地种植牧草，用牧草饲养家禽、家畜，禽畜粪便处理后回归栗园做肥料，达到果业、牧业双丰收。选择适应性强、产草量高、禽畜适口性好的饲草种植。如多年生的黑麦草、苦麦、紫花苜蓿、菊苣等。

（2）建沼气池。利用畜禽粪便建立沼气池产生沼气，不但能清洁环境，还能为家庭提供新型能源，为栗园提供安全的有机肥。

（3）食用菌生产。栗树修剪下来的枝条、板栗外壳粉碎后，可以用作香菇等食用菌的培养基。春季栽培，每年可采菇 4～5 茬，每 100kg 木屑年产香菇 100kg。

5.2　栗园施肥

5.2.1　施肥特点及施肥原则。

（1）需肥种类。栗树在生命活动周期中，需要吸收多种营养元素才能正常生长发育、开花结果。最主要的有碳、氢、氧、氮、磷、钾、钙、镁、硫、铁、锌、锰等元素，这些营养对提高产量和品质具有良好的促进作用。

（2）不同树龄的需肥特点。幼龄期以长树为主，需要大量的氮肥和适量的磷、钾肥，以迅速增加枝叶量，形成牢固的骨架，为结果打好基础。初果期树担负长树和结果的双重任务，与幼树相比，须适当减少氮肥比例，增加磷、钾肥，以缓和树势，促进花芽形成。盛果期栗树以结果为主，此期树体结构、产量基本稳定，应保证相对稳定的氮、磷、钾三要素供给量。对进入衰老期的栗树，应适当增加氮肥，促进隐芽萌发、枝条营养生长和根系更新。不论树龄大小，在重视氮、磷、钾肥料施用的同时，都不能忽视其他营养元素的补给。

（3）不同物候期的施肥特点。板栗在年生长的周期中，不同时期需肥种类和数量各不相同，4月下旬至 5 月中旬为全年第 1 个需肥高峰期，对氮肥需求最大，其次为钾肥。6 月后枝叶停止生长，需肥平衡而且相对较少，但花芽开始分化，对磷肥的需求量增加。7 月中旬至 8 月中旬为第 2 个需肥高峰期，果实迅速膨大，为提高产量和品质，应适当增施钾肥。

5.2.2　施肥原则

以有机肥为主，土壤有机质含量是土壤肥力的重要指标之一。有机肥是优化土壤结构、培肥地力的物质基础，具有肥力平稳、肥效全面、活化土壤养分、增加微生物数量、改善土壤理化性状等优点，对提高板栗果实品质有重要作用。

5.2.3　栗树常用肥料种类

允许使用的肥料有有机肥、化肥、生物菌肥及其他经农业部门登记允许使用的肥料；禁止使用的肥料包括未经无害化处理的城市垃圾，含有重金属、橡胶和有害物质的垃圾，未经腐熟的粪肥，未获准有关部门登记的肥料等。

5.2.4　施肥量的确定

要确定一个科学合理在任何园区都适用的施肥量是难以实现的，因为影响肥效的因素较多，且这些因素常常变化。如园区土壤肥力、理化性质、树龄、树势和负载量、田间管理水平、施肥方法、天气状况等因素都影响施肥量。因此，生产上只能先根据一般情况进行理论推算，在此基础上，再根据各因素的变化调整施肥量。

确定施肥量的较好方法是平衡施肥法。较为合理的施肥量，是指植株在年生长周期中，各器官吸收消耗的各种营养成分总和，但要准确计算出这个数据十分困难。理论施肥量是根据相应的参数，从理论上推算出来的，应用时应根据当地实际情况和历史经济产量，对理论施肥量加以适当调整，以获得最佳施肥量。

5.2.5　营养诊断

营养诊断主要以矿物元素为对象，以农化分析为手段，通过对叶片、土壤营养成分分析及外部症状鉴定，对栗树体的营养状况进行正确评价，判断某种矿物元素的盈亏，从而科学合理地指导栗园施肥。栗树所需的所有矿质元素，都对其生命活动起着不可替代的作用。当某种元素缺乏时，便会引起植株生理机能紊乱，影响正常发育。这些生理病害不仅影响树体生长，还直接影响到果实品质，甚至于会使果品完全失去了商品价值，从而造成巨大的经济损失。

（1）缺氮。叶片变小，呈黄绿色、褐色时先从老叶开始，出现橙红色或紫色，易早落；花芽及果实都小，果实停止膨大早；当年生枝条细而短、树势弱。叶片中含氮量低于1.8%时，即可出现以上症状。矫治方法：只要采取适宜的方法施用氮肥则可见成效，施氮方法可采用土壤施肥或根外喷肥。

（2）缺磷。幼叶呈暗绿色，成熟叶为青铜色，茎和叶柄带紫色，这种症状在夏季相对低温天气表现更明显，严重时新梢细短、叶片小。叶片中含磷量低于0.1%时，即可出现缺磷症状。矫治方法：有土施和叶面喷施磷肥2种。土施一般与基肥同时进行，以提高磷肥的利用率。厩肥中含有效持久的磷肥，可在各种季节中施用。叶面喷施，在展叶后进行，一般2~3次，每次隔10d左右，喷肥常用磷肥为0.1%~0.3%的磷酸二氢钾或过磷酸钙浸出液。

（3）缺钾。钾与栗树的代谢过程密切相关，为多种酶的活化剂，参与碳水化合物的合成、运输和转化。钾还能提高枝干和果实纤维含量，促进枝条加粗生长、组织成熟，提高果实品质和耐贮性。栗树缺钾时，老叶中的钾转移到新叶被重复利用，使新梢和老叶首先呈深棕色或黑色，逐渐焦枯，枝条通常变细而对其生长影响较少。叶片中含钾量低于正常含量0.7%，即可表现缺钾症状。矫治方法：通常可采用土壤施用钾肥的方法，氧化钾、硫酸钾是最为普遍应用的钾肥，有机厩肥也是钾素很好的来源。在黏重的土壤中钾肥易被固定，在沙质土壤中易被淋失。因此，土壤施用钾肥时，应尽量可能使肥料靠近植株的根系，以便吸收利用。在果实膨大及花芽分化期，沟施硫酸钾、草木灰等钾肥，5~9月，结合喷药，叶面喷施0.2%~0.3%的硫酸二氢钾或0.3%~0.5%的硫酸钾溶液，一般3~5次即可。

（4）缺钙。钙是细胞壁和胞间层的组成成分，在老组织中含量较多，它不易转移，难以被再利用。树体缺钙时，首先是枝条顶端嫩叶的叶尖、叶缘和中央主脉失绿，进而枯死，幼根在地上部表现症状之前即开始停长并逐渐死亡。叶片中含钙量低于正常含量0.8%时，即可表现缺钙的症状。矫治方法：矫治酸性土壤缺钙，通常可施用石灰（氢氧化钙），不仅能矫治酸性土壤缺钙，而且可以增加磷、铜的有效性，提高硝化作用率、改良土壤结构。若仅为补钙，则施用石膏、硝酸钙、氯化钙等，均可得到良好的效果。落花后至采果前3~4周，于树冠喷洒0.3%~0.5%的硝酸钙溶液，15d左右1次，连喷2~3次。

（5）缺镁。镁是叶绿素的重要组成部分，故缺镁易引起叶片失绿症，镁还是多种酶的活化剂，对呼吸作用和糖的转化都有一定影响。缺镁首先是新梢基部叶片上出现黄褐色斑点，叶中间区域发生坏死，叶缘仍保持绿色，受害症状逐渐向新梢顶部叶片蔓延，最后出现暗绿色叶片在新梢顶端丛生现象。叶片中含镁量低于正常含量0.13%时，即能表现缺镁症状。矫治方法：通常采用土壤施用或叶面喷施氯化镁、硫酸镁、硝酸镁的方法。每株土施0.5~1.0kg；叶面喷施0.3%氯化镁、硫化镁或硝酸镁，每年3~5次。

（6）缺硼。果实小、空蓬多、蓬壳厚、产量低。秋季未经霜冻，新梢末端叶片呈红色。叶片中含硼量低于10mg/kg时，即可表现缺硼症状。矫治方法：采用土施硼砂，叶面喷硼酸的方法矫治。每株根施100~150g硼砂或从幼果期开始，每10d喷1次0.1%~0.5%的硼酸溶液，连喷2~3次。

（7）缺铁。初期叶片失绿变黄，叶脉两侧仍保持绿色，叶片呈绿网状，较正常叶片小，随着病情的加重，叶片黄化程度加深，叶片呈黄白色，边缘开始产生褐色焦枯斑，严重者，叶焦枯脱落，顶芽枯死。矫治方法：可结合病虫防治实行根外喷洒0.01%~0.02%高锰酸钾溶液，在每年7~8月进行2~3次。

（8）缺锌。可看到小叶病。表现为春季发芽晚，叶片狭小，呈淡绿色；病枝节间短，其上着生许多细小簇生叶片。由于病枯生长停滞，其下部往往又长出新枝，但仍表现为节间短，叶片淡绿，细小症状，病树花芽减少，花小、坐果率低，产量低，果实品质变差。矫治方法：生长季节，根外喷洒0.5%的硫酸锌，休眠期土壤施用锌化合物，用量是成年栗树每株0.5kg。

5.2.6　基肥施用时期与方法

基肥对栗树生长发育、产量和果实品质起着重要的作用。基肥以有机肥为主。果实采收后（10月至11月初）立即进行，此时施基肥具有增加光合产物、有利于伤根愈合及提高肥料的利用率的优点。基肥施用方法多种多样，应根据根系分布范围及土壤性质合理选择。土施基肥时，一般是将肥料和挖出的土壤混合后再填入沟内，以提高肥料的利用率。方法如下：

（1）环状开沟施肥法。幼树根系分布小而浅，常采用这种方法，在根系外沿开挖宽 40～50cm、深 50～70cm 的沟，将土肥施入。

（2）条状沟施肥法。成年栗树在行间挖沟，将树叶、杂草、树枝、秸秆等填入沟底，然后填入肥土。

（3）放射沟施肥法。距树干 1～1.5m 外处，以树干为中心，向四周辐射状开沟 4～5 条，沟由浅到深，由窄到宽，外至树冠投影以外，然后将肥土填入沟内，每年轮换挖沟位置。

（4）全园撒施。盛果期或密植园，栗树根已布满全园，为提高肥料利用率，可进行全园撒施，然后浅锄，为防止根系上行，应间隔 2～3 年实行 1 次。

（5）注意事项。施肥每年轮换，使各方向根系都能接触肥料，全园土壤肥力得到均匀改善。施肥穴宜多不宜深，一般 40cm 左右即可。肥料应与回填土拌均匀，以避免烧根，施肥后结合灌水，有利于提高根系吸收能力和肥料的利用效率。

5.2.7 追肥施用方法

追肥是基肥的补充，追肥的时期、数量和次数，应根据树体生长状况、土壤质地和肥力而定。追肥应以速效无机肥为主。果实膨大期也可施入腐熟后的有机肥或饼肥。

（1）花前肥。在春季 4 月上旬栗树开花坐果前期，随之枝叶大量生长，需要大量的氮素营养。追肥以氮肥为主，时间在花前 10～15d，施入占全年追肥量的 35%～40%。

（2）花芽分化肥。5 月底至 6 月底新梢生长逐渐减缓停止，花芽开始生理分化，追肥能促进花芽的形成，为当年产量的提高及翌年丰收打下基础。此次追肥以磷肥为主，少施氮肥和钾肥，施肥量占全年追肥的 20%。

（3）果实膨大肥。7 月中下旬果实开始迅速膨大，花芽进一步分化，是决定全年产量和果实质量的关键时期，此期追肥应以钾肥为主，适当配施氮肥、磷肥。施肥量应占全年追肥量的 30%～35%。

（4）采后肥。从果实迅速膨大到采收结束，消耗了树体的大量营养。采后及时追肥，对恢复树势，促进根系生长，增强叶片光合作用具有显著作用，此期追肥以氮肥为主，施肥量占全年追肥量的 10%。

（5）根外追肥。根外追肥方法适用于用量小或易被土壤固定的无机肥料的施用，具有肥效快、肥料利用率高、吸收均匀等优点。虽能应急补缺，但不能代替土壤施肥，两者应相辅相成，互为补充。

只要树体需要，在一定技术条件下对果树生长没有负面影响的肥料，都可用作根外追肥。常用的有大量元素肥料、微量元素肥料、多元复合肥、稀土肥料等。

大量元素和微量元素肥料，施用肥料种类，喷施浓度和时间见表 8-1。

表 8-1　表叶面施肥的浓度和施肥时间

肥料种类	浓度（%）	喷药时间
尿素	0.3～0.5	花后至采收前
尿素	1～2	采后立即喷施
磷酸二氨	0.2～0.4	花后至采收前
过磷酸钙浸出液	2～3	花后至采收前
氯化钾、硫化钾	0.3～0.5	花后至采收前
磷酸二氢钾	0.3～0.5	花后至采收前
草木灰浸出液	10～15	花后至采收前
硫酸亚铁	0.3～0.5	花后至采收前
硫酸锌	0.2～0.4	花后至采前、加同浓度熟石灰
硼酸、硼砂	0.2～0.3	花前、花后
硫酸锰	0.2～0.4	花后至采前
氯化钙、硝酸钙	0.4～0.5	花后至果实迅速膨大
氯化镁、硝酸钙镁	0.3～0.5	花后至采收

多元素复合肥包括三要素复合肥。目前市场出售的种类较多，元素配比也各不相同，应根据树体需要慎重选择、施用。稀土微肥主要有硝酸稀土和氯化稀土两大类，成分以硒、钪、钇、铜、铈、镨、钕等 17 种元素为主。稀土微肥能调节细胞膜透性，延缓细胞衰老，提高叶片质量，花期喷能提高坐果率，果实发育期喷能改善果实品质，喷施浓度一般为 $300\sim500\mathrm{mg/kg}$。

（6）注意事项。一是选择肥料。为增强叶片光合作用，应以氮肥为主，配合磷、钾肥或多元素复合肥。亮叶喷氮，叶片转绿快、效果显著；生长季节，喷施黄腐酸盐、氨基酸微肥等，可使叶片肥厚、颜色深绿、光合效率高；花期喷硼，可提高坐果率，降低空蓬率；喷铁、锌微肥，可治疗叶片黄化病、小叶病，喷钾肥、稀土微肥，能增加果实含糖量，提高果实品质。二是防止肥害。生长季节喷施中性肥料，浓度一般为 $0.3\%\sim0.5\%$；强酸强碱性肥料应适当降低浓度，果实采收后，可适当提高肥料喷施浓度，如喷施尿素肥浓度可提高到 $1\%\sim2\%$。对没有施用过的肥料，应先小面积试验，获得安全喷施浓度和方法后，再大面积应用于生产。为防止肥害，叶面喷肥应在晴天无风的早晚喷施，避免中午高温时喷肥。三是提高肥效。叶背面气孔多，表皮下有较疏松的海绵组织，细胞间隙大，有利于肥料的渗透和吸收，喷肥时应均匀、周到、重点喷施叶背面。

5.2.8　减少空蓬施肥方法

在花芽分化期（4 月 20～25 日），用 1 号板栗丰产素（0.3％尿素＋0.2％磷酸二氢钾＋0.05％硫酸镁＋0.05％硫酸锌＋0.1％氯化钙）进行叶面喷施，以促进幼叶的生长和雌雄花蕊原基的分化和发育，同时能起到增雌抑雄的目的。在雌性花器官形成期（5 月 20～25 日），叶面喷施 2 号板栗丰产素（0.3％尿素＋0.2％磷酸二氢钾＋0.15％硫酸镁＋0.05％硫酸锌＋0.1％氯化钙），以促进枝叶的生长，提高光合作用强度，增强树势，促进胚珠的分化发育和花粉粒的发育，增强授粉能力。在幼胚发育期（6 月 15～20 日），再次叶面喷施 2 号丰产素，此期正值雌性器官发育的关键时期，胚囊母细胞正进行减数分裂，形成有功能的胚囊，促进合子和初生胚乳核的分裂和发育，提高坐果率，防止空蓬的发生，是决定板栗产量能否丰产的关键。在果实形成期（7 月 15～30 日），叶面喷施 2 号板栗丰产素，这时栗苞进入快速膨大生长期，叶面追肥能进一步促进总苞和幼胚的发育生长，总苞发育良否，对幼果的发育有直接影响。因为幼果的营养直接由总苞供给，营养充足对促进栗实饱满增重有直接作用。板栗采收后，于 9 月下旬或 10 月上旬增施 3 号板栗丰产素（0.3％尿素＋0.25％磷酸二氢钾＋0.2％硫酸镁），并合理整枝修剪，以达到增强光照，延迟落叶期，既利于恢复树势，又有利于花芽分化，为翌年持续增产丰收创造条件。

采取以上科学措施，解决了多年来板栗空蓬率高的难题，空蓬率由原来的 $80\%\sim90\%$ 下降到 10% 以下。1989 年通过跨省专家现场检查鉴定，认为该项成果达到国内领先水平，荣获安徽省科技进步二等奖。

5.3　水分调控

5.3.1　水分调控的重要性

（1）器官的建造。水是根、茎、叶、花、果实的主要组成部分，舒城板栗根、枝含水量为 $50\%\sim70\%$，叶片含水量在 70% 以上，嫩芽、花含水量约为 80%，果实含水量为 40%。若水分供给不足，一切器官建造便失去了基础，但土壤含水量过大，会因土壤缺氧影响根系吸收作用而阻碍地上部分正常生长发育。

（2）养分的吸收、制造与运输。无机养分只有溶于水，才能被根系吸收运输到各个器官；叶片的光合作用及树体内的同化作用，只有在水的参与下才能进行；树体制造的有机养分，也只有以水溶态才能运到树体各个部位。没有水，一切代谢过程和生命活动都无法进行。

（3）呼吸、蒸腾作用。缺水的情况下，气孔关闭，呼吸受阻，CO_2 不能进入，光合作用难以正常进行，树体依靠水的蒸腾作用维持树体的温度。栗树如严重缺水时，叶片萎缩，树体温度上升，会造成焦叶、枯梢甚至整株死亡的后果。

（4）对产量和品质的影响。水分供应正常，能减少生理落花落果，促进果实细胞分裂和细胞膨大，增加产量。水分严重不足，会引起果实糠化、栗蓬壳厚、栗子小、产量低下，干旱情况下，如供水过急常造成裂果。因此，只有在合理供水的情况下，才能使栗树实现优质、高产的目的。

（5）改善栗园环境条件。干旱时灌水能调节土壤的温度和湿度，促进微生物活动，加快有机质分解，提高土壤肥力。冬季灌水能调节栗园的温度和湿度，防止根系受冻。高温季节喷水，能降低栗园温度，减少蒸腾，防止日灼等灾害发生。

5.3.2 灌水时期与方法

灌水时期主要取决于树体需求和土壤含水量，在保证栗树正常生长的情况下，应尽量减少灌水次数，以免造成水资源浪费。

（1）不同物候期对水分的要求。在栗树的萌芽开花期、新梢旺长期和果实膨大期，由于大量的抽枝展叶和果实膨大，需要充足的水分，这些时期应满足水分供应，以适当、稳定为宜。花芽分化期需水不多，适当的控水有利于花芽分化。土壤封冻前结合施基肥灌水，有助于有利于树体安全越冬。

（2）土壤含水量。树体水分盈亏主要是由土壤含水量决定，土壤水分是否适宜，可根据田间持水量确定，当达到 60%～80% 时，土壤中的水分和通气状况，最适宜栗树生长；不足 60% 时，应根据栗树生长发育期和树体生长发育状况适时适量灌水。

（3）树相。各种缺水现象都会在树体上表现出来，特别是叶片，它是水分是否适宜的指示器，缺水时叶片会出现不同程度的萎缩症状。

（4）灌水方法。灌水方法多种多样，应根据地形、地貌、经济条件，选择方便实用、节约用水、效果良好的灌溉方法。灌水要灌透，水泼地皮湿，只会给杂草提供生长条件，并导致盐碱地的返碱。主要方法有渗灌、滴灌、盘灌和沟灌等。

5.3.3 水源种类与灌水量

（1）水源。自然江河水，地表径流蓄积水，含有多种有机质和矿物养分；雨雪水含有较多的 CO_2 和氮类化合物，这些水不但有营养作用，水温与地温基本相同，只要无污染，是最适合的灌溉水源，井水虽含有一定的矿物元素，但在生产季节水温低，会影响栗树生长，在无适宜水源的情况下可以使用。城市生产废水、工厂废水只有净化处理达标后，才可使用。

（2）灌溉量。舒城板栗根系主要分布在 60cm 深的土层中，因此，灌溉水浸湿到地下 60～70cm 深即可。一般情况下，幼树根系分布范围小，在同等气温条件下，生长发育的需水量比成年栗树少。生长前期需水量大，灌水量应达到土壤持水量的 80%～90%，果实成熟期，保持土壤持水量的 70% 即可。

5.3.4 节约用水

（1）集约栽培。定植密度越大，耗水越多，从稳产、优质、便于管理和节约用水等角度考虑，栗园枝叶覆盖率达 70%～75%，叶面积系数 3.5～4 较为适宜。冬季锯除多余的大枝，疏除细弱枝、密生枝、徒长枝；春季疏除多余的雄花序，及时除萌。通过中耕除草、松土、覆盖等措施，减少地面蒸发。只要不发生涝灾，最大幅度地将雨雪拦贮在栗园内，防止地表径流。

（2）节水灌溉。应推广滴灌、渗灌等节约灌溉的方法，减少水资源的浪费。

5.3.5 栗园排水

舒城县部分栗园处于低洼的地段，排水不良，若积水时间过长，会对栗树造成一定的伤害。土壤水分过多，根系呼吸和吸收作用受到抑制，会导致春季生理落果，夏季枝梢徒长，影响花芽分化，秋季产生裂果，采前落果，叶片发黄脱落，甚至烂根死树。对这类栗园应注意开挖排水沟，降低地下水位以避免栗园受到不良影响。

6 花果管理

6.1 花的管理

6.1.1 促进花芽形成的措施

（1）平衡水肥、调节树势。根据管理目标，每年生长前期要供给栗树充足的水肥，促使新梢健壮生长，创造花芽分化的先决条件，6月以后减少氮肥施用量，适度补充磷、钾肥，使新梢及时停止生长，减少养分消耗，增加营养积累。果实采收后，栗树补充1次氮肥，有利于采后树体养分的恢复，有利于碳水化合物的产生、积累和贮藏，促进花芽形态分化。

（2）合理负载、适时采收。在一定范围内，结果越多，形成的花芽越少，因此，合理负载对促进花芽的形成有着十分重要的意义，也是避免栗树大小年结果的有效措施。适时采收，树体可得到30～40d营养积累时间，为花芽形态分化创造良好的营养条件。

（3）保护叶片、增强营养。非正常的落叶会影响树体正常生长，进而影响花芽分化。严重的非正常落叶现象，会造成初步进入形态分化的芽抽生2次梢，完成形态分化过程的芽秋季开花，影响翌年产量。因此，生长季节要控制病虫危害，防止干旱，确保叶片发挥正常功能，促进花芽形成，提高花芽质量。

（4）冬剪控势、夏剪促花。休眠期采用小年留花、适当疏枝，大年疏花、适当留枝的修剪法，可以有效地促进花芽形成，减小大小年产量差别，夏季修剪采取弯枝和环剥等措施，可以缓解营养生长与生殖生长的矛盾，促进花芽形成。

（5）开扩内膛、打通光路。通过整形修剪途径，控制树冠上部枝叶量，疏除树体内膛过密枝，改善树冠内膛通风和光照条件。

6.1.2 花期管理

花期管理关系到花的质量和坐果能力，在生产管理中是不可忽视的环节。

（1）气候条件对花的影响。栗树花期较长，盛花期为5月中旬至6月上旬，约1个月时间，若天气晴好、温度正常，则坐果率高；若遇低温阴雨天多，则影响到花果的正常形成，往往造成不同程度的减产。

（2）疏花。疏花的作用，主要是减少养分和水分的消耗，提高坐果率。栗树的混合花序雌雄花的比例约为1∶2 000，由于雄花序太多，需要消耗大量的养分和水分，严重影响了雌花的正常生长发育，最好能适时将混合花序中距新梢顶端4cm以下的无效雄花全部摘除。

6.2 果实管理

6.2.1 产量管理

（1）果实大小。随着市场需求的变化，舒城板栗果实并非越大越好，过大的果实不仅不符合消费习惯，且易失水变质，每千克70粒左右为最适宜。

（2）产量目标。舒城板栗过去由于缺乏科学管理产量一直较低，自20世纪90年代开始，实行相应的科学管理手段，板栗从产量到质量均有较大的提高，一般情况下产量为$1.5t/hm^2$，管理较好的栗园可达$2t/hm^2$以上。

（3）种植密度。为了达到前期丰产的目的，舒城地区板栗栽培密度较大，由于株数的增加，充分利用了土地的光能，前期产量倍增。密植园栽培株数是个变数，随着树冠的增大，及时进行调控或间伐，维持树冠投影面积70%～80%的指标，从而在提高产量的同时，保持果实的质量。

（4）科学调控。

花芽剪留量。按照1∶1的比例保留发育枝与结果枝，避免大小年出现；遵照强枝多留、中庸枝少留、弱枝不留、分布均匀的花芽剪留原则。修剪保留芽体饱满、长势旺的花芽，去除长枝顶芽、内膛瘦弱花芽、下垂枝、细弱枝和外围前梢的花芽。

充分授粉。栗树由于雄花数量多，雌花能得到充分授粉，确保了坐果率。

防止大小年。改善光照条件，由于栗树对光照条件要求高，若光照不充足，枝条组织不充实，花芽分化不良，坐果率低，果粒小、产量低、品质差。因此，要合理密植、科学整形修剪，打开树冠内膛光路，改善栗园光照条件。

（5）水肥管理。根据土壤和植株叶片营养水平，平衡施用肥料，适时增加有机肥数量，减少化学肥料施用比例，关键生长发育阶段和发生干旱时，及时适量灌溉，发生涝灾时，及时排除栗园积水。

（6）病虫害防治。对各种病虫害要适时发现及时防治，确保不受病虫危害。稳定产量，采取适时疏花、疏果、合理修剪等措施，以维持相对稳定的产量，防止产量过高或过低。

6.2.2　果实品质管理

（1）选择好授粉品种。栗园品种单一，自花授粉时间长，品质会相对比异花授粉低下。因此，选择好异花授粉品种尤为重要。舒城板栗主栽品种为叶里藏、粘底板、大红袍等，应选择成熟期大体一致的二水早、大油栗为异花授粉品种较为理想。

（2）适量负载。在通常异花授粉情况下，确定留下结果枝数，要根据市场需求和树体生长情况而定。一般情况下，树体生长正常，应按栗树垂直投影每平方米留20～24个结果枝；对生长细弱、过密的结果枝应适时疏除；对小型结果枝组，可适当选留1～2个中庸的，弱的不留。板栗从萌芽、开花坐果到新梢生长初期，主要依靠贮藏养分。因此，疏花疏果越早、养分消耗越少，对果实生长发育越有利。舒城板栗疏花从5月中旬开始至6月中旬完成。疏花主要去除多余的雄花序，雌花一般不需疏除。

（3）加强土肥水管理。对黏土实施深耕，填埋作物秸秆等，增厚土壤耕作层，改善土壤通气透水性能；对含沙过大的土壤，实施客土改良，在树下铺黏性淤土，改变原土壤特性；若沙土层以下有黏土层，将黏土翻上来，也能达到改良沙土的目的。栗园覆草或种草也能提高土壤有机质的含量，改善土壤团粒结构，防止水土流失。通过测定土壤和植株叶片营养含量，计算生产单位重量果实需要的营养量，再参照各种肥料的吸收效率，制订科学施肥方案。此外，注意微量元素的补给。在年降水量1 000mm以上情况下，栗园一般不需要灌溉。但在7月、8月高温少雨的天气，由于山区土层浅薄，常会引起栗树因缺水而发生严重旱情，应适当进行树体水分的补充，一般结合病虫防治和喷施微肥进行喷灌3～5次即可，旱情严重时，要开沟引水或以株为单位浇水灌溉。

（4）安全防治病虫害。改变传统的以化学手段为主的病虫防治方法，提高病虫防治安全性。加强栗园田间管理，阻断病虫害越冬等发育过程，减少病虫害发生的基数；均衡树势，诱导植株对病虫害的抗性，利用黑光灯诱杀害虫；充分利用天敌抑制害虫，利用安全可靠的生物制剂防治害虫。在病虫大量发生，采用上述方法难以控制时，才采用安全的化学方法进行防治。

（5）科学整形修剪。

均衡树势。采取促、控调节方法，均衡树冠上下、内外生长势，减少树冠内不同部位的果实品质差异，提高优质果率。

改善光照。对采用分层形和纺锤形整形的树冠，冬季修剪时，逐步回缩或疏除影响光照的骨干枝，控制内膛大型枝组伸展幅度，疏除影响内膛光照的小型枝组和部分发育枝等。在冬季修剪的基础上进行夏季修剪，疏除影响光照的徒长枝、并生枝、重叠枝。良好的光照，可大大提高果实的品质和耐贮性。

选择壮枝结果。适当疏除弱枝、下垂枝，减少分枝级次，缓解强壮发育枝，形成花芽后适时回缩或短截，并以此作为主要结果部位，为提高果实品质奠定基础。

（6）适时采收。在正常年分，极早熟品种均在8月下旬，如蜜蜂球、六月暴等。早、中熟品种在

9月上旬，如叶里藏、二水早、大油栗等，中迟熟品种多在9月中旬，如大红袍、粘底板等。在9月20日前后成熟的为晚熟品种。果蓬的色泽上由绿转黄，变成黄褐色，并有部分栗蓬开始微微地产生裂口等，都说明果实进入适采期。果实一旦进入成熟期就要适时采收，否则将会引来松鼠以及桃蛀螟危害。

7 整形修剪

7.1 优质丰产树形态指标

板栗优质丰产树形态指标，随土壤、气候、栽植株行距、整形方法等不同而有所差异。老龄栗树多为稀植，乔化自然原头形和基部多主枝2～3层的疏层型为优势树形；近20年新定植的栗树，特别是丘陵、山区等栽植的栗树，多为自然圆头形、开心形以及变则主干形的丰产栽培方式。

7.1.1 自然圆头形

基部多主枝，自然圆头形树形，一般有骨干枝5～7个以上，自然分布在整形带内，使树冠成自然圆头状。各主枝的长短，以尽量不影响光照为前提选留，下层有3～4个主枝，上层有2～3个主枝，上层主枝冠幅控制在下层的1/3以内。树高4～4.5m。

7.1.2 自然开心形

干高60～80cm，均匀分布3～4个主枝，不留中心主干，各主枝间互相错开，间距25cm，每个主枝留1～2个侧枝，侧枝与主枝间距60cm，方位互相错开。树高3～3.5m。此树形，树冠开张，光照好，内膛结果多，树体矮小便于管理，适宜立地条件较好的地方进行密植栽培，缺点是主枝选留间距大后，骨干架不够牢固。

7.1.3 变则主干形

干高60～80cm，有主枝3～4个，每层1个主枝，第4主枝以上不留主干，各主枝互相错开，间距50cm以上，各主枝有侧枝2～3个，第1侧枝距中心干1m，以后各侧主枝互相间距60cm。树高5m左右。此树形光照好，结果面积大，骨架牢固，干性强弱的品种均适用。

7.1.4 主干疏层形

留有中心主干，全树有5～6个主枝，疏散分布在中心干的上下，第1层2～3个主枝，主枝间距15cm左右，第1层与第2层间距1m，以后各层间距60cm，每层只留1个主枝，上下各层主枝相互错开。第1侧枝距中心干1m，第2侧枝距第1侧枝60cm。此树形树体高大，层次清楚，透光好，结果面积大，产量高。但后期无效容积大，适用于干性强、树势旺的品种。

7.2 整形修剪的依据

7.2.1 品种特性

板栗树属阳性树种，开花结果均在当年生枝的顶部，结果枝年年向外延伸，树冠年年向外扩大，很容易形成结果部位外移、产量低而不稳，导致板栗树未老先衰。因此，整枝修剪的目的，就是根据栗树生长发育特性，来调节树体结构，控制结果部位过快外移，促进通风透光，调节树体养分的分配，培养出早成形、早结果、丰产稳产的好树形。

7.2.2 树龄和树势

树龄和树势是决定修剪强度的主要依据。幼树生长势强，常采用轻剪长放的方法缓和其长势，达到早开花早结果的目的；盛果期的栗树，以回缩更新修剪的方法为主，稳定树势，延长优质丰产栽培年限；老龄树以更新、复壮修剪方法为主，充分利用板栗隐芽寿命长的特点，促使隐芽发枝重新培育树冠和结果枝组。

树势一般按照强、中庸和弱划分，其标志是发育枝的生长量。新梢年平均生长量在50cm以上为强树，30～49cm为中庸树，29cm以下为弱树。生长势较强的树，以疏枝为主，少截或轻短截，树势较弱的树，减少结果量，多短截、少缓放，多回缩、少疏除。

7.2.3　结果枝量

板栗结果枝的数量，受内外多种因素的影响，每年结果枝的数量和质量也有较大的差异，修剪时应注意留足花芽饱满的结果枝数量。

7.2.4　修剪反应

观察修剪反应是采取正确修剪方法的重要前提。一是看局部反应，即枝条短截或缓放后，萌芽、抽枝、结果、花芽形成的表现；二是看单株的反应，修剪后全树的生长量、新梢长度、密度、花芽量、果实产量和质量等；三是看整体反应，单株树高、冠幅等是否影响到邻株，依据修剪反应来调节修剪方法。

7.2.5　栽植密度

栽植密度直接影响修剪方法。一般来说，栽植密度大，不适宜采用分层树形和培育大型骨干枝的整形措施，否则叶面积系数过大，枝与枝之间遮光严重，内膛枝枯死，结果部位外移，果实品质下降。

7.3　整形修剪时间及作用

7.3.1　休眠期修剪

休眠修剪是在自然落叶后至翌年萌芽前进行，舒城地区一般是11月下旬至翌年2月底，推迟旺盛幼树修剪时间，对幼树生长势有一定的削弱作用，修剪越晚削弱作用越明显。休眠期修剪，主要作用是维持、调整和完善树体结构；调节生长与结果的关系，平衡树势、改善树体光照条件。

7.3.2　生长期

生长期修剪是萌芽后至落叶前整个生长季节中进行修剪。生长季节修剪要依据树势、树龄和管理水平进行，避免对栗树生长造成负面影响。生长期修剪有利于树体贮藏养分的合理利用、负载量调整，抑制新梢过旺生长，促进花芽形成，改善树冠内光照条件，提高果实品质。但生长期修剪量过大，会严重削弱树势（图8-33）。

图8-33　未修剪的生长期板栗树

7.4　整形修剪方法

以基部多主枝两层树形为例，介绍整形修剪过程。

7.4.1　幼龄期树

幼龄期整形修剪的主要任务是选择和培育骨干枝，形成预期的树形，初步建立良好的树体结构，充分利用发育枝、扩大树冠、增加枝量，为获得早期产量奠定基础。

（1）第1年。幼树定植后，留80～100cm定干，并在剪口处涂蜡或黄油防止水分流失。定干时在剪口下第1个芽处贴芽剪，控制其生长势，抹除剪口下第2个芽和第3个芽，达到抑上促下的目的，当年可抽出4～5个枝条，生长季节对长势较强的新梢摘心处理，平衡枝条长势。冬季修剪时，对中心干延长枝缓放，用绳拉弯、缓和长势。对被选作主枝超过30cm长的枝轻短截，不足30cm长的缓放，对其他枝条全部缓放。

（2）第2年。新梢停止生长后，对分生角度小、生长势旺的骨干枝和结果枝进行拉枝。冬剪时在已拉弯的中心干上选直立强旺枝做中心延长枝，并往上一年拉枝方向相反的方向再行拉枝；适当回缩已成花的枝，保留结果；缓放没有成花的枝条；疏除无生长空间的枝条。疏除下部骨干枝的背上枝，对骨干枝的延长枝行轻短截，继续向外扩大树冠。

（3）第3～4年。定植后3～4年的少数植株已开始结果，但因生长势强，坐果率低、落果严重，生长季节对其旺盛新梢适时进行摘心，对长势过旺的发育枝适当进行拉枝，可提高坐果率。冬剪时，对基部骨干枝继续轻短截，以扩大树冠；控制骨干枝延长枝的角度，并注意配备侧枝，对其余发育枝有空间的缓放保留、无空间的疏除。开始培育第2层主枝。

7.4.2　幼果期树

初果期树的整形修剪任务是继续培养骨干枝和侧枝，完成整形任务；调整树体各部分之间生长关系，保持树冠内各骨干枝之间生长势平衡；继续增加枝量，同时防止树冠内膛郁闭；加强枝组培养，控制树冠高度。

（1）骨干枝培养。对分生角度和部位合适、长势良好的骨干枝，若已达到树冠幅度的要求，缓放其延长枝，并适当疏除延长枝上的强旺枝，以缓和树势，控制树冠继续扩大，促进骨干枝后部枝组的形成；若没有达到树冠幅度的要求，对其轻短截，继续扩大树冠；对分生角度过小的骨干枝，采取拉枝、换骨干枝的背下枝做延长枝等措施，增大分生枝角度；对分生角度过大的骨干枝，改用骨干枝的侧上位枝做延长枝（图8-34）。

在此期整形修剪过程中，经常出现树势上强下弱或各骨干枝之间长势不均现象，应及时采取有效方法加以控制。树势上强下弱时，采取拉枝、以弱枝换中心头，适当疏除中心干上部强枝和增大树体上部结果量等方法，控制中心干的长势；树冠上层保留2～3个骨干枝，上下层冠幅比例保持在1：3；同时对下部骨干枝采取适当抬高分生角度、减少结果、适量增加1年生枝量等措施，增强长势。基部各骨干枝长势不均衡时，对长势较强的骨干枝，采取缓放延长枝适量疏除强旺的1年生枝，适当多结果等方法缓和其生长势；对长势较弱的骨干枝，采取适当短截延长枝、抬高分生角度、多留1年生枝、适当少结果等方法增强其生长势。

初果期树处于旺盛生长期，因此，不论对上强的树冠，还是强旺的骨干枝长势的控制，都必须建立在不影响整个树体健壮生长的基础上，避免因为均衡树势，而影响整个树体正常生长发育。

（2）枝组培养。为尽快扩大树冠、增加枝量，幼树和初果期树的修剪多采用轻剪、缓放的方法，若修剪方法不当，便难以形成结构合理的大、中、小型结果枝组。大型枝组一般多着生在骨干枝后部，中型枝组着生在骨干枝中部，小型枝组着生在骨干枝前部或大、中型枝组之间，各枝组的培养方法是：

大型枝组。在骨干枝上选择生长位置适当的强旺枝，先行缓放，冬季修剪时，不论是否有花芽，

图 8-34　疏除强旺枝

留 5～6 个芽短截，剪口下会萌生 2～3 个较旺的枝条，经过几年缓放、短截结合修剪培养而成。在培养过程中，要适当减少负载量，防止枝组骨架枝条结果下垂，同时要防止短截过重，造成剪口下产生直立强旺枝，难以应用的后果。

中型枝组。中型枝组的培养方法与大型枝组相似，只是培养时间比大型枝组短。此外，中型枝组也可以由大型枝组回缩变小改造而成。

小型枝组。缓放中庸枝、形成短结果枝后适当回缩。结合使用果台副梢，缓放轻剪就可形成小型枝组。此外，短截中庸枝，然后缓放萌发的枝条，也可以培养出小型枝组。

（3）控制树冠高度。除了在整形修剪过程中采用拉枝、变换中心延长枝等措施外，还可以适当短截中心干的办法，使树高控制在一定的高度，以便于管理。

7.4.3　盛果期树

进入盛果期的栗树树体结构已形成，结果枝在枝条中所占比例大，树体长势逐渐缓和，冠内光照条件变差，枝组长势渐缓，结果部位外移，此时的修剪任务是维持良好的树体结构、改善树体内膛光照，调节营养生长与生殖生长的关系，维护树势平衡，稳定枝组结果能力，控制结果部位外移。

（1）维持良好的树体结构。为获得早期产量，在此之前的修剪主要采用缓放方法，树冠内枝条多，影响了树冠内膛光照，为维持良好的树体结构，需拉开层间距，逐步回缩或疏除中心干上着生的临时性大、中型枝组，适当回缩上层骨干枝，减少上层冠幅，选择适合的延长枝领头，防止剪口下萌生强旺枝。

（2）理顺骨干枝。根据空间和生长势情况（是否与骨干枝竞争），疏除骨干枝背上当年直立枝组，回缩控制骨干枝上过密枝组，以及中前部过大的枝组；疏除骨干枝上交叉枝、重叠枝，以及过密、衰弱的小型枝组。对骨干枝上其他的发育枝，本着有空就留、无空则疏的原则进行处理，改善层内光照条件。

（3）回缩、疏除骨干枝。当骨干枝长势前强后弱，后面光秃，结果部位严重外移，或相邻树骨干枝之间发生交叉枝时，需及时回缩骨干枝。骨干枝的回缩需要根据骨干枝上枝组和侧枝生长情况及树与树之间的空间逐年进行。可以通过改造骨干枝的枝组或侧枝实现骨干枝的回缩更新，适当减少骨干枝先端枝量，尽量多留后部发育枝，并对这些枝采取缓放、短截结合的修剪方法。及时疏除下垂、后部严重光秃、无保留价值的骨干枝，以改善树冠下部通风透光条件。

（4）维护健壮树体。影响盛果期树势的因素里，就修剪技术而言，最重要的还是果实的负载量。结果过多，势必影响树体的营养生长，削弱树势；结果太少，营养生长旺盛，难以获得目标产量。为此，可采取短截果枝组的中长结果枝，疏除没有发育空间的小型结果枝组等方法，适当控制生殖生长。若树体营养生长过旺，花芽量少，可采取缓放长枝，尽可能多保留花芽、生长季节适当疏除发育枝等加以解决。

（5）稳定枝组结果能力。枝组是盛果期栗树的主要组成部分，应采取有效措施，保持其健壮和稳定的生长势。对于大型枝组，若延长枝过长，可逐步回缩。健壮的中小型枝组，生长势和结果能力均强，而且果大质优，这是盛果期栗树结果的特点。修剪时，若枝条生长健壮，又有空间，只需调整果量便可，稳定长势；若生长势渐弱，但有着生空间，可加强发育枝的培养，同时改善其光照条件，促其增强长势。小型结果枝组每年更新的数量比例可掌握在 20% 左右，更新后的空间，用长势较强的发育枝弥补，形成新的小型结果枝组。

7.4.4　老龄树

科学管理能延长板栗经济结果年限，但随着树龄的增加，树冠内膛枝组的生长势逐渐衰弱，内膛枝量减少，结果部位外移，特别是在骨干枝已封行的栗园，这种现象更加明显。此期修剪主要任务是更新骨干枝，培养新生结果枝组。

（1）更新骨干枝。回缩骨干枝，选用骨干枝生长健壮的大型枝组或旺枝做骨干枝延长枝，适当疏除其上的结果枝，培养 1 个强壮的发育枝作为延长枝；疏除拥挤、后部枝梢严重光秃的骨干枝，以改善树冠内膛光照条件，为新梢萌发创造条件。

（2）更新培养结果枝组。此期树冠内膛的枝组逐渐失去稳定的结果能力，需要重新培养。培养的方法：一是利用树体本身萌发的强旺发育枝，通过先长放后短截的方法改造成为结果枝组；二是通过高接、促发强壮发育枝，再通过先长放后短截方法培养结果枝组。此外，对尚未有结果能力的结果枝组进行更新，对其上部较旺的发育枝进行重新短截，同时减少枝组的结果量，改善其光照条件，促其萌发旺梢，再逐步培养成新的结果枝组。

7.4.5 树形改造

为了改善树冠内膛光照条件，可以逐步采用基部 3～4 主枝或多主枝疏散分层形树形进行改造，使改造后的树形为基部多主枝 2 层形，将树冠上层的骨干枝减少到 1～2 个，上下层冠幅比例为 1：3，改造的具体方法如下。

（1）缩小上层树冠。缩小上层树冠要逐年进行，首先是疏去对下层树冠光照影响大、拥挤的骨干枝，其次是采取回缩的方法，缩小冠幅。

（2）疏除或回缩层间枝组。将层间枝组控制在上层树冠的冠幅范围内。

（3）改造下层骨干枝。根据树冠内空间等情况，对下层骨干枝进行改造、更新，并可适当增加下层骨干枝数量，稳定产量。

8　板栗病虫害防治

板栗树主要病虫害包括：板栗立枯病、栗疫病、膏药病、板栗炭疽病、白粉病、栗食象鼻虫、剪枝象鼻虫、板栗雪片象、桃蛀螟、板栗红蜘蛛、桃蛀螟、栗瘿蜂、板栗透翅蛾、舟型毛虫、栗毒蛾、金龟子类、刺蛾类、蚧壳虫类、天牛类等40多种。随着消费者对果品食用安全性要求的不断提高，生产者环保意识的不断加强，板栗病虫害的防治方法急需从以化学防治为主向以农业措施为基础、物理和生物防治为重点、化学防治为辅的病虫害综合防治技术转变。

8.1　病虫害防治方法

8.1.1　农业措施

加强板栗园田间和树体管理，诱导板栗树对病虫害的抵抗能力，可有效降低病虫害危害程度。

（1）加强管理、增强树势。采取合理施肥、适时和适量灌水、合理负载等措施，促进板栗树健壮生长，提高树体对病虫害的抵抗能力。在运输不便的山地地区，可以充分利用青草、干草、落叶、树下间作的作物秸秆等作为有机肥原料。实践证明，增施有机肥不仅可健壮树体，也会使树体对病虫害抵抗力和抗逆性明显增强，从而减少感病机会。

（2）科学修剪、合理间伐。科学修剪能改善板栗园和树冠内膛的光照和通风条件，减轻病虫害的发生。栗瘿蜂是平原栗园的主要害虫之一，一旦形成瘿瘤，化学药剂便难于防治，只有通过剪除有瘿瘤的枝条，才能有效控制该虫的危害。栗树为喜光植物，栗园覆盖率大于70％时即影响产量，而且会导致某些叶部病害发生，覆盖率超过70％时，应合理间伐。

（3）刮皮涂白、垦复栗园。冬季刮去老皮、涂石灰和硫磺混合液可减轻蚧壳虫、螨类越冬基数，增强树势。冬季垦复可以破坏地下害虫的越冬场所，提高越冬死亡率。垦复深度控制在10cm以内，树冠范围内避免垦复，以免伤根。

（4）拾除虫包、清除落叶。具有在栗包内产卵危害习性的害虫，虫卵和幼虫会在散落栗包中生长发育。拾除虫包集中烧毁可降低此类害虫的危害，例如板栗雪片象、剪枝象鼻虫。从栗园中初见掉落的栗包7d后，开始拾除栗包，每隔7d拾除1次。清除落叶，可以减少炭疽病等病害的越冬基数，减轻危害程度。

（5）推广抗病虫品种。某些本地板栗品种，如大红袍、粘底板不仅产量高，而且对许多病虫害，如膏药病、蚧壳虫具有一定抗性，通过嫁接等方式推广该类品种可以有效控制病虫的发生，提高产量。

8.1.2　物理措施

根据害虫的生活习性，运用物理手段防治病虫害，是一种安全、可靠的病虫害防治方法。

（1）灯光诱杀。根据害虫的趋光性，利用频振式杀虫灯或普通照明灯诱杀鳞翅目害虫。4月中下旬至5月中下旬，可用灯光诱杀各种金龟子；6月中旬至8月中下旬，开灯诱杀桃蛀螟。开灯时间从19：00持续到次日零点，阴雨天不需要开灯。丘陵和山坡栗园诱虫灯一般设置在中下部，平原栗园内按每1.5hm²布设1盏杀虫灯，可有效控制上述虫害的发生。

（2）粘虫胶诱杀害虫。2～4月，在树干下部刮去老粗皮，粘上黄色胶带环，涂上粘虫胶可诱杀叶螨、舞毒蛾等具有上下树习性的害虫（图8-35）。

（3）糖醋液诱杀趋化性害虫。糖醋液可诱杀桃蛀螟等趋化性害虫成虫。糖醋液配方为：酒、糖、醋、水配比为1：2：4：10，

（4）人工捕虫。有些害虫有群集性、假死性等特殊的生活习性，可以在其发生期振树，虫落后将落叶和虫体集中捕杀、焚烧、销毁（图8-36）。

图 8-35 挂粘虫黄板

图 8-36 水枪振树捕虫

（5）接穗封蜡。栗绛蚧、栗链蚧、干枯病等病虫害可通过接穗进行传播。蜡块与水按1：3混合加热融化后，将待接果穗浸入蜡液后迅速取出，用于嫁接，可以有效控制上述病虫害的发生，提高嫁接成活率。

8.1.3 生物防治

生物防治是利用生物或生物的代谢产物来控制病虫害的措施。

（1）保护和利用天敌。利用捕食螨、草蛉、瓢虫可以有效防治叶螨、栗大蚜和栗绛蚧。据安徽省农科院植保所调查发现，栗绛蚧的天敌有10余种，对其寄生和捕食率可以达到90％以上，可以有效控制该虫的大发生。在进行化学防治时注意保护天敌昆虫，以减少对天敌的伤害。

（2）利用禽类治虫。可在栗园内养鸡，取食各种害虫的幼虫。

（3）利用性诱剂治虫。7月下旬投放性诱剂芯，平均每666.7m²挂2～4个诱捕器，诱杀桃蛀螟雄虫。

8.1.4 化学防治

利用矿物源农药、植物源农药、生物农药、昆虫生长调节剂等防治病虫。在防治的过程中要选择合适的施药部位、适宜的用药时间。同时施药时力争做到各种化学农药交替使用、不同农药混配使用、农药肥料混合使用。这样既能防治病虫害，又能节省劳动力成本（图8-37）。

图 8-37 化学防治

8.2 田间主要病害

8.2.1 白粉病

（1）症状。板栗白粉病有2种，即表白粉病和里白粉病。板栗表白粉病主要危害板栗叶片、嫩梢和叶芽；里白粉病主要危害嫩叶和新梢。嫩叶发病形成不规则褪绿斑，病斑表面产生白色粉状物，为病菌的分生孢子梗和分生孢子。叶片边缘发病，常造成叶片扭曲伸展不平。入秋后在白粉层上产生淡黄色、棕黄色至黑褐色的小球状物，即病原菌的闭囊壳。感病的嫩梢表面有灰白色白粉层，而后干枯。嫩芽受害，叶片不能生长。幼叶局部感染，则扭曲变形（图8-38）。

里白粉病与表白粉病在症状上主要区别是：里白粉病病菌的菌丝部分内生，白粉层较为淡薄，且均在叶背面，没有着生在叶正面的，闭囊壳比表白粉病大3倍左右。

（2）病原。表白粉病是由中国叉丝壳菌（*Microsphaera sinensis*）引起的，里白粉病是由栎球针壳菌（*Phyllactinia roboris* ）引起的，均属子囊菌亚门真菌。叉丝壳发生在叶的正面，闭囊壳上附属丝 5～14 根，二叉状分枝 2～4 次，分枝末端卷曲，闭囊壳内有 4～8 个子囊，子囊孢子椭圆形，大小为（17～26）μm×（9～15）μm。其无性阶段为粉孢霉。栎球针壳主要发生在叶背面，闭囊壳上的附属丝为球针状、黑褐色，闭囊壳扁圆球形，子囊长椭圆形，内含 2 个子囊孢子，子囊孢子为长椭圆形、无色单孢子。无性阶段为拟卵孢子。

图 8 - 38　板栗白粉病症状

（3）发病规律。病原菌主要以闭囊壳在板栗落叶、病梢或土壤内越冬，翌年春季，由闭囊壳放出子囊孢子，借气流传播到嫩叶、嫩梢上进行初次侵染。表白粉病通常在 4 月上、中旬开始出现，初时新叶上出现辐射状白色霉斑，逐渐发展成白色霉层。4 月中下旬产生大量孢子，进行再次侵染；6～7 月病情达到高峰；8～9 月高温、干旱，病情稍缓和；10 月至 11 月中旬，在白粉层上大量产生闭囊壳进入越冬期。里白粉病发病稍迟，于 5 月中旬病叶出现不规则黄斑，随即在叶背面散生稀疏的白粉层上产生分生孢子，成为整个生长季再侵染源。入秋后形成闭囊壳在病、落叶或病梢上越冬。

（4）防治方法。秋冬季注意彻底清除病落叶，剪除病枝；对附近发病的栗属和栎属植物，亦一并管理；耕翻圃地土壤，以减少越冬病原菌。新开发的板栗园，应选择抗病、丰产的品种，并采用嫁接苗。圃地合理施肥，不偏施氮肥，重病区宜适量增施磷、钾肥，提高苗木抗性。苗木和幼林，发病初期喷洒 0.2～0.3 波美度石硫合剂，每 15d 喷 1 次，每次 1 500kg/hm²，坚持喷洒 2～3 次，炎夏可改用 1% 波尔多液（硫酸铜：生石灰＝1：1）。此外，白粉病流行季节，喷洒 50％ 多菌灵可湿性粉剂 1 000 倍液，50％ 甲基硫菌灵可湿性粉剂 800 倍液，50％ 苯菌灵可湿性粉剂 1 000 倍液。

8.2.2　板栗疫病

（1）症状。主要发生于主干、大枝，引起树皮腐烂，也危害小枝，枝梢枯死。发病初期，枝干表面出现红褐色病斑，有时流黄褐色汁液。病树皮组织溃烂，呈红褐色，水渍状，有酒糟味，失水后纵裂。春季可见到在病皮上长出许多橙黄色疣状点，即病菌的孢子角。秋季，子座变为橘红色，形成子囊壳产生子囊孢子。病皮和木质部之间带有羽毛状扇形菌丝层，初白色，以后变为黄褐色。幼树常在主干基部发病，枝干四周树皮腐烂，上部即枯死。老树干发病时，树皮上病斑不明显但在树皮裂缝处，仍产生病菌的繁殖体及丝状孢子角。

（2）病原。板栗疫病病原菌为子囊菌亚门、核菌纲、球壳目、见座壳科、内座壳属栗疫菌（*Phtophthora katsurae*）。板栗生长期都可以受到侵染。感病板栗树萌芽和展叶的时间比健康植株延迟，而且叶片小而黄，感病重的则芽不能萌发，造成枝干或整树枯死。幼苗树枝干有明显的点状突起。

（3）发病规律。该病菌为兼性寄生菌，以菌丝层、子囊壳及分生孢子器在病组织中越冬，分生孢子及子囊孢子均可进行侵染，每年 12 月，子囊孢子陆续成熟，借人为、昆虫、鸟类、风或雨等媒介传播，入侵新的寄主伤口。在第 2 年 3 月下旬至 4 月，气温达 4～5℃ 以上时，病菌开始生长，寄主开始发病。由于此时气温低，病斑发展缓慢，当气温上升到 20～30℃ 时，病斑扩展加快，病势加重，在病斑树皮下产生黑色瘤状的小粒点，为病菌的子座。遇阴雨天气时，从子座内挤出一条条橘黄色须状分生孢子角，释放出圆柱形、单细胞的分生孢子进入无性世代的侵染循环。最后，子座变成橘红色至绛红色，并于其中逐渐形成瓶状、黑色，上部颜色深、下部颜色浅的子囊壳，产生棒状的子囊，释放出子囊孢子。在病树皮和木质部之间可见到羽毛状扇形菌丝层，颜色为乳白黄色或黄褐色。当气温下降到 10℃ 以下时，病斑发展缓慢，最后停止，进入越冬期。

（4）防治方法。

加强检疫工作。选用优良、抗病的品种对板栗林进行改造，对调入的枝条与植株用 1：1：160 波尔多液浸泡再用。

全面清除枯死的植株和枝干。将枯死的植株连根刨起，并在穴内施上生石灰消毒，剪除已枯死的和部分枝干上病斑较大的枝条及一些生长不良的弱枝。消除板栗林附近的其他壳斗科已感病树木，减少侵染源。对较粗的枝干上的较小病斑用刀刮除，并用0.5波美度石硫合剂涂抹刮伤的部位、剪口及机械伤口；或用敌磺钠500倍液进行全面喷洒，每隔15d喷1次，连喷3次。早春板栗发芽前，打1次2～3波美度的石硫合剂，发芽后，再打1次0.5波美度石硫合剂，保护伤口不被侵染，减少发病概率。

生长期管理。一旦发现有害虫危害嫩梢、叶时，立即用1∶1 500倍液乐果或溴氰菊酯进行防治，保护叶、枝少受伤害；防止草荒，及时排涝与灌溉；6月中旬追1次速效氮肥250g/株，幼林入冬前松土，每株施入农家肥1.5～2.5kg或饼肥1～1.5kg改良土壤结构；对树根培土减少幼林冻害，同时喷1次1∶1∶180波尔多液，保护树木越冬。

8.2.3 板栗膏药病

板栗膏药病是我国长江流域以南各省栗产区的常见病害之一，在板栗老林和幼林都有不同程度的发生。近年来据安徽省农科院植保所在舒城、金寨、岳西、宁国、广德等县调查，病株率一般为15%～30%，严重的达80%以上；平均每株病斑数由几个、数十个乃至百余个，病斑最大长度达110mm。病菌菌丝体形成厚而致密的膏药状菌膜，紧贴在栗树枝干上，菌丝侵入皮层吸取养分和水分，轻者使枝干生长不良，重者导致枝干枯死，因而对板栗高产和稳产已构成较大的威胁。

（1）症状（图8-39）。

灰色膏药病。发病初期在树干和小枝上出现圆形或椭圆形灰白色菌膜，而后菌膜扩展并多个结合呈不规则形大块状，直径通常1～5cm，颜色亦变为灰褐色或暗褐色。菌膜表面比较平滑，干后易脱落。

褐色膏药病。枝干被害处出现圆形、椭圆形或不规则形状的紫褐色菌膜，长宽一般为2～10cm，而后逐渐变为栗褐色或暗褐色，表面呈天鹅绒状，周缘比较整齐，有狭窄的灰白色带。老时易龟裂（图8-40）。

图8-39　板栗膏药病症状

图8-40　褐色膏药病

（2）病原。病原菌为多种隔担子菌（*Septobasidium* spp.）现按其危害症状，分别叙述于下。

茂物隔担耳（*S. bogoriense* Pat.）可引起灰色膏药病。担子果平伏、革质，棕灰色至浅灰色，边缘初期近白色，质地疏松，海绵状，全厚0.6～1.2mm，表面平滑。基层是较薄的菌丝层，其上有直立的菌丝柱，粗50～110μm、高100～500μm，由褐色、粗3～3.5μm的菌丝组成。菌丝柱上部与子实层相连。近子实层表面的菌丝产生球形或亚球形原担子，直径8～10μm。从原担子顶端长出有3个隔膜的圆筒形担子，大小（25～35）μm×（5.3～6）μm。担孢子长圆形、稍弯曲、无色平滑，大小（14～18）μm×（3～4）μm。

田中隔担耳［*S. tanakae*（Miyabe）Boed. et Steinm.］引起褐色膏药病。担子果平伏、被膜状，表面天鹅绒状，淡紫褐色、栗褐色至暗褐色。初期圆形，后扩大直径可达10cm，周缘部通常灰白色，全厚约1mm。组成菌丝呈褐色，有隔膜，壁较厚，粗3～5μm。子实层产生于上层菌丝层，原担子无色、单胞。担子纺锤形，2～4 个隔膜，大小（49～65）$\mu m\times$（8～9）μm；担孢子弯曲呈镰刀形，顶端圆，下端细，无色、平滑，大小（27～40）$\mu m\times$（4～6）μm。

（3）发病规律。病菌以菌膜在被害枝干上越冬，翌年 5 月间产生担子及担孢子。担孢子借风雨和介壳虫等昆虫传播蔓延。病菌菌丝穿入皮层或自枝干裂缝及皮孔侵入内部吸取养分。菌丝体在枝干表面生长发育，逐渐扩大形成菌膜。

膏药病菌与危害栗树的栎霉盾蚧壳共生，病菌以蚧壳虫的分泌物为养料进行生长发育，蚧壳虫则借菌膜的覆盖而受到保护，并得以繁殖扩散。因此，病害的发生发展与蚧壳虫的消长密切相关。此外，病害分布的区域也与病菌依赖于蚧壳虫为主要传播媒介和提供营养条件有着直接的关系。栗树的生态环境对本病发生有一定的影响，一般多发生于山区或半山区的栗林，并以背阳遮阴的山洼、山坡、河沟旁坡地光照少湿度大的栗林发病严重。

（4）防治方法。本病的防治应采取加强栗林管理、防治蚧壳虫及选用抗病优良品种等综合措施。

加强栗林管理。栗树栽培应因地制宜，山谷、河边、洼地不宜密植栗树。加强栗树整枝修剪，以利通风透光，消除杂草灌木，垦复套种作物，增施肥料，促使栗树生长健旺，增强抗病能力。

灭除蚧壳虫。这是预防膏药病的重要措施。常用的药剂为 90％的柴油乳剂、1～3 波美度石硫合剂、20％石灰乳、凡士林等，施药方法以涂刷效果最好。

选用抗病优良品种。推广种植和嫁接抗病性强、高产稳产的优良品种，如粘底板、大红袍等，充分发挥栗树自身的抗病能力，减少施药或不施药，以达到减轻或避免膏药病危害的目的。

8.2.4　板栗立枯病

（1）症状。分急性和慢性 2 种。急性发病树，在盛夏时栗叶急速萎蔫、卷曲、干枯；慢性发病树，生育期叶片缓慢黄化、干枯、落叶。病树根变黑、腐烂，细根皮层易剥离。后期在病皮表面形成黑色小粒点，为病菌的分生孢子器。急性发病树早期不易发现，慢性发病树落叶早，春天发芽迟，长势弱。

（2）病原。病原有 2 种：一种是半知菌亚门真菌（*Macrophomacas taneicola*）。病菌的分生孢子器黑色，分生孢子圆至圆筒形，无色、单胞，大小为（17.5～25.0）$\mu m\times$（5.5～8.0）μm。另一种病原菌为半知菌亚门真菌（*Didymosporium rodicicola*）。分生孢子栗褐色，茄形、双孢，大小为（22.5～35.0）$\mu m\times$（10～15）μm。

（3）发病规律。病原菌在土壤中病组织上越冬，以病菌孢子或病、健根接触传染。板栗立枯病在翌年 3 月孢子开始侵染，4～6 月开始发病。土壤黏重、过度修剪、通气不好及排水不良的栗园发病重。

（4）防治方法。

选择圃地。选择地势稍高，地下水位低，排水方便，土质疏松，肥沃而不重茬的沙壤土地块做苗圃。结合整地修排水沟，防止雨季积水，必要时可用 5％的福美双可湿性粉剂进行土壤灭菌，每 666.7m² 用药量 0.75kg。

药物拌种。常用硫黄粉拌种，每 100kg 种子用药 1kg。加强苗期管理，及时松土和中耕除草，注意排水。要用腐熟的有机肥做苗圃基肥。

喷药防治。幼苗出土后要及时喷杀菌剂防治，常用 65％代森锌可湿性粉剂。

8.2.5　板栗炭疽病

板栗炭疽病是栗实中最严重的病害种类之一，病原菌在田间侵染叶片和果实等，在栗实贮藏期严重发病。

（1）症状。板栗炭疽病是一种真菌性病害，此病引起果实腐烂和落果，同时还危害芽、叶、新梢小枝，是造成板栗减产的主要病害之一。在叶片上产生暗褐色、形状不规则的病斑，多沿叶脉或叶柄伸长。果实受害多为果顶开始发病，沿果实侧面扩展到果底部，果实的果皮变黑，其上产生灰白的菌丝，侵入果肉后果肉干腐，在阴雨天气特别易感染发病。

（2）病原。病原为胶孢炭疽菌［*Colletrichum gloeosporioides*（Penz.）Sacc.］。病菌的分生孢子盘着生表皮下，肉眼下为小黑点，切片微镜观察，为淡褐色，盘状或垫状，盘直径为 638.0μm，分生孢子盘内平行排列一层圆柱形或倒钻形的分生孢子梗；分生孢子梗无色，较长，不分枝；分生孢子椭圆形，无色、单胞，大小为（14.0～18.2）μm×（3.9～4.8）μm，孢子发芽后，先端形成附着胞，用此附着在寄主表面。

（3）发病规律。4月下旬，在枝干皮孔开裂处可见黑色分生孢子盘，内有多隔分生孢子，5月中旬枝干腐烂产生大型黑色子实体，开裂散出孢子，借风雨媒介传播。栗实炭疽病在贮藏期持续发展，但在贮藏60d后若贮藏条件合适，则病害发展变缓。打栗方法采收的栗实贮藏后60d腐烂率明显高于拾栗方法的腐烂率。

（4）防治方法。

冬季清园。冬季结合修剪清除病枝，并集中烧毁；适当控制栽培密度，防止枝叶过密，保持树冠良好的通风透光条件。

及时喷药防治。4～5月喷0.5%波尔多液（硫酸铜∶生石灰＝1∶1）；发病地区7月上旬喷70%甲基硫菌灵可湿性粉剂800倍液、50%多菌灵可湿性粉剂600～800倍液、代森锰锌可湿性粉剂500倍液等。

8.2.6 板栗干枯病

幼枝发病多发生在桠杈部位，在栗树发芽后不久，如见到新叶萎蔫时，则往往在该枝条上可发现环渍的病斑。有时环渍病斑上部枝条并不立即死亡，仅发芽较晚，叶小而黄，严重时叶边缘焦枯，不抽新梢或抽梢很短，不久整个小枝干枯死亡。

（1）症状。干枯病多从嫁接口和伤口附近发病，枝、干发病初期，病部初起褪绿，渐次变暗橙黄色，组织松软，皮层稍隆起，有时自病部流出黄色汁液，撕破病皮可见内部组织呈红褐色水渍状腐烂，有酒糟味；发病中后期，病部失水干缩凹陷，并在树皮上形成密生的针头状橙黄色小粒，即为分生孢子器。在雨后或潮湿条件下，自粒点中挤出橙黄色卷须状的孢子角；干燥时病部干缩龟裂而表面粗糙，其后在病斑周围产生愈伤组织，当时不易觉察，1～2h后，剥开龟裂粗皮，其下可见明显的凹陷病斑，病斑周围愈伤组织隆起。

染病新梢散生红褐色纵向片状病斑，病斑逐渐扩大并变为黑褐色，以后干缩，导致枝叶枯死。病叶主脉基部有1～2块褐色病斑。

大树一般在主干或大枝上发病，经2～3d，上部枝叶先行枯死，下部继续萌发新梢，萌发的新梢已被病菌侵染，下年枝梢逐步向下枯死，经4～5年，整个植株死亡。幼树常在树干基部发病，造成上部枯死，下部产生愈伤组织，并逐渐萌发分蘖，翌年旧疤复发，分蘖多数枯死，夏季又发出大量纤细而不充实的分蘖。如此多年，基部形成一大块肿瘤状愈伤组织，最终导致病树死亡。病树（枝）一般发芽较晚，发芽后叶小而黄，新梢较短，后期叶缘焦枯，枯死的叶片黄而不落。

（2）病原。栗干枯病属子囊菌亚门 [*Endothia parasitica*（Murr）And. et And.（*Cryphonectria parasitica*（Murr）Bar]。无性阶段产生分生孢子（存在于子座内的分生孢子器内），圆筒形或长椭圆形，单胞、无色，大小为（3～4）μm×（1.5～2.0）μm；有性阶段产生子囊孢子（存在于子座底部的子囊壳内），椭圆形，双胞无色，大小为（5.5～6.0）μm×（3.0～3.5）μm。病菌生长最适温为25～30℃。

（3）发病规律。病原菌以菌丝体和分生孢子器在病皮上越冬者居多。翌年春季气温回升后，菌丝体开始活动，借风、雨、昆虫传播到健康植株上。当寄主枝干潮湿，温度适宜，且有冻伤、虫伤及人为造成的伤口时，能立即侵染。一般3月底到4月下旬病斑发展最快，常在短期内造成枝干枯死，以后随着叶片大量形成，有机养分供应逐渐增多，病斑扩展日趋缓慢，直到停止。

（4）防治方法。

选栽抗病品种建园。选择优良抗病品种，并严禁从疫区引进苗木，杜绝病原。

加强栽培管理。秋季采果后一次性施足基肥，并灌足防冻水；早春视树体缺肥情况适量追肥，灌足萌芽水；在栗蓬形成前5～10d，株施5～10kg磷酸二铵或果树专用肥，随后适量浇水；在展叶期、栗蓬膨大期及落叶前10～15d叶面喷施0.3%～0.5%的磷酸二氢钾和尿素溶液，能延长叶片功能期，增加树体贮藏营养水平，提高树体抗病力；管理过程中应尽量减少树体损伤，以降低病菌的入侵概率；板栗落叶后，结合冬剪清园将收集的病皮和病枝、落叶等集中烧毁，减少翌年侵染病原，并且枝干用石灰水喷白，避免冻害发生，降低感病概率；早春树液流动前，刮除病斑连同周围 0.5cm 的健皮，然后用 50mg/L 细胞分裂素或萘乙酸溶液涂抹病部后，用塑料薄膜包扎，当年治愈率达 100％，且翌年病斑很少复发。

药剂防治。早春萌芽前 5～10d 全树喷施 3～5 波美度石硫合剂 1～2 次（间隔 2～3d）；从栗瘤蜂出瘤盛期前 2～3d 开治，全树喷施 1 500 倍 50％溴氰菊酯和 50％多菌灵的混合液 2～3 次（间隔 3～4d）；秋后至早春菌丝体活动前，全园喷施 50％多菌灵或白菌清 1 000 倍液，可有效控制栗干枯病的继续发生与扩展。

8.3　田间主要虫害

8.3.1　栗食象鼻虫

（1）危害症状。幼虫在栗实内取食，形成较大的坑道，内部充满虫粪。被害栗实易霉烂变质，完全失去发芽能力和食用价值。老熟幼虫脱果后在果皮上留下圆形果孔（图 8 - 41）。

（2）形态特征。

成虫。体长 5～9mm，宽 2.6～3.7mm。体呈梭形，深褐色至黑色，被覆黑褐色或灰白色鳞毛。喙细长，端部 1/3 略弯。雌虫喙略长于身体，触角着生于喙基部 1/3 处。雄虫喙略短于身体，触角着生于喙中间之前。前胸背板宽略大于长，密布刻点。鞘翅肩较圆，向后缩窄，端部圆。足细长，腿节端部膨大，内侧有一刺突。

卵。长约 1mm，椭圆形，初期白色透明，后期变为乳白色。

幼虫。体长 8～12mm，头部黄褐色或红褐色。口器黑褐色。身体乳白色或黄白色，多横皱褶，略弯曲，疏生短毛。

图 8 - 41　栗食象鼻虫危害症状

蛹。体长 7.0～11.5mm，初期为乳白色，以后逐渐变为黑色，羽化前呈灰黑色，喙管伸向腹部下方。

（3）发生规律和习性。以老熟幼虫在土中做土室越冬。越冬幼虫于 6 月中下旬在土室内化蛹，蛹期 10～15d。7 月中旬当新梢停止生长、雌花开始脱落时进入化蛹盛期，并有成虫羽化。7 月下旬雄花大量脱落时为成虫羽化盛期。成虫羽化后在土室内潜居 15～20d 再出土。8 月中旬栗苞迅速膨大期为成虫出土盛期，直到 9 月上中旬结束。

成虫出土后取食嫩叶，白天在树冠内活动，受惊扰后就迅速飞去或假死落地；夜间不活动。成虫寿命 1 月左右。交尾后的雌虫在果蒂附近咬 1 个产卵孔，深达种仁，产卵其中。每处产卵 1 粒，偶有 2 粒或 3 粒者。每头雌成虫可产卵 10～15 粒。卵期 8～12d。幼虫孵化后蛀入种仁取食，排粪便于其中。幼虫取食 20d 左右，老熟后脱果入土。早期的被害果易脱落，后期的被害果通常不落。果实采收时未老熟的幼虫仍在种子内取食，直至老熟后脱果。脱果幼虫的入土深度因土壤疏松程度而有所不同。一般在 6～10cm 范围内，最深的可达 15cm。

（4）防治方法。

栽培抗虫品种。可选用球苞大、苞刺稠密、坚硬，并且高产优质的抗虫品种。

农业防治。搞好栗园深翻改土，能消灭在土中越冬的幼虫。清除栗园中的栎类植物，对减轻栗象发生有一定效果。及时拾取落地虫果，集中烧毁或深埋，消灭其中的幼虫。还可利用成虫的假死习性，在发生期振树，虫落地后捕杀。

温水浸种。将新采收的栗实在 50℃温水中浸泡 15min，或在 90℃热水中浸 10～30s，杀虫率可达

90％以上。处理后的栗实，晾干后即可沙贮，不影响栗实发芽。在处理时，应严格掌握水温和处理时间，否则会产生烫伤。

生长期药剂防治。在成虫发生期，往树上喷40％毒死蜱乳油1 500倍液、或40％乐果乳油1 000倍液、50％敌敌畏乳油800倍液、或40％乐果乳油1 000倍液、50％敌敌畏乳油800倍液、90％敌百虫晶体1 000倍液，防治效果都很好。

8.3.2　栗雪片象

板栗雪片象属鞘翅目、象甲科，主要发生在深山区，危害板栗、茅栗等树种。

（1）危害症状。板栗雪片象是板栗蛀果害虫，在我省大别山区舒城县、金寨县、岳西县、潜山县等县深山栗园，栗实被害率为23.5％～40％，严重者达80％以上。

（2）形态特征。

成虫。体长9～11mm（头管除外），体宽约4.5mm，栗褐色，全体密被黄色短毛；头管较粗短，长2.5～3mm，黑色，具皱纹粗刻点，稍弯曲；复眼黑色，触角肘状，基部黑色，端部膨大，赤褐色；前胸背板椭圆形，黑色，密布瘤状颗粒，翅鞘上各有10条由黑色凹陷圆点组成的纵沟，从翅鞘基部至翅鞘的2/3为栗褐色，近端部呈黄褐色。腹面黑色，密布黄褐色茸毛。胸、腹之间有1条弧形沟，雄虫明显，雌虫不明显。

卵。椭圆形，橙黄色，长0.9mm，长、宽略相等。

幼虫。体肥胖，稍弯曲，体表有皱纹，老熟幼虫体长约15mm。

蛹。白色，长10mm左右。

（3）发生规律及习性。每年发生1代，以幼虫在栗实内越冬。成虫羽化后，潜伏在栗实内不动，待5月中旬开始咬孔钻出。成虫较活泼，爬行迅速，善攀缘，白天多潜伏在叶背面等隐蔽处，傍晚7点至凌晨最活跃，受惊扰即坠地假死。成虫有补充营养的特性，取食嫩枝皮层，然后交尾产卵。卵多产在栗实基部周围刺束下的栗苞上，一般1个栗苞仅产卵1粒，1头雌虫一生产卵5～35粒。卵经8d左右孵化为幼虫，孵化率达95％左右。幼虫孵化后，先取食苞皮，然后蛀入栗实基部危害。由于栗实基座受伤，水分和养分的供应被切断，造成栗苞脱落。8月底至9月初栗苞落地最多。栗苞落地后，幼虫仍在栗实内蛀食，至9月底停食越冬。

深山栗林，树冠下植被和杂木茂密或与栎类植物混交的栗树受害重。降水对成虫出苞有利，干旱时成虫羽化率低。

（4）防治方法。

消灭越冬害虫。冬季人工捡拾掉落在地表上的栗苞集中烧掉，减少越冬虫源。

喷药防治。5月底至6月中旬成虫补充营养时期，结合防治剪枝象鼻虫，可喷洒菊酯类农药1 500～2 000倍液，每666.7m²喷药液200L，可收到良好效果。对栗园周围的栎树也应开展防治，以免交叉危害。

8.3.3　剪枝象鼻虫

剪枝象鼻虫又称剪枝栗实象、剪枝象甲，属象虫科。主要寄主是板栗、茅栗，还可危害栎类植物。

（1）危害症状。成虫咬断果枝，造成大量栗苞脱落；幼虫在坚果内取食，危害严重时可减产50％～90％。成虫在栗苞上产卵。栗苞着卵后，其果枝被成虫咬断，枝果坠落。幼虫先取食栗苞，然后蛀食果肉。被害坚果内充满虫粪，失去发芽力和食用价值（图8-42、图8-43）。

（2）形态特征。

成虫。体长6.5～8.2mm，宽3.2～3.8mm，蓝黑色，有光泽，密被银灰色绒毛，并疏生黑色长毛。鞘翅上各有10列刻点。头管稍弯曲，与鞘翅等长。雄虫触角着生在头管端部1/3处，雌虫触角着生在头管的1/2处。雄虫前胸两侧各有1根尖刺，雌虫则无。腹部腹面银灰色。

卵。椭圆形，初产时乳白色，逐渐变为淡黄色。

幼虫。初孵化时乳白色，老熟时黄白色。体长4.5～8.0mm，呈镰刀状弯曲，多横皱褶。口器褐色。足退化。

图 8-42　剪枝象危害症状（枝）

图 8-43　剪枝象危害症状（栗苞）

蛹。裸蛹，长约 8.0mm，初期呈乳白色，后期变为淡黄色。头管伸向腹部。腹部末端有 1 对褐色刺毛。

（3）发生规律及习性。剪枝象鼻虫 1 年 1 代，以老熟幼虫在土中做土室越冬。第 2 年 5 月上旬开始化蛹，蛹期 1 个月左右。5 月底至 6 月上旬成虫开始羽化，成虫发生期可持续到 7 月下旬。成虫羽化后即破土而出，上树取食花序和嫩栗苞，约 1 周后即可交尾产卵。成虫在 9：00～16：00 比较活跃，早、晚很少活动，受惊扰即落地假死。交尾后的成虫即可产卵。

成虫产卵前先在距栗苞 3～6cm 处咬断果枝，但仍有皮层相连，然后再在栗苞上产卵，最后将倒悬果枝相连的皮层咬断，果实坠落。少数果枝因皮层未断仍挂在树上。每头雌虫可剪断 40 多个果枝。栗树中下部的果枝受害较重。在舒城山区，成虫产卵盛期在 6 月下旬。幼虫从 6 月中下旬开始孵化。初孵幼虫先在栗苞内危害，以后逐渐蛀入坚果内取食，最后将坚果蛀空。幼虫期 30d 左右。到 8 月上旬，即有老熟幼虫脱果。幼虫脱果后入土做土室越冬。雨水不利于幼虫成活。

（4）防治方法。及时拾取落地虫果，集中烧毁，消灭其中的幼虫。还可利用成虫的假死习性，在发生期振树，虫落地后捕杀。药剂防治方法可参照栗食象的防治方法。

8.3.4　桃蛀螟

桃蛀螟（*Dichocrocis puncti feralis* Guenee），又名桃蠹、桃斑蛀螟，俗称蛀心虫、食心虫，属鳞翅目、螟蛾科。此虫分布较广，在我国长江流域及其以南各地区均有分布。

（1）危害症状。幼虫孵化后多从果蒂部或果与叶及果与果相接处蛀入，蛀入后直达果心。被害果内和果外都有大量虫粪和黄褐色胶液。幼虫老熟后多在果柄处或两果相接处化蛹。

（2）形态特征。

成虫。体长约 12mm，全体鲜黄色，前后翅上散生许多小黑斑，雄蛾尾端有一丛黑毛。

卵。扁椭圆形，长约 0.6mm，初产时乳白色，后渐变红褐色。

幼虫。老熟时体长 15～20mm，体背淡红色，各体节都有粗大的灰褐色斑。

蛹。长 12～15mm，褐色，尾端有臀刺 6 根。

（3）发生规律及习性。在安徽省老熟幼虫主要在玉米、桃树、高粱果穗和残株内越冬。成虫夜间活动，有较强趋光性，多在枝叶较密及留果较多的树上，以及两果相接处产卵。早熟品种上见卵一般较中、晚熟品种的为早。北方地区 1 年发生 2～3 代，南方地区 1 年发生 4～5 代，第 1 代和第 2 代幼虫蛀害桃果为主，第 3～4 代转害玉米、板栗、向日葵等作物。越冬代成虫发生期为 5 月中下旬，5 月下旬至 6 月上旬是第 1 代卵高峰，以后各代多世代重叠。

（4）防治方法。冬季及时烧毁玉米、高粱、向日葵等作物残株，消灭越冬幼虫。栗树合理修剪，合理留果，避免枝叶和果实紧密接触。6～8 月，开灯诱杀桃蛀螟，开灯时间从 19：00 持续到翌日零点，阴雨天不需要开灯；丘陵和山坡栗园诱虫灯一般设置在中下部，平原栗园内按每 1.5hm² 布设 1 盏杀虫灯，可有效控制上述虫害的发生。药物防治，6～8 月可用 80％敌敌畏乳油加菊酯类农药，防治 2 次，每次间隔时间 10～15d。

8.3.5　黄刺蛾

黄刺蛾又名洋辣子、八角、刺毛虫等，分布很广，全国各地几乎都有发生，是杂食性害虫。

（1）危害症状。幼虫除取食板栗叶片外，还危害枣、苹果、梨等各种树木达 120 种以上，是林木、经济林及果树的重要害虫。

（2）形态特征。

成虫。体长 13～16mm，翅展 30～34mm，全体基本为黄色，前翅内半部黄色，外半部为褐色，有 2 条暗褐色斜线，在翅尖上汇合于一点，呈倒 V 形，内面 1 条伸到中室下角，为黄色和褐色的分界线。

卵。扁椭圆形，黄白色，长 1.4mm，宽约 0.9mm。

幼虫：体长 25mm 左右，黄绿色，体背有 1 块前后宽、中间细的紫褐色大型斑，并有许多突起枝刺，具毒，人皮肤触及后引起剧烈疼痛和奇痒。

蛹。椭圆形，长约 12mm，黄褐色。

茧。灰白色，长 11.5～14.5mm，质地坚硬，表面光滑，茧壳上有几道褐色长短不一的纵纹，形似雀蛋。危害板栗的刺蛾除了黄刺蛾外，还有褐刺蛾、青刺蛾和扁刺蛾等。

（3）发生规律及习性。黄刺蛾在东北、山东及河北北部，1 年发生 1 代；长江流域、河南、陕西及河北南部，1 年发生 2 代。以老熟幼虫在树枝上、分杈处或树干粗皮上结茧越冬。在 1 年发生 1 代的地区，翌年 5～6 月化蛹，成虫于 6 月中旬出现，夜间活动，有趋光性，产卵于叶背，散产或数粒、数十粒连产，每只雌蛾产卵量为 49～67 粒，成虫寿命 4～7d，卵期 7～10d；幼虫于 7 月中旬至 8 月下旬发生，初孵幼虫取食卵壳，然后群集叶背啃食下表皮及叶肉，呈圆形透明小孔，长大后分散危害，常将叶片吃光，仅残留叶柄。1 年发生 2 代的地区，越冬代成虫于 5 月下旬至 6 月上旬开始出现，第 1 代幼虫危害盛期在 7 月上旬，第 2 代幼虫危害盛期在 8 月上、中旬，至 8 月下旬幼虫老熟，在树上结茧越冬。

（4）防治方法。冬季结合栗园修剪，剪除虫茧。喷药防治，幼虫孵化盛期喷洒 90% 敌百虫 1 500～2 000 倍液，或 50% 敌敌畏 1 000 倍液，均有良好的防治效果。保护天敌，茧期天敌有上海青蜂、黑小蜂及姬蜂，其中上海青蜂的寄生率很高，防治效果显著；成虫期天敌有螳螂，幼虫期有病菌感染。

8.3.6　舞毒蛾

舞毒蛾 ［*Lymantria dispar*（Linnaeus）］属鳞翅目、毒蛾科。属世界性害虫。在我国发生普遍，各地均有分布。国外分布于日本、朝鲜及欧洲和美洲。主要在北纬 20°～58°。食性很广，约危害 500 余种植物。主要寄主有苹果、柿、板栗、山楂、海棠、柑橘、梅、核桃、杨、柳、榆、栎、松等树木。

（1）危害症状。幼虫蚕食叶片，严重时整个果林叶片被吃光，并且也舔食果实。

（2）形态特征。

成虫。雌雄异型。雌虫体长 25～30mm，翅展 78～93mm；体、翅污白色，前翅有许多褐色深浅不一的斑纹，前、后翅外缘翅脉间有黑褐色斑点；腹部粗大，末端有浓密的黄褐色毛；触角黑褐色，栉齿状。雄虫小，体长约 20mm，翅展 41～54mm；体、翅暗褐色，前翅前缘至后缘有较明显的 4 条浓褐色波浪纹，后翅颜色略淡；前、后翅外缘颜色较深并呈带状；腹部细小，触角褐色，羽毛状。

卵。扁鼓形，一面略凹陷，直径 0.9mm，初产为灰白色，后逐渐加深呈紫褐色，有光泽，300～500 粒产在一起，形成不规则的卵块，长径 2～4cm，卵块之上覆盖很厚的黄褐色绒毛。

幼虫。末龄幼虫体长 60mm 左右，灰褐色。头部黄褐色，上有暗褐色斑纹，正面有八字形黑纹。胸部有 6 列毛瘤，背面 2 列毛瘤较大。前 5 对毛瘤青蓝色，后 7 对橙红色，最后 1 对蓝色较淡，这些毛瘤上都生有棕黑色短毛，各节两侧的毛瘤上生有黄褐色长毛，伸向体两侧。

蛹。深褐色，各体节上有黄褐色毛丛。

（3）发生规律及习性。该虫 1 年发生 1 代，以完成胚胎发育的卵块在树干背面洼裂处及梯田的堰缝、石缝等处越冬。此虫在山区发生较多。在舒城山区于5月上旬幼虫开始破卵而出，初孵幼虫于卵块上待一段时间后，便群集于叶片上，白天静止于叶背，夜间取食活动。幼虫受惊则吐丝下垂，可借风传播扩散。2龄以后则分散取食。白天匿居树皮裂缝或爬到树下的土、石块缝中隐藏。傍晚时成群上树取食，天亮后又爬到树下隐蔽。4龄以后虫体增长显著，食量剧增，5～6月危害最重。幼虫期经6个龄期，各龄期长短不一。6月上、中旬幼虫老熟，爬至树皮缝或树下杂草丛中及土、石缝内结茧进入前蛹期，2d后幼虫蜕最后1次皮化蛹，蛹期11～16d。6月中旬开始出现成虫，成虫羽化后，雄虫白天在树间盘旋飞舞，雌成虫停于蛹壳附近不动，等候雄虫来交尾。成虫交尾后1d即可产卵。卵多产于直径8～25cm粗的主枝上，距树干或中心干50cm以外的阴面下方，或土、石缝间。产卵时腹部蠕动，摩擦鳞粉，并将腹部末端的黄褐色鳞毛盖于卵块表面。成虫产卵后第7天，幼虫即在胚内发育完全，但并不孵出，而在卵壳内滞育越冬。成虫有较强的趋光性。舞毒蛾是世界上著名的一大害虫。据记载，大约每8年为1个猖獗周期，即准备期1年，增殖期2～3年，猖獗期2年，衰亡期2年。若天气干旱，可使增殖期缩短，猖獗期延长，若遇不利因素，也会使猖獗周期遭破坏。如果每平方米有卵500粒以上，就会给森林带来很大的破坏，若每卵块卵粒在1000粒以上，预示猖獗周期即将到来。舞毒蛾大多发生在郁闭度较大的林区，故距林区近的山地果园发生较多。

（4）防治方法

诱杀成虫。成虫羽化盛期，用黑光灯大量诱杀成虫，或用舞毒蛾性诱剂诱杀雄蛾。

保护和利用天敌。秋后或早春在幼虫未孵化前，结合整形修剪，收集树干和土、石隙间的卵块，将其置于远离果园的纱笼中，保护寄生蜂正常羽化，飞回果园，并消灭孵化幼虫。

人工防治。在幼虫群集危害尚未分散之前，应及时连叶带虫剪下杀死。

药剂防治。利用幼虫白天下树隐蔽的习性，在树下堆放石块，并在石块堆上喷药，也可将药喷在主干上，使幼虫在上、下树的过程中触药死亡。在傍晚以前喷药效果最好。常用药剂有50％辛硫磷乳油，使用时配制成1000倍液或300倍毒土。在5～6月，幼虫大量发生危害时，喷施青虫菌6号500～1000倍液，或25％灭幼脲3号1000倍液，或20％氰戊菊酯乳油3000倍液。

8.3.7　细皮夜蛾

细皮夜蛾（*Selepa celtis* Moore）属鳞翅目、夜蛾科。分布于我国湖北、江苏、浙江、安徽、福建、广东和四川等省。寄主有板栗、梨、番石榴、大叶紫薇、杧果、枇杷等植物。

（1）危害症状。细皮夜蛾以幼虫危害叶片。1～4龄幼虫取食叶背表皮层及叶肉，5龄幼虫将叶片食成缺刻、孔洞或食光全叶肉组织，仅剩叶脉。

（2）形态特征。

成虫。雄虫体长8～9mm，翅展20～22mm；雌虫体长9～11mm，翅展24～26mm。前翅灰棕色，中央有一螺形圈纹，圈中有3个较明显的鳞片突起，近中央的1个呈灰白色，其余2个呈棕色。近臀角处亦有3个明显的棕色鳞片小突起。后翅灰白色。

卵。包子形，直径和长分别约为0.25mm；淡黄色，顶部中央有小圆形凹陷，边缘有辐射状的棱。卵成块。

幼虫。1龄幼虫头黑、体淡黄，被黄色长毛；2龄幼虫后期在前胸背中央和两侧、中后胸亚背线上及第9腹节背中央，各出现1个褐色毛瘤；3～5龄幼虫特征基本相同，老熟幼虫体长18～22mm，头黑色、体黄色，腹部2、7、9节背部各有1块黑斑，腹气门后上方有1～2块小黑斑，中、后胸的亚背线处各有1块小黑斑。体上刚毛白色，前、后及侧面的毛较长。趾钩为双横带。

蛹。纺锤形、黄褐色，长10～12mm。

茧。扁椭圆形，长15～20mm，结茧的材料有碎叶、树皮屑、土粒等物。

（3）发生规律及习性。细皮夜蛾在舒城1年发生4代，以蛹越冬，发生世代重叠。成虫羽化率达90％以上，具趋光性，卵绝大部分产于叶面，少数产于叶背，成虫寿命9～12d。卵孵化时变为灰黄色，孵化率达85％，卵期8～10d。幼虫孵化后先取食卵壳，然后从叶面转移到叶背取食，幼虫有群集性，1～3龄幼虫喜群集取食，吃光叶背的叶肉组织，仅留叶表皮和叶脉，使叶枯死，然后转叶危害；1～2龄幼虫有吐丝飘移的习性。4～5龄幼虫分散危害，且食量很大。老熟幼叶结茧之前停止取食，叶体缩短变粗，寻找结茧场所。绝大部分幼叶在地被物中化蛹越冬，少数在树干、树干基部化蛹越冬。越冬蛹期长达4个多月。此虫在阳光充足，郁闭度低的林内发生严重，而在阴湿、郁闭度高的林内发生轻，干旱季节比雨水季节发生严重，树冠顶部比树冠下部发生严重。

（4）防治方法。一般轻度发生的栗园，利用幼虫群集危害的习性，在幼虫发生期剪除幼虫枝叶，集中处理。发生重的栗园，在幼虫发生期往树上喷洒20％氰戊菊酯乳油或2.5％溴氰菊酯乳油4 000倍液，90％敌百虫晶体2 000倍液，80％敌敌畏乳油2 500倍液，杀虫效果在90％以上。

8.3.8　淡娇异蝽

淡娇异蝽属半翅目、异蝽科。分布于我国河南省的信阳、新县、罗山等县及安徽省的金寨县。主要危害板栗和茅栗。1979—1980年在河南省信阳市栗区大发生，1984年之后在金寨栗区猖獗危害，发生严重地区6～15年生树有虫株率达100％，平均种群密度达7 785头/株，最高达13 920头/株，受害栗树枯焦死亡。

（1）危害症状。淡娇异蝽以若虫和成虫刺吸栗树汁液。栗树萌芽后若虫刺吸嫩芽、幼叶，被害处最初出现褐色小点，随后变黄，顶芽皱缩、枯萎。展叶后被害叶皱缩变黄，严重时焦枯。受害重的枝梢7月间枯死，树冠呈现焦枯，幼树当年死亡。

（2）形态特征。

成虫。雄虫体长8.9～10.1mm，宽4.2mm左右。雌虫体长10.0～12.5mm，宽5.3mm，草绿至黄绿色。头、前胸背板侧缘及革片前缘米黄色。触角5节，第1节赭色，外侧有1条褐色纵纹，其余各节浅赭色，第3～5节端部褐色。触角基部外侧有1个眼状黑色斑点。前胸背板、小盾片内域小刻点天蓝色，前胸背板后侧角有1对黑色小斑点或沿缘脉具不规则天蓝色斑纹，革片外缘有1条连续或中间中断的黑色条纹。膜质部分无色透明。

卵。长0.9～1.2mm，宽0.6～0.9mm，浅绿色，近孵化时变为黄绿色。卵块长条状，单层双行，排列整齐，上有较厚的乳白色胶质保护物。

若虫。若虫5龄。初孵若虫近无色透明，老龄若虫草绿至黄绿色。1～5龄若虫体长分别为：1.3～1.5mm、2.0～2.3mm、2.6～3.0mm、5.2～6.0mm、6～9mm。5龄若虫翅芽发达，小盾片分化明显，前胸和翅芽背面边缘有1条黑色条纹，前胸腹面有1条黑色条纹伸达中胸。

（3）发生规律和习性。淡娇异蝽在我国河南、安徽省栗产区1年1代，以卵在落叶内越冬，少数在树皮缝、杂草或树干基部越冬。翌年2月底3月初越冬卵开始孵化，3月中旬为孵化盛期。若虫蜕皮5次。5月中旬出现成虫，5月下旬至6月上旬为羽化盛期，成虫于9月下旬开始交尾产卵，至11月下旬结束。

越冬卵孵化后，初孵若虫和2龄若虫先群居卵壳上取食卵块上的胶状物，不具有危害性。3龄若虫较为活泼，在栗树嫩芽初绽时，群居芽及嫩叶上吸取汁液。若虫发育历期34～61d，1龄若虫历期最短仅1～3.5h，2龄历期1.0～4.5d，3龄8～33d，4龄10～41d，5龄15～46d。成虫多在白天羽化。成虫极为活泼，但飞翔力不强，白天静伏栗叶背面，下午16：00以后开始活动。多取食叶背面叶脉边缘和1～2年生枝条皮孔周缘及芽，下午18：00～22：00活动量渐小、10：00以后又处于静伏状态，但口针仍刺入栗树组织内不动至次日6：00～7：00。成虫发育历期145～213d。经过长达5个多月的补充营养后，才交尾产卵。雌雄成虫一生仅交尾1次。交尾结束后，雄虫2～7h后即死亡，雌虫当天便可产卵，8～10d后死亡。成虫产卵于落叶内，卵块呈条状。每头雌虫产卵1～3块，每块有卵10～59粒，每头雌虫产卵量为39～131粒，平均78粒。卵期102～135d，其自然孵化率达98.5％。

淡娇异蝽的发生及危害程度与栗园管理水平有密切关系。凡栗园树冠下杂草丛生、植被茂密、落叶覆盖较厚，越冬卵量就大，而且若虫孵化率高、危害较重；相反，管理好，栗园杂草落叶少，危害就较轻。

（4）防治方法。在入冬后至2月下旬之前，彻底清除栗园杂草、落叶，集中烧毁或埋于树冠下，以消灭越冬卵，降低越冬卵基数。药剂防治，发生严重的栗园，在3月下旬至4月上旬若虫孵化高峰期，进行树上喷药防治，使用药剂有40％氧乐果乳油1 500～2 000倍液，防治效果达97％以上；在成虫发生期，喷 80％敌敌畏乳油 1 500 倍液，若虫和成虫死亡率达 85.7％，喷 20％氰戊菊酯乳油 1 000 倍液，杀虫率达 95.8％。

8.3.9　铜绿丽金龟

铜绿丽金龟又称铜绿金龟子，属鞘翅目、丽金龟科。在我国分布较为普遍，各栗产区均有发生。

（1）危害症状。铜绿丽金龟以成虫危害栗树叶片。被害叶片残缺不全，严重时叶片被食光，仅留叶柄。幼虫食害根部，危害不大。

（2）形态特征。

成虫。体长 16～22mm，宽 8.3～12. mm，铜绿色，长卵圆形，中等大小。头、前胸背板色泽较深，两侧边缘黄色，鞘翅色较淡而泛铜黄色，有光泽，腹面多呈乳黄色或黄褐色。触角鳃叶状，9 节，鳃叶节由 3 节组成。

卵。椭圆形，长径 2mm，短径 1.2mm，乳白色。

幼虫。体长 30mm 左右，乳白色，头部黄褐色。肛腹片后部覆毛区中间的刺毛列由长针状刺毛组成，每侧多为 13～19 根，并相交或相遇。

蛹。体长 20mm 左右，化蛹初期为白色，渐变为浅褐色。

（3）发生规律和习性。铜绿丽金龟 1 年 1 代，以幼虫在土中越冬。春季土壤解冻后幼虫开始由土壤深层向上移动，当地温达 14℃左右时，有 50％以上的幼虫上升至距地表 10cm 的土层里，30％的幼虫在 10～20cm 的土层中取食根部，一般于 4 月下旬至 5 月上旬幼虫做土室化蛹。由于各地气温不同，成虫发生期也不一致，在安徽省大别山区铜绿金龟子成虫集中危害时间一般在 4 月下旬至 5 月下旬，成虫危害期 40d 左右。产卵于约 6cm 深的表土层中，每头雌虫可产卵 40 多粒，卵期平均 10d。7～10 月当 10cm 深土层平均温度在 20℃以上、栗园土壤含水量在 20％左右时，有 90％的幼虫在 7cm 左右土层中活动，10 月上旬幼虫开始向下转移并越冬。成虫趋光性极强，有假死性，昼伏夜出，多在 18：00～19：00 开始出土、20：00 至清晨 2：00 交尾、产卵、取食，3：00～4：00 时后停止活动，飞离果树、入土潜伏。

（4）防治方法。利用频振式杀虫灯或普通照明灯诱杀各种金龟子。诱杀时间为 4 月中下旬至 5 月中下旬，开灯时间从 19：00 持续到次日零时，阴雨天不需要开灯。丘陵和山坡栗园诱虫灯一般设置在中下部，平原栗园内按每 1.5hm² 布设 1 盏杀虫灯，可有效控制金龟子发生。

在 4 月下旬后或 10 月上旬前翻耕栗园，可消灭 20％的越冬幼虫。发生量大、危害重的栗园，可在 4 月下旬成虫出土时，往地面喷洒 50％辛硫磷乳油 300 倍液，25％辛硫磷微胶囊剂 300 倍液或 40％毒死蜱乳剂 1 500 倍液，对成虫均有较好的防治效果。在成虫盛发期往树上喷洒 80％敌敌畏乳油 1 000 倍液。上午喷药效果好。

8.3.10　小青花金龟

小青花金龟（*Oxycetonia jucamda* Falder）又称小潜花金龟甲，别名小青金龟。属鞘翅目、花金龟科，是一种食性很杂的金龟甲，寄主有苹果、梨、桃、杏、山楂、板栗、杨、柳、榆等。该虫在我国南北各地均有分布，以山地果园受害较重。成虫危害果树的花器，导致只开花不结果，直接影响产量。

（1）危害症状。以成虫取食花蕾，将花蕾咬成孔洞，将花瓣和柱头咬成破碎状，危害期 1～2 周，虫口密度大时，常造成毁灭性灾害。

（2）形态特征。

成虫。体长 12mm，宽 6m，体型较小，稍微狭长，体表暗绿色、黑色、浅红色、古铜色等变化很大，头部黑色。复眼和触角为黑褐色。前胸背板和翅鞘为暗绿色或赤铜色，并密生许多黄绒毛，无光泽，翅鞘上有黄白色斑，外缘和近翅缝各有 3 个，近外缘和顶角 2 个斑较大，肩凸内侧常有 1 个或几个小斑。肩部最宽，两侧向后稍微收狭，后外端缘圆弧形。臀板微宽短，密布粗大横皱纹，近基部横排有 4 个小白斑。腹部光滑，稀布刻点和长绒毛，1～4 节各有 1 个白斑。足正常，黑色，前足胫节外缘 3 齿。雄虫触角棒部较长。

卵。白色球形。

幼虫。乳白色，密生绒毛，头小，头为褐色，尾部粗大。

蛹。裸蛹，浅白色。

（3）发生规律及习性。小青花金龟1年发生1代，以成虫和幼虫在土中过冬并在土中生活，是农作物的地下害虫，成虫对果树造成危害，4月成虫开始活动，5月上中旬成虫发生最多，成虫群集在果树上危害花瓣、花蕾、柱头，5月下旬仍有大量成虫发生危害，6月成虫减少，8～9月当年成虫发生危害，活动一段时间即开始越冬，幼虫一生均在土内生活，以腐败食物为食。管理粗放的山地果园发生较多。成虫多在晚间活动，每天傍晚大量成虫群集在果树上危害直至深夜。6月下旬开始产卵，每次产卵20多粒。卵期10d左右，成虫有趋光性。

（4）防治方法。由于金龟子寄主广泛，食性杂，单纯果树治虫收效不大，尤以山地果树、幼树园、与农作物间作果园、草荒地效果更差。防治策略应采取农业防治、人工与农药防治相结合的综合治理。

冬春翻树盘，铲除杂草，将沟、渠、路旁杂草一并铲除，破坏幼虫（蛴螬）生存条件，压低成虫数量。零散果树、庭院果树及发生轻微果园，可利用金龟子假死习性，于清晨或傍晚敲击树枝，振落捕杀成虫。果园附近安设黑光灯或100W白炽灯诱杀，也可设糖醋液罐诱杀，糖醋液中如加入烂果汁、桃叶捣烂汁液等效果更佳；毒饵诱杀，以切碎的野菜置于塑料袋中揉烂，适量加0.5%溴氰菊酯拌匀，傍晚分小堆放于果树下，可杀灭成虫。花前在金龟子常发生地里，可喷40%氧乐果1 000倍液，或马拉硫磷1 000～2 000倍液、10%氯氰菊酯（或5%高效氯氰菊酯）乳油1 500倍液、80%敌敌畏乳油800倍液等。可将蓖麻叶砸烂，加10倍清水，浸泡2h以上，过滤喷雾，有效期3d。果园周围有农田防护树木杨、柳、榆等，应先喷林木再喷果树。

8.3.11 栗瘿蜂

栗瘿蜂又称栗瘤蜂，属膜翅目、瘿蜂科，我国各板栗产区几乎都有分布。发生严重的年份，栗树受害率可达100%，是影响板栗生产的主要害虫之一。

（1）危害症状。以幼虫危害芽和叶片，形成各种各样的虫瘿。被害芽不能长出枝条，直接膨大形成的虫瘿称为枝瘿。虫瘿呈球形或不规则形，在虫瘿上有时长出畸形小叶。在叶片主脉上形成的虫瘿称为叶瘿，瘿形较扁平。虫瘿呈绿色或紫红色，到秋季变成枯黄色，每个虫瘿上留下1个或数个圆形出蜂孔。自然干枯的虫瘿在1～2年内不脱落。栗树受害严重时，虫瘿比比皆是，很少长出新梢，不能结实，树势衰弱，枝条枯死。

（2）形态特征。

成虫。体长2～3mm，翅展4.5～5.0mm，黑褐色，有金属光泽。

卵。椭圆形，乳白色，长0.1～0.2mm。一端有细长柄，呈丝状，长约0.6mm。

幼虫。体长2.5～3.0mm，乳白色。老熟幼虫黄白色。体肥胖，略弯曲。

蛹。离蛹，体长2～3mm，初期为乳白色，渐变为黄褐色。

（3）发生规律和习性。栗瘿蜂1年1代，以初孵幼虫在被害芽内越冬。翌年栗芽萌动时开始取食危害，被害芽不能长出枝条而逐渐膨大形成坚硬的木质化虫瘿。幼虫在虫瘿内做虫室，继续取食危害，老熟后即在虫室内化蛹。蛹期15～21d，6月上旬至7月中旬为成虫羽化期。成虫羽化后在虫瘿内停留10d左右，在此期间完成卵巢发育，然后咬1个圆孔从虫瘿中钻出。成虫出蜂后即可产卵，孤雌生殖。成虫产卵在栗芽上，喜欢在枝条顶端的饱满芽上产卵，一般从顶芽开始，向下可连续产卵5～6个芽。每个芽内产卵1～10粒，一般为2～3粒，卵期15d左右。幼虫孵化后即在芽内危害，于9月中旬开始进入越冬状态。

（4）防治方法。

剪除虫枝。剪除虫瘿周围的无效枝，尤其是树冠中部的无效枝，能消灭其中的幼虫。

剪除虫瘿。在新虫瘿形成期，及时剪除虫瘿，消灭其中的幼虫。剪虫瘿的时间越早越好。

保护和利用寄生蜂。保护的方法是在寄生蜂成虫发生期不喷任何化学农药。在栗瘿蜂成虫发生期，可喷施50%杀螟硫磷乳油、80%敌敌畏乳油均为1 000倍液，或喷40%乐果乳油800倍液。在春季幼虫开始活动时，用40%乐果乳油2～5倍液涂树干。利用药剂的内吸作用，杀死栗瘿蜂幼虫。

8. 3. 12　栗链蚧

栗链蚧属同翅目、链蚧科，是我国江苏、浙江、安徽、江西等省板栗的主要害虫之一。

（1）危害症状。危害枝干、叶片，吸取汁液，引起树势衰弱、新梢干枯和早期落叶，受害严重的栗树造成绝产和枯死。

（2）形态特征。

成虫。雌雄异型。雌虫体梨形、褐色，长 0.5～0.8mm。介壳略呈圆形，直径约 1mm，黄绿色或黄褐色，背面突起，有 3 条纵脊和不明显的横带，体缘有粉红色刷状蜡丝，蜡丝成对长出，直立或稍弯曲，末端钝圆。雄虫体长 0.8～0.9mm，翅展 1.7～2.0mm，头近三角形，复眼黑色，口器退化，触角丝状，共 7 节，其中以第 7 节最长，第 2～6 节稍呈哑铃状，上生许多微毛。虫体淡褐色，胸部隆起，有深色横斑，腹末有针状交尾器。翅 1 对，白色透明，略有光泽，翅面上有 2 条纵脉。蚧壳长椭圆形，淡黄色，背面突起，有 1 条较明显的纵脊，边缘蜡丝淡黄色。

卵。椭圆形，长 0.2～0.3mm，初期为乳白色，孵化前变为暗红色。

若虫。1 龄若虫扁椭圆形，约 0.5mm，触角丝状，足 3 对，有口器，腹部分节明显，末端着生 1 对细长毛，初期淡绿色，固定后变为红褐色。2 龄若虫触角和足消失，雌雄虫体异形，雌若虫蚧壳圆形，红褐色，雄若虫蚧壳长椭圆形，淡黄色，半透明。若虫蚧壳边缘蜡丝较少，浅黄色或浅红褐色，部分个体蜡丝末端稍弯曲。

蛹。仅雄虫有蛹，离蛹，圆锥形，褐色，长 0.8～0.9mm，前期眼睛和触角红色，后期眼睛变黑褐色，在介壳内化蛹。

（3）发生规律及习性。以受精雌成虫在板栗树枝干表皮上越冬。翌年 3 月开始活动，4 月产卵，卵期 15～20d。初孵化幼虫很活泼，1d 后固定下来，用口器刺入植物组织吸取养分，分泌蜡质，形成蚧壳。20～25d 后出现雌雄分化。雌虫群集在主干枝条上，雄虫化蛹羽化后与雌虫交尾。雌虫交尾后产卵形成第 2 代。如未发生 1 代受精，雌成虫不产卵即开始越冬。江淮地区每年发生 2 代。以受精雌虫主要在 1、2 年生枝上越冬。栗链蚧雌虫终生无翅，远距离传播主要通过苗木调运，近距离传播是树冠相互接触、风吹落虫及苗木嫁接等人为活动引起。因此在田间发生并不均匀，往往是点片成灾。栗链蚧的天敌主要有瓢虫、草蛉、寄生蜂及寄生菌等。

（4）防治方法。防治关键是在初孵若虫阶段（5 月上中旬）喷施 40％乐果乳油 1 000 倍液或 10％吡虫啉可湿性粉剂 2 000～3 000 倍液。保护红点唇瓢虫等天敌。

8. 3. 13　栗绛蚧

栗绛蚧（Kermes nawai Kuwana）也称球坚蚧，属同翅目、绛蚧科。该虫主要分布于江苏、浙江、安徽、山西等省板栗产区，是板栗上的一种主要害虫。寄主植物主要为板栗和茅栗。常造成 20％～30％损失，严重的可达 50％以上。在舒城县局部地区发生的栗绛蚧为双黑绛蚧（Kermes nakagawae kuwana）。

（1）危害症状。以若虫和雌成虫群集在枝条上刺吸汁液，被害枝易干枯死亡，导致树势衰弱，生长结实不良，栗实严重减产，甚至整株死亡。

（2）形态特征。

成虫。雌雄异型。雌虫蚧壳球形，直径 5.7～6.7mm，高 5.3～6.8mm。初期为嫩绿色至黄绿色，体壁薄而脆，腹部末端有 1 颗小水珠，称为"吊珠"。随着虫体的生长，体积逐渐增大，体色加深，体背隆起，整个身体呈球形或半球形。体表光滑、具光泽。其上有黑褐色不规则的圆形或椭圆形斑，每斑中央有 1 个凹陷的小刻点，腹部末端有 1 块大而明显的圆形黑斑。雄成虫有 1 对翅，体长约 1.49mm，翅展约 3.09mm，棕褐色，触角丝状，各节间环生细毛，复眼发达，单眼 3 对，在头顶排列成倒八字形。口器退化。前翅淡棕色、透明，翅脉 2 根。腹部第 7 节背面两侧各有 1 根细长的白色蜡丝，长 0.6～0.8mm。

卵。长 0.18～0.22mm。初期乳白色或无色透明，孵化前变为紫红色。

若虫。初孵若虫长椭圆形，体长 0.3mm，淡黄色，触角丝状，喙和胸足发达，尾毛 1 对，两尾毛之间有 4 根臀刺。固定以后的 1 龄若虫体呈黄棕色，胸部两侧各有 1 块白色蜡粉。2 龄若虫体呈椭圆形，体长 0.54mm，肉红色，体背粘有 1 龄若虫的虫蜕。2 根尾毛在后期脱落，只留痕迹。

蛹。仅雄虫有蛹。离蛹，长椭圆形，黄褐色。

茧。扁椭圆形，长 1.65mm，白色丝质。

（3）发生规律和习性。该虫 1 年发生 1 代，以 2 龄若虫在寄主枝条裂缝、芽痕、叶痕等隐蔽处越冬。翌年 3 月上旬当平均气温达 10℃时，越冬若虫开始活动并取食。3 月中旬以后雌雄分化。雌虫蜕皮变为成虫，继续吸食汁液，这是危害最重要的阶段。雄性若虫迁移到树皮裂缝、树干基部、树洞等处结茧化蛹。雄成虫在 4 月上旬开始羽化，4 月下旬为羽化盛期，雄成虫羽化后即可交尾，寿命约 2.5d。经交尾后的雌成虫开始产卵于体下，也存在孤雌生殖现象，每雌可产卵 1 000～2 500 粒。卵期 7d，从 5 月中旬开始，卵在母体内孵化，5 月下旬为孵化盛期。初孵若虫从母壳下的缝隙爬出，在树上爬行分散，经 2～3d 固定下来寄生危害，以 1～2 年生枝条上的虫量最多。从 6 月中旬开始，1 龄若虫蜕皮变为 2 龄，发育极缓慢，取食一段时间后开始越夏，接着越冬。栗绛蚧的远、近距离传播主要随接穗而传播，栗绛蚧的初孵若虫自身传播扩散能力有限，在栗园主要借两树之间重叠枝条爬行传播。栗绛蚧的发生与板栗的立地条件有关，一般在山的阳坡危害重于阴坡，在山口处的危害明显加重。在栗园长势衰弱的栗树和老栗树受害较重，树冠下部的枝条和徒长枝上的虫口密度较大。

（4）防治方法。

人工防治。春季，当虫体膨大明显可见时，可用旧抹布或带上帆布手套捋虫枝，消灭虫体。

接穗封腊。蜡块与水按 1∶3 混合加热融化后，将待接果穗浸入蜡液后迅速取出，用于嫁接，可以有效控制该虫害的发生，提高嫁接成活率。

选用抗虫品种。某些板栗品种，如大红袍、粘地板不仅产量优异，而且对该虫具有一定抗性，通过嫁接等方式推广该类品种可以有效控制该虫的发生，提高产量。

保护天敌。栗绛蚧的天敌主要有缘红瓢虫、寄生蜂、芽枝状芽孢霉菌。1 头黑缘红瓢虫一生可捕食 2 000 余头栗绛蚧，是抑制栗绛蚧大发生的重要因素；寄生蜂对栗绛蚧的寄生率可达 25%。

化学防治。避免使用高毒广谱杀虫剂，并采用合适的施药方法。栗绛蚧的卵孵盛期在舒城县为 5 月中下旬，此时是该虫生活史中最薄弱的环节，可用吡虫啉、杀扑磷、甲氰菊酯对树干及枝条喷雾。树液开始流动时（萌芽前）用 25% 噻虫嗪可湿性粉剂或 40% 氧化乐果乳油 500 倍液药剂涂干或药剂注射。此时药剂喷雾防效较差，并对天敌昆虫有较强的杀伤作用，应慎用。可用药剂有吡虫啉、杀扑磷、甲氰菊酯。

8.3.14 板栗大蚜

板栗大蚜又名栗大黑蚜、栎大蚜（图 8-44）。分布于江苏、浙江、四川、河北、河南、山东、辽宁等地，危害板栗、麻栎、柳等树种。

（1）危害症状。以成虫、若虫群集于新梢、嫩枝及叶背面刺吸汁液危害，影响新梢生长和栗实发育。

（2）形态特征。

成虫。无翅胎生雌蚜，体长约 5mm，黑色并有光泽，足细长，腹部肥大，腹管短小，尾片短小呈半圆形，上生有短刚毛；有翅胎生雌蚜，体长 4mm，翅展约 13mm，体黑色，腹部色淡，翅脉黑色。

卵。椭圆形，黑色，有光泽，长约 1.5mm。

若虫。体形同成蚜，但体色较淡，腹管痕迹明显。

图 8-44　板栗大蚜

（3）生活习性。1 年发生多代，以卵和成蚜越冬。成蚜主要在树体上部枝干背阴面越冬，常数百头群集；卵常产在树皮缝里，常数百粒单层密集排列于一处，来年 4 月上旬开始孵化为无翅雌蚜，群集危害枝梢，继续进行孤雌生殖，至 5 月间产生有翅胎生雌蚜，迁移至叶上，并群集于枝梢、花等处危害，至晚秋产生无翅卵生雌蚜及有翅雄蚜，交尾产卵。

（4）防治方法。冬春季人工抹除越冬成蚜、刮除树皮或刷除越冬卵，特别是树皮缝、翘皮下的越冬卵块。栗树展叶前在栗大蚜初发生时，喷洒50％敌敌畏1 500～2 000倍液，或25％噻虫嗪可湿性粉剂3 000～4 000倍液。

8.3.15　板栗巢沫蝉

板栗巢沫蝉（*Taihorina* sp.）属同翅目、沫蝉科。在安徽省岳西县危害严重，若虫刺吸嫩枝和球果汁液，成虫刺吸嫩梢造成损伤。

（1）危害症状。若虫刺吸嫩枝和球果的汁液，被害处外表无症状，但树体衰弱。成虫用口器刺破嫩枝表皮，吸取汁液，被害处表皮破裂，导致枝条死亡。成虫产卵时，造成产卵处的芽鳞和枝条表皮略有胀开的裂痕。

（2）形态特征。

成虫。雌成虫体长5.0～5.6mm，雄成虫体长3～5mm，淡绿色，腹面淡褐色。头圆锥形，狭于前胸，面部隆起，头冠略低于胸背。前胸背板长阔近于相等、驼背。小盾片较大，后端如刺伸达腹端。复眼褐色，单眼暗红色。前翅布满黑点，翅缘黑点大而明显，内缘黑色；后翅无色透明，但腋区为黑色。喙粗大，约为体长2/3，端部略膨大。

卵。长茄子形，长0.8～1.2mm，肾形，一端略尖，初产时为乳白色，后变成淡灰色，孵出若虫后卵壳为银白色。

若虫。若虫有5龄，红至橘黄色，老熟若虫墨绿色，腹部浅黄色，3龄若虫开始露出翅芽，复眼赤褐色，腹部末端翘起。

（3）发生规律及习性。此虫在舒城县1年发生2代，以卵在当年枝条皮层或芽眼内及芽的鳞片下越冬。5月和7月分别为1、2代若虫的发生盛期，6月下旬和7月上旬分别为1、2代成虫的发生盛期。成虫多在7：00～9：00和16：00～18：00羽化，雄虫羽化后在枝条上来回爬动，用前足敲打雌虫巢管，候于旁边，待雌虫出巢后追逐交配，交配1次的时间可达20～30min。成虫取食活动对当年生枝条破坏较大，不仅以口针刺吸汁液，新枝表面且易被虫足抓破，虫口密度较大的植株，小枝几尽危害，汁液大量消耗，表皮多处破裂。1个月左右枯死。越冬卵80％产于芽苞鳞片下和芽腋内，呈香蕉状排列，多产于小枝皮层下，产卵处鳞片和皮层略有胀开。产卵时将产卵器插进产卵部位，每产1粒休息片刻，通常产2～4粒换一个位置。第2代多数产于球果基部，约20％产于小枝皮层。成虫产卵时，排出少量泡沫，干后附在卵上。卵期7～11d，越冬卵历期长为205～220d。成虫有较强的弹跳能力，遇惊后可弹出3m以外。据饲养观察，成虫寿命20～27d。初孵若虫先是头部露出，后左右摇摆脱离卵壳，若虫很快以口针刺入板栗嫩梢，不断摆动头部，刺吸树液，并不断排出泡沫。若虫侵害时间较长，1、2代危害期均为41～56d，第1代发生较整齐，第2代略有重叠现象。若虫由腹部末端排出大量泡沫，形成灰白色巢管（沫液酸性，pH 6.0），居于其内危害是其最大的特征。初孵若虫群居于泡沫内危害，泡沫直径0.3～0.4mm。2龄若虫分散活动独自做巢，先是寻找嫩梢刺食，不断排出直径为0.5～0.6mm泡沫，泡沫凝成灰白色椭圆形巢管，巢管外部呈螺纹状，内壁光滑。3龄若虫的巢管是在2龄若虫巢管基础上加大，4龄若虫则向新梢转移做较大的新巢，5龄若虫又在斗龄巢管上加大。各龄若虫脱皮后1～2d排出泡沫量明显增多。若虫靠爬行移动，多从同一枝条基部向梢端危害，可以在相邻枝条间转移，但转移危害较少。若虫刺吸枝条和球果，使树木大量消耗营养，但被害处外部无明显损伤。

（4）防治方法。冬剪时剪掉着卵较多的小枝，集中烧毁，消灭越冬卵。在若虫孵化初期和分散转移期，可喷药防治，常用药剂有50％杀螟硫磷乳液1 000倍液，25％杀虫双水剂800倍液。

8.3.16　板栗兴透翅蛾

板栗兴透翅蛾属鳞翅目、透翅蛾科，据刘惠英等报道，在我国河北省板栗树上发生的2种兴透翅蛾，板栗兴透翅蛾占90％以上。

（1）危害症状。幼虫从树干伤口或裂皮缝处蛀入，在韧皮部和木质部之间向上下左右串食，成片状危害。初期树皮发红而鼓起，以后逐渐膨胀纵裂，从裂缝中露出褐色虫粪，并以丝连缀。经长期日晒雨淋，裂缝处树皮干枯脱离，形成伤疤，最终可造成栗树枯死。

（2）形态特征。

成虫。虫体长约10mm，翅展约19mm；雄虫体长约9mm，翅展约16mm。全体黑色，闪蓝绿紫色光泽。前后翅透明，前翅中室端具黑色横带。雌虫腹部6节，第2、4、6节背面后缘具黄色横带（中间的宽），腹面仅第4、5节后缘有2道中央断开的黄色横带。雄虫腹部7节，第2、4、6、7节背面后缘具黄色横带，但第7节的很细，多数个体不明显；腹面第4～7节共有4道黄色横带。雌、雄虫腹部末端具发达的扇形鳞片，黑色，两侧端部白色。

卵。褐色，外饰灰白色网状花纹，椭圆形稍扁，长约0.4mm，宽约0.3mm。

幼虫。5龄，初孵幼虫体白色，半透明，体长平均为0.9mm，头壳宽约0.2mm，头浅黄褐色、透明，单眼区为红褐色，体被刚毛，以臀板上的2根最长，斜伸向后方。

（3）发生规律及习性。板栗兴透翅蛾1年发生2代，以3～5龄幼虫在原加害处结薄茧越冬。第2年4月初开始活动，4月上、中旬开始化蛹，5月初成虫开始羽化，5月中旬、下旬为羽化盛期，6月上旬为羽化末期。第1代幼虫于5月底6月初开始孵化，6月上旬、中旬为孵化盛期，7月中旬开始化蛹，7月下旬为化蛹盛期，8月上旬为末期，个别的可延续到8月中、下旬。7月下旬成虫开始羽化，8月上旬为羽化盛期，8月中旬为末期，但仍有个别的于8月下旬羽化。第2代幼虫于8月中旬左右开始孵化，8月中旬、下旬为孵化盛期，8月底、9月上旬为末期。幼虫孵化后，危害到11月上旬陆续越冬。卵散产于主干、主枝的粗皮裂缝内，以旧虫疤的边缘及伤口处最多。幼虫期幼虫白天孵化，以清早最多。孵化时从顶端（精孔处）咬破卵壳，然后爬出，约需10min。幼虫孵化后，迅速寻找适当部位，如伤口、粗皮裂及旧虫疤边缘的缝隙等软组织处，吐丝粘连组织或以虫粪将缝口堵住，然后开始取食浅层部，逐渐进入深层，成片状蛀食。栗树被害后，初期树皮鼓起并发红，从皮缝中见细的褐色虫粪，可断定此处有虫正在危害。随着被害部位的增大，树皮逐渐外胀、纵裂，树皮内和木质间充满褐色虫粪，并以丝连缀。1个虫疤内一般有4～5条幼虫，少则1条，多则20多条。幼虫11月上旬开始越冬，越冬前，先在加害处末端活组织中蛀食椭圆道，然后织成扁椭圆形薄茧越冬。越冬幼虫出蛰取食阶段是危害最严重的时期。化蛹前，爬出原加害处，到虫疤边缘或被鼓起纵裂的树皮内的虫粪中，个别在粗皮裂缝中吐丝结蛹。结茧时，每吐1根丝就黏1粒虫粪，到织完茧后，茧外黏满褐色虫粪。需2～3d才开始化蛹。

（4）防治方法。早春结合板栗树修剪，铲除虫疤，使越冬幼虫外露冻死或用人工将其杀死，可减轻危害。卵期人工刮除虫疤周围的翘皮、老皮，集中烧掉，刮去面积须稍大于虫疤，深度以见到黄色组织即可。该操作需掌握好时间，刮第1代卵要在5月底至6月上旬进行；刮第2代卵要在8月中旬进行，否则无效，但各地或每年的气候不同，必须认真调查，掌握好刮卵时机。卵孵化初期在虫疤周围喷药，如10%联苯菊酯乳油2 000倍液，可杀死初孵幼虫。药剂涂抹虫疤防治韧皮部内幼虫，涂药之前先将老皮或翘皮刮掉，然后连涂2次，较好的药剂为40%氧乐果乳油，使用时按照1份农药加5份煤油稀释。

8.3.17　云斑天牛

云斑天牛又名白条天牛。散布很广，我国陕西、河北、河南、山东、湖北、湖南、安徽、江苏、江西、浙江、四川、云南、福建、广东、广西及台湾等地均有发生。

（1）危害症状。危害板栗、核桃等多种经济林木，是重要树木害虫。成虫啃食新枝嫩皮，致使枝条枯死，幼虫钻入木质部蛀食，造成树势衰弱，果品质量下降，严峻时树干被蛀空全株死亡，幼树常被风吹折。

（2）形态特征。

成虫。体长32～97mm，黑色或黑褐色，密被灰色茸毛，头中心有1条纵沟，前胸背板具肾形白斑1对，两侧各有1个刺突，翅鞘上有2～3行白色茸毛组成的白斑，白斑因个体不同变化很大。有的翅前端有许多小圆斑；有的斑点扩大，呈云片状。翅基有许多明显的颗粒状突起，头、胸、腹两侧各有1条白带。

卵。长8mm，长椭圆形，略扁弯，淡黄色，卵面坚硬光滑。

幼虫。体长 70～80mm，乳白色或淡黄色，前胸背板上有 1 块山字形褐斑，褐斑前方近中线处有 2 个黄色小点，点上各生刚毛 1 根。

蛹。长 40～70mm，乳白色至淡黄色。

（3）发生规律和习性。2 年发生 1 代，以成虫和幼虫在树干上越冬，舒城县、岳西县等地，成虫于 5 月下旬开始钻出，取食树叶、嫩枝，食害 30～40d 后开始交配、产卵，成虫昼夜均能翱翔活动，但以夜晚活动最多。成虫寿命最长可达 3 个月，卵多产在距地面 2m 以内的树干上，产卵时先在树皮上咬成圆形或椭圆形产卵槽，然后在槽中产卵 1 粒，1 株树最多时可产卵 10 余粒，每雌虫产卵量 20 粒左右，卵经 9～15d 孵化，幼虫孵化后，先在皮层下蛀成三角形蛀孔，从蛀入孔排出大量的粪屑，树皮逐渐外胀纵裂，被害状极为明显。幼虫在边材危害一段时期，随后蛀入心材，在虫道内过冬。来年 8 月在虫道顶端做蛹室化蛹，9 月羽化为成虫，在树干内过冬，第 3 年 5 月咬 1 个圆孔钻出树干。

（4）防治方法。5～6 月成虫发生期，人工捕杀成虫。云斑天牛在树干上产卵部位较低，产卵痕明显，用锤敲击可杀死卵和小幼虫。清除虫孔粪屑，注入 50％敌敌畏乳油 100 倍液，用湿泥封口，以杀死树干内的幼虫，或用棉球蘸 50％杀螟硫磷乳剂 40 倍液，塞入虫孔，泥土封闭蛀孔，熏杀幼虫。招引和保护啄木鸟。

8.3.18　星天牛

星天牛（*Anoplophora chinensis* Forster）属鞘翅目、天牛科，星天牛在我国分布很广，危害的寄主植物也非常多，已知的有悬铃木、杨、柳、桑、梧桐、刺槐、榆、漆、槭、苦楝、桃、杏、苹果以及梨等。

（1）危害症状。同云斑天牛。

（2）形态特征。

成虫。体长 19～39mm，漆黑色，略具金属光泽。触角第 1～2 节黑色，其他各节基部 1/3 有淡蓝色毛环，其余部分黑色。前胸背板中瘤明显，侧刺突粗壮。小盾片灰白色。鞘翅基部有颗粒状突起；翅面具小型白色毛斑，每翅常有 20 个左右，但各个体间变异较大，常由于毛斑的合并或消失，只剩 15 个左右。

卵。长椭圆形，长 5～6mm，初产时白色，后转浅黄色。

幼虫。老熟时体长 38～60mm，乳白色至淡黄色，前胸背板有一凸字形锈斑，锈斑前方左右各有 1 块飞鸟形斑。

蛹。纺锤形，长 30～38mm，翅芽超过腹部第 3 节后缘。

（3）生活习性。星天牛每年发生 1 代，以幼虫在树干木质部或根部越冬。翌年 3 月，幼虫恢复活动，构筑长 3.5～4cm，宽 1.8～2.3cm 的蛹室和直通表皮的圆形羽化孔，4 月上旬开始化蛹，5 月上旬开始羽化，5 月底 6 月上中旬为羽化出孔高峰期。成虫从羽化孔飞出后，咬食嫩枝皮层和树叶作补充营养，10～15d 后交尾，交尾后 3～4d 产卵，卵多产于树干离地面 5cm 范围内，产卵前先在树皮上咬深约为 2mm，长约 8mm 的刻槽，然后将 1 粒卵产在刻槽内，产卵后用分泌胶状物质封口。7 月中、下旬为幼虫孵化高峰，幼虫孵出后，先向内蛀食，呈狭沟状，蛀入 2～3cm 深后，才向树干并转向上蛀，上蛀的长度不等，并开有通气孔，从中排出粪便、木屑。9 月下旬，幼虫顺着原蛀道向下回到蛀入孔，并继续向下蛀食形成新蛀道，随后在其中越冬。

（4）防治方法。树干涂白，涂白剂为：生石灰 1 份、硫黄粉 1 份、水 40 份，混合拌匀后，涂刷树干基部，可防止成虫产卵。5～6 月是成虫盛发期，于晴天的中午前后，捕捉成虫；检查树干基部，发现产卵刻槽，可用小刀刮杀卵和初孵幼虫。如幼虫已蛀入木质部，危害处有流胶，易识别，可先行用钢丝通刺后，再向蛀道注射 80％敌敌畏乳油或 40％氧乐果乳油 30 倍液，以毒杀幼虫。

9 采收、分级、包装、贮藏和运输

9.1 采 收

果实采收是栗树生产中的重要环节，采收的时间和方法，不仅关系到果实的产量和品质，而且对果实的贮藏和加工性能也有很大的影响。

9.1.1 采前准备

采前1个月左右，先做好估产工作，拟订采收、分级、包装、贮藏、运输、销售等计划。

（1）清园消毒。为了降低栗园和当年果实携带的病虫基数，减少销售、贮藏过程中果实发病率，采收前除对园内枯枝落叶、落果全部清理集中烧掉外，还要选用安全的杀虫剂和杀菌剂，全园喷1次"放心药"，杀死蛀果害虫的虫卵、铲除浸染表土的病菌。

（2）工具和材料的准备。果实采收前，贮备好包装材料，以及采收和运输的工具。包装材料：竹竿、箩筐、塑料筐、麻袋；运输工具：三轮车、农用车、汽车等。

（3）场地准备。准备采收果实的堆放场地，没有多余空房的，要搭建临时预存棚以及果实采后堆放期内的稻草覆盖物。

9.1.2 采收时期

果实成熟度一般分为可采成熟度、食用成熟度和生理成熟度3种，在生产实际中，可采期的确定，往往综合果实的成熟度、市场供需情况、果实用途、运输距离等因素而决定。果实成熟度是先决条件，过早或过晚采收，都将严重影响品质。

（1）鲜食果实采收。达到食用成熟度的果实色泽、硬度、汁液，可溶性固体含量及风味等品质特征已充分表现，果实营养价值高，风味最好，为鲜食用果实最适采收期（图8-45）。

图8-45 食用成熟度的果实

在市场急需、中转环节多、运输路途较远情况下，往往在果实可采成熟度时采收，此时果实大小与重量已达到品质应有的特性，但果实色泽、口感和风味尚未充分表现出来。

（2）加工果实采收。根据加工品种类型要求确定采收期。如用作制罐头的果实，硬度达到制罐要求的硬度时采收，制菜用的果实，可以提前采收，便于去壳、剥皮。

（3）贮藏果实采收期。贮藏果实采收适期与食用相似或略有推迟。过早采收果实，其品质不能充分体现果实正常色泽光滑度，由于含水量高、水分蒸发快，贮藏过程中容易失水、腐烂；过迟采收果实，易遭受桃蛀螟等虫害，降低果实的品质。

9.1.3 成熟度判断的方法

（1）果实成熟日期。在正常天气情况下，舒城板栗大多数品种集中在9月上旬成熟采收，不同年份提前或推迟5～7d达到食用采收期，提前或推迟的天数，取决于栗实迅速膨大后的积温情况。果实迅速膨大后遇高温、干旱、昼夜温差大，成熟提前；果实迅速膨大后遇阴雨、低温天气，成熟就会推迟。

（2）果实色泽。舒城板栗果实迅速膨大至生理完全成熟，色泽呈现淡红、大红、赤红的颜色变化过程，同时光泽也逐渐多彩艳丽。此时即可采收（图8-46）。

（3）果实风味。达到可采成熟的果实，大小与重量已基本体现，鲜食时果肉质地酥脆、风味淡，达到食用成熟度时，果肉酥脆可口，并带粥米香味。

9.1.4　采收技术

果实的采收，并不单指将果实从树上采摘下来，它是果园管理中的一项技术措施，既影响树势，又影响果实品质和贮藏性能。

（1）采收方法。采摘要保证果实完整无损，并避免折断树枝，采摘时，用长竹竿梢，对准栗篷基部轻轻击打，将栗篷击落树下，拣回放入箩筐等容器中，千万注意不要猛击猛打损伤树枝和栗苞内果实（图8-47）。

图8-46　成熟的舒城板栗果实

图8-47　长竹竿击打采收

（2）分期采收。果实采收时，应先把已充分成熟的板栗品种的栗实采收下来，对尚未充分成熟的品种上的栗实推后采收，千万不能不分成熟度全部采收，混合在一起，有利于避免成熟度不够造成的栗实发热腐烂的损失。

9.2　分　　级

果品按不同标准划分等级是采后处理工作中的一个重要环节，也是在生产和流通过程中，评定果品贸易的一种共同技术准则和客观依据。

9.2.1　分级标准

（1）分级依据。按照国家1989年颁布的鲜栗的标准（GB 10475—1989），板栗产品以往也按不同品种的果径大小分为特大型、大型、中型、小型果4类，等级规格标准中，从基本要求、果形、色泽、果实横径、果实缺陷5个方面提出分级基本技术要求。

（2）分级内容。舒城板栗等级指标，在外观上基本要求、果形、色泽、果实重量和果面缺陷5个方面，以及从市场需求考虑，提出3个等级的分级要求（图8-48）。

1级。果形大小一致，每千克70～80粒，成熟时果色深红或赤红，光泽强、品味香甜、无虫蛀、无霉变、无损伤、耐贮性强。

2级。为大型栗，品质好，色泽鲜艳，每千克25～30粒，是赠送亲友的佳品，但耐贮性稍差。

3级。是较小类型果实，每千克80～90粒，是加工糖炒栗的理想商品。

9.2.2　分级方法

（1）人工分级。是用手工直接分级。手工分级时，果形、色泽、果面缺陷按等级要求，分类选

图 8-48　分级堆放　　　　　　　　　　图 8-49　手工分级

出，一步到位（图 8-49）。

（2）工具分级。是根据果形大小，选用不同孔眼的特制铁丝筛子，筛出大、中、小类型果实，再用手工拣除不同色泽以及残缺、病虫、杂质等，这样挑选过的栗实，也就是 1、2、3 级栗籽的类型。

9.3　包　装

果品包装对保护果品质量、方便运输、促进销售至关重要，是商品整体的外形部分，是构成果实商品性状的要素之一。

9.3.1　包装作用

包装对果实的运输、宣传、促销以及提高附加值都有重要的作用。

（1）保护商品、便于运输。果品从生产流通到消费者手中，要经过包装、运输、交易等过程，良好的包装，可减轻果实机械损伤、污染程度，在运输过程中，便于装卸、计量。

（2）美化产品，促进销售。通过包装，将果品的质量、特色与现代艺术融合为一体，不但使产品具有优美的造型、和谐的色彩，而且可以更好地展示果品的内涵，便于消费者选购。在陈列品中，包装起着"沉默推销员"的作用，能引起消费者的注意，激发购买欲。

（3）增加利润，提高产值。同一级的果品，经适度规范的包装后，可降低损耗，提高利润。

9.3.2　包装类型

（1）运输包装。运输包装分为单件包装和集合包装 2 种，主要是方便装卸、运输和销售的作用。单件包装是指果品在运输过程中作为 1 个计件单位的包装，如箱（木箱、纸箱、塑料箱）、袋等包装（图 8-50）。近年来，随着贮运技术的进步和内外贸易量的增加，运输采用集合包装。就是将一定数量的单位包装组合成 1 个大的包装或装入大的容器内，如集装箱等，它有利于保护果品，降低贮运成本。

目前，世界许多国家面对进口果品的运输包装有严格的要求，凡不符合规定要求的，需要重新包装，甚至不准进口。

（2）销售包装。又称内包装和小包装，它是产品直接与消费者见面时的包装，既要能较好地保护产品又要美观，以便于陈列和展销（图 8-51）。

9.3.3　包装材料

果品包装材料很多，有木质、纸质、塑料、竹质等。包装舒城板栗的容器多用竹筐、木筐、塑料筐等，外运时多用塑料筐或 20kg 装的小麻袋，入窖贮藏时，便于果实呼吸通气，避免发热腐烂。

为减少包装运输途中对果实的挤压损伤，包装内常使用安全缓冲材料，如海绵、稻草、木屑等。

9.3.4　包装要求

（1）材料要求。包装果品的材料必须清洁干燥、牢固、美观、无毒、无异味。随着市场和消费者

图 8 - 50　单件包装

图 8 - 51　销售包装（礼品包装）

的需求变化，销售包装日益精美、小型、透明化。

　　（2）重量要求。为了便于搬运装卸，舒城板栗每筐（袋）栗实净重 20～25kg 较为适宜，每件包装内果实重量误差不能超过 1%。但作为市场销售的包装，应该根据不同消费人群和习惯，确定每个包装内板栗的重量。

　　（3）等级要求。每包装件内应装有产地、等级、组别、成熟度、色泽一致的栗实，不能混入腐烂变质、损伤及病虫害果。

　　（4）标记要求。在包装容器同一部位印刷或贴上不易磨掉的文字和标记，标明品名、等级、产地、净重、包装日期、安全认证标志，字迹清晰，容易辨认。标记内容与产品实际情况须统一。

　　（5）包装方法。将采收处理过的栗实，按一定数量，分别装入塑料筐或小麻袋中，也有通过剥壳、消毒处理过的栗仁，装入真空的塑料小包装，每袋 0.5kg，再把 40 袋集合装入硬纸箱中。

9.4　贮　　藏

　　舒城板栗栽培面积大，果实耐贮性好。通过安全贮藏，可减轻果实集中上市销售的压力，稳定市场供应，提高果实附加值。

9.4.1　贮藏状况

　　舒城板栗的贮藏，民间以沙窖贮藏方法为主，企业多以冷库贮藏的方法，有的乡镇采取废弃的山洞和多余的旧厂房进行换气贮藏和常温贮藏等方法。至于民间一家一户少量的贮藏方法各式各样，有采用装入布袋放在遮阴通风口处吊藏的，也有与稻谷混合堆放贮藏的等。

9.4.2　贮藏方法

　　贮藏方法分简易贮藏与机械贮藏两类。简易贮藏主要有沙窖贮藏、山洞通风换气和室内常温贮藏；机械贮藏有冷库贮藏和气调贮藏。

　　（1）沙窖贮藏。其方法是把经过筛选处理过的果实与湿润干净的河沙一层一层地堆窖起来贮藏。沙与栗实比例为 3：1，堆积厚度若超过 1m，每隔 1.5～2m 自下而上树 1 束秸秆，以便散热、排气，有利于果实正常呼吸。初期每 15～20d 检查 1 次，进入 11 月底以后每月检查 1 次，及时将个别虫蛀霉变的单粒剔出。

　　（2）通风换气法。即利用旧山洞，将种子经过筛选消毒处理后，装入塑料筐或小麻袋中，分别放入山洞内的木（竹）架上，白天封闭洞口，早晚打开洞门进行通风换气，栗实可以贮藏 5 个月左右。

　　（3）室内常温贮藏法。栗实经过筛选消毒处理后，分级堆放或装筐（袋）码垛后，选择山区墙体整洁、封顶良好、有一定隔热效果的房屋，贮前用 1% 福尔马林（30g/m³）喷雾对房屋进行消毒，气味散尽后，用棉帘或塑料薄膜封闭门窗。

　　预贮。栗实采下后要在室外遮阴预贮 2～3d，待果实温度下降，呼吸强度减弱方可入室。

　　分批入室。由于室温比窖温高，且降温速度慢，因此，室内贮藏时要少量分批入室，以免室内温度猛增，难以回落。

调节温湿度。每日早晚打开门窗，吸冷散热，白天严密封闭门窗，力争室内温度始终保持在10℃以下。装筐、装袋贮藏的果实，如室内湿度达不到要求，可经常在地面洒水或喷雾，也可置加湿器，以保持室内空气湿度。

通气，在堆积贮藏的果实中，要每隔 1.5～2m，由下而上树 1 束秸秆，以利于上下通气散热，排除多余的 CO_2。

（4）冷库贮藏。贮前对冷库进行清扫、消毒、灭鼠工作，果实入库前先开机制冷，检查冷库制冷系统的性能，对测温仪器每个贮季至少要校验 1 次，误差不能超过 0.5℃，库内的冷点（库内温度的最低点）不得低于最佳贮藏温度的下限，待温度降至 0℃后，再将经过散热后的果实入库。贮藏期的温度以 0.5℃、湿度 85％～90％为宜，变幅不得超过 1℃，入库后每天至少检测 1 次，温度测定要有代表性，每室至少要有 3 个检测点。库内应保持适宜的湿度，当湿度达不到时，应在地面上洒水或喷雾，也可采用加湿器。当冷库室内 CO_2 较高时，应及时通风换气，排除多余的 CO_2 和乙烯等气体，一般每 2～3d 通风换气 1 次，可选择清晨气温较低时进行，也可以在靠近风机的位置（回风处）放置石灰和乙烯脱除剂。

9.5 运　　输

栗实运输时要注意防晒、防雨。采用汽车运输时，要排好果筐、分层码好麻袋，高度不要超过2.5m，采用火车运输时，以冷藏车、盖车为佳，也可使用集装箱运输。

10　加　　工

板栗是典型的木本粮食作物，果实的食用价值高，深受广大人民群众喜爱。目前，果实种仁除直接食用外，还被加工成各种类型，以满足人们日常生活的多种需求。

10.1　罐头食品

10.1.1　糖水罐头

糖水栗子罐头的加工，首先要对原材料进行处理。选新鲜饱满、单粒重在 7g 以上的栗实做原料，剔除病、虫、发芽栗，按大、中、小分成 3 级，用机械或手工生剥壳，经 90～100℃ 水煮 5～8min 熟剥壳，再用磨光机磨光涩皮，边磨边冲水，磨光后立即浸入 0.2％ 盐水和 0.3％ 柠檬酸混合液中护色。用小油石磨去残衣（残留涩皮），修整好形状后用清水漂洗 15～20min。预煮时要分段升温，50～60℃ 10min，75～85℃ 15min，90～97℃ 25～30min（以煮透为准）。预煮液配方为 0.2％ 钾明矾、0.15％ 乙二氨四乙酸二钠，栗子与预煮液的比例为 1∶2。在 60℃ 水中漂 10min，40～50℃ 水中漂洗 10min 后进行分选。按栗子的大小、色泽分开，除去破碎、变色、带斑点等不合格果。将容量 370g、四旋玻璃罐洗净消毒，连罐盖、胶圈一起在沸水中煮 5min。每罐装入 205g 果肉（不超过 70 粒），50％ 浓度的糖水 165g，装罐温度达到 75～80℃。将罐放入排气箱加热排气 10～12min（罐内温度达到 85℃）旋紧罐盖后倒罐杀菌 5min，用 60℃ 和 40℃ 温水分段冷却。

10.1.2　肉罐头

栗子还可与猪肉、鸡肉一起制作板栗烧肉罐头和板栗烧鸡罐头，为饭店、宾馆、居民家庭提供美好的菜肴。

10.2　炒　　食

糖炒栗子是我国深受大众喜爱的传统风味食品。栗实经糖炒后，外壳呈棕红色，油亮，外有裂痕，但不开裂，入口松糯香甜。趁热即食，其味更佳。

糖炒栗子原料，原来是我国北方产区的栗子，现在已广为分布。其制作方法是：制作之前先用水漂除浮在上面质量差的栗子，将沉入水中的栗子捞出按大、中、小粒分别炒制。拌炒的沙一般用细石沙（绿豆沙），最好是久经炒制的陈沙。陈沙是栗子爆裂时，喷出的果肉屑与饴糖黏结成的小颗粒，这种"沙"能使栗子在炒制过程中受热均匀。细石沙与栗子的量比为 1∶1，饴糖与栗子的比为（4～5）∶100，备好上述材料后，将沙炒至冒青烟，即可投入栗子炒制。

炒法有铁锅手工炒和机器滚筒 2 种方法。滚筒省力、效率高，手工成品质量好，炒时火力要适中，近熟时，火力要弱。

一般翻炒 30～40min，果肉要完全发糯，在起锅前，按植物油和栗子 1∶400 的比例加入植物油，使栗壳油润发亮，并滋润沙粒，便于筛沙取栗。筛去沙粒后，即趁热出售。

10.3　栗　子　酱

选用单粒重 25g 左右的大型栗实做原料，将一部分栗子剥去外壳，将带涩皮的果肉放在 5％ 碳酸氢钠溶液中煮 30min 左右，除去涩皮的苦味和残渣后，用清水淋洗 1h，使表面光洁，呈淡桃红色。取与栗肉等量的砂糖，先加入一半，煮 1h 后加入另一半再煮 3h，冷却后用刀或切割机切成小豆粒大小，此为第 1 道工序。将另一部分栗子蒸煮后挤压取出果肉，在果肉中添加第 1 道工序中制成的煮栗肉糖液（糖度 50°），用 95℃ 温度加热，边搅拌、边加入糖度 65° 的砂糖，调制成栗子糊，在栗子糊中加栗肉颗粒，二者比例为1∶2，用95℃温水加热搅拌制成栗子酱，将栗子酱装瓶即为成品。

10.4　糕　　点

10.4.1　栗羊羹

配方为白砂糖10kg，琼脂0.25kg，红小豆2.5kg，栗子粉1～2kg，苯甲酸钠12g。

将栗子洗净，去除杂质，煮熟后捞出后放在席上晒干或烘干。干燥后破碎，用风车吹去皮，用碾或粉碎机加工成粉末，过120目*筛制得栗子粉。

红小豆洗净后水煮片刻加碱，倾去碱液（去除黏液），用清水洗净，加水用汽浴锅煮2h至开花，将煮烂的小豆和水一同送入钢磨磨碎，用细箩纱使豆沙与皮分离，将豆沙用离心机甩干至手握成团，离手即散的程度，一般100kg小豆可出180kg豆沙。

土法加工可用铁锅在煤火上煮，煮烂后放在20目的钢丝筛中用力揉搓去皮滤沙，将豆沙装在布袋挤压，除去水分。将琼脂放入20倍的水中，浸泡10h后加热至化开，加少量水将糖化开，加入琼脂，当琼脂和糖溶液温度达120℃时，加入栗粉、豆沙及用少量水溶解的苯甲酸钠，搅拌均匀，熬到温度105℃时，离火注模，注意温度切不可超过106℃，否则不等注完模糖液就会凝固。用汽浴锅煮，压力在403.5kPa的情况下约煮45min，也可用铁锅明火煮制，整个熬制过程中要不断搅拌，防止焦煳。熬好的浆用漏斗注入衬有锡箔底的模具中，放入通风柜冷却成形，待充分冷却后即可脱模包装。

成品的理化指标为：干物质量＞73％，含水分21％～27％，含还原糖3％～5％，耐101.325kPa压力不裂纹。

10.4.2　鲜奶油栗蛋糕

用蛋白球、栗子酱、鲜奶油膏3种半制成品做成。成品细腻，风味肥润而爽口，是秋季的时令食品。

蛋白球的原料配方为6个鸡蛋白、0.5kg细白砂糖。先将蛋白弄成黏稠的泡沫体，变成雪花膏状，加入细砂糖，用钢丝刷轻轻地刷2～3次，使糖拌匀，然后装入前端带平口挤射管的布袋，挤压在铺纸盘上，大小可根据需要，烘烤时炉温50～60℃，防止烘焦或外焦里不熟现象。烘熟后外形似馒头，质硬，内部极为疏松。

栗子酱的原料配方为栗仁0.5kg、水0.2kg、糖0.25kg、奶油膏0.075kg，将栗子洒上水，放在铁盘里烤热，趁热剥壳去皮，洗净后加水煮烂，将煮的栗肉趁热用3只滚筒的轧机反复轧制成细腻的栗酱。将栗酱边反复用手揉搓，边加糖水和奶油膏，直到软硬度达到能用挤射管拉出细条为止。

鲜奶油膏的原料配方为鲜奶油0.45kg，白糖粉0.75kg，将奶油倒入铜锅里，用铁丝刷子有规律地搅打，先轻后重，先慢后快，打至似棉花般蓬松，再筛入白糖粉，轻轻地用钢丝刷将糖拌匀。操作时要注意锅里的水分要揩干，不要搅打过分，否则会发生出水现象，软硬要打得适当，放糖后不能用力搅，防止油水分离。

制作以蛋白球为基础，下衬一张花边纸，将栗子酱装入带挤管（口径约为3mm）的布袋，在蛋白球的周围和表面交叉挤成小条，小条间留出空隙，将鲜奶油膏点缀在栗酱的表面和周围。表面和周围可根据需要挤成花样、文字或图案。成品有重量150g、500g、1 000g等几种。

10.4.3　桂花栗饼

原料配方为栗子500g、糯米粉150g、乌枣150g、白砂糖100g、糖桂花5g、湿淀粉5g、猪板油100g。制作过程为：将乌枣煮熟后去皮核，捣成泥入碗。将猪板油撕去外膜，切成细米粒状，放入泥碗中，加糖桂花、白砂糖75g搅拌均匀成枣泥馏。将栗子剥去外壳、涩皮，煮熟捣烂成泥，加入糯米粉，拌匀揉成团，分成20份，将每份搓团捏成碗形、放入枣泥馏25g收口朝下揿扁，即成桂花饼生坯。

炒锅置旺火上烧热，放入熟猪油烧至五成熟，将桂花饼逐个放入锅内，改用温火煎熟，取出装

---

　　*　目为非法定计量单位。筛目（也叫网目）是正方形网眼筛网规格的度量，一般是每英寸中多少个网眼。——编者注

盘。另把炒锅置旺火上，加清水 50g、白糖 25g 烧沸，用淀粉勾芡起锅，灌在饼上即成。

桂花栗饼柔糯湿润，既香又嫩，为秋令食用佳品。

10.4.4 其他加工产品

栗子还可加工成蜜饯、栗子饼干、代乳粉等多种风味食品。

尽管板栗的营养和药用价值较高，但传统的食用方法仍较简单，导致优质的板栗资源没能得到科学、合理地利用。随着板栗产量的提高及栗食文化的发展，世界各国都十分重视板栗产品的开发和研制工作。日本和韩国先后推出了速冻栗仁、栗实罐头，并很快打入国际市场。日本还将栗实制粉添加在各类食品中，改善食品的结构和品质。为了科学、合理地利用我国的板栗资源，加快板栗的深加工和转化作用，我国的一些科研机构也开展了板栗加工制粉及板栗新食品的研制开发工作，陆续开发出糖炒板栗、板栗罐头、速冻板栗仁、板栗脯、板栗粉、板栗酱、板栗饮料、板栗酒等产品。

附表 8-1　舒城板栗田间管理年历

时间安排	施工内容	达到目的
1 月	清园除杂、刮皮刷白、垦复抚育、打填修梯	改善栗园环境，改土壤结构，消灭越冬害虫
2 月 19 日至 3 月 12 日	举办培训班，开发栗园栗树登记编号造册建档；结合整枝修剪，备足良种优穗；追施基肥	培训技术骨干，普及科技知识，改善树体结构，增强光照，促进树体养分水分集中于结果枝，有利增多丰收，备足良种优穗，有利于提高嫁接成活率
3 月 13 日至 4 月 5 日	全面进行板栗嫁接和低产劣种栗树多头高接换冠改造，备足备齐药械肥料	有利于栗园良种率的提高；适时防治病虫害，为栗园增产稳产奠定基础
4 月 6～30 日	适时进行嫁接后的栗园除萌抹杈、树支撑、摘心、松绑等工作；中旬前喷药、肥 1 次（90％晶体敌百虫 800 倍液和丰产素 1 号）	主要防治金龟子害虫，以及促进花芽分化
5 月 1～31 日	中旬盛花期喷药、肥 1 次（20％菊酯 2 000 倍液和丰产素 2 号）；进一步加强嫁接后栗树的后期管理	促进正常授粉受精，防止早期落果，并有效地防治栗皮夜蛾、红蜘蛛等害虫危害；促进新嫁接栗树树冠早形成早结果，早期达到增产丰产的效果
6 月 1～30 日	15 号前进行第 3 次喷施药肥（丰产素 2 号，以上 2 种农药交替使用）	主防栗皮夜蛾、剪枝象兼治雪片象，喷肥主要促使幼果正常生长发育
7 月 1 日至 8 月中旬	7 月下旬进行第 4 次喷施药肥（丰产素 2 号），用药同前，进行高产分析评估	喷药主要防治雪片象、3 代桃蛀螟、兼治栗实象
8 月下旬至 9 月中旬	适时采收栗实，抓好开发性资金回收，注意防治栗天牛，全面中耕除草	确保增产丰收，为翌年再开发提供资金基础，有利促进改善土壤结构，以增强水土保持能力
9 月下旬	采收板栗后，立即进行 1 次喷施微肥（丰产素 3 号）	达到产后补养的作用，为翌年增产丰收创造条件
10 月 1～31 日	座谈访问总结经验，搞好机械维修及剩余药、肥、油的保管	为翌年开发积累经验，有利延长机械寿命，防止药肥管理不善，造成人身事故
11 月 1～30 日	全面清理栗园内枯枝落叶，集中烧毁	杀死栗内的越冬害虫卵，减轻野外作业翌年害虫虫数
12 月 1～31 日	全面垦复抚育，施足穴肥 2 次	有利土壤分化，改良土壤结构，杀死越冬害虫

注：丰产素 1 号为 0.3％氮+0.2％磷酸二氢钾+0.05％硫酸镁+0.5％硫酸锌+0.1％氯化钙，丰产素 2 号为 0.3％尿素+0.2％磷酸二氢钾+0.05％硫酸镁+0.5％硫酸锌+0.1％氯化钙，丰产素 3 号为 0.3％尿素+0.2％磷酸二氢钾+0.2％锌酸镁。

参考文献

蔡宏，2012. 舒城县 2012 年板栗减产原因及对策措施 [J]. 安徽农学通报，18（21）：120-126.

程乃敏，2012. 舒城县现代农业发展现状及对策 [J]. 现代农业科技，8：383-384.

冯明祥，窦连登，1997. 板栗病虫害防治 [M]. 北京：金盾出版社.

姜国高，1995. 板栗早实丰产栽培技术 [M]. 北京：中国林业出版社.

李昌春，胡本进，石立，等，2007. 华栗绛蚧传播方式与控制策略 [J]. 植物保护（2）：97-99.

李昌春，方明刚，胡本进，等，2007. 栗绛蚧生殖方式与防治方法研究 [J]. 中国果树（1）：36-37.

王凤才，1992. 板栗丰产栽培技术 [M]. 济南：济南出版社.

王福堂，1996. 我国板栗研究进展 [J]. 河北果树（3）：1-6.

肖正东，宣善平，1994. 安徽大别山板栗品种资源及其利用 [J]. 果树学报（1）：53-55.

谢苇，2011. 板栗丰产栽培技术 [J]. 安徽林业科技，37（5）：63-65.

杨志斌，杨柳，徐向阳，2007. 板栗加工现状及剩余物利用前景 [J]. 湖北林业科技（1）：57-59.

俞长芳，1987. 滋补保健药膳食谱 [M]. 北京：轻工业出版社.

第**9**篇

怀 远 石 榴

1　概　　要

1.1　栽培历史

石榴原产古波斯及其附近，即伊朗、阿富汗、苏联的高加索等中亚地带。在伊朗有史以前已有栽培。纪元以前，即向西传入地中海沿岸各国，向东传至印度、中国等地，以后又传到朝鲜、日本。现在，几乎世界各地均有栽植。

石榴在我国虽非原产，但栽培历史至今已有 2000 余年。晋代张华的《博物志》以及《广群芳谱》上均有记载"有汉张骞出使西域，得涂林安石榴种以归，名为安石榴。"据考察，石榴传入我国，并非西域一路，西南及沿海诸地，就有由海路引种于新加坡等地的。

怀远石榴栽培历史悠久，品质优异久负盛誉。1992 年中国旅游出版社的《怀远揽胜》有"唐天授三年（692 年），禹王宫道长李慎羽由京城长安引进石榴，植于象岭之上"的记载。

石榴在怀远落户，由于怀远独特的地理地貌，气候条件，形成了许多独特的地方品种，并以其艳丽的色彩，端正的果形，晶莹剔透的籽粒，甜美的风味被人们习称为怀远石榴。《安徽概况》水果篇有"怀远石榴主要产在怀远县境内的荆山、涂山一带，品种优异，早在唐代就驰名南北"的记述。经过唐宋时期的发展，至明代，怀远石榴在涂山、荆山已是星火燎原。明巡按御史张惟怒，奉旨南巡途经怀远荆山、涂山，留下了《九日登山》诗。诗中"榴子新披玛瑙红"一句，说的就是怀远石榴。

到了清代，怀远石榴曾作为贡品，向宫廷进贡。清代嘉庆本《怀远县志·卷二》中记有："怀远石榴邑中以此果为最，曹州贡榴所不及也。红花红实，白花白实，玉籽榴尤佳。"清同治年间贡生李汝振游怀远，在《留题乳泉用壁原韵》一诗中亦有"胜地辟三弓，最好是荆麓晴岚，涂峰夕照；平原留十日，为复此红榴幽谷，白乳名泉"的古榴联。

怀远石榴种植遍布怀远境内的荆山、涂山、大洪山、平阿山以及原属的舜耕山等山麓，至今仍有不少古榴园遗迹可寻。据测算，当时面积约 550hm^2，鼎盛期应超过 700hm^2，株数约 80 万株，年产石榴 100 万～200 万 kg。鲜果车载舟运，沿着黄金水道涡河、淮河、运河，源源不断地运往南北各大都市，在浙江、安徽、上海、广东、广西、湖南、湖北，买石榴者常问是否怀远石榴，怀远石榴成为全国最著名的石榴品牌。怀远石榴也被评为"最受消费者喜爱"的水果。

近代，特别是 1954 年冬季的大冻（最低气温−22℃），怀远石榴受冻死亡较多，面积锐减。据新编《怀远县志》载："1954 年统计仅存 13 万株，面积 200hm^2。"

改革开放以来，经过长期的休养生息，怀远石榴重新焕发出顽强的生命力。《中国袖珍地图册》（1973 年版）把"怀远石榴"与"宣城蜜枣、砀山酥梨、徽州雪梨、萧县葡萄"并称为安徽最著名五大水果。怀远县把石榴的生产作为林果生产的重头戏来抓，并于 1984 年成立了我国第 1 家石榴科研机构——怀远县石榴研究所。在此期间，怀远石榴曾多次参加农业部组织的全国名、特、新、稀农副产品展览，《简明农业词典》（1983 年版）中把怀远石榴列为名特优产品。1986 年秋，参加了全国首届林业产品产销会，获得了社会各界的高度评价。怀远石榴的销售除了在国内市场外，更是远销东南亚、英国、罗马尼亚等国家和地区。每到石榴成熟季节，南北大贾云集怀远，车装舟载，一派兴盛繁忙景象。

1.2　产地自然环境条件

1.2.1　行政区划

怀远县隶属安徽省蚌埠市，2004 年升为省直管试点县，现辖 19 个乡镇、365 个行政村、1 个省级经济开发区，面积 2 396km^2，人口 130.2 万。古称涂山氏国。南宋宝祐五年（1257 年），取用"荆山为城，义在怀远"之意置怀远郡。元朝至元二十八年（1291年），定名怀远县。荆涂历史沧桑，遗迹可寻。作为大禹会诸侯的地理所在，怀远是淮河文化，大禹文化的重要发源地。

1.2.2　地理位置

怀远县地处淮河中游，东经 116°45′～117°19′，北纬 32°43′～33°19′。东临蚌埠、南靠淮南，境内汇聚 206 国道、317 省道、合徐高速、界阜蚌高速等主干道；淮河、涡河四季通航，水、陆运输均十分便利。

1.2.3　自然条件

怀远县地处北亚热带和温暖过渡地带，具有我国南北方兼备的气候特点。年均降水量 906.6mm，其中最能影响石榴生长的 6～8 月降水量分别为 124.4mm；209.9mm 和 124.2mm；热量资源丰富，年平均气温 16.2℃，无霜期长达 229d，≥10℃积温 5 022.9℃，累计年平均日照时数 2 206.5h。根据石榴在怀远县表现的生物学特性，这些温、光、水、气资源非常适合优质石榴生产。

怀远石榴主要分布在荆、涂二山山麓，这些区域是怀远县麻石棕壤、麻石棕土、棕壤性麻石土等类型土壤的集中分布区，成土母质为花岗岩和花岗片麻岩。麻石棕壤，pH 6.6～9，含有机质量 0.95%～1.18%，全磷和速效磷含量分别为 0.03%～0.05% 和 0.001 6% 左右，速效钾含量为 0.010 2%～0.015 7%；麻石棕土，土壤质地轻壤至中壤，耕层有机质含量为 1.28%，全氮含量 0.097%，全磷含量 0.016%，速效磷含量 0.000 5%，速效钾含量 0.022% 左右；棕壤性麻石土，pH 5.5～6.7，有机质含量为 1.19%，全磷含量 0.014%，速效磷含量 0.000 45%。这 3 类土壤所处地势较高，排水性能好，土层较深厚，耕层有机质、钾含量高，熟化程度高，中性偏酸，其质地、酸碱度、土壤厚度、地表坡度及地下水位等都适合石榴生长。怀远石榴高产区大都分布于此。这些土壤质地造就了怀远石榴籽粒大、酸甜可口、出汁率高等的特殊品质（图 9-1）。

a　　　　　　　　　　　　　　b

c

图 9-1　生长环境

a. 山顶浅土层　b. 石缝间　c. 山坡地

1.2.4　生物物种

怀远县属温带半湿润季风气候区，雨量充沛，土壤肥沃，气候宜人。全省大部分动植物品种在这里都可以生活。怀远县是全国商品粮生产基地、安徽省杂交稻制种基地、全国无公害蔬菜生产基地、水产品生产基地，盛产优质水稻、小麦、玉米、棉花、花生、蔬菜、淡水鱼、螃蟹、畜禽等。怀远石榴、白莲坡贡米、纯王杂交稻种、许桥西芹、芡河螃蟹、五岔烧全鸡等名牌农产品享誉全国，倍受市场青睐。

1.2.5　旅游资源

怀远县古为涂山氏国，4 000 年前，夏部落首领、治水英雄大禹，曾在这里娶妻生子，劈山导淮，召会诸侯，留下了"新婚三日而别，三过家门而不入"等佳话。经中国先秦史学会研究论证，怀远县涂山为"禹娶禹会和夏兴之地"，为中国历史文化名山。以涂山荆山为主体的"涂山-白乳泉"风景名胜区，1987 年被安徽省人民政府批准为省级风景名胜区。此外，怀远还有平阿山、大洪山、淮河、涡河、北淝河、芡河、荆山湖、四方湖、孔津湖、龙女湖、鳗鲡池等自然风光，有禹王宫、白乳泉、卞和洞、桓傅故里、遇春园、含美学堂古建筑群及古城垒、古墓葬、古战场遗址等人文景观。秀山丽水和深厚的历史文化积淀，吸引了众多的文人骚客前来采风探古，曹丕、王粲、柳宗元、欧阳修、苏东坡、梅尧臣、宋濂等都留下了咏颂怀远的辞赋诗文（图 9-2）。

图 9-2　石榴庄园

从唐虞时代淮夷人聚族而居的涂山氏国，到南宋宝祐五年（1257 年）设怀远郡，至元二十八年（1291 年）改怀远郡为怀远县，怀远县历史 4 000 余年，县名沿用 716 年，悠久的历史，得天独厚的自然地理环境和文化积淀，使怀远县有淮上明珠的美誉。

1.3　经济价值和生态效益

1.3.1　经济价值

怀远石榴皮薄、粒大、味甘甜，百粒重、可食率、含糖量高是其显著特点。可溶性固形物含量15％～17％，含酸量 0.55％，百粒重 45～71g，可食率 55％～73％，平均单果重 200g 左右，最大达1 000g。食之清凉甘洌，风味厚，滋补身体，有益身心。而玉石籽、玛瑙籽品种的核软、可食，籽粒晶莹，若珍珠，似宝石，堪称榴中珍品，曾作为贡品进贡皇宫。石榴不仅供鲜食，也可加工果汁、果酒，怀远县双龙石榴酒公司于 1987 年生产的石榴酒为世界首创，在 1998 年国际食品博览会上获得金奖。现从事石榴酒生产的企业有 5 家。

据分析，怀远石榴含水分约 75％，糖 15％，粗纤维素 2.5％，灰分 0.8％。灰分中尤以磷、钙为多。100g 果汁中含维生素 C 11mg 以上，比苹果、梨高出 1～2 倍，另外，还含有少量蛋白质和脂肪。

一般认为石榴营养丰富，滋补身体，可止渴生津，助消化。但《怀宁食货书》则另有别论："凡榴多食者损肺及齿，服食家忌之。"

石榴在中药上，性温涩，既润燥又收敛，根皮可驱绦虫，果皮可止痢，止肠泻。《太平府志·物产》还记载："酸者入药，花可治血衄，壳可治漏精。"

石榴果皮富含单宁酸，新鲜石榴皮中含 10.4%～21.3%，是鞣皮业、棉毛印染业的天然原料。石榴枝条柔韧修长，可编织筐、篓、篮等。

石榴树喜光、耐旱、耐寒、不择土壤，非常适合盆栽。盆栽石榴花艳果美，观花观果时间长，因此，盆景石榴具有较高的观赏价值。石榴树枝比较柔软，可蟠扎成多种样式，且石榴枝条多为放射状半垂枝，树冠的形状不规则，适合制作成斜干式、直干式、曲干式的自然盆景造型（图9-3）。

图9-3 石榴盆景

1.3.2 生态效益

石榴在我国云南等南方地区属常绿树种，在沿淮淮北则冬季落叶，春、夏季展叶、开花结果。在怀远石榴花期长达2个月之久，5月上旬至7月上旬为石榴观花盛期，每年的这个季节榴花似火，让游人流连忘返、驻足观望。

石榴枝繁叶茂，叶色浓绿，既可作城市绿化，又可净化空气，近几年上海、江苏、浙江等省（直辖市）大批量采购该树，即是用于此。

石榴根系发达，其盘根错节，将土壤紧紧抓在整个根盘部位。怀远及云南、四川等石榴产区，石榴多生长在海拔50m以上的山上，这除了是由于石榴喜高燥的环境原因外，更是人们基于其防风固沙、防水土流失的重要作用。

2　品种资源及其应用

2.1　植物学分类

石榴是石榴科石榴属植物。作为栽培的只有 1 种，即石榴（*Punica granatum* L.），野生种在我国尚未发现。

2.2　栽培学分类

石榴在我国栽培历史悠久，分布范围广泛，产地环境差异大，再加上长期自然和人工选育，已形成众多品种。有红花的、白花的、黄花的；有观赏的、食用的；有甜的、酸的。据初步统计，全国有近 100 个品种。其中较著名的有玉石籽、玛瑙籽、青壳石榴、铜壳石榴、天红蛋、粉红石榴、青皮石榴、软籽石榴、水清石榴、胭脂红石榴、稍头青石榴、大石榴、甜石榴、大籽石榴等。

在品种分类上，有的根据风味的不同分为甜石榴和酸石榴；有的根据花的颜色分为红花、黄花、白花石榴；有的根据用途分为食用和观赏石榴；还有的根据果实形状、果皮颜色、籽粒的形状、成熟的早晚来分类和命名，所以造成了同名异物、同物异名现象。

怀远石榴品种多，经调查有 24 个。按照花的颜色分为红花和白花两大类，在红花和白花种类中，又各自分为食用和观赏两类，在红花食用品种中又分为粉皮和青皮 2 个系统。

2.3　主要品种特征

2.3.1　玉石籽

树势弱，芽的萌发力及成枝率低，针刺稀软。叶披针形，小、色淡。花细长，花瓣、花萼出现 6 数的概率多。果实圆球形，有棱，皮黄白色，阳面红色，皮薄而软，较粗糙。平均单果重 240g 左右，最大单果重 380g，籽粒大，青白色，内有放射状针芒，百粒重 60g 以上。核软，味甘甜，可溶性固形物含量 16.5%，品质极上。果实脱涩早，8 月下旬即可食，但真正成熟期为 9 月中下旬。不耐贮藏，抗病力弱，丰产性能差（图 9-4）。

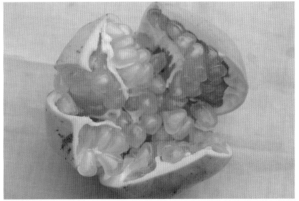

图 9-4　玉石籽

2.3.2　玛瑙籽

树势中庸，针刺细软，叶披针形。果实圆球形，多偏斜，果底有突起，有棱，皮黄橙色，阳面有红色斑点，褐色疤纹，皮薄而软，较粗糙。平均单果重 250g 左右，最大单果重 500g。籽粒大，粉红色，内有放射状针芒，百粒重 60g 以上，最高达 71.4g。味甘甜，可溶性固形物含量 15%～17%，核软，品质极上。9 月下旬至 10 月上旬成熟。不耐贮运，抗病力一般，丰产性能较好（图 9-5）。

图 9-5　玛瑙籽

2.3.3　大笨子

树势旺盛，针刺粗硬，叶披针形，厚大。果实长圆形，基部略小，有明显的 5～6 条棱。果皮黄橙色，阳面红色，有褐色锈斑。果大，平均单果重 300g 左右，最大单果重 750g。籽粒中等大小，红色，百粒重 50g 以上，味甜微酸，可溶性固形物含量 16.0%，品质上等。10 月上旬、中旬成熟，耐贮运，丰产性能较好（图 9-6）。

图 9-6　大笨子

2.3.4　二笨子

和大笨子基本相似，但比大笨子果实略小，籽粒较大，含糖量略高，品质较优，成熟期稍早。

2.3.5　青皮

树势健旺，针刺粗硬，叶披针形厚大，色浓。果梗粗长，果实圆球形，皮黄白色，阳面有红晕，皮厚而光滑，果大，平均单果重在 300g 左右，最大单果重 750g 以上。籽粒小，深红色，百粒重在 40g 左右。味酸甜，可溶性固形物含量 15.6%，口味浓，品质中上等，10 月上中旬成熟。耐贮运，抗病力较强，丰产性能好。

2.3.6　粉皮

树势旺，针刺软。叶披针形，质厚色浓。花较粗，果实圆球形，纵径比青皮类短，皮厚，粉红色。果中等大，平均单果重 200g 左右，最大单果重 500g。籽粒小，深红色，百粒重在 40g 左右。味酸甜，可溶性固形物含量 15.8%，品质中等。9 月中下旬成熟。不耐贮运，丰产性能好（图 9-7）。

图 9-7 粉 皮

2.3.7 火葫芦

树势中庸，针刺较少，叶披针形。花粗短，果实着色早，很早就在萼颈处形成1个红色环带；果实圆球形，平均单果重150g，果皮红色，阳面深红色，皮厚；籽粒小，深红色，百粒重在40g左右；味酸甜，可溶性固形物含量13.4%，品质中下，9月中旬、下旬成熟。不耐贮运，易裂果，易感干腐病，丰产性能一般（图9-8）。

2.3.8 美人蕉

树势旺盛，针刺稀少。叶披针形，大而厚。果实圆球形，皮厚而软，粉红色，阳面红色。籽粒中等大小，比火葫芦稍大，红色。味甜微酸，

图 9-8 火葫芦果实

品质中上等。9月中旬成熟。不耐贮运，抗病力差，果实易感干腐病，落果严重，丰产性能差。

2.3.9 薄皮糙

树势中庸，叶披针形，质薄色淡。果实圆球形，但近方形或五棱形；皮青黄色，阳面红色，有褐色锈斑，皮薄。果中等大小，平均单果重150g左右。籽粒中等，红色，味甜微酸，品质中等，9月下旬成熟。不耐贮运，易裂果，丰产性能好。

2.3.10 白石榴

树势中庸开张，针刺稀少。叶披针形，色浓绿。花白色，果实黄白色，籽粒白色，味甜，有冰糖味。萌芽与开花均晚于红花类型1~2d。幼叶及嫩梢绿色。品质中等。10月上旬成熟。抗病性及丰产性能差。

在品种比例上青皮系统占65%以上，粉皮系统占34%，白石榴数量微少。按成熟期分，早、中、晚熟各占1/3。主栽品种有粉皮、青皮、大笨子、二笨子。

2.4 新品种选育

2.4.1 皖榴1号（白玉石籽）

2003年选育，白石榴变异品种，属白花系列。树势中庸开张，针刺稀少。叶披针形，色浓绿，花白色。果实黄白色，平均单果重469g，籽粒白色，核软，味甜，百粒重平均80g以上。9月下旬成熟，抗干腐病能力弱，丰产性能好（图9-9）。

2.4.2 皖榴2号

2003年选育，玛瑙籽变异品种，属红花系列。树势中庸，针刺细软，叶披针形。果实圆球形，果底有突起，有棱，皮浓红色，较光滑。平均单果重307g，最大单果重500g。籽粒大，浓红色，内

图 9-9 白玉石籽果实

有放射状针芒，平均百粒重 58.3g，最高达 70g。9 月下旬成熟。较耐贮运，抗病力一般，丰产性能强。

2.4.3 皖榴 3 号

2003 年选育，玉石籽变异品种，属红花系列。树势弱，芽的萌发力及成枝率低，针刺稀软。叶披针形，小，色淡。花细长。果实圆球形，有棱，皮浓红色，皮薄而软，较光滑。平均单果重 344g，籽粒大，青白色，内有放射状针芒，平均百粒重 65.3g。核软，味甘甜，品质极上。果实脱涩早，8 月下旬至 9 月上旬成熟。不耐贮藏，抗病力弱，丰产性能一般。

2.4.4 玛瑙红

从大笨子中选出的优良变异品种。成熟的果实近圆形，有明显的 5～6 条棱。果皮表面着美丽红霞，底色黄白色，果面光洁鲜艳，外观品质优良等（图 9-10）。平均单果重 357.6g，最大单果重 675g，比大笨子平均单果重 50g；果皮平均厚度 0.3cm，籽粒鲜红，百粒重 52.02g，可食率 57.46%，可溶性固形物含量 15.43%，风味较浓，甘甜爽口，综合品质上等。果初熟至完熟期为 9 月下旬至 10 月上、中旬。该品种较其他品种抗早期落叶病及干腐病，抗逆性较强，耐贮运，丰产、稳产性能好。

图 9-10 玛瑙红果实

3 生物学特性

3.1 生长习性

3.1.1 芽

（1）叶芽。石榴叶芽是石榴营养生长和生殖生长的基础。随季节变化，叶芽可体现紫、绿、橙3种颜色。

叶芽的形成。石榴的芽在春季萌发以前在芽内形成雏梢，随着芽的萌发，在雏梢叶腋间发生芽原基。芽原基由内向外进一步分化，形成鳞片。石榴1年生枝条芽原基分化形成的鳞片，春季直接进入雏梢发育期；春季新形成的芽，营养丰富，其鳞片分化之后，可直接转化为花芽（图9-11、图9-12）。

图9-11 红花叶芽

图9-12 白花叶芽

叶芽的种类。按着生部位，石榴的叶芽分为腋芽和顶芽2种。在怀远，石榴顶芽多自枯，形成针刺，萌发力低。腋芽着生在叶腋内，在枝条上对生，同一枝条上不同部位的腋芽，其饱满度、萌芽力、生长势不同，一般中部腋芽萌芽力强，顶端及基部的腋芽萌芽力较低。

按照芽的功用，石榴的芽又可分为叶芽和混合芽2种。叶芽在当年春季直接萌发形成叶片，为树体营养生长提供物质基础；混合芽萌发后形成较短枝条，在枝条顶端形成1朵至数朵花蕾。

（2）花芽。石榴没有明显花芽，其花芽以混合芽形式表现。混合芽可抽生带叶的结果枝，因芽内既有花的原始体，又有叶和枝的原始体（图9-13、图9-14）。

图 9-13　花蕾发育（红花）

图 9-14　花蕾发育（白花）

3.1.2　叶

（1）叶的功能。叶是行使光合作用制造有机养分的主要器官，植物体内的干物质 90% 以上是由叶片合成的（图 9-15）。石榴叶片的活动，是石榴树体生长发育形成产量的物质基础。石榴叶片还执行着呼吸、蒸腾、吸收等多种生理功能。

（2）叶的形态特征。石榴叶在枝条上对生，初萌发时因不同品种而体现出不同颜色，在怀远，红花品种的幼叶为紫红色，白花品种的幼叶为青白色。随着叶片的不断伸展，叶色逐渐转化为深绿色。石榴叶片为披针形，叶柄短，全缘，叶脉多为红色，白花品种为白色，叶片光滑，反面无绒毛。石榴叶片表面富蜡质层，具反光、抑制水分过多蒸腾功能，是抗旱、耐旱的重要标志。

石榴叶片随枝条种类及其在枝条上的着生部位不同而表现为大小不一。短枝条着生的叶片较小，叶间距小，部分叶片簇生，形状表现为倒卵圆形；中长枝上着生的叶片薄而大，叶间距稍大。枝条基部叶片较小，枝条顶部叶片小而薄，颜色为淡绿色；中部叶片因叶芽饱满、萌发力强而表现为宽大、肥厚、颜色深绿。

图 9 - 15　叶

3.1.3　枝

（1）枝的功能。枝组成树体的骨架，是叶片、果实着生的部位，树体根部吸收的水分、有机物质通过枝条内木质部的导管运送到树体各个部位，并将叶片制造的有机物质通过其韧皮部的筛管传送到根部。因此，枝条又是传送水分、养分的重要通道。

（2）枝的类型。石榴的枝条，按生长时期不同可分为新稍、1 年生枝、2 年生枝、3 年生枝和多年生枝；当年芽抽生带有叶片的枝条称为新稍；新稍自落叶后至第 2 年芽萌发前称为 1 年生枝；依此类推，3 年生以上枝统称为多年生枝。按生长结果性质又可分为结果枝、结果母枝、营养枝、针刺枝和徒长枝等。结果枝是指当年着生果实的新稍，结果母枝是指着生混合芽的枝条，营养枝是指不结果的发育枝，针刺枝是指先端枯顶而形成针刺状的短枝，徒长枝是指生长较旺、不充实的枝条。

（3）枝的形态特征。石榴 1 年生枝条皮色为灰褐色，枝条较光滑，柔韧性好，抗机械压力性强，其上继续抽生出的较短枝条顶端退化，形成针刺；石榴的多年生枝仅骨干枝为深褐色，表皮粗糙，有些呈瘤状突起，主干及骨干枝多呈顺时针扭曲，以抵御大风以及过量负载产量而对树体产生的压力。

3.1.4　花

（1）花的结构。石榴的花为两性花，以 1 朵或数朵着生在当年结果枝顶端及叶腋间，其中 1 朵在顶端，先形成先开放；基部为侧生腋花芽，形成时间长，花期不一致。花为子房（心皮）下位花，而子房包生在花托内部。花瓣大、薄而皱缩，结果品种每朵花 4～9 片花瓣，观赏性石榴品种 1 朵花花瓣可多达 150 片；萼片裂开后呈三角形，较花瓣短，萼片 5～8 片，厚而硬，与子房连生，呈王冠状。雄蕊多达 240 支。雌蕊位于中间，长短不一。子房 7～16 室分为 2 层呈筒状或钟状萼筒；石榴花多为红色，也有白色、黄色、粉红色等（图 9 - 16）。

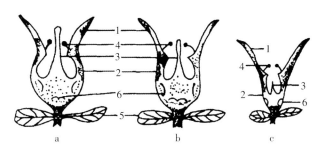

图 9 - 16　不同类型花纵剖面
a. 正常　b. 中间型　c. 退化型
1. 萼片　2. 萼筒　3. 雌蕊　4. 雄蕊　5. 托叶　6. 心皮

（2）开花。石榴花分正常花和退化花 2 种，怀远果农称呈筒状的正常花为"母花"，呈钟状的退化花为"公花"。据 1985 年调查，怀远石榴正常花在不同时间占总花的比例在 20％～70％，一般在 40％左右。怀远石榴从现蕾到开花一般需要 10～15d，从开放到落花一般需要 4～6d。开花时间的长短与花期气温有很大关系，气温高花期时间短，反之则长。石榴的花蕾形成时间不一致，所以花的开放期也是错落不齐，一般长达 2 个月以上。

石榴是先展叶抽生新稍后在顶端和叶腋处才形成花蕾，正常年份4月20～25日现蕾（图9-17），5月4～8日为初花期，5月20日至6月10日为盛花期，6月底开花结束（图9-18）。

a　　　　　　　　　　　　　　　　　　　b

图9-17 花　蕾

a. 红花蕾　b. 黄花蕾

图9-18 花

3.1.5 果实

（1）果实形状与结构。石榴果实由下位子房发育而成，子房由6～15个心室构成，分上下2层，中间以锥形横膜相隔，上层4～12个心室，下层2～3个心室，各室之间又以竖膜相隔。子房内有大量多角棱柱状胚珠，发育成酸甜多汁的籽粒。成熟的果实近圆球形，每果内有籽粒300～1 400个，同一品种或不同品种的果实籽粒数均不相同，同一品种果大者粒多，所有籽粒分别聚集于各心室胎座上，食用部分为肥厚多汁的外种皮，呈鲜红、粉红或乳白色，内种皮形成种核，由于品种不同，形成种核的石细胞不同，食用时就感觉种核有软有硬。怀远石榴中玉石籽、玛瑙籽种核较软，嚼碎即可食用（图9-19）。

图9-19 果　实

　　石榴萼片的开张与闭合，果实的大小、形状、色泽及果内籽粒大小、多少、有无针芒等，与品种特性、管理水平、环境气候、采摘时期有关。

　　（2）坐果。石榴落蕾、落花、落果严重。在总花蕾中有 32% 左右的花蕾要脱落，在开放花中，退化花全部脱落，正常花也有 40% 的花要脱落。正常花在受精后，花瓣脱落，子房膨大，并且子房的皮色，也逐渐由红转变为青绿色（图 9-20）。石榴能够受精、坐果的花占总花的 20%～50%，平均在 29%，但是由于石榴落果严重，所以成果率很低，一般 100 个坐果，在采摘时仅存 20～40 个，平均在 35 个左右。成果占坐果 35%，占总花的 10.3%，占正常花的 20.7%。

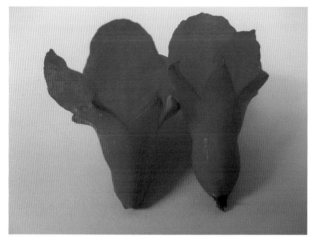 

a　　　　　　　　　　　　　　　　　　b

图 9-20　受精与未受精

a. 未受精　　b. 正常受精

3.1.6　根

　　（1）根的功能。石榴树的地下部分统称根系。它伸展于土壤或岩石空隙中，不仅起到固定树干的作用，而且承担从土壤中吸取水分和各种营养元素的功能。同时，它还可制造、贮存各类营养物质。

　　（2）根的类型。石榴的根系可分为骨干根、须根和吸收根 3 个部分。骨干根是指寿命长的较粗大的根，直径一般在 1cm 以上，此类根主要起到支撑树体输送、贮存营养元素和物质的作用，吸收养分和水功能较差；须根是指粗度小于并着生于骨干根上呈多分支的细根，此类根具有输送、贮存、制造和吸收养分和水功能；着生于须根上呈白色细小根称吸收根，它数量大，分布广，是分泌有机物质，吸收水分和营养元素的主要器官。

　　（3）根的分布。石榴根系在土壤中的分布，在水平方向主要在主干周围 4～5m，最远可达 10m以上，通常是树冠直径的 2 倍以上，但大量根系集中分布在树冠内。根系垂直分布集中在 15～60cm土层以内，以土层 15～50cm 深度范围内根系最为集中，深度越深根系分布越少，最深在 1.5m 仍可见到根系。怀远石榴多栽植在山坡地，坡地耕作层岩石较多、土壤较为黏重，一般根系分布较浅。

3.2　结果习性

3.2.1　结果习性

　　石榴的花期在各地表现不一。南方 4 月份开始，北方则始于 5 月份，各类结果枝陆续抽生。到 6月份，现蕾、开花和坐果在同一株树上同时进行。至 8 月上旬，夏、秋梢结果枝仍在开花坐果。

　　由于石榴花芽分化的质量不同，结果枝抽生的时期不一致，所开的花有头花、二花、三花和末花之分。头花一般为健壮的春梢结果枝所开，花器发育完善，子房及花萼成筒状。其果实生育期长，果个大，品质好。二花、三花由于花芽质量较差，雌蕊退化类型较多。退化花子房瘦小，子房及花萼呈钟状，亦称钟状花。钟状花不能坐果（图 9-21）。

夏、秋梢结果枝所开的末花，不仅由于坐果率低，而且果实小，口感差，但有些年份，前期如不能如期结果，末花仍能形成一定产量。如2002年、2003年，前期挂果不足正常年份的50%，末花所结果实仍达到正常年份产量水平。

石榴的结果母枝有顶花芽（抽生短果枝）和腋花芽（抽生长、中果枝）2种类型，是由春季生长的一次枝或早春产生的二次枝停止生长分化发育而成。花芽萌发抽生20～25cm长的新梢，新梢上着生1朵或数朵花，即为结果枝。结果枝

图9-21 石榴边坐果边开花

上的花1朵顶生，其余为腋生。顶生花多为正常花，易坐果，腋生花多为退化花，不结果。

石榴结果枝开花后，不论结果与否，均不再延长生长。坐果后由于营养集中向果实运输，使得果梗变粗。长、中果枝果梗下可形成各种结果母枝或抽生营养枝。短果枝果梗下一般当年不抽生枝条。

3.2.2 结果年限

石榴树结果年限较长，全国多个产区因石榴立地条件、品种有差异，表现不一。陕西、山东、安徽省石榴栽培历史较为悠久，树龄长，结果年限较长，这些地区均有上百年树龄正常结果的记载。

无论是实生繁殖，还是扦插育苗后移栽，石榴进入结果盛期的树龄一般均在8年以上，8～50年的树龄为壮年期，其挂果量、承载能力在石榴一生当中均处于巅峰时期，此时，只要能保持正常的管理，例如园内通风透光好、肥水充沛，20～50年生树单株挂果量平均达50～80kg，每667.7m² 产量2 500～3 000kg。结果80～100年后，树势逐渐衰弱，产量随之下降，进入衰老期，但通过及时回缩和加强田间管理，仍能继续结果30年以上。在安徽怀远，经1954年和1969年大的冻害后，在荆涂风景区的杜郢、涂山村仍存在30%左右树龄在100年以上的石榴树，单株年均挂果量250～300kg，并有连续结果能力。

3.2.3 结果部位

石榴是在结果母枝上抽生结果枝而结果。结果母枝多为多年生短枝，也有一部分来源于春季抽生的一次枝或春夏之交萌发的二次枝，这2种枝条停止生长早并发育成充实的短枝。在怀远，结果母枝以多年生短枝和春季抽生的一次枝为主。

上述发育充实的枝条次年在顶芽（短结果母枝）或腋芽（长结果母枝）萌生2～15cm长的短小新梢，在这些新梢上着生1～9朵花，这些着花新梢被称为结果枝。其中1个花顶生，其余为侧生，一般以顶生花最易坐果，并且果大，但也有多果并生现象，当地果农视之为吉祥的象征，称"对屁股果"。在怀远，侧生果挂果比重大，一般占总挂果量的70%，但易落果，尤其是氮肥施用过多、新梢抽生量大的树体。结果枝由于先端结果，则不能继续向前生长，往往比其他枝条粗壮，结果次年其下部的分枝再发育成生长枝或结果母枝（图9-22）。

图9-22 结果部位

3.2.4　授粉与结实

石榴花为两性花，根据其发育过程和构造，可分为 2 类：不完全花和完全花。不完全花呈钟状，雌蕊发育不全或全部退化，不能坐果；完全花呈筒状，子房发达，上下等粗，花的雌蕊高于雄蕊，是结果的主要来源。石榴自花可以授粉坐果，但坐果率低。石榴花期时间长，在怀远长达 2 个月，有 3 次盛花期。由于不完全花占 95％以上，消耗树体养分也比较多，留下来的正常花得不到足量的花粉，授粉受精不良，幼果脱落现象比较严重。实行人工辅助授粉的筒状花坐果率可大大提高。试验表明，通过人工授粉，石榴坐果率可达到 55％，为对照树的 4 倍。

在怀远，除养蜂授粉外，采取的人工授粉方法主要有 2 种：一是用毛笔蘸花授粉。二是先采集花粉，然后将花粉倒入稀释有葡萄糖的水中进行喷雾授粉，该方法工作效率高，授粉效果好。

3.2.5　丰产性能

石榴产量高低各地表现不一，因品种、气候、立地条件、营养状况不同而有很大差异。据调查，在怀远 8～10 年生树，单株产量 15kg 左右；10～20 年生树，单株产量 30kg 以上；20～50 年生树，单株产量可达 50kg 以上，最高可达 100kg，为当地石榴结果最佳树龄期（图 9-23）。

图 9-23　丰产性

3.3　果实发育

3.3.1　果实生长动态

观察、记载结果表明，怀远石榴果实的生长动态可分为 3 个主要时期（图 9-24）。

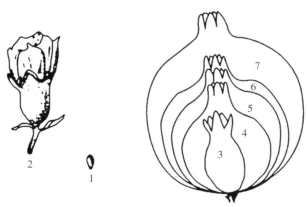

图 9-24　果实发育过程

1. 3 月下旬　2. 5 月中旬　3. 5 月下旬　4. 6 月上旬　5. 7 月中旬　6. 8 月中旬　7. 9 月上旬

（1）快速增长期。筒状花受精以后约 6 周内，果实细胞分裂速度较快，随后减慢。细胞分裂是决定果实大小的关键，分裂期长，分裂速度较快，细胞个数多，果形就大。这个时期石榴果实横径生长速度快于纵径，是怀远石榴大多数品种果实迅速膨大期，也是应加强土、肥、水管理的关键时机。

（2）缓慢增长期。6 月下旬至 8 月中旬近 50d 内，果实生长速度下降，此时果实纵径生长速度略快于横径，并且两者的生长快慢呈间歇状态，7月下旬，纵径生长速度达到顶峰。

（3）果实熟前增长期。从8月中、下旬开始，果实生长加快，5～10d后又进入缓慢生长。此期主要是营养物质的积累和转化，开始着色，糖分增加，风味变佳，直至果实完全成熟并表现出该品种应有的特征特性。

3.3.2 果实外观品质发育

石榴谢花后，在第1周，幼果形成，果实颜色逐步由红色或白色（三白石榴）向青绿色转变，直至8月下旬。8月上旬开始，石榴果实颜色由微红逐渐向深红、浓红色转变，此时的果皮光滑鲜亮，皮的厚度变薄，果实纵、横径基本一致，果实形状近圆形（图9-25）。

图9-25 果实发育过程

3.3.3 果实内在品质发育

幼果期，果实籽粒呈白色，外种皮（食用果肉部分）无糖分，较涩，种子（核）硬化程度低；进入8月后，外种皮内部成分开始转化，糖分、水分逐步积累形成，籽粒颜色转变为粉红色或白色（三白石榴），可溶性固形物含量高时，籽粒内出现放射状针芒；成熟的果实，核硬度随品种不同也有所不同，如玉石籽、玛瑙籽核较软可食，而其他品种的核则较硬。

3.4 主要物候期

3.4.1 萌芽

石榴萌芽期因栽培环境、品种的不同而有所差异，温度达到10℃以上时开始萌芽，山东峄城、河南开封、陕西临潼3月下旬至4月上旬萌芽，四川会理、云南蒙自2月中旬萌芽。连续几年记载表明，怀远石榴萌芽在3月25～28日，此时气温达到14～15℃。在怀远，向阳坡石榴先萌芽，阴坡萌芽迟后 1～2d；早熟品种萌芽早于晚熟品种。

3.4.2　开花

在怀远，正常年份，石榴开花在 5 月上旬，气温 21～22℃，直至 7 月上旬，石榴第 2、3 批花陆续开放。石榴不同时期内开花，影响着果实的品质和重量。

3.4.3　生理落果

花后 1～2 周内，由于花量、枝条生长量均较大，为怀远石榴生理落果高峰期，尤其是遇到强降雨，落果现象更为严重。

3.4.4　果实膨大及成熟

在怀远，石榴果实膨大有两个时期：一是在坐果后 4～7 周内，此期果实膨大速度最快，纵横径的增长量占总增长量的 50% 以上。二是 8 月中旬、下旬，即怀远石榴采前 4～5 周内，果实体积膨大速度再次加快，一般占总增长量的 25% 左右。1985 年测量表明，石榴果实横径，在幼果时生长期较快，日增量可达 0.1cm，发育中期生长缓慢，到果实采收前 1 个月左右又有 1 个生长高峰。实测结果与上述结论基本相符。但是果实增长快慢与雨水有关，干旱时生长缓慢，雨后生长迅速。石榴从开花到成熟，一般需要 120d 左右。玉石籽、粉皮等早熟品种在 9 月上旬、中旬成熟，大多数品种在 9 月下旬至 10 月上旬成熟。

3.4.5　落叶

在怀远，石榴 11 月中旬开始落叶，随后进入休眠期。

3.5　对环境条件的要求

3.5.1　温度

石榴原产亚热带及温带地区，形成喜暖畏寒的习性。生长期内，要求 $\geq$10℃ 以上活动积温在 3 000℃ 以上。在冬季休眠期，虽耐低温，但是气温过低，枝梢将受冻害。在新建石榴园时，选择冬季极端低温在 −16℃ 以上地区较为安全。如果温度过低，应设法防寒。在地势选择上，最好避开积聚冷空气的地方，否则会出现冻害。我国几个主要产区的气象条件基本上能满足石榴对温度条件的要求。在怀远，年平均温度 15.4℃，极端低温 −19.4℃，$\geq$10℃ 积温 4 964.1℃，无霜期 217d。

3.5.2　光照

石榴属喜光树种。光照充足，正常花分化率高，果实着色好，籽粒品质好；反之，籽粒品质差。在怀远，累计年平均日照时数 2 206.5h，太阳年辐射总量 502.9kJ/cm²，$\geq$10℃ 以上平均日照时数 1 265.7h。

3.5.3　水分

石榴树耐干旱，年均降水量 500mm 以上的温带地区，如果保墒措施得力，均能正常结果。初花期过于干旱，会加重落花。盛花期遇阴雨天气，将影响授粉受精，并易引起枝叶徒长，也会加重落花。若前旱后涝，易引起裂果。只有适当的水分才能保证果实生长发育，实现优质、高产。怀远县地处北亚热带和暖温带过渡地带，具有我国南北方兼备的气候特点，雨量适中，年均降水量 900mm。1995—2004 年，6～8 月平均降水量分别为 124.4、209.9、124.2mm。这一阶段降水量最多，能够满足石榴生长的需要。

3.5.4　土壤

石榴对土壤要求不严，平原、山地均可栽培。土壤以石灰质并且质地疏松、富含营养的沙壤或壤土最为适宜。黏重土壤虽然易于保墒、保肥，但果实皮色不好，在成熟前易裂果。土壤 pH 4.5～8.2 均适宜石榴栽培，而以 pH 6.5～7.5 最好。怀远县境内有麻石棕壤、麻石棕土、棕壤性麻石土、坡黄土、山黄土、山红土 6 种土壤适宜于石榴的栽培。怀远石榴多集中在棕壤性麻石土类土壤中栽培，这类棕壤性麻石土分布于荆山、涂山山丘中上部，pH 5.5～6.7，有机质含量为 1.19%；该类土壤质地较轻，黏性较小，因分布于山丘中上部，坡度较大，无涝渍威胁，适宜石榴种植。

4　育苗和建园

4.1　育　　苗

4.1.1　方法

石榴多用扦插、分株、压条和嫁接等无性繁殖方法进行繁殖。生产上很少用种子繁殖，因为实生苗繁殖的石榴，开始结果年限长，性状变异大，除在科学研究和品种培育中采用外，大面积生产一般不采用。分株和压条繁殖系数小，生产上多采用扦插繁殖方法。

扦插繁殖分直接扦插建园和育苗移栽2种。20世纪70年代以前怀远石榴主要是直接扦插建园，以后改为育苗移栽。

扦插繁殖的关键是选好种条，要选用种性纯正，丰产性能强，抗逆性强，无病害，处于结果盛期的母树上的1年生或2年生健壮枝条，一般直径在0.5cm以上，枝条过细，生长的幼苗瘦弱。将选取的种条剪成15～18cm的插条，上剪口要齐平，离芽1.5～2cm，下剪口可以成斜面。插条上的针刺要剪去，以便于操作。最好是随剪随插，实在做不到时，应该将插条根据粗细分成50根1捆，放在阴暗、潮湿的沙滩内贮藏起来（图9-26）。

　　　　　　　　　a

　　　　　　　　　b

　　　　　　　　　c

图 9-26　扦插育苗
a. 露地扦插　　b. 黑色地膜覆盖育苗　　c. 出圃前生长状况

一年中以春季的3月扦插最好，成活率高，苗木生长旺。7月，利用雨季，绿枝扦插也可以，但必须做好遮阴、浇水工作。传统的雨季扦插不仅费工费时，苗木生长地不充实，越冬后还有大量死亡，在生产实践中未能推广采用。

育苗时苗圃要选择土质疏松、肥力较好、排灌方便的地块。冬前深翻冻垡，春季每 666.7m² 施农家肥 3 000～4 000kg，过磷酸钙 50～60kg，标准氮素化肥 15kg 左右，浅翻，细耙，筑垄。垄宽 1m，垄间留有浅沟。有条件的可覆盖黑色地膜，减少夏季杂草生长。土地整理好后，就可扦插。每 1 垄插 2 行，行距 40cm，株距 10～12cm，每 666.7m² 为 1.1 万～1.3 万株，一般不超过 1.5 万株。

扦插时开沟深 12～15cm，将插条摆放在沟内，剪口芽向上，然后埋土、踩实、踩平。插条上部留 1 个芽或 2 个芽，不能留得过多，否则成活率低，苗木瘦弱，并易形成地上部的死桩。如果墒情较好，一般不浇水，只有明显干旱时才带水扦插。春季扦插发芽的快慢，与气温有着密切的关系。气温稳定回升，温度较高时发芽快而整齐，成活率高，否则发芽既慢又不整齐。

苗木地的管理主要是除草松土、施肥灌溉、防治病虫害、防涝等。在除草松土时千万注意不要碰动插条和芽，因为插条是先萌芽后生根，新芽生长很长时插条才生根。在生长中期根据苗木长势，可以追施少量氮素化肥，追肥可以在雨前，也可以在浇水的同时进行。在整个扦插后管理过程中，如果不是过于干旱，一般都不浇水；如雨水过大，一定要注意排涝。

4.1.2　全光照喷雾育苗技术

2003—2007 年，怀远县为解决优质石榴品种种苗不足、繁殖速度慢等问题，开展了该课题研究。全光照喷雾繁育石榴苗木技术，即利用叶面水分自动控制仪及其喷雾装置进行石榴硬、嫩枝扦插育苗，愈伤组织生根时间短，苗木根系发达、质量好。应用该技术可在短期内培育出适龄壮苗，周期短，成苗率高，省工、省地、成本低，效益是普通育苗方式的 2～3 倍，非常适合稀有石榴品种种苗的快速繁育。

4.1.3　苗木出圃

苗圃地经过精心管理，成活率一般在 80％以上。当年株高在 70cm 以上，高的可达 150cm，当年秋季或翌年春季就可以出圃。挖苗时，要尽量多带根系，根系越多成活率越高，生长越快，同时要注意保护根系，防止风吹日晒和低温冻害，如存放时间短可放室内或用草帘遮盖保护。如存放时间长必须在湿土或湿沙中假植，假植前先剪去基部多余的分枝，只留 1 个生长健壮的主茎，然后对苗木进行分级存放，在怀远，凡根系发达、新鲜，苗高 70～100cm 的苗木应视为优等苗；低于 70cm 的为次等苗；高于 100cm 的为特等苗。

苗木长途运输时，要防止途中失水受冻。

4.2　建　园

4.2.1　园地选择

石榴园要选在地势高燥，地下水埋深在 1m 以下，土壤肥沃疏松，酸碱度在中性左右的地块。在建园前应做好园内的基本工程建设，比如排灌水渠、道路、防护林带，以及山坡的水平梯田、鱼鳞坑等的修挖。

4.2.2　定植技术

石榴的栽植坑应在入冬前挖好，圆形、方形均可。一般坑的直径及深在 80～100cm。土层较浅的山坡地，应该去除石块移填客土。

移栽时要施足底肥，以有机肥和磷肥为主。株施有机肥 50～70kg，过磷酸钙 1～1.5kg，氮素化肥不宜施用。有机肥料必须腐熟，同时要和磷肥、土混匀，以免肥料集中而烧根。栽植方式同其他各种果木，关键是要把土踏实、踩紧。墒情好时可以不带水，不好时应带水移栽。

一般株距 3m，行距 4m，每 666.7m² 栽 55 株左右。由于山坡和平原的不同，土壤的肥力不同，可以因地制宜调整株行距。石榴是异花授粉，自花授粉结实率不到 1％，同一园内应配置不同品种。一般主栽品种应占 2/3。

幼龄期石榴园可以间作，但是不能种植高秆作物。间作物离树要在 1m 左右。一般以种植豆科作物为宜，如果能种植绿肥埋青，对提高土壤肥力，促进树体生长大有益处。随着树龄的增长、树冠的扩大，间作面积逐渐缩小，最后停止间作。

　　直接扦插建园与育苗移栽建园方法基本一致。按照怀远果农的习惯，扦插建园，每穴插插条3～4根，并且插条较长。直接扦插建园的缺点是以后苗木生长不整齐（图9-27）。

图9-27　定　植

4.3　高接换种

4.3.1　高接前准备

　　石榴高接前要做好品种选择与接穗采集的准备工作。嫁接品种应根据需要而定，一般宜选择适合当地气候条件，经济综合性状优良的品种。接穗应选择健壮无病虫、芽饱满、直立向上生长的1年生枝，粗度以0.6～1.2cm为宜，早春嫁接应本着边采接穗边嫁接的原则，异地采集接穗要在枝条休眠期进行并沙藏备用。同时要做好剪枝留砧工作，剪枝留砧是指对需要嫁接改良的石榴树进行剪伐，只保留骨干枝和部分大枝（也可保留适当结果枝条），粗度为1～6cm为好。

4.3.2　高接时期与方法

　　（1）高接时期。高接分早春嫁接、夏季嫁接和秋季嫁接。石榴嫁接应选择在早春萌芽前进行，时间在3月中旬至4月上旬完成最好，一般采取劈接方法。

　　（2）高接方法（图9-28）。

　　削接穗。取接穗枝条去刺后剪接穗，接穗长度6～8cm，接穗顶芽离剪口0.3cm，接穗下部位要削成平直光滑的两斜面，等长或略有差别，长度3cm左右。

　　劈砧枝。劈接要求砧木粗大，嫁接时先将砧木截去上部，用劈接刀在修整平滑的断面中央垂直劈开深5～7cm，用竹木签子插入砧木劈口做支撑物，待接穗插入。

　　插接穗。削好的接穗要尽快插入，插接时要求接穗一侧的皮层要与砧枝皮层对齐；接穗插入深度以1个削面刀口与砧木剪口平齐为准，接穗留芽2～3个，然后取出支撑物。砧枝较粗时可在劈口两侧各插1个接穗，有利于提高成活率。

　　绑缚、包泥、套袋。插后绑缚要严紧，先用细绳扎紧，然后用湿泥包裹，湿泥以握紧不出水为好，包裹时接穗顶端留1～2个芽为好，随后用小食品袋透过接穗把湿泥包裹紧，最后用大一点的白色食品袋把接穗和湿泥一起套好系紧。此步骤是提高高接成活率的关键，采用这种方法嫁接，成活率一般能达到95%以上（图9-28）。

4.3.3　高接后的管理

　　（1）检查成活。休眠期或早春嫁接后，接穗可提早10～15d萌芽，当芽生长到2cm时可把食品袋戳一小孔，以利新芽生长。接穗或接芽变黑或变褐则表明没有成活，可利用未萌芽的沙藏接穗及时进行补接。

　　（2）松绑和幼枝护理。嫁接后接枝芽生长到10cm左右时，即在5月初将两层食品袋和包裹的泥

图9-28　高位嫁接

团一同取下，随后取木棍或作物秸秆若干，一半固定在砧枝上，一半围拢住幼枝，并用细绳缠绕以保护幼枝。进入6月，当接穗和砧枝完全愈合后，取小刀将嫁接时的绑扎物割断，有利于其生长。

（3）除砧萌蘖和新枝修剪。砧枝短截后萌蘖较多，要及时除去以减少对接枝的养分争夺；对生长过旺的接枝在适当高度"摘顶"，可促进二次枝萌发和生长；对于密集生长的旺长枝和竞争枝，采用拿枝、牵引补空等方法处理，不用或少用短截、疏除修剪方法。

5　土肥水管理

石榴树虽对土壤要求不严，且耐瘠、耐旱，但要使新栽幼树成形早、结果早，进入结果期的植株连年丰产、稳产，延长经济生产年限就必须改善土壤的理化性状，使土壤中水、肥、气、热协调，创造一个有利于石榴根系生长的土壤环境，及时充分地供给石榴生长结果所必需的养分和水分。

5.1　土壤管理

5.1.1　土壤改良

怀远县境内有麻石棕壤、麻石棕土、棕壤性麻石土、坡黄土、山黄土、山红土6种类型土种适宜于石榴的栽培，在石榴栽培上应采取以下措施改良土壤。

（1）加肥改土。土壤是石榴树生长的基础，根系吸收营养物质和水分都是通过土壤来进行的。土层的厚薄、土壤质地的好坏和肥力的高低，都直接影响着石榴的生长发育，重视土壤改良，创造良好的深、松、肥的土壤环境，是早果、丰产、稳产和优质的基本条件。逐年扩穴深翻加肥改土，是创造深、松、肥土壤条件的有效措施。

扩穴深翻。在幼树定植后几年内，随着树冠的扩大和根系的延伸，在石榴树根际外围进行扩穴深翻，挖深20～30cm、宽40cm的环形深翻带，熟化土壤。

扩穴深翻的时间一般在落叶后、土壤封冻前进行。其作用是改善土壤的理化性状，提高肥力；降低害虫的越冬基数，减少翌年危害。

（2）中耕除草。中耕除草是石榴园管理中一项经常性工作，目的在于防止和减少在石榴树生长期间，杂草与果树竞争养分与水分，同时减少土壤水分蒸发，疏松土壤，改善土壤的通气状况，促进土壤微生物的活动，有利于难溶解状态养分的分解，提高土壤肥力。中耕除草的次数应根据气候、土壤和杂草多少而定，一般全年可进行4～8次，有间作物的可结合间作物的管理进行。为了省工和降低生产成本，可根据石榴园和杂草的种类使用除草剂，以消灭杂草。

图9-29　覆　盖

（3）园地覆盖。园地覆盖的方法有覆盖地膜、覆草、绿肥掩青、培土等（图9-29）。其作用为改良土壤，增加土壤有机质；减少土壤水分蒸发，防止冲刷和风蚀，保墒防旱；稳定地温，缩小土壤温度的变化幅度，有利于果树根系生长，抑制杂草滋生及减少裂果等多重效应。覆盖有全园覆盖和树盘覆盖、常年覆盖和短期覆盖等，要因地制宜。

树盘覆盖。早春土壤解冻后灌水，然后覆膜，以促进地下根系及早活动。其操作方法为：以树干为中心做成内低外高的漏斗状，要求土面平整，覆盖普通的农用薄膜，四周用土埋住，以防被风吹走。树盘覆盖大小与树冠径相同。

全园覆盖。在春季石榴树发芽前，树下浅耕 1 次，然后覆草 10～15cm 厚。低龄树因考虑作物间作，一般采用树盘覆盖。而对成龄果园，已不适宜间作，一般采用全园覆盖，以后每年续铺，保持覆盖厚度。覆盖材料应就地取材、因地而异。

石榴园连年覆盖有多重效应。一是覆盖物腐烂后，表层腐殖质增厚，培肥了土壤。二是平衡土壤含水量，增加土壤持水功能，防止径流，减少蒸发，保墒抗旱。三是调节土壤温度，夏季有利于根系的正常生长，冬春季可延长根系活动时间。四是增加根量，促进树势健壮。

种植绿肥。成龄果园如果长期采用"清耕法"管理，即耕后休闲，土壤有机质含量将减少，肥力下降，同时土壤易受冲刷，不利于果园的水土保持。种植绿肥是解决问题的好办法。

绿肥作物多数都具有强大的根系，生长迅速、产量高和适应强，其茎叶含有丰富的有机质，在新鲜的绿肥中有机质的含量为 10％～15％。豆科绿肥作物含有氮磷钾等多种营养元素，尤其氮含量丰富。总之，果园间作绿肥，具有增加土壤有机质，促进微生物的活动，改善土壤结构，提高土壤肥力的功效，并达到以园养园的目的。绿肥作物种类繁多，要因地、因时合理选择。

培土。对山地丘陵等土壤瘠薄的石榴园，培土增厚了土层，防止根系裸露，提高土壤的保水保肥能力和抗旱性，增加了可供树体生长所需养分的能力。石榴树在我国黄河流域及以北地区，个别年份地上部易受冻害，培土可提高植株的抗寒能力。培土一般在落叶后结合土肥管理进行，培土高度因地而异，一般在 30～80cm。因石榴树根部易产生根蘖，培土有利于根蘖的发生和生长，在生长季节要及时除萌。

5.1.2　土壤管理

土壤深翻可改良土壤结构和理化性质。深翻结合施有机肥料，能增加土壤孔隙度，提高土壤的保水、保肥能力和透气性，促进土壤团粒结构的形成（图 9-30）。由于深翻加深了土壤耕作层，促进了根系向纵深伸展，使根量大幅度增加，从而促进了地上部分的健壮生长，以及产量和果实品质的提高；深翻熟化全年均可进行，但不同季节的深翻，树体反应不尽相同，各地可因地制宜，合理运用。

图 9-30　深　翻

（1）秋季深翻。一般在果实采收前后进行。此时地上部分生长较慢，养分开始积累，深翻后正值秋季根系生长高峰，伤口易愈合，并可长出新根。

（2）冬季深翻。在入冬后土壤封冻前进行。此时根系愈合慢，但对板结土壤有冻垡作用。但应注意及时盖土，避免冻伤根系。翻后要及时灌水，使土壤下沉落实，防止露风冻根。

（3）春季深翻。在土壤解冻后进行，愈早愈好。因为此时地上部尚处于休眠期，根刚开始活动，生长较缓慢，伤根后容易愈合和再生，一般 1 个月左右断根即可愈合，并长出新根。此外，土壤解冻后，土质疏松，深翻比较容易。

（4）夏季深翻。最好在根系前期生长高峰过后、雨季来临前进行。这时根系愈合快，土壤疏松，深翻容易、省力，而且有利于除草、保墒，但夏季伤根过多易引起落花落果，故只适用于幼龄石榴园，结果园应慎用。

耕翻深度以比石榴树主要根系分布层稍深为度，并要考虑土壤结构。山岭薄地或较黏重的土层，深度要达 0.8～1m；如是土层深厚的沙质土壤，深翻 0.5～0.6m 即可。深翻有 3 种方式：一是深翻扩穴，即幼树定植后，向外深翻扩大定植穴，直至株、行间全部翻遍为止。二是隔行深翻，即翻一行隔一行，2 次完成全园深翻。三是全园深翻，即将栽植穴外的土壤一次性深翻完毕，此法适用于幼龄石榴园。

5.1.3　果园间作

石榴树冠不大，所以在株、行间距离较大的果园和幼树、初结果树果园，利用行间进行合理间作，既能充分利用土地和光能，提高土壤肥力，改善土壤结构，给树体生长创造良好的条件，又能起到保持水土、抑制杂草、防风固沙的良好作用。合理间作可以起到以短养长、以园养园的作用。但间作不合理，则会影响树体生长和结果。

间作物的选择应以不影响石榴树的正常生长和发育为前提，选择生长期短、吸收养分和水分比较少、需水需肥期与石榴树需水需肥临界期错开，植株矮小，不影响石榴树采光，能提高土壤肥力，与石榴树没有共同病虫害，本身有较高经济价值的作物。当前比较适宜用的间作物有豆类、薯类、瓜类，以及多种蔬菜和一些药材作物。

间作时一定要留出树盘，使间作物与石榴树有一定距离，同时还要加强土、肥、水管理，满足石榴及间作物的需要。长期连作同种间作物会造成某种元素贫乏和元素比例失调，对石榴及间作物生长都不利，应进行轮作倒茬。

5.1.4　果园综合利用

（1）养殖。在果园饲养家禽（鸡、鸭、鹅等）可建立起果、禽的良性循环，能充分利用果园夏秋季看果人力和果园空闲地。

（2）养蚯蚓。施入果园中的有机肥、烂草、树叶等是蚯蚓的好食物，蚯蚓粪又是理想的有机肥。蚯蚓还可制成干品做药材或直接出售获利，也能做禽类的好饲料。在果园养蚯蚓，省工、省地，增加收入、疏松土壤、提高地力，值得大力推广。

（3）种绿肥。在果园种植绿肥，既能减少水分蒸发及水土流失，改良培肥土壤；又能保护果园生物多样性，改善果园生态环境。

5.2　施　　肥

5.2.1　需肥特点与施肥原则

在石榴树生长的周年期中，不同生长发育阶段，对养分种类和数量的需求也不相同。

（1）春季。春季是石榴树体生长活动的重要时期，主要有根系活动、萌芽、展叶、抽枝、花芽继续分化、现蕾等。春季的生长发育中心是以营养生长为主体的，这些新建器官又是当年生长发育的基础。因此，在需肥特点上，应以氮肥为主。在生长初期，主要是消耗上年贮藏营养，为保证营养供给的连续性，这次施肥以萌芽期追施为佳。在种类上以速效氮为主，每 666.7m² 可用碳酸氢铵 60kg 或尿素 25kg。

（2）夏季。在夏季，石榴树有开花、坐果、果实发育和花芽分化等生命活动。这一阶段的中心是坐果。在需肥特点上，以春季良好的营养生长为基础，氮、磷、钾、硼等配合使用。在氮的使用量上，应因树而定，灵活掌握，强树不施，中庸树适当施，弱树应多施。夏季施肥的意义十分重大，一是要保证开花和坐果；二是供幼果发育；三是为后期的花芽分化打好基础。在施肥方式上，以根部追肥为主，也可采用根外追肥。肥料品种，氮肥用碳酸氢铵、硫酸铵、尿素等；磷肥用过磷酸钙；钾肥用硫酸钾或草木灰，也可使用复合肥磷酸二铵、磷酸二氢钾等。

（3）秋季。秋季果实已近成熟，花芽分化还在继续，树体营养消耗很大。秋季施肥在采果前多以根外追肥为主，同时进行深翻施基肥，基肥以有机肥为主，使用量较大（占全年施肥量的 80% 左右），在施用农家肥时，可混施少量速效氮。秋季光照充足、温度适宜、昼夜温差大，有利于营养物质的积累，所以，应配合秋季修剪等措施，增强光合效率，积累营养，促使树体充实健壮，保证安全越冬，为翌年的高产打好基础。

5.2.2　常用肥料种类

在怀远，石榴常用肥料种类如下：

（1）农家肥料。主要包括堆肥、沤肥、厩肥、沼气肥、绿肥、作物秸秆肥、泥肥和饼肥等。

（2）商品肥料。主要有商品有机肥料、腐殖酸类肥料、微生物肥料、有机复合肥、无机（矿质）肥料（包括矿物钾肥和硫酸钾、矿物磷肥、叶面肥料等）。

5.2.3　施肥时期和施肥量

（1）基肥。一般用优质有机肥，能常年均衡供应石榴树各种营养元素。基肥应在秋施（采果后10～15d），结合土壤深翻施入，此时正值石榴根系的第2次生长高峰，新根发根多，生长速度快，切断的根容易愈合再生，所发生的白色吸收根能吸收部分营养，利于恢复树势和增加储备营养，而且大部分有机质在土壤中经过充分腐熟，可在春季石榴开花、萌芽期吸收利用。

基肥以有机肥为主，使用量较大（可占全年施肥量的80%左右），一般在采果后10～15d内施下，以有机肥为主。青年树每株施用优质有机肥5～10kg，成年树每株施用优质有机肥10～15kg，并搭配适量化肥施用。石榴发芽后，要及时中耕除草，保持果园清洁疏松，幼年树还可间作花生、大豆等豆科作物或绿肥，以改良土壤。

（2）追肥。主要根据石榴发育进程和生长结实的需要及时进行营养补充。

萌芽前及花后追肥。主要是补充贮藏营养的不足，提高坐果率，促进新梢生长，以复合肥为主。春季是石榴树体生长活动的重要时期，主要有根系活动、萌芽、展叶、抽枝、花芽继续分化、现蕾等。春季的生长发育中心是以营养生长为主体的，这些新建器官又是当年生长发育的基础。因此，在需肥特点上，应以氮肥为主，一般成年树催芽肥每666.7m^{2}施3kg尿素或碳酸氢铵10kg。

膨大期追肥。对中庸树，氮、磷、钾的用量一般控制在1∶0.5∶1。按一般速效肥被作物吸收利用的时间（7～10d），应尽可能在始花期以前施用；硼肥可在花期根外追肥，以提高坐果力。花后对老弱树应再补施氮、磷、钾肥，配合疏花定果，综合调节，以促进树势恢复；在沙质多石砾等土壤条件下，应勤施、少施。

采前追肥。秋季施肥在采果前多以根外追肥为主，配合病虫害防治，喷施尿素（0.3%～0.5%）和磷酸二氢钾（0.3%），以促果膨大，增加色泽和含糖量。

5.2.4　施肥方法

（1）环状施肥。幼树一般采用此法，并可与深翻扩穴相结合。在树冠外沿20～30cm处挖宽40～50cm、深50～60cm的环状沟，把有机肥与土按1∶3的比例掺匀后填入。随树冠生长量扩大，环状沟逐年向外扩展。此法操作简便，但对水平根损伤较多（图9－31）。

（2）条沟状施肥。在树的行间或株间或隔行开沟施肥沟，沟宽同环状施肥的一样。此法适于成龄树及密植园。

图9－31　环状沟施肥

（3）放射沟施肥。以树干为中心，向外挖4～6条内浅外深的沟。沟内宽40～50cm，外宽60cm左右，把肥料与土混合后填入。隔年更换沟的位置。此法伤根少，但挖沟时要避开大根。

（4）穴状施肥。在有机肥不足的情况下可采用穴施的方法。在树冠周围，挖40cm×40cm的小坑，然后将土杂肥按3∶1的比例掺匀后填入，坑的位置每年轮换。

（5）全园施肥。此法适于成龄石榴园或密植园，此时石榴根系已布满全园。可将肥料均匀撒入园中，再翻入土中。此法因肥料施得浅，易导致根系上翻，降低根系对不良环境的抗性。最好与放射沟状施肥交替施用。

（6）叶面喷施。此法简单易行，省工省肥，肥效发挥作用快，分配均匀，但不能代替土壤施肥。

通过叶片喷施可以及时补充石榴树对树体所需要的大量营养。要选无风天气喷施；浓度不能随意加大，矿质元素浓度不应超过0.3%。夏季喷施的时间，最好在上午10时前和下午4时后，以免因水分蒸发快引起肥害。

5.2.5　石榴配方施肥

石榴需肥属于$K_2O>P_2O_5>N$类型，根据土壤养分测试结果进行合理的配方施肥是怀远石榴获得高产和提高品质的重要措施。石榴施肥分为秋冬季的基肥、花前肥、果实膨大肥和着色肥。基肥以腐熟的有机肥为主，加入少量氮肥或多元复合肥；追肥以速效氮肥为主，配以适量的磷、钾素和微量元素。根据目前成龄石榴园土壤养分测试结果，结合石榴需肥特性提出怀远石榴施肥配方：石榴休眠期基肥每株施成品高效有机肥7.5～10kg或农家肥40～50kg，配以25%多元复合肥0.5kg左右；花前肥追施尿素0.50kg左右；果实膨大期和着色期追施尿素0.25～0.5kg或磷酸二铵0.5～1.0kg。此外可叶面喷施0.1%～0.2%尿素或0.1%～0.3%磷酸二氢钾或0.05%～0.1%硼砂。

试验结果表明，石榴增施有机肥料对土壤尤其是麻石棕壤的理化性状有所改善，解决石榴的需肥与土壤供肥矛盾，可明显增加石榴正常花的比率、坐果率和石榴果的均衡膨大生长，单果重和百粒重明显提高，从而显著提高石榴产量。

合理的有机无机肥料配比组合，除具有增产效果外，也增强了植株对病虫害的抵抗能力，减少防治次数和药剂用量，省工节本，且降低了化学防治的污染，提高了石榴果实的品质。

5.3　水分调控技术

5.3.1　水分调节的重要性

石榴虽然耐旱，但是雨水不足时也要灌溉。有条件的地方可以冬灌，这样不仅能保持到春季时土壤的充足墒情，还有一定的防寒防冻效果。冬灌的时间不能太早，也不能过晚，一般在土壤表层夜冻昼化的时候为好，过早，水分大量下渗；过晚，水分集中在土壤表层易形成冰冻。在怀远石榴传统产区由于不具备灌溉条件，石榴一般不进行冬灌。

春末夏初是石榴营养生长和生殖生长同时进行时期，需要水分较多，如果干旱应该适当灌水。果实的生长多处在雨季，但由于降水时空分布不匀，严重的干旱会造成落叶，影响果实的生长，应及时灌溉。

石榴树怕水涝、怕水渍，不仅地表不能长期积水，地下水位长期处在深1m以内，根系的生长和生理活动就会受阻，造成黄叶、落叶、落花、落果，甚至死亡。因此，要及时排涝，降低地下水位。

5.3.2　灌水时期与方法

石榴树生长、开花、结果都离不开水的参与，但是要获得高的经济效益，必须根据其需水特点及土壤含水量进行灌水。

（1）灌水时间。为满足树体生长发育的需要，在生产中全年灌水主要有以下4个时期。

封冻水。采果后至土壤封冻前（10～12月），结合秋季深耕，施基肥后灌水，促使有机质分解转化，有利于树体营养积累，有利于冬春花芽的分化发育，有利于石榴树安全越冬。

萌芽水。在春季3月灌水，可增强枝条发芽势，促使萌芽整齐，对春梢生长、花蕾发育有促进作用。春灌时间宜早不宜迟。

花后水。盛花期过后，幼果开始发育，由于大量开花对树体水分和营养消耗很大，配合追肥进行灌水，可提高光合效率，促进幼果膨大和花芽分化。

采果后灌水。可促进石榴树的花芽分化，并为翌年丰产奠定良好的基础。

（2）灌水方法。石榴树灌水的方法有多种，应本着方便、省水、提高效率的原则，因地制宜，选用适宜的方法。

沟灌。在行间挖深25cm左右的浅沟，顺沟灌水，沟距树1.5m左右，灌后把沟填平。优点是全园土壤浸湿较匀，失水少，防止土壤板结。

穴灌。在树盘内挖8个左右直径30cm、深30cm的穴。然后把水灌满穴，水渗下后将土复原。此法节水，适于山区。

盘灌。以树干为中心，按照树冠修成圆形树盘，内低外高，将水引入树盘。此法省水。

环沟灌。在树冠垂直投影处修1条环状沟，将水引入。

滴灌。具有节水、省工等优点。但投资成本较大。

微喷灌。通过喷头，把水均匀喷到根际附近，形成细雨灌溉，可调节果园小气候。此法省水，但投资成本大。

5.3.3　灌水量

灌水量的掌握，以水能渗入土壤50～60cm的大量根系分布区为宜。灌水过多，则浪费用水，还会造成土壤养分的下渗流失；灌水过少，则不能满足石榴生长结果的需要。

5.3.4　排水

在雨季要注意排水防涝工作。在平原地区的石榴园要挖排水沟，及时排除积水。在低洼地可采用深沟高畦的办法建园，既可排水，又可降低地下水位。山地果园遇大暴雨，易冲垮梯田，要做好水土保持工作，做到能蓄能排。

6　花果管理

6.1　花的管理

石榴花期长，每年开花很多但正常花只占 10% 左右，退化花占 90%。退化花的形成多是由于花芽在分化过程中营养不足，导致雌蕊发育不全，从而不能受精结实。提高正常花的比例和正常花的坐果率，主要是通过综合管理措施来实现。

6.1.1　促进花芽形成的措施

在怀远，石榴开花自 5 月初至 7 月上旬结束，大约 2 个月时间，共有 3 次开花高峰期。第 1 次开花是在石榴树萌芽展叶后，花芽多着生在结果短枝上，此期开花所结果实，果大品质好。一般情况下，在秋季采果后每 666.7m² 施有机粪肥 1 500～2 500kg，同比情况下，可提高产量 20% 左右。

另外，在 5 月中下旬第 1 次开花盛期，石榴新芽萌发多且长得快，消耗养分多，因此要及时抹除新芽；由于此时大量蚜虫发生危害，还要做好防治工作。

6.1.2　花蕾期管理

此时期除抹芽治虫外，还要做好不完全花的疏蕾疏花工作。石榴的退化花极多，退化花从分化到发育长大，要消耗树体大量的有机养分，也影响正常花的发育及坐果后果实的正常生长，因此，要及时进行疏蕾疏花。若第 1 次坐果较多，还要及时进行疏果工作。

6.2　人工授粉

石榴自花授粉结实率只有 1% 左右，生产上需要配植授粉树或人工授粉才能满足经济栽培（图9-32），若没有配植授粉树或授粉期间遇到不良气候条件，则需要进行人工授粉。

图 9-32　蜜蜂授粉

6.2.1　花粉的采集

采花时要采花期略早于主栽品种、含苞待放的花，并根据授粉树的开花情况合理采集，开花多的树多采，开花少的树少采或不采。花采回后，剥开花瓣取出花药摊放在纸上，放在干燥的房间内，在 20～25℃ 下进行通风阴干。经 1～2d 后，花药就会裂开，散出花粉，用纸包好或用清洁的瓶子装好备用。

6.2.2　授粉

可用毛笔或将铅笔的橡皮头削成锥形作为授粉器。授粉在主栽品种盛花期进行。要选刚开放、柱头新鲜的完全花。晴朗的天气全天都可进行授粉。用授粉器在花粉上蘸一下，然后在柱头上轻轻一擦即可，注意不要擦伤柱头。每蘸1次花粉，可连续授3～5朵花。根据树龄、树势和管理水平来确定授粉花数，开花多而肥水条件差的树少授，反之则多授；内膛下部强枝和直立枝上的花多授，外围、上部弱枝和下垂枝先端枝上的花少授。

6.3　果实的管理

6.3.1　产量管理

石榴花期长，自然坐果也较多，由于果实生长时间长，若综合管理措施跟不上，往往造成产量低而不稳。为了提高果园产量，应采取如下措施：

（1）疏蕾、疏花和疏果。石榴的退化花极多，从分化到发育长大，要消耗树体大量的有机养分，影响正常花的发育和幼果的生长。因此，及时疏除退化花的花蕾与花朵，以及过多的正常花及幼果，可以减轻树体营养的无效消耗，集中养分供应幼果生长。

（2）抹芽与除萌。石榴树芽萌发力强，从春天到秋天，抹去石榴树上多余而密生的萌芽和萌枝，剪去树干下部多余的萌枝，是整个生长季节的修剪任务之一。抹芽与除萌，可以起到节约营养、改善树冠通风透光条件的作用。

（3）园地除草。石榴树生长季节，杂草生长也较旺盛，为了减少养分、水分竞争，起到保水、保肥作用，改善土壤通气状况，必须及时除草。除草可采用人工和化学方法进行。有条件的地方还可进行中耕、间作和覆草等管理。

（4）夏季追肥。石榴树较耐瘠薄，但高产果园需要保证肥料供应。除在秋季（采果后）多施有机肥外，还要重视夏季（6月下旬至7月下旬）幼果膨大期追肥，追肥以氮磷钾复合肥为主，根据树体大小，树势强弱确定施肥量。

（5）病虫害防治。石榴果实生长季节，做好病虫害防治工作是提高果园产量的关键。

（6）排涝与灌水。在怀远，6～7月降水量较多，此时期要注意果园低洼地排水，防止石榴树根颈部腐烂；正常年份石榴树不需灌水，若遇特殊干旱情况，要进行灌水，特别是在果实膨大期。

6.3.2　果实品质管理

控制产量是果实品质管理的重要内容。此外，还可采取果实套袋、摘叶转果、铺反光膜等措施（图9-33）。

a　　　　　　　　　　　　　　b

图9-33　果实套袋
a. 白纸袋　b. 塑膜袋

7　整形修剪

7.1　常用树形

怀远石榴的树形主要有单干形、双主枝形和多主枝开心形3种。

7.1.1　单干形

主干高50～70cm，3个主枝，方位夹角为120°，开张角度为50°～60°，每主枝上配置1～2个侧枝，主、侧枝上安排结果枝组（图9-34）。

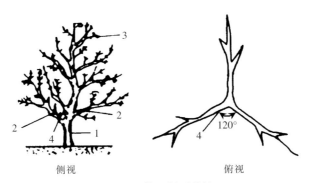

侧视　　　　　　　　俯视

图9-34　单干树形结构

1. 主干　2. 主枝　3. 结果枝组　4. 夹角

这种树形树冠矮小，骨干枝较小，结果枝较多，通风透光良好，管理容易，适于密植栽培。

7.1.2　双主枝形

双主枝V形石榴树，无直立主干，只有由萌蘖枝长成的斜生于地面的主枝。两主枝间夹角80°～100°，方位角为180°，枝展方向与树行平行或垂直，每主枝分别配备2～3个侧枝（图9-35）。

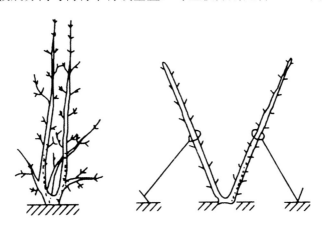

图9-35　双主枝树形整形示意

双主枝V形石榴树的树冠较矮小，骨干枝少，通风透光良好，适合于树篱式栽植和宽窄行栽植。若采用双株斜向定植，还具有成形快、易获得早期丰产的优点。

7.1.3　多主枝开心形

有3～5个斜生于地面的大主枝组成。每个主枝与地面夹角为40°～50°；每个主枝上分别配备3～4个侧枝。树高控制在3.5～4m（图9-36）。

这种多主枝开心形石榴树的树形优点是树冠较大，结果枝组数量多，单株产量高。缺点是成形较慢，管理不方便。

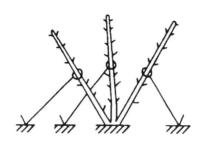

图 9 - 36　多主枝开心树形修剪示意

7.2　不同树龄石榴树的整形修剪

7.2.1　幼龄树的整形修剪

对尚未进入结果期的幼树，整形修剪的主要任务是树体结构的培养，使树冠迅速扩大，尽早进入结果期。石榴幼树营养生长旺盛，除骨干枝延长枝外，一般枝条不进行短截修剪。主枝选定后，对根际所生的萌蘖应在夏季抹芽时抹去，以省节树体营养。对于干扰树形的徒长枝和强旺枝，要采取适当的措施加以控制。有生长空间的，自下部分枝处短截，培养成为结果枝组；或改变其生长方向，使其呈水平或下垂状态生长，结果后再回缩，培养成为结果枝组；不能利用的枝条应疏除。

石榴枝条虽然较直立，但其木质较柔软，生长到一定的长度后，前端新枝极易弯曲下垂。进入结果期后，主枝角度自然开张。因此，幼树整形时主枝角度以 $30°\sim40°$ 为宜。

7.2.2　结果期树的修剪

（1）初果期树的修剪。进一步培养和完善主、侧枝。逐步配备各类结果枝组。对长势较强、二次枝较多的营养枝，缓放不剪，待成花结果再回缩，培养成为结果枝组。对长势弱、分枝较少的营养枝，先短截再缓放培养成为结果枝组。长势衰弱的多年生枝可进行轻度回缩复壮，及时疏除萌蘖枝。

（2）盛果期树的修剪。10 年生石榴树即可进入大量结果期，该时期树冠扩大缓慢，生长势逐渐缓和。修剪的主要任务是维护树势不衰，保持各类结果枝组的结果能力，延长盛果期年限。

盛果期树发枝量多，尤其是树冠外围，强旺枝过多会影响光照，引起下部及内膛枝组衰弱，应予适当疏除。及时进行结果枝组的复壮与更新。注意调整主枝角度，回缩衰弱侧枝。适当疏除细弱密生枝，以提高花芽分化质量。

（3）衰老树的修剪。石榴树进入衰老期后，树势逐渐衰弱，树冠外围所发的新梢变短，树冠内小枝大量枯死。由于枝条营养不良，退化花比例增大，且常结出假籽果，产量显著降低。

为延迟树体衰老，修剪上应采用"去弱枝、留强枝，去远枝、留近枝"的复壮措施（图 9 - 37）。

图 9 - 37　修　剪

对长势衰弱的骨干枝要及时回缩，对严重光秃的大枝，可利用石榴隐芽寿命较长的特性进行重度回缩，促发健旺新梢重新整形。骨干枝已干枯死亡的，利用根际所生萌蘖，培养新的树冠。

（4）放任树的改造。在生产实际中，常见到一些放任不剪的石榴树，表现为单干延伸过高，根际萌蘖丛生，或主干、大枝过多，树冠内枝条拥挤密闭，通风透光条件差，内膛枝条严重枯死，结果部位外移，正常花的数量很少，果实产量低，品质差。对于这类常年放任生长的树，可采取以下措施进行改造。

树形调整。根据放任树的主干、大枝生长情况，按照丰产树形要求，选好骨干枝，多余大枝全部逐年疏除。

疏枝。疏去所有的枯死枝、病虫枝和萌蘖枝。分次疏骨干枝背上的直立枝和下部的徒长枝。疏除部分细弱枝和密生枝。

结果枝组的培养。对骨干枝上所留的健壮枝，运用扭、拉、别、坠等措施，缓和其生长势，改造培养成为结果枝组。

衰弱枝的回缩。多年缓放不剪的树，骨干枝往往延生过长，常形成上强下弱的生长状态，这种情况下应将骨干枝适当回缩，更新复壮。

8 病虫害防治

8.1 防治方法

怀远石榴产地主要病害为石榴干腐病、早期落叶病和根结线虫病；主要虫害为日本龟蜡蚧、蚜虫、绵蚧（本地果农俗称"绒蚧"）、桃蛀螟、茎窗蛾等。目前，采取的防治方法是以预防为主的病虫害统防统治法，即综合运用农业、物理、生物以及化学方法进行病虫害防治。

8.1.1 农业措施

在怀远，果农采取的农业防治措施包括3个方面。

（1）合理修剪。通过合理修剪给果园营造一个良好的通风透光环境。定形可采取单干方法，在主干上合理留存主枝，尽量减少侧枝量；春、夏季及时抹芽，冬季修剪时对于主枝延长枝要适当回缩，以单株之间枝条不碰头、"打架"为宜。

（2）科学管理。首先是合理管水，做到排、灌分开，尤其是大雨后要及时清沟沥水降低园内湿度，预防病害侵染、流行。试验表明，及时清沟沥水的果园，其病害危害程度显著减轻。其次是科学施肥，在石榴园，提倡增施有机肥，做到氮、磷、钾肥合理搭配；果农自己积攒的农家肥必须经过充分的腐熟，一些粪便、垃圾堆沤至少要经历1个夏季，方可施用。

（3）及时清园。结合冬、夏季修剪，刮除越冬虫卵、病原组织，清扫落叶枯枝（图9-38）。

8.1.2 物理手段

应用频振式杀虫灯诱杀害虫（图9-39），一盏杀虫灯杀虫范围为3～4hm²。此外，还有人工剪除病虫枝，人工捕捉等措施。

图9-38 刮树皮　　　　　　　　　　图9-39 杀虫灯

8.1.3 生物方法

（1）诱杀防治。推广高压汞灯、性诱剂等诱杀成虫技术，在害虫未产卵之前杀死成虫可大大降低园内虫口密度。

（2）生物制剂。使用具有高效低毒的生物制剂防治病虫害。如使用5%多抗霉素可湿性粉剂300～500倍液防治干腐病等。

（3）利用有益生物。如保护利用瓢虫、草蛉、寄生蜂等害虫的天敌，达到控制害虫的目的。

8.1.4 化学防治

使用高效、低毒、低残留的化学农药防治病虫害，仍是生产上采取的主要防治措施，但要注意科学使用，保护环境和人、畜安全（图 9 - 40）。

图 9 - 40 化学防治

8.2 病害防治

8.2.1 田间病害防治

（1）早期落叶病。

病原。病原菌是叶角斑尾孢菌（*Cercospora punicae*），属半知菌亚门真菌。

危害症状。病症初起时，叶片上出现数量不等的小褐斑，病斑周围色淡黄（图 9 - 41）。以后病斑逐渐扩大，并干焦，最后脱落。据怀远县石榴研究所调查，病害严重的榴园病株达 100%，病叶率 49.95%～92.6%，病情指数 18.48%～25.39%。病害造成大量的叶片脱落，严重地影响了树体光合作用，从而造成了营养不良，花芽少，花芽分化不完全，落蕾、落花、落果严重。同时也造成果实的皮色青黑，个小，籽粒小，味淡，品质下降。

图 9 - 41 早期落叶病症状

侵染规律。在怀远，6 月上旬开始发现病斑，6 月中旬到 7 月中旬为发病高峰，7 月下旬到 8 月上旬受害叶片（春季萌发）脱落。到 8 月中下旬夏季萌发的病叶也开始脱落。早期落叶病的发生与蔓延与空气湿度、光照以及栽培管理措施有关。雨水多，湿度大，石榴园密闭，光照不足，水肥不足，虫害严重等都能助长病害的发生与蔓延。

防治方法。早期落叶病的防治首先要加强田间管理，增强树势，提高树体的抗病能力。合理的密度，科学的修剪，保证石榴园通风透光良好；及时清扫，烧毁落叶、落果都是有效的措施。在药剂防治上，可在发芽前喷施 5 波美度的石硫合剂，发芽后喷洒 1∶1∶180 倍波尔多液或 50％多菌灵可湿性粉剂 800 倍药液，防治 2～3 次，可以取得良好的防治效果。近年来，推广使用的 30％苯醚甲环唑·丙环唑防治效果达 90％以上。

（2）干腐病。

病原。全名为石榴果实干腐病菌（*Zythia versoniana* Sacc），系真菌，属半知菌亚门、鲜壳孢属。

危害症状。5 月上旬侵染花蕾，以后蔓延到花冠和果实，直至 1 年生新梢。在花期发病，花萼产生黑褐色凹陷小斑；幼果发病，在果表面产生豆粒大小浅褐色病斑，逐渐扩大为中间褐色、边缘浅褐色的凹陷病斑，再深入果内，直至果实腐烂；果实膨大期至成熟期发病最重，造成果实腐烂脱落或干缩成僵果悬挂在树上，到采收时也不会脱落，这种果实，怀远果农称为"胡咀子"（图 9 - 42）。干腐病会造成落蕾、落花、裂果、落果。

侵染规律。干腐病感染发病程度与石榴品种有关，青皮类品种表现高抗，其次为红皮品种，白皮类品种最不抗病。雨水多，湿度大，光照不良，石榴干腐病严重。

防治方法。对于干腐病的防治，当前还没有特效的方法。一般是加强水肥管理，增强树势。保持树体的通风透光良好，彻底地清理和烧毁落叶、落蕾、落花、落果是比较好的方法。在药剂防治上一般用 45％戊唑醇·丙环唑、30％苯醚甲环唑·丙环唑、石硫合剂、波尔多液、多菌灵等，及时防治桃蛀螟，减少果实伤口，可显著减少该病发生。

（3）煤污病（又称煤烟病）。

病原。病原菌（*Capnodium* sp.）为半知菌亚门真菌。

a　　　　　　　　　　　　　　　　　　b

c

图 9 - 42　干腐病症状

a. 果　b. 秆　c. 叶

危害症状。一般在叶片形成后就会染此病，主要危害叶片和果实。病树的枝干、叶片和果实上挂满一层煤烟状的黑灰，用手摸时有黏性。病树发芽稍晚，树势弱，正常花少，产量低，果实皮色青黑，品质下降。

侵染规律。其菌丝和子实体形成一层黑色煤尘状物，阻塞叶片上的气孔，妨碍光合作用的正常进行。此病发生时常伴有蚜虫、介壳虫和粉虱危害。病菌以菌丝体在病叶、病枝上越冬，翌年通过风雨及蚜虫、粉虱等传播并繁育。高温、通风不良、虫害严重的地方发病重。每年3～6月、9～11月为发病盛期，盛夏高温条件下病害停止蔓延。

防治方法。在防治上，一般用石硫合剂和波尔多液防治。但是防治的根本途径是消灭介壳虫和蚜虫。在7～8月，喷10％苯醚甲环唑3 000倍液、27％碱式硫酸铜悬浮剂或12％绿乳铜乳油600倍液，每10～15d喷1次，连喷2次，有较好效果。

（4）石榴果腐病。

病原。包括3种：褐腐病菌（*Monilia laxa*），占果腐数的29％；酵母菌（*Nematospora* sp.），占果腐数的55％；杂菌（主要是青霉和绿霉菌），占果腐数的16％。

危害症状。由褐腐菌造成的危害，多在石榴近成熟期发生。光在果皮上产生淡褐色水浸状斑，并迅速扩大，出现灰霉层，内部籽粒腐烂。病果常干缩成褐黑色悬挂于树上不脱落。

由酵母菌造成的危害也在果实近成熟期出现，贮运期进一步发生。病果初期外观无明显症状，仅局部果皮有淡红色，剥开后可见病部变红；籽粒随后开始腐烂，后期果内部充满红褐色带浓香味浆汁。病果常迅速脱落。

发病规律。以菌丝及分子孢子在僵果或枝干上越冬，翌年靠风雨传播。

防治方法。及时清除病果，合理修剪，注意排水。发病前及发病初期喷40％多菌灵600倍液2～3次；5月下旬至6月上旬施用25％优乐得可湿性粉剂，每666.7m² 每次40g，防治石榴绒蚧、康氏粉蚧等，可减少该病发生。

8.2.2　贮藏期病害防治

贮藏期石榴病害主要表现为烂果，烂果大部分是由真菌感染造成的。贮藏前，一些感染真菌的病果被带进贮藏室，在大量果堆放贮藏期间，室内湿度大，果实呼吸旺盛，部分带有机械损伤的果实首先腐烂变质，如不及时挑出，室内果实会被逐渐从萼筒处侵染病菌而进一步腐烂。

防治贮藏期间石榴烂果病可用保鲜剂和药剂，其方法是：对供贮果进行严格挑选，剔除病虫果和机械损伤果，用药液浸果10min，捞出晾干后用塑料袋单果或多果包装贮藏。药液可选30％苯醚甲环唑·丙环唑可湿性粉剂2 000倍液、50％多菌灵可湿性粉剂1 000倍液、45％戊唑醇·丙环唑2 000倍液、70％甲基硫菌灵可湿性粉剂1 000倍液等。

8.3　虫害防治

8.3.1　大蓑蛾（又称避债蛾、口袋虫、吊死鬼）

大蓑蛾属鳞翅目袋蛾科，是杂食性、暴食性害虫，不仅危害林木、水果，也吃某些农作物的茎叶。据统计危害植物有32科65种，是当前果林生产的危害极大的害虫。

（1）危害症状。在石榴上吃食叶片。

（2）形态特征。雄蛾深褐色，触角节齿状，前翅深褐色，外缘中央有几个长方形透明斑纹。胸部、背部有2条白色带纹。雌成虫白色蛆状，足与翅退化，唯胸部下面着生棕色丛毛，在袋中生活（图9-43）。卵淡黄色、椭圆形。幼虫雌雄基本相似，雄虫体小黄褐色，雌虫体大黑褐色。

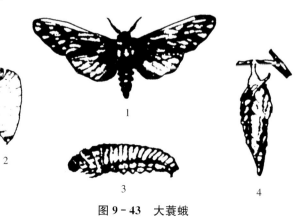

图9-43　大蓑蛾
1. 雄成虫　2. 雌幼虫　3. 雌成虫　4. 护囊

蛹深褐色。

（3）发生规律。在淮北，大蓑蛾1年发生1代。以老熟幼虫在袋囊中越冬，翌年5月下旬化蛹，6月上旬羽化，雌虫留在袋内，雄虫飞至雌虫的囊袋上，将后腹部插入袋内与雌虫交配。雌虫产卵于囊内。1只雌虫可产2 000～3 000粒卵。6月中旬、下旬孵化出幼虫，幼虫吐丝随风飘散，随后吐丝做袋，并携袋危害。到9月下旬至10月上旬吐丝封住袋口，并将袋的顶部固着在枝条上以待越冬。

（4）防治方法。可以利用冬季修剪，人工摘除越冬袋囊，彻底烧毁。在药剂防治上必须掌握防治的适期，即孵化后幼虫扩散期。在怀远一般在6月中下旬是防治的适期。常用的农药有90%敌百虫800～1 000倍液、80%敌敌畏乳油1 200倍液等。一般每隔5～7d防治1次。共防治2～3次。

8.3.2　黄刺蛾（又名洋辣子、刺毛虫、毛八角）

黄刺蛾属鳞翅目斑蛾总科刺蛾科。危害林木22种之多，水果类20余种，喜食枫杨、核桃、苹果、石榴等。

（1）危害症状。以幼虫食取叶片，将叶片吃成很多孔洞、缺刻或仅留叶柄、主脉。

（2）形态特征。雌成虫体长15～17mm，翅展30～39mm；雄成虫长13～15mm，翅展30～32mm。体橙黄色，头小，复眼球形，黑色；触角丝状，棕褐色。前翅黄褐色，后翅灰黄色。雌虫比雄虫稍大。卵扁椭圆形，一端略尖、淡黄色（图9-44）。

幼虫体粗肥，老熟幼虫体长19～25mm。头部黄褐色，隐藏在胸下。胸部黄绿色，体自第2节起，各节背线两侧有1对枝刺，枝刺上长有黑毛。体侧的中部有2条蓝色纵纹。胸足3对，短小，不明显；腹足退化。身体腹面为乳白色呈薄膜状。

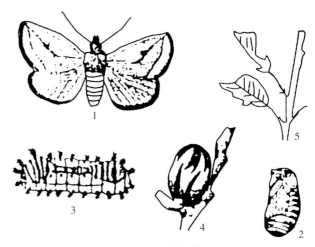

图9-44　黄刺蛾
1. 成虫　2. 蛹　3. 幼虫　4. 茧　5. 被害状

蛹椭圆形，粗肥，体长13～15mm，淡黄褐色。茧椭圆形，质坚硬，黑褐色，有灰白色纵条纹，极似雀卵。

（3）发生规律。在怀远黄刺蛾1年发生2代，第1代成虫发生期在5月下旬至6月底，卵孵化期在6月上旬。7月中旬至8月结茧。第2代成虫发生在7月下旬至8月，卵孵化期在8月。9月下旬至10月中旬结茧越冬。

成虫羽化多在傍晚，以17：00～22：00时为盛。成虫夜间活动，趋光性不强，白天伏叶背面。卵散产或数粒集中产在叶背面，每只雌蛾产卵50～70粒，卵多在白天孵化，成虫寿命4～7d。初孵幼虫先食卵壳，然后取食叶片的下表皮和叶肉，留下上表皮，形成圆形透明小斑点，隔1d，危害小斑点连接成块。4～6龄食量大增，可将叶片食成孔洞，或只留叶脉。

幼虫共分7龄，1龄1～2d，2～4龄各为2～3d，以后各龄天数逐渐增加至4～8d。幼虫枝刺的毛有毒，触之使人疼痛奇痒。

老熟幼虫在树枝上吐丝做茧，开始透明，可见幼虫活动情况，后则凝固成硬茧。初结的茧为灰白色，不久变棕褐色，并显露出白色纵纹。幼虫作茧后，在茧顶部咬一圆形伤痕，以便成虫羽化飞出，结茧位置多在枝杈处。

（4）防治方法。保护和利用天敌，天敌有上海青蜂、广扇小蜂、螳螂等；人工剪除冬虫茧，收集烧毁；2龄前幼虫期可用48%毒死蜱乳油1 000倍液喷杀。还可用1.8阿维菌素乳油、BT生物制剂等农药防治。

8.3.3　扁刺蛾

扁刺蛾与黄刺蛾同科。

（1）危害症状。幼虫取食叶片。

（2）形态特征。与黄刺蛾基本相似。成虫灰褐色。卵灰褐色，幼虫翠绿色，体较宽扁。茧近圆球形，较小黑褐色。卵多产于叶面。

（3）发生规律。一年发生2～3代。以老熟幼虫在枝条上结茧越冬。翌年4月中旬开始化蛹，5月中旬至6月上旬羽化；第1代幼虫发生期为5月下旬至7月中旬，第2代幼虫发生期为7月下旬至9月中旬，第3代幼虫发生期为9月上旬至10月。

（4）防治方法。结合冬剪人工剪除越冬虫茧并集中烧毁，2龄前幼虫期可用48％毒死蜱乳油1 000倍液或1.8％阿维菌素乳油1 000～1 500倍液喷雾防治。

8.3.4　龟蜡蚧

龟蜡蚧属同翅目蚧科（图9-45）。

（1）危害症状。以幼虫危害叶片，其分泌物质使石榴叶染煤污病，影响叶片光合作用，引起落花落果。

（2）形态特征。雄成虫体长0.91～1.28mm，翅展2.1～2.2mm，淡红至紫红色。雌成虫体卵圆形，紫红色，背部隆起，表面具龟甲状凹纹，后部呈半圆形，头、胸、腹分节不明显，足很细小，蜡壳平均长3.97mm，宽3.87mm，雄雌虫触角均丝状。卵椭圆形，纵长0.3mm，初产时橙黄色，近孵化时紫红色。

若虫初孵时体扁平，椭圆形，长0.5mm。触角丝状，复眼黑色，足细小，臀裂两侧各有1根刺毛。固定后1～2d背面开始出现2列白色蜡点；7～10d后，虫体背面全部被蜡，以后蜡壳增厚，雌雄形态分化。

雄蛹长1.15mm，宽0.52mm，梭形，棕褐色，腹末有明显的交尾器。

（3）发生规律。龟蜡蚧在怀远1年发生1代，以受精雌虫在枝条上越冬。5月底至6月初开始产卵，6月中旬为盛期，7月中旬结束；群体卵期30d。平均每雌产卵2 000余粒。

若虫6月上、中旬开始孵化，6月底至7月初为盛期，7月中旬

图9-45　龟蜡蚧

结束，25～30℃为孵化适宜气温，低于20℃停止孵化。初孵若虫爬行途中借风力传播，多固定在叶片正面，在叶脉处危害。生长发育过程中，大量排出蜜露，布满枝、叶，7～8月发生煤污病。7月末雌雄开始分化，比例在1∶3到1∶2。8月上旬，雄蛹出现。9月上旬雄成虫羽化达盛期。羽化后的雄成虫，当天即可交尾，交尾后死亡。雌虫7月底开始由叶片转移向枝条，以1～2年生枝条为多。转枝后的雌虫，固定后危害一段时间，以后就在枝条上越冬。

（4）防治方法。保护和利用红点唇瓢虫、长盾金小蜂等近20种天敌。萌芽前喷含油量10％的柴油乳剂或3～5波美度石硫合剂。于6月上旬至7月上旬在卵孵化期，可用48％毒死蜱乳油1 000倍液或1.8阿维菌素1 500倍液喷雾，均可达到较好防治效果。冬季可用人工刷除越冬雌虫。

8.3.5　咖啡木蠹蛾

咖啡木蠹蛾在怀远又称节虫、蛀虫，属鳞翅目木蠹科。

（1）危害症状。以幼虫蛀害枝条，在枝条的木质部与韧皮部之间蛀食1圈，之后沿髓部向上蛀食，枝上有排粪孔，受害枝上部变黄枯萎，遇风易折断。

（2）形态特征。雌成虫体长20～35mm，雄成虫体长17～30mm。体灰白色，前胸背面有6个蓝黑色斑点，前翅散生青蓝色斑点。雌虫触角丝状，雄虫触角基半部羽状，端半部丝状，触角黑色，上具白色短绒毛。复眼黑色，口器退化。卵椭圆形，杏黄色或淡黄色，孵化前为紫黑色。卵壳薄，卵成块紧密粘结于枯枝虫道内。

初孵化幼虫体长1.5～2mm，紫黑色；随着虫体生长，色泽变为暗红色。老熟幼虫体长30mm左右；头橘红色，头顶、上颚及单眼区域黑色；体淡赤黄色，前胸背板黑色，较硬，后缘有锯齿状小刺1排，中胸至腹部各节有成横排的黑褐色小颗粒状隆起。

蛹长圆筒形，褐色，长 30mm 左右，雌蛹大于雄蛹。

（3）发生规律。此虫在淮北 1 年发生 1 代。3 月中下旬越冬幼虫在被害枝条内取食，4 月中、下旬至 6 月中、下旬化蛹，5 月中旬开始羽化，7 月上旬羽化结束。5 月底 6 月上旬园内可见初孵化幼虫。幼虫孵化后，吐丝结网覆盖卵块，群集于丝幕下取食卵壳，2～3d 后扩散，成片状分布。幼虫自石榴嫩梢顶端几个腋芽处蛀入，虫道向上。蛀入后 1～2d，蛀孔以上叶柄凋萎、干枯，取食 4～5d 后幼虫钻出，向下移至新梢，由腋芽处蛀入，继续危害。6～7 月当幼虫向下部 2 年生枝条转移危害时，因气温升高，枝条枯死速度快，被害状异常明显。幼虫蛀入枝条后，在木质部与韧皮之间绕枝条蛀 1 周，遇大风时，易从此处折断。幼虫在 10 月下旬停止取食，在蛀道内吐丝缀合虫粪、木屑封闭虫道两端，静伏越冬。

（4）防治方法。及时剪除园内枯枝（至有虫部位）集中烧毁。初孵幼虫蛀入枝干危害前，喷洒 48％毒死蜱乳油 1 000 倍液，可达到较好杀虫效果；在幼虫初蛀入韧皮部期间用 40％乐果乳剂、柴油溶液（1∶9）可达到较好防治效果。用敌敌畏乳油、柴油液涂抹虫孔，杀虫率高达 95％以上。对于深蛀幼虫，可由虫孔注入敌敌畏等药液，并用黄泥封堵虫孔。

8.3.6　桃蛀螟

桃蛀螟又称桃蠹螟、桃蛀虫、桃实虫，怀远果农称为石榴钻心虫，属鳞翅目螟蛾科。

（1）危害症状。以幼虫蛀食石榴果实。幼虫通常从果顶、果与果、果与叶、果与枝接触处钻入果实。果实被害后，蛀孔处常有黑色粪便悬挂，果实内充满虫粪。1 个果实内可以有几条虫，幼虫有转果危害习性。

（2）形态特征。成虫是黄色而且有许多黑斑的小蛾子。体长 12mm 左右，翅展 26mm。触角丝状，长及前翅的一半。复眼发达，黑色，近圆球形。下须发达，向上弯曲似镰刀状。胸部、腹部、翅上有若干黑点。

卵椭圆形，初产时乳白色，以后渐变樱桃色。

老熟幼虫体长约 22mm，体色有淡灰褐及灰蓝等颜色。体背有紫红色彩，头暗褐色。前胸背板褐色，臀板灰褐色。3 龄以后第 5 节背面有灰褐色斑，下有 2 个暗褐色性腺者为雄性，否则为雌性。

蛹长 13mm 左右，宽 4mm 左右，褐色至深褐色。腹部末端有 6 根卷曲的刚毛。

（3）发生规律。桃蛀螟在淮北 1 年发生 3～4 代，有世代重叠现象。以老熟幼虫在玉米、高粱茎秆内、桃树皮下、向日葵遗株或石榴果实内越冬。翌年 4 月上旬越冬幼虫化蛹，5 月下旬结束；4 月下旬羽化成虫，5 月上旬开始产卵，5 月中旬第 1 代幼虫开始发生。幼虫历期长，世代重叠严重，尤以第 1、2 代重叠常见。

成虫多于夜间羽化，白天停伏叶背面，夜晚活动，趋光性不强，有取食花蜜的习惯。多在夜间产卵，卵散产，也有 2～5 粒连成一块的，卵多产在桃果表面、向日葵蜜腺盘上和石榴萼片的尖端。卵期天数随着气温的增高而减少，在 2～8d 范围内。

初孵化的幼虫作短距离爬行后，即蛀入果内危害，并从蛀孔排出粪便。

老熟幼虫在被害果内或树下吐丝结白色茧化蛹。

（4）防治方法。保护和利用天敌防治。将捡拾的落果、冬季刮下的树皮及时烧毁，园区附近玉米、高粱、向日葵的秸秆应在 5 月上旬前烧完。

在第 1、2 代卵期喷药效果好，用 48％毒死蜱乳油 1 000 倍液 20％氰戊菊酯 2 000 倍液等喷杀。

8.3.7　石榴绒蚧

石榴绒蚧又名紫薇绒蚧、榴绒粉蚧，属同翅目绒蚧科。

（1）危害症状。以成虫、若虫刺吸石榴嫩梢、叶、花、果的汁液，造成枝叶黄萎、果实表面出现斑点。同时，会诱导煤污病和干腐病的发生。

（2）形态特征。

成虫。雌成虫椭圆形，长约 1.8～2.2mm，紫红色，老熟后外被白色绒质介壳。雄成虫体长约 0.3mm，长形，紫红色。

卵。紫红色，长约 0.25mm。

若虫。椭圆形，长约0.4mm，初孵若虫淡黄褐色，后变成紫红色。虫体有刺突。

雄蛹。紫褐色，长卵圆形，长1.0mm左右，外包装状绒质白色茧。

（3）发生规律。在安徽1年发生3代，以若虫越冬。10月开始在枝杈翘皮下越冬，进入越冬状态。翌年3月中旬若虫膨大，4月上中旬雌雄分化，4月中进入蛹期，4月下旬雄虫羽化。寿命1～2d，最长3d，羽化后30min左右即行交尾。雌虫5月上旬开始产卵，5月中旬出现第1代若虫，5月底孵化结束，7月中第2代，8月下旬第3代若虫出壳。若虫出壳后活跃，很快选择适宜位置吸食寄生。

（4）防治方法。保护红点唇瓢虫、寄生小蜂等天敌，萌芽前用5波美度石硫合剂喷杀，各代若虫发生期喷0.9％阿维菌素乳油4 000倍液等防治。

8.3.8 蚜虫

蚜虫又名蜜虫、腻虫、雨旱（图9-46），属同翅目蚜虫科。

（1）危害症状。在全国石榴产区均有分布，危害石榴、桃、杏、棉花、花生等多种果、林、农作物、杂草。危害石榴的部位是当年生枝顶端嫩枝和幼叶及花蕾，致使枝叶卷曲，花器官萎缩，影响生长和坐果，是当年危害枝叶最早的虫害。

（2）形态特征。

无翅雌蚜。夏季大多黄绿色，春秋季大多深绿色、黑色或棕色，全体被有蜡粉。

图9-46 蚜 虫

有翅雌蚜。体黄色、浅绿色或深绿色，腹部两侧有3～4对黑斑。

（3）发生规律。一年发生20～30代。以卵在花椒、石榴、木槿枝条上越冬。翌年4月开污叶面，易招煤污病，影响生长和坐果。5月下旬迁至花生、棉花上继续繁殖危害；至10月上旬又迁回花椒、石榴等木本植物上，繁殖危害一个时期后产生性蚜，交尾产卵于枝条上越冬。蚜虫在石榴树上危害时间主要在4～5月及10月，6～9月主要危害农作物。

（4）防治方法。

保护和利用天敌。在蚜虫发生危害期间，瓢虫等天敌对蚜虫有一定的控制作用，施药防治要注意保护天敌。当瓢虫和蚜虫的比例为1∶100至1∶200或食蚜蝇与蚜虫的比例为1∶100至1∶150时可不施药，充分利用天敌的自然控制作用。

人工防治。在秋末冬初刮除翘裂树皮，清除园区枯枝落叶及杂草，消灭越冬场所。

药剂防治。每666.7m²用25％蚜螨清乳油50mL，或10％的蚜虱净60～70g，或20％的吡虫啉2 500倍液，或25％的抗蚜威3 000倍液喷雾防治。

9 采收、分级、包装、贮藏和运输

9.1 采 收

9.1.1 采收时间

石榴的成熟季节较长，一是由于品种不同，二是花期长，有头花果、二花果、末花果之分，所以成熟期不一致。果实的成熟度对品质影响很大。成熟的果实籽粒饱满，颜色纯正，含糖量高，皮光滑鲜艳。而未成熟的果实，籽粒瘦小，颜色浅淡，含糖量低，含酸量高，皮粗糙青黑。因此应适时、分期采摘，成熟一批采一批。有部分果农为了抢市场行情，提前采摘，严重地影响了石榴品质。

玉石籽、白花玉石籽在怀远最佳采摘时间为9月中旬，玛瑙籽、粉皮及部分薄皮品种最佳采摘时间为9月上旬，其他品种，如大笨子、二笨子等成熟采摘时间均在10月上、中旬。

9.1.2 采摘方法

采摘时最好用采果剪，一手轻握石榴，一手持剪，从果梗处剪下，但是果梗不可留长，一般平果实的基部剪，防止包装时果梗碰戳其他果实（图9-47）。剪下的果实要轻放，剔除病虫果、裂果，根据果实的大小分级包装。

图9-47 采 摘

9.2 分 级

待分级的果实必须充分成熟，达到本品种固有的品质。

9.2.1 感官要求

（1）1级果。单果重350～450g，果面光洁，果实无虫伤、病斑及机械损伤。

（2）2级果。单果重251～349g，果面较光洁，果实无虫伤、病斑，外伤小于1～2cm²。

（3）3级果。单果重250g以下，果面有少量果锈，果实无虫伤，病斑小于1cm²，外伤2～3cm²。

9.2.2 理化要求

（1）软籽石榴。百粒重≥56.7g，出汁率≥80%，含糖量达12.7%～14.8%，总酸≤0.8%，糖酸比32.2%～69.0%，抗坏血酸145～175mg/kg，核硬度≤3.67kg/cm²。

（2）普通石榴。百粒重≥45.5g，出汁率≥80%，含糖量达11.3%～14.2%，总酸≤1.0%，糖酸比34.4%～69.9%，抗坏血酸145～175mg/kg，核硬度>3.67kg/cm²。

9.3　包　装

为便于销售与搬运，用于流通的石榴必须进行合理的包装。在怀远，用于包装的材料多采用5～7层黄板纸箱。包装箱的规格主要有两种：一种其长、宽、高分别为40、28、25cm，另一种为30、25、20cm，其装果量分别为10、5kg。包装时，要将不同品种、不同级别的果实分别装入各个箱子中。装箱时，先在箱子底部铺1张略硬的纸板，将纸格放入箱子中拉开，然后将用白纸包好的果实萼筒侧向一边，依次装入。装满1层后，盖1张硬纸板，再放1层纸格，装第2层果。果实装满后，于顶层再盖1张硬纸板，最后封箱。装箱时，要求不漏装，果实均匀，果与果之间紧密。

产品包装标签应按规定标注产品名称、生产者名称、地址、生产日期、净重、保质期和产品标准编号。

9.4　贮　藏

怀远石榴成熟季节与北方晚熟苹果、梨等大宗水果基本一致，大量上市后，势必会造成一定的积压，如不及时进行贮藏保鲜，损失往往比较严重。石榴贮藏保鲜，一是可以缓解市场积压，延长市场供应时间，调节市场余缺。二是经过贮藏保鲜的石榴可以明显增值，提高种植效益。贮藏石榴的关键是掌握好温度和湿度。温度要控制在5～10℃，相对湿度控制在85%～90%。温度过高果实易腐烂，而低于0℃时籽粒会变昏暗，味道变差。湿度低果皮易皱缩，籽粒颜色变淡，味道酸涩；湿度大时则易染病霉烂。怀远石榴产区采取的简易贮藏方法有以下几种。

9.4.1　地窖贮藏法

地窖分室内、室外两种，怀远果农贮藏石榴果实的量不大，一般采用室内窖贮藏。

（1）室内窖贮藏。室内窖又称地下窖，东西向，宽1m，长2～2.5m，深1～1.5m。10月中旬，于石榴入库前用50%多菌灵可湿性粉剂500倍液对整个窖内进行消毒。用于贮藏的石榴一般为10月上、中旬采收，八成熟，无机械、病虫伤，入库前同样用50%多菌灵可湿性粉剂1 000倍液消毒。石榴入库后，除窖的一端留直径0.3～0.5m的出、入口作为进出搬运石榴和通风换气之用外，用木板将窖封顶。室内窖贮藏的优点是保温、保湿容易，缺点是湿度过大（>79%）、二氧化碳浓度偏高（>12%）、氧气含量不足（<2%）。因此石榴初入库时，尤其是温度偏高时，白天应将出入口打开，贮藏期间及时翻捡果实，并挑出霉变、腐烂果实。调查发现，10月下旬至11月，当室内气温>10℃时，室内窖贮藏的石榴损耗高达30%以上；而冬季气温偏低（室内3～5℃），该贮藏方式的好果率可达80%以上。

（2）室外窖贮藏。多为南北向，窖宽1m，长2～3m，深2m，窖顶为拱形，内衬作物秸秆，窖顶一端留通风换气孔，换气孔高于窖顶。室外窖贮藏的优、缺点与室内窖基本相同。当室外气温达—5～0℃时，该方式贮藏好果率为70%～75%，温度偏高或偏低，好果率只能保持在60%以下。

9.4.2　缸藏

用于贮藏石榴的缸为普通水缸。缸的口径50～80cm不等，深约80cm，多放置在室内冷凉处。石榴入缸前，于缸底铺厚度为5cm、含水量约为5%的细河沙，然后将精选的石榴果实均匀摆放在缸内，石榴的堆放高度以不高于缸口为宜。石榴上方摆放1层厚度2cm的柏树叶，尔后用湿布盖严。贮藏期间，10～15d检查1次。该法贮藏石榴至春节，好果率可达80%～85%。

9.4.3　室内沙藏

房间面积一般为15～20m²，石榴入库前，用50%多菌灵可湿性粉剂500倍液对房间进行彻底消毒。除保留一扇窗户可以自由开启外，其余的窗户用塑料薄膜封死，房间入口处悬挂厚棉被。于室内靠墙处堆放厚度10cm、含水量5%的细河沙。将精选的石榴果实用50%多菌灵1 000倍液浸泡，阴干后轻轻堆放在河沙上，堆放高度一般为不超过3个果实高为宜。果实上面摆放1层湿布，最后用塑料薄膜覆盖。室内沙藏的优点是场所容易选择、贮藏量大、温湿度容易控制，其缺点是翻捡果实不方便，耗工、耗时。调查发现，怀远果农采用该方式贮藏的石榴，占整个贮藏量的 70％以上，至春节前，好果率可保持在 70％～75％。

9.4.4 塑料袋小包装贮藏

包袋材料为厚 0.05～0.06mm、直径 50cm、深度 70cm 的无毒塑料袋。10 月下旬，将精选的石榴消毒后自然阴干，入袋，每袋装 7.5～10kg，不封口。在室内冷凉处铺盖厚度 8～10cm、含水量 5％的细河沙，将装有石榴的塑料袋单层摆放在河沙上。10～15d 检查 1 次，有腐烂果实要及时捡出，袋内果实上有水珠时，要将袋口撑开或在袋的上方剪 3～5 个口径为 1cm 的小孔。使用该方式贮藏石榴至春节前后，其好果率可维持在 80％～85％。

9.5 运 输

石榴经过包装后方可运输到销售点。运输工具应清洁、卫生。果品不得与有毒、有害、有腐蚀性、易挥发或有异味的物品混装运输。搬运时应轻拿轻放，严禁扔摔、撞击、挤压。长途运输中，运输箱要保持一定的温度和湿度，一般以温度 3～8℃、相对湿度 85％左右为宜。

9.6 加 工

9.6.1 石榴果酒的加工

石榴果酒有 2 种类型，即石榴露酒和发酵酒（图 9-48）。前者加工工艺简单，采用一定浓度的食用酒精浸泡石榴果粒而制成；后者是一种低度保健酒。发酵石榴酒的加工方法如下。

（1）工艺流程。石榴→挑选→清洗→榨汁→过滤→添加二氧化硫→成分调配→主发酵→后发酵→后处理→成品。

（2）操作要点。将石榴籽粒进行破碎，加到发酵罐中，加入果胶酶和二氧化硫，使其含量达到 50～70mg/kg，常温下醇解护色。将酵母溶化后加入到发酵罐中，搅拌启动发酵，发酵 12～16h 后进行汁渣分离，同时加入白糖，补加二氧化硫，保持 22～25℃进行主发酵。加入菌种后再补加白砂糖；取发酵液，测定酒精含量、总糖含量、总酸含量、总二氧化硫含量，待酒精和总糖含量不变时，主发酵结束。将主发酵后的石榴红酒陈酿后倒罐，去除酒泥，补加二氧化硫，使其游离态含量达到 30mg/kg 即可；倒罐后陈酿，微波杀菌，杀菌温度 40～45℃，杀菌后沉淀。用膜过滤去除菌类和沉淀，然后倒入洁净的不锈钢发酵罐中贮存，向罐内冲入氮气排除空气，即为成品石榴红酒。发酵罐中贮存，向罐内冲入氮气排除空气，即为成品石榴红酒。

图 9-48 加工产品

9.6.2 石榴澄清原汁的加工

石榴汁加工有 3 种产品类型，即石榴浑浊原汁、石榴澄清原汁和石榴浓缩汁。下面主要介绍石榴澄清原汁的加工方法。

（1）工艺流程。石榴果实选料→清洗→去皮→清洗→压榨→澄清→过滤→杀菌→灌装→密封→成品。

（2）操作要点。选择充分成熟、无腐烂、无病虫害的石榴进行清洗，然后传到剥皮－榨汁一体机内进行剥皮、分离、压榨等工序，石榴汁通过管道输送到过滤设备进行过滤。通过过滤机将果汁和部分果渣进行分离。按照果汁的总量，以 0.3g/100g 的柠檬酸和 0.02g/100g 维生素 C 的比例加入到果汁缓存罐中，充分搅拌进行护色处理。再按 0.08％的比例添加果胶酶，混匀反应 2h，酸解温度40℃±5℃，2h 后加入 1g/L 的皂土，混匀，1h 后再加入 0.6g/L 明胶（需在 70℃热水中溶解），待上层为澄清液时，用 120 目过滤器过滤凝聚的杂质，再用硅藻土过滤机过滤细小杂质，最后用脱脂牛奶对果汁进行二次澄清，牛奶的加入量为 0.1g/L，恒温罐（6～8℃）保存 48h，用纸板过滤机过滤即可得澄清果汁。对澄清果汁进行巴氏杀菌 15s，温度 85℃。杀菌后在 85℃±3℃条件下罐装，在真空环境下封盖，然后喷淋冷却至常温，装箱入库或出厂。

10　市场营销

10.1　营销现状

目前，我国石榴栽培面积约 12 万 hm^2，年产量约 120 万 t，占我国整个水果的比例很低，而优质品种比例更低。

怀远石榴以其籽大、皮薄、含糖量及可食率高而闻名全国。近年来，尽管怀远县委、县政府已把石榴产业作为一项农业支柱产业来抓，怀远石榴在品种改良、栽培管理、贮藏保鲜、产业化运作等诸多领域，仍存在不少问题。一是基地面积小，形成不了规模优势。随着人们生活水平的提高，对石榴等特色水果的消费需求不断增加。同时，深加工规模的不断扩大，也导致对石榴需求的逐年上升。怀远县石榴现有面积 1 700hm^2，年均产量 1 500 万 kg，分别占全国的 5.5% 和 7.5%，在生产规模上很难再被划归"四大产区"之行列。目前，四川、云南、山东、陕西等省的石榴广销于全国各地，而怀远县石榴由于产量有限，只局限于江、浙、沪一带销售，虽有品牌优势，但没能形成规模经济。二是品种混杂，优质石榴比例偏低。怀远县现有 20 余个石榴品种，是我国石榴品种资源最多的产区之一，但这些资源未得到有效的应用。经调查发现，怀远县玉石籽、玛瑙籽等优质石榴总栽培面积仅 200hm^2，年产量 150 万 kg，只占怀远县生产总量的 10%。三是对于品牌的开发保护不够，导致外地石榴冒充怀远石榴纷纷拥入当地或外地果品市场。据调查，每年 11 月底开始，部分商贩利用当地"玉石籽"短缺的机会大量从外地购进所谓的软籽石榴，冒充"玉石籽"，以每千克 16～20 元的销售价牟取利益。在合肥等众多华东大型城市果品批发市场上，许多商贩也利用市民认可"怀远石榴"的心理，低价购进外地劣质石榴（籽粒小、口味酸）冒充怀远石榴高价销售。种种现象表明，"怀远石榴"品牌正面临严峻的挑战。

10.2　销售时间

怀远石榴成熟时间以品种不同分别集中在 9 月下旬和 10 月上、中旬。玉石籽、粉皮等在 9 月中、下旬上市，玛瑙籽、青皮系列等品种则在 10 月上、中旬。因此，每年怀远石榴的销售时间主要集中在两段时间：一是 10 月上、中旬，恰逢国庆、中秋两个节日，这段时间的销售量占年销售量的 70%。二是春节期间，怀远石榴销售又会掀起一个高峰，经过几个月的贮藏，石榴果品质量好，价格相当于初上市时的 3～5 倍，春节期间的销售量约占年销售总量的 30%。

10.3　销售方式

怀远石榴销售主要有两种方式：一是果农提篮肩挑的零售。二是批量销售。

10.3.1　零售

传统的一种销售方式。果实精选后，果农为避免大的损失，会将残次果（不够级别的）、开花果（果实炸裂）、部分优质果以零售的方式自己拿到街上或就地在园内销售。一般每年零售份额占怀远石榴总销售量的 30%，即 450 万 kg 左右。

10.3.2　批量销售

怀远石榴批量销售主要依靠石榴专业批发市场。怀远石榴专业批发市场位居城关闹市区，占地面积 1 000m^2，设施齐全，可容纳商户 200～260 位，年交易量 1.5 万～2 万 t（含外地进入怀远石榴），其中怀远石榴销量 1 万 t 以上，占全区石榴生产总量的 70% 以上。其次是网上市场。开展怀远石榴及其深加工产品网上宣传和销售的网站主要有"怀远石榴"专业网站、怀远县人民政府网、怀远县农网、怀远县科技网、石榴科技专家大院网以及成果、乳泉、丽人、亚太等深加工企业网。三是石榴果品销售企业（或组织）。专业从事石榴销售的企业、协会有蚌埠市禾泉绿色农业发展有限公司、怀远荆涂石榴新技术开发有限公司、怀远县石榴新技术应用协会等 5 家，年经销石榴 500 万 kg 以上（包括当地深加工企业消化），占产区年生产总量的 1/3。

上述 3 个市场及销售方式年销售石榴约 1 100 万 kg，占产区生产总量的 70% 以上。

10.4　市场体系

10.4.1　石榴专业批发市场

石榴专业批发市场位于怀远城关东南方向淮海路，占地面积 1 万 m^2，可容纳商户 200～260 位，年交易量 1 500 万～2 000 万 kg。

10.4.2　因特网市场

开展怀远石榴及其深加工产品网上宣传和销售的网站主要有"怀远石榴"专业网站、怀远县人民政府网、怀远县农网、怀远县科技网、石榴科技专家大院网以及成果、乳泉、丽人、亚太等深加工企业网。近年电商发展较快。

10.4.3　其他市场

除专业化的石榴交易市场外，在怀远城关周边的 307 省道、206 国道、界阜蚌高速等的路口和入口处以及淮河、涡河等河流的码头均设有流动的石榴果实销售摊点，虽然不是很规范，但在石榴销售旺季却可起着分流的作用，减轻了专业批发市场的交易压力。

10.4.4　经纪人队伍

在怀远，专业从事石榴果品及苗木中介服务的组织有 10 余个，石榴营销大户 140 余家，运输大户 30 余家，从业人员 3 000 余名；从事石榴酒及其他深加工产品中介服务的组织 8 个，营销网点 30 个，从业人员 500 余名。通过中介服务，怀远每年对外销售石榴果品约 1.2 万 kg，石榴苗木 10 万株，系列石榴深加工产品 1.5 万 t，分别占全县生产量的 80%、90% 和 85%。

10.4.5　石榴果品销售企业（或组织）

在怀远，专业从事石榴销售的企业、协会有蚌埠市禾泉绿色农业发展有限公司、怀远荆涂石榴新技术开发有限公司、怀远县石榴新技术应用协会等 5 家，注册"涂山白花玉石籽""涂山粉皮玛瑙籽""乳泉玉石籽"等石榴果品商标 16 个。

10.5　市　　场

10.5.1　石榴果品市场

怀远石榴主要销往江苏、浙江、上海、福建、河南、山东等省（直辖市），省内销往合肥、淮南、阜阳、蚌埠、宿州、滁州等地市。怀远石榴在省内、外市场的平均占有份额分别约为 75% 和 15%。

10.5.2　深加工产品市场

以石榴干白、干红为代表的石榴酒目前主要销往上海、南京、杭州、宁波、厦门等东南沿海城市以及安徽省的蚌埠、合肥、滁州、阜阳等地市。

附表 9-1　怀远石榴丰产园综合管理工作历

时间	作业内容
10 月中旬至 11 月下旬	①清扫落叶、杂草等。②株施农家肥 20～50kg，掺磷肥 3～5kg。③全园土壤翻深 20cm。扩大鱼鳞坑掏沙换土。④浇越冬水。
12 月上旬至翌年 2 月下旬	①整形修剪，疏除病虫害枝、过密大枝，更新调整结果枝组。剪下的 1～2 年生健壮枝收集埋藏做插条用。②树干涂白，树冠喷 5％～10％石灰乳或高脂膜预防冻害。
3 月上旬至下旬	①全树喷 3～5 波美度的石硫合剂，预防干腐病及虫害。②剪取 1 年生健壮枝做高接换头的良种接穗。③栽植新园，补植园内缺株。
4 月上旬至 5 月上旬	①低产劣质树高接换头，检查成活率及补接。②夏剪抹荒芽，除萌蘖，拉枝变向；旺枝、旺树环切、环剥。
5 月中旬至 6 月中旬	①继续夏剪，抹荒芽、除萌蘖，嫩枝摘心。②保花保果，叶面喷施氮、磷、钾、硼等叶面肥，一般使用尿素、磷酸二氢钾、硼酸等。③防治病虫害，病害药剂为多菌灵、苯醚甲环唑等，虫害药剂为蚜虱净、啶虫脒等（主防蚜虫）。
6 月下旬至 7 月上旬	①套袋保果。②防治病虫害，使用波尔多液、安泰生、世高防治病害，使用杀灭菊酯、阿维菌素防治虫害。③追花后膨果肥，株追施尿素 1～2kg，磷酸二铵 1.5kg，叶面喷尿素、磷酸二氢钾等
7 月中旬至 8 月中旬	①防治病虫害，药剂同上。每 10～15d 1 次。②叶面喷施 0.3％磷酸二氢钾等。③管理行间越夏间作物，松土除草和适时浇水。若结果多，适当再追 1 次复合肥，每 666.7m² 用 40～50kg。
8 月下旬至 9 月上旬	①继续加强病虫害防治工作，药剂为高效低毒，采果前禁止使用具残留农药。②叶面喷施 0.3％磷酸二氢钾等叶面肥，有条件时，树冠下地面铺反光膜。
9 月中旬至 10 月上旬	①分期分批采果上市销售。②贮藏果初选，防腐灭菌处理，分级包装，入库管理

附表 9-2　怀远石榴主要病虫害综合防治工作历

时间	防治对象	作业内容
11 月中旬至翌年 3 月下旬	龟蜡蚧、木蠹蛾、茎窗蛾、干腐病、落叶病、冻害	①清扫落叶杂草，剪除病枝虫枝、摘虫茧、拾病果，集中烧毁或深埋。②主干涂白。③萌芽前全树喷 3～5 波美度的石硫合剂。
4 月上旬至 5 月上旬	茶翅蝽、蚜虫、茎窗蛾等	使用啶虫脒、蚜虱净防治蚜虫等。
5 月中旬至 6 月上旬	桃小食心虫、茎窗蛾、茶翅蝽、干腐病等	①5 月中旬、下旬喷蚜虱净等。②防治病虫害使用多菌灵、苯醚甲环唑、阿维菌素等。③剪、拾虫梢并烧毁或深埋。
6 月中旬至 7 月上旬	龟蜡蚧、干腐病、落叶病等	①6 月中旬喷施多菌灵＋阿维菌素；6 月底至 7 月初喷施速杀蚧＋苯醚甲环唑。②剪除木蠹蛾、茎窗蛾危害的虫梢，烧毁。
7 月中旬至 8 月上旬	刺蛾、龟蜡蚧、绒蚧、干腐病和落叶病等	①7 月中旬喷施甲基硫菌灵＋毒死蜱乳油。②7 月底至 8 月初喷施波尔多液＋桃小灵。10～15d 交替喷 1 次。
8 月中旬至 9 月上旬	刺蛾、干腐病和落叶病等	①8 月中旬喷施苯醚甲环唑＋溴氰菊酯。②8 月底至 9 月初喷施代森锰锌＋杀灭菊酯。
9 月中旬至 10 月上旬	干腐病、落叶病和茎窗蛾、刺蛾、巾夜蛾等	①喷施多菌灵＋阿维菌素。②贮藏果用多菌灵浸果，并对贮藏场所进行消毒、灭菌等，待果实晾干水分后装箱（袋）入库，贮藏待售。

（续）

时间	防治对象	作业内容
10月中旬至11月上旬	干腐病和落叶病等	①摘、拾树上、地下虫果、病果，清扫堆果场地及园内秸秆、杂草，集中深埋或烧毁。②剪除有虫枝梢，烧毁。

参考文献

曹尚银，侯乐峰，2013. 中国果树志·石榴卷［M］. 北京：中国林业出版社.

冯玉增，马永亮，2011. 石榴丰产栽培实用技术［M］. 北京：中国林业出版社.

侯乐峰，等，2007. 石榴优良品种及无公害栽培技术［M］. 北京：中国农业出版社.

王家福，等，2005. 石榴盆景制作技艺［M］. 北京：中国林业出版社.

许明宪，2003. 石榴无公害高效栽培［M］. 北京：金盾出版社.

第 10 篇

太 和 樱 桃

1　概　　要

1.1　栽培历史

樱桃属蔷薇科樱亚科樱桃属（Cerasus）果树。我国栽培的樱桃分中国樱桃和欧洲樱桃两个种类。太和县是中国樱桃的传统产区，栽培历史悠久。考古工作者曾在商代和战国时期的古墓中发掘出樱桃的种子。3 000 年前的《礼记》中已有"仲夏之日以会桃先荐寝庙"的记载。这里所指"会桃"即樱桃。历史上樱桃曾被列为向朝廷进献的"贡果"。中国樱桃著名品种有江苏南京的垂丝樱桃，浙江诸暨的短柄樱桃，山东泰安的泰山樱桃，安徽太和的太和樱桃。其中尤以安徽的太和樱桃最著名。据《颍州志》记载：樱桃以"沿沙河两岸二里*许最佳，往时有桃脯贡，阜阳、太和六年轮贡一次，称上品。"沙河两岸土地肥沃，气候适宜，盛产樱桃，由此被称为"樱桃之乡"。封建时期的统治者都视阜阳樱桃为珍品。在旧时，人们还常拿樱桃比喻女子的口唇。唐孟柴《本事诗》"事感二"载："白居易姬人樊素善歌，妓人小蛮善舞，尝为诗曰：'樱桃樊素口，杨柳小蛮腰。'"民间形容女子面目姣好。也有民谚"柳叶眉、杏核眼，樱桃小嘴一点点"。给太和的樱桃带来了一丝历史文化气息。同时樱桃因粒粒似是桃形状，颗颗颜如珠玑红，又有"朱樱""樱珠"的别名。喜爱樱桃的著名诗人宋代的梅尧臣有一首《朱樱》诗："明珠摘木末，红露贮金盘。始见待臣赐，已为黄雀残。味兼羊酪美，食厌楚梅酸。苑圃东周盛，累累映叶丹。"

还有如北宋文学家欧阳修在《再至汝阴》一诗中曾有"黄栗留鸣桑葚美，紫樱桃熟麦风凉"之句。由此可见，在北宋时期太和一带的樱桃栽培已很引人注目。太和樱桃色艳、味美、营养丰富，成熟期早，素有"春果第一枝"的美誉。当时每到谷雨至立夏时节，以沙河古渡口为中心，游人如织，车水马龙，人们一边踏青游玩，一边品尝樱桃，十分畅快。直至今日，太和县仍保留这一民俗。但由于种种原因，目前农民只在房屋四旁零星栽植，自给自足。加之太和樱桃对土壤条件要求较严，适生区仅限于沿沙河的沙土、两合土地块，且开花早，产量低而不稳。面积不断缩小，有些品种现在已很难见到。

1.2　栽培现状

目前太和樱桃集中产区主要分布在太和县城西郊颍河（又名沙河）沿岸，尤以李营、王营、西徐庄、东贾、西贾及周花园等地为多，面积 25hm² 左右，四旁零星栽植 1 000 多株，年产量约 1 万 kg。

1.3　太和县自然环境条件

1.3.1　行政区划
太和县位于淮北平原的腹地，隶属于安徽省阜阳市，面积 1 822km²，辖 26 个镇、5 个乡，人口162.7 万。

1.3.2　地理位置
太和县位于安徽省西北部，地理坐标东经 115°25′～115°55′，北纬 33°04′～33°35′。东临涡阳、利辛，南依阜阳，西接界首，北与亳州为邻，西北与河南郸城接壤。县境南北长 52km、东西宽60km，面积 1 822km²。

---

　　*　里为非法定计量单位，1 里＝500m。

1.3.3　自然条件

太和属温带半湿润季风气候区，气候温暖，四季分明，雨量丰沛，光热充足，水热同季，湿度较大，光、热、水、气候等资源丰富。年均降水量 850mm，年均气温 14.9℃，年日照时数 2 260～2 507.6h（表 10-1）。地域性小气候突出，春夏期间多云、多雾、多雨，无霜期 200～220d。

表 10-1　太和樱桃产区与中国樱桃适宜栽培区气象因素对比

地区	年均降水量（mm）	年日照（h）	年均气温（℃）	开花期低温（℃）
太和樱桃产区	1 000 左右	2 380	15.5	−0.5～2
中国樱桃适宜栽培区	600～1 400	1 800～2 800	12～18	−2～5

太和县境内河流众多，其中淮河最大支流沙颍河流经该县 40km，为太和境内最大的天然河。黑茨河原是颍河的支流，于阜阳县茨河铺注入颍河，流经太和境内 70km。太和县地形地貌复杂，成土母质及立地条件各异，土壤分布类型相对较多，以砂礓黑土、潮土两大类为主，境内土地开发利用年深日久，自然植被被人为植被取代，尤其近代黄泛不均匀冲积对古老土壤形成不同程度的覆盖，境内已无地带性土壤分布的遗迹，仅呈地域性土壤分布。还分布有黄棕壤性土、沙壤等土壤类型，通透性好，养分含量中等，保肥性较好，呈弱碱性，适宜发展樱桃、山核桃、油桐、木本药材等经济作物。

1.4　生 物 物 种

1.4.1　植物资源

（1）谷类。小麦、大麦、荞麦、黄豆、绿豆、蚕豆、小豆、豇豆、扁豆、玉米、高粱、稻、粟、芝麻、油菜、甘薯。

（2）蔬菜。韭菜、葱、洋葱、葱蒜、蒜、芥菜、蔓菁、芫荽、萝卜、胡萝卜、白菜、乌白菜、菠菜、苋菜、山药、金针菜、秦椒、芹菜、花椰菜、莴苣、豆角、黄瓜、菜瓜、酥瓜、南瓜、冬瓜、丝瓜、金丝瓜（搅瓜）、葫芦、瓠子、茄子、番茄、荆芥、茴香、椿芽（著名特产）。

（3）瓜果类。樱桃、桃、杏、银杏、李、梨、柿、枣、石榴、葡萄、苹果、核桃、藕、菱、芡、甘蔗、花生、西瓜、甜瓜等。

（4）竹木类。竹、松、柏、槐、刺槐、楸、榆、桑、椿、杨、梧桐、泡桐、柳、楝、楮、黄杨、棠棣。

（5）棉麻类。棉、苎麻、红麻、黄麻。

（6）药类。薄荷（重要经济作物，薄荷油大量出口）、地黄、紫苏、香附子、车前子、益母草、半夏、杏仁、皂角、茴香、花椒、地骨皮、青葙子、蓖麻子、金银花、茵陈、薏苡仁、栝楼、荆芥、菖蒲、蛇床子、地肤子、桃仁、桑白皮、木瓜、扁竹、板蓝根、白芍、艾草、桔梗。

（7）花卉类。牡丹、芍药、海棠、桂花、梅、大丽菊、木香、丁香、玫瑰、玉兰、菊、芙蓉、鸡冠花、凤仙花、碧桃、夹竹桃、迎春、美人蕉、芭蕉、仙人掌、木兰、兰。

（8）野菜类。荠菜、野苋菜、狗尾草、豆瓣棵、驴尾蒿、羊蹄棵、野蒜、水菠菜、马齿苋、葎草（幼苗可食）、灯笼棵。

1.4.2　动物资源

（1）禽类。鸡、鹅、鸭、鸽、鹌鹑、鸳鸯、鹊、鸦、鹰、雁、莺、燕、鸠、雀、布谷、子规、八哥、画眉、百灵、野鸭、猫头鹰、啄木鸟等。

（2）兽类。牛、马、骡、驴、羊、猪、狗、兔、猫、貂、野兔、黄鼠狼、鼠。

（3）鱼类。鲤、鲫、鲢、鳝、鲇、鳅、鳜、鰕、蟹、蚌、鳖、龟、蛙、螺。

（4）虫类。蜂、蚕、蝎、蛇、蝉、青蛙、蟾蜍、蚯蚓、土鳖虫、蝴蝶、蜻蜓、蜘蛛。

1.5　太和樱桃的食用价值

太和樱桃含糖、枸橼酸、酒石酸、胡萝卜素、维生素 C、铁、钙、磷等成分。味甘、酸，性微温。（图 10 - 1）。

樱桃中铁的含量较高，每 100g 樱桃中含铁量多达 59mg，维生素 A 含量比葡萄、苹果、橘子多 4～5 倍。胡萝卜素含量比葡萄、苹果、橘子多 4～5 倍。此外，樱桃中还含有维生素 C 及钙、磷等矿物元素。每 100g 樱桃中含蛋白质 1.4g、脂肪 0.3g、糖 8g、碳水化合物 14.4g、钙 18mg、磷 18mg、铁 5.9mg、钾 258mg、钠 0.7mg、镁 10.6mg、胡萝卜素 0.15mg、抗坏血酸 900mg。

图 10 - 1　太和樱桃的丰产状

2　品种资源

太和樱桃现存 9 个品种，分早熟、中熟、晚熟 3 类。早熟品种有糙樱桃、米尔红（俗名小米樱桃），成熟期在 4 月中旬、下旬；中熟品种有大鹰嘴、二鹰嘴、黄金樱桃，成熟期在 4 月下旬和 5 月上旬；晚熟品种有金红桃、大白桃、银红桃、六月桃，成熟期在 5 月下旬和 6 月上旬。

2.1　大樱紫甘桃（又名大鹰嘴）

大樱紫甘桃果个较大，是太和樱桃的主要栽培品种。其色泽紫红，果实为心脏形，先端有尖嘴故得名，单果重 1.7g，果肉淡黄，肉厚汁多，味道甜香，果汁含可溶性固形物 22.2%（图 10‐2）。此果于 4 月底成熟，是优良鲜食品种。

图 10‐2　大樱紫甘桃

2.2　二樱红仙桃（又名二鹰嘴）

二樱红仙桃是太和樱桃中的优良品种。此品种色泽鲜红，形似心脏，单果重 1.2g，于 4 月底成熟，肉厚色黄白，汁液较多，味道甜酸，可溶性固形物含量为 21%（图 10‐3）。二鹰嘴与大鹰嘴果形相近，但果个略小。

图 10‐3　二樱红仙桃

2.3　金　红　桃

金红桃是太和樱桃中的优良品种。具有适应性强、产量高、色泽鲜艳、汁液较少、含糖量高的特点，宜于加工干果（图10-4）。5月初成熟，成熟时鲜红至紫红色，果柄与果实自然脱离，品质极佳。

此外，还有银红桃（图10-5）、杏黄桃、黄金桃、米尔红和白樱桃等。白樱桃、杏黄樱桃成熟期略晚于大鹰嘴、二鹰嘴，果顶平或凹，品质略次。目前白樱桃、杏黄樱桃在市场上已很难觅见。

太和樱桃由于对土壤、气候要求较严，规模难以扩大，产量低而不稳。加之地处城关椿樱社区、距县城很近，农民多外出务工，对樱桃管理粗放，病虫危害严重，加上保护利用不力，致使一些品种如白樱桃、杏黄樱桃已很难找到。太和樱桃整体濒危灭绝。

图10-4　金红桃

图10-5　银红桃

3　生物学特性

3.1　生长特性

太和樱桃树体的每一个器官都有自己独特的生长发育特性和形态结构。

3.1.1　芽

(1) 芽的类型。樱桃的芽分为叶芽和花芽（图 10-6、图 10-7）。顶芽都是叶芽，侧芽有的是叶芽，有的是花芽，因树龄和枝条的生长势不同而异。幼树或旺树上的侧芽多为叶芽，成龄树和生长中庸或偏弱枝上的侧芽多为花芽。一般中长果枝下部 5～10 个侧芽多为花芽，上部侧芽多为叶芽。花芽肥圆，呈尖卵圆形；叶芽瘦长，呈尖圆锥形。花芽是纯花芽，每花芽开 1～5 朵花，多数为 2～3 朵。樱桃与桃、杏、李等不同，它的侧芽都是单芽。短截修剪时，剪口必须留在叶芽上方。剪口若留在花芽上方，果实发育及品质较差，结果后易形成干桩。

图 10-6　叶芽

图 10-7　花芽

樱桃萌芽力较强。各种樱桃的成枝力不同，中国樱桃和酸樱桃成枝力较强，太和樱桃成枝力较弱（图 10-8）。太和樱桃剪口下一般抽生 3～5 个中长发育枝，其余为短枝或叶丛枝，基部极少数芽不萌发而变成潜伏芽。太和樱桃萌芽力和成枝力在不同品种和不同年龄时期也有差异，那翁、雷尼、滨库等品种萌芽力较强，但成枝力较弱。幼龄期萌芽力和成枝力较强，进入结果期后逐渐减弱；盛果期后的老树，往往抽不出中长发育枝。太和樱桃新梢于 10～15cm 摘心，可抽生 1～2 个中短枝及较多的叶丛枝。在营养条件较好时，叶丛枝当年可以形成花芽。可以通过夏季摘心控制树冠，调整枝类组成，培养结果枝组。

图 10-8　枝

樱桃潜伏芽的寿命较长。中国樱桃 70～80 年生的大树，当主干或大枝受损或受到刺激时，潜伏芽可萌发形成新枝条。太和樱桃 20～30 年生的大树，主枝也易更新。

（2）花芽分化。太和樱桃花芽分化的特点：一是分化时间早，二是分化时期集中，三是分化速度快。一般在果实采收后 10d 左右，花芽大量分化，整个分化期需 40～50d。分化时期的早晚，与果枝类型、树龄、品种等有关。花束状枝和短果枝比长果枝早，成龄树比幼树早，早熟品种比晚熟品种早。据此特点，要求采后及时施肥浇水，增强根系活力，促进叶光合功能，为花芽分化提供物质保证。忽视采后管理，会减少花芽的数量，降低花芽的质量，增加雌蕊败育花的比例。

3.1.2　枝

（1）营养枝和结果枝。樱桃的枝条分为营养枝和结果枝 2 类。营养枝着生大量的叶芽，没有花芽。结果枝着生叶芽，但主要是着生花芽。不同年龄时期，营养枝和结果枝的比例不同。幼树营养枝占优势；进入盛果期后，营养生长减弱，开花结果多，生长量减少，生长势减弱，往往有叶芽、花芽并存现象。结果枝按长短和特点分为混合枝、长果枝、中果枝、短果枝和花束状果枝 5 类。

混合枝。长 20cm 以上，仅枝条基部的 3～5 个侧芽为花芽，其他为叶芽，具有开花结果和扩大树冠的双重功能。但花芽质量一般较差，坐果率低，果实成熟晚，品质差。

长果枝。一般长 15～20cm，除顶芽及邻近几个侧芽为叶芽外，其余均为花芽。结果后中下部光秃，只有上部叶芽继续抽生果枝。长果枝在初果幼树上比例较大；盛果期以后，长果枝的比例减少但坐果率较高。雷尼、那翁、滨库等品种的长果枝比例较低。

中果枝。长 5～15cm，顶芽为叶芽，侧芽均为花芽。中果枝一般着生在 2 年生枝的中上部，数量较少，不是太和樱桃的主要结果枝类。

短果枝。长 5cm 左右，顶芽为叶芽，侧芽均为花芽。短果枝一般着生在 2 年生枝的中下部，数量较多，花芽质量高，坐果能力强，果实品质好，是太和樱桃结果的重要枝类。

花束状果枝。很短，年生长量很少，不足 1cm，顶芽为叶芽，侧芽均为花芽。节间极短，花芽密集簇生，是太和樱桃盛果期最主要的结果枝类，花芽质量好，坐果率高。花束状果枝一般可连续结果 7～10 年。在管理水平较高、树体发育较好的情况下，连续结果年限可维持 20 年以上。但管理不当、上强下弱或枝条密集、通风透光不良时，内膛及树冠下部的花束状果枝容易枯死，致使结果部位外移。

（2）新梢生长特点。樱桃新梢生长期较短。太和樱桃芽萌发后即有一短促的生长期，展开 6～7 片叶、抽生 6～8cm 长的叶簇新梢。花期新梢生长缓慢，甚至停长，谢花后，与果实第 1 次膨大同时进入速长期；果实进入硬核期，新梢生长缓慢，或停顿不长；采收后，新梢有 10d 左右的速长期，以后停止生长。幼树新梢的生长较为旺盛，第 1 次生长期时间较长，进入雨季还有第 2 次甚至第 3 次生长。

3.1.3　叶

樱桃叶片为卵圆形、倒卵形或椭圆形。先端渐尖，基部有腺体 1～3 个。叶缘锯齿多数较为尖锐，幼叶橘黄色至橘红色，随着叶片伸展长大，颜色逐渐变绿（图 10 - 9）。

3.1.4　花

太和樱桃的花为总状花序，每个花芽中有 1～10 朵花，多数是 2～5 朵，花未开时呈红色或浅红色，盛开后为白色，花瓣 5 枚，雄蕊 20～30 枚，雌蕊 1 枚（图 10 - 10、图 10 - 11）。

图 10 - 9　幼　叶

3.1.5　果实

樱桃果实由外果皮、中果皮（果肉）、内果皮（果核）和胚组成，胚珠发育成种子，子房内壁发育成果核，子房外壁发育成外果皮；子房内外壁之间的部分发育成果肉（图 10 - 12）。成熟果实新鲜、艳丽，风味独特（图 10 - 13）。太和樱桃果实具有如下特点：一是果实成熟期早，号称"百果之先"。二是大部分果核内无种仁或种仁干瘪。三是果肉含糖量高，可溶性固形物含量可达 24%。四是果肉离核，便于加工。

图 10-10　花　蕾

图 10-11　花

图 10-12　幼果发育

图 10-13　成熟果实

3.1.6　根

櫻桃的根系因种类、繁殖方式、土壤类型的不同而有差异。太和櫻桃嫁接苗的根系因砧木种类和繁殖方式不同而不同。扦插、分株和压条 3 种无性繁殖苗木的根系由茎上产生的不定根发育而成，没有主根，都是侧生根。其根量比实生苗大，分布范围广，且有两层以上根系，这与其他果树不同。以中国櫻桃为砧木时，须根发达，但根系分布浅，固地性差，不抗风，易倒伏。中国櫻桃的根系一般集中分布在 5～35cm 土层内，以 20～35cm 土层中分布最多。分株繁殖的酸樱桃根系一般在 20～50cm 土层内。中国樱桃的实生苗，在种子萌发后有明显的主根，但当幼苗长到 5～10 片真叶时，主根发育减弱，由 2～3 条发育较粗的侧根代替。因此，中国櫻桃实生苗无明显主根，须根发达，水平伸展范围广。

无性繁殖的砧木水平根发达，且有两层以上根系，分布深，固地性强，较抗风，生产上宜采用无性繁殖的砧木。

3.2　结果习性

3.2.1　结果年限

太和櫻桃的干性较弱，自然生长的树体层性不明显，栽后 3～4 年开始结果，盛果期一般 15～20年。树龄可长达 100 年以上。

3.2.2　结果部位

中国樱桃萌芽率强，几乎可以全部萌发。成枝力依种类和品种而异。随年龄增长成枝力明显减弱。1 年生枝条大体上可分为生长枝和结果枝两类。进入结果期后，枝条生长量变小，原本为生长枝的枝条（如各级骨干枝的延长枝），常在基部形成花芽，中上部形成叶芽，有人称它为混合枝。这类枝条具有扩大树冠，具有形成新果枝及开花、结果三重作用。其他结果枝可分长果枝、中果枝、短果枝和花束状果枝 4 类。通常，成枝力强的种类和品种，在初果期至初盛果期混合枝和长果枝在产量形成中起着重要作用。相反，成枝力弱的品种，或盛果期的大树，则主要以花束状果枝和短果枝形成产量。

3.2.3　授粉与结实

樱桃开花数小时后释放出花粉，授粉可由蜜蜂等昆虫以及风力和重力来完成。花粉落到柱头上，具亲和性的品种花粉才能萌发，完成授粉受精过程。授粉受精和胚胎发育过程受气候的影响较大，花期遇阴雨天气、大风、低温、高温等不良天气，都能降低授粉率。

樱桃发育正常的一朵花只有 1 个雌蕊，如果夏季高温干燥，第 2 年也会出现 1 朵花有 2～4 个雌蕊，发育成畸形果。樱桃会发生雌蕊退化，柱头和子房萎缩而不能结实。太和樱桃品种自花结实能力差异大，在实际生产中，应当配置授粉品种。

3.2.4　丰产性

樱桃作为经济栽培，盛果期产量每 666.7m² 为 500～1 000kg。樱桃的生长势和产量与立地条件的土壤肥力、水肥管理水平等田间管理措施密切相关。

3.3　果实生长发育

太和樱桃果实生育期较短，早熟品种只有约 60d。果实发育分为 3 个阶段：第 1 阶段坐果到硬核前，为第 1 次速长期，果实迅速膨大，果核增长至果实成熟时的大小，胚乳发育迅速；第 2 阶段为硬核期，是核和胚的发育期，果核木质化，胚乳逐渐被胚发育吸收消耗；第 3 阶段自硬核后到果实成熟，果实第 2 次迅速膨大并开始着色，直至成熟。

樱桃果实的成熟期比较一致。成熟期的果实遇雨容易裂果腐烂，要注意调节土壤含水量，防止干湿变化剧烈。成熟的果实要及时采收，防止裂果。

太和樱桃从定植到衰亡，一生中大体经历幼龄期、初果期、盛果期、衰老期 4 个时期。

3.3.1　幼龄期

樱桃幼龄期生长的特点是加长、加粗生长活跃，年生长量可超过 100cm，1 年生枝直径粗可超过 1.5cm，分枝较少。树体中营养物质的积累迟，大部分营养物质用于器官的建造，不利于花芽形成和结果，即使形成丛状短枝也不成花。幼龄期的长短与砧木、品种、立地条件和管理措施有关。为适当缩短营养生长期，促进提早结果，可采取夏季多次摘心技术，促使多发枝，增加枝叶量，再辅以拉枝、扭梢等。太和樱桃幼龄期 3～4 年。

3.3.2　初果期

随着树龄的增长，树冠、根系不断扩大，枝量、根量成倍增长，枝的级次增加部分外围强枝继续旺长，中下部枝条提前停长、分化；长枝减少，中短枝及丛状枝量增加，年内营养生长期相对缩短，营养物质提前积累，中短枝基部和丛状枝的侧芽分化成花。这一时期，在继续培养骨架、扩大树冠的同时，应注意控制树高，采用夏季扭梢，多次摘心、拧、拉过旺枝等措施来控制树势，促使及早转入盛果期。如果措施得当，5～7 年便可进入盛果期。

3.3.3　盛果期

树冠达到最大，生长和结果趋于平衡，产量较高且较稳定。发育枝的年生长量为 30～50cm，干周继续增长，结果布满树冠。盛果期树年生长发育节奏明显，营养生长、果实发育和发芽分化关系协调。通过栽培措施，可维持、延长盛果年限。修剪注意改善光照，防止内膛枝枯死及结果部位外移。深翻改土，增施有机肥料，增强根系的活力，延迟根系衰老。

3.3.4　衰老期

随着树龄增长，枝条生长衰弱，根系萎缩，冠内、冠下部枝条枯死，产量和品质下降。中国樱桃有很强的自然更新能力，上部生长衰弱时，其基部隐芽可萌发新枝取代衰老的枝干，寿命较长，百年的老树仍可高产。太和樱桃的寿命较短，盛果期一般 20 年左右，40 年以后便明显衰老。在精细栽培、适时更新、无自然灾害情况下，太和樱桃寿命也可长达80～100年。

3.4　主要物候期

3.4.1　萌芽

樱桃的芽在冬季进入休眠后，须经过一定量的低温才能解除休眠，开始萌芽开花。樱桃萌芽、开花期较早，中国樱桃在日平均气温达到5℃，芽开始萌动。樱桃的叶芽萌动一般比花芽晚5～7d。

3.4.2　开花

樱桃每个花芽发育成1个花序，每个花序可有1～5朵花，花一般有4种类型：雌蕊高于雄蕊、雌蕊雄蕊等长、雌蕊低于雄蕊、缺少雌蕊，前两种可以正常坐果，后两种不能坐果，为无效花。

樱桃对温度反应较为敏感。日平均温度15℃左右始花，花期7～14d，品种间相差5～7d。由于樱桃花期早，常遇晚霜的危害，严重年份可造成绝产，花期要注意采取防霜防冻措施。

3.4.3　坐果与落果

樱桃的花粉落到柱头上以后2～3d，花粉管就能进入花柱，再经2～4d花粉管就到达胚珠，然后将从珠孔经过珠心进入胚囊，完成受精。4℃以下的低温严重影响受精过程，导致不能坐果。

樱桃落花一般有2次，第1次在花后2～3d，脱落的是发育畸形、先天不足的花。这次落花与植株营养水平密切相关，凡是栽培管理水平高，植株营养贮备充足，落花就轻。第2次在花后1周左右，脱落的主要是未能受精或受精不良的花。花期天气条件恶劣，刮风、下雨、有雾、低温或没有授粉树的情况下，此次落花较重。

樱桃落果一般有2次，第1次在花后2周左右，此次脱落的主要原因是受精不良或胚早期发育不良的结果，脱落的幼果没有胚，只有一层干缩成片的种皮（图10-14）。第2次在硬核期后，主要是营养竞争和干旱缺水所致，此次脱落的幼果果壳硬化程度较高，胚发育正常。此时期因没有及时控制营养生长，使幼果在水分、养分竞争上处于劣势地位。2次落果有时同时进行，不易严格区分。

图10-14　生理落果

3.4.4　果实成熟

太和樱桃果实生育期较短，早熟品种约60d，有的品种可达80d，大部分品种在4月下旬到5月上旬成熟。

3.4.5　落叶

太和樱桃在11月中下旬初霜后开始落叶，逐渐进入休眠期。幼旺树及不成熟枝条落叶时间稍晚，管理不当或受病虫害危害时会发生早期落叶。早期落叶对充实花芽、树体越冬及第2年产量不利。落叶后樱桃进入休眠期。树体进入自然休眠以后，需要一定的低温才能解除休眠。据资料，太和樱桃在0～7.2℃的需冷量为850～1 440h。

3.5　对环境条件的要求

3.5.1　温度

太和樱桃喜温暖而不耐严寒，它适于年平均气温 12～18℃的地区栽培。一年中要求日均气温 10℃以上的日数在 150～200d。

不同物候期对温度有不同的要求。萌芽期的适温在 10℃左右，开花期 15℃左右。樱桃果实成熟较早，果实的发育和新梢的生长期，要求气温在 20℃左右。在水分充足的情况下，樱桃较耐高温；但夏季高温、干燥对樱桃生长不利。冬季低温是限制樱桃向北发展的主要因素，−20℃低温时，樱桃会发生冻害流胶，在−25℃时，可造成大枝纵裂甚至死亡。

早春的晚霜冻害对樱桃产量影响甚大。冬季气温降至−25℃时，花芽会遭受严重冻害，当冬季气温骤降低至−20℃以下时，96%～98%的花芽遭受冻害；若降温平缓，仅 3%～5%的花芽受冻。花蕾期能耐−1.7℃的低温，花期和幼果期可耐−1.1℃低温。花期气温降至−5℃时，雌蕊、花瓣、花萼、花梗均受冻褐变，严重时导致绝产。因此，冬季保护花芽免受冻害和早春预防霜冻，是保证樱桃丰产的关键。

3.5.2　光照

太和樱桃喜光性较强，对光照的要求比其他落叶果树高。光照条件良好时，树体健壮，果枝寿命长，花芽充实，坐果率高，果实成熟早，着色好，糖度高，酸味少。光照条件差时，树冠外围新梢徒长，冠内枝条衰弱，果枝寿命缩短，结果部位外移，花芽发育不良，坐果少，果实成熟晚，品质差。应选阳坡或半阳坡建园，栽植密度适宜，同时还要注意树冠结构布局。

3.5.3　水分

太和樱桃生长发育需要一定的空气湿度，但高温多湿又容易导致徒长，不利坐果。坐果后若遇干旱会影响果实的发育，产生没有商品价值的俗称"柳黄"果。太和樱桃属既不耐涝、又不抗旱的树种，对水分状况较为敏感，要求雨量充沛，空气湿润，气温变幅较小，所以春灌、夏排是樱桃水分管理的重要工作。

3.5.4　土壤

土壤条件和栽培管理对根系的生长和结构有较大影响。据调查，太和樱桃适宜的土壤条件为中性至微酸性，活土层深厚，至少在 100cm；土壤有机质含量 1%以上的沙壤土或壤土。

4　育苗和建园

4.1　育　　苗

太和樱桃主要采用分株、压条及嫁接方法进行育苗。

4.1.1　分株育苗

分株用的"母苗"，既可用采自大叶型草樱桃的根蘖苗，也可用不够嫁接粗度的大叶型草樱桃砧木苗。分株栽植的适宜时间为"春分"前后。

分株育苗的具体方法是，将分蘖苗由分根处劈下，按 7～8cm 株距、70～80cm 行距栽植。栽后，留 20cm 高短截，随灌透水"坐苗"。经过 10～15d，芽萌动时，灌 1 次透水，此后半个月，再灌 1 次大水。每次灌水后，要随即中耕保墒。在顶端新梢生长到 20cm 时，追施 1 次速效性氮肥，每公顷施用尿素 225kg，施后灌水，以尽快发挥肥效，促进苗木生长。7 月下旬砧苗加长生长缓慢、加粗增长加快时，再追施 1 次速效氮肥，每公顷施用尿素 225kg，随水施入，促使苗木增粗，以增加当年可以嫁接的砧苗数量。

分株育苗繁殖系数较高，一般每株母苗当年可分生 6～7 株砧苗，少数 2～3 株。分株当年 6 月，每株母苗上一般有 1～2 株砧苗达到芽接粗度，可以进行芽接，当年出圃。部分砧苗可待 8～9 月芽接，生产半成品苗，当年不足芽接粗度的，翌年春季可再分株移栽，继续繁殖砧苗。分株苗分根以下的母苗，春季可行劈接。应用分株法繁育砧苗时，当年一般每公顷可出圃成品苗 7 万～9 万株，生产半成品苗（接芽苗）18 万～22 万株，分株砧苗 7 万株左右。翌年春季，还可生产部分带木质部芽接苗。

4.1.2　压条育苗

（1）水平压条。水平压条多在 7～8 月雨季进行。压条时，将靠近地面的、具有多个侧枝的 2 年生萌条，水平横压于圃地的浅沟内，然后覆土。覆土厚度以使侧枝露出地面为度。翌年春季，将生根的压条分段剪开，移栽后，供嫁接用。

（2）埋干压条。春季，在圃地内按 50cm 行距的标准开挖深 10～15cm 的浅沟，将砧苗顺沟栽植，覆土后踏实根部。将苗茎顺沟压倒，其上覆土厚 2cm，灌足底水。砧苗成活后，萌发大量萌条。当萌条生长到高 10cm 左右时，在其基部培土，促使生根，秋季落叶后，将苗木刨起，分段剪开即可。采用这种方法，一般每株埋干苗可繁殖砧苗 4～5 株。

4.1.3　苗木嫁接和接后管理

（1）接穗选择。太和樱桃苗木嫁接多采用芽接法。接穗采集可在萌芽前 1 个月进行，选择生长健壮、优质丰产、适应性强、无病虫害的结果枝和发育枝，以树冠外围充实粗壮的枝条最好。采后蜡封，蜡封后按品种捆好，低温 5～8℃ 贮藏，随用随取。不同时间芽接，要有区别地选择接穗和接芽，前期（6 月上中旬）芽接时，要选用健壮枝条中部的 5、6 个饱满芽做接芽。后期（7～8 月）芽接时，健壮接穗上除基部芽和秋梢芽外均可用作接芽。9 月芽接，则要从树冠内膛的徒长枝上选取饱满芽做接芽。

（2）芽接时间。芽接的适宜时间，分为前期和后期。前期在 6 月上中旬的 15～20d 内，后期在 7 月中旬末至 8 月，有时可延续至 9 月中旬，为期 50d 左右。嫁接过早（5 月），接穗幼嫩，皮层薄，接芽发育不充实。嫁接过晚（9 月中旬以后），枝条多已停止生长，接芽不易剥离。7 月上中旬正值"伏雨"季节，接后易流胶，接口难愈合。因此严格掌握芽接时间，是提高成活率的关键之一。

（3）方法。芽接时，先从接穗上削取接芽。接芽的芽片要大，一般长 2.5cm 左右，宽约 1cm，以加大砧、芽形成层接触面，提高成活率。接芽的芽片过小，不易成活，即使砧、芽愈合成活，接芽也易爆裂翘起，或生长不良，或最终死亡。接芽削好后，在砧苗近地面处横切一刀，长约 1cm，深达木质部。再从横刀口中央向下竖切一刀，长 2.5cm 左右，深达木质部。插芽片时，用刀尖自上而下地轻轻剥开左右 2 片皮层，随将接芽轻轻插入砧木皮层内。切忌硬推直插，以免搓伤接芽或砧木皮层，造成流胶，影响成活。最后，用宽约 1cm 的聚乙烯薄膜条严密绑缚。芽接后，约经半个月可以愈合，20d 后即可解绑。成活率一般在 80％以上。

（4）接后管理。嫁接成活的苗木，翌年春季萌芽前，在接芽以上 0.2cm 处剪断砧苗茎干，然后按 15～20cm 株距、50～60cm 行距移栽。剪砧移栽后的芽接苗，一般是砧芽先萌发，接芽后萌发。在砧芽萌发时，要及时抹除，以促使接芽萌发生长。此后，还要连续除萌 3～4 次。接芽萌发后，选择保留 1 个健旺新梢。当新梢生长到 10cm 左右时，在苗木近旁插 1 根支柱，用麻绳或塑料薄膜带将新梢绑缚固定在支柱上，以防被风折断新梢。此后，随着新梢继续生长，每隔 20cm 要绑缚 1 次。

为促进苗木生长，要加强肥水管理。萌芽后每隔 20d 左右要连续追施 3 次速效氮肥，每次每公顷随水施入 112.5～150kg 尿素。6 月以后，一般不再追肥，以免苗木徒长。苗木生长期间，要注意病虫防治。萌发后，要严防小灰象甲，可人工捕捉，也可用 80％晶体敌百虫 800 倍液与萝卜丝或地瓜丝拌成毒饵诱杀之。6 月下旬、7 月下旬及 8 月下旬，各喷施 1 次 1：1：160 至 1：1：180 倍波尔多液与 50％敌敌畏乳油 1 000～1 500 倍液，防治叶片穿孔病和卷叶蛾、刺蛾等害虫。

4.2　苗木出圃

落叶后，土壤封冻前，将嫁接苗刨起。先剔除染病苗和嫁接未成活苗，然后根据苗干高矮、粗细以及根系发育状况等进行分级。用于当地建园的，可直接定植。留待翌年春季建园的，可在背风而不积水的地方，挖深 1m 左右的假植沟，将苗木斜放其中，然后培土至苗高 2/3 处假植起来。

4.2.1　包装

外运的苗木，可将同级苗每 50～100 株扎成 1 捆，根部用草包包裹，内填湿润的河沙或锯末，以防根系干枯。然后在每捆苗木上系好标牌，注明品种、规格和数量，交付外运。

4.2.2　苗木标准

（1）品种纯正。樱桃是多年生果树，苗木品种纯度直接影响栽后多年的生产效益，因此应严格把关。另外，不要购买高接树上的接穗嫁接的苗木，因该种苗木患病毒病的概率大为增加。

（2）根系发达而且完整。根系完整，无劈裂，主根较粗，侧根 5 条以上，长度应在 20cm 以上，且分布均匀，侧根基部粗度 0.4cm 以上，须根较多，根系鲜亮，不能受冻变褐、变黑或失水皱缩。根系是苗木最主要的部分之一，直接关系到苗木成活率和成活后的生长势。

（3）芽体饱满，茎干粗壮。除根系外，芽质量好坏关系到萌发以后枝条长势，质量好的芽萌发早，生长快，易长成长枝。一般苗干中部的芽质量较好，且组织充实饱满。成苗苗干上最好有分枝，枝条皮色深而发亮，节间均匀，粗壮，手感硬韧，在接口以上 10cm 处的粗度直径应大于 0.8cm，最好在 1cm 以上。整形带内饱满芽一般要达到 6 个以上。同时注意苗干失水情况，若失水皱缩或受冻变褐，或有机械损伤，则不能选用。

（4）苗高。苗木高度应达到 80～120cm。

（5）接口愈合好。砧木与接穗接合部完全愈合，砧桩剪除，剪口环状愈合或全部愈合。愈合不好影响根系的水分和养分吸收，定植后生长不良。

（6）砧木适宜。要购买抗病、抗逆性强的砧木嫁接的苗木。

实生苗地径 0.7cm，嫁接苗嫁接口以上直径 1cm 以上，高度 1m 以上，侧根长 20cm，数量在 4 条以上，接口愈合良好，无病虫害及机械损伤。主侧根长 20cm，以保证在定植的翌年春季能够进行嫁接。

4.2.3　苗木检疫

樱桃苗木、接穗的国内检疫对象为栗疫病，在樱桃新发展区，一切危险性病虫和当地未发现的病虫均应列为检疫对象，对发现有检疫对象的材料，报有关部门妥善处理。

4.3　建　　园

4.3.1　园地选择

太和樱桃的生长发育与环境条件密切相关，良好的生态环境条件能有效地促进太和樱桃的生长发育，达到早产、高产、优质的栽培目的。

（1）地势。选择地势高、不易积水、地下水位较低的地块，一般雨季地下水位应低于100cm（图10-15）。平原地最好在村庄的南面，或北面有防护林，这种地块既能防止风害，又能满足樱桃对光照的需求，能使果实早熟、整齐、着色好、品质佳。

a　　　　　　　　　　　　　　　　　　b

图10-15　建　园

a. 山地建园　b. 平地建园

（2）排灌条件。周围要有水源，能够及时灌水；雨季能较好地排涝。

（3）土壤条件。无特殊限制因素，如土下有不可改良的黏板层、淤泥层等，忌重茬。

（4）土壤改良。若在沙滩地、淤土地等不太适合的土壤条件下栽植太和樱桃，必须按土壤类型进行严格改良，否则难以正常生长。若沙滩地特性是透气性好，养分分解速度快，根系发达。但土壤薄，漏水漏肥，肥水供应不稳定，树势易衰弱。

4.3.2　园地规划

园址选好后，即开始进行果园的规划工作，以利定植后各项果园管理的顺利进行。果园的规划包括园区的划分、排灌系统的建设、建筑与道路、防护林等。

（1）园区的划分。小区是果园经营管理的基本单位，小区的划分应根据地形、地势、土壤条件、果园规模等将果园划分为不同或相同面积的作业小区。平原地建园，小区面积，一般7hm² 左右，小区一般为长方形，南北向延伸，以利果园获得较均匀的光照。

（2）附属建筑物与道路的建设。附属建筑物主要包括管理房、农具室、贮藏室、包装厂、配药池等，较大的果园配置冷库或冷藏设备。果园必须进行道路的建设，以利生产资料和果品的运输，道路的多少取决于果园规模和小区的数量，一般由主路、干路和支路组成，主路要求位置适中，贯穿全园，宽6～7m，小区之间设支路，一般2～4m，面积较大的果园在主路和支路之间应设干路，便于小型汽车和农机具通过。道路设置应与防风林、水渠等相结合，尽量少占果园，一般以占果园面积的3％～5％为宜。

（3）排灌系统的建设。灌水系统包括干渠、支渠和输水沟。干渠应设在果园高处，支渠多沿小区边界设置，再沿输水沟将水引入树盘内。

（4）防风林的建设。防风林可改善果园小气候，减轻自然灾害。林带的有效距离等于树高的25～30倍，林带分主林带和副林带两种，两条主林带相距500m左右，中间为1条副林带。林带应与主要风害的方向垂直，一般在果园的西北面设置防风林带。

4.3.3　授粉品种的配置与苗木的选择

（1）授粉品种的配置。太和樱桃少数品种自花不实，但即便是自花结实品种，配置授粉树后也能显著提高坐果率，增加产量。因此，一方面在太和樱桃园中，只有配置一定量的授粉树，才能满足授粉、结实的需要。生产实践表明，在一片樱桃园中，授粉品种最低不能少于 10%。并且在确定授粉品种时，应考虑各品种开花期的早晚，授粉品种与主栽品种的花期应一致，或者比主栽品种早 1～2d 开花，这样才不至于错过最佳授粉期。另一方面授粉品种本身必须是综合经济性状优良的品种，与主栽品种可互为授粉结实。事实上，多数品种花粉量均较大，花期也较相近，因此，在选择授粉品种时关键是选用能产生正常花粉和异花授粉能结实的品种。

（2）优质壮苗的选择。选用优质壮苗建园不仅能提高成活率、提高建园的整齐度，而且定植后缓苗时间短，生长迅速，成形快，结果早，有利于早期产量的提高。

4.3.4　定植技术

（1）栽植密度。为了合理利用土地，充分利用光能，提高早期产量和增强植株群体抗风能力，新定植的樱桃园多采用密植栽培，小株距、大行距，便于操作管理。栽植密度，大面积生产园可采用（3～4）m×（4.5～5）m，每公顷 495～852 株；小面积园可采用（2.5～3）m×（3.5～4）m，每公顷 825～1 140 株。

（2）定植方法。晚秋或早春购回苗木，应先行假植。定植前剔除弱病苗，剪除根蘖、折伤的枝和根；用 K84 生物农药 30 倍液浸根免疫，防治根癌病；再用 ABT 生根粉 1 000 倍液浸根 30s，促进苗木生根。

冬前按南北行向挖定植沟，沟宽 100cm，深 80～100cm，表土与底土分放。定植沟挖好后及时施肥回填，回填时不要打乱土壤层次。60cm 以下土层，土要"透气"，将底土和粗大有机物混匀填入，改良深层土，增加透气性。30～60cm 土层是樱桃盛果期根系的主要分布层，土要"均匀"，可回填混有优质肥料的表土，肥料与土壤的比例不超过 1∶3。0～30cm 土层是樱桃幼树根系的分布层，土要"精细"，可回填掺有少量复合肥、有机肥的原表土，肥料用量要少，以防烧根。回填后浅水沉实。有机肥施用以每公顷施腐熟鸡粪 30～37.5t 或土杂肥 75～90t 为宜。

3 月中旬，在定植沟内挖小穴栽植。将苗木按粗度分级，粗的向北栽、细的向南栽。适当浅栽，放置苗木后舒展根系，边填土、边提动苗木、边踩实土壤，使根系与土壤密接。栽后灌水，水渗下后 1～2d 覆土起垄。如要培养自然开心形或改良主干形，则栽后即定干。自然开心形干高 30～40cm，改良主干形干高 50～60cm，南低北高。

地下水位高的地方，提倡起垄栽培，除挖沟改良土壤外，将行间的表层土、中层土与充分腐熟的有机肥混匀，堆积起垄，垄高不低于 30cm，垄宽 50～80cm，将苗木栽植在垄上。

（3）定植后管理。

覆膜。覆膜是提高定植成活率、促进苗木前期生长的重要技术。覆膜的好处：一是提高地温，促进发根。早春定植后地温尚低，覆膜后 20cm 土层的温度很快升高，覆膜后第 2～3 天土温比未覆膜的高出 4～5℃。二是保蓄土壤水分。

覆膜应以树干为中心，用 1m² 的塑料薄膜铺在树盘里，四周用土压实，防止被风刮起，必要时在其上戳几个小孔，以利雨水下渗与散热通气。

秋栽时，越冬前应灌 1 次透水，并培土防寒。防寒土高度应在 50cm 左右，翌年春季天气转暖后扒开防寒土，整平后覆盖地膜，也可在苗干上绑缚玉米秸、小麦秸、缠草绳等防寒。不能覆膜的，栽植后每隔 10～15d 浇水 1 次，连续 2～3 次。

定干。定植后应立即定干。定干高度以剪口下选留 4～6 个饱满芽为原则，以利萌发长枝。一般苗干中部的芽子较梢部和基部的芽子饱满，定干高度具体应根据苗木高度、土壤类型、树形等灵活掌握。一般平原地定干高度 60～100cm，丘陵地为 50～80cm。品种生长势不同，定干高度亦有所不同，树姿直立、长势强旺的品种定干宜矮，树势弱、树姿开张的品种定干宜高些。定干后为防止抽干或病菌侵染，可在剪口中涂杀菌剂等保护剂。定干时剪口在芽上方 1cm 左右为宜，过短或过长均不利于剪口下第 1 个芽的生长。

　　另外，为防止定植后风刮摇动或野兔啃食，应在苗干上绑草把、立支柱，对于干性较弱的品种，也利于整形修剪。定植后随时检查苗木成活情况，对未成活株，当年春季及时利用大苗补栽。

　　定植后第1年管理。樱桃苗木定植后第1~2年，尤其是定植当年对水分要求十分迫切。地面下10cm处的土壤手握不成团，就能干死苗木。苗木定植后当年就应加强土肥水、整形修剪、病虫害防治等各方面的管理，确保苗木生长健旺。定植当年的长势强弱对以后几年的长势影响很大，定植当年生长健旺，则树冠成形快，结果早，可为以后早果、丰产、稳产打下坚实的基础。

　　苗木定植萌发后，每株追施尿素30g或复合肥20g，切忌量大，以免伤根。施后当新梢长至15~30cm时，每株追施尿素或磷酸二铵50~100g。生长前期以氮肥为主，后期兼施磷钾肥。施肥时应薄肥勤施，施后灌水，施肥不要离根系太近或太集中，以免烧根。待新梢长到15cm左右时，即可开始叶面喷肥促进新梢生长，与土壤追肥错开交替进行，叶面肥可施0.2%~0.3%尿素溶液。新梢停长后可追施0.3%~0.5%磷酸二氢钾溶液，促进枝梢组织充实，提高抗寒性，以利越冬。

　　定植当年应十分重视病虫害防治工作。萌芽后幼梢易受金龟子、蚜虫、兔、鼠等危害，定植后苗干套塑料袋、绑带刺的树枝或涂石硫合剂等可预防。展叶后，注意防治蚜虫、卷叶蛾和红蜘蛛等。

5　土肥水管理

5.1　土壤管理

太和樱桃对土壤要求不是很高，除纯沙土、盐碱较重的土壤外，其他类型的土壤都可种植太和樱桃，但土质好，树体长势好；土质差，树体长势差。肥沃的沙质壤土地最适合太和樱桃生长。碱性土壤，需进行土壤改良后方可种植太和樱桃。

土壤 pH 6.0～7.5 最适合太和樱桃生长。在土壤 pH 7.0～7.8 的微碱性土壤条件下，太和樱桃仍可生长。但如果土壤的 pH 超过 7.8 时，则需改良土壤。有效的改良方法是：在定植前挖沟，沟内铺 20～30cm 厚的作物秸秆，形成一个隔离缓冲带，防止盐分上升；大量施用有机肥；在施用钾肥时采用硫酸钾，施用氮肥采用硫酸铵；勤中耕松土，切断毛细管，减少土壤水分蒸发，从而减少盐分在表土的积聚；采用地面覆草、地膜覆盖、种植绿肥等，均可有效地改良盐碱土壤。

樱桃树为浅根系果树，即使选择根系强旺的砧木，也不会像苹果、梨的根系分布得深。樱桃根系呼吸强度大，需要氧气多，土壤要疏松，透气性要好。因此，对土壤管理也有特殊的要求，主要管理内容有如下几方面。

5.1.1　果园深翻

樱桃园深翻的目的：一是可以保持土壤的疏松透气，改善土壤的透水性和保水性，有利于根系生长及土壤微生物的活动。二是结合秋施基肥，增加土壤厚度，保持施肥均匀。三是深翻时可以适当断根，起到增生深根的作用。

提倡秋季深翻，结合果园撒施土杂肥，全面提高土壤有机质含量。深翻的深度以不伤及大根为限。靠近树干基部的地方要浅一些，越往外可以越深。

5.1.2　中耕松土

小面积樱桃园的土壤多采用清耕制。樱桃树对水分比较敏感，既怕干、又怕涝，而且又要经常保持土壤较好的通气条件。在干旱年份和苗木定植的头 1～2 年，需要多次浇水。因此，要求浇水后一定要中耕松土，保持土壤的透气性。中耕松土，可以切断土壤的毛细管，保蓄水分。中耕深度一般 5～10cm，中耕次数视灌水和降雨情况而定。

5.1.3　地面覆盖

果园覆草有利于保持水土，减少土壤和养分的流失；利于改善土壤团粒化结构，改善根际环境；提高土壤肥力，改善和稳定土壤水分状况，减轻樱桃裂果。

覆草宜在麦收后进行，可供覆盖用的材料有麦糠、麦秸、铡碎的稻草、秫秸等。覆草宜在树盘内进行，覆草前结合土壤灌水、中耕，将覆草平铺在地面上，厚 10～20cm，其上撒一层厚约 1cm 的土，以防风吹，防火。秋季深翻果园时，将覆草翻入土中。

5.2　施　　肥

5.2.1　需肥特点与施肥原则

太和樱桃树的萌芽、展叶、开花、坐果、果实发育、新梢速生期，都集中在 3～5 月。而花芽分化，则集中在果实采收后的短期内。越冬以前树体营养状况的好坏直接影响开花、坐果、树体发育。所以，萌芽至采收前的追肥很重要。花芽分化前 1 个月适当追施氮肥能够促进花芽分化和发育。秋施基肥，尽可能在当年发挥肥效，增加树体营养贮备至关重要。太和樱桃对氮、钾的需求量较多，且数量相近，对磷的需求量相对要低得多。氮、磷、钾的适宜施肥用量比例在 5∶1∶5 至 5∶1∶6 范围内，具体情况根据土壤养分的情况适当调整氮、磷、钾的施肥比例。施肥以有机肥为主，化肥为辅，保持或增加土壤肥力及土壤微生物活性；提倡根据土壤和叶营养分析进行配方施肥和平衡施肥。所施用的肥料不应对果园环境和果实品质产生不良影响。

（1）常用肥料种类。果农经常使用的肥料包括农家肥料、商品肥料和其他允许使用的肥料。农家肥料按农业行业标准《绿色食品 肥料使用准则》（NY/T 394—2000）中3.4规定执行，包括堆肥、沤肥、厩肥、沼气肥、绿肥、作物秸秆肥、饼肥等。商品肥料按农业行业标准《绿色食品 肥料使用准则》（NY/T 394—2000）中3.5规定执行，包括商品有机肥、腐殖酸类肥、微生物肥、有机复合肥、无机肥、叶面肥等。其他允许使用的肥料系指由不含有毒物质的食品、鱼渣、牛羊毛废料、骨粉、骨胶废渣、家禽家畜加工废料等有机物料制成的，经农业部登记或备案允许使用的肥料。

（2）营养诊断。樱桃园的营养诊断，首先是树体营养诊断，一般是进行叶片营养分析。在樱桃盛花后6～10周，随机采取树冠外围中部新梢的中部叶片，进行营养分析，将分析结果与相关标准相比较，可诊断树体营养状况，指导配方施肥。其次是土壤营养诊断，它是制订土壤管理和施肥计划的依据。对成龄果园而言，营养供应情况首先是由土壤诊断得知，并以此印证树体诊断的结果。果树外部症状观察和叶片分析结果，只能显示果树的现实营养状况，不能预报营养调整后可能再发生的限制因子是什么；而土壤诊断能给予某些提示。树体中某些营养元素缺乏时，在肉眼能够观察到缺乏的典型症状之前，就已经影响到果实产量和品质。对果实进行营养诊断的目的，就是及早发现所缺乏的营养元素，以便及时加以补充，保证优质高产和降低成本。

5.2.2 施肥时间、施肥方法与施肥量

（1）幼树施肥。为了使苗木定植后的头1～2年内树体生长健旺，在苗木定植前株施腐熟的鸡粪2～3锨，与土拌匀，然后覆1层表土再定植苗木，或定植前株施0.5kg复合肥或全元化肥，或定植前全园撒施75t/hm²的腐熟鸡粪或土杂粪，深翻后再定植苗木。5月以后要追施速效性肥料，结合灌水，少施勤施，防止肥料烧根。为了促进枝条快速生长，不能只追氮肥。虽然樱桃对磷的需求量远低于氮、钾，但适量补充磷肥，有利于枝条充实健壮。一般采用磷酸二铵加尿素的方式追肥，每次株施磷酸二铵和尿素0.15～0.2kg，施用量各占一半。

（2）结果树施肥。9月施基肥，以有机肥为主，配合适量化肥。每公顷施土杂粪75t加复合肥1 500kg，撒施后再深翻。

盛花末期追施氮肥，株施碳酸氢铵1.5～2kg，结合浇水撒施。果实迅速膨大期至采收以前，结合灌水，每株施2次碳酸氢铵0.5kg。采果后，放射状沟施复合肥每株1.5～2kg。在土壤不特别干旱条件下要干施，即施后不浇水。

5.3 水分调控技术

5.3.1 水分调节的重要性

太和樱桃栽培既要有灌水条件，又要有排水条件。太和樱桃适于年均降水量600～800mm的地区生长，根系分布浅，大部分根系集中在地面下20～40cm范围内，分布的深浅主要依据砧木的不同、土壤透气性的好坏而有差异。因太和樱桃根系呼吸强度大，要求土壤通气性高，这一特点就决定了太和樱桃根系总体上分布较浅。与其他落叶果树相比，太和樱桃叶面积大，蒸腾作用大，对水分要求比苹果、梨等强烈。在干热的时候，果实中的水分会经叶片大量损失，这也是在干旱时果个小、易皱皮的原因。太和樱桃幼果发育期土壤干旱时会引起旱黄落果；果实迅速膨大期至采收前久旱遇雨或灌水，易出现不同程度的裂果现象；刚定植的苗木，干旱很容易导致死亡；涝雨季节，果园积水伤根，引起死枝死树；久旱遇大雨或灌大水，易伤根系，引起树体流胶，当土壤含水量下降到10%时，地上部分停止生长；当土壤含水量下降到7%，叶片发生萎蔫现象；在果实发育的硬核期土壤含水量下降到11%～12%时，会造成严重落果。这也印证了"樱桃好吃树难栽"的那句俗语。

5.3.2 灌水方法与时期

鉴于太和樱桃对水分及土壤通气状况的要求较为严格，灌水应本着少量多次、平稳供应的原则进行。既要防止大水漫灌导致土壤通气状况急剧恶化，又要防止土壤过度干旱导致根系功能下降，尤其

在果实迅速膨大期至采收前，要防止土壤过干、过湿，以免引起裂果。

（1）灌溉方法。果园灌水的方法很多，樱桃园常见的灌水方法如下。

漫灌。漫灌是太和樱桃生产园最常见的灌水法，在行间放大水漫灌。漫灌影响土壤的通气性，影响根系呼吸，从而影响根系及树体生长。为解决这一问题，结合樱桃树防倒伏，一般在行间修灌水沟，将整理水沟的土垫在树盘处，使株间的土高于行间。这样，灌水在行间，使水逐渐渗入到根茎周围，从而减少对土壤透气性的影响，也能进一步减轻果实迅速膨大期至采收前遇旱灌水引起的裂果。

微喷。微喷是现代果园采用的浇水施肥方法。将特制耐老化的塑料管埋入果园地面下，每株树盘安装一个高约 30cm 的喷头，在需要浇水时，打开进水开关进行喷水。喷头的质量影响其雾化效果，进而影响喷射效果。微喷，可以控制喷水量，喷水均匀又节水，保持土壤的团粒结构，还可调节小气候，减少低温、干热对樱桃的危害；同时，可以适当延迟樱桃开花，避免晚霜危害。在晚霜来临之前，采取喷 2min 停 2min 的间歇喷射法，可延迟樱桃开花，从而避免霜冻。

带状喷灌。方法和特点与微喷相似，微喷的管道埋入地下，带状喷灌是将水带放在地面上，可随时收起，随时铺放。水带上有不同高度的出水眼，将水带管头接在出水口上，即可进行喷灌。带状喷灌比微喷投资少。

（2）灌溉时期。

花前水。因气温低，灌水后易降低地温，开花不整齐，影响坐果，所以，花前在土壤不十分干旱的情况下，尽量不灌水。若需灌水，灌水量宜小，最好用地面水或井水经日晒增温后再灌入。

谢花后至果实采收前。坐果、果实膨大、新梢生长都在同时进行，是太和樱桃对水分最敏感的时候。通常谢花后要灌水，硬核期不灌水，果实迅速膨大期至采收前依降雨情况灌水 1～2 次，正常年份灌水 2 次。果实采收后进入花芽分化期，一些果农习惯采收后施肥、灌水，给树体"补补身子"。其实花芽分化期应控水，追肥时要"干施"。

9 月秋施基肥后灌 1 次透水。若遇到秋旱的特殊年份，也应该灌 1 次水。对于幼旺树，后期要控水，以免植株旺长，影响成花，防止越冬"抽条"。

除非干旱，土壤上冻以前不灌封冻水。

刚定植的苗木，及时补充水分非常重要。地面下根际周围的土壤，若手握不成团，就容易"吊干"死苗木，这也是樱桃苗木栽植成活率低的一个主要原因。有经验的果农在苗木定植后见地皮干就浇水，浇水后划锄，过 3～5d 再浇水，最好第 1 年能浇 11～12 遍水，保证苗木成活及促进树体枝条快速生长。第 2 年可浇水 5～6 次。

5.3.3　排水

樱桃树最怕积水受涝，涝害后出现黄叶、萎蔫、死枝、树体生长不良、产量降低，甚至死树，造成果园不整齐，单产较低。受涝后，会加重流胶病的发生。所以，平地果园在建设时，一定要预先设计好排水系统，建园时将开挖排水沟渠的土垫到栽培畦上，抬高栽培畦。下雨时，要让园内排水畅通，雨后水即排出，最迟在 2h 内排净，确保园内不出现积水现象。若遇大雨，自然排水不畅的情况下，应设法人工排水，必要时采取动力抽水的方法，也要保证园内不积水。

6　花果管理

6.1　花的管理

6.1.1　促进花芽形成措施

太和樱桃花束状果枝和短果枝上的花芽在硬核期就开始分化,但数量小。果实采收后10d左右,花芽开始大量分化,整个分化期需40~45d完成。叶芽萌动后,长成具有6~7片叶簇的新梢的基部各节,其腋芽多能分化为花芽,第2年结果。开花后长出的新梢顶部各节,一般不能成花。在进行摘心或剪梢处理的树上,二次枝基部有时也能分化成花芽,形成1根枝上2段或多段成花的现象。

太和樱桃的花芽分化期一般在6月末至7月上旬,7月中旬结束。近几年气候变暖,开花较早,果实成熟提前,所以分化期也提前。2年生的花束状果枝比1年生的早1周左右。个别品种的花束状果枝的花芽生理分化期在采果后10d左右,而形态分化期在采果后1~2个月的时间里。

7~8月是太和樱桃花芽形态分化的关键时期,若营养不良,会影响花芽质量,甚至出现雌蕊败育花。这一时期在该地区一般是高温多雨季节,遇有高温、干旱的年份,常使花芽发育出现大量双雌蕊花,形成畸形果,影响果实商品性。

太和樱桃当年生新梢基部1~7个芽容易形成腋花芽,对形成早期产量非常有益。1年生枝条甩放后,顶端易萌发"五叉头"式的多个新梢,根据新梢基部易形成腋花芽的特点,留1根旺梢继续向外延伸,对于其他新梢,采取多次摘心的方式,控制生长,促进成花。1年生枝条甩放后,除背上萌生少数旺梢外,其他芽眼萌生叶丛枝;部分叶丛枝当年能形成花芽,其成花规律是从甩放枝顶端向枝条基部的顺序成花,即枝条中上部的叶丛枝易成花,中下部成花难;中后部的叶丛枝生长势弱、叶片数量少、叶面积小、生长几年后,容易死枝,形成局部光秃带。这一特点,要求生产栽培者在整形修剪中必须采取相应的措施,防止光秃带形成。

1年生枝短截,剪口下萌发几个新梢,再下部萌生叶丛短枝当年也能成花。当所萌发的新梢长势较旺时,由于树体自身养分分配,下部的叶丛枝生长较弱,影响成花数量。

为了促生旺条、填补空间,可对枝中部实施刻芽处理。但有时个别成不了长梢,而形成较好的叶丛枝,当年也能成花。

对于中心干上萌发的新梢,根据培养主枝的需求,对多余的新梢可采取多次摘心的方式,促其成花,提早结果。

6.1.2　花蕾期管理

(1)增强树势。除了加强土肥水管理,尤其多增施有机肥外,还必须做到如下几点。

适时开张新梢角度。待新梢长到所需长度后,及时将新梢开张角度到$80°\sim90°$,结合平衡树势,强旺梢早开角,中弱梢晚开角。保持枝条充实、芽眼饱满、贮藏更多的养分,为翌年形成更多的优质叶丛枝打下良好的基础。9~10月开角一次性即可成功,但早开角后,新梢前端易上翘生长,为解决这一问题,可采取S形铁丝开角器多次变换位置开角,确保新梢接近水平。粗枝开张角度较难,可于农历正月,在粗枝下部适当位置锯割2~3个楔形口,然后采取铁丝抖拉的方式,将楔形口对死,固定好铁丝,当年伤口即可愈合。在那翁、大紫品种上采用此法,没发现流胶现象。

新梢摘心。对甩放枝条梢端萌发的"五叉头"新梢及背上新梢留7片叶以上摘心,促使下部形成腋花芽。要注意摘心太矮时,下部芽能全部形成腋花芽,冬剪时一般在摘心部位短截,第2年结果后易形成"死橛"。所以要根据结果后是否去留此枝,选择摘心高度。

适时喷布植物生长调节剂。太和樱桃丰产栽培,前期促使树体快速成形,后期一般都采取喷施植物生长调节剂的方法,控制旺长、促进成花,提早丰产。通常在栽后第3年的5~6月叶面喷施15%多效唑200倍液1~2次,或果树促控剂PBO 180~200倍液1~2次,具体喷施次数,根据上一次喷后树体长势情况而定。

花芽分化前增施氮肥。在花芽分化前1个月适量增施氮肥，如碳酸氢铵、磷酸二铵等，能够促进花芽分化和提高花芽发育。

环剥。盛花期环剥，宽度为主干直径的1/20至1/15，能促进成花。

（2）花期前后防霜冻。

灌水。在太和樱桃开花期间和幼果发育初期，要密切注意天气预报，在霜冻出现之前，果园要充分灌水，以提高园内温度，减轻霜害。

熏烟。在果园内的不同方位放几个大铁桶，桶内装有锯末、麦草之物，在霜冻来临之前，点燃桶内之物生烟，减轻霜害。

推迟开花期、避开晚霜。在花芽露白时，喷5%石灰水反光，可推迟花期3～5d。早春果园灌井水，降低地温，可推迟花期3～5d。花芽膨大期喷500～1 000mg/L青鲜素，可延迟开花4～6d。萌芽前喷0.5%氯化钙或250～500mg/L的萘乙酸钾盐。早春果园覆20cm厚的麦秸或铡碎的秸秆等，用水浇湿并压1层薄土，可推迟花期4～6d。

架设防霜冻设施。在花期经常受霜冻的果园，可以架设简易的大棚骨架，在霜冻来临之前，拉上薄膜防霜冻。此法在下雨时也可防裂果。

（3）人工授粉。花期放蜂能显著提高结实率，一般每公顷需蜜蜂3箱或3 000～5 000头。放蜂以壁蜂较好，壁蜂起始访花温度低，每天工作时间长，访花速度快，管理技术简单，在太和樱桃授粉中应用广泛。在开花前2d，将蜂箱搬到樱桃园里，让蜜蜂适应周围环境，待开花时及时授粉。在花期遇阴雨天、气温在15℃以下以及风速过大等不良气象条件时，蜜蜂很少活动，园内放蜂授粉的效果不佳，此时应进行人工辅助授粉。

6.2　果实管理技术

6.2.1　产量管理

（1）疏花疏果及合理负载。太和樱桃树花多、果多、果实发育期短，大面积生产中很难做到疏花疏果，目前也未见到行之有效的樱桃化学疏花疏果方法。比较粗放的管理方法是通过控制结果母枝数量辅助适当的人工疏果。如3m×4m株行距，采用纺锤形整枝，维持每株结果母枝的数量在25～30个，平均株产维持在20～25kg，按每千克120个果计，每米长的结果母枝负载0.5～0.75kg。多余的结果母枝用于隔年更新。

（2）增加单果重。

促生优质花芽。通过拉枝开角、摘心等措施缓和枝条长势，尽量使枝量向生殖生长方向转化。防好病虫，保护好叶片；秋季叶面喷施1%～2%尿素+20～40mg/L GA$_3$，提高叶功能，促使叶片晚落。

多施有机肥。除苗木定植前多施有机土杂肥改良土壤外，结果树每年秋季施土杂粪75t/hm^2，增加土壤有机质，改善土壤透气状况。此外，果实发育期追施2～3次速效性肥料；保持幼果发育期的水分充足供应，尤其第2次果实迅速膨大期的水分平稳供应；花期喷1次9mg/L GA$_3$，促进幼果生长；谢花后至采收前，叶面喷施3～4次800倍的泰宝、高美施、氨基酸复合微肥等叶面微肥。

疏果。控制负载，能显著地增加果实大小；采收前3周左右喷1次18mg/L GA$_3$，可极显著地增加果实大小。

适时采收。果实色泽是紫色的品种，必须到紫红色时采收；若鲜红色时就采收，果个差别较大，而且风味也相差悬殊。

保持树体健壮生长。保持外围延长新梢当年生长量40cm左右。

（3）防止落果。太和樱桃果实"脱裤"后至硬核前，常会发生幼果早衰，出现大量果核软化的落果。落果的程度因品种、树势而不同。壮树较轻，弱树较重。造成落果的原因：一是树体贮藏营养不足。谢花后，树体坐果较多，果实间相互争夺树体养分，因树体贮藏营养不足，那些竞争势较弱的果实，因"饥饿"而脱落。二是在果实发育的第 2 个时期，因土壤干旱缺水而出现落果。据测定，根系主要分布层的土壤含水量下降到 12％时，会发生落果现象。

6.2.2 果实品质管理

太和樱桃历史闻名就在于果实可溶性固形物含量丰富。随着全国樱桃面积的逐渐扩大，产量大幅度提高的情况下，增加果实可溶性固形物含量、促进着色，显得尤为重要。

多施有机肥，尤其是饼肥及豆粕，增施钾肥；不要让树体结果过多。初花期至果实采收前，每 7～10d 喷 1 次 800 倍泰宝或富钛氨基酸钾。果实采前 3 周喷 1 次 18mg/L GA_3，可极显著地提高果实可溶性固形物含量。适当晚采或达到果实固有成熟度时采收。

选择纺锤形或圆柱形的树体结构，达到枝枝见光，提高树体光合能力，增加可溶性固形物含量。采取措施，控制新梢旺长。比如拉枝开角、摘心、喷化学促控剂 PBO 等。

7　整形修剪

整形修剪是太和樱桃高产优质栽培主要技术措施之一，对太和樱桃的树体结构、生长平衡、产量品质、田间管理等都有重要影响。

7.1　优质丰产树形态指标

7.1.1　株行距与树高

（1）中心干形。适宜株行距（2.0～2.5）m×4.5m，树高 3.6m。

（2）纺锤形。适宜株行距（1.5～3.0）m×（4～4.5）m，利用矮化砧木时，株距 1～2m；树体高度控制在 2.5～3.5m。

7.1.2　骨干枝分布

（1）中心干形。选健壮的苗木（高 1.3～2m）定植后，不定干，但分枝留 2cm 短桩疏除；利用简单的支架辅助植株直立生长，支柱间距 15m，距地面 1.2m 处固定树体。采取涂抹发枝素、刻芽、梢端疏嫩梢等措施促进分枝，中心干上距地面 50cm 以下的枝条全部疏除。当枝条生长至 20cm 左右时用牙签或木制衣夹开张角度；中心干基部枝条长 60cm 时，控水抑制生长；第 1 年可形成多个主枝，树高 2.6m。第 2 年完成树体结构，骨干枝数量达到 20～25 个。呈螺旋状均匀分布在主干上。骨干枝单轴延伸，长度控制在 90cm。树体达到要求高度时，通过夏季修剪控制中心干延长枝，保持树体平衡。

（2）纺锤形。通过夏季修剪、回缩，保证多个枝条的生长优势；轻剪长放，加大骨干枝与主干的角度，骨干枝缓放促使花芽分化，有利于早实，种植后 2 年可结果、5 年丰产；保证主干的生长优势，主干上的骨干枝达 15～30 个，因此要严格控制骨干枝的粗度，其直径为着生部位主干直径的 30%；结果枝更新，老龄结果枝结果果个小，幼龄结果枝结果个大，对结果枝不断更新修剪，保证结果部位缓慢外延，保证果实的品质。

7.1.3　枝量

太和樱桃以短果枝和长果枝结果为主，长果枝只有基部节间短缓部分的腋芽转化为花芽，其余上部的芽都为叶芽。另外长果枝上花芽不如短果枝花芽充实饱满，因此修剪上应争取多形成短枝。太和樱桃幼树的萌芽力和成枝力均强，生长量较大，扩冠迅速，结果早，进入盛果期快。整形修剪时，要充分利用这一特点，轻剪长放，以夏剪为主，促控结合，扩冠成形，促进花芽形成，早结果。

7.1.4　花量

樱桃的成花需要充足的有机营养作保证，抑制过旺营养生长、合理负载、保叶及充足的肥力是提高有机营养水平的条件；促进根系生长、抑制营养生长和减少负荷，使芽的分化向有利于花芽的方向发展。在自然生长条件下，当年生新梢上的芽能抽生副梢。在实际生产中，为促进樱桃成花，常采用新梢摘心、扭梢、适时开张角度、追肥及施用生长调节剂等方法，可促发成花，达到早果丰产的目的。

7.2　整形修剪技术

7.2.1　整形修剪的依据

（1）因树修剪，随枝造形。在栽培实践中，常无法按一种模式进行修剪。要根据品种的生物学特性、不同的生长发育时期及树体具体情况，确定应该采用的修剪方法，以达到修剪的目的。

（2）统筹兼顾，合理安排。根据栽植密度选择适宜的树体骨架，既要长远规划，又要考虑实际，不宜片面追求某种树形，做到有形不死，无形不乱，灵活掌握。对具体植株或枝条要灵活处理，做到主从分明，条理清楚，既不能影响早期产量，又要建造丰产树形，使生长与结果均衡合理。

（3）树枝开角，促进成花。枝条开张角度后生长势减弱，有利于营养生长向生殖生长转化，提早成花。主要开张骨干枝角度，使树体长势中庸，有利于丰产稳产。夏季修剪可采用摘心、扭梢、拿梢、环割等措施，促进枝量的增加和花芽形成，提高早期产量。

（4）轻剪为主，轻重结合。太和樱桃生长结果情况在年生长发育周期和整个生命周期中各有不同，修剪的目的和方法也有差异。因此，要根据太和樱桃不同时期生长发育特点以及树体的具体情况修剪，以轻剪为主，轻重结合，调节树体生长势，解决好生长与结果的关系，维持较长的经济结果年限，达到壮树、丰产、优质的目的。

7.2.2　整形修剪时期及作用

太和樱桃的整形修剪分为冬季修剪和夏季修剪两个时期。冬季修剪一般于落叶后和萌芽前这段时间进行，容易造成剪口干缩，出现流胶现象，消耗大量水分和养分，甚至引起大枝的死亡。冬季修剪最佳时期宜在树液流动之后至萌芽前这段时期。夏季修剪又称为生长期修剪。该期修剪一是剪口容易愈合，枝条不易枯死；二是夏剪矮化了树体，稳定了树势，可以更有效地利用空间；三是增加了枝叶量，促进了花芽的形成，提早结果。夏季修剪主要在幼树上应用，樱桃树进入满冠时期即可停止使用。

（1）冬季修剪。太和樱桃冬季修剪的方法，主要有短截、缓放、回缩、疏枝等。

短截。轻短截：剪去枝条的 $1/4 \sim 1/3$，留枝长度在 50cm 以上。一般平均抽生枝条数量在 3 个左右。轻短截削弱了枝条的顶端优势，增加了短枝数量，轻短截枝条的增长粗度快于中、重短截。在幼龄树上对水平枝和斜生枝进行轻短截，有利于提早结果。中短截：剪去枝条的 $1/2$，留枝长度为 $45 \sim 50cm$。特点是有利于维持顶端优势，一般成枝力强于轻短截和重短截，新梢生长健壮，平均成枝量在 4 个左右，最多的达 5 个。中短截后，抽枝数量多，成枝力强，所以幼树枝条短截时间过长，短截枝量过多，必然影响树冠的通透性，出现修剪年限长、结果晚的现象。中短截主要用于骨干枝的短截，扩大树冠，还可用于大、中结果枝组的培养。重短截：剪去枝条全长 $1/2$ 以上，留枝长度约为 35cm。其特点是能够加强顶端优势，促进新梢生长。成枝数量少，平均成枝数 2 个左右。在幼树整形过程中起到平衡树势作用。另外，可利用重短截将背上枝培养结果枝组。平衡树势时，对长势壮旺的骨干枝延长枝进行重短截，能减少总的生长量。骨干枝背上枝培养结果枝组时，第 1 年行重短截，第 2 年对抽生的中、长枝采用去强留弱、去直留斜的方法培养结果枝组。

缓放。对 1 年生枝不行短截，任其自然生长的修剪方法。缓放与短截的作用效果正好相反，主要是缓和枝势、树势，调节枝叶量，增加结果枝和花芽数量。当然，枝条缓放后的具体反应，常因枝条的长势、着生部位和生长方向而有差异。生长势强、着生部位直立的枝条，经缓放，尤其是连年缓放后，加粗量大，花束状果枝多；长势中庸的水平、斜生枝，缓放后加粗生长量小，枝量增加快，枝条密度大，且花束状果枝较健壮，在缓放枝上的分布也比较均匀。在太和樱桃幼树和初果期树上，适当缓放中庸斜生枝条，是增加枝量、减缓长势、早成、多成花束状果枝，争取提早结果和早期产量的有效措施之一。在缓放直立竞争枝时，由于枝条加粗快，易扰乱树形，使下部短枝枯死，结果部位易外移。因此缓放这类枝条时应与拉枝开角、减少先端的长枝数量相配合，或与环割相结合。

回缩。剪去或锯去多年生枝的一部分，又称缩剪。适当回缩能促使剪口下潜伏芽萌发枝条，恢复树势，调节各种类型的结果枝比例。回缩主要用于强树或弱树。另外回缩多用于大紫类品种的盛果期树，而对于那翁等品种，一般尽量少用或不用。因为枝条回缩后，易引起回缩枝变弱，出现枝条枯死现象。对幼树回缩，易引起枝条徒长，出现抽枝力强、枝量过多的现象，并使回缩枝已形成结果枝的花朵坐果率低。对结果枝组和结果枝进行回缩修剪，可以使保留下来的枝芽得到较多的水分和养分，有利于壮势和促花。缩剪适宜，结果适量，则可保持树势中庸健壮，而无目的回缩也易影响产量和质量。

疏枝。即从基部剪除枝条。疏枝主要用于树冠外围过旺、过密或扰乱树形的枝条。疏枝有利于改善树冠内膛光照条件，均衡树势，减少营养消耗，促进花芽形成。在整形期间，为减少冬季修剪时的疏枝量，生长季应加强抹芽、摘心、扭梢等措施。对于一定要疏除的大枝，一般于采果后进行疏剪。

对太和樱桃多数品种来说，疏枝应用少，原因是疏枝出现伤口后，愈合慢，在各个生长时期均易引起流胶，造成幼树生长衰弱，盛果树早死；幼树疏剪枝条过多，成形慢，枝量少，盛果期单株产量低。因此不宜一次疏除过多，要分期、分批进行。

（2）夏季修剪。太和樱桃夏季修剪主要采用刻芽、拉枝、摘心、扭梢、拿梢等方法。

刻芽。在芽或叶丛枝上方 0.2～0.5cm 处横切一刀，深达木质部，促生枝梢。刻芽多在萌芽前进行。刻芽的作用是提高侧芽或叶丛枝的萌发质量，增加中、长枝的比例，防止光秃。刻芽仅限于在幼旺树和强旺枝上进行。为了整形的需要，只在需要发枝的部位选芽质好的侧芽或叶丛枝进行刻芽。刻芽早、刻得深，一般发枝强；刻芽晚、刻得轻，则发枝弱，可根据需要来确定。另外，刻伤部位在芽的上方 0.5cm 处，这样抽出的枝开角较大，否则，易轴生夹皮枝。

拉枝。用绳索将枝拉开，开张枝条基角。拉枝有利于削弱顶端优势，缓和树势或枝势，增加短枝量，促进花芽形成。另外，还可以改善树冠内膛光照条件，防止结果部位外移。由于太和樱桃幼树生长旺盛，主枝基角小，枝条直立，需拉枝开角。拉枝应提早进行，早拉枝，有利于早形成结果枝，早结果，早收获，幼树期应及早拉枝开角。拉枝的时期一般在春季树液开始流动之后进行，也可在樱桃采收后进行。由于太和樱桃分枝角度小，拉枝很容易劈裂造成分枝处受伤流胶，拉枝前用手摇晃枝基部使之软化，避免劈裂，也易开角。拉枝时，应注意调节骨干枝在树冠空间的位置，使之分布均匀；辅养枝拉枝应防止重叠，合理利用树体空间。

摘心。摘心是在新梢木质化以前，摘除或剪掉新梢先端部分。摘心主要用于增加幼树或旺树的枝量或整形。通过摘心可以控制新梢旺长，增加分枝级次和枝叶量，加速扩大树冠，促进营养生长向生殖生长转化，促生花芽，有利于幼树早结果，并减轻冬季修剪量。摘心可分为早期摘心和生长旺季摘心两种。早期摘心一般在花后 7～8d 进行，将幼嫩新梢保留 10cm 左右，进行摘除。摘心后，除顶端发生 1 根枝外，其余各芽可形成短枝和腋花芽，主要用于控制树冠和培养小型结果枝组。早期摘心，可以减少幼果发育与新梢生长对养分的竞争，提高坐果率。生长旺季摘心一般在 5 月下旬至 7 月下旬以前进行。将旺梢留 30～35cm，余下的部分摘除。幼旺树连续摘心能促进短枝形成，提早结果。树势旺时，可连续摘心。7 月下旬以后摘心，发出的新梢多不充实，易受冻害或抽干。

扭梢。当新梢半木质化时，于基部 4～5 片叶处轻轻扭转 90° 并伤及木质部，使新梢下垂或水平生长。主要应用于中庸枝和旺枝。扭梢时间可在 5 月底至 6 月初进行。扭梢后阻碍了叶片光合产物的向下运输和水分、无机养分向上运输，减少枝条顶端的生长量，相对地增强枝条下部的优势，使下部营养充足，有利于花芽形成。扭梢时间要把握好，扭梢过早，新梢嫩，易折断；扭梢过晚，新梢已木质化且硬脆，不易扭曲，用力过大易折断。

拿梢。用手对旺梢自基部至顶端逐渐捋拿，伤及木质部而不折断的操作方法。拿梢时间一般自采收后至 7 月底以前进行。其作用是缓和旺梢生长势，增加枝叶量，促进花芽形成，还可调整 2～3 年生幼龄树骨干枝的方位和角度。

7.2.3　整形修剪操作

（1）强旺树整形修剪。应采取缓势修剪措施，适当加大各骨干枝角度，将辅养枝及其余枝条拉至水平，也可将部分竞争枝拉下垂或从旺枝基部扭伤；对大枝可采用疏除或缓放的方法，对中上部密集枝分期分批疏除，但一次性疏除不宜过多，因为疏枝留下的伤口多数愈合困难，易出现严重流胶现象。因此疏除大枝应特别谨慎，对能保留的大枝可进行缓放或回缩，结合疏除减少其上长枝数量。另外，利用刻芽或环割，促进花芽形成，及早结果，以果压势。

（2）弱树整形修剪。采用助势修剪方法，各主干枝开张角度不宜过大，应多留枝，特别是多留长枝。长枝以轻、中短截为主，抬高枝角，增强枝势。另外注意尽量少留伤口，少留果，以便恢复生长势。

（3）上强下弱树整形修剪。形成上强下弱树势的原因，一般是在中央领导干上每年留壮芽、壮枝带头，上部枝条长势明显优于下部枝条，上升过快；上层骨干枝短截过重或疏枝过多，枝叶量少，限制长势及树冠扩展；下层枝开角过大、结果多；主干中上部出现过多、过大辅养枝，疏枝不及时，造成上部骨干枝过密，影响下层枝长势等。修剪上疏除主干中上部的过密、过旺枝，留弱枝当头，其余枝拉平缓势；下层骨干枝延长枝中短截，增强生长势。下强上弱树，修剪上抑下促上，下层骨干枝选弱势枝当头，疏除或极重短截旺枝，并开张枝角，辅以环割或扭伤，抑制下层骨干枝生长势，上部枝采用中短截方法，加快增加枝叶量，增强生长势。

（4）外强内弱树整形修剪。调整好骨干枝角度，疏除树冠外围过密旺枝和多年生密生大枝，增加内腔光照强度，增强内腔枝生长势；对于上旺枝可采用环割促花控长方法，或极重短截培养枝组；内腔细弱枝留壮芽短截，增强生长势。

（5）放任树改造。树无定形，结构紊乱，树冠直立，角度不开张，大枝多，外围枝头密挤，成花晚，花芽质量差，产量低。因此，应该采用因树修剪，随枝整形，疏枝、开角相结合的办法，迅速加以改造和调整，建造壮树、高产、优质的树体结构。

（6）无主干树改造。对于有主干而无明显中干、树冠基部有较多大枝的树，可以改造成自然开心形，改造方法是：选择方位适宜、长度相对一致的 4～5 个大枝，用拉枝方法，把角度调整到 30°～40°。每个大枝上选留向冠外方向生长的侧枝 5～6 个，把角度开张到 70°～80°。对于有明显主干的树，如树龄尚小、枝条角度大、开张还比较容易，可改造成改良主干形；如树龄偏大，枝条角度大、开张有困难的，可以改造成主干疏层形或三主枝形（图 10-16）。

图 10-16　分层树形

（7）注意事项。

疏除大枝要慎重进行，可分期分批疏除，一般 2～3 年处理完毕。首先，疏除严重扰乱树形的大枝，如丛状自然形或自然开心形选留主枝后的多余大枝，由竞争枝发展起来的“双干枝”等。其次，疏缩一部分轮生枝、丛状自然形或自然开心形主枝上的内向枝，以及改良主干形主干上的过多过密大枝。疏除轮生枝时，可以采用“疏一缩一”法，避免对口疏枝。疏枝后第 2 年，在疏枝及其以下部位，可能由不定芽或隐芽发出一部分枝，在有空间处应及时摘心控制，培养分枝形成结果枝组；无空间处应及时抹掉。对其余可能转旺的枝条，也应通过夏剪，及时调整控制。

开张大枝角度时，要以拉枝为主，并以绳索固定，用铁丝拴住大枝条的 1/3 或 1/2 处，着力点用废胶管、硬纸板等物衬垫，防止损伤皮层，下端用木桩固定在地下，把大枝向下拉至整形所需角度，防止角度返上。个别长势强、枝较粗、拉枝开角有困难的大枝，也可以选用大枝基部背面“连三锯”的方法开角，忌用背后枝换头。对外围枝头要疏缩多分头枝，实行“清头”。

经过疏除大枝、开角，改善了冠内光照条件，缓和了外围枝长势，内腔短枝、花束状果枝、叶丛枝得到了保护。在此基础上全树轻剪缓放，就可以很快形成大量的优质结果枝，为丰产创造条件。

8　病虫害防治

8.1　防治方法

8.1.1　农业防治

农业防治是根据树体、有害生物、生态环境三者之间的关系，运用一系列农业技术，改变生态系中某些条件，使之不利于有害生物的生存发展，而有利于樱桃树生长发育，增强树体对有害生物的抵抗能力。农业防治可操作性强，可有效减少农药的使用量，在果品安全生产中是优先采用的防治方法。

（1）培育健壮无病毒苗木。太和樱桃病毒病较严重，发病的因素较多，主要是土壤中是否存在致病病源、苗木根系和接穗是否带有病菌。对病毒病的防治，目前尚无有效的方法和药剂，主要是根据传播侵染发病的特点，隔离病原及中间寄主，切断传播途径，严禁使用染毒的砧木和接穗，繁育健壮无病毒苗木。

（2）合理密植间作，避免重茬。定植密度既要考虑到前期产量，又要注意果园通风透光、便于管理。果园间作绿肥及矮秆作物，可以提高土壤肥力，丰富物种多样性，增加天敌控制效果。老果园存在重茬障碍，应进行土壤处理后再栽树，并避免栽在原来的老树坑上。

（3）加强管理，增强抵御病虫害能力。加强土肥水管理，合理修剪，采用疏花、疏果，控制负载，增强树体抗病能力。秋末冬初彻底清除落叶和杂草，消灭在其上越冬的病虫，可减少病虫越冬基数。冬季修剪将在枝条上越冬的卵、幼虫等剪去，减轻翌年的发生与危害；夏剪改善树体通风透光条件，抑制病害发生。

8.1.2　物理手段

利用昆虫的趋光性，在果园设置黑光灯或杀虫灯，可诱杀多种果树害虫，将其危害控制在经济损失水平以下。频振式杀虫灯利用害虫有较强的趋光、波、色、味的特性，将光波设在特定的范围内，近距离用光，远距离用波、用色味引诱成虫扑灯，压缩虫口基数。

害虫越冬前，利用害虫在树皮裂缝中越冬的习性，树干上束草把、破布、废报纸等，诱集害虫在其中越冬，翌年害虫出蛰前集中消灭。冬季树干涂白，防日烧、冻害，也可阻止天牛等害虫产卵危害。

8.1.3　生物方法

生物方法指利用生物活体或生物源农药控制有害生物，如天敌昆虫、植物源、微生物源和动物源农药及其他有益生物的利用。生物防治不对环境产生副作用，对人畜安全，在果品中无残留。

（1）保护和利用天敌。果园生态系统中物种之间存在相互制约、相互依存的关系，各物种在数量上维持着自然平衡，使许多潜在害虫的种群数量稳定在危害水平以下。这种平衡除了受到物理环境的限制外，更主要的是受到果园天敌的控制。果园天敌种类丰富，多达 200 多种，仅经常起作用的优势种就有数十种。因此在果品生产中，应充分发挥天敌的自然控制作用，避免采取对天敌有伤害的防治措施，尤其要限制广谱化学农药的使用。同时改善果园生态环境，保持生物多样性，为天敌提供转换寄主和良好的繁衍场所。冬季刮树皮时注意保护寄生天敌自然飞出，增加果园中天敌数量。有条件的地区可以人工饲养和释放天敌。

（2）利用昆虫激素防治害虫。目前我国生产梨小食心虫、苹小卷叶蛾、苹果褐卷叶蛾、桃蛀螟、桃潜蛾等害虫的专用性诱剂，主要用于害虫发生期测报、诱杀和干扰交配。

（3）利用有益微生物或其代谢产物防治果树病虫害。目前用苏云金杆菌防治鳞翅目幼虫有较好的效果；利用昆虫病原线虫防治金龟子幼虫；用农抗 120 防治腐烂病，具有复发率低、愈合快、用药少、成本低等优点。

8.1.4 化学防治

化学防治是指利用化学合成的农药防治病虫。在我国目前条件下，化学农药对病虫害的防治仍起到不可替代的作用。化学防治对环境有一定污染，必须科学使用，使其对环境的影响降到最低限度。化学农药安全使用标准和农药合理使用准则，应参照 GB/T 4285 和 GB/T 8321 执行。

生产安全优质果品，提倡使用矿物源、植物源和微生物源农药及高效、低毒、低残留农药。矿物源农药主要是波尔多液和石硫合剂。害虫和病菌对这两种药剂不容易产生抗药性，且持效期较长。禁止使用剧毒、高毒、高残留农药和致畸、致癌、致突变农药，包括滴滴涕、六六六、杀虫脒、甲胺磷、对硫磷、久效磷、磷胺、甲拌磷、甲基异硫磷、内吸磷、克百威、涕灭威、灭多威、汞制剂、砷制剂等。

（1）常用的杀虫剂。过去防治樱桃害虫的药剂主要是有机磷杀虫剂，随着一些高毒、高残留的有机磷农药被禁止使用，要求采用高效、低毒、低残留的药剂来防治害虫。与苹果、梨、桃、葡萄等果树相比，樱桃的害虫种类较少，使用的化学农药量也少，生产上在防治害虫时应采用国家推荐的无公害农药。

机油乳剂。属于天然无机农药。通过覆盖虫体使其窒息死亡，并有溶蜡效果，因此对介壳虫类有特效，还能防治一些越冬虫卵。过去使用的机油乳剂是粗制机油，仅能在休眠期使用，现在有精制机油乳剂产品，可以在生长季节使用，如安普敌死虫、喷淋油产品。

拟除虫菊酯类杀虫剂。这一类农药有很多品种，均属于广谱型杀虫剂，对多种害虫如卷叶虫、椿象、叶蝉、蚜虫、介壳虫等有效，主要品种有高效氯氰菊酯、氰戊菊酯、溴氰菊酯、氯氟氰菊酯、S-氰戊菊酯、除虫菊素、甲氰菊酯，其中甲氰菊酯具有杀螨活性。

烟碱类杀虫剂。这是一类新合成的广谱杀虫剂。具有良好的内吸胃毒作用，持效期较长，特别是对刺吸式害虫高效，常用于防治蚜虫、椿象、介壳虫、叶蝉、蓟马、白粉虱等害虫。主要品种有吡虫啉、啶虫脒。

昆虫生长调节剂。是一类以干扰昆虫生长发育和繁殖的药剂。选择性强、持效期长，对人类和天敌生物安全，属于无公害农药，主要品种有灭幼脲、卡死克、除虫脲、抑太保、虱螨脲、米螨等。常用于防治鳞翅目害虫，如卷叶蛾、食心虫等。

生物杀虫剂。包括活体生物和从生物体内提取的活性物质。目前常用的有苏云金杆菌、昆虫病原线虫、核多角体病毒、赤眼蜂、捕食螨、草蛉、瓢虫、印楝素、阿维菌素、催杀菌素等。其中苏云金杆菌、核多角体病毒、赤眼蜂、印楝素多用于防治鳞翅目害虫；昆虫病原线虫用于防治金龟子幼虫，阿维菌素、催杀菌素用于防治樱桃红、白蜘蛛、卷叶虫等。

专性杀螨剂。是专门防治害螨、对害虫无效或低效的药剂。主要品种有螨死净、尼素朗、达螨酮、三环锡、螨即死、克螨特等，其中螨死净、尼素朗对卵和幼若螨有效，对成螨无效，持效期较长，因此这两种药适于在大发生期间使用。其他杀螨剂对螨卵、幼若螨和成螨均有杀伤效果，速效性较好，适于在害螨大发生期使用。达螨酮对白蜘蛛效果较差，用它防治白蜘蛛可和阿维菌素混合使用。

性诱剂。又称性信息素，是由性成熟雌虫分泌、以吸引雄虫前来交配的物质。不同昆虫分泌的性信息素不同，所以具有专一性。目前人工可以合成部分昆虫的性信息素，加入到载体中做成诱芯，用于诱集同种异性昆虫实现害虫预测预报和防治目的。

（2）常用的杀菌剂。杀菌剂根据作用效果可分为铲除剂、保护剂、治疗剂。铲除剂是指用于树体消毒的杀菌剂，常于发芽前使用。保护剂是指阻碍病菌侵染和发病的药剂，一般在病害发生之前预防使用。治疗剂是指病菌侵染或发病后，能杀死病菌和抑制病菌生长，控制病害发生和发展的药剂。目前生产上常用的杀菌剂品种有：

石硫合剂。广谱保护性杀菌剂，对红蜘蛛、白粉病有效，一般用在萌芽前使用，铲除树体上的越冬病虫。

多菌灵。内吸性广谱杀菌剂，具有保护和治疗作用，可以防治多种真菌性病害。

甲基硫菌灵。广谱型内吸杀菌剂，具有内吸、预防和治疗作用。用于防治多种病害。

百菌清。又名达科宁，保护性广谱杀菌剂，对多种植物病害有预防作用，对侵入植物体内的病菌作用效果很小。可用于防治樱桃穿孔病、果腐病。

腐霉利。保护效果好，持效期长，能阻止病斑发展，具有内吸性，耐雨水冲刷。用于防治樱桃的灰霉病。

代森锰锌。广谱性触杀型保护杀菌剂，对多种病害有效。同类产品有速克净、喷克、大生富、大生、山德生。

异菌脲。广谱性触杀型保护杀菌剂，具有一定的治疗作用。用于防治花腐病、灰霉病、叶斑病。

多抗霉素。广谱性抗生素类杀菌剂，具有良好的内吸传导作用和治疗作用，可以防治樱桃叶斑病、灰霉病。

K84 菌剂。没有致病性的放射土壤杆菌，能在根部生长繁殖，并产生选择性抗生素，对控制根癌病菌有特效。属于生物保护剂，只有在病菌侵入之前使用，才能获得较好的防治效果。据试验，用 K84 菌剂处理的樱桃苗木根癌病发病率是 0.5%，而且肿瘤的个体也明显小于对照区。

（3）科学合理地使用化学农药。目前化学农药是快速有效地控制农业病虫害的一种手段，但是如果使用不当，不仅达不到理想的防治效果，而且还会带来很多不良后果，如环境污染、伤害有益生物、病虫产生抗性等。如何科学合理地使用化学农药，应该注意以下几个方面。

根据防治对象及发生特点，选择最有效的药剂和施药时期。每种害虫、病害在发生阶段都有对药剂量敏感的时期，在这个时期用药，不仅防治效果好，而且用药量少，减少农药污染。如介壳虫，它们的初孵幼虫期没有介壳或蜡质层薄，药剂容易穿透虫体体壁发挥药效，此时是防治介壳虫的关键时期。

农药用量要准确，不可随意加大和降低用量。农药的推荐用量是经过科研单位专门进行药效试验确定的有效用量，随意加大农药用量不仅浪费药剂、加速病虫害抗药性的产生，同时会污染环境和伤害天敌生物，有可能产生药害；降低用量防治效果会下降。

选择合理的施药器械和施药方法。农药有多种剂型，分为乳剂、可湿性粉剂、粉剂、颗粒剂、油剂、水剂等，不同的剂型需要用不同的施药器械和施药方式，才能达到满意的效果。乳剂和可湿性粉剂需要兑水喷雾使用，粉剂需要喷粉器械直接喷粉使用，颗粒剂需要撒施到土壤或水面使用，油剂需要超低容量喷雾器喷雾使用。樱桃属于大冠果树，用药液量大，适合选用高压机动喷雾器械，这样可以使药剂全面均匀覆盖到叶片、果实、枝干等，获得良好的防治效果。

科学混用和交替使用农药。农药混配和混用不是任意 2 种或多种药剂简单混在一起的事情，必须根据其物理和化学特性、作用特点、防治目的，选择其适应的药剂进行混合，方能达到扩大防治范围、增效、减缓抗药性、节约用工的效果，反之会出现药害、减效、增毒等后果。如菊酯类杀虫剂与碱性农药石硫合剂、波尔多液混用，就会降低药效。目前有许多已经加工好的混配制剂可以直接使用，生产中需要混用时需先取少量药剂混在一起，喷洒到个别枝条上，观察混合后是否产生沉淀、结絮，对樱桃有无药害等，确保安全后才能使用。

一般害虫在连续使用 1 种农药防治后，容易对该药剂产生抗药性，同时也对同类药剂产生交互抗性，防治效果显著下降。因此在同一年份，果园内必须几种、几类药剂交替使用，以避免产生抗药性，保证防治效果。

8.2 田间病害防治

8.2.1 樱桃褐斑穿孔病

（1）病原。病原菌是核果假尾孢，半知菌门，学名 *Cercospora circumsciss*。

（2）危害症状。发病初期，在叶面上形成针头状的紫色小斑点。扩大后，形成圆形褐色病斑，直径 1~4mm，边缘清晰，略带环纹。后期在病斑上生长有灰褐色霉状物，中部干枯脱落，形成穿孔，边缘整齐。严重时造成落叶，降低产量。

（3）侵染规律。病菌主要以菌丝体在病落叶上或枝梢病组织内越冬，也可以子囊壳越冬，翌年春季产生子囊孢子或分生孢子,借风、雨或气流传播。6月开始发病,8~9月进入发病盛期。温暖、多雨的条件易发病。树势衰弱、湿气滞留或夏季干旱发病重。

发病程度与树势强弱、降水量多少以及立地条件等有关。树势弱,降水量多而频繁,地势低洼、排水不良,树冠郁闭、通风透光差的果园,发病重;反之则轻。

(4) 防治方法。加强肥培管理,增强树体的抗病能力。越冬休眠期间,彻底清理果园,扫除落叶烧毁,消灭越冬菌源。根据降雨早晚和降水量的多少,在谢花后至采果前,喷施2~3次70%代森锰锌可湿性粉剂500倍液,或77%氢氧化铜101可湿性粉剂800倍液,或农用链霉素200单位,均有较好防治效果。

8.2.2　干腐病

(1) 病原。干腐病病原(*Phomopsis fukushii* Endo. et Tanaka.)属球壳孢目拟茎点菌属。

(2) 危害症状。枝干干腐病多发生在枝龄较大的主干和主枝上。发病初期,病部微肿,表面湿润。病斑长形或不规则形,常渗出茶褐色黏液,俗称"冒油"。病部常仅限于表层,衰老树出现较大裂缝。发病后期,病部表面生有大量梭形或近圆形的小黑点。

(3) 侵染规律。病原菌以菌丝体、分生孢子器和子囊壳等,在枝干的病组织内越冬。翌年4月间产生孢子,借风雨传播,经伤口或皮孔侵入,潜育期6~30d。温暖、多雨气候利于发病;高温时,发病受到抑制。枝干干腐病为一种弱寄生菌,树势弱时,发病重。树龄较大、管理粗放时,易发病。

(4) 防治方法。

人工防治。加强栽培管理,增强树势,提高树体的抗病能力。加强树体保护,减少和避免机械伤口、冻伤和虫伤口。

药剂防治。太和樱桃发芽前,喷施5波美度石硫合剂。发现病斑时,及时刮除后,用10波美度石硫合剂消毒。

8.2.3　根癌病

(1) 病原。根癌病是一种细菌性病害,由根癌土壤杆菌所致,学名 *Agrobacterium tumelacines* (Riker.) Conn.

(2) 危害症状。根癌病主要在太和樱桃的根茎处发病,侧根也会发病。根部癌瘤大小不一,呈球形或不规则的扁球形。初生时,乳白色至乳黄色,光滑、柔软,后渐变为淡褐色至深褐色,表面粗糙,凹凸不平。

(3) 侵染规律。根癌病细菌在癌瘤组织内越冬,或在癌瘤破裂蜕皮时,进入土壤中越冬。降雨或灌溉是病原菌传播的主要途径。地下害虫在传播上也有一定的作用。

病原菌通过各种伤口侵入寄主而发病。土壤湿度大时,有利于发病。土温在22℃时,最适于癌瘤的形成。不同的樱桃砧木中,中国樱桃砧抗病性较强,其他樱桃砧木发病重。

(4) 防治方法。选用抗病砧木和无病虫砧木。苗木栽植前,用K84生物杀菌剂30倍液蘸根消毒。田间樱桃树发病后,扒开根茎处土壤,彻底清除癌瘤,用K84药液涂抹,并在根系周围浇灌一些药液。刮下的癌瘤组织,要及时清理、烧毁。

8.2.4　流胶病

(1) 病原。流胶病是太和樱桃的一种生理病害。多种真菌、细菌的侵染可引起或加剧流胶病的发生,已经明确的病原菌有子囊菌(*Ascomycotina* sp.)、腐霉菌(*Pythiaceae* sp.)、葡萄座腔菌(*Botryosphaeria dothidea*)等。

(2) 危害症状。常因冻害、虫害、机械损伤等引起流胶。

(3) 侵染规律。多从6月开始,采果后随着雨季的到来,发病加重。

(4) 防治方法。增施有机肥,增强树势,增强树体抗病能力;适当控制产量,慎用除草剂和生长调节剂;保护树体如树干涂白,防治冻害。加强栽培管理方面要控制好田间水,防止大旱大涝、田间积水,在雨后应及时排除多余的水;同时要尽量避免造成伤口,减轻流胶程度,可以将病疤刮净后,用生石灰10份、石硫合剂1份、食盐2份、植物油0.3份加水调成保护剂涂抹或将病疤刮净后,用有机杀菌剂、黄泥加水调和后涂抹,然后用塑料薄膜包好。

8.2.5　樱桃褐斑病

（1）病原。病原（*Cercospora circumscissa* Sacc.）称核果尾孢霉，属半知菌亚门真菌。

（2）危害症状。主要危害樱桃叶片，在叶片上形成不规则的紫褐色病斑，病斑不形成穿孔，发病严重时也可造成大量落叶。

（3）发病规律。这是一种由真菌引起的叶斑病。该病菌在发病的落叶上越冬，樱桃展叶后，病菌开始侵染叶片，5～6 月开始发病，7～8 月发病最重，果园密闭湿度大时易发病。不同品种抗病性不同，太和樱桃易感病，酸樱桃抗病。

（4）防治方法。基本同穿孔病。

8.2.6　樱桃病毒病

（1）病原。樱桃已发现 40 余种病毒。

（2）危害症状。危害樱桃的病毒有多种，不同病毒侵染症状表现各异，常表现为坐果少、果实小、叶片出现斑驳、失绿、卷叶、扭曲、破碎、坏死、穿孔，树体流胶、树势衰退、丛簇，骨干枝甚至整株死亡等。病毒病一般造成果园减产 20％～30％，严重时可导致整个果园毁灭。

（3）发病规律。樱桃病毒在树体上普遍存在，可通过昆虫、嫁接、种子等传播，受侵染的树体一般不表现症状，多具有潜伏侵染期，当肥水不足和树势衰弱时容易表现症状。不同樱桃品种和砧木对病毒的耐性和抗性差异很大，中国樱桃做砧木嫁接太和樱桃常造成严重死树。

（4）防治方法。目前尚无很有效的病毒防治药剂，对于病毒病的防治主要采取用无病毒苗木建园，平时加强栽培管理，培育壮树，抑制发病；及时防治樱桃虫害，防止传播病毒。发病后喷洒抗病毒制剂，减轻发病程度。

8.2.7　樱桃褐腐病

（1）病原。樱桃褐腐病的病原菌有两种，均属于子囊菌亚门真菌，学名 *Monilia fructigena*。

（2）危害症状。主要危害樱桃的花、叶、幼枝和幼嫩的果实，以果实受害最重。花受害易变褐枯萎，天气潮湿时，花受害部位表面丛生灰霉，天气干燥时，则花变褐萎垂干枯。果梗、新梢被害形成长圆形、凹陷、灰褐色溃疡斑，病斑边沿紫褐色，常发生流胶，当环绕一周时，上部枝条枯死。若天气潮湿时，可长出灰霉。果实受害，初产生褐色圆形斑，随后扩大至全果，变褐软腐，表观产生灰褐色绒球状霉层，呈同心轮纹状排列，病果有的脱落，有的失水变成僵果挂在树上。

（3）发病规律。病菌在病果和病梢上越冬，春季樱桃花果期遇雨易被侵染发病。病菌菌丝发育温度 10～30℃，最适温度 25℃；分生孢子萌发的温度 10～30℃，最适温度 20～25℃。

（4）防治方法。冬季修剪时，彻底剪除病枝、病果，集中烧毁。樱桃树发芽前喷洒 3～5 波美度石硫合剂。初花期和落花后各喷 1 次 50％速克灵可湿性粉剂 1 000 倍液，或 50％甲霉灵 1 500 倍液。采果前 1 个月，50％异菌脲 1 000 倍液，或 50％多菌灵可湿性粉剂 500 倍液。

8.3　虫害防治

8.3.1　红颈天牛

（1）危害症状及规律。红颈天牛 2～3 年完成 1 代，以幼虫在蛀道内越冬。6～7 月羽化为成虫，在枝干的翘皮裂缝中产卵。初孵幼虫先在枝干的皮下蛀食，虫孔排列不整齐。第 2 年，大龄幼虫深入到木质部蛀食，蛀成孔道，并从蛀孔向外排泄锯末样的红褐色虫粪。

（2）防治方法。小幼虫在皮下危害期间，发现虫粪，立即人工挖除；或用兽用针管注射 50％辛硫磷乳油 500 倍液，注入虫道后，用泥封；用 10 份生石灰、1 份硫黄以及 40 份水调制而成的涂白剂涂刷，防止成虫产卵。

8.3.2　金缘吉丁虫（又名串皮虫）

（1）危害症状及规律。1 年发生 1 代，以老龄幼虫在枝干内越冬，6 月羽化为成虫，初孵幼虫先在枝干的老皮层中危害，随虫体长大，深入形成层与木质部之间串食，被害树体流胶，严重时整株死亡。

（2）防治方法。成虫发生期防治，每隔2～3d，人工振落树上成虫捕杀。幼虫危害期防治，人工挖除枝干中的幼虫。加强枝干保护，防止造成机械伤口，避免和减少成虫产卵。刨除失去结果能力的衰老树。

8.3.3 苹果透翅蛾（又名旋皮虫）

（1）危害症状及规律。1年发生1代，以幼虫在被害枝干皮下越冬，翌年4月开始活动危害，5月下旬化蛹，6月中旬至7月中旬羽化为成虫。成虫产卵在枝干的粗皮裂缝中，幼虫孵化后，向枝干的皮下蛀食危害，引起流胶。

（2）防治方法。休眠期人工防治，落叶后发芽前，发现枝干上有红褐色粪便时，人工挖除幼虫。或用药棉或毛笔涂抹5倍辛硫磷原液药杀幼虫；成虫发生期，喷洒5％高效氯氰菊酯乳油2 000倍液。

8.3.4 桑白蚧（又名桃白蚧）

（1）危害症状及规律。1年发生3代，以受精雌成虫在危害处越冬，翌年3月开始危害，随后产卵，各代若虫的孵化期分别为5月上中旬、7月上旬、9月上旬。多以若虫和雌成虫群集枝条上吸食，2～3年生枝受害最重，被害处稍凹陷，严重者枝条死亡。

（2）防治方法。冬季休眠期，人工刮刷树皮，消灭越冬雌成虫。萌芽前喷布1次50倍机油乳剂，或5波美度石硫合剂。生长期各代若虫孵化盛期喷洒10％吡虫啉可湿性粉剂4 000倍液，或4.5％土达乳油2 000倍液。小黑瓢虫是重要天敌，应保护利用。

8.3.5 朝鲜球坚蚧（又名桃球坚蚧）

（1）危害症状及规律。以若虫和雌成虫在枝条和叶片上吸食汁液，影响开花坐果和树体发育。以2龄若虫在枝干上越冬，来年3月开始活动取食，虫体逐渐膨大成半球形，成虫产卵于壳下，6月上旬，若虫孵出后自壳下爬出，寻找危害枝条固定。9～10月进入越冬期。

（2）防治方法。与防治桑白蚧方法类似。

8.3.6 草履蚧

（1）危害症状及规律。若虫聚集危害嫩枝和嫩芽及叶片，严重时也加害果实，造成树势发育不良。1年发生1代，以卵在树干基部的土壤中越冬。翌年2月上旬至3月上旬孵化，太和樱桃树萌芽上树危害。5月下旬至6月上旬，雌虫开始下树入土产卵。

（2）防治方法。2月初，树干上涂抹10cm宽的黏虫胶环，毒杀上树若虫。结合施肥，在树干周围翻土消灭卵囊。若虫期药剂防治同防治桑白蚧。

8.3.7 大灰象甲（又名象鼻虫）

（1）危害症状及规律。以成虫危害新栽幼树的幼芽和嫩叶。1年发生1代，以成虫在土壤内越冬，翌年4月开始活动危害。成虫有受惊吓坠地假死的习性，喜欢在清晨、傍晚和夜间活动。6月中旬，成虫产卵在叶尖或土壤中，幼虫孵化后钻入土中，取食根部组织，并在土壤中化蛹。

（2）防治方法。成虫发生期人工防治，利用其假死性，人工捕捉。新栽幼树，在顶部套一个塑料薄膜袋扎紧口部，防止成虫啃食。

8.3.8 茶翅蝽（俗称臭大姐）

（1）危害症状及规律。以成虫和若虫吸食叶片、嫩梢和果实的汁液。受害幼果呈凹凸不平畸形果。成熟前被害，果肉下陷呈硬化僵块。1年发生1代，以成虫在空房、檐下、石缝内越冬，5月上中旬出蛰危害，6月在叶片背面产卵，7月上旬开始孵化。

（2）防治方法。人工捕捉越冬成虫，人工消灭卵块和初孵若虫。若虫孵化期，喷洒4.5％土达乳油2 000倍液，或20％氰戊菊酯2 000倍液，或2.5％溴氰菊酯2 000倍液。

8.3.9 绿盲蝽

（1）危害症状及规律。1年发生5～7代，4月上旬卵开始孵化，5月下旬出现成虫。以成虫和若虫吸食嫩茎、幼叶和花、果汁液。被害叶呈针刺状，幼果形成锈斑或硬疤。以卵在顶芽鳞片内、地面杂草中越冬。

（2）防治方法。樱桃休眠期，清除果园内外杂草，消灭越冬卵。芽萌动期，树上喷洒机油乳剂＋土达乳油1 500倍液。若虫期防治同茶翅蝽。

8.3.10　梨网蝽

（1）危害症状及规律。成虫和若虫在叶背面刺吸危害，叶面形成苍白斑点；叶背因褐色斑点、虫粪和产卵留下的蝇粪状黑点而呈锈黄色。1 年发生 3 代，以成虫在枝干的粗皮裂缝、土块和落叶下越冬，4 月飞到树上取食危害。

（2）防治方法。春季刮刷枝干的粗皮裂缝，收集枝干碎皮和越冬成虫烧毁。若虫期防治同茶翅蝽。

8.3.11　苹毛金龟子和黑绒金龟子

（1）危害症状及规律。成虫咬食幼芽、嫩叶和花蕾。幼虫孵化后，在地下取食幼根。1 年发生 1 代，以幼虫和成虫在土壤内越冬，翌年樱桃花芽时，成虫出蛰上树危害。

（2）防治方法。成虫危害期，利用假死性人工振落捕杀；黑光灯诱杀；树上喷洒 50% 辛硫磷乳油 1 000 倍液，喷药宜在花前 2～3d 进行。成虫出土前，地面撒施 5% 辛硫磷颗粒剂，每公顷 30kg，撒后浅锄地面。

8.3.12　山楂红蜘蛛（又名红蜘蛛）

（1）危害症状及规律。危害樱桃的多为山楂红蜘蛛，又称山楂叶螨，雌成螨深红色。该虫以成、若螨在叶片背面刺吸汁液，叶片初现褪绿斑点，后扩大成片，严重时叶片焦枯脱落，从而影响樱桃生长和次年花芽形成。山楂红蜘蛛 1 年发生 5～10 代，以受精雌成螨在枝干裂缝内、粗皮下越冬。翌年春天樱桃芽膨大期出蛰活动，芽开绽后便转移到芽上危害，展叶后危害叶片，此后便行产卵，谢花后卵孵化出现第 1 代幼虫。红蜘蛛喜高温干燥，6～7 月发生危害最重，进入雨季后，数量逐渐下降，9 月以后成螨交配后进行越冬。

（2）防治方法。重点抓两个关键防治时期，即越冬成虫的蛰期和谢花后的 1 代卵孵化期，选用高效低毒的防治药剂。芽萌动期用机油乳剂 50～100 倍液，或 3～5 波美度石硫合剂喷洒枝干；谢花后喷洒 20% 螨死净悬浮剂 2 000 倍液；6～7 月大发生期，选用 15% 哒螨灵乳油 2 000 倍液，或 73% 炔螨特乳油 2 000 倍液，或 1.8% 阿维菌素乳油 4 000 倍液。

8.3.13　二斑叶螨（俗称白蜘蛛）

（1）危害症状及规律。二斑叶螨由于体色为黄白色，因而俗称白蜘蛛。该虫体小于红蜘蛛，身体背部两侧各有一黑斑，故称二斑叶螨，以成、若螨刺吸危害叶片，造成叶片褪绿、焦枯脱落。1 年发生多代，以橘红色雌成螨在樱桃树皮裂缝和部分落叶上越冬。早春芽萌动时，越冬雌成螨开始出蛰活动，然后转移到树叶上取食产卵。二斑叶螨繁殖力高、耐饥力强，具有一定的抗水性。

（2）防治方法。收获后及时清除残枝败叶，集中烧毁或深埋。开花前，选用持效期长的 73% 炔螨特乳油 1 000 倍液、1.8% 阿维菌素乳油 3 000 倍液、50% 苯丁锡可湿性粉剂 1 500 倍液、5% 尼索朗或 20% 双甲脒乳油 1 500 倍液防治。若螨开始发生时，用 10% 喹螨醚乳油 4 000 倍液。螨、卵混发期，喷 5% 噻螨酮 1 500 倍液＋1.8% 阿维菌素 4 000 倍液。

8.3.14　毛虫

（1）危害症状及规律。一般危害樱桃的毛虫是舟形毛虫，紫黑色、上生黄白色长毛，静止时，头、尾上翘如船形。该虫以幼虫暴食叶片，发生严重时，常把叶片吃光，影响树势发育和花芽形成。舟形毛虫 1 年发生 1 代，以蛹在树下土壤内越冬，翌年 7～8 月羽化为成虫在叶片背面产块状卵。幼虫孵出后聚集在叶背危害，长到 3 龄后，幼虫分散开蚕食叶片。9 月上旬幼虫成熟，陆续入土化蛹。

（2）防治方法。防治舟形毛虫平时要注意观察，田间发现卵块和聚集危害的小幼虫，及时摘除和杀死。在小幼虫期树上喷洒 20% 灭幼脲 3 号悬浮剂 2 000 倍液，或催杀菌素 5 000 倍液。老龄幼虫危害时期，喷洒速效的拟除虫菊酯类杀虫剂，或 50% 辛硫磷乳油 800 倍液。

8.3.15　卷叶虫

（1）危害症状及规律。樱桃树生长期，经常可以看到有的嫩梢顶端几张叶片包卷在一起，并有绿色幼虫在里面取食危害叶片，这就是卷叶虫的幼虫。危害果树的卷叶虫有好几种，但近几年在樱桃上危害的卷叶虫主要有苹小卷叶虫和苹大卷叶虫，两种害虫的形态特征有所不同，但发生危害特点类似，1 年发生了 3～4 代，均以幼虫潜藏在树上裂缝、剪锯口处结茧越冬。翌年樱桃发芽时，出蛰幼虫开始危害幼芽、嫩叶和花蕾，展叶后吐丝缀叶并潜藏其中化蛹。越冬代成虫于麦收前后羽化，成虫具有趋光、趋化习性，产卵在叶片背面，6～7 d后卵孵化，幼虫危害嫩叶和新梢。

（2）防治方法。应抓紧2个关键时期，分别为越冬幼虫出蛰期和幼虫初孵期，此时用药防治及时，可控制全年的发生。有效的杀虫剂有20％灭幼脲3号悬浮剂2 000倍液、2.5％氯氟氰菊酯乳油2 000～3 000倍液。另外根据成虫的习性，在果园内设置黑光灯、糖醋盆、性诱剂等诱杀成虫。

8.3.16　大青叶蝉

（1）危害症状及规律。以成虫和若虫刺吸危害樱桃枝、叶，成虫刺破枝条表皮产卵，致使枝条因失水、冻害干枯死亡。大青叶蝉成虫黄绿色，前翅蓝绿色，半透明。1年发生3代，以卵在树干、枝条表皮下越冬。翌年，樱桃发芽展叶后越冬卵孵化，第1、2代主要危害玉米、花生、蔬菜、杂草等，10月中旬，第3代成虫开始迁移到樱桃幼树上产卵，产卵部位呈新月形伤口，内有乳白色长弯形卵7～8粒。

（2）防治方法。10月中旬向果园迁移前，树干涂白，防止产卵。田间发现产卵部位，立即人工挤压，消灭越冬卵。发生危害期，树上喷洒5％高效氯氰菊酯2 000～3 000倍液，或10％吡虫啉可湿性粉剂3 000～4 000倍液。

8.3.17　小绿叶蝉（又名桃一点叶蝉、浮尘子）

（1）危害症状及规律。危害樱桃、桃、李、杏、苹果、梨、葡萄等果树。以成、若虫在叶片背面刺吸汁液，被害叶片出现失绿白色斑点，严重时全树叶片呈苍白色。成虫全体黄绿色，头顶钝圆，顶端有1个黑点。若虫全体淡绿色，翅芽绿色。1年发生4代，以成虫在杂草丛、落叶层下和树缝等处越冬。翌年樱桃树萌芽后，越冬成虫迁飞到树上危害并繁殖。前期危害花和嫩芽，谢花后转移到叶片上危害。若虫喜欢群居在叶背，受惊时横行爬动或跳跃。7～8月发生危害最重。

（2）防治方法。彻底清除果园内杂草，减少危害和繁殖场所。发生危害期，树上喷洒5％高效氯氰菊酯乳油2 000～3 000倍液，或10％吡虫啉可湿性粉剂3 000～4 000倍液。

8.4　鸟　　害

果实成熟期间散发的香味特别容易吸引鸟类来觅食，鸟类啄食给太和樱桃造成较大的危害，严重影响樱桃生产。目前，生产中常用铺设防鸟网的办法来预防。

9　采收、分级、包装、贮藏和运输

9.1　采　收

9.1.1　采前准备

太和樱桃是 1 种不耐贮运的果品，5 月上旬成熟，果实发育期短，果皮薄；采收期气温较高，采收期比较集中，常温下就极易过熟、软化、腐烂，2～3d 内便失去商品价值。所以采前准备工作十分重要，进入采摘时期前，就要准备好木梯、小竹篮筐、小钩子等采收事宜。

9.1.2　采收时期

太和樱桃果实发育期很短，果实从开始成熟到充分成熟，果实个头大小还能增长 35％。在此期间，果实风味品质变化很大。另外太和樱桃果实为非呼吸跃变型水果，果实不含可转化成糖的淀粉，采后没有后熟过程，果实品质不会因放置而有所提高。因此，果实达到充分成熟时，风味、品质最佳。其糖分在采前充分积累，采后只能消耗，不再有其他物质转换成糖类。采收过早，果个也小，不能充分显示该品种应有的优良性状和品质，糖分积累少，着色差，产量也低，且贮运期易失水、失鲜，易感病，商品价值低，没有市场竞争力。采收过晚，某些品种易落果，果肉松软，贮运过程中易掉柄，果实易软化、褐变，不耐贮运。充分成熟的太和樱桃含糖量高，果皮厚韧，着色度好，从而提高了抗病性和耐贮力。采收期取决于太和樱桃的成熟度、特性和销售策略。根据其生物学特性和采后用途、离市场的距离、加工和贮运条件来决定其适宜的采收成熟度。

9.1.3　判断成熟度的方法

成熟度是确定太和樱桃果实采收期的直接依据。生产中，成熟度主要是根据果面色泽、果实风味和可溶性固形物含量来确定。黄色品种，当底色褪绿变黄、阳面开始有红晕时，即开始进入成熟期。对红色品种或紫色品种，当果面已全面着红色，即表明进入成熟期。多数品种，鲜果采摘时可溶性固形物含量应达到或超过 15％。

采后就近上市销售的鲜果，应在充分成熟、表现出本品种固有特色时采摘为好。用于贮藏和长途运输的太和樱桃应在此基础上提早 3～5d 采摘。

9.1.4　采收方法

太和樱桃由于受自身某些特性所限制，在采收时不仅有时间上的谨慎选择，而且对其采收方法、要求也相对严格。两者也直接决定樱桃在销售市场上的价值，影响其经济效益。

樱桃每花序坐果 1～6 个，坐果早晚不同，成熟期也不一致，樱桃的成熟期因其在树冠中的部位和着生的果枝类型不同而不同。要根据果实成熟情况，在采收时应该分期分批进行。采收时间最好在晴天上午 9：00 以前或者下午气温较低情况下采收。采摘时必须手工采摘，无伤采收是前提（图 10 - 17）。采摘时应用手捏住果柄轻轻往上掰动。在采摘过程中应配备底部有一小口的容器，容器不能太大，而且必须内装有软衬，以减少机械碰撞。将采摘下的樱桃果实轻轻放入容器内，从容器内往外倒时可以从底部留口处轻轻倒出。

图 10 - 17　樱桃的采收

采收后进行初选，剔除病果、裂果和碰伤果。采摘后的樱桃果实不能在太阳直射下放置，以免影响樱桃果实的商品性和耐贮性。

由于太和樱桃主要在当地鲜销鲜食，对于鲜食的樱桃一般要求口感香甜，色泽艳丽，果个大，所以应在樱桃完全成熟时采收。且采收后应在最短的时间内销售至消费者手中。

9.2 分级包装、运输

9.2.1 分级包装

作为贮藏保鲜用的果实更重要的是按成熟度分级，过熟果不能作为贮藏用果。果实的包装形式也分为采摘包装、运输贮藏包装和销售包装。采摘包装用小果篮，运输包装用塑料周转箱、纸箱等抗压力较强的包装物，箱内要衬软垫，如包装纸等。销售包装可根据市场要求设计。采收下树后，直接装在内衬 0.05mm 的 PVC 包装袋的纸箱或塑料周转箱内，入库后打开袋口进行预冷，当果温降至 0℃ 左右时扎紧袋口入贮。太和樱桃采后应及时入冷库预冷，尽快将温度降至 0~2℃。

太和樱桃果实包装箱不可过大、过深。运输包装可选用装量为 3~5kg 的纸箱或聚苯乙烯泡沫箱，箱子高度一般以不超过 10cm 为宜。销售包装可选用纸盒、塑料盒、塑料托盘或塑料袋等，可根据市场的需要进行调整，每个包装箱装量为 0.25~2.5kg。

9.2.2 运输

外运的果实最好当天采摘，当天分级包装，当天装冷藏车或冷藏气调车发运。用普通汽车运输的太和樱桃，应将果实预冷至 2℃ 左右再装车运输。太和樱桃适宜的运输温度为 0~2℃，最高不要超过 5℃。运输期限一般不超过 3d。距离较远时，应该采用空运或者是冷藏气调车。

短途运输工具都是小型机械车，分级包装要做到和上述一样，应该特别注意防止日晒雨淋和焐热。选择平坦道路，尽量减少颠簸，以免使樱桃受到挤压或碰撞造成烂果。

9.3 贮藏保鲜

9.3.1 影响贮藏保鲜的因素

（1）贮藏温度。樱桃适宜的贮藏温度一般在 0~1℃。适宜的低温贮藏可以有效地抑制呼吸，延缓衰老，抑制病菌的生长。樱桃在采收后由于它有田间热，必须及时预冷，迅速散去田间热。其主要目的是将其快速降温，抑制樱桃果实的呼吸，减少消耗，提高贮藏质量，延长贮藏时间。预冷的方法是将采收后的樱桃迅速放在库温已降至 0℃ 的预冷间内，按照品种、等级、入贮时间的不同分别摆放，摆放时箱与箱之间要留有一定的缝隙，以达到樱桃果实预冷温度均匀一致。当樱桃果实的品温降至 0~0.5℃ 时即为已冷透。将预冷后的樱桃果实放入库温为 0~1℃ 的冷库中。

（2）相对湿度。樱桃果实贮藏的相对湿度为 90%~95%，如果库内的湿度过低，则极易使樱桃果柄枯萎变黑，表面皱皮和变褐引起腐烂。保持樱桃果实本身水分不散失的有效办法，首先就是采用保鲜袋包装，使其袋内樱桃果实水分始终处于饱和状态，防止失水萎蔫。其次可采用增加库内湿度的方法，减少樱桃果实的水分。但若樱桃果实失水过多，这种方法也不能达到预期的效果。

（3）适宜的气体成分。如果采用气调库贮藏保鲜樱桃，库内的气体含量便是重中之重，一般库内 O_2 的浓度为 3%~5%、CO_2 的浓度为 10%~20%，如果 CO_2 浓度过高则会引起樱桃果实褐变和产生异味。适宜的 CO_2 和 O_2 的环境可以有效地抑制其呼吸，使樱桃果实本身的生命活动受到一定的抑制，处于一种休眠状态，保持樱桃果实本身的鲜活品质和营养。

9.3.2 贮藏保鲜的方法

太和樱桃贮藏保鲜的方法有冷藏法、冷库气调小包装贮藏法、气调库贮藏法。生产上常用的主要是冷库气调小包装贮藏法。

（1）设备检查。入贮前 20d 对制冷设备、电气装置等进行保养和维护，检查机器运转情况，压力、温度指示情况是否正常，控制系统是否准确，有故障及时排除，保证设备和整个系统正常运转。用冰水混合液标定温度测头调整仪表零点，保证控温精度和准确度。

（2）库房消毒杀菌。入贮前 10d 应对库房进行全面的清理和打扫，使用过的库房需进行彻底的灭菌。

库房消毒常用的两种方法是熏蒸法和液体药剂喷洒法。

硫黄熏蒸法。按每立方米用 15～20g 计算全库用硫黄量，用锯末做助燃剂。将硫黄分成若干份放在库房的各个部位，用纸卷少量硫黄粉至浅盘中，放锯末引火，不好燃时可用刨花加入少量酒精助燃。以硫黄熏蒸法对冷库进行消毒时，一定要注意防火。用不燃性容器盛放硫黄，室外点燃，无明火后放入室内，关闭库门，24～48h 后打开库门，开启风机通风换气，放出残气。以库内无刺激气味为度，或打开库门上的小门一定时间，放出残余气体。

液体药剂喷洒法消毒。常用药剂有 1%～2%福尔马林、84 消毒液、0.5%漂白粉等，消毒完毕后一定要晾干库内所有的配套设施，以免影响贮藏质量。液体杀菌消毒法最适于防火要求高的冷库。

有条件的地方可使用冷库专用杀菌剂进行冷库杀菌消毒，消毒时应对库内的金属性部分进行保护。

（3）库房预冷。库房的设备、保温设施、消毒等经检查合格后，入贮前 7～10d 正式开机降温，使库房温度降至－1℃，要求将整个库体冷透并保持稳定，有多个冷库单元时应同时降温预冷。

（4）必需器具。准备包装容器、保鲜袋、扎口绳等，有条件的可准备 1 套气体成分测定的仪器。

9.3.3　贮藏保鲜时注意事项

（1）选择质量好的樱桃果实，严格分级、分类。

（2）及时预冷和保鲜，控制适宜低温，延缓衰老和防止腐烂。

（3）保持适宜稳定的低温（0～1℃）和适宜湿度（90%～85%）。均匀且稳定的库温，选择适宜的保鲜袋小包装和保湿装置，防止樱桃失水萎蔫，减少干耗，抑制枯柄和变褐。

（4）定期检查库内樱桃果实的贮藏情况。

（5）根据入贮质量和管理条件，分短、中期贮存，分期分批入库，分期分批出库。出库销售应先销售短期贮藏的，其次是中期、长期贮藏的。

（6）经常观察冷库温度等仪表工作情况，避免因停电等原因造成机械运转故障，而影响贮藏效果。

10 加工利用技术

太和樱桃加工产品主要有樱桃脯、樱桃罐头及樱桃酱等。

10.1 樱桃脯

10.1.1 原料分选

加工樱桃脯以杏黄桃（又称大白桃）为佳，其次是金红桃，成熟度 70%～80% 时采摘，采后除去病虫果、生青果、机械伤果和烂果等，使其果形完整、大小基本一致。

10.1.2 清洗去核

用 0.03% 氯化钙和 6% 亚硫酸氢钠或亚硫酸氢钾浸泡 24h，以增强果实硬度和脱去色泽，然后进行去核。去核是以手工进行，即在竹筷头上呈三角形绑扎 3 根缝衣针制成去核器，用左手拇指、食指和中指捏住果实，右手拿去核器，用针头从果尖处捅掉果核。

10.1.3 糖煮浸糖

去核后的樱桃用清水冲洗干净，沥去水分，以每千克樱桃果加 0.5kg 糖的比例进行糖拌，待糖溶化后放在铝锅或铜锅内糖煮，煮沸至糖完全溶解发亮时，连糖汁带樱桃一起取出，放在盆或缸内浸渍 24h。

10.1.4 干燥包装

将浸渍后的樱桃沥去多余糖汁，放在席上摊开晾干（烘干更好）。在晒制过程中，应该常用清洁的毛巾轻轻揉搓，除去表面糖汁，以免相互黏结。如天气较好，1～2d 即可晒干。晒干后进行分选包装。

10.2 樱桃罐头

10.2.1 原料分选

果实成熟度 70%～80% 时采收，除去病虫烂果、生果、裂果、机械损伤果，使其果形整齐、大小一致。

10.2.2 清洗

选好的果实用 0.03% 氯化钙和 6% 亚硫酸氢钠或亚硫酸氢钠水浸泡 2h，冲洗后水煮，水沸腾后放入果实，待果实浮上水面后即迅速捞出，放入凉水中冲洗降温。

10.2.3 装罐

空罐刷净，高温消毒，装入果实，不宜装的太满，一般至容积的 3/4 即可，再用糖 30%、柠檬酸 0.1%、水 69.9% 配制而成的糖水将罐内对满。

10.2.4 排气密封

装罐后放在高温下排气，排气瓶内中心温度不低于 75℃，排气后立即用封罐机封口，并检查封口质量。

10.2.5 杀菌冷却

封罐后立即杀菌，在 100℃ 高温下保温 20min，然后取出冷却。

10.3 樱桃酱

10.3.1 原料去核清洗

利用制果脯、罐头选出的小果、裂果、机械伤果，除去杂物，利用去核器捅去果核，用清水冲洗。

10.3.2　预煮打酱

将冲洗后果实放入铜锅或铝锅中，加入少量水预煮 10～20min，使其软化，再用孔径 0.7～1.0mm 的筛板打浆机打酱。

10.3.3　浓缩

把果酱放入铜锅或铝锅中，按外销果肉与砂糖比为 1∶1、内销为 1∶0.5 的比例先加 1/2 砂糖进行熬煮，待砂糖完全溶化时再加入另 1/2 砂糖，直至全部砂糖完全溶化后，浓缩到固形物 55%（内销）～60%（外销），即可出锅装罐。

10.3.4　装罐封口

空罐洗净，高温消毒后进行装罐，装罐时发现杂质等应及时剔除，酱体温度在 85℃以上时进行封口。

10.3.5　杀菌冷却

封口后立即在 100℃条件下保温 10min 消毒，然后取出冷却。

附表 10 - 1　太和樱桃病虫害防治历

时期（物候期）	防治对象	防治方法
3 月 2～20 日（芽萌动期）	铲除树上越冬病菌、流胶病、蚜虫、介壳虫和红蜘蛛等	清理修剪后落地枝条，清扫落叶、烂果、僵果，深埋或带离果园烧毁；发芽前全树喷布 5 波美度石硫合剂；使用杀虫灯的连片杏园，于发芽前安装完毕
4 月（花期前后）	盲椿象、金龟甲、灰霉病、穿孔病等	5％高效氯氰菊酯乳油 2 500 倍液＋10％杀菌优 800 倍液、72％农用链霉素＋23％佳实百可溶性粉剂 4 000 倍（补硼、补钙）
5 月（樱桃采摘前后）	介壳虫、盲椿象、金龟甲、果蝇、红蜘蛛、白蜘蛛、灰霉病、穿孔病等	40％氟硅唑 8 000 倍液＋90％万灵 3 500 液＋1.8％阿维菌素 4 000～6 000 倍液（如果园内有红蜘蛛、白蜘蛛）＋23％佳实百可溶性粉剂 14 000 倍（补硼、补钙）
6 月初至 7 月初	红蜘蛛、白蜘蛛、金龟甲等食叶害虫，叶片黑点病、褐斑病、炭疽病和穿孔病等	5％高效氯氰菊酯乳油 2 500 倍液＋50％多菌灵可湿性粉剂 600 倍液＋72％农用链霉素可溶性粉剂 4 000 倍液
7 月中旬至 8 月初	食叶害虫、红蜘蛛、白蜘蛛、叶片黑点病、褐斑病、炭疽病和穿孔病等	50％多菌灵可湿性粉剂 600 倍液＋80％代森锰锌可湿性粉剂 800 倍液＋48％毒死蜱乳油 1 500 倍液或 1.8％阿维菌素乳油 4 000～6 000 倍液
8 月中旬至 9 月上旬	介壳虫、食叶害虫、红蜘蛛、白蜘蛛、叶片黑点病、褐斑病、炭疽病和穿孔病等	80％代森锰锌可湿性粉剂 800 倍液＋90％万灵 3 500 倍液
9 月 中 旬、下旬	食叶害虫、红蜘蛛、白蜘蛛、叶片黑点病、褐斑病、炭疽病和穿孔病等	50％轮纹宁可湿性粉剂 800 倍液＋5％士达乳油 1 500 倍液

参考文献

崔丽静，王悦燕，2005. 频振式杀虫灯防治害虫效果好 [J]. 烟台果树（2）：54.

蔡培根，汪春华，蒋亚辉，1985. 太和樱桃的综合加工技术 [J]. 中国果菜，4（2）：18 - 21.

董香芹，崔庆宝，赵建强，等，2004. 无公害樱桃的生产技术 [J]. 山东林业科技（4）：27.

高新一，王玉英，1999. 樱桃丰产栽培图说 [M]. 北京：中国林业出版社.

韩文璞，张述华，2003. 甜樱桃流胶病的发生与防治 [J]. 烟台果树（3）：33.

刘娇，2004. 无公害果品病虫防治新技术 [J]. 河北果树（4）：49 - 50.

刘军，王小伟，魏钦平，2005. 果园鸟害的防治方法 [J]. 山西果树（2）：19 - 20.

聂继云，2003. 果品标准化生产手册 [M]. 北京：中国标准出版社.

孙灿辉，2012. 樱桃栽培技术 [J]. 安徽林业科技，38（1）：70 - 71.

孙丰金，2004. 大樱桃主要病虫害及综合防治技术 [J]. 河北果树（3）：19 - 20.

孙玉刚，王金政，2010. 甜樱桃优质高效生产 [M]. 济南：山东科学技术出版社.

吴秉军，刘德先，等，1998. 大樱桃优质高产栽培及病虫害防治 [M]. 北京：中国农业出版社.

王柱华，王炳朔，2003. 预防大樱桃花期霜冻的 3 项措施 [J]. 中国果树（5）：55 - 56.

王华，于利荣，余毅兵，等，2005. 大樱桃流胶病的防治试验 [J]. 烟台果树（2）：32.

王志强，2001. 甜樱桃优质高产及商品化生产技术 [M]. 北京：中国农业科技出版社.

王田利，2004. 危害大樱桃的病虫害及综合防治 [J]. 致富之友（11）：46 - 47.

杨洪强，2003. 绿色无公害果品生产全编 [M]. 北京：中国农业出版社.

严怀英，2003. 果树无公害生产技术指南 [M]. 北京：中国农业出版社.

杨军，徐凯，1997. 太和樱桃的栽培现状与发展前景 [J]. 安徽农业科学，12（6）：22 - 26.

杨军，徐凯，李绍稳，1998. 太和樱桃优良品种及丰产优质栽培技术 [J]. 中国林副特产，6（3）：36 - 37.

岳永红，2001. 甜樱桃树越冬抽条原因及预防措施［J］. 北方果树（2）：25 - 26.

于绍夫，2002. 大樱桃栽培新技术［M］. 2 版 . 济南：山东科学技术出版社 .

于毅，王少敏，2010. 提高樱桃商品性栽培技术问答［M］. 北京：金盾出版社 .

殷艺聪，马聚卿，李聚芳，2005. 无公害果品病虫害防治技术［J］. 河北果树（1）：52 - 53.

于中柱，2009. 太和樱桃的栽培与加工利用［J］. 农技服务（6）：113 - 114.

赵改荣，韩礼星，李明，2003. 果树保护地栽培问答丛书——樱桃［M］. 太原：山西科学技术出版社 .

张开春，2006. 无公害甜樱桃标准化生产［M］. 北京：中国农业出版社 .

第 11 篇
萧县巴斗杏

1　概　　要

1.1　萧县果树的栽培历史

1.1.1　萧县的由来

萧县古称萧国。西周建国后，成王姬诵封商纣庶兄微子启于殷地，号宋公，为宋国，辖地在今河南东部及山东、江苏、安徽接壤地区。宋封微子裔孙大心为萧宰，曰"萧叔大心"。"自鲁庄公二十三年，萧叔朝公始见书于《春秋》，实周惠王之六年（前 671）。"（段广瀛：《续萧县志•序》）。

周庄王十四年（前 683）宋将南宫长万弑湣公，以湣公从弟子游为宋君。尽逐戴、武、宣、穆、庄之族，群公子出奔于萧。萧叔大心率五族之众败南宫长万，迎御说即位，是为宋桓公。桓公因大心有平乱迎立之公，遂升萧邑为萧国，以大心为国君，附庸于宋。

1.1.2　萧县果树的栽培历史

萧县果树栽培有着悠久的历史，天门寺一棵古银杏，树龄 1 400 多年，是南北朝时栽植的。皇藏峪瑞云寺中有银杏 2 株，是 1 300 多年前的隋唐时期栽植的，在宋代苏东坡的诗中，记载萧县果树的就有两处，一是《白土山石炭歌》中，有"南山栗林渐可息？北山顽矿何劳锻"句，白土山即在今日白土镇附近；二是《陈季常所蓄朱陈村嫁娶图二首》中，有"我是朱陈旧使君，劝农曾入杏花村。"苏公自注：朱陈村在徐州萧县，另考注朱陈村与杏花村相连，以上说明在宋代，萧县就有栗子林和杏花村。千百年来，萧县沿用果树命名的村庄共 20 个，其中以桃园命名的 9 个、柿园命名的 7 个、枣园命名的 2 个、杏园命名的 1 个、李子园命名的 1 个。据《康熙萧县志》果之品部分记载，那时的果树品种有杏、李、梨、柿、核桃、山楂、桃、梅、枣、樱桃、葡萄、银杏、苹果、石榴、酸枣。萧县巴斗杏是在果树的长期发展中培育出的 1 个主栽品种，相传已有 400 多年的栽培历史。

1934 年《中国实业志》记载，萧县果品产量：桃 435t，杏 230t，石榴 375t，梨 60t，合计 1 100t。

1928—1936 年的 10 年，萧县引进国外新品种，采用了新技术，并进而发展加工酿造业，产、运、销、加工一条龙，已初步形成水果产业的雏形。1938 年，日本侵略军侵占萧县以后，水果生产遭受极大破坏。日本投降后，内战又起，果树生产再次遭到破坏。到新中国成立时，全县果树仅存 2 000hm²，总产量 263.7 万 kg，主要有沙河两岸的部分梨园，黄河故道两岸断断续续的桃园，东南山区零零星星的杏、核桃、石榴、枣、柿子等，城东大庄、邵庄一带的 53hm² 葡萄园。

新中国成立后，全县果树生产得到了快速发展，出现了 3 个快速发展时期。1959—1961 年，县里提出"五里一个桃花店，十里一个杏花村"计划。3 年新栽果树 1 666.7hm²，总面积达到 4 333.3hm²。1970—1972 年，全县出现了第 2 个迅速发展期，全县果树面积达 6 533.3hm²。1985 年，县委、县政府把发展林果业作为振兴萧县经济的 3 个主导产业之一，促进了果树生产的迅速发展。到 1995 年，全县果树面积发展到 2.7 万 hm²。形成了三大片一条线的区域布局，即：北部黄河故道优质梨、苹果产区；中部优质葡萄、桃产区；东南山区优质葡萄、杂果产区；西部沙河两岸优质苹果、桃产区。进入 21 世纪后，特别是省政府将萧县作为实施水果产业化发展的重点县加强扶持，促进了全县水果产业的稳步发展。到 2007 年，全县果树面积发展到 3.3 万 hm²，水果总产量达 68 万 t，其中杏树面积 2 333hm²，总产量 2 万 t，分别占全县水果生产的 7% 和 2.9%。

1.2　萧县自然环境条件

1.2.1　行政区划

西周时，萧为宋邑。东周时，萧建国。春秋时附庸于宋。秦置萧县，属泗水郡，后改泗水郡为沛郡。北齐天保七年（556年）撤郡改为承高县。隋开皇六年（583年）改承高县为龙城县。开皇十八年（598年）改龙城县为临沛县。大业初（605年）复改为萧县。唐、宋、元、明均属徐州。清属江苏省徐州府，辛亥革命后仍属江苏省，1955年由江苏省划归安徽省至今，现辖23个乡镇，256个行政村，总人口140万人，其中农业人口110万人。

1.2.2 地理位置

萧县位于安徽省淮北平原北部，黄淮海平原南端。东部、北部与江苏省铜山县、丰县接壤，西与砀山县及河南省永城市毗邻，南同淮北市、濉溪县交界，东南与埇桥区相连。县境南起北纬33°56′，北抵北纬34°29′，南北跨距33′，约60.4 km；西从东经116°31′，东到东经117°12′，东西跨距41′，约56km，全县国土面积1 870 km²，其中平原1 450 km²，山间谷地270 km²。全县耕地面积10.8万 hm²，山坡林草地1.5万 hm²。

1.2.3 自然环境与条件

（1）地形与地貌。萧县按地形特征可分为山地和平原两大区域。低山丘陵区分布于县境中部和东南部，由震旦纪至奥陶纪碳酸盐岩组成。岭低谷宽，分布错落，以水流侵浊为主。山脉走向为北东、南西向，山顶光秃，起伏不大，坡角15°～20°，海拔180～350m。丘陵幅度1.5～2.5km。在低山丘陵周围，由于地面流水的侵蚀作用，形成山麓缓坡和丘陵间的6个山间谷地，面积272.26km²。

平原区是由于黄河、大沙河的泛滥形成堆积平原，面积1 448.33km²。清咸丰五年（1855年），黄河决口于河南兰考铜瓦厢，改道北流，原流经县境北部的河道淤废。由于原黄河沉积，又受两岸人工堤的约束，黄河故道成为高出地面的平原，一般比堤外平原高出5～9m，河道中心至大堤两侧宽2～6km。

萧县土壤主要有淤土属、两合土属、沙土属和飞沙土属等10个土属。有机质含量山地高、平原低，平均为0.78%，pH是山地低、平原高，平均为8.4。

（2）气候特征。萧县位于我国黄淮海大平原南缘，属于淮北平原北部的黄河故道地区。年均气温14.3℃，平均最高气温38.2℃，平均最低气温－12.4℃，1月平均气温0℃，7月平均气温27.3℃，初霜期10月底，终霜期4月初，无霜期206d，年有效积温4 682℃，7～8月昼夜温差平均为8.6℃，全年日照时数2 408.5h，太阳年辐射总量533.88 kJ/cm²，年均降水量854.6mm。

萧县属暖温带大陆性季风气候区，冬季寒冷，夏季炎热，日照充足，四季分明。萧县雨量适中，但降水量呈季节性。降雨多集中在7月前后，7月的高温多雨对水果生产中的病害防治极为不利。8月下旬以后的干旱，即夹秋旱，对晚熟水果的成熟和品质都比较有利。

（3）水资源。萧县属淮河流域。秦汉时汴水经萧东流，在徐州东北角汇泗（水）入淮，汉末，黄河入汴，汴渠淤塞。南宋刘峤北伐灭后秦，疏浚汴渠，此后汴渠通塞交替。隋炀帝大业元年（605年），开凿通济渠，自商丘南向东南经永城、宿县、灵璧、泗县入淮，原汴渠经萧、徐入泗、入淮者渐微。宋建炎二年（1128年），黄河南徙，夺汴入淮，正流南侵北趋，无固定河道。明弘治年间筑北堤，万历年间筑南堤，使黄河固定经萧、徐由汴入泗，由泗入淮。清咸丰五年（1855年），黄河于河南兰考铜瓦厢（今兰考东坝头）决口，夺大清河、经章丘穿运河，在山东利津入渤海。改道北徙后，原河道淤废，给萧县留下了比堤外平原高5～9m的故道。原来北流注获（即汴水）的濉水，变成南流入淮。其他河流皆因无水源而成为间歇性、季节性河道，水系紊乱，旱、涝、洪、渍频发。清末至民国年间，治理了龙、岱、奎、减诸河，但没有解决水的出路问题。

新中国成立后，调整、疏通了河道，开挖了萧濉新河，经萧濉新河可将水排入新汴河。全县现有河道15条，即龙河、岱河、闸河、大沙河、利民沟、洪河、减河、洪减河、港河、湘西河、毛河、倒流河、萧濉新河、王引河、东倒流河，总长439 679km，除东倒流河属奎濉河水系外，其余均属新汴河水系。

（4）环境质量。按照《绿色食品产地环境质量标准》，2005—2006年对萧县44个土壤样品中污染物重金属（汞、铅、砷、镉、铬和铜）含量的检测结果表明：萧县土壤中6种重金属元素含量均在标准规定范围内，7个乡镇的土壤环境质量均为一级，达到了安全清洁水平。其大气、农田灌溉用水也都符合绿色食品产地环境标准。

1.2.4　生物资源

萧县动植物资源丰富、生物种类繁多。萧县有木本植物200多种，分属54个科，110个属；草本植物273种，分属46个科。此外，还有水生植物48种；水生动物13种；两栖和爬行动物6种。鸟类资源也十分丰富，其中留鸟17种、夏候鸟20种、冬候鸟3种、旅鸟17种，隶属12个目。萧县的果树资源丰富，有葡萄、梨、桃、杏、石榴、樱桃、柿、枣、苹果等20余种。

1.2.5　旅游资源

萧县的旅游资源极为丰富。位于县城东南的皇藏峪风景区总面积31 km^2，于1992年被国家林业局审定为国家级森林公园，2000年被国家文物保护委员会授予"中国历史文化遗产"称号，是AAAA级风景名胜。景区内有同纬度保存最完好的落叶阔叶林带，总面积20km^2，山、水、泉、涧等自然景观浑然一体，小气候明显，素有"幽谷圣地"、"淮海佳境"之称。名胜古迹有皇藏洞、美人洞、果老洞、仙人床、拔剑泉、苏轼祈雪处、闵子祠等；另外还有天门寺、圣泉寺、山泉、孔庙、花甲寺古遗址、淮海战役旧址等。近年来当地依托这些风景名胜的旅游资源，进一步开发了自摘果园为主的观光农业。

1.3　杏的价值

1.3.1　营养价值和药用价值

杏果深受人们的喜爱，不仅因为它风味优美，色泽艳丽，更为重要的是它具有很高的营养价值和药用价值。据分析，在100g杏的果肉中，含糖12g，蛋白质0.9g，钙26mg，磷24mg，铁0.8mg，胡萝卜素1.79mg，B族维生素0.65mg，维生素C 7mg。在100g杏仁中，含脂肪51g，蛋白质27.7g，糖9g，磷385mg，钙111mg，铁7mg，还有丰富的维生素E等。这些都是人体所必需的营养元素，而且具有很好的养生保健作用。

1.3.2　栽培价值

杏果和杏仁既可鲜食，又可加工，主要可加工成糖水罐头、杏干、杏酱、杏酒、杏仁露和杏仁茶等产品。杏仁油为不干性油，在-10℃时仍保持澄清，在-20℃才凝结，因而是高级润滑油，用于航空和精密仪器的润滑或防锈。它也是高级塑料的溶剂，还是护肤化妆品及制造香皂的原料。杏的核壳是制造活性炭的高级原料。活性炭是印染、纺织等工业中不可缺少的原料。杏核壳磨碎后，还可以作为钻井泥浆的添加剂。

1.3.3　经济价值

杏树适应强、经济寿命长、结果早、易丰产，果实生育期短、成熟早、上市早、经济效益高，而且果品可用于加工，其产值可大幅度增加。因此，发展杏生产是农民脱贫致富的一条好门路。萧县徐里、卢屯、苗山、帽山等杏的主产区，近几年巴斗杏的每公顷收益大多都维持在6万元左右，个别连片杏园每公顷收益可达15万元左右。

1.3.4　生态价值

杏树抗旱，耐寒，喜阳光，耐瘠薄，是公认的绿化荒山的先锋树种。萧县东南山区的山坡地大量种植杏树，既绿化了荒山，美化了环境，又起到了防止水土流失，收到了改善生态环境，提高经济效益和社会效益的良好效果。

1.4　萧县杏树的栽培现状

1.4.1　分布

萧县杏树栽培历史悠久，经过长期的发展变化，形成了以东南山区为集中产区、平原地带为零星栽植的区域分布，特别是在新中国成立后形成的发展果树"上山下滩，不与粮棉争地"思想引导下，山区杏树发展不断扩大，平原地区杏树逐年减少。目前，全县杏树面积2 333.3hm^2，其中90%以上集中在山区，主要分布在位于东南山区的龙城镇、白土镇、官桥镇、庄里乡、永堌镇、丁里镇、孙圩子乡等，面积为 2 099.9hm²。而杏树的集中产区又大都分布在较高的山坡地，主要原因是受"杏树上山，石榴靠边"传统习惯的影响。

1.4.2　品种

历史上萧县杏树品种较多，主要有大巴斗杏、改良巴斗杏、小巴斗杏、麦黄杏、水杏、红杏、菜籽黄、鸡蛋杏、玉杏、荷包杏、梅杏等。但随着时代的变迁，逐步形成了以巴斗杏（主要是指大巴斗杏）（图 11-1）为主栽品种，其他品种作为授粉树的品种结构。从 20 世纪末以来，萧县又不断引进新品种，主要有金太阳、凯特、大果杏等。现在萧县杏树栽培的品种结构是金太阳、凯特等新品种达 1 400hm²，而以巴斗杏为主栽品种的传统品种只有 800hm²，其他品种 200hm²。从树龄结构看，20 年生以上树龄的杏树都是传统老品种，管理较粗放，约 10 年生以下树龄的杏树都是引进的新品种，栽培管理较为精细。主要原因是新品种成熟期较传统杏早、果个大。

图 11-1　巴斗杏

1.4.3　田间管理

萧县杏树主要栽植在山坡地上，土、肥、水管理比较困难，许多农民都把精力集中在较低山地的其他果树或农作物上，除一部分管理水平较好的连片杏园，进行施肥、喷药、修剪外，大部分是任其自然生长的，所以，树体结构紊乱，果个普遍偏小。

1.4.4　产量与品质

萧县杏树产量普遍偏低，大部分杏园产量每 666.7m² 约为 1 000kg，丰产连片杏园每 666.7m² 平均为 1 750kg，低产连片杏园不足 500kg。巴斗杏产量普遍偏低，其主要原因是粗放式管理。全县杏年总产量 2 万 t 左右。

巴斗杏果皮橘黄色，阳面有红晕，鲜艳美观，果实圆形或扁圆形，单果重 40g 左右，果肉黄色，绵而不软，汁中多、味酸甜，香味突出，风味优美，离核、仁甜，品质优良，鲜食品质上等，又适合加工成多种产品。

1.4.5　生产中存在的主要问题

（1）杏产品市场开发意识不强。萧县是巴斗杏的原产地，面积和产量都具有一定规模，其优势没有得到发挥。没有大面积的标准化果园，没有相应的采后处理条件，没有以杏为主的生产企业，没有相应的贮藏条件，没有注册商标，没有形成产业化经营。

（2）栽培管理水平低。其栽植区域的自然条件较差，土、肥、水管理普遍粗放，施肥、病虫害防治，不能按要求进行，修剪方法也不当，产量低、品质差，生产效益不高。

（3）加工能力不强。萧县年产 2 万 t 杏，几乎都是作为鲜食到市场上销售，只有一家加工企业少量生产杏罐头、杏酱。产品单一，产量有限，不能起到促进杏树发展的龙头带动作用。

（4）投入严重不足。萧县杏树大都在较高山坡地，土层浅，保水保肥能力差，但许多农民栽植杏树粗放管理，不施肥、不打药，果园投入严重不足，造成树势衰弱，提前老化，果个变小，品质降低，极大地影响杏树生产经济效益的提高。

2　巴斗杏树的生物学特性

2.1　生长特性

萧县巴斗杏为乔木，自然生长状态下的大树可高达8m以上。人工栽培条件下经过整形修剪，可把树冠控制在4m以内。在杏树品种中，巴斗杏树生长势较强，特别是在进入盛果期前，极性生长特别明显，枝条抽生角度较小，当年生枝抽生长可达1.5m以上，萌芽率低、成枝力低，剪口下一般抽生2~3个长枝。具有结果早、产量高、寿命长的特点，一般在定植后3年左右开始结果。6~8年进入盛果期，盛果期年限较长，一般可达30年以上，萧县现有40年生以上的大树，仍能达到丰产，单株产量达150kg以上。巴斗杏树根系强大，生长茂盛，适应性强、抗旱、耐盐碱，但花期易受冻害。盛果期后，树姿开张，但更新能力较强，经济寿命长。在自然生长情况下，树形成自然圆头形。

2.1.1　叶芽

萧县巴斗杏的生长发育和树体更新都是由叶芽开始的，通过叶芽的生长实现营养生长向生殖生长的转变。叶芽由鳞片、雏梢和叶原始体组成，萌发后形成新梢。叶芽主要是腋芽，顶芽多数是花芽。腋芽着生于叶腋内，同一枝条上不同部位的腋芽的饱满度、萌芽率、成枝力、生长势都有明显的差异，枝条中部的腋芽质量最好、最饱满。巴斗杏芽早熟性较强，当年形成后，条件适宜即可萌发。通常在生长良好的情况下，一年内可发出2~3次分枝，生产中利用这一特点可提早形成树冠并较早进入结果期。枝条上芽的萌发力由上而下，逐渐减弱，枝条基部的芽往往不萌发而成为潜伏芽。潜伏芽寿命可达20~30年，回缩大枝，潜伏芽即可萌发出新枝，所以老年杏树易于更新复壮。巴斗杏枝条具有明显的先端优势，一般枝条顶端的几个芽能抽生较长新梢，中下部芽抽生新梢较短，容易形成结果枝，这对扩大树冠和形成结果枝都有利。枝梢生长量和生长势除与树龄有关外，同肥水条件和光照条件也有密切关系，在干旱、肥水不足的情况下，生长量小，定植太密、修剪不当，树冠枝条太多，内膛郁闭、通风不良、光照不足的情况下，则内膛枝组生长细弱，容易枯死，形成枝条自疏现象，结果部位外移，产量下降。因此，生产上应加强肥水管理，通过合理整形修剪，保持树冠通风良好，以保证树冠内外各类枝梢均达到一定的生长量，从而达到杏树高产、稳产、优质的目标。

2.1.2　花芽及花芽形成

（1）花芽。巴斗杏树的花芽为纯花芽，萌发后只能开花结果，树体正常生长情况下，花芽形成比较容易，一般每节上可着生2个花芽，并与叶芽并生，通常是叶芽在中间、花芽在两侧。

（2）花芽分化。一般在果实采收前后开始，花芽的形成要经过生理分化和形态分化两个阶段。生理分化是花芽形成的第1阶段，叶腋内芽发生一系列生理上的变化，完成由营养生长向生殖生长的转变；形态分化是形成花芽的第2阶段，是在生理分化的基础上，完成花芽形态特征的转变。巴斗杏树花芽形态分化可分为5个时期：

花蕾分化期。即花芽分化始期，此期花芽生长膨大，芽内半圆体形成，花蕾原基出现。

花萼分化期。花蕾原基中央变平，四周产生突起物，为花萼原基。

花瓣分化期。在伸长的萼片原基内侧基部产生一轮突起物，为花瓣原基。

雄蕊分化期。在花瓣原基内侧基部，自上而下相继出现两轮突起物，为雄蕊原基。

雌蕊分化期。在下层雄蕊原基的下方，花原基中心底部出现向上生长的突起，即为雌蕊原基。

2.1.3　叶

巴斗杏树的叶片为近圆形，叶片蜡质层较明显，叶主脉绿白色，上下两面均光滑无毛，叶尖长突，叶基圆形，叶缘顺生、平钝，叶面平滑、有光色，叶梗细，阳面暗红色，平均长5.77cm（图11-2）。叶片平均长9.55cm，平均宽8.57cm，叶尖平均长0.96cm，平均叶面积58.06cm²。同一枝条着生部位不同，叶片面积大小差异性不大。

图 11-2 叶 片

2.1.4 枝条种类及特性

巴斗杏的枝条按其生长部位和顺序分为主枝、侧枝、延长枝。按生长年龄分为 1 年生枝、2 年生枝、多年生枝。按其功能分为生长枝和结果枝，生长枝因生长势的不同，可分为发育枝和徒长枝；结果枝按长度分为长果枝、中果枝、短果枝、花束状果枝。

（1）生长枝。

发育枝。用于树体生长、扩大树冠的枝条，枝条上的叶片通过光合作用产生有机物质，供应树体生长和果实发育。

徒长枝。树冠内由于受到某种刺激而出现的直定向上生长的强旺枝条，这类枝条生长迅速、节间长、分枝少，组织不充实，一般花芽少或不能形成花芽。

（2）结果枝。

长果枝。枝条长度在 30cm 以上，主要出现在幼树和初结果期树上，花芽不充实，坐果率较低，一般可做结果用，由于其生长旺盛，也可用于扩大树冠，或短截后培养成大型结果枝组。

中果枝。枝条长度在 15～30cm，是结果初期树的主要结果部位，这类枝条生长中庸，短而粗壮，形成的花芽充实，坐果率高。

短果枝。枝条长度在 5～15cm，是盛果期树的主要结果部位，这类枝条生长较细弱，但花芽充实，坐果率高，与中果枝一起构成盛果期树产量的主要部位。

花束状果枝。枝条长度小于 5cm，枝条上有 90％以上花芽，只有少量的叶芽，常常只有顶芽是叶芽，而侧生芽均为花芽，节间极短。这类花芽分化较充实，坐果率也很高，是盛果期和衰老期杏树的主要结果部位。

2.1.5 花

巴斗杏花为两性花，单生，每个花芽发育成 1 朵花，叶芽萌发前开放（图 11-3）。花冠直径 3cm 左右，无花柄或有极短花柄。花萼不大、开张，有 5 个深裂，外面红色，里面黄绿色。花冠有 5 个直径为 20～30mm 的白色花瓣组成。花内两轮 20～30 个雄蕊组成雄蕊群。雌蕊黄色、柱头白色、有轻绒毛，子房上位，由两个胚组成，通常其中一个败育。

杏花器官由于发育不健全存在 4 种类型：一是雌蕊长于雄蕊，二是雌蕊、雄蕊等长，三是雌蕊短于雄蕊，四是雌蕊退化。前两种为完全花，可授粉受精。第 3 种花，一部分可授粉，但结实力低。第 4 种花为不完全花，不能授粉受精。

巴斗杏果枝上花芽很多，开花也多，但不是每朵花都能坐果，大多数花不能坐果而脱落，一般花朵坐果率只有 5％左右，主要原因就是退化花的数量较多，一般可达 80％左右。退化花的多少与树体营养状况有密切关系。生长实践表明，生长势较强的树，退化花明显减少，而生长势较弱的树，退化花明显增多。

开花。春季当日平均温度达到 5℃时，花芽开始萌动；日平均温度达到 10℃时，花朵开始开放。杏树开花受下列因素的影响：

土壤温度。根系活动能影响开花进程，在花芽萌动前，降低地温的一切措施，如浇水、树盘覆草均可推迟花期。

地理位置。地势升高、花期推迟。在同一高度上，阴坡比阳坡花期晚 5～7d。

树龄大小。树龄越大，树势越弱，开花日期则越提前，花期也越长，幼树、强旺树开花晚且花期短，花期集中。大年树开花早，小年树花期较晚。

结果枝类型。花束状果枝开花早，但花期最短，依次为短果枝、中果枝和长果枝逐渐开放，花期也依次延长。

花朵开放顺度。同一枝条中间部位的花朵先开放，并逐渐向枝条两端推移，秋梢和二次枝上的花朵开花较晚。

图 11-3　花

2.1.6　果实

巴斗杏为核果，果实由外果皮、果肉、果核 3 部分组成。胚珠发育成种子即杏仁；子房内壁发育成果核，子房外壁发育成外果皮；子房内外壁之间的部分发育成果肉。果核内只有 1 个核仁。巴斗杏果实近圆形，果顶平，缝合线明显，平均单果重 40g，最大单果重 80g，底色淡黄，阳面有鲜红霞，果肉橙黄色，果肉致密，纤维少，汁量适中，酸甜适口，香气浓郁，可溶性固形物含量 14% 左右，离核、仁甜，常温下果实可存放 7d 左右，萧县山地栽培 6 月中旬成熟。

2.1.7　根系

巴斗杏的根系发达而强大，适应性极强，对土质和地势要求不严，在黏土、沙土、轻度盐碱土，甚至岩石缝中均能生长，在土层深厚的情况下，根系可深入土壤深层 3～5m，在山地根系常能顺沿半风化岩石缝而伸入下层。根系水平分布常超过树冠直径的 1 倍以上。尤其是土层较薄，地下有岩石的情况下根系分布更广。

（1）根的构成。用山杏嫁接巴斗杏形成的根系，是由主根、侧根和须根构成。主根和侧根比较粗大，是构成根系的骨架，主要是支撑树体和疏导水分、养分。须根是根系新陈代谢较旺盛的部分，具有向前延伸、吸收和输导营养物质的功能。根据根系的功能区分，又可分为生长根、吸收根、过渡根和输导根 4 种，一般在根部先端 4～6mm 部分为根尖，是根的生长、组织分化和水分养分吸收的部分。随根尖向前延伸，扩大根系的分布范围，根在土壤中吸引水分和无机盐靠其上的根毛来完成。随着根在土壤中向前生长，不断有新的根尖和新的根毛形成，原有的根向疏导功能转化，故称为过渡根，过渡根逐渐加粗老化形成输导根，即根的自我更新过程。输导根的主要功能是向上输导由根尖吸收的水分和矿质营养，供给地上部分生长发育需要，同时向地下输送叶片的光合产物，供给根系的生长发育。

（2）根的分布。依据根系在土壤中的位置分布，可分为水平根和垂直根。沿土壤表层与地面平行生长的根系，称水平根；与地面表层呈垂直方向生长的根系，称垂直根。

水平根一般多集中肥沃的土层中，主要吸收地表层的水分和矿物质，是供给树体营养物质的重要根系。垂直根主要向深层土壤生长，其作用是固定树体，并从深层土壤中吸收矿质营养。巴斗杏树的根系大多集中于距地表 20～60cm 深的土层中，只有 10% 的根系在 60cm 以下的土层中。在较贫瘠的土壤中，根系则大部分集中于 0～20cm 的土层。据调查，杏树根系与地上部树冠有密切关系，大部分根都在树冠投影下，吸收根分布在树冠投影的边缘，其根量占树体吸收根量的 85% 以上。因此，在施肥浇水时，应重点在树冠投影下进行，效果才会理想。

（3）根的生长特性。巴斗杏的根系在一年中没有休晚期，只要土壤的温湿度条件适合时，全年可进行生长发育，但是由于气候条件的变化，根系的生长发育显示出一定规律。一般来说，根系的活动比地上部要早，随着早春地温的升高，根系吸收、运输及根系生长点的活动也逐渐进入盛期，即树体萌芽到开花坐果形成第 1 次生长高峰。随着枝叶生长、果实膨大，根系的生长转入低潮，一直持续到果实成熟。杏果采收后，此时枝条已趋于停长阶段，根系活动又趋于加强，形成第 2 次生长高峰。因此，采果后施肥、浇水对花芽分化、营养积累和提高抗寒能力是非常有利的。果实采收后的根系生长盛期一直持续到土壤冻结，根系才缓慢进入休眠期。

在一年的生长活动中，根系的生长发育动态还与其在土壤分布层的温度、水分状况密切相关。一般在早春地温上升后，首先开始活动的是上层根，其次才是下层根。到了夏季，随着地温、气温的升高，上层土壤逐渐干旱，温湿度变化剧烈，而下层根的土壤温湿度变化比较稳定，正适合于根系生长，此时，上层根的生长量逐渐变小，下层根的生长量逐渐增大。因此，在一年中根的生长表现出上下层交替变化的节奏。

根系在年周期中活动时间很长，其本身也进行着新老更替。随着根系的生长发育，新根不断形成，衰老根不断死去，这种现象称为根系的自我更新，也称自疏。当根系受到伤害时，本身也会形成愈伤组织，刺激形成不定根，促进根量的增加。

2.2　结果习性

2.2.1　结果年限

巴斗杏一般定植后 3 年左右开始结果，6～8 年进入盛果期，盛果期年限较长，一般可达 30 年以上，管理精细的可达 50 年以上。

2.2.2　结果部位

幼树和初结果期树，主要是长果枝上有少量结果，结果初期的树，主要是中果枝上大量结果；盛果期的树，主要是短果枝上大量结果，盛果期和衰老期的树，主要是花束状果枝大量结果。

2.2.3　授粉与结实

巴斗杏的花为两性花，自花授粉可以坐果。但杏花在发育过程中，由于受生长条件的影响，不完全花可达 80% 以上。近年来，当地果农为保证良好坐果，采取了人工授粉的措施，授粉品种一般用麦黄杏、菜籽黄杏等。于花含苞待放时摘花，剥出花药，在 24℃ 的温度下，经 24h 后即可放出花粉，收集后用橡皮芯做成授粉器，在巴斗杏盛花期进行人工辅助授粉。

巴斗杏花芽形成容易，花量很大。天气条件较好时可保证自然坐果，花期遇低温、风雨时，人工辅助授粉可大大提高坐果率。

2.2.4　丰产性能

巴斗杏根系发达，适应性强，适当修剪能形成大量的结果枝，而且花芽数量大，具有较高的丰产性（图 11 - 4），但巴斗杏花期早，易

图 11 - 4　丰产状

受低温影响，容易形成不完全花，从而降低坐果率，造成产量的不稳定，在生产中应引起高度重视。

2.3　果实发育

巴斗杏果实的生长是自受精后开始的。一般以盛花期为果实发育起始日期，经过受精的子房开始膨大，果个、核仁逐渐增大完善，核壳变硬，最后形成成熟的果实。自盛花期到果实成熟的日期，称为果实发育期，在果实的整个发育过程中，其生长速度呈现双 S 形变化曲线，并有 3 个明显的时期（图 11-5）。

（1）第 1 次果实速长期。果实自受精至花后 1 个月时间内，果实纵径和横径迅速增加，体积显著增大。在果实体积增大的同时，杏核体积也在膨大，它们基本上是同步进行的。在此期内，果实生长达到的体积为成熟时体积的 1/3～1/2。此期对水、肥敏感，如果出现肥、水短缺会影响果实的体积膨大。

（2）硬核期。经过果实体积迅速增大后，果实生长速度减慢，但杏核的发育加快，并迅速木质化，核壳变硬，此期时间一般为 15d 左右，是杏核和杏仁生长的关键时期，除对营养水平要求较高外，特别是需要一定量的磷、钾肥。

（3）第 2 次果实速长期。自硬核期后，果实的体积生长再次进入速长期，横径的增长速度大于纵径，此期持续时间为 20d 左右，然后进入着色成熟期。

在果实进入第 1 次生长高峰时，杏仁的发育处于缓慢增长阶段，当果实的发育进入缓慢生长期后，杏仁的发育开始加快。尤其是硬核期，是杏仁迅速生长的时期，经过 15～20d，杏仁即达到本品种的固有大小。但此时期的杏仁还是呈液体状态，杏仁本身还需要由液体状态转变为固体状态，一般在采前 15～20d 第 2 次果实速长期完成。

a

b

c

d

图 11-5　果实的发育过程

a. 果实发育初期　b. 果实发育中期　c. 果实发育后期　d. 成熟期

2.4 主要物候期

2.4.1 年生长发育规律

巴斗杏每年都随外界环境条件的变化而表现出一定的生长发育规律。这种与季节性气候变化相适应的树体器官的动态日期，称为生物气候学日期，简称物候期。杏树年生长发育最明显的特点可划分为休眠期和生长期。休眠期限从秋季落叶到第 2 年春季萌芽这段时间，树体生命活动微弱，处于相对静止状态，对外界的抗性增强。生长期是一年中从萌芽到落叶的一段时间，在此期内，树体要完成根的生长、萌芽、开花、展叶、抽枝、结果、花芽分化、果实成熟等生长发育过程。

2.4.2 主要生长物候期

（1）花芽萌动期。花芽由开始膨大到含苞待放的时期，一般在 3 月 8～12 日。

（2）开花期。花蕾开放，露出雄蕊、雌蕊的时期，一般在 3 月 12～15 日，花期一般持续 5～7d。

（3）展叶期。叶芽膨大后并长出新叶，一般在 3 月 20～23 日。

（4）果实膨大期。坐果后到第 1 次生长高峰减缓，一般在 3 月 20 日至 4 月 20 日。

（5）硬核期。果核增大后并逐步木质化，一般在 4 月 20 日至 5 月 5 日。

（6）果实成熟期。果实开始着色，并逐步表现出固有糖、酸等，一般在 5 月 20 日至 6 月 10 日。

（7）落叶期。一般在 11 月上旬。

2.5 对环境条件的要求

2.5.1 温度

温度是环境条件的重要生态因素，对杏树的生长发育影响较大。早春气温的变化对开花期的迟早起着制约作用，一般早春地温在 5℃时，根系开始活动，18～20℃时根系生长最快。气温在 5℃时，花芽开始萌动，气温在 10℃时，花朵开放，同时，叶芽开始萌动，气温在 10℃时，枝条进入旺盛生长期。巴斗杏树喜温耐寒，平均气温达到 36℃时能正常生长，冬季低温达－30℃条件下能安全越冬。但在花芽萌动或开花期，花期抵抗低温的能力大为降低，此时如遇－3～－2℃的气温，花期就会遭受冻害，对当年产量影响很大，花期气温在 0℃时，开始影响杏花授粉受精。另外，温度对果实成熟、色泽、品质、风味均有直接影响。

2.5.2 光照

杏树为喜光树种，在光照充足的条件下，生长结果良好，果实含糖量增高，果面着色好；反之在修剪不当或阴雨较多光照不足时，枝条易徒长，病虫害加重，果实着色差、品质下降，而且退化花增多。在生产实践中，经常看到树冠郁闭、光照不良的杏树外部枝充实、芽眼饱满，果实着色好，含糖量高；而内膛枝条细弱，常形成自枯现象，且果实着色差，含酸量高。

2.5.3 水分

巴斗杏树根系强大，深入土层，具有很强的抗干旱性，但在枝条迅速生长期和果实发育期，土壤水分缺乏，则树体生长量小、产量低，花芽形成少且败育花多，还会导致大小年结果，缩短树体寿命，如春秋两季水分充足，则树体开花整齐一致，枝条生长旺盛、芽体充实。杏树喜欢空气干燥的环境条件，土壤水分过多或空气湿度太高，会导致病虫害严重，果实着色差、品质下降。在果实成熟期，如遇阴雨连绵则引起落果或裂果。杏树不耐水涝，如果地面积水较久，轻则引起早期落叶，重则引起大烂根或整株死亡。

2.5.4 土壤

巴斗杏适应性强，对土壤的要求不严，在黏土、壤土、沙土、砾石土，甚至在石缝中均可生长，但为了达到高产优质，还是以土层深厚、富含有机质的壤土中发育最好。杏树对土壤酸碱度要求也不严格，最适宜 pH 为 6.5～8.5。杏树耐盐力较其他果树强，盐碱地上仍可发展。但在老杏园及种植区其他核果类果树老园发展杏树，容易发生连作障碍，树体生长缓慢，进入结果期晚，甚至造成幼树死亡。

3　育苗和建园

3.1　育　　苗

苗木的优劣直接影响栽植的成活率，以及幼树生长势和进入结果期的早晚。因此，发展杏树生产，首先必须选用优良品种，培育健壮苗木。

3.1.1　圃地的选择

苗圃应选择地势平坦、背风向阳、土层深厚、疏松肥沃、排水良好、灌溉方便的地块。一般要求地下水位在 1m 以下，土质为中性或微酸性的沙壤土。苗圃地应避免重茬育苗，也不适宜在大杏树行间育苗，否则苗期易发生立枯病、猝死病及杏幼树根腐病等。

3.1.2　圃地的整理

苗圃地选定后，要平整土地，然后深翻，一般耕翻深度为 30~40cm。耕翻过浅，不利于苗圃地内蓄水保墒和根系生长发育。结合耕翻，配合施足有机肥，每 666.7m² 施腐熟的农家肥 4 000~5 000kg，同时配合施用过磷酸钙 25~50kg、草木灰 50kg 做底肥。苗圃地要精细整理，地表下 10cm 内无石块，地面要平整、细致、上松下实。上松有利于苗木出土和生长，下实可使种子密接土壤，给种子的萌发及幼苗生长创造良好的环境。然后培垄做畦，畦面宽 1.2m，畦长依据地块大小而定。

3.1.3　圃地的消毒

播种前圃地土壤要消毒，消灭土壤中的病原菌和地下害虫，可以控制苗期的病虫害发生。目前常用的土壤消毒药剂和方法有：

（1）硫酸亚铁。每 666.7m² 用量 120kg，配成 2％的硫酸亚铁溶液，浇灌土壤，主要用于杀菌。

（2）福尔马林。每 666.7m² 用量 35L，加水配成 0.7％的溶液。在播种前 7d 浇灌土壤，然后覆盖地膜，闷土。3~5d 后去膜晾晒，到福尔马林气味散去后再播种，用于土壤杀菌。

（3）敌克松。每 666.7m² 用量 3kg，加细沙土配成药土，撒在播种沟内或做覆土，用于杀菌。

（4）辛硫磷。每 666.7m² 用 50％辛硫磷 1.0~1.5kg，加细沙土配成药土，撒在播种沟内做垫土或覆土，用于杀死地下害虫。

（5）福美锌。每 666.7m² 用量 6kg，加细沙土配成药土，撒在播种沟内，做垫土或撒在表面做覆土，用以杀菌。

3.1.4　砧木种子采集和处理

萧县巴斗杏的砧木品种主要是本地野生杏、山杏。其中本地野生杏最适宜当地气候条件，嫁接苗适应性强，长势旺，寿命长。

（1）种子的采集。培育砧木苗的种子，应采集充分成熟的果实取种，最好选择长势强壮、结果多、核仁饱满、无病虫害的壮年树采种。果实采下后结合食用或加工取种。种子取出应立即进行漂洗，将种核表面残留的果肉和糖汁完全漂洗干净，以免贮藏期吸潮发霉，使种子变质。漂洗干净的种子放在阴凉通风处阴干，不可烈日暴晒，以防伤害种胚。充分阴干的种子，应放在阴凉干燥处贮藏，并常检查防止鼠害、虫蛀和返潮霉变。

（2）砧木种子的处理。种子采收后处于休眠状态，不能萌芽，需要在一定的湿度和低温条件下，经过后熟才能出苗，因此播种前必须进行沙藏处理，促进种子通过后熟，使播种后出苗快而整齐。沙藏的方法是以 1 份种子、5 份湿沙，最好是河沙。细沙要干净、无杂质、无泥土，沙子湿度以用手握能成团，而不出水为宜，种子与湿沙要均匀混合。种量少的可装入花盆或木箱中，放在室内阴凉处，种量大可在室内堆藏，堆高不要超过 50cm，堆表面均匀覆盖 8~10cm 厚的沙子有利于保湿。堆中每隔 1m 左右要插一束玉米秸或芦苇把，以利通气，防止发热。露天沙藏可在室外地势高燥、排水良好、背风阴凉的地方挖沟，深 60~70cm，宽 80~100cm，长度视种子量而定。先在沟底铺 6～10cm 厚的湿沙，然后将混合均匀的种子和湿沙放入沟内，厚度不超过 50cm，上面再均匀铺盖 10cm 厚的湿沙。每隔 1m 左右插一束玉米秸通气。上面以油毡或木板覆盖，以防日晒和雨淋。沙藏期要经常检查温、湿度，温度应保持在 0～7℃，一般沙藏 80d 左右种壳开裂，种子开始萌芽，即可播种。

秋天播种，种子在地里能完成后熟过程，可免去沙藏工序，但不及人工沙藏后出苗整齐。

如果春播季节已到，种子尚未沙藏，则可用温水浸种法处理种子，也能促进种子通过后熟，达到出苗整齐的效果。具体方法是把种子放在缸内，用冷水浸泡，不断搅动，把浮在水面上的不饱满的种子捞出淘汰，再把好种子捞出，然后在缸内倒入 2 份开水、1 份凉水，再将种子倒入水中，不断搅拌，至不烫为止，使种子全浸在水中，浸泡 24h 左右，再用干净凉水浸泡 2～3d，每天换 1 次清水，最后捞出种子，用 5 份细碎潮湿牛粪或马粪与 2 份种子均匀混合，在背风处堆积，待壳开裂，即可播种，出苗率也可达 90% 以上。

3.1.5　砧木苗的培育

（1）砧木种子的播种。确定种子的播种量，有利于培养壮苗，经济利用土地和种子。种子的播种量应根据单位面积出苗数、播种方式、种子大小、种子质量及种子的发芽率等因素确定。在实际育苗中，还要考虑当地气候条件、育苗技术、病虫害及管理中造成苗木损失等原因。目前常用播种量为：大粒山杏每 666.7m² 播种量 25～30kg，可出苗 12 000～15 000 株；小粒山杏每 666.7m² 播种量 20～25kg，可出苗 15 000～20 000 株；土杏每 666.7m² 播种量 25～30kg，可出苗 12 000～15 000 株。

育苗播种分为秋播和春播。秋播是在冬季土壤结冻前将种子播在苗圃地中，可省去沙藏处理，简单易行，第 2 年出苗早而整齐，不足之处是种子易受鼠害，如遇春旱，则会降低出苗率。春播是将经过沙藏处理的种子，于 3 月下旬左右播种，出苗均匀一致，可以掌握土壤墒情，便于根据沙藏情况确定播种量，能初步预算出育苗情况。春播是当地常用的方法。

播种方法有点播和沟播。点播即做垄布点，株距为 10cm，行距为宽窄行，宽行间距 40cm，窄行间距 20cm，每 666.7m² 出苗量为 1.5 万株左右。沟播时开沟深 5～6cm，撒种于沟底，种子平均距离 7～10cm，覆土厚度 3cm。

无论采用沟播或点播，播种深度一般为 3～5cm，不可过深。一般来说黏土地播种宜浅些，沙土地宜深些。播种后要覆土踏实，并将表土疏松 1～2cm，以利保墒。

（2）砧木苗的管理。

间苗和定苗。苗木出土长到 2～3 片真叶时，进行间苗，并在缺苗的部位移栽补苗，使苗木分布均匀。主要间除过密、双苗和病苗。当苗长到 7～8 片真叶时最后定苗，苗距控制在 10cm 以上，不可过密。定苗的保留量要大于计划出苗量。

施肥和浇水。定苗后追 1 次肥，每 666.7m² 施 5～10kg 尿素并浇水。6 月补追肥 1 次并浇水，以促进苗木生长。7 月中旬后追施磷钾肥，每 666.7m² 用量 8～10kg，以促使苗木木质化，施肥后浇水 1 次，7 月下旬即可达到嫁接粗度（基径 0.6cm 以上）。

中耕和除草。在每次浇水或降雨后，均要进行中耕除草，疏松土壤，减少蒸发，起到抗旱保墒作用。全年中耕 4～5 次。

摘心和抹芽。在苗木夏季嫁接前 1 个月，苗木高达 40cm 时摘心，促使苗木增粗。摘心过早，会刺激萌发副梢，影响嫁接。及早抹除苗干基部 5～10cm 以内萌发的幼芽，增加其光滑程度，便于嫁接。在嫁接部位以上的副梢应保留，增加苗木叶面积。

防治病虫害。苗木出土后，应及时撒毒饵杀灭蝼蛄、金龟子等地下害虫和早春食叶害虫。干旱时应及时喷药防治红蜘蛛和蚜虫，确保苗木正常生长。

3.1.6　苗木嫁接

采用嫁接技术，将优良品种或品系上的枝芽嫁接到实生苗的枝干或根上，能获得具有优良品种或品系特性的苗木。用于嫁接的优良品种或品系的枝芽称为接穗，用于承受接穗的部分称为砧木。因此，嫁接苗可利用砧木增强其适应性，又能确保接穗品种的优良性状，而且生长快、结果早。嫁接繁殖是培育杏树优良苗木的主要途径。

（1）接穗的准备。接穗的准备是保证育好杏苗的关键。杏树接穗要在生长健壮、结果正常、丰产优质和无病虫害的盛果期树上采集，选择1年生枝条。夏季芽接用接穗，最好就近采集，随采随用。采集后，立即去掉叶片，保留叶柄，剪掉不能用于嫁接的部分，从而减少水分的蒸发面积。如需长途运输或短期贮藏，则需每50根扎成1捆，挂上标签，用湿布或湿草裹好，装入木箱或塑料袋，置于阴凉处。但不要浸水，切勿放在高温处或烈日下曝晒。在田间嫁接时，则应放在小盆或小桶内，并用湿布盖上。春季枝接用接穗，应在落叶以后冬季休眠期剪取，也可结合冬季修剪选取生长健壮、发育充实、芽体饱满的营养枝，剪去枝条顶端秋梢部分和基部瘪芽部分，每50根扎成1捆，挂上标签，然后用沙藏种子的方法，把接穗贮藏起来，留到翌年春天嫁接。枝接接穗封蜡保存，是一种保存效果好、嫁接成活率高的方法。具体方法是将接穗的两头分别放入溶化后较为稀薄的石蜡液体内，并立即取出，使接穗外表蒙上1层薄薄的石蜡膜，可有效地保持接穗水分。

（2）嫁接技术。嫁接前必须准备好嫁接工具，不同的嫁接时期采用不同的嫁接方法，需要使用的工具也不同。芽接只需要芽接刀和修枝剪，枝接则需要修枝剪和切接刀。绑扎材料以塑料薄膜为好。塑料薄膜柔软、富弹性和拉力、能绑紧包严、保温保湿性能良好，嫁接成活率高。

①芽接。杏树芽接，春秋两季均可进行。由于嫁接季节不同，操作方法也略有差异。

秋季丁字形芽接。秋季芽接从7月中旬到9月上旬均可进行。此时砧木和接穗处于生长期，皮层容易剥离。方法是先在接穗上取饱满芽，用锋利的嫁接刀在芽子上方0.5cm左右横切一刀，深达木质部，再在芽子下方1.2cm左右向上斜削一刀，一直削到芽子上方的横切口，然后用拇指和食指捏住芽片的叶柄基部，轻轻向侧面挤掰，即可取下带有叶柄的盾形芽片。取好的芽片应立即用湿布盖好，或含在嘴里，防止失水。削好芽片后立即切砧，选取砧木基部离地面3～5cm处光滑部位，横切一刀，竖切一刀，使成丁字形切口。横切口要平，长度与盾形芽片顶端宽度相近；竖切口要直，长度与盾形芽片长度接近。横竖两刀都应深达木质部，但不要切伤木质部。切好后用芽接刀后部骨片，将丁字形竖切口上端的皮层轻轻拨开1条小缝隙，把盾形芽片插入切口，使芽片上端的横切口与砧木丁字形横切口对齐。芽尖位于竖切口缝隙正中，立即用塑料条自下而上地将整个接口绑扎严实，只露出叶柄和芽尖即可。应当注意的是盾形芽片插入丁字形切口时，芽处上端横切口与砧木丁字形横切口既不能有间距，也不能重叠，必须对齐靠紧，这是保证成活的关键。绑扎时松紧要适度，包扎严密，使接口内水汽既不能蒸发掉，外边的雨水也不能流进切口。

嫁接后10～15d可以检查成活，其方法是用手指触动接芽的叶柄，叶柄很易脱落，就是成活了，叶柄干枯不能脱落的，就是未成活。如果季节还没过去，应及时补接。对于已经成活的，如果时间较早，砧木仍在加粗生长，可在嫁接后20d左右解绑，以免嫁接部位因绑缚而缢束，使接芽变形，影响成活。嫁接较晚的，砧木已停止加粗生长，可延迟到第2年芽萌动前解绑。

春季丁字形芽接。杏树春季芽接分老枝芽接和嫩枝芽接两种。老枝芽接指接穗是上年冬季修剪时选取的经过贮藏的1年生枝条，方法与秋季丁字形芽接法基本相同，其不同点是接穗为休眠枝，不离皮，削芽时需带薄薄1层木质部。其厚度视砧木皮层厚度而定，以插入丁字形切口后，芽片顶端与砧木横切口的皮层基本相平为宜，芽片凹进或凸出都不好，绑扎时需露出芽尖，在接芽上1cm处剪砧，并用塑料将剪口盖住封严，防止失水。此法成活率高、愈合快、发芽也不迟，关键是贮藏接穗要新鲜，在砧木开始生长，能剥开皮层时进行嫁接。

嫩枝芽接的时间在5～6月进行，用当年生半木质化新梢做接穗，选接穗中下部较饱满芽。芽片也要稍带木质部，嫁接方法与秋季丁字形相同，但要注意砧木不宜过粗。

嵌芽接。也称带木质部芽接法。这种方法从早春到秋季落叶前，砧木和接穗皮层不能剥离时都可采用。嫁接时选择砧木和接穗的要求与丁字形芽接法相同。但削芽片和砧木切口与上述方法有较大的差异。削芽时在芽的上方0.8～1.2cm处稍带木质部向下斜切一刀，削到芽的下方0.8～1.2cm处，然后在芽下方0.8～1.2cm上方，向下呈45°角斜切一刀，取下带木质部的盾形芽片。在砧木的嫁接部位从上向下切削1块与芽片形状相似、大小相近的带木质部的皮层。切去削下皮层的2/3部分，然后把芽片插进留下的1/3皮层，使芽片形成层与砧木形成层吻合贴紧（注意芽片上端不能超过砧木切面，否则影响成活），然后用塑料条自下而上地绑扎严实。嫁接后的管理与丁字形芽接相同。此法不受接穗和砧木剥皮难易的限制，嫁接时期较长，方法简便，容易掌握，且嫁接速度快，成活率高。

巴斗杏叶柄基部膨大突起，采用丁字形不带木质部芽片嫁接，削芽片时容易形成空心芽，取芽时应捏紧叶柄基部向一侧挤瓣，使芽片内保留维管束，不致成空心芽，否则影响成活。夏季高温干旱时嫁接或接后苗圃水涝，接口处容易流胶，也影响成活。

②枝接。枝接多在春季进行。苗圃枝接多用于上年芽接未成活的砧木补接，或用于多年生较粗砧木的嫁接。枝接时间从土壤解冻到发芽展叶期均可进行。枝接使用的接穗应是冬剪选取的经过良好贮藏的粗壮发育枝，或是蜡封贮藏的接穗。枝接的方法有切接、劈接、插皮接、腹接等。

切接。苗圃上年芽接未成活的砧木，粗度不大，便于切接。具体方法是先削接穗后切砧，在接穗上选取 2～3 个饱满芽，在最下芽的反面削长 2～3cm 的削面，削掉接穗枝条的 1/3～2/5 木质部，要求削面上下等宽。这个削面称为长削面。再在长削面的下端背面呈 45°角削一马蹄形短切面，削面要求平整光滑。削好后必须保持湿润，不可在空气中暴露时间太长。切砧时先从砧木距地面 4～6cm 处剪去上部，剪口要平滑。再找皮层光滑平直的一侧做嫁接面，用切接刀从顶端断面垂直向下直切一刀。切面必须平直，深度与接穗长削面长度相近，宽度与接穗长削面宽度一致。立即把接穗插入切口，使砧穗切面两侧形成层密切相接，然后用塑料条绑扎。绑扎时除必须把接合口扎紧绑严外，还应将砧木和接穗上端截面用塑料条盖严，以防止失水影响成活。如果是蜡封接穗，则只要把接合口绑严即可。

劈接。砧木较粗时，采用劈接法较适宜。方法是先削接穗后切砧，选择 2～3 个饱满芽的粗壮接穗，在下端芽的两侧各削 1 个 3～5cm 长的削面，使呈楔形。两个削面中间木质层，应该一边稍厚，一边稍薄。削好的接穗，应注意保温。切砧时在需要嫁接的部位将砧木截断，并将剪锯口削切光滑，用劈接刀从砧木横切面中间垂直劈开，劈口深度要长于接穗削面长度，然后用木楔子将劈口轻轻撬开，插入接穗，砧木细时插一个接穗，砧木粗时插两个接穗。接穗削面薄的一边向内，厚的一边在外，并使砧穗形成层部位上下都要贴紧，同时要使接穗削面上端稍露于砧木劈口上面，不能完全夹进接口，这样有利于愈合良好。然后轻轻撤掉木楔子，用塑料条绑紧，将接穗固定好。为保证成活，劈接部位低的可用湿润碎土埋成土堆，将接穗全部埋在土堆中间。劈接部位高的也可用塑料布等做成保湿筒，筒内填实湿润的碎草等填充物。接穗萌芽后可逐步扒开土堆，待芽稍长到 15～20cm 长时，可将土堆彻底扒掉或除去纸筒。

插皮接。在砧木较粗，树液开始流动，砧木皮层容易剥离的情况下，可采用插皮接。方法是先在砧木上一段树皮光滑平直的部位，将砧木剪断，削平剪口，然后选择粗细适当、有 2～3 个饱满芽的接穗，在接穗最下芽的背面，削 1 个长 5～6cm 的大削面，刀口位置应比下芽略低，可削去接穗粗度的 2/3～3/5，使剩下的部分呈半圆形，然后再把下端削尖。再在砧木光滑平直的一面，由上而下垂直划一刀，将砧木皮层划一条切口，在切口上端皮层左右拨开，插入接穗。也可不划竖口，用事先准备好的竹签插入砧木的韧皮部与木质部之间，然后拔出，再将削好的接穗顺竹签的空隙插入。不管使用哪种方法，都要使接穗长削面紧贴砧木木质部，使砧木皮层紧紧包住接穗，接穗切面上端稍露砧木截面之上。绑扎包裹方法与劈接法相同。

腹接。腹接是一种不截砧的枝接法，方法有 2 种。一种是选好接穗后，在下端削 1 个 4～5cm 长的大削面，在另一面削 1 个 2～3cm 长的小削面，使两个削面之间的木质部，一边薄一边厚，呈倾斜楔形，然后在砧木适当部位呈 30°～45°切 1 个斜切口，深达木质部，将接穗插入接口。接穗大削面向内，小削面向外，使大削面的形成层与砧木形成层对准，大小切面形成层都能对准更好，用塑料条把接口扎紧绑严。另一种方法是把接穗按插皮接方法削好，再在砧木嫁接部位皮层切 1 个丁字形切口，将接穗插入切口内，然后用塑料条把接口绑紧包严。

3.1.7　嫁接后的管理

嫁接成活率的高低、苗木生长的好坏，除与嫁接技术有关外，嫁接后的管理也是十分重要的一环。

（1）适时解除绑扎物。要根据不同时期和不同嫁接方法，视其接口愈合快慢，适时解除绑扎物。

要求接口愈合丰满，愈伤组织基本老化，绑扎物尚未限制接口的增粗生长时，解除较为适宜。解除太早，愈合不充分，接穗还会枯死；解除太晚，使接口缢束流胶，抑制生长，同样影响成活。

（2）剪砧。春季芽接成活后，当年萌发，当年成苗，因此，嫁接愈合后应及时剪砧，促使早萌发早生长。秋季芽接，应在翌年春季接芽萌动前剪砧，从接芽上方 0.5cm 处剪截，砧木截口应稍有倾斜，使接芽一边略高于对边，截面必须平滑，以利愈合。

（3）新梢引缚。枝接萌发的新梢生长快而旺盛，而接合处的愈合组织则幼嫩，极易从接口处被风吹折或碰断，在新梢长达 30cm 左右时应立支柱缚引新梢。支柱下部要插牢固，上部绑缚新梢要稍松，不能妨碍新梢生长。待接口愈合牢固后去除支柱。

（4）除萌。无论是枝接还是芽接，接后砧木剪截较重，基部会萌发大量的萌蘖和根蘖。为保证接穗新梢健壮生长，必须不断地剪除砧木萌蘖，而且要经常检查，及时除萌。

（5）常规管理。嫁接苗生长期间，要适时进行中耕除苗，根据病虫害发生情况，及时进行病虫害防治。根据苗木生长状况，注意施肥和浇水。施肥应掌握前期多施，后期少施或不施。施肥时结合浇水，但杏树是耐旱忌涝的果树，浇水不当会引起烂根死苗，应多加注意。

（6）圃内整形。杏树的芽具有早熟性，生长旺盛的苗木当年能发出许多二次枝，利用这个特性可进行圃内整形，提高苗木质量。当苗高 70～80cm 时，可将 40cm 以下的二次枝逐步剪除，随着苗木的继续生长，在 50～80cm 处，按整形要求选择 4～5 个二次枝培养成将来的骨干枝，其余二次枝剪除。苗高 1m 左右时，可将中心枝摘心控制生长，促进分枝生长和主干增粗。二次枝发生较少，可不做圃内整形，但应掌握苗木高度不超过 1.2m，使 50～80cm 处具饱满芽，以利栽植后定干整形。

3.1.8　苗木出圃

（1）起苗。从秋季落叶以后到春季芽萌动之前都可起苗。如冬季特别寒冷，则应在土壤封冻前或解冻后进行。最好随时起苗，随时定植。起苗前如土壤干旱，则应浇 1 次水，待土壤湿润松软后起苗，有利于保护根系。杏苗主根粗而长，侧根较少，起苗时应适当深挖，保留较长的主根是十分必要的。起苗后要及时把破根、断根、毛茬、伤口全部剪去，以缩小伤口，利于愈合，同时进行分级。一级苗的标准是：苗高 1m 以上，距地面 20cm 处粗度为直径 1～1.5cm，根系完整，根幅 25～30cm，主侧根不少于 3 根，须根发育良好，分布均匀。接口愈合牢固、平整，整形带芽体饱满，圃内整形苗主枝角度合适，方位匀称，长势均衡，主枝没有受伤现象。

（2）假植。起出的苗木如果不能及时栽植，必须立即假植，以防风吹日晒，使苗木失水干枯。假植沟应挖在背风、阴凉、排水良好的地方。将苗木理顺成排，梢端朝南倾斜放入沟中，随放苗随填入准备好的湿润细土，苗木之间不得有空隙。埋土至苗高 2/3～3/4，然后将土轻轻踏实。假植期间要防止沟内进水，并要注意检查防止发霉烂根或风干枝条，还要挂牌标明苗木品种、数量、等级等。

（3）包装运输。苗木出售外调或从外购进，必须妥善包装，每 50 株 1 捆，根部蘸上泥浆，用草包将根部包严，并填入潮湿的锯末碎草，用草绳捆紧，每捆都要挂上标签，注明品种、数量、等级及起苗日期、地点等。装卸前后及运输途中，都要用油布或草帘遮盖，到达目的地后应立即假植或定植。

3.2　建　　园

杏树栽植地块要根据具体情况而定，不论是成片大面积栽植，还是房前屋后、沟旁路边的零星栽植，都要做好栽植前的规划设计。因为杏树经济寿命长，栽植之后，多年生长在一个固定地点，不能移动。为保证杏树生产发挥较大的经济效益，必须使杏树栽植后能够生长在较为理想的自然环境和土质中。

3.2.1　园地选择

集中连片杏园应选择交通便利、地面平整、土层深厚、土壤肥沃、排水良好的土壤为好，丘陵山地应选择土层较厚，坡度在 15°以下的山坡地。低洼易涝、盐碱地，地下水位高，积水难排，一般不宜成片栽植杏树（图 11-6）。

图 11-6 杏 园

3.2.2 园地规划

（1）集中连片较大面积杏树建园。应做好防护林、园区道路、作业小区、排灌沟渠及建筑物布置等规划。防护林一般 4～6 行，宽度 5～6m。林带树木应乔灌结合。作业小区面积 6.7hm² 左右，形状以长方形为宜，长宽比（2～3）∶1。园区道路分为主干道、次干道和区内作业道。主干道路宽度 12m 左右，位置适中，贯穿全园，连接外部交通线；次干道路宽 8～10m，为小区分界线，与主干道和作业道相连；小区作业道与次干道相连，路宽 6～7m。排灌系统主要包括水源、水渠、排水沟等设施。水源主要是利用河水、井水。水渠由主干渠和支渠组成，主干渠与作业小区的长边走向一致，支渠与小区的短边走向一致。排水渠主要是在园区道路一侧或两侧修建，一般根据自然地势确定排水沟渠大小及深度。

（2）丘陵山地杏树建园。30°以上陡坡应修筑鱼鳞坑或水平梯田，20°～25°斜坡可以修成撩壕或宽面水平梯田，15°以下缓坡地可以直接栽植杏树。不论坡度大小，都要按等高线成行定植。

3.2.3 栽植

萧县巴斗杏自花结实，但在异花授粉条件下，能提高产量和增进品质，所以在建园时应适当配置授粉树，授粉品种主要有麦黄杏、荷包杏、鸡蛋杏、梅杏等。配置比例按 1∶10 左右。

（1）栽植时期。从秋季落叶后到春季芽萌动前，只要土壤不封冻，都可栽植。秋季栽植，在起苗后随时栽植，伤根易愈合，到春季土温升高后根系先生长，成活率高，缓苗期短，生长较好。但冬季严寒、干旱、多风的地区，则以春季栽植较安全。

（2）栽植密度。应根据地势、土质、气候及管理条件而定，但巴斗杏树体高大，宜适当稀植。管理水平较高，树冠修剪控制较好，在土、肥、水条件较好的情况下，也可适当密植。生产上成片栽植，一般以 4 m×6 m 至 6 m×6 m 的株行距为宜。

（3）栽植方法。

定点。栽植前应按预定的株行距定点标记，如果是山坡梯田或撩壕，应按株距把点定在梯田或撩壕外沿的 1/3 处。梯田如宽需栽双行，可按三角形定点。如果是平地或滩地可按计划株行距作长方形或正方形定点。长方形行距大，株距小，通风透光条件好，便于耕作管理。

挖坑。栽植坑如能提前挖最好，一般要求秋季栽植夏季挖坑，春季栽植上年冬季挖坑。提前挖坑能使坑内土壤经过日晒或冬季冻融交替，有促进土壤熟化和消灭病虫害的作用。挖坑时将表土和底土分开堆放。视土层深浅和土质优劣确定挖定植坑的大小。土质肥沃、土层深厚，定植坑可稍小些，深度和直径 60cm 即可。土质瘠薄、黏重土、沙荒土或砾石土，则定植坑应大些，深度 80cm，直径 1m左右。如土质黏重，地下水位高或土层下有黏盘层，则应开挖定植沟，打破黏盘层，沟底铺 20cm 厚秸秆碎草等有机物，以改良土壤，改善排水及通气条件。

栽植。每坑按 50kg 腐熟有机肥或 2～3kg 腐熟饼肥，把肥料和表土拌匀后填入坑内，填至离地面 20cm 时，将苗木放入坑内，理顺根系，同时使株行之间均能成直线，然后不断用表土填埋根系，边填土边摇动并轻轻上提苗木，踏实填土，栽好后浇透水，水渗下后再培土，使呈 20cm 高的馒头土堆，以利保湿，以后不干不浇水。如遇干旱，应扒开馒头状土堆，浇透水，再培上土堆。春天萌芽前应逐步扒开土堆以提高土温，促进根系生长。

3.3　高接换种

丘陵山地生长有许多野生杏树和实生杏树，虽然根系发达、树冠较大，在当地适应很强，但果实品质不佳，产量不高，采用高接换种的方法发展巴斗杏，变野生树为栽培树，能迅速提高巴斗杏的产量，提高经济效益。一般 5～15 年生的野生杏树，高接后 1 年发枝、2 年结果、3 年丰产。

3.3.1　高接前的准备

首先要改造和培育准备高接的实生杏树，如实生树长势旺盛，树冠圆满，则可直接高接换头。如实生树生长势衰弱，枝干老化，结构紊乱，应在嫁接的前一年，适当进行重剪，并重施肥水，促进内膛多发新枝。新枝生长当年应严格按树冠整形要求选择各级主、侧枝及枝组，其余枝条全部剪去，为嫁接准备良好的砧段。

其次要选择优良巴斗杏接穗。枝接、芽接所用接穗的采集和保存方法，和苗圃嫁接接穗完全一样，其中枝接接穗以蜡封保存最好。

高接前要准备好嫁接刀、修枝剪、手锯等嫁接工具，并用酒精擦洗工具或将工具在 3～5 倍的浓碱水中浸泡 8～10h 进行消毒，同时准备好包扎用的塑料条。

3.3.2　高接部位的确定

高接部位依据树龄大小和树冠结构而定。一般嫁接部位越低，越接近主干，高接的头数越少，需用接穗少，用工省，接穗抽枝生长越旺盛。但树体修剪过重，伤口过大，不易愈合牢固，树冠恢复较慢，结果较迟。如果高接部位离主干太远，则需要嫁接头数较多，需要接穗较多，较费工，接后树势生长较弱，也不利。因此高接时应根据树冠大小和树势，合理确定高接部位，确定合适的嫁接头数。一般 5～10 年生树接 10～20 个枝头为宜，15 年以上的大树接 30 个左右枝头为宜。同一棵树，部位不同，枝条姿态不同，枝条粗细不同，截枝程度也有轻有重，应根据情况采用不同的嫁接方法。

3.3.3　高接方法

树冠结构中各种不同类型的枝条，可采用不同的嫁接方法。一般以春季枝接为主。主、侧枝，枝干较粗壮，应选用粗壮接穗，采用劈接法嫁接。粗度较小的侧枝和大型枝组，可采用切接法嫁接。主、侧枝如枝头较长，后部光秃带可用腹接法嫁接。对于 1 年生小枝，还可采用带木质部芽接法嫁接。萌芽以后，砧木上萌生的新梢如位置得当，可再进行嫩枝芽接。对于砧木树龄较小的杏树，可在春季枝接时一次性把全冠换完，也可秋季芽接时一次性换完，这样树冠恢复快、长势旺，愈合牢固、结果早。所有嫁接方法的包扎均与苗圃嫁接相同。

3.3.4　高接后的管理

（1）解除绑扎物。绑扎物解除的时间要根据接口的愈合情况而定，同时也要因嫁接方法而异。采用劈接、切接、腹接、插皮接等方法，切口较大，愈合过程较长，解除绑扎物应适当晚些。凡用塑料布或纸袋包裹接口，并填入湿土或其他保湿物质的，应在新梢抽出约 35cm 时，先去除包裹物，待接口愈合牢固后再解除绑扎物。有时为了保护接口，又不致产生缢束现象，在解除绑扎之前可进行 1 次松绑，待愈合组织木质化后再解除。采用芽接嫁接的接口小、愈合快，一般春季和夏季芽接后 20d 左右即可解绑。秋季芽接如时间较晚、生长速度较慢，可在 30d 以后解绑。

（2）剪除萌蘖。高接换头的杏树由于嫁接前进行骨干枝整理和嫁接时截枝较重，修剪量很大，势必促使隐芽大量萌发，不仅浪费养分和水分，而且严重限制高接枝梢的生长发育。因此高接后，除个别接头没成活需要留枝嫁接外，其余萌蘖一律及早从基部剪除。这项工作往往要进行多次才能彻底。对于保留的萌蘖也要摘心控制生长，以集中营养保证嫁接枝的生长。

（3）保护新梢。高接成活后抽生新梢，当年长势旺盛，并能抽生大量分枝，但接口愈合组织尚幼嫩，一经风吹或机械碰撞，极易折断。因此，当新梢长到 30cm 以上时，在去除绑扎物的同时，应顺着新梢生长方向，在老枝干上牢固地绑扎支棍，再把新梢牵引绑扎到支棍上，绑扎新梢的扣结应适当松动，以免影响新梢生长。等到秋季接口愈合组织木质化，结合牢固后，方可去除支棍。

（4）补接。高接后20～30d检查成活率，对未成活的接头及时补接。补接时将砧桩截去一段，从组织新鲜处再接。如果没有保存接穗，可在晚春或初夏利用砧桩上的萌蘖进行芽接。

（5）其他管理。高接后应立即浇水，以利成活抽枝。高接当年一般不需土壤施肥，生长期可结合病虫害防治喷4～5次叶面肥，促进花芽形成。当年冬季修剪以调整树形为主，使新的树冠从属分明，圆满紧凑，均衡发展，尽快成形。

4　土、肥、水管理

巴斗杏树的生长和结果，必须依靠根系从土壤中不断地吸收各种营养元素和水分。土壤是杏树根系生长最直接、最密切的环境因子，是养分和水分的源泉，是生长结果的基础。土壤的理化性质如何、各种营养元素的多少和比例、水分状况，都直接影响杏树的生长和根系的吸收功能。土壤疏松，通气良好，有机质丰富，各种营养元素齐全，比例恰当，始终能满足杏树生长发育对养分、水分、空气、温度的要求，是杏树健壮生长、正常发育的必要条件。如果土壤理化性状很差，其他管理再好，也难以获得满意的收获。因此，加强土壤管理，改善杏树根系生长的地下条件，是杏树栽培管理中头等重要的基础工作。但是，良好的土壤管理，还必须同合理施肥、及时排灌紧密结合，才能达到预期的效果。土、肥、水三者，忽略了任何一方面，都可能给杏树生长结果带来不良影响。

4.1　土壤管理

土壤管理就是根据土壤特点、地形、地势和杏树生长状况，采取科学合理的管理方法，达到增加土层厚度，提高土壤肥力，改善土壤结构和理化性状的目标，实现树体健壮、优质高产、安全高效的栽培目的。

4.1.1　土壤改良

萧县巴斗杏是抗逆性强的深根性树种，主要分布在萧县丘陵山区的山坡地及农村的沟旁路边，土层较薄，保肥、保水能力较差。而许多农民误认为杏树较耐粗放管理，对土、肥、水的要求不严，缺少杏树土壤的周期性管理，导致树体的营养吸收区环境较差，问题较多，必须进行土壤改良，具体方法是深翻改土。

（1）深翻时期。杏园春夏秋冬都可深翻，以秋季深翻最为适宜。秋季深翻时间一般在落叶前30～50d，结合施基肥进行。这一时期土温较高，根系正在生长，断根伤口愈合快，容易发出新根，使树体内营养积累增加，有利于第 2 年开花结果和春梢生长（图 11 - 7）。

图 11 - 7　秋季土壤深翻

夏季深翻应在采果后进行，这时断根愈合快，发生新根多，如能配合深埋绿肥，将会促进花芽形成和饱满，但雨季黏土地深翻应防止蓄水泡根。

冬季深翻应在落叶后进行，封冻前结束。

春季深翻应在花芽萌动前20d完成。同时施入适量氮肥，有利于开花坐果。如春翻太迟，不利于开花坐果和新梢生长。

（2）深翻方法。一种方法是按植株扩大树盘。杏树定植几年后，结合施基肥，每隔 2～3 年按树冠大小逐年扩大树盘。另一种方法是成片杏园也可按年隔行深翻。

深翻深度要因地制宜，一般可达 60cm 左右。如果土层下为半风化的岩石、砾石层、胶泥层等，深翻的深度应酌情加深，以捡出砾石块，打破胶泥层为宜，填入表层熟土和有机肥，使杏树根系周围的死土变活土，瘠土变肥土。深翻时一定要注意少伤根系，不伤大根。如遇大根，应从根下挖出底部的土，露出的大根应及时用湿土覆盖，以防止失水干枯。如遇病根，应及时切除，并用 5 波美度石硫合剂消毒。深翻坑应施入适量的有机肥。排水不良的黏土或易干旱的沙土果园，底层应多填不易腐烂分解的秸秆、树枝等，以利于排水和蓄水保墒。深翻后如干旱无雨，应及时浇水，以便根系与土壤密切接触，促进有机物分解。浇水或雨后土壤下沉，要及时填平。

4.1.2　地形改造

萧县巴斗杏大都分布在山地上，由于具有一定的坡度，保水保肥能力差，所以，栽植杏树前，一定要进行地形改造，主要方法就是整修梯田。坡面完整的，可修成水平梯田；坡面不完整的，可修复式梯田或鱼鳞坑式梯田。水平梯田应当外高内低，内侧挖竹节状排水沟，以便在降水较大时，既拦水，又排水，缓冲横向的土壤流失。

梯田坡以土筑坡为宜，其上可生草或种植多年生豆科绿肥，既可起护坡作用，又可提供绿肥。坡面破碎的山地果园，不可能在同一等高线上修成水平梯田，可修成复式梯田，即按1株或几株修成1个小平面。这种梯田较零散，但在地形复杂的山地可充分利用土地，而且极有利于水土保持。在坡度较大、坡面不完整的现有杏园，水土保持的补救办法就是修筑鱼鳞坑，即在每株杏树的下方修筑半圆形的鱼鳞坑，以蓄水保土，保证杏树的生长发育。

4.1.3　杏园覆草

利用秸秆和杂草等植物体覆盖杏园土壤，可以防止水分蒸发，减少地面径流，增加土壤有机质含量，调节土温，促进有益微生物活动，为根系创造良好的生活条件。具体方法是：每年早春结合修整树盘，向树盘内浇水100kg，然后覆盖截碎的杂草、麦秸及其他作物秸秆15～20cm厚，覆草后用土压住。覆草经过3～4年的日晒、雨淋、风吹，大部分腐烂分解后，可结合深翻一次性埋入土中。深翻后，继续进行下一次覆草，如此反复进行。

4.1.4　杏园生草

与传统的清耕法相反，在果园内人为种草，达到改善土壤理化性状的目的。长期的生草，可减少地表径流，提高土壤水渗透率，降低风和水对土壤的侵蚀，增加土壤有机质含量，改善土壤理化性状，促进土壤有益微生物的活动。具体方法是3年生以后不能再间作其他作物，多采用行间生草，根据果树行距的大小，可在行间种草2～4行，株行距20cm×40cm，每年对生草收割2～3次，覆于树盘、树行或埋入地下。对多年生草可每隔5年翻压1次，翻压深度20～30cm。生草的种类应选用耐寒、耐旱、耐瘠薄的种类，如三叶草、毛叶苕子等。

4.1.5　中耕及间作

中耕除草是传统的土壤管理方式，一般在秋季或在采果后进行，生长季节进行2～3次除草。间作是在初栽的头几年，树冠较小，行间空隙大，可间作农作物，以增加收益。为使间作物不与杏树争夺肥水，应根据树冠大小，留出营养带。同时应选择生长期短消耗肥水少的矮生作物，如豆类、花生等，但随着树冠的增大，一般不再间作农作物。

4.2　杏树施肥

杏园合理施肥是杏树丰产优质的重要环节。杏树在生长结果中需要多种营养元素，其中需要量较大的是氮、磷、钾，称为大量元素。另外，铁、硼、锌、锰等也是杏树生长发育过程中不可缺少的元素，但需要量少，称为微量元素。不管是大量元素还是微量元素，它们在土壤中的浓度和比例都需要保持相对平衡状态，才有利于杏树的生长发育。为了获得杏树的高产、稳产、优质，掌握不同营养元素对杏树生长发育的作用，以及杏树不同生长发育时期对各种元素的需要情况，是合理施肥的重要依据。

4.2.1　主要营养元素的作用

（1）氮素。氮素的主要作用是促进营养生长，提高光合作用效能。氮素是组成叶绿素、蛋白质等物质的重要成分。缺氮首先是叶绿素含量减少、叶片黄化、光合效能下降、枝叶生长量少、根系不发达、植株矮小、生长势弱、萌芽开花不整齐、退化花比例增多、落花落果严重、早落叶、产量低、果个小、品质差、抗逆性差、树体寿命短。氮素过多也不好，会引起枝叶徒长、枝条不充实、花芽分化不良、落花落果重，降低果实产量和品质，容易感染病虫害，抗逆性下降。因此，只有适量适时供给氮肥，才能保证杏树的正常生长发育和高产优质。

（2）磷素。磷素能促进花芽形成、果实发育和种子成熟，使果实含糖量增加，酸度减少，增加着色，提高果实品质。磷还能增强根系吸收能力，促进新根的发生和生长，提高杏树的抗寒和抗旱能力。磷素不足，花芽形成不良，萌芽力降低，新梢和根系生长减弱，叶片细小，果实产量和品质下降，树体抗逆性差。磷素过多会抑制杏树对氮素和钾素的吸收，引起生长不良。所以在施磷肥时，一定要注意与氮素和钾素的合理搭配以及土壤本身的含磷量。

（3）钾素。适量钾素能促进果实膨大和成熟，减少落果，促进糖类的转化和运输，提高果实含糖量，使着色良好，增进品质和耐贮运性。钾还能促进新梢成熟，加粗生长，机械组织发达，提高抗寒、抗旱、耐高温和抗病虫害的能力。钾肥不足，果小，着色不良，容易裂果，酸多甜少，果实品质低劣，营养生长受阻，根系不发达，叶片细小，新梢细弱，提早停止生长，严重时会出现叶缘和顶梢枯焦。钾肥太多，会抑制杏树对氮肥和镁的吸收，同样影响生长和果实发育。

（4）钙素。钙是细胞壁和胞间层的组成部分，在老组织中含量较多，它不易转移，难以被再次利用。树体缺钙时，首先是枝条顶端嫩叶的叶尖、叶缘和中央主脉失绿，进而枯死；幼根在地上部表现症状之前即开始停止生长并逐渐死亡。

（5）镁素。镁是叶绿素的重要组成部分，故易引起叶片失绿。镁还是多种酶的活化剂，对呼吸作用和糖的转化都有一定影响。缺镁时首先是新梢基部叶片上出现黄褐色斑点，叶脉中间区域发生坏死，叶缘仍保持绿色，受害症状逐渐向新梢顶部叶片蔓延，最后出现暗绿色叶片在新梢顶端丛生现象。

（6）铁素。铁是杏树生长发育中重要的微量元素，是许多重要酶的辅基的成分，叶绿素的形成和维持叶绿体的功能是必需的。缺铁时，酶的活性下降，代谢出现紊乱。症状表现是新梢顶部嫩叶首先发病，叶肉失绿变黄，叶脉仍保持绿色，随着病情加重，叶片黄化程度加深，叶片呈黄白色，边缘开始产生褐色焦枯斑，严重者叶片焦枯脱落，嫩梢枯死。

（7）锌素。锌和光合作用、呼吸作用有关。缺锌可导致细胞内氧化能力的提高，使生长素含量低，细胞吸水少，顶芽被破坏，枝条不能伸长，枝条纤细，叶片硬化变狭小，通常称小叶病。

（8）硼素。硼与植物的分生组织和生殖器官的生长发育有密切关系，能增加果实中维生素和糖的含量。在土壤中能增加可溶性磷的数量，促进还原作用。缺硼能使根、茎生长点枯死，能使受精不正常，坐果量下降，同时花芽分化受影响，果实发生畸形。

4.2.2　施肥时期

（1）基肥。基肥提供给杏树全年生长结果所需要的基本肥料，一是各种元素齐全，二是肥效期长。应以有机肥为主，如堆肥、厩肥等，并掺入适量磷钾肥同施，基肥用量一般应占全年总施肥量的70%左右为宜。

基肥施用时期应在杏树枝梢停止生长后，落叶前，结合秋季耕翻或树盘深翻施入，因为此时土温尚高，根系处于生长高峰，叶片仍在进行光合作用，伤根愈合快，能及时发生新根。同时，有机肥施入土中能较快开始分解，根系可及时吸收，增加树体的贮藏养分，促进枝条充实，花芽饱满，为第二年春天开花、萌芽、坐果打好物质基础。因为杏树春季开花早，果实发育快，树梢生长旺盛，消耗营养多，树体内贮藏营养水平越高，花器发育越好。同时早春根系开始活动时即能有较多的新根吸收已腐熟的肥料，及时满足生长结果需要。所以秋天在不会引起秋梢生长的情况下，基肥施用时间以早为宜，这是杏树高产优质的前提和基础。

（2）追肥。在基肥不足或树体贮藏养分不足时，杏树果实发育、新梢生长或花芽分化处于高峰到来之前，需肥迫切，必须及时追施速效化肥，生产上一般有花前追肥、硬核期追肥和采后追肥。

花前追肥。主要是弥补树体贮藏养分的不足，供开花坐果对氮肥的需要。这次追肥应在开花前2~3周施下，这是因为此时土温尚低，根系吸收缓慢，提前使用使根系有一个吸收过程，待开花坐果时才能收到肥效。另一方面由于树体营养分配首先满足生命活动最活跃的器官，即生长中心的需要。如果追肥时间晚于花器生长这个中心，待新梢生长成为中心时，肥效便能促进新梢的旺长，反而会造成落花落果更加严重，不能达到追肥的预期效果。如果上一年秋季施用的基肥量足、适时，树体贮藏营养水平较高，花前肥也可不施。

硬核肥。硬核肥实际上也应在硬核前几天施用，供杏种胚发育需要，因为果核长不好，果实也长不大。这次追肥应以氮肥为主，配合磷、钾肥，占全年总追肥量的 50％左右。因为杏果生育期短，硬核期后紧接着就是果实迅速膨大和花芽分化期，因此，这次追肥对于果实生长和花芽分化都很重要。

采后肥。杏树果实成熟早，采收以后生长时间还长，绝不能因丰收到手，树上无果而放松肥水管理。在这一段时间里，不仅树体继续生长，而且花芽继续分化，因此应根据树势和当年结果量，施入适量有机肥和磷、钾肥。树势弱，结果多的树应适当多施，反之适当少施，控制氮肥，防止秋梢徒长。这对增强树势、促进花芽分化、减少退化花的数量、保证明年继续高产有着重要的作用。

叶面喷肥。叶面喷肥又称根外追肥。把肥料溶于水中，用喷雾器向叶片上喷施。这是因为果树叶片不仅能进行光合作用，合成有机营养物质，而且叶片的气孔和角质层还能直接吸收喷施在叶面上的营养物质。叶面喷肥较土壤施肥有许多优点，如用肥量少，见效快，能很快改善树体营养水平，提高光合效率，特别是在果实迅速膨大，新梢旺盛生长和花芽分化期，树体需肥多而急的情况下，这时喷肥能弥补根系供肥的不足。在根系受伤或干旱、水涝时，根系吸收不良，效果尤其显著。叶面喷肥常用的肥料有 0.2％～0.3％尿素、0.2％～0.3％磷酸二氢钾、0.2％～0.4％硫酸钾、0.1％～0.4％硫酸亚铁及叶面宝、光合微肥等新型叶面肥。

叶面喷肥具有土壤施肥不可替代的作用。但是，要使叶面喷肥充分发挥其优越性，应注意以下事项：

叶面喷肥是土壤施肥的一种补充，不能代替土壤施肥。只有在做好土壤施肥的基础上，加强叶面喷肥，才能获得好的效果。

叶面喷肥的肥效短，一般叶面喷后 25～30d 肥效就逐渐消失。所以，叶面喷肥应勤，1 年 4～6 次，间隔期 10d。

温度高，风速大，空气干燥，不利于树体对肥料的吸收。时机不当还可能造成肥害。根外追肥的最适宜温度为 18～25℃。生长季节宜选傍晚（16：00 以后）或早晨（10：00 以前）进行。

叶面肥浓度一定要掌握准确，过高会引起肥害，过低效果不明显。生长前期枝叶嫩，浓度宜低；生长后期，枝叶成熟，浓度可适当加大。

4.2.3　施肥方法

施肥方法正确与否，同施肥效果有密切关系。有机肥肥效较长，应当施在根系集中分布层稍深、稍远的地方，以利根系向纵深发展。氮肥在土壤中移动较强，肥效快，要施在稍浅的土层中，以随水分渗透到根系分布层内被吸收。磷、钾肥在土壤中移动性较差，应深施于根系分布最多的土层处。磷肥在土壤中易被固定，若制成颗粒肥或与有机肥混合堆置腐熟后深施，效果会更好。

（1）环状施肥。这种方法是在树冠投影外缘挖环状施肥沟，把肥料均匀施入沟内埋好即可。沟的深度和宽度视树体大小、根系分布层的深浅及肥料种类和多少而定。每年应随树冠扩大而将施肥沟的位置外移。一般沟深 30～60cm，宽 40～50cm。挖沟时要尽量保护根系，不伤大根，一般中、小树施基肥采用此法。

（2）放射状施肥。此法根据树冠大小，距离根颈部 50～100cm 处向外挖 4～8 条放射状施肥沟。沟底由里向外逐渐加深，沟长应延伸到树冠投影边缘以外 30～40cm，每年的开沟位置不要重叠。此法施肥根系吸收面积大，伤根较少。一般结果大树施基肥采用此法。

（3）条沟施肥。在果树行间开沟施入肥料，可结合果园深翻进行。密植园常用此法。

（4）挖穴施肥。即在树冠下均匀开挖若干个施肥穴，深度 20cm 左右，一般施入人粪尿、速效化肥采用此法。

4.2.4　施肥量

充足而均衡的营养供应，是杏树丰产的前提。施肥量不足难以保证优质花芽的形成及正常的生长结果。但也不是越多越好，超量施肥不仅会造成大量浪费，而且还会伤害杏树，影响正常生长。另外，在大量元素肥施入时，还应加入适量的微量元素肥，以保证杏树营养的均衡供应。

确定合理的施肥量和施肥比例是一个复杂的问题，它与树龄、树势、当年产量、土壤肥力、地势土质、气候条件及管理水平都有关系，应根据当地具体情况综合考虑。计算理论施肥量时，应先确定目标产量，根据杏树各器官每年从土壤中吸收的各种元素量，扣除土壤供给量，并考虑肥料的损失，其差额即为施肥量。其计算公式如下：

$$施肥量＝\frac{吸收元素量—土壤供给量}{肥料中养分含量×肥料利用率}$$

杏树结果多，果实生育期短，营养生长期长，对氮肥和钾肥的过多和不足都非常敏感，杏树萌芽开花后，果实发育和新梢生长几乎同时进行，需氮量较大，这一时期应充分满足杏树对氮肥的需要。钾肥过多会影响杏树对氮肥的吸收，钾肥不足又影响果实的发育和品质。杏树对磷肥的需要量不及氮肥和钾肥的量大，但也是不可缺少的。根据当地的生产经验，氮、磷、钾的比例以 10：（3～5）：10 比较适宜，具体施肥时一般保持结 1kg 果实施 1kg 优质农家肥。再加农家肥数量 5% 的复合肥，基本能满足杏树对各种营养元素的需要。

4.3　水分管理

4.3.1　杏园水分管理的重要性

杏树是公认的抗旱树种，被广泛种植在易干旱的土质上。但在杏树缺水的情况下，杏树的产量和质量还是受到明显的影响。因为水是植物光合作用的主要原料，营养运输的媒介，果实增大和品质改善的主要因素。不能及时灌溉的果园，虽然果实能够发育生长，但不能达到其固有的品种特性。所以，在干旱地区，应改变传统的认为杏树可以不进行灌溉的观念，在有条件的地方，必须进行合理的灌溉，实现杏树栽培优质丰产。

4.3.2　浇水时期及浇水量

杏树浇水主要是在春季花前、果实硬核期和土壤封冻前 3 个时期进行，其原则是水量宜足，次数宜少。

（1）花前浇水。花前浇水又称解冻水或萌动水。一般在北方春旱少雨，花前浇水有利于萌芽、开花、坐果，浇水时间最迟不能晚于花前 10～12d，此次的浇水量应大，使土壤含水量达田间持水量的 70%。

（2）硬核期浇水。此期是杏树需水临界期，如杏园比较干旱，浇 1 次透水十分必要，否则，新梢细弱，叶片黄瘦，甚至出现萎蔫现象和提早落叶，果实不能膨大，甚至大量落果。

（3）封冻水。北方地区杏园在土壤结冻前，浇足封冻水，能保证根部在冬、春季有良好的发育，为下一个生长季的丰收奠定基础。试验表明，浇封冻水，不仅有利于根部的发育，而且能显著提高花芽的抗寒力。

4.3.3　浇水方法

杏园灌溉方法，应视水源情况和土壤的性质而定。传统采用的多是地面浇水方式，包括树盘浇水、沟浇、分区浇和漫浇。地面浇水，简单易行，但耗水量大，土壤易被冲刷和发生板结。目前，推广的主要是机械化节水灌溉技术，包括喷灌、滴灌、渗灌等。建议有条件的地方应尽量采用节水灌溉技术。

4.3.4　杏园排水

杏树是耐涝性较差的树种，土壤排水不良对杏树造成的危害，首先是根的呼吸作用受到抑制。如果地面积水较多，时间较长，轻则引起早期落叶，重则引起烂根和全树死亡。因此，在降水较多的地区，特别是地下水位高、地势低洼的杏园，更应及时排水。

5 整形修剪

杏树整形修剪是通过短截、疏枝、甩放、回缩、摘心等方法，培育丰产树形，通过调节树体器官间的数量、性质、质量、比例，以平衡生殖生长与营养生长之间的关系，使之均衡增长，达到丰产优质的目的。整形修剪必须根据树种、品种特性，生长发育规律，立地环境等因素，在良好的土、肥、水管理基础上，因势利导，随枝造形。不整形修剪的杏树常常是枝条紊乱、树冠郁闭、通风透光差、病虫危害重、内膛光秃、外围焦梢、产量低、寿命短，不符合生产要求，因此，整形修剪是杏树栽培中必须进行的一项栽培措施。

5.1 整形修剪的作用

5.1.1 调节生长与结果的关系

修剪可以控制枝条数量的增长与分布方位，促进或抑制枝芽的生长势力，调节各类枝的数量比例，调节营养生长量与生殖生长量的均衡关系，控制不同年龄枝的增减变化，平衡树体各部分各器官对养分的消耗利用、积累与分配的关系等。

5.1.2 调节养分、水分的运转和分配

养分和水分的运输总是向树体顶端和生理上最活跃的部位。通过修剪可改变枝条先端部位的高低、枝条的方位、剪口枝芽的强弱、疏除的枝芽数量、留用枝芽强弱等，从而调节养分的运输与分配，维持丰产树体结构，保证树体各部分、各器官间的平衡关系与健壮状态。

5.1.3 改善通风透光条件

光照条件好，是杏树生长发育的必要条件，可增加产量，提高品质；可使枝芽发育健壮，充实饱满，减少病虫害；可促进吸收与蒸腾作用，促进养分、水分的吸收与运输；可促进光合作用的进行，提高光合效能，增加养分积累。通过修剪可形成优良的叶幕结构，改善光照状况，提高有效光合叶面积。

5.1.4 适应各种不同的气候特点

修剪具有克服不良环境条件的作用，如山地，土层一般较薄、易旱、树冠较矮小，修剪时宜采用小冠密植，适当加大枝叶密度。针对迎风枝易直立、生长旺、背风枝易开张、生长弱的特点，修剪时，迎风枝延长枝选用弱枝，开张角度大，背风面的延长枝选用强枝，开张角度小。阴雨多的地区，新梢生长期延长，影响花芽形成和果实品质，修剪时应改善光照，控制肥水、开张角度、轻剪长放。

5.2 整形修剪的原则

5.2.1 因树修剪，随枝作形

杏树由于品种和树龄不同，所表现出来的生长结果习性也不相同，整形修剪方法也应各有侧重。具体修剪时，既要事先有所计划，又要根据实际的树体长势而定，决不能生搬硬套，机械造形，就同类枝而言，彼此之间在生长量、角度和芽的饱满程度方面也有差异。这就需要根据杏树枝条的具体情况，采取不同的方法，因势利导，随枝作形，才能达到预期目的。

5.2.2 统筹兼顾，长远规划

修剪是否合理，对幼树早成形、早结果及盛果期的高产稳产、优质高效都有直接的影响。因此，一定要做到统筹兼顾，全面考虑。在杏树幼龄期，既要生长好、迅速扩大树冠，又要早结果、使生长结果两不误。同时，还要考虑发展前途，延长结果年限。只顾眼前利益，片面强调早结果早丰产，就必然会造成树体衰弱，形成小老树；片面强调树形，而忽视早结果早丰产，就不利于前期经济效益的提高，同样，盛果期树也要做到生长结果相互兼顾。

5.2.3　轻重结合，方法得当

相比较而言，杏树花芽是比较容易形成的。如果土、肥、水管理比较正常，当年生枝条即可形成饱满的花芽。修剪时主要是考虑果品优质和树体结构问题。该轻的轻，该重的重。一般留果修剪应轻，扩大树冠修剪应重，要轻重结合。

5.2.4　均衡树势，主从分明

在同一株杏树上，同层骨干枝的生长势应基本一致，防止强弱失调。各级骨干枝之间的主从关系也应明确，有中心领导干的，要绝对保持其生长势。各层主枝应下层强于上层，防止出现上强下弱的现象。各级骨干枝的从属枝必须为骨干枝让路，保持明确的主从关系。

5.3　整形修剪的依据

5.3.1　品种特性

果树品种不同，常有其不同的生物学特性，在萌芽率、成枝力、枝条开张角度、结果枝类型及坐果率等方面，都不尽相同。因此，在制订修剪方案时，一定要了解该树的生物学特性，确定合理的修剪方法。

5.3.2　修剪反应

不同品种、不同枝条，对修剪的反应是不同的。在修剪时，应当观察修剪反应，包括萌芽情况、成枝情况等。

5.3.3　树龄长势

树龄不同，其生长结果的表现也不同，幼树至初果期树生长势较旺，除对骨干枝做短截外，其他修剪程度应偏轻，使其早结果。盛果期后，树势生长缓和，开始大量结果，应该维持树势，打开光路，同时注意调节营养枝和结果枝的比例，要适当重剪，到了衰老期的杏树，需要重剪，使其老枝更新复壮。

5.3.4　栽培管理条件

栽培条件不同，修剪的反应会受影响。如果栽培管理措施跟不上，过分强调轻剪、缓放和多留果，必然会造成树体衰弱。另外，栽植形式和密度不同，整形修剪措施也应适当改变。

5.4　巴斗杏树的丰产树体结构

5.4.1　巴斗杏树的丰产树体结构

巴斗杏树生长势较强，树体高大，适宜采用的树形主要有疏层开心形、自然圆头形，树体高度一般控制在3.5～4m（图11-8）。

图11-8　丰产树形

杏树干高为50～60cm，主枝数为6～8个，疏层开心形分为2～3层，第一层3～4个，第二层2～3个，第三层1～2个。自然圆头形不分层，在主干上错落着生5～6个主枝。每666.7m² 主枝数控制在150～180个。

5.4.2　丰产树群体结构

平均每株树有大、中、小枝组 70、140、1 400 个，枝组的比例为 1∶2∶20。叶面积系数 5～6。新梢生长量平均为 50cm，单株结果量为 1 200 个，折合产量每 666.7m² 为 1 800kg。

花量充足，有效花比例高。花芽饱满，花量充足，坐果率就高，一般认为，巴斗杏的坐果率达 10%～15% 即可达到杏树丰产的要求。

5.5　巴斗杏常用树形

萧县巴斗杏栽培常用的树形是自然圆头形、疏散分层形和自然开心形。

5.5.1　自然圆头形

定干高度 70～90cm，无明显的中央领导干。全树有 5～6 个错落分布的主枝，相邻主枝间距 40～60cm，基部主枝与主干呈 55°～60°夹角，上部主枝与主干呈 45°～50°夹角，主枝上各有 1～2 个侧枝，侧枝在主枝两侧均匀地交叉分布，第一侧枝距主干 50～60cm，第二侧枝距第一侧枝 30～40cm。侧枝上合理分布各类结果枝组。成形后树干高 50～60cm，树高 3.5～4m。

自然圆头形因其修剪量小，成形快，管理简单，结果早，丰产性强，而被普遍采用。其不足之处是主枝间距小，树冠易郁闭，下部易光秃，结果部位外移，后期修剪难度大。

5.5.2　疏散分层形

定干高度 70～90cm，有中心干，树高 3.5m，全树有 6～8 个主枝。第 1 层主枝 3～4 个，主枝间距 15～20cm。第 2 层主枝 2～3 个，距第 1 层主枝 70～80cm，与第 1 层主枝交错排列。第 3 层主枝 1～2 个，距第 2 层主枝 60～70cm，角度较大，呈小开心形。

疏散分层形主枝呈分层着生，树体高大，透光性好，内膛不易光秃，内外结果能力强、产量高。

5.5.3　自然开心形

定干高度 60～80cm，在整形带内选 3 个着生均匀的主枝，其水平夹角为 120°，主枝基角为 50°～60°，每个主枝上着生 2～3 个侧枝，侧枝上着生结果枝组和结果枝。

自然开心形树干高 40～50cm，树高 3m 左右，树冠低矮，无中心干，主枝较少，通风透光条件好，适宜山地及肥水条件差的地区栽植。其不足之处是结果后主枝易下垂，树体易衰老，树下管理不方便。

5.6　不同树龄期杏树的修剪

5.6.1　幼龄树的修剪

幼龄杏树，是指从定植以后到大量结果之前时期的杏树。这一时期的修剪任务，主要是配合整形，建立合理的树体骨架，科学利用辅养枝培养结果枝组，尽快形成大量的结果枝，为进入盛果期做好准备。

幼树修剪主要是短截主枝和侧枝的延长枝，促使其继续延伸。

由于杏的发枝能力比较弱，因此对幼树的主侧枝延长枝的短截应重些，以剪去新梢的 1/3～2/5 为宜。这样可以在剪口下抽出 2～3 个新枝。根据枝条的长短，灵活掌握剪截的程度，做到长枝多去，短枝少去。

对于有二次枝的延长枝的剪截，应视二次枝发生的部位而定。如二次枝着生部位较低，可在其前部短截，或选留 1 个方向好的二次枝做延长枝，并进行短截。对于二次枝部位很高的延长枝，则可在其后部短截，以免留得过长。

对于非骨干枝的处理，除及时剪去直立性竞争枝和过密枝之外，其余的应尽量保留，或长放结果，或适当短截，促其分枝，形成结果枝或结果枝组。对于生在各级枝上的针状小枝，不宜短截，以利于其转化为结果枝。

对幼树上发生的粗壮直立性枝条，可在其发生早期，用摘心的方法加以控制，当枝条长达 20～

30cm 时摘心，当年可形成结果枝组。

对于幼树上的结果枝一般应加以保留。杏树的长果枝坐果率不高，可进行短截，促其分枝，培养结果枝组。中短果枝是主要的结果部位，可隔年短截，以便既保证产量，又延长寿命，不致使结果部位外移。花束状果枝保持不动。

立地条件好、肥水充足的巴斗杏幼树可试行长枝修剪法。即除主枝延长枝适当短截外，其余枝枝条只疏密不短截，来年在结果枝较好的部位回缩，但要加强疏花疏果和夏季修剪。

幼树的修剪量宜轻不宜重，以利于早期结果。但为了培养理想树形，又往往去除一些枝条。为了解决这个矛盾，可采用冬剪和夏剪相结合的方法，效果较好。为使幼树尽快扩大树冠，修剪宜轻不宜重。修剪幼树时，可适度短截主枝延长头，疏除竞争枝、过密枝和轮生枝，让主枝头向外倾斜单头生长，并保持其生长势，对其余枝条均缓放不短截。对生长角度和方向不合适的主枝，可采用拉枝的办法加以调整，不要轻易转头或以大改小，从而造成幼树减缓树势、延缓结果期。

5.6.2　盛果期杏树的修剪

盛果期杏树主枝开张，枝势缓和，中长枝比例下降，短果枝、花束状果枝比例上升，产量大增。对盛果期杏树如不进行合理的修剪，其树冠内的结果枝就会陆续枯死，引起结果部位的外移，还会由于负载量得不到调节而形成大小年结果现象，使树体早衰。该期杏树修剪的主要任务是提高营养水平，保持树势健壮，调整生长与结果的关系，精细修剪结果枝组。

（1）盛果期杏树的年生长量较幼树显著减少，新的结果部位很少增加。

为使每年都有一定量的新枝发生，补充因内部果枝枯死而减少的结果面积，稳定产量，应对主侧枝的延长枝进行较重的短截。一般枝冠外围的延长枝以剪去 1/3～1/2 为宜。

盛果期杏树的特点，在于有大量的短果枝和花束状结果枝，很容易造成产量负载过重，导致大小年的发生。为了避免产量的大幅度波动，应适当地疏剪一部分花束状果枝，对其余各类果枝进行短截，去除一部分花芽，这样不仅可以减少当年的负载，也可以刺激生成一些小枝，为来年的产量打好基础，同时可防止内部果枝的干枯，一般中果枝剪去 1/3，短果枝短截 1/2，对主侧枝上的中型枝和过长的大枝进行回缩，中型枝一般可回缩到 2 年生部位。

（2）结果枝组的更新对于保证盛果期杏树取得高产稳产有重要作用。

施行不同程度的回缩，是维持各类枝组生命力的有效措施。对于主轴上拇指粗细的枝组，可回缩到延长枝的基部，使之不再延长。枝组上的 1 年生枝也适当短截，以利其发生新的果枝。对于基部小枝已开始枯死的大型枝组，则可以回缩到 2 年生部位上的 1 个分枝处。

盛果期的杏树，由于果实的重压，常使主枝变成水平或下垂，而由其背上抽生一些徒长枝。对于这类徒长枝应及时进行摘心或反复摘心，使之转变成结果枝组，增加结果部位。对于树冠外围的下垂枝，宜在向上生长的分枝处回缩，以抬高其角度。

对树冠内部的交叉枝和重叠枝，可依具体情况，或自基部去除，或回缩改造成枝组，以不过于密集、妨碍透光为度。

盛果期杏树常有枯死枝、病虫枝和各种受伤枝，对这些枝均应及时疏除或剪截。

5.6.3　衰老期树的修剪

杏树进入衰老期的明显征兆是树冠外围枝的年生长量进一步减少，只有 3～5cm，甚至更短。内部枯死枝不断增加，骨干枝中下部开始光秃，结果部位外移，大小年结果现象严重。因此，对衰老树修剪的目的，在于更新复壮，恢复树势，延长经济寿命。

（1）主要内容是骨干枝的重回缩和利用徒长枝更新结果枝组。更新修剪的做法是按原树体骨干枝的主从关系，先主枝，后侧枝，依次进行程度较重的回缩。主侧枝的回缩，应掌握"粗枝长留、细枝短留"的原则，一般可锯去原有枝长的 1/3～1/2。锯口要平，并涂保护剂。

大枝回缩后，对于所发出的新枝，应及时选留方向好的作为新的骨干枝，而将其余的及时摘心，促使其发生二次枝，形成新的果枝。对背上生长势强的更新枝，可进行较重的摘心，留 20cm 左右。待其发出二次枝后，选 1～2 个方向好的壮枝，在 30cm 处进行二次摘心，当年可形成枝组并形成花芽。

对于衰老树内膛发出的徒长枝，应充分加以利用。可仿照上述办法，进行连续地摘心，培养成结果枝组，填补空间，增加结果部位。

对衰老树进行更新修剪，应当配合施肥和浇水，这样才可以收到良好的效果。在干旱山区，衰老杏树更新后如不浇水，新芽有可能不萌发，加速树体的衰亡。所以，应在更新前的秋末，对衰老树施以基肥，并浇足封冻水。更新修剪后，要结合浇水，加施一些速效性肥料。

衰老树更新后发出的新枝生长快、不牢固，尤其是锯口附近由隐芽发出的新梢，容易被大风折断，应注意保护。

（2）树体改造。有的杏树从不修剪，树势早衰，结果部位外移，内膛光秃，产量很低。对于此类树要进行改造，将过多交叉的与重叠的大枝和层间的直立枝，逐年去掉，加大层间距离，使阳光射入内膛，诱使内膛发枝，培养结果枝组。同时，要回缩衰老枝，短截发育枝，抬高下垂枝，对高冠树要采取落头措施，减少层次，打开天窗，多进阳光。如此坚持 2～3 年，就可将此类杏树改造成为较为理想的树形。

6　花果管理

6.1　巴斗杏花的管理

6.1.1　减少败育花

败育花,又称不完全花。败育花的多少,决定坐果率的高低。巴斗杏败育花的数量,根据树体生长情况而不同,有的败育花率不超过 50%,而有的败育花率则高达 80%。影响败育花多少的原因主要有以下几个方面:

(1) 肥水管理及修剪。肥水条件好的地块,败育花率低;夏季干旱则严重地影响杏树的花芽分化,败育花率高。同样生长在瘠薄山地的杏树败育花率高于梯田上的杏树,不修剪树的败育花率高于修剪的树。疏除多年生花束状果枝可降低败育花率。修剪能改变花芽的营养状况,连年适当修剪,能有效地减少败育花率。

(2) 树龄和树势。树龄越高,树体越衰弱,败育花率就越高。

(3) 果枝类型。长果枝败育花率较高,其次为中果枝和花束状果枝,以短果枝上败育花率最低,中果枝中部败育花最少。花芽数量多,则败育花也多。

树冠内部的败育花多于树冠外部,这是由于主枝上部和树冠外围光照通风条件好,花芽分化质量高的缘故。

杏树的败育花是在花芽分化过程中造成的,除灾害天气和品种因素外,主要取决于树体的营养水平,通过改善树体的营养状况,可以减少败育花。因此加强树体的土、肥、水管理,配合适度修剪,是减少败育花的最有力措施。

6.1.2　避免冻害

萧县巴斗杏开花较早,一般 3 月 20 日左右即达盛花期,而此时正是温度变化较大的时期,经常有低温霜冻现象发生,造成杏花受冻而影响坐果率,所以,如能采取措施推迟花期,可有效地提高杏花坐果率。具体措施如下:

(1) 灌水。在土地封冻前,对杏园灌足封冻水,不仅有利于根系的发育,而且能显著提高第 2 年花芽的抗寒能力。在土地解冻后灌足水,但灌水时间不能晚于花前 10～12d,可推迟花期 5～7d。花前灌水,既有利于杏树保温防霜,又有利于新梢生长和坐果率的提高。花期霜前树体喷水,也可减轻冻害。

(2) 树盘覆盖。在 2 月中旬,可以在杏园树盘内铺 1 层 2cm 厚的麦秸、玉米秸或杂草,并用水浸湿,然后在其上撒一层薄土,可推迟地温上升,延迟花期 4～5d。

(3) 药剂防霜。一是进行树干涂白,用涂白剂涂抹树干和大枝,既可推迟杏花开放,又可杀灭害虫。二是花芽膨大期喷 1 000mg/L 青鲜素液,可推迟花期 4～6d。三是早春叶面喷增温剂和磷酯钠 60 倍液,可延缓花期 3～4d。

(4) 熏烟防霜。根据天气预报,在果园花期夜晚温度降到 −2℃,幼果期夜晚温度降到 0.5℃ 和无风的情况下,可在园内熏烟。烟堆多以秸秆、落叶和杂草堆成,也可用硝铵 3 份、柴油 1 份、锯末 6 份的重量比配成烟雾剂。可提高园内气温,减轻冻害。

此外,低温来临时在地面上 80cm 高处喷灌,园内安排专用风扇,也有良好的防冻效果。

6.1.3　提高坐果率

(1) 花期喷水。花期喷水不仅能减轻晚霜冻害,而且能增加环境湿度,保持子房柱头湿润,延长柱头的有效授粉时间,促进花粉管的萌发,从而提高坐果率。

(2) 花期喷营养元素。花期喷硼等,通过树体的转化利用,可提高坐果率,花前 1 周喷施比盛花期喷施效果好。硼液配比是 0.2% 尿素＋0.2% 硼砂水溶液。

　　喷糖尿花粉液，配方比例为：花粉 50g、白糖（或葡萄糖）50g、尿素 50g、硼砂（硼酸）50g，加水 25kg 混合均匀，再加入少量豆浆做展着剂，配成糖尿花粉液，在盛花期喷施，可显著提高坐果率。

　　（3）人工辅助授粉。人工辅助授粉是解决授粉树缺乏、自然授粉不良的最好办法。

　　花粉采集。选择开花早于巴斗杏的麦黄杏、山杏、羊屎蛋杏等，在花朵开放初期或盛花初期，将花朵摘下，剥开花瓣，取下花药，平摊在光滑的白纸上，自然干燥，或放在一定温度和湿度的地方，温度控制 20～25℃，空气湿度控制在 60%～70%，经过 24h，花粉粒散出，去除杂质，制成纯净的花粉。

　　授粉方法。授粉方法有 3 种，分别为人工点授、花上抖花粉和喷粉。人工点授是用纯花粉或加入 2～3 倍的滑石粉（或淀粉），配成花粉混合物，用毛笔或橡皮头蘸取花粉或花粉混合物，点在刚开放的杏花柱头上，每朵花点 1～2 次即可。花上抖花粉是将花粉、滑石粉（或淀粉）按 1∶4 的比例混合均匀后，装入纱布袋，用长棍挑到树上花多处，再用另一根棍敲打布袋，使花粉散落在花朵柱头上，达到授粉目的。喷粉是将花粉与滑石粉（或淀粉）按 1∶80 的比例混合均匀，花朵开放 70% 左右时，用农用喷粉器进行全园喷粉，使花粉随风落到花朵柱头上，达到授粉目的。

6.1.4　疏花疏果

　　杏树由于开花早，易受晚霜低温危害，生产上疏花疏果很少进行。而事实上，杏树则是需要认真疏花疏果的树种。首先是杏花芽发育要求条件较高，条件不好时，容易形成败育花。其次杏树花期早、花量大，果实生长发育时间短，从开花到果实硬核期需要消耗大量的贮藏营养。杏树落花落果重，营养不足是其重要的原因。

　　疏花疏果是疏除多余的花和果，维持生长与结果的平衡关系，保证树体健壮，提高坐果率，防止和克服大小年。杏树每开一朵花，都要消耗大量养分，每年落去大量的花果，就浪费大量营养物质。如及早把多余的、生长发育不良的花果疏去，可大大节约养分，保证留用花果的生长发育、良好授粉受精和枝叶生长等所需养分，达到高产稳产。

　　（1）疏花。一般在花蕾期和花期进行，主要是疏除过多的、较弱的花蕾及花朵。就整株树而言，首先疏除过多的花束状果枝上的花，其次是中长果枝上过多的花。树冠中部和下部要少疏多留，外围和上部要多疏少留；辅养枝、强壮枝多留，骨干枝、细弱枝少留。具体到 1 个结果枝上，要疏两头留中间，疏受冻受损花，留发育正常的花；花束状果枝上的花要留中间的花，疏外围的花。

　　（2）疏果。通常在花后 25d 左右，果实像黄豆粒大小时进行第一次疏果，花后 40d 左右完成第二次疏果。

　　疏果标准。对杏树疏果时，应根据历年的产量与当年的长势、坐果等情况，确定当年的产量。一般短果枝留 1～2 个果，中果枝留 2～3 个果，长果枝留 3～5 个果，平均果间距 10cm 左右。

　　疏果方法。疏果时，应保留具有品种特性、发育正常的果实，疏去虫果、伤果、畸形果和果面不干净的果。同时，要疏除向上着生的果，保留侧生和向下着生的幼果。疏果时，应按枝由上而下、由内向外的顺序进行。

　　合理负载。杏树合理的负载量，应根据单位面积产量和果实品质指标分析确定。一般每 666.7m² 产量控制在 1 500kg 左右。

6.2　促进花芽分化

　　杏树比较容易形成花芽。新梢旺盛生长期已开始生理分化。形态分化期始于采果后，以后持续到休眠期。翌年根系活动后继续分化，直到开花期。

6.2.1　平衡施肥，重施基肥

　　杏树正常的生长发育是花芽形成的先决条件，而合理的土、肥、水管理是杏树正常生长、维持良好树势的基础。根据管理目标，每年生长前期要供给杏树充足的肥水，促使新梢健壮生长，创造花芽分化的先决条件。一般在硬核期要适当多施氮素肥料，后期适当多施磷、钾肥。特别是在采果后秋施基肥是提高花芽数量和质量的关键措施。

6.2.2　疏花疏果、合理负载

果实生长需要消耗大量的养分，常对花芽分化造成不良影响。在一定范围内，结果越多，形成的花芽就越少。因此，合理负载对促进花芽形成有着十分重要的意义，也是避免大小年结果的有效措施。所以，要根据花蕾和坐果情况，科学实施疏花疏果。既能保证果实质量，又能促进花芽分化。

6.2.3　保护叶片，积累营养

非正常落叶时会影响树体的正常生长，进而影响花芽分化。杏树成熟期较早，采果后的叶片保护容易被忽视，病虫害、土地干旱等都能造成叶片生长不良，甚至早期落叶。严重的非正常落叶会造成杏树败育花大量增加和花芽明显不足。因此，生长季节要继续加强管理，控制病虫害的发生，防止干旱，增施肥料，确保叶片发挥正常功能，促进花芽形成，提高花芽质量。

6.2.4　重视修剪，调控树势

合理修剪，可以改善树体结构、调节负载量、改善光照条件、促进杏树正常生长，从而促进花芽分化。冬季修剪采用小年多留花、适当疏枝，大年多疏花、适当留枝的方法，可以有效地促使花芽的形成，减少大小年产量的差异。夏季修剪采取摘心、拉枝、环剥等措施，可缓解营养生长与生殖生长的矛盾，促进花芽形成。

6.3　提高果品质量

杏果的质量由外观质量和内在品质两方面构成。对外观质量的要求是，具有品种固有的大小、形状、颜色特征；对内在品质的要求是，具有品种特有的糖酸含量、风味香气、口感特点等。

6.3.1　加强果园管理

可通过土地深翻、增施有机肥、果园覆盖、及时灌溉等措施，改善果园土壤理化性状，增加肥水供给能力，保证果实生长必需的养分供应。

6.3.2　综合防治病虫害

改变传统的以化学手段为主的病虫害防治方法，加强杏园田间管理，阻断病虫害越冬等发育过程，减少病虫源的基数。均衡树势，诱导杏树对病虫害的抗性。充分利用害虫天敌抑制虫害，利用安全可靠的生物制剂防治病虫害。根据病虫害发生情况，适当配合化学方法进行防治。选择适宜时机和高效、低毒、低残留农药种类，力求周到细致的喷施效果，并严格遵守农药安全间隔期制度。

6.3.3　合理修剪

采取促控结合的方法，均衡树冠上下、内外生长势，减小树冠内不同部位的果实品质差异，提高优质果率。逐步回缩或疏除影响光照的骨干枝，控制内膛大型枝组伸展空间，疏除影响内膛光照的小型枝组和发育枝等。生长旺季注重对新梢摘心，刺激萌发二次枝，增加枝芽级次和数量，缓和树势。

6.3.4　适时采收

杏树果实成熟后，果肉变软，容易造成外伤，而且不易存放和运输，有些果农过早采收，提早上市，果实颜色不好，风味下降，降低了果实品质和效益。采收过晚，果实呼吸作用加强，果实变软，影响果实的品质和贮运。正确的采收时间要根据果实用途和成熟度来决定，要长途运输的果实应适当早采，鲜食果实应在果实色、香、味、硬度达到品种固有特性时采收。

杏果采收期如雨水较多，容易引起裂果，要加强排水设施的建设，确保有效及时排水，从而减少裂果，提高果品的质量。

7　巴斗杏病虫害防治

7.1　病虫害防治的原则

7.1.1　预防为主，综合防治

"预防为主，综合防治"是植保工作的总方针，也是果树病虫害防治的总方针。其基本内容是：从农业生产的全局和农业生态系统的总体出发，以预防为主，充分利用自然界抑制病虫害的因素，创造不利于病虫害发生及危害的条件。有机地使用各种必要的防治措施，即以农业防治为基础，根据病虫害发生发展的规律，因时、因地制宜，合理运用化学防治、物理防治、生物防治等措施，经济、安全、有效地控制病虫害。既达到高产优质，又尽可能将副作用减少到最低限度，以利保持和恢复生态平衡。

7.1.2　统筹兼顾，主次分明

在病虫害防治工作中，要善于抓住主要矛盾，集中力量解决对生产危害最大的病虫害问题；还要密切注意次要病虫害的发展和变化，有计划、有步骤地解决一些较为次要的问题。在果树的各个物候期中，要从病虫害防治的全局出发，有主有次，全面安排。休眠期防治的中心是解决越冬的病虫原，主要措施是果园卫生，而确定果园卫生的重点要依据当年的主要病虫害发生情况；展叶开花期，应着重防治病虫害的初侵染及再侵染，所用药剂的种类、浓度、用药时机等，应主要针对当年可能严重发生的病虫害，同时兼顾其他病虫害。

7.1.3　措施合理，节药成本

除少数危险性或检疫性的病虫害应立足于消灭外，对绝大多数病虫害的防治，应有一个合理的防治指标。对叶部病虫害，只要能控制到叶片不黄不落即可；对果实病虫害，只要控制到病虫果率不超过5％即可。措施合理的重要标准是要"巧"，即在搞好病虫害预测的基础上，把有限的人力、物力用在最关键的时刻。例如，休眠期果园喷5波美度石硫合剂就是一个很好的措施。近几年的经验证明，在将要发芽时喷1波美度石硫合剂同样有效。

7.1.4　立足群体，重视单株

像大田作物及蔬菜病害一样，果树病虫害的防治主要是面对果树的群体，控制病虫害在群体中发生和流行。但是，果树是多年生的，单株体积较大，单位面积上株数较少，每一株都有较大的经济价值。所以，在注重群体的同时，还要必须重视单株；在加强预防的同时，还要强调病株的治疗。

7.2　病虫害防治的基本方法

任何果树病虫害的发生和流行都是病虫原群体、寄主群体和各种环境因素一致配合的结果。因此，防治病虫害的基本原理就是反其道而行之，以人为的干涉来打破这种统一配合的现象。也就是要根据病虫害发生及流行的规律，抓住薄弱环节，精心应用各种战略的、战术的、长远的、当前的、化学的、物理的、生物的、农业的方法等进行防治。措施各种各样，主要作用有4个：消灭、控制病虫源，保护寄主植物，提高寄主的抗病性，治疗有病的植物。防治果树病虫害的基本方法包括植物检疫、农业防治、化学防治、物理防治及生物防治。

7.3　田间病害防治

巴斗杏是抗病能力较强的树种，但如果管理不善，树势衰弱，也常会受到病害的侵害。常见的杏树病害有褐腐病、腐烂病、杏疔病、流胶病、根癌病、细菌性穿孔病等。

7.3.1　褐腐病

褐腐病又称灰腐病、实腐病等，是果实的主要病害，同时还危害叶片、花、新梢。

（1）病源。病原菌属真菌中的子囊菌，丛梗孢（*Monilia laxa*）。

（2）发病症状。果实受病菌侵染后，果面病部初为褐色圆斑，几天后病斑迅速蔓延全果，果肉腐烂，变为褐色，表面出现圆圈状白色霉层，后变成灰褐色。果实近成熟时，最易感染此病，并伴有香气。病果大部分腐烂后失水干缩，变成黑色僵果，挂在树上。花朵感病后花器变成黑褐色，并枯萎或软腐，干枯后残留在枝上。如遇阴雨天气，也可出现灰白色霉层。叶片感病初期边缘有水渍状褐斑，以后扩延到全叶，叶片逐渐枯萎，但枯萎后不脱落。被害枝条初期产生长圆形灰褐色溃疡，病斑边缘为紫褐色，中间凹陷，并伴有流胶现象。后期病斑绕枝一周，枝条枯死。

（3）发病规律。病菌以僵果和病枝上的菌丝体越冬。到春季产生大量分生孢子，借风雨、气流传播。病菌可由虫口、伤口侵入，也可由皮孔、气孔侵入。害虫也可带菌传播。生长期阴天多雨或忽晴忽雨、天气闷热，利于发病；蛀果害虫多，果实发病严重。栽植过密，修剪不当，树冠郁闭，通风透光不良，也容易发病。果实近成熟时发病重，枝条上的溃疡在晚秋发生较多。

（4）防治方法。结合冬季修剪，剪除病枝、病果，清除地面病残物，集中烧毁。生长期随时摘除病果，减少病菌来源。及时防治害虫，减少果实伤口，防止病菌从伤口侵入。杏树发芽前，喷施 5 波美度石硫合剂。生长期喷施 0.2～0.3 波美度石硫合剂 4～5 次。也可在杏树开花 70％左右时及果实近成熟时，喷施 70％甲基硫菌灵或 50％多菌灵 1 000～1 500 倍液，杀灭病菌。

7.3.2　腐烂病

腐烂病又称枝枯病、干枯病。老树和幼树均能受害，主要危害枝干，严重时全株死亡。

（1）病源。病原菌为真菌中的子囊菌，壳囊胞属（*Cytospora* spp.）。

（2）危害症状。发病初期症状较隐蔽，病部树皮微肿胀，不易发现，不久出现豆粒大的流胶，病斑处皮内发湿，流胶加重，皮层腐烂，有酒糟味，继续烂及木质部。最后病组织干燥呈明显长条形凹陷斑，表面出现黑色小颗粒即病菌分生孢子器，遇有阴雨潮湿时产生橘红色孢子角。

（3）侵染规律。病菌以菌丝和分生孢子器在病斑上越冬。春季分生孢子借风雨、昆虫、工具等传播，由枝干的伤口、虫孔及剪锯口侵入。腐烂病菌为弱寄生菌、树势衰弱，伤口不愈合，最易感染发病；地势低洼，土质黏重，雨水过多，排水不良，也易发病；冻害也会导致腐烂病大发生。

（4）防治方法。加强综合管理，增强树势，科学施肥，防止氮肥偏多和磷、钾肥不足。合理修剪，改善通风透光条件，剪锯口要消毒保护。及时排灌，防涝防旱。注意土壤改良和中耕除草。认真防治其他病虫害。杏树发芽前或落叶后喷施 5 波美度石硫合剂。发现病斑及时刮除，并用石硫合剂或波尔多液保护伤口。

7.3.3　杏疔病

杏疔病又称杏叶枯病、红肿病等。主要危害新梢、叶片和幼果（图 11-9）。

（1）病源。病原菌属真菌中的子囊菌，杏疔病霉（*Polystigma deformans*）。

（2）危害症状。被害新梢生长缓慢，节间缩短，幼叶簇生，严重时干枯死亡。被害叶片初期为暗红色，明显增厚，呈肿胀状。而后逐渐变成黄绿色，其上着生黄褐色小粒点后期变成黑褐色，质脆易碎、畸形背面散生小黑点，干缩在枝条上。被害花朵花萼肥厚，开花受阻，花瓣和花萼不易脱落。幼果受害后，生长停滞，干缩脱落。

（3）侵染规律。病菌以病叶上的子囊壳越冬。春天借风雨传到嫩梢幼叶上侵染发病。只有春季初次侵染，无再侵染现象。5 月间出现症状，到 10 月病叶变黑。越冬病叶的多少及春季雨水的

图 11-9　杏疔病

多少对发病起重要作用。

（4）防治方法。结合冬剪彻底剪除树上的病枝病叶，清除果园内病叶集中烧毁或深埋。发芽前喷施5波美度石硫合剂。春天发现病梢、病叶及时摘除烧毁，即可控制此病，不必再喷药。

7.3.4 流胶病

（1）病源。半知菌类等数个真菌类病原菌有致病性。黄萎轮枝孢菌（*Verticillium alboatrum*）、大丽花轮枝孢菌（*Verticillium dahliae*）、蕉孢壳属真菌（*Diatrypaceae* sp.）等多种真菌侵染杏树导致流胶病发生。

（2）危害症状。杏树流胶病同桃树流胶病十分相似，主要发生在主干、主枝上。发病时从皮孔或伤口处流出半透明的胶状物，干燥后硬化呈琥珀色。发病重的树干布满胶块，树皮干裂，树势衰弱，甚至枯死。

（3）侵染规律。

树体创伤是发病的重要条件，无论是机械伤、病虫伤口、冻害、日烧、雹伤，都可造成流胶。另外，土壤黏重、雨水过多、排水不良、修剪太重、结果过多等引起树势衰弱，也是导致流胶现象的主要原因。

（4）防治方法。加强综合管理，增强树势是防止和减轻杏树流胶病的根本措施。加强病虫害防治、减少创伤、合理修剪、保护伤口能明显减少流胶病的发生。发现病块及时刮除，并涂抹石硫合剂或波尔多液进行防治。

7.3.5 根癌病

（1）病源。病原菌为一种短杆状细菌，能在土壤中长期存活，根癌土壤杆菌（*Agribacterium tumefaciens*）。

（2）危害症状。根癌病是一种细菌性根部病害。多在根颈部发病，有时也散布在支根上。被害处瘤状物为褐色或深褐色，质地坚硬，表面粗糙、龟裂、细胞坏死。得病后一般不会造成整株死亡，但树势严重衰弱，产量下降，寿命缩短。

（3）侵染规律。病菌由嫁接口、机械伤、虫咬伤等伤口侵入。侵入后不断刺激根组织细胞增生膨大，形成肿瘤，病菌在肿瘤里生活，以后肿瘤表层细胞破裂坏死，细菌便散落到土中，经雨水或灌溉传播蔓延。一般以苗木发病较多。苗木伤根过多，嫁接口过低，土壤中蛀根害虫多，都是引起传染发病的条件。

（4）防治方法。不栽带病苗木，不在带菌地块育苗。发病地区，杏树苗用5倍石灰乳进行根部消毒，或用硫酸铜100倍液进行根部浸泡消毒5min，随后用清水洗净，再行定植。发现大树有病要及早刨出病根，彻底削除肿瘤，然后用0.2%的升汞水消毒伤口，再用5倍的石硫乳涂抹保护，并更换新土或每立方米土壤中撒入50～60g硫黄粉消毒。

7.3.6 细菌性穿孔病

细菌性穿孔病是杏园常见的枝叶病害，发生严重时也危害果实。常造成杏树大量落叶、落果，树势衰弱。

（1）病源。病原菌为一种单胞杆状细菌，黄单胞杆菌（*Xanthomonas* sp.）。

（2）危害症状。初期在叶脉处出现水渍状不规则圆斑，病斑扩大后呈红褐色，逐渐失水、干枯、脱落，形成穿孔。1片叶上可同时形成多个病斑，病斑相连形成较大的穿孔，导致早期落叶。枝条受害后，有春季溃疡和夏季溃疡两种病斑。春季溃疡发生在2年生枝条上，先出现小肿瘤，后膨大破裂，皮层翘起，木质部裸露，坏死。病斑纵裂后，病菌溢出，开始传播。夏季溃疡发生在当年生嫩梢上，初期产生水渍状小点，扩大后变成不规则褐色病斑，后期膨大开裂，形成溃疡症状。果皮上先产生水渍状小点，扩展到直径为2mm时，病斑中心变为褐色，最终可形成近圆形、暗紫色、边缘是水渍状的晕、中间稍凹陷、表面硬化的粗糙病斑。空气干燥时，病部常发生裂纹，直径可达30mm。病果提前脱落。

（3）侵染规律。细菌性穿孔病是由甘蓝黑腐黄单胞杆菌桃李致病变种所致。病菌在枝条病组织内越冬，春季随气温升高，开始活动。当病部表皮破裂后，病菌溢出，借风雨或昆虫传播，经叶片的气孔、枝条及果实的皮孔侵染发病。高温多雨天气最适宜病菌蔓延。干旱年份发病轻或不发病。

（4）防治措施。加强果园管理，结合冬剪，彻底清除病枝、落叶和落果，予以集中烧掉，减少越冬菌源。加强土、肥、水管理，增施有机肥，注意改良土壤和排水。合理修剪，改善通风透光条件。树体萌芽前，喷施 5 波美度石硫合剂，重点喷枝条，杀死越冬病菌。展叶后和发病前，可交替喷施 3‰中生菌素可湿性粉剂或 72％硫酸链霉素可湿性粉剂 3 000 倍液，每 15d 喷 1 次。另外，雨前喷施石灰倍量式 240 倍硫酸锌，也具有较好的保护杀菌作用。

7.4　巴斗杏虫害的田间防治

巴斗杏树常见的虫害有球坚蚧、蚜虫、红颈天牛、梨小食心虫、舟形毛虫、刺蛾等。

7.4.1　球坚蚧

（1）危害状况。球坚蚧主要危害杏树（图 11 - 10），也危害桃、李等树，以雌成虫和若虫成群固定在枝条和叶面上吸食汁液，在叶面上多为初孵化的若虫，在枝条上多为晚龄若虫和雌成虫。受害严重的树，长势衰弱，枝条枯死，不能结果。

（2）形态特征。

雌成虫。呈半球形，直径 4～5mm，初呈黄褐色，后为深褐色，具光泽，介壳表面皱褶不平。

雄成虫。羽化前介壳为椭圆形，呈半透明状，羽化后体长 1.2～1.5mm，有 1 对透明翅，腹部末端有 1 对尾毛和 1 根针状交尾器。卵椭圆形，长约 0.3mm，橙黄色，近孵化期为粉红色。若虫长椭圆形，背面深褐色，有触角和足、腹部末端有尾毛 2 根。

图 11 - 10　球坚蚧

（3）生活习性。1 年发生 1 代，以二龄若虫在枝干皮层裂缝、芽腋、叶痕等处越冬，翌年 3 月下旬开始活动，寻找合适枝条固定危害，随后虫体膨大，体背分泌蜡质，雌雄逐渐分化，雌虫形成半球形介壳，雄虫体覆盖白色蜡质层。5 月上旬开始羽化交尾，之后雄虫死去，雌虫在介壳内产卵，每头雌虫可产卵 600～1 000 粒。卵 10d 左右孵化成若虫，从母壳内爬出，分散到小枝及叶背危害，秋末若虫集中到越冬处，分泌蜡质物覆盖体背越冬。

（4）防治方法。在休眠期用硬毛刷刷掉越冬介壳虫，并带出园外烧掉。早春发芽前喷施 5 波美度石硫合剂或 5％柴油乳剂。5 月若虫孵化期喷施 1 000～1 500 倍杀扑磷或内吸性强的杀虫剂，要求喷施周到。

7.4.2　蚜虫

（1）危害状况。危害杏树的蚜虫主要有桃赤蚜和桃粉蚜。蚜虫以刺吸式口器在叶片背面和嫩梢上吸食汁液。被桃赤蚜危害的叶片向背面作不规则的蜷缩，被桃粉蚜危害的叶片稍向背面卷合成汤匙状。杏树受害后，削弱树势，花芽不能形成，影响产量和质量。

（2）形态特征。

成虫。两种蚜虫均分为有翅型和无翅型。桃赤蚜多为赤褐色，故名赤蚜。桃粉蚜被有白色，故名粉蚜。

若虫。赤蚜为淡红色，粉蚜为绿色，被有白粉。

卵。椭圆形，初产时赤蚜卵淡绿色，粉蚜卵黄绿色，以后均变为黑色。

（3）生活习性。蚜虫 1 年发生代数很多，桃赤蚜 1 年 13 代以上。两种蚜虫在 1 年中大部分时间是行孤雌胎生方式繁殖，到秋后交尾产卵行有性繁殖。都以卵在桃、杏枝条和分叉处、芽腋间越冬。杏树开花以后孵化成若虫，群集到嫩梢和幼叶上危害，几天以后即开始孤雌胎生。新梢旺长期繁殖最快，危害最盛。

（4）防治方法。杏树萌芽前，结合防治其他病虫害，喷施5%的柴油乳剂或5波美度石硫合剂，杀死越冬蚜卵。早春蚜虫孵化早，应及早喷药防治，待赤蚜形成卷叶，粉蚜分泌蜡质覆盖后防治效果就会下降。用吡虫啉、毒死蜱等农药都有很好的防治效果。保护天敌益虫，捕食蚜虫的天敌有瓢虫、草蛉、食蚜蝇和蚜茧蜂等，都应注意保护利用。

7.4.3 红颈天牛

（1）危害状况。红颈天牛以幼虫在主枝、主干的皮层内和木质部由上向下串食，直钻蛀到根部，虫道弯曲，每隔一段向外咬1个排粪孔，虫粪及木屑常堆积于主干基部，孔口常往外流胶。被害树轻则长势衰弱，降低产量，重则大枝枯死或全树死亡。

（2）形态特征。

成虫。体长26～37mm，体黑色，有光泽，前胸棕红色，两侧有刺状突体，故名红颈天牛。触角和足蓝紫色，触角长于身体，体侧有分泌腺，遇到危险可放出恶臭气味的分泌物。

卵。长椭圆形，乳白色，长6～7mm。

幼虫。初龄幼虫乳白色，老熟幼虫淡黄白色，体长50mm，头小，褐色，前胸背板前缘中间有1个棕褐色长方形突体。

蛹。初期淡黄色，后为黄褐色，体长32～45mm，前胸两侧各有1个刺状突体。

（3）生活习性。2～3年完成1代，以幼虫在树干内虫道里越冬。春天气温升高后幼虫恢复活动，并向虫孔外排出大量红褐色虫粪及木屑，5～6月危害最重。老熟幼虫黏结粪便、木屑在木质部内作茧化蛹。6～7月羽化为成虫。成虫寿命10d左右，羽化后2～3d交尾，产卵于枝干的树皮缝隙中。每头雌成虫可产卵40～50粒，卵期8～10d。幼虫孵化后，头向下蛀入韧皮部，滞育越冬。翌年春季，幼虫继续向下蛀食皮层。至7～8月，当幼虫虫体长达到30mm左右时，开始蛀食木质部。再经过冬天，到第三年5～6月，老熟化蛹。

（4）防治方法。

捕杀成虫。6～7月成虫发生期，组织人力捕杀，特别是雨过天晴，成虫最多，应及时捕杀。涂白防止成虫产卵。涂白剂可用硫黄粉1份、生石灰10份、水40份，加少量食盐或石硫合剂沉渣1份、黏土2份调制而成。于成虫出现前均匀涂在主干和主枝上。挖除初龄幼虫。幼虫在皮下危害时期较长，当幼虫尚未钻进木质部之前，及时挖除。堵孔杀虫。用敌敌畏药棉堵虫孔，用磷化铝片塞入下部虫孔，然后用黏土堵上蛀孔，均可杀死幼虫。

7.4.4 梨小食心虫

（1）危害状况。梨小食心虫食性很杂，既危害新梢，又危害果实。危害新梢时，幼虫从嫩梢顶端的叶柄基部蛀入，向下蛀食，排粪屑于虫孔外，梢端萎蔫下垂。待梢端干枯，虫孔流胶时，幼虫已转入其他新梢危害，1个幼虫可转蛀2～3个新梢。危害杏果实时，钻到杏核附近蛀食，虫粪堆积于虫道。

（2）形态特征。

成虫。体长4.6～6mm，身体灰褐色，前翅前缘有多个不明显的白色短斜纹，静止时两翅合拢。

卵。椭圆形，扁平，中央微隆起，初产乳白色，后变浅红色。

幼虫。老熟幼虫体长10～13mm，初孵幼虫乳白色，老熟时呈淡红色或微带黄色。食果幼虫色艳，蛀梢幼虫色暗，腹部末端有臀节4～7根。

蛹。长6.8～7.4mm，黄褐色，各腹节背面排列短刺。

（3）生活习性。1年发生3～4代，以老熟幼虫在树体各部位的翘皮裂缝中结薄茧越冬。第1代幼虫主要危害新梢，第2代幼虫开始转到果实上危害。杏、梨、桃混栽的果园危害较重。梨小食心虫的繁殖能力受温湿度影响很大，在温度24～29℃、相对湿度70%～100%时繁殖最盛，雌成虫平均产卵高达100余粒，多产于果实的胴部和萼洼处。成虫对糖醋液、果汁味有很强的趋性，黑光灯对成虫也有引诱力。

（4）防治方法。消灭越冬幼虫。发芽前刮除老翘皮，并将刮下的树皮全部烧毁或深埋。及时剪除被害新梢和拣拾虫果，集中销毁。利用性诱剂、灭虫灯或糖醋液诱杀成虫。糖醋液的配制比例是糖 1 份、醋 5 份、水 18～20 份。药剂防治。在成虫产卵期至幼虫孵化期进行喷药防治，主要药剂有 2.5％溴氰菊酯乳油 2 500 倍液、1.8％阿维菌素 3 000～4 000 倍液等。

7.4.5　舟形毛虫

（1）危害状况。舟形毛虫以幼虫取食杏树叶片，同时也危害核果类的其他果树和仁果类的各种果树。初孵化幼虫群栖排列于叶背，由边缘向内啃食叶肉，剩下表皮和叶脉，幼虫 4 龄后分散危害，食量剧增，将叶片全部吃尽，仅留叶柄，严重时，可在几天内把全部叶片都吃光，并转移危害。

（2）形态特征。

成虫。体长 25mm，展翅 50mm，前翅淡黄色，近基部有银灰色和紫褐色各半的斑纹，外缘有同颜色斑纹 6 个，排成 1 列，后翅淡黄色，腹部背面被黄褐色绒毛。

卵。圆球形，初产时淡黄色，孵化前灰褐色，数十粒或百余粒密集成块排于叶背。

幼虫。老熟幼虫体长 50mm，身体红褐色，头黑褐色，具光泽，全身长有黄色小绒毛，身体两侧有紫红色并稍带黄色条纹，幼虫在静止或受惊吓时，头尾同时翘起，形似小船，故名舟形毛虫。

蛹。长 23mm，深褐色，尾端有短刺 6 个。

（3）生活习性。1 年发生 1 代，以蛹在土中越冬，越冬蛹多群居在一起，以被害树树根附近土壤中最多。若该处表土坚硬，则潜入附近枯草、落叶及墙角石缝中越冬。第 2 年 7～8 月羽化出土，成虫白天隐蔽，傍晚和夜间活动，有较强的趋光性，多产卵于叶背面，6～13d 孵化，幼虫初孵出时，群居于叶面，遇有振动吐丝下垂，早晚取食，白天不动，头尾同时翘起。9 月中旬幼虫老熟入土化蛹，准备越冬。

（4）防治方法。越冬蛹比较集中，秋冬季可结合耕翻，将蛹拣除或埋入深层压死。利用初孵幼虫群集性，及早摘除虫叶消灭。低龄幼虫期喷 1 000 倍 20％灰幼虫脲悬剂，虫量大可喷 500～1 000 倍每毫升含孢子 100 亿以上的 Bt 乳剂杀较高龄幼虫；虫量过大时，可喷 80％敌敌畏乳油 1 000 倍液或 90％晶体敌百虫 1 500 倍液。

7.4.6　刺蛾

（1）危害状况。刺蛾又称洋辣子，危害杏树的刺蛾很多，其中以黄刺蛾、扁刺蛾、绿刺蛾最为严重。主要以幼虫取食叶片，大发生年份常把全树叶片吃光，严重影响树体的生长发育和产量。

（2）形态特征。

黄刺蛾。成虫前翅黄色，外缘棕褐色。幼虫黄绿色，背部有 1 条两端宽中间窄的褐色斑纹。茧形似雀蛋，有黑褐色纵纹。

扁刺蛾。成虫前翅灰褐色，外缘有褐色内斜条纹。幼虫绿色，呈龟背隆起，第 4 节背两侧各具 1 颗红点。茧形似雀蛋，暗褐色。

绿刺蛾。成虫前翅绿色，基部褐色，外缘黄色有褐色条纹。幼虫绿色，前胸背上横列黑斑 1 对。茧形似羊粪蛋，暗褐色。

（3）生活习性。刺蛾一般是 1 年发生 1 代，均以老熟幼虫结硬壳虫茧越冬，黄刺蛾在树枝上，扁刺蛾、绿刺蛾在土中，翌年 6～7 月出现成虫。成虫有趋光性，交尾后产卵于叶片背面。卵期一般 7～10d，幼虫于 7～8 月危害最盛，8 月中、下旬以后陆续作茧越冬。

（4）防治方法。成虫羽化前，人力掰掉树枝上虫茧或挖取树下土中的虫茧集中消灭。初孵幼虫有群栖危害习性，早期检查，摘除虫叶，消灭幼虫。幼虫发生期，喷 80％敌敌畏乳油 1 200 倍液或 25％喹硫磷乳油 1 500 倍液或 5％S-氰戊菊酯乳油 3 000 倍液。

8　巴斗杏的采收、包装和运输

8.1　采　　收

巴斗杏的果实皮薄、肉软、多汁，不能摔碰挤压。因此，采收、包装、运输时必须十分小心，要严格按操作规程进行，不可疏忽大意。

8.1.1　采收成熟度的确定

巴斗杏果实成熟度判断的标志一般有4个方面：一是果实的大小和形状。采收时，需待果实充分膨大停止生长后才能进行。二是果实的颜色和香味。采收时需待果实充分显示出该品种固有的色泽，具备了该品种应有的香味。三是看果实的糖酸含量，充分成熟的果实，应是甜多酸少，甜酸适口。四是看果梗的离层是否形成。成熟的果实果梗形成离层，采摘时果实容易脱落。

但是不同年份，由于气候不同，肥水条件的差异，结果的多少，光照的好坏，都会使果实的大小，颜色的深浅，糖酸的多少，离层形成的迟早有所差异。因此，判断果实成熟度应综合考虑，不能视其一点而定。

萧县巴斗杏一般年份花期在3月15～20日，花后生育期95d左右基本成熟，一般为6月20日前后。成熟时果实底色淡黄，阳面有鲜红霞，果肉橙黄色，汁量适中，甜酸适口，香气浓郁。

8.1.2　采收时期的确定

具体的采收时期，应根据果实的具体用途来确定。如在城市近郊，以鲜果供应市场，且运输比较方便，数量不大，包装条件较好，由生产者直接销售，可以在九成熟时采摘。如果离市场较远，需要一段运输时间，产品数量又较大，且转给商店出售，则应在八成熟时采摘。供加工用的果实，则应以加工食品的种类而定。如做果酒、果酱、果冻、果汁，应要求果实充分成熟。如制作罐头、果脯、蜜饯等产品，则需八成熟时采摘。

8.1.3　采摘方法

采摘时一定要用手掌托住果实，拇指和食指捏着果梗着生部位，轻轻旋转，使果梗与果枝连接部位分离。采摘双果或多果时，要用双手采果，防止果实掉落。采果动作宜轻，不能折断果枝，不能碰伤果面；果梗必须完好地连在果实上，无果梗的果实不是完好的果实，只能作为残次果，储运过程中易从果梗脱落的伤口开始腐烂。

采果用的筐或篮子要大小合适，轻便坚固，内有衬垫软物，以防碰伤果实。采摘时应从树冠下部和外部开始，然后再采摘树冠内膛和树冠上部的果实，即按先下后上、先外后内的顺序采收。这样上下树时不会碰掉果实。

为保证上市果品质量，提高经济效益，还可分期采收。同一棵树上的果实，由于所处的光照条件和营养状况不同，成熟期不尽一致。树冠外围光照条件好，果实一般先熟，可先采先卖，提早上市。内膛和阴面的果实后熟，可待充分成熟上色后再采摘，这样既能保证果品质量，又能提高产量，劳动力也能错开，上市量也不至过于集中。

采收时果实受伤是果实在贮藏运输过程中腐烂变质的主要原因。其中主要有指甲伤、碰伤、擦伤、挤压伤等。果实一旦有了伤口，微生物很容易从伤口侵入，造成霉烂变质。同时果实受伤后，呼吸作用加强，促进衰老，缩短贮藏寿命。

在采收当日何时采摘，也是应当注意的问题。一般应等露水干后采摘为宜，否则果面沾有露水，不仅会弄脏果面，而且因湿度大而加速杏果的呼吸作用。这样既容易失水，也容易造成腐烂。巴斗杏成熟时已到高温季节，中午日晒甚烈，不宜采摘杏果，否则，过热的杏果集中在一起，会加剧呼吸作用，不仅损失重量，而且会催熟果实，降低贮运能力，杏果品质也会很快下降。一般以晴天的上午9：00～11：00和下午16：00以后采摘为宜。

8.2　包　　装

果实采收后应立即送到阴凉处进行分级包装。良好的包装不仅可以减少杏果在运输途中的损失，还有助于保持和增进杏果的品质。

8.2.1　杏果的分级

采摘下的果实要在选果场进行分级。在较大的专业杏园，选果场宜建在杏园中心靠近主道的地方，以便于运输。小果园选果时，可在地头临时搭起帐篷或在树下进行。选果场应准备磅秤、量果板和包装材料等物品。分级时，要剔除伤残果、病虫果和畸形果，并按果实大小和着色程度，将杏果分成若干等级，以便于包装、运输和销售，提高杏果的市场竞争能力和获得较高的经济效益。巴斗杏果实一般分为 3 级，即特级果、1 级果和 2 级果。特级果要求直径在 50mm 以上，具有品种的特定果色和形状，果面光洁，没有暗伤和伤疤。1 级果的直径在 40～49mm，果面光洁，没有暗伤和伤疤。2 级果的直径要求在 30～39mm，具有品种的外观特征，允许有轻微的暗伤和少许的干伤。蛀虫果、畸形果和新鲜伤残果均不能入级。目前多以人工分选为主（图 11 - 11），配合以选果机进行分级。

图 11 - 11　人工分选

8.2.2　果实的包装

一般情况下，包装与分级是同时进行的。用于运销和出口的杏果，应选用良好的包装材料，以有瓦楞纸分隔的硬壳纸箱为宜（图 11 - 12），常用规格长×宽×高为 55.0cm×35.0cm×11.1cm，箱侧有圆形通气孔，以利于散热。每箱包装杏果 5～6kg。特级和 1 级果在装箱时每果宜用薄纸或泡沫网单独包裹，以确保其在贮运中完好无损。用于附近市场鲜销的杏果，也应有适当的包装，包装箱可比上述的大一些，装量以 8～10kg 为宜。因杏果柔软多汁，果面极易碰伤，经不起多次倒换容器，故

图 11 - 12　巴斗杏的包装

以分级后直接运到市场为好。为便于销售和顾客购买，可用特别的带孔的小塑料盒包装。每盒装 0.5～1kg 杏果。每 10 盒装 1 箱，再运到市场供销售。这样，既可减少中间环节，避免造成损失，又可减轻污染，还可以便利顾客购买。

8.3　运　　输

杏果成熟后皮薄且柔软多汁，经不住运输途中的挤压碰撞。如不采取有效保护措施，往往会带来不小的损失，这在很大程度上限制了杏产业的发展。为了使损失降到最低限度，除了要选择在交通方便的地方建园外，讲究运输的方法是必要的。将杏果由树下集中到选果场，要尽量用胶轮手推车或小机动车。由于此时的包装多是临时性的，故不宜在 1 辆车上装得过多，也不宜重叠装运。将杏果装入包装箱时，不宜装得过满。以装至距包装箱上沿 3～4cm 处为限，以免上下挤压。箱内杏果应彼此紧贴，不要左右摇荡。用汽车运输时，应避免一车装得太多。途中不可高速行驶，以免遇到紧急情况急刹车时，大量挤压杏果，造成严重损失。运杏之前，应将所经农村道路检查一遍，将坑凹处填平，避免行车时发生严重的摇晃和震动，以便将损失减少到最低限度。运杏的车厢应配盖篷布，以防止太阳直晒，避免杏果因增温过高而软腐，并防止灰尘落在果面上。

当前最理想的运输方式是用冷藏车运输，每个冷藏车厢装 5～6t 杏果，在 0～0.5℃ 的低温条件下，运输 3～5d 也不致失重，仍然保持杏果的新鲜品质。

附表 11-1　巴斗杏周年管理工作历

季节	管理内容
1 月	①总结上年的生产管理经验，制订本年度的生产管理措施和计划。②杏树冬季整形修剪。根据杏树的树龄、长势、上年结果多少，花芽形成数量和肥水管理水平，研究确定修剪方案，根据方案实施修剪。③防治越冬病虫害，冬剪时剪去病叶、病枝、带虫卵的枝条，刷除枝干上的介壳虫，并集中深埋或带出园外销毁。
2 月	①继续完成冬季整形修剪任务和冬季病虫害防治工作。②上年生长较弱或结果较多的树，本月下旬适当追施速效氮肥，以利开花结果。③利用冬闲熬制石硫合剂，整修药械。
3 月	①杏树萌芽前喷施 3～5 波美度石硫合剂或 5% 的柴油乳剂。②中旬、下旬花期注意防寒，可花前灌水，延迟花期。③花期放蜂或做好人工授粉。
4 月	①幼果坐果后，及时补施氮肥，减少落果。②坐果过多，要适当进行疏果，过多的、密集的、畸形的、过小的要及时疏除。③注意虫情调查。展叶后喷药时可选择加入 0.3% 尿素。
5 月	①根据长势和结果情况，可追施硬核肥。②注意防治病虫害，尤其是蛀果害虫，如梨小食心虫和桃蛀螟等。③夏季修剪，主要是摘心、疏枝、拿枝等。
6 月	①继续注意病虫害防治，喷药时要注意农药残效期，并掺入 0.2% 磷酸二氢钾，以利于着色和提高含糖量。②准备采收、包装、运输工具。③果实采收。成熟不一致的可分期采收。
7～8 月	①采收后树势偏弱，及时进行采后施基肥，并适当加入氮、磷肥。②注意中耕除草，果园排水。
9～10 月	①注意后期病虫害防治。②剪除枝条顶端未停止生长的嫩梢。
11～12 月	①果园深翻或耕翻施基肥。②树干涂白，防治越冬病虫害。③杏树冬季修剪开始。

附表 11-2　巴斗杏主要病虫害周年防治历

防治时间	物候期	防治对象	防治方法
当年 11 月至翌年 2 月中旬	休眠期	各种越冬病虫	①结合修剪，剪除病虫枝，摘除病僵果。②刮除粗皮、翘皮及病斑。③清除枯枝、落叶、僵果。④刨树盘，破坏病虫越冬场所。5. 树干涂白。
2 月下旬至 3 月中旬	芽萌动期	各种越冬病虫	全园喷施 3～5 波美度石硫合剂。
3 月下旬至 5 月下旬	新梢旺长期	蚜虫类、介壳虫、卷叶蛾类、叶螨类、穿孔病、流胶病、杏疔病等	①花后立即喷施吡虫啉类杀虫剂，10d 后喷阿维菌素杀虫剂，5 月初喷毒死蜱杀虫剂。②4 月下旬喷甲基硫菌灵。
6 月下旬至 8 月份	采后保叶期	食心虫、卷叶蛾、刺蛾等	①喷施菊酯类农药 1～2 次。②喷施阿维菌素 1 次。③喷施敌敌畏 1 次。

注：1. 穿孔病重的可喷施农用链霉素 1～2 次。2. 流胶病重的可用梧宁霉素 100 倍液涂干。

参考文献

陈翔高，1986. 杏子的栽培 [M]. 南京：江苏科学技术出版社.

谷继成，王建文，房荣年，2008. 杏树栽培技术问答 [M]. 北京：中国农业大学出版社.

贾克礼，吴燕民，1982. 杏树栽培 [M]. 北京：农业出版社.

刘威生，2007. 怎样提高杏栽培效益 [M]. 北京：金盾出版社.

马爱军，陈军，2013. 保护地杏李栽培技术图解 [M]. 北京：中国农业出版社.

马耀先，1992. 杏树栽培实用技术 [M]. 北京：农业出版社.

孟新法，王坤范，陈端生，1996. 果树设施栽培 [M]. 北京：中国林业出版社.

普崇连，1993. 杏树高产栽培 [M]. 北京：金盾出版社.

王俊，马庆州，2005. 金太阳杏篱架栽培技术 [J]. 北京农业 (11)：27.

郗荣庭，1995. 果树栽培学总论［M］. 北京：中国农业出版社.

张加延，张钊，2003. 中国果树志：杏卷［M］. 北京：中国林业出版社.

张莲君，徐春明，1987. 果树常用农药［M］. 上海：上海科学技术出版社.

第**12**篇

萧县葡萄

1　概　　要

1.1　萧县葡萄栽培历史

萧县葡萄历史较长，久负盛名，当地曾经流传着这样一首民谣："萧县的葡萄砀山的梨，汴京的西瓜红到皮。"据记载，早在 1915 年，时任湖北省民政长、徐州商埠督办的段书云就将烟台、青岛等地的玫瑰香葡萄引入萧县城东南邵庄一带栽培。1932 年，中央大学农学院与萧县实施一项农业推广计划，由县政府牵头在陇海铁路以南的种植葡萄农户中选几家，试种从美国引进的羊奶葡萄，并由大学派遣专家和技术人员进行指导。羊奶葡萄开始种植于邵庄，以后扩大到大庄一带。抗日战争爆发前，萧县葡萄已发展到 200 多 hm²。1934 年 9 月，县政府建立的"民生工厂"投产，设有运销部和葡萄酒酿造部，一方面将本地所产的葡萄等水果运往全国各地，另一方面就地加工葡萄酒。生产的葡萄酒曾参加巴拿马国际博览会选评，获品质优良奖。1928—1937 年的 10 年间，萧县引进了大量新品种和新技术，并建立了专业机构，形成产、运、销、加工的一条龙，初具商品果基地雏形。1938 年起，葡萄的生产受到战争的极大破坏。新中国成立时，全县仅存县城东大庄、邵庄一带的 50 余 hm²的葡萄园。此后，葡萄生产有了较大发展。到 1957 年，玫瑰香葡萄为主栽品种，占葡萄种植总面积的 96%，其他品种只是零星栽培于个别产区。20 世纪 50 年代初，萧县葡萄酒厂诞生，带动了酿酒葡萄的发展，该厂从苏联引进了白羽，从保加利亚引进红玫瑰、佳利酿等品种，先后在陈庄园艺场等 8 个园艺场自建原料基地，种植葡萄 500 余 hm²。以后，葡萄的发展几起几落，至 1981 年之后，实行家庭承包经营，农民有了经营的自主权，葡萄生产再次得到迅速发展。萧县葡萄酒厂生产的"红双喜"牌葡萄酒畅销全国，出口东欧、东南亚等地区，年产葡萄酒达 1 万多 t，成为萧县财政收入的重要来源。1986 年，县委、县政府决定对萧县葡萄酒厂进行扩建，在当时的东镇、道口、黄口、九店、新庄等乡、镇发展葡萄基地，经过 3 年的实施，新种植玫瑰香、白羽、红玫瑰等品种的葡萄 800 余 hm²，同时从法国引进赤霞珠、美乐、赛美蓉、霞多丽、佳美、大绿、大芒森、黑比诺等酿酒葡萄种苗 8 000 株，在萧县园艺总场的苗山、岱桥两个果园分场试种，最后选定赤霞珠、美乐两个品种在当地发展。同期，大庄玫瑰香葡萄种植面积已有 2 500hm²。进入 20 世纪 90 年代，萧县葡萄酒厂开始走下坡路，连年亏损，基地农民种植的酿酒葡萄被不断砍伐，仅存萧县园艺总场的酿酒葡萄。在鲜食葡萄方面，通过新定植、改接，原玫瑰香葡萄大多换成了巨峰和京亚。

1996 年萧县葡萄酒厂与古井酒厂合资成立了萧县古井双喜葡萄酒有限责任公司，由于在这之前葡萄被大面积砍伐，原料供应不足。为此，合资公司决定以公司加农户的形式发展葡萄基地，委派技术人员到山东胶东、河北昌黎等地考察，最后确定从山东龙口引进葡萄种条自育种苗，在白土镇、圣泉镇、王寨镇、永堌镇发展美乐、蛇龙珠、法国兰、佳利酿、烟 73 等品种，种植面积 300 余 hm²。2000 年前后，萧县园艺总场为了延长产业链，由以葡萄种植为主向以加工为主的方向转变，自建果汁加工厂，主要产销葡萄原汁。园艺总场为了实现基地良种化，在以前试种的基础上，又在下属苗山园艺分场发展赤霞珠、美乐、贵人香品种，种植面积 100 余 hm²。此外，官桥镇、萧县园艺总场、黄河故道园艺场等地引种鲜食葡萄京川 2085、克瑞森无核、红提、矢富萝莎、8611、夏黑、巨玫瑰、红旗特早玫瑰葡萄等品种，种植面积达 400 余 hm²。使萧县成为闻名遐迩的葡萄之乡。

1.2　萧县葡萄的营养功能、经济价值以及生态效益

1.2.1　营养功能

葡萄果实中含有 12%～25%或更多的糖，主要是葡萄糖和果糖，容易被人体消化吸收；含有 0.5%～1.5%的有机酸，主要是苹果酸和酒石酸；含有 0.05%～0.8%的酚类化合物，尤以红葡萄中

含的较多；含有 0.3%～0.5%的矿物质；含有少量的蛋白质和氨基酸等，以及多种维生素。经常食用葡萄及其加工品，有益于身体健康。

1.2.2　经济价值

葡萄不仅可鲜食，还可用于制干、制汁和酿酒。萧县葡萄中的鲜食品种主要在当地和徐州等地销售，加工品种主要用于加工干红、干白等葡萄酒，有着广阔的市场，必然带来良好的生产效益。

1.2.3　生态效益

在萧县，大面积的葡萄种植与其他果林业形成了万顷碧波，不但在防沙治沙、环境绿化、净化空气、改善环境等方面发挥重要作用，也使农作物在森林小气候的庇护下连年获得丰收，林下养殖经济得到了飞速发展。萧县也因此获得了"全国平原绿化先进县""全国防沙治沙先进县""全国经济林建设先进县""安徽省营造林先进县"等荣誉称号。

2　主要品种资源

2.1　主要传统品种

萧县地区在 20 世纪 60 年代之前，先后从外地引进了葡萄品种 80 多个，在当地栽培时间较长的有：玫瑰香、黑罕、大青、满园香、九月鲜 5 个品种。这些品种都是 1915 年前后从烟台、青岛地区引进的。有些品种，在萧县综合表现优良，如玫瑰香、黑罕等，生长期缩短至 120～130d；抗寒性较强，在萧县及黄河故道一带可露土越冬；冬、夏芽多次结实能力强，产量高，栽培面积日益扩大，尤其是玫瑰香，已成为安徽北部及黄河故道等地区的主要栽培品种。另一些品种，可能由于与原产地的生态条件不相适应的缘故，生长期长，抗寒力弱，容易遭受冻害；病害严重，结实性差，如大青、九月鲜、满园香等，仅在萧县黄口酒店乡一带有少量栽培，后逐年被淘汰。上述各品种引进萧县栽培时间较长，故列入萧县葡萄传统品种。

2.1.1　玫瑰香

玫瑰香属于欧亚种，1915 年从烟台、青岛引进萧县邵庄，在安徽淮河以北，特别是黄河故道地区广泛栽培。

树势强壮，枝条旺盛，节间长度中等，节壁（即横隔膜）多为相对凸面。叶形为多角心脏形，中等大，叶沿裂片 3～5 裂；上侧裂深、下侧裂浅，锯齿大而锐，叶片薄。花为两性花，花冠五裂、黄绿花丝 6 枚，直立或略斜立，长 1.6mm 左右，为雌蕊长度的 1.8～2.0 倍，花药黄色，饱满。雌蕊宽圆锥形，浅黄橡色，花柱长度为子房的 1/2，柱头呈乳白色，海绵状，花期分泌透明的黏液；子房下位，花盘腺体具有 6 个浅黄绿色近似圆形瘤状物，环绕于子房下位，具有香味。自花结实力强，卷须间隔着生，呈双分叉或三分叉。

玫瑰香葡萄果穗呈圆锥形，穗形大，果皮紫红色，色泽艳丽。果粒近似圆形，平均纵径 2.05cm，横径 1.94cm。果肉肥厚、细腻多汁，可溶性固形物含量 16.5%～20%，味甜酸少，玫瑰香味浓郁，穗形较大，平均单穗重 350～500g，是优良生食兼加工品种。

在萧县主梢芽 4 月初萌发，果实 8 月初成熟，生长期 120d 左右，有效积温 2 500℃；冬芽二次果的生长期 80d 左右，有效积温 2 122℃，果实生长期约 195d。有早熟、优质、结实早、穗形大、果粒近似圆形、产量高、分枝力强等特点，结实性好，80% 以上枝条可发育成结果枝，大部分果枝都着生 2 个果穗，小面积最高产曾达每 666.7m² 产量 7 000kg，最高单株产量达 150kg。

本品种在栽培条件差的情况下，容易出现落花落果、果粒大小不匀和成熟度不一致等缺点，开花前期应加强肥水管理，注意主梢和副梢生长的调节或控制等。自花结实力强，抗寒性中等；抗病性弱，容易被黑痘病、白腐病、白粉病等侵染，果实成熟期"水罐子"病害较重。

2.1.2　黑罕

当地称"小五子"。本品种多分布于邵庄、大庄、陈庄等主要产区。树势生长中等，产量高，果实中可溶性固形物含量为 16%～18%，含酸量为 0.5%～0.6%。果穗中等大、圆锥形，平均穗重为 390～450g，果粒近似圆形，平均直径 1.6cm，横径 1.5cm，坐果率高，果粒小、果穗密实度大，故有"小五子"之称。果皮黑紫色，肉质脆，汁多，但缺乏香味。

枝条浅褐色，节间中等长到短，节上横隔膜部位呈相对凸面，叶基耳形（即关闭式）是这一品种的主要特征之一。叶片裂刻浅，略呈圆形，裂刻 3～5 裂浅刻，叶橡下弯，叶背生有丝状茸毛，叶面起伏不平。花为两性花，花序多着生于枝条的第 4 节、第 5 节两节。

萌芽期为 4 月上旬，5 月中旬、下旬开花，8 月中旬果实成熟，生长期约为 130d，有效积温为 2 700～2 900℃。适应性强，对土壤条件要求不严格，抗病力强（但对白腐病抵抗力较弱），抗寒性中等，多次结实力弱。

2.1.3 大青

大青即龙眼葡萄。本品种多分布于陈庄、邵庄和大庄产区。

枝条粗壮，皮呈红褐色，节间长，节处横隔膜部位多为相对凸面。叶片呈多角心脏形，叶面光滑，茸毛极少，正面绿色深。叶绿略向上弯，叶形较大，叶基 U 形。卷须间隔着生。两性花，着生于果枝上第 5 节，多呈单穗着生。果穗和果粒都比较大，平均穗重 500～700g，穗肩宽 19.9cm，穗长 23.7cm。果粒椭圆形，平均纵径 2.1cm，横径 1.92cm。果皮呈淡紫红色，果实可溶性固形物含量为 16% 左右，含酸量为 0.6%，肉质松，汁多，是较好的酿造品种。

萌芽期为 4 月上旬，果实成熟期为 8 月下旬，生长期 140d 左右，有效积温 3 100～3 300℃。生长期长，抗寒力弱，冬季易受冻害，抗病性弱；结实性差，果穗大、少，群众常称其"公葡萄"。

2.1.4 满园香

本品种多分布于大庄和邵庄产区。

叶形似杨叶，3 分裂，叶面暗绿，稍粗糙，叶背密生灰白色茸毛。果穗圆筒形，穗长 12～13cm，果粒近似圆形，平均纵径 1.93cm，横径 1.9cm；果皮淡黄绿色，果粉薄，肉质嫩；肉和种子不易分离，果实含糖量为 16%～17%，含酸量为 0.6%，果肉具有浓郁草莓香味，品质中上，是良好的生食品种。

萌芽期为 4 月上旬，果实成熟于 8 月初，生长期约 120d，有效积温 2 450～2 500℃，属于早熟品种。在萧县表现树势健壮，抗病性强，一般情况下，不需喷药防病。产量不高，多次结实能力弱。

2.1.5 九月鲜

本品种集中于萧县黄口酒店乡一带的产区。

本品种具有美洲种的形态特征。叶片厚，叶面暗绿、粗糙，叶背密生灰白色茸毛，抗病性强。卷须连续性着生。果穗圆锥形，歧肩不甚开展。果粒较大，近似圆形，平均直径 1.91cm，横径 1.85cm；果皮深紫红色，肉质嫩，皮、肉、种子不易分离，多汁，带有"狐臭"味，含糖量 15%～16%，含酸量 0.7%～0.8%，品质较差。

萌芽期 4 月上旬，果实成熟期 9 月上旬，故得名"九月鲜"，生长期 150～170d，有效积温 3 400～3 500℃。抗病性强，生长健壮，对环境要求不严格。

2.1.6 罗马尼亚

1957 年自河北昌黎引进本品种。1 年生枝条平均生长量达 5～6m，枝条粗，外皮呈红褐色，叶背密生有灰白色茸毛。两性花，卷须间隔着生。果穗大，呈圆锥形，果粒大，暗黑紫色，肉厚汁多，味较淡，有草莓香味，品质中，可供生食。

萌芽期为 4 月上旬，5 月下旬开花，8 月中旬、下旬果实成熟，生长期 130～140d，有效积温 3 100～3 300℃。生长强壮，抗病、抗寒力强，可以露地越冬，结实性强，每果枝多着生 2 个果穗，冬芽多次结果能力强。

2.1.7 季米亚特

本品种由保加利亚引入，多分布于萧县园艺场。

叶片中等大，深绿色，叶片厚，裂刻 5 裂，叶片上表面具有皱纹，下表面密生茸毛，叶基耳形。两性花，果穗大，圆锥形，平均穗重 400～500g；果粒大，近似圆形，平均直径 2.1cm、横径 2.0cm；果粒黄绿色，汁多味甜，可溶性固形物含量 17%～19%，但缺乏香味。

4 月上旬萌芽，8 月中旬、下旬果实成熟，生长期 130d 左右，有效积温 2 800～2 850℃。丰产，夏芽和冬芽多次结实能力强，为生食兼酿造品种。

2.1.8 白色沙斯拉

原产于埃及，种于萧县苗山。

生长势中等，1 年生枝呈红褐色。叶小，叶绿略向下弯，裂刻 5 裂，叶基耳形，叶背着生刚毛状茸毛。两性花，果穗间隔着生，果穗圆锥形，歧肩不甚开展，果穗中等大，平均穗重为 190.5g；果粒近似圆形，果皮黄绿色，平均粒重 2.96g，果汁多，味甜，品质中上，为生食和酿造兼用品种。

开花期为 5 月中旬，果实成熟于 8 月上旬、中旬，生长期 120d 左右，有效积温为 2 800～2 900℃。抗黑痘病，产量中等；果实成熟后期较易落果，抗寒性稍弱。

2.1.9　巴米特

叶片中等大，近似圆形，裂刻五裂，叶面多呈皱细纹，叶背疏生茸毛，叶基耳形。果穗中等大，圆锥形，密度中等；果粒中等大，椭圆形，果粉厚，果皮玫瑰红色，皮薄，肉质厚，松软多汁，味甜，品质中上。

4月上旬萌芽，8月中旬果实成熟。生长势强，较抗寒，良好的生食和酿造兼用品种。抗病性较弱，尤其是成熟后期白腐病较重；果粒大小和成熟期极不一致，应选择适宜的授粉品种。

2.1.10　底拉洼

植株生长势中等。两性花，果穗小而紧，平均纵径12.5cm，横径6.4cm；果粒呈深红色，果肉具有草莓香味，味甜，可溶性固形物含量为17%～19%，品质上等。

4月上旬萌芽，5月上旬开花，7月下旬至8月上旬成熟，生长期110～120d，有效积温为2 400～2 500℃。抗病，抗寒，为生食和酿造兼用品种。

2.1.11　红玫瑰香

叶片裂刻5裂，叶背生有刺状茸毛。两性花，果穗中等大，圆锥形，歧肩不甚明显，果粒紧密，圆形，果粒中等大；果皮深红色，果肉软，多汁、味甜，具有玫瑰香味，适合酿酒。

4月上旬开花，果实8月中旬、下旬成熟，生长期135～145d，有效积温3 100～3 200℃。抗病性较弱，生长后期白腐病发生较严重，土壤适应性较强。

2.1.12　密尔司

生长势中等，枝蔓长，节间短，外皮呈鲜褐色。叶稍大而厚，叶沿3～5裂，裂刻深，叶表面深橡色，背面浅绿色，有少量茸毛。两性花，果穗圆筒形，穗中等大而紧密，有歧肩；果粒大、近圆形，果粒深紫色，果粉多，果皮较厚，果肉浅绿色，汁多，柔软，味甜，果实可溶性固形物含量为18%～20%，稍有玫瑰香味，品质上等。

4月上旬萌芽，5月中旬开花，8月上、中旬果实成熟。抗病虫，抗寒，多次结实能力强，是优良的生食和酿造兼用品种。

2.1.13　李子香

生长势中等。叶片中等大，叶沿5裂，裂刻深，上表面深绿色，下表面密生茸毛。两性花，果穗小，呈圆筒形，歧肩不分明；果粒椭圆形，浅绿色，果粉少，平均粒重2.8～3g，果皮薄，汁多，味甜，可溶性固形物含量为18%～21%，味香，品质上等。

4月上旬萌芽，5月中旬、下旬开花，8月下旬果实成熟。抗病，产量中等，为优良生食和酿酒兼用品种。

2.2　现代加工品种

2.2.1　赤霞珠

欧亚种，果穗圆锥形带歧肩，平均穗重175g，最大350g；果粒圆形，平均粒重1.8g，果粒着生较松；果皮厚，紫黑色，果粉厚（图12-1）。果肉多汁，出汁率为73%～80%，味甜，有特殊青草香味，可溶性固形物含量为15%～19%，含酸量为0.56%。

在萧县9月初成熟，属晚熟品种。酿成的酒红宝石色，品质极佳，是酿造干红葡萄酒的名种。该品种适应性强，抗病力也较强，但产量偏低，易出现大小粒。冬季不埋土防寒，在遇到冬季干旱、温度低于-12℃时即受冻，表现为枝蔓开裂而至死亡。生产中应通过埋土防寒、冬灌、增施

图12-1　赤霞珠

有机肥、健壮树势等栽培措施，防止冬季死蔓；通过适量留枝、合理负载、增施有机肥、花期前后补锌补硼等措施可减少大小粒。赤霞珠栽培还需加强炭疽病防治。

2.2.2　美乐

果穗圆锥形，平均穗重240g；果粒圆形，中等大小，着生紧密，平均粒重1.8g；紫黑色，果粉厚，果皮中厚；果肉多汁，出汁率为70%左右，味酸甜，有浓郁青草香味。果汁呈宝石红色，澄清透明，可溶性固形物含量为16%～19%，含酸量为0.6%～0.7%。果实8月上旬成熟，适宜酿制干红葡萄酒和佐餐葡萄酒，酒质柔和、独特，新鲜酒成熟速度快，常与赤霞珠勾兑，以改善酒的酸度和风格。

该品种抗寒、耐旱、耐瘠薄，抗霜霉病，易感炭疽病。

2.2.3　蛇龙珠

果穗圆锥形或圆柱形，有歧肩，平均穗重195g，果粒着生紧密；果粒圆形，果皮紫黑色，着色整齐，果皮厚，平均粒重2g；果肉多汁，出汁率约为75%，可溶性固形物含量为15%～19%，含酸量为0.59%。酒质优良、宝石红色，柔和爽口。

果实8月下旬成熟。幼树结果较晚，产量较低，抗病、抗旱能力极强，耐瘠薄土壤。若冬季不埋土防寒，在遇到冬季干旱、温度低于-12℃时即可受冻，造成枝蔓开裂而致死，在萧县种植必须埋土防寒。

2.2.4　巴柯

果穗长圆柱或圆锥形，果粒着生较松、粒小、圆形、紫黑色，百粒重70～110g（图12-2）。果汁紫红色，味酸，出汁率约为70%；果实含糖量为190～210g/L，含酸量为9～12g/L，汁紫红色。

巴柯植株生长势强，芽眼萌发率高，夏梢结实力强，产量中，适应性与抗病性均强，8月初成熟。适应性与抗病性强。酒呈紫红色，是优良的调色品种。

图12-2　巴　柯

2.2.5　烟73

欧亚种，烟台张裕葡萄酿酒公司于1966年用紫北塞为母本，玫瑰香为父本杂交育成。1981年通过正式鉴定，20世纪90年代由山东龙口引入萧县。

果穗圆锥形，有歧肩，平均穗重380g；果粒着生紧密，平均粒重2.3g左右，椭圆形，紫红色，皮较厚，果肉软而多汁，出汁率为69%，果汁宝石红色，是优良的红葡萄酒的染色品种，含糖量为165～180g/L，含酸量为6.0～7.5g/L。

8月中旬、上旬成熟。树势强，适应各种土壤，抗病性强。

2.2.6　贵人香

果穗圆柱形带副穗，穗梗短。平均穗重122g，最大穗重400g；果粒着生紧密，果粒近圆形，平均粒重1.28g；果皮厚，黄绿色，果粉中等（图12-3）。果肉多汁，味甜酸，出汁率为57%。可溶性固形物含量为18%～21%，含酸量为0.1%～1%。

果实8月20日前后采收。本品种是酿制干白葡萄酒的优良品种，酒色金黄，酒味清香，柔和爽口。

图12-3　贵人香

2.2.7　白羽

欧亚种，20世纪50年代引入萧县。果穗中等大，长圆锥形或长圆柱形，多数带副穗或歧肩，平均穗重209g，最大穗重365g，果粒着生较紧密，果粒中等大，平均粒重3.1g，果皮薄，绿黄色，果粉薄（图12-4）。果肉多汁，味酸甜，出汁率为 78％；可溶性固形物为 14％～16％，含酸量为 0.88％。酿制白葡萄酒，酒质优良，清香幽微，柔和爽口，回味长。

果实 8 月下旬成熟。适应性强，抗寒、抗旱、抗盐碱，抗病性也较强，是萧县的主栽品种之一。

2.2.8　品丽珠

果穗圆锥形，平均穗重 240g。果粒着生紧密，圆形，粒重 1.57g，果皮紫黑色、中厚，有浓郁青草香和独特草莓香味，出汁率在 67％以上，果汁宝石红色，澄清透明（图 12-5）。可溶性固形物含量为 14％～16％，含酸量为 0.6％～0.8％。酿成的酒有醇厚的酒香及果香，低酸、低单宁、风味纯正、酒体完美，可与赤霞珠调配出高档干红葡萄酒。

果实 8 月下旬成熟。抗寒、抗旱、抗病、耐土壤瘠薄，适应性强，丰产性好，多为双穗果。

2.2.9　法国蓝

欧亚种，果穗圆锥形带副穗，平均穗重 203g，最大 1 000g。果粒着生较紧密，平均粒重 1.7g，果皮厚，紫黑色，可溶性固形物含量为 14％～16％，含酸量为 0.6％，出汁率约 68％（图 12-6）。酒汁色泽鲜艳，浓红色，适宜酿造红甜酒、干红酒。酒色宝石红，香味浓，酒味醇厚，回味长。

图 12-4　白　羽

图 12-5　品丽珠

图 12-6　法国蓝

果实 8 月上旬成熟。抗病性强，每个果枝平均花序数 1.8 个，易丰产。

2.2.10　宝石解百纳

果穗及果粒与蛇龙珠相似（图 12-7），可溶性固形物含量为 11％～13％，无明显香味，所酿酒呈宝石红色。由于该品种产量高、抗病性及适应性强。

果实 8 月下旬成熟，可避开雨季，适合在萧县栽培。

图 12-7　宝石解百纳

2.3　现代鲜食品种

2.3.1　巨峰

欧美杂交种。果穗圆锥形，平均穗重 400～500g，最大穗重 1 000～2 000g。果粒圆形或椭圆形，粒重 13～15g，最大粒重 20～22g，成熟时呈黑紫色，果粉较多，果皮厚而韧，肉肥厚，汁多味甜，果皮与果肉、果肉与种子都易分离，品质上（图 12 - 8）。

果实 8 月 10 日前后成熟，成熟期若遇大雨易发生裂果现象。

2.3.2　京亚

欧美杂交种，早熟品种。果穗圆锥形或圆柱形，平均穗重 478g，最大穗重 1 070g，果粒着生紧密或较紧密，果粒大小均一，平均粒重 10.84g，最大粒重 20g。果实椭圆形，紫黑色，上色早而快，着色整齐，散射光即可良好着色，不裂果，不落粒。

果实 7 月 20 日前后成熟。抗病性及适应性强，品质中等。

图 12 - 8　巨　峰

2.3.3　克瑞森无核

欧亚种，晚熟品种。果穗圆锥形，有歧肩，平均穗重 500g，最大穗重 1 000g。果粒椭圆形，平均粒重 4g，最大粒重 6g。果肉浅黄色，半透明肉质，果肉较硬，果皮中等厚，与果肉不易分离，口味甜。无核，品质上等（图 12 - 9）。不落粒，不裂果，耐贮运，适应性及抗病性强。

果实 8 月下旬至 9 月上旬成熟。长势旺，生产中需注意控制长势，防止枝条生长过旺，影响结果。在 -13～-12℃情况下，易受冻害而整株死亡。

2.3.4　无核早红

又名 8611，欧美杂交种，早熟品种。果穗圆锥形，平均穗重 190g。果粒近圆形，平均粒重 4.5g，紫红色，果粉及果皮中厚，肉脆，无核（图 12 - 10）。须经膨大处理方可获得较高商品价值。经膨大处理后，平均粒重可达 10g，平均穗重可达 1 000g，充分成熟后酸甜适口，商品价值较高。

果实 7 月 20 日前后采收。生长势强，主蔓增粗快，年生长量大，枝条成熟度好，树体成形快，结实力强，易实现早果丰产。抗病及适应性都很强。

图 12 - 9　克瑞森无核

图 12 - 10　无核早红

2.3.5　矢富萝莎

欧亚种，早熟品种。果穗长圆锥形，穗重 500g 左右。果粒长椭圆形，整齐均匀，平均粒重 8g，果粒着生较为疏松。果肉硬脆，可切片，肉核易分离。充分成熟的果实呈紫红色，酸甜适口（图 12－11）。

果实 7 月下旬成熟上市。生长势较强，结果迟，结果不稳定。1 年生枝基部 3～4 芽眼为瘪芽，发出的枝条多不带花穗。

2.3.6　沪太 8 号

果穗长圆锥形，有副穗，穗重 600～800g，果粒近圆形，平均粒重 10.4g，最大 18g，果粒着生紧凑。成熟果顶端为紫黑色，下部为紫红色，果粉厚，果皮厚而韧，果皮与果肉易分离。肉质细脆，酸甜适口，香味浓郁，果粒着生牢固，耐贮运。

果实 8 月上旬即可成熟，产量过高时成熟期延迟，甚至比巨峰还晚熟。易丰产，抗寒性强，抗病性强。

图 12－11　矢富萝莎

2.3.7　贵妃玫瑰

欧亚种，早熟品种。果实黄绿色，圆形。果粒大，平均粒重 9g，最大粒重 11g。果穗中等，平均穗重 700g，最大穗重 800g。果粒着生紧密，果皮薄，果肉脆；味甜，有浓玫瑰香味，品质上等（图 12－12）。

果实 7 月底成熟。缺点是成熟时遇雨容易裂果，易感病，宜设施栽培。

2.3.8　无核白鸡心

又名森田尼无核、世纪无核，欧亚种。果穗圆锥形，平均穗重 829g，最大穗重 1 361g。果粒着生紧密，果粒长卵圆形，平均粒重 5.2g，最大粒重 9g，用赤霉素处理可达 10g；果皮黄绿色，皮薄肉脆，浓甜（图 12－13）。果粒着生牢固，不落粒、不裂果。有淡淡的玫瑰香味，品质上等。

果实 7 月下旬成熟。树势强，枝条粗壮，丰产。果实成熟一致，易感黑痘病。

图 12－12　贵妃玫瑰

图 12－13　无核白鸡心

2.3.9　里扎马特

欧亚种，中晚熟品种。果穗大，宽圆锥形，平均穗重 1 000～1 500g，最大穗重 1 800g。果粒着生疏松，平均粒重 12g，最大粒重 19g。果粒长椭圆形或长圆柱形，果皮鲜红到紫红色（图 12－14）。果皮薄，肉质脆，汁多味甜，风味甚佳，较耐贮运。

果实 7 月下旬成熟。里扎马特的需寒量低、长势旺，在萧县栽培需注意防倒春寒，花前摘心促使花序伸长，初花期整花序。疏穗宜早，疏粒宜晚。每穗留果粒 60～80 粒为宜，果实成熟期控水，促进着色；易感白粉病、白腐病和转色病，适宜促成、避雨及套袋栽培。

2.3.10　巨玫瑰

欧美杂交种。果穗圆锥形，平均穗重 675g，最大穗重 1 250g。果粒椭圆形，平均粒重 10g，最大粒重 17g，果粒大小均匀，果皮紫红色，着色均匀（图 12-15）。果汁丰富，果肉易与种子分离，甜酸适口，具浓郁纯正的玫瑰香味，品质上等。

果实 8 月中旬成熟。不裂果，不脱粒，抗病力中等，对白腐病、炭疽病都有较强的抗性，易感霜霉病。

图 12-14　里扎马特　　　　　　图 12-15　巨玫瑰

2.3.11　高妻

属欧美杂交种。穗、粒特大，平均穗重 600g，平均粒重 16g，成熟期比巨峰、藤稔晚 10d 左右。果实充分成熟后呈紫黑色，着色快，易着色，着色深（图 12-16）。

果实 8 月 20 日前后成熟。结果期早，结实力强，坐果率高；抗寒性强，抗病性强。

2.3.12　维多利亚

欧亚种，果穗大，圆锥或圆柱形，果粒着生较紧凑，平均穗重 630g，最大穗重 2 000g；果粒大，圆柱形，平均粒重 11g，最大粒重 18g；果肉硬脆，味甜爽口，可溶性固形物量为 12%，品质中等（图 12-17）。

果实 7 月下旬成熟，果实充分成熟时呈黄色。

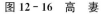

图 12-16　高　妻　　　　　　图 12-17　维多利亚

3　生物学特性

3.1　生长特性

3.1.1　芽

葡萄芽分夏芽和冬芽。夏芽在新梢叶腋中当一年形成、当年萌发，是一种没有休眠期的早熟芽。

（1）夏芽。主梢上夏芽萌发形成一次副梢、一次副梢叶腋中同样可以形成夏芽，继续萌发形成二次副梢，依次类推，整个生长季节将不断的抽生各级副梢，直至落叶。冬芽是指在新梢叶腋中当年形成，至秋天时发育饱满，当年不萌发，处于休眠状态，第 2 年春天萌发抽生新梢的芽（图 12 - 18）。

（2）冬芽。在形成的当年遇到特殊刺激，如

图 12 - 18　冬　芽

摘除所有夏芽副梢时也会被逼迫萌发。冬芽是混合芽，通常包括 1 个主芽和 2～6 个副芽，主芽在经过冬季休眠后于第 2 年春天萌发成为新梢，副芽也可以萌发，特别是当主芽受到伤害后，副芽即会萌发。

在葡萄的枝蔓上特别是各级分枝处存在大量的隐芽。隐芽遇到特殊刺激也可萌发。隐芽抽生的新梢一般不带果穗而成为发育枝。大量隐芽的存在有利于葡萄的枝蔓更新。

3.1.2　叶

葡萄叶片的形态多为 5 裂，如掌状，也有少数 3 裂和全缘类型。叶身为单叶互生，由叶柄、叶片和托叶组成。叶柄支撑叶片伸向空间，叶片有 3～5 条主叶脉与叶柄相连，再由主脉、侧脉、支脉和网脉组成全叶脉网，其主脉及脉间夹角不同，使叶片出现不同的形状和深浅不同的缺刻。

一般以 7～12 节正常叶片为标准，按其叶片形状、大小，叶片表面光滑程度和皱纹多少，叶背茸毛有无，叶缘锯齿的锐钝、大小，有无波状，叶色深浅等性状作为识别品种的重要依据。当然叶片的大小、颜色与土壤肥力、管理水平也有关系。

萌芽后叶片展开，叶面积迅速增大，同时叶柄也在继续伸长。叶片从展叶到叶面积停止增加所经历的时间因品种和枝梢位置不同而有一定差异。从展叶到叶片不再增大所需的天数和生长高峰是按其着生节位而依次进行的。据观察第 2 片叶的生长总天数为 30d 左右，第 1 个生长高峰是在展叶后第 4～6d，第 2 个生长高峰出现在第 10～12d 后，其他各节叶片生长则依次向后顺延。当秋季气温降低到 10℃时，叶绿素开始逐渐减少，同时叶柄产生离层而自然脱落。

叶片的功能之一是在阳光的照射下，利用 CO_2 和水进行光合作用，合成糖类供树体生长、发育所需营养（图 12 - 19）。因此，在生产中，保护叶片至关重要，即使在葡萄采收后，仍要保护好叶片，尽量延迟叶片脱落的时间，以便制造营养回流到根内，贮藏在树体的枝蔓内，供翌年萌芽、新梢生长及开花所需。树体在开花之前（包括开花）所需营养，主要依靠树体上年所贮藏的营养。

图 12 - 19　叶　片

3.1.3 枝蔓

新梢是由节及节间组成，节部膨大并着生叶片和芽眼，对面着生卷须及花序（图12-20）。节的内部有1层横隔膜。节具有贮存养分和加固新梢的作用。节间较节部细，长短依品种和栽培管理水平而异。新梢上有卷须，使葡萄枝蔓能不断攀缘向上，卷须位于叶的对面，卷须在生长过程中遇见支撑物时即受刺激而迅速环绕生长，随后木质化，将枝蔓牢固地附着于支撑物上。如果卷须未能遇见支撑物，则生长弱，继续保持绿色，甚至自行脱落。新梢的中央为髓部，最外面是数层木栓形成层，将初生皮层和次生韧皮部隔开，秋季皮层开始干枯而变成树皮。

葡萄的枝包括主干、主蔓、侧蔓、结果母蔓、1年生枝、新梢和副梢等（图12-21）。新梢是由芽萌发而成，带花序的是结果枝，无花序的是发育枝。新梢有主梢和夏梢之分。主梢由冬芽萌发，夏梢则由主梢上的夏芽当年抽生而成。冬剪时留作次年结果的1年生枝称为结果母蔓。随着植株年龄的增大，1年生枝变为2年生枝，再变为多年生枝，有的则成为永久性、较长期保留的主蔓或主干。着生结果母蔓的为侧蔓，着生侧蔓的为主蔓，着生主蔓的为主干（有的整形无主干）。

图12-20 新 梢

图12-21 枝 蔓

3.1.4 花

（1）花的构造。葡萄的花是由花萼、花冠、雄蕊、雌蕊和花梗5个部分组成（图12-22）。萼片小而不显著，花冠5片呈冠状，包着整个花器。雄蕊5～7个，由花药和花丝组成，排列在雌蕊四周，雌蕊1个，由子房、花柱和柱头组成。子房是圆锥形，具有2个心室，每室有2个胚珠，少数有3个。子房下部有5个圆形蜜腺，分泌芳香物质。

葡萄花有3种类型：两性花、雌能花和雄能花。绝大多数栽培品种具有两性花，有发育正常的雄蕊、雌蕊。花粉有发芽能力，能自花授粉结实。雌能花的雌蕊正常，虽然也有雄蕊，但花丝比柱头短，开花时向下弯曲，花粉无发芽能力，必须用其他品种花粉授粉才能结实。

图12-22 花 序

葡萄的花序由花梗、花序轴和花蕾组成。花蕾着生在分枝顶端，整个花序属于复总状花序（图12-23）。

（2）开花。单一花朵的开放速度与温度、湿度有着密切的关系，其最适温度为27.5℃，湿度为56％左右，当温度低于20℃或高于30℃时花极少开放或不开放。葡萄开花时，花冠基部由下向上呈帽状五裂脱落，露出雄蕊和雌蕊（图12-24）。花药裂开，散出花粉，借风力和昆虫传播授粉。成熟的雌蕊柱头上能分泌出液体，花粉粒粘在上面，在适宜的温度条件下萌发，首先伸出花粉管，沿柱头的疏松组织延伸，透过子房的隔膜而进入胚囊的胚珠进行受精，受精后的胚珠形成种子。有的品种有单性结实能力,卵细胞不经受精,子房自然膨大,结出果粒较小的浆果;还有的品种胚珠发育不完全,授粉后未能与卵细胞融合受精,浆果中只有退化的软而小的种子,而成为无核葡萄。

花序分离

花序伸展

图 12 - 23 花 序

花序以中部的花蕾成熟最早,基部次之,穗尖最晚,故其开花的先后即由中部、基部、穗尖顺序开放。一个花序总的开花时间一般约需 4~8d,第 2~4d 为开花盛期,遇雨或低温则有所延迟;一天中开放时间多集中在上午 7:00~10:00。

3.1.5 果

(1)果穗。果穗由穗梗、穗梗节、穗轴和果粒组成。果穗的形状可分为圆柱形、圆锥形、多分枝散穗形等(图 12 - 25)。果穗的松紧度则以果穗平放时视其形状变化程度而定。一般平放、倒悬均不变形时称为紧穗,反之则为松穗。一般鲜

图 12 - 24 开 花

食葡萄的果穗不宜很紧密,以果穗丰满、果粒充分发育为佳。但是,鲜食葡萄的果穗也不宜太松散,否则,易落粒,穗形也不美观。

a

b

c

图 12 - 25 果 穗
a. 圆柱形 b. 圆锥形 c. 多分枝散穗形

(2)果粒。葡萄的果实为浆果,由果梗或果柄、果蒂、果刷、果皮、果肉和种子组成。外果皮含有色素和芳香物质等,大部分品种的果皮上均覆有一层果粉。果实含有 60%~90% 的水分,10%~30% 的糖,1% 左右的有机酸及单宁、色素等。果皮分为无色(绿色、黄绿色)和有色(粉红、红、

紫红、紫黑）。

浆果的发育有 2 个明显的生长高峰，一般花后数天细胞分裂与细胞增大同时进行，体积迅速增大，即出现第 1 个生长高峰，持续约 2～4 周；接着经过一段缓慢生长后，逐步进入种子生长发育时期，约在花后 50d 左右，种子硬化，称为硬核期。随着果粒增大、变软、开始着色，果粒进入第 2 个生长高峰。此时，果肉细胞数目一般不再增加，主要是果肉细胞继续增大。在两个生长高峰期需要充足的养分供应，以保证果实生长发育所需。

（3）种子。葡萄的种子具有坚实而厚的种皮，上有蜡质。种子的外形分腹面和背面。从种子腹面看有两道小沟叫核洼，核洼之间稍隆起处，叫缝合线。背面中央有 1 个合点，种子的尖端部分称为喙。每 1 颗果实含种子 1～4 粒。同一品种果实大而发育正常的种子数量较多，反之则少。无籽品种的果粒较小，种子发育不充分。

3.1.6　根

（1）根的功能。葡萄的根系发达，其主要功能：一是固定植株。二是从土壤中吸收水分及溶在水中的营养物质，沿输导组织输送到地上部器官。三是根能合成某些有机物质。四是根能贮藏养分（淀粉、蛋白质、脂肪），这些养分是葡萄早春生长的重要营养来源，也是葡萄地上部分更新复壮的基础。

（2）根的种类。扦插繁殖的自根苗，其根系有根干、侧根和幼根；种子播种的实生苗，有主根、侧根和幼根。在空气湿度大及温度高时，于 2～3 年以上的枝蔓上常长出气生根，又称不定根，它在生产上无重要作用，当空气干燥及低温时死亡。

（3）根的生长。葡萄的根系，每年有 2 个明显的生长高峰。在早春地温达 7～10℃时，根系开始活动，地上部这时有伤流出现；当土温达 12～13℃时根部开始生长，地上部也开始萌芽。从葡萄开花到果粒膨大期，根系生长最旺盛，这是第 1 次生长高峰。夏季炎热，地温高达 28℃以上时，根系生长缓慢，几乎停止。到果实采收后，根系又开始进入第 2 次生长高峰，大约在 8 月下旬至 9 月下旬。随着气温下降，根系生长也逐渐缓慢，当地温降至 10℃以下时，植株进入休眠期，根系只有微弱活动。

3.2　结果习性

篱架栽培葡萄的结果部位在地上 50～150cm，棚架栽培的葡萄结果部位主要在棚面上。棚架栽培的葡萄在定植的最初几年，棚面上未布满结果枝时，往往在篱架的架面上先结果，形成所谓的棚篱架；随着棚面的不断扩大，篱架上的结果枝逐渐衰弱，结果部位上移，形成真正的棚架。就结果母枝而言，多数品种的第 4～8 个芽的结果性能最好，抽生的枝条易带果穗。对结果习性好的品种，如夏黑、8611 等，即使留 1 个芽的短梢，也能很好地结果。对结果习性不好的品种，如矢富萝莎、美人指、蛇龙珠等，如果能对新梢及时摘心或喷施植物生长调节剂，结果部位可以降低至母枝基部。就结果新梢而言，多数品种在第 3 片叶的对面着生第 1 个果穗。结果习性好的品种，如 8611，即便是老蔓上隐芽发出的新梢也可能有果穗。

葡萄一般在定植后的第 2 年开始结果，第 3 年即可丰产（图 12 - 26），即"1 年生长、2 年结果、3 年丰产"。为了保证果实品质，生产上常限控产量，一般鲜食葡萄产量限制在 30t 左右，酿酒葡萄控制在 22.5t 左右。

图 12 - 26　丰产性

3.3　果实发育

3.3.1　果实的生长进程

葡萄从完成受精到果实成熟一般需 2～4 个月的时间，果实的生长速率呈规律性的变化。葡萄果实的生长通常呈 S 形变化，第 1 个阶段是迅速生长期，即第 1 次迅速生长期，第 2 个阶段是缓慢生长期，第 3 个阶段又是迅速生长期，即第 2 次迅速生长期（图 12 - 27）。

各生长阶段持续时间的长短因品种和环境条件有较大差异，通常第 1 个阶段持续约 30d，第 2 个阶段持续约 7～30d，第 3 个阶段持续约 15～60d。通常浆果开始变软和着色，标志着葡萄开始成熟。当浆果的含糖量不再增加时，达到完全成熟；完全成熟的果实若不及时采收将进入过熟，过熟果实中糖含量由于呼吸消耗而下降。

| a | b | c |

图 12 - 27　果实发育过程

a. 授粉受精　b. 幼果发育　c. 第一次膨大

3.3.2　不同生长阶段果实的发育特点

（1）第 1 阶段。果实生长初期，果皮和种子生长迅速，细胞分裂与细胞增大同时进行，果皮组织中的细胞迅速分裂可持续 2～4 周，以后生长主要依赖于细胞的增大。

（2）第 2 阶段。果实生长减慢，胚迅速发育，完成各部分的分化。此期果实仍然硬绿，浆果中有机酸含量不断增加并达到最高值，糖开始积累。

（3）第 3 阶段。果实颜色开始改变，红色品种开始着色，白色品种开始绿色减退、变浅、变黄，果肉开始变软，果实进入成熟阶段，糖分积累迅速增加，有机酸含量下降。果实中糖的增加和酸的减少是葡萄进入成熟的重要标志。与此同时，果实又迅速生长，形成第 2 次生长高峰。果实成熟期间糖分的积累变化较快，短期内可溶性固形物含量日增量可达 0.5%～1%。

3.4　主要物候期

3.4.1　萌芽

欧亚种葡萄的萌芽多始于昼夜平均气温稳定到 10℃ 以上后，芽生长点的活动使芽鳞片开裂，幼叶向外生长。通常顶芽比侧芽萌发早。萧县葡萄多数在 4 月上旬、中旬开始萌芽，不同品种的萌芽时期有一定差异。萌芽时间除了受当年温度、湿度等环境条件影响外，植株上一年的生长结果状况对萌芽也有影响，如上一年落叶较早，结果过多，采收过迟等都会影响当年树体养分的贮藏水平，从而使萌芽延迟，甚至影响新梢生长。在萌芽前后花序陆续分化，这一时期植株的营养状况对花序质量的影响较大。新梢生长至花期前后的营养，80% 来自上一年树体的贮藏养分。葡萄萌芽前的树液开始流动，若枝蔓被碰伤或剪枝，会造成树液流失，即伤流。轻微的伤流对树体生长无大的影响，若伤流过于严重，则可能造成树体衰弱，萌芽推迟。因此修剪应于伤流期开始以前 20d 左右完成。

3.4.2　开花

葡萄的花期一般是 7～10d。授粉温度要求在 15℃ 以上，以 20～25℃ 较为有利，27～32℃ 下花粉萌发率最高，但低于15℃时花粉不能萌发。萧县葡萄一般于5月上旬、中旬开花，花期遇阴雨天或干旱、大风、低温等都会影响授粉受精。花期新梢生长过旺，会消耗掉大量树体营养，也不利于授粉受精和坐果。

3.4.3　生理落果

葡萄花后5d左右进入生理落果期，落果过多会影响果穗质量，尤其是鲜食葡萄，其商品价值大大降低。造成生理落果的原因有3个：一是植株营养不良或养分分配不平衡，如葡萄园管理不善、土壤贫瘠、肥水不足、树势衰弱、植株负载量过大等都会影响坐果。二是不利的气候条件，如春天的低温、干旱，可导致严重的落花落果。花期的阴雨对多数闭花受精（即花冠未脱落，在花冠里即行授粉受精）品种的影响不大。花期的干旱会导致柱头失水而影响受精。三是病虫危害，一些真菌病害直接损害花序而引起脱落，某些病毒病和某些缺素症也会使葡萄落花、落果和出现大小粒现象。

3.4.4　果实膨大与成熟

从子房开始膨大到果实成熟，一般需60～100d。在果实的2次快速生长期均需大量的养分供应，此期充足的肥水供应对提高产量和品质都至关重要，尤其是大粒鲜食品种。浆果的成熟是从果实开始着色和变软开始，果实成熟期间品种固有的色泽逐渐形成，浆果软化而富有弹性，果实内含物也在逐渐转化，糖分迅速增加，酸度降低，体现品种风味特征的芳香物质也逐渐形成。果实完全成熟后种子也由黄色变为褐色。

果实成熟期间，外界的环境条件对果实品质有着重要的影响。高温干燥的天气和较大的昼夜温差，有利于浆果着色和果实风味形成；成熟期若遇阴雨天气，果实易出现着色不良、含糖量降低、含酸量升高、风味变淡等不良现象。因此要注意果园的通风透光，成熟期特别应注意排水。葡萄的避雨栽培措施可有效避免不利气候条件对葡萄产量和品质形成的影响。

3.4.5　落叶

在果实生长后期，叶片逐渐老化，尤其是枝条基部叶片，制造营养物质的功能逐渐减弱，但上部叶片仍在进行较强的光合作用，直至秋末，叶片黄化脱落。浆果采收后，叶片光合作用形成的产物回流到枝蔓及根系，用于充实枝蔓和为植株翌年的生长贮备营养。果实采收后维持叶片正常的光合能力，有利于营养物质的积累，积累的营养物质越多，越有利于提高树体的抗寒越冬能力，也可为翌年葡萄植株生长奠定良好的营养基础。在落叶前后花芽分化仍在微弱地进行着，充足的营养物质贮备也有利于花芽的分化。

3.5　对环境条件的要求

3.5.1　温度

（1）基点温度。当早春平均气温在10℃以上，30cm以下地温在7～10℃时，葡萄开始萌芽，不同品种的萌芽时间有一定差异。最适于新梢生长和花芽分化的温度是25～32℃，气温低于15℃不利于开花授粉。浆果成熟期的最适温度是28～32℃，气温低于16℃或高于38℃时对浆果成熟不利。根系开始活动的温度是7～10℃，在25～32℃时生长最快，35℃以上时生长受到抑制。

（2）受害温度。葡萄生长期，40℃以上的高温会抑制生长。温度达41～42℃时，叶子开始变黄变干，果实的日灼病加重。早春的极端低温，尤其是零下的温度会使葡萄幼嫩的梢尖、花序受冻。新梢基部的叶间和叶片可耐−0.5℃左右的低温，已膨大但尚未萌发的芽可耐−4～−2.5℃的低温。秋天叶片可耐−1℃低温，未完全成熟的浆果可耐−3～−2℃的低温，成熟的果实可耐−4℃的低温。大多数葡萄的休眠芽眼能耐−20～−18℃的低温，如果枝条成熟度差，低温持续时间长，则在−15～−10℃时即受冻。当−18℃的低温持续3～5d时，不仅芽眼受冻害，枝条也受害。葡萄的根系在−5～−4℃时即受冻害，粗根比细根的抗寒性强些。

（3）有效积温。早熟葡萄一般需有效积温2 100～2 700℃，中熟葡萄一般需有效积温2 700～3 200℃，晚熟葡萄一般需有效积温3 200～3 500℃。萧县年平均有效积温为4 682℃，可以满足早熟、中熟、晚熟葡萄品种对热量的需求。

3.5.2　光照

（1）光照对树体营养的影响。光照条件的好坏对树体营养有较大影响，光照不足则枝条细弱、叶片薄而颜色淡、光合能力差、光合积累少、树体营养不良。充足的光照则可促进植株生长。

（2）光照对花芽分化的影响。葡萄花芽分化需要充足的营养，而光照直接影响了树体的营养状况。光照充足，植株花芽质量也好，容易形成大花序及多穗的结果新梢。

（3）光照对果实品质的影响。在一定范围内，随着光照的增加，果实着色和糖分积累增多，有些品种，如矢富萝莎、玫瑰香等，必须有良好的光照才能很好地着色。有的品种，如高妻、夏黑在散射光条件下也可着色。但总的来说，良好的光照条件是生产色泽、香味俱佳的葡萄果实的前提条件。

3.5.3　水分

（1）需水时期。葡萄各物候期对水分要求不同。在早春萌芽期、新梢生长期和幼果膨大期均要求有充足的水分供应。果实生长前期植株水分充足，有利于新梢及果实的发育，后期的微旱会使果实的含糖量增加，果实的色泽更好。

（2）需水量。在萧县一般春季较为干旱，有"春雨贵如油"之说，因此春季应每隔 10d 左右灌 1 次水，使土壤持水量保持在 70％左右为宜。秋季浆果成熟期，萧县易出现季节性的雨水过多，此期应注意排水，以免因湿度过大滋生病害和出现裂果现象。总之土壤水分供应要保持均衡，避免土壤忽干忽湿和过干过湿。

（3）葡萄的耐涝性和抗旱性。多数葡萄品种比较耐涝，积水 10d 左右不会被完全淹死，只是细小的根系会死亡。长期的积水会使葡萄生长受到抑制，树体吸收营养的功能降低。葡萄的根系较大，因此抗旱性也较好，但品种间有差异。严重缺水对葡萄的生长和结果都不利，表现在抑制新梢生长，果穗发育差，果小汁少，果实含糖量低，叶片衰老快等。

3.5.4　土壤

（1）土壤质地。葡萄对土壤的适应性较强，除了沼泽地和重盐碱地不适宜生长外，其余各种土壤都能栽培葡萄，而以肥沃的沙壤土最为适宜。

（2）土壤酸碱度。一般在 pH 6～6.5 的酸性环境中，葡萄生长结果良好。在酸性过强（pH 4.0 以下）的土壤中，会出现生长不良；在碱性较大的土壤（pH 8.3～8.7）中，会出现黄叶病。因此，酸性或碱性过大的土壤均需改良后才能种植葡萄。

4　育苗和建园

4.1　育　苗

4.1.1　苗圃地选择和处理

（1）苗圃地选择。苗圃地宜选地势平坦、质地疏松、土壤肥沃、排灌良好、土壤酸碱度适中，且无根癌病菌及地下害虫的沙壤土和壤土。通常不选重茬地为苗圃地。

（2）苗圃地处理。一是施基肥。基肥以腐熟有机农家肥为主，施肥量视肥料种类和质量而定，每666.7m² 的施肥量一般为 3 000～5 000kg。二是土壤消毒。为杀死土壤中寄生的病原菌和虫卵，必须对土壤进行消毒。每666.7m² 可施用辛硫磷药土 100kg（0.75kg 辛硫磷溶解在适量水中，拌和 100kg 土制成药土），然后耕翻。三是精耕细作，平整打畦。用于育苗的地块应深耕细耙，然后平整打高畦，畦面宽 0.9～1.0m，长根据地块而定，畦与畦之间留 40cm 作业道。

4.1.2　苗木繁育方法

4.1.2.1　嫁接繁殖

萧县葡萄用的主要是自根苗，自根苗存在根系浅，抗寒、抗旱能力差，特别易受根瘤蚜危害等缺点。嫁接苗可以利用砧木本身的抗旱、抗涝、抗寒、耐盐碱、耐瘠薄以及其他一些抗病、抗虫特性，节约种植成本、提高栽培效益。根据萧县春季干旱、夏季多雨、土壤瘠薄且偏碱性的气候及土壤特点，宜选抗旱、耐涝、耐瘠薄、耐盐碱的砧木嫁接苗定植。葡萄的嫁接繁殖有硬枝嫁接和绿枝嫁接两种。

（1）硬枝嫁接。硬枝嫁接可在田间或室内进行。田间嫁接的过程如下：第 1 步是砧木的定植，在砧木定植后的第 2 年春天芽萌发前进行。第 2 步是选取成熟的、粗度适宜、芽眼饱满、无病虫害的 1 年生枝在清水中浸泡 12～24h 后，将枝条上的芽从芽上方 1cm 处依次平剪，剪成单芽接穗。第 3 步是将砧木在距地面 2～3cm 处剪截，用嫁接刀纵切 2cm 长的切口。接穗的剪法是将芽下面的两侧削成楔形，削面不要在芽的正下方，要平整光滑，削面长稍短于砧木纵切口。第 4 步是将接穗插入砧木切口，一边形成层对齐，削面高于砧木剪口平面 0.1cm 左右，俗称"露白"，这样便于伤口愈合，最后用塑料条扎紧，接口用牛皮纸包严实，覆 2cm 左右的细土。覆土时要从两边往中间小心进行，不能砸歪了接穗。发芽时，芽可以自行拱出土面，不必扒土堆。若因降雨造成土堆表面紧实，芽拱出土面受阻，可松土但忌完全把土堆扒除，特别是已经发芽时，突然扒除覆土，芽会因风干而死亡。室内嫁接方法如下：在室内将砧木剪成 30～40cm 的节段，在下面紧邻芽的下方平剪，上部距顶芽 3～5cm 平剪。用修枝剪去掉砧木上所有的芽，以防砧木上长出萌蘖，若以后长出萌蘖要及时去除。嫁接方法采用劈接法，嫁接后用湿沙或湿锯末把接条覆盖，在合适的条件下促使接口愈合和砧木生根。可采用火炕、电热线加温等方法。在 25～28℃ 条件下，7d 左右接口开始产生愈伤组织，15～20d 接口基本愈合，部分接条也开始生根，此时应停止加温，使温度降至 15℃ 左右，锻炼 5～10d 即可露地扦插。

（2）绿枝嫁接。在 5～6 月，将当年生砧木（半木质化）在近地面剪断（砧木直径最好在 1cm 左右），用当年生新梢（半木质化，用手指甲掐一下，感觉嫩枝发硬）嫁接。绿枝嫁接多用劈接法，在削好接穗后，用塑料条把接穗包严实，只露出芽眼，实践证明，芽眼露出，不会因外面的风吹日晒而死亡。接口用塑料条扎紧包严，经 1 周左右，接穗就可发芽生长。

4.1.2.2　扦插繁殖

插条的采集与贮藏。结合冬季修剪，以优良、纯正，植株健壮，无病虫害的植株为母本，采集节间长度适中、冬芽饱满、髓心小、充分成熟的 1 年生枝条，徒长枝、细弱枝插条成活率低，成苗质量差，不宜使用。把枝条剪成 50～60cm 的枝段，去掉上面的卷须、副梢或果柄，50 根或 100 根扎成 1 捆。选择避风、不积水的地方挖深 0.4～0.5m，宽 1.0～1.5m 的条沟，长度依枝条数量而定，1 个品种1条沟，把枝条竖斜放沟内，空隙间填满湿沙或细土，上面覆10cm左右的土，盖严枝条。如果沟长超过5m，应在中间放1捆直径10cm的玉米秸，直达沟底部以利于通气。插条的处理。扦插前需将插条在清水中浸泡12～24h，然后再剪成12～20cm长、含2～3个芽的插条，插条上端距芽1.5～2cm处平剪，基部在芽下紧贴芽的地方斜剪或平剪。对于不易生根的品种，下部剪口及芽通常要用生根粉浸泡，然后扦插。

扦插。按株距10～15cm，行距25～30cm，将插条与地面呈45°，顶芽向南朝阳插入土中，然后用双脚从插条两边脚印挨脚印地向前走，踏实土壤，然后在露出的插条顶芽上覆2cm厚的细土。插后要沿畦沟灌透水，水向两边高畦渗透。

4.1.3　苗圃地的管理

（1）土肥水管理。旱时要一次灌透水，灌后及时松土保墒、除草。雨季要及时排水。插条生根后至7月中旬以前，可配合浇水追施少量氮肥，中旬以后控制氮肥的施用，追施磷钾肥。若基肥充足，可以不追肥。

（2）抹芽、除萌蘖、摘心、上架。每个插条保留1个健壮新梢，当新梢长到50cm左右时摘心。最好是搭简易架，即设立支柱后拉1道铁丝，将新梢牵引到铁丝上，使其直立生长，避免伏地生长。

（3）病虫害防治。芽出土后重点防治蛴螬、蝼蛄，可用100倍的敌百虫液拌麦麸撒于刚发芽的苗木周围防治这两种害虫。6月开始喷1∶1∶200等量式波尔多液等预防霜霉病。

4.1.4　苗木出圃

（1）起苗。用起苗犁或铁锹将苗木顺行起出，保留根系长15～20cm，留4～5个芽剪去梢部。起苗后及时收集、分级、贮藏。

（2）苗木分级。在收集苗木的同时分级打捆，50～100株1捆，系上标签，注明品种，及时假植或贮藏。

（3）苗木包装、运输与贮藏。外运的苗木要避免风干、冻伤。包装物可用麻袋、草包、塑料布及箱子。包装时要在根系之间填充湿锯末或湿草。苗木的贮藏方法与枝条相似，贮藏时苗木的根与根之间、枝与枝之间一定要填满湿沙或细土。贮藏期间要经常检查，发现有霉菌生成时，要翻苗。

4.2　建　园

4.2.1　园地选择

选择交通便利，地面平整，土层深厚、肥沃，排灌条件良好，连片成方的地块建园（图12-28）。大气、土壤及水质符合优质葡萄栽培的建园标准。萧县的平原地带是黄河冲积形成的沙土或沙壤土，适宜葡萄栽植。山区坡地虽为潮土，土质黏重，但由于地势高，排水好，昼夜温差大于平原，在开挖深沟、增施有机肥的前提下，也适宜葡萄种植，且果实品质优于平原沙土。

a　　　　　　　　　　　　　　　　　　　b

图12-28　建　园

a. 山地建园　b. 平地建园

4.2.2　园地规划

（1）划分小区。根据地块形状、现有道路和水利设施等条件，划分若干小区，小区面积以 7～10km² 为宜，形状以长方形为宜，长宽比为 2∶1 至 3∶1。

（2）道路设计。道路分主干道、副主干道和区内作业道。主干道要求位置适中，贯穿全园，连接外部交通线，路宽 6m；副主干路宽 4m，为小区分界线，与主干路和小区作业道相连；小区作业道与副主干路相连，路宽 3～4m。

（3）防护林营造。大面积葡萄园需设防护林，以防大风，同时也可以改善果园的温度、湿度条件。树种宜选毛白杨、沙兰杨、银杏、紫穗槐等。主林带一般与风向垂直，东西方向，乔灌木结合，宽度一般为 10～14m，5～7 行，行距 1.5～2m，株距 1～1.5m，主林带间距约 1 000～1 200m；副林带与主林带方向垂直，宽 6～10m，3～5 行，副林带之间距离 1 000～1 200m。林带与果树的距离为 8m 以上。

（4）排灌系统设置。一般采用行间沟灌的形式。排水沟渠的宽度为 1.5～2m。沟壁为 60°～70°的斜坡面。沟外栽植灌木。有条件的园片采用滴灌、喷灌等节水灌溉。

4.2.3　定植

（1）定植时期。从秋末落叶前后到早春萌芽前均可栽植，以 11 月上旬、中旬定植为佳。春季定植，应在土壤解冻后、芽萌动前进行。

（2）小区边界及定植点的测定。在园区中心平坦地选 1 个点，以指南针定出 1 条基线，用标杆和测绳向两端放射延伸至小区两边的边沿。在小区边沿的两点上用指南针测出与基线垂直的直线，这两条直线分别为小区两边的两条基本线段，再分别延伸至小区的 2 个角，在 4 个角上分别打桩，确定小区的四边基线。

在测出小区周边基线的基础上，根据栽植密度测出小区四边的定植点。操作方法是由小区的一边及相对应的另一边用绳拉出南北的行距线或东西的株距线，并在测绳拉紧后随之踏出清晰的绳印，用同样方法在另外两边拉绳踏印。南北线和东西线的交叉点即为小区内的定植点，在定植点上撒石灰作标记。

（3）定植方式。根据测定好的定植点，挖定植穴或定植沟，深 80cm 左右，宽 80～100cm。挖时将表土和心土分别堆放两侧。盐碱重的地块要改土，用 30 000kg/hm² 土杂肥与表土混匀后填入，边填边踩，至距地面 30～40cm 时将选好的苗放入，用手梳理根系，使之舒展，并摆好位置，纵横成行。填土时要边填边轻轻摇动并稍向上提苗木，使根系舒展开，根土充分结合，边填边踩。苗木栽植深度以根颈略高于地面为宜，填平后充分灌水，待水渗下后，由于灌水下沉的作用，苗木根茎正好与地面平齐，在树干周围培土堆。春天发芽前，灌水并松土保墒，以提高成活率。

（4）定植密度。根据土壤、气候、砧木、品种、架式、农业技术等条件不同，采用不同的栽植密度，一般为（2～3）m×4m 土壤肥沃，生长势强的品种株行距宜大些；采用"高宽垂"及 V 形树形时，株行距要大些。

5　土肥水管理

5.1　土壤管理

5.1.1　土壤改良

（1）黏土地改良。黏土地矿质营养丰富，有机质分解缓慢，有利于腐殖质积累；保肥能力强，供肥平稳持久。但由于黏粒含量大，孔隙度小，透水、通气性差。同时因其热容量大，土温变幅小，不利于果实糖分积累。

改良黏重土壤的主要方法是掺沙压淤。每年冬季在土壤表层铺 5～10cm 厚的沙土，也可掺入炉渣，结合施肥或翻耕与黏土掺和。同时，增施有机肥和杂草、树叶、作物秸秆等，也可改善土壤的通气、透水性能，直到改良后的土壤厚度达到 40～60cm，机械组成接近沙壤土的指标时为止。

（2）沙土地改良。沙质土壤成分主要是沙粒，矿质养分少，有机质贫乏，土粒松散，透水、通气性强，保水保肥性能差。沙土热容量小，夏季高温易灼伤表层根系，冬季低温易冻伤根系。由于昼夜温差大，树体生长量小，果实糖分易于积累。但由于土壤养分贫乏，有机质含量低，一般树势较弱，产量不高。特别是无灌溉条件下，在浆果成熟的前期天旱，而浆果成熟的后期又突降大雨时，易出现大面积裂果，造成酸腐病大量发生。2007 年在萧县白羽葡萄上遇到这种情况，减产达 50%。

沙土地改良主要是以淤压沙，可与黏土地改良结合进行。将沙土运往黏土地，将黏土运往沙土地，一举两得，减少费用。同时结合种植绿肥、果园生草、覆草和增施有机肥等措施，逐步提高沙地葡萄园的土壤肥力。

（3）盐碱地改良。盐碱地含盐量大、pH 高、矿质元素含量丰富，但磷、铁、硼、锰、锌等元素易被固定，常呈缺乏状态，造成葡萄的生理性病害。盐碱还会直接给根系和枝干造成伤害。改良措施主要有：一是设置排水系统，建园时每隔 30～40m，顺地势开挖深 1.0m、宽 0.5～0.7m 的排水沟，使之与排水支渠及排水干渠相连，盐碱随雨水淋洗和灌溉水排出园外，达到改良目的。二是增施有机肥。有机肥不仅含有果实所需的营养物质，还富含有机酸，可中和土壤碱性。有机质可促进土壤团粒结构形成，减少水分蒸发，有效控制返碱。在萧县简便易行，便于推广的办法是增施有机肥，实行果园生草、覆草等。

（4）其他类型土壤的改良。山坡地，土层浅薄且下部常有砾石等，土壤肥力低，水土保持性差，影响葡萄根系生长。可沿等高线建造梯田，不断深翻土壤，捡出大块砾石，加厚土层。江河冲击土常有胶泥或粉沙板结层，透水、通气性差，阻碍根系伸展，易旱易涝，可深挖逐步打破板结层，扩展根系生长空间。低洼葡萄园地地下水位高，土壤通气条件差，常引起烂根，造成树势衰弱，甚至死亡。降低葡萄园地下水位，除建好排水系统外，可开沟筑垄，使地下水位保持在地表 0.7m 以下。同时使葡萄园的沟与排水系统相连，以便及时排出积水。

5.1.2　土壤管理制度

5.1.2.1　土壤覆盖

①有机物覆盖。有机物覆盖能够调节土壤温度，保护根系在冬季免受冻害，促进早春根系活动；降低夏季表面地温，防止沙地葡萄园根系灼伤，延长秋季根系生长时间，提高根系吸收能力。同时覆盖物腐烂或翻入土壤后，增加了土壤中有机质的含量，促进团粒结构形成，增强土壤保水性和通气性，促进微生物生长和活动，有利于有机养分的分解和利用，抑制杂草生长、防止水土流失、减少水分蒸发。有机物覆盖主要是覆草，在春季施肥、灌水后进行。覆盖材料可以用麦秸、麦糠、玉米秸、干草等。把覆盖物覆盖在树下，厚度 15～20cm，上面压少量土，连覆 3～4 年后浅翻 1 次。

②地膜覆盖。幼树定植后用薄膜覆盖定植穴。一是可以保持根际周围的水分，减少蒸发。二是提高地温，促使新根萌发。三是提高定植成活率，覆膜可使成活率提高 15%～20%。进入盛果期的葡

萄园土壤铺设地膜（图12-29），可改善架面光照条件，特别是架面下部的光照，改善光照可提高浆果含糖量和着色，缩小架面上下部果实品质的差异，同时抑制杂草及盐分的上升。

5.1.2.2　果园生草

葡萄园生草，一方面可以改良土壤，提高土壤有机质含量，减少肥料投入成本；改善土壤结构，尤其对质地黏重的土壤，作用更为明显。另一方面可调节土壤温度，葡萄园生草后增加了地面覆盖层，减少土壤表层温度变幅，有利于果树根系的生长发育。夏季中午，沙地清耕果园裸露地表的温度可达65～70℃，而生草园仅有25～

图12-29　地膜覆盖

40℃。冬季低温季节，葡萄园生草可减少冻土层厚度。此外，葡萄园生草还可以改善葡萄园的生态条件，生草增加了害虫天敌数量，从而抑制害虫发生。山坡地葡萄园生草可起到保水、保肥和保土的作用。生草可固沙固土，减少地表径流对山地和坡地土壤的侵蚀。同时，生草可将无机肥转变为有机肥，并将其固定在土壤中，增加了土壤的蓄水能力，减少了肥水的流失。

葡萄园生草的方法是行间种植三叶草、毛叶苕子、苜蓿、菊苣、黑麦草、苏丹草等，5～7年后，春季翻压，休养1～2年后重新生草。人工生草和自然生草，都不能让杂草长的过高，草长至30～40cm时刈割或喷除草剂杀死杂草，每年刈割2～4次。刈割后的草可覆于土壤表面也可深埋。

5.1.2.3　土壤深翻

①深翻的意义。土壤深翻有利于改善黏土土壤结构和理化性状，深翻能增加活土层厚度，改善土壤结构和理化性状，加速土壤熟化，增加土壤孔隙度和保水能力，促进土壤微生物活动和矿质元素的释放；改善深层根系生长环境，增加深层吸收根数量，提高根系吸收养分和水分能力，增强和稳定树势。但若深翻方法不当会造成树势衰弱，特别是对成年大树和在沙性土壤中栽植的树，这种现象尤其明显。深翻时期。定植前是土壤深翻的最佳时期，定植前没进行深翻的，在定植后第2年进行。成年葡萄园根系已经布满全园土壤，深翻难免伤及根系，没有特殊需要，一般不进行大规模深翻，只在秋施基肥时适当挖深施肥穴，以达到深翻目的。若需要打破地下板结层或改良深层土壤，深翻应在9月底、10月初进行，这时果实已经采收，养分开始回流根系，正值根系又一次生长高峰期，断根愈合快，当年即能发出部分新根，对次年生长影响小。冬季深翻，断根伤口愈合慢，当年不能长出新根，有时还会导致根系受冻。春季深翻效果最差，深翻截断部分根系，影响开花坐果及新梢生长，还会引起树势衰弱。

②深翻方法。葡萄定植前应全园深翻1遍，定植前没有进行深翻的，可于定植后的第2年采用扩穴（沟）深翻，在定植穴（沟）外挖环状或平行沟，深60～80cm，3～4年完成深翻，直至株间、行间接通为止。土壤回填时混合有机肥，表土掺混作物秸秆、杂草等，放在底层，底土放在上层，然后充分灌水，使根土密接。待全园深翻1遍后，以后即不需再行深翻，可2～3年进行1次土壤浅翻。

5.1.2.4　土壤浅翻

葡萄根系主要分布在20～40cm土层中，结合秋季撒施基肥，葡萄行间翻耕深度20～40cm，创造一个土质疏松、有机质含量高、保水通气良好的耕作层，对植株良好生长具有明显作用。浅翻可熟化耕作层土壤，增加耕作层中根的数量，减少田间杂草，消灭在土壤中越冬的害虫。浅翻应距树干0.5m左右开始（图12-30）。

5.1.2.5　中耕

中耕是调节土壤湿度和温度、消灭恶性杂草

图12-30　土壤浅翻

的有效措施。春季 3 月底、4 月初，杂草萌生，土壤水分不足，地温低，中耕对促进开花结果和新梢生长非常有利。夏季阴雨连绵，杂草生长旺盛，中耕对降低土壤湿度、抑制杂草生长和节约土壤养分非常有利。中耕时间及次数根据土壤湿度、温度、杂草生长情况而定。中耕深度以 5～10cm 为宜。

5.1.3　果园间作

葡萄在定植的前两年，没有进入盛果期前，树体相对较小，为了充分利用空间，增加葡萄园的前期收益，可于行间进行间作（图 12-31）。间作物应以矮秆作物为宜，根系不能太发达，既不影响葡萄生长，又能产生一定的经济效益。适宜间作物有花生、大豆、绿豆、蔬菜、瓜类、中草药等。由于豆科作物有固氮作用，是葡萄理想的间作物。间作物不能种得离葡萄植株太近，一般应与葡萄树保持 0.6～0.8m 的距离。

图 12-31　果园间作

5.1.4　果园综合利用

（1）果、草、牧生产模式。在棚架或架面高的葡萄园，实行生草制，地面长满绿油油的青草，在园内养鸡、养鸭，鸭吃草、鸡吃虫，鸡、鸭的粪便还田，这样既可增加土壤的有机质，又可改善果园的生态环境。

（2）建沼气池。利用畜禽粪便，建立大沼气池生产沼气，不但能清洁环境，还能为家庭提供新型能源，为葡萄园提供安全的有机肥。

（3）资源综合利用。葡萄修剪下的枝条粉碎后，可用作香菇等食用菌培养基，生产香菇等食用菌，还可经沤制作为有机肥。

5.2　施　　肥

5.2.1　需肥特点与施肥原则

（1）需肥特点。幼龄树以营养生长为主，需要较多的氮肥和适量的磷、钾肥，以促使枝蔓快速生长，尽快布满架面、早结果、早丰产。正常管理的葡萄树 1 年定植，2 年结果，3 年就能丰产。进入结果期的葡萄树，须适当增施磷、钾肥，以提高果实品质及树体抗性。衰老期的葡萄树往往枝条细弱，为了复壮树势和促进根系生长，应增加氮肥的用量。不论树龄大小，在保持氮、磷、钾充足供应的同时，都不应忽视其他一些微量元素的供给。在葡萄的年生长周期中，不同时期需肥种类和数量各不相同。萌芽后至幼果第 2 次膨大，营养生长和生殖生长同时进行，对氮肥的需求量较大，其次为磷、钾肥，是周年生产中第 1 个需肥高峰期。葡萄开始灌浆时，需钾最高，其次为磷，对氮的需求最低，因此灌浆时可控制氮肥，增施钾、磷肥，以促进葡萄着色和增加含糖量，提高葡萄品质。

（2）肥料选择。土壤有机质含量是土壤肥力的重要指标之一。安全的有机肥是优化土壤结构、培肥地力的物质基础。施用有机肥的好处有：一是肥力平稳。有机质施入土壤后，在微生物作用下逐渐分解，稳定地供应植株生长。二是肥效全面。有机肥不仅含大量的氮、磷、钾，还有多种营养成分，可满足葡萄生命活动对养分的综合需求。三是可活化土壤养分，有机质在分解过程中可产生大量有机酸，活化土壤中一些微量元素如铁、锌、硼、锰等，使其成为葡萄植株可利用的养分。四是增加微生物数量，有机肥是土壤微生物获得能量和养分的主要物质，有机物可增加微生物的数量，促进微生物活动，有利于土壤养分的分解和释放。微生物还可以分泌一些生物活性物质，促进树体的生长发育。五是改善土壤理化性状，有机质可促进土壤团粒结构形成，从而增加土壤的通气、保水、蓄水性能。

5.2.2　常用肥料种类

（1）允许使用的肥料。经过安全处理的有机肥包括堆肥、沤肥、厩肥、沼气肥、绿肥、作物秸秆肥、泥炭肥、饼肥、腐殖酸类肥等（表 12-1）。微生物肥包括微生物制剂和微生物处理肥料等。化肥包括氮肥（绿色食品生产严禁施用硝态氮肥）、磷肥、钾肥、钙肥以及各种复合（混合）肥。

表 12-1　畜、禽肥主要养分含量

肥料名称	有机质含量（%）	N 含量（%）	P₂O₅ 含量（%）	K₂O 含量（%）
土杂肥	15～25	0.2	0.18～0.25	0.7～2.0
鸡粪		1.63	1.54	0.85
猪粪	15.0	0.56	0.4	0.44
牛粪	14.5	0.32	0.25	0.15
羊粪	28.0	0.65	0.50	0.25
人粪	20.0	1.00	0.50	0.31
大豆饼		7.00	1.32	2.13
花生饼		6.32	1.17	1.34
棉籽饼		4.85	2.02	1.90
菜籽饼		4.60	2.48	1.40
芝麻饼		6.20	2.95	1.40
麻籽饼		5.00	2.00	1.90

资料来源：杨治元，2008。

（2）不能使用的肥料。未经无害化处理的城市垃圾或含有金属、橡胶的有害垃圾、未腐熟的各种农家肥以及未获准登记的肥料产品。

5.2.3　施肥量的确定

土壤肥力、土壤理化性质、肥料种类和性质、树龄、树势和负载量、田间管理水平、施肥方法、天气状况等都影响施肥量的确定。因此，生产上只能先根据一般情况进行理论推算，在此基础上，再根据各因子的变化调整施肥量。确定施肥量的常用方法是平衡施肥法。肥料用量可通过以下公式进行理论推算。

$$葡萄施肥量 = \frac{葡萄吸收肥料量 - 土壤供给量}{肥料利用率}$$

为了确定合理的施肥量，在施肥前还需了解目标产量、植株生长量、植物养分吸收量或肥料利用率和肥料有效养分含量等。

通常认为氮、磷、钾三要素肥料的施用量为每生产 100kg 葡萄，需施氮肥 0.5～1.0kg、磷肥 0.2～0.4kg、钾肥 0.5～1.0kg。自然状态下土壤中含有丰富的氮、磷、钾等多种营养成分，在不施肥的情况下，土壤供给植物的氮、磷、钾及其他营养元素的量称作土壤的自然供给量。在自然情况下，土壤三要素肥料的自然供给量，占果树营养吸收量的比例为：氮素 1/3，磷、钾肥均为 1/2。植物吸收肥料占施入部分的百分比为肥料的利用率。已有的研究表明，氮肥实际利用率为 35%～40%，磷肥约为 30%，钾肥为 40%。当然肥料的利用率也受气候、土壤条件、施肥时期、施肥方法、肥料形态等多种因素影响。常见有机肥的肥料利用率情况见表 12-2。

表 12-2　常用有机肥、无机肥的肥料利用率

肥料名称	当年利用率（%）	肥料名称	当年利用率（%）
一般土杂肥	15	尿素	35～40
粪干	25	硫酸铵	35
猪粪	30	硝酸铵	35～40
草木灰	40	过磷酸钙	20～25
菜籽饼	25	硫酸钾	40～50
棉籽饼	25	氯化钾	40～50
花生饼	25	复合肥	40
大豆饼	25	钙镁磷肥	35～40

资料来源：徐义流，2009。

5.2.4　营养诊断

营养诊断主要是以矿质营养元素为对象，以农化分析为手段，通过对叶片、土壤营养成分分析及外部症状鉴定，对葡萄树体的营养状况进行正确评价，判断其营养的盈亏情况，从而为葡萄园科学合理的施肥做指导。

（1）叶分析。叶片对营养元素的盈亏非常敏感，营养元素的缺乏或过剩，大多会从叶片上表现出来。因此，通过对叶片营养分析来评价树体营养状况是比较有代表性的。

对叶片进行营养分析时常常需要一个判断某种营养元素是否盈亏的标准值，该标准值可通过试验获得。通常做法是，在其他营养元素不变的情况下，将待分析元素作为试验因子施用不同的量，然后根据树体的生长状况、果实产量、果实品质筛选出该营养元素的标准值范围，葡萄叶片和叶柄中的各种营养元素标准值见表 12-3。

表 12-3　葡萄叶内和叶柄中矿质元素的标准值

元素	叶片			叶柄		
	缺	低	适量	缺	低	适量
氮（％）	1.30～1.50	＜1.80	1.80～3.90			0.60～2.40
磷（％）		＜0.14	0.14～0.41		＜0.10	0.10～0.44
钾（％）	0.25～0.50	＜0.45	0.45～1.30	0.15～0.28	＜0.90	0.90～2.20（非欧亚种 0.44～3.0）
钙（％）			1.27～3.19			0.70～2.00
镁（％）	0.07～0.22	＜0.23	0.23～1.08			0.26～1.50
铁（mg/kg）						30～100
硼（mg/kg）	6～24		＜60	＜12	＜30	20～50（非欧亚种 25～60）
锰（mg/kg）				＜18	＜30	30～650
锌（mg/kg）				11		25～50
铜（mg/kg）				2		10～50

资料来源：杨治元，2011。

叶片营养元素含量的分析，在叶片长成固有大小、叶内营养元素含量相对稳定时，以 3～4hm² 为一采样单位，沿对角线选 20～50 株树，每株树在东、南、西、北 4 个方向，取当年新梢中部 4～6 片叶，要求叶片无病虫害、无机械损伤，每个采样单位内采集的叶片数不少于 100 片。叶片采集后带回实验室，进行营养元素含量的测定。根据测定结果，结合标准值，来判断营养元素的盈亏情况。

（2）土壤分析。土壤中各种营养元素的含量及其比例直接影响葡萄的生长发育，进行土壤养分分析结合叶片养分分析，制定科学合理的施肥方案对提高葡萄产量和品质都非常重要。土壤样品的采集可采用对角线法或棋盘式，每个土壤样品应由 15～20 个采集点的土样组成。如面积较大，每 3～4hm² 取 1 个土壤样品。采集地点从 0～50cm 土层中由上而下均匀刮取一层土壤，重 1～2kg，混合均匀后取其 1/4，作为 1 个采集点土样。将 15～20 个点的土样集中起来，用四分法反复混合和取样，直至每个土壤样品剩下 500g 左右为止。土壤采集好后带回实验室，进行营养元素含量的测定。根据测定结果，结合标准值来判断土壤中营养元素的盈亏情况。

（3）树势诊断。

芽。葡萄的冬芽是混合芽，其分化程度和质量好坏可从外观形态上进行分辨。一般来讲，芽大而饱满表明树势正常，树体营养适当。芽小而瘦则表明芽的质量差，分化成花芽的可能性低，或虽有花，但花序小，这是营养不良、树势弱的表现。肥水不足或产量过高的葡萄园内易发生该现象，对这样的果园应增加肥水供应。如果树势过强，也会出现冬芽尖瘦的现象，这时应控制肥水供应。

叶片。葡萄叶片的色泽也是树势强弱的指示器，叶色浓绿、叶片厚表明树体营养充足；若叶片薄且发黄则表明营养亏缺。各种元素的不足都会在叶片上有所表现。

枝梢。枝梢过粗、甚至略扁，节间长、芽眼瘦小的属生长过旺，应控制肥水供应。枝梢健壮、节间短、芽眼大而饱满表明树势健壮，肥水条件适当。枝梢细弱、节间过短，表明树势弱，应加强肥水供应。

果实。果实坐果率低、果穗松散、大小粒等都与树体营养密切相关。树势过旺而没有采取很好的控制营养生长措施，或树势过弱、营养不良的树都会发生这种现象。果穗穗形紧凑、果粒成熟时无大小粒、达到本品种固有大小、色泽时，表明树势正常、肥水条件适当。树势过弱，叶果比小，则易发生"水罐子病"。藤稔、高妻等大粒葡萄和红地球、矢富萝莎、玫瑰香等大穗葡萄都易发生"水罐子病"。酿酒葡萄由于果粒小，一般不易产生"水罐子病"。

5.2.5　缺素症与矫正施肥

（1）缺氮症状和矫正施肥。葡萄植株缺氮时，叶片发黄、变薄，叶柄和穗轴呈粉红或红色。由于氮在植物体内的移动性较强，可从老龄组织中转移至幼嫩组织中，老叶比幼叶先表现为缺氮症状。葡萄园缺氮后，可在增施有机肥的基础上，在葡萄萌芽期、终花期、采收后补充氮肥，通常每 $666.7m^2$ 可施尿素 30kg 左右。

（2）缺磷症状和矫正施肥。葡萄植株缺磷时表现为叶片较小、叶色暗绿、花序小、果粒小、果实小、产量低、成熟期推迟等。缺磷后可在增施有机肥的基础上，在花前花后和果实采收后在土壤中施入磷肥，每 $666.7m^2$ 施过磷酸钙 $10\sim15kg$，最好与基肥同施。

（3）缺钾症状和矫正施肥。葡萄植株缺钾时，枝条中部叶片扭曲，叶缘和叶脉间失绿变干，并渐由边缘向中间焦枯；果实小，着色不良，成熟前易落果，产量低，品质差。缺钾后可在增施有机肥的基础上，在浆果变软、着色前及采收后，于土壤中施入钾肥，每 $666.7m^2$ 施硫酸钾复合肥 20kg 左右。

（4）缺钙症状和矫正施肥。葡萄植株缺钙时，新梢嫩叶上形成褪绿斑，叶尖及叶缘向下卷曲，以后褪绿部分变成暗褐色，形成枯斑，果实硬度降低。缺钙后在增施有机肥基础上，针对钙在植物体内移动性差的特点，应以叶面喷施为宜，于葡萄生长前期、幼果膨大期和采前 1 个月进行叶面喷施硝酸钙等，浓度以 0.5％为宜，少量多次，效果好。

（5）缺硼症状和矫正施肥。葡萄植株缺硼时，根短、粗、肿胀并形成结，出现纵裂；植株表现为矮小，枝蔓节间变短，副梢生长势弱，叶片小而厚、发脆、皱缩、向外弯曲，叶缘出现失绿黄斑，叶柄短而粗。缺硼后以叶面喷硼效果较好，可在花前 1 周或花后幼果膨大期喷施硼肥，可喷 0.3％的硼砂或硼酸液。

（6）缺锌症状和矫正施肥。葡萄植株缺锌时，新梢顶部叶片狭小，呈小叶状。枝条纤细，节间短，叶脉间失绿黄化。无籽小果多，大小粒现象严重。缺锌后的矫正施肥方法是在花前 1 周或花后幼果膨大期喷施 0.1％～0.2％硫酸锌。

（7）缺铁症状和矫正施肥。葡萄植株缺铁时首先表现的是幼叶失绿，叶片除叶脉保持绿色外，叶面呈黄化甚至白化。严重时花序黄化，花蕾脱落。缺铁后的矫正施肥以叶面喷施铁肥为佳，可于生长前期结合喷药防病喷施 0.2％～0.3％硫酸亚铁溶液，补铁需多次进行方能见效。在萧县用枝蔓刻伤补铁的方法，取得了明显效果。具体方法是在出现缺铁症状的枝、蔓上用刀纵向刻几道伤，长度10cm 左右，用棉球或卫生纸，沾 300 倍的硫酸亚铁溶液，包住伤口，然后再用塑料薄膜包扎紧实。1周后，缺铁症状即消失。

5.2.6　施肥时间与方法

（1）基肥。基肥以有机肥为主，施肥量可占全年总施肥量的80％。葡萄采收后秋施基肥，在当地以 10 月为宜。其优点是，不仅可以增强叶片光合功能，增加光合产物积累，促进花芽的进一步分化，同时由于光合作用制造的糖类回流至根系，贮藏于枝蔓中，有利于提高树体的抗寒、抗旱性，增强越冬能力，在萧县不埋土防寒地区，显得尤其重要。在秋施基肥时伤及的根，由于此时土温还较高，根系仍处于活跃生长期，非常有利于伤口的愈合，并且在伤口处可以产生大量吸收根，对翌年葡萄发芽、新梢生长及开花坐果都有好处。另外，采果后由于环境温度还较高，非常有利于养分的分解和转化，便于翌年根系对养分的吸收利用。施肥方法如下：

条沟施肥。对成年树来说，在离树干80cm 处（一般以挖条沟时能见到细小的根而又不会伤到大根为宜），挖深、宽各 $40\sim50cm$ 的条沟，最好是顺行向挖沟，将落叶、杂草、树枝，农作物秸秆等填入沟底，填入肥料后覆土，土、肥混合，有利于提高肥料的利用率。

全园撒施。盛果期树及密植园，根系已经布满全园，为提高肥料利用率，可全园撒施有机肥，然后将有机肥耕翻入土。但此法施肥较浅，根系易上翻，2～4 年可采用 1 次。

（2）施肥量。按葡萄品种长势施肥。优质畜、禽肥的施用量：从第二年挂果开始长势较弱品种每 666.7m^2 施用 2 000kg，长势中庸品种施用 1 500kg，长势旺品种施用 1 000kg 左右。各种品种配施过磷酸钙 50kg 左右，或钙镁磷肥 100kg 左右。

（3）根际追肥。在葡萄生长发育的关键时期，如萌芽期、开花期、幼果膨大期，浆果成熟期等，还需追施肥料以满足其生长发育的需要。在生长前期需要的主要是氮、磷肥，后期主要是磷、钾肥。由于植物对有机肥中的营养吸收较慢，不能立即满足植株生长之需要，因此在葡萄生长过程中需通过追施速效肥，如各种复合肥、尿素等，来满足葡萄生长发育的需要。施肥方法如下：

催芽肥。在葡萄萌芽前 15d 左右，追施氮磷钾复合肥，供葡萄发芽、新梢生长和开花所需，可减轻花芽退化。反之，如果此期氮素营养过多则会导致枝叶徒长，加重落花落果。对于树势较弱的品种，每 666.7m^2 可施氮磷钾复合肥 20～25kg，配施尿素 15kg；对于树势中庸的品种，可施氮磷钾复合肥 15～20kg，配施尿素 7.5～10kg；对于树势旺的品种，可不追肥。

幼果膨大肥。果实膨大有两次，第 1 次是需氮磷钾最多的时期，是除基肥外施肥量最多的时期。施肥时间以生理落果基本结束后为宜，偏早会加重落花落果，特别是不容易坐果的品种，偏晚则会影响幼果膨大。对于坐果较好的品种，可在花后 11～15d 追施，以促使适当多落果，减轻疏果用工。在幼果膨大期宜追施氮磷钾复合肥，每 666.7m^2 可施 30kg 左右，对弱树及当年挂果量大的树可配施 10kg 尿素。第 2 次膨大肥。亦称着色肥，在硬核期进行。此期施肥有增大果粒、促进着色、提高果实质量之作用。对于早熟品种，此期可不追肥，但早熟品种挂果偏多时也需追施；对中晚熟品种，不论树势强弱，都应该追施。此期追肥宜选用钾肥，以每 666.7m^2 施硫酸钾 20kg 为宜。

根际追肥时施肥面要尽量大，以使得大部分根系都能得到营养。不宜穴施，因为穴施肥料集中于一点，多数根不能及时吸收到养分，同时穴施还会造成肥料浓度局部过高，易造成肥害。追肥的深度通常在 10～20cm，距离主干 40～80cm，幼龄树在 40cm 左右，以后逐年外移至 80cm。

（4）叶面追肥。叶面喷肥见效快，可作为根际追肥的有效补充，进一步满足葡萄生长发育所需营养。葡萄整个生长期都可进行根外追肥，追肥可以结合喷药进行，把易溶于水且适宜与药液混合的肥料与药液喷施，可有效地减少用工，节省开支。如叶面喷施 0.3%～0.5% 的尿素、0.3% 磷酸二氢钾、0.5% 硝酸钙及各种微量元素的补给方法。

5.3 水分管理

5.3.1 水分调节

（1）水分调节对产量和品质的影响。葡萄的萌芽期、开花前、幼果膨大期的需水量都比较大，这时如果水分供应适当，植株萌芽率高、开花整齐、坐果率高、幼果膨大快，可为高产奠定基础。在浆果成熟期需水量较小，此时轻微的干旱有利于浆果的糖分积累和着色，但若严重缺水则不利于浆果成熟。若此时水分供应过多，特别是土壤突然大量供应水分，易造成裂果。萧县的 7 月、8 月正值雨季，也是早、中熟品种成熟期，降雨多，空气及土壤湿度大，易滋生病害和形成裂果。因此萧县的早、中熟葡萄栽培宜推行果实套袋和避雨栽培。

（2）改善给排水条件。应加强水利设施建设，做到旱能灌，涝能排。春季，葡萄的生长需水量大，而此时萧县降雨量偏少，加强葡萄生长前期的灌溉会大大有利于葡萄的生长发育；浆果成熟的 7～8 月雨水较多，因此能及时排水也是十分必要的。萧县葡萄冬季不埋土防寒，但在特殊年份，如 2010 年秋至 2011 年初夏一直无降雨，冬季温度达 -12℃，赤霞珠、贵妃玫瑰、红玫瑰等品种出现了枝蔓冻裂、死亡现象。若能在土壤封冻前灌越冬水可大大减轻根系和树体受冻程度。

5.3.2 灌水时期与方法

（1）灌水时期。一年中需水规律是前多后少，掌握灌控原则，可以达到促控的目的。按物候期生产上通常采用萌芽水、花后水、催果水、封冻水 4 次灌水。一般认为土壤持水量在 60%～70% 是葡萄树生长适宜的湿度，当持水量小于 50%，又持续干旱时就需灌水。

（2）灌水方法。葡萄常见的灌水方法有沟灌、穴灌、喷灌、滴灌、渗灌等，以滴灌和渗灌最佳，这两种方法不但节约水，还不会使土壤温度由于灌水而大幅度变化。葡萄灌水忌大水漫灌，特别是夏季高温会使植株根系由于突然降温而降低对营养的吸收，从而抑制植株生长。此外，夏季灌水忌使用刚从深井里打出的水直接灌溉。

（3）灌水量。葡萄树每生产 1g 干物质需消耗 400g 的水，若每 666.7m² 产 2 000kg 葡萄的果园，果实干物质按 10% 计算，为 200g，形成果实所需枝、叶、根等果实外的干物质约为果实的 3 倍，即 600g，则生长期间每 666.7m² 果园需水 620L。在生产中难以计算灌水量，往往以灌透根系主要分布层（20～40cm）为止。

5.3.3　排水

在低洼地或地下水位高的平地，雨季易积水。积水时间过长，根系呼吸受阻，严重影响肥水的利用能力，会造成白色吸收根系的死亡；土壤中因积水还会产生有害物质，引起烂根，造成与干旱类似的落叶、死树症状。因此，建园时必须设立排水系统。在萧县的 7 月、8 月雨季，正值早、中熟葡萄的成熟期，此期雨水过多，对葡萄果实的糖分累积和着色都不利，同时果园的高湿度容易滋生炭疽病、霜霉病、白腐病、酸腐病等病害。因此，葡萄园内必须预先做好排水准备，保持雨水过多时能够及时、通畅地排出园外。

6　花果管理

6.1　花的管理

6.1.1　促进花芽分化

（1）均衡营养和适量水分。树体营养供应充足、树势强壮，则形成的花芽多，花芽质量好。花芽的形成需要适量的氮素，但氮素过多又不利于花芽的形成，磷、钾能促进花芽形成和增加枝条下部的花芽数。在生产上为了促进多成花，常在花芽集中分化的5月、6月追施磷钾复合肥。矿质元素溶于水后被运输到植株生长的各个部位而被树体吸收利用，因此水的均衡供应对花芽的形成也十分重要。

（2）合理负载适时采收。葡萄的产量过高，树体负载量过大，果实的生长消耗大量营养，势必使得用于花芽分化的营养减少，使花芽的形成受到影响。葡萄果实若延迟采收，亦会消耗营养而影响花芽的形成。因此，适当的控制产量，适时采收果实对花芽的形成都非常有利。萧县鲜食葡萄每666.7m^2的产量一般以1 500kg为宜，酿酒葡萄每666.7m^2的产量以1 250～1 500kg为宜。产量过高不仅影响果实品质，对翌年花芽的形成也有影响，容易形成大小年。

（3）通风透光条件。保持葡萄架面良好的光照条件，有利于花芽分化。如果树体枝叶量大，架面郁蔽，光照不良，功能叶片减少，则会出现叶片的光合能力降低，树体得不到充足的光合产物而使花芽分化减少。

（4）摘心及副梢处理。在花芽分化期，及时的摘心和疏除副梢、卷须（图12-32），控制营养生长，对花芽分化非常有利。若枝叶的生长过旺，则花芽的分化就会因营养相对不足而受到影响。

图12-32　去卷须

（5）保护叶片。叶片的功能是进行光合作用制造糖类供应树体生长发育，同时树体靠叶片的蒸腾作用由根向上部提升水分、矿质营养。早期落叶、叶片黄化都对葡萄花芽的分化极为不利。在生产实践中，葡萄采收后的叶片保护往往不受种植者重视，而秋季由于气温低、夜间露水大，温湿度及其利于霜霉病发生蔓延，若再遇阴雨天则病害更加严重。在萧县一般8月下旬是霜霉病的易发期，9月尤为严重，因此要注意采果后病虫害的防治，保护叶片，增加树体营养的积累。

6.1.2　花的管理

（1）疏花序。为了合理控制产量，提高果实质量，必须疏除过多的花序，使养分集中供给留下的果穗。疏花序越早越好，一般于坐果前进行。在坐稳果后，能够清楚看出各结果枝的坐果情况时，再疏除花序。疏除花序要留有余地，通常预留目标产量的1.5倍，最后达到1.2倍。对弱枝上的花序，应及时疏除，促进弱枝发育，以作为营养枝抚养树体或成为翌年的结果母枝。对结果习性好的葡萄品种，如无核早红、宝石解百纳、佳利酿等，1个枝条往往着生3个花序，要疏去过多花序。一般弱枝不留花穗，中庸枝留1穗，壮旺枝留2穗。

（2）花序修剪。对预留花序修剪可以使果穗穗形整齐、美观，提高坐果率。修剪后，花序的形状为圆锥形或圆柱形。在萧县，酿酒葡萄由于果粒、果穗小，为节省用工，大都不行人工花序修剪。鲜食葡萄则需修剪花序，以达到美观和方便运输的目的。花序的修剪宜在开花前1周左右进行。修剪过早，花序尚未充分伸长，果穗长成后变得短粗，果粒着生太紧，容易挤破果粒，穗形也不美观；修剪过晚则会消耗很多养分，尤其是在邻近开花时进行花序修剪，对坐果不利。对鲜食葡萄，果穗一般以500g左右为宜，大穗品种最好也不超过1 000g，否则果实着色不良，品质会显著下降。矢富萝莎、红地球这样的大穗品种在枝条长势不强，营养不足时还易发生水罐子病。

对于大花序，可掐去副穗及以下2～3个支穗，同时掐去穗长1/5～1/4的穗尖部分或留花穗下部5cm长的果穗。想要生产圆桶形果穗，还必须将近肩部的长支穗掐去穗尖。保留中部花序，使营养集中供应所留下的适量花序，会使果穗紧凑而不松散。若花序本身不大，可只掐去副穗，不掐花尖。对于不易坐果的品种，去除副穗及副穗下的几个支穗，掐去穗尖，可有效提高果实的产量和品质；若想生产长信形果穗，可只掐去副穗，不掐花尖。

（3）花前及花期喷硼。葡萄开花需要大量硼元素，缺硼会降低坐果率，还易形成大小粒果实，因此为了提高果实的产量和品质，补硼是必要的。对葡萄树体补硼，在生产中以叶面喷施较为实用，可以结合喷药防治病虫害同时进行。在花序分离期喷药时混合0.2%～0.3%的硼酸或硼砂液和0.3%～0.5%尿素液效果好。花期喷硼、补硼效果很好，但花期一般不喷药，可于花后喷药时在药液中混入硼肥喷施。

6.2 果实管理

6.2.1 果实产量和品质的构成因素

（1）坐果率。葡萄品种不同，坐果率差异很大。有的品种如京秀、金星无核、红地球、贵妃玫瑰等坐果率高，果穗容易密挤；有的品种如巨峰系品种相对不易坐果，若不采取措施，果穗比较松散，果穗中间易出现脱节，降低商品性。对坐果率高的品种，可采取一些促进落花落果的措施来促使适当多地落花落果，如新梢摘心时间可以推迟到花后，对花序可以不掐尖只除副穗，待以后再进行果穗修剪等。对于坐果率低的品种，要在开花前的1周内对花序以上的新梢留3～4片叶后摘心，同时结合喷药喷硼，进行花序修剪等。栽培中要保持结果新梢长势中庸、健壮，过旺或过弱的结果枝，都会使坐果率下降。

（2）果穗大小。市场调研结果表明，以每穗500～1 000g的果实最受欢迎。因此，大穗葡萄如无核早红、红地球、矢富萝莎等，穗重一般以750～1 000g为宜。

（3）果粒大小。葡萄果实不是越大越好，但果粒若过小，很难获得较高产量，商品价值也不高。无籽葡萄果粒一般较小，必须经过膨大处理，才能提高商品性能。目前所用葡萄膨大剂主要是赤霉素、吡效隆和噻苯隆3种，适宜的赤霉素处理，以促早熟，可使果实提前成熟1周，但在果实成熟期间遇到降雨，裂果现象加重，果穗也比较容易脱粒；使用吡效隆膨大果粒，能够增厚果皮，不容易出现裂果、脱粒现象，但可使果实成熟期推迟10～15d。实践表明，赤霉素与吡效隆混合使用效果较好，若掌握住适宜浓度、使用时期，可避免单用一种膨大剂时带来的副作用。无籽葡萄对膨大剂的反应因品种不同而不同，有的品种经处理后膨大效果不明显，有的增大效果极为显著，可增大果粒1倍。多数无籽葡萄的激素处理方法是：花前1～3d或初花期用50mg/L赤霉素处理，拉长花序，花后10～15d再用吡效隆处理1次，效果较好。也可只于花后10～15d使用1次膨大剂。

（4）果实着色。葡萄果实的色泽与内在品质有着直接的关联，只有达到葡萄品种本身固有的色泽后才表明其成熟。着色往往与果实的含糖量有一定的关系。在成熟期，通常当糖分累积到一定量时才开始着色，且糖度越高、着色越好，因此葡萄着色状况是葡萄成熟与否的外在标志。葡萄栽培架面郁蔽、通风透光条件不好、施氮肥过多、产量过高等因素会造成果实着色不良。促进葡萄果实增色的主要技术措施如下：

增施有机肥。有机肥为完全肥料，含有各种葡萄生长必需的大量、中量及微量元素。磷、钾元素有利于果实着色。

　　土壤追施钾肥。在葡萄灌浆变软前追施硫酸钾肥对着色是有益的。

　　叶面喷施钾肥。从幼果期开始，每次喷药防病时，混入0.3％磷酸二氢钾，直至果实着色时止。

　　合理控氮。氮肥是葡萄生长发育必需的大量元素，缺氮对葡萄生长是不利的，但如果氮肥过多，造成葡萄枝梢徒长消耗大量营养，不利于果实糖度积累，从而影响果实着色。因此生产中应根据树势施氮肥，过旺树势应控氮。

　　合理的树形及架式。传统的多主蔓扇形篱架栽培模式由于通风透光条件差，影响果实着色，V形、棚架都利于果实着色。特别是V形架式形成的独特的"三带"，即通风带、结果带、营养带，三带分明，极大地改善了果实的通风透光条件，有利于果实着色。

6.2.2　果实管理措施

　　(1) 合理的产量。根据产量目标，确定合理的枝量，是获得优质高产的基本要求。留枝量过大，虽然在一定限度内产量是增加的，但枝量过多，会造成架面郁蔽，品质将严重下降。只有留枝量合理，在肥水充足的条件下枝梢才能健壮生长，达到连年丰产、稳产之目的。

　　(2) 果穗修剪。要获得优质果，必须对葡萄果穗进行修剪，以达到市场对葡萄穗形及果粒大小、果实品质的要求。果穗修剪的方法是：在果粒长到黄豆大小，第1次生理落果结束后进行，果穗在进行花序修剪的基础上，首先剪除畸形果、病虫果，对过大、果粒过多的果穗可每隔2个小支穗掐除1个，对每个小支穗还可进行缩剪，程度视每个果穗的目标留果粒量而定，象巨峰葡萄要获得大粒优质果，每穗留30～40果粒为宜，红地球、矢富萝莎、夏黑、无核早红等每穗留70～90个果粒为宜。果穗在修剪完成后的形状可为圆柱形或圆锥形，果穗长度在20cm左右的果穗为标准果穗。酿酒葡萄由于果穗较小，对穗形没有特别的要求，一般不需要进行果穗修剪。

　　(3) 合理的叶果比。葡萄果实生长发育所需的营养大量来源于叶片，控制合理的叶果比（叶片数与果穗数之比）是葡萄优质高产栽培的重要内容。有研究表明，巨峰葡萄标准果穗（350g左右），需叶15～20片，即叶果比为15：1至20：1。对于大多数品种，叶果比以10：1至12：1为宜。在葡萄栽培中，采取各种有效措施合理增加功能叶量，适度扩大叶面积指数，对优质高产、稳产有重要意义。

　　(4) 病虫害防治。病虫害对葡萄产量和品质都有极大的影响，危害葡萄果实的主要病害有炭疽病、白腐病、酸腐病等，虫害主要是绿盲蝽等。在生产上应加以重点预防、综合防治为原则。病虫害防治过程中不仅要有效防治病虫危害，而且要尽可能地减轻农药对果实及环境的污染。使用低毒、高效的农药，不用高毒、剧毒、高残留及致癌、致畸、致突变的农药，同时在施药时还应注意各种农药使用的有效间隔期，减少农药施用次数和污染。

　　(5) 果实套袋。果穗套袋能有效地防治病虫害和保护果实外观品质。

　　套袋时期。葡萄套袋通常在疏果后进行，在萧县套袋的最适时期是5月下旬至6月上旬，即当地麦收前后。套袋过早，影响幼果膨大；过晚，葡萄的色泽及亮度会受到影响。另外，套袋太晚，病菌可能已经侵入果实，就有可能发生果实病害。

　　套袋前果穗的处理。套袋前喷10％苯醚甲环唑1 000倍液＋97％红霉唑40倍液＋50咪菌酯3 000倍液，只喷果穗，药液干后立即套袋，最好在喷药后的3d内套完袋。药后遇雨，雨停后要重喷。

　　套袋方法。套袋时将袋口撑开，托起袋底，使底角口张开。将果穗装入袋中，折叠并扎紧袋口。捆扎丝位置宜在距袋口上沿2.5cm处。

　　套袋的注意事项。不要在雨后的高温时套袋，防止果实产生日烧。若遇雨，可等雨后2～3d，使果实适应高温环境再喷药套袋。纸袋的质量也是至关重要的，应选耐雨、透气、纸质结实的成品袋。套袋可使炭疽病的危害大为减轻，但在果实成熟期若土壤水分供应不均衡而造成裂果，再遇上高温天气，套袋葡萄仍会发生酸腐病，给生产带来损失。

　　(6) 灾害预防。冰雹、涝灾、大风等自然灾害对葡萄果实品质有很大的影响。冰雹可打烂果实，使果实感染白腐病、酸腐病等。涝灾，特别是成熟期突降大雨易造成葡萄裂果，同样会引起白腐、酸腐病。对冰雹的防治可使用防雹网，设施栽培是非常有效的一种办法，套袋也可在一定程度上防止冰雹的危害。另外，V形、棚架栽培的葡萄，果实在枝叶的下部，被枝叶所遮挡，可减轻冰雹的危害。减轻风灾最好的办法是在果园周围设防风林。

（7）适时采收。采收过早的葡萄，果实尚未充分成熟，色、香、味均未达到该品种固有的水平，商品性较低；采收过晚的葡萄，果实变软、含糖量降低，品质下降。因此，生产中要适时采收。

6.2.3 产量与品质的关系

葡萄的产量与品质有着直接的关联，产量过高势必影响果实品质，而且还易滋生病虫害、延迟果实成熟。在萧县巨峰葡萄主产区，每 666.7m^2 产量一般为 2 500kg，高的产量每 666.7m^2 达 3 000～3 500kg，过高产量严重影响了果实着色，有的巨峰葡萄园有一半左右的果实都不能着色，严重影响了品质，要获得优质鲜食葡萄，每 666.7m^2 产量最好控制在 1 000～1 500kg，酿酒葡萄每 666.7m^2 的产量可控制在 1 500kg。

7　整形修剪

葡萄是多年生攀缘植物、植株本身没有坚固骨架，在栽培条件下，树形常随着架式整形与修剪方法的不同而改变。合理的架式、整形与修剪可以培育出良好的树形，迅速扩大结果面积，保证植株有良好的通风透光条件，使植株早结果、早丰产，年年丰产。

7.1　葡萄的架式

7.1.1　架式

（1）单篱架。行内每隔 6m 设 1 根支柱，支柱间拉 3～4 道铁丝，第 1 道铁丝距地面 50cm，各道铁丝之间距离 50cm 左右，架高 1.5～1.8m（图 12-33）。

（2）水平棚架。现在，生产上多运用网架。棚架高 1.8m 左右，2～4 根主蔓在架面上均匀分布。

（3）V 形及高宽垂架。在单篱架的基础上，每根支柱上固定两根横木，第 1 根横木距第 1 道铁丝 35cm，长 60cm；第 2 根横木在第 1 根之上 40cm 处，长 1.2m。在两横木的两端分别拉一道铁丝，新梢线缚在横木的铁丝上，若是高宽垂架，只需要最上面的一道横木即可（图 12-34）。

图 12-33　篱架结果状

图 12-34　扇状篱架

7.1.2　架的设置

露地栽培架的支柱通常用木柱或水泥柱（10cm 见方的粗度），架柱长约 2.4m；避雨栽培时要根据架式和避雨要求，适当加长支柱，篱架上用 11～14 号铁丝，棚架上用 8～12 号铁丝。每行两端的边柱埋入土中约 60～70cm 深，行内的支柱埋入土中约 50cm 深，柱之间的距离约 6m，边柱可略向外斜并用锚石或撑柱固定。

7.2　优质丰产树形

7.2.1　单干双臂、单臂水平形

（1）树体结构。1 个主干，干高 0.8～1.2m，干顶端向两边分枝成水平双臂或只留单臂，绑缚在第 1 道铁丝上，在双臂上每隔 20cm 留 1 个结果母枝，结果新梢直立引缚在篱架上（图 12-35）。

（2）优点。易于控制产量，果实离地面高，下部通风好，结果部位同在一水平线上，便于管理，上部为直立绑缚的新梢，形成明显的"三带"，即下部的通风带，中部的结果带，上部的营养带。该树形产的果实品质好、病害少、较省工。

7.2.2　棚架

（1）树体结构。主干由地面向上直达棚架，主蔓 2～4 个，每根长约 4～10m。在棚面上，均匀分

布大量结果母枝（图 12-36）。

图 12-35　单干双臂水平形　　　　　　　　图 12-36　棚架龙干形

（2）优点。果穗距地面高，通风透光好，果穗垂于架下，四周受光均匀，果实着色均匀，病害少。由于枝叶的遮挡，如遇冰雹可减轻其害，便于机械作业。

7.2.3　V 形

（1）树体结构。树体的整形与单干双臂水平形相似，只是结果新梢的引缚不同。结果新梢分别引缚于两横木的两端铁丝之上，呈 V 形。

（2）优点。除具有单干双臂水平树形的优点外，由于结果枝均匀分向两边，操作方便、少工，通风条件更佳。一些长势旺的品种由于新梢处于斜生状态，可以减缓生长势，便于形成花芽。

7.2.4　高宽垂树形

（1）树体结构。与 V 形结构类似。主干高 1.2～1.4m，干顶端向两边分枝成水平双臂，绑缚在第 1 道铁丝上，双臂上每隔 20cm 留 1 个结果枝组，结果新梢均匀向两边铁丝上引缚，任其生长，到达外一道铁丝后自由下垂。

（2）优点。果实距地面高，病害轻；新梢分向两边下垂，生长势得到控制，从而节省用药。

7.3　整形修剪技术

7.3.1　整形修剪常用方法

（1）短截。将 1 年生枝剪去一部分，根据短截程度又分为轻短截、中短截、重短截 3 种方法。

（2）疏剪。将枝条从基部全部剪除。

（3）回缩。又称缩剪，剪去多年生枝的上部。

（4）放蔓。长放枝蔓、扩大架面。

7.3.2　整形修剪的依据

（1）品种特性。不同品种的生长势和结果习性有差异，整形修剪时首先需了解其品种特性。对生长势旺、不易成花、花芽着生的节位较高的品种，如矢富萝莎、克瑞森无核、美人指、里扎马特等，可行中、长梢修剪；对生长中庸，较易成花的品种，如无核早红、巨峰等多数品种可用中、短梢修剪；对生长偏弱的品种，如京亚、高妻等，则可采用短梢修剪。

（2）树龄和树势。衰老树由于常年修剪，伤口较多、树势偏弱，要采用重短截，结合回缩更新；对于强旺树，要多留果，以缓和树势。

（3）土壤状况及肥水条件。土壤肥沃、肥水条件好的，树体生长强壮或旺盛，宜多留果，反之则少留果。

7.3.3　修剪时期及作用

（1）休眠期修剪。冬季休眠期修剪是在整形的基础上调整树体生长和结果的关系，使架面枝蔓分布均匀，挂果量适中，防止结果部位外移，达到树体健壮、优质、丰产、稳产的目的。冬季修剪一般于1月下旬开始至伤流发生前15d结束。修剪方法有短梢修剪、中梢修剪、长梢修剪、混合修剪法及更新修剪法等。短梢修剪法（1～2芽）是为了稳定结果部位，防止结果部位迅速上升和外移，培养预备枝和营养枝，强化较弱树体及枝条等采用的一种修剪方法。中梢修剪法（3～5芽）是为了稳定结果产量，培养较大果穗，培养结果母枝等的修剪方法。长梢修剪法（6芽以上）是为了培养幼树、扩大树体、延长枝蔓及弱化旺长树体及枝条等的修剪方法。混合修剪法是指用长梢、中梢、短梢相结合的方法进行修剪，这种方法是葡萄生产中最常用的方法。更新修剪法是防止或减缓结果部位外移的剪法，即在每个结果母枝上选留2个健壮1年生新枝，其余剪除，对留下的上位新梢主要用于结果，下位新梢留作发育枝，用于下一年结果，反复使用这种剪法，达到控制结果部位外移之目的。

（2）量化修剪。结果母枝的量化管理。为了达到优质、丰产、稳产的目的，需要进行量化修剪。量化修剪的主要内容是量化结果母枝，根据此确定穗数量。

葡萄枝条木质疏松，修剪后水分容易从剪口流失，常引起剪口下部芽眼干枯或冻坏，因此剪口应在芽眼上1～2cm处。

（3）夏季修剪。

抹芽和定枝。第1次抹芽在萌芽后至展叶初期进行。对蔓上发出的无用的隐芽、结果母枝上发育不良的基节芽和弱芽全部抹去，对双生芽、三生芽选留大的主芽，其他的芽及时抹去。第2次抹芽在新梢长到10～20cm，展出4～5片叶时进行；选留粗壮、有花穗的新梢，抹去弱枝、徒长枝和过密的发育枝。在架面上每隔20cm左右留1个新梢。

摘心。在葡萄开花前1周，在花序以上留8～10片叶子后掐去新梢顶部，可以抑制新梢生长。对果穗以上的副梢，留2片叶摘心。

绑蔓。绑蔓就是把新梢均匀引绑在架面上，避免枝梢拥挤，保持架面通风透光（图12-37）。绑蔓时应注意不要伤及新梢，同时考虑枝条增粗后不至于被勒断。

图12-37 绑 蔓

除副梢。就是将主梢叶腑中夏芽副梢抹去。主梢摘心后，摘心口下的夏芽副梢会发出，方法是抹除果穗下方的副梢，对果穗上方的副梢，留2片叶后反复摘心。也可保留结果新梢部的1～2个副梢，并保留3片叶反复摘心，其余全部抹除。

7.3.4 修剪技术

（1）单干双臂水平形。定植的当年发芽后，新梢长到20cm左右时，选留1个旺盛的新梢留作主干，其余的新梢去除，在留下的新梢旁边插1根竹竿，将新梢用8字扣绑于竹竿上，使其直立向上生长，其叶腋间发出的副梢及时去除，待新梢长到定干高度以下5cm处时（定干高度一般90～120cm）摘心，摘心口下所发的副梢留2个向两边生长，水平引绑于第1道铁丝上，形成双臂，当年双臂上所发副梢保留，当副梢长至30cm时留20cm摘心，促其增粗、成熟，以后每次留1～2片叶反复摘心。

水平臂的延长头每隔 50cm 摘心 1 次，促增粗、成熟，待其长至和另 1 株的臂的延长头相接时摘心，若生长势不强，至立秋时仍未对接，也应全部摘心，以促新梢成熟。冬季修剪时，对于双臂上的壮实副梢留两芽短剪，剪口粗度应达到 0.6cm，低于 0.6cm 过于细弱的副梢疏除。以后每年冬剪时，对于双臂上的结果母枝每年采用短梢修剪（结果母枝在臂上距离 20cm），防止结果部位外移过快。对于适于中、长梢修剪的品种，剪留的中、长枝扯平绑于第 1 道铁丝上。

（2）棚架形。苗木定植当年春发芽后，新梢长至 20cm 时选留主干，加强肥水供应，任其向上生长，至立秋时全部摘心，促其增粗成熟。冬季修剪时尽量于成熟枝上长放，但剪口粗度要求达到 1cm。对于主蔓上的结果母枝多采用短、中梢修剪。生长势强的品种可用中梢剪，多数结果枝基部芽眼结实率高的品种都用短梢修剪。

（3）V 形及高宽垂形。修剪方法同单干双臂、单臂水平形。

7.3.5　传统树形的改造

萧县葡萄栽培传统的单、双臂篱架树形，通风透光条件较差，易形成上强下弱、下部脱节的树势，即使在没有出现下部脱节的情况下，下部果实由于距地面近，很易感病，因此这种树形正在逐渐淘汰。2000 年之后，在成年葡萄园试行单干双臂水平树形，收到了良好效果。改变传统树形，推行 V 形和棚架形栽培，有利于提高结果部位，改善架面通风透光条件，控制产量、减轻病害，提高果品质量。

改造方法是对原来树体的多个主蔓（一般 5 个以上），选强去弱，留下 1 个主蔓，按目标树形的高度要求剪除主蔓下部的结果枝，保留上部结果枝向一边平放，形成单干单臂水平形，或者经若干年后选留出另一水平臂而形成双臂水平形；也可留 2 个主蔓，两主蔓下部并立，上部向两边水平摆放于第 1 道铁丝上。若要改造成棚架形，可选留 1 个或几个长势较好的主蔓，其余主蔓锯除，对主蔓顶端成熟枝条，在保持剪口粗度达到 1cm 的情况下尽量长放，力争早达到棚面结果；主蔓中、下部的结果枝可留着继续结果，形成棚篱架，以后由于上部的枝条生长势大于下部，上强下弱，下部枝会自动衰弱下来，对下部弱下来的枝条再逐步剪除，最后实现架面结果目的。

8　病虫害防治

葡萄的病虫害防治必须以安全为前提，在采取综合措施的前提下，配合化学防治，避免盲目用药，尽量减少农药污染。

8.1　病虫害的综合防治

8.1.1　农业措施

（1）品种的选择。不同品种的抗病性差异较大，要根据当地的自然环境条件选择抗病性及适应性强的品种进行栽培。

（2）合理的架式。葡萄的架式与病害的发生有着密切的关系。通风透光条件好的"三带栽培"及棚架树形，病害相对较轻，而多主蔓扇形树形由于架面通风透光条件差，较易发生病害。

（3）适当的枝量。适当的枝量可保持架面的通风透光，若树体留枝量过多，将造成架面郁闭，给病害发生创造有利条件。因此，在生产上要合理限产，根据目标产量合理留枝，确保架面通风透光良好，叶、果处于良好的光照下，这样既利于减轻病害，也利于果实品质的提高。

（4）增施有机肥及磷、钾肥。增施有机肥及磷、钾肥，可以增强树势、提高抗病性，还能减轻裂果。

（5）雨季排水。萧县 7 月、8 月是雨季，正值早中熟葡萄的成熟期，容易发生多种病害，因此要加强雨后的排水工作，降低果园湿度，减轻病害的发生。

（6）冬季清园。冬季清除枯枝落叶，刮除老蔓上的老翘皮，结合修剪，剪除病虫果枝、病僵果，带出园外烧毁。结合土地深翻，将清园后未清理干净的杂草、烂树叶等翻埋地下，降低越冬病虫基数。

8.1.2　物理防治

（1）灯光诱杀。根据害虫的趋光性，用频振式灭虫灯（图 12 - 38）、黄板等诱杀害虫。

（2）果实套袋。葡萄果实套袋，可有效避免或减轻病虫害的危害，对炭疽病的防治效果尤为明显。在套袋时需注意果面保持干燥，不能在喷过药尚未干时就行套袋。

（3）人工捕杀。有些害虫有群集性、假死性等特殊的生活习性。可根据这些特性，于早晚振动树枝，使害虫落地后再行人工捕杀。如对金龟子的防治。

（4）避雨栽培。葡萄上的炭疽病、白腐病、酸腐病等，喜高温、高湿的病害，在夏季高温、高湿条件下发生严重。黑痘病、灰霉病、霜霉病等病害，在萧县的一般年份发病都比较轻，但若遇到连续阴雨天，常造成严重危害。采用避雨栽

图 12 - 38　频振式灭虫灯

培模式，在葡萄行上搭避雨棚，或全园采用连栋棚，均可有效地避免或减少高湿环境下病害的发生（图 12 - 39）。

8.1.3　生物防治

（1）捕食性天敌的应用。保护和利用害虫天敌。葡萄园养鸡、养鹅是非常实用的防治害虫的方法。

（2）生物制剂的应用。在葡萄园可用仿生制剂灭幼脲 1 号和 3 号防治鳞翅目的害虫。苦参碱在葡萄上可用于防治刺吸式口器的一些害虫，如绿盲蝽、螨类，但药效较慢，喷后 1 周方见效果。

图 12 - 39　避雨栽培

a. 简易避雨栽培　b. 大棚避雨栽培

8.1.4　化学防治

（1）化学防治的特点与原则。化学防治是病虫害综合防治的重要措施，有见效快、效果好、方便、实用等优点。但化学防治易造成果实和环境污染，甚至人畜中毒，化学防治也易造成植株药害和使病虫害产生抗药性。因此，须做到预防为主，防治结合，科学用药、合理用药。一旦发生病虫害，尽量做到早发现早治疗，尽量减少化学药剂的施用次数及施用量。避免乱用、滥用、不合理地混配、随意加大使用浓度等不科学的使用方法。

在用药上要坚持保护剂与杀菌剂交替使用，根据药的残效时间确定适宜喷施时间，一般情况下10d左右喷1次药，雨水多时可缩短到1周左右喷1次。雨前喷药以喷保护剂为好，雨后或发病初期宜喷杀菌剂或杀菌剂与保护剂混配。在果实成熟期，雨后要及时喷药。套袋的果园，只需间隔一段时间喷波尔多液等铜制剂保护叶片即可。化学农药分保护剂和内渗治疗剂，波尔多液（混配性还好，与其他农药大多不混用，但可与杀虫剂敌百虫混用）、大生、易保、百菌清、代森锰锌、科博、必备、喷克、保倍、保倍福美双、百菌清、福美双、吡唑醚菌酯等非内吸性农药，属保护性杀菌剂，即所谓的保护剂。苯醚甲环唑、氟硅唑、溴菌腈、咪鲜胺、甲基硫菌灵、多菌灵、戊唑醇、烯唑醇、醚菌酯、抑霉唑、醚菌酯、疫霜灵、甲霜灵、霜脲腈、烯酰吗啉等属于内吸或内渗杀菌剂，可以被植物吸收到体内追杀已经侵入体内的病菌。

（2）禁用农药。目前，生产中禁止使用的农药有滴滴涕、六六六、杀虫脒、甲胺磷、对硫磷、甲基对硫磷、久效磷、磷胺、特丁硫磷、甲基硫环磷、汞制剂、砷类等，以及其他国家规定禁止使用的农药。

（3）化学防治的依据。预测预报是病虫害防治的基础，对化学防治病虫害极其重要。根据葡萄园历年病虫害的发生、发展规律，结合当年的气候条件以及田间调查结果，采取防治对策，对病虫害的科学防治具有重要意义。

（4）化学防治的方法。

选择合适的施药部位。根据病虫害的发生和危害习性，选择合适的施药部位，有效防治病虫害，保护天敌和减少农药的使用量。例如，金龟子的生活习性是白天钻入地下，晚上出来危害葡萄，因此可选择地面施药进行防治。防治叶片病害如霜霉病、褐斑病等应注意喷布叶背面。防治果实病害时，应重点喷果穗，对果穗抱得紧的，特别注意在封穗前喷药。后期喷药时要到位，使药液能渗到果穗中。

选择适宜的喷药时间和间隔。选择病虫害生命活动的薄弱环节或对药剂敏感期，如蚧壳虫的防治，必须在蚧壳虫若虫于6月上旬爬出蜡壳后及时喷药，才能有效防治，如果若虫已结壳封蜡，喷药就不起作用。

选择适宜的化学药物和剂量。根据病虫害的特点，有针对性地选择内吸性或保护性的药剂。通常，防治病害可选用广谱性的药剂，防治虫害根据害虫发育程度选择合适的杀虫剂。发病初期需要的药剂量相对较小，当病害较为严重时剂量需适当加大，甚至要连续喷2～3次才能控制住病害。当然病害的防治还是预防为主，一旦病害发生，治疗就很不易，且用药成本加大，加重环境污染，果实的产量和品质也会受到一定影响。

（5）化学防治过程中需注意的几个问题。

化学农药的交替使用。连续使用同一种农药，会造成病虫害对该农药产生抗药性，交替使用农药，可避免抗药性的产生，同时还可降低农药的残留，使得农药不至于超标。

多种化学农药的混合使用，农药的混合使用一方面可以节省打药用工，另一方面可以通过一次施药防治多种病虫害。在农药的混合使用过程中，有的农药混用后会有增效作用，有的却相反，因此需要根据各种药物制剂的化学特性合理使用。在生产中，农药混用后若出现浑浊、沉淀、结晶、分层、冒泡等情况，一般不宜混用。农药的混用一般是 1 个保护性杀菌剂与 1 个内吸性杀菌剂混用，当在病害治疗和救灾时才会将 2 个内吸性杀菌剂混用。

农药和肥料的混合使用。在施药时混入肥料做根外追肥是生产上常用的方法，如尿素、磷酸二氢钾、微肥（硼肥、锌肥、钙肥、铁肥、镁肥等）等均可混入药液喷施。

农药的混配方法。2 种或 2 种以上的农药混配时，须把每种农药先用少量水分别稀释，依次倒入药桶中，不要把几种农药混在一起稀释再倒入药桶内。可湿性粉剂忌直接倒入装满水的药桶中，使用倍数高、用药量少的农药，如氟硅唑，虽然很容易溶于水，但也不宜直接倒入装满水的桶中，必须经 2 次稀释才能使药液混配均匀。

使用机械设施喷药，防止人员中毒（图 12-40）。传统的小型喷雾器田间喷药费时费力，且极易引起中毒，轻度中毒引起人的头晕眼花，浑身乏力，重度中毒会引起人的生命安全，因此生产中应尽量使用安全喷药机械，防止人员中毒。

图 12-40　雾化喷药

8.2　主要病害

在萧县 7 月、8 月降水量大，高温、高湿的气候条件下，炭疽病、霜霉病、酸腐病为 3 种主要病害。

8.2.1　葡萄炭疽病

炭疽病为萧县露地葡萄栽培中最重要的病害，若防治不力，往往造成大量减产，甚至可能绝收。

（1）病原。引起葡萄炭疽病的病原菌主要是胶孢炭疽菌（*Colletortrichum gloeosporioides*），属半知菌亚门、炭疽菌属。

（2）危害症状。炭疽病危害果实、穗轴、新枝蔓、叶柄、卷须等绿色部分，但主要危害果实。幼果感病时产生黑褐色病斑，但基本看不到发展，到果实近成熟时表现出明显的症状。果实发病初期病部为褐色、圆形斑，之后逐渐变大并凹陷，在病斑表面长出轮纹状的小黑点，天气潮湿时，小黑点变成小红点，病斑扩至全果，果粒脱落或变成僵果挂在树上。

（3）发病规律。炭疽病主要在 1 年里枝上越冬，带菌枝条与健康枝条没有明显区别。翌年春季葡萄发芽后，若遇降雨，病菌即开始繁殖并开始侵染枝叶、花序等幼嫩组织，但无症状表现。以后每下一场雨病原菌就增加繁殖、侵染 1 次，直至表现出病害。开花前后是病原菌侵染的关键时期，病原菌的侵染与温、湿度有较大关系，病原菌繁殖的最适温度为 25～28℃。高温、高湿的环境有利于病原菌的繁殖和生长。病原菌的传播主要靠风力和雨水，果实灌浆后开始表现症状（图 12-41）。

（4）防治方法。

加强葡萄园排水系统建设。做到雨季果园雨水能及时排出，保持果园不积水，使病菌得不到有利的繁殖条件，减轻病害发生。

增施有机肥料。提高树体的抗病性，从而大大减轻病害的发生。

采用"三带栽培"树形。增强树体的通风透光性能，改善树体微气候条件，创造不利于病菌繁殖的环境，亦可减轻病害的发生。

避雨栽培、果实套袋。

冬季清园。冬季修剪时，将剪下的枝条、卷须、病僵果，连同落叶集中起来，带出园烧毁，以杀灭越冬病原菌。

药剂防治。根据炭疽病菌的繁殖及侵染规律，在病菌尚未侵染植株前施用保护剂，阻止病菌侵染；在病菌已经侵入植株体内，或已见发病症状

图 12-41　炭疽病

时，施用内吸性治疗药剂，以杀灭侵入植株体内的病菌，从而控制住炭疽病的发生危害。

常用的保护性杀菌剂有：80%代森锰锌可湿性粉剂 600～800 倍液，波尔多液（1 硫酸铜：0.5 石灰：180～240 水），78%科博可湿性粉剂 500～600 倍液，80%喷克可湿性粉剂 500～600 倍液，68.75%易保水分散粒剂，50%保倍水分散粒剂 3 000～4 000 倍液，50%保倍福美双 WP 1 500 倍液，25%吡唑醚菌酯 2 000～4 000 倍液。

常用的内吸、内渗性杀菌剂有：25%咪鲜胺乳油 1 000 倍液，可改变果实的口感。果实套袋以前使用 1～2 次。25%溴菌腈可湿性粉剂 1 000 倍液，10%苯醚甲环唑水分散粒剂 500～1 000 倍液，97%抑霉唑 4 000～5 000 倍液或 22.2%抑霉唑 EC800～1 200 倍液，50%醚菌酯水分散粒剂 3 000 倍液，80%戊唑醇水分散粒剂（幼果期施用 4 000 倍液，后期治疗时可用 1 500 倍）。

8.2.2　葡萄白腐病

（1）病原。白腐病菌（*Coniella diplodiella*）属半知菌亚门、垫壳孢属。

（2）症状。常是穗轴和果梗发病后再侵染果实。果梗和穗轴感病时，首先表现为浅褐色病斑，呈不规则、水渍状，以后逐渐蔓延，表现为褐色软腐。果粒的发病首先是从果梗基部开始，表现为褐色软腐、果面无光泽，最后发展到果粒发白、脱落。白腐病侵染穗轴，遇到干旱天气后感病穗轴下部会迅速干枯，使下部的果实萎蔫、无光泽。也可危害叶片和新梢。

（3）发病规律。冰雹、大风的恶劣天气造成果实伤口，距地面近的受伤的果实容易感染白腐病。病菌在土壤中越冬后，雨水和冰雹造成的泥水飞溅、田间管理造成的尘土飞扬，都会把病菌传播到果穗上。病菌不能直接侵染果实，但可以通过伤口、皮孔侵入，病菌可以直接侵入穗轴和果梗。病菌从果梗或穗轴到果粒一般需 3～5d。病菌侵染的最适温度为 24～27℃，低于 15℃时不利于病菌的发生；高于 34℃时，病害发展缓慢。

（4）防治方法。

清园、提高结果部位是防治白腐病的基础，使用福美双药土（1 份福美双：25～50 份细土）撒施地面，杀灭土壤中的越冬病菌；在冰雹、大风过后，果实会出现伤口，须及时用药。

常用的保护性杀菌剂有：80%代森锰锌可湿性粉剂 600～800 倍液，78%科博可湿性粉剂 500～600 倍液，80%喷克可湿性粉剂 500～600 倍液，68.75%易保水分散粒剂使用倍数 1 000 倍，50%保倍福美双 WP 1 500 倍液，80%福美双 WP1 000 倍液，80% 炭疽福美 600～800 倍液。

内吸性杀菌剂有：10%苯醚甲环唑水分散粒剂 500～1 000 倍液，97%抑霉唑 4 000～5 000 倍液，80%戊唑醇水分散粒剂 6 000～10 000 倍，福兴 8 000～10 000 倍液，12.5%烯唑醇 3 000～4 000 倍液，50%多菌灵 600 倍液，70%甲基硫菌灵 800～1 000 倍液。

8.2.3　葡萄霜霉病

（1）病原。霜霉病病原（*Plasmopara viticola*）属鞭毛菌亚门、单轴霉属真菌。

（2）症状。霜霉病可以侵染葡萄的各个部位，主要是叶片，其次是花序、幼果和新梢，其显著的

特点是在感病部位出现白色的霜状霉层。

叶片感病初期为细小、淡黄色、水浸状斑点，而后在叶正面出现黄色或褐色、不规则的病斑，背面呈白色霜霉状；严重时，数个病斑连在一起使整个叶片干枯脱落（图12-42）。

花梗、果梗、新梢的发病初期为浅黄色水浸状病斑、之后发展为不规则病斑，天气潮湿时，在病斑上出现白色霜状霉层，空气干燥时，病部凹陷、干缩、枯死。

图12-42　葡萄霜霉病

（3）发病规律。霜霉病的病原菌主要在秋季落叶中越冬。降水多的年份，霜霉病发生的比较严重。霜霉病发生的最适温度为22～25℃，高于30℃或低于10℃时病害都较轻。若冬季多雨、雪，春季接着雨水也多，霜霉病会严重发生；夏季若遇1周的连阴雨，霜霉病会发生；在阴天有雾的天气条件下，霜霉病也易于发生；夜间的露水也有利于霜霉病菌的繁殖漫延。

（4）防治方法。采取综合防治措施，如清园、果园排水、改善架面通风透光条件、避雨栽培等。若仍有霜霉病发生，化学防治是必不可少的。

保护性杀菌剂有：80％代森锰锌45可湿性粉剂600～800倍液，78％科博可湿性粉剂500～600倍液，80％喷克（代森锰锌）可湿性粉剂500～600倍液，68.75％易保水分散粒剂使用倍数1 000倍，50％保倍福美双WP 1 500倍液，80％必备400～600倍液，波尔多液（1硫酸铜：0.5石灰：180～240水），25％吡唑醚菌酯2 000～4 000倍液，0.3％苦参碱乳油600倍，防治霜霉病，兼治虫害。

内吸性杀菌剂有：58％瑞毒霉—锰锌可湿性粉剂600倍液，50％金科克4 000～4 500倍液（已发病时，浓度加大到2 000倍），霜霉威72.2％水剂600倍液。

25％精甲霜灵2 000倍液，80％三乙膦酸铝400倍液。

8.2.4　葡萄黑痘病

（1）病原。黑痘病病菌（*Sinoe ampelina*）属子囊菌半知菌亚门、囊腔属。

（2）症状。黑痘病主要危害葡萄的新梢、卷须、叶片等幼嫩部分，发病后形成近圆形的不规则病斑，病斑中央呈灰白色，然后逐渐干枯、破裂，形成穿孔（图12-43）。果实感病后，呈褐色圆斑，中部灰白色，稍凹陷，鸟眼状，受害果实硬化或龟裂，失去食用价值。

（3）发病规律。病菌在病组织中越冬，借风雨、昆虫传播。病菌的繁殖需要高湿度，最适温度为24～30℃，超过30℃，发病受到抑制。

图12-43　葡萄黑痘病

（4）防治方法。

采取综合防治措施，如清园、果园排水、改善架面通风透光条件、避雨栽培等。发芽前、后，开花前、后是化学防治关键时期。

保护性杀菌剂有：代森锰锌45可湿性粉剂600～800倍液，78％科博可湿性粉剂500～600倍液，80％喷克（代森锰锌）可湿性粉剂500～600倍液，68.75％易保水分散粒剂使用倍数1 000倍，50％保倍福美双WP 1 500倍液，80％必备400～600倍液，波尔多液（1硫酸铜：0.5石灰：180～240水）。

内吸性杀菌剂有：10％苯醚甲环唑水分散粒剂500～1 000倍液，80％戊唑醇水分散粒剂6 000～

10 000 倍，福兴 8 000~10 000 倍液，50％多菌灵 600 倍液，70％甲基硫菌灵 800~1 000 倍液。

8.2.5　葡萄白粉病

（1）病原。白粉病菌（*Uncinula necator*）属子囊菌亚门、钩丝壳属。无性世代为葡萄粉孢菌（*Oidium tuckeri* Berk.），属半知菌亚门、粉孢属。

（2）症状。白粉病主要危害幼嫩组织。叶片感病后，正面产生灰白色病斑，上面覆盖灰白色的粉状物，严重时，叶片的正反面都有灰白色的粉状物，使叶片卷缩、枯萎直到脱落。花序感病后，花梗开始变成黄色，然后变脆，甚至折断。穗轴、果梗和枝条发病后表现出不规则的褐色斑，表面覆盖灰白色粉状物。受害后穗轴、果梗都变脆。果实发病时，表面产生灰白色粉状物，用手擦去白粉，能看到褐色网状花纹（图 12-44）。小果感病后表现为果粒小、易脱落；大果感病后果实变硬、易畸形、纵向开裂，转色期的果粒感病后成熟延迟且容易开裂。

图 12-44　葡萄白粉病

（3）发病规律。白粉病菌在被害组织内或芽鳞间越冬，主要靠风力和昆虫传播。病原菌繁殖的最适温度是 20~27℃，36℃以上的高温持续 10h 可将病原菌有效杀死。水可将病原菌冲刷干净，另外，强光照可抑制白粉病的发生。设施栽培的葡萄由于光照较弱，适合白粉病的繁殖。

（4）防治方法。清洁果园，对病芽、病梢、病叶、病果及时清理出园。发芽及开花前、后是防治白粉病的关键点。发芽前喷 5 波美度石硫合剂至关重要。

保护性杀菌剂有：80％代森锰锌可湿性粉剂 600~800 倍液，78％科博可湿性粉剂 500~600 倍液，80％喷克（代森锰锌）可湿性粉剂 500~600 倍液，50％保倍福美双 WP 1 500 倍液，80％福美双 WP 1 000 倍液喷雾。

内吸性杀菌剂有：苯醚甲环唑水分散粒剂 500~1 000 倍液，浓度为 97％抑霉唑 4 000~5 000 倍液或 22.2％抑霉唑 EC800~1 200 倍液，80％戊唑醇水分散粒剂 6 000~10 000 倍，福兴 8 000~10 000 倍液，12.5％烯唑醇 3 000~4 000 倍液，50％多菌灵 600 倍液，70％甲基硫菌灵 800~1 000 倍液。

8.2.6　葡萄酸腐病

葡萄酸腐病是萧县葡萄的主要病害之一。

（1）病原。酸腐病是真菌、细菌等共同作用而产生的一种病害。真菌为酵母菌，细菌为醋酸菌。酵母菌把糖转化为乙醇，醋酸菌把乙醇氧化为乙酸，乙酸引诱醋蝇，醋蝇传播细菌。一种复合型病害，由果蝇等害虫为害、多种病原菌侵染等综合因素导致，已经明确的病原有醋酸细菌（*Acetobacterium* sp.）和酵母菌（*Saccharomyce* sp.）及其他腐生病原菌等。

（2）症状。酸腐病主要危害近成熟期的葡萄果实。发病后果实腐烂，腐烂的果实中能看到灰白色的蛆，病果后来干缩，只剩下果皮和种子（图 12-45）。

图 12-45　葡萄酸腐病

（3）发病规律。果实成熟期产生伤口是发病的主因。土壤水分的急剧变化，旱、涝不均，病、虫、蜂、鸟危害、冰雹、果粒过紧造成裂果及果实伤口，加之高湿的气候条件，常导致葡萄酸腐病的大规模发生。

（4）防治方法。防治葡萄酸腐病，首先要避免成熟期的果实裂果、伤口，一切有利于避免裂果、果实伤口的措施对防治酸腐病都是有利的，如增施有机肥、减少氮肥用量、及时排灌、架面通风透光、防止鸟害、防治其他病害发生、防冰雹等措施。

　　果实成熟前、后施用必备混合杀虫剂是目前防治酸腐病的化学防治方法。使用方法为喷 80％必备 600 倍液＋40％辛硫磷 1 000 倍液，成熟后喷 80％必备 600 倍液＋4.5％高效氯氰菊酯 1 000 倍液。

8.2.7　葡萄灰霉病

　　（1）病原。灰霉病菌无性世代为灰葡萄孢（*Botrytis cinerea* Pers.）属半知菌亚门葡萄孢属，有性世代为富氏菌核菌 [*Botryotinia fuckeliana*（de Bary）Whetzel]。

　　（2）症状。灰霉病主要危害花、成熟果实。如果冬季雨、雪较多，再加上春季雨水较多，在早春也会危害幼芽、幼叶和新梢。早春幼嫩组织受灰霉病侵染后，表皮呈褐色病斑，最后干枯。花序感病后，造成腐烂或干枯。至夏末，在气候干燥时，导致果穗萎蔫（有时脱落）；气候湿润时，果穗产生霉层，导致整个果穗腐烂。果实成熟期，病菌可通过皮孔、伤口侵入果实。如果气候干燥，感病果粒干枯；如果气候湿润，会出现裂果，并且在果实表面产生灰色霉层（图 12-46）。

a　　　　　　　　　　　　　　　　　　　b

图 12-46　葡萄灰霉病

a. 花期　b. 果实

　　（3）发病规律。灰霉病的病原菌多在树皮和休眠芽上越冬，侵染的适宜温度为 15～20℃，高湿的环境条件有利于病原菌的繁殖。病原菌可通过果实表皮直接入侵，有伤口或已发生裂果的果实，以及受白粉病、虫害、鸟害、冰雹危害的果实容易感染灰霉病。

　　（4）防治方法。提高葡萄架面的通透性，减少液体肥料的喷淋，对防治灰霉病有效。

　　保护性杀菌剂有：50％保倍福美双 WP1 500 倍液，80％福美双 WG1 000～1 200 倍液，50％乙烯菌核利 WP 或 WG500 倍液，50％腐霉利 WP600 倍液，50％异菌脲 WP500～600 倍液，25％异菌脲 SC300 倍液。

　　内吸性杀菌剂有：70％甲基硫菌灵 WP800 倍液，50％多菌灵 WP500～600 倍液，97％抑霉唑 4 000～5 000 倍液或 22.2％抑霉唑 EC800～1 200 倍液，40％嘧霉胺 800～1 000 倍液，10％多抗霉素 WP600 倍液或 3％多抗霉素 WP200 倍液，50％乙霉威—多菌灵 600～800 倍液，50％啶酰菌胺 1 500 倍液。

8.2.8　水罐子病

　　（1）症状。水罐子病发生于着色期的果穗上。发病果粒表现为色泽变淡或无光泽、软腐，摘掉果粒用手轻捏，可以看到果蒂处向外滴水珠，食之一包酸水，果粒易脱落（图 12-47）。

　　（2）发生原因。树势过弱、产量过高、施氮肥多，摘心重，叶果比小、果园积水，尤其在高温后遇雨都很容易发生此病。

　　（3）防治措施。增施有机肥，合理追施化肥，合理限产，适度摘心，保持合理的叶果比，雨季

图 12-47　葡萄水罐子病

及时排水等措施都可以避免或减轻病害的发生。

8.2.9 日烧病、气灼病

（1）症状。主要危害幼果，得病后果实变软，受害部位表现为褐色凹陷斑。着色后的果实很少发生日烧、气灼病（图12-48）。

（2）发生原因。幼果暴露于直射强光下，向阳面局部温度过高，导致果皮细胞受损，发生日烧，有时幼果虽未直接暴露于强光下，但由于降雨后的忽然高温，在幼果有水珠的部位也会出现此症状，当地把这种情况称作气灼病。

（3）防治措施。合理布置架面，增强树势，在果穗上方保留副梢叶片遮光，防止强光直射幼果摘除。要保持水分的均衡供应，旱要灌水，涝要及时排水。

图12-48 日烧病

8.3 主要虫害

8.3.1 绿盲蝽

（1）绿盲蝽（*Apolygus lucorum*），属半翅目，盲蝽科。寄主植物多，是棉花上的主要害虫，也危害葡萄、苹果、梨、枣、桃、石榴、蔬菜等。近年来，由于抗虫棉的诞生等原因，绿盲蝽的食物源减少，在葡萄上的危害越来越严重，成为葡萄最主要害虫之一。

（2）危害症状。绿盲蝽主要以刺吸式口器刺吸危害幼芽、幼叶、花序和幼果。幼芽受害后表现为枯萎，幼叶受害后，先是出现针刺状褐色斑点，慢慢受害部位干枯，形成小的穿孔，随着幼嫩叶片长大，孔洞也被拉得越来越大；花序受害出现花蕾脱落，严重时整个花序脱落；幼果受害后，在果实表面出现小黑斑点。受害不重时，随着果实膨大，用手指甲轻扣小黑点，下部表现正常；受害严重时，随着幼果的膨大，在病斑处出现龟裂，甚至可看到种子，还会产生无籽小果。受绿盲蝽危害的幼果一般不能正常生长和成熟。绿盲蝽通常只危害幼嫩组织，对成熟组织危害较少。

（3）形态特征。

卵。长约1mm，黄绿色，长口袋形。

若虫。初孵时绿色，5龄若虫全体鲜绿色。

成虫。体长约5mm，雌虫稍大，体绿色（图12-49）。

（4）发生规律及习性。一年发生3~5代，以卵在葡萄树皮内、芽眼里、枯枝断面、杂草及浅层土壤中越冬。3~4月越冬卵开始孵化，此时湿度大，有利于孵化。4月中、下旬，葡萄萌芽后即开始危害幼芽，5月上、中旬为危害盛期。5月中、下旬幼果期开始危害幼果粒，5月下旬后气温升高，虫口渐少。以后各代不再危害葡萄，或只危害葡萄顶部嫩叶。绿盲蝽喜荫蔽环境，昼伏夜出，

图12-49 绿盲蝽

一般白天只见危害状，见不到虫。喷药以早晨和傍晚为宜。

（5）防治方法。休眠期清除果园落叶、枯草、刮树皮，集中烧毁；早春，果园周围路旁、沟旁的杂草也要清除或喷药；生长期及时清除园中杂草，架面保持良好的通风透光条件。萌芽前结合防治其他病害喷5波美度石硫合剂，消灭越冬卵及初孵若虫。葡萄展叶后及时喷洒50%的敌敌畏1 500倍液、10%的吡虫啉可湿性粉剂2 000倍液、20%的氰戊菊酯2 000倍液、4.5%高效氯氰菊酯1 000

倍、50％辛硫磷 1 000 倍，连喷 2～3 遍；另外花前、花后是防治绿盲蝽的两个关键时期。

8.3.2　二黄斑叶蝉和斑叶蝉

（1）在葡萄上危害的叶蝉类害虫，主要有二黄斑叶蝉和斑叶蝉，两种叶蝉常同时危害。二黄斑叶蝉（*Erythroneura* sp.）和斑叶蝉〔*Erythroneura apicalis*（Nawa）〕属同翅目叶蝉科。

（2）危害症状。主要危害叶片，叶片受害后，正面呈密集的失绿斑点，严重时整叶苍白、枯焦，易造成早期落叶。

（3）形态特征。二黄斑叶蝉卵初为乳白色，后变为黄白色，长椭圆形，稍弯曲，长约 0.6mm。末龄若虫体长约 1.6mm，紫红色，触角、足体节间、背中浅淡黄色。成虫体长约 3.0mm，头顶有 2 个黑色斑点，后缘各有近半圆形的黄色斑纹 2 个，两翅合拢后在体背形成 2 个近圆形黄斑。

斑叶蝉卵初为乳白色，后变为黄白色，长椭圆形，长约 0.6mm。若虫初为乳白色，老熟时黄白色，体长约 2.0mm。成虫，体长 3.0～4.0mm，体淡黄白色，头顶有 2 个明显的圆形黑色斑点。

（4）发生规律及习性。二黄斑叶蝉和斑叶蝉在葡萄的整个生长期均可危害。主要以成虫或若虫群集于叶片背面刺吸汁液而进行危害。喜在荫蔽处活动取食，因此先危害枝蔓中下部老叶片，逐渐向外蔓延。管理粗放的葡萄园危害较重。

一年可发生 3～4 代，以成虫在葡萄园的落叶、杂草及树皮缝、石缝、土缝等隐蔽处越冬。葡萄萌芽、展叶后开始活动，危害叶片。越冬成虫 4 月中下旬产卵，5 月中下旬若虫盛发。第 1 代成虫期在 5 月底至 6 月初，后期世代重叠，10 月下旬以后成虫陆续越冬。雌成虫在成熟未老化的叶片上产卵，卵多产于叶背的叶脉上。

（5）防治方法。清除果园落叶、枯草烧毁，杀灭越冬成虫，生长期及时清除杂草，架面保持良好的通风透光条件。萌芽前结合防治其他病害喷 5 波美度石硫合剂。在第 1 代若虫发生期喷 50％的敌敌畏 1 000 倍液或 10％的吡虫啉可湿性粉剂 2 000～4 000 倍液、20％的氰戊菊酯 2 000 倍液、4.5％高效氯氰菊酯 1 000 倍、50％辛硫磷 1 000 倍液。

8.3.3　斑衣蜡蝉

（1）斑衣蜡蝉〔*Lycorma delicatula*（White）〕，属同翅目蜡蝉科（图 12-50）。

（2）危害症状。以成虫、若虫群集在叶背、嫩梢上刺吸危害，被害叶出现淡黄色斑点，严重时穿孔、破裂；被害枝黑色，严重时引起表皮枯裂。在葡萄上普遍发生，但危害不大。

（3）形态特征。

卵。椭圆形，长约 3mm，褐色。

若虫。似成虫，头尖足长，身体扁平，初孵化时为白色，后变为黑色，体表有许多小白点。四龄体背呈红色，有黑白相间的斑点。

（4）发生规律及习性。一年发生 1 代。以卵在枝杈或附近建筑物上越冬。翌年 4 月中旬后陆续孵化为若虫，若虫主要危害嫩茎和叶片。6 月中

图 12-50　斑衣蜡蝉

旬后出现成虫，8 月成虫交尾产卵，直到 10 月下旬。卵多产于树枝阴面，1 个卵块有 40～50 粒卵。成虫寿命长达 4 个月，危害至 10 月下旬后陆续死亡。

（5）防治方法。结合冬春修剪和果园管理，剪除有卵块的枝条或刷除卵块。若虫发生期为防治的关键期，喷洒 50％的敌敌畏 1 000 倍液或 10％的吡虫啉可湿性粉剂 2 000～3 000 倍液、20％的氰戊菊酯 2 000 倍液、4.5％高效氯氰菊酯 1 000 倍、50％辛硫磷 1 000 倍。

8.3.4　透翅蛾

（1）葡萄透翅蛾（*Paranthrene regalis* Butler）属鳞翅目、透翅蛾科。在萧县的庭院葡萄中危害严重，多因长期放任管理，不喷药而致。

（2）危害症状。主要危害新梢、果穗穗轴、叶柄基部，也可危害 1～2 年生枝蔓。幼虫蛀食枝蔓

髓部，枝条受害后会出现中空，甚至枯死。幼虫长大后，转到较粗大的枝蔓中进行危害，被害部膨大成瘤状，蛀孔外有褐色粒状虫粪，枝蔓易折断，其上部叶和果穗变黄、枯萎，果实易脱落。轻者造成树势衰弱，产量和品质下降；重者致使大部分枝蔓干枯，甚至全株死亡。

（3）形态特征。

卵。长 1.1mm，椭圆形，略扁平，紫褐色。

蛹。体长约 18mm，红褐色。

幼虫。体长 25～38mm，呈圆桶形。头部红褐色，胸足淡褐色。

成虫。体长 18～20mm，翅展 30～36mm，体蓝黑色至黑褐色。

（4）发生规律及习性。1 年发生 1 代，以老熟幼虫在被害枝蔓里越冬。翌年 4 月下旬至 5 月上旬幼虫开始活动，在越冬处的枝条里咬 1 个圆形羽化孔，后吐丝作茧化蛹。蛹期 10d 左右，5 月中旬羽化，羽化盛期同葡萄盛花期一致。成虫羽化后即交配、产卵，卵期约 10d。幼虫蛀入枝蔓后先向上蛀食，至枝蔓枯死；然后再向下蛀食。幼虫可进行 2～3 次转移危害，越冬前转移到 2 年生及以上枝蔓蛀食，9～10 月老熟幼虫越冬。

（5）防治方法。冬、春季结合修剪剪除虫枝，予以销毁；生长季节，发现新梢生长缓慢，仔细检查枝梢，发现虫粪及蛀孔，应及时剪除，减少虫源。或用细铁丝插入虫孔将虫刺死，但此法费工，葡萄面积小的可以采用，如庭园葡萄。大面积种植葡萄，要通过化学防治进行控制。

葡萄花后的卵孵化高峰期喷药防治，喷 1 次药即可解决问题。有效药剂有 50％的敌敌畏 1 000 倍液、20％的氰戊菊酯 2 000 倍液、4.5％高效氯氰菊酯 1 000 倍、50％辛硫磷 1 000 倍等。

8.3.5 蚧壳虫

（1）为突然袭击萧县葡萄蚧壳虫，主要是东方盔蚧（*Parthenolecanium orientalis* Bourchs），属同翅目、坚蚧科。

（2）危害症状。以雌成虫、若虫附着在葡萄枝干、叶片和果实上，刺吸汁液，排出大量黏液，招致霉菌寄生，呈煤烟状，影响叶片光合作用，枝条受害严重时会枯死；果面受污染，产量和品质下降。

（3）形态特征。

卵。长椭圆形，淡黄白色，长 0.5～0.6mm，宽 0.25mm，近孵化时呈粉红色，卵上微覆蜡质白粉。

若虫。初龄若虫扁椭圆形，长 0.3mm，淡黄色，3 龄若虫黄褐色。越冬 2 龄若虫赭褐色，椭圆形，扁平，体外有 1 层薄蜡层。

成虫。雌成虫黄褐色或红褐色，扁椭圆形，体长 3.5～6.0mm，体宽 3.5～4.5mm。雄成虫体长 1.2～1.5mm，红褐色。

（4）发生规律及习性。每年发生 2 代，以 2 龄若虫在枝蔓的裂缝、叶痕处或枝条的阴面越冬。翌年春，随着气温升高，越冬若虫开始活动，爬至 1～2 年生枝条或叶上进行危害。4 月上旬虫体开始膨大并蜕皮变为成虫，4 月下旬雌虫体背膨大并硬化，5 月上旬产卵于蚧壳内，5 月中旬为产卵盛期，通常为孤雌生殖，6 月上旬为孵化盛期，若虫出壳爬到叶片背面固定，少数寄生于叶柄。第 2 代若虫8 月孵化，8 月中旬为孵化盛期，9 月蜕皮为 2 龄后转移到枝蔓越冬。

（5）防治方法。冬季清园，清除枝蔓上的老翘皮，刮除蚧壳虫。4 月中旬越冬若虫膨大期；6 月上旬第 1 代若虫孵化出壳盛期喷药防治。严重发生时，6 月下旬加喷 1 次药。有效药剂有：10％吡虫啉 2 000 倍液、毒死蜱 1 500 倍液等。

8.3.6 葡萄十星叶甲

（1）葡萄十星叶甲〔*Oides decempunctata*（Billberg）〕属鞘翅目、叶甲科。

（2）危害症状。成虫和幼虫取食葡萄叶形成孔洞或缺刻，大量发生时叶片被吃光，仅残留主脉，芽被啃食后不能发育，对产量影响较大。

（3）形态特征。

卵。椭圆形，直径约 1mm，初产时为草绿色，以后渐变褐色。

蛹。体长 9～12mm，金黄色。

幼虫。体长约 12～15mm，近长椭圆形，黄褐色。成虫 体长约 12mm，椭圆形，土黄色，两翅上有 10 个黑色圆斑（图 12 - 51）。

（4）发生规律及习性。葡萄十星叶甲在萧县葡萄园中时有发生，但危害不大。每年发生 1 代，以卵在根际附近的土中或落叶下越冬。翌年 5 月下旬孵化，6 月上旬为孵化盛期，幼虫沿蔓上爬，危害叶、芽。6 月下旬幼虫老熟入土化蛹。7 月上、中旬羽化为成虫，8 月上旬开始产卵越冬。

图 12 - 51　葡萄十星叶甲

（5）防治方法。结合冬季修剪，清除枯枝落叶及根际附近杂草，集中烧毁。中耕灭蛹，在化蛹期及时中耕，可消灭土中虫蛹。孵化盛期喷施 50％辛硫磷乳油 1 000 倍液、80％敌百虫可湿性粉剂 1 000 倍液、48％毒死蜱乳油 1 500 倍液、4.5％高效氯氰菊酯 1 000 倍。

8.3.7　金龟子

（1）危害萧县葡萄的金龟子主要为白星花金龟子（*Potosia brevitarsis* Lewis），属鞘翅目，花金龟科；豆蓝金龟子（*Popillia indgigonacea* Motsch），属鞘翅目，丽金龟科。

（2）危害症状。成虫危害幼叶、芽、花和果实。葡萄上，花期和成熟期是两个重要危害时期，花期受害会造成落花甚至失去整个花序；果实成熟期，白星花金龟子常群集危害果实，裂果和病烂果最易受此虫危害。

（3）形态特征。

白星花金龟子的卵。呈圆形或椭圆形，长 1.7～2.0mm，乳白色。

幼虫。体长 24～39mm，头部褐色，胴部乳白色。

成虫。体长 17～24mm，宽 9～12mm。多为古铜色或青铜色，体背面和腹面有很多不规则的白斑。

豆蓝金龟子的幼虫体长 24～28mm。

成虫。体长 10～14mm，宽 6～8mm，椭圆形，深蓝色，复眼土黄色至黑色。

（4）发生规律及习性。白星花金龟子每年繁殖 1 代，以幼虫在土壤中越冬，成虫于 5 月上旬出现，6～7 月为羽化盛期。7 月中旬开始危害果实，9 月下旬开始陆续入土越冬。成虫具有假死性、趋化性、趋腐性、群集性等特性，但没有趋光性。

豆蓝金龟子每年发生 1 代，以 3 龄幼虫在土壤中越冬。翌年 3 月初越冬幼虫出蛰至地表的土层内活动危害。6 月初至 7 月上旬化蛹，蛹期 2 周左右。成虫于 6 月中、下旬发生，7 月至 8 月上旬是成虫发生期。成虫每天 9：00～11：00 和 16：00～19：00 取食危害最盛，夜晚静伏在植株上。7 月中旬成虫产卵在土壤表层，幼虫孵化后在地下取食。

（5）防治方法。

加强果园管理。秋、冬季节要细致清理果园，将园内的枯枝、落叶、杂草集中烧毁，减少金龟子等害虫的越冬场所；深翻土壤，减少越冬虫源；不施未腐熟的厩肥、鸡粪。利用金龟子成虫的假死性，用竹竿振落成虫捕杀。

物理方法防治。最常用的是糖醋液诱杀剂。具体方法是将白酒、红糖、食醋、水、90％敌百虫晶体按 1：3：6：9：1 的比例配成糖醋液，于白星花金龟子成虫盛发期，放在树行内诱杀成虫。

化学防治。在金龟子成虫危害期，施用 50％辛硫磷乳油 1 000 倍液、80％敌百虫可湿性粉剂 1 000倍液、48％毒死蜱乳油 1 500 倍液、4.5％高效氯氰菊酯 1 000 倍液。

9 采收、分级、包装、贮藏和运输

9.1 采　收

9.1.1 采前准备

采收前20d，应做好估产工作，拟定采收、分级、包装、运输、贮藏、加工、销售等一系列计划，准备好采收所需的运输工具、包装材料、采收人员的配备等。

（1）园内消毒。酿酒品种在采收前的3d，应进行1次果园的清理工作。清除树上的烂果、干果、病果以及品质差青粒小粒较多的果穗。鲜食葡萄采前还应注意剔除果穗下端糖度低、味酸、柔软的果粒（一般是水罐病的果粒）和果穗上面的烂粒、病果，以及有色品种的青粒等。

为降低农药残留，无论用作酿酒的葡萄还是用作鲜食的葡萄一般采收前20d不再喷药。

（2）工具和材料准备。果实采收前，应准备好包装材料，以及采摘和运输工具。鲜食葡萄还应准备好包装纸、网套、标签以及胶带等，运输工具包括板车、农用三轮车等小型园间运输工具，采收工具包括果篮、果筐、采果剪刀等，果篮、果筐的内壁要用布或编织袋等包裹，以免碰伤果实（图12-52）。

图 12-52　采　收

（3）场地准备。准备采收时果实堆放的场地，设置通风凉棚（常用黑色遮阳网搭建），也可设在园林林荫干道、葡萄棚架下或防风林带下等。用来贮藏的鲜食葡萄从田间采收后，本身带有大量田间热，必须经过预冷降温，降低入贮葡萄的呼吸强度和乙烯的释放量，才能入库或入窖贮藏。

9.1.2 采收时期

葡萄的成熟期，可以分为可采成熟期、食用成熟期和生理成熟期。在生产过程中，葡萄的采收，常常综合考虑天气状况、采收葡萄的用途、果实的综合品质等因素来确定具体的采收时间。

（1）鲜食葡萄采收期。要求在最佳食用成熟期采收，通常采用以下几种综合鉴别方法：一是果粒着色情况。白色品种由绿色变绿黄色、黄绿色或白色，有色品种果皮叶绿素分解，底色花青素、类胡萝卜素等色彩变得鲜明，果粒表面出现较厚的果粉。二是浆果果肉变软，富有弹性。三是结果新梢基部变褐色或红褐色（个别变黄褐色、淡黄色），果穗梗木质化程度较高。四是果实的糖酸以及风味达到品种本身固有特性，种子暗褐色。

（2）酿酒葡萄采收期。确定酿酒葡萄果实的成熟度和采收时间，常以含糖量和含酸量的比值，即成熟系数来衡量。如果用 M 表示成熟系数，S 表示含糖量，A 表示含酸量，成熟系数则为：$M=S/A$。果实成熟时，M 值应大20。对于酿造红葡萄酒的品种而言，浆果中酚类物质、香气物质的变化也是决定葡萄成熟和采收的指标（图 12 - 53）。

图 12 - 53　酿酒葡萄

9.1.3　判断成熟度的方法

主要根据葡萄从萌芽到果实充分成熟的时间来确定。极早熟品种是指从萌芽到果实充分成熟为 95～105d 的品种，早熟品种是指从萌芽到果实充分成熟需 105～115d 的品种，中熟品种是指从萌芽到果实充分成熟需 115～130d 的品种，晚熟品种是指从萌芽到果实充分成熟需 130～150d 的品种，极晚熟品种是指从萌芽到果实充分成熟需 150～175d 的品种。同一个品种在不同地区和不同年份的成熟期都有变化，生产中常根据以下方法来判断：

（1）果实色泽。白色品种由绿色变黄绿或黄白色，略呈透明状；紫色品种由绿色变成浅紫色、紫红色，果皮上面具有白色果粉；红色品种由绿色变浅红色或深红色。

（2）果实风味。根据品尝果肉的甜酸、风味、和香气等综合口感及是否体现本品种固有的特性来判断。

（3）种子色泽。种子的成熟程度是果实成熟度的一个重要指标，一般说来，葡萄浆果的成熟与种子饱满程度及种子颜色的变化关系密切。已经充分成熟的葡萄果实，种子变褐色。

（4）可溶性固形物含量。葡萄果实的成熟度提高，可溶性固形物含量也会增大，酸性物质含量就会降低。不同品种的葡萄，浆果成熟时具有相对应的糖含量指标，如早黑宝葡萄成熟时可溶性固形物含量为 15.8%，夏黑葡萄成熟时可溶性固形物含量在 20%～22% 之间。但采收前天气情况对该指标的影响很大，如在采收前连续降雨，可溶性固形物可降低 1% 以上；而连日的晴天，昼夜温差大，有利于可溶性固形物含量增加。

9.2　分　　级

9.2.1　分级标准

（1）分级依据。我国于 2001 年颁布农业行业标准《鲜食葡萄》（NY/T 470—2001），是全国各地鲜食葡萄分级的主要依据。

（2）分级内容。参照《鲜食葡萄》（NY/T 470—2001），萧县鲜食葡萄根据外观、大小、内在品质、着色程度、果面缺陷、可溶性固形物和风味等方面提出了 3 个等级标准（表 12 - 4）。

表 12 - 4　鲜食葡萄等级标准

项目名称	一等果	二等果	三等果
果穗基本要求	果实完整，不落粒、洁净、无异常气味、无非正常的外来水分、无机械伤、果梗发育良好并健壮、新鲜、无伤害；果蒂部新鲜、不皱缩；果穗无小青粒、无水灌、无干缩果、无腐烂		
果粒基本要求	果粒充分发育，充分成熟		
果穗大小（kg）	0.4～0.8	0.3～0.4	<0.3 或 >0.8

（续）

项目名称	一等果	二等果	三等果
果粒着生紧密度	中等紧密	中等紧密	极紧密或稀疏
果粒形状	果形端正，具有本品种固有特征	果形端正，允许轻微缺陷	果实允许轻微缺陷，但仍保持本品种特征
果粒大小（较平均粒重）	≥15％	≥平均值	＜平均值
着色	好	良好	较好
果粉	完整	完整	基本完整
果面缺陷	无	缺陷果粒≤2％	缺陷果粒≤5％
二氧化硫伤害	无	受伤果粒≤2％	受伤果粒≤5％
可溶性固形物含量	≥15％	≥平均值	＜平均值
风味	好	良好	较好

9.2.2　分级方法

鲜食葡萄目前的分级方法仍然以手工分级为主，在果形、果实新鲜度、果穗整齐度、色泽、品质、病虫害、机械伤、果皮光洁度、污染物百分比等方面已符合要求的基础上，再按果穗、果粒大小分级。

9.2.3　质量检验

葡萄质量检验是果品从生产领域进入流通领域过程中必须进行的一道重要程序，是进行葡萄规范化生产和提高经济效益的一项重要举措。

（1）质量检验的方法。葡萄质量检验的方法有感官检验法和理化检验法两种。感官检验法是检验者用口、眼、鼻、耳、手等感官判断果实品质与规格的一种方法。理化检验法是指借助仪器设备对葡萄的某些质量指标进行检验，是检验果品内在品质的重要手段。

（2）质量检验的内容。葡萄质量检验的内容主要包括外观品质、理化指标和卫生指标3个方面。

外观品质。主要包括果穗、果粒、果品色泽、果实的风味、缺陷果（病果、虫果）、畸形果6项指标，具体包括：果穗的大小、形状以及穗形的整齐度。果粒的大小、形状、疏密程度是否呈现品种的典型性。葡萄的着色程度（红色、黑色、黄色品种）是否达到本品种具有色泽。葡萄的酸甜度和风味是否达到该品种本身固有的特性，有无异味和酸涩感。果粒有无机械伤、药害、病虫危害以及裂果发生等。

内在品质指标。主要是指葡萄果实中的糖酸等物质的含量。不同品种的果实内糖、酸含量有所不同。对此，农业部已发布的鲜食葡萄标准（NY/T 470—2001）中有明确的规定，如玫瑰香葡萄果实可溶性固形物含量须达到17％，里扎马特葡萄应达到15％；京秀葡萄应达到16％；巨峰葡萄和无核鸡心葡萄应达到15％等。而对各种品种葡萄的含酸量分别要求在0.45％～0.8％。

卫生指标。根据萧县葡萄生产的实际情况，主要规定出11种有害物质和农药的限量标准。按每千克葡萄果实中的含量计算，砷的含量应小于0.5mg，铅的含量应小于0.2mg，镉的含量应小于0.03mg，汞的含量应小于0.01mg；敌敌畏的含量应小于0.2mg，杀螟硫磷的含量应小于0.4mg，溴氰菊酯的含量应小于0.1mg，氰戊菊醋的含量应小于0.2mg，敌百虫的含量应小于0.1mg，百菌清的含量应小于1mg，多菌灵的含量应小于0.5mg。

除了上述11项指标外，无公害鲜食葡萄生产还必须遵照《农药管理条例》的规定，在生产过程中不得使用其他任何剧毒、高毒和高残留农药。

（3）果品检验规则。产品检验是一个严肃的审定过程，对此国家制定有严格的规则和方法。首先是组批规则，即在进行检验时，对同一产地、同时采收的葡萄产品列为同一个检验批次进行检验，抽样严格按照《新鲜水果和蔬菜取样方法》（GB/T 8855—2008）标准中规定的方法进行。特别要注意抽样的随机性和抽取样品的数量（一般不少于待检果品总量的2％），防止人为的或有意的片面取样。只有在随机取样和取样量适中的情况下，才能真正反映产品质量的真实情况。

9.3　包　　装

9.3.1　包装的类型

（1）运输包装。为了降低运输流通过程对果品的损坏，保障果品的安全，方便贮运和装卸，通常将包装中以贮运为主要目的的包装称为运输包装，又称外包装。运输包装通常分为单件包装和集合包装。单件包装指果品在运输过程中作为 1 个计件单位的包装。萧县葡萄常用木箱、纸箱、塑料筐等进行单件包装。集合包装是将一定数量的单位包装组合成一件大的包装，或装入大的包装容器。近年，萧县葡萄常用冷藏车或冷藏集装箱外运葡萄。

（2）销售包装。又称内包装或小包装，它是果品与消费者直接见面时的包装，便于陈列展销、便于识别商品、便于携带和使用。由于葡萄具有皮薄、果汁丰富容易损伤等特点，在包装上有一系列的安全要求指标。

9.3.2　包装材料

主要有包装箱、塑料袋、衬垫纸、捆扎带等。

9.3.3　包装要求

（1）包装容器。容器要求选用无毒、无异味、光滑、洁净、质轻、坚固、价廉、美观的材料制作。

包装箱。常用的葡萄包装箱有木条箱、纸箱、钙塑瓦楞箱和塑料箱。对于要进行贮藏和保鲜的葡萄宜选用通透性好的木条箱或带通气孔的塑料箱，规格可根据具体用途分为 5～10kg 不同容量的果箱。纸制包装箱选用双瓦楞纸箱，外形为对开盖、长方体，技术指标符合《运输包装用单瓦楞纸箱和双瓦楞纸箱》（GB/T 6543—2008）标准的规定。纸制箱的规格可根据具体用途分为 1～5kg 不同容量的果箱，具体技术指标符合《运输包装用单瓦楞纸箱和双瓦楞纸箱》（GB/T 6543—2008）标准的规定。

塑料袋。采用食品包装允许使用的无毒、清洁、柔软塑料膜制作，大小规格根据果实大小和形状来确定。此外，衬垫纸、捆扎带、胶布等包装物应清洁、无毒、柔软，质量符合《食品包装用原纸卫生标准》（GB 11680—1989）的要求。

（2）果实品质等级。每个包装件内应装入产地、等级、成熟度、色泽一致的果实，不得混入腐烂变质、损伤及病害果等。

（3）果品标记。按照《食品安全国家标准　预包装食品标签通则》（GB 7718—2011）的规定，包装箱上应明确标明产品名称、数量、产地、包装日期、生产单位、产品标准编号、特定标志、储运注意事项等内容，字迹应清晰、完整、无错别字，标志内容必须与产品实际情况相符合。

9.3.4　包装方法

（1）单穗包装。葡萄果实分级后进行一穗一袋的包装方式。选用透明、带孔的薄膜塑料袋，也有用塑料托盘或纸质托盘上盛装葡萄果穗后再覆盖透明薄膜，在葡萄小包装袋上印制商标、品名、产地和公司名称等。

（2）单件包装。把装有经过分级筛选的葡萄果穗，按相同级别装箱。箱内应衬有保鲜袋。单层摆放的葡萄，装箱时应将穗轴朝上，葡萄果穗从箱的一侧开始向另一侧按顺序穗穗紧靠；双层果穗装箱时，果穗应平放箱内，先摆放底层，再放顶层，摆放方法与单层果箱一样，摆放时不高出箱沿。

9.4　贮　　藏

9.4.1　贮藏状况

受气候因素、品种以及贮藏条件的限制，萧县葡萄的贮藏量很少，贮藏的方法也较简单，常用罐藏和窖藏。近年来，随着葡萄产业规模的不断扩大，葡萄新品种的不断引进和推广，特别是晚熟的品种如魏可、白罗莎里奥、红罗莎里奥、红地球等栽培面积的扩大，葡萄的采后贮藏也加快发展起来。

全县先后以政府投资、私人集资、企业独资等多种形式建立起 20 多个葡萄保鲜冷藏库,不仅缓解了葡萄集中上市销售带来的压力,而且也大大提高了葡萄生产的经济效益。

9.4.2　影响贮藏的因素

9.4.2.1　果实自身品质

(1) 品种特性。通常认为晚熟品种较耐贮藏,中熟品种次之,而早熟品种不耐贮藏。晚熟品种由于生长发育期长,营养物质积累多,果肉致密,果皮富有弹性,能抵抗轻度的碰压,且采收时气温已较低,冷藏过程中品质容易保持且抗病性较强。早熟品种的果实成熟时,气温较高,果实的生理代谢旺盛,营养消耗快,冷藏过程中容易产生失水和受病害的侵染。

(2) 成熟度。葡萄是非呼吸跃变型果实,采后无后熟过程,为了提高果实含糖量、果皮厚度,改善果实的色泽和韧性,增加果实的耐贮性,应在充分成熟时采收。

(3) 水分含量。采前土壤和空气湿度大,可使果实的含水量增加,含糖量降低,对果实的贮藏不利,因此葡萄采前 10d 左右应该控水。

(4) 营养状况。葡萄生长过程中,特别是在浆果成熟期,过多的氮肥会使果实着色差,质地松软,在贮藏中易于发生生理性病害和病毒性病害;成熟期适量的钾肥可使果实组织致密、色艳芳香、耐贮藏性提高;增施钙肥和硼肥,可较好地保护细胞膜结构,减少呼吸和某些生理病害的发生,保持果实品质,培养增强耐贮性。

9.4.2.2　贮藏条件

(1) 贮藏量。贮藏用的果窖或冷库的容积和果品的贮藏量要有一定的比例,避免因超出容器的贮藏范围,影响果品贮藏效果。

(2) 贮藏环境的卫生。贮藏窖或冷库,以及装果品用的容器和相关工具,都应消毒灭菌,将微生物控制在尽可能低的范围,一般在葡萄入窖前用硫黄粉熏窖。

(3) 环境气体成分。合理增加 CO_2 浓度、降低 O_2 浓度,可在一定程度上降低果实的呼吸强度,延缓果实衰老,抑制病原菌的生长和繁殖,葡萄贮藏过程中释放的乙烯气体,能增强呼吸、促进衰老,不利于贮藏,可通过加 SO_2 等保鲜剂来降低乙烯含量;或用高锰酸钾作为乙烯吸收剂,降低乙烯浓度。

(4) 湿度。保持较高的相对湿度,可以减少葡萄果实在贮藏期间的自然损耗,保持果品的新鲜度。但湿度过大,库房内的墙壁、贮藏容器等处和浆果表面易凝结水珠,给微生物的侵染创造条件,引起浆果腐烂。一般葡萄贮藏适宜的相对湿度为 90%～92%,如采用塑料保鲜袋,以袋内不出现露珠为宜,为防止袋内葡萄与水珠接触,可在袋内放吸水纸等。

(5) 温度。葡萄果实的呼吸强度随温度的降低而降低,果实保鲜的最低温度不能低于果穗的冰点温度。葡萄贮藏的最适温度为 -2～0℃,以 -1.5～0℃ 为最好。不同品种品种之间有差别,早熟品种和含糖低的品种适宜较高的贮藏温度;晚熟品种和含糖量高的品种,适宜较低的贮藏温度。

9.4.2.3　贮藏方法

窖藏、缸藏、沟藏等简易贮藏方法由于贮藏量小、贮藏效果差等原因,在萧县已很少使用。目前采用的主要贮藏方法是冷库贮藏。

冷库贮藏有塑料薄膜袋贮藏和塑料薄膜帐贮藏两种方法。

塑料薄膜袋贮藏。适期晚采→分级、修穗→田间直接装入内衬薄膜袋的包装箱内→敞口预冷至 0℃ 左右→扎口码垛或上架贮藏,也有的采用预冷后再装袋、放防腐剂扎口贮藏,但效果不如前者。

塑料薄膜帐贮藏。适期采收→分级、修穗→装箱(木箱或塑料箱)→敞口预冷至 0℃ 左右→上架码垛→密封大帐→定期防腐处理。

采用以上两种方法,由于有薄膜保温,袋内或账内湿度可以保证,果实的保鲜效果良好。

9.5　运　输

鲜食葡萄常用冷藏车或集装箱运输,包装以单层木箱为主,短途运输可采用塑料周转箱等包装。

酿酒葡萄的运输有大包装运输和小包装运输两种，大包装采用长方形敞口铁皮罐，容量一般在 1.5 万～2.5 万 kg，上面用防雨布遮盖；小包装则用塑料周转箱，葡萄装箱前要注意箱子的卫生情况，装车高度以不超过 2.5m 为宜，每层箱子之间一定要扣牢。

10 葡萄酒加工

10.1 工艺流程

10.1.1 葡萄酒的工艺流程

（1）干红葡萄酒的工艺流程。成熟的红葡萄→分选→去梗破碎→加二氧化硫→发酵→压榨→调整酒精含量→后发酵→换容器→贮存→换容器→贮存陈酿→下胶→过滤→冷冻→过滤→灌装→干红葡萄酒。

（2）干白葡萄酒的工艺流程。成熟的葡萄（红皮白肉或白葡萄）→分选→除梗破碎→榨汁→加二氧化硫→静置澄清→分离清汁→调整成分→发酵→分离酒泥→原酒→贮存→换容器→密闭贮存→下胶→过滤→冷冻→过滤→灌装→干白葡萄酒。

10.1.2 工艺描述

（1）果实采摘。葡萄质量的好坏对葡萄酒的质量有决定性作用。因此，在葡萄采收前首先要将生、青、霉、烂的果穗摘除，然后分批采收。1等葡萄应做优质葡萄酒，2等葡萄做普通葡萄酒，等级外的葡萄做蒸馏酒精。无论哪种用途，采摘时都要轻拿轻放，保持果粒的完整，尽量不伤及果粒上面的果粉，保证果品容器的清洁卫生，防止葡萄叶片等杂物混入葡萄。

（2）去梗破碎。除梗是将浆果与果梗分开后去除果梗的方法，破碎是将葡萄浆果压破的工艺，采收后的果实应在 8h 内进行加工破碎。破碎时，要根据破碎机的能力，均匀地将新鲜葡萄输入机器。无论做干红葡萄酒还是干白葡萄酒，在葡萄破碎时都要加二氧化硫，二氧化硫的形式可以是过亚硫酸也可以是偏重亚硫酸。二氧化硫的加入量可以参考表 12-5。

表 12-5 葡萄酒酿酒过程中常用的二氧化硫浓度

原料状况	红葡萄酒（mL/L）	白葡萄酒（mL/L）
无破损、无霉变、中等成熟度、含酸量高	30～50	40～60
无破损、无霉变、中等成熟度、含酸量低	50～80	60～80
有破损、霉变	80～100	80～100

（3）分离压榨、澄清处理。葡萄破碎后，要进行果汁分离，皮渣压榨和果汁澄清处理。用连续果汁分离机，可以分离出 40%～50% 的葡萄汁。分离后的皮渣进入连续果汁压榨机，可榨出 30%～40% 的葡萄汁。白葡萄酿造时最好在葡萄汁发酵前进行澄清处理。可采用高速离心机，对葡萄汁进行离心处理，分离出葡萄汁中的果肉、果渣等悬浮物，将离心得到的清葡萄汁进行发酵处理。

（4）酵母发酵。葡萄浆或葡萄汁泵入发酵罐。未发酵前，因葡萄浆或葡萄汁易氧化和受杂菌的侵染，因此要尽快促使发酵。发酵通常需要人工加入活性酵母，活性酵母的加入量为每 1 万 kg 葡萄汁或葡萄浆加 1kg 活性酵母。发酵过程中需注意的是：

温度控制。随着酵母的加入发酵慢慢开始，酵母的繁殖带动了发酵速度的不断加快。在该过程中，释放的 CO_2 引起发酵基质的膨胀，形成"皮渣冒"，放出的热量使葡萄浆（汁）的温度升高，该过程温度一般应控制在 25～30℃，一旦超过 30℃ 就要采取降温措施。降温常用喷淋冷却的方法，即用冷却水直接喷洒在发酵罐上，有的发酵罐外部有冷却带或采用制冷设备。

倒罐。即将发酵罐底部的葡萄汁泵至发酵罐上部。该程序可使发酵基质混合均匀，压冒防止皮渣干燥，促进液相和固相之间的物质交换，使发酵基质通风，有利于酵母的活动，避免二氧化硫还原成硫化氢等。倒灌的次数决定于很多因素，如葡萄酒的种类、原料的数量以及浸渍的时间等。一般每天倒罐 1 次，每次倒罐容积的 1/3，通常该过程要持续 1 周左右的时间。

（5）皮渣分离及压榨。

自流酒分离。当葡萄酒的比重降至 $0.992\sim0.996g/cm^3$ 时就要进行分离，从发酵罐的清汁口让葡萄酒自流下来，泵送至干净的储酒罐中。分离后，为保证酒精发酵的继续进行，应将自流酒的温度控制在 $18\sim20℃$ 之间。

皮渣压榨。自流酒分离完成后，取出发酵容器中的皮渣进行压榨取汁。榨出的果汁与自流酒相比，挥发酸和丹宁含量较高，可经过下胶、过滤处理等净化处理后与自流酒混合。

苹果酸或乳酸发酵。要获得优质的红葡萄酒，酒精发酵结束后，应将自流酒的温度控制在 $18\sim20℃$（如白葡萄酒的挥发酸过高，也可以进行此过程），调整葡萄酒的 pH，通过增加乳酸菌，尽快使苹果酸转化为乳酸。乳酸发酵结束后，再添加二氧化硫。但无论白葡萄酒还是红葡萄酒，为了达到较好的杀菌效果，二氧化硫都应一次性加到量。

（6）原酒的贮藏。

澄清。发酵结束后葡萄酒中仍含有一定量的果胶、果皮等悬浮物，使葡萄酒不够清澈，经过一段时间静置后这些物质才沉淀下来，这时就要进行转罐，使葡萄酒与沉淀分开，这时要注意及时将储存容器中的酒添满，以防酒氧化变质。

下胶。下胶也是为了澄清和稳定葡萄酒。在葡萄酒中加入亲水胶体，使其与酒中的丹宁、金属复合物、某些色素、果胶质等发生凝胶反应，再经过过滤程序去除。一般白葡萄酒主要是澄清和除去多余蛋白质，单纯加入皂土（$250\sim500mg/L$）即可。而红葡萄酒还要去除多余的丹宁等，要在澄清时先加入明胶（$60\sim150mg/L$），再加入皂土（$250\sim400mg/L$）。

过滤。该过程是用过滤机等机械使葡萄酒穿过多孔介质，去除酒中固相物质的过程，该过程常需葡萄酒过滤机来完成。过滤后，对于要求果香较好的新酒，可进行葡萄酒的酒石稳定处理，对于需要橡木桶陈酿的葡萄酒，此时可以装入橡木桶进行贮藏，这个过程可能需要几个月、几年或更长时间。

原酒冷稳定性处理。葡萄酒在装瓶前，要进行冷稳定处理以除去多余的酒石酸盐，增加装瓶的稳定性。冷冻的温度应在葡萄酒结冰点以上 $1℃$，然后进行保温过滤，除去酒石结晶物。

葡萄酒的成品原酒，在进入装瓶设备前，还要经过膜式过滤机，再进行一次除菌过滤。目前一般酒厂的灌装程序是：送瓶→传送→洗瓶→干燥→灌装→压塞→套胶冒→贴标→喷码→装箱→码垛。

10.2　酿酒设备的选择

10.2.1　破碎机

葡萄的破碎与除梗在同一设备内进行，有些种类的破碎机将进料、破碎、除梗、测糖、添加二氧化硫等功能集于一身，其主要的部件为破碎轧筒、去梗装置、输浆泵及机架，设备的主要形式有卧式除梗机、立式除梗机和离心式除梗机等。

10.2.2　酒罐

酒罐有发酵池和发酵罐两种。发酵池通常用方形水泥池，内壁涂有无毒防腐涂料，容器一般为 $20m^3$，池壁厚度为 20cm。发酵池上部可安装压板，池内可安放冷却装置，发酵池也可以配装喷淋装置，用于葡萄酒的温度控制。目前酒厂常用带夹层的发酵罐，即在单层发酵罐外壁附夹套装置，夹套内可流通制冷剂，用以控制罐内液体的温度（图 12-54）。

10.2.3　果汁分离机

主要用于提取破碎后的鲜葡萄的自流汁和轻压汁。由机架、传动装置、螺旋输送装置、星轮、筛网、尾板等部件组成。

10.2.4　离心分离机

利用高速旋转的转鼓产生离心力，把悬浮液中的固相颗粒截留在转鼓内，并在力的作用下，向机外自动卸出；同时在离心力的作用下，悬浮液中的液体通过过滤介质、转鼓小孔被甩出，达到液相和固相分离的目的。常见的有鼓式离心分离机、自动排渣式离心分离机和全封闭式离心分离机。

图 12 - 54 发酵罐

10.2.5 过滤机

过滤机有板框纸板过滤机、硅藻土过滤机和超滤膜过滤机等。板框纸板过滤机是采用纸板作为过滤介质，主要用于葡萄酒的半精滤和精滤。在整个过滤过程中要保持压力平稳，如压力过大，会使纸板破裂或纤维膜脱落，影响过滤效果。硅藻土过滤机有板框式硅藻土过滤机和水平圆盘式硅藻土过滤机2种，前者采用的过滤介质是织物，过滤过程中要增加助滤剂硅藻土，多用于粗滤。后者用于精滤，过滤面水平向上，助滤剂预层易于敷设，不易脱落，可以在过滤过程中陆续加入助滤剂，过滤持续时间长；可自动排渣，自动清洗，体积小，重量轻，使用方便。超滤膜过滤机是由高分子聚合物构成的过滤膜过滤。主要用于装瓶前的除菌过滤，只能过滤澄清的葡萄酒。

10.2.6 压榨机

压榨机有螺旋压榨机、卧式双压板压榨机和气囊压榨机等。螺旋压榨机的优点是结果简单，操作方便，造价低，可实现连续作业，生产效率高；缺点是螺旋叶片与物料剪刀作用力强，摩擦力大，容易挤出果皮和果梗及果实本身的构成物，使果汁中的悬浮物和其他不利成分含量升高，对葡萄酒的质量造成影响，这加大了螺旋叶片与物料间的摩擦，增加了汁中的悬浮物和其他不利成分，在现代葡萄酒酿造中有被淘汰的趋势。

卧式双压板压榨机的优点是压榨过程中物料主要受挤压压力，摩擦作用很小，所以汁中的悬浮物含量很少，可实现松渣和多次压榨。在酿造葡萄酒时，可以对葡萄进行直接压榨，以减少物料的机械作用。缺点是渣饼较厚，加压时果汁流道会很快被堵塞，内部果汁不易流出，使表层皮渣较干而内部皮渣较湿。转筐周围密封较差，葡萄汁在空气中暴露时间长，易氧化。

气囊压榨机的优点是作业时气囊及罐壁对物料仅产生挤压力，摩擦作用较小，不易将果皮、果梗及果籽压出，因而使汁中的固体物及其他成分含量少；此外，可及时松渣，能在较低的压力状态下获得高出汁率；与双压板式压榨机比较，渣饼较薄，出汁流畅，压力较低。在酿造白葡萄酒时，可以对葡萄直接压榨，生产量大，效率高，是目前应用较广的压榨机。

10.2.7 冷冻机组

一般由夹层冷冻罐、冷冻保温罐（内装冷却管机搅拌器）、管式交换器、套罐式冷冻器、薄板式交换器、葡萄酒稳定系统（由速冻机、结晶罐、小型硅藻土过滤机组成），无结晶除酒石速冻系统（由制冷系统、保温罐、换热器、酒石分离器、硅藻土过滤机—酒石计量器组成）。

10.2.8 巴氏杀菌机

主要用在葡萄的装瓶后进行水浴灭菌。产品放在可调速的不锈钢网带上，在传送带的作用下按序进入灭菌后，再由传送带带入冷却箱体内均匀冷却，从而达到产品杀菌要求。设备连续运转，已灭菌的包装产品被源源不断送入下一生产工序。

10.2.9 洗瓶机

常见的有自动翻转洗瓶机、半自动洗瓶机、手动洗瓶机3种。自动翻转洗瓶机主要用于聚酯瓶、玻璃瓶等新瓶的冲洗和沥干，瓶子从进瓶开始传送，夹瓶上轨道，倒瓶翻身以及对瓶内外喷冲、沥干，整个过程均为自动完成，并可同时喷冲二氧化硫和离子水，二氧化硫可循环使用。

10.2.10　灌装线

葡萄酒灌装线为：洗瓶机→灌装机→打塞机→套冒机→贴标机→喷码机，这些设备相互匹配，通过输送带连接，构成灌装线。

10.3　葡萄酒产品

目前，以萧县葡萄为原料生产的葡萄酒产品有 10 余种，主要有干红葡萄酒、干白葡萄酒以及葡萄陈酿等产品。

10.4　葡萄酒质量标准

10.4.1　食品添加剂

葡萄酒食品添加剂的使用按照《食品安全国家标准　食品添加剂使用标准》（GB 2760—2011）规定执行（表 12-6、表 12-7）。

表 12-6　可以作为食品原料加入葡萄酒中的物质

序号	食品分类号	名称	用途	备注
1	11.01.01	白砂糖（蔗糖）	调整糖度	作为食品原料加入，需要在标签上标注
2	16.04.01	干酵母	酒精发酵	作为加工助剂使用
3	14.02.01（果蔬汁） 14.04.02（浓缩果蔬汁）	葡萄汁、浓缩葡萄汁	成分调节	作为食品原料加入，需要在标签上标注
4	10.03.01 脱水蛋制品（蛋白粉、蛋黄粉、蛋白片）	蛋清粉	澄清作用	作为加工助剂使用

表 12-7　允许葡萄酒中使用的食品添加剂

序号	类别	名称	用途	最大使用量	备注
1	食品添加剂，用于 15.03.01 葡萄酒	二氧化硫、焦亚硫酸钾、焦亚硫酸钠、亚硫酸氢钠、低亚硫酸氢钠	防腐剂、抗氧化剂	0.25g/L	甜型葡萄酒及果酒系列产品最大使用量为 0.4g/L，最大使用量以二氧化硫的残留量计
2	食品添加剂，用于 15.03.01 葡萄酒	山梨酸及其钾盐	防腐剂	0.2g/kg	用于葡萄酒
3	食品添加剂	D-抗坏血酸及其钠盐	抗氧化剂	0.15g/kg	用于 15.03.01 葡萄酒
4	食品添加剂	高锰酸钾		0.5g/kg，酒中残留量以锰计：≤2mg/kg	用于 15.0 酒类
5	食品添加剂	纳他霉素	防腐剂	0.01g/L	用于 15.03 发酵酒类
6	食品添加剂	三氯蔗糖	甜味剂	0.65g/kg	用于 15.03 发酵酒类
7	食品添加剂	焦糖色	着色剂	按生产需要适量使用	用于 15.03.01.03 发酵调香葡萄酒
8	食品添加剂	L（+）-酒石酸	酸度调节剂	4.0g/L	用于 15.03.01 葡萄酒，卫生部公告 2010 年

10.4.2 内容物含量

按《定量包装商品净含量计量检验规则》（JJF 1070—2005）标准检验。本规则规定了定量包装商品净含量计量检验过程的抽样、检验和评价等活动的要求和程序。本规则适用于对定量包装商品净含量的计量监督检验和仲裁检验，委托检验可参考本规则进行。生产和销售定量包装商品的单位亦可参照本规则进行检验。

10.4.3 包装及保质期

包装材料符合食品卫生要求。气泡葡萄酒的包装材料符合相应的耐压要求，包装容器清洁，封装严密，无漏酒现象。外包装采用合格的包装材料，并符合相应的标准（图 12 - 55）。

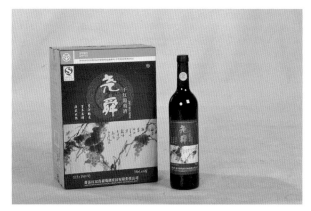

a   b

c

图 12 - 55　葡萄酒产品

a. 干白葡萄酒　　b. 干红葡萄酒　　c. 橡木桶包装

附录 12－1　萧县葡萄传统管理技术

1　玫瑰香葡萄年发育周期及栽培技术特点

1.1　树液流动期

根据在萧县陈庄萧县园艺场的观察，玫瑰香葡萄的伤流，多在 3 月中旬、50cm 深的土层地温升高到 8～10℃时开始，随着芽萌发后逐渐停止。连续观察结果表明，伤流液量的多寡与土壤的温湿度有关。从温度方面看，每当 30cm 深土层的地温升高到 14～16℃时，每 12h 内，平均每条 3 年生葡萄主蔓的流液量为 215mL，而在同样深度下的地温下降为 9℃时，每 12h 内的流液量仅为 55mL。从湿度方面看，凡冬季雨雪多、土壤含水量大的年份，第 2 年伤流量也随之增多，伤流持续时间也显著延长；相反，土壤干旱的年份，伤流量和伤流持续时间也大大地减少和缩短。以干旱年份、早春经过灌溉的葡萄园和不灌溉的相比，3 年生的植株平均每条主蔓的伤流液量约增加 275mL、伤流持续时间延长约 4d。

树液中含有萌芽所需要的水分和营养物质。据分析，树液中约含有 1～2g 干物质，其中有 1/3 是矿物质，2/3 是糖和氮。伤流液过多的植株发芽不旺，生长削弱。

伤流的发生，主要由于早春过晚修剪或深松土造成了枝蔓及根部的机械伤口。如已发生伤流，可采用枝蔓的垂直引缚上架等办法进行缓解。伤流开始以后，植株的抗寒力随之降低，此时外界温度变化较大，所以要正确掌握葡萄出土的时机，最好在芽眼将要萌动时出土，以免过早出土遭受冻害，或过晚出土碰伤幼芽。

随着树液流动和芽的萌发，根开始生长。据观察，在萧县地区玫瑰香葡萄吸收根的生长，通常在 4 月上、中旬，30cm 土层处地温为 13～14℃时开始，并逐渐进入高峰；夏季高温来临之后，生长减缓；到秋季又进入生长高峰；秋后随着温度的下降又逐渐减慢，落叶后停止生长。与地上部分的生长联系起来看，其顺序大体上是芽萌发（4 月上旬）→根开始生长（4 月上、中旬）并逐渐出现第 1 个生长高峰（6 月中旬到 7 月上、中旬）→果实增长和成熟期（8 月上、中旬）根生长缓慢和停止生长→秋季（9 月上、中旬）根出现第 2 个生长高峰→落叶（11 月下旬至翌年 2 月上旬）后，根停止生长。

玫瑰香葡萄的根具有很强的趋化性和适应性，在不同肥沃程度和理化性状的土壤中，以及不同的地下水位生态条件下，根的生长情况都不一样。例如在地下水位较高，肥沃的淤泥土层中，根系多呈水平生长；到达显水层部位时，根多停止生长。此外，在湿润季节，地面上的枝蔓常生出大量气生根。相反，在土壤瘠薄、地下水位低的红土中，根系多趋垂直生长。深耕施肥的丰产葡萄园，根系在土壤中的分布幅度和细根的数量都比不深耕不施肥的葡萄园大。扦插苗与实生苗，根的生长也有很大差异，扦插苗没有主根，向地性角度大，各级根系的分支较多；实生苗生长有很长的主根，2 级根和侧根的分生不多，根的向地性角度也较小。

当地果农根据玫瑰香葡萄根的生长特性，采取适当的技术措施。根据吸收根的大量生长和停止生长时间，来确定何时施用速效性或缓效性肥料，浅施或深施；在规划葡萄园时，根据地下水位的高低，土壤的肥沃程度和理化性状，来确定栽植密度和土壤深耕熟化计划；在繁殖苗木方面，利用枝蔓生长气生根的特性，在压条繁殖时进行培土，在实生苗繁殖时，将主根切断促使根系扩大向地性角度，从而加速苗木生长。

1.2 萌芽和新梢生长期

在萧县地区，玫瑰香葡萄主梢芽的萌发多在 4 月上旬。从物候期来看，芽的萌发是在树液流动开始以后、根生长以前，在气温 10℃ 左右时开始的。由于早春温度较低，芽的生长缓慢，从主梢芽萌发至始花期，历时约 49d 之久，因此主梢基部的节间较短，叶也较小；5 月以后，随着温度的升高，主梢上的冬芽（即冬芽 2 次梢）生长的速度加快，从萌发到开花，历时仅 20d 左右，因此主梢中、上部的节间较长，叶片也较大。

树液流动后至主梢芽的萌发以前，着生在芽眼内的花序原始体迅速进行第 2 个和第 3 个花序分枝的分化，这时，营养条件良好的植株，芽内的花序可以继续分化形成更多的分枝和继续形成新花序。相反，在肥水不足、营养条件不良的情况下，花芽的再分化就会停止，花序就会显得既小又少。因此，当地果农十分重视通过早春的"催芽肥、催芽水"，来改善植株营养状况，提高果枝的结实性。在采用第 2 次冬芽多次结果时，应对主梢、副梢摘心，以加强同化产物的积累，并且在主梢花前施肥，以提高第 2 次冬芽的结实性。

芽萌发后新梢开始迅速生长，并且在其开花开始期就长到全长的 2/3 左右。1959 年在萧县园艺场对新梢生长量进行 2 天 1 次的测定结果表明，主梢从 4 月 20 日以后至开花前，平均每两天生长 5.5cm，最大达 7cm。新梢第 1 个生长峰，多出现在 5 月下旬至 7 月上、中旬，随着新梢的生长，主梢叶腋间夏芽副梢开始生长，花序逐渐显现、花序开始发育。

这一时期由于新梢的迅速生长和花序的发育重叠，当地果农十分注意加强肥水管理，及时采取抹芽、摘梢、控制副梢生长和开花前主梢的摘心等夏季修剪技术措施，保证新梢生长和结果良好。

1.3 开花期

玫瑰香葡萄始花期到来之前，花序分离，花朵显著膨大，花朵由绿变黄绿色，到开花期时花朵的花冠开放和脱落。开花期通常在 5 月中、下旬，根据花序大小和温湿度等情况，1 个花序开完花，需 5~7d。同一植株，位于新梢下部的花序先开；同一花序，以花轴上第 2~10 分枝（即花轴中部）花先开，花轴基部分枝（即基部分歧小花序）和花序尖端的花后开，一般大量开花是在开始开花后的 3~5d。从单一花朵开放前和开放后花朵内外形态特征来看（表 1），无论在蕾长、蕾粗、花冠、花丝形态和长度、花药、雌蕊、花柱、柱头和下位花盘腺体等都有一定变化；从单一花朵开放的过程来看，开始是花冠上与子房连接的 5 个裂瓣逐一或几瓣同时脱离子房后稍向外卷曲，最后受到雄蕊撑力将花冠撑开，花冠脱落，花丝略微向外开张；几分钟内花药裂开散出花粉，花药由乳白色变粉黄色；几十分钟后花药逐渐往外或侧面转动，背向柱头，花丝往外的开张角度更大，约与雌蕊呈 45°~70°；花冠脱落后，雌蕊的柱头上分泌有黏液，花粉即散落其上。在开花时间上，一天之内通常是上午开放最多，据观察，最早在 5：30 左右开，而以 8：30~9：30 之间开得最多；阴雨天仍能开花，但随着温湿度的变化，盛花期常推迟到 11：00 左右。

从单一花朵的开放过程来看，开花的快慢与温、湿度高低有一定的关系。在适宜范围内，开花速度随着温度的上升而加快，反之则减慢。开花期一般需要 20℃ 以上温度，以 30℃ 左右时开花受精作用最快，低于 15℃ 则不能开花。从群体的生长发育来看，在一定温度范围内，花序上花朵开放及子房脱落时间的快慢与温度高低有一定关系，当主梢开花时日平均气温为 23℃，而冬芽 2 次梢开花时日平均气温为 27.4℃，后者开花延续时间及子房的脱落时间都较前者为长。花期气温如果高出 35℃ 或低于 14℃ 时，常出现大量落花落果和闭花受精现象。此外，如果葡萄园的通风透光不良（如栽植密度过大，整枝不合理等），以及土壤的过干、过湿等，也常会引起开花坐果异常现象。

玫瑰香葡萄的花为两性花，花丝长度比雌蕊长 1.8~2 倍，是自花结实力较强的品种，其花粉容易为风所散播。花粉粒微小，萌芽力强。用显微镜观察花粉发芽情况，散落在 10% 蔗糖液中的花粉粒在室温 28℃ 情况下，经过 29min 左右，即能在培养液中萌芽。其过程是：干花粉粒吸湿膨胀→花粉粒变成圆球形→从萌发孔萌芽→花粉管继续伸长到一定长度而停止伸长。因此，当花粉由花药中散落在柱头分泌的黏液上之后，在适宜的温、湿度条件下，花粉粒很快就会膨胀，从萌发孔萌芽，花粉管伸长进入花柱，通过子房的隔膜进入胚珠的胚囊与卵细胞结合，这一过程约需经过一昼夜的时间。胚珠受精后，子房就开始膨胀，发育成果实。并不是花序上的子房都能成长发育，有些花由于多种原因不能良好受精而陆续脱落。玫瑰香葡萄的落果往往比其他品种严重。引起落花落果的原因很多，营养条件不良，土壤中水分过多或过少，葡萄园的通风透光不良和受精不良等，都是引起花期落花落果的重要原因。

葡萄开花期是年发育周期的重要阶段，了解花期的生物学特性，对改善开花条件、提高坐果率，都有重要意义。果农常针对当地不利于葡萄开花坐果的因素，来改善花期的营养和传粉条件，如花前摘心、喷洒硼砂液和过磷酸钙浸出液、引缚枝蔓以改善通风透光等。

表 1　玫瑰香花形态及解剖特征

项目	开花日期		
	当天	昨日	前日
蕾长	2.9～3.1mm	2.5～2.8mm	2～2.2mm
蕾粗	2.0～2.2mm	1.8～2.0mm	1.5～1.7mm
花冠	黄绿色，花冠呈 5 个裂瓣	黄绿色，与子房连合，容易剥离	深黄绿色，与子房连合
花丝形态	花绿 6 枚，斜立，与花轴呈 45°	斜立，与花轴呈 25°	直立，与花轴平行
花药	黄色，附有花粉	乳黄色，不附花粉	乳白色，不附花粉
雌蕊形态	宽圆锥形，黄绿色	宽圆锥形，浅绿色	乳白色，不附花粉
花柱	圆柱形，长度为子房的 1/2	圆柱形，长主为子房的 1/3	短圆柱形，长度约为子房的 1/5
柱头	乳白色圆团海绵状物，并分泌有黏液	乳白色圆团海绵状物，并分泌有黏液	同左
下位花盘腺体	6 个浅黄绿色近似圆形的瘤状突起，环绕子房下，有香味	同左，但没有香味	同左

注：此为 1968 年在萧县园艺场的观察结果。

1.4　浆果生长期

玫瑰香葡萄果实发育期（从子房膨大开始到果实开始变软着色）历时 50～55d。开花结束子房受精以后，胚珠即开始发育成种子（包括胚、胚乳和种皮的形成），种子的发育也刺激了子房壁细胞的分裂增长。前期果实增长与种子内所含的生长激素有关，所以受精的胚愈多（即种子形成愈多），果实的增长也愈快。当果粒增长达 3～4mm 时，其中有一部分果粒常因营养不足，胚珠停止发育，发生第 2 次落果现象。从结果新梢环剥处理后不同留叶量和坐果率关系的试验结果中可以看出，留叶多或少与坐果率有关系（表2）。留 1 片叶、3 片叶、4 片叶或 5 片叶的，其坐果率各不相同，留 3 片叶比留 1 片叶的坐果率增长 22.4%，留 4 片叶比留 3 片叶增长 6.6%，留 5 片叶和留 4 片叶其结果相近。不留叶和留嫩梢先端 2 片幼叶的，果粒落尽；全留叶的坐果率为 32.2%。很明显，前两种是因为果粒缺乏养分供应和嫩梢消耗养料所致，后者可能是因为开花坐果期间新梢的生长消耗养料影响了坐果的缘故，甚至其坐果率比花序上只留 1 叶还少 6%。所有这些都可以看出坐果期养分供应的重要性。

第 2 次落果后，留下的果粒迅速增大。从对果粒增长速度 2 天 1 次的测定结果（表 3）可以看出，从 5 月 31 日到 6 月 20 日止，果粒纵径平均增长了 6.5mm，横径增长 5.8mm，体积增大 1.6mL 以上，重量增加 289.7mg。从玫瑰香品种 100 个果粒每 5d 体积增长速率曲线看，果粒生长有 2 个高峰：主梢果第 1 个生长高峰通常是从 6 月 5 日以后至 7 月 5 日，历时约 30d；第 2 个高峰是在 7 月 25 日以后，果农称"开个"。从 7 月 5 日至 7 月 25 日的 20d 左右，通常称为果实生长停顿期，果实生长曲线趋向下坡，果粒生长缓慢。冬芽 2 次果生长期也呈现有类似主梢果生长期的规律，第 1 个生长高峰多出现于7月中、下旬，第2个生长高峰多出现于8月下旬以后（主梢果采收后），果实生长停顿期达30d左右，比主梢果长。由于果实生长停顿期的延长和8月底以后果粒"开个"时所处的温度比主梢果的低，生长期相对的缩短，造成冬芽2次果果粒发育不足、果粒平均重普遍小于主梢果的后果。

表2　玫瑰香新梢不同留叶量和坐果率的关系

果枝基部环剥后不同留叶量	落果数（个）				坐果数（个）				坐果率（%）
	下穗	中穗	上穗	总数	下穗	中穗	上穗	总数	
不留叶	全落	全落	全落	全落	0	0	0	0	0
留嫩梢2叶	全落	全落	全落	全落	0	0	0	0	0
留花序上1叶	—	36	53	89	—	32	23	55	38.2
留花序上3叶	20	22	25	67	37	39	27	103	60.6
留花序上4叶	18	21	18	57	33	42	42	117	67.2
留花序上5叶	8	28	19	55	19	41	51	111	66.9
全留叶	39	全落	22	61	9	0	20	29	32.2

注：此为1960年在萧县园艺场的观察结果。

表3　玫瑰香花受精后20d内果粒发育情况

日期	纵径（mm）	横径（mm）	体积（mL）	重量（mg）
5月31日	3.0	2.2	—	10.3
6月2日	3.4	2.5	—	12.5
6月4日	4.7	3.4	—	32.4
6月6日	6.0	4.6	0.3	56
6月8日	6.5	5.0	0.5	98
6月10日	7.0	5.5	0.8	133
6月12日	7.8	5.8	1.0	170
6月14日	8.5	6.1	1.2	208
6月16日	9.0	6.5	1.40	230
6月18日	9.2	6.8	1.67	256
6月20日	9.5	8.0	1.9	300
先后差数	6.5	5.8	1.6	289.7

注：此为1960年在萧县园艺场的观察结果。

玫瑰香果粒的生长，在第2个生长高峰到来以前，一般约达到该品种成熟时果粒体积大小的2/3，种子变硬，但果粒含糖量很低，含酸量则很大，这是这一生长阶段的特征。果实进入生长期以后，正是新梢叶腋中冬芽、夏芽迅速形成和分化的阶段，新梢基部数节半木质化和木质化开始形成，皮色逐渐变褐，枝条生长趋于缓慢，粗度增大。

当地管理精细的葡萄园，常在果实生长初期施用1次"催果肥"，但大部分葡萄园多采用叶面喷磷的方法（喷洒过磷酸钙浸出液时，一般都混用波尔多液），以满足果粒迅速增长和种子形成的需要。为了保证冬芽的形成以及花芽分化，提高多次果结实力和坐果率，在这一时期还经常地进行摘心、除副梢，引缚枝蔓和做好雨季前的排水工作，以保持葡萄园良好的通风透光条件。

1.5　浆果成熟期

玫瑰香葡萄成熟初期果粒逐渐变软、增大，并具有弹性，果皮着色由初熟期的浅红色到成熟期的紫红色和深紫色，果实糖酸含量发生变化。果实在着色以前，平均每 5d 可溶性固形物含量相差 0.73%（冬芽 2 次果为 0.53%）；果实开始着色至完全成熟，平均每 5d 相差 2.08%（冬芽 2 次果为 2.6%）。从可溶性固形物的积累情况看，冬芽 2 次果在着色以前比主梢果积累少（平均每 5d 少增长 0.2%），但果实着色后积累的速度反比主梢果加快（平均每 5d 多增加 0.52%）。这一差别可能与冬芽 2 次果成熟期间（白露到秋分）昼夜温差较大有关，同时也与主梢果着色后糖分积累速度相对较慢有关；从果实含酸量变化情况看，冬芽 2 次果着色后含酸量下降较快，但后期可能由于气温较低，下降延续的时间较短，因此最后含酸量较高；主梢果着色后含酸量下降虽然相对较缓，但由于生长期较长，含酸量下降的时间相对延长，最后含酸量比冬芽 2 次果的低（表 4）。

表 4　主梢果和 2 次果含糖量、含酸量对比

果别	含糖量（%）	含酸量（%）
主梢果	16.5	0.752
冬芽 2 次果	17.0	1.031

注：1. 数据为 1958 年萧县葡萄酒厂测定结果。

2. 含糖量以每 100mL 葡萄汁含葡萄糖克数计算。

3. 含酸量以每 100mL 葡萄汁含酒石酸克数计算。

在果实成熟期间，根据果品的用途分批采收果实。一般用于外销、生食的果实先采收，内销的、酿造用的果品后采收。玫瑰香葡萄成熟期正值雨季，由于空气潮湿，土壤含水量大，影响主梢果的糖分积累和着色，引起病害产生大量落果，品质和产量受到较大影响，从而出现丰产不丰收、高产不优质的现象。因此，果农特别注意葡萄园的排水工作。

1.6　休　眠　期

玫瑰香葡萄植株在休眠期到来以前，新梢外皮逐渐变为浅褐色，并逐渐由下而上成熟。成熟新梢的内部淀粉含量增多，水分减少，木质部、韧皮部和髓射线的细胞壁木质化。成熟良好的枝条抗冻能力增强，未能充分成熟的枝条易受冻害。为了避免或减轻冻害，果农很重视新梢生长中期和后期的摘心等工作，限制新梢徒长，促使新梢更好地成熟和休眠。

玫瑰香葡萄的落叶时间较长，自开始落叶至叶落尽约需经过 1 个月。葡萄正常落叶后，即进入冬季休眠期，一般从 11 月上、中旬落叶开始，至翌年 4 月上旬芽萌发时止，历时约 5 个月。从新梢开始成熟时起，新梢节上的芽眼即自下而上进入生理休眠期，抗寒力增强。

在葡萄休眠期间，主要开展施基肥、修剪和埋蔓防寒、清园等工作。

2 萧县葡萄的架式、整形和修剪

2.1 架 式

萧县葡萄生产上应用的架式大体上有：小型棚架、篱架（包括单壁篱架、双壁篱架、多壁篱架）和棚篱架。小型棚架是最早的一种架式，生产上应用不多；单壁篱架（果农称"站架"）是生产中应用的主要架式之一；"火车道架"实际上是每壁只拉一层铁丝的双壁篱架，是大庄葡萄产区果农装石楠所创设，在抗日战争以后开始流行，也是生产上大面积应用的主要架式之一。1957年以后，许多新开辟的葡萄园和部分丰产园，在逐年增加植株负载量、扩大结果面积和克服原有旧园行间过宽等缺点的同时，相应地创设了许多新的大型架式：如双壁篱架、大型双壁篱架、三壁篱架、五壁篱架及棚篱架等架式。随着架式以及其他管理措施的改进，产量逐年增长。

2.1.1 卧架（小型棚架）

由9～10根短木棒架设而成（图1）。架长2.5～3m，前面宽2m左右，后面宽1cm。架设时，先在距离植株后方50cm左右处树立2根支柱，柱高80～100cm；在前方3m左右立2根支柱，柱高1.5m左右。然后用2根直棒和3～4根横棒架设。卧架的优点是取材方便，可以利用零星的短木棒来搭设，一般适用于房前屋后等零星种植。其缺点是架面狭窄，容纳的结果新梢少，产量较低；支架排列不规则，大面积生产中耕作管理不便。

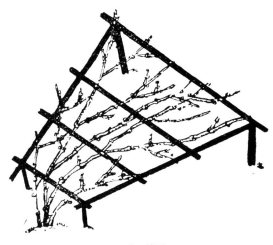

图1 小型棚架

2.1.2 站架（单壁篱架）

支架沿着葡萄行列排列，在每2株葡萄之间（约隔6～8m）立1根支柱。架高1.9m左右，在高出地面50cm左右处拉第1道铁丝，以后相隔35cm拉1层铁丝，共拉引4层（图2）。铁丝一般为12～14号。如果用水泥支柱，铁丝贯穿在支柱的孔眼中；如果用木柱，则可以用U形铁钉或坚韧的蜡条纤维固定在柱上；如果直接将铁丝围绕于支柱上，当架面下坠时就不易拉紧。篱架的边柱承受拉力最大，容易折断，应选用较粗、牢固的支柱；中部的支柱一般只是起支撑作用，承受拉力不大，可以用小支柱。如果用水泥支柱，可以另制一批较小的支柱，以节省材料。篱架两端边柱因承受拉力大，容易歪倒，需用锚石加以固定。固定锚石时，最好是边柱略往外倾斜（与地面呈60°～70°），这样占地面积小，牢固，又不妨碍交通。行道两侧边柱（即设立于小区与小区间边椽上的边柱）可用铁丝加以联结，而不用锚石，以免影响通行。单壁篱架架式的优点是可以节省架材和投资，每亩容纳株数增加，便于耕作及生长期间地上部的管理，便于实行机械化操作，通风透光较好，成熟期间果实色泽

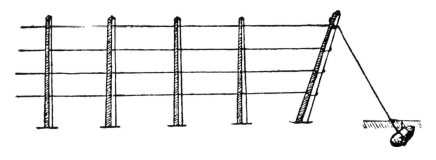

图2 单壁篱架

好，可以在生产上大面积推广。其缺点是架面小，容纳新梢数较少，产量较低；架面直立，植株垂直"极性"表现较明显。

2.1.3　火车道架

沿着葡萄行两侧离植株基部各 50～60cm 处树立支柱，株与株之间的两侧各树立 1 根柱，相对的 2 根柱之间的距离为 1～2m。每边在离地面 1.2～1.4m 处各拉 1 道铁丝，宛若"火车道"，故有此名（图 3）。这种架式的优点是架面分开，不局限于同一垂直平面上，受光面比拉 2 层铁丝的单壁篱架大，通风透光也较好，架形简单，架面较低，可以就地取用短棒废材。缺点是铁丝层数少，在行株距 4m×3m，架高 120cm 的情况下，单位面积内只能容纳 3 500～4 000 个新梢，以致很多新梢因无处引缚而悬垂倒挂，容易遭受风害，影响新梢生长和结果。

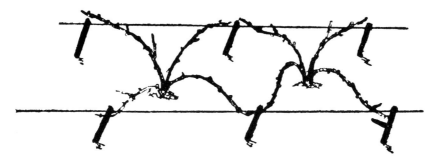

图 3　火车道架

2.1.4　双壁篱架

由 2 个单壁篱架粗成，架设时沿着植株行列的两侧离植株各 50～70cm 设立 2 排支柱，架高 1.9～2m，双壁相距 1～1.4m，具体宽度应根据行间宽度和架面高度而定（图 4）。两壁先端略为往外倾斜，以利壁内的通风透光。在每边壁上拉 3～4 层铁丝。两端的边柱由锚石固定。这种架式的优点：一是比单壁篱架和火车道架增加了有效架面，可以摆布较多的结果新梢。生长势中庸的品种，在行株距 3m×2.7m，架面高 2m 的情况下，每 666.7m² 的面积可以容纳 1 万个左右的结果新梢。二是架面分开，主蔓分开倾斜摆布，改善了通风透光条件，垂直"极性"表现也不像单壁篱架那样明显。缺点：一是壁内主蔓交错，妨碍通行，生长期间管理不便，如内壁打药和施肥都不好操作；有些葡萄园试用"宽窄行篱架"，即架式不变动，苗木按篱架方式定植，进行宽窄行定植，以解决壁间通行的问题。二是比单壁篱架需用较多的架材，投资较大。

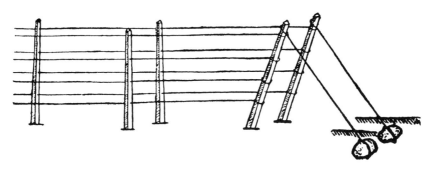

图 4　双壁篱架

2.1.5　大型双斜面篱架

这种架式是在火车道架的基础上改进而来。篱架的设立方法是先缩小"火车道架"壁间距离，从原有的 1.2m 缩小到 80cm 左右，然后在两壁的外侧相距各 60cm 左右再设立一壁，在离地面 1～1.2m 处拉第 1 层铁丝，再提高各 35cm 左右引第 2 层、第 3 层铁丝，使主蔓呈扇形地排布于架面上（图 5）。这种架式的优点：一是可以利用原有旧园较宽的行间扩大架面，促使植株从横的方向发展，可以容纳较多的结果新梢，在行株距 4m×2m，架面高 1.6m 的 2 个横展的大斜面内，每 666.7m² 可以容纳下 1 万～1.2 万个正常生长的结果新梢。二是由于架面呈横向斜展，植株垂直"极性"表现不明显，通风透光条件也较好。缺点：一是需用木棒比双壁篱架多。二是管理操作时需从 1.2m 高的架下进出，不如单壁篱架方便，只能用于小面积栽培。

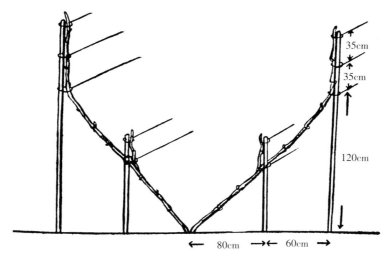

图 5　大型双斜面篱架

2.1.6　多壁篱架

由三面以上的壁面组合成功，较大型双斜面篱架更能适应大型植株生长发育的需要。篱架的架设分三壁篱架和五壁篱架等。

（1）三壁篱架。扩大大型双斜面篱架，并沿着植株行列增设一壁篱架，架面比左右两个斜面略高，离地面 80～100cm 处拉第 1 层铁丝，以后每提高 35cm 左右拉 1 层铁丝共拉 3 层（图 6）。

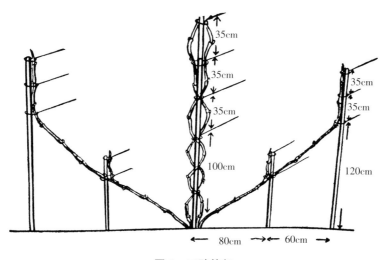

图 6　三壁篱架

（2）五壁篱架。由 5 个单壁篱架组成，正中的一壁设在植株行列正中，在两侧相距各 80cm 处各设立一壁，再往外各 60cm 处各设立一壁（图 7）。架面最高为 2.1m；中间和内侧两壁在离地面高 1.2m 处拉第 1 层铁丝；最外两壁的第 1 层铁丝拉在 1.5m 的高度上，然后在高出第 1 层铁丝 40～60cm 处拉第 2 层铁丝和第 3 层铁丝，整个架面共拉有 13 层铁丝。外侧两壁稍向外倾斜。

多壁篱架的优点：一是能较充分地利用宽大的行间，从纵横的方向扩大结果面积，以五壁篱架来看，在行株距 4m×2m，各壁架面平均高度 2.1m 的情况下，每 666.7m² 可以容纳 25 550 个正常生长的结果新梢。二是由于整个架面是由许多垂直、水平和倾斜面构成，有利于植株的通风透光。缺点：一是架面太高，生长期较高部位打杈、摘心、抹芽等操作管理不便。二是需架材较多。这种架式只适合于面积较小、植株较大、肥、水充足，架材又多的情况下采用。

2.1.7　棚篱架

由大型双斜面篱架改进而来，用于生长势强的葡萄品种。其半面为大型单斜面篱架，另半面利用

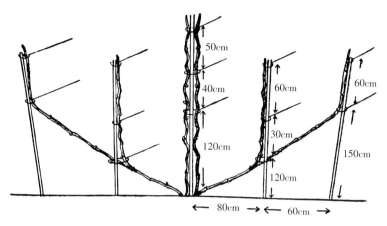

图 7　五壁篱架

宽大行间，改设斜棚架。架设时先在植株行两侧，相距各 70cm 左右立支柱（图 8）。在离地面 1～
1.2m 处拉第 1 层粗铁丝，支撑压力较大的主蔓；高出 35～40cm 处拉第 2 层铁丝，用以引缚侧蔓和 2
年生枝蔓。设立斜面篱架的一边，在离植株 1.5m 处再立 1 排支柱，在离地面 1.5～1.7m 处拉第 1 层
铁丝、高 1.8～2m 处拉第 2 层铁丝。设立棚架的一边，离植株 1.8m 处立 1 排较长的支柱，在离地面
1.8m 处拉 1 层铁丝，然后用横梁架设成屋脊形，斜棒上拉有 3～4 层铁丝，各层铁丝距离为 35～
40cm。枝条较少的短蔓，呈扇形排布于斜面篱架上，较多的枝条分布于大棚架上。这种架式的优点：
一是适用于生长势较强的葡萄品种。二是枝蔓大多从横的方向发展，垂直"极性"表现受到限制，枝
条"秃裸"表现也不明显。三是行株距 5m×2.5m、架高 2.9m，斜面篱架有效架面宽 2.2m、棚架有
效架面宽 4m 的情况下，每 666.7m² 可以容纳 15 300 个生长正常的结果新梢，结果面积大。其缺点：
一是需用架材较多。二是棚架中有一面坡度小，光照较差，成熟期白腐病较重，应注意将倾斜面往外
伸出部位适当提高，使倾斜角度与地面不少于 50°，以改善通风透光条件。

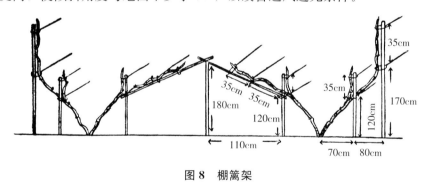

图 8　棚篱架

2.2　整　形

对于葡萄幼树，整形是为了迅速养成强壮的骨干和结实器官，使枝蔓迅速布满架面，尽早进入结
果盛期，达到早期丰产；对于成年植株，是为了保持良好的树形，使主蔓、侧蔓、结果母枝和预备枝
等各级枝蔓分布有序，缓和"极性"、防止"秃裸"，延长经济栽培年限。

萧县葡萄的整形方式大体上可以归纳为双臂双层水平式整枝、小棚架多主蔓扇形整枝及篱架多主
蔓扇形整枝等 3 种主要形式。其中，以篱架多主蔓扇形速成整枝方式应用最普遍，一般在营养条件良
好的情况下，这种整形方式可以使植株在 2～3 年内成形开始结果、3～4 年后满架、4～5 年达到
丰产。

2.2.1　整形方式

（1）双臂双层水平式整枝。这种整形方式曾在邵庄葡萄产区应用过。不具主干、从地表发出的 3
条主蔓中的 1 条在长到 50cm 左右处（即在第一层铁丝上）摘心，促使分生 2 个侧蔓，侧蔓在第 2 层

铁丝上沿着两个不同方向伸出"双臂";其余2条主蔓,分别在第1层水平铁丝上沿着不同方向伸出"双臂"。在每个臂上每相距20cm左右处留1个结果母枝。对结果母枝年年采用留1~2个芽的短梢更新修剪,整个植株约留有40个结果枝。这种整形方式的优点是:架面上的枝条分布均匀,便于生长期管理,通风透光也好。其缺点是:结果枝少,产量不高,老蔓粗度大而且硬化,冬季埋蔓防寒不方便。

(2)小棚架多主蔓扇形整枝。没有主干,从地表发出3~4条主蔓,主蔓在1m高度的架面上分生侧蔓,侧蔓呈扇形分开排布。侧蔓的长度和数量应根据架面的大小、侧蔓的强弱而定。结果母枝的修剪多采用短梢修剪。其优点是:冬季埋蔓防寒较方便,老蔓也容易更新。其缺点是:结果枝负载量少,各级枝序混乱,生长势不易调节。

(3)篱架多主蔓扇形整枝。没有主干,从地表发出主蔓4~6条。如果是单壁篱架,主蔓分生的侧蔓数量少。如果是双壁篱架或多壁篱架,多利用分生侧蔓和延长主蔓上枝条的方法,来扩大株丛,放长主蔓。结果母枝的选留方法和修剪长度,多根据枝蔓强弱和架面大小来决定,蔓强、架大时,结果母枝数适当增加,长度亦略有增长;蔓弱、架小时,结果母枝数应适当减少,长度也略有缩短。

多壁篱架多主蔓扇形整枝时,主蔓的引缚不论是正面或侧面多呈扇形布开,2~3年生的枝蔓多呈水平或弓形引缚于架面上,当年生新梢多呈垂直引缚或呈自然悬垂倒挂于植株上,整个植株似一棵有坚固骨架的自然开心形大树。

篱架多主蔓扇形整枝的优点:一是立体结果,结果枝容易布满全架,容易扩大结果面积,产量较高,适宜在土地肥沃,灌溉条件良好的葡萄园应用。二是植株多面受光,通风透光良好。三是主蔓呈斜立引缚,侧蔓、结果母枝多呈水平或弓形引缚,部分结果新梢又呈悬垂倒挂,缓和了"极性"。四是主蔓多,容易更新复壮,冬季埋蔓防寒较方便。五是多主蔓直接发自根际,养分和水分的运输路线短,有利于植株的生长。其缺点:一是侧蔓分枝较多,枝序混乱,生长季管理不方便。二是结果部位上移较难控制,基部容易"秃裸"。

2.2.2 篱架多主蔓扇形速成整枝和提早结果的方法

(1)主蔓合理长放多留,迅速扩大架面。多主蔓扇形的速成整形所用的幼树插条是有5~6个节的长插条。将插条斜插入土中3~4个节,露土部分2节,当年这2节上的芽眼就可以抽生1~2个新梢。到9月对新梢摘心1次(促使新梢基部的芽眼饱满)。冬季落叶后,强枝留基部3~4个芽剪截,弱者留1~2个芽剪截。到第2年春天原来保留的芽眼就可以萌发为新梢,根据新梢强弱来决定当年留蔓的数量。强者甚至可以全部保留生长成主蔓,弱者可以除去1~2个新梢,保证留下的新梢在当年达到所要求的主蔓长度。一般情况下,所留下来的新梢在第2年冬季落叶前可以长到2~2.5m,冬季落叶后,就可以按所需要的主蔓长度进行剪留。第3年,就可以在主蔓上确定永久性结果部位,留下结果枝,每个结果枝相距约20cm左右。经过3~4年培养,就可以枝蔓满架,大量结果,达到早期丰产目的。

第2年生长期若新梢生长健壮,留下的新梢已长达所需要的主蔓长度(单篱架一般为2~2.5m)时,进行主梢强摘心和控制副梢,促使副梢抽生2次副梢或强迫冬芽萌发,利用副梢或冬芽抽生的枝条结果,到第3年再扩大结果面积。1957年萧县园艺场曾采用这种方法,使14hm²的2年生葡萄树普遍提前结果,获得一定产量,单株产量最高达5kg以上,并且利用夏芽副梢或冬芽二次梢做来年结果母枝。

如果作为主蔓用的新梢生长较弱,应在冬季落叶后进行重缩剪(选留新梢基部一部分较好的芽眼),促使植株从地表发出强壮新梢作主蔓;生长势中等的新梢可以在当年生长期中采用摘心方法,促使新梢芽生长充实,并利用摘心后的1个副梢作为主蔓延长枝。实践证明,利用瘦弱枝条作长蔓,或过分增加瘦弱幼树的新梢负载量,常会给往后的产量带来不良影响。

幼树第2、3年整形的任务是,合理多留蔓、长放蔓,使植株的各个组成部分构成良好树形,使主蔓、侧蔓、结果枝等保持合理的比例和正常的从属关系。在整形的同时,还应注意肥水供应,保证植株有良好的营养条件,依照弱枝重剪、强枝轻剪的原则,保证蔓壮枝旺,达到应有的长度和粗度,使枝蔓迅速布满架面。实践证明,单纯为了幼龄葡萄树提早结果而重剪截、短留蔓、少留枝或过分长留长放，会限制结果面积扩大，削弱树势，影响往后年份的产量。

（2）早期摘心，利用副梢或冬芽二次梢。利用葡萄"芽"早熟的生物学特性，通过早期摘心，加强肥水管理，促使副梢或冬芽二次梢迅速生长，是达到植株早成形、早结果的重要途径。萧县毛郢子庄果农就曾经采用这一办法使葡萄1年成形。1年成形的葡萄树，当年培育成4条主蔓，经过修剪后，其中最长达1.8m，平均长度达1.4m。到第2年9月测量粗度，主蔓基部粗度最大达2.4cm，平均粗度2.25cm；副梢粗度平均达1.36cm，最粗达1.95cm。一年成形的葡萄树中，有80%的幼树当年结了果，单株最高产量达2.5kg，最大穗重达950g。

具体方法是采用6个节的长插条扦插，斜插入土4节，露土2节。强壮的新梢长达1m左右时进行重摘心，较弱的枝条长达60～70cm时进行摘心。同时选留主梢基部20cm以下的1、2个强壮的副梢作为以后的侧蔓，以上的副梢相隔一定的距离留1个，共留3～4个。保留下来的副梢根据其生长势强弱，留2～5个芽摘心，促使其再发生第2、3次副梢结果。利用这些副梢，在冬季根据其强弱进行短截，作为第2年的结果母枝。靠近新梢先端的副梢暂时保留，待冬芽花芽形成后再摘去。成熟良好的冬芽二次梢于冬季短剪作来年的结果母枝，达到早成形、早结果、早丰产的目的。速成整枝和早期结果必须和加强肥水管理相结合，在扦插前对扦插地点实行开沟深翻，沟深70cm、宽50cm，每666.7m² 施用粪肥2 500kg和土杂粪1 250kg，葡萄生长期间适时追肥，肥料以氮肥为主。

2.3　修　　剪

葡萄修剪的目的在于控制树形，调节树体的生长和结果。合理的修剪才能使树形完整，枝条分布均匀，枝蔓生长健壮，通风透光良好，果实品质好，年年丰产，延长盛果期和结果年限。

葡萄修剪在时间上分为冬季修剪和夏季修剪。冬季修剪是在冬季落叶后至第2年早春发芽前进行，主要任务是整理树形，调节营养生长与生殖发育之间的关系，平衡地上部和地下部之间和其他各部分之间的生长关系；缓和植株"极性"表现，克服个体间的相互干扰，合理配置营养和结实器官，避免植株上"密"下"秃"；使老蔓更新复壮，保持结果能力，延长其寿命和结果年限。夏季修剪是冬季修剪的继续和补充，其主要任务是纠正冬季修剪的不足和缺点，缓和营养生长与生殖生长之间的养分、水分分配上的矛盾，达到保花保果的目的；促使枝芽充实，达到幼树早结果和1年多次结果目的；预防植株基部秃裸，保证树体有较好的通风透光条件。

冬季修剪时间对葡萄次年的生长发育有很大的影响。果农有"早剪来年树不旺，晚剪淌树汁"的说法（表5）。在其他条件相似的情况下，11月15日修剪的比12月15日修剪的新梢长度要少7.1cm，成熟后果穗的平均重量也降低85.8g。

表 5　冬季修剪时间与产量关系

地点	修剪时间	花前新梢生长量（cm）	果穗重量（g）
试验园	11月15日	38.4	498.4
对照园	12月15日	45.5	584.2

注：品种为玫瑰香。
资料来源：1959年在萧县龙城公社葡萄园的观察结果。

过早修剪，当年生枝条制造的养分还未充分往老蔓和根部输送，造成养分的损失。一般在植株负载量比较稳定的情况下，冬季修剪量常达到当年生枝条总量的3/4以上，因此如修剪过早，养分的损失很大。相反，如果修剪过晚，树液已开始流动（萧县地区在"惊蛰"后），修剪所造成的伤口容易引起"伤流"，水分和养分的流失也会削弱早春芽的萌发和新梢的生长；另外，留待早春修剪的枝蔓太长，在冬季埋蔓防寒时也不方便。一般来说，冬季修剪的时间在冬季土壤封冻以前进行比较适宜，夏季修剪的时间，应根据修剪的不同方法来确定。冬季和夏季修剪方法介绍如下。

2.3.1　冬季修剪方法

萧县葡萄冬季修剪多采用留1～2个芽的短梢修剪方法，部分地区甚至采用不留芽的修剪方法，以促使隐芽抽枝结果。这种修剪方法便于冬季埋蔓、春季起蔓以及生长季节的管理。但修剪太重，结果面积小，产量较低，结果期和盛果期都比较晚，树体衰老得也较快。玫瑰香品种的丰产葡萄园改用长、中、短梢相结合的修剪方法以后，单位面积产量显著提高（表6），并且使幼龄的葡萄树盛果期提前，老年树的产量也都有不同程度的提高。

表 6 不同修剪长度对结果的影响

修剪的长度 （留下的节数）	平均芽子的结果能力		结实系数 （%）
	结果新梢上花序个数	果穗重（g）	
1～3	0.59	118	47.6
4～7	0.89	189	55.0

注：品种为玫瑰香。

资料来源：1960年在萧县园艺场的观察结果。

（1）看树修剪，强枝长放，弱枝短留。葡萄在生长过程中枝蔓生长表现常不一致，有强有弱，修剪时不应强求一律采用短梢修剪或长梢修剪，而应该看树修剪，强枝长放，弱枝短留。强枝一般停止生长较晚，好芽多着生在枝条的中、上部，修剪时应采用中梢（留4～7个芽）或长梢（留8个芽以上）修剪，才不会把好芽剪掉；此外，强枝在长放增加新梢时也不易多到拥挤，并有利于扩大结果面积。相反，弱枝停止生长较早，好芽多处在母枝基部，应采用短梢（留1～3个芽）修剪，效果较好；同时，弱枝强剪还有利于新梢复壮。从品种上看，当地生长势较强的龙眼、无核白等品种，枝条停止生长晚，母枝上部芽眼的结实能力比基部高，采用长梢修剪或利用当年的副梢作结果母枝，结实性较高；如用短梢修剪，常发现不结果或少结果。相反，玫瑰香及黑罕等品种基部芽眼结实性较强，采用中、短梢修剪仍能结果。

（2）看树定枝，强蔓多留，弱蔓少留。"定枝"就是合理地确定结果母枝数，以保证新梢生长旺盛，穗大、穗多。葡萄结果母枝数的确定和结果母枝修剪长度有密切关系，在保留同样芽眼或新梢数的情况下，采用长梢修剪时，单株所留的结果母枝数就可以适当减少；如果采用短梢修剪，结果母枝数就相应增加。结果母枝数多少的确定，应根据结果母枝的强弱确定，强母枝应适当多留，弱母枝适当少留。因此，结果母枝数和每个结果母枝保留芽眼和新梢数的确定，应该看树定枝，强蔓多留，弱蔓少留。"看树"就是指植株的生长反应，假如植株去年生长量不大，修剪时留下来的结果母枝和母枝上的芽眼应比去年少，这样新梢的生长量才能增加，树体才能"复壮"。相反，假如植株生长旺盛，留下较多的结果母枝，而且可以在母枝上留下较多的芽眼。从当地每666.7m^{2}的产量为5 000kg以上的丰产葡萄园来看，单位面积产量的增长，在很大程度上与增加留芽数有关。如果说结果枝数的增加是构成植株的生长量和产量的基础，那么芽眼数的增加可算是基础的基础。玫瑰香品种不同粗度结果母枝的留芽、留梢数可归结如表7。

表 7 不同粗度的结果母枝的定芽和定苗数

结果母枝的粗度（mm）	修剪留芽数（个）	翌年结果新梢的选留数（个）
4 以下	不留芽	不留梢
5～6	1～3	1
7～9	4～7	2～3
10～13	8～10	4～5

注：品种为玫瑰香。

资料来源：1959年在萧县龙城公社葡萄园的观察结果。

（3）看树选枝，剪弱不剪强，剪里不剪外，剪下不剪上。"选枝"指对母枝质量上的要求，既要从单枝着眼，也应从全树考虑，这样才能做到长短结合，表里一致，上下匀整，枝壮树旺，立体结果。果农在生产实践中创造了一套"三剪三不剪"的选枝经验。

剪弱不剪强。如玫瑰香品种，粗度在4mm以下的瘦弱枝条，严重的病枝、虫枝、机械损伤枝条及成熟不良的副梢，冬芽二次梢、三次梢等，这些枝条多半结果不良，留之无益，应剪除；粗度在6mm左右的枝条宜采用短剪。凡充分成熟，木质部充实，颜色深，节间长度、粗度适中，节上芽眼饱满的枝条，应适当多留，并采用长梢修剪。

剪里不剪外。植株内部的枝条通常拥挤、稠密，为了改善光照，提高芽眼的结实性，减轻病虫害的发生，修剪时应加以删除或短剪处理。植株外围向阳的枝条，光照良好，芽眼的结实性高，就应适当多留长放。

剪下不剪上。植株下部枝条受光面小，病害严重，秃裸明显，应适当强剪短截。上部枝条先端生长常占优势，轻剪可以克服或缓和"极性"，有利于结果面积的扩大。

（4）更新枝蔓，克服先端生长优势。年年在主蔓上同一部位进行短梢修剪，每个固定的结果部位都呈现大肿瘤似的龙爪突起，20～30年后产量极低；采取结果枝年年长放、没有预备枝和保持固定结果部位的修剪方法，植株结果部位都集中在植株上部，基部及内膛空虚，"秃裸"明显，产量很低。同时由于结果部位高，管理操作极不方便。一般采用以下几种方法进行克服：

留预备枝。预备枝一般是用来更新枝条，克服"秃裸"、缓和结果部位迅速上移的现象，修剪时，一要选留结果母枝或侧蔓下位的枝条作预备枝，缓和结果部位的迅速上移。二要选用粗壮、发枝力强的枝条作预备枝，恢复树势。三要对预备枝采用短梢修剪处理。果农认为，强枝短剪"发枝"力强，植株"秃裸"部位容易得到弥补。四要保留预备枝上的花序。五要在结果母枝的另一侧选留预备枝，尽量避免造成相对的伤口，以免影响养分、水分的输送。六要保留适宜比例的预备枝，不宜过大，在植株"秃裸"部位可适当增加。

缩剪主蔓和短剪结果母枝。这两种方法都是当地用来克服单壁篱架和双壁篱架"极性"生长的修剪方法。首先，对超过一定高度的主蔓或侧蔓进行缩剪。缩剪时一次不宜过重，以免将上部的好芽剪掉，影响翌年产量，最好是有计划地逐年分次进行。同时，对结果母枝留1～2芽短梢修剪。后一种方法虽然对克服"极性"有一定的效果，但容易削弱树势，促使衰老，因此不宜单独长期应用。

匀整树势，保持各级枝蔓的主从关系。葡萄的生长量大，各枝蔓相互干扰比较明显，从当地的多壁扇形的树形来看，凡冬季修剪中忽视了树势匀整，各类枝蔓从属关系被打乱时，瘦弱枝条和徒长枝条较多，产量降低。相反，如果注意保持各级枝蔓的从属关系，侧蔓的长度不超过主蔓、结果枝的长度不超过延长枝，在同一架面上枝蔓排列有致，瘦弱枝及徒长枝也比较少，产量相对也较高。

更新老蔓。老蔓更新分"小更新"和"大更新"两种。"小更新"是在结果部位上升不明显，但发枝力衰退时进行。方法是：在被更新的枝蔓下方培育强壮的枝蔓或萌蘖枝来代替老蔓，待更新枝蔓的长度、粗度达到要求时，截断被更替的枝蔓。这种方法多应用于10～15年生的枝蔓。"大更新"一般是通过几次"小更新"，在主蔓的基部强壮的萌蘖枝已形成骨干枝后，再将原主蔓截断。

（5）修剪操作。葡萄冬季修剪量很大，不正确的修剪技术常会造成伤口过多、过大，促使枝蔓提早衰老。修剪技术要点：一是疏剪或缩剪时尽量避免造成相对的伤口，最好使几个伤口分布在枝蔓的同一侧，相对的枝条必须同时疏剪时，应适当留长残桩。二是短剪当年生枝条时，节间长的枝条最好在节以上2～3cm处剪截，节间短的可以贴近上1节处剪截，以避免母枝先端芽干枯或遭受冻害。三是疏剪1年生的枝条时，最好留下3mm左右的残桩，粗大的枝蔓视其粗度，酌情留长些。

2.3.2　夏季修剪方法

葡萄夏季修剪方法很多，在萧县葡萄生产上普遍应用的有除萌（抹芽）、折梢（定苗）、摘心（打顶）、除副梢（打杈）、掐花尖（打花尖）、摘卷须（打须子）和引缚枝蔓等。

（1）除萌和折梢。抹芽是夏季修剪最早的一项工作，在冬季轻修剪的情况下，抹芽工作更应该及早进行。尽早抹芽、定苗，可以减少养分、水分的消耗，有利于留下来的结果新梢的生长和结果。抹芽和定苗工作通常分2～3次进行。

第1次抹芽是在4月上、中旬，展叶2～3片时进行。根据结果母枝的粗细和芽的强弱决定去留，同一个芽眼内发出2个或3个芽，选留较强壮的1个芽，抹去其余1个或2个芽；弯头芽、瘦弱芽、母枝的基节芽以及老蔓上无用的萌蘖等，都应在这个时候抹除。第1次除去的芽约占多余芽的总数的60%～70%。在芽萌动的时候，从芽的外表可以辨明有无花序，萌动早，芽苞满，芽顶部扁圆肥大的，多带有花序；萌动晚，顶部尖，瘦弱者，一般不带花序。

第2次抹芽在芽展叶4～5片时进行。抹除瘦弱不带花序的嫩梢，以及过于拥挤的嫩梢。第2次除去的芽约占多余芽总数的20%～30%。

第3次抹芽，是最后一次决定新梢的去留。在芽展叶5～7片、完全显出花序后，抹除密聚的内生枝及不带花序的新梢，在母枝上每相隔20cm左右留1个结果新梢。

折梢对调节植株的生长势有着重要作用，是提高葡萄坐果率的重要技术措施之一。折梢时应掌握"旺苗少折梢，蹲苗（生长不旺盛）多折梢"。每666.7m²产量5 000kg以上的葡萄园，结果新梢一般都不少于1.5万个；因落花落果严重而减产的葡萄，大都因为结果新梢生长瘦弱，结果新梢留得过多。此外，折梢时还须选择合适部位。在萧县地区靠近地表的新梢容易罹病，并且影响葡萄园的通风透光，折梢时，近地表50cm左右范围内一般不保留新梢；但在缺蔓（即主蔓少）及老蔓更新的情况下，也可以把其中部分较强壮的新梢留下，以供将来补充主蔓增加侧蔓或更新之用。

（2）摘心。合理摘心可以调控新梢生长，减少养分、水分散失，缓解开花结果期新梢与花序营养竞争矛盾，是保花保果的重要措施之一。摘心与折梢必须密切结合，摘心以前，如果发现折梢保留下来的新梢营养生长并没有好转，新梢仍很瘦弱时，就应采取重摘心，以减少养分和水分的消耗。相反，摘心前如果新梢生长旺盛，就应采用轻摘心。花序大的弱梢如果轻摘心，落花落果严重；对落花落果严重的品种除重摘心外，还须掐花序尖。如果强梢重摘心，则果皮上色差，糖分低。强梢摘心时，最好在花序上留4～6片叶；中庸新梢摘心后可在花序上留3～4片叶；弱梢在花序上留1～2片叶，甚至1片叶不留地在着生花序节处摘心。从摘心时间上看，玫瑰香品种，在花前10d左右效果较好。摘心过迟，大量落花落果的时间已过，效果不大；摘心太早，副梢生长很快，容易导致落花落果。对不同品种的摘心方法也略有区别，落花落果较轻的黑罕、满园香等品种，及生长势强、果穗大的龙眼等品种，摘心宜稍轻；落花落果较重的玫瑰香等品种，摘心宜稍重。二次梢和三次梢的摘心部位常在二次花序上和三次花序上，摘心时留1～2片叶或不留叶。

发育枝一般多用以培育主蔓、侧蔓、主蔓延长枝或者更替老蔓时的代替枝蔓，根据需要进行摘心。由于这一类的新梢多着生于主蔓基部或者接近主蔓先端，所处的位置优先，生长快。在放蔓数量很多时，将不利于结果新梢的开花坐果，不利于当年产量，就应酌情限制一部分枝条的生长，在花前进行1次摘心，以后利用其先端节处的副梢继续长放。发育枝的摘心要"强枝长放，弱枝重压"。为了促进枝条成熟，在9月底、10月初进行全面摘心1次（包括结果枝和生长枝），限制新梢生长。

（3）除副削。除副梢是摘心的继续和补充。玫瑰香品种如果打顶不除副梢，只能收到一半产量。玫瑰香品种在主梢摘心8～10d后，副梢大量生长，而子房脱落的高峰常在开花后7～12d左右。副梢的大量生长正值子房脱落高峰，对坐果极为不利，因此，留副梢的葡萄园落花落果都比较严重。如果采用摘心的方法控制副梢，摘心3～4d后，第2、3次的副梢又会萌发，处理费工，且影响了葡萄园的通风透光，减少了单位面积内容纳结果新梢数量。因此，除为了提高冬芽结实性，暂时性地抑制冬芽萌发，或者为了利用副梢结果等情况外，一般不保留副梢，夏芽副梢刚萌发就被抹除。为了避免碰伤旁边的冬芽，摘除副梢时应从着生冬芽的另一方除去。

（4）掐花尖。掐花尖（掐除花序的1/5～1/6）是提高落花落果较严重品种坐果率的技术措施之一，对坐果率高的品种（如黑罕等）不需要掐花尖。对落果严重品种的穗大枝弱的果枝，仅摘心、除副梢是不够的，还须掐花尖，才能提高坐果率，改进果粒大小的整齐度和果穗密实度。营养不良的花穗如果不掐花尖，落花落果严重。从时间上看，"迟掐不如早掐"，从方法上看，应遵守"枝弱穗大多掐，枝弱穗小少掐"的原则。

（5）摘卷须。在采用枝蔓引缚的情况下，卷须一律被当作废物处理，一发生后就被摘除，如果不及时摘除，不但徒耗养分，而且会勒紧枝蔓，影响养分输送，或在大风时被吹折，影响通风透光，招致病虫害。缠绕在铁丝上的卷须，硬化后很难解除，因此要在摘心、除副梢的同时，把卷须摘除。

（6）引缚枝蔓。卷须摘除后，枝条需要靠人工引缚。引缚的材料一般都就地取材，主蔓较重，可用杞柳条或白蜡条剖开后引缚，新梢多用浸晒后的马兰草引缚。引缚枝蔓于篱架时，主蔓和侧蔓通常呈扇形摆布；2年生的长母蔓，一般多呈倾斜式或水平式排列（切忌把枝蔓扭曲在水平的铁丝上）；

当年生的新梢就垂直引缚，或呈悬垂状不加引缚。当年生新梢最好是在长达 35cm 以后、已靠近篱架的上一层铁丝时引缚，但早春风害大的年份应提早缚枝。缚枝的方法是，先将缚条在铁丝上缠紧，然后作成"8"字形的圈套，不松不紧地把新梢固定。在架面窄、枝条多的情况下，靠近下部的新梢应向外引缚或不缚，不要勉强引缚在铁丝上，以免架面郁闭，引起落果。

3 萧县葡萄一年多次结果技术

3.1 多次结果技术

葡萄一年多次结果，就是利用葡萄"芽"早熟的生物学特性，适时激发"冬芽"或"夏芽"于当年生长结果。多次结果是萧县葡萄栽培技术特点之一。

根据萧县大庄果农裴石楠介绍，葡萄多次结果是他在1938年前后发现的。有一年夏季摘心、除副梢时，他偶然发现冬芽二次梢能开花结果，以后通过试验，掌握了这项技术，并在当地推广。

经过20多年的生产实践，葡萄多次结果的技术也有了很大的改进和发展。1945年萧县尖庄果农李书琴改用"预备芽"结二次果的试验成功。利用"预备芽"结果可以大大推迟结果期和成熟期，减少对主梢果的影响。1957—1960年，安徽省农业科学院派技术干部驻点萧县，在调查研究群众经验的基础上，结合葡萄丰产经验，系统地进行多次结果试验，探讨了葡萄多次结果的生物学特性和影响因子，对多次结果提出了一些改进方法，如副梢的控制和利用等，使一年多次结果技术有了新的发展。

据1957—1958年的统计，萧县地区每年多次果产量约占全年葡萄总产量的18%～20%。以1958年为例，全县总产量795.3 t，其中多次果产量为140.6t，占17.6%左右。从多次结果的试验园和对照园（1年1次果）的产量对比来看（表8），多次果葡萄园二次果和三次果产量的总和约占全年产量的28.3%，其全年总产量比不实行多次结果的葡萄园增加23.9%。实践证明，只要栽培管理得当，肥水供应充足，实行一年多次结果并不影响来年产量（表9）。

表8 多次结果与不实行多次结果产量对比

园别	新梢类别	穗重（g）	平均每666.7m² 结果枝数（个）	每666.7m² 平均产量（kg）
多次结果葡萄园	主梢	319.5	3 500	1 567.0
	二次梢	250.0	520	514.3
	三次梢	140.0	105	102.9
对照园	主梢	320.3	2 500	1 763.3

注：品种为玫瑰香。

资料来源：1957年在萧县的调查结果。

表9 利用多次果的葡萄园连年丰产记录

园别	树龄	树冠			平均每666.7m² 产量（kg）					
		纵（m）	横（m）	高（m）	1956年		1957年		1958年	
					主梢果	多次梢果	主梢果	多次梢果	主梢果	多次梢果
试验园1	16	4.5	3.2	2.2	1 400	150	2 000	525	4 800.3	1 200.1
试验园2	16	3.6	3.5	2.2	1 950	75	3 000	537.5	5 920.2	1 649.1
试验园3	16	3.8	2.5	2.2	1 100	200	1 250	250	3 442.7	807.6

注：品种为玫瑰香。

资料来源：1956—1958年在萧县地区的调查结果。

多次结果所获得果品的品质，与主梢果相比虽略有差距，但仍有经济价值。一般来说，二次果果穗较紧密、果粒较小；果皮较厚，肉质较紧密，汁液略少，含糖、含酸较多，色泽较好，鲜果耐贮藏运输，用于酿造时出酒色泽亦好。

3.2　影响一年多次结果的外界因子

3.2.1　温度

温度是葡萄一年多次结果的重要外界条件。生长期长、温度高的地区，一年多次果不仅能成熟，而且结果次数也可以增加。萧县地区玫瑰香品种冬芽二次梢从芽的萌发开始到果实成熟为止，约需要有效积温 2 122.2℃，约为主梢果所需要的有效积温的 4/5（表 10），达到这一积温所需的天数为80d，约等于主梢果成熟天数的 2/3。多次果实生长发育的快慢，受温度的影响很大。温度高，通过各生长发育阶段的速度较快；温度低，则速度较慢。由于冬芽二次梢生长结果多处于夏季，温度较高，生长发育各阶段的延续时间比主梢短（表 11、表 12）。一般来说，二次梢生长结果的天数与主梢生长结果的天数比较，在初期差距较大，后期差距逐渐缩小。

表 10　主梢、冬芽二次梢所需的有效积温

新梢	从芽萌发起到果实成熟期止的温度总和（℃）	从芽萌发起至果实成熟期止的天数（d）
主梢	2 500.0	120
冬芽二次梢	2 122.2	80
整个新梢（包括主梢和冬芽二次梢）	3 857.0	195

注：品种为瑰玫香。
资料来源：1959 年在萧县园艺场的观察结果。

表 11　主梢、冬芽二次梢生长发育各阶段的发生期

新梢	萌芽	开花始期	开花末期	浆果成熟期	浆果完全成熟期	落叶开始
主梢	4 月 6 日	5 月 25 日	6 月 1 日	8 月 6 日	8 月 20 日	10 月 25 日
冬芽二次梢	6 月 24 日	7 月 13 日	7 月 16 日	9 月 15 日	9 月 15 日	11 月 4 日

注：品种为瑰玫香。
资料来源：1959 年在萧县园艺场的观察结果。

表 12　各发育阶段延续的时间

新梢	从芽萌发到开花始期天数（d）	开花期延续天数（d）	开花末期到果实成熟天数（d）	果实完熟天数（d）	果实完熟期到落叶期天数（d）
主梢	49	7	66	14	65
冬芽二次梢	19	3	61	10	40

注：品种为瑰玫香。
资料来源：1959 年在萧县园艺场的观察结果。

（1）萌发至开花。冬芽二次梢的这一阶段处于夏季，月平均温度约为 26.2℃，通过这个阶段发育的时间短，一般只要 19d。而主梢的这一阶段处于早春低温，所需时间约 49d。

（2）开花至果实生长。冬芽二次果开花期间日平均温度为 27.4℃，开花经过时间只要 3～5d，开花后子房脱落历时只有 9d 左右；二次果坐果率也普遍较高，最高可达 80% 以上。主梢果开花期间日平均温度较低，通常为 23℃ 左右，开花经过时间约 7d，花后子房脱落历时 18～20d，子房脱落时间较长；坐果率较低，约为 50%～60%。

（3）坐果至果实灌浆。冬芽二次果第 1 次果实生长高峰多在 7 月中、下旬，这一期间日平均温度为 29℃ 以上，温度高，光照足，种子发育和果实增长较快，从坐果到灌浆完成只需 10d 左右。而主梢果第 1 次生长高峰是在 6 月初到中旬，日平均温度为 24.9℃，通过这一阶段的时间通常要比冬芽二次果的约多 1 倍。

（4）果实灌浆至成熟。冬芽二次果种子硬化阶段正值主梢果成熟期，存在营养竞争分配问题，二次果果实体积增长比较缓慢，主梢果与二次果增长曲线呈交错排列；当主梢果采收后，冬芽二次果又进入第 2 个生长高峰，果实体积的增长速度呈直线上升，冬芽二次果成熟期多在"白露"到"秋分"之间，这时昼夜温差大，糖分积累快，成熟亦快。主梢果是在日平均温度 28.6℃ 下进入成熟期，由于温度高，果实成熟很快，从灌浆到成熟只需 15d 左右，而冬芽二次果在这个发育阶段所需要时间的差距较小。

3.2.2　光照

光照与多次果产量有密切关系，在采用多次结果时，必须从种植密度、修剪、整枝和支架等各个方面采取措施，积极地改善光照条件。

在温度相对较低的情况下，强光对幼嫩的多次果的生长不利，会造成灼伤现象。因此，为了保护幼果，在多次果穗上宜保留 1～2 片叶，遮阴保护果实。

3.2.3　水分

土壤含水量对葡萄开花结果的影响很大，含水量适当时，有利于开花结果；含水量过多或过少，对开花坐果都不利。在多次果开花坐果期，干旱对其危害很大；如果雨水充足，多次梢的结实性就有不同程度的提高。但在果实成熟期情况则与此相反，此期间如果降水过多，对主梢果或多次果的成熟都不利，造成大量次品果。萧县地区主梢果成熟期常逢雨季，影响产量；而多次果成熟期雨季已过，昼夜温差较大，因而对多次果成熟有利。

3.2.4　养分

养分状况的改善，对促进多次梢的生长结果，以及对调节主梢与多次梢之间的生育矛盾，具有很重要的作用。在缺乏肥水，营养条件差的情况下，常可发现主梢果和多次果糖分减少，果粒变小，产量降低；同时，主梢果的"水罐子"生理病害也往往特别严重。因此，在增加结果次数的同时，肥水的数量也应相应地增加，才能满足植株生育的要求，使主梢果产量提高，多次果也获得丰产。在萧县地区，在芽的形成过程中（约在 4 月中旬至 5 月中旬花芽开始分化之前），施用 1～2 次硫酸铵或硝酸铵等速效性肥料，结合适量灌溉，可以使主梢花序上 4～6 节处形成 2 个花序的冬芽二次梢增加 10%～15%。在新梢负载量轻的情况下，如果氮肥、水分过多，新梢趋于徒长，花芽分化反而不良，多次果结实性也差。此外，多次结果的植株，还应注意施用磷、钾肥，促使植株生长健壮。在萧县地区 6 月中旬至 7 月中旬，多次梢开花前后，适量施用磷肥（叶面喷磷），对增大果粒、提高糖分、改善色泽都有良好效果。

3.3　多次结果技术措施

3.3.1　多次结果与主梢生长发育的关系

葡萄一年多次结果是在主梢结果的基础上进行的，主梢和多次梢在生长发育的各个过程中，在一定条件下是有矛盾的。例如，当主梢开花时，夏芽副梢正在大量生长，就会影响主梢的开花坐果；主梢果实成熟期间，多次梢正在继续抽长，势必影响主梢果实的正常成熟等。因此，只有在充分了解他们的相关性的基础上，制定正确的技术措施，才能缓和或克服它们之间的矛盾，达到一年多次结果的目的。

从玫瑰香葡萄主梢、二次梢、三次梢的生长结果物候期来分析（图 9），在主梢坐果前合理地抑制冬芽萌发是有必要的，只有这样，才能缩小主梢和冬芽二次梢之间的矛盾。据试验，冬芽二次梢的萌发，如果控制在 6 月 20 日前后，这时主梢已通过生理落果期，一般果粒直径约达 1.4cm、横径达 1.17cm，冬芽二次梢的萌发对主梢果的坐果的影响较小；冬芽二次果的第 1 次生长高峰一般是在 7 月中旬，果实生长速度快，只需 10d 左右就通过第 1 次生长期（果粒纵径达 7mm 左右），这时主梢果正处于种子硬化阶段，果实增长较慢；主梢果灌浆着色时，果实体积的增长又趋迅速，约经 15d 即可成熟，而冬芽二次果在这一期间正处在种子硬化阶段，果实增长速度不快；主梢果采收后，冬芽二次果的增长速度和糖分的积累大大加快，主梢果采收后 25～30d，冬芽二次果也就成熟了。由此可见，冬芽二次果与主梢果大量需要养分的时间是互相交错的，只要采取正确的技术措施，缓解它们在同一时期对同类养分的需求矛盾，主梢和冬芽二次梢都能正常结果、成熟是完全可能的。

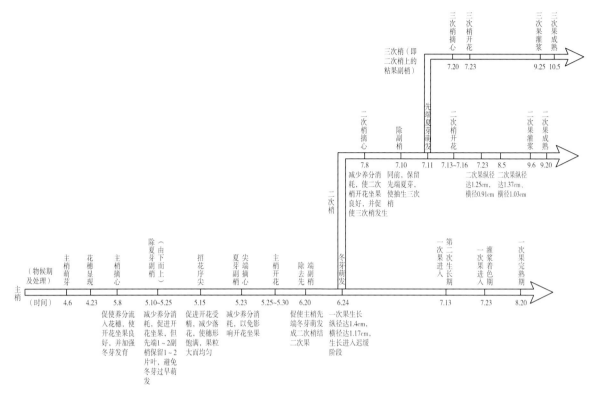

图9　玫瑰香葡萄主梢、二次梢及三次梢的生长结果物候期

3.3.2　一年多次结果的几种方式及其技术措施

葡萄一年多次结果可以通过激发冬芽实现，也可以通过激发夏芽实现，也可以冬芽、夏芽两者同时进行。具体方式可以是冬芽→夏芽→夏芽，也可以是夏芽→冬芽→夏芽，也可以是夏芽→冬芽→冬芽。

（1）利用冬芽多次结果。利用冬芽多次结果是萧县葡萄产区普遍应用的一种方法，途径可以归纳为3种，即直接利用冬芽，间接利用冬芽和利用预备芽。

直接利用冬芽。直接通过主梢摘心，去除副梢，使新梢上冬芽萌发（图10）。主梢摘心时间应根据主梢强弱，一般在主梢开花前5d左右（弱梢可以适当提前）、主梢展叶15~18片后进行重摘心，摘心后约保留11~13片叶（即在主梢花序上留有5~6片）。主梢的生长点被去除后，夏芽副梢大量萌发，这时摘除副梢工作必须及时跟上。摘除副梢的目的，是避免副梢在主梢开花和坐果期间大量生长，争夺养分和水分，影响主梢的坐果，同时又迫使冬芽萌发。除副梢工作约隔3~4d进行1次。除副梢时，应向位于冬芽芽眼的另一方向摘去（图11），以免碰伤冬芽，影响冬芽生长结果。

一般来说，摘除副梢后10d左右，冬芽就会萌动。通常主梢先端第1节冬芽萌发时间较早，花芽分化时间短，结实性较低，可以待该冬芽展叶4~5片、显出花序后，根据其所形成的花序大小来判断取舍。如果属于"过渡类型花序"（花序上带有卷须，未完全分化好）或者花序很小，应即除去（图12），摘除后不使有芽鳞残存，以免鳞片下潜伏的预备芽萌发抽枝，以迫使下一节位的冬芽再萌发抽枝结果。由于萌发的第2节冬芽花芽分化时间较长，一般都能形成较好的花序。冬芽二次梢生长显出花序后，应根据这一结果新梢（包括主梢在内）的强弱和叶片多寡，在花序着生处的上一节或在花序节处摘心（图13）；如果下一节位的冬芽二次梢萌发抽枝，也以相同方法摘心处理。此外，根据萧县地区的气候条件，利用冬芽二次梢先端节处（即摘心口下）的夏芽副梢结第3次果（图14），仍能得到正常成熟的果实。

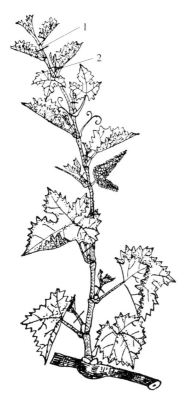

图 10　主梢摘心及摘除夏芽副梢方法
1. 主梢摘心　2. 摘去夏芽副梢

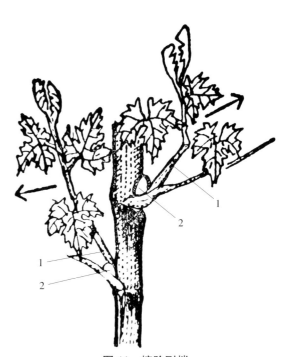

图 11　摘除副梢
1. 夏芽副梢　2. 冬芽

图 12　摘除主梢先端节处的冬芽二次梢
1. 夏芽二次梢

图 13　带有花序的冬芽二次梢的摘心部位
1. 摘心部位

　　根据玫瑰香品种在萧县地区冬芽二次梢生长结果，这种方法应用在生长势中等的葡萄植株效果较好，其优点：一是手续比较简单，可以减少处理副梢的劳力，节约人工。由于冬芽比夏芽副梢萌发时间晚，间隔时间又长，因此可以错开农活，调剂忙闲。二是副梢一次除尽，有利于主梢的开花坐果，能减免因副梢夺取养分、水分而引起主梢的落花落果。三是冬芽二次梢的萌发，一般控制在主梢开花坐果后，能调节养分分配，减少落花落果与小果粒的大量出现。另外，当后期主梢基部老叶衰退时，冬芽二次梢重生的少量叶片，还可以增强光合作用能力。四是避免因为保留过多的副梢而影响植株的通风透光和病虫害的滋长。这一方法的缺点是：如果主梢摘心不当、处理过重，容易激发过量冬芽，对来年产量有一定影响。因此，采用这一方法时，主梢不宜摘心过重。万一出现冬芽过量萌发时，补救的方法是对准备用于来年结果的冬芽二次梢（即靠近主梢中、下部的冬芽二次梢）应适当提早摘心，加速其花芽分化，促使这些短梢在冬季到来前顺利成熟，这样就不会过多影响翌年产量。

　　间接利用冬芽。根据主梢强弱，在花前 5～10d 进行主梢摘心（萧县地区一般在"小满"前 5～10d 天），摘心后保留有 10～13 片叶子。摘心后暂时保留主梢先端 2～3 个夏芽副梢，其他各节的夏芽副梢一律除尽，所保留的副梢待展叶 4～5 片后，留 2～3 片摘心（图 15），等到副梢叶腋间萌发出第 2 次副梢，并展叶 4～5 片后，保留 1～2 片叶子摘心（图 16）。以后如果发现第 3 次副梢再萌发时，还需即时摘除。副梢反复摘心的目的是，抑制冬芽过早萌发，加强养分积累，改善其花芽分化，提高冬芽结实性。摘除副梢时间约在 6 月 10 日左右，营养状况良好的植株，可以适当提前。经过摘除副梢后，就可以生出穗形大、成熟良好的冬芽二次果。强壮的主梢，在处理副梢时，第 1、2 次副梢上可以保留 1 片叶，不一定完全去除副梢（图 17），副梢叶腋中的冬芽常可以自行萌发，形成良好的花序（有时第 2 次副梢也可以和冬芽第 2 次梢同时抽生结果），可以得到良好的果穗。

　　这一措施的优点，一是应用于生长势强的植株，可以提高冬芽二次梢的结实性。二是可以避免因冬芽的大量萌发而制弱树势。不足之处是操作较麻烦、费工，容易发生营养枝过剩现象，如果控制不当，副梢的过量生长常会争夺大量的养分和水分，影响主梢的开花坐果。

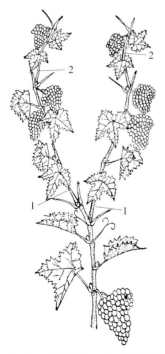

图 14　冬芽二次梢结第 2 次果及其先端夏芽副梢结第 3 次果的情况

1. 冬芽二次梢　2. 夏芽副梢

图 15　间接利用冬芽时，对第 1 次夏芽副梢的摘心方法

1. 摘心部位

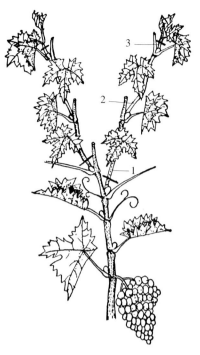

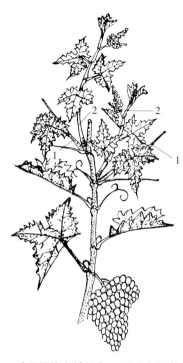

图 16　先对第 2 次夏芽副梢留二叶摘心，以后摘除
　　　　第 3 次夏芽副梢，并在最后回缩剪除第 1
　　　　次夏芽副梢的方法

1. 第 1 次夏芽副梢　2. 第 2 次夏芽副梢　3. 第 3 次夏芽副梢

图 17　对强壮的主梢枝条，可以在夏芽副梢上
　　　　保留 1 片叶，使冬芽二次梢自行萌发，
　　　　形成良好花序

1. 夏芽副梢　2. 冬芽第 2 次梢

利用预备芽。主梢摘心，去除所有的副梢，去除主梢第 1～2 节萌发的冬芽嫩梢，利用第 2 节或第 3 节的预备芽萌发结果（图 18）。主梢摘心与副梢处理方法，与直接利用冬芽的方法相同。去除主梢先端第 1 节冬芽嫩梢时不留痕迹，并根据主梢强弱，在摘除第 2 节或第 3 节冬芽嫩梢时，保留嫩梢的鳞片。当冬芽的中心芽生长被破坏后，鳞片里的预备芽就可以萌发、抽枝、结果，在某些情况下，甚至可以发现 2 个预备芽同时抽枝结果。玫瑰香品种的预备芽结实性较高，采用这一方法时，可以获得良好的多次果产量。

这种方法的优点，一是预备芽比同一节位主芽萌发时间晚，花芽分化较好，在植株新梢负载量较轻的情况下，如果利用同时并发的 2 个预备芽生长结果，可以得到较高产量。二是预备芽营养生长与主梢坐果有明显的间隔期，对主梢坐果的影响可以减少到最低限度。三是预备芽新梢在主梢上着生的节位较低，可以减轻因果穗重量迫使枝条下垂而影响通风透光及大风时摇晃擦伤的弊病。不足之处，一是预备芽的果穗比同一时间萌发的主芽的果穗稍小，不及主芽新梢的产量高。二是树势容易衰弱。

（2）利用夏芽副梢一年多次结果。主梢摘心，保留主梢先端节处 2～3 个夏芽副梢（其他各节副梢全部除尽）；第 1 次副梢留 2～3 片叶、第 2 次副梢留 1～2 片叶摘心（图 19）。主梢的摘心时间应根据主梢强弱，在主梢花序展叶 6～8 片后，摘除主梢先端 1～2cm 嫩梢。主梢摘心往往不能达到利用第 1 次副梢结果的目的，因此，需要对副梢反复摘心。第 1 次副梢摘心，可以在展叶 3～5 片后和夏芽未萌动前进行，每个副梢留 2～3 片叫，以促使第 2 次副梢萌发。在第 2 次副梢夏芽未萌动时留 2～3 片叶摘心，以促进花芽分化。如果夏芽第 2 次副梢仍未形成花序，可以在第 3 次夏芽未萌动的节位上留 1～2 片叶摘心，经过反复摘心后，一般可以在第 3 次夏芽副梢上形成良好花序。这一方法的优点：一是夏芽萌发速度快、成熟早、生长期短，温度低的地区，夏芽果的成熟较有把握。二是夏芽副梢结果果粒较大，含糖量较多。三是不会削弱树势。不足之处：一是夏芽副梢萌发迅速，不容易控制；多次反复摘心操作费工。二是夏芽副梢大量萌发生长时期较接近于主梢开花坐果期，容易引起主梢花后子房的大量脱落。三是容易发生过量的枝叶，妨碍植株的通风透光，引起病虫害。

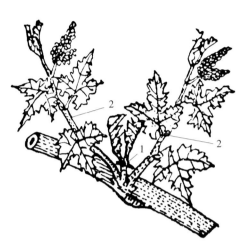

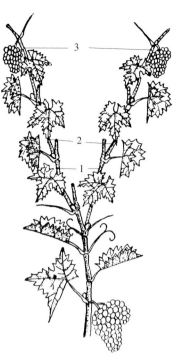

图 18　对夏芽副梢反复留二叶摘心后，第 3 次
**　　　夏芽副梢抽枝结果情况**
　　1. 被摘除的主芽　2. 预备芽新梢

图 19　摘除主芽嫩梢后，激发冬芽预备芽并发
**　　　抽枝结果情况**
　　1. 第 1 次夏芽副梢　2. 第 2 次夏芽副梢
　　3. 第 3 次夏芽副梢

附录 12-2 萧县葡萄全年病虫害化学防治工作历

物候期及时间	喷药种类及浓度	防治对象
发芽前，3月底、4月初 葡萄芽萌动，从绒球至吐绿，在80%左右的芽变为绿色（但没有展叶）时	5波美度石硫合剂	蚧壳虫、绿盲蝽、叶蝉、毛毡病、白粉病、霜霉病、黑痘病
展叶2~3片时 80%以上的嫩梢有2~3片叶已经展开时	50%辛硫磷乳油1 000倍液＋10%吡虫啉2 000倍	绿盲蝽
花序展露期	4.5%高效氯氰菊酯1 000~1 500倍液	绿盲蝽
花序分离期 花序轴之间逐渐分开、花梗之间分开、花蕾之间也分开，不再紧靠在一起；90%以上的花序处于花序分离状态时	科搏600倍＋0.3%尿素＋0.1%硫酸锌＋0.3%硼砂	炭疽病、霜霉病、黑痘病、灰霉病、穗轴褐枯病
开花前 葡萄花的花帽被顶起，称为开花；葡萄的花序，一般中间的花蕾先开花；有1%~5%的花序上有花蕾开花	70%甲基硫菌灵1 000倍＋80%代森锰锌800倍＋0.3%尿素＋0.2%硫酸锌＋0.3%硼砂＋杀虫剂	炭疽病、霜霉病、黑痘病、灰霉病、穗轴褐枯病
落花后 葡萄花帽从柱头上脱落，称为落花；葡萄80%的花序落花结束，其余20%的花序部分花帽脱落（其余正在开花），之后的1~3d	10%苯醚甲环唑1 000倍＋代森锰锌600~800倍＋4.5%高效氯氰菊酯1 000倍液＋0.1%锌肥＋0.2%硼砂液。若此期连阴雨，幼果易感霜霉病，加喷防治霜霉病的内吸剂	炭疽病、霜霉病、黑痘病、灰霉病、白腐病、绿盲蝽等害虫
幼果期 坐果已经结束，果穗形状已基本定形；距离上次农药的使用有大概10d	半量式240倍波尔多液（酿酒葡萄）；科博600倍＋氟硅唑10 000倍＋钙肥，根据葡萄园霜霉病发生压力（雨水的多少）和虫害发生情况（种类和严重程度）确定是否在加入针对霜霉病和防治虫害的药剂（露地鲜食葡萄）；套袋鲜食葡萄套袋前喷10%苯醚甲环唑1 000倍＋25%咪鲜胺1 000倍＋40%嘧霉胺800~1 000倍液＋钙肥	炭疽病、霜霉病、黑痘病、灰霉病
大幼果期 晚套袋葡萄套袋前。谢花后的20~25d左右，也是果实迅速膨大的时期；使用这次药剂后，5d左右就可以进行果穗整形；果穗整形后，立即（20h内）进行整形后的果穗处理；处理果穗后，一般在1~3d套袋	套袋后喷少量式200倍波尔多液，以后每隔15 d左右喷1遍波尔多液；露地鲜食葡萄80%喷克（代森锰锌）可湿性粉剂500~600倍液＋10%苯醚甲环唑1 000倍＋钙肥；酿酒葡萄80%喷克（代森锰锌）可湿性粉剂500~600倍＋25%咪鲜胺1 000倍＋钙肥。晚套袋鲜食葡萄50%保倍3000倍＋70%甲基硫菌灵1 000倍＋40%嘧霉胺800~1 000倍液＋钙肥	炭疽病、霜霉病、白腐病、灰霉病

（续）

物候期及时间	喷药种类及浓度	防治对象
封穗期	80％必备 400 倍＋50％辛硫磷乳油 1 000 倍液	炭疽病、霜霉病、白腐病、酸腐病
转色期	80％必备 400 倍＋2.5％联苯菊酯 1 500 倍，酿酒及露地鲜食葡萄混加福兴 8 000 倍	炭疽病、霜霉病、白腐病、酸腐病、褐斑病
成熟期	露地鲜食葡萄 80％喷克可湿性粉剂 500～600 倍＋80％戊唑醇水分散粒剂 1 500倍；套袋、酿酒葡萄喷 180 倍等量式波尔多液	炭疽病、霜霉病、白腐病、酸腐病、褐斑病
采收后	180 倍等量式波尔多液	霜霉病、褐斑病
减灾预案	1. 花期出现烂花序。用 25％保倍 1 500 倍液＋50％抑霉唑 3 000 倍液喷花序。 2. 花期同时出现灰霉病和霜霉病侵染花序。施用 25％保倍 1 500 倍＋50％抑霉唑 3 000 倍＋50％金科克 2 000 倍，喷花序。 3. 霜霉病救灾：发现霜霉病的发病中心或霜霉病发生比较严重或比较普遍。出现和发现发病中心，在发病中心及周围，使用 1 次 50％金科克 3 000 倍＋50％保倍福美双 1500 倍；霜霉病发生比较严重或比较普遍，先使用 1 次 50％金科克 3 000 倍＋25％保倍悬浮剂 1 500 倍，3d 左右使用 40％金乙霜 1500 倍，4d 后使用保护性杀菌剂＋霜霉病内吸性杀菌剂（比如 30％万保露 600 倍＋80％霜脲氰 3 000 倍），而后 8d 左右 1 次药剂，以保护性杀菌剂为主。 4. 出现冰雹：8h 内施用，40％氟硅唑 8 000倍（或 20％苯醚甲环唑 3 000 倍）＋50％保倍福美双 1 500 倍。重点喷果穗和新枝条。 5. 发现果实腐烂比较普遍时：摘袋，使用 25％保倍 1 500 倍＋20％苯醚甲环唑 3 000倍＋50％抑霉唑 3 000 倍，涮果穗；果穗上的药液干燥后，使用新果袋重新套袋。 6. 发现酸腐病：刚发生时，全园施用 1 次 2.5％联苯菊酯 1 500 倍液＋30％王铜 800 倍液（或 80％必备 600 倍液），然后尽快剪除发病穗。剪除的病果穗不能留在田间，搜集在一起并处理（不要掉到地上，用桶和塑料袋收集后带出田外，拌石灰挖坑深埋）；田间有大量醋蝇存在的果园，首先去除病果穗和病果粒，在没有风的晴天时，用 80％敌敌畏 300 倍液喷地面（只能在确保劳动保护和施药人员的人身安全时，才能使用），2d 后，再清除 1 次病果穗。 7. 连续阴雨，没有办法使用药剂，并且田间发现霜霉病发病中心。可以在雨停的间歇使用药剂（只要有 2～3h 停止雨水的间歇，可以带雨水水珠使用药剂）；50％金科克 500～1 000 倍，喷洒在有雨水的葡萄植株（发病中心及周围 5m）上，作为连续阴雨的灾害应急措施。	

附录 12-3　萧县葡萄田间管理年历

物候期	时期	主要内容	技术要点
休眠期	1~3 月	1. 果园冬剪 2. 葡萄架，更换铁丝、紧铁丝、上架 3. 刮树皮，清园 4. 定制计划	1. 冬季修剪，在上架的同时进行复剪。 2. 紧铁丝，换铁丝，上架。 3. 对树干、老蔓、架杆及架壁等处的斑衣蜡蝉和其他越冬害虫的虫卵进行刮除，清除果园病虫枝。 4. 制订全年工作计划，资金、劳动力投入计划，各种农机具的检修，肥料农药的准备等。
萌芽期	4 月上、中旬	1. 追肥 2. 熬石硫合剂 3. 浇水	1. 施催芽肥，以速效氮肥为主。 2. 根据树势和病虫害情况涂石硫合剂。 3. 幼苗定植、补植、灌催芽水。
展叶期	4 月下旬至5 月上旬	1. 抹芽 2. 定枝 3. 摘心 4. 中耕除草	1. 当新梢长出 2~3 片叶时，抹去副芽、不定芽及无用的发育枝；当新梢长出 6~7 片叶时，去除花少的枝，选留健壮的果枝及营养枝。 2. 坐果率低的品种，如巨峰、玫瑰香等品种应在花前 3~5d 果枝摘心。 3. 绑新梢，绿枝压条育苗。
开花期	5 月中、下旬	1. 摘心 2. 果穗整理 3. 疏花 4. 喷硼肥	1. 坐果率高的品种（如红地球）在花后 4~5d 摘心，一般品种在始花初期摘心（花前 2~3d）。发育枝在花期留 8~12 片叶摘心。 2. 树势弱、花序多的树可疏除过多的花序，较弱枝的双穗果可疏除 1 个花序，弱枝不留花序。 3. 去除穗尖、副穗，修剪果穗。 4. 花前 3~5d 喷 0.2% 的硼砂液，对玫瑰香、贵人香、赤霞珠等减少大小粒现象，使果实成熟期一致。
幼果期	6 月	1. 疏粒 2. 肥水管理 3. 果实套袋 4. 绑蔓 5. 摘除副梢	1. 株施有机无机生物肥 0.5~1kg，并浇水。 2. 疏粒，根据各品种果粒的大小确定留果粒量，一般每穗留 50~80 粒。 3. 在 6 月中、下旬选择专用纸袋进行果实套袋。 4. 视长势进行引绑新枝，摘除副梢。 5. 进行绿枝嫁接和副梢压条育苗，前期苗木引缚，同时进行摘心处理。
果实膨大期	7 月	1. 绑蔓 2. 摘除副梢 3. 追肥 4. 采收	1. 苗木继续进行引缚，视长势进行引绑新枝，摘除副梢。 2. 株施三元（高钾）生物肥 1~1.5kg。 3. 一般 7~8 月上旬不进行中耕松土，以免土温升高，但要及时拔草，带出园外沤肥。 4. 早熟品种如早黑宝、夏黑等果实的采收。
着色期至成熟期	8~9 月	1. 摘叶 2. 去袋 3. 采收	1. 对有色没套袋的葡萄进行转果，促进全面着色。 2. 发现田鼠偷食和害鸟啄食葡萄时，可有目的地喷布金纳海水分散粒剂 100 倍，有优异的驱避效果，也可布防鸟网、放置反光碟片等驱鸟。 3. 摘除果穗周围遮光叶片，促进着色。 4. 采前 15~20d，人工除袋。 5. 中、晚熟葡萄的采收。 6. 采收后为恢复树势，高产园应施秋肥，每株施硫铵 100~150g，如土壤干燥，应及时浇水。

（续）

物候期	时期	主要内容	技术要点
落叶期	10～11 月	施肥	在 10 月中、下旬施基肥，以有基肥为主，过磷酸钙和硫酸钾也可同时施入。幼树株施圈肥在 20kg 以上，成树施 50kg 左右。施肥后应灌足水。
休眠期	12 月	清园冬剪	1. 刮树皮，清除果园残叶、烂果，疏除病枝蔓、病僵果穗等，消灭越冬病原和害虫。 2. 总结当年的生产情况，开展果树技术交流和培训活动。 3. 开始进行冬季修剪。

参考文献

董清华，2008. 葡萄栽培技术问答 [M]. 北京：中国农业出版社.

贺普超，1999. 葡萄学 [M]. 北京：中国农业出版社.

林守仁，1964. 萧县葡萄 [M]. 合肥：安徽人民出版社.

刘捍中，刘凤之，2001. 葡萄优质高效栽培 [M]. 北京：金盾出版社.

王忠跃，2009. 中国葡萄病虫害与综合防控技术 [M]. 北京：中国农业出版社.

萧县地方志编纂委员会，1989. 萧县志 [M]. 北京：中国人民大学出版社.

修德仁，2004. 鲜食葡萄与保鲜技术大全 [M]. 北京：中国农业出版社.

徐义流，2009. 砀山酥梨 [M]. 北京：中国农业出版社.

严大义，1989. 葡萄栽培技术大全 [M]. 北京：农业出版社.

杨治元，2011. 葡萄生产技术两百问两百答 [M]. 北京：中国农业出版社.

杨治元，2011. 葡萄营养与科学施肥 [M]. 北京：中国农业出版社.

姚常璋，1986. 果品蔬菜贮藏保鲜 [M]. 北京：农业出版社.

张一萍，2004. 葡萄良种引种指导 [M]. 北京：金盾出版社.

赵胜建，2011. 葡萄精细管理 12 个月 [M]. 北京：中国农业出版社.

中国农业科学院，1987. 中国果树栽培学 [M]. 北京：农业出版社.